国家辞书编纂出版规划

中国林业百科全书

森林工程卷

《中国林业百科全书》总编纂委员会　编著

中国林业出版社

图书在版编目（CIP）数据

中国林业百科全书. 森林工程卷 /《中国林业百科全书》总编纂委员会编著. -- 北京：中国林业出版社，2024.12
　ISBN 978-7-5219-2971-3

Ⅰ. S7-61

中国国家版本馆CIP数据核字第2024HM8699号

中国林业百科全书 ｜ 森林工程卷

出版发行	中国林业出版社（100009，北京市西城区刘海胡同 7 号）
电　　话	（010）83143519，83143574
装帧设计	周周设计局
制　　版	北京东安嘉文文化发展有限公司
印　　刷	北京雅昌艺术印刷有限公司
版　　次	2024 年12月第 1 版
印　　次	2024 年12月第 1 次印刷
开　　本	889mm×1194mm 1/16
印　　张	23
字　　数	960 千字
定　　价	280.00 元

未经许可，不得以任何方式复制或抄袭本书之部分或全部内容。

版权所有　侵权必究

《中国林业百科全书》总编纂委员会

总 顾 问（按姓氏笔画排序）

马国仓　马建章　马爱梅　王红卫　王利明　方精云
刘　杭　刘海星　江泽慧　孙关龙　李　坚　李文华
沈国舫　宋湛谦　张齐生　陈　丹　陈江凡　郝振省
唐守正　龚　莉　盛炜彤　蒋有绪　潘正安　魏玉山

总 主 编　封加平　张守攻

副总主编（按姓氏笔画排序）

杨　波　杨传平　吴义强　宋维明　邵权熙　曹福亮
蒋剑春

总 编 委（按姓氏笔画排序）

王　飞　王洪杰　方升佐　方炎明　卢　琦　叶建仁
田　昆　包志毅　兰思仁　吕建雄　刘世荣　刘守新
刘国彬　杜　凡　严　耕　李　雄　李世东　李新岗
张志翔　张明海　陆元昌　周训芳　周国模　赵　忠
钟永德　施季森　胥　辉　骆有庆　崔丽娟　彭长辉
董喜斌　傅万四　储富祥　温作民　雷光春　廖小平
谭晓风　薛建辉

秘 书 长　邵权熙

《森林工程卷》编纂委员会

主　　编　董喜斌

副 主 编　周新年　李文彬　朱守林　黄　新

编　　委（按姓氏笔画排序）

　　　　　　王国忠　王忠伟　朱玉杰　朱德滨　刘晋浩　李耀翔
　　　　　　肖生苓　邱仁辉　余爱华　庞　燕　赵　尘　胡志栋
　　　　　　薛　伟

秘 书 长　张群利

前　言

《中国林业百科全书》是中国第一部荟萃中外古今林业科学知识并全面反映中国林业发展情况的百科全书，是一所普及林业科学知识、传播林业建设经验、促进林业可持续发展和生态文明建设的没有围墙的大学。

森林是人类文明的摇篮，是人类食物、药物、建筑材料、生活用品、传统能源的重要来源，是自人类诞生以来对人类最大的奉献者。今天，林业仍然是利用太阳能和地力创造绿色财富、规模最大的绿色经济体，发展林业被认为是维护全球生态安全、应对全球气候变化、实现人类永续发展的根本性解决方案。科学家预言，随着科学技术的突破，生物质材料、生物制药、生物炭基肥、生物农药及能源植物、植物蛋白，可为解决能源、食物、健康、土地污染等一系列人类面临的巨大挑战提供重要路径。

然而，由于人类对森林长期无休止的过度利用和破坏，导致或加剧了水土流失、土地荒漠化、干旱缺水、湿地减少、洪涝灾害、物种灭绝、气候变化等一系列全球性的生态危机。联合国发布的《2000年全球生态环境展望》指出，全球森林已减少了50%，难以支撑人类文明大厦。科学家警告：生态恶化将使自然界失去供养人类生存的能力，生态危机有可能成为人类面临的最大威胁；没有林业的可持续发展，就没有经济社会的可持续发展。联合国已作出一个基本结论：森林涉及环境与发展整个范围的问题与机会，对经济发展和维护各种形式的生命是必不可少的。

中国是林业发展历史最悠久的国家之一。早在新石器时代，中国林业就开始萌芽，木制武器、工具、器皿在生产生活中得到应用。在4000多年前的上古时期，神农氏采集植物、遍尝百草，成为草木入药的发明者，"斫木为耜，揉木为耒"又成为神农氏开启森林利用先河的证据。到3000多年前的商朝，中国已设立了政府机构"司木"，并有了"木工"职业。到2700多年前的西周，已经有了负责森林防火、林木培育、林木利用与管理的官职，并开始形成原始的植物分类思想。在2300多年前的《孟子》中，"斧斤以时入山林，材木不可胜用也"，已体现出可持续发展的思想。这些保护森林、保护自然的思想为中华文明延续5000多年而没有断裂作出了重要贡献。

中国又是世界上最重视林业建设的国家之一。新中国成立后，林业建设的力度不断加大，创造了一个又一个林业发展的奇迹。中国开展了世界上规模最大、参与人数最多、持续时间最长的植树造林运动；中国实施了世界上规模最大、数量最多、成效最好的生态建设工程；中国已成为全球人工林面积最大和森林面积增长最多的国家；中国又是防治荒漠化成效最显著的国家，扭转了千百年来土地荒漠化不断扩展的趋势，实现了从"沙进人退"到"绿进沙退"的历史性转变；中国还是林业产业发展最快的国家，从林业产业一度为最落后的国家之一跃升为全球林产品生产、贸易、消费大国，为中国8亿多农民脱贫致富和促进绿色发展作出了重要贡献。

中国还是林业建设内容最丰富的国家之一。中国地域辽阔，跨越寒温带、中温带、暖温带、亚热带、热带5个气候带，形成了多种多样的生态系统和物种多样性，使中国成为世界上唯一具备所有生态类型的国家，其中陆地生态系统就有包括森林、草原和草甸、湿地、荒漠、高山冻原等5大类600多种，在湿地生态系统中几乎拥有《湿地公约》中所有的湿地类型。中国是世界上物种资源最丰富的12个国家之一，拥有1.5万～1.8万多种特有植物。中国林业产业门类齐全，形成了丰富多彩的特色产业，积累了一、二、三产业融合发展和可持续发展的经验。中国林业信息化、数字化、智能化发展迅速。同时，中国生态文化发展精彩纷呈。

编纂《中国林业百科全书》是全国林业科技工作者多年的愿望。1995年中国林业出版社首次提出编纂《中国林业百科全书》，并将其列入1996—2000年重点林业图书出版规划；2003年中国林业出版社再次提出编纂《中国林业百科全书》的计划，但由于种种原因未能实施。2013年中国林业出版社申报的《中国林业百科全书》项目入选国家新闻出版广电总局辞书编纂出版规划。2015年国家林业局批准《中国林业百科全书》项目申请报告。2016年12月22日，《中国林业百科全书》编纂工作正式启动。

《中国林业百科全书》共24卷，包括《总目录》《总索引》《综合卷》《林业政策与法规卷》《林业基础科学卷》《森林生态卷》《森林培育卷》《森林经理卷》《森林保护卷》《林木遗传育种卷》《经济林卷》《荒漠化防治卷》《水土保持卷》《自然保护地卷》《湿地卷》《野生动植物保护与利用卷》《园林绿化卷》《生态旅游卷》《森林工程卷》《林业装备卷》《木材科学与技术卷》《林产化学加工工程卷》《生物质能源及材料卷》《林业经济与管理卷》。计收条目2.4万条，约3000万字，陆续出版。

《中国林业百科全书》每一卷的纸质版与电子版同时出版。这为读者查阅相关内容提供了便利，也为今后及时补充修订有关条目提供了便利。

《中国林业百科全书》的编纂出版，是林业科技事业的一项基本建设工程，也是新时代生态文明建设的一项基础性工程，对于推动中国林业建设持续深入高质量发展，向世界传播中国生态文明建设经验，共同促进绿色发展、建设美丽地球，具有重要意义。

《中国林业百科全书》的编纂出版，是在中共中央宣传部、财政部、国家林业和草原局的高度重视下，在全行业的大力支持下，经过包括中国科学院、中国工程院院士在内的4000多名林业专家学者的艰苦努力取得的成果，是集体智慧的结晶。编纂这部巨著是一项宏大的系统工程，填补了中国林业发展史上的一项空白，具有开创性和复杂性，难免存在疏漏和不足，衷心希望广大专家、读者提出宝贵意见，共同建设好这座没有围墙的林业大学。

《中国林业百科全书》总主编　封加平　张守攻
2022年5月

凡 例

一、编 排

1. 全书以专业知识领域为基础设卷，分22卷，外加《总目录》《总索引》共24卷。卷由条目组成。

2. 各卷按前言、凡例、本卷前言、概观性文章、条目分类目录、正文、条目标题汉字笔画索引、条目标题外文索引、内容索引等顺序编排。

3. 全书主体是条目，条目一般由条目标题、释文和相应的插图、表格、参考文献等组成。

4. 全书条目按条目标题的汉语拼音字母顺序排列。第一字同音时，按声调顺序排列；同音同调时，按汉字笔画由少到多的顺序排列；笔画数相同时，按起笔笔形横（一）、竖（｜）、撇（丿）、点（丶）、折（乛，包括㇆、乚、く等）的顺序排列。第一字相同时，按第二字，余类推。以拉丁字母、罗马数字和阿拉伯数字开头的条目标题，依次排在全部汉字条目标题之后。

5. 各卷在条目分类目录之前都有一篇介绍本卷内容的概观性文章。

6. 各卷均列有条目分类目录，供读者了解本学科的全貌，可按学科知识体系查检所需要的条目。分类目录还反映出条目间的层次性、系统性，例如：

森林采伐··················188
 伐区作业··············41
  伐木··············29

7. 为保持知识体系的完整性和便于读者查阅，内容完全相同的条目，可以重复出现在不同卷。对卷间交叉的知识主题，在有关学科卷中均设有条目，但释文内容分别按其所在学科的要求有所侧重。

二、条目标题

8. 条目标题一般为词或词组，如"采伐强度""轮伐期""伐木""借向""集材道""贮木场""归楞""绞盘机"。

9. 条目标题一般由汉语标题和相对应的外文两部分组成；有两个以上对应外文的，中间用分号（；）隔开。

10. 无通用译名而纯属中国内容的条目标题，不附条目标题外文。

11. 生物属名、种名的条目标题外文一般注拉丁学名和英文名称，中间用分号隔开。其中，拉丁学名为斜体，属以上的科、目、纲、门名称的拉丁学名排正体，第一个字母大写，其他字母小写。如：

 白桦 *Betula platyphylla* Suk.

三、释文

12. 条目释文力求使用规范化的现代汉语。条目释文开始一般不重复条目标题。

13. 条目释文一般依次由定义和定性叙述、简史、基本内容、研究状况、插图、表格、参考文献等构成，视条目的性质和知识内容的实际状况有所增减或调整。

14. 条目释文较长时，设置层次标题，并用不同的字体和排式表示。

15. 一个条目的内容涉及其他条目并需由其他条目的释文补充的，采用"参见"的方式。所参见的条目标题在释文中用楷体字排印，例如"伐区木材生产过程中，木材的形态有伐倒木、原条和原木3种"；所参见的条目标题未在释文中出现的，另用括号加"见"字标出，例如"按运输方式分为木材陆运和木材水运（见木材运输）"。

16. 条目释文中配有必要的随文插图，包括照片、航摄图、遥感图、线条图等。

17. 插图附图题、图注等说明文字。

四、索引

18. 全书附有条目标题汉字笔画索引、条目标题外文索引、内容索引等。

五、其他

19. 全书所用汉字，除必须用繁体字和异体字的以外，以国务院2013年6月公布的《通用规范汉字表》为准。

20. 全书所用数字，执行国家标准GB/T 15835—2011《出版物上数字用法》。

21. 全书所用科学技术名词以全国科学技术名词审定委员会审定的为准，未经审定和尚未统一的，从习惯。

22. 全书所用地名，除历史地名外，一般以中国地名委员会审定的为准（含中国地名、外国地名）。历史地名后一般括注今地名。

《森林工程卷》前言

森林工程是森林资源开发利用、更新改造、建设管理的系统工程。以森林资源为作业对象，发挥森林多种效益为目标。既可以收获成过熟、可利用的木材及非木质林产品，尽可能地发挥森林的经济功能，又可以改善森林质量、促进森林更新、维护森林生态系统平衡。森林工程的研究对象包括作业者、作业设备、森林环境、作业技术、交通通信及其网络等。森林工程为林业工程学科下的二级学科。

森林工程是随着人们不断利用森林资源来满足人类生存需要而逐渐发展起来的。从发展历程来看，中国古代社会的森林利用可上溯至旧石器时代，这一时期森林是人类的摇篮，人类的各种活动均依赖于森林。历史上，人类从森林走出来，从事的砍树、打柴、修路、搬运等劳动，均属森林工程的范畴。到了近代，由于生产分工，森林工程形成独立的工程分支，成为一种特殊的作业模式。新中国成立后，随着国民经济发展对木竹材和林产品日益增长的需要和森林工业的兴起，中国森林采运在国民经济中愈来愈占有重要地位，逐渐形成了工业企业规模，这一时期主要以采伐、集材运输和贮存等林业生产环节为目标对象，内容涉及管理、机械和土建等方面，森林工程行业产值在全国工业总产值中曾位居第二。20世纪90年代以后，中国的森林工程逐渐从以木材生产即森林采运工程为主转向以森林资源建设与保护为主，进行森林可持续经营，发挥森林生态、经济和社会等多种效益。

中国最初将森林工程称为森林采伐与木材运输机械化，简称森林采运工程。1993年国家教育委员会（现教育部）颁发的《关于印发"普通高等学校本科专业目录"等文件的通知》将森林采运工程专业更名为森林工程专业（简称森工专业），并覆盖了原森林道路与桥梁工程专业，"森林工程"一词在中国正式出现。森林工程包括森林采运、森林道路、森工机械、森工管理等四大工程，是现代林业中的重要组成部分，也是关系林业生态体系、林业产业体系和生态文化体系三大体系建设的重要环节，同时还是现代林业建设和发展中承上启下的中间环节。森林工程肩负建设、保护、开发、利用森林资源的任务。研究领域主要面向森林的工程领域，既包括森林资源建设与保护工程，增加和改善森林资源的数量与质量，维护和巩固原有森林自然资源以及森林资源的建设成果，又包括森林资源开发与利用工程，实现森林的经济和社会效益。因此，系统整理森林工程作业技术及其对森林可持续经营的促进作用，整理森林工程领域科技最新成果，编纂出版一部介绍森林工程相关知识的百科全书，是促进森林资源建设与保护和实现森林的经济与社会效益的迫切需要。

按照《中国林业百科全书》总编纂委员会的总体部署，2018年10月16日成立《森林工程卷》编纂委员会（以下简称编委会），从北京林业大学、东北林业大学、南京林业大学、福建农林大学、西南林业大学、中南林业科技大学、内蒙古农业大学等教学科研单位，遴选具有森林工程领域多年教学和科研经历的高层次专家70余人组建编写及审稿队伍。在《中国林业百科全书》总编纂委员会、编辑部的关心指导及全体编委、撰稿专家的辛苦努力下，历经6年时间完成了《森林工程卷》的撰写工作。《森林工程卷》涵盖了森林采伐（含竹林采伐）、林业索道、木材运输（含水运）等10个板块共681个条目。

在《森林工程卷》编委会提出初步条目表的基础上，经多次征求意见和召开编写工作会议进行充分论证，完成了条目表的拟定和审改工作，在《中国林业百科全书》编辑部的指导下完成了与其他分卷重复条目的修改工作，《森林工程卷》编委会于2019年12月完成条目表构建工作，2019年12月13日《中国林业百科全书》总编纂委员会审核通过《森林工程卷》条目表。

在确定《森林工程卷》条目表后，《森林工程卷》编委会遴选领域内的专家撰写相应的条目，全面开展条目撰写和卷内审改工作。编委会成员和撰稿专家多次召开条目编写工作会议，认真学习《中国林业百科全书》作者撰稿手册》和孙关龙编审《努力撰写好〈中国林业百科全书〉的条目》等文件要求，高质量开展编纂工作。历经3年时间，在完成样条撰写与审定、确定条目撰稿专家、条目初稿撰写、条目格式规范整理等工作基础上，为提高条目质量和规范条目格式，编委会组织外审专家进行审稿改稿，对稿件进行审稿后再返回撰稿专家修改，最后，修改稿由分支负责人、主编审阅后初步定稿。2022年12月，《森林工程卷》编委会将符合"齐、清、定"要求的稿件提交编辑部。在修改《森林工程卷》条目定稿阶段，编委会充分吸收《中国林业百科全书》编辑部指导建议，发挥撰稿专家的智慧力量，不断完善条目形式及内容，提升条目撰写质量；根据编辑部反馈的审稿意见及撰写要求，认真细致地开展条目的修改及完善工作，保证《森林工程卷》的整体编纂质量。编委会于2023年7月28日在哈尔滨召开编写工作会议，会议上各分支负责人及条目作者就修改过程中存在的问题和编辑部进行沟通，共同探讨编撰事宜，并讨论确定《森林工程卷》条目编写及审核相关工作。2023年11月，编委会完成《森林工程卷》全部条目的修改工作，经主编审定后提交编辑部审核。

《森林工程卷》的顺利出版，要衷心感谢国家林业和草原局、《中国林业百科全书》总编纂委员会、中国林业出版社和《中国林业百科全书》编辑部的大力支持和指导，也要衷心感谢编委会各位编委和条目撰写专家的辛苦付出和奉献。

由于参编人员数量较多，同时限于对《中国林业百科全书》撰写要求的认知水平，在条目框架构建和条目内容撰写方面难免存在疏漏和不足之处，敬请广大读者批评指正。

董喜斌
2024年7月

目 录

前　言	5
凡　例	7
《森林工程卷》前言	9
森林工程	13
条目分类目录	21
正　文	001
条目标题汉字笔画索引	298
条目标题外文索引	305
内容索引	317

森林工程

董喜斌

森林资源开发利用、更新改造、建设管理的系统工程。以森林资源为作业对象，发挥森林多种效益为目标，主要体现在两个方面：一是开发利用森林资源，收获成过熟、可利用的木材及非木质林产品，尽可能地发挥森林的经济功能；二是建设和保护森林资源，调整森林结构，提升森林质量，促进森林更新，维护森林生态系统平衡。森林工程是现代林业的重要组成部分，也是关系林业生态体系、林业产业体系和生态文化体系三大体系建设的重要环节，同时还是现代林业建设和发展中承上启下的中间环节。

森林工程（forest engineering）前身是森林采运工程，全称为森林采伐与木材运输机械化。1902年首次由美国的康奈尔大学授予森林工程学位。1908年加拿大成立森林工程师学会，现在设有东部、西部两个森林工程研究所。1909年，在北美召开了第一次太平洋采运大会，以后每年都召开年会，进行学术交流和技术、商务交易。1910年美国华盛顿大学开设了采运工程课程。

1913年美国俄勒冈州立大学设立了采运工程系。到1920年，在北美西部地区已有5所大学开设了采运工程专业。到20世纪40年代，俄勒冈州立大学将采运工程专业名称改为森林工程。1919年俄勒冈工程师注册法规把采运工程作为其中的一门职业，1945年华盛顿州将采运工程设立为一门特定的工程分支，用于职业注册。

美国农业工程师协会（ASAE）自20世纪60年代末开始举行森林工程大会。在此基础上，1979年美国成立了独立的森林工程协会。

中国森林采运工程学科始建于1952年，是中国林业工程一级学科中创建最早的二级学科。1981年实行学位制度后逐步发展成3个二级学科，即森林采运工程、林区道路与桥梁工程、林业机械。1993年7月16日，国家教育委员会（现教育部）颁发的《关于印发"普通高等学校本科专业目录"等文件的通知》一文中，明确把森林采运工程专业更名为森林工程专业（简称森工专业）。"森林工程"一词在中国正式出现。森林工程专业在内容上涵盖了采伐运输工艺、采运机械、林区道路和森工管理4个方向，为林区培养采运、土木、机械和管理的复合型人才。至此，森林工程内涵包括森林采运、森林道路、森工机械、森工管理等四大工程。它们在整个森工系统中有机联系与结合，如工艺与机构、工艺与管理、道路与机械等是动态结合的。但四大工程又相互独立，从性质、意义、作用上来讲，它们之间却有大小、主次之分。森林采运在整个系统中是最活跃、最本质的，与另三个工程都有密切的关系，且带有主导性和方向性，处于首要地位。

发展历程

森林工程的发展与人类文明息息相关，古代的构木为巢，钻木取火，伐木再到修路、架桥等活动均属于森林工程的范畴。从整个发展历程来看，主要体现在以下几个方面：①采伐方式上，由单一的主伐方式，如择伐、皆伐作业，到多种形式的采伐，同时注重森林抚育经营。②更新方式上，由全靠天然更新逐渐发展形成了人工更新和人工促进天然更新等更新方式。③作业方式上，由手工作业方式过渡到机械化和全盘机械化，形成了以机械设备为主，其他形式辅助的方式。④木材作业方式上，在原木生产的基础上逐渐发展了原条生产以及伐倒木生产，并且生产方式历经了季节性作业、常年作业、机械化常年流水作业3个阶段。⑤作业性质逐渐向生态化方向转变。

基于重要的历史事件和时间节点，森林工程主要划分为3个发展阶段。

古代森林工程发展（远古至公元1840年） 中国古代社会的森林利用可上溯至旧石器时代（距今约300万年至1万年），这一时期森林是人类的摇篮，人类的各种活动均依赖于森林。在旧石器时代，人们从森林中获取食物、构木为巢、摩擦生火，旧石器时代晚期使用木制弓箭，都反映了人类对森林的原始利用。新石器时代（距今约1万年至5000多年），随着火和石斧的出现，人们开始进行早期的森林采伐，用于制作独木舟，用木材、木板建筑房屋。这一时期，木器制作技术已达到相当高的水平，如在浙江余姚河姆渡的氏族村落遗址上出土的木（陶）纺轮、木（骨）匕、木机刀、圆木棒、尖头小棒等，石器与木器为这一时期最主要的伐木工具。林学家凌大燮先生在《中国森林资源的变迁》一文中曾推算此时期中国森林面积为47600万 hm^2，森林覆盖率为49.6%。

夏、商、周时期处于青铜器时代（公元前4000年至公元初年），社会分工进一步深化，黄河、长江流域人口繁衍，城邑不断增多，促进了大规模的森林开发，尤其在西周时期（公元前1046年至前771年），中国传统木构建筑的风格基本形成，在城市规划以及宫室、宗庙的修建上都是以消耗大量林木为代价。夏（约公元前21世纪至约前16世纪）处于青铜器时代的初期阶段，主要的伐木工具为刀、锯、锥、钻等小件铜工具；商为青铜器制作成熟时期，探伐工具已由石器改为铜器，主要有斧、凿、锛，交通工具为舟、车、辇；到了春秋战国（公元前770年至前221年）时期，铜制斧、锛、刀、锯等已成为森林采伐的常用工具，此时木材运输水路、陆路并举，木舟的制造和利用也渐发达，在《华阳国志·蜀志》中就有较早的木材水运记录。

秦朝以后的2000多年间，对森林乱砍滥伐，森林面积逐渐缩小，生态环境逐渐恶化。人口因素，包括人口迁移、毁林种田等成为森林覆盖率迅速下降的重要原因。中国人口由春秋时的1185万增至1840年的41000万，增加了34倍多。同时这一时期，天然林逐渐消失，以人工经营的经济林和用材林数量急剧增加。斧、刀、锯仍然是最主要的伐木工具，人力是最主要的集材方式，运材以水运为主兼施车运，但使用工具的技术水平逐步提高，如清嘉庆（1796—1820年）年间在秦岭采伐森林时应用滑轮和以牛、骡为动力的木制绞盘机等。到清朝初期，中国森林面积减小到29130万 hm^2，森林覆盖率为26%。

近代森林工程发展（1840—1949年） 中国古代森林资源丰富，即使在清末之前，东北森林也有"窝集"之称，西南森林也有"树海"之称。1840年后，中国进行了较大规模的木材采伐，1949年时森林覆盖率下降为12.5%，森林的破坏达到了最高峰。除了农垦、建筑等生活因素外，森林受破坏严重的主要因素是帝国主义的掠夺和近代无休止的内外战争。

晚清时期，由于幅员辽阔，中国各区域立地条件千差万别，技术水平参差不齐，主要表现在：

①东北林区采伐木材在秋冬进行，从11月起开始伐木，一直到次年2月停止。伐木所用工具为大斧和锯。锯长1.67m左右，双人拉，俗称"快马子"。集材时利用牛马拉简易爬犁，在雪地上行走，将所伐木材拉到河边楞场。晚清时期，东北的木材主要靠水运，水运木材分管流和筏运两种。光绪（1875—1908年）年间，沙皇俄国在中国东北修筑了中东铁路，铁路沿线所伐树木主要用铁路运输。

②西北地区采伐季节多在夏秋两季（5~11月）。伐木工具极为原始，主要依赖于斧。集材方式为两种，人力集材和重力集材。木材运输为陆路与水路结合，通过陆路运输将木材运送到水路运输的起点。陆路运输的方法有土滑道、曳运两种；水路运输的方法有单漂、筏运两种。

③西南林区采伐季节集中在4~8月。四川和云南采伐方式为择伐，贵州和广西主要为皆伐。西南林区木材陆路运输有土滑道、人力扛抬和公路运输。公路运输是在川康公路天全至成都段，抗日战争时期就是利用木炭汽车运输木材；水运分撬漂和筏运两种。

④东南林区杉木人工林一般20~30年时采伐，一年四季均可进行。木材运输有陆路和水路两种。陆路运输有辘车载运和人工扛运两种；水路运输分为单根流送和扎排两种。

⑤在华中地区，湖南采伐工具为斧锯；安徽采伐杉木时，两人用斧砍伐，然后去枝、剥皮，人工扛至河边，森林采伐季节在10月至次年2月中旬；浙江、安徽等省采伐毛竹用斧砍，采伐季节多在冬季。木材运输有陆路和水路两种。湖南、江西山路崎岖，木材陆运主要靠人力。湖南水路运输方式主要有洗条、放挂、船运、筏运4种，江西为在山脚水边编木排。

⑥台湾林区由于其河流短急，所以并不适合水路运输。日本侵占台湾以后，在林区修筑道路，架设索道，使伐木、集材、运输、贮木等环节采用机械化，林道以森林铁路和索道为主。1913年以后，采用架空索道和绞盘机集材。到1945年台湾林区平均铁路总长132.3km，山地铁路253.4km，伏地倾斜铁路2279m，车道32km，架空索道24566m。

⑦华北林区木材运输以陆路为主，水路为辅。陆运近途用骡驮或大车运输，远途为火车运输。水运多为木筏运输。华北地区森林资源少，采伐规模不大，一般靠外省供给。

20世纪初，在北美洲，尤其是其西部地区对采伐和森林经营中的工程技术需求持续上升。到1910年，美国林务局已修建了515km道路，铺设了3580km铁路和3038km电话线路。美国西部的采伐工人面对陡峻地形条件和大径级树木作业时，采用索道系统和铁路进行木材集运，需要进行铁道线路勘测、地界测量和道路规划、设计、施工。第一次世界大战后，采运工程的基本性质发生了变化：一是内燃机和制造技术的发展使拖拉机和汽车适用于采运作业，二是对更新和择伐加以重视。早期国外林业发达国家的采运工程是考虑在困难地形下对木材资源的经济利用，对铁路和索道集材机的投资需要进行工程上和经济上的详细规划，而对林学要求则含糊不清。直到20世纪20年代，随着公众对森林持续产出的日益关注，采伐作业开始对林学要求有所考虑。木材的生长成为采运工程和作业的必要部分。40年代，陡峻地形的采伐技术有了新的发展，出现了履带式钢架杆集材机，广泛应用轮式和履带式钢索装车机和动力链锯。

现代森林工程发展（1949年至今） 中华人民共和国成立之初，运材已使用森林铁路，但采伐与集材作业仍处于手工阶段。随后中国森林工程发展迅速，森林采运在国民经济部门所占的比重逐步提高，逐渐形成了工业企业规模，在设备上、技术上都有很大的提高。20世纪50年代初，森林采运开始进入机械化阶段。60年代森林采运作业向全盘机械化过渡，如1960年前后，南方一些贮木场采用叉车进行原木的归楞和装车，但进展缓慢。同时在全盘机械化的进程中，自动控制伴随产生。

伐区造材作业机械化的进程与伐木作业机械化同步，油锯是最主要的伐木工具。1953年引进东德、苏联的油锯和电锯进行伐木和造材，同时吸取国内外先进经验，先后研制更加先进、不同型号的油锯，如东北、内蒙古林区广泛使用的两大伐木机械：051A型油锯和GJ85油锯。经过几十年的实践证明，高把油锯基本适用于中国东北、西北和西南林区，矮把油锯适用于南方林区。

在集材设备上，1949年前主要的集材方式是畜力或人力集材，效率低下。1949年之后，从苏联先后引进了KT-12专用集材拖拉机、TJI-3三筒绞盘机、BTy-1.5架空索道等设备，发展了拖拉机集材、绞盘机集材、索道集材、气球集材、直升机集材等。据1986年统计，东北、内蒙古林区主要使用拖拉机集材，集材机械化程度已达到83%；西南和南方林区主要使用索道集材，集材机械化程度仅为25%。20世纪90年代开始，集材方式多样化，以地面机械集材为主，其他形式为辅，畜力集材的比例开始上升。

在木材运输上，1949年前以畜力和水运为主。1949年以后，由于森林大面积开发，导致以前的运输方式不能满足需要，出现了多种类型的运输方式。在陆运上，在森林铁路运输的基础上发展了平车运材、拖拉机木板道运材、冰道运材、索道运材和汽车运材等；在水运上，除筏运、扎排外，发展了船运及过坝等形式。东北地区木材运输逐步由水运转变为陆运，并被森林铁路运输和汽车运输所代替。在南方地区，汽运在木材运输中所占的比重逐渐升高。森林铁路运材和汽运是中国木材运输的主要方式之一，到1990年，森林铁路线路长度达到8751km，汽运公路长度达到107498km。

20世纪60～80年代是中国森林工程发展最快的阶段，同时森林机械化蓬勃发展，这为森林作业提供了很好的条件。1982年，全国森工采运综合机械化比重占87.5%，东北、内蒙古林区采运综合机械化程度达到91.38%，其中采伐机械化占91.1%，运材机械化为99.15%；南方林区伐木造材机械化达到了10%，运材机械化达到了30%～41%。除打枝外，其他工序基本上实现了机械化，同时也摸索出了多种采伐方式。

对森林重采轻育，过量采伐。据第二次全国森林资源清查结果（1977—1981年），全国森林总面积1.15亿hm^2，森林覆盖率仅为12.0%，森林蓄积总量为90.28亿m^3。20世纪80年代，中国森林资源出现严重危机，用材林中可供采伐的成过熟林蓄积量仍呈减少趋势，许多木材生产企业濒临倒闭或破产，同时生态环境问题也慢慢隐现。森林资源的严重枯竭使其开发不能像20世纪80年代那样没有节制。20世纪90年代以后，中国的森林工程逐渐以木材生产即采运工程为主转向以森林资源建设与保护为主，将森林采运与育林等多种经营方式结合，进行森林可持续经营，发挥森林生态、经济和社会等多种效益。20世纪末到21世纪，高新技术开始应用于森林经营中，如3S（GIS、RS、GPS）技术、计算机技术和网络技术，极大地促进了森林资源的经营、管理、利用的信息化进程。

进入21世纪，中国实施了林业六大工程，采取植树造林、禁止天然林商业性采伐等措施来保护森林，修复生态环境已初见成效，中国森林资源的蓄积量逐渐提高，截至2022年底，中国森林总面积已恢复近2.31亿hm^2，森林蓄积总量194.93亿m^3，森林覆盖率达到24.02%。从整个历史看，中国森林工程历经了从个体、私人活动到独立、拥有全面系统的工程分支的过程，现在森林工程的主要任务就是运用新技术、新理论，合理开发利用森林资源，重视森林经营，实现森林的可持续发展。

在国外，从20世纪50年代后期开始，森林工业发达国家如苏联、美国、加拿大、瑞典、芬兰等开始对伐区作业全盘机械化进行研究，以此来降低手工作业，提高生产率。苏联在森林工程领域的研究一直处于世界领先地位，20世纪60年代自行研制成功了自行式采伐机，并且在七八十年代大量应用于生产。北美和北欧等地于70年代开始使用伐区作业联合机，并在90年代广泛使用，完成了单工序机械向全盘机械化的过渡。90年代随着计算机技术发展，高新技术逐渐应用到森林作业中，如计算机优化造材系统、遥感技术、林区作业机器人等；运材设备趋于大载量的列车，同时采用高新技术，如全球定位系统装备运材汽车。从20世纪90年代开始发达国家开始注重人文因素，考虑人—机—环境三者之间的关系，尽可能降低机器对人的伤害以及对生态环境的破坏。20世纪末，森林工业发达国家林区机械设备已经趋于成熟，并且向智能化方向发展。

研究领域

森林工程肩负建设、保护、开发、利用森林资源的任务。主要面向森林的各类工程，也泛指在森林区域内与森林资源相关的土木工程、机械工程和交通运输工程。主要有四大领域：

森林资源建设与保护工程 建设森林资源是为了增加和改善资源的数量与质量；保护森林则是维护和巩固原有森林自然资源以及森林资源的建设成果。森林资源建设包括森林营造、抚育、更新与改造等工程；森林资源保护是对森林中的生物和非生物因素进行维护，抵御外界天然的或人为的破坏，主要包括森林水土保护、森林防火灭火、森林病虫害防治等。

森林资源开发与利用工程 开发利用森林是为了实现森林的经济和社会效益，包括生物利用、非生物利用和景观利用。生物利用的对象包括木材、竹子、藤、药材、食品、动物与微生物等；非生物利用包括水资源、能源与矿产等的开发利用，这方面的利用常与水利工程、电气工程与矿产工程等的分支密切相关，交叉融合；景观利用是实现森林资源的环境效益的重要途径之一，包括森林景观的建设、旅游开发和经营。

森工机械与智能装备工程 主要包括造林、育林、抚育、采运机械等。造林机械以植树机、挖坑机、移植机、挖坑植树一体机为主；育林机械包括修枝机、割灌机、施肥机等；抚育机械以促进树木生长、提高森林质量为主要目的，包括一些小型采运机械设备、筑床机、除草机等；采运机械包括采伐机械和木材运输机械，其中，采伐机械包括油锯、原木联合机、原条联合机、采伐联合机等，主要功能是采伐木材；木材运输机械包括林用汽车、绞盘机、拖拉机、林业索道、森林铁路与机车车辆和排筏等。采用现代控制技术对机械设备进行升级改造，实现智能化森工装备。

林区运输与道路工程　林区运输工程就是通过道路、铁路、水路，利用汽车、火车或船舶等运送森林物资，包括原材料、产品和半成品，如木材、竹材、生产资料和生活物资等。林区运输工程涉及运输工具、运输线路、运输规划与管理和运输设施如装卸场、中转站、码头等，并对运材设备进行选型、运用与维修。林区道路又称森林道路、林业道路，为各种车辆和行人通行所提供的工程设施。道路由线路、路基、路面和沿线附属设施组成，林区道路工程包括林道网规划、林道勘察设计、施工、运营和养护等内容。森林铁路运材设备主要由机车、运材挂车和首车组成。水路运输在水系发达地区是一种常见的林区运输方式。因此，林区河道的整修、疏浚以及河港的修建也是森林工程的内容之一。

工程内容

森林工程以森林资源为作业对象，主要内容包括调查规划设计、森林采伐作业、木材运输、贮木场、森林工程管理等5个方面。

调查规划设计　以生态理论为指导，以永续利用为目标，进行的森林调查、更新造林设计、生产规划设计、作业工艺设计、工程设计，以及达到生产作业条件所需的各种工作。随着科学技术的发展，3S技术已应用到森林资源经营管理和林道网规划等领域。地理信息系统（GIS）既可为森林调查监测提供丰富的数据源，同时也是对森林资源进行统计分析、规划设计和经营管理的工具；遥感技术（RS）广泛应用于森林成图、资源调查及森林经营管理等方面；全球定位系统（GPS）可用于遥感地面控制、伐区边界量测、森林调查样点的导航和定位、森林灾害的评估等诸多方面。计算机辅助优化技术应用于调查规划设计、林道网规划、出材量优化设计等，提高了设计效率和质量。

森林采伐作业　是在保证作业安全的基础上，进行伐木作业、打枝作业、集材作业（包含拖拉机集材、索道集材、绞盘机集材、畜力集材、滑道集材、气球集材、直升机集材、人力集材等）、装车作业、伐区清理作业，以及作业所需的机械装备和机具的运用、维护和保养工作。具有森林资源的开发性、作业场地分散性和经常移动性、森林资源的多样性、森林资源生长的长期性、森林资源深加工性、木材产品笨重性以及采伐作业受自然条件影响大等特点。要求采伐作业对森林中的动植物、微生物等生物资源和土地、水源、河流、矿藏等非生物资源进行保护，处理好森林采伐作业与森林更新、生长和生态环境的关系，选择适宜的作业对象、作业方式、作业季节、作业时间和作业数量，做到森林经济效益和生态效益有机统一，实现森林可持续发展。

木材运输　集中接纳山场集运下来的木材，采取公路运输、铁路运输和水路运输等方式，将木材运到贮木场或中间楞场的生产过程。是木材生产过程的重要环节；连接伐区和贮木场，或伐区与需材单位的纽带。具有木材分散性、汇聚性、不平衡性、运材道路递增性、重载下坡性以及运输设备专业性的特点。木材在伐区装车场经过装车（或装船）、重载运输、贮木场卸车、空车返回伐区装车场，完成木材运输的一个循环。依据运输对象有伐倒木、原条、原木、木片和采伐剩余物的运输,并配备相应的运材设备。为提高运输效率和降低成本,必须有适应运输的工作条件,即运输条件、道路条件、气候条件和组织条件。采用现代调度运行系统,实现木材运输机械行走轨迹路径定位和跟踪管理。

贮木场 是设置在运材线与公共交通线相衔接点,用以完成原木商品的最终生产、贮存保管和调拨销售的场所。在木材生产和木材调运之间起调节和缓冲作用,是沟通木材产销必不可少的环节。木材到达贮木场后一般都要经过卸车(水运贮木场的出河)、造材、选材、归楞和装车等一系列作业。由于产品销售和内外运输不均衡,需要进行商品材保管,这期间要减少或避免木材变质降等,防止木材丢失,通过木材检验进行木材评等区分,合理垛放,达到"三准、三清、一化"要求。"三准"是从数量来说,包括缴库准、库存准和拨出准;"三清"是对木材质量而言,包括树种清、材种清和品等清;"一化"就是木材管理商品化。贮木场最终目的是保质保量、及时地将木材供应给需材部门,满足国家建设需要。

森林工程管理 是对森工企业主要生产经营活动有节奏地顺利进行,降低生产消耗、节约生产物资、提高作业效率、保护森林环境、安全生产、高质量完成生产任务等方面进行的合理组织和科学管理。内容包括森工企业生产过程的组织、森工企业生产计划、森工生产信息化、森工产品物流管理、设备运用与管理、安全生产管理、劳动组织与管理、物资调配与成本控制等,这些内容贯穿企业生产全过程。

作业技术

作业技术是运用对森林的认识、利用和改造,开发对人类社会有用产品和服务的生产活动和工程技术。具有工程对象特殊性、工程内容广泛及类型多样性、跨产业属性、市场和经济属性、公益属性和环境艰苦性等特点;产品可以是木材、竹材、药材、食品、林木等,可以是林区土建工程、景观工程、防沙治沙工程、水土保持工程等工程建筑物,可以是机械设备、通信器材、电气设备、金属制品等机电产品,还可以是森林游憩、产品营销、林区物流、电子商务等服务项目。森林工程作业技术从目的上分为工业性和生态性。工业性作业技术是以经济效益为核心,实行"单一木材生产",走"大木头挂帅"的林业发展道路。生态性作业技术是在森林资源开发利用过程中,树立生态保护第一的思想观念,尽可能地减少或避免因作业施工对森林生态造成破坏。主要包括作业设计、施工方式的确定、控制作业量,控制对林地土壤、水质、野生动植物及保留木的干扰。处理好人、机和环境关系,提高森林作业质量。

发展趋势

中国森林工程的重点将是结合生态工程建设,推出先进而适用的森工机械和作业技术。在逐渐提高森林作业机械化水平的同时,加强对森林作业中生态环境保护的研究,着重研究不同分类经营模式下的作业评测体系和作业技术方法;引进现代工程技术和方法,如数字技术、优化设计技术、系统工程技术、模拟预测技术等,以改进森工作业技术、提高森工规划设计水平。森林工程学科一方面将不断引入土木工程、交通运输工程、机械运用工程、系统工程、信息技术、生态工程等学科的先进技术，结合森工生产要求，加以改进和创新，推出符合林区生产的适用技术；另一方面将引进国外先进技术，通过吸收、改造，为我所用，少走弯路。中国森林工程的发展方向是：①在森林作业规划设计方面，引入天空地一体化技术，进行森林调查规划设计，推动森工作业设计技术向高精度、智能化方向发展。②因林因地制宜选择作业技术，生态友好型森林收获设备将是优先选择对象。球果采收、木材收获、森林营建等设备向自动化、智能化方向发展，如自动伐木及营林设备、无人驾驶集材机、定向空中集材设备、全自动木材及球果收获一体机等。③发展智能运输设备，实时监测产品的质量和运输设备的运行安全状况；发展困难和多年冻土地区林区道路病害防治、治理和智能检测技术。④贮木场经过智能制造出优质产品，满足用户需求，向绿色现代专业化方向发展。⑤森工作业组织管理现代化。

参考文献

梁少新, 1988. 中国森林采育史话（八）[J]. 森林采运科学(1): 60-61.

梁少新, 1989. 中国森林采育史话（十一）[J]. 森林采运科学(3): 3, 54-55.

史济彦, 1998. 中国森工采运技术及其发展[M]. 哈尔滨: 东北林业大学出版社.

赵尘, 2018. 森林工程导论[M]. 北京: 中国林业出版社: 17-25.

条目分类目录

> **说明**
> 1. 本目录供分类查检条目之用。
> 2. 为了学科分类体系的完整，有些条目可能在几个分支学科或分类中出现。
> 3. 参见条的页码采取虚实条兼注的方式，即参见条页码在括号外，被参见条页码在括号内。
> 4. 凡加有〔××××〕者，不是条目标题，而是分类集合的提示词。例如，〔森林采伐术语〕〔林业索道类型〕。

森林工程 ………………………… 13

森林采伐 ………………………… 188
　〔森林采伐术语〕
　　采伐强度 ……………………… 007
　　郁闭度 ………………………… 252
　　森林作业 ……………………… 206
　　采伐工程生态学 ……………… 006
　　采运工程 ……………………… 010
　　采伐作业 ……………………… 009
　　采伐许可证 …………………… 009
　　伐区拨交 ……………………… 034
　　森林采伐量 …………………… 191
　　森林采伐限额 ………………… 191
　　采伐季节 ……………………… 007
　　轮伐期 ………………………… 144
　　择伐周期 ……………………… 276
　　竹林采伐年龄 ………………… 285
　　竹林采伐量 …………………… 284
　　伐区验收 ……………………… 041
　森林采伐方式…………………… 190
　　主伐 …………………………… 286

　　皆伐 …………………………… 086
　　渐伐 …………………………… 082
　　择伐 …………………………… 276
　　抚育采伐 ……………………… 045
　　透光伐 ………………………… 238
　　疏伐 …………………………… 220
　　生长伐 ………………………… 218
　　卫生伐 ………………………… 242
　　更新采伐 ……………………… 054
　　低产（效）林改造采伐 ……… 022
　伐区作业………………………… 041
　　伐木 …………………………… 029
　　　联合机伐木 ………………… 099
　　　链锯伐木 …………………… 100
　　　手工锯伐木 ………………… 220
　　　手工斧伐木 ………………… 220
　　　伐木楔 ……………………… 031
　　　液压伐木楔 ………………… 251
　　　推树气垫 …………………… 239
　　　下锯口 ……………………… 243
　　　上锯口 ……………………… 214
　　　留弦 ………………………… 135

借向	086
挂耳	061
伐木损伤	031
搭挂	016
伐根	028
伐木技术	030
剥皮	003
竹林采伐	284
打枝	016
集材	076
集材道	077
人力集材	184
畜力集材	014
滑道集材	071
绞盘机集材	084
拖拉机集材	240
索道集材	233
捆木索	090
气球集材	173
直升机集材	279
原木集材	257
原条集材	261
伐倒木集材	028
串坡	015
山场接运	212
半载集材	002
全载集材	182
原木	253
原条	260
伐倒木	028
造材	274
量材	100
木材检量	149
检尺径	080
检尺长	080
山上楞场	213
装车场	294
原条装车楞场	263
原木装车楞场	259
推河楞场	239
采育场	010
山场归楞	212
推河	239
预装	253
缆索起重机装车	092
架杆起重机装车	079
装载机原木装车	295
伐区清理	037
采伐迹地	007
火烧清理法	075
堆腐清理法	026
散腐清理法	185
采伐剩余物利用	008
枝丫收集	279
枝丫打捆	279
削片	250
木片贮存	165
伐区生产工艺设计	039
伐区生产系统	040
伐区	034
作业区	297
伐区生产工艺类型	038
林区林道网	123
林道网密度	116
马秋思林道网理论	146
伐区区划	038
伐区调查	035
踏查	235
采伐小班	008
出材量	014
伐前更新	033
伐区工程设计	035
伐区工艺设计	036
平均集材距离	169

作业季节	297
采伐更新设计	006
伐区生产组织	040
伐区生产工艺设计成果	039

林业索道 …… 131

〔林业索道术语〕

跨距	089
弦长	244
弦倾角	244
单跨索道	017
多跨索道	026
挠度	167
无荷中央挠度系数	242
悬索线形	249
索长	231
悬索拉力	248
悬索窜移	247
设计荷重	216
方向角	045
升角	218
补正系数	005
弯折角	241
弯挠角	241
安全靠贴系数	001
索道索系	233

〔林业索道类型〕

集材索道	077
全自动集材索道	182
半自动集材索道	002
增力式集材索道	277
松紧式集材索道	231
运行式集材索道	272
运材索道	272
单索曲线循环式运材索道	017
单线双索循环式运材索道	018

悬索理论	248
悬链线理论	247
抛物线理论	169
悬索曲线理论	249
摄动法理论	217
索道优化理论	234
索道工程辅助设计系统	232
林业索道设备	132
索道钢丝绳	232
钢丝绳类型	052
承载索	013
运载索	273
牵引索	174
循环索	250
回空索	073
起重索	173
绷索	003
同向捻钢丝绳	237
交互捻钢丝绳	082
混合捻钢丝绳	074
点接触钢丝绳	023
线接触钢丝绳	244
面接触钢丝绳	147
钢丝绳机械性能	052
钢丝绳抗拉强度	052
钢丝绳破断拉力	054
钢丝绳弹性伸长	054
钢丝绳弹性模量	054
钢丝绳刚性	052
钢丝绳旋转	054
钢丝绳安全系数	051
钢丝绳耐久性	053
钢丝绳损伤	054
钢丝绳断丝	052
钢丝绳磨损	053
钢丝绳扭结	054
钢丝绳腐蚀	052

　　　　钢丝绳连接⋯⋯⋯⋯⋯⋯⋯⋯⋯⋯053
　　　　　钢丝绳长接⋯⋯⋯⋯⋯⋯⋯⋯⋯051
　　　　　钢丝绳短接⋯⋯⋯⋯⋯⋯⋯⋯⋯052
　　　　　钢丝绳套筒连接⋯⋯⋯⋯⋯⋯⋯054
　　　　　钢丝绳卡接⋯⋯⋯⋯⋯⋯⋯⋯⋯052
　　　索道跑车⋯⋯⋯⋯⋯⋯⋯⋯⋯⋯⋯⋯233
　　　　集材跑车⋯⋯⋯⋯⋯⋯⋯⋯⋯⋯⋯077
　　　　　滑轮组合式跑车⋯⋯⋯⋯⋯⋯⋯072
　　　　　半自动跑车⋯⋯⋯⋯⋯⋯⋯⋯⋯002
　　　　　全自动跑车⋯⋯⋯⋯⋯⋯⋯⋯⋯182
　　　　运材跑车⋯⋯⋯⋯⋯⋯⋯⋯⋯⋯⋯264
　　　　　强制式握索器⋯⋯⋯⋯⋯⋯⋯⋯174
　　　　　重力式握索器⋯⋯⋯⋯⋯⋯⋯⋯284
　　　绞盘机⋯⋯⋯⋯⋯⋯⋯⋯⋯⋯⋯⋯⋯083
　　　　绞盘机参数⋯⋯⋯⋯⋯⋯⋯⋯⋯⋯084
　　　　绞盘机卷筒⋯⋯⋯⋯⋯⋯⋯⋯⋯⋯084
　　　　　绞盘机摩擦卷筒（见绞盘机卷筒）⋯085（084）
　　　　　绞盘机缠绕卷筒（见绞盘机卷筒）⋯084（084）
　　〔索道附属装置〕
　　　绳夹板⋯⋯⋯⋯⋯⋯⋯⋯⋯⋯⋯⋯⋯219
　　　复式滑车⋯⋯⋯⋯⋯⋯⋯⋯⋯⋯⋯⋯047
　　　鞍座⋯⋯⋯⋯⋯⋯⋯⋯⋯⋯⋯⋯⋯⋯001
　　　滑轮⋯⋯⋯⋯⋯⋯⋯⋯⋯⋯⋯⋯⋯⋯071
　　　载物钩⋯⋯⋯⋯⋯⋯⋯⋯⋯⋯⋯⋯⋯274
　　　止动器⋯⋯⋯⋯⋯⋯⋯⋯⋯⋯⋯⋯⋯280
　　　支架⋯⋯⋯⋯⋯⋯⋯⋯⋯⋯⋯⋯⋯⋯278
　　　锚碇⋯⋯⋯⋯⋯⋯⋯⋯⋯⋯⋯⋯⋯⋯147
　　　　人工卧桩锚结⋯⋯⋯⋯⋯⋯⋯⋯⋯183
　　　　人工立桩锚结⋯⋯⋯⋯⋯⋯⋯⋯⋯183
　　林业索道安装架设⋯⋯⋯⋯⋯⋯⋯⋯⋯131
　　　索道勘测设计⋯⋯⋯⋯⋯⋯⋯⋯⋯⋯233
　　　索道侧型设计⋯⋯⋯⋯⋯⋯⋯⋯⋯⋯231
　　　承载索安装拉力测定⋯⋯⋯⋯⋯⋯⋯013
　　　　振动波法⋯⋯⋯⋯⋯⋯⋯⋯⋯⋯⋯278
　　　　倾角法⋯⋯⋯⋯⋯⋯⋯⋯⋯⋯⋯⋯181
　　　　索长法⋯⋯⋯⋯⋯⋯⋯⋯⋯⋯⋯⋯231
　　　架索⋯⋯⋯⋯⋯⋯⋯⋯⋯⋯⋯⋯⋯⋯079
　　　移索⋯⋯⋯⋯⋯⋯⋯⋯⋯⋯⋯⋯⋯⋯252
　　　拆卸⋯⋯⋯⋯⋯⋯⋯⋯⋯⋯⋯⋯⋯⋯011
　　　转移⋯⋯⋯⋯⋯⋯⋯⋯⋯⋯⋯⋯⋯⋯294
　　〔林业索道规范〕
　　《森林工程 林业架空索道 设计规范》(LY/T 1056—2012)⋯⋯⋯⋯⋯⋯⋯⋯⋯⋯⋯⋯⋯⋯194
　　《森林工程 林业架空索道 使用安全规程》(LY/T 1133—2012)⋯⋯⋯⋯⋯⋯⋯⋯⋯⋯⋯⋯⋯194
　　《森林工程 林业架空索道 架设、运行和拆转技术规范》(LY/T 1169—2016)⋯⋯⋯⋯⋯⋯⋯194

木材运输⋯⋯⋯⋯⋯⋯⋯⋯⋯⋯⋯⋯⋯⋯⋯160
　　木材水路运输⋯⋯⋯⋯⋯⋯⋯⋯⋯⋯⋯⋯156
　　　木材流送⋯⋯⋯⋯⋯⋯⋯⋯⋯⋯⋯⋯153
　　　　木材水运到材⋯⋯⋯⋯⋯⋯⋯⋯⋯157
　　　　木材水运推河⋯⋯⋯⋯⋯⋯⋯⋯⋯159
　　　　木材水运拦木⋯⋯⋯⋯⋯⋯⋯⋯⋯159
　　　　木材水运出河⋯⋯⋯⋯⋯⋯⋯⋯⋯157
　　　　单漂流送⋯⋯⋯⋯⋯⋯⋯⋯⋯⋯⋯017
　　　　河川流送能力⋯⋯⋯⋯⋯⋯⋯⋯⋯067
　　　　木材排运⋯⋯⋯⋯⋯⋯⋯⋯⋯⋯⋯154
　　　木材水运水工设施⋯⋯⋯⋯⋯⋯⋯⋯159
　　　　木材流送水闸⋯⋯⋯⋯⋯⋯⋯⋯⋯153
　　　　木材流送水坝⋯⋯⋯⋯⋯⋯⋯⋯⋯153
　　　　木材阻拦设施⋯⋯⋯⋯⋯⋯⋯⋯⋯164
　　　水上作业场⋯⋯⋯⋯⋯⋯⋯⋯⋯⋯⋯229
　　　　编排作业场⋯⋯⋯⋯⋯⋯⋯⋯⋯⋯004
　　　　合排作业场⋯⋯⋯⋯⋯⋯⋯⋯⋯⋯066
　　　　出河作业场⋯⋯⋯⋯⋯⋯⋯⋯⋯⋯014
　　　　推河作业场⋯⋯⋯⋯⋯⋯⋯⋯⋯⋯239
　　　木材水运过坝⋯⋯⋯⋯⋯⋯⋯⋯⋯⋯157
　　　木材水运河道⋯⋯⋯⋯⋯⋯⋯⋯⋯⋯158
　　　木材水运河道整治⋯⋯⋯⋯⋯⋯⋯⋯158
　　木材汽车运输⋯⋯⋯⋯⋯⋯⋯⋯⋯⋯⋯⋯154
　　　原条捆运输⋯⋯⋯⋯⋯⋯⋯⋯⋯⋯⋯262
　　　　原条捆静力学特性⋯⋯⋯⋯⋯⋯⋯262
　　　　原条捆动力学特性⋯⋯⋯⋯⋯⋯⋯261

木片运输	164
运材汽车	265
运材汽车技术性能	270
运材汽车合理拖载量	270
运材汽车承载装置	266
运材汽车列车	270
运材汽车列车平均技术速度	271
运材汽车列车自装自卸	271
运材汽车挂车	267
载运挂车回空	274
运材汽车挂车基本参数	268
汽车和挂车连接	173
连接装置	099
木材捆连接	152
长辕杆连接	012
木材汽车运输管理	155
运材车辆生产成本	264
木材汽车运输计划	155
运材汽车行车调度	272
运材汽车更新	267
运材汽车保养	266
运材汽车公害防治	267
木材铁路运输	159
森林铁路轨道构造	201
森林铁路线路连接	202
森林铁路交叉	202
森林铁路车站	200
森林铁路车站规划	200
森林铁路运输管理	203
森林铁路运输组织机构	205
森林铁路运输牵引计算	205
森林铁路运输机车车辆运用	203
森林铁路运输计划	204
森林铁路运输列车运行图	204
森林铁路运输调度工作	203
森林铁路运输性能	205

贮木场	286
〔贮木场术语〕	
库存量	089
贮木场面积	291
单位面积容量	017
贮木场生产不均衡系数	291
原条贮备	262
贮木场生产工艺	292
陆运贮木场生产工艺流程	136
水运贮木场生产工艺流程	230
贮木场工艺布局	287
贮木场工艺流向布局	289
贮木场工艺叉流布局	288
贮木场卸车	292
兜卸法	026
提卸法	235
拉卸法	092
链式输送机出河	100
绞盘机与起重机出河	085
原条造材	262
造材台	275
选材	249
动力平车选材	024
原木纵向输送机选材	259
装载机选材	294
抛木机选材	168
归楞	062
楞场	093
楞地面积系数	093
楞堆	094
楞基	095
编捆框	003
原木捆齐头器	258
归楞方式	063
木材装车	163
木材检验	150
木材缺陷	155

节子 ………………………………… 085
　　裂纹 ………………………………… 101
　　干形缺陷 …………………………… 049
　　木材结构缺陷 ……………………… 151
　　真菌变色 …………………………… 277
　　腐朽 ………………………………… 046
　　伤害 ………………………………… 213
　　昆虫伤害 …………………………… 090
　　加工缺陷 …………………………… 078
　原条检验 ……………………………… 261
　　原条尺寸检量 ……………………… 260
　　原条材质评定 ……………………… 260
　原木检验 ……………………………… 257
　　原木尺寸检量 ……………………… 256
　　原木材质评定 ……………………… 254
　锯材检验 ……………………………… 087
　木材保管 ……………………………… 148
　　干存法 ……………………………… 048
　　湿存法 ……………………………… 219
　　水存法 ……………………………… 225

林区道路勘察设计 ………………… 120
　林道分级 ……………………………… 114
　　一级林区道路 ……………………… 252
　　二级林区道路 ……………………… 027
　　三级林区道路 ……………………… 185
　　四级林区道路 ……………………… 231
　　道路红线 …………………………… 021
　　道路建筑限界 ……………………… 022
　　设计车辆 …………………………… 215
　　设计速度 …………………………… 216
　　运行速度 …………………………… 272
　　交通量 ……………………………… 083
　　附着系数 …………………………… 046
　　动力因素 …………………………… 025
　　车辆折算系数 ……………………… 012
　　通行能力 …………………………… 237

　行车视距 ……………………………… 246
　　停车视距 …………………………… 237
　　会车视距 …………………………… 074
　　错车视距 …………………………… 015
　　超车视距 …………………………… 012
　林道路线 ……………………………… 114
　　平面 ………………………………… 170
　　　圆曲线 …………………………… 263
　　　缓和曲线 ………………………… 072
　　　同向曲线 ………………………… 237
　　　反向曲线 ………………………… 043
　　　直线 ……………………………… 280
　　　回头曲线 ………………………… 073
　　　平曲线加宽 ……………………… 171
　　纵断面 ……………………………… 295
　　　纵断面地面线 …………………… 295
　　　纵断面设计线 …………………… 296
　　　路基设计高程 …………………… 140
　　　竖曲线 …………………………… 221
　　　纵坡 ……………………………… 296
　　　缓和坡段 ………………………… 072
　　横断面 ……………………………… 069
　　　横断面地面线 …………………… 069
　　　横断面设计线 …………………… 069
　　　超高 ……………………………… 012
　　　错车道 …………………………… 015
　　　路幅 ……………………………… 137
　　　行车道 …………………………… 246
　　　路肩 ……………………………… 141
　　　路拱 ……………………………… 137
　　　横净距 …………………………… 069
　林道选线 ……………………………… 117
　　起讫点 ……………………………… 173
　　展线 ………………………………… 277
　　山脊线 ……………………………… 213
　　山坡线 ……………………………… 213
　　沿溪线 ……………………………… 251

越岭线	264	桥位平面图	181
过岭标高	064	桥址地形图	181
控制点	089	桥址纵断面图	181
垭口	251	桥梁墩台冲刷	179
踏勘	235	调治构造物	236
林道定线	113	导流堤	018
实地定线	219	丁坝	024
纸上定线	280		
放坡	045	**林区道路工程（含桥涵）**	**118**
导向线	018	林区道路类型	121
标志桩	004	运材道路	264
象限角	244	护林防火道路	070
方位角	044	旅游道路	145
转角	293	营林道路	252
中桩	283	路基工程	138
边桩	003	路基横断面	138
交点	082	路基宽度	139
河流	067	路基高度	138
干流	049	路基边坡坡率	137
支流	278	路基防护	137
水系	230	坡面防护	172
流域	136	冲刷（路堤）防护	013
分水线	045	路基加固	139
河流长度	068	软土地基加固	184
河流横断面	068	路基施工	140
河流纵断面	069	路堤填筑	137
河川径流	066	路堑开挖	144
水位	230	路基压实	141
洪水调查	070	路面工程	142
洪水考证	070	沥青路面	096
设计洪水频率	216	沥青路面结构	096
设计洪峰流量	216	沥青路面施工原材料	098
桥位勘测	180	沥青路面施工工艺	098
桥孔长度	176	水泥混凝土路面	226
冲刷系数法	013	水泥混凝土路面结构	227
经验公式法	087	水泥混凝土路面施工原材料	228
桥面高程	179	水泥混凝土路面施工工艺	228

砂石路面	211
冻板道路	025
木排道	164
桥涵工程	175
桥梁	176
木桥	165
钢桥	050
混凝土桥	074
涵洞	065
道路排水工程	022
路基排水	140
地面排水设施	023
边沟	003
截水沟	086
排水沟	168
跌水	023
急流槽	076
地下排水设施	023
盲沟	147
渗沟	217
渗井	217
组合排水设施	296
路面排水	143
桥面排水	180
道路附属设施	020
道路护栏	021
波形护栏	004
缆索护栏	092
混凝土护栏	074
道路标志	019
道路标线	019
减速带	081
橡胶减速带	245
铸钢减速带	293
道路材料	020
沥青混合料	095
密级配沥青混合料	147
开级配沥青碎石混合料	089
半开级配沥青碎石混合料	002
间断级配沥青混合料	082
水泥混凝土	226
普通水泥混凝土	172
钢筋水泥混凝土	050
预应力水泥混凝土	253
无机稳定混合料	242
砂石材料	211
路基养护	141
路面养护	144
水泥混凝土路面养护	229
沥青混凝土路面养护	096

〔相关规范、标准〕

《林区公路工程技术标准》	122
《林区公路设计规范》	122
《公路路基设计规范》	057
《公路桥涵设计通用规范》	059
《公路工程施工安全技术规范》	056
《公路桥涵施工技术规范》	060
《公路路基施工技术规范》	058
《公路路面基层施工技术细则》	058
《公路沥青路面设计规范》	056
《公路沥青路面施工技术规范》	056
《公路水泥混凝土路面施工技术细则》	060
《公路钢筋混凝土及预应力混凝土桥涵设计规范》	055
《公路养护技术标准》	061
《公路排水设计规范》	059

林业工效学 …………127

伐区作业工效学	043
森林作业环境	208
人-机-环境系统	183
伐木作业工效学	032
采伐作业空间	010
伐木作业稳定性	033

伐木作业适应性	032
伐木动作分析	029
伐木动作管理	030
伐木作业姿势	033
林业机械人机界面	129
林业机械人机交互	128
森林作业人体负荷	208
伐木效率	031
生理负荷	218
精神负荷	087
森林作业人体疲劳	209
振动病	278
噪声性耳聋	276
木材运输工效学	162
驾驶行为	079
驾驶疲劳	078
休息制度	247
林区道路工效学	119
林道网密度工效学	116
林道线形工效学	117
反应时间	044
行车安全视距	245
森林作业安全	206
森林作业安全事故	207
《林业安全卫生规程》	127
森林作业个体防护	208
森林作业人为失误	210
森林作业人体生理节律	209
森林作业人体平衡	209

森林工程信息技术 ……197

森林工程信息技术基础	198
数据模型	224
层次模型	011
网状模型	241
关系模型	062
面向对象模型	148
森林工程数据库技术	195
数据库软件	223
数据库索引	224
数据库检索	223
数据仓库系统	221
林业综合数据库	133
林业专题数据库	133
林业基础数据库	130
公共基础数据库	055
数据聚类分析	222
数据分类	222
森林工程信息应用系统	198

数字森林工程 ……225

森工企业信息化	185
森工企业局域网	185
森工企业 OA 系统	187
森工企业 MRP 系统	186
森工企业 MRP Ⅱ 系统	187
森工企业 ERP 系统	186
森工企业 SCM 系统	187
森工企业 CRM 系统	186
林政管理信息化	134
林政 OA 系统	135
林权证管理系统	125
采伐证管理系统	009
检尺码单管理系统	081
木材运输证管理系统	162
林业行政处罚案件管理系统	132
木材加工经营许可证管理系统	148
木材检查站电子监控系统	149
森林公安信息化	199
林产品销售信息化	112
林产品电子商务平台	105
伐区精准调查	037
伐区面积精准量测	037
伐区出材量精准测定	034
伐区作业精准管理	043

   数字近景摄影测量单木监测技术……225
  智慧森林工程……281
   森林工程物联网架构……196
    森林工程物联网感知层……195
     林业立体感知体系……130
     森林工程机器视觉识别技术……192
     树木射频识别技术……220
     林产品射频识别技术……109
     林产品条码识别技术……110
     森林作业手持终端……210
    森林工程物联网网络层……196
     林区紫蜂无线传感网……125
     林区移动互联网……123
     林区窄带物联网……124
     林业专网……133
    森林工程物联网应用层……197
     中国林业云创新工程……283
     中国林业大数据开发工程……282
     中国林业网站群建设工程……283
     森林工程智慧物流系统……199
  森林工程3S技术……199
   森林工程遥感……198
   森林工程地理信息系统……192
   森林工程全球导航卫星系统……194

林产品物流工程……110
  林产品包装工程……103
   林产品包装机械……103
   林产品包装材料……102
   林产品包装工具……103
   林产品包装检测……104
  林产品商贸流通……108
   林产品电子商务……104
   林产品交易平台……107
   林产品流通加工……107
   林产品流通加工企业管理系统……108
  林产品国际物流……105
   林产品国际物流检验检疫……106
   林产品国际物流通关……106
   林产品国际物流贸易监管……106
  林产品安全追溯……102
   林产品物联网……110
   林产品溯源……109
   林产品质量溯源检测……113
  林产品供应链……105
   林产品配送……108
   林产品信息系统……113
   林产品金融服务系统……107
  林产品仓储……104
  林产品物流装备……111
   林产品物流装备选型……112
   林产品物流装备检测……111
   林产品物流托盘……111
    木塑托盘……166
    竹质托盘……285
    小径木托盘……245

〔出版物〕
  《森林工程》……191

安全靠贴系数　coefficient of security adherence

凹形线路中承载索靠贴不飘离鞍座的安全系数。为承载索自重所产生的向下支承力与由于承载索弯曲而引起的脱出力的比值。索道线形平顺的控制指标之一。表达式为

$$K=\frac{q(l_{0i}+l_{0i+1})}{2T_Q(\tan\alpha_{i+1}-\tan\alpha_i)\cos^2\dfrac{\alpha_i+\alpha_{i+1}}{2}}$$

式中：K 为第 i 跨和第 $i+1$ 跨交点的安全靠贴系数；q 为钢丝绳单位长度重力；l_{0i} 为第 i 跨跨距；l_{0i+1} 为第 $i+1$ 跨跨距；α_i 为第 i 跨弦倾角；α_{i+1} 为第 $i+1$ 跨弦倾角；T_Q 为有荷最大拉力。

为保证钢索在鞍座上靠贴，以呈凸形线路为佳；凹形线路的钢索不允许在鞍座上有飘起现象。集材索道和运材索道的安全靠贴系数分别要求 $K\geqslant 1.05$ 和 $K\geqslant 1.20$。

当安全靠贴系数小于许用值时，根据具体线路情况采取下列措施：①增设中间支架；②升高中间支架或降低前后跨支点高度；③增设承载索的压索装置。

参考文献

东北林学院, 1985. 林业索道[M]. 北京: 中国林业出版社: 235-236.

国家林业局, 2012. 森林工程　林业架空索道　设计规范: LY/T 1056—2012[S]. 北京: 中国标准出版社.

周新年, 周成军, 郑丽凤, 等, 2020. 工程索道[M]. 北京: 机械工业出版社: 45-46.

（郑丽凤）

鞍座　saddle

支承承载索的设备。索道附属装置。承托承载索，保持跨距适当，减小挠度，适应地形，防止木捆碰地。通常由钢制或铸铁制成。鞍座的设计和制造应考虑索道的运行速度、荷载、环境温度等因素，确保其能稳定地支承索道运行。类型有直线鞍座、转弯鞍座、接线鞍座和分岔鞍座，以及适用于单线循环运行索道的星轮式鞍座和对轮式鞍座等。

直线鞍座　形状呈直线状。主要由吊轮、吊轮架、鞍座体（大挂钩）和鞍板等组成。用吊索穿过吊轮架吊起来。大挂钩做成弓形便于跑车通过，索盖压住承载索和鞍板连接，大挂钩下端承托鞍板，上端通过吊轮架与吊轮用螺栓连接。索槽的竖曲线半径为承载索直径的 70～80 倍。适用于较短跨距的索道。

转弯鞍座　形状呈拐弯状。主要由吊轮、吊轮架、鞍座体、拐弯鞍板、托索滚筒、滚筒架和吊环等组成。鞍板按一定角度改变为曲线拐弯，平曲线半径控制在 2000～3000mm。构造需考虑牵引索的托索装置和鞍座体的平衡。托索装置和鞍座体采用刚性连接，适应性能不如铰接的灵活。吊环用拉索拉紧，以便平衡。适用于不可避免需改变索道方向的场合。

接线鞍座　形状呈直线状。通常用于连接两段钢丝绳的接口处，确保钢丝绳之间的连接牢固可靠。用接线鞍座可提高安装和拆转速度，组合性好。当承载索的拉力较小时，利用这种鞍座极为方便。适用于索道线路较长时，要用两根承载索连接起来用的场合。

分岔鞍座　形状呈 Y 字形。通常用于连接三段或更多段钢丝绳的接口处，确保钢丝绳之间的连接牢固可靠。只允许跑车往一个方向运行。适用于由两个作业小班往一个卸材点集运材的场合。

星轮式鞍座　形状呈星形，可更好地分散索道的重量，减少对鞍座的磨损和损坏，提高索道运行效率。适用于单线循环运行索道。

对轮式鞍座　底部配有轮子，可在轨道上滑动，具有调整方便、减少磨损、提高效率、适应性强的特点。

（巫志龙）

半开级配沥青碎石混合料　half(semi)-open-graded bituminous paving mixtures

由适当比例的粗集料、细集料及少量填料（或不加填料）与沥青结合料拌合而成，经马歇尔标准击实成型试件的剩余空隙率在6%~18%的半开式沥青混合料。以AM（asphalt-treated mixture）表示。属于骨架空隙结构，适用于极重、特重和重交通荷载等级路面的基层。一般应用于低等级道路的面层，或高等级公路的下面层。

参考文献

李立寒, 孙大权, 朱兴一, 等, 2018. 道路工程材料[M]. 6版. 北京: 人民交通出版社.

魏建国, 2008. 沥青稳定碎石技术特性研究[D]. 西安: 长安大学.

中华人民共和国交通运输部, 2019. 公路沥青路面施工技术规范: JTG F40—2019[S]. 北京: 人民交通出版社.

（王国忠）

半载集材　half load skidding

所集木材一端载于集材机具承载装置上，另一端在地面上拖曳的集材方式。适于皆伐或择伐作业的原条或伐倒木的顺坡集材，坡度不超过20°，不可逆坡集材。集材机具是集材拖拉机。集材时，通过搭载板和绞盘机钢索来支承和固结原条或伐倒木的一端。

根据集材木材形态分为原条半载集材和伐倒木半载集材。

原条半载集材　一般是将原条梢端（小头）搭在拖拉机后部的搭载板上，根部（大头）在地面拖动。优点是伐木为顺山倒，易于控制树倒方向。缺点是：①集材过程中对小径级的木材丢弃的数量较大，有木材损失；②原条一端在地面上拖行，对林地会造成破坏；③若在择伐迹地进行此种方式集材，对保留木会造成损伤。

伐倒木半载集材　伐倒木根部置于搭载板上，树冠在地面上拖动。优点是：①木材损失小；②集材过程中树冠分散减轻了对地表的破坏程度；③集到装车场时根端整齐、梢部分散，便于打枝。缺点是：①伐木以迎山倒，难以控制倒向；②在择伐迹地对保留木会造成损伤。

半载集材时需注意：①对集材道要求严格。集材道需平坦，不可有较大的障碍物。冬季集材时，集材道可用冰雪铺平，形成所谓的冻板道；夏季集材时集材道上需铺枝丫。②集材时的运行阻力既有集材机具的行驶阻力，也有木材一端与地面摩擦产生的阻力，阻力大。③择伐作业集材时，为保护保留木，拖拉机不可下道。④对集材道土壤理化性质影响较大，集材道天然更新困难，需进行人工更新。

参考文献

史济彦, 1996. 森林采伐学[M]. 北京: 中国林业出版社.

（孟春）

半自动集材索道　skidding semi-automatic cableway

采用半自动跑车，通过固定在承载索上的止动器实现联动而使跑车起落钩的集材索道。在集（卸）材地点上空的承载索设有止动器，当运行的跑车和止动器相碰撞时，跑车被止动，同时实现联动动作，使跑车的载物钩放下或提升；当跑车的载物钩降落则可进行集（卸）材，捆挂木捆；当木捆需起升时，载物钩上部的托盘起升到与跑车夹紧机构或制动机构相碰撞，跑车与止动器分离，此时跑车则可以重（空）载运行。随着集材地点的位置变化，止动器需要沿着承载索移动，以适应集材位置的变化。

半自动集材索道包括KJ_3、MS_4、GS_3及YS_3索道等。其索系较简单，基本是单线双索型，即具有一条固定承载索和一条牵引索（兼集材索），或者具有一条固定承载索和一条循环索。一般适用于多跨长距离集材，吸引范围较大，载重量也较大。对于地形的适应能力要求各不相同，KJ_3与MS_4索道依靠木捆重力滑行，要求索道线路必须具有足够的坡度；GS_3是循环索牵引，适用于各种地形；YS_3为区域性索道，如金沙江YS_3索道。除KJ_3为直线索道外，上述其他索道均具有拐弯的性能。

（周新年）

半自动跑车　semi-automatic carriage

通过与配套的止动器结合时的冲撞来实现其联动动作的集材跑车。结构比较复杂，适用简单索系索道。

常见的有K_2型半自动跑车和GS_3型半自动跑车两种。①K_2型半自动跑车由行走机构、壁板、联动机构、挂钩、钩体和导向轮等组成，质量为186kg，载重能力为3t，为KJ_3

索道的配套设备；适用于单跨或多跨直线索道。②GS₃型半自动跑车为拐弯跑车，由行走机构、起重卷筒、摩擦卷筒、开闭板、钩头、脱钩连杆、弯杆和吊钩等组成，行走轮组与跑车体采用螺栓连接，可实现一定角度(30°内)的拐弯，跑车质量为450kg，载重能力为3t；常与闽林集材索道绞盘机配套使用，适用于拐弯索道。

(周成军)

剥皮　peeling

将树皮从木材表面剥离的作业过程。采伐作业的一道工序。一般在伐区楞场、贮木场或木材加工厂进行。

作用　剥去树皮，主要作用是促进木材干燥、防止菌虫害、保存好木材。在雨水多、空气潮湿的南方林区，针叶树和某些阔叶树的树皮的韧皮部含有大量虫、菌繁殖所需的有机物质，这些树木在伐倒后，树皮很快腐烂或被蛀蚀，进而蔓延到树干的形成层，致使树干腐朽变质或产生虫眼，影响原木或原条的经济出材率和使用价值。

类型　①按剥皮对象分为原条剥皮、原木剥皮和枝丫材剥皮。②按剥皮深度主要分为粗剥皮与净剥皮。净剥皮既剥外皮又剥内皮，要求剥净树皮而不损伤木质；粗剥皮只剥外皮不剥内皮，要求剥净外皮而不伤及内皮。造纸材、胶合板材以及需防腐处理的木材均需净剥皮。坑木以及在保管中要求防止开裂的木材，只需粗剥皮。

方式　主要分为人工剥皮和机械剥皮。①人工剥皮。用手持剥皮刀具（斧、刀、铲、镰等）进行剥皮，常用剥皮铲，适用于分散作业。②机械剥皮。通过摩擦、撞击、挤压、旋削等机械作用使树皮快速分离，适用于集中式作业。其中摩擦式剥皮是将短材装进大直径的滚筒中，转动滚筒时，原木与原木之间、原木与筒壁（装有剥皮刀）之间的摩擦、碰撞与刮削，使树皮脱落。旋削式剥皮是利用切刀剥皮，有铣刀式剥皮机、环式剥皮机、手提式小动力剥皮机等。此外，还有水力剥皮、气力剥皮、超高频剥皮、电力水波剥皮、磁场效应剥皮等剥皮方法。对活立木剥皮，还可采用化学剥皮法。

参考文献

粟金云, 1993. 山地森林采伐学[M]. 北京: 中国林业出版社: 63-64.

(赵尘)

绷索　tight cable

用于张紧承载索固定支架的钢丝绳。可以对固定支架起到加固作用。为方便调整绷索张紧度，有时在绷索中间需要用紧索器连接。绷索与支架立木间形成的竖直角一般为45°～60°。位于露天环境中，既不需要移动，也没有磨损的影响，仅承受拉力，一般选用强度较高、有一定柔性的镀锌钢丝绳比较适宜。

(张正雄)

边沟　intercepting ditch

设置在挖方路基路肩外侧及低填方路基地脚外侧的纵向人工沟渠。多与道路中线平行。作用是收集路面的地面水，排除路基拦截道路上方边坡的坡面水，迅速汇集并把它们引入顺畅的排水通道中，通过桥涵等将其泄放到道路的下方。

位置　挖方地段和填土高度小于边沟深度的填方路段，多与道路中线平行。平坦地面填方路段的路旁取土坑，常与路基排水设计综合考虑，使之起到排水作用。其排水量不大，不宜过长。紧靠路基，通常不允许其他排水沟渠的水流引入，亦不能与其他人工沟渠合并使用。尽量使沟内水流就近排至路旁自然水沟或低洼地带，必要时设置涵洞，将边沟水横穿路基从另一侧排出。

形式　可分为L形边沟、梯形、碟形、三角形、矩形或U形边沟；又可分为明沟和加设盖板的暗沟等多种形式。多为石块砌成，边沟可与路缘石结合为一整体。可采用浆砌片石、栽砌卵石和水泥混凝土预制块防护。

参考文献

国家林业局, 2014. 林区公路设计规范: LY/T 5005—2014[S]. 北京: 中国林业出版社.

黄晓明, 2019. 路基路面工程[M]. 6版. 北京: 人民交通出版社.

宇云飞, 岳强, 2012. 道路工程[M]. 北京: 中国水利水电出版社.

中华人民共和国交通运输部, 2012. 公路排水设计规范: JTG/T D33—2012[S]. 北京: 人民交通出版社.

(郭根胜)

边桩　side stake

在地面上所设置的用以表示每一个横断面的路基边坡线与地面的交线的桩或标志。属于工程测量学的专业术语，一般用于路线实际测量过程中，为方便施工而设置。在道路中线往两侧一定距离处平行于中线每隔一定距离设置一个木桩，即为边桩。左边桩和右边桩都是道路边线对应中线的桩，其桩号与路中线法线垂足点的中桩桩号一致。

路基边桩的测设是根据设计横断面图和各中桩的填、挖高度，把路基两旁的边坡与原地面的交点在地面上用木桩标定出来。因此，如果能求出这两个边桩离中桩的距离，就可以在实地测设路基边坡桩，以此作为路基施工的依据。

常用的路基边桩的放样方法有解析法和图解法：①解析法放边桩是根据路基填挖高度、边坡高、路基宽度和横断面地形情况，先计算出路基中线桩至边桩的距离，然后在实地沿横断面方向按距离将边桩放出来。②图解法放边桩是将各桩号的路基横断面按比例绘在方格纸上，按图定出中心桩至路堑边坡顶或路堤坡脚的距离，在实地定出边桩。

参考文献

李国豪, 等, 2006. 中国土木建筑百科辞典: 交通运输工程[M]. 北京: 中国建筑工业出版社.

(李强)

编捆框　timber braiding frame

贮木场上用于原木编捆的一种装置（框架）。编捆是归楞作业第一个工序，有人力编捆和机械编捆。

编捆框用来接纳从选材输送机上抛下来的原木，归拢成一定数量和大小的木捆，以便运出归楞或装车。采用编捆框可大大改善作业条件，是实现归楞全盘机械化的基础。编捆框是选材和归楞两工序之间的衔接设备，它不但为归楞创造条件，而且为选材服务，可提高选材抛木质量。编捆框内的容纳量是选材和归楞之间的工序贮备量或缓冲量。容积大小依装卸机械的起重量大小而定。

编捆框的结构类型分为固定式和变动式；木制、铁制和混凝土结构；刚性和柔性，如图所示；框式、箱式和槽式等。

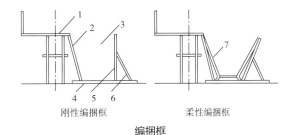

编捆框

1—选材输送机；2—斜杠；3—编捆框；4—垫木；5—柱；6—支撑；7—钢丝绳

参考文献

东北林学院, 1983. 贮木场生产工艺与设备[M]. 北京: 中国林业出版社: 152-154.

史济彦, 1989. 贮木场生产工艺学原理[M]. 北京: 中国林业出版社: 373-374.

姚庆渭, 1990. 实用林业词典[M]. 北京: 中国林业出版社: 774.

（孙术发）

编排作业场 raft-bundling workplace

将单漂流送或排节流送而来的木材进行分类编排的水上作业区域。是水上作业场的一种。编排作业场的工艺过程是首先将单漂流送过来的木材阻拦于一定的作业区域，然后将木材拆散放出埂门，进入分类设施，按规格要求对木材进行分类，分类完成后将同类规格的木材沿分类通廊进入编排通廊进行编排。最后将编扎而成的排节或者排捆放出编排设施，停放于合排浮台或者栈台处，再进行合成拖运并由拖船拖运离开。

编排作业场必须设置与生产量、不同规格木材相适应的分类设施，有足够的分类和编排水域面积。场址的基本要求同水上作业场。基本布置如图所示。

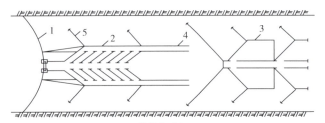

编排作业场

1—河缆；2—分类设施；3—合排设施；4—编排机；5—锚

参考文献

祁济棠, 1994. 木材水运学[M]. 北京: 中国林业出版社.

祁济棠, 吴高明, 丁夫先, 1995. 木材水路运输[M]. 北京: 中国林业出版社.

（黄新）

标志桩 mark stake

应用在林区道路上的一种标识装置。又称警示桩、标识桩或标桩。

主要类型有公路百米桩、公路里程碑、公路公里桩、道口警示桩等。此外，也用于电力电缆铺设、通信光缆、燃气管道、农田水利、自来水、铁路地埋管线、石油石化管线通道的指示标志兼警告牌，起到警示作用。

一般具有外观鲜亮、样式多变、材质良好、便于运输与安装、寿命较长和可防偷盗等特点。可使用水泥、塑钢、玻璃钢、树脂等材料生产。

图1　公路百米桩　　图2　道口警示桩

参考文献

潘晓东, 蔺学研, 张锦生, 1991. 林区道路交通标志的设置[J]. 林业科技, 16(1): 56-58.

（李强）

波形护栏 corrugated beam barrier

以波纹状钢护栏板相互拼接并由主柱支撑的连续结构。道路护栏的一种。主要形式是半刚性护栏，一般为镀锌钢板加工而成，根据林区公路等级不同而采用不同的规格。

波形护栏利用土基、立柱、横梁的变形来吸收碰撞能量，并迫使失控车辆改变方向，回复到正常的行驶方向，防止车辆冲出路外，以保护车辆和乘客，减少事故造成的损失。波形护栏刚柔相兼，具有较强的吸收碰撞能量和防撞的能力，具有较好的视线诱导功能，能与道路线形相协调，外形美观，可在小半径弯道上使用，也可在窄中央分隔带上使用，损坏处容易更换。对于车辆越出路（桥）外有可能造成严重后果的区段，可选择加强波形梁护栏。

波形护栏一般立柱间距分为2m间距和4m间距，立柱与板子相连接的方式有防阻块式和托架式两种。

波形护栏一般按设置地点和防撞等级来分类。按设置地点可以分为路侧护栏和中央分隔带护栏。按防撞等级一般可分为A级和B级。A级护栏属于加强型，适用于路侧特别危险的路段使用，B级护栏用于专用公路。

参考文献

国家林业局, 2014. 林区公路设计规范: LY/T 5005—2014[S]. 北京: 中国林业出版社.

王建军, 龙雪琴, 2018. 道路交通安全及设施设计[M]. 北京: 人民交通出版社.

中华人民共和国交通运输部, 2017. 公路交通安全设施设计细则: JTG D81—2017[S]. 北京: 人民交通出版社.

中华人民共和国交通运输部, 2021. 公路交通安全设施施工技术规范: JTG 3671—2021[S]. 北京: 人民交通出版社.

（郭根胜）

补正系数 correction coefficient

悬索中央挠度系数的修正系数。悬索安装架设后，由于悬索弹性伸长、支点位移和温度变化，导致悬索长度发生变化，进而影响挠度，因此考虑对悬索的中央挠度系数进行修正。补正系数一般大于1。

温度变化的补正系数 ε_t 表达式如下：

$$\varepsilon_\mathrm{t} = 1 + \frac{3k\Delta_T}{16S_0^2\cos^4\alpha}$$

式中：k 为钢索的线膨胀系数；Δ_T 为钢索使用与安装时的温度差，使用时比安装时温度高为正值，比安装时温度低为负值；α 为弦倾角；S_0 为无荷中央挠度系数。

支点位移的补正系数 ε_d 表达式如下：

$$\varepsilon_\mathrm{d} = \sqrt{\frac{1+\dfrac{3\Delta_L}{8lS_0^2\cos^4\alpha}}{1-\dfrac{\Delta_L}{l}}}$$

式中：Δ_L 为上、下支点弦线方向位移量之和；l 为弦长。

钢索的弹性伸长补正系数 ε_e 表达式如下：

$$\varepsilon_\mathrm{e} = \sqrt{1+\left(1+\frac{3}{8S_0^2\cos^4\alpha}\right)\frac{T_\max - T_0}{EA}}$$

式中：$T_\max$ 为有荷最大拉力；T_0 为无荷拉力；E 为钢丝绳弹性模量；A 为钢丝绳截面积。

综合补正系数 ε 为

$$\varepsilon = \varepsilon_\mathrm{t}\varepsilon_\mathrm{d}\varepsilon_\mathrm{e}$$

修正后的无荷和有荷挠度为

$$S_0' = S_0\varepsilon, \quad S' = S\varepsilon, \quad f_0' = f_0\varepsilon, \quad f' = f\varepsilon$$

式中：S_0' 为修正后的无荷中央挠度系数；S' 为修正后的有荷中央挠度系数；f_0' 为修正后的无荷中央挠度；f' 为修正后的有荷中央挠度；f_0 为修正前的无荷中央挠度；f 为修正前的有荷中央挠度。

参考文献

加藤诚平, 1965. 林业架空索道设计法[M]. 张德义, 译. 北京: 中国农业出版社.

（郑丽凤）

采伐更新设计 logging regeneration design

在森林经营中进行的一系列活动。旨在实现可持续性和多功能性的森林管理。涉及合理、经济和环境友好的木材采伐,并同时考虑森林生态系统的保护和恢复。

采伐更新设计的成果是林业企业采伐更新的法定性技术文件,是具体生产作业的依据。分为主伐更新设计、抚育采伐更新设计、低产(效)林改造(包括火烧迹地清理)更新设计和其他采伐更新设计。每种设计包括调查设计、采伐作业设计和更新作业设计。科学、合理进行采伐更新设计,可以实现森林资源的可持续发展。

方针及原则　应贯彻"以营林为基础,普遍护林,大力造林,采育结合,永续利用"的林业建设方针,本着"以人为本,生态优先,注重效率,分类经营"的原则。

调查设计　森林采伐更新调查是做好森林采伐更新设计最基础的工作。调查是否全面、准确、科学,直接影响森林采伐更新设计质量和作业效果。包括外业区划、测量与小班内各林分因子调查以及作业设施选设。

采伐作业设计　采伐作业是伐区生产中的第一道工序,关系到整个伐区阶段的生产费用,直接影响木材生产的经济效益和森林各类间接作用的发挥。包括采伐方式和采伐强度的确定、应伐木标准的确定、生产方式的确定、集材方式的选择、作业季节的安排和清理方式的确定。

更新作业设计　森林更新是森林采伐后,在其迹地上形成一代新林的过程。采伐与更新是一个统一体,两者关系密切,必须紧密结合。更新设计是否合理,直接关系到森林资源的发展。更新设计必须做好以下工作:①确定更新方式;②更新树种的选择;③造林密度的确定;④整地方式的选择;⑤混交方法与比例的确定。

参考文献

赵传举, 2012. 谈森林主伐更新设计[J]. 黑龙江科技信息(21): 205.

(董喜斌)

采伐工程生态学 logging engineering ecology

在采伐工程中应用工业生态学理论、技术、方法的学术概念。将采伐工程项目视为一个具有一定时空结构的自然生态系统,研究其内部以及与外部环境的物质循环、能量流动和信息传递方式,揭示采伐工程生态系统的结构、功能机理,从而寻找其进化、发展的途径和机制,达到工程与环境和谐相处、互利共赢、生态平衡的局面。

发展历程　中国森林工程学界自2006年起分析探索工业生态学的理论和方法,并将其应用到森林工程领域,以解决林业资源开发利用与森林资源可持续发展和生态环境保护的协调发展问题。

研究内容

①采伐工程生态系统中物质、能量、信息流动分析。应用物质流理论分析工程材料、水、土、岩、植物、动物的循环结构、流动方向;分析不同工程实施方式下的工程作业能量流动模式,包括人力、燃料、机械能和热能,分析其投入产出机制。

②采伐工程生态系统内物质减量化。研究工程项目的物质减量化方法,包括节能、节材省料、节水、节时、节省空间的途径和措施;研究系统内增加物质循环、回用和减少废料的途径;研究以信息传递代替物质传递从而减少物耗和能耗的模式。

③采伐工程生命周期评价。考察以工程项目为核心的采伐工程生态系统的全生命周期,包括工程从工程准备、采伐作业到更新完成的全过程;跟踪工程项目从原材料采掘、作业施工到工程期满的全过程,寻找工程生命周期内各种形式资源包括人力、财力、物力、时间、空间的投入与产出及其与环境的相互影响,从而指导工程的进行。

④清洁生产施工。要求从原材料到施工作业都要考虑与生态环境的关系和对生态环境的影响;采用对环境无害或少害的资源和作业工艺;对采伐工程生态系统按照节省资源、节省能源、环境保护和劳动保护的4个基本要求,分析其生命周期中各作业工序的清洁化生产施工内容;在施工作业层面上提出清洁化施工工艺系统的设计指南,从而使施工作业系统中的人—机—料—环境达到协调状态,保证生态和环境效益。

研究进展与趋势

①采伐系统物质流与能量流模式的分析。在木材采伐系统中,物质流包括木质流、非木质生物质流、养分流、土壤

流和水分流。以物质流图反映以原木为产品的采伐生产工艺选择。推出采伐系统中木质流、生物质流、养分流、土壤流和水分流的耦合关系。在采伐系统中，人力、畜力、燃料和电力等作为能量投入，推动着相应的物质流。如将桉树人工林原木采伐生产系统中木质和非木质生物质流，反映到从采伐点到集材楞场的时空分布网络上。

②采伐工程系统生态效率研究。生态效率为一定工程系统的产品或服务的经济价值与所造成的物质资源消耗和环境影响之比，其中环境影响包括材料和能源消耗、污染和废物排放。生态效率综合了系统的经济效益和环境生态效益两大效益，推出采伐系统的生态效率评测模型：

$$生态效率 = \frac{木质产品价值}{森林资源和环境消耗}$$

提出以油锯为工具的采伐作业系统时资源、能源的输入输出流图。提出衡量评价油锯作业生态效率的两个指标：能源效率（λ_1）和环境效率（λ_2）。

$$能源效率（\lambda_1）= \frac{木材产量（P）}{能耗（E）}$$

$$环境效率（\lambda_2）= \frac{木材产量（P）}{废气污染物排放量（W）}$$

③规范人工林采运生命周期评价方法、人工林采伐作业的清洁生产评价指标体系、人工林采运的清洁生产指南，开展人工林作业环境—资源—经济综合分析、人工林采伐系统生态效率评价方法、人工林采伐更新系统的生物质流与养分流的时空耦合特性等方面的研究。

参考文献

赵尘, 2016. 林业工程概论[M]. 北京: 中国林业出版社: 27-30.

（赵尘）

采伐季节　felling season

适宜采伐林木的时期。一是指林木本身的适宜砍伐季节；二是指作为一个采伐系统对这一片林分的适宜采伐季节。

林木本身的适宜砍伐季节　从伐木本身来说，一年四季均可采伐。但是按照林木的生长特性和林分的生态学特性，一般秋、冬季节适宜采伐，而春、夏季节不宜采伐。冬采林木的优点是：①材质较密，抗力较大，水分少，不瓢扭，而夏采相反；②冬季天寒，无虫害，而夏采的林木容易腐朽，害虫易侵入；③冬季立木落叶掉枝，放倒时对周围保留的幼树损害较小，冬采作业时枝叶少易打枝，蚊虫少，伐木效率高，木材搬运较易，省工省钱；④秋季自然落下的种子，冬采后早春就能发芽，有利于天然更新。

夏采在作业上也有一定优点：木材容易剥皮，且剥皮后表面较清洁光滑；轻装作业，动作灵活，不易发生伤亡事故；因无积雪，伐根可以降低；夏季木质柔软，伐倒时梢头不易折断；白天时间较长，作业时间也可延长。

采伐系统的适宜采伐季节　从工业化采伐生产作业出发，基本上分为两种方式：一种是季节性作业，强调冬季采伐；另一种是常年作业，强调冬夏季均衡采伐。从采伐作业经济效益看，季节性作业不利于建立常年流水作业线，经济效益较低。常年作业可组织随采随集随运，木材生产周期加快；资金周转快；劳动生产率提高，生产成本下降；减少或避免木材因积存而造成的变质降等；有利于企业经营管理；但夏季集材较困难。从采伐作业生态效应看，采取常年作业时，夏季集材道路泥泞，易产生水土流失；对生态环境影响较大。

实践中一般实行季节性采伐作业，尽量满足森林生态的要求。冬季伐木集材，而木材运输和贮木场尽可能实行常年作业。

参考文献

史济彦, 1996. 森林采伐学[M]. 北京: 中国林业出版社: 9-11.

（赵尘）

采伐迹地　cutover area

采伐后保留木达不到疏林地标准、尚未人工更新或天然更新达不到中等等级的林地。是人为干扰形成的退化类型，其退化状态随森林的采伐强度和频度而异。

按更新时间分为新采伐迹地和旧采伐迹地。在规定的期间内，主伐后尚未完成更新的迹地称为新采伐迹地；超过规定的更新期仍未更新的迹地称为旧采伐迹地。按采伐方式分为皆伐迹地、择伐迹地和渐伐迹地等。

新采伐迹地土壤腐殖质含量丰富，理化性质良好，具有较高肥力，适宜苗木生长。如不能及时更新造林，形成旧采伐迹地，极易造成以下情况：①林地上的幼苗易受日灼和霜冻；②迹地上的杂草、灌木易于生长，给整地、植苗和幼林抚育带来困难；③失去水源涵养作用，容易引起水土流失；④在地下水位较高、土壤含水量较大的平缓地段，易造成水位滞积，引起沼泽化。应充分利用新采伐迹地的优越条件，力争在当年或次年内完成更新任务，以便尽快恢复森林。

采伐迹地恢复森林需要经历几个阶段。以皆伐迹地、亚热带常绿阔叶林为例，从采伐迹地到恢复森林需经过林地修复阶段、喜光针叶树或喜光落叶阔叶林形成阶段、常绿阔叶树种定居阶段、常绿阔叶林恢复阶段。

根据采伐方式及林况、林地，采伐迹地清理可采取火烧清理法和腐烂清理法。

参考文献

南京林业大学, 1994. 中国林业辞典[M]. 上海: 上海科学技术出版社: 487.

（肖生苓）

采伐强度　cutting intensity

单位面积上采伐的林木蓄积量或株数占采伐前林木蓄积量或株数的百分比。反映了砍伐和保留林木的程度。有时亦以疏密度或郁闭度等指标来表示。择伐、渐伐、抚育采伐时均应计算采伐强度（皆伐的采伐强度为100%）。只有选择合理的采伐强度才能获得良好的采伐效果。

采伐强度按不同采伐方式分为抚育采伐强度、渐伐采伐强度和择伐采伐强度。

抚育采伐强度 抚育间伐多少林木，保留多少林木。是抚育采伐的主要技术要素之一。可分为3种指标：采伐木的材积占伐前原林分蓄积量的百分比；采伐木的总断面积占原林分总断面积的百分比；采伐木的株数占原林分总株数的百分比。不同的抚育采伐强度对林地光、热、水分等环境条件会产生不同的影响，因而对抚育采伐后林分的树高生长、直径生长、木材材质及林分成熟期都会带来不同的效应。合理的抚育采伐强度取决于林木经营目的、林分的生物学特性以及经济条件，可依据胸高直径、断面积、树高、材积以及最适株数等确定合理的采伐强度。

抚育采伐强度等级由小到大分为弱度、中度、强度和极强度4级，其区分点按株数计算时分别为25%、35%和50%，按材积计算时分别为15%、25%和35%。

渐伐采伐强度 主伐采用渐伐方式时，每次渐伐的林木数量占主伐前林木数量的百分比。通常用林木蓄积量、株数或保留疏密度表示。一般2次渐伐时的第一次采伐蓄积强度为50%；3次渐伐时的第一次采伐蓄积强度为30%，第二次为50%；4次渐伐时的第一次采伐蓄积强度为25%~30%，第二次为15%~25%，第三次为10%~25%，保留疏密度分别为>0.7、0.5~0.6、0.2~0.4。

择伐采伐强度 主伐采用择伐方式时，每次择伐的林木蓄积量占伐前林木蓄积量的百分比。择伐采伐强度不仅影响获取木材的速度和成本，更影响森林环境的变化，必须根据树种特性、立地条件、经济状况等因素，合理确定采伐强度。一般择伐采伐强度不得大于40%，伐后郁闭度应在0.5以上；伐后容易引起林木风倒、自然枯死的林分，择伐采伐强度应适当降低。

集约择伐的采伐量不应超过生长量，采伐强度一般为10%~25%，最大不超过30%。

参考文献
粟金云, 1993. 山地森林采伐学[M]. 北京: 中国林业出版社: 30-31, 40, 42.

（赵尘）

采伐剩余物利用　logging residue; logging slash

使采伐剩余物发挥效能。采伐剩余物是指森林采伐后遗留在伐区的枝丫、梢头、树叶、伐根、截头、树皮、倒木、枯立木等。采伐剩余物占一株立木总生物量的35%~40%，将其中有利用价值的部分集运下山，进行多元化加工利用，可促进林业产业绿色可持续发展。

采伐剩余物形状不规则且分散在采伐迹地上，收集后蓬松、单位体积大，不利于运输。一般需要枝丫收集、枝丫打捆（压实），或打捆后直接削片、贮存。采伐剩余物主要在以下几方面进行利用。

燃料 采伐剩余物可作为燃料使用。分为直接使用燃料（采伐剩余物收集后直接作为燃料）和加工后使用燃料。加工后使用燃料是将采伐剩余物加工成木片、生物质成型燃料（砖型、颗粒状、柱状）、木炭、木化气等。加工后的采伐剩余物燃烧条件、热效率等均好于直接燃烧。

饲料 采伐剩余物中的树冠经切削、分离、干燥、粉碎或发酵等加工处理后，作为饲料或饲料添加剂，如用松针制成的松针粉含有很高的蛋白质。一些嫩枝叶还可被加工成维生素食品、叶绿素浆、银杉油和乙醚油（饲料添加剂）等。有些树皮也是很好的饲料原料。

肥料 枝条、树叶经粉碎处理，撒铺在林地上加速腐烂分解形成腐殖质，可以增加土壤的营养成分。若用25%~75%的采伐剩余物碎料和污泥混合在一起，可加速分解。将树枝、树皮沤制堆肥，经发酵后能成为很好的有机肥料。这种肥料重量轻、疏松、吸水量大、保水时间长，施于土中能保持水土，防止水土流失，改善土壤结构，抑制杂草蔓延，并含有植物所需要的各种微量元素。

工业原料 采伐剩余物作为工业原料应用比较广泛。①在林产化工方面，可提取高附加值油类，如樟油、桉叶油、松针油、松节油等；可制作人造棉和麻、软木塞、软木纸等；可提炼栲胶、松香等重要原料；可水解提炼酒精、葡萄糖、饲料酵母、丙酮、丁醇、糠醛等。②在人造板工业中，可将枝丫材进行削片或刨片，为制造纤维板、刨花板提供原料；枝丫材经加工、热处理后，拼接成细木工板的芯板；枝丫材经蒸煮软化、机械碾压、干燥施胶、成型、热压等工艺，可制备重组木。③在家具工业中，可将较粗的枝丫材用来制作小规格材、小木制品、工艺品等。④在造纸工业中，枝丫材可作为纸浆的原料。⑤在制药工业中，有相当一部分树种的树皮和树叶可入中成药。

参考文献
史济彦, 1996. 森林采伐学[M]. 北京: 中国林业出版社: 170-171.

（肖生苓）

采伐小班　cutting subcompartment

确定采伐的最小单位。又称采伐小号。是准确标示到图上的基本区划单位，是森林资源二类调查、统计和经营、管理的基本单位。以自然区划为主、人工区划为辅进行区划。

划分条件 兼顾资源调查和经营管理的需要，考虑下列基本条件：权属；森林类别及林种；生态公益林的事权等级、保护等级；林业工程类别；地类；起源；树种组成，优势树种（组）比例相差二成以上，纯林和混交林要分别区划小班；龄组或龄级，Ⅵ龄级以下相差一个龄级，Ⅶ龄级以上相差二个龄级；经济林生产期；林分郁闭度，商品林郁闭度相差0.20以上，公益林相差一个郁闭度级，灌木林相差一个覆盖度级；立地类型、林分经营类型或经营措施类型。

最小面积 依据林种、外业调查底图比例尺和经营集约度而定。经济林及经济价值高的毛竹、大径刚竹为6亩（0.4hm²）；用材林、薪炭林及生态公益林小班为15亩（1hm²）；平原、村庄片林为6亩（0.4hm²）。

最大面积 一般商品林不超过225亩（15hm²），公益林原则上不超过525亩（35hm²）。辅助生产林地小班、非林地小班最大面积不限（注：应正确对待商品林、公益林小班最大面积，不能以小班最大允许面积划小班。首先考虑小班划分条件，应划开则划开。不能认为只要没有超过最大面积，在该划开处不划开）。

划分注意事项 为了准确调查、方便记载，以小班区划优化为原则，小班划分时应注意以下事项：①乔木树种小班划分以地形为主，结合林相。②竹类、经济树种的小班划分以林相为主，结合地形。③用材、薪炭乔木树种商品林与乔木树种公益林必须划开，不能在同一小班内分细班。④同一小班朝向基本一致，站在一点基本上能看清小班全貌。⑤一个小班内林分类型尽量少、细班少。局部混杂地块，可以先划出，作为混合小班。⑥山坡、平地小班应划开，林业用地、农业田（地）小班尽量划开。⑦划小班区域的局部非林地，如果不单独划小班记载、也不并入相邻小班作细班记载，在图上应圈出该非林地，为面积求算工作提供方便。

参考文献
史济彦, 1996. 森林采伐学[M]. 北京: 中国林业出版社.

（董喜斌）

采伐许可证　cutting license

林木采伐的单位或个人，依据法律规定办理的准许采伐林木的凭证。简称采伐证。《中华人民共和国森林法》规定，采伐林木必须申请采伐许可证，按许可证的规定进行采伐。采伐许可证是采伐活动的行为规范，也是进行采伐监督和验收的依据。凭证采伐是执行年森林采伐限额，制止乱砍滥伐，保护、发展和合理利用森林资源的有效措施。

执行林木采伐许可证制度，必须按许可证的规定进行采伐；农村居民采伐自留地和房前屋后个人所有的零星林木除外。修建林区道路、**集材道**、**楞场**和生活点等生产准备作业活动需要采伐林木的，应单独设计、单独办理林木采伐许可证。

采伐许可证的内容包括采伐地点、方式、林种、树种、面积（株数）、蓄积量、**出材量**、期限和完成更新造林时间等。申请办理采伐许可证需要提供林木采伐申请文件（申请书、审批表）和林木权属证明材料（林权证）。

国有林业企业事业单位、机关、团体、部队、学校和其他国有企业事业单位采伐林木，由所在地县级以上林业主管部门依照有关规定审核发放采伐许可证。

对**伐区**作业不符合采伐许可证规定的单位，发证部门有权收缴采伐许可证，中止其采伐，直到纠正为止。

（赵尘）

采伐证管理系统　logging permit management system

应用信息技术对木材采伐相关业务进行管理的计算机系统。又称森林采伐管理系统。采伐证全称采伐许可证。

基层林业局建立采伐证管理系统，以年采伐限额为基础，精准控制各林地的采伐量，提升采伐证的发放效率并加强对采伐证真实性的核查，以确保采伐活动的合法性，以及有效追溯木材来源、追踪木材的流量和流向。同时，该系统还能帮助林业执法人员打击盗砍滥伐以及破坏森林的违法行为。采伐证管理系统的主要业务模块划分如下：

①采伐限额管理。政府监管职能。该模块分配和管理采伐限额指标，确保采伐量严格符合法定要求，防止过度采伐，维护森林生态平衡。

②采伐证业务管理。政府监管职能。该模块实现采伐证的申请、审批、打印及发放等流程，通过信息化手段提高采伐证件管理效率和规范性，减少人为错误和延误。

③伐区招标管理。政府便民服务。该模块透明地开展伐区采伐权的招标工作，确保采伐活动的合法性和公平性，引入社会资金参与林业生产，促进林业市场的健康发展。

④伐区集材管理。政府便民服务。该模块对伐区内的木材进行有序收集和短程运输，优化集材资源配置，确保采伐活动的顺利进行，并提高木材采伐剩余物的利用效率。

⑤伐区台账管理。政府便民服务。该模块建立详细的台账，记录每次采伐的具体情况，包括采伐量、采伐时间、采伐人员等信息，便于数据查询统计，实现政府监管。

⑥伐区验收管理。政府监管职能。在采伐结束后，该模块对伐区进行严格的验收，检查采伐生产过程是否达标，记录验收结果，以确保采伐活动的合法性。

⑦伐区恢复管理。政府监管职能。该模块根据伐区的实际情况，对接营林企业，优化恢复策略，制订恢复计划，监督恢复进程，促进森林资源的可持续利用。

其中③～⑦模块供林权单位使用，旨在加强伐区业务管理效能。这些模块即时上传生产数据，同时，系统将对采伐生产活动进行自动化监控，确保整个采伐过程的合法性。

采伐证管理系统主要作用是：①通过科学合理的业务模块划分，实现对林木采伐活动的全面监管和服务，确保了采伐活动的合法性和规范性；②通过信息化管理简化了采伐业务流程，提高了管理效率，减少了人为错误和延误；③特别为林权单位提供的伐区管理业务模块，增强了采伐限额的监控力度，使采伐活动更加规范透明，从而有效保证了采伐生产活动的合法性、促进了森林资源的合理利用和保护。

随着政府职能逐渐从传统的行政管理者角色向现代化的服务提供者角色转变，采伐证管理系统可开发为一个互联网上的在线受理平台，各林权单位（包括国有企业、私有企业、林农合作社等）无须自建采伐生产管理系统，可直接在平台上管理伐区生产任务，简化采伐数据上报流程，伐区生产过程自动接受林政部门监管。

参考文献
李世东, 2015. 中国智慧林业 顶层设计与地方实践[M]. 北京: 中国林业出版社: 130.

（林宇洪）

采伐作业　logging operation

在林区进行的木材采伐生产活动。为木材生产的基本工序之一。是根据林业经营的目的和要求，对林木进行砍伐的作业。主要包括林木成熟前的**抚育采伐**和成熟林、过熟林的**主伐**。

主要类型 采伐是对森林和林木所进行的一项经营管理

活动，分为主伐、抚育采伐、更新采伐、低产（效）林改造采伐4种类型。

主伐 以收获木材为目的，在成熟林、过熟林内进行的采伐。主伐作业包括皆伐、择伐、渐伐3种方式。

抚育采伐 从幼林郁闭起到成熟林采伐（主伐）前一个龄级止这一段时间内，为改善林内光照条件和进行人工选择，以促进林分的生长，对部分林木进行的采伐作业。抚育采伐影响到森林的林分生长、总收获量、林分结构等，可为林木创造良好的生长环境，提高林木质量，影响森林的生态功能。抚育采伐可以获得一部分木材，主要是小径木材。

更新采伐 为了恢复、提高或改善森林的生态功能，进而为林分的更新创造良好条件所进行的采伐。包括林分更新采伐和林带更新采伐。林分更新采伐主要采取渐伐、择伐和径级择伐等采伐方式；林带更新采伐主要采取全带采伐、断带采伐和分行采伐等采伐方式。

低产（效）林改造采伐 为改造低劣林分的结构或变更树种的采伐。主要是伐除生长不良或衰退、遭害严重和无培养前途的林木。

工艺流程 ①采伐调查。在皆伐伐区，对胸高直径8cm以上的树木进行每木调查，即以4cm为一径级，测定每株立木的胸高直径、材积和出材量；在部分伐区，采用普通标准地或带状标准地法调查，标准地面积不小于总采伐面积的10%。在择伐伐区，按照不同择伐的要求选定采伐木，并进行相应的测树调查。②伐区生产工艺设计。包括工程、生产和工艺等设计。工程设计主要涉及运材岔线、集材主道、索道架设安装、山上楞场等工程。生产设计主要涉及木材产量，生产进程，使用机械类型、数量，生产组织和技术措施等。工艺设计主要涉及采伐方式和集材方式的选定、伐区木材生产的安排、生产设备和人员的配备、伐后的更新措施和木材生产流程的安排等。③准备作业。根据伐区工艺设计要求进行生产准备，包括修建运材岔线、集材主道、山上楞场、车库等工程和设备安装工程。④采伐。作业工序组成因所采用的伐区工艺类型不同而异。主要包括伐木、打枝、造材、集材、归楞、装车等。

作业技术 分为手工作业、机械化作业和全盘机械化作业3类。手工作业基本上依靠人力和畜力，如伐木、打枝和造材使用斧、锯；集材采用串坡、滑道和牛马爬犁。机械化作业时，采用动力链锯（电锯、油锯）伐木、打枝与造材；采用拖拉机、绞盘机、架空索道集材。全盘机械化作业时，不仅各个工序都采用了高性能机械作业，而且采用多工序联合机械作业，如伐木-打枝-造材联合机作业、伐木-归堆机作业等。

（赵尘）

采伐作业空间　logging operation space

采伐作业时，人员、设备和工具材料等所需要的空间范围。合理布置采伐作业空间，有助于协调人、机、环境三者之间的关系，提高作业效率，保障作业安全。

采伐作业空间包括水平面和垂直作业范围两部分。水平面上作业范围称为水平作业域，垂直面上的作业范围称为垂直作业域。

采伐作业空间设计应使人机关系相互协调。就大范围而言，是把所需要的采伐机器、装备和工具，按照人的操作要求进行合理的空间布置。对于采伐机器，就是从人的需要出发，对采伐机器的操纵装置、显示装置进行合理的布设，为操作者创造舒适而方便的作业条件。广义的采伐作业空间设计是指按照作业者的操作范围、视觉范围和操作姿势等生理、心理因素对作业对象和采伐机器、设备、工具进行合理空间布局，为人和物等确定最佳的流通路线和占有区域，以提高系统总体可靠性、舒适性和经济性。狭义的采伐作业空间设计就是设计合理的工作岗位，以保证作业者安全、舒适、高效的工作。

参考文献

孙桂林, 1993. 机械安全手册[M]. 北京: 中国劳动社会保障出版社: 31-69.

姚立根, 王学文, 2012. 工程导论[M]. 北京: 电子工业出版社: 155-164.

周一鸣, 1988. 拖拉机人机工程学[M]. 北京: 机械工业出版社: 111-117.

（徐华东）

采育场　tending farm

采伐和育林并重的林业企业。从采伐角度讲，主要业务有伐木、集材、运材及木材初加工等；从育林角度讲，业务包括采种、育苗、整地、种植、抚育、管护等。

在中国，采育场的前身是伐木场，大多建于20世纪50年代，当初是为了解决国家建设对木材的大量需要，后期是为了防止森林资源枯竭而转型为采伐和育林并重。采育场最初为国营林业采育场，后期称为国有林业采育场。

国有林业采育场的生产活动特点是通过将森林采伐利用与森林培育结合起来，从而形成产、供、销于一体的国有林业企业，肩负培育、保护森林资源和开发利用森林资源，为国民经济建设提供木材和多种林产品的任务。

参考文献

黄金国, 林镫, 1992. 国营林业采育场企业升级工作探讨[J]. 林业经济问题(2): 63-65.

黄金坚, 2008. 三明市国有林业采育场经营者业绩评价与激励约束机制的研究[D]. 南京: 南京林业大学.

罗利明, 1997. 国有林业采育场深化改革的探讨[J]. 林业经济问题(4): 37-39.

游仲谋, 2000. 国有林业采育场的财务核算[J]. 林业财务与会计(9): 25-26.

（林文树）

采运工程　forest logging engineering

在林区内外进行木材采伐、集运、仓储配送及木材初加工作业的综合性工程。是林业生产中森林主产品的开发经营阶段，分森林采伐、木材运输和贮木场作业3个阶段。主要任务是根据维护生态平衡、保障森林永续利用和充分发挥经济效益的原则，合理开发与利用森林资源，生产商品材。

森林采伐 在伐区上进行的木材生产作业，包括伐木、打枝、造材、集材、归楞、装车、伐区清理（清林）等主要工序。其中，①伐木要注意正确把握树倒方向，保证作业安全；②造材要按技术要求合理造材，提高出材率；③集材应根据森林生态立地条件，合理选定集材方式，采取保护森林生态环境的技术措施，使经济效益与生态效益相互协调；④伐区清理即采伐后进行迹地清理，既要注意使采伐剩余物得到充分利用，又要为森林更新创造良好的条件。

森林采伐应根据伐区生产工艺设计的要求进行，采伐前要做好伐区准备作业，包括集材道、运材岔线、伐区楞场、简易工棚等的修建。

木材运输 从伐区楞场将木材通过不同运输方式运往贮木场或需材点的作业。主要方式有木材陆运与木材水运两大类。木材陆运，根据林道构造和运输工具，可分为汽车运材与森林铁路运材。为提高运材效率，要进行林区道路规划和建设，达到合理的林道网密度。木材水运，根据河流条件有单漂流送（俗称赶羊）、排运、船运等方式。采用水运作业时需要进行河道整治与工程建设。

贮木场作业 为采运工程的最终生产阶段。主要任务是木材的接收、加工、分选、贮存保管，以及将木材调拨或转运给需材单位。贮木场分为陆运贮木场与水运贮木场两类。贮木场的作业内容一般包括卸车（出河）、造材、选材、归楞、装车（装船）等。

（赵尘）

层次模型　hierarchical model

一种数据模型。在数据库中定义满足以下两个条件的记录以及它们之间联系的集合：①有且只有一个结点没有双亲结点，这个结点称为根结点；②根以外的其他结点有且只有一个双亲结点。层次模型用树型结构来表示各类实体以及实体间的联系。在层次模型中，每个结点表示一个记录类型，记录类型之间的联系用有向边来表示双亲与子女结点之间一对多的联系。这就使得层次数据库系统只能处理一对多的实体联系。

数据操纵与完整性约束 层次模型的数据操纵主要有查询、插入、删除和更新。进行插入、删除、更新操作时要满足层次模型的完整性约束条件。

存储结构 层次模型数据存储和数据之间联系的存储结合在一起。常用实现方法有：①邻接法。按照层次树前序遍历的顺序把所有记录值依次邻接存放，即通过物理空间的位置相邻来实现层次顺序。②链接法。在数据库中用指针来反映数据之间的层次联系。

特点

主要优点 ①层次模型的数据结构比较简单清晰。②层次数据库的查询效率高。因为层次模型中记录之间联系用有向边表示。③层次数据模型提供了良好的完整性支持。

主要缺点 ①现实世界中很多联系是非层次性的，比如结点之间的多对多联系，不适合用层次模型表示；②如果一个结点具有多个双亲结点等，层次模型只能通过引入冗余数据或虚拟结点来解决；③查询子女结点必须通过双亲结点；④由于结构严密，层次命令趋于程序化。

发展历程 层次模型诞生于20世纪60年代，主要用于复杂制造项目的大量数据管理。层次模型是数据库系统中最早用于商用数据库管理系统的数据模型。层次数据库系统的典型代表是1968年IBM公司推出的第一个大型商用数据库管理系统——IMS(Information Management System)，曾经得到广泛使用。

参考文献

王珊, 杜小勇, 2023. 数据库系统概论[M]. 6版. 北京: 高等教育出版社.

（林森）

拆卸　disassembly

将索道设备、构件等进行拆开、卸下、分解、清理的过程。通常情况下，林业索道拆卸是为了更换、维修、更新设备或者是因为作业需求的变化等原因而进行。拆卸索道应符合《森林工程 林业架空索道 使用安全规程》（LY/T 1133—2012）和《森林工程 林业架空索道 架设、运行和拆转技术规范》（LY/T 1169—2016）中的相关规定，不可直接在索处于张紧状态下直接拆卸固定卡子来放松承载索、不得采用松卡子打滑的办法来松弛索或利用伐倒立木等方法拆卸，以免钢丝绳严重磨伤和弹起伤人。

拆除立木支架的固定装置 一是拆除山下立木支架的固定装置：①将穿绕复式滑车的张紧索引入绞盘机卷筒，把跑车放到下支点附近，利用绞盘机重新拉紧张紧索，再松承载索的固定端卡子。②在松弛辅助张紧索情况下，使承载索松落地面。③卸下套装在承载索上的跑车等附属装置。二是拆除山上立木支架的固定装置：①落地承载索的悬空部分尚有一定张力，卸索夹时应特别注意安全。②用手扳葫芦控制使悬空部分承载索徐徐落地。落地的承载索可利用工作索牵引卷成等直径绳卷，再用铁丝捆扎成捆。

拆除工作索 拆除后的工作索，应直接缠绕在绞盘机卷筒上。工作索从线路上拆除时，可借助绞盘机的摩擦卷筒卷绕成捆，并用铁丝捆扎。将工作索从卷筒上拆卸时，要边缠卷边对钢丝绳检查，发现钢丝绳表面损伤超限的，应立即做上记号，以便处理。

拆除其余装置 一是利用手扳葫芦或螺旋扣拆除所有绷绳。二是拆除分布在各处的索具（包括滑轮、卡子、鞍座、止动器、跑车、复式滑车、绳夹板、绷索、捆木索等），并搬集于适当的地方，待保养和转移。

参考文献

国家林业局, 2016. 森林工程 林业架空索道 架设、运行和拆转技术规范: LY/T 1169—2016[S]. 北京: 中国标准出版社: 14-15.

周新年, 周成军, 郑丽凤, 等, 2020. 工程索道[M]. 北京: 机械工业出版社: 122-123.

（巫志龙）

长辕杆连接 long pole connection

主车和长辕杆长材挂车的连接。

连接原理　长辕杆连接实际上是由两个各自有效的连接系统所构成。①主车与长辕杆长材挂车的连接装置是由长材挂车的长辕杆、连接套环和汽车牵引钩所构成，是一个有效的传力和转向系统。在此系统的上部，主车、挂车的两个承载装置及其所装载的木材捆也起到了有效的连接作用。②重载时，在木材捆本身的重力作用下，其底层被主车、挂车承载梁的卡木齿所压入，捆的两侧压紧斜拉索和车立柱，使主车、挂车保持一定的距离，并有效地传递牵引力、制动力和转动方向。因此，木材捆和主车、挂车承载装置的连接亦构成了一个有效的连接系统。

运用特点　运材汽车列车 CA-10B+GT-7A 等即属于长辕杆连接的运材汽车。在实践中，当该种汽车列车行驶在小半径曲线上时，往往产生压弯牵引杆、破坏承载装置、转盘、横磨轮胎并使行驶速度过慢，特别是在很小半径的曲线，甚至造成不能转向行驶等。

改善措施　连接系统有关零部件破坏的主要原因是附加力作用的结果。因此欲消除此附加力，必须使挂车的长辕杆和木材捆均围绕一个圆心回转，这样两个连接系统就不再发生相互干涉现象。具体方法是：①将长辕杆适当加工后，直接与汽车转盘连接。②运材汽车转向时，使汽车牵引钩装置或挂车辕杆的长度能按需伸长，在直线行驶时能自由缩回，亦能达到围绕转盘中心回转的效果。③将挂车承载装置制成钢轮式小车，滚动于挂车架的轨道上，以保证转向时该小车按需作有限制的滚动。使长辕杆与木材捆均围绕汽车牵引钩中心回转。

参考文献

东北林学院, 1986. 木材运输学[M]. 北京: 中国林业出版社.

韩德民, 1986. 论主车与长辕杆长材挂车连接系统的改善措施[J]. 林业科技(1): 44-47.

（徐华东）

超车视距 overtaking sight distance

在双车道道路上，后车超越前车时，从开始驶离原车道起，至可见对向来车并能超车后安全驶回原车道所需的最短距离。

在一般双车道公路上行驶着各种不同速度的车辆，当快速车追上慢速车以后，需要占用供对向汽车行驶的车道进行超车。为了超车时的安全，司机必须能看到前面足够长度的车流空，以便在相邻车道上没有出现对向驶来的汽车之前完成超车而不阻碍被超汽车的行驶。

超车视距由四部分组成：①加速行驶距离。当超车汽车经判断认为有超车的可能，于是加速行驶移向对向车道，在进入该车道之前所行驶距离。②超车汽车在对向车道上行驶的距离。③超车完了时，超车汽车与对向汽车之间的安全距离。④超车汽车从开始加速到超车完了时对向汽车的行驶距离。以上 4 个距离之和是比较理想的全超车过程。

《公路路线设计规范》（JTG D20—2017）规定，二级公路、三级公路、四级公路双车道公路，应间隔设置满足超车视距的路段。具有干线功能的二级公路宜在 3 分钟的行驶时间内，提供一次满足超车视距要求的超车路段，一般情况下不小于路线总长度的 10%～30%。

一级公路、二级公路及双车道三级公路的超车视距应符合表中规定。

超车视距

设计速度（km/h）	60	40	30	20
超车视距（m）	350	200	150	100

参考文献

国家林业局, 2014. 林区公路设计规范: LY/T 5005—2014[S]. 北京: 中国林业出版社.

许恒勤, 张泱, 2003. 林区道路工程[M]. 哈尔滨: 东北林业大学出版社.

许金良, 等, 2022. 道路勘测设计[M]. 5版. 北京: 人民交通出版社.

中华人民共和国交通运输部, 2017. 公路路线设计规范: JTG D20—2017[S]. 北京: 人民交通出版社.

（王宏畅）

超高 super elevation

在圆曲线路段横断面上设置的外侧高于内侧的单向横坡。以抵消车辆在圆曲线路段上行驶时所产生的离心力，保证汽车能安全、平稳、舒适地通过圆曲线，根据《林区公路设计规范》（LY/T 5005—2014），超高值按设计车速、半径大小，结合路面类型、自然条件等情况确定。最大超高值为 6%；当超高横坡小于路拱横坡度时，设置等于路拱坡度的超高；当沿陡峻山坡或在长期冰冻地区设置平曲线时，平曲线圆心位于山外方的路段上，可不设置超高。

参考文献

许恒勤, 张泱, 2003. 林区道路工程[M]. 哈尔滨: 东北林业大学出版社.

叶伟, 王维, 2019. 公路勘测设计[M]. 北京: 机械工业出版社.

（孙微微）

车辆折算系数 vehicle conversion factor

在特定的公路、交通组成条件下，所有非标准车相当于标准车对交通流量影响的当量值。又称车辆换算系数。进行交通量计算时，需将道路上运行的各种不同类型的车辆折算成标准车型。通常情况下，交通量折算采用小客车为标准车型。

车辆折算系数是在通行能力研究中提出的。道路交通是各种车辆混杂的混合交通，车辆种类繁多、车型构成复杂，各种车型间的动力性能相差悬殊，造成不同车型在道路上行驶时所占用的时间和空间大不相同，不同车型的交通量之间没有可比性。1965 年，美国在《道路通行能力手册》中首先提出了折算系数的概念，用于混合交通流与 100% 标准车流之间流量的折算，以使各道路、交通条件下的混合交通量之间具有可比性。

影响车辆折算系数的因素有交通组成、道路等级、车辆流向及车流中车辆的排列次序、道路坡度、坡长等。车辆折算系数的计算方法主要有基于速度、延误、密度、流量及动力学特性等的算法和计算机模拟方法等。由于各国的交通流组成不同，车辆的行驶特性不一致及同一地点不同时期的交通流运行状况存在差异等原因，尽管各国的科研人员做了大量有意义的探索和尝试，但至今尚无车辆折算系数的统一标准，不同国家、不同地区的车辆折算系数也有一定的差异。中国林区公路各类车辆代表车型与标准车型折算系数见下表。对于道路上行驶的非汽车交通，拖拉机每辆折算为4辆小客车；被交支路车辆、路侧停车、畜力车、人力车、自行车等非机动车及街道化程度等影响因素按路侧干扰因素计。

各类车辆代表车型与标准车型折算系数表

车辆代表车型	车辆折算系数	说明
小客车	1.0	座位≤19座的客车和载质量≤2t的货车
中型车	1.5	座位＞19座的客车和2t＜载质量≤7t的货车
大型车	2.0	7t＜载质量≤20t的货车
铰接车（汽车列车）	3.0	载质量＞20t的货车

参考文献

许恒勤, 张泱, 2003. 林区道路工程[M]. 哈尔滨: 东北林业大学出版社.

叶伟, 王维, 2019. 公路勘测技术[M]. 北京: 机械工业出版社.

（刘远才）

承载索 bearing cable

支撑索道全部荷重（运行跑车及其荷载）的钢丝绳。林业索道的主要组成部分。应具有很高的抗拉强度，具备抵抗冲击及横向压力的能力。为了减少跑车车轮在运行过程中的运行阻力和磨损，以及减少钢丝绳沿中间鞍座移动时的阻力，要求承载索具有平滑的表面和耐磨性。

根据承载索的使用要求，选用密封式钢丝绳是最适宜的。但密封式钢丝绳存在制造工艺复杂、价格高、柔韧性差、不能插接等缺点，它不太适应临时性、移动频繁的林业索道要求，在实际生产中很少被采用。用普通单绕钢丝绳作承载索时，性能基本可以满足要求，价格便宜，只是不能插接，如果长度适宜，可选用单绕索。在林区广泛采用纤维芯交绕钢丝绳作承载索。对于两端固定的承载索来说，宜选用性能较好的顺绕钢丝绳。

（张正雄）

承载索安装拉力测定 determination of installation tension of skyline

承载索安装架设完毕后对承载索安装拉力进行测算的过程。目的是检查承载索安装拉力是否符合设计要求。承载索安装架设质量控制的重要环节，确保承载索的安全、稳定和高效地运行。

在承载索的安装架设过程中，由于材料、制造、安装等因素，承载索的拉力可能偏离设计要求。在承载索安装架设完毕后，需进行承载索安装拉力测定，确定是否需要进行调整或重新安装。承载索的安装拉力过大或过小都会影响索道的安全性、运行效率和耐久性。承载索安装拉力过大，导致承载索负荷过大，加快承载索疲劳损伤，增加事故风险；在安全系数一定的情况下，载量降低，若要保证载量，承载索直径加大，成本提高。承载索安装拉力过小，导致承载索松弛，弯曲大，跑车运行时晃动大，不平稳，加快承载索的磨损；吊运木捆易碰地。常用的测定方法有振动波法、倾角法和索长法。

参考文献

国家林业局, 2016. 森林工程 林业架空索道 架设、运行和拆转技术规范: LY/T 1169—2016[S]. 北京: 中国标准出版社: 13.

周新年, 周成军, 郑丽凤, 等, 2020. 工程索道[M]. 北京: 机械工业出版社: 48-50.

（巫志龙）

冲刷（路堤）防护 scour (embankment) protection

为防止流水直接危害沿河、滨海路堤以及有关海河堤坝护岸的堤岸边坡和坡脚所采取的防止冲刷的措施。分为直接防护和间接防护两类。

直接防护措施：包括植物防护、石砌护面或抛石与石笼防护，以及必要时设置的支挡（驳岸等）。其中植物防护与石砌防护，同坡面防护所述基本类同，但堤岸的防冲刷主要原因是洪水急流，水位变迁不定，水流速度较大，相应的要求更高。盛产石料的地区，当水流速度达到3.0m/s或更高、植树与石砌防护无效时，可采用抛石防护。当水流速度达到或超过5.0m/s时，则改用石笼防护，也可就地取材，用竹笼或桷料防护，必要时可以采用土工织物软体沉排护坡。

间接防护措施：设置导流构造物。导流构造物可改变水流方向，消除和减缓水流对堤岸的直接破坏，同时可以解除水流对局部堤岸的损害，起到安全保护作用。主要是设坝，按其与河道的相对位置，可分为丁坝、顺坝或格坝。

参考文献

黄晓明, 2019. 路基路面工程[M]. 6版. 北京: 人民交通出版社.

中华人民共和国交通运输部, 2015. 公路路基设计规范: JTG D30—2015[S]. 北京: 人民交通出版社.

（高敏杰）

冲刷系数法 scour coefficient method

以冲刷系数为控制条件推求桥下河槽冲刷前的最小过水面积，从而确定桥孔最小净长度的计算方法。又称过水断面面积控制法。大中桥的桥下河床一般不加护砌而允许有一定的冲刷。建桥后桥孔压缩水流，桥下河床将出现冲刷，随着冲刷后水深的增加，桥下的过水断面面积逐渐增大，桥下流速逐渐降低，河槽的冲刷将相应的减缓，最终趋于停止，过水断面将不再变形。将冲刷后的过水断面面积$A_{冲后}$与冲刷前的过水断面面积$A_{冲前}$之比称作冲刷系数，用P表示，一般大于1。

以P为控制条件再进行相应的计算，得出桥孔最小净长度。采用冲刷系数计算时，应注意使桥前壅水或桥下流速的增大不致危害上下游堤防、农田、村庄和其他水工建筑物以及影响通航放筏等；河网地区河流及人工渠道上的桥孔应尽量减少对水流的干扰。

参考文献
高冬光, 王亚玲, 2016. 桥涵水文[M]. 5版. 北京: 人民交通出版社.
黄廷林, 马学尼, 2014. 水文学[M]. 5版. 北京: 中国建筑工业出版社.
黄新, 金菊良, 李帆, 2017. 桥涵水文[M]. 2版. 北京: 人民交通出版社.
叶镇国, 2019. 水力学与桥涵水文[M]. 3版. 北京: 人民交通出版社.

（黄新）

出材量　output volume

实际采伐林分中生产的原条、原木、小规格材和薪材的数量。不包括枝丫、树皮、伐根等。是反映森林资源利用的重要指标，出材量高，表明林木资源利用好；反之，说明利用差。为了对森林资源的数量（蓄积量）和质量（材种出材量）做出正确全面的评价，正确合理经营森林，如营林抚育强度、次数间隔及抚育方式等技术措施，就必须在查明蓄积量的基础上，进一步对森林木材资源的经济价值做出评价。因此，在制定木材采伐限额、生产计划及营林技术措施中，林分材种出材量也是一个重要依据。

计算方法：根据林分（或标准地）每木调查结果，利用材积表计算出各径阶林木材积合计值，再使用实际造材材种出材率表，按照不同径阶分别计算出各材种的材积，合计各径阶材种的材积即可得到林分（或标准地）材种的出材量。具体方法有：①一元（胸径）材种出材率表法。计算林分材种出材量时，各材种出材率是从一元材种出材率表中依径阶查定的。具体方法可概括为，通过标准地每木检尺测得各径阶的林木株数，利用一元材积表查得各径阶单株材积，乘以径阶林木株数得到各径阶林木带皮总材积。然后，利用一元材种出材率表，分别径阶查定各材种出材率，乘以相应径阶带皮总材积，即为材种材积。各径阶同名材积之和为林分该材种材积值，林分各材种材积值之和即为林分材种出材量。②二元（胸径和树高）材种出材率表法。计算林分材种出材量时，首先测定一部分林木的胸径和树高，绘制树高曲线，并根据林分平均直径和平均树高，在树高级表中确定出该林分所属的树高级，选用相应的树高级立木材积表，查定每个径阶各材种出材率。具体查定、计算方法同一元材种出材率表法。最后计算出林分材种的出材量。

参考文献
孟宪宇, 2006. 测树学[M]. 北京: 中国林业出版社: 143, 157-158.

（董喜斌）

出河作业场　workplace for log out of river

当木材由水路运送到需材地点，或者因其他情况需要将水路运送方式改变为陆运时，需将木材从水中出河，进行木材出河作业的水上作业区域。是水上作业场的一种，简称出河场。出河作业场的工艺过程为：先将木材阻拦于河绠内，然后进行水上分类，再用相应的出河设施将木材出河。

根据木材的流送到达情况可以分为3种类型：

①单漂流送到材的出河场。这种出河场先将单漂流送的木材阻拦于主绠场内，然后将需要分类出河的木材放到副绠场内，再将副绠场内的木材放到分类出河段进行分类，最后由出河设施将其木材出河。

②木排（排节）到材的出河场。这种出河场先将木排停放在停排段，然后将木排逐个移至拆排段，先将木材拆散为排节，再将排节拆散为单根原木。如果木排已经分类，则直接出河；如果木排没有分类，则进入分类设施，然后出河。这种作业场需要注意的一个问题就是木材的下沉问题，因为木排经过很长时间的运送，有些原木已经吸收很多的水，比重超过1，在木排拆散前，由于其他原木的浮力而使整个木排没有下沉，木排拆散后，这部分木材将下沉，需要采取一定的措施防止木材的下沉。

③单漂流送与木排混合到材的出河场。这种出河场兼备上述两种功能，所以停排段和河绠的两种设施都有，一般将木排运送的停排段设置在前面，单漂流送的河绠阻拦段在后，在停排段将木材拆散成单根原木，然后进入河绠段，随后通过河绠放出原木进行分类出河。

参考文献
祁济棠, 吴高明, 丁夫先, 1995. 木材水路运输[M]. 北京: 中国林业出版社.
赵尘, 2016. 林业工程概论[M]. 北京: 中国林业出版社.

（黄新）

畜力集材　animal skidding

用畜力和爬犁进行集材的作业方式。

应用范围　适合于伐前更新好、保留木多和单位面积出材量小、坡度不超过17°的伐区，特别是一些边远、零散的伐区。在平缓林地上多使用畜力集材。常用的牲畜有牛、马、骡、驴和大象等。畜力集材受集材距离的限制，集材距离300m以内效率比较高。

方法　中国北方林区常用牛马套子集材，即用牛或马拉爬犁，将数根原条或原木的一头捆在爬犁横梁上（或只有两个轮子和一根轴，被叫作"车脚"的轴），另一端拖在地上。爬犁（或车脚）上的一端用棕绳捆绑在横梁（或轴）上。通常以大头朝前，以便减少木材和地面的摩擦阻力。牛马套子集材充分利用了冰雪覆盖的条件，省工省力，效率较高，对比较集中、数量相对较多的原条或原木，是比较好的一种畜力集材方法。对较为零散、数量不多的原条或原木，常用较细的钢丝绳，一头套在木头上，另一头拴在牛马套上，让牛马拉走。在中国北方，畜力集材一般冬季作业，夏季放牧。

管理上要注意牲畜饲草和饲料的储备、饮水的供应以及外伤和疫病的防治。

特点 优点是通常不需要修集材道（但沿途不能有障碍物），适应范围大，适宜在冬季作业。对地层没有破坏，有效保护幼苗、幼树和母树，可避免水土流失；机动灵活，可到达伐区的任何地点，有利于森林抚育。缺点是受坡度、季节限制，集材效率较低，不能很好保证木材质量，对于大径、沉重木材集材装卸较为困难，劳动强度较大。

参考文献

潘海, 2012. 伐区作业方式与集材探讨[J]. 现代商贸工业, 24(6): 168.

赵平, 李传瑜, 王烨鸿, 等, 2004. 浅谈畜力集材[J]. 中国林业企业(4): 27-28.

赵秀兰, 董连波, 1999. 畜力集材措施的探讨[J]. 森林工程(3): 30.

（徐华东）

串坡　ground sliding

以人力将山坡上的原木或原条，利用重力和坡度，用木棍翘拨或人力牵引使其滑下山坡，串放到坡下指定地点的集材作业。人力串坡的简称。在中国南方称为溜山。适用于择伐作业区。指定地点可以是滑道、畜力集材道或拖拉机集材道起点或集材道两侧。原木或原条串放到坡下指定地点后，要进行归堆或不归堆、垫卯。归堆指将若干根木材在指定地点堆成小堆。不归堆指将木材散放在指定地点。垫卯指每堆木材的前段（原木或原条的小头）用一根卯木垫起。串坡作业无固定道路，也不修专用的串坡道，但串放前，要清除线路内影响作业的障碍物，如岩石、倒木等。

适用条件与生产率：①原木集材，当坡度大于17°时，可实行串坡。串坡距离在1000m以内，冬夏季均可进行。串坡既可以从山上一直串到山下楞场，也可以串到山中腹的平缓地带，再进行滑道、畜力、索道或拖拉机集材。原木串坡的生产率与季节、串坡距离、原木径级、树种和材长有关。如串坡距离1～1000m，针叶材或杨木、原木直径20cm以上、材长3.8m以下时，冬季生产率为1.0～6.0m^3/人；夏季为0.8～4.8m^3/人。②原条集材，串坡适用于冬季、森林资源分散、作业区坡度25°～40°、串放距离100～300m的区段，条件好的地区可延至500m。正常情况下，一次能串到山下缓坡地带或拖拉机集材主道旁。若是台阶式地形，则要分段串坡，作业难度较大。原条串坡的生产率与单位面积出材量、串坡距离和坡度有关。如出材量100～150m^3/hm^2、串坡距离100～460m、坡度25°左右时，生产率为1.5～3.5 m^3/人。

优点：①单位面积出材量少的择伐伐区经济效益好；②对保留木损伤小，有利于保护森林资源；③若冬季串坡，对地表层没有破坏，不会产生水土流失。

缺点：①原木或原条在滑行中有撞裂和折断现象，空心材尤为严重，若采用原木串坡，需要留10cm后备长度，木材损失较多；②工人作业劳动强度大。

参考文献

蒋洪翔, 李文修, 栾建华, 等, 1996. 生态型山地伐区集材模式的研究[J]. 东北林业大学学报, 24(2): 68-74.

潘海, 2012. 伐区作业方式与集材探讨[J]. 现代商贸工业, 24(6): 168.

史济彦, 1996. 森林采伐学[M]. 北京: 中国林业出版社.

（孟春）

错车道　passing bay

在单车道道路上可通视的一定距离内设置的供车辆交错避让用的一段加宽车道。

设置错车道路段的路基宽度不小于6.5m，有效长度不小于20m，至少能容纳一辆全挂车的长度。为了便于错车车辆的驶入，在错车道的两端应设不小于10m的过渡段。错车道的间距应根据错车时间、视距、交通量等情况而决定，以车辆进入错车道之前能看到前方相邻错车道间是否有行驶的车辆为宜。错车道的间隔长度：三、四级林区道路不宜超过500m；路基宽度为4.5m的二级道路不宜超过300m；当错车道设置在平曲线上时，其曲线部分的加宽值应不小于单车道的加宽值；错车道铺设应与行车道相同的路面。

参考文献

许恒勤, 张泱, 2003. 林区道路工程[M]. 哈尔滨: 东北林业大学出版社.

叶伟, 王维, 2019. 公路勘测设计[M]. 北京: 机械工业出版社.

（孙微微）

错车视距　missing sight distance

在没有明确划分车道线的双车道道路上，两对向行驶的车辆相遇，自发现后采取减速避让措施至安全错车所需的最短距离。错车视距由以下四部分构成：第一辆车的反应距离、让车绕行距离、来车在绕行时间内所行驶的距离、安全距离。

错车视距、会车视距和停车视距同属于对向行驶的3种状态，其中以会车视距最长，错车视距一般按会车视距的要求满足即可。

参考文献

国家林业局, 2014. 林区公路设计规范: LY/T 5005—2014[S]. 北京: 中国林业出版社.

许恒勤, 张泱, 2003. 林区道路工程[M]. 哈尔滨: 东北林业大学出版社.

（王宏畅）

D

搭挂 lodged; teepee

被伐倒树木挂在其他立木上的现象。即采伐作业中，伐木顺序颠倒或没有控制好树倒方向，导致树木伐倒后，没有倒在地面上，而是搭挂在邻近的立木上。

树木搭挂后，直接影响作业效率，且对工人的安全十分不利。在生产上出现搭挂时要及时进行处理。

根据搭挂的形式不同，搭挂分单挂、双挂、多挂等。由一棵挂树组成的称为单挂，由两棵挂树组成的称为双挂，由三棵以上的挂树组成的称为多挂。双挂树或多挂树的产生多由砸挂引起的，所以不准用树砸树的办法摘挂。

用人工或机械的方法排除搭挂的工作称摘挂。比较安全的处理办法是利用工具或机械进行摘挂。搭挂不牢靠的树，可用挖杠或搬钩来回移动搭挂树的根部进行摘挂，也可用绳子牵拉来配合摘挂。搭挂比较牢靠的树，可用以下方法摘挂：①绞索摘挂，即将钢索的一头套在搭挂树的根部，另一头套上木杆并绕过立木进行转动，一直把搭挂树拖下为止。②起重滑车摘挂，即将起重滑车绑在附近的立木上，把钢索的一端捆在搭挂树上，另一端挂在起重钩上利用起重滑车将搭挂树拖下来。③手摇绞盘机摘挂，此法与起重滑车摘挂相类似。把手摇绞盘机固定在一棵立木上，高度1m左右，远离挂树30m左右。绞盘机卷筒对准搭挂材的根部，通过钢索将搭挂树拖下来。④拖拉机摘挂，即利用集材拖拉机上的单卷筒绞盘机摘挂，此法安全、简便、效果好。

绞索摘挂

参考文献

牡丹江林业学校, 1982. 木材生产工艺学[M]. 北京: 中国林业出版社: 13-14.

南京林业大学, 1994. 中国林业词典[M]. 上海: 上海科学技术出版社: 484.

扩展阅读

史济彦, 肖生灵, 2001. 生态性采伐系统[M]. 哈尔滨: 东北林业大学出版社.

王立海, 2001. 木材生产技术与管理[M]. 北京: 中国财政经济出版社.

（赵康）

打枝 delimbing

将伐倒木的枝丫紧贴树干表面砍（锯）掉的作业。树木伐倒后的第一道工序。打枝质量影响集材、装车、归楞等作业的效率和木材产品的质量。

方法 分为人力打枝和机械打枝两种。机械打枝有油锯打枝和打枝机打枝。俄罗斯、瑞典等国家使用自行式打枝机或固定式打枝机打枝。

工具 人力打枝的主要工具是打枝斧和手工伐木锯（俗称快马子），有时斧锯并用。机械打枝主要使用油锯，油锯打枝时要用轻型油锯，在中国主要用GJ85型油锯、YH25型轻型油锯、051型油锯等作为打枝机械。

世界各主要林业国家于20世纪50年代末期开始实现森林采运机械化。打枝机械基本有两种类型：用折断的办法将枝丫从树干上去掉，如轻型动力打枝机；用切削的办法将枝丫锯切掉，如手提式打枝机、自行式或刀式固定打枝机、链枷式打枝机、环状刮刀和索环打枝装置。

打枝机是在伐区内对伐倒木进行整株打枝的移动式机械。分为单株打枝机和多株打枝机两种。单株打枝机因底盘形式不同又分为自行式和移动式。自行式打枝机安装于集材拖拉机上，移动式打枝机安装在六轮铰接式车架上。单株打枝机有一个伸缩式打枝臂，臂端有打枝刀头。打枝臂能伸出7m，其作业范围约12m，用于伐区和道旁打枝。多株打枝机又称链式连枷型打枝机。打枝机安装在轮式铰接拖拉机的底盘上，前端装有液压操纵装置。打枝机的主要执行机构是一个滚筒，上有30条长短不一的链条，沿滚筒交错排列成几行。滚筒由液压泵马达带动，按恒速运转，不受车速影响。打枝机在道旁的一堆或一薄层伐倒木上工作，连枷以很大冲击力抽打树木，将枝丫折断。适用于针叶树打枝。

在美国还应用过名为"打枝栅"的打枝装置，将树梢插进打枝栅中用拖拉机拖拽原条进行打枝，其特点是安装转移方便。

林木联合采伐机是一种多功能、高自动化、高效率的林木采伐机械，是欧美国家林业作业较为普及的一种作业机械。打枝是联合作业的一道重要作业工序。

技术要求 原木集材、原条集材，在山场打枝；伐倒木集材，在山场、中间楞场或贮木场打枝，应打掉全部枝丫。具体要求：①打枝与树干平齐，不突不陷，即打出"白眼圈"。不得用斧顶和逆向作业。②在直径6cm处截梢。③小头朝前集原条时，梢端40～80cm要留2～3个3～5cm的楂，以便集材时卡住捆索。④注意安全。对于小树，可站在一侧打对面一侧的树枝；对于大树，可以打同侧树枝，也可站在伐倒木上打枝。要求站稳，腿脚避开斧头运动方向。横山倒的树，打枝工要站在倒树的上坡。⑤一株树下不可两人同时作业。⑥使用油锯打枝时，要注意避免导板触地或碰到其他物体弹回伤人。

参考文献

李克尧, 2005. 林木业机械分类概述[C]//当代林木机械博览(2004). 中国林业机械协会: 12-14.

刘晋浩, 2007. 谈国内外人工林抚育机械的现状及发展趋势[C]//当代林木机械博览(2006). 中国林业机械协会: 94-96.

于建国, 2005. 国外自行式和移动式采伐机械[C]//当代林木机械博览(2004). 中国林业机械协会: 94-104.

（徐华东）

单跨索道 single-span skyline

由两个支架组成的索道系统。只有一个跨距，是一种较为简单和基本的索道形式。没有中间支架，结构简单，经济性好，但长度有限。最大跨距一般控制在800m左右。

（郑丽凤）

单漂流送 loose wood floating down river

将能漂浮的单根分散原木由河岸推入河中，借助水流动力自河流的上游向下游流送的一种木材水路运输方式。木材水运方式中最简单的一种。因密集的原木顺流而下，好像放牧的羊群，所以也称为"赶羊流送"。

单漂流送的主要特点是运量大、速度快、成本低、无须运载工具、对流送河道的治理要求简单等。单漂流送也存在着阻碍通航、损失率大、木材容易变质等缺点。只能在不通航或短期通航的河道上进行。

单漂流送的工艺过程包括到材、归楞、推河、流送和收漂。单漂流送方式主要有分段负责制流送、分批逐段流送、大赶漂式流送、闸水定点流送4种。①分段负责制流送指在流送困难河段设立指定的安全小组，负责漂木安全通过该河段的一种流送方式。②分批逐段流送指将漫长的流送河道分成若干个河段，同时将需要流送的木材分成若干批次，待第一批木材通过第一个河段后再投放（推河）第二批木材，依次进行，直到所有的木材通过所有的流送河段的一种流送方式。③大赶漂式流送指在山区河流较短的支流上在涨水高水位时一次性将需要流送的木材全部推入河中进行流送的一种方式。④闸水定点流送指在流送河道上修建流送水闸，通过流送水闸的关闸蓄水和开闸放水来调节河川径流，改善流送条件的一种流送方式。

（张正雄）

单索曲线循环式运材索道 single cable curve circular hauling cableway

只用一条循环索实现运材目的的索道。没有专门的承载索，只有一条循环索。主要用于小径木林区或人工林抚育采伐、择伐林区。

线路可以任意拐弯，适应坡度为10°左右，跑车间隔约40m，单钩载重50～130kg，循环索由齿形滑轮承托导向，齿形滑轮支架间隔为40～50m，用钢索系在活立木上即可。循环索在齿形滑轮上转折角为20°～30°，钢索运行速度为1m/s左右，木材用吊钩吊于循环索上，索道以一定的拉力张紧后，由绞盘机的摩擦卷筒驱动，循环牵引运行。

（周新年）

单位面积容量 unit area capacity

单位场地面积上所能容纳存放的木材数量。通常用m^3/m^2表示。

场地面积系数只说明有效面积和楞地面积所占用的比例情况，无法表明场地本身的利用情况，即在场地上堆放木材的情况。有时K_x和K_l值比较高，但存放的木材量却不多，表明场地利用率不高。因此引用单位面积容量指标E来表示。

因为贮木场有3种面积（总面积、有效面积、楞地面积），故用E表示的3种面积单位容量为：

$$总面积单位容量 E_z = \frac{Q_{\max}}{F_z}$$

$$有效面积单位容量 E_x = \frac{Q_{\max}}{F_x}$$

$$楞地面积单位容量 E_l = \frac{Q_{\max}}{F_l}$$

式中：$Q_{\max}$为贮木场的最大实际库存量；F_z为贮木场总面积；F_x为贮木场有效面积；F_l为贮木场楞地面积。

参考文献

东北林学院, 1983. 贮木场生产工艺与设备[M]. 北京: 中国林业出版社: 17-18.

（刘晋浩）

单线双索循环式运材索道　single line and double cable circular hauling cableway

由承载索和循环索共同实现运材目的的索道。由一条固定的承载索、一条循环索、鞍座和托索星轮、跑车及索道的附属装置等组成。载重跑车吊运木材由循环索牵引，沿着承载索上运行，回空跑车夹紧在循环索的另一边，运回到装车场的装车台，如此循环连续多荷重运输。主要用于蓄积量小、分散且材积小的林区。

当索道线路具有一定坡度（一般 8°～30°）时，木材可以靠其自重而不需动力牵引运行。为了控制木材加速运行，常用控速器来控制其运行速度，又称无动力控速循环式运材索道。当索道线路坡度不足（低于 8°）时，常用绞盘机摩擦卷筒牵引，此时称为动力循环式运材索道。

单线双索循环式运材索道循环索的一边要运回空跑车，因而承受有一定重量。此外，还有一种双线三索循环式运材索道。即架设两条承载索，一条供重车运行，一条供空车回空运行，载重跑车和回空跑车由一条循环索牵引，而该索不承受载重。这种索道跑车运行较慢，一般为 1.5～2.5m/s。

（周新年）

导流堤　diversion dike

用来引导水流均匀平顺地通过桥孔、提高桥孔泄水输沙能力的构造物。

导流堤设置与否主要由河滩流量占总流量比例来确定。当被桥头路堤阻断的河滩流量占总流量的 15%（单侧河滩）或 25%（双侧河滩）以上时，应设置导流堤；当小于 5%，加固桥头锥坡即可。

导流堤的设计洪水频率一般与桥梁的洪水频率相同。

导流堤由上游堤段与下游堤段组成。上游堤段的头部称堤端，与桥梁连接处称堤根。根据导流堤的长短、上游堤端的不同设置位置，可分为封闭式导流堤和非封闭式导流堤两种。封闭式导流堤较长，将导流堤的上游端延伸至洪水泛滥边界之外。非封闭式导流堤比较短，上游堤端在泛滥边界之内。

导流堤的导流功能决定了导流堤的平面形状。导流堤一般是曲线，由不同半径的圆弧线组成，也可插入直线段，以与绕流流线吻合较好、堤长适当、设计施工简便的线形为最佳。导流堤按形态分为两大类，即椭圆堤与圆曲线组合堤。椭圆堤出现最早，为美国联邦公路总署推荐的标准桥梁导流堤，其上流为 1/4 椭圆（长短轴之比 = 2.5）。苏联 1972 年规范推荐的组合线形导流堤，其上游为椭圆形，下游为圆弧和直线形。中国在工程中应用较多的是圆曲线组合堤与改进圆曲线组合堤。

上图为上游椭圆堤示意图。

参考文献

高冬光, 王亚玲, 2016. 桥涵水文[M]. 5版. 北京: 人民交通出版社.

黄廷林, 马学尼, 2014. 水文学[M]. 5版. 北京: 中国建筑工业出版社.

黄新, 金菊良, 李帆, 2017. 桥涵水文[M]. 2版. 北京: 人民交通出版社.

叶镇国, 2019. 水力学与桥涵水文[M]. 3版. 北京: 人民交通出版社.

（黄新）

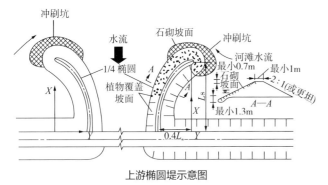

上游椭圆堤示意图

X—X 轴方向；Y—Y 轴方向；L_s—堤顶椭圆长轴半径；A—A 方向的局部剖面；A—A—剖面

导向线　alignment guiding line

在利用有利地形避让地物或不良地质情况的基础上，根据中间控制点，分段调整纵坡后得到的具有分段均匀坡度的折线。是用足最大坡度而又适合地形、填挖最小的线路概略平面。

绘制导向线时应注意以下几点：①导向线应绕避不良地质地段，并使导向线趋向前方的控制点。②导向线要顺直，无急剧转折，取直后能满足路线平面要求。③如果两脚规开度（定线步距）小于等高线平距，即可根据线路短直方向引线。遇到等高线平距小于定线步距的地段，再继续绘制下一地段的导向线。地形变化时，不必严格按步距引线，但要使总的步距数和跨过的等高线数相等，保持整个路段的平均纵坡仍然接近定线坡度。④线路跨越沟谷需要设置桥涵，故导向线不必降至沟底，可直接向对岸引线。线路穿过山嘴，要开挖路堑或设置隧道，导向线也不必升至山脊，可直接跳过山嘴。⑤导向线是一条折线，仅能表示线路的概略走向。为

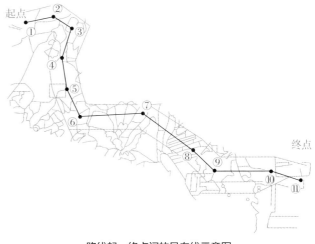

路线起、终点间的导向线示意图

了定出线路平面，须以导向线为基础，在符合线路规范有关规定的前提下，圆滑、顺直地绘出线路平面。

参考文献

裴玉龙, 2009. 道路勘测设计[M]. 北京: 人民交通出版社.

尤晓晔, 王守胜, 王东, 2014. 现代道路勘测设计[M]. 3版. 北京: 清华大学出版社.

赵永平, 唐勇, 2004. 道路勘测设计[M]. 北京: 高等教育出版社.

（李强）

道路标线　traffic index line

在道路的路面上用线条、箭头、文字、立面标记、突起路标和轮廓标等向交通参与者传递引导、限制、警告等交通信息的标识。作用是管制和引导交通，可以与标志配合使用，也可单独使用。

林区道路标线主要划设于道路表面，经受日晒雨淋、风雪冰冻，遭受车辆的冲击磨耗，因此对其性能有严格的要求：①要求干燥时间短，操作简单，以减少交通干扰；②要求反射能力强，色彩鲜明，反光度强，使白天、夜晚都有良好的能见度；③应具有抗滑性和耐磨性，以保证行车安全和使用寿命。

林区道路标线的类型有：①白色虚线。画于路段中时，用以分隔同向行驶的交通流或作为行车安全距离识别线；画于路口时，用以引导车辆行进。②白色实线。画于路段中时，用以分隔同向行驶的机动车和非机动车，或指示车行道的边缘；画于路口时，可用作导向车道线或停止线。③黄色虚线。画于路段中时，用以分隔对向行驶的交通流；画于路侧或缘石上时，用以禁止车辆长时在路边停放。④黄色实线。画于路段中时，用以分隔对向行驶的交通流；画于路侧或缘石上时，用以禁止车辆长时或临时在路边停放。⑤双白虚线。画于路口时，作为减速让行线；画于路段中时，作为行车方向随时间改变之可变车道线。⑥双黄实线。画于路段中，用以分隔对向行驶的交通流。⑦黄色虚实线。画于路段中时，用以分隔对向行驶的交通流；黄色实线一侧禁止车辆超车、跨越或回转，黄色虚线一侧在保证安全的情况下准许车辆超车、跨越或回转。⑧双白实线。画于路口，作为停车让行线。

林区道路标线的形态有以下4类：①线条。标划于路面、缘石或立面上的实线或虚线。②字符标记。标划于路面上的文字、数字及各种图形符号。③突起路标。固定于路面上，起标线作用的突起标记块，在高速公路或其他道路上用来标记中心线、车道分界线、边缘线，也可用来标记弯道、进出口匝道、导流标线、道路变窄、路面障碍物等。④轮廓标。指示道路的方向、车行道的边界，沿着公路前进的方向左、右侧对称连续设置。按设置条件，轮廓标可分为埋设于路面和附着式两种。

林区道路标线有以下3类功能：①指示标线。指示车行道、行车方向、路面边缘、人行道等设施的标线。②禁止标线。告示道路交通的遵行、禁止、限制等特殊规定，车辆驾驶人及行人需严格遵守的标线。③警告标线。促使车辆驾驶人及行人了解道路的特殊情况，提高警觉，准备防范或采取应变措施的标线。

林区道路标线的设置有以下3种方式：①纵向标线。沿道路行车方向设置的标线。②横向标线。与道路行车方向成角度设置的标线。③其他标线。字符标记或其他形式标线。

参考文献

国家林业局, 2014. 林区公路设计规范: LY/T 5005—2014[S]. 北京: 中国林业出版社.

王建军, 龙雪琴, 2018. 道路交通安全及设施设计[M]. 北京: 人民交通出版社.

中华人民共和国交通运输部, 2017. 公路交通安全设施设计细则: JTG D81—2017[S]. 北京: 人民交通出版社.

中华人民共和国交通运输部, 2021. 公路交通安全设施施工技术规范: JTG 3671—2021[S]. 北京: 人民交通出版社.

（郭根胜）

道路标志　sign

用文字或符号传递引导、限制、警告或指示信息的道路设施。又称交通标志、道路交通标志。安全、设置醒目、清晰、明亮的交通标志是实施交通管理，保证道路交通安全、顺畅的重要措施。有利于调节交通流量、疏导交通，提高道路通行能力；预示道路状况，减少交通事故；节约能源，减少污染物。

分类　道路标志可分为主标志和辅助标志两大类。主标志又分为警告标志、禁令标志、指示标志、指路标志、旅游区标志和道路施工安全标志6种。辅助标志是在主标志无法完整表达或指示其内容时，为维护行车安全与交通畅通而设置的标志，为白底、黑字、黑边框，形状为长方形，附设在主标志下，起辅助说明作用。

设置原则　应以不熟悉周围路网体系的公路使用者为设计对象，综合考虑周边路网与公路条件、交通条件、气象和环境条件等因素，制定合理的设置标准，根据各种道路标志的功能和驾驶人员的行为特征进行合理设置。①对二级及以上等级的公路和其他等级的国、省道公路应优先设置指路标志，其他公路或未设置相关指路标志的公路，经论证可设置必要的警告标志。②禁令标志应设置在交通法律、法规发生作用的地点附近醒目的位置，并应避免与其他道路标志的互相影响。③限速标志应根据不同路段的通行能力、车型构成比例、车辆的运行速度等分段进行设置。④在选择路网中指路标志标示的目的地信息时，应根据路网密度、公路等级、公路功能、目的地知名度等进行统一考虑。⑤不同种类的道路标志信息应互相呼应，不得出现信息中断。⑥道路标志的任何部分不得侵入公路建筑限界以内，路侧柱式道路标志的安装高度应考虑其板面规格、所在位置的线形特点和地形特征、是否有行人通行等因素，悬臂、门架式等悬空标志净空高度应较公路净空预留20～50cm的余量。

道路标志的设计应正确处理颜色、文字、箭头、编号、图形及边框之间的关系，使标志版面清晰、美观；同类道路标志应采用同一类型的标志版面；门架式道路标志的各道路标志板宜统一高度、统一边框规格。

道路标志的颜色、形状、箭头、文字、尺寸等设计应符合现行《道路交通标志和标线》（GB 57682—2022）的规定，并应考虑人的行为特征（视觉信息、信息需求、信息处理等）。由于人的行为的局限性和驾驶员、车辆和公路环境之间的关系使得上述过程非常复杂。设置道路标志时，还应考虑驾驶员的预期值、反应时间和短期记忆等特征。只有充分考虑公路使用者的行为特征，道路标志的设置才具有有效性。

参考文献

国家林业局, 2014. 林区公路设计规范: LY/T 5005—2014[S]. 北京: 中国林业出版社.

王建军, 龙雪琴, 2018. 道路交通安全及设施设计[M]. 北京: 人民交通出版社.

中华人民共和国交通运输部, 2017. 公路交通安全设施设计细则: JTG D81—2017[S]. 北京: 人民交通出版社.

中华人民共和国交通运输部, 2021. 公路交通安全设施施工技术规范: JTG 3671—2021[S]. 北京: 人民交通出版社.

（郭根胜）

道路材料　road material

泛指用于道路和桥梁工程及其附属构造物所用的各类建筑材料。质量的好坏，直接影响构筑物的功能和使用安全。

分类　主要包括砂石、沥青、水泥、石灰、工业废料、钢铁、工程聚合物、木材等材料及其组成的混合料。种类繁多，大致分为：①无机材料，包括砂石、水泥、工业废料、钢铁及硅酸盐制品等。②有机材料，包括植物质材料（如木材）、合成高分子材料（如塑料、涂料、工程聚合物）和沥青材料。③复合材料，包括沥青混合料、水泥混凝土、聚合物混凝土、无机稳定混合料等，一般由无机非金属材料与有机材料复合而成。路基工程主要采用的是砂石材料。路面工程按照不同的结构类型，道路材料划分为沥青混合料、水泥混凝土、无机稳定混合料和砂石材料。

发展历程　古代主要使用土、木、石、竹及天然胶凝材料；公元前3000年至公元前2000年开始使用石膏和石灰砂浆作为粘结材料土；1796年罗马水泥问世，开始使用天然泥岩制成的天然水泥；1824年发明了波特兰水泥，进入人工配制胶凝材料的新时代；1832—1838年英国使用煤沥青修筑了碎石路；1858年法国巴黎修筑了第一条沥青碎石路；1920年中国开始应用沥青铺装；新中国成立后，从低等级的砂石路面、渣油路面到高等级的沥青混凝土和水泥混凝土路面，道路材料的种类不断增多。

发展趋势　开展高性能材料（轻质、高强、高耐久、耐火、抗震、优异装饰性、防水、降噪等材料）、多功能复合型材料（多功能、特殊性能、高性能材料）、循环再利用材料（工业废渣再利用，保护生态和环境）、节能材料（低能耗材料，如温拌沥青混合料、免振自密实混凝土）的研发与利用。

参考文献

李立寒, 孙大权, 朱兴一, 等, 2018. 道路工程材料[M]. 6版. 北京: 人民交通出版社.

（王国忠）

道路附属设施　ancillary road facilities

为保障道路交通的安全和畅通而设置的管制和引导交通的设备。目的是保障行车安全、减轻潜在事故程度。良好的安全设施系统应具有交通管理、安全防护、交通诱导、隔离封闭、防止眩光等多种功能。

道路附属设施包括机械设备、通信设备、信号标志、道路标志、房屋等设施。为了防止交通事故、保证交通畅通、全面发挥道路的功能，必须设置交通安全措施，如在路面上设置道路标线、减速带（常用橡胶减速带）等，而且要根据交通流的需要及地形、地物的情况，必要时道路上应设置栅栏、照明设施、视线诱导标志、公路反射镜、公路情报板及其他设施。

栅栏　在汽车因失误而驶出路外时，以此来保护行人、住宅、构造物等，也能诱导司机视线。同时，也用它来阻止行人横穿道路，能使行人和自行车与汽车分开，起保护作用。防护栅栏有道路护栏、护索、桁构及管等多种形式，林区道路护栏主要采用波形护栏、缆索护栏和混凝土护栏等结构形式。

照明设施　为了防止夜间行车的交通事故、提高行车的顺适性，在必要的道路上应连续或局部地设置照明设施。照明设备可以减少交通事故，照明设备还可消除行人的不安全感，保证驾驶员必要的行车视距，消除其不安全感。

视线诱导标志　为了标明公路边缘及线形，在特殊路段需设诱导标志来诱导驾驶员视线，如积雪特别多的路段设雪标杆，在中央带的断头处及分流处的前端，也应设诱导标志来标照其位置。

公路反射镜　设于弯道和半径小可能发生事故的地段，如视线不良的交叉路口和道口等地均应设反射镜。公路反射镜有圆形和方形，一般采用凸镜，镜面应反射效率高，没有模糊、翘曲、水泡、水纹的缺陷。

公路情报板　为了将公路、气象及交通情况及与之有关的交通限制情况及时通知公路使用者，而在适当地点设置公路可变情报板。情报板分3种：①情报板用于重要公路上，采用悬架式，以电脑遥控，内部为灯光字幕；②情报板设于路旁，内部为手工操作的照明字幕；③情报板用于交通限制的地点，标志板为插入型式，情报表示内容必须简洁明了，便于准确理解。

公路监视系统　在可能危害行人安全的地点、路段及可能成为路线上交通堵塞的地点、路段应根据需要设交通监视设施，监视平时交通车流，若发现紧急情况，立即采取对策。监视设施一般常用工业电视、交通车流检知器，可自动记录交通量、密度、速度等。

停车场　停车和旅客上下车的场所，分为停车区域及车道两部分。车道与匝道等的连接路相接，将汽车导入停车区域的同时，并留有停车时掉头或倒车所必需的场地。

公共汽车停靠站　分停车带和停车点。停车带是为了公共汽车旅客上下车，与干线车道分开，作为专用的地带；停车点是旅客上下车用的干线的外侧车道。

参考文献

国家林业局, 2014. 林区公路设计规范: LY/T 5005—2014[S]. 北京: 中国林业出版社.

王建军, 龙雪琴, 2018. 道路交通安全及设施设计[M]. 北京: 人民交通出版社.

中华人民共和国交通运输部, 2017. 公路交通安全设施设计细则: JTG D81—2017[S]. 北京: 人民交通出版社.

中华人民共和国交通运输部, 2021. 公路交通安全设施施工技术规范: JTG 3671—2021[S]. 北京: 人民交通出版社.

（郭根胜）

道路红线　boundary line of roads

道路用地与外部的分界控制线。两条红线之间的宽度即道路用地范围。设定道路红线的目的在于全面规定各级林区道路、交叉口等用地范围，便于道路设计、施工及两侧建筑物的安排布置，也是各项管线工程设计、施工和调整的主要依据。

道路红线通常由林业规划部门确定，依据林区总体规划确定的道路网形式和各条道路的功能、性质、走向和位置等因素确定。道路红线规划设计的主要内容有：①确定道路红线宽度。根据道路的性质与功能，考虑适当的横断面形式，定出各组成部分的合理宽度，从而定出合理的道路红线宽度。确定红线宽度考虑的因素有：交通功能需要的宽度（包括车道数、车道宽、非机动车道宽、人行道宽及绿化带等），日照、通风需要的宽度，防火、防地震要求的宽度等。红线宽度规划应充分考虑"近远结合，以近为主"的原则。②确定道路红线位置。在平面图上，根据规划路中心线的位置，按拟定的红线宽度画出红线。③确定交叉口形式。按道路交叉口处具体条件，确定交叉口的形式、用地范围、具体位置和主要几何尺寸，并以红线方式绘于平面图上。

一般情况下，当路段为路堤时，林区道路用地为路堤两侧排水沟的外边缘或路堤、护坡道坡脚以外1m之间的范围；当路段为路堑时，林区道路用地为路堑两侧边坡坡顶或截水沟外边缘以外1m之间的范围；其他因保证路基稳定等特殊原因而需扩大用地时，应在特殊设计中予以说明。

参考文献

许恒勤, 张洺, 2003. 林区道路工程[M]. 哈尔滨: 东北林业大学出版社.

杨春风, 欧阳建湘, 韩宝睿, 2014. 道路勘测设计[M]. 2版. 北京: 人民交通出版社.

叶伟, 王维, 2019. 公路勘测技术[M]. 北京: 机械工业出版社.

（朱德滨）

道路护栏　road guardrail

设置在路肩外侧、中央分隔带以及人行道路缘石等位置的一种交通安全设施。通过自体变形或车辆爬高来吸收碰撞能量，从而改变车辆行驶方向、阻止车辆越出路外或进入对向车道、最大限度地减少对乘员的伤害。作用主要有：①防止车辆冲出路外造成翻车事故，特别是设置在山区弯道、险道处的交通护栏，对机动车驾驶员来说，在远处可引起充分的注意，使其提高警惕，在通过时还能对驾驶员进行视线诱导，帮助其进行正确操作。②可防止对向车发生正面冲突，同时可防止同向车发生擦、刮。③可防止车辆冲撞行人，并可防止行人任意横穿马路等。

按构造形式，道路护栏可分为：①半刚性护栏。一种连续的梁柱结构。波形护栏是半刚性护栏的主要代表形式，它是通过车辆与护栏间的摩擦、车辆与地面间的摩擦及车辆、土基和护栏本身产生一定量的弹、塑性变形（以护栏系统的变形为主）来吸收碰撞能量，延长碰撞过程的作用时间来降低车辆速度，并迫使失控车辆改变行驶方向，恢复到正常的行驶方向，从而确保乘员安全和减少车辆损坏。半刚性护栏主要设置在需要着重保护乘员安全的路段。②刚性护栏。一种基本不变形的护栏结构，即混凝土护栏。对刚性护栏来说，是通过车轮转动角的改变，车体变位、变形和车辆与护栏、车辆与地面的摩擦来吸收碰撞能量。在碰撞过程中，车辆变形程度取决于自身的刚度、碰撞能量和碰撞作用时间。当车辆的碰撞角度较大时，往往造成比较严重的后果。刚性护栏主要设置在需严格阻止车辆越出路外，以免引起二次事故的路段。③柔性护栏。一种具有较大缓冲能力的韧性护栏结构。缆索护栏是柔性护栏的主要代表形式，它是一种以数根施加初张力的缆索固定于立柱上而组成的结构，完全依靠缆索的拉应力来抵抗车辆的碰撞，吸收能量。

按设置位置，道路护栏可分为：①路侧护栏。设置在公路路肩（或边坡）上的护栏。用于防止失控车辆越出路外，碰撞路边障碍物和其他设施。②中央分隔带护栏。设置于道路中间内的护栏，目的是防止失控车辆穿越中间带闯入对向车道，保护中间带内的构造物和其他设施。③桥梁护栏。设置在桥梁上的护栏，目的是防止失控车辆越出桥外，保护行人和非机动车辆。④过渡护栏。在不同护栏断面结构形式之间平滑连接并进行刚度过渡的结构段。⑤端部护栏。在护栏开始端或结束端所设置的专门结构。⑥防撞垫。通过吸能系统使正面、侧面碰撞的车辆平稳地停住或改变行驶方向，一般设置在互通立交出口三角区、未保护的桥墩、结构支撑柱和护栏端头等处。

道路护栏应进行日常检查和每季度定期检查，包括检查各类护栏结构部分有无损坏或变形，立柱与水平构件的紧固状况；检查污秽程度及油漆状况；检查拉索的松弛程度；检查护栏及反光膜的缺损情况。

参考文献

国家林业局, 2014. 林区公路设计规范: LY/T 5005—2014[S]. 北京: 中国林业出版社.

王建军, 龙雪琴, 2018. 道路交通安全及设施设计[M]. 北京: 人民交通出版社.

中华人民共和国交通运输部, 2017. 公路交通安全设施设计细则: JTG D81—2017[S]. 北京: 人民交通出版社.

中华人民共和国交通运输部, 2021. 公路交通安全设施施工技术规范: JTG 3671—2021[S]. 北京: 人民交通出版社.

（郭根胜）

道路建筑限界　road construction clearance

为保证车辆、行人通行的安全，在道路和桥面上规定的高度和宽度范围内，不允许有任何障碍物侵入的空间界限。由净高和净宽两部分组成。道路设计时不允许**道路标志**、标牌、**道路护栏**、照明灯柱、电杆、树木、跨线桥的桥墩、桥台等设施侵入限界以内。

林区道路的净高，重型车为5.0m，中型车为4.5m；构造物位于道路凹形竖曲线上方时，长大车辆通过会形成圆弧上的一条弦而降低了构造物下的有效净高，此时净高也应满足要求。建筑限界上缘边界线的划定：不设超高的路段，上缘边界线应为水平线；设置超高的路段，上缘边界线应与超高横坡平行。一条道路应采用同一净高。

林区道路的净宽为**路基宽度**。建筑限界两侧边界线的划定：不设超高的路段，两侧边界线应与水平线垂直；设置超高的路段，两侧边界线应与路面超高横坡垂直。

参考文献

许恒勤, 张洪, 2003. 林区道路工程[M]. 哈尔滨: 东北林业大学出版社.

杨春风, 欧阳建湘, 韩宝睿, 2014. 道路勘测设计[M]. 2版. 北京: 人民交通出版社.

叶伟, 王维, 2019. 公路勘测技术[M]. 北京: 机械工业出版社.

（朱德滨）

道路排水工程　road drainage works

结合道路工程排除路面与地面雨雪水、城市废水、地下水和降低地下水位的设施。是道路工程的一个重要组成部分。在涉及排水系统或防洪时，也是排水或防洪工程的一个组成部分。

道路路基、路面、**桥梁**等建筑物（构造物）的强度、刚度与稳定性同水的关系十分密切。路基路面的病害很多，形成的原因也很多，但水是主要的因素之一，因此在路基路面的设计、施工、养护中都十分重视路基路面排水工程。钢筋、水泥和沥青等作为桥梁结构的主要组成材料具有腐蚀性，容易受到雨水的影响而被破坏，为了降低桥梁受雨水的腐蚀程度，延长桥梁的使用寿命，确保过往车辆的正常行驶，需要对桥梁进行排水工程设计。

路基排水　为保证路基的强度和稳定性而采取的汇集、排除地表或地下水的设施。目的是把路基范围内的土基湿度降低到一定范围，保持路基常年处于干燥状态，确保路基具有一定的强度与稳定性。路基排水主要是依靠路基排水设施完成排水任务，路基排水设施一般有**地面排水设施**、**地下排水设施**及组合排水设施。路基排水工作应贯穿于设计、施工和养护全过程。

路面排水　迅速把降落在路面和**路肩**表面的降水排走，以免造成路面积水而影响行车安全的设施。任务主要是对路面表面地表水和路面内部下渗水进行排除。路面排水应遵循的原则：①降落在路面上的雨水，应通过路面横向坡度向两侧排走。②在路线纵坡平缓、汇水量不大、路堤较低且边坡坡面不会受到冲刷的情况下，应采用路堤边坡上横向漫流的方式排除路面表面水。③在路堤较高、边坡坡面未做防护而易遭受路面表面水流冲刷的情况下，应沿路肩外侧边缘设置拦水带，汇集路面表面水，然后通过泄水口和急流槽排离路堤。④设置拦水带汇集路面表面水时，林区道路拦水带过水断面内的水面不得漫过右侧车道中心线。⑤路面内部各排水设施的泄水能力、最大渗流时间均应符合规定要求。⑥路面内部各排水设施应保证水流畅通，不应被细料堵塞。

桥面排水　为了迅速排除桥面积水，防止雨水积滞于桥面并渗入梁体而影响桥梁耐久性的设施。在进行桥面排水系统设计时，主要考虑系统结构、排水方式及桥面横纵坡的参数设计等因素。设计时应遵循以下原则：①要保证系统排水的顺畅，确保能够迅速排除雨水。②要考虑材料和结构的可靠性，确保系统在面对大雨、灾害等情况下能够承受。③要考虑仪表的准确性和可靠性，以保证排水系统的正常工作。④防止豪雨导致的洪水灾害，并保护环境。⑤要充分利用地形、环境等自然资源，减少排水系统的成本。

参考文献

国家林业局, 2014. 林区公路设计规范: LY/T 5005—2014[S]. 北京: 中国林业出版社.

黄晓明, 2019. 路基路面工程[M]. 6版. 北京: 人民交通出版社.

邵旭东, 等, 2019. 桥梁工程[M]. 5版. 北京: 人民交通出版社.

宇云飞, 岳强, 2012. 道路工程[M]. 北京: 中国水利水电出版社.

中华人民共和国交通运输部, 2012. 公路排水设计规范: JTG/T D33—2012[S]. 北京: 人民交通出版社.

（郭根胜）

低产（效）林改造采伐　low yield or efficiency forest cutting

对生长不良、经济效益或生态效益很低的各种低产（效）林分，通过砍伐低产（效）林木，引进优良目的树种，提高林分经济效益或生态效益，使之成为高效林分的一种采伐类型。

低产用材林改造采伐　采伐对象为立地条件好、有生产潜力并且符合下列情况之一的用材林：①郁闭度0.3以下；②经多次破坏性采伐、林相残破、无培育前途的残次林；③多代萌生无培育前途的萌生林；④有培育前途的目的树种株数不足林分适宜保留株数40%的中龄林；⑤遭受严重的火烧、病虫害、鼠害、雪压、风折、雷击等自然灾害且没有复壮希望的中幼龄林。

低产用材林改造采伐方式分为：①皆伐改造。适于生产力低、自然灾害严重的低产林，进行带状或块状皆伐。②择伐改造。适于目的树种数量不足的低产林，伐除非目的树种及无培育前途的老龄木、病腐木、濒死木等，然后补植目的树种。

低效防护林改造采伐　采伐对象为防护效能低下的防护林。适用于符合下列情况之一的防护林：①年近中龄而仍未郁闭，林下植被覆盖度小于0.4；②单层纯林尤其是单一针叶树纯林，林下植被覆盖度小于0.2，土壤结构差，枯枝落叶层厚度小于0.5cm；③遭受严重的病虫鼠害或其他自然灾害、病腐木超过20%；④因不适地适树或种质低劣，造林树种或保留的目的树种选择不当而形成的小老树林；⑤林木生长不良、林分结构（如树种结构、层次结构、密度结构等）差而达不到防护和景观效果的林带。

低效防护林改造采伐方式分为：①皆伐改造。适用于遭受严重自然灾害的林分或林带。②择伐改造。以群状或单株的方式采伐低效林内的部分林木。③综合改造。适用于没有成林希望的林分、林带，伐除小老树，补植适宜树种。

参考文献

国家林业局森林资源管理司, 2007. 森林采伐作业规程: LY/T 1646—2005[S]. 北京: 中国林业出版社: 11-12.

扩展阅读

沈国舫, 2001. 森林培育学[M]. 北京: 中国林业出版社.

翟明普, 沈国舫, 2016. 森林培育学[M]. 3版. 北京: 中国林业出版社.

（赵康）

地面排水设施　surface drainage facilities

排除路界范围内形成的降水地表径流及毗邻地带可能进入路界的地表径流影响路基稳固的地表积水的排水构筑物。在林区道路设计中，应因地制宜地采取各种地面排水设施，并将这些设施组合成完善的排水系统，使水尽快地排出道路范围以外，以减少对道路的危害，确保路基具有足够的强度和稳定性。

常用的设施包括边沟、截水沟、排水沟、跌水与急流槽等。边沟是设置在挖方路基路肩外侧及低填方路基地脚外侧的纵向人工沟渠。截水沟指为拦截山坡上流向路基的水，在路堑坡顶以外设置的水沟。排水沟的主要用途在于引水，将路基范围内各种水源的水流（如边沟、截水沟、取土坑、边坡和路基附近积水）引至桥涵或路基范围以外的指定地点。跌水是沟底为阶梯形，呈瀑布跌落式的水流；用于道路纵坡大、水头高差大的陡坡地段。急流槽指在陡坡或深沟地段设置的坡度较陡、水流不离开槽底的沟槽。各类地面排水设施分别设在路基的不同部位，具有各自的排水功能，布置要求和构造形式各异，沟顶均应高出设计水位0.2m以上。

参考文献

国家林业局, 2014. 林区公路设计规范: LY/T 5005—2014[S]. 北京: 中国林业出版社.

黄晓明, 2019. 路基路面工程[M]. 6版. 北京: 人民交通出版社.

宇云飞, 岳强, 2012. 道路工程[M]. 北京: 中国水利水电出版社.

中华人民共和国交通运输部, 2012. 公路排水设计规范: JTG/T D33—2012[S]. 北京: 人民交通出版社.

（郭根胜）

地下排水设施　underground drainage facilities

拦截、汇集、排除流向路基的地下水或降低地下水位的排水构筑物。主要有盲沟、渗沟、渗井等构筑物。

地下排水设施应与地面排水设施相配套，以保证路基水路畅通无隐患。设计前应收集既有的工程和水文地质等有关资料，并通过野外调查及坑探和钻探测试，收集以下资料：①地下水的类型和补给来源；含水层和不透水层的性质、层数和厚度。②泉水出露的位置、类型、流量和动态变化。③地下水的流向、流速和水力坡度。④地下水的埋置深度、水位变化规律和变化幅度。⑤当地地下水的利用和已有的地下排水设施的使用情况。

地下排水设施设计的要点：①在地下水危及路基稳定（包括整体稳定和局部稳定）或者严重影响路基强度的情况下，应根据具体情况采取拦截、旁引、排除含水层的地下水，降低地下水位或疏干坡体内地下水等措施。②在排除地下水的同时，应采取措施防止地表水下渗而造成对地下水的补给，也不允许将地表水排放到地下排水设施内。③地下排水沟管应尽可能采用较大的纵坡，在出水口端应加大纵坡坡度，最小纵坡坡度一般不宜小于0.50%；条件困难时，主沟的最小纵坡坡度不得小于0.25%，支沟的最小坡度不得小于0.20%。④地下排水沟管的出水口间距不宜大于300m，并应妥善处理出水口的排水通道，防止出现漫流或冲刷山坡坡面。可以允许将地下水排放到路界地表排水系统中，但出水口处的地下水必须处于无压状态。⑤地下排水沟管的上游端头应设置45°倾角与地面清扫、疏通井管相连接；在中间段的管道交汇处、转向处、管径或坡度变换处，应设置竖直的检查井管，其最大间距不得超过150m。

参考文献

国家林业局, 2014. 林区公路设计规范: LY/T 5005—2014[S]. 北京: 中国林业出版社.

黄晓明, 2019. 路基路面工程[M]. 6版. 北京: 人民交通出版社.

宇云飞, 岳强, 2012. 道路工程[M]. 北京: 中国水利水电出版社.

中华人民共和国交通运输部, 2012. 公路排水设计规范: JTG/T D33—2012[S]. 北京: 人民交通出版社.

（郭根胜）

点接触钢丝绳　point contact wire rope

股内相邻层钢丝之间呈点状接触的钢丝绳。除中心钢丝外，各层钢丝直径相等，股通过分层捻制形成。每层钢丝捻绕后的螺旋角大致相等，但捻距不等，内外层钢丝相互交叉，呈点接触状态，钢丝受力较均匀。制造工艺简单、价廉；受载时钢丝的接触应力很高，容易磨损、折断，寿命较低。在绕卷筒或滑轮弯曲时，会产生二次弯曲应力，造成钢丝绳疲劳断丝。常作为起重作业的捆绑吊索，如林业索道用钢丝绳。

（张正雄）

跌水　cascade

沟底为阶梯形，呈瀑布跌落式的水流。跌水用于林区道路纵坡大于10%、水头高差大于1.0m的陡坡地段。由于纵坡陡、水流速度快、冲刷力大，要求跌水的结构必须稳固耐久，通常应采用浆砌块石或水泥混凝土预制块砌筑，并具有相应的防护加固措施。

分类 跌水有单级和多级之分，沟底有等宽和变宽之别。单级跌水适用于排水沟渠连接处，由于水位落差较大，需要消能或改变水流方向。较长陡坡地段的沟渠，为减缓水流速度，并予以消能，可采用多级跌水。多级跌水底宽和每级长度可以采用各自相等的对称形，亦可根据实地需要，做成变宽或不等长度与高度。

构造 按水力计算特点，跌水的基本构造分为进水口、消力池和出水口3个组成部分。各个组成部分的尺寸，由水力计算而定。一般情况下，如果地质条件良好，地下水位较低，设计流量小于$1.0\sim2.0m^3/s$，跌水台阶（护墙）高度最大不超过2.0m。常用的简易多级跌水，台高$0.4\sim0.5m$，护墙用石砌或混凝土结构，墙基埋置深度为水深口的$1.0\sim1.2$倍，并不小于1.0m，且应深入冰冻线以下，石砌墙厚$0.25\sim0.30m$。消力池起消能作用，要求坚固稳定，底部具有$1\%\sim2\%$的纵坡，底厚$0.35\sim0.50m$，壁高应比计算水深至少大0.20m，壁厚与护墙厚度相仿。消力池末端设有消力槛，槛高依计算而定，要求低于池内水深，为护墙高度的$1/5\sim1/4$，一般取$15\sim20cm$。消力槛顶部厚度$0.3\sim0.4m$，底部预留孔径为$5\sim10cm$的泄水孔，以利水流中断时排泄池内的积水。

参考文献

国家林业局，2014. 林区公路设计规范：LY/T 5005—2014[S]. 北京：中国林业出版社.

黄晓明，2019. 路基路面工程[M]. 6版. 北京：人民交通出版社.

宇云飞，岳强，2012. 道路工程[M]. 北京：中国水利水电出版社.

中华人民共和国交通运输部，2012. 公路排水设计规范：JTG/T D33—2012[S]. 北京：人民交通出版社.

（郭根胜）

丁坝　spur dike

端部与堤岸相接呈T字形、将水流挑离河岸或路堤、保护堤岸水土的构造物。与河岸或路堤成一定角度伸入水中。主要作用是改变水流方向，有效地改善流动条件，达到保护路堤或河岸的目的。

丁坝通常设置在桥头引道的一侧或桥梁附近河岸的一侧，当设置在河流弯道凹岸一侧时，将水流挑离河岸或引道，使泥沙在坝后淤积，从而形成新的水边线，避免河道凹岸或引道冲刷，起到保护作用。

丁坝根据其高程可以分为淹没式丁坝与非淹没式丁坝。①淹没式丁坝。又称漫水丁坝。坝顶高程略高于常水位，在洪水时，被淹没成为淹没式丁坝，挑流能力不大，不会过多地阻挡水流，避免坝头过深冲刷。而大部分时间为非淹没丁坝，主要作用是调治水流和稳定河床。②非淹没式丁坝。又称不漫水丁坝。坝顶高程高出洪水位，挑流能力强，但坝头冲刷也较严重。对于丁坝群，如图所示，可加速各丁坝间的泥沙淤积。

丁坝的长度越大，挑流能力越强，但是相应的坝头冲刷越深，对上下游、甚至对岸的影响也越大，所以在实际工程中应尽量避免过长的丁坝。

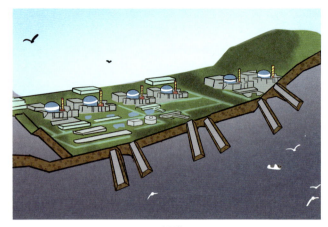

丁坝群

参考文献

高冬光，王亚玲，2016. 桥涵水文[M]. 5版. 北京：人民交通出版社.

黄廷林，马学尼，2014. 水文学[M]. 5版. 北京：中国建筑工业出版社.

黄新，金菊良，李帆，2017. 桥涵水文[M]. 2版. 北京：人民交通出版社.

叶镇国，2019. 水力学与桥涵水文[M]. 3版. 北京：人民交通出版社.

（黄新）

动力平车选材　material selection of power flat car

把木材装到平车上，以动力牵引（或驱动）平车在楞地（各个楞堆一侧）的纵向平车选材线上往返运行，将木材送到各自应归的楞堆上，从而达到分类归楞的一种机械选材方式。又称平车选材。

根据动力牵引（或驱动）的方式，分为钢索拉平车选材和电动平车选材两种类型。

钢索拉平车选材　钢索在地面连续运转，把木材装到平车上，利用平车上挂索装置将平车带走。根据需要，在任何时间和任何地点都可对平车进行挂索和摘索。当运行的平车行至所需归楞的楞堆时摘索（将平车从运行的钢索上摘开），待平车逐渐停稳后，选材工把原木卸下归楞，然后把空平车的上挂索装置挂接在运行的钢索上，平车随运行钢索返回（挂索回空），作循环作业。钢索拉平车的优点是可同时回空20台，载量比人力提高50%；缺点是钢索磨损大，挂索可靠性弱。

电动平车选材　又分为列车式电动平车选材、单车式电动平车选材和内燃机平车选材。①列车式电动平车选材。是原条造材后，从造材台上按楞位、材种、材长、等级分别装上各节台车，然后连挂成一列（通常为10节）。由电机车拉到楞区，按楞位甩车抛木，并及时地把卸完的空车顶回造材区。劳动组织为一列车成员6人，其中司机1人，助手1人，连接员1人，卸车抛木工3人。②单车式电动平车选材。由电动机车牵引两节平车（前后各挂一节平车），形成一个独立的、机动的机械选材。至少需用两条平车道，一条用于重车运行，另一条用于回空，实现往复作业。劳动组织为2人，即司机与卸车工。为减少电动平车的运行距离，可将卸车选材台设在贮木场的中央，原木向两侧运出分选。③内燃机平车选材。与列车式电动平车选材作业过程相同。

电动平车选材的优点是机动灵活，节电，使用维修方便；缺点是断续作业，不便于实现自动化和连续化，特别是当线路较长时，往复运行的电动平车台数较多时，相互干扰，效率会降低。电动平车选材适用于到材量较小、选材距离较长、线路弯曲的场地。

参考文献

东北林学院, 1983. 贮木场生产工艺与设备[M]. 北京: 中国林业出版社: 102.

牡丹江林业学校, 1982. 木材生产工艺学[M]. 北京: 中国林业出版社: 216-217.

史济彦, 1998. 中国森工采运技术及其发展[M]. 哈尔滨: 东北林业大学出版社: 409-413.

史济彦, 1996. 贮木场生产工艺学[M]. 北京: 中国林业出版社: 96.

王立海, 2001. 木材生产技术与管理[M]. 北京: 中国财政经济出版社: 231.

（王 典）

动力因素　dynamic factor

汽车总的行驶阻力和空气阻力的差值与汽车重力的比值。动力因素的大小，可直观地反映或评价汽车动力性的好坏。动力因素大，说明汽车动力性好；反之，说明汽车动力性差。

汽车在道路上行驶时，需要有足够的驱动力来克服各种行驶阻力。行驶阻力包括空气阻力、道路阻力（滚动阻力和坡度阻力）和惯性阻力。驱动力大于或等于各项阻力之和是汽车行驶的必要条件。汽车行驶的驱动力来自内燃发动机或电机，通过发动机或电机将热能或电能转化成机械能，产生有效功率，驱使曲轴旋转，发生扭矩，再通过一系列的变速和传动，将曲轴的扭矩传给驱动轮，产生扭矩驱动汽车行驶。不同汽车具有不同的动力特性（指汽车所具有的加速、上坡和最大速度等的性能），动力特性越好，速度就越高，所能克服的行驶阻力也越大。动力性能很大程度上影响着道路最大纵坡、连续陡坡的组合坡长的设计等。

影响汽车动力性的主要因素有发动机的外特性、最大功率和最大转矩。在附着条件允许时，发动机的功率和转矩越大，汽车的动力性越好，但发动机功率过大，汽车的燃油经济性会下降。

同一辆汽车，载重等条件不同，动力因素也不相同。为了科学地评价不同汽车的动力性，通常使用某型汽车在海平面高程上，满载（车辆总重力）情况下，每单位车重克服道路阻力和惯性阻力的性能指标来评价。此指标称为动力因数。动力因数是按海平面及满载情况下的标准值计算的。若道路所在地不在海平面上，汽车也不是满载，则海拔增高，气压降低，发动机的输出功率、汽车的驱动力及空气阻力都随之降低，汽车的爬坡能力下降，此时应对动力因数进行修正。在高海拔地区，除了汽车本身要采用一些措施使得燃油充分燃烧，避免随海拔增高而使功率降低过大外，在道路纵坡设计中，应按相应的标准、规范要求对最大纵坡予以折减，适当采用较小的坡度。

参考文献

许恒勤, 张泱, 2003. 林区道路工程[M]. 哈尔滨: 东北林业大学出版社.

叶伟, 王维, 2019. 公路勘测技术[M]. 北京: 机械工业出版社.

（刘远才）

冻板道路　frozen road

利用冬季冰冻条件，使地面冰冻后能承受车辆荷载，只在冰冻期内使用的季节性运材岔线道路。上段伸入伐区腹部与山上楞场相接，下段与运材支线联结。不修路面，不修桥涵及排水工程，且路基只需简单平整、简单压实或不压实，因此工程量小、造价低。在结冻前或早春解冻时修筑（图1和图2）。中国东北林区修筑冻板道路多在春季地面解冻10cm左右时，用推土机将冻板道路行车部分按要求推平，严防夏季雨水冲刷，当冬季冻结达一定厚度后即可通车。

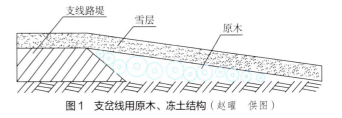

图1　支岔线用原木、冻土结构（赵曜　供图）

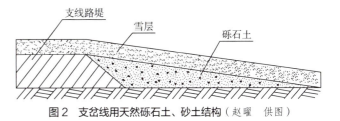

图2　支岔线用天然砾石土、砂土结构（赵曜　供图）

冻板道路的道影宽6～10m，行车部分单车道宽3m，线路每500m左右设错车道，错车道的长度视运材情况确定，运原条时为30m，运原木时为15m。纵坡坡度一般不超过8%，困难条件下重车下坡可增加1%。当坡度超过4%时，坡长要受到限制以保证重车上坡时汽车发动机不过热以及下坡时制动安全。冻板道路应尽量少拐弯，如必须设弯道，最小曲线半径不小于35m，曲线路段外侧设超高。此外运材车辆在曲线路段行驶时，前后车轮的行驶轨迹不能重合，因此曲线段路面比直线段路面要加宽。

参考文献

东北林学院, 1986. 木材运输学[M]. 北京: 中国林业出版社.

南京林业大学, 1994. 中国林业辞典[M]. 上海: 上海科学技术出版社.

《农业大词典》编辑委员会, 1998. 农业大词典[M]. 北京: 中国农业出版社.

（赵 曜）

兜卸法　timber unloading with cable loader

在贮木场以绞盘机为动力，用架杆兜卸机的钢索将成车木材兜出车辆到卸车台上的方法。适用于中小型贮木场，多用于原条卸车，可用于森林铁路卸车及汽车卸车。

兜卸机分为单架杆和双架杆两种。单架杆兜卸机，主要由兜卸索、起重索等组成（图1）；双架杆兜卸机，主要由牵引索、回空索、架杆、后绷索、起重索及兜卸索等组成（图2）。

卸车区可容纳的木材有限，只能定位卸车。兜卸索的一端固定在卸车台下面的木桩上，另一端绕过车内木捆的底部后挂在架杆滑轮组的起升钩上，卸车时，首先把满载木材的车辆开到架杆前面，把兜卸索绕过车内木捆底部，并挂在吊钩上，然后打开车立柱。只要开动绞盘机，吊钩就起升，兜卸索托着木捆起升，把整车木捆兜出车辆，卸到卸车台上。当卸车台高出车立柱时可以不打开车立柱。

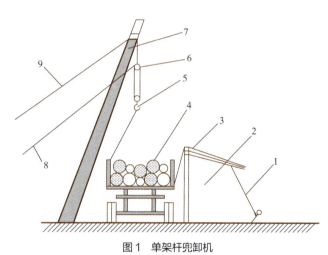

图1　单架杆兜卸机

1—地锚；2—卸车造材台；3—兜卸索；4—木捆；5—起重钩；6—滑车组；7—架杆；8—起重索；9—绷索

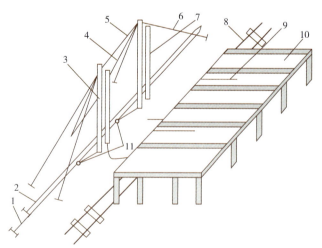

图2　双架杆兜卸机

1—牵引索；2—回空索；3—架杆；4—后绷索；5—水平绷索；6—侧绷索；7—起重索；8—到材线；9—兜卸索；10—卸车台；11—铁环

参考文献

东北林学院, 1983. 贮木场生产工艺与设备[M]. 北京: 中国林业出版社: 55-64.

东北林业大学, 1987. 木材采运概论[M]. 北京: 中国林业出版社: 158-162.

牡丹江林业学校, 1982. 木材生产工艺学[M]. 北京: 中国林业出版社: 198-199.

史济彦, 1998. 中国森工采运技术及其发展[M]. 哈尔滨: 东北林业大学出版社: 442.

王立海, 2001. 木材生产技术与管理[M]. 北京: 中国财政经济出版社: 222-225.

（李耀翔）

堆腐清理法　composting cleaning

将采伐迹地上的剩余物归成堆，任其自然腐烂的清理方法。根据枝丫堆的形状，分为块状堆腐法和带状堆腐法。堆腐法对迹地土壤化学特性有显著的影响，其表层土壤的营养元素含量高于参考地的营养元素含量，有利于采伐迹地上土壤营养元素的保持和树木生长的地力保持。

特点　经济易行，在生产实践中应用广泛。与块状堆腐相比，带状堆腐更简单省工，便于机械化作业和人工更新。

适用条件　①块状堆腐法。主要适用于择伐、渐伐和抚育采伐迹地，特别是低洼地和水湿地的伐区。对于伐前林木密度小的皆伐迹地也可采用块状堆腐方法。适用于植被较少、采伐剩余物相对少、坡度25°以上的采伐迹地。②带状堆腐法。适用于皆伐、坡度25°以下、剩余物相对多的采伐迹地。

方法　①块状堆腐法。堆的大小以不超过2m×1.5m×1m为宜。堆得过高过大，木质难以腐烂分解，过小则功效低，占地面积大。②带状堆腐法。堆的宽度1～1.5m，高约1m，带间距离不小于6m，最好在10m以上。带状堆腐法有纵铺和横铺两种，地势平坦时可顺山堆积；坡度16°以上或容易引起水土流失的迹地，应横山堆积，以减少水土流失。

注意事项　①堆放时要躲开幼苗幼树和保留木，并且堆间距离不要小于5m，每公顷80～100堆为宜，堆的方向以横山为宜，但不要影响小河或小溪的正常流水。②带间要清理干净，以便更新栽植苗木；带形尽量取直，以便于人工造林后使幼树成行，有利于抚育和经营管理。

参考文献

东北林学院, 1984. 森林采伐学[M]. 北京: 中国林业出版社: 133.

史济彦, 1996. 森林采伐学[M]. 北京: 中国林业出版社: 167.

（肖生苓）

多跨索道　multi-span skyline

由两个以上支架组成的索道系统。距离较长的索道，常以小挠度多支架的形式将钢索悬吊于空中，形成多个跨距。最大跨距控制在500m以内，最小跨距常不小于200m，各跨分布力求均匀，推荐用300～500m。

（郑丽凤）

二级林区道路 secondary forest road

林区内供汽车通行，采用 40km/h 或 30km/h 设计速度的双车道道路。适用于森工企业年运材量原条 4 万～10 万 m^3、原木 3 万～6 万 m^3，或年平均日交通量在 2000～6000 辆小客车的干线，或营林防火干线、营林局（场）、自然保护区、森林公园等林区道路的干线。

设计速度：山岭、重丘区 30km/h；平原、微丘区 40km/h。路基宽度：山岭、重丘区双车道 7.5m；平原、微丘区 8.5m。行车道宽度：山岭、重丘区双车道 6.5m；平原、微丘区 7.0m。路面采用中级路面，即泥结碎石路面、级配碎（砾）石路面、不整齐石块路面、碎（砾）土路面、天然风化砂砾路面。

参考文献

许恒勤, 张泱, 2003. 林区道路工程[M]. 哈尔滨: 东北林业大学出版社.

杨春风, 欧阳建湘, 韩宝睿, 2014. 道路勘测设计[M]. 2版. 北京: 人民交通出版社.

叶伟, 王维, 2019. 公路勘测技术[M]. 北京: 机械工业出版社.

（朱德滨）

伐倒木　felled tree

立木被伐倒后其枝丫与树干的总称。包括树干和树冠两部分。树种、年龄不同，树冠所占的比例也不同，一般树冠占立木材积的 6%～33%。在成熟林中，树木各组分生物量保持比较稳定的比率；对于落叶松而言，树干和树冠所占比例分别为 72% 和 28%。

在中国北方国有林区，20 世纪六七十年代有少部分伐倒木生产，但随着森林资源情况的变化，特别是畜力集材比例的增加，伐倒木生产基本没有了。世界林业比较发达国家，如俄罗斯、美国、加拿大等国在伐区实现全盘机械化后仍在采用这一生产工艺类型。

伐倒木生产减少了伐区生产工序，将打枝和造材作业移到贮木场进行，易实现合理造材、提高最终原木产品质量，提高了经济材的出材率，为木材综合利用提供了大量原料。伐木机伐木、移动式削片机伐倒木削片，车载集装箱木片运输，是一种新的木材生产作业系统，在森林工业比较发达的俄罗斯、北欧等国家或地区已经在应用。对于抚育采伐或小径木比例较高的作业区，或对一些特殊林种的木材收获，可提高作业效率，降低生产成本。采伐单株材积小于 $0.04m^3$ 的小径木此作业系统比较经济。

是否采用伐倒木生产，还要考虑采伐迹地的立地条件，因为剩余物全部取出，对于土壤贫瘠、浅薄易干旱、高海拔、陡坡和山形地势不利等作业区，地力会变得越来越差，且易造成水土冲刷和径流。

参考文献

张会儒, 王学利, 王柱明, 2000. 落叶松单木生物量生长变化规律的研究[J]. 林业科技通讯(2): 17–19.

（肖生苓）

伐倒木集材　whole-tree logging

将伐倒后的整株林木，利用拖拉机、绞盘机或者索道集材等方式集运到楞场或贮木场，然后集中打枝、造材的集材方式。又称全树集材。木材在集材中的形态是伐倒木。

作业过程　将林木伐倒后，不经打枝、造材，整株伐倒木直接集材，集中运到楞场或贮木场后再打枝、造材。这种作业方式可提高出材率且能充分利用梢头木和枝丫等采伐剩余物，提高了功效，并有利于伐区清理。20 世纪四五十年代，伐倒木集材在苏联、德国等国家得到广泛应用，并在逐渐发展、完善，是未来发展的方向。

特点　①拖集方便，简化了工序，增产效果显著。②生产安全，降低成本，提高了造材质量。采用伐倒木集材，将打枝、造材作业移到林道旁或山上楞场进行，改善了作业条件，使生产安全。③解决了采伐剩余物的收集问题。用伐倒木集材，一次便将树干及枝丫集运到楞场或贮木场，有利于发展对伐区剩余物的综合利用，省去了采伐迹地的清理工作，亦有利于造林更新。④伐倒木集材要求机械化。但在一般拖拉机、绞盘机集材的条件下，由于整个树冠在林地拖拉，对林地土壤、幼苗和幼树破坏严重，必须采用人工更新，并配有一定水土保持措施。

参考文献

酒井秀夫, 刘慧, 1995. 伐倒木集材与原条集材的牵引阻力比较[J]. 四川林勘设计(3): 59–63.

潘海, 2012. 伐区作业方式与集材探讨[J]. 现代商贸工业, 24(6): 168.

单圣涤, 1974. 高山木材生产的新工艺——伐倒木集材[J]. 林业科技通讯(10): 21–22.

王玖, 聂学山, 栾树清, 1989. 伐倒木集材试验简报[J]. 吉林林业科技(3): 36–37.

（徐华东）

伐根　stump

树木采伐后，残留在地面上的树干基部。伐根高低影响木材的有效利用、伐木的作业安全和后续的集材作业。

伐根高度指地面至伐根顶部的高度。测量方法视树根生长的情况来定：①树根全部长在地之下，地上未露出，则从地面算起到伐木上口的高度。②地面上露出树根（常称树腿、树脚），则伐根高度从树腿与树干变换点算起，应当靠近树腿上部进行锯伐。③地面是倾斜的，树根又未露出地面时，则从坡面的上高点算起。

伐木时应尽量降低伐根高度。降低伐根高度的好处：①增加根部材积，提高经济材出材率。伐根材是树木中质量最好的木材，伐根过高是木材极大的损失和浪费。②伐根越

平地无树腿　　平地有树腿　　坡地无树腿
伐根高度测量方法（h 为伐根高度）

低，伐树越安全。树木倒下时，能较快和平稳地倒在地上，而不会滑向一侧威胁工人安全、碰伤小树。③伐根过高给集材带来困难。④伐根过高，伐根上腐朽木材的增多给病虫害提供了滋生条件。

参考文献

南京林业大学, 1994. 中国林业词典[M]. 上海: 上海科学技术出版社: 485.

史济彦, 肖生灵, 2001. 生态性采伐系统[M]. 哈尔滨: 东北林业大学出版社: 111-112.

扩展阅读

粟金云, 1993. 山地森林采伐学[M]. 北京: 中国林业出版社.

（赵康）

伐木　felling

将立木伐倒，使树木的树干与根部分离的作业。是伐区基本作业中的第一道工序，也是影响伐区木材生产质量和效益的关键工序。

方式与机具　伐木方式分为联合机伐木、油锯伐木、手工具伐木等。伐木机具主要有手工具（斧子和手工锯）、油锯（全称汽油动力链锯）和伐木联合机（履带式、轮式）。

伐木要求　合理伐木能最大限度地减少木材损伤、保护幼树幼苗、保证作业安全，为伐区作业中的其他工序创造方便条件。具体要求：①控制树倒方向，避免倒木交叉重叠，影响后续作业。②降低伐根。低伐根既可节约木材，同时重心低树倒动作平缓，又可防止木材摔伤或人身事故。③减少摔伤、砸伤、劈裂、抽芯等木材损伤。④清理场地、打安全道，被伐木周围 1～2m 范围内的灌木、枝丫、藤条及冬季的积雪要清除，并在树倒方向的后方 45° 处开出 2 条安全道，以备工人安全撤离现场。

作业技术　联合机伐木时，司机应注意抓臂开度、伐木剪的倾角及重载起重臂的运行速度。其中履带式伐木机伐木时，司机应选择合适坡度及位置驻车，使起重臂回转自如，与被伐木之间距离适宜。当用手工具和手提机具伐木时，应采用以下伐木技术。

判断树木的自然倒向　对于一个自然区域（如一个山坡）而言，树的自然倒向有一个总的趋势，生长在阳坡的树通常都是向山下倾斜，称"顺山倒"；生长在阴坡的树常向山上倾斜，称"迎山倒"。对于单独一株立木来讲，又分为直立树、倾斜树和弯曲树。直立树主要根据树冠的偏斜方向来判断，如树冠偏斜不明显时，则以枝丫较多一面判定为自然倒向。倾斜树根据树木倾斜的方向判定为自然倒向。弯曲树根据树木弯曲点、弯曲方向、树冠偏斜程度综合判断，其难度较大。

选择树倒方向　总的树倒方向应与集材道呈一定角度，呈八字形或人字形，30°～45° 角为宜。靠近集材道的树，角度应小些；离集材道越远，角度应越大。树倒方向与集材方式有关，拖拉机原条小头朝前集材时，伐倒木应小头倒向集材道；若大头朝前集材时，伐倒木大头倒向集材道。若是伐倒木集材，或畜力、冰雪滑道集材，伐倒木小头应倒向山上。单独一株树的伐倒方向应避免倒在伐根、立木、倒木、岩石、凸凹不平处或陡坎上，避免横山倒。

锯截　①伐木之前必须在选定的树倒方向一侧锯一个下锯口，然后才能开始伐木。有了下锯口，伐木时树干不致被伐根顶住，易于控制树倒方向，避免木材损伤和夹锯。②在树伐倒方向的反侧，与下锯口的上边平齐地锯截，即上锯口，是将树伐倒的一锯。③在上锯口时，锯到一定程度，在上锯口和下锯口之间留下一条不锯透的木材，称为留弦。有了留弦可以有效防止夹锯、延缓树倒时间、控制树倒方向，保障人机安全。

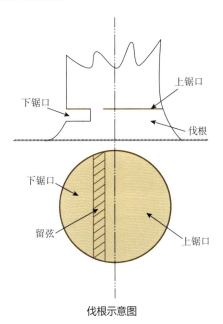

伐根示意图

参考文献

史济彦, 1996. 森林采伐学[M]. 北京: 中国林业出版社: 14-15.

（肖生苓）

伐木动作分析　felling motion study

对伐木作业人员在伐木过程中的手、眼和身体其他部位的伐木动作进行研究的一种技术方法。通过伐木动作分析，找出并剔除伐木过程中不必要的动作要素，改善伐木动作的顺序与方法，消除伐木动作中存在的不合理性和不稳定性因素，使伐木动作更加简单有效，提高伐木作业的效率。

伐木作业就是利用伐木机具在立木根部截断伐倒。对于使用油锯进行的伐木，一般伐木动作包括直立式（图a）、微弯腰式（图b）、侧腿微蹲式（图c）、双屈腿微蹲式（图d）

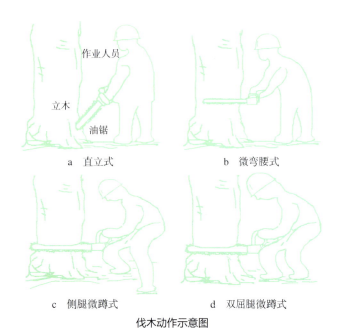

伐木动作示意图

以及锯上口、下口间的行走等。而采用伐木机械进行伐木，作业人员操纵伐木机械到被采伐的树木前完成伐木、打枝截梢以及归堆作业，此时的伐木动作主要是作业人员坐在驾驶室里操作手柄。

在伐木作业过程中，伐木动作存在许多不合理因素，不仅降低伐木作业效率，还会对伐木作业人员身体造成损害。伐木作业人员采用何种伐木动作最科学，需要对伐木作业过程中的每一个动作以及一些连续动作的关联性与合理性进行分析和研究。

参考文献
李利权，刘志兴，宋玉娟，等，1998. 运用生物力学对伐木动作合理性的初步研究[J]. 森林工程(2): 31-33.
王友远，尹春建，张顺堂，2014. 基础工业工程[M]. 北京: 清华大学出版社: 88-89.

（林文树）

伐木动作管理 felling motion management

对伐木作业人员的所有伐木动作进行系统分析形成的管理措施。由于伐木作业人员的伐木动作受到伐木机具的类型和尺寸、树木立地条件、**伐木作业姿势**与负荷等因素的影响，因此需要对伐木动作中手指、手腕、前臂、上臂、肩部和腿部等动作进行系统分析和科学管理。

对于使用油锯伐木，伐木动作管理下作业人员尽量使用最低次且适宜的身体部位进行、保持合适的作业节奏，并使伐木作业动作简单。对于使用机械伐木，伐木动作管理使得作业人员在舒适、高效以及安全的情况下操纵伐木机械完成伐木。

伐木动作管理是为了保证伐木作业规范化和标准化，在对伐木过程中的每个动作进行详细分析和研究后，删除无效或多余的伐木动作，并制定出标准的伐木动作序列，不仅使伐木的各项动作符合经济有效原则，还将减轻伐木作业人员劳动强度，提高伐木作业安全性和生产率，从而实现对伐木动作科学和有效的管理。

参考文献
蔡启明，张庆，庄品，2005. 基础工业工程[M]. 北京: 科学出版社: 118.
李利权，刘志兴，宋玉娟，等，1998. 运用生物力学对伐木动作合理性的初步研究[J]. 森林工程(2): 31-33.

（林文树）

伐木技术 felling techniques

将立木伐倒的方法。包括连根伐和留根伐两大类。

连根伐 将树木根部也掘出的伐木技术。主要目的是充分利用伐根材和树根材。优点是：①在造材作业中可将最有价值的根端材延长15～20cm。②避免了传统伐木中出现的抽心、劈裂等现象。③将伐木和拔根合而为一，可显著地减轻劳动强度。④为更新造林创造了条件。

连根伐分为拽倒法、机械连根伐木法和爆破伐木法。

拽倒法 先用锄头除土，截断侧根，将树木拽倒。拽倒后再截断主根，锯去蔸头。

机械连根伐木法 利用机械进行连根伐，例如利用除根-堆集机进行连根伐木。掘根伐木时，可借助树倒时的动力将部分根系拔出，减少了功率消耗，缩短了作业时间。为提高伐木效率，还可在拔根机上加设辅助推杆，先由推杆将树推倒，再由掘根装置起根。这样可减少不少操作动作，缩短工作时间，也保证了树倒方向。

爆破伐木法 用钢钎在根部山坡上侧打眼，直打到主根。或将周围覆土挖去，把侧根砍断，用钢钎直接在主根上打眼。最后装入炸药、雷管，接上导火线引爆。

留根伐 采用带刃的切割工具（锯、剪等）将树伐倒的方法。主要分为**手工锯伐木**、**油锯伐木**和伐木机或采伐联合作业机伐木。

手工锯伐木适合于径级比较小的人工林采伐或**抚育采伐**。

油锯伐木用得比较普遍，对地形的适应性较强，作业效率高。手工锯伐木和油锯伐木都属于锯法。

机械连根伐木法

伐木机或采伐联合作业机伐木对地形和树木的径级都有一定的要求，作业效率高，小批量采伐时成本较高。伐木机或采伐联合作业机的伐木装置有的采用剪切式，也有的采用铣削式或锯链式。

参考文献
南京林业大学, 1994. 中国林业词典[M]. 上海: 上海科学技术出版社: 482.
史济彦, 肖生灵, 2001. 生态性采伐系统[M]. 哈尔滨: 东北林业大学出版社: 115-118.
粟金云, 1993. 山地森林采伐学[M]. 北京: 中国林业出版社: 58.

扩展阅读
王立海, 2001. 木材生产技术与管理[M]. 北京: 中国财政经济出版社.

（赵康）

伐木损伤　felling damage

伐木作业技术不当导致的各种伐倒木损害和伤害的现象。伐木损伤降低了木材的使用价值。主要类型包括劈裂、边材劈裂、伐倒木根端开裂、抽心、摔伤和砸伤。

劈裂　用手工具和手持动力链锯伐木时，树干基部突然顺着木材纤维方向发生爆裂的现象。俗称打桦子。劈裂长度甚者达数米，干基向后支出，严重损伤木材、威胁伐木工人安全。劈裂多系在采伐树干倾斜度较大的立木时，因下锯口深度不够、没有挂耳或挂耳不深所致。采伐中、小径级立木时麻痹大意，不开下锯口，劈裂也常会发生。为避免劈裂，采伐时应正确锯割下锯口，特别是对倾斜树木应挂耳并达一定深度。

边材劈裂　采伐中树干基部边材发生顺纹撕裂的现象。边材劈裂的原因：立木伐倒时，树干基部边材的木纤维比心材的大，抗拉力也强，纹理倾斜较甚，因此，树倒时，留弦部位的边材不是与心材一起被折断，而是被拉伸，撕离开树干，导致边材劈裂。树干尖削度大、树腿比较发达、木材纤维韧性好的树种最易发生。为避免边材劈裂，应尽量避免在树腿部位留弦；另外，采用两侧挂耳4～5cm深可以避免。

伐倒木根端开裂　剪式伐木机伐木时，由于剪应力作用，伐倒木根端木材呈狼牙般顺纹裂开的现象。硬杂木、冰冻材开裂最甚。为避免伐倒木根端开裂，可以用动力链锯伐木、铣削式伐木和锯、剪结合式伐木机伐木。

抽心　伐倒立木时，留弦部位的木材不是被折断，而是被树倒的力量强行拉断，把树干内的木材抽出很长一段的现象。抽心严重损伤木材。引起抽心的主要原因：树倒时，没有迅速锯切，致使留弦过宽；或因下锯口开口不够大，树干基部被树腿顶住不易倒下所致。避免抽心的主要措施包括：树倒时，迅速锯切；留弦不应过宽；下锯口开口应达到一定深度。

摔伤和砸伤　当树木与不平的地面或其他立木接触时，把树摔断或把其他立木砸伤的现象。避免摔伤和砸伤的主要措施是伐木时，正确控制树木的倒向。

参考文献
陈陆圻, 1991. 森林生态采运学[M]. 北京: 中国林业出版社: 214.

南京林业大学, 1994. 中国林业词典[M]. 上海: 上海科学技术出版社: 484.

扩展阅读
史济彦, 1996. 森林采伐学[M]. 北京: 中国林业出版社.
史济彦, 肖生灵, 2001. 生态性采伐系统[M]. 哈尔滨: 东北林业大学出版社.

（赵康）

伐木效率　felling efficiency

伐木工人在单位时间内完成的伐木工作量。

从工效学角度，工人的伐木效率受环境、人、生产技术和工作组织4类因素的影响，包括立地条件、气候、作业对象、工人身体机能、作业方法、工人的个人认知能力和企业文化等。有利的因素，如高质量的培训、选拔合适的工人、不断增长的工作经验、采用机械化的伐木技术、良好的企业学习文化等能提高伐木效率。不利的因素，如陡坡、湿滑的地面、寒冷或闷热的天气、疾病等会降低伐木效率。

其中，①作业方法影响最大，使用伐木机进行作业的伐木效率最高，其伐木效率能达到60～180棵/小时。②在使用伐木机进行伐木的条件下，伐木工人的个人认知能力对伐木效率也有很大影响，包括综合感知能力、记忆运用能力、非语言演绎能力、空间感知能力、动作协调性、注意力集中能力等。这些认知能力可以通过专门的心理学测试进行评价，从而帮助林业企业选拔操作伐木机进行伐木的工人。③工作轮班方式对伐木效率的影响并不确定，通常认为即使在有规律地休息情况下，机械化伐木工人在9～10小时的工作后，工作效率会下降。

参考文献
Carola Häggström, Ola Lindroos, 2016. Human, technology, organization and environment-a human factors perspective on performance in forest harvesting[J]. International Journal of Forest Engineering, 27(2): 67-78.
John Sessions, 2007. Harvesting operations in the tropics[M]. New York: Springer: 47-48.

（杨铁滨）

伐木楔　felling wedge

为控制树倒方向而使用的楔形推树工具。通常用于上锯口，直接影响树倒方向。

对胸径较大的树木进行伐木时，伐木楔的斜面给上锯口的上面施加了一个推力从而控制树木倾倒方向。

伐木楔是楔形的锻造金属件或塑料件，按尺寸分为大、中、小型，前宽后窄，用大锤或伐木斧打入被伐树木的上锯口中。推树时，需根据树木材积大小选择伐木楔的型号和数量，并按照选择的树倒方向与树的自然倒向之间夹角（借向角）的大小确定伐木楔在上锯口中的位置。在伐木楔不易打入锯口中时，可先用小型楔打入锯口中，然后打入中、大型伐木楔。为了防止在打楔时有反弹现象，在楔面上刻平行斜纹以增加摩擦力。

为了减轻伐木工人的劳动强度并提高伐木安全性，原苏联和中国曾研制了液压伐木楔。它利用人力或汽油动力链锯的发动机作动力，带动油泵和传动机构，使液压伐木楔工作。

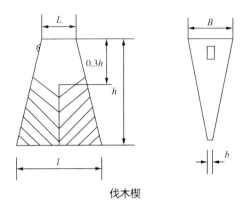

伐木楔

B—楔背厚度；b—楔刃厚度；L—楔背宽度；l—楔刃宽度；h—伐木楔长度

参考文献

史济彦, 1996. 森林采伐学[M]. 北京：中国林业出版社：28-31.

（杨铁滨）

伐木作业工效学 felling operation ergonomics

运用人类工效学基本理论与方法，研究优化伐木作业人员、伐木机具和伐木作业环境三者之间的关系（人-机-环境系统）的科学。在伐木作业中综合考虑各种有关条件，运用生理学、心理学、卫生学、人体测量学等基本原理，科学地进行伐区作业空间设计及伐木动作管理，提升伐木作业的稳定性及适应性，达到安全高效生产的目的。

发展历程 自20世纪60年代，国外陆续应用伐木作业工效学改善伐木作业的劳动条件，优化伐木动作，减少作业事故及职业病的发生，提高劳动效率。在防治油锯噪声和振动危害方面，一是在机构设计上进行减震降噪处理，二是为油锯手配备隔音耳罩，三是采取间歇作业等措施。在防止链锯伤人方面，一是为油锯配置安全可靠、使用方便的制动器；二是通过研制高韧性防护材料，为油锯手装备特制的个人防护套装。在防止作业时油锯反弹伤人方面，通过对油锯进行反弹试验、控制反弹力，设计开发了低反弹链等减轻油锯反弹力的零部件。20世纪末，自动化程度较高的伐木机械开始在欧美等发达国家大面积使用，在机械结构及作业设计方面，大幅度融入了人类工效学理念，使得伐木作业效率、安全性、作业人员舒适性得到很大提升。

主要内容 伐木作业工效学主要内容包括采伐作业空间、伐木作业稳定性、伐木作业适应性、伐木动作分析、伐木动作管理、伐木作业姿势等。合理的采伐作业空间设计是伐木作业安全高效的前提条件，有效的伐木动作管理及正确的伐木作业姿势是改善伐木作业疲劳损伤、提高伐木效率以及改善伐木作业安全性的重要因素，伐木作业的稳定性及适应性是伐木作业安全高效的保障。由于伐木作业对象及作业空间的特殊性，伐木作业工效学研究涉及的主要因素颇多，例如，①在采伐作业空间设计方面，需要综合考虑伐木使用的机具和拟采伐的活立木及其周边的灌木、杂草、积雪等因素。②在伐木作业姿势及动作管理方面，需要综合考虑地表植被、作业姿势、作业负荷、环境温湿度、立地坡度及机器振动噪声等因素。③在伐木作业稳定性及适应性方面，需要综合考虑意志力水平（遵守规程程度）、注意力程度、感知觉（危险意识程度）、作业区周边环境、风力、作业者心率、心理负荷情境、作业支撑稳定角、工作期望、天气情况等因素。

伐木作业工效学根据伐木作业方式不同，分为人力伐木作业工效学和机械化伐木作业工效学。人力伐木作业工效学主要针对油锯伐木作业，更多地侧重于采伐作业空间、伐木作业稳定性、伐木作业适应性、伐木动作分析管理、伐木作业姿势以及作业人员防护装备等内容的研究与优化，重点解决人力伐木作业劳动强度大、动作重复性高、安全性低等问题。机械化伐木作业工效学主要针对自行式伐木机，更多地侧重于伐木作业空间（如驾驶室布局、座椅、操作手柄等设计）、机械手视域、作业舒适度及安全性等内容的研究与优化，重点解决机械化伐木作业安全性及作业效率问题。

发展趋势 随着伐木机械化的不断发展，自行式伐木机械逐步替代油锯，智能化伐木机器人也是未来的发展趋势。因此，伐木作业工效学将更多地聚焦人机界面、人机匹配、人机协同方面。

参考文献

段铁成, 王立海, 2009. 基于人机工程学对油锯伐木作业姿势的研究[J]. 东北林业大学学报, 37(4): 48-49.

林海明, 2005. 伐木作业机具综合评价与择优[J]. 森林工程, 21(1): 12-14.

娄茂达, 2004. 伐木作业劳动伤亡事故简析[J]. 林业劳动安全, 17(1): 46.

王立海, 潘明旭, 段铁成, 等, 2012. 不同坡度及作用力对伐木作业者心率及伐木锯切周期的影响[J]. 林业科学, 48(5): 173-179.

王立海, 尹奉月, 鞠品生, 等, 1995. 作业环境微气候对伐木作业人员及作业效率的影响[J]. 森林工程, 11(3): 32-36.

（李耀翔）

伐木作业适应性 adaptability of logging operation

伐木者适合伐木作业的能力。随着伐木者逐步进入工作状态，身体机能的适应能力逐渐增强。是一个变化的过程。在这个过程中，需要遵循循序渐进的客观规律。通过身体的活动，使运动系统和各种器官预热，达到作业状态，为发挥最大的身体运动能力做好充分的准备，为伐木者的安全作业提供基本保障。使用油锯进行伐木作业对伐木者的运动机能有较高要求，伐木者承受的作业负荷很大，需进行适量的准备活动。通过身体活动，提高中枢神经系统的兴奋性，以利于对运动器官的有效调节，使动作完成得更加协调、准确，减少失误。

提高伐木作业适应性的方法：①提高肌肉温度，预防肌肉损伤。伐木作业前进行一定强度的准备活动，可以使肌肉内的代谢过程加强，从而升高肌肉温度。一方面可提高肌肉的收缩和舒张速度，另一方面可预防由于肌肉剧烈收缩造成肌肉、韧带和关节的损伤。②提高人体机能水平。人体的各器官、各系统是互相配合与协调的，不做准备活动就进入激烈运动，内脏器官的机能不能适应肌肉运动的要求，可能会出现如头晕、呕吐、甚至休克等不良反应，不利于保证伐木作业安全。③调节心理状态。伐木者伐木作业是身体活动，也是心理活动。准备活动可以有效起到调节心理的作用，接通各运动中枢间的神经联系，使大脑皮层处于最佳的兴奋状态，有助于使伐木者集中注意力。

在进行伐木作业前，伐木者有必要做专门的准备活动，掌握好准备活动的量与时间，心率控制在每分钟90～110次为好，可根据季节的不同作合理调整。同时，伐木者要提高自己的注意力，培养对采伐工作的兴趣，锻炼排除干扰的能力，消除或减少与伐木作业无关的外界刺激物的影响，减少对心理情绪和注意力的影响。

参考文献

段铁城, 2011. 基于人机工程学的油锯伐木作业姿势研究[D]. 哈尔滨: 东北林业大学.

段铁城, 王立海, 2009. 注意力与前作业负荷变化对油锯手心率影响[J]. 森林工程, 25(2): 35-37.

胡斌, 王立海, 段铁城, 2010. 身体适应性和负荷变化对油锯手作业绩效的影响[J]. 森林工程, 26(3): 18-20, 25.

（徐华东）

伐木作业稳定性　stability of logging operation

在伐木作业过程中，伐木工人（油锯手）整个身体（包括关节和骨骼）在神经系统的调控下，能稳定地完成伐木作业的能力。保持良好的伐木作业稳定性，有助于提升伐木作业效率，保障伐木作业安全，减少伐木安全事故发生。

伐木作业稳定性受伐木工人体能、作业姿势、作业负重、疲劳状态、各种恶劣天气条件（温度等）、机器的振动、噪声以及复杂的林区作业立地环境（如坡度、病腐木、伐倒木）等因素的影响。其中主要影响因素有：①作业姿势。与非作业时的直立姿势相比，作业姿势下人体动摇幅度增大，作业地的坡度等自然立地环境条件与作业姿势密切相关，影响伐木作业时的人体稳定性。②作业负重。随着手持负重的增加，维持人体平衡所需能量增加，人体疲劳增大，稳定性减弱。但是，随着负重增加，人体总惯量增加，有利于在外力作用下维持人体的稳定性，两者对身体动摇具有相反的作用。便携式林业机械作业时，负重引起的疲劳作用往往大于惯量的作用，因此，在设计中要尽量减轻便携式林业机械的重量。③温度。在18～37℃，随着温度的增加，人体关节得以舒展，肌肉松弛，有利于人体稳定的保持。④噪声。噪声影响人的前庭系统，降低人体维持平衡的能力，因此要减少林业机械的噪声，有助于伐木作业时人体稳定性。

参考文献

何伟敏, 李文彬, 王德明, 1998. 便携式林业机械（油锯）及其作业中的人类工效学[J]. 北京林业大学学报, 20(5): 88-93.

李文彬, 胡传双, 2003. 作业姿势和负重对人体平衡的影响[J]. 北京林业大学学报, 25(1): 74-77.

张建伟, 段铁成, 王立海, 2012. 油锯采伐作业中身体稳定性的生物力学分析[J]. 森林工程, 28(2): 26-29.

（徐华东）

伐木作业姿势　felling posture

伐木作业人员在使用伐木机具作业时身体所呈现的样子。伐木作业分为人力伐木作业和机械伐木作业。人力伐木作业主要采用油锯，油锯伐木作业姿势包括直立式、弯曲式等。机械伐木作业主要通过驾驶伐木机械进行伐木操作，主要采取坐姿。

伐木作业人员除了完成必需的伐木作业任务外，还必须克服长时间坐立、站立、保持长时间弯腰姿势以及伐木机具所产生的振动、噪声、重量负荷等的影响，这些因素不仅会造成作业人员舒适性及工作效率下降，而且会影响伐木作业安全和作业人员的身心健康。在进行伐木作业时需要采取正确的作业姿势，从而改善伐木作业疲劳损伤情况、提高伐木效率以及改善伐木作业安全性。

伐木作业姿势的选择取决于伐木作业空间大小、作业人员体力负荷大小、人机操控界面的位置等。油锯伐木作业姿势应满足人的用力原则，所有伐木动作应有节律，各个关节间保持协调。机械伐木作业姿势需要通过合理设计座椅位置和角度，并优化人机界面以适应伐木作业人员的身体尺寸与手柄操作，从而确保所有操作装置都处在伐木作业人员合理的空间范围内。

伐木作业姿势的改善方法主要有：①设计与研发轻量化、自动化、智能化、噪声与振动小以及环境友善型伐木机具；②对伐木作业过程中的各个动作进行分析与管理，进一步改进伐木作业技术；③开展工效学在伐木作业中的培训工作以及伐木作业人员的劳动负荷与疲劳程度等方面的研究。

参考文献

段铁城, 2011. 基于人机工程学的油锯伐木作业姿势研究[D]. 哈尔滨: 东北林业大学: 2-5.

李利权, 刘志兴, 宋玉娟, 等, 1998. 运用生物力学对伐木动作合理性的初步研究[J]. 森林工程(2): 31-33.

武传北, 及永春, 崔学军, 1997. 人类工效学在伐木作业中的应用[J]. 林业劳动安全(1): 33-34.

（林文树）

伐前更新　regeneration before felling

森林采伐前在林冠下进行的更新。分为伐前的天然更新和人工更新。当林下幼树达到一定年龄、一定数量、一定更新要求后，才可以伐除全部成熟林木。

调查　与森林蓄积量调查同时进行，调查天然生长的幼苗、幼树的数量，是否达到更新标准，以便确定适宜的采伐方式、采伐强度以及伐后所选择的更新方式。调查时标准地面积为$100m^2/hm^2$，针叶树高30cm以上、阔叶树高1m以上为幼树，幼树标准以下达到木质化的苗木为幼苗，分别统计数量。然后将幼苗折半，按幼树计算有效更新株数。伴生树种占主要树种一半以上时，更新等级应降低一级。可靠性不大的幼树，按每公顷株数折半计算评等。一个伐根上萌生枝条，均按一株计算。

标准 ①皆伐迹地应保留健壮的目的树种、幼树不少于3000株，幼苗不少于6000株。②择伐或渐伐迹地，为了形成复层异龄林或到下一次采伐时幼树郁闭成林，应至少保留3000株以上的幼苗或1000株以上的幼树，不足时，应进行人工补植。

整地 影响伐前更新质量和成林速度，创造适合树种生长的环境条件。易引起冻拔的地方和易风蚀的地段应随整地随造林。择伐迹地的补栽可以不整地。普遍采用的整地方式有全垦、带垦、穴垦3种。

方式选择 对择伐、渐伐、更新择伐常用天然更新，幼苗、幼树株数不够时，可辅以人工促更；皆伐迹地常用人工更新。需进行人工更新或人工促进更新的采伐迹地应于采伐当年或次年完成更新任务。

季节选择 根据各地区的气候条件和种苗特点来确定。从气候方面看，合适的造林季节应该是种苗具有较强的发芽生根能力，而且易于保持幼苗内部水分平衡的时间。此外，还要考虑鸟兽病虫危害的节令及劳动情况等因素。

树种选择 根据立地条件、经营目的和树种的生物学特性进行选择。视采伐迹地天然更新情况，适当引进针叶或阔叶树种，使之形成针阔混交的一代新林，并且要提高林木的经济价值。

参考文献
史济彦, 1996. 森林采伐学[M]. 北京: 中国林业出版社.

（董喜斌）

伐区 logging area

实施森林采伐作业的区域。一般分布在一个林班或几个林班中。是森林工业企业木材生产的原料基地，也是森林资源不断增长的基地。把握伐区生产特点，可以有效管理伐区生产工作。林场（或经营所）一年采伐作业的森林区域称为年伐区，由一块或若干块伐区组成。按集材远近和地势湿干状况，年伐区分夏季伐区和冬季伐区。

布局 为了实现合理地经营利用森林资源，必须把木材生产和森林经营紧密结合起来，在调查、全面规划的基础上，合理布置伐区。合理布局的原则：①每个伐区的先后开发顺序，必须使运输系统充分发挥效能，不使作业设施修建拆转过于频繁，以免造成多次回头作业。②每个林区的开发布局，必须根据年采伐量不超过年生长量的原则，统筹安排合理布局。严格控制采伐强度，认真加强迹地更新，以保证森林资源的永续利用。伐区布局的方式包括：①逐片开发，顺次推进。即由资源的一侧开始，逐步向另一侧推进。②远近结合，分段经营。以林场为单位，把资源按分布状况分为数段，按远近结合的办法布置伐区。③集约经营，全面铺开。即把所有的资源按照自然分布系统全面铺开。

规划 在林业企业生产布局和林场划分的基础上进行，可以对伐区生产起到指导性的作用，为以后每年进行的伐区调查设计提供指导性文件，同时为伐区工程的估算、机械设备的配备和生产建设投资估算与经济评价提供必要的数据。主要内容有伐区配置、采伐方式和生产工艺的选择、机械设备的配备和生产组织的决定等。

配置 以合理年采伐量为标准，以现有的生产条件为依据，对林场的伐区资源进行合理的配置。是实现木材生产合理布局和森林资源合理经营的重要环节之一。伐区配置是在企业的生产布局和开发顺序的基础上进行的。在配置时要求拥有完整的森林调查资料，包括选择企业建成投产后前3年的伐区资源。

参考文献
李振刚, 1983. 浅谈伐区布局[J]. 新疆林业(1): 28-29.

（董喜斌）

伐区拨交 felling area ratification

林业局、国有林场根据林木采伐许可证、伐区调查设计文件和年度木材生产计划，把相应伐区拨付交给其基层经营单位，并发给国有林林木采伐作业证的过程。作业证格式由省、自治区、直辖市林业主管部门制定。伐区拨交是根据上级批准的采伐许可证规定的范围、数量，把将要采伐的伐区从经营阶段转到采伐利用阶段的一种手续。通过拨交，限制采伐作业的范围，明确采伐作业方式、作业季节及作业中应当知道和注意的事项，做到心中有数，并增强搞好伐区作业质量的责任心。

（赵尘）

伐区出材量精准测定 precise estimation of the amount of output in cutting area

使用全站仪、近景摄影测量、三维激光扫描等技术精确获取伐区总材积并完成出材量精准测量，进而实现整个采伐林分中生产的原条、原木、小规格材和薪材的精准测定的技术。

伐区出材量的精准测定一般包括以下步骤：

①按照一定的径阶比例选取一定数量的样木进行伐倒造材。使用三维激光扫描仪对样木造材结果进行点云数据获取。然后，通过多种方法，如凸包算法、模型重建法、切片法、投影法和立方体格网法，来精准测定造材的材积。

②分径阶汇总单株林木造材的结果，并计算各径阶去皮材积占带皮材积的百分比，即出材率。

③通过将单木材积相加以获取伐区的总材积。再将总材积乘以相应径阶的出材率，得到各径阶的出材量。所有径阶的出材量相加，总和即为整个伐区的出材量精准测定结果。

参考文献
樊仲谋, 冯仲科, 郑君, 等, 2015. 基于立方体格网法的树冠体积计算与预估模型建立[J]. 农业机械学报, 46(3): 320-327.

葛晓雯, 王立海, 鲍震宇, 等, 2014. 桉树林伐区小班原木出材量不同阶段测算分析[J]. 林业科技, 39(4): 44-46.

谢哲根, 唐正良, 翁卫松, 等, 1996. 材种出材率预估模型研究[J]. 浙江林学院学报, 13(4): 392-396.

（樊仲谋）

伐区调查 cutting area survey

为满足伐区作业要求，在森林采伐区域内，对森林资源、立地条件、生产工艺及其他专项的调查。由木材生产管理部门负责组织，进行现地踏查，整理调查成果，编写调查报告。通过伐区调查，为进一步掌握合理利用资源、有计划地组织森林主伐、分配技术设备、配备人力物资等提供可靠的依据。

森林资源调查　利用简易仪器观测胸径、树高、蓄积量、资源分布、树种组成、地被物、气候、出材量等。

立地条件调查　采用简易仪器观测山场地势、坡度、坡向、土壤厚度、土壤类型、土壤冲刷程度等。

生产工艺调查　①调查采伐方式、工艺方案、劳动组织和作业制度。②调查伐区内采伐、集运、归装作业方式和机具类型。③各类集材方式适宜的技术标准和工程量估算。④计算平均集材距离。⑤计算伐区各作业方式的工作量及机械化比重。⑥调查装车场或楞场、房舍或机库等工作量。

其他专项调查　①调查林区现有的经营体制、机构设置、近年来木材生产数量、生产人员数量、经营中存在的问题。②调查伐区生产过程中木材消耗情况。③调查伐区剩余物数量及生产情况。④调查国内外新工艺、新技术、新设备应用情况。

参考文献
王立海, 2001. 木材生产技术与管理[M]. 北京: 中国财政经济出版社: 56-57.

（董喜斌）

伐区工程设计 felling area engineering design

主要是由生产费开支的采伐、营林作业需要的各种工程设计。包括生产用工程设计和辅助生产用工程设计。重点是工程的位置和数量。

生产用工程设计　运材岔线（伐区林道）、楞场或装车场和集材道等工程的设计。

运材岔线　是运材道路的末端，在伐区内通过楞场与集材道相衔接，选设道路的位置和数量直接影响伐区生产的投资和效益。设计时重点考虑以下特点：①运量低，使用时间短，技术标准也低。②直达伐区界或深入伐区腹部，地形复杂，坡度大，选线比较困难。③与干线、支线相比，岔线与森林资源的关系更为密切，对伐区生产的经济效益影响也更为重要。④在伐区调查中，对自然条件的了解更为详尽，岔线设计的选线比较方案比干支线多。⑤岔线的末端和楞场的下方，都要设置回头曲线，以便空车转向。

楞场或装车场　是连接运材岔线和集材道的中间环节，虽然工程量不大，装车工序的成本与集材和伐木相比也少很多，但楞场的位置决定了集材距离与运材距离的合理分配。在选设楞场时，需要遵循以下原则：①楞场位置的确定，要根据运材岔线、作业区面积、地形条件，并结合集材道的设计，使作业区的平均集材距离最短。②场地要平坦、干燥、宽敞、土质坚实。北方冬季楞场要避开冰丘、沿流水，夏季不能积水。③避开幼树群。为便于装车，最好设在岔线横向坡度的上坡。④尽量设在运材道的直线段上。如果条件限制不得不设有曲线段时，公路曲线半径不得小于50m，森林铁路运输道路曲线半径不得小于200m。⑤应设在运材道路重车方向的缓顺坡，以利于启动重车。但公路顺坡坡度不得超过5%。

楞场的面积取决于木材贮存量、集材方向、装车设备等因素。原条运材的装车楞场，其长度（沿运材道路方向）为原条平均长度再加20m。架杆装车楞场宽度30~40m，缆索装车楞场宽度（缆索跨度）一般60m。下列情况应当增加楞场面积：①贮存原条时，根据原条贮存量、楞高、楞宽、系数等因子计算楞场面积。②贮存原木时，根据贮存量、楞头数量、楞高、密实系数等计算楞场面积。一般情况下，可按木材占地 $2\sim3m^2/m^3$ 计算。③在楞场有打枝、造材、选材等作业时，要考虑这些作业和所需设备的占地面积，以及堆放枝丫材的场地。枝丫材和小规格材的占地面积，可按每层积立方米占地 $1m^2$ 计算。④不搞贮存、单纯流水作业的装车楞场，运材与集材的衔接可能出现问题时，要适当增加楞场面积。⑤在其他条件都相同的情况下，平均集材距离小的装车楞场，要比平均集材距离大的楞场面积大一些；平均运材距离大的装车楞场要比平均运材距离小的楞场大一些。

楞场的测量可以用罗盘仪进行，并利用运材岔线的里程桩来标明位置。边界要做出标志，四角设立标桩或标牌。如有活立木可供作架杆，或有活立木、伐根可供固定缆索，要做出明显标志。

集材道　在运材岔线和楞场位置确定后，结合伐区地形布设集材主道，依据主道和地形布设集材支道。集材道数量大，又与集材距离有关，也影响伐区生产成本、森林生态效益和森林更新效果。合理选设集材道需遵循以下原则：①根据楞场位置和地形条件，尽量缩短集材距离。②尽量避开幼树群和保留木集中的地方以及容易引起水土流失的地带；尽量避开短陡坡，避开坡和岩石裸露地带。要选在工程量最小、施工容易、经济合理和作业安全的地带。③尽量贯穿采伐木集中的地带。④尽量避免横向坡度，如由于地形限制而无法避免时，可采用斜山设道。⑤汽车运原条时，集材道必须由运材方向一端进入装车场；森林铁路运原条时，集材道要从两端进入车场，并使两端集入装车场的原条数量大致相等。但缆索装车时，无论汽车或森林铁路运输都不必考虑原条进入装车场的方向问题。

集材道形式是根据地形与立木分布来设置的，主要达到缩短集材距离和尽量减少对林地保留木及幼树幼苗的破坏两个目的。在林地是山地的情况下，集材道主要有两种形式：①在完整坡面，等高线呈大致平行状态，则集材道应当大致垂直于等高线平行设置，在坡脚或运材岔线旁设置集材主道；②在沟谷源头，一般等高线呈环形，则集材道应大致垂直于等高线呈扇形设置。此外，还有集材主道呈对角线布置和鱼刺式布置等形式。对角线布置形式只适用于平地，因而在中国不适用；鱼刺式布置主道使用次数多，对林地保护不利。

集材道可以用罗盘仪导线测量、用测绳量距来完成。通常要砍出1m宽的道影，并设置标桩。有填挖方的地段，要进行横断测量，作横断面和纵断面设计，计算出工程量。在地形平坦、没有曲线时，可以不设标桩，采用在立木上砍号的方法标示出其位置。在地形复杂地段，集材支道的测设应和主道相同。在地形较平整的地区，支道可以先在伐区平面图上定线，再用罗盘仪标定其位置。

简易水土保持工程设计 为了减轻拖拉机集材道和冰雪滑道对林地的破坏，减缓地表径流对集材道的冲刷侵蚀，当集材道坡度超过拖拉机集材道水土治理表（见下表）所列数值时，应当结合伐区清理，进行简易水土治理。方法有：①在集材道上横铺枝丫堆。即伐区清理时将不能利用的枝丫梢头等采伐剩余物按要求堆放于集材道，堆放时要垂直于集材道。枝丫堆可以起到阻挡和减缓地表径流的作用。②结合清林修建简易挡水坝。当坡度较大时，集材道上水流速度大，枝丫堆有较大空隙，用上述方法不能奏效。可将枝丫堆放于集材道上，与集材道呈30°～60°的交角。枝丫堆上面的一面可放成斜坡状，并用泥土将空隙堵塞，筑成简易挡水坝，将水导向集材道以外。相邻两个挡水坝的阻水方向应左右错开。特别注意的是凹形（即上段坡度大于下段坡度）的变坡点，由于水流速度由快变慢，往往会造成很深的侵蚀沟，土壤流失极为严重。因此，在凹形变坡点的上段，挡水坝应当加密。挡水坝的间距可根据降雨量和土质来确定。

拖拉机集材道水土治理表

集材道类型	坡度（°）		治理方法
	冬	夏	
主道	>15	>12	建挡水坝
	>12	>10	横铺枝丫
支道	>18	>15	建挡水坝
	>15	>12	横铺枝丫

辅助生产用工程设计 拖拉机库、油库和简易工舍等工程位置的设计。在伐区木材生产准备作业之前，由林场采运技术负责人选定，采伐调查设计时只按拖拉机和人员数量计算所需修建面积。

工舍选设 为减少行走和作业机械空驶费用，工舍应设在伐区木材分布重心位置上。但是木材分布重心处往往因地形、交通等条件不能设置工队驻地，这就要在其附近寻找合适地点。工队驻地设置要遵守以下原则：①要设在运材道路旁边。②要设在平坦、向阳、干燥、背风的地方，要有足够的平坦面积用于修建工舍、机库、油库等设施。③靠近水源。④夏季要高于洪水位。⑤要避开可能产生崩塌、滑坡、泥石流等灾害的地段，北方冬季要避开冰丘和沿流水。

机库、油库的选设 ①机库应设在向阳、背风、干燥、靠近水源、位置适中和出入库道路通畅的地方。单车面积不得小于36m²，并应单独设门。拖拉机库应选择地势平坦、出入库畅通的地方，机库与职工宿舍之间的距离不得小于50m。机库应横向排列。每座机库可停放2～3台拖拉机。库内地面向库门方向应有适当的顺坡，有排烟检修防火设施，严禁将燃油等易燃物放置库内。②油库应设在便于管理、距离机库和装车场100m以外的安全地方。③工舍、机库和油库应有200m以上的距离，以便防火安全。

参考文献

王立海，2001. 木材生产技术与管理[M]. 北京：中国财政经济出版社：99-109.

（董喜斌）

伐区工艺设计 felling area technological design

对拟定作业伐区的采伐方式、集材方式、更新方式、工艺方案、作业季节、劳动组织、机械设备配置等进行的合理选择和设计。既要有森林经营的区划方案和原则措施，又要有结合生产技术和劳动定额的企业管理，是一项具体体现林业方针、管好森林资源的重要技术设计。

方针及依据 伐区工艺设计必须贯彻"以营林为基础，采育结合，造管并举，造多于伐，综合利用"的方针，必须以《森林采伐更新规程》和《森林采伐更新规程实施细则》为依据。

采伐方式选择 以因地制宜有利于森林更新、伐区水土保持和方便生产为原则。对中幼龄树木多的复层异龄林，主要实行择伐；对成过熟单层林、中幼龄树木少的异龄林，主要实行皆伐；对天然更新能力强的成过熟单层林，可以实行渐伐。

集材方式选择 在充分掌握伐区地势、土壤、出材量和资源分布以及林场现有集材设备类型和性能的情况下，选用高效、先进的集材方式和机具，充分利用山、川、冰雪、地形等自然条件和最佳生产季节。在地势平缓（坡度20°以下）、出材量60m³/hm²以上的作业区或小班，应选用拖拉机原条集材；在高坡或沼泽、石塘、出材量少和小径木多的作业区或小班，应选用绞盘机、索道或畜力集材；在山地地形复杂、坡度在26°以上的作业区或小班，若采用一种集材方式效率低或难以作业时，在经济合理的前提下，可选用几种集材方式接运（见集材）。

更新方式选择 要结合本地森林类型的特点、树种特性、更新过程和演替方向进行合理选择。更新造林的树种，应根据国民经济发展需要、立地条件和树种习性，选择有经济价值或生态价值的当地优势树种。营造混交林，大力培育优质速生林。

工艺方案设计 尽可能减少伐区木材生产的工序；采用流水作业工艺形式，充分利用自然条件和有利的生产季节；选用具有液压传动工艺设备的高效专用机械，减少辅助作业，解除手工劳动，实现全盘机械化作业。

作业季节与生产时间安排 作业季节分为常年作业和季节性作业。主要依据中国南北方气候特点和山形地势条件进行选择。中国东北林区的作业法是，区划伐区时，应划出冬季和夏季作业区或小班。若机械作业，地势低湿、沼泽、集材距离较远的作业区或小班，应划为冬季作业；地势高燥、集材距离较近的作业区或小班可划为夏季作业。若季节性手工作业，将阴坡、集材距离近，或高坡作业容易的作业区或小班，安排在冬运开始或结尾阶段作业；对阳坡和集材距离较远，或缓坡但作业困难的作业区或小班，安排在冬运中间阶段作业。根据季节性作业区和材种出材量情况，综合产销和支拨计划来安排生产时间，从设计上保证林业企业完成季度或年度木材产销计划。原条流水作业单位，在冬运期间应完成全年计划的60%以上；冬季集材能力大、运材能力小的单位应采用运贮结合或设置木材贮备楞场。

劳动组织与机械设备 根据伐区木材生产工艺和工程设计，以作业区为单位，提出劳动组织形式、人员配备、机械（或机具）类型及其配备数量。

参考文献

何仰杰, 1980. 略谈伐区工艺设计[J]. 新疆林业(1): 22–30.

（董喜斌）

伐区精准调查 precise cutting area operation

利用遥感（RS）、全球定位系统（GPS）、地理信息系统（GIS）、地球科学（ES）等精准测量技术对特定伐区进行的调查。目的是获取该区域内的林木资源状况、生长情况以及可持续性，完成伐区作业设计调查、伐区蓄积量测量、伐区面积精准量测、伐区出材量精准测定及伐区作业精准管理。伐区精准调查有助于制定更科学、合理的林业管理政策和采伐策略，保护生态环境，同时合理开发利用林业资源。

参考文献

何明, 2021. 提高林木采伐伐区调查设计精度的措施[J]. 乡村科技, 12(2): 97–98.

黄冠杰, 2022. 广州市从化区伐区调查设计存在问题与对策研究[J]. 热带林业, 50(1): 77–79.

潘丙棋, 2021. 提高伐区调查设计精度的意义与措施[J]. 林业科技情报, 53(1): 54–55, 58.

（樊仲谋）

伐区面积精准量测 precise measurement of cutting area

对伐区的面积进行精准测量的技术。

早期，伐区面积量测主要依靠经纬仪、皮尺等工具直接在伐区内部进行，技术较为简单，准确率和效率较为低下。20世纪末，地理信息系统和遥感技术被引入伐区面积量测，通过对电子地图和卫星图像的处理，扩大了量测的范围，提高了量测结果的精度。

随着技术的进一步发展，伐区面积精准量测可以通过无人机获取高精度的伐区信息，或者是用载波相位差分技术（RTK）等技术精确获取伐区的边界坐标，进而通过图解法、平行线法、几何图形法、解析法、求积仪法、数字地形图法等方法来完成面积量测。这些技术提供了更多维度的数据支持，进一步提高了量测的精度。

参考文献

邱荣祖, 周新年, 2001. 基于GIS的优选作业伐区决策支持系统[J]. 遥感信息(3): 37–40.

容红明, 2019. 采伐区调查设计精度控制措施确保合理利用森林资源[J]. 绿色科技(5): 136–137.

张金贵, 2006. 线性回归分析在伐区采伐量测定中的应用[J]. 林业调查规划(3): 24–27.

（樊仲谋）

伐区清理 slash disposal

在采伐迹地上处理采伐剩余物的作业。又称采伐迹地清理。伐区木材生产的最后一道工序。是恢复森林的一项重要经营措施。不论采取哪种采伐方式，作业后都要对采伐迹地进行清理。一般要求随采随清，如因雪大、劳力紧张等原因不能随采随清，也应在春季造林整地之前完成。

意义 ①伐区清理有利于森林更新。散布在伐区的采伐剩余物是森林天然更新的障碍，及时清理可以改善天然下种和人工更新条件，为种子发芽、幼苗及幼树的生长创造良好环境。②减少森林火灾和病虫害的发生和蔓延。伐区剩余物，特别是针叶树的剩余物，含有较多的油脂，容易发生火灾；同时，伐区剩余物又是各种害虫、病菌繁殖的场所，如果侵入到活立木，将影响树木的生长发育。③改良土壤结构，增加土壤肥力。采伐剩余物含有丰富的营养物质，火烧或腐烂后，可以增加土壤灰分和有机质含量，改善土壤结构，增加土壤肥力，提高土壤渗透性。在陡坡处，采取适当的清理方法，还可以防止水土流失。④合理利用森林资源。采伐剩余物占采伐量的38%～40%，取出利用、研发、加工高附加值产品，可提高森林资源的利用率。

对象 ①立木。有两类，一类是枯立木，如站杆、火烧木等，因利用价值低而在采伐作业中未予处理；另一类是活立木，一般指该采未采的树木，如老龄过熟木、秃头树、影响幼树成长的枫桦、大青杨以及在采集作业中受到严重损伤的树木。②倒木。指风倒木以及该集未集的木材。③伐木造材剩余物。如枝丫、梢头木、截头等。④灌木、藤条。指影响更新造林的灌木、藤条。对有利于多种经营、有利用价值的如五味子、刺五加等藤条或灌木应加以保护。

方式 ①对有利用价值的采伐剩余物的清理。对可利用的部分整理运出，对直径在3cm以上的枝丫及其他应集未集出的木材都应予以利用。将可以利用的枝丫材和木材沿集材道集中归成一定规格的小堆，以便装运下山。作业内容包括挑选、截短、搬运、归堆等，通常用人力进行，少数林场采用枝丫打捆机将蓬松的枝丫压实打捆，以提高车辆装载率。②对无利用价值的（直径小于3cm的枝丫材）和无法进一步利用的采伐剩余物的清理。主要根据采伐迹地的林况、地况、采伐方式和经济效果而定，常用的方法有**火烧清理法**和**腐烂清理法**两种。火烧清理法是将采伐迹地上的剩余物进行焚烧的清理方法，分为堆烧和散烧。腐烂清理法是将采伐迹地上的剩余物归成堆或均匀地散铺在迹地上，任其自然腐烂的清理方法，分为**堆腐清理法**和**散腐清理法**。

参考文献

东北林学院, 1984. 森林采伐学[M]. 北京: 中国林业出版社: 132–135.

（肖生苓）

伐区区划　cutting area division

在伐区开发顺序的基础上，进一步安排林场近期或者计划期内的作业场地，确定生产伐区的面积、集材道路网、运材岔线的走向、装车场的位置，最后绘出伐区平面图的过程。区划质量的高低直接影响工程设计、小班调查、工艺设计的质量。正确的伐区区划应体现出既能充分利用森林资源，又能适应森林更新，保持水土的"统筹兼顾，集约经营"的原则。

依据　①上级下达的任务量和采伐限额；②针对各林场的森林资源现状、集运材条件、生产能力；③考虑各林班的林相结构、山形地带；④根据林业局的长远规划、开发顺序以及当前和长远的经济效益；⑤采伐量不应超过生长量。充分考虑这些条件，更好地组织和安排生产。

原则　①每个小班只能采用一种主伐方式、一种集材方式，并属于同一运材系统。同一坡面的不同部位，若不能采用一种主伐方式，则应区划成不同的小班。②为方便伐区生产管理，小班面积以15～20hm^{2}为宜。皆伐小班的面积和小班间的间隔，要遵守有关规定。③小班形状应根据地形确定。位于一个坡面上的小班，应为矩形或近于矩形，最好长边与等高线垂直，短边为山脊线或沟谷线。小班一般为三角形或扇形。相邻两小班的界线最好是直线。④伐区边界应与林班线相吻合。如是林缘，则应把采伐的林木都划在伐区内，以免浪费资源。⑤林间空地面积大于1hm^{2}或大于采伐面积的5%者，要单独划出去。⑥山脊、河边、路边需要设置防护林的，要遵守有关规定。

方法　伐区区划可用罗盘导线法进行；也可以用经纬仪导线法先把伐区的边界定出，伐区里的小班区划用罗盘仪进行。用罗盘仪导线法区划伐区时，为了保证测量精度，避免累积误差过大，要注意每条导线不可太长。可以采用以下两种方法：①每一个小班作为一条封闭导线。这种方法精度较高，但工效低。②几个小班的外部边界作为一条封闭导线，其内部的界线再用罗盘仪测直线法定出。每条封闭导线所包含的小班个数，可视精度要求与小班面积而定。这种方法既可保证测量精度，又能提高工效。

无论用罗盘仪还是用经纬仪区划伐区，都要注意以下问题：①每个测点（站）和超过直线段测绳长度（100m）的连接处，必须留下编有号码的点桩，以备查找和修改。点桩不要求长久保留，但必须保留到本次设计完毕。点桩可用下木、粗枯枝等做成。②所有边界线都要做出标识，表示出界线的方向和伐区在界线的哪一侧。可以用在立木上涂油漆或砍掉树皮来表示。标识要高出下木，要有一定的密度，以便于伐区调查和伐区生产时识别。③伐区区划的导线闭合误差，平缓地区小于1/200，地形复杂地区小于1/150。④每天测量的野账，必须当天成图。如果未达到精度要求，首先检查测量野账，看是否有方位角记反的，再看长度测量的整尺数是否有误。⑤伐区（各小班）面积和蓄积量是伐区生产设计中最重要的两个数据。面积的计算一定要尽量准确。有多种计算方法，如图解法、计算机计算法、透明模板法、求积仪法等。透明模板法会因模板的错动产生误差，图解法费时，建议用计算机计算法和求积仪法来计算每个小班的面积。

步骤　在伐区调查设计中，实行伐区、作业区和小班三级区划。在伐区区划时，伐区调查设计人员首先要收集调查地区历次森林经理、资源清查、专业调查及有关设计成果资料，最新的航空像片，地形图和以往的林相图等图面材料，以及有关境界变更、林地权属改变等方面的文件图纸资料等。按照所收集的资料深入实地进行全面踏查，初步掌握位置概况、立地条件、资源分布、林相变化、更新情况等，初步确定集材道间距、装车场位置、运材岔线及选用作业装备等，在林相图上划定伐区位置。调查人员利用采伐机具在伐区地物标定点伐开伐区界线，并埋设伐区号码标桩。用红或墨铅油注明所在伐区号，一般以一、二、三、四……标明伐区号。对区划线看不清的地段要适当伐除、清理藤条和灌木，保证视线通透。

参考文献

王立海, 2001. 木材生产技术与管理[M]. 北京: 中国财政经济出版社: 58-60.

（董喜斌）

伐区生产工艺类型　production process types of logging area

伐区生产过程中，对伐区生产工艺进行划分。是因地制宜地进行木材生产工艺设计工作的前提。划分的主要依据是木材生产的产品或半产品。伐区生产工艺类型的选择，主要受森林资源状况、采伐方式、集运材方式和设备等条件的影响。因林因地制定合理的伐区生产工艺，既能降低伐区生产成本，提高木材生产效益，又能保护森林生态环境，促进森林更新，实现森林可持续发展。

伐区木材生产过程中，木材的形态有伐倒木、原条和原木3种。按集材时木材的形态，伐区生产工艺类型分为伐倒木工艺类型、原条工艺类型和原木工艺类型。

伐倒木工艺类型　集材对象为伐倒木，适宜于林木径级较小的人工林、次生林和低质低效林皆伐作业。伐倒木的打枝、造材作业在山上楞场或贮木场中进行，最大优点是能够提高木材利用率，在采伐蓄积量相同的情况下，可以比其他类型得到更多的木材产品（如木片）或林副产品（松针粉），提高了采伐剩余物利用率；枝丫运出伐区节省了清林费用，增加了企业销售收入。缺点是应用受到一些条件的限制：必须有大型的集材设备；在择伐或渐伐伐区有较多的保留木和幼树，影响集材效率，同时对林木造成严重破坏。

原条工艺类型　集材对象为原条，适用于皆伐作业。与原木工艺类型相比，把造材作业移到贮木场或山上楞场，改善了造材作业的生产条件，有利于原条出材率和造材质量的提高。在3种工艺类型中，该类型的劳动生产率最高；与原木工艺类型相比，减少了集材时的捆绑（或抓取）次数，每趟集材量大；与伐倒木工艺类型相比，没有树枝的影响，原则上可以用于任何主伐方式。在林分密度过大采用择伐或渐伐作业时，伐木需要严格控制树倒方向，机械集材对保留木和幼苗幼树易造成损伤。

原木工艺类型　集材对象为原木，是最古老的一种工艺类型，可以用于任何主伐方式和集材方式。特别是对于零散资源和缺少集材机械的场合，用畜力集材，该类型能起到很好的效果。集材时木材是已经截短的原木，通过性好，有利于保留木和伐前更新的幼树幼苗的保护。但由于打枝和造材都在伐木地点，作业分散，劳动生产率低，造材质量较低。

参考文献

王立海, 2001. 木材生产技术与管理[M]. 北京: 中国财政经济出版社: 89–91.

（董喜斌）

伐区生产工艺设计　production process design of logging area

以林场或经营所为单位，为伐区木材生产所进行的伐区调查、工艺设计、生产设计和工程设计的总称。又称采伐调查设计。这项工作是以林场或经营所为单位进行的，最终形成的伐区生产工艺设计成果是林场指导伐区木材生产和森林更新的法定性技术文件，是林业企业编制年度生产计划和进行科学管理的基本依据，也是林业企业实现年度生产计划和贯彻林业法规的主要措施之一。合理的伐区生产工艺设计可以提高伐区的劳动生产率，降低生产成本，提高整个木材采运生产的经济效益，促进森林更新。

构成　由外业调查和内业设计两部分组成。

外业调查　由林业局（国有林场）的伐区设计队（或称调查队）人员和林场生产技术人员组成联合外业调查组，对拟定采伐作业区域进行调查。根据山形地势、水系河流及其他自然条件，确定出运材岔线、采伐地点、伐区、作业区、装车场（伐区楞场）位置、集材主道位置和方向，以便进行准备作业。同时进行资源调查，立木测定，计算伐区的面积、蓄积量、出材量、树种组成、采伐树种的选择等。

内业设计　由林业局设计队技术人员依据外业调查资料，进行伐区生产设计、工艺设计和工程设计。①伐区生产设计包括木材产量，生产流程，使用机械类型、数量，生产组织和技术措施等。②伐区工艺设计包括采伐方式、集材方式、伐区清理方式及木材生产工艺类型的选择，作业季节安排、生产设备合理配置以及迹地更新设计等。③伐区工程设计包括生产用工程设计和辅助用工程设计，如运材岔线、装车场、集材道、工舍、机库、油库等位置和数量，计算出平均集材距离，估算工程量和投资等。设计时写明时间、采伐地点、林相组成、作业面积、蓄积量、采伐量、采伐方式、集材方式、清理方式、更新方式、平均集材距离、平均坡度和坡向、工程量、准备作业量、林场等级等文字材料，计算小班出材量表和汇总表，绘制出伐区生产平面图。将上述材料装订成册，形成伐区生产工艺设计文本。

原则与要求　①确定采伐方式。根据森林经营目的、林分特征、树种更新特点及经营条件，按照有利于水土保持、促进森林更新和生长、方便木材生产的要求，因林因地制宜地选定采伐方式，不能为追求木材产量而改变采伐方式。在择伐伐区计算采伐强度时，应包括预计在采伐作业中保留木的损伤比率部分，以保证伐后留有足够的保留木和郁闭度，并实行对采伐小班内所确定的采伐木应做标记。做到定向伐木，保证安全，保护好母树、幼树、保留林分和珍稀树种，严格控制伐桩高度，树木伐桩高不超过10cm。②集材方式设计。根据采伐单位生产技术水平和伐区实际特点，选择适宜的集材方式。集材方式分机械集材（包括拖拉机集材、绞盘机集材、索道集材等）、人力集材（包括人力板车、人力肩扛等）、畜力集材和自然力集材（包括滑道集材和水力集材等）。当用一种集材方式不能完成集材作业时，可设计几种集材方式，进行接力式集材。③装车场（楞场）和集材道设计。根据伐区地形地势特点，设计必要的装车场（楞场）和集材道。装车场必须设置于禁伐区和缓冲区以外，且地势平坦，排水良好，便于作业，最大面积不超过900m²。集材道设计时应考虑保护生态环境，严禁山坡上修建易造成水土流失的土滑道。④伐区清理。对伐区残留物和造材剩余物要及时清理，能利用的枝丫及其他剩余物必须远离山场加以利用，每公顷丢弃木材不得超过0.1m³，不能利用的剩余物则根据伐区地形状况和更新要求选择归堆、归带、散铺等适宜方式进行清理；不再利用的道路和临时性木质桥涵等，应予以关闭和拆除；装车场木材剩余物必须清理干净，疏松土壤，恢复地力。

参考文献

史济彦, 1996. 森林采伐学[M]. 北京: 中国林业出版社.

（董喜斌）

伐区生产工艺设计成果　production design achievements of felling area

伐区区划、伐区调查、生产设计、工艺设计、工程设计的结果以伐区生产设计说明书、伐区调查设计表、伐区设计平面图等形式装订成册的文件。该成果经过上级资源管理部门批准后，成为伐区生产设计文件。是林场指导伐区木材生产和森林更新的法定性技术文件，是林业企业编制年度生产计划和进行科学管理的基本依据，也是林业企业实现年度生产计划和贯彻林业法规的主要措施之一。

伐区生产设计说明书　在伐区生产工艺设计成果文本第一页，简要介绍伐区生产设计内容。内容包括：①伐区所在林场的名称，具体地理位置或标明地理坐标。②运材岔线长度，与支线衔接的具体位置。③立地条件简介，包括山峰名称、海拔高度、山脉走向、平均坡度、最大坡度、河流数量、土壤情况等。④森林概况：森林类型、树种组成、林龄、地位级、疏密度、郁闭度、平均树高、平均胸径、单位面积蓄积量、平均林场等级、伐前更新情况等。⑤工程概况：集材道长度、平均集材距离、楞场数量、贮存量、小班数量、工队住地位置、准备作业工程量。⑥生产设计概况：出材量、生产流程、机械设备型号与数量等。⑦工艺设计概况：采伐类型、采伐方式、集材方式、工艺类型、作业季节等。⑧生产组织概况：生产组织，生产数量，生产起止时间，生产总成本，单位成本等。⑨迹地更新方式、更新时间、更新树种及更新要求等。⑩对各工序作业的要求，可能遇到困难及注意的事项等。

伐区调查设计表 表格的数量和内容，不同地区可以有所不同。根据采伐类型不同、采伐要求不同，表格数量和内容适当增减。一般包括：①概况表。以小班为单位，列出所在伐区、林班，所属作业区号，采伐类型，采伐方式，**采伐强度**，采伐面积，小班坡度、坡向，森林类型、龄级、树种组成，地位级，蓄积量，平均树高，平均胸径，下木名称、高度、密度，地被物名称、数量，土壤名称、厚度，伐前更新等级、频度等。②小班调查表。以小班为单位，列出小班编号，所属作业区号，采伐方式，面积，蓄积量，株数，不同树种的平均树高、平均胸径，采伐木平均单株材积，幼树高度，更新频度、等级等。③小班出材量表。包括小班面积，采伐方式，采伐强度，分别树种采伐木蓄积量，平均单株材积，计算经济材、薪炭材、单位面积出材量、总出材量等。④小班设计表。按照不同小班，分别列出小班面积，采伐方式，采伐强度，集材方式，采伐株数，单株材积，出材量，林场等级，平均集材距离，集材道最大坡度，平均坡度等。⑤小班出材量总括表。将各小班面积，采伐方式，采伐强度，采伐株树，采伐蓄积量，平均单株材积，计算经济材、薪炭材、单位面积出材量、小班总出材量等进行汇总。⑥作业区设计表。包含小班数，总面积，集材方式，**楞场（或装车场）**面积，装卸作业，装车方式，运材方式，平均集材距离，木材形态及数量，平均林场等级等。⑦工程量表。列出各作业区楞场面积、工程量，**集材道**的条数、总长与工程量，简易挡水坝数量与工程量，以及简易房舍、机库、油库的工程量等。⑧生产计划进度表。以日或台班为单位，分别列出伐区、作业区、小班各生产工序及工艺流程的起止时间，机械型号和数量，生产工人数量等。⑨伐区生产成本计划表。分别列出准备作业、**伐木**、**打枝**、**造材**、**集材**、装车与伐区清理等工序的工资，油脂燃料费、材料费、修理费等各成本项目的金额，计算伐区生产总成本、单位成本和劳动生产率。

伐区设计平面图 在完成伐区区划、伐区调查、伐区生产设计、伐区工艺设计、伐区工程设计后，将区划设计的结果用平面图展现出来，便于生产人员、技术人员和管理人员操作和实施。伐区设计平面图一般按 1∶5000 或 1∶10000 比例进行绘制。

平面图中标明伐区区划的界线，各级区划的编号，林班线与分区线，毗邻区的地名，重要的山脉、河流、道路、沼泽地、农田、石塘等；在小班图内注明面积、采伐方式、采伐强度、林场等级；图中标记运材岔线位置和长度，楞场位置和吸引木材量，集材道布置和平均集材距离，工队驻地位置等。图中还运用表的形式列出各作业区、小班的面积、采伐方式、出材量、林场等级等因子。

参考文献

王立海, 2001. 木材生产技术与管理[M]. 北京: 中国财政经济出版社.

（董喜斌）

伐区生产系统 production system of logging area

影响伐区生产各因素输入、处理、输出的信息系统。对伐区生产安全、质量、产量、费用等指标的运行状态和数据进行分析。通过伐区生产系统的实施，输出实际的生产信息。

输入 影响伐区生产系统的输入因素主要包括自然因素、森林状况和市场情况。在自然因素中有地形、土壤、气候、纬度、海拔等，对伐区影响最大的是坡度、土壤和气候。在森林状况中有林相、林型、地位级、疏密度、郁闭度、树种、平均树高、林龄、平均胸径、单位面积出材量、单株材积、下木情况等，其中林相、树种、单位面积出材量、单株材积等对伐区生产影响大。在市场情况中有物资市场、金融市场、劳务市场和技术市场。物资市场影响木材生产的成本和收入。物资市场中的木材市场对伐区生产系统有较大影响。

信息处理 伐区生产系统的信息处理是对输入的各因素，在伐区生产各子系统和要素的作用下，进行系统优化和数据分析，最终产生的结果。

输出和反馈 主要包括：①实物输出，各种等级的木材和木材初级产品输出到木材市场中去，通过市场销售，向伐区生产系统反馈是否满足国民经济建设和人民生活需要的信息。②随实物输出得到的经济效益，其中一部分作为企业扩大再生产的基础；另一部分投入到森林经营中，通过森林经营，作用到下一轮伐区生产的森林状况中去。③森林更新效果，反馈到森林经营和下一轮伐区生产的森林状况中，为合理选择更新方式提供依据。④森林生态效益，反馈到森林经营和下一轮森林状况之中，同时也反馈到下一轮森林经营期的森林小气候、林地土壤和水文之中，为森林生态恢复和适宜人民生活环境提供依据。

优化原则 系统优化实现安全、稳产、高质与高效的目标。优化原则有三条：工序作业方式及其设备的选择，工序间的协调与统一，工艺流程模拟可行性。

参考文献

王立海, 2001. 木材生产技术与管理[M]. 北京: 中国财政经济出版社: 87–88.

（董喜斌）

伐区生产组织 production organization of felling area

对山场准备作业、伐木、打枝、造材、集材、装车和清理伐区等作业工序的安排与管理。各工序间紧密联系，相互交叉。工序之间的组合关系是否合理，直接影响设备能力的发挥和生产效率的高低。伐区生产是林业企业木材生产三大工序（伐区生产、**木材运输**、**贮木场作业**）的第一道工序，投入的劳动力和生产成本分别占生产总劳动力和总成本的 1/2～2/3。合理组织伐区生产可以提高劳动生产率、降低生产成本、保护森林环境。

原则 应根据伐区最终产品的形态，结合地形条件和森林资源的产出水平，并考虑林区内伐区生产作业的历史习惯加以确定。①简化工序，缩短流程，方便生产管理；②以主要工序为依据，确定其他工序的进度和产量；③上下工序衔接紧密，尽可能形成流水作业线和减少木材损失；④尽可能发挥现有机械设备的效能，提高劳动生产率。

依据 必须针对伐区生产特点，制定相应的对策和管理措施，不断改进伐区生产作业条件，达到提高劳动生产率，降低木材生产成本的目的。伐区生产具有以下特点：①具有木材生产和森林更新双重任务。一方面从管理利用森林资源的观点出发，高效、低耗、安全地完成木材生产任务，减少木材和保留木的损伤，保证木材产品的质量。另一方面从管理森林更新的角度，木材生产作业能够促进森林天然更新，保护幼苗幼树，为森林营造创造条件，充分发挥森林生态效益。②工作区域大，作业地点经常移动。伐区生产的对象是林木，这些林木分散在广阔的林地上，而且被伐的林木分布不均。伐区生产作业人员需要在广大林地上完成伐木、打枝、造材、集材和装车作业，且作业地点是随着伐林木地点变化而改变，使伐区运材道路随着装车场的转移而改变或延伸，这样给生产组织管理带来诸多困难，需要生产技术管理人员不断调整生产方案，满足伐区生产需要。③露天作业，受自然条件影响大。伐区生产不同于其他机械电子类加工行业，作业人员是把广阔林地作为生产车间，工作位置露天分散，作业受自然条件影响大，冬季气温较低，夏季雨水和作业条件不利，影响木材生产的正常组织。④木材形状不一、体积大，搬运费力。伐区生产作业是一项消耗人的体力较大的劳动。在伐木、打枝、造材、集材等各工序，作业人员都需要付出一定的体力；同时，集材拖拉机司机和油锯伐木工的机械操纵人员，还要忍受机械振动和噪声的危害。要求生产组织人员不断调整生产人员，保证生产人员身心健康。

计划 包括采伐计划、集材计划、归山楞计划、归中楞计划、装车计划、清林计划、枝丫采集计划，以及各种计划的数量和质量要求，作业地点、作业方式，伐区开发顺序，与生产相适应的人力、物力和机械设备情况。

参考文献

史济彦, 1996. 森林采伐学[M]. 北京: 中国林业出版社.

（董喜斌）

伐区验收 felling area acceptance

在采伐完成后对伐区作业质量检查验收的工作环节。目的是确保森林采伐和更新的质量。森林采伐以后，核发林木采伐许可证的部门对采伐作业质量组织检查验收，签发作业质量验收证明。

伐区验收的主要内容是根据《森林采伐更新管理办法》的有关规定，对主伐、抚育采伐、更新采伐、低产（效）林改造采伐的作业质量进行检查。合格的，签发伐区作业质量验收合格证，作为下次申请采伐的证明；不合格的，根据具体情节，按有关规定，提出处理意见。同样，为了保证更新质量并促进更新跟上采伐，森林更新后，核发林木采伐许可证的部门也要组织更新单位对更新面积和质量进行检查验收，核发更新验收合格证。检查内容是根据有关规定，主要包括人工更新、人工促进天然更新和天然更新的质量以及更新是否跟上采伐等。凡更新质量达到标准，更新跟上采伐的，即发给更新合格证，作为下一次申请采伐的凭证；不合格的，按规定提出处理意见。

伐区生产、更新造林都是野外作业，面积大，地形复杂，采伐数量、质量都很难进行检查。一般需要发证单位、生产单位互相配合完成。也有单独建立的省属专门检查队，直接对各企业的伐区、更新进行检查。

参考文献

史济彦, 1996. 森林采伐学[M]. 北京: 中国林业出版社: 12.

（赵尘）

伐区作业 felling area operation

伐区内进行的各项森林采伐活动。是木材生产的起始阶段。

内容 包括准备作业和基本作业。

准备作业 为开展基本作业所需完成的一切准备工作。如集材道和运材道岔线修建、装车场或楞场整修和机械设备安装、临时性房舍修建等。伐区准备作业的项目一般根据集材、运材方式确定。如中国北方林区多在冬季采用拖拉机原条集材或汽车运材（20世纪90年代前，森林铁路也是一种运材方式），伐区要修建森林铁路或汽车运材岔线、装车场或楞场、拖拉机集材道、工舍、拖拉机库和油库等。

具体准备作业如下：①运材岔线修建时，伐开道影9～10m，伐去道影两侧25m以内有自倒或风倒危险的站杆、病腐木，清除弯道内侧视线障碍物。凡在路基范围内的树根、倒木、杂草等应全部清除，按技术标准修路。汽车运材冻板道可以不修路基、路面和排水工程。②在伐区准备作业中，集材道修建主要包括拖拉机集材道、滑道及畜力集材道。拖拉机集材道又分主道和支道。③装车场或楞场，按设计面积伐开场地，凡影响集材机械和场内作业的倒木、藤条、灌木和岩石等障碍物彻底清除。场地稍加平整，周围30m以内的枯立木、病腐木等危及作业安全的树木全部伐倒。楞场作业设备如果是架杆起重机、缆索起重机，架杆应选用材质优良、树干通直的原木，装车动力机应固定在主架杆同侧，距离其20m之外。④简易房舍，包括工舍、机库、油库。工舍主要为伐区作业的工人临时居住、休息所用，可选择活动板房、彩钢板房等，位置应选在地势较高、平坦、干燥、向阳、靠近水源和临近作业地点的地方。机库可选临时性土木结构、板夹泥结构，EVA塑料、彩钢板等材料，可用低压锅炉、火墙或地龙取暖。油库可选在便于管理，取用方便，距离工舍、机库和伐区楞场100m以外的地方，同时设置安全防火设施。

基本作业 直接涉及伐区作业对象（林木）的生产活动。包括伐木、打枝、集材、造材、装车、归楞、伐区清理等，因伐区生产工艺类型而定。比如，原条生产工艺类型，造材作业在贮木场进行，而伐倒木生产工艺类型，打枝和造材作业都在贮木场进行。①伐木、打枝和造材作业属加工环节，操作不当易对木材造成损伤或影响原木产品质量及等级，伐区作业条件差且影响因素多，各加工环节必须严格遵守操作规程。②集材作业是伐区各作业工序中成本最高、劳动消耗量最大的工序，也是引起森林生态环境变化最直接的因素，因林因地选择集材方式和集材设备尤为重要。③装车作业和归楞作业在装车场（楞场）进行。根据伐区工艺设计和作业机械系统，伐区楞场装车可采取不同的设备；为提高运输效率，可以采取预装的方法。当伐区生产能力大于木材运输能力时，木材需要在楞场做短时间的归楞贮存，归楞量的大小与上下工序（集材与运材）生产的不均衡程度有关。④伐区清理是对伐区作业中遗留在迹地上的采伐剩余物（枝丫、梢头、截头、站杆、倒木、灌木、藤条等）进行收集、处理的作业活动，对能够进一步加工利用的剩余物运出，对剩余的做还林处理。

特点 伐区山形地势复杂，露天作业，季节性特征明显，作业对象体大笨重、不规则且具有生物学特性，使得伐区作业与一般的工业生产相比具有其特殊性。伐区作业对森林生态环境影响较大，主要包括对林地土壤的影响、对林地内保留树木的影响、对区域内径流水量及水质的影响、对森林生物多样性的影响、对野生动物资源的影响、对森林自然景观的影响。伐区作业特点主要有：①伐区作业的双重性——经济性和生态性。森林既能提供木材产品，又具有生态效益和社会效益，在开展伐区作业时，既要降低生产成本、提高经济效益，同时更要考虑森林的更新和再恢复，必须采取森林经济效益和生态效益统筹兼顾的作业方式。②伐区作业的分散性和流动性。作业区域大，作业地点分散，人员和机械设备经常转移，流动性强。③伐区作业的露天性。伐区作业在野外进行，作业受季节、天气、温度等影响，南北方气候差异大，北方伐区冬季冰冻寒冷，南方伐区夏季泥泞闷热，复杂的地形条件也增加了伐区作业的难度。④木材产品的不规则性。伐区内林木的径级、树高、尖削度、树干形状等各不相同，伐区木材产品具有不规则性。林木在漫长的生长过程中，受环境条件的影响，即使是同一伐区、同一树种、同一龄级，其个体差异也较大，对于成熟林主伐伐区，单株材积和重量都较大，给伐区作业技术和机械装备带来更高的要求。

质量管理 由于伐区的特殊性，生产各工序不易控制，影响其质量和环境的因素较多。伐区作业后，上级管理部门根据《森林法》《森林采伐限额执行情况检查方案》《森林采伐作业规程》《林木采伐设计》《伐区作业质量检查技术规程》等有关文件要求，对伐区作业进行检查和验收。即采伐地点、方式、面积、树种等因子符合作业设计要求，并与采伐证规定相符；当年采伐作业的伐区，采伐蓄积量不得超过设计允许误差；采伐调查设计与采伐作业间隔在一个生长期以上的伐区，采伐蓄积量不得超过设计允许误差与调查至采伐期间的生长量之和；伐区内下口高度低于10cm的伐根数量所占比例大于85%；采伐剩余物堆放有利于防止水土流失，清林方式符合规程要求；运材岔线、集材道、楞场不得出现严重的雨水冲刷；应采未采林木蓄积，抚育采伐和低产（效）林改造采伐小于$1m^3/hm^2$；作业小班采伐蓄积误差率不大于采伐调查设计规定的±5%；抚育采伐作业小班的采伐木平均胸径不大于采伐调查设计规定的采伐木平均胸径；受灾林木清理小班不得采伐活立木；幼苗、幼树损伤率低于检查小班内幼苗、幼树总株数30%；植被没有造成严重破坏。

东北内蒙古重点国有林区伐区作业质量评分标准见下表。

东北内蒙古重点国有林区伐区作业质量评分标准

序号	检查项目	分数	评分标准
（一）	采伐质量	67	
1	采伐地点、采伐方式、采伐面积、采伐蓄积	16	未改变采伐地点、采伐方式，且采伐面积、采伐蓄积均符合伐区调查设计要求的得满分；采伐地点、采伐方式、采伐面积误差率、采伐蓄积误差率，其中有一项改变或超出误差范围的不得分
2	采伐保留木	10	采伐保留木的蓄积允许误差5%；在允许误差内得满分，超出允许误差不得分
3	应采未采	12	抚育和低产（效）林改造，采伐每$1m^3/hm^2$扣12分；主伐、更新采伐和其他类型采伐，每$1m^3/hm^2$扣6分
4	伐根	5	伐根超高比率等于低于15%的得满分，大于15%的不得分
5	小班界线标志	4	伐区界线上的标桩、树上的标志每损坏1处扣2分（主道、作为界限的除外），无标记不得分
6	集材	8	集材方式符合调查设计要求的得满分，畜力集材改为拖拉机集材的不得分；集材时拖拉机下集材道的不得分
7	丢弃材	8	伐区丢弃材，每超过$0.1m^3/hm^2$扣1分，超过$0.5m^3/hm^2$不得分；装车场装净得满分，否则不得分
8	枝丫清理	4	符合伐区调查设计要求的得满分，未按设计清理的不得分
（二）	环境影响	33	
1	幼苗幼树破坏	9	幼苗、幼树损伤率超过检查小班面积中的幼树、幼苗总株数的30%不得分；低于30%的，按每10%比例扣3分
2	植被破坏	8	没有造成植被破坏的得满分，造成植被破坏的不得分
3	集材道冲刷	8	集材道出现严重冲刷不得分；集材道路未设水流阻流带，车辙、冲沟深度超10cm扣4分；对可能发生冲刷的集材道未作处理扣4分
4	楞场冲刷	4	楞场未出现严重冲刷的得满分，出现严重冲刷的不得分
5	垃圾清理	4	伐区内生产和生活垃圾清理的得满分，伐区内存在生产和生活垃圾的不得分

资料来源：东北内蒙古重点国有林区伐区作业质量检查技术规程（LY/T 2101—2013）。

参考文献

史济彦, 1996. 森林采伐学[M]. 北京: 中国林业出版社: 14-15.

袁少青, 谢守鑫, 王亚军, 等, 2013. 东北内蒙古重点国有林区伐区作业质量检查技术规程: LY/T 2101—2013 [S]. 北京: 中国林业出版社: 3.

（肖生苓）

伐区作业工效学　ergonomics of logging operations

综合运用生理学、心理学、卫生学、人体测量学等基本理论和方法，研究伐区作业系统中人—机—环境之间的相互作用，实现伐区作业安全、高效、舒适、经济目标的科学。通过对采伐作业中人体机能、能量消耗、疲劳程度、环境与效率的关系等研究，科学地进行伐区作业环境、采伐设备与工具的设计，确定合理的操作方法，达到提高工作效率和保障作业安全的目的。

发展历程　在森林采伐过程中，由于人和机械受到森林资源和环境条件的制约，作业中人体容易疲劳，工效难以发挥，且容易发生事故，进而使得森林采伐作业成为一个艰苦、危险的行业。工效学的宗旨主要是使工作更适合于人，从而提高工作中的人和有人参与的工作系统的工作效率。从20世纪50年代起，发达国家陆续将工效学应用到伐区作业生产中，在改善劳动条件、防止事故和职业病、提高劳动生产率方面发挥了重要作用。其中欧洲和日本等发达国家和地区针对林业机械的测试和改进、职业病和事故的调查与防范、提高劳动生产率3个方面先后开展了一系列详细的研究。中国直至20世纪80年代末开始着手工效学领域的研究，并结合国内伐区作业的实际情况，通过一系列的试验研究来指导作业进而提高作业的效率，逐步建立了一套完善的伐区作业工效学研究体系。

研究内容　伐区作业工效学是研究人在伐区各个作业过程中合理地、适度地劳动的问题，使伐区作业与人的生理和心理特点相适应，以提高整个系统的效能，维持和增进人的安全、健康和工作生活的舒适感。涉及机械作业的安全、伐区作业人体疲劳和森林采伐机械人-机-环境系统评价3个方面9个具体研究内容，主要包括：森林作业环境、人-机-环境系统、伐区作业、林业机械人机界面、林业机械人机交互、森林作业人体负荷、森林作业人体疲劳、振动病和噪声性耳聋的防治。

发展趋势　随着研究的不断深入，未来伐区作业工效学应在以下3个方面继续丰富与拓展：①加强基础性研究，弄清楚林业职业病，如白指病的产生机理和预防途径。②加强现代新技术应用研究，如大数据技术、人工智能技术、数字模拟技术等，仿真作业环境变化对作业人员生理和心理影响，进而优化作业环境，指导健康作业程序和规范。③加强作业标准和规范制定，有效保护作业人员。

参考文献

王立海, 杨学春, 孟春, 2005. 森林作业与森林环境[M]. 哈尔滨: 东北林业大学出版社: 33-37.

姚立根, 王学文, 2012. 工程导论[M]. 北京: 电子工业出版社: 156-158.

赵尘, 2018. 森林工程导论[M]. 北京: 中国林业出版社: 179-181.

（王立海）

伐区作业精准管理　precise management of logging operations

以信息技术为支撑，利用现代科技工具和管理方法，通过合理利用物资投入，提高伐区作业质量，降低生产成本，减少作业活动带来的污染，并对伐区作业中的各流程进行精确定时、定位、定量控制的活动。

伐区作业精准管理的主要内容包括：①采伐、装车、归楞、清理林场等基本作业的精准管理。②对伐区机械设备的维修，集材道、运材道岔线的养护的精准管理。③对集材道、运材道岔线的修建，装车场的整修和机械设备安装，临时性库房修建等的精准管理。

参考文献

金广超, 郑文秀, 2006. 浅谈地理信息系统技术在伐区采伐作业调查设计中的应用[J]. 林业勘查设计(1): 83.

王洪波, 董冶, 2002. 重点国有林区森林采伐作业管理存在的问题及对策分析[J]. 林业资源管理(1): 12-15.

许易真, 姜秀萍, 2004. 利用地理信息系统进行伐区采伐作业调查设计[J]. 林业调查规划(S1): 143-144.

（樊仲谋）

反向曲线　reverse curve

道路平面线形中，两个转向相反的相邻的圆曲线中间连以缓和曲线或径相连接而成的平面线形（图1、图2a）。由于两个曲线转弯方向相反，考虑到其超高和加宽缓和的需要，以及驾驶人员操作的方便，两曲线之间应设置足够长度的直线。直线最小长度（以m计）以不小于设计速度（以km/h计）的2倍为宜。如设计速度为60km/h，反向曲线间的直线最小长度为120m。《林区公路设计规范》（LY/T 5005—2014）规定的反向曲线间最小直线长度见下表。当两曲线之间所插入的直线长度不足，直线两端设置有缓和曲线或反向圆曲线间无超高、加宽时，也可以直接相连，设置成S形曲线（图2b）。

图1　连霍高速（刘芳廷　摄）

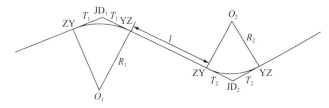

a 反向曲线

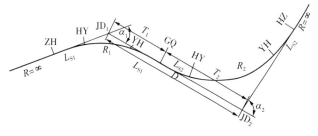

b S形曲线

图2 反向曲线和S形曲线示意图

R—圆曲线半径；T—切线长；D—两交点间的长度；
l—相邻两曲线之间的直线长度；L_S—缓和曲线长；α—交点处的转角；
JD—交点；ZY—圆曲线的起点（直圆点）；
YZ—圆曲线的终点（圆直点）；ZH—缓和曲线的起点（直缓点）；
HY—圆曲线的起点（缓圆点）；YH—圆曲线的终点（圆缓点）；
HZ—缓和曲线的终点（缓直点）；GQ—公共切点

反向曲线间最小直线长度表

设计速度（km/h）		60	40	30	20	15
最小直线长度（m）	一般值	120	80	60	40	30
	最小值	—	—	30（40）	25（30）	20（30）

注：括号内数值为原条运输时的最小直线长度。

为使道路上的车辆尽量以均匀的速度行驶，相邻两平曲线之间的设计指标应连续、均衡、避免突变。从行驶力学和线形协调、超高过渡上考虑，S形曲线相邻两个回旋线参数值宜相等；当采用不同的回旋线参数时，两回旋线参数值之比应小于2.0，有条件时以小于1.5为宜；当小的回旋线参数值等于或小于200时，两回旋线参数值之比应小于1.5。两圆曲线半径之比也不宜过大，以大圆和小圆半径之比不大于2.0为宜。

S形的两个反向回旋线以径相连接为宜。当受地形或其他条件限制而不得不插入短直线时，其短直线的长度应不大于两回旋线参数值之和的1/40。

为保证道路上行车的安全与顺畅，在道路平面线形与纵断面线形组合设计中，应避免使竖曲线的顶部或底部与反向平曲线的拐点重合。此类组合都存在不同程度的扭曲外观。当竖曲线顶部与反向平曲线的拐点重合时，不能正确引导视线，会使驾驶员操作失误；当竖曲线底部与反向平曲线的拐点重合时，路面排水不畅易积水。

参考文献

许恒勤, 张泱, 2003. 林区道路工程[M]. 哈尔滨: 东北林业大学出版社.

叶伟, 王维, 2019. 公路勘测技术[M]. 北京: 机械工业出版社.

（刘远才）

反应时间 response time

森林作业人员从感知危险刺激到做出反应之间所需的最短时间。又称反应时。是评价作业人员对于工作适宜性的重要参考指标，也是森林作业规程、林区道路设计以及行车规则制定的依据。

根据"刺激—反应"之间的复杂程度，反应时间分为简单反应时间和复杂反应时间。以驾驶作业为例，简单反应时间是指在单一刺激状态下，驾驶人从感知刺激到做出反应之间的时间间隔。复杂反应时间是指在两种或两种以上的刺激下，驾驶人对每一种刺激做出相应反应所需的总时间。也称选择反应时间。受行车环境复杂性影响，驾驶反应时间多为复杂反应时间。驾驶人的整个反应过程包括感受器将刺激的物理或化学能量转化为神经冲动，神经冲动经感觉神经传至中枢皮层，中枢皮层对信息进行处理，运动神经把中枢皮层发出的神经冲动传至效应器官及效应器官做出应答5个主要环节。

反应时间受年龄、性别、性格、情绪等生理和心理的个体因素及其耦合作用影响，驾驶人反应时间规律具有一定的独立性和复杂性。从反应时间角度对城市道路和高速公路特性方面的研究较多，也总结出了一些具有指导意义的反应时间变化规律，但这些规律大多数具有针对性，即在特定条件下所获得的反应时间规律，很难直接移植到林业运输中。

（杨锋）

方位角 azimuth

在林道定线过程中，从某点的指北方向线起，依顺时针方向到目标方向线之间的水平夹角。又称地平经度。用"度"和"密位"表示，取值范围为0°～360°。测量工作中常用方位角来表示直线的方向。

由于在每一点都有真北、磁北和坐标北3种不同的指北方向线，因此，从某点到某一目标，就有3种不同的方位角，即真方位角（用A表示）、磁方位角（用A_m表示）和坐标方位角（用α表示）。地表上的任一直线均可根据不同的标准方向定义其3个方位角：①某点指向北极的方向线叫真北方向线，经线也叫真子午线。真方位角（A_{12}）是指由某点的真子午线方向的北端起，顺时针到该直线的真子午线方位角。

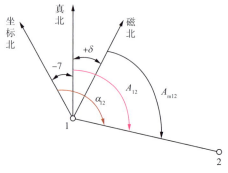

方位角坐标系示意图

②某点指向磁北极的方向线叫磁北方向线。磁方位角（A_{m12}）是指由某点的磁子午线方向的北端起，顺时针到该直线的磁子午线方位角。③坐标方位角（α_{12}）是指由某点的坐标纵轴方向的北端起，顺时针到该直线的水平夹角。

与方位角相反方向的方位角是反方位角，即方位角旋转180°所得之结果。正反坐标方位角是一个相对性的概念。在实际工作中并不需要测定每条直线的坐标方位角，而是通过与已知方位角的直线联测后推算出各条直线的坐标方位角。

参考文献

史玉峰, 2012. 测量学[M]. 北京: 中国林业出版社.

（李强）

方向角　tangent angle

悬索任意点切线与水平线间所夹的锐角。又称方向系数。无荷（仅自重作用）悬索方向角是**倾角法测量承载索安装张力**的理论基础，表达式为

$$\tan\theta_x = \tan\alpha - \frac{4S_0(l_0 - 2x)}{l_0}$$

式中：θ_x 为任意点的方向角；α 为弦倾角；S_0 为无荷中央挠度系数；l_0 为跨距；x 为跑车位置。

下支点 $x = 0$，$\tan\theta_A = \tan\alpha - 4S_0$；上支点 $x = l_0$，$\tan\theta_B = \tan\alpha + 4S_0$；跨中 $x = l_0/2$，$\theta = \alpha$。

（郑丽凤）

放坡　grading

利用手水准仪等仪器设备按照要求的设计纵坡（或平均坡度），在实地找出地面坡度线的作业过程。放坡的目的是定出越岭线开始升坡的起坡点，合理地安排坡度大小，现场设计纵坡，避免不必要的返工。

放坡应遵循的原则：①在山岭、重丘区，路线受纵坡限制，定线以纵断面为主安排路线，其直接的指导原则与**纸上定线**相同，但定线条件不同，工作步骤有改变。②山岭、重丘区直接定线采用带角水准仪配合花杆等仪器设备进行。③山岭、重丘区路段，天然路面坡度角均在20°以上，而设计纵坡（或平均坡度）有一定要求，需要在沿最大地面自然坡度方向和沿等高线方向之间找到合适的方向线，使其地面坡度正好等于设计纵坡（或平均坡度）。这样既使路线纵坡平缓，又使填挖数量最小。放坡的任务就是寻求这条使地面坡度等于设计纵坡（或平均坡度）的方向线的工作。

在纵坡安排和坡度值选择时应考虑以下几点要求：①纵坡线形要满足设计标准和规范要求，力求两控制点间坡度均匀，避免出现反坡。②应结合地形、地物选用坡度。尽可能不用极限纵坡，但也不可太缓，以接近两控制点间平均坡度为宜，在地形整齐地段可稍大些，曲折多变处宜稍缓些。③安排纵坡掌握"阳坡陡、阴坡缓；岭下陡、岭上缓；控制回头弯地处点纵坡不大于4%"，在其前后均应放缓的原则。

参考文献

杨永红, 刘远才, 2015. 道路勘测设计[M]. 北京: 中国电力出版社.

张学义, 吴玉林, 2004. 林区公路山岭区选线问题的探讨[J]. 林业勘查设计 (2): 55–56.

（李强）

分水线　watershed

划分相邻水系（或河流）的山岭或河间高地（分水岭）最高点的连线。**流域的分水线是流域的周界**。分水线可分为地表分水线和地下分水线。由分水线所包围的河流集水区可分为地表集水区和地下集水区两类。

流域的地表分水线是地表集水区的周界，通常就是经过出口断面环绕流域四周的**山脊线**，可根据地形图勾绘。例如秦岭是长江流域和黄河流域的分水线；还有一些河流，由于河床严重淤积，高于两岸地面，本身成为不同河流的分水线，例如黄河下游，河道北岸属于海河流域，河道南岸属于淮河流域，黄河河床成为海河流域与淮海流域的分水线。流域的地下分水线是地下集水区的周界，一般很难准确确定。由于水文地质条件和地貌特征影响，地表、地下分水线可能不一致，相应的地表集水区与地下集水区不一定完全重合，若重合，称为闭合流域；如果不重合，则称为非闭合流域。地表分水线主要受地形影响，而地下分水线主要受地质构造和岩石性质影响。分水线不是一成不变的，河流的侵蚀、切割，下游的泛滥、改道等都能引起分水线的移动，不过这种移动过程一般进行得很缓慢。

参考文献

高冬光, 王亚玲, 2016. 桥涵水文[M]. 5版. 北京: 人民交通出版社.

黄廷林, 马学尼, 2014. 水文学[M]. 5版. 北京: 中国建筑工业出版社.

黄新, 金菊良, 李帆, 2017. 桥涵水文[M]. 2版. 北京: 人民交通出版社.

叶镇国, 2019. 水力学与桥涵水文[M]. 3版. 北京: 人民交通出版社.

（黄新）

抚育采伐　tending felling; intermediate cutting; forest thinning for fending

一种优化林分结构、改善林木生长环境的采伐作业。又称抚育间伐、中间采伐。简称间伐。是根据林分发育、林木竞争和自然稀疏规律及森林培育目标，适时适量伐除部分林木，调整树种组成和林分密度，优化林分结构，改善林木生长环境条件，促进保留木生长的采伐作业。抚育采伐是以未成熟的森林为作业对象，以促进森林生长和提高林木质量为目的，对林木进行伐密留疏、伐坏留好的作业。

分类　按照《森林抚育规程》（GB/T 15781—2015），中国将森林抚育采伐分为透光伐、疏伐、生长伐和卫生伐4类。

作业原则　①采劣留优、采弱留壮、采密留稀、强度合理、保护幼苗幼树及兼顾林木分布均匀。②抚育采伐作业要与具体的抚育采伐措施、林木分类（分级）要求相结合，避免对森林造成过度干扰。

保留木的确定 抚育采伐按以下顺序确定保留木、采伐木：①没有进行林木分类和分级的中幼龄林，保留木顺序为目的树种林木、辅助树种林木。目的树种是森林培育的目标树种。辅助树种又称生态目标树，是有利于提高森林的生物多样性、保护珍稀濒危物种、改善森林空间结构、保护和改良土壤等功能的林木。②实行林木分类的，采伐木顺序为干扰树、（必要时）其他树；保留木顺序为目标树、辅助树、其他树。选择目标树的一般原则是：属于目的树种；生活力强；干材质量好；没有（或至少根部没有）损伤；优先选择实生起源的林木。干扰树指对目标树生长直接产生不利影响，或显著影响林分卫生条件，需要在近期采伐的林木。其他树指林分中除目标树、辅助树、干扰树以外的林木。③实行林木分级的，采伐木顺序为Ⅴ级木、Ⅳ级木、（必要时）Ⅲ级木；保留木顺序为Ⅰ级木、Ⅱ级木、Ⅲ级木。

参考文献

中华人民共和国国家质量监督检验检疫总局, 中国国家标准化管理委员会, 2015. 森林抚育规程: GB/T 15781—2015[S]. 北京: 中国标准出版社: 1–5.

扩展阅读

叶镜中, 孙多, 1995. 森林经营学[M]. 北京: 中国林业出版社.

翟明普, 沈国舫, 2016. 森林培育学[M]. 3版. 北京: 中国林业出版社.

（赵康）

腐朽 decay; rot

木材由于木腐菌的侵入分解、细胞壁受到破坏，从而引起木材色泽异常，结构及物理、力学、化学性质等发生变化的现象。表现为木材变得松软易碎，呈筛孔状、纤维状、裂块状和粉末状等。

类型 按腐朽的类型和性质分为白腐、褐腐和软腐；按形成原因分为边材腐朽和心材腐朽。

白腐 由白腐菌破坏木材木质素和纤维素所引起的腐朽。腐朽材呈白色纤维状，后期腐朽呈现蜂窝状、筛孔状或海绵状等，材质松软，易剥落。

褐腐 由褐腐菌侵蚀或降解木材纤维素和半纤维素所引起的腐朽。腐朽材呈褐色、龟裂状（具纵横交错的块状裂隙），质脆，后期腐朽材易捻成粉末状。

软腐 由软腐菌侵害使表层木材发生软化、材色变暗，但深层木材健全的腐朽。软腐材干燥后呈龟裂状。

边材腐朽 木腐菌自边材外表侵入所形成的原木边材部分腐朽，边材呈不正常的黄棕色或粉棕色，见图1。

心材腐朽 活立木受木腐菌侵害而形成的心材部分呈弧状、环状等形态的腐朽，见图2。

识别与检量 腐朽是由真菌造成的木材缺陷，按照 GB/T 155《原木缺陷》进行识别。主要检量边材腐朽的径向深度、心材腐朽的直径，检量方法按照 GB/T 144《原木检验》标准执行。

对材质的影响与评定

对材质影响 ①化学成分。引起白腐的真菌使木材木质素含量明显降低，也破坏纤维素，碳含量略微减少或很少变化；褐腐木材的纤维素和半纤维素含量大幅度降低，木质素含量几乎没有变化，碳含量略微增加；发生软腐的木材，细胞壁的纤维素被破坏。腐朽材单宁的绝对含量大多数不变，或者有所增加。②材色。白腐在初期阶段就会造成木材明显变色；褐腐在初期阶段不会对木材造成明显变色，但在腐朽发展阶段，木材变色非常明显；软腐会造成表层木材材色变黑，但深层木材健全，干燥后外观似烧焦。③物理性能。腐朽初期密度、渗透性和吸水性一般没有变化；随着腐朽的继续发展，腐朽密度减小；腐朽后期密度明显减低，一般为正常材的 2/5～2/3，渗透性和吸水性明显提高。④力学性能。腐朽初期，除冲击强度外，其他力学性能没有什么变化；随着腐朽的发展，木材强度明显降低。

边材腐朽是在树木伐倒后发生的，保管不善是导致边材腐朽的主要原因，如遇合适条件，可继续发展深入到心材。多数心材腐朽在树木伐倒后，不会继续发展。

材质评定 腐朽缺陷对原木产品材质的影响程度，按照 GB/T 144《原木检验》标准进行评定。

参考文献

王忠行, 范忠诚, 1989. 木材商品学[M]. 哈尔滨: 东北林业大学出版社.

朱玉杰, 董春芳, 王景峰, 2010. 原木商品检验学[M]. 哈尔滨: 东北林业大学出版社.

（朱玉杰）

附着系数 adhesion coefficient

轮胎在不同路面的附着能力的大小。主要与道路材料、路面状况、轮胎结构、胎面花纹和材料以及汽车运动的速度等因素有关。附着系数通过现场实测获得。不同路面在不同路面状况时附着系数的平均值见下表。

各类路面附着系数的平均值

路面类型	路面状况			
	干燥	潮湿	泥泞	冰滑
水泥混凝土路面	0.7	0.5	—	—
沥青混凝土路面	0.6	0.4	—	—
过渡式及低级路面	0.5	0.3	0.2	0.1

附着系数是车辆在道路上行驶时附着力计算的主要依据。附着力为附着系数与车轮法向（与路面垂直方向）压力的乘积，是决定车辆在道路上行驶的充要条件及稳定性（纵

图1 边材腐朽

图2 心材腐朽

向稳定性、横向稳定性、纵横稳定性）的主要因素，并对车辆转向的可操作性等具有一定的影响。

车辆在道路上行驶时，即使具有足够的驱动力，若汽车与路面之间的附着力不够大，汽车也将在路面上打滑，不能正常行驶。车辆在道路上正常行驶的充分条件是驱动力小于或等于轮胎与路面之间的附着力。根据以上行驶条件，实际工作中对路面的要求是：宏观上要求路面平整而坚实，尽量减小滚动阻力；微观上要求路面粗糙而不滑，以增大附着力。

车辆在弯道上行驶时，具有一定的离心力。为了保证轮胎不在路面上滑移，要求横向力系数（即单位车重的横向力）低于轮胎与路面之间所能提供的横向摩阻系数（即轮胎与路面间具有的横向附着能力）。横向力系数对汽车行驶的稳定性、乘客的舒适性和运营的经济性均有一定的影响。其值过大，将会危及行车安全，增加驾驶操纵的困难，增加燃料消耗和轮胎磨损，使行旅不舒适。为了合理确定横向力系数的设计值，需通过实测路面与轮胎之间的摩擦系数范围，充分考虑驾乘人员在行驶中所能忍受的横向力的大小和舒适感，综合平衡二者后才能确定。各级道路设计时所采用的横向力系数一般在 0.10～0.17，车速高时取低值，车速低时取高值。

参考文献

许恒勤, 张泱, 2003. 林区道路工程[M]. 哈尔滨: 东北林业大学出版社.

叶伟, 王维, 2019. 公路勘测技术[M]. 北京: 机械工业出版社.

（刘远才）

复式滑车　polyspast

一种用于钢丝绳张紧和锚结的设备。索道附属装置。主要用于张紧承载索，有时也用于张紧吊索或绷索。使用时由一副（即两只）组成复式滑车组进行工作，以此增大牵引力的倍率。其中一只由钢丝绳固定在活立木、伐根或人工卧桩上作为定复式滑车，另一只与承载索绳头的绳夹板相连接作为动复式滑车。张紧索穿过二者的滑轮，将复式滑车组串联起来。

安装复式滑车前，应检查其转动是否灵活，并进行润滑。穿套钢丝绳时，先将定复式滑车固定在承载索的锚桩上，再将动复式滑车临时固定于距定复式滑车 1～15m 的位置，由里向外按图所示序号穿绕钢丝绳。穿张紧索时，先从定复式滑车里侧中间小滑轮的盖板固定轴开始，然后穿绕第一个滑轮，从下面进入，从上面绕出；再从上面绕入第二个滑轮，从下面绕出，以此类推。

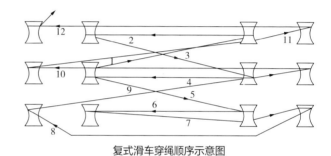

复式滑车穿绳顺序示意图

（巫志龙）

G

干存法 dry storage

在短时间内把木材含水率降低到20%以下的木材保管方法。是针叶树原木的主要保管方法之一。原木需要长期贮存适宜采用干存法；阔叶树原木在不进行制材或不锯成小截面用材时，才采用干存法；易开裂的阔叶树原木干存时，在断面上要涂以保湿涂料。

操作方法 ①将原木归成通风良好的楞堆。②需剥皮干存的原木，应剥去树皮木栓层，保留韧皮，原木的两端留出10～15cm剥去粗皮的环状树皮圈。③为防止原木腐朽和开裂，宜对材身上有损伤部位和树节涂刷防腐剂；对易开裂的原木，宜在原木两端涂刷防腐剂和保湿涂料。④为防止日晒和雨淋，宜在楞堆顶部做好遮盖。遮盖可用永久性凉棚、板棚，也可用临时性的板材、板皮、归楞原木或其他防雨材料作棚盖，较轻的临时性棚盖应采取固定措施，棚盖伸出楞堆两侧50cm，并且与原木之间留出通风空隙。

归楞方法 楞堆的结构分为层楞、疏隔楞、普通楞、人字形大小头交叉楞和方格楞。楞堆的安全坡度、楞间距离等按LY/T 1371《原木归楞》的规定执行，楞高小于或等于2m，应采取固定措施防止滚楞，保证人身安全。

层楞 层楞堆的堆积，楞基高度约为50cm，先在楞堆场地上放置一层与楞堆纵长方向垂直的原木，在其上铺放与其垂直的两行原木作为楞腿，在楞基上放置第一层原木，彼此相隔30cm、40cm距离排列，再将原木依次向上逐层平行堆积，每层的原木相互靠紧。层间隔用剥皮的无腐朽、无虫害的原木或方木作为垫木，垫木小头直径或厚度不小于归楞原木小头直径的1/3，见图1。

疏隔楞 疏隔楞堆的堆积是由单根原木连接成两行铺在垫木上组成楞基。楞基高度约为50cm，在楞基上第一层原木彼此相隔30cm、40cm距离排列，自第二层开始原木与原木之间应留出4cm以上的空隙。楞中每层原木之间用无腐朽、无虫害的剥皮原木或方木作为垫条隔开，垫条的小头直径或厚度不小于归楞原木小头直径的1/3，每个垛之间的距离不少于2m，见图2。

普通楞 普通楞堆的堆积除了楞堆第二层的原木左右互相靠紧排列外，其他整个楞堆结构形式都与疏隔楞相同，见图3。

人字形大小头交叉楞 人字形大小头交叉楞堆的堆积是将原木大小头交叉紧密放置，适宜中小径级和4m材长以下的较短原木干燥保管，见图4。

方格楞 方格楞堆的堆积是原木的上下层互相垂直，每层原木的大小头依次颠倒。方格楞每层原木彼此可以靠紧，也可以原木彼此之间留出100mm、200mm空隙，见图5。

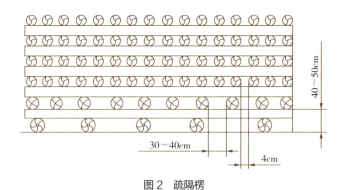

图2 疏隔楞

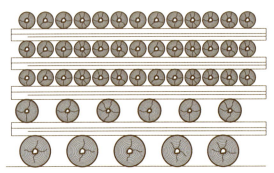

图1 层楞

图3 普通楞

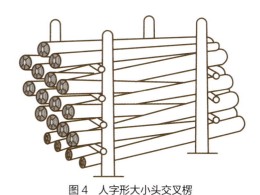

图4　人字形大小头交叉楞

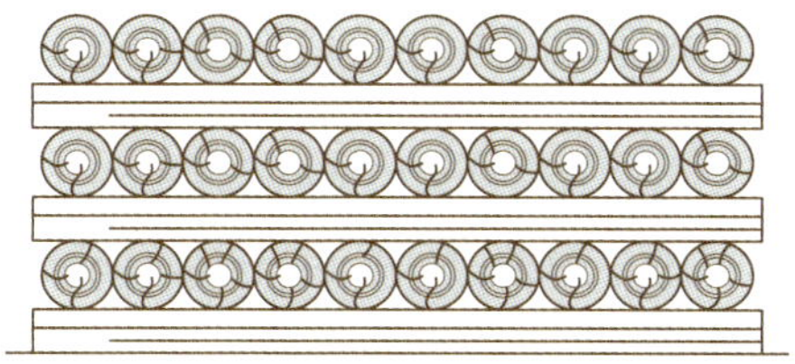

方格密楞

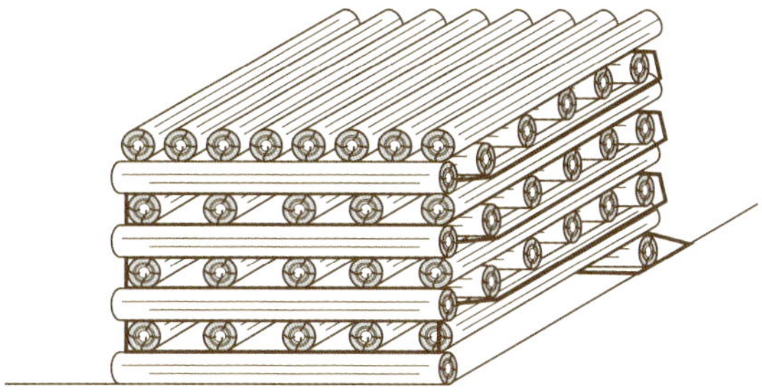

有空隙的方格楞

图5　方格楞

参考文献

王忠行, 范忠诚, 1989. 木材商品学[M]. 哈尔滨: 东北林业大学出版社.

（朱玉杰）

干流　main stream

水系中主要的或最大的、汇集全流域径流，直接流入另一水体（海洋、湖泊或其他河流）的河流。它是由两条或两条以上大小不等的河流以不同形式汇合，构成一个河流体系。干流流入海洋的河流称为入海河流，干流由于远离海洋而不能流入海洋、只能流入内陆湖泊或在内陆（沙漠）消失的河流称为内陆河流。对于干流，一般都为通航河流，所以在进行木材水路运输时，一般采用船舶运输或者轮拖木排运输。例如在中国长江中，利用轮船将木排从宜宾拖运到武汉甚至上海。

世界第一长内流河是伏尔加河，位于俄罗斯西南部，全长3690km，流入里海。中国第一大内流河为塔里木河，全长2179km，曾注入罗布泊，但因两岸用水过多，导致罗布泊干涸，美景消失。

参考文献

高冬光, 王亚玲, 2016. 桥涵水文[M]. 5版. 北京: 人民交通出版社.

黄廷林, 马学尼, 2014. 水文学[M]. 5版. 北京: 中国建筑工业出版社.

黄新, 金菊良, 李帆, 2017. 桥涵水文[M]. 2版. 北京: 人民交通出版社.

叶镇国, 2019. 水力学与桥涵水文[M]. 3版. 北京: 人民交通出版社.

（黄新）

干形缺陷　defects of trunk shape

树木在生长过程中受环境条件影响，树干形成的不正常形状。

类型　按不正常的形状，这类缺陷分为弯曲、根部肥大、椭圆体、尖削。

弯曲　由于树干变形使原木纵轴偏离两端面中心连接的直线所产生的缺陷。按形状分为单向弯曲和多向弯曲。①单向弯曲。在一个平面内产生的弯曲，见图1。②多向弯曲。在一个或多个平面内产生两个或多个弯曲，见图2。

根部肥大　树干基部明显增大的现象。按照形状分为大兜和凹兜。①大兜。原木根部横断面呈规则圆形或椭圆形肥大，见图3。②凹兜。原木根部横断面呈不规则星形肥大，在原木侧面上呈纵深沟状，见图4。

椭圆体　原木横断面的长径与短径有明显不同的现象。

尖削　原木直径沿树干方向逐渐减小的现象，见图5。

识别与检量　干形缺陷是一种木材缺陷，按照GB/T 155《原木缺陷》进行识别。主要检量弯曲的内曲水平长和弯曲拱高，检量方法按照GB/T 144《原木检验》标准执行。

对材质的影响与评定

对材质的影响　①弯曲影响木材的强度及利用。影响程度与弯曲程度和木材用途有关。原木弯曲超过某种程度时，加工锯材不仅出材率低，且锯材多具有斜纹，降低锯材强度；刨切和旋切单板时，不仅废材量大，且单板纹理不

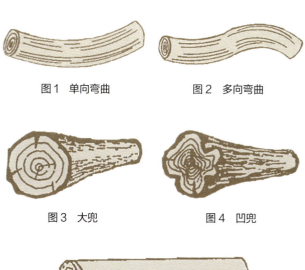

图1　单向弯曲　　　图2　多向弯曲

图3　大兜　　　图4　凹兜

图5　尖削

美观、易断裂，因此供旋切和刨切用材时，应对弯曲加以限制。适当弯曲的原木适合于加工弯曲构件。②大兜的存在使得原木加工时容易产生扭转纹、降低强度和增加废材量；凹兜是根雕及高级工艺品的好材料，也是装饰微薄木的好材料。③椭圆体对木材材性和利用影响不大。相反，在枕木生产时选用扁平原木，有利于提高出材率。④尖削对材质的影响同大兜。

材质评定 干形缺陷对原木产品质量的影响程度，按照 GB/T 144《原木检验》标准进行评定。

参考文献

王忠行, 范忠诚, 1989. 木材商品学[M]. 哈尔滨: 东北林业大学出版社.

朱玉杰, 董春芳, 王景峰, 2010. 原木商品检验学[M]. 哈尔滨: 东北林业大学出版社.

（朱玉杰）

钢筋水泥混凝土　reinforced cement concrete

通过在混凝土中加入钢筋网、钢板或纤维而构成的一种与混凝土共同工作来改善混凝土力学性质的组合材料。坚固、耐久、耐火性能好，与钢结构相比，造价低。在普通混凝土中配置适量的钢筋、钢筋网或钢筋骨架等受力钢筋，并使得混凝土主要承受压力，钢筋主要承受拉力，合理发挥钢筋和混凝土两种材料的性能，可有效提高结构承载能力和变形能力的作用。主要应用于建筑结构、道路桥梁、水利水电等工程。

结构 根据需要浇筑成各种形状和尺寸的钢筋混凝土结构，可分为两种：①现浇式钢筋混凝土结构，在施工现场架设模板，配置钢筋，浇捣混凝土而筑成。②装配式钢筋混凝土结构，采用工厂或施工现场预先制成的钢筋混凝土构件，在现场拼装而成。

发展简史 通常认为钢筋混凝土发明于1848年。1868年，法国园丁莫尼埃（Monnier），获得了包括钢筋混凝土花盆，以及紧随其后应用于公路护栏的钢筋混凝土梁柱的专利。1872年，世界上第一座钢筋混凝土结构的建筑在美国纽约落成，开启了人类建筑史上一个崭新的纪元。1900年以后，钢筋混凝土结构在工程界得到了大规模使用。1928年，预应力钢筋混凝土出现，并于第二次世界大战后被广泛用于工程实践。钢筋混凝土的发明以及19世纪中叶钢材在建筑业中的应用，使高层建筑与大跨度桥梁的建造成为可能。

参考文献

李爱群, 2020. 混凝土结构[M]. 北京: 中国建筑工业出版社.

吴正直, 2003. 混凝土——历史悠久的房建材料[J]. 房材与应用(4): 42-43.

中华人民共和国交通运输部, 2019. 公路水泥混凝土路面施工技术规范: JTG F30—2019[S]. 北京: 人民交通出版社.

（王国忠）

钢桥　steel bridge

桥跨结构用钢材建造的桥梁。钢桥在森林工程中扮演着重要角色，主要应用于跨越河流、山谷和湿地等地形复杂的地区，确保了林区道路的通畅和运输的顺利进行。钢桥强度和耐久性使其能够承载重型车辆和设备，为木材运输和森林管理提供可靠的支持。

历史沿革 总体发展分为两个阶段。

初期发展阶段（20世纪50年代以前） 1890年前，所用材料主要是铸铁和锻铁。中国是世界上最早建造铁悬索桥的国家。据《云南略考》记载，公元60年左右，东汉明帝在云南景东地区的澜沧江上，修建了锻铁链桥。1676年建成了至今尚存完好的泸定铁索桥。1874年，由美国工程师詹姆斯·伊兹（James Eads）主持设计建造了世界上第一座大型钢桥——圣路易斯（Saint Louis）钢拱桥等。

因施工缺乏系统理论指导，铁桥事故较多，如1847年5月24日发生在英国Chester的Dee河桥事故，死亡5人。

1890年至20世纪50年代，所用材料主要是碳素钢和低合金钢。20世纪50年代，中国主要采用碳素钢，50年代后期，开始采用低合金钢。于1957年建成的中国武汉长江大桥为公路铁路两用桥，正桥为三联，每联为 $3\times128m$ 连续铆接钢桁梁。

现代发展阶段（20世纪50年代后） 所用材料主要为高强度低合金钢、预应力钢筋、高强度混凝土和聚合物等。上部结构一般采用正交异性钢桥面板和钢与混凝土的组合结构和箱形梁、高次超静定的结构。深水基础一般用钻孔桩机械、大直径桩、双壁钢围堰、自升式平台等修建，用焊接、高强度螺栓、预应力等方式进行连接；用悬臂施工及整体架设等方法降低造价并压缩工期。

主要类型 按照力学体系分为梁、拱、索三大基本体系。梁式体系以承受弯矩为主，拱式体系以承受压力为主，悬索体系以承受拉力为主。梁式桥按主梁的形式又可分为钢板梁（图1）桥、钢箱梁（图2）桥和钢桁梁（图3）桥。

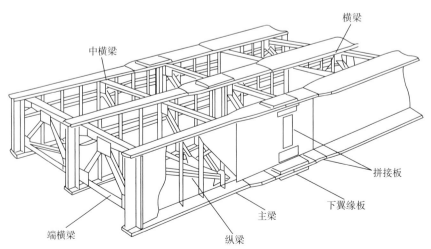

图1　钢板梁（引自周绪红，刘永健，《钢桥》）

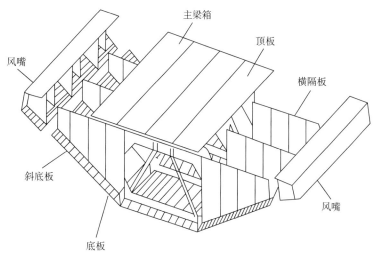

图2 钢箱梁（引自周绪红，刘永健，《钢桥》）

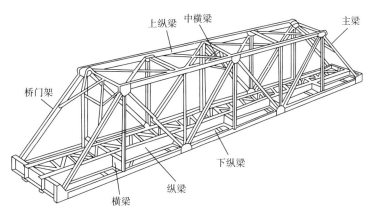

图3 钢桁梁（引自周绪红，刘永健，《钢桥》）

钢桥按钢梁截面形式分为实腹式截面、桁架式截面和组合式截面；按用途分为公路桥、铁路桥、公路铁路两用桥、人行桥、管线桥、渡槽、农桥等；按桥面位置分为上承式桥、中承式桥、下承式桥；按平面和立面形状分为直桥、斜桥、弯桥、坡桥。

特点 ①优点。施工期限短、可加工性能好，可用于复杂的桥型和景观桥，易于修复和更换、跨越能力大、结构体系优美、实用，旧桥材料可回收，有利于环保。②缺点。易于锈蚀，养护费用比石桥和钢筋混凝土桥高，用钢量较多，行车时噪声、振动大。

参考文献

吉伯海，傅中秋，2016. 钢桥[M]. 北京：人民交通出版社.

姚玲森，李富文，俞同华，1999. 中国土木建筑百科辞典：桥梁工程[M]. 北京：中国建筑工业出版社.

周绪红，刘永健，2020. 钢桥[M]. 北京：人民交通出版社.

（余爱华）

钢丝绳安全系数 safety factor of wire rope

钢丝绳最小破断拉力与全部工作拉力之比。是钢丝绳使用过程中评价质量安全高低的一个重要指标。为了防止因材料的缺点、工作的偏差、外力的突增等因素所引起的后果，钢丝绳的受力部分理论上能够担负的力必须大于实际担负的力。不同用途类型的钢丝绳，由于工作性质和特点不同，对安全系数的要求也不同，如林业索道中的承载索和工作索（牵引索、起重索、回空索）对所选钢丝绳的安全系数要求就不一样，工作索不仅承受拉力，还承受绕过滑轮时产生的弯曲力，故工作索的安全系数必须大于承载索。在钢丝绳的具体设计计算中应根据用途不同，按现行国家有关规范规程的要求（如 GB/T 20118—2017《钢丝绳通用技术条件》），合理选择钢丝绳的安全系数值。

（张正雄）

钢丝绳长接 long connection of wire rope

将两根钢丝绳的一端绳股打散开进行连接，形成一根更长的钢丝绳的方式。又称不变直径插接。将钢丝绳接头部分（一般是量取钢丝绳直径的400～500倍）的绳股散开，去除麻芯，绳股每间隔一股砍短（保留长度约30cm），再把留下的一半绳股按原来的捻向编插捻合起来，插接头处一边捻合，一边往钢丝绳内部互相插进去以代替索芯。不需要特殊的接索工具，接头长度为钢丝绳直径的800～1000倍。接头部分钢丝绳直径不变。适用于同类型、同绕向、同直径的钢丝绳。一般用于承载索、起重索及牵引索等承受弯曲力和拉力共存的钢丝绳的连接。

（巫志龙）

钢丝绳短接　short connection of wire rope

钢丝绳破头后切去麻芯，将绳股相对交错排列，并穿插到对方未打散部分的绳股中间去的钢丝绳连接方式。又称变直径插接。不需要特殊的接索工具，接头长度为钢丝绳直径的50～80倍（即"三刀半"，一刀插6次绳股，共21次绳股）。捆木索末端回头插长度应不小于钢丝绳直径的15倍。接头处直径约为钢丝绳直径的2倍。适用于同类型、同绕向、同直径的钢丝绳。一般用于固结索、张紧索、环形索和捆木索等不运行的只承受拉力的钢丝绳的连接。

（巫志龙）

钢丝绳断丝　broken steel wire in wire rope

钢丝绳表面或内部发生部分钢丝断裂的现象。有表面断丝和内部断丝两种。表面断丝时刺短，内部断丝时刺长，并穿露在丝外。产生断丝一般是超拉力、挤压、冲击、磨损、腐蚀及弯曲疲劳等因素所引起的。实践证明，钢丝绳的疲劳破坏是钢丝绳断丝的主要原因。钢丝绳发生断丝后，承载能力会下降，严重时会发生安全事故。在实际使用中应做好防护，如加强润滑保养，避免强烈的反复弯曲。

（张正雄）

钢丝绳腐蚀　wire rope corrosion

受化学元素的侵蚀，钢丝表面出现氧化锈斑的现象。钢丝绳腐蚀后有效金属断面积减小降低了钢丝绳的强度。为了延长钢丝绳的使用寿命，避免钢丝绳发生腐蚀，应加强保养，定期对钢丝绳进行防腐处理，如涂润滑剂（黄油）等。

（张正雄）

钢丝绳刚性　wire rope rigidity

钢丝绳在外力作用下，抵抗弯曲变形的能力。刚性越大，抵抗弯曲变形的能力越大。钢丝绳抵抗弯曲的力称为刚性阻力，即当钢丝绳绕过转动着的滑轮时，首先必须弯曲然后再伸直，在这个变曲伸直的过程中，由于钢丝的弹性力和钢丝之间的摩擦阻力作用而产生的阻力。当钢丝绳绕进滑轮或卷筒时，刚性阻力阻止钢丝绳弯曲；当钢丝绳从滑轮或卷筒绕出时，刚性阻力又帮助弯曲的钢丝绳伸直。实际上，钢丝绳的刚性阻力也与其结构和制造条件有关，如同向捻钢丝绳的刚性比交互捻钢丝绳大约低20%，镀锌钢丝比光面钢丝的刚性阻力也稍大一些。

（张正雄）

钢丝绳机械性能　mechanical properties of wire rope

钢丝绳承受各种外加荷载时所表现出的力学特征。由制造钢丝绳的材料及制绳方法所决定，在使用过程中的方法恰当与否，也会影响其性能的改善与破坏，如涂油润滑保养良好的钢丝绳耐久性更好；钢丝绳解卷方法不当出现绳环扭结，其强度会下降。主要包括钢丝绳抗拉强度、钢丝绳破断拉力、钢丝绳弹性伸长、钢丝绳弹性模量、钢丝绳刚性、钢丝绳旋转、钢丝绳耐久性等。

（张正雄）

钢丝绳卡接　clip connection of wire rope

采用U形绳卡将钢丝绳临时性连接的方式。钢丝绳索端固定的最常见的固接方式之一。使用卡子时，必须将卡子的盖板与主索相贴，用U形螺栓夹住短头部分（钢丝绳的折回部分），避免主索受到损伤。

卡接卡子时的拧紧用力，原则上以折回端起头一卡子到最后一个卡子用力逐渐增大，使各个卡子均受一定的拉力，卡紧程度以不明显的钢丝绳压扁为止，防止头一个或中间某一个卡子卡得太紧，造成应力集中，使钢丝绳在受力处增加破断的危险。

在松紧卡子时，两脚螺母同时拧松或拧紧。为了防止两个卡子之间的钢丝绳鼓起，在卡后一个卡子前，应用手将鼓起部分的钢丝绳拉直，再卡紧卡子。卡子的间距一般为钢丝绳直径的7～8倍。

（巫志龙）

钢丝绳抗拉强度　tensile strength of wire rope

在拉力作用下，钢丝绳单位面积上所能承受的最小破坏荷载（最小破断拉力）。根据一般用途钢丝绳（GB/T 20118—2017）的规定，制造光面或B级镀锌钢丝绳的钢丝公称抗拉强度（在标准试验条件下，拉断前钢丝单位面积上所能承受的最大拉力）有1370MPa、1470MPa、1570MPa、1670MPa、1770MPa、1870MPa、1960MPa和2160MPa共8种。

钢丝绳的抗拉强度与钢丝绳中钢丝的抗拉强度、钢丝绳的捻制均匀性、钢丝绳绳芯的材质、钢丝绳的结构、钢丝绳破断拉伸试验的夹持方式等因素有关，如钢丝的抗拉强度越高、钢丝绳的捻制越均匀、钢丝绳的结构越简单，则钢丝绳的抗拉强度越高，金属芯钢丝绳的抗拉强度较有机材料芯钢丝绳高。在同一条钢丝绳的各绳股中，相同直径钢丝应为同一公称抗拉强度，不同直径的钢丝允许采用相邻公称抗拉强度，但它们的韧性号都应该相同。一般来说，钢丝的公称抗拉强度越大，所制成的钢丝绳所能承受的拉力也越大，但公称抗拉强度值大的钢丝，其脆性也越大，所以对承受反复弯曲、扭转的索道用钢丝绳来说，不仅要考虑其钢丝抗拉强度的大小，还要考虑钢丝绳的抗弯和抗扭性能好坏。

（张正雄）

钢丝绳类型　type of wire rope

根据用途、捻绕方法、绳芯材料、结构形状、表面特征等对钢丝绳进行的分类。

按用途分为承载索、牵引索、回空索、起重索、绷索等。

按捻绕方法分为单绕钢丝绳、双绕钢丝绳和多绕钢丝绳。①单绕钢丝绳是由一层或数层钢丝依次围绕一个中心钢丝呈螺旋形捻成的。②双绕钢丝绳是先由数根钢丝围绕一根

双绕钢丝绳捻向和捻法

a，a'—同向捻；b，b'—交互捻；c—混合捻

中心钢丝呈螺旋形捻成股，再由几个股围绕一根索芯捻成的。双绕钢丝绳按捻绕方向又分为同向捻钢丝绳（又称顺绕钢丝绳）、交互捻钢丝绳（又称交绕钢丝绳）和混合捻钢丝绳（又称混合绕钢丝绳）。从外表上看，同向捻钢丝绳外层钢丝与钢丝绳轴线成斜交，交互捻钢丝绳外层钢丝与钢丝绳轴线大体平行，混合捻钢丝绳是斜交与平行相间出现，几类易于区别。③多绕钢丝绳是由二层或多层绳股捻绕而成的。

按绳芯材料分为金属芯钢丝绳和纤维芯钢丝绳。常用的纤维芯包括有机纤维（如麻、棉）、合成纤维、石棉芯（高温条件）等材料。纤维芯钢丝绳的特点是钢丝绳柔软，弯曲性能好，但不耐高温。钢丝绳工作时受碰撞和冲击荷载时，纤维芯能起缓冲作用。金属芯钢丝绳的特点是钢丝绳破断拉力大，抗挤压和耐高温。林业索道中使用的主要是纤维芯钢丝绳。

按结构分为点接触钢丝绳、线接触钢丝绳和面接触钢丝绳。①点接触钢丝绳。股中钢丝直径均相同。每层钢丝捻绕后的螺旋角大致相等，但捻距不等，内外层钢丝相互交叉，呈点接触状态。②线接触钢丝绳。股中各层钢丝的捻距相等，内外层钢丝互相接触在一条螺旋线上，呈线接触状态。③面接触钢丝绳。通常以圆钢丝为股芯，最外一层或几层采用异形断面，用挤压方法绕制而成，钢丝呈面接触状态。

按形状分为圆股钢丝绳、异型股钢丝绳（三角股、椭圆股、扇形股等）。与圆股相比，三角股、椭圆股和扇形股等异型股具有较高的强度，与卷筒或滑轮绳槽的接触性能好，使用寿命长，但制造较复杂。

按表面特征分为敞露式钢丝绳、半密封式钢丝绳、密封式钢丝绳。半密封式钢丝绳外层由半封闭钢丝（H形）和圆钢丝相间捻制而成。全密封式钢丝绳外层由全密封钢丝（Z形）捻制而成。

按钢丝表面有无镀锌分为镀锌钢丝绳和光面钢丝绳。镀锌钢丝绳在钢丝表面形成的镀锌层对钢丝起到保护作用，镀锌层越厚防腐蚀能力越强，耐久性好，但造价较高，主要用于一些重要结构或场所中，如悬索桥的主缆。光面钢丝绳钢丝表面无镀锌层，防腐能力较差，容易腐蚀生锈，需要采取其他防腐措施保护，但造价较低，林业索道中大多采用光面钢丝绳。

（张正雄）

钢丝绳连接　connection of wire rope

将两根或多根钢丝绳连接在一起，形成一条更长的钢丝绳的方式。目的是增加钢丝绳的长度、承载能力和使用寿命，适应不同场合的适用要求，降低成本，提高经济效益。一般在施工现场进行。通常需要经过严格的检测和测试，并定期检查和维护连接处，避免连接处的磨损和断裂，确保连接的可靠性和安全性。

常见的连接方式有插接、套筒连接和卡接。

钢丝绳插接　将两根钢丝绳的端部相互插入并固定来实现连接的方式。又分为钢丝绳长接和钢丝绳短接。连接简单、连接强度高、适用范围广和经济实用。适用于同类型、同绕向、同直径的钢丝绳。

钢丝绳套筒连接　将钢丝绳穿过套筒并压制固定来实现连接的方式。连接牢固、使用寿命长、适用范围广和安全可靠。适用于不能插接的单绕索和密封式的钢丝绳作为承载索时的连接。

钢丝绳卡接　采用U形绳卡将钢丝绳临时性连接的方式。钢丝绳索端固定的最常见的固接方式之一。连接强度高、适用范围广、连接方便和经济实用。适用于各种类型钢丝绳。

（巫志龙）

钢丝绳磨损　wear of wire rope

钢丝绳表面及内部因与接触物之间发生摩擦而导致钢丝有效断面积减少的现象。有外部磨损、内部磨损和变形磨损。外部磨损是发生在钢丝绳表面的磨损，主要是由于钢丝绳与滑轮或地面的岩石等外部物体的摩擦而产生的。内部磨损主要是由于钢丝绳的反复弯曲，使绳股内部的钢丝相互接触部分产生摩擦而出现的磨损，特别是点接触钢丝尤为明显。变形磨损是指钢丝绳被敲打或受强压力后钢丝产生塑性变形的状态。

钢丝绳发生磨损后，其承载能力会下降。在实际使用中应采取适当的保护措施，以防止钢丝绳的过度磨损，如钢丝绳的导向滑轮要保证转动灵活；尽量避免钢丝绳的强烈反复弯曲和大轮压的跑车通过；运动着的钢丝绳不得直接与地面、岩石接触；钢丝绳缠绕到卷筒上必须顺序分层排列；钢丝绳表面要定期保养涂润滑剂等。

（张正雄）

钢丝绳耐久性　durability of wire rope

钢丝绳在使用过程中，在物理、化学和机械等因素的长期作用下，能长久保持其原有性质的能力。是衡量钢丝绳在长期使用条件下的安全性能的一项综合指标。钢丝绳经过长期使用后，将会出现磨损、变形、断丝、腐蚀和疲劳等现象，随着使用时间的增长，这些情况也越来越严重，直至失去使用能力而报废。钢丝绳的耐久性除了与材料性质、结构、工作特点、使用环境等因素有关外，还与使用管理是否科学合理有关。如镀锌钢丝绳的耐久性比不镀锌钢丝绳的耐久性高；密封结构的钢丝绳比敞露结构的钢丝绳耐久性高；干燥环境下工作的钢丝绳比潮湿环境下工作的钢丝绳耐久性高；经常涂油润滑保养良好的钢丝绳耐久性更好。在使用过程中，要做好防护和保养，如定期润滑保养、尽量避免钢丝绳的强烈反复弯曲，有利于提高钢丝绳的耐久性。

（张正雄）

钢丝绳扭结　wire rope got tangled

具有弹性的钢丝绳受到拧紧或松弛时产生扭转的现象。严重影响钢丝绳的使用。扭转后的钢丝绳即使恢复到原来的状态，其破断强度也要下降；不能消除扭转，可使钢丝绳完全失去工作能力。在使用钢丝绳时，一定要注意防止钢丝绳的扭结，如钢丝绳解卷时应将卷筒或绳盘置于垂直或水平转动，应按设计规范选择滑轮与卷筒的偏角等。

（张正雄）

钢丝绳破断拉力　breaking tension of wire rope

钢丝绳在拉力作用下，直至断裂时所能承受的最小拉力。是设计选用钢丝绳的重要依据。从理论上讲，钢丝绳的破断拉力，应等于钢丝的公称抗拉强度与其金属（索）截面积的乘积，但是在钢丝捻成钢丝绳时，由于捻绕与结构的缘故，钢丝绳的实际破断拉力要比理论破断拉力低10%~20%。钢丝绳的破断拉力与钢丝绳的直径、结构和钢丝的强度有关。

（张正雄）

钢丝绳损伤　wire rope damage

钢丝绳在使用过程中受到外部因素的作用和影响，出现磨损、断丝、扭结、腐蚀等的现象。钢丝绳损伤导致性能下降，损伤程度与使用时间长短有关，随着使用时间的增长，损伤程度会逐渐增大。钢丝绳的损伤类型主要有钢丝绳断丝、钢丝绳磨损、钢丝绳扭结和钢丝绳腐蚀。

（张正雄）

钢丝绳弹性模量　elastic modulus of wire rope

钢丝绳在外力作用下，产生单位弹性变形所需要的应力。是衡量钢丝绳抵抗弹性变形能力大小的尺度。值越大，钢丝绳抵抗弹性变形的能力越大，即在一定应力作用下，发生弹性变形越小。实际上，钢丝绳的弹性模量不是一个恒定值，它与钢丝绳所受的拉力大小、钢丝绳的结构以及使用时间长短等因素有关。钢丝绳的安装拉力越大、结构越复杂、使用时间越长，钢丝绳的弹性模量越大。

（张正雄）

钢丝绳弹性伸长　elastic elongation of wire rope

由弹性变形引起的钢丝绳变长的现象。钢丝绳受拉力作用后即产生应力，并随之产生变形，当外力消除后，其变形亦即消失，钢丝绳的这种变形称为弹性变形。钢丝绳的弹性伸长量遵循虎克定律（应力与应变之间呈线性关系）。由于捻绕的关系，钢丝绳在拉力作用下的伸长较之同样材料直径的钢丝来说要大得多，这是因为钢丝绳的弹性模量与钢丝的弹性模量不同而引起的。

（张正雄）

钢丝绳套筒连接　sleeve connection of wire rope

将钢丝绳穿过套筒并压制固定来实现连接的方式。即将钢丝绳端部打散开，切掉麻芯，用煤油或汽油将打散开的索端洗净后套入分套筒内。

常用的有锥楔固接法和浇铸法。①锥楔固接法是在分套筒内两层钢丝之间钉入环形锥楔，使钢丝向外张开与分套筒内壁贴紧，然后在环形锥楔间钢丝与钢丝的缝中打入小尖锥。②浇铸法是将钢丝绳端部铸成与分套筒形状相适应的倒圆锥形后，套入分套筒，或先将打散端部置于分套筒内，然后用低熔点的合金，熔化后浇入分套筒，最后两个分套筒用双螺栓连接拧紧。只用于不能插接的单绕索和密封式的钢丝绳作为承载索时的连接。

（巫志龙）

钢丝绳旋转　wire rope rotation

钢丝绳在拉伸荷载的作用下，会产生旋转力矩（扭矩），从而导致钢丝绳发生旋转的现象。钢丝绳发生旋转后，经过多次起吊受载（或拉伸），钢丝绳强度会降低。通过试验证明，其扭矩与钢丝绳的结构、钢丝直径、数量、捻距和捻向、荷载情况和钢丝绳的新旧程度等因素均有关。顺绕索（同向捻钢丝绳）易发生旋转，交绕索（交互捻钢丝绳）不易发生旋转；钢丝直径越大、数量越多、捻距越长，越容易发生旋转；荷载越小越易发生旋转；新的钢丝绳较旧的钢丝绳易发生旋转。

（张正雄）

更新采伐　regeneration cutting

为了恢复、提高或改善防护林和特用林的生态功能，进而为林分的更新创造良好条件所进行的采伐作业。包括林分更新采伐和林带更新采伐。

林分更新采伐　为更新林分中的成熟林木进行的一种采伐。适用于防护林中，主要树种平均年龄达到更新采伐龄的同龄林，或大径木蓄积比达到70%~80%的异龄林。林分更新采伐的采伐方式分为渐伐和择伐。同龄林更新采伐一般采用多次渐伐或择伐方式；异龄林更新采伐采用径级择伐，严格按起伐径级进行。

林带更新采伐　为更新成熟林带而进行的一种采伐。呈带状采伐达到条件的防护林。适用于达到或超过防护成熟年龄的防护林带或生长停滞、林内卫生状况极差、防护效益严重下降的防护林带。

林带更新采伐的采伐方式主要包括全带采伐、分行采伐和断带采伐。全带采伐是对林带进行的一次全部采完的采伐。分行采伐是在林带内按行（带）进行的分期多次采伐。断带采伐是对林带进行的分段多次采伐。一般对短窄林带进行全带采伐；对宽林带、主林带、海防基干林带进行分行、断带采伐；对长林带进行断带采伐。

防护林主要树种的更新采伐年龄可参照中国林业行业标准《森林采伐作业规程》（LY/T 1646—2005）进行。

参考文献

国家林业局森林资源管理司, 2007. 森林采伐作业规程: LY/T 1646—2005[S]. 北京: 中国林业出版社: 13-14.

扩展阅读

翟明普, 沈国舫, 2016. 森林培育学[M]. 3版. 北京: 中国林业出版社.

（赵康）

公共基础数据库 public fundamental database

由政府主导并统一建设的存储社会基础性大数据的数据库。存储的数据可在特定组织内或特定成员间共享，以促进公共基础数据信息的流通与利用。

公共基础数据库是政府为推动信息共享和提高决策效率而建立的重要数据资源，为跨行业机构提供基础信息的共享及决策支持服务，促进了基础性大数据的流通与利用。为各部门提供了便捷的数据服务，从而实现了资源的优化配置和高效利用。

功能特点　①基础性：公共基础数据库存储的是社会基础性的大数据，这些数据是各部门进行决策和分析的重要依据。②共享性：数据库中的数据可在特定组织或成员间共享，这有助于打破信息孤岛，提高数据的利用效率。③政府主导：由政府统一建设和管理，确保数据的准确性和权威性。

代表性数据库　根据住建部2013年发布的《智慧城市公共信息平台建设指南》，公共基础数据库的内容广泛，涵盖多个关键领域。具体包括：①基础地理空间数据库：记录了地理空间信息；②宏观经济基础数据库：反映了经济整体运行状况；③注册法人基础数据库：汇聚了企业法人的基本信息；④户籍人口基础数据库：存储了居民人口数据；⑤建筑物基础数据库：记录了建筑物的详细资料；⑥公共设施基础数据库：提供了城市基础设施的相关数据；⑦法律法规基础数据库：收录了法律条文和规定。此外，针对林业等领域，公共基础数据库还包括行政区划数据库和气象数据库等，为林业提供行业发展所需的基础性大数据。

应用价值　①决策支持。为政府各部门提供准确、及时的数据支持，提高决策的科学性和效率。②资源共享。通过数据共享，优化资源配置，减少重复建设和浪费。③跨行业协同。促进不同行业之间的信息流通和协同工作，推动社会整体发展。④林业领域。公共基础数据库为林区政府提供了全面的林区经济发展状况、行政区划结构及历史气象资料等数据，为科学制定林业发展政策提供了有力的数据支撑。

未来发展　随着技术的不断进步和大数据时代的到来，公共基础数据库将面临更多的发展机遇和挑战。未来，公共基础数据库将更加注重数据的实时性、准确性和安全性，同时加强与云计算、人工智能等技术的结合，提高数据的处理和分析能力。此外，随着社会对数据隐私和安全的关注度不断提高，公共基础数据库还将加强在数据安全与隐私保护方面的持续研发。

（景林）

《公路钢筋混凝土及预应力混凝土桥涵设计规范》
Specifications for Design of Highway Reinforced Concrete and Prestressed Concrete Bridges and Culverts

由中华人民共和国交通运输部发布的中华人民共和国行业标准。适用于各等级公路新建的钢筋混凝土及预应力混凝土桥涵结构的设计；不适用于采用特种混凝土的桥涵结构的设计。

形成过程　截至2024年，公路钢筋混凝土及预应力混凝土桥涵设计规范共颁布了3版。第一版《公路钢筋混凝土及预应力混凝土桥涵设计规范》由交通部公路规划设计院主编，中华人民共和国交通部于1985年颁布，标准号JIJ 023—85。第二版由中交公路规划设计院主编，中华人民共和国交通部于2004年颁布，标准号JTG D62—2004。现行《公路钢筋混凝土及预应力混凝土桥涵设计规范》（JTG 3362—2018）由中交公路规划设计院有限公司会同有关单位，在原行业标准《公路钢筋混凝土及预应力混凝土桥涵设计规范》（JTG D62—2004）的基础上修订完成。中华人民共和国交通运输部于2018年7月18日正式发布，2018年11月1日起实施。

JIJ 023—85是根据交通部1974年颁发的《公路桥涵设计规范》第四章——钢筋混凝土结构和1978年颁发的《公路预应力混凝土桥梁设计规范》修改合并而成。

JTG 3362—2018与JTG D62—2004相比，主要变化在于：①调整混凝土桥涵用钢筋等级。②增加桥梁结构设计的基本要求。③强化混凝土桥涵的耐久性设计要求。④补充混凝土箱梁桥抗倾覆验算要求、针对复杂桥梁的实用精细化分析方法、体外预应力桥梁设计方法、混凝土桥梁应力扰动区设计方法。⑤调整圆形截面受压构件的正截面承载力计算方法。⑥增加不同边界条件下确定受压构件计算长度系数的计算公式。⑦调整钢筋混凝土及B类预应力混凝土结构裂缝宽度计算方法。⑧调整构造设计要求。

目的和原则　规范公路钢筋混凝土及预应力混凝土桥涵设计，保障工程质量。在总结钢筋混凝土及预应力混凝土公路桥涵施工的成功经验以及相关科研成果的基础上，吸纳其中成熟的技术和工艺，同时也借鉴国外先进的技术标准和规范，重点突出技术的成熟性和先进性，规定公路钢筋混凝土及预应力混凝土桥涵工程施工中应遵守的准则、技术要求以及对施工关键工序的控制原则，并与相关的标准、规范协调配套。

内容　《公路钢筋混凝土及预应力混凝土桥涵设计规范》（JTG 3362—2018）由9章和9个附录组成，主要技术内容包括：总则；术语和符号；材料；结构设计基本规定；持久状况承载能力极限状态计算；持久状况正常使用极限状态计算；持久状况和短暂状况构件的应力计算；构件计算的规定；构造规定等。

参考文献

中交公路规划设计院有限公司, 2004. 公路钢筋混凝土及预应力混凝土桥涵设计规范: JTG D62—2004[S]. 北京: 人民交通出版社.

中交公路规划设计院有限公司, 2018. 公路钢筋混凝土及预应力混凝土桥涵设计规范: JTG 3362—2018[S]. 北京: 人民交通出版社.

中华人民共和国交通部公路规划设计院, 1985. 公路钢筋混凝土及预应力混凝土桥涵设计规范: JIJ 023—85[S]. 北京: 人民交通出版社.

（余爱华）

《公路工程施工安全技术规范》 Safety Technical Specifications for Highway Engineering Construction

由中华人民共和国交通运输部发布的中华人民共和国行业标准。适用各等级新建、改扩建、大中修公路工程。

形成过程 截至2024年，公路工程施工安全技术规范共颁布了2版。第一版《公路工程施工安全技术规程》由黑龙江省公路桥梁建设总公司主编，中华人民共和国交通部于1995年颁布，标准号JTJ 076—95。现行《公路工程施工安全技术规范》（JTG F90—2015）由中国交通建设股份有限公司和中交第四公路工程有限公司，在原行业标准《公路工程施工安全技术规程》（JTJ 076—95）基础上修订完成。中华人民共和国交通运输部于2015年2月15日正式发布，2015年5月1日起实施。

目的和原则 规范公路工程施工安全技术，保障施工安全。注重公路工程施工安全技术的科学性、先进性、通用性和特殊性，总结分析中国公路工程实践，参考行业有关标准规范，调研国外公路工程安全管理经验。在修订过程中始终贯彻"安全第一、预防为主、综合治理"的原则，围绕施工工序，强化危险源控制，规范公路工程施工安全技术，保障施工安全。

内容 《公路工程施工安全技术规范》（JTG F90—2015）由12章和5个附录组成。主要技术内容包括：总则；术语；基本规定；施工准备；通用作业；路基工程；路面工程；桥涵工程；隧道工程；交通安全设施；改扩建工程；特殊季节和特殊环境施工等。

公路工程施工必须遵守国家有关法律法规，符合安全生产条件要求，建立安全生产责任制，健全安全生产管理制度，设立安全生产管理机构，足额配备具有相应资格的安全生产管理人员。

参考文献

中华人民共和国交通部, 1995. 公路工程施工安全技术规程: JTJ 076—95[S]. 北京: 人民交通出版社.

中华人民共和国交通运输部, 2015. 公路工程施工安全技术规范: JTG F90—2015[S]. 北京: 人民交通出版社.

（余爱华）

《公路沥青路面设计规范》 Specifications for Design of Highway Asphalt Pavement

由中华人民共和国交通运输部发布的中华人民共和国行业标准。适用于各级公路新建和改建工程的沥青路面设计。

形成过程 截至2024年，公路沥青路面设计规范共颁布了4版。第一版《公路柔性路面设计规范》由中华人民共和国交通部于1986年颁布，标准号JTT 014—86。第二版《公路沥青路面设计规范》由交通部公路规划设计院主编，中华人民共和国交通部于1997年颁布，标准号JTJ 014—97。第三版由中交公路规划设计院主编，中华人民共和国交通部于2006年颁布，标准号JTG D50—2006。现行《公路沥青路面设计规范》（JTG D50—2017）由中交路桥技术有限公司会同有关单位，在原行业标准《公路沥青路面设计规范》（JTG D50—2006）基础上修订完成。中华人民共和国交通运输部于2017年3月20日正式发布，2017年9月1日起实施。

JTG D50—2017与JTG D50—2006相比，主要变化在于：①规范轴载谱及交通参数的调查分析方法。②引入温度调整系数和等效温度。③改变路面材料的设计参数，调整了相应测试和取值方法。④增加沥青混合料层永久变形量、路基顶面竖向压应变和路面低温开裂指数设计指标。⑤突出结构组合设计要求，规范术语和符号。

目的和原则 为适应公路行业发展和公路建设的需要，提高沥青路面的设计质量和使用性能，保证工程安全可靠、经济合理。以研究成果和工程实践为依托，按继承与发展的原则完善交通与气候参数、设计参数、设计指标和相关性能模型，重点突出技术的成熟性和先进性，规定沥青路面在设计中应遵守的准则和技术要求，并与相关的标准、规范协调配套。

内容 《公路沥青路面设计规范》（JTG D50—2017）由8章和7个附录组成。主要技术内容包括：总则；术语和符号；设计标准；结构组合设计；材料性质要求和设计参数；路面结构验算；改建设计；桥面铺装设计等。

参考文献

中华人民共和国交通部, 1997. 公路沥青路面设计规范: JTJ 014—97[S]. 北京: 人民交通出版社.

中华人民共和国交通部, 2007. 公路沥青路面设计规范: JTG D50—2006[S]. 北京: 人民交通出版社.

中华人民共和国交通运输部, 2017. 公路沥青路面设计规范: JTG D50—2017[S]. 北京: 人民交通出版社.

（余爱华）

《公路沥青路面施工技术规范》 Technical Specifications for Construction of Highway Asphalt Pavement

由中华人民共和国交通运输部发布的中华人民共和国行业标准。适用于各级公路新建和改建工程的沥青路面工程。

形成过程 截至2024年，公路沥青路面施工技术规范共颁布了3版。第一版《公路沥青路面施工技术规范》由交通部公路科学研究所主编，中华人民共和国交通部于1983年颁布，标准号JTJ 032—83。第二版由交通部公路科学研究所主编，中华人民共和国交通部于1994年颁布，标准号JTJ 032—94。现行《公路沥青路面施工技术规范》（JTG F40—2004）由交通运输部公路科学研究所在原行业标准《公路沥青路面施工技术规范》（JTJ 032—94)的基础上，合并了《公路改性沥青路面施工技术规范》（JTJ 036—98）及《公路沥青玛蹄脂碎石路面技术指南》（SHC F40—01—2002）的相关内容，并针对主要技术问题开展了科学研究与试验验证工作后修订完成。中华人民共和国交通部于2004年9月4日正式发布，2005年1月1日起实施。

目的和原则 满足沥青路面使用要求，保证**沥青路面的**施工质量。必须符合中国环境和生态保护的规定。保证沥青路面的施工质量，工程安全可靠、经济合理。充分吸收各专题的研究成果，广泛征求意见，并与相关的标准、规范协调配套。

内容 《公路沥青路面施工技术规范》（JTG F40—2004）由11章和8个附录组成。主要技术内容包括：总则；术语、符号、代号；基层；材料；热拌沥青混合料路面；沥青表面处治与封层；沥青贯入式路面；冷拌沥青混凝土路面；透层、粘层；其他沥青铺装工程；施工质量管理和检查验收；附录A，沥青路面使用性能气候分区；附录B，热拌沥青混合料配合比设计方法；附录C，SMA混合料配合比设计方法；附录D，OGFC混合料配合比设计方法；附录E，沥青层压实度评定方法；附录F，施工质量动态管理方法；附录G，沥青路面质量过程控制及总量检验方法；附录H，本规范用词说明。

参考文献

中华人民共和国交通部, 1994. 公路沥青路面施工技术规范: JTJ 032—94[S]. 北京: 人民交通出版社.

中华人民共和国交通部, 2004. 公路沥青路面施工技术规范: JTG F40—2004[S]. 北京: 人民交通出版社.

（余爱华）

《公路路基设计规范》 Specifications for Design of Highway Subgrade

由中华人民共和国交通运输部发布的中华人民共和国行业标准。适用于各等级新建和改扩建公路的路基设计。

形成过程 截至2024年，公路路基设计规范共颁布了4版。第一版《公路路基设计规范》由中华人民共和国交通部于1986年颁布，标准号JTJ 013—86。第二版由交通部第二公路勘察设计院主编，中华人民共和国交通部于1995年颁布，标准号JTJ 013—95。第三版由中交第二公路勘察设计院主编，中华人民共和国交通部于2004年颁布，标准号JTG D30—2004。现行《公路路基设计规范》（JTG D30—2015）由中交第二公路勘察设计研究院有限公司会同有关单位，在原行业标准《公路路基设计规范》（JTG D30—2004）的基础上修订完成。中华人民共和国交通运输部于2015年2月15日正式发布，2015年5月1日起实施。

JTJ 013—95结合中国公路建设的实践经验和研究成果，在1986年发布的《公路路基设计规范》的基础上修订完成。JTG D30—2004结合国内外科研成果、相关文献和工程实践经验，在JTJ 013—95的基础上，针对公路路基设计中反映比较突出的问题如高填深挖的界限与设计原则、边坡防护、路基压实标准、特殊路基设计等作了重点修订，修订中突出了公路路基设计的系统化理念以及水土保持、环境保护、景观协调的设计原则。JTG D30—2004内容涵盖《公路粉煤灰路堤设计与施工技术规范》（JTJ 016—93）、《公路软土地基路堤设计与施工技术规范》（JTJ 017—96）、《公路排水设计规范》（JTJ 018—96）、《公路土工合成材应用技术规范》（JTY 019—98）等规范的相关内容。

JTG D30—2015与JTG D30—2004相比，主要变化在于：①根据交通荷载等级，调整了路床范围，补充了路基设计指标、路床回弹模量的控制标准与指标预估方法，以及路床处理措施。②补充了确定路堤高度的设计原则与方法。③修订了路堤稳定性分析方法，补充了高路堤与陡坡路堤在降雨工况下的稳定安全系数。④"粉煤灰路堤"改为"轻质材料路堤"，增加了"土工泡沫塑料路堤""泡沫轻质土路堤"，明确了轻质材料路堤结构设计、材料设计与稳定性、沉降验算要求。⑤新增"工业废渣路堤"，提出了高炉矿渣、钢渣、煤矸石等填筑路堤的适用条件、材料要求、路堤结构设计、路堤稳定性验算等技术要求。⑥补充了明沟最大允许流速、低路堤防排水、下挖式通道排水、立交区路基排水、中央分隔带防排水、**渗井**、排水隧洞等技术要求。⑦新增"土工格栅反包式加筋土挡土墙、石笼式挡土墙"等柔性防护结构的适用条件、结构设计与材料技术要求。⑧修订了预应力锚杆结构计算与防腐要求、土钉适用条件、预应力锚索抗滑桩设计要求以及现场试验与监测设计要求。⑨补充了膨胀土地区和岩溶地区既有路基的评价内容，修订了既有路基现场测试要求、拓宽路基软土地基处理措施、既有路基利用与处治技术要求。⑩修订了滑坡、崩塌、岩堆、泥石流、岩溶、软土、红黏土与高液限土、膨胀土、黄土、盐渍土、多年冻土、风化、雪害、涎流冰、采空区、滨海、水库等17类特殊路基设计原则、病害防治措施与技术要求。⑪新增季节冻土地区路基，提出了季节冻土分类、路基冻胀量计算方法与控制标准、路基填料技术要求及排水设计要求等。

目的和原则 《公路路基设计规范》（JTG D30—2015）总结中国公路建设工程经验和科技成果，借鉴国内外相关标准规范的先进技术方法，按照"安全耐久、节约资源、环境和谐"的设计理念，充分考虑公路路基的功能要求，突出公路路基设计的系统化理念，以及水土保持、环境保护、景观协调的设计原则；强化路基路面协调设计，提高路基整体强度、刚度、水稳定性、温度稳定性和耐久性，以及路基病害防治措施等方面，使本规范技术先进、指标合理、可操作性强。

内容 《公路路基设计规范》（JTG D30—2015）由7章和10个附录组成，主要技术内容包括：总则；术语和符号；一般路基；**路基排水**；路基防护与支挡；路基拓宽改建；特殊路基等。涵盖了公路新建和改扩建工程所涉及的全部路基工程项目。

参考文献

中华人民共和国交通部, 1996. 公路路基设计规范: JTJ 013—95[S]. 北京: 人民交通出版社.

中华人民共和国交通部, 2004. 公路路基设计规范: JTG D30—2004[S]. 北京: 人民交通出版社.

中华人民共和国交通运输部, 2015. 公路路基设计规范: JTG D30—2015[S]. 北京: 人民交通出版社.

（余爱华）

《公路路基施工技术规范》 Technical Specifications for Construction of Highway Subgrade

由中华人民共和国交通运输部发布的中华人民共和国推荐性行业标准。适用于各级公路新建、改建和扩建路基工程的施工。

形成过程 截至2024年，公路路基施工技术规范共颁布了4版。第一版《公路路基施工技术规范》由中华人民共和国交通部于1986年颁布，标准号JTJ 033—86。第二版由交通部第一公路工程总公司主编，中华人民共和国交通部于1995年颁布，标准号JTJ 033—95。第三版由中交第一公路工程局有限公司主编，中华人民共和国交通部于2006年颁布，标准号JTG F10—2006。现行《公路路基施工技术规范》（JTG/T 3610—2019）由中交第三公路工程局有限公司在原行业标准《公路路基施工技术规范》（JTG F10—2006）的基础上修订完成。中华人民共和国交通运输部于2019年9月2日正式发布，2019年12月1日起实施。

JTG/T 3610—2019与JTG F10—2006相比，主要变化在于：①把"路基安全施工与环境保护"拆分为"路基施工安全"和"路基施工环境保护"。②完善填石路堤的填料要求，补充高路堤路基的地质状况核查、地基处理、防排水、沉降观测和自然稳定时间方面内容；完善陡坡路基稳定与沉降控制、泡沫轻质土路堤、煤矸石路堤、工业废渣路堤、路基拓宽改建施工、路基稳定性观测与评价。③增加边沟盖板的质量要求，钢波纹管在暗沟中的应用、防渗隔离层排水垫层、排水隧洞等内容；完善渗沟的纵向坡率，渗水管的材料要求、加工工艺；补充中央分隔带排水的内容。④完善拱形、菱形护坡裙边和石榫连接的工艺、强度要求；完善挡土墙、边坡锚固、抗滑桩等施工技术要求及质量检测方法、标准等内容。⑤补充灰土浅层改良路基施工的相关要求。⑥增加路基交接验收的内容。

目的和原则 适应中国公路交通发展的需要，确保公路路基的施工质量。突出安全、耐久、环保等要求，注重路基的稳定与路床强度，贯彻资源节约型、环境友好型的公路建设指导原则，合理利用各种路基填料，充分总结公路路基施工技术，积极吸收成熟可靠的新技术、新工艺、新材料、新设备，力求技术先进、指标合理、可操作性强，体现中国路基施工技术进步。

内容 《公路路基施工技术规范》（JTG/T 3610—2019）分为11章。主要技术内容包括：总则；术语和符号；施工准备；一般路基；路基排水工程；路基防护与支挡工程；特殊路基；冬期雨期路基施工；路基施工安全；路基施工环境保护；路基整修与验收。

公路路基施工，应遵守国家建设工程的有关法律法规，建立健全质量保证体系，明确质量责任，加强质量管理；应遵守国家安全生产的有关法律法规，建立健全安全生产管理体系，明确安全责任，制定安全技术措施，严格执行安全操作规程，保障施工人员的职业健康；应遵守国家环境保护的有关法律法规，节约用地，少占农田，减少污染，保护环境。完工后应按要求对取土坑和弃土场进行修整。

参考文献

中华人民共和国交通部, 1996. 公路路基施工技术规范: JTJ 033—95[S]. 北京: 人民交通出版社.

中华人民共和国交通部, 2006. 公路路基施工技术规范: JTG F10—2006[S]. 北京: 人民交通出版社.

中华人民共和国交通运输部, 2019. 公路路基施工技术规范: JTG/T 3610—2019[S]. 北京: 人民交通出版社.

（余爱华）

《公路路面基层施工技术细则》 Technical Guidelines for Construction of Highway Roadbase

由中华人民共和国交通运输部发布的中华人民共和国推荐性行业标准。适用于各级公路新建、改建和扩建路基工程的基层、底基层施工。

形成过程 截至2024年，公路路面基层施工技术细则共颁布了4版。第一版《公路路面基层施工技术规范》由中华人民共和国交通部于1985年颁布，标准号JTJ 034—85。第二版由交通部公路科学研究所主编，中华人民共和国交通部于1993年颁布，标准号JTJ 034—93。第三版由交通部公路科学研究所主编，中华人民共和国交通部于2000年颁布，标准号JTJ 034—2000。现行《公路路面基层施工技术细则》（JTG/T F20—2015）由交通运输部公路科学研究院和长安大学在原行业标准《公路路面基层施工技术规范》（JTJ 034—2000）的基础上修订完成。中华人民共和国交通运输部于2015年5月19日正式发布，2015年8月1日起实施。

JTG/T F20—2015与JTJ 034—2000相比，主要变化在于：①提高基层用粗集料的压碎值技术要求，增加软石含量、针片状颗粒含量、粉尘含量等指标；增加细集料技术要求。②增加高速公路和一级公路路面基层混合料生产时材料分档的数量要求和规格要求。③提出采用间断、密实型的级配构成原理，改进无机结合料稳定级配碎石或砾石等材料的级配设计方法。④增补水泥粉煤灰稳定材料的技术要求。⑤完善级配碎石的材料设计和施工工艺要求。⑥调整无机结合料稳定材料的强度标准，增加目标配合比和生产配合比的设计内容与要求。⑦提高基层和底基层施工压实度标准。⑧提高无机结合料稳定材料拌和设备和工艺要求。⑨规范无机结合料稳定材料的养生方式和周期，明确层间结合处理的工艺措施及要求。⑩补充再生材料在各级公路路面基层中使用的基本要求。⑪强化基层施工质量的控制措施和指标要求。

目的和原则 提高公路路基基层施工质量均匀性，增加路面基层耐久性。适应中国公路路基工程施工建设需要，总结公路路面基层施工技术发展经验和相关科研成果，以提高基层施工质量均匀性为核心，以修建耐久性路面基层为目标，吸收了在基层生产实践中逐渐形成的成熟新技术、新材料和新工艺，重点突出了技术的成熟性和先进性。规定公路路面基层、底基层工程施工中应遵守的准则、技术要求以及对施工关键工序的控制原则，并与相关的标准、规范协调配套。

内容　《公路路面基层施工技术细则》（JTG/T F20—2015）由8章和4个附录组成，主要技术内容包括：总则；术语；原材料要求；混合料组成设计；混合料生产、摊铺及碾压；养生、交通管制、层间处理及其他；填隙碎石施工技术要求；施工质量标准与控制；附录A，无机结合料稳定材料级配设计；附录B，水泥稳定级配碎石等质量控制关键环节；附录C，回弹弯沉值的计算；附录D，质量检验的统计分析计算。

参考文献

中华人民共和国交通部, 1993. 公路路面基层施工技术规范: JTJ 034—93[S]. 北京: 人民交通出版社.

中华人民共和国交通部, 2000. 公路路面基层施工技术规范: JTJ 034—2000[S]. 北京: 人民交通出版社.

中华人民共和国交通运输部, 2015. 公路路面基层施工技术细则: JTG/T F20—2015[S]. 北京: 人民交通出版社.

（余爱华）

《公路排水设计规范》 Specifications for Drainage Design of Highway

由中华人民共和国交通运输部发布的中华人民共和国推荐性行业标准。适用于新建和改扩建各等级公路的排水设计。

形成过程　截至2024年，公路排水设计规范共颁布了2版。第一版《公路排水设计规范》由同济大学主编，中华人民共和国交通部于1997年颁布，标准号JTJ 018—97。现行《公路排水设计规范》（JTG/T D33—2012）由中交路桥技术有限公司会同有关单位，在原行业标准《公路排水设计规范》（JTJ 018—97）的基础上修订完成。中华人民共和国交通运输部于2012年12月28日正式发布，2013年3月1日起实施。

JTG/T D33—2012与JTJ 018—97相比，主要变化在于：①对公路排水设计的总体要求和设计内容进行了系统的规定。②补充地下排水设施的流量计算和水力计算方面的内容。③细化对路界地表排水设计和路面内部排水设计的规定。④增加对隧道、沿线设施及水环境敏感路段等排水设计的规定。⑤增加对部分特殊地区和特殊路段排水设计的规定。

目的和原则　防止地面水和地下水对公路的损害，保证结构稳定、行车安全。充分吸收了排水工程的建设经验，在总结实践经验和科研成果的基础上，积极采用新技术、新材料和新工艺，并与相关的标准、规范协调配套。对公路排水设计的总体要求和设计内容进行系统的规定，因地制宜、全面规划、合理布局、综合治理、讲究实效、注意经济，满足当下公路使用需求。

内容　《公路排水设计规范》（JTG/T D33—2012）由9章和3个附录组成。主要技术内容包括：总则；术语和符号；总体要求；路界地表排水；路面内部排水；跨界地下排水；公路构造物、下穿道路及沿线设施排水；特殊地区和特殊路段排水；水文与水力计算；附录A，各种排水构造物用圬工材料强度要求；附录B，各种沟管的水力半径和过水断面积计算表；附录C，开口式泄水口截流率计算诺谟图。

参考文献

同济大学, 1998. 公路排水设计规范: JTJ 018—97[S]. 北京: 人民交通出版社.

中交路桥技术有限公司, 2012. 公路排水设计规范: JTG/T D33—2012[S]. 北京: 人民交通出版社.

《公路桥涵设计通用规范》 General Specifications for Design of Highway Bridges and Culverts

由中华人民共和国交通运输部发布的中华人民共和国行业标准。适用于新建和改建各等级公路桥涵的设计。

形成过程　截至2024年，公路桥涵设计通用规范共颁布了4版。第一版《公路桥涵设计通用规范》由中华人民共和国交通部于1985年颁布，标准号JTJ 021—85。第二版由交通部公路规划设计院主编，中华人民共和国交通部于1989年颁布，标准号JTJ 021—89。第三版由中交公路规划设计院主编，中华人民共和国交通部于2004年颁布，标准号JTG D60—2004。现行《公路桥涵设计通用规范》（JTG D60—2015）由中交公路规划设计院有限公司会同有关单位，在原行业标准《公路桥涵设计通用规范》（JTG D60—2004）基础上修订完成。中华人民共和国交通运输部于2015年9月9日正式发布，2015年12月1日起实施。

JTJ 021—89是根据交通部发布的《公路工程技术标准》（JTJ01—88），对公路桥涵的建筑限界、汽车专用公路桥涵、桥涵设计洪水频率、桥涵设计的布载规定等进行了修订。JTG D60—2004结合中国公路桥梁的发展和要求，总结国内研究成果和实际工程设计经验，借鉴国际先进的标准规范，对原规范JTJ 021—89进行了较为全面的改进。

JTG D60—2015与JTG D60—2004相比，主要变化在于：①补充有关桥涵总体设计的要求；增加了桥涵设计使用年限、交通安全、环境保护、耐久性、桥梁结构监测和风险评估等的相关规定。②增加桥涵养护设施的设计要求；调整了作用组合分类及计算方法、汽车荷载标准的规定。③增加汽车疲劳荷载等标准值的规定。④补充地震设计状况的规定。

目的和原则　为统一公路桥涵设计技术标准，贯彻国家有关法规和公路技术政策，使公路桥涵的设计符合技术先进、安全可靠、适用耐久、经济合理的要求。

吸取成熟的科研成果和工程实践经验，综合考虑中国交通运输行业的发展和变化，贯彻落实中华人民共和国有关行业技术政策，解决在新时期的适应性问题。

内容　《公路桥涵设计通用规范》（JTG D60—2015）由4章和1个附录组成。主要技术内容包括：总则；术语和符号；设计要求；作用等。涵盖公路新建和改扩建工程所涉及的全部桥涵工程项目。

公路桥涵结构的设计基准期为100年。公路桥涵应根据公路功能和技术等级，考虑因地制宜、就地取材、便于施工和养护等因素进行总体设计，在设计使用年限内应满足规定的正常交通荷载通行的需要。

公路桥涵结构应按承载能力极限状态和正常使用极限状态进行设计。公路桥涵设计采用的作用分为永久作用、可变作用、偶然作用和地震作用4类。

参考文献

中华人民共和国交通部，1989.公路桥涵设计通用规范：JTJ 021—89[S].北京：人民交通出版社.

中华人民共和国交通部，2005.公路桥涵设计通用规范：JTG D60—2004[S].北京：人民交通出版社.

中华人民共和国交通运输部，2015.公路桥涵设计通用规范：JTG D60—2015[S].北京：人民交通出版社.

（余爱华）

《公路桥涵施工技术规范》 Technical Specifications for Construction of Highway Bridges and Culverts

由中华人民共和国交通运输部发布的中华人民共和国推荐性行业标准。适用于各级公路中新建、改建和扩建桥涵工程的施工。

形成过程　截至2024年，公路桥涵施工技术规范共颁布了5版。第一版《公路桥涵施工技术规范》由中华人民共和国交通部于1980年颁布。第二版由交通部第一公路工程总公司主编，中华人民共和国交通部于1989年颁布，标准号JTJ 041—89。第三版由路桥集团第一公路工程局主编，中华人民共和国交通部于2000年颁布，标准号JTJ 041—2000。第四版由中交第一公路工程局有限公司主编，中华人民共和国交通运输部于2011年发布，标准号JTG/T F50—2011。现行《公路桥涵施工技术规范》（JTG/T 3650—2020）由中交一公局集团有限公司会同有关单位，总结桥涵工程施工实践经验并借鉴国外先进技术标准，吸纳技术成熟、工艺先进、经济合理、安全环保、节能减排的"四新"技术，在原行业标准《公路桥涵施工技术规范》（JTG/T F50—2011）基础上修订完成。中华人民共和国交通运输部于2020年6月18日正式发布，2020年10月1日起实施。

JTG/T 3650—2020与JTG/T F50—2011相比，主要变化在于：①增加"钢混结构"。②调整"钢桥""钻（挖）孔灌注桩""明挖地基""扩大基础、承台与桥墩""砌体""钢筋混凝土和预应力混凝土梁式桥""斜拉桥""海洋环境桥梁""涵洞""通道桥涵"等章节内容。③增加平面控制测量和高程控制测量的相关技术要求；将"GPS测量"修改为"卫星定位测量"。④取消了HPB235、HRB335两种钢筋，增加对HRBF400、HRB500、HRBF500等钢筋的施工技术要求。⑤增加对支架是否预压的技术判定条件。⑥增加自密实混凝土的内容。⑦取消普通松弛预应力筋的张拉程序。⑧增加预制安装承台的技术要求。⑨增加对高墩、预制安装墩台身和盖梁等的施工技术规定。⑩增加对预制节段逐孔拼装、大节段钢箱梁安装的施工技术规定。⑪增加对钢锚梁、钢锚箱等安装以及混合梁边跨现浇部分施工的技术规定。⑫取消"装配式混凝土桁架拱和刚架拱"；将"无支架和少支架缆索吊装"修改为"无支架和少支架预制安装"。⑬取消原规范对索鞍、索夹和主缆等制造方面的要求，统一执行行业产品标准的规定；增加了隧道锚施工和荡移法安装加劲梁的技术内容；对猫道承重索的安全系数取值作了调整。⑭增加不锈钢钢筋的技术内容。⑮增加混凝土管涵管节制作的相关内容。

内容　《公路桥涵施工技术规范》（JTG/T 3650—2020）由27章和11个附录组成。主要技术内容包括：总则；术语；施工准备和施工测量；钢筋；模板、支架；混凝土工程；预应力混凝土工程；钢结构工程；灌注桩；沉入桩；沉井；地下连续墙；基坑；浅基础、承台；桥墩、桥台；圬工结构；梁式桥；钢混组合结构；拱桥；斜拉桥；悬索桥；海上桥梁；桥面及附属工程；涵洞、通道；冬期、雨期和热期施工；安全施工和环境保护；工程交工等。

参考文献

中华人民共和国交通部, 1990. 公路桥涵施工技术规范: JTJ 041—89[S]. 北京: 人民交通出版社.

中华人民共和国交通部, 2000. 公路桥涵施工技术规范: JTJ 041—2000[S]. 北京: 人民交通出版社.

中华人民共和国交通运输部, 2011. 公路桥涵施工技术规范: JTG/T F50—2011[S]. 北京: 人民交通出版社.

中华人民共和国交通运输部, 2020. 公路桥涵施工技术规范: JTG/T 3650—2020[S]. 北京: 人民交通出版社.

（余爱华）

《公路水泥混凝土路面施工技术细则》 Technical Guidelines for Construction of Highway Cement Concrete Pavement

由中华人民共和国交通运输部发布的中华人民共和国推荐性行业标准。适用于各等级公路水泥混凝土路面工程的施工。

形成过程　截至2024年，公路水泥混凝土路面施工技术细则共颁布了3版。第一版《水泥混凝土路面施工及验收规范》由中华人民共和国计划委员会于1987年颁布，标准号GBJ 97—87。第二版《公路水泥混凝土路面施工技术规范》由交通部公路科学研究所主编，中华人民共和国交通部于2003年颁布，标准号JTG F30—2003。现行《公路水泥混凝土路面施工技术细则》（JTG/T F30—2014）由中华人民共和国交通运输部公路科学研究院会同有关单位，在原行业标准《公路水泥混凝土路面施工技术规范》（JTG F30—2003）的基础上修订完成。中华人民共和国交通运输部于2014年1月10日正式发布，2014年4月1日起实施。

JTG/T F30—2014与JTG F30—2003相比，主要变化在于：①增加对再生粗集料、玄武岩纤维及合成纤维、硅酮及橡胶沥青填缝料、夹层与封层材料等的质量要求。②增加隧道、收费广场和服务区水泥混凝土路面，混凝土路缘石、路肩石、浅碟形排水沟、护栏的滑模铺筑技术、质量和检验要求。③增加水泥混凝土砌块路面的施工技术、质量和检验要求。④完善部分工艺细节。⑤增加水泥混凝土砌块路面的施工技术、质量和检验要求。⑥取消轨道摊铺机铺筑、真空吸水工艺等技术内容。⑦删除"安全生产及施工环保",将其中有实质性要求的内容编入相关章节。

目的和原则 提高公路水泥混凝土路面的施工技术水平,保证水泥混凝土路面施工质量。

结合水泥混凝土路面技术相关科研成果,对成熟的研究成果进行了论证分析,吸收在水泥混凝土路面施工中采用的成熟新材料、新工艺和新技术,重点突出技术的成熟性和先进性,保障水泥混凝土路面的施工质量,并与相关的标准、规范协调配套。

内容 《公路水泥混凝土路面施工技术细则》(JTG/T F30—2014)由13章和8个附录组成。主要技术内容包括:总则;术语;原材料技术要求;配合比设计;施工准备;水泥混凝土拌合物搅拌与运输;滑模摊铺机施工;三辊轴机组与小型机具施工;碾压混凝土路面施工;混凝土砌块路面砌筑施工;面层接缝、抗滑构造施工及养生;特殊天气条件施工;施工质量标准与控制;附录A,混凝土拌合物振动黏度系数试验方法;附录B,取芯测定混凝土抗冻性及气泡间距系数方法;附录C,混凝土面层抗盐冻试验方法;附录D,混凝土拌合物中纤维体积率试验方法;附录E,早期抗裂性试验方法;附录F,混凝土砌块试验方法;附录G,混凝土与钢筋握裹力试验方法;附录H,施工质量管理方法。

参考文献

中华人民共和国交通部, 2003. 公路水泥混凝土路面施工技术规范: JTG F30—2003[S]. 北京: 人民交通出版社.

中华人民共和国交通运输部, 2014. 公路水泥混凝土路面施工技术细则: JTG/T F30—2014[S]. 北京: 人民交通出版社.

(余爱华)

《公路养护技术标准》 Technical Standards for Highway Maintenance

由中华人民共和国交通运输部发布的中华人民共和国强制性行业标准。适用于各等级公路的养护。

形成过程 截至2024年,公路养护技术规范共颁布了4版。第一版《公路养护技术规范》由交通部公路局主编,中华人民共和国交通部于1985年颁布,标准号JTJ 073—85。第二版由浙江省交通厅公路管理局主编,中华人民共和国交通部于1996年颁布,标准号JTJ 073—96。第三版由浙江省公路管理局主编,中华人民共和国交通运输部于2009年颁布,标准号JTG H10—2009。现行《公路养护技术标准》(JTG 5110—2023)由中国公路工程咨询集团有限公司在原行业标准《公路养护技术规范》(JTG H10—2009)的基础上修订完成。中华人民共和国交通运输部于2023年11月13日正式发布,2024年3月1日起实施。

JTG H10—2009与JTJ 073—96相比,主要变化在于:①删除技术管理体系有关技术管理机构职责和人员配备的规定,以及改善土路面、浮桥、木桥、苗圃等养护内容。②取消"高速公路"一章,有关高速公路的养护内容及特殊要求纳入其他相关章节。③增加公路突发事件处置、环境保护、公路养护作业安全、档案管理等章节和内容。

JTG 5110—2023与JTG H10—2009相比,主要变化在于:①规范了公路养护工程、检查及评定等分类及其术语定义。②补充了结构监测、技术状况评定、养护决策、养护工程设计、质量控制和验收、数据管理及信息系统建设等内容。③按公路养护板块标准体系对章节进行了重新编排。

目的和原则 以"建立体系、突出重点、创新引领、注重时效"为基本原则,力求建立系统的公路养护技术体系,突出公路养护技术控制指标,以基础设施数字化、养护决策科学化、养护应用智能化为目标,通过建立在役公路基础设施数字模型等工作,引领公路养护技术发展方向,满足中国公路现代养护需求。

内容 《公路养护技术标准》(JTG 5110—2023)由9章和2个附录组成。主要技术内容包括:总则;术语;基本规定;检查及评定;养护决策;养护工程设计;养护作业;质量控制与验收;技术文件和数据管理;附录A,日常养护作业主要内容;附录B,养护工程作业主要内容。

参考文献

浙江省公路管理局, 2009. 公路养护技术规范: JTG H10—2009[S]. 北京: 人民交通出版社.

浙江省交通厅公路管理局, 1996. 公路养护技术规范: JTJ 073—96[S]. 北京: 人民交通出版社.

中国公路工程咨询集团有限公司, 2023. 公路养护技术标准: JTG 5110—2023[S]. 北京: 人民交通出版社.

(余爱华)

挂耳 side notching

为防止树木纵向劈裂而在树的一侧额外锯出的锯口。

挂耳的目的是使根端劈裂减至最少。特别是在采伐树倒方向与树干倾斜方向一致的"切身树"时,于下锯口的两侧挂耳,在不影响立木稳定的情况下,预先减小两侧木材纤维对树木倾倒的拉力,继续锯上锯口时,倾斜的立木就能顺利倒地,不致发生劈裂。一侧挂耳可以起到借向的作用。

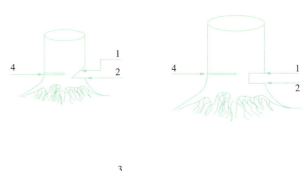

挂耳示意图

1—下锯口上切面;2—下锯口下切面;3—挂耳;4—伐木上锯口;5—留弦

参考文献

南京林业大学, 1994. 中国林业词典[M]. 上海: 上海科学技术出版社: 483.

国家林业局森林资源管理司, 2007. 森林采伐作业规程: LY/T 1646—2005[S]. 北京: 中国林业出版社: 22.

扩展阅读

牡丹江林业学校, 1982. 木材生产工艺学[M]. 北京: 中国林业出版社.

(赵康)

关系模型　relational model

一种数据模型。是以集合论中的关系概念为基础发展起来的。关系模型的数据结构只包含单一的结构类型——关系，其中一个关系对应着一个由行和列组成的二维表。关系模型中的数据操作是集合操作，操作对象和操作结果都是关系，即若干元组的集合。

数据操纵与完整性约束　关系模型的数据操纵主要有查询、插入、删除和更新数据。这些操作必须满足关系模型的完整性约束条件，包括实体完整性、参照完整性和用户定义的完整性。

特点

主要优点　①关系模型建立在严格的数学概念基础上；②关系模型的概念单一，无论是实体、实体之间联系、数据检索和更新结果均用关系表示，其数据结构简单、清晰，用户易懂易用；③关系模型的存取路径对用户透明，从而提高数据独立性，具有更好的安全保密性，简化编程和数据库开发的工作。

主要缺点　由于关系模型存取路径对用户透明，查询效率不如层次模型、网状模型。为了提高性能，数据库管理系统必须对用户的查询请求进行优化，因此增加了开发难度。

发展历程　1970 年，美国 IBM 公司 San Jose 研究室的研究员 E. F. Codd（1981 年 ACM 图灵奖获得者）首次提出数据库系统的关系模型，开创了数据库关系方法和关系数据理论的研究，为数据库技术奠定了理论基础。自从 20 世纪 80 年代以来，关系数据库系统的研究和开发取得了辉煌的成就。关系数据库系统已完全取代网状和层次数据模型，成为最重要、应用最广泛的数据库系统，极大地促进了数据应用领域的扩大和深入。

参考文献

王珊, 杜小勇, 2023. 数据库系统概论[M]. 6版. 北京: 高等教育出版社.

王珊, 张俊, 2018. 数据库系统概论(第5版)习题解析与实验指导[M]. 北京: 高等教育出版社.

Abraham Silberschatz, 杨冬青, 2013. 数据库系统概念(原书第6版)[M]. 北京: 机械工业出版社.

Codd E F, 1970. A relational model of data for large shared data banks[J]. Communications of the ACM, 13(6): 377–387.

(林森)

归楞　bank up; piling up

在贮木场将分选（选材）后的原木运到（选送到）楞场（楞地），按材种、树种、检尺长、检尺径和等级予以分类，并以一定方式堆积成垛的作业。又称归堆。归成的原木堆称楞堆。归楞是贮木场木材生产作业的第四道工序。

楞堆结构类型　根据木材保存和装运便利，楞场（楞地）内的楞堆结构类型分为实楞、格楞、层楞 3 种。

实楞　原木上下左右紧密堆实的楞堆。又称密实楞，旧称密实楞堆。实楞是贮木场中广泛使用的一种形式。

层楞　原木由垫木分隔成层的楞堆。有两种形式，一种是每层原木都用垫木隔开，即一层垫木一层原木；另一种是堆放几层原木后再用垫木隔开，即一层垫木多层原木。层楞可不设楞头，但要随归楞高度而逐渐收缩，形成安全的坡度，防止塌落。

格楞　原木左右用木桩分隔，上下用垫木分隔成四边形格的楞堆。格楞又分斜格楞和直格楞。在斜格楞中，木捆上下分层，用水平垫木隔开，而在同一层中捆与捆间倾斜垫木隔开，垫木都向一侧倾斜，角度倾斜 45°放置；适用于架杆绞盘机归楞。在直格楞中垂直垫木采用木桩，水平垫木采用短原木，楞中垫木相互垂直，归楞与拆楞仅需挪动（铺设或去掉）短的水平垫木；适于木捆调运的归楞方法和提式机械作业设备。

归楞方式　有人力（或工具）归楞和机械设备归楞。人力（或工具）归楞可分为肩扛和拉绳两种。机械设备归楞中有拖曳法（拖式）、吊运法（提式）、举式等。机械设备归楞采用的设备有架杆绞盘机、缆索起重机、带悬臂的门式起重机（装卸桥）、塔式起重机、装载机和叉车等。由于贮木场的归楞与装车是联合作业，所采用的归楞机械设备均可使用装车作业。

归楞要求　①楞堆内的原木大小头颠倒放置，使楞堆稳定；同一楞中的原木长度应相等；楞堆侧面应尽可能齐平，有助于楞堆稳定和减轻装车作业中的编捆齐头工作。②根据楞堆中原木的长度确定楞堆的高度，长材楞堆高，短材楞堆低；短材楞高不超过 4m，长材（4m 以上）楞高不超过 8m；间距为 1.5～2m。③在楞场内每隔 150m 留出一条 10m 宽的防火带。④楞头排列，需要与运材的要求紧密结合，在进行森林铁路下运到材时，楞头的排列顺序为"长材在前，短材在后，同长重在前，同短重在后"；汽车下运到材时楞头顺序与森林铁路相反；铁路装车外运时，楞头的排列为同一材种内对装排列，即把同一材种内的原木按材长根据铁路车辆对装的要求予以排列；原木混车到材时，楞头的排列为材长排列法，即在同一材长下排列各树种、材种的楞头。⑤每个楞底均需铺设楞基（楞腿）。⑥分级归楞。根据国家木材标准和各单位的生产要求来进行归楞。可按原木的树种、材种、检尺径、检尺长、等级的不同分级进行归楞。

参考文献

牡丹江林业学校, 1982. 木材生产工艺学[M]. 北京: 中国林业出版社: 222.

史济彦, 1996. 贮木场生产工艺学[M]. 北京: 中国林业出版社: 24-25.

史济彦, 1998. 中国森工采运技术及其发展[M]. 哈尔滨: 东北林业大学出版社: 492-493.

（刘晋浩）

归楞方式 timber stacking method

在贮木场对卸车、出河与选材的原木进行归楞作业的方式。多采用人力（或工具）、机械设备归楞。

人力（或工具）归楞 ①采用人力进行归楞的作业。可分为肩扛和拉绳两种。赶楞和捣楞是常见的采用人力完成的归楞作业。选材平车上卸下来的木材在楞头处堵塞时，必须用人力及时把这些原木沿楞腿赶开以便继续选材，称为赶楞作业。赶楞的工具为压角、搬钩和木杠等。当从选材设备上卸下的木材不属于该楞木材的规格时，应当把错卸下来的木材捣归到自己的楞上去，称为捣楞作业。人力捣楞常采用肩抗式。②采用手动工具进行归楞的作业。常采用手摇绞盘机归楞。将手摇绞盘机（单筒）设在楞顶上，用钢索把木材从下面拉上来归楞。该方式较采用人力进行归楞效率提高，但转移性较差，牵引能力和工作安全性不高。

机械设备归楞 机械设备归楞中有拖曳法（拖式）、吊运法（提式）、举式等。

拖曳法归楞 有绞盘机归楞，是采用电动绞盘机进行归楞的作业。绞盘机通常采用双筒和三筒，其中一个筒作为牵引卷筒，另一个作为回空卷筒，第三个卷筒用于绞盘机自行。绞盘机一般设置在平台车上，以提高其转移灵活性。

绞盘机归楞包括无架杆绞盘机归楞、架杆绞盘机归楞。①无架杆绞盘机归楞。即通过绞盘机拖拽木材完成归楞作业，如图a所示。牵引索和回空索直接从绞盘机卷筒上拉出。与在楞堆另一头的回空用滑轮和卡钩相连，而卡钩在归楞作业时卡在一根楞腿上。②架杆绞盘机归楞。即绞盘机通过架杆进行归楞作业，如图b所示。架杆结构为在楞堆处竖立的一木柱，柱上固定着转向滑轮。在架杆与归装联合机之间设置了选材机械、楞和铁路。架杆缆索可固定在地面木桩上或直接固定在绞盘机的三角撑上。

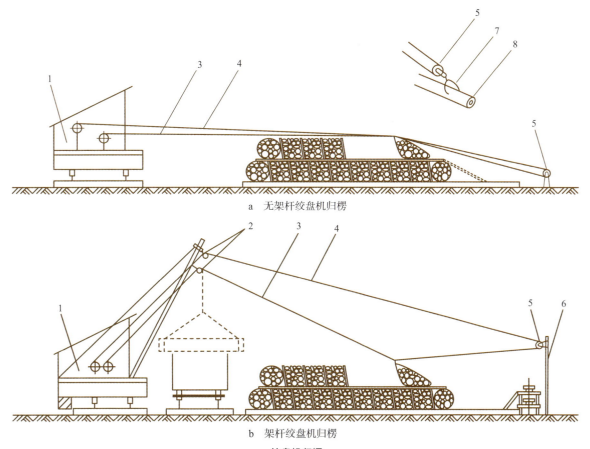

a 无架杆绞盘机归楞

b 架杆绞盘机归楞

绞盘机归楞

1—绞盘机；2—架杆滑轮；3—牵引索；4—回空索；5—转向滑轮；6—木柱；7—卡钩；8—楞腿（木材）

吊运法归楞 有门式、缆索、塔式起重机归楞，可利用门式（装卸桥）、缆索和塔式起重机归楞，同时进行装车作业。利用吊装类起重机归装时，木捆在空中运行，方便将木材归成斜格楞和直格楞。

举式归楞 有叉车、装载机归楞。适应性强、机动灵活，有一机多用的特点，可使用装车作业。归楞作业，要保证足够的举升重量。

参考文献

东北林学院, 1961. 贮木场[M]. 北京: 农业出版社: 291-295.

（孙术发）

过岭标高　ridge crossing elevation

路线采用不同方式通过垭口的设计高程。是越岭线布局的重要因素。路线过岭可采用路堑或隧道形式。过岭标高越低，路线就越短，但是路堑或隧道就越深越长，工程量也就越大。因此过岭标高应根据路线等级，结合地形地质以及两侧展线条件等情况，经过技术经济比较作出合理的选择，主要有两种形式。

①浅挖低填。适用于过岭地段山坡平缓、展线容易，垭口宽而厚的地形，过岭标高基本上等于垭口标高。

②深挖垭口。适用于比较瘦薄的地形。深挖垭口，虽然土石方数量大，但是由于降低了过岭标高，相应缩短了展线长度，总工程量不一定增加，即使有所增加，也可以从改善行车条件、节省运营费中得到补偿。至于挖深多少，应视地形、地质条件以及展线方案对垭口标高的要求等因素而定。一般挖深在20m以内，若挖深在20～25m以上时，采用隧道比路堑更经济。

参考文献

许恒勤, 张泱, 2003. 林区道路工程[M]. 哈尔滨: 东北林业大学出版社.

许金良, 等, 2022. 道路勘测设计[M]. 5版. 北京: 人民交通出版社.

（王宏畅）

涵 | han

涵洞　culvert

横贯并埋设在路堤中供排泄洪水（排洪涵）、灌溉道路两侧农田（灌溉涵）或作为通道（立交涵）的小型构筑物。《公路桥涵设计通用规范》(JTG D60—2015)第1.0.5条规定：凡单孔标准跨径小于5m的均称为涵洞；管涵及箱涵不论管径或跨径大小、孔数多少均称为涵洞。

构造　由洞身、洞口、基础组成（图1）。①洞身是排水通道的主体，其作用是满足排水、灌溉或交通的要求，承受路基填土及传来的车辆荷载的压力。涵洞沿洞身方向应分段设置沉降缝，防止不均匀沉降而使结构破坏。②洞口是洞身、路基、河道三者的连接构造物，在洞身两侧，用以连接洞身与路基边坡、保护洞身、防止边坡受水流侵蚀而坍塌、水流正常通过涵洞。洞口建筑由进水口、出水口和沟床加固三部分组成。洞口常采用八字式（正八字式、直墙式、斜交斜做八字式和斜交正做八字式）（图2）、一字墙式（配锥形护坡洞口、接渠道洞口、挡墙式洞口和斜交正做洞口）（图3）、扭坡式（图4）、平头式（图5）、走廊式（图6）、流线型（图7）和跌水井式（图8）。③基础是用来保证涵洞整体结构的稳定并传递荷载于地基，应按涵洞的构造、地质条件及地基处理的情况，设计为整体式或非整体式。冰冻地区，端墙与端管节应采用整体的刚性基础。

类型　涵洞按建筑材料的不同，可分为圬工涵、钢筋混凝土涵、波纹钢管（板）涵等；按构造形式的不同，可分为管涵、盖板涵、拱涵、箱涵等；按填土高度的不同，可分为明涵、暗涵，当涵洞洞顶填料厚度（包括路面）小于0.5m时为明涵，大于或等于0.5m时为暗涵；按水力性质的不同，可分为无压力涵洞、有压力涵洞和半压力涵洞3种；

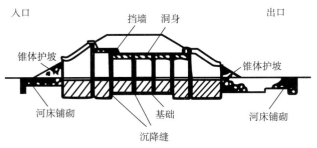

图1　涵洞构造示意图［引自《中国土木建筑百科辞典：桥梁工程》］

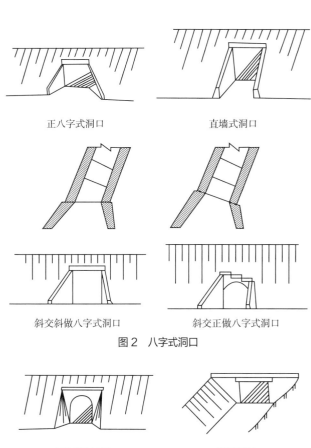

图2　八字式洞口

图3　一字墙式洞口

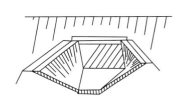

图4　扭坡式洞口

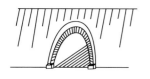

图 5　平头式洞口（平头式正洞口／平头式斜洞口）

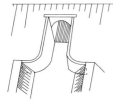

图 6　走廊式洞口　　图 7　流线型洞口

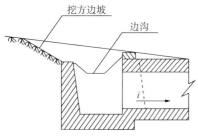

边沟跌水井式洞口

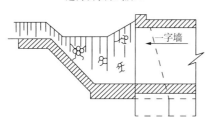

一字墙跌水井式洞口

图 8　跌水井式洞口

按施工方法的不同，可分为装配式涵、现浇涵和顶进涵 3 种。涵洞类型的选择可依据地形、水文和水力条件、材料供应和施工条件、造价、地基状况和路基设计标高等因素全面考虑、综合评比后选用。如在农田排灌地区以及靠近村镇、城市、铁路及水利设施的涵洞，应充分征求各方意见协商确定。

施工　除设置在岩石地基上的涵洞外，涵洞的洞身及基础应根据地基土的情况，按设计要求设置沉降缝，且沉降缝处的两端面应竖直、平整，上下不得交错。填缝料应具有弹性和不透水性，并应填塞紧密。预制圆管的沉降缝应设在管节接缝处，预制盖板涵的沉降缝应设在盖板的接缝处，沉降缝应贯穿整个洞身断面；波纹钢管涵可不设沉降缝。

在涵洞上、下游河沟和路基边坡一定范围内，宜采取冲刷防护措施。当沟底纵坡小于或等于 15% 时，可铺砌到上、下游翼墙端部，并应在上、下游铺砌端部设置截水墙，其埋置深度不小于台身或翼墙基础深度。涵洞可设置养护阶梯。

涵洞施工完成后，砌体砂浆或混凝土强度达到设计强度的 85% 时，方可进行涵洞洞身两侧的回填。涵洞两侧紧靠涵台部分的回填土宜采用人工配合小型机械的方法夯填密实。填土的每侧长度应符合设计规定；设计未规定时，应不小于洞身填土高度的 1 倍，特殊地形条件下应根据实际情况适当加长，填筑应在两侧同时对称、均衡地分层进行。填筑的压实度应不小于 96%。涵洞顶部的填土厚度必须大于 0.5m 后方可通行车辆和筑路机械。

涵洞进出水口的沟床应整理顺直，与上下游导流、排水设施的连接应圆顺稳固，并应保证流水顺畅。

参考文献

河北省交通规划设计院, 2020. 公路涵洞设计规范: JTG/T 3365-02—2020[S]. 北京: 人民交通出版社.

李国豪, 1999. 中国土木建筑百科辞典: 桥梁工程[M]. 北京: 中国建筑工业出版社.

刘龄嘉, 2017. 桥梁工程[M]. 北京: 人民交通出版社.

中交一公局集团有限公司, 2020. 公路桥涵施工技术规范: JTG/T 3650—2020[S]. 北京: 人民交通出版社.

中交公路规划设计院有限公司, 2015. 公路桥涵设计通用规范: JTG D60—2015[S]. 北京: 人民交通出版社.

（余爱华）

合排作业场　raft-assembling workplace

将流送过来的小排（或者排节）合成更大木排的水上作业的区域。是水上作业场的一种。合排作业场的工艺过程是将流送过来的排节，用诱导设施或者人力（拖运设施）将其向合排栈台靠拢，然后将这些排节用索具合成大排，最后由拖轮将其拖走。合排作业场需要有一定水域设置诱导设施和合排栈台，如图所示。场址的基本要求同水上作业场，同时要有防止大风大浪吹散木排与排节的措施。

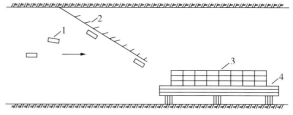

合排作业场

1—排节；2—诱导设施；3—合成排；4—合排栈台

参考文献

祁济棠, 1994. 木材水运学[M]. 北京: 中国林业出版社.

祁济棠, 吴高明, 丁夫先, 1995. 木材水路运输[M]. 北京: 中国林业出版社.

（黄新）

河川径流　river runoff

沿地表或地下运动汇入河网向流域出口断面汇集的水流。主要来源于大气降水形成的地表径流，其形成过程是指由降水开始到水流流经流域出口断面的整个物理过程，如图所示，由以下几个过程组成。

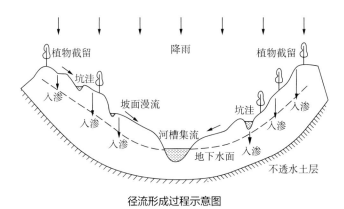

径流形成过程示意图

①降雨过程。从云中降落到地面上的雨水称为降雨。降雨是形成地面径流的主要因素，降雨的多少决定径流量的大小，常用降雨量、降雨历时及降雨强度来描述降雨现象。降雨量及其在空间和时间上的变化都各不相同。降雨可能笼罩全流域，也可能只降落在流域的局部地区，流域内的降雨强度有时均匀有时不均匀，有时还在局部地区形成暴雨中心。

②流域蓄渗过程。降雨开始时并不立即形成径流，首先，雨水被流域内的树木、杂草，以及农作物的茎叶截留一部分，不能落到地面上，称为植物截留。截流量的大小与植被类型和茂密程度有关。茂密的森林，全年最大截留量可达年降雨量的20%～30%。然后，落到地面上的雨水，部分渗入土壤，称为入渗。降雨开始时入渗较快，随着降雨量的不断增加，土壤中水分逐渐趋于饱和，入渗强度减缓，达到一个稳定值，称为稳定入渗，另外，还有一部分雨水被蓄留在坡面的坑洼里，称为填洼。

③坡面漫流过程。超过蓄渗的雨水在地面上呈片流、细沟流运动的现象，称为坡面漫流。在坡面漫流过程中，坡面水流一方面继续接受降雨的直接补给而增加地面径流，另一方面又在运动中不断地消耗于下渗和蒸发，使地面径流减少。坡面漫流通常是在蓄渗容易得到满足的地方先发生，然后逐渐扩大。

④河网汇流阶段。各种径流经过坡面漫流注入河网中的支流，由支流到干流，最后到达流域的出口断面，这一过程称为河网汇流阶段。坡地汇流注入河网后，使河网水量增加、水位上涨、流量增大，形成流量过程线的涨洪段。当河水与两岸地下水之间有水力联系时，一部分河水将补给地下水，增加两岸的地下蓄水量，称为河岸容蓄；当上游补给量小于出口排泄量时，就进入一次洪水过程的退水段。此时，河网蓄水开始消退，流量逐渐减小，水位相应降低，涨洪时容蓄于两岸土层的水量又补充回河网。此时，河槽泄水量与地下水补给量相等，河槽水流趋向稳定，上述河岸调节和河槽调节现象，统称为河网调节作用。

影响河川径流的因素主要包括气候因素、流域的下垫面因素和人类活动因素。

①气候因素。降水、蒸发散、气温、湿度、风等统称为气候因素，它们对径流都有影响，其中降水和蒸发散直接影响径流的形成和变化。从降雨到径流形成过程可知，降雨量大于损失量才能产生径流，因此径流量的大小，取决于降雨量的多少，降雨量的变化直接影响径流量的变化。蒸发是影响河川径流的重要因素之一，由降水转变为径流的主要损失量就是蒸发。中国湿润地区年降水量的30%～50%、干旱地区年降水量的80%～95%都消耗于蒸发，其余的部分才作为径流量。

②流域的下垫面因素。流域的地貌、地质和土壤、植被、湖泊、沼泽等几何及自然地理特征，统称下垫面因素，它对出口断面的径流量也有直接或间接的影响。

③人类活动因素。人们为了开发利用和改造河流，采用了各种措施。主要分3种类型。一是增加河川径流量的措施，例如人工降雨、人工融化冰雪、跨流域引水等；二是改变河川径流分配的措施，例如修筑水库等水利工程，增加地面拦蓄径流的作用，调节径流；三是减少地表径流的措施，例如引水灌溉等，改变坡面和河沟的坡度及糙率，拦蓄和延缓了地表径流，增加地表水的下渗，变地表径流为潜流，因而延缓了洪水过程。

参考文献

高冬光，王亚玲，2016. 桥涵水文[M]. 5版. 北京：人民交通出版社.

黄廷林，马学尼，2014. 水文学[M]. 5版. 北京：中国建筑工业出版社.

黄新，金菊良，李帆，2017. 桥涵水文[M]. 2版. 北京：人民交通出版社.

叶镇国，2019. 水力学与桥涵水文[M]. 3版. 北京：人民交通出版社.

（黄新）

河川流送能力　river carrying capacity of timber

在一定的时间内通过木材流送河川某个横断面的木材数量。不同河川、河段的流送线路规格尺寸、流速等各不相同，河川的流送能力也不相同。河川的流送能力主要取决于河川的水文因素（河宽、水深、弯曲半径、流量、比降等），也与流送河川上的设施、流送方式、作业组织、工艺程序及作业机械化程度有关。在计算河川的流送能力时，首先应将河川分成几个有代表性的特定河段，每段选取几个不利于流送的断面，即控制断面，然后分别进行计算，选取其中的最小值作为该河段的流送能力。计算整个流送期河川的流送能力，应按流送期不同水位持续时间分别进行计算，然后再相加求得该河段的流送能力。

一年中河流的水位是不断变化的，高水位时，河流的流量、流速和流送线路的水深、宽度都随之加大，河床中的障碍物被淹没，此时河流的流送能力最大。反之，低水位时，浅滩、块石都裸露出来，障碍流送，此时流送能力最小。

（张正雄）

河流　river

陆地表面经常或间歇有水流动的泄水河槽。是流动的水与河槽的统称。河槽有天然和人工河槽之分。天然河槽是水流长期侵蚀作用的结果，人工河槽是由人工开挖的结果。中国对于河流的称谓很多，较大的河流常称江、河、水，如长江、黄河、汉水等。浙江、福建、台湾地区的一些河流较短小，水流较急，常称溪，如台湾的蜀水溪、福建的沙溪和建溪等。在林区木材水运作业中，主要利用河流进行木材单漂流送、排运甚至船运。林区道路与桥梁一般沿河流与跨河流进行建设。

河流的基本特征一般由河流长度、弯曲系数、纵断面、横断面及纵横比降等特征值表示。还有干流、支流、水系与流域等名称表示河流的级别、大小以及在河流系统中的位置。

一条发育完整的河流可分为河源、上游、中游、下游及河口等河段。

①河源。河流开始具有地面水流的地方，泉水、溪涧、沼泽和冰川通常是河流的源头。

②上游。直接连接河源的河流上段。特征是河谷窄、坡度大、水流急、下切强烈，常有瀑布、急滩。河谷断面多呈V字形，河床多为基岩或砾石。

③中游。上游以下的河流中段。特征是河流的比降较缓、下切力不大而侧蚀显著、流量较大、水位变幅较小，河谷断面多呈U字形，河床多为粗砂。

④下游。中游以下的河段。特征是比降小、流速慢、水流无侵蚀力、淤积显著、流量大、水位变幅小，河谷宽广，河床多为细砂或淤泥。

⑤河口。河流的出水口。它是一条河流的终点，也是河流流入海洋、湖泊或其他河流的入口。特征是流速骤减、断面开阔、泥沙大量淤积，往往成沙洲。因沉积的沙洲平面呈扇形，常称为河口三角洲。

河流补给主要有雨水、冰雪融水、湖泊、沼泽水和地下水。雨水是热带、亚热带和温带地区河流主要补给源，北温带和寒带地区河流主要靠冰雪融水补给。中国雨水对河流的补给量一般由东南向西北减少。西北内陆地区的河流以高山冰雪融水为主要补给，雨水补给居次要地位。地下水在枯季是河流的主要补给。中国西南广大岩溶地区，地下水补给占有相当大的比重。

参考文献

高冬光, 王亚玲, 2016. 桥涵水文[M]. 5版. 北京: 人民交通出版社.

黄廷林, 马学尼, 2014. 水文学[M]. 5版. 北京: 中国建筑工业出版社.

黄新, 金菊良, 李帆, 2017. 桥涵水文[M]. 2版. 北京: 人民交通出版社.

叶镇国, 2019. 水力学与桥涵水文[M]. 3版. 北京: 人民交通出版社.

（黄新）

河流长度　river length

自河源沿主河道至河口的轴线长度。是河流的一个重要特征值，是确定河流落差、比降、流量、能量以及流域汇流时间等的重要参数。确定河流长度可通过在大比例尺的地形图上逐段量取河源至河口河道各断面最低点的连线（也称溪线或中泓线）得到，因河道容易发生变化，故应采用最新的地形图以保证其精度。

河流长度是指其干流的长度，不包括支流的长度。例如：长江的长度为6397km，是指从沱沱河开始到长江入海口的长度，未包括岷江、嘉陵江、沅江、赣江、雅砻江、汉江和乌江等支流的长度。

河流长度反映穿行地带的长短，河流愈长，经济联系范围愈广，经济意义也就愈大。是林区道路勘察的主要内容之一。

参考文献

高冬光, 王亚玲, 2016. 桥涵水文[M]. 5版. 北京: 人民交通出版社.

黄廷林, 马学尼, 2014. 水文学[M]. 5版. 北京: 中国建筑工业出版社.

黄新, 金菊良, 李帆, 2017. 桥涵水文[M]. 2版. 北京: 人民交通出版社.

叶镇国, 2019. 水力学与桥涵水文[M]. 3版. 北京: 人民交通出版社.

（黄新）

河流横断面　cross section of river

由垂直于主流方向横切河道其河底线与水面线之间所包围的平面。河流横断面是决定河流输水能力、流速分布、比降、流向的重要特征。在流量和泥沙计算中，横断面面积是不可缺少的要素。在一定水位下，横断面的最大长度是桥梁设计时考虑的主要因数之一，由于林区建设桥梁的特殊性与难度比较大，更是需要给以着重考虑。

在河流横断面中，流速为零的部分为静水断面；流速大于零的部分为过水断面；最大洪水时的水面线与河底线包围的面积称大断面；过水断面上，河槽被水流浸湿部分的周长称为湿周，河床面凹凸不平和河床上的沙石、水草等对水流障碍作用的程度称为河床糙度。

河流横断面分单式横断面与复式横断面两种，如图所示。①单式横断面的水面宽度随水深的变化而连续变化，没有突变点；②复式横断面水面宽度随水深的变化有突变点，是不连续的。横断面在枯水期水流通过的部分称为基本河槽，只在洪水期淹没的部分称为河滩。在木材水运作业中，水上贮木场一般选择在有河滩的地方，利用一定的河滩进行水上贮存木材。

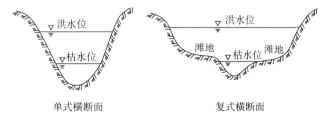

单式横断面　　　　复式横断面

河流横断面图

参考文献

高冬光, 王亚玲, 2016. 桥涵水文[M]. 5版. 北京: 人民交通出版社.

黄廷林, 马学尼, 2014. 水文学[M]. 5版. 北京: 中国建筑工业出版社.

黄新, 金菊良, 李帆, 2017. 桥涵水文[M]. 2版. 北京: 人民交通出版社.

叶镇国, 2019. 水力学与桥涵水文[M]. 3版. 北京: 人民交通出版社.

（黄新）

河流纵断面 vertical section of river

沿水流方向各断面最大水深点的连线（中泓线或溪线）铅垂剖面河道其中泓线与水面线之间所包围的平面。常用纵断面图表示，以河长为横坐标，高程为纵坐标，表示河流纵坡及落差的沿程分布。纵断面包括水面线与河底线，是推算河流水能蕴藏量的主要依据。河流从河源至河口，其高程是逐渐下降的。河段两端河底的高程差称为落差，河源与河口的高程差称为总落差。

参考文献

高冬光, 王亚玲, 2016. 桥涵水文[M]. 5版. 北京: 人民交通出版社.

黄廷林, 马学尼, 2014. 水文学[M]. 5版. 北京: 中国建筑工业出版社.

黄新, 金菊良, 李帆, 2017. 桥涵水文[M]. 2版. 北京: 人民交通出版社.

叶镇国, 2019. 水力学与桥涵水文[M]. 3版. 北京: 人民交通出版社.

（黄新）

横断面 cross section

垂直于道路中线方向的剖面在侧面上的投影。横断面由横断面设计线和地面线组成，其中横断面设计线包括行车道、路肩、分隔带、边沟、边坡等。横断面地面线是表征地面起伏变化的线，是通过现场实测或由大比例尺地形图、航测像片、数字地面模型等途径获得。

林区道路地形条件较复杂，往往被江河、冲沟、丘谷分割，地形高差变化较明显，道路横断面形式也更为灵活多样。路基横断面根据横断面设计线和横断面地面线的相对位置的不同，有3种基本形式：路堤式、路堑式、半填半挖式。路堤是指高于原地面的填方路基；路堑是指低于原地面的挖方路基；半填半挖是指路基横断面一部分为挖方，另一部分为填方。

根据不同的交通组织设计，行车道在横断面上的布置有单幅式、双幅式、三幅式、四幅式4种方式。

林区道路行车道相对较窄，多数借用路肩宽度错车。路拱坡度采用次高级路面时为1.5%～2.5%；中级路面时为2%～4%；低级路面时为3%～5%。路肩横坡应与路拱坡度相同，必要时可增大1%～2%。路基顶面横坡与路拱一致。路拱一般采用直线型，中心附近可用圆弧连接。

参考文献

许恒勤, 张泱, 2003. 林区道路工程[M]. 哈尔滨: 东北林业大学出版社.

叶伟, 王维, 2019. 公路勘测设计[M]. 北京: 机械工业出版社.

（孙微微）

横断面地面线 ground line in cross section

表征路线横向地面起伏变化的折线。通过现场实测或由大比例尺地形图、航测像片、数字地面模型等途径获得。

绘制时，根据地形数据，算出设计的填或挖的高度，再从路基的设计标高位置向上（挖）或向下（填）定出中桩的地面高程。分左右从中桩位置分别加上即可。正常程序是先画出横断面地面线，再绘制横断面设计线，俗称"戴帽子"。根据地面线和设计线，才能进行路基土石方量计算与调配。

参考文献

许恒勤, 张泱, 2003. 林区道路工程[M]. 哈尔滨: 东北林业大学出版社.

叶伟, 王维, 2019. 公路勘测设计[M]. 北京: 机械工业出版社.

（孙微微）

横断面设计线 design line in cross section

表征路线横向地面起伏状况和路基横断面形状、填挖高度、填挖面积、中心标高和边坡坡度等关系的折线。

横断面设计线包括行车道、路肩、分隔带、边沟、边坡、截水沟、护坡道、取土坑、弃土堆以及交通安全、环境保护等横断面组成部分的横向形状、尺寸和具体位置。为路基土石方量计算和调配提供断面数据，并作为路基施工的依据。

横断面设计线根据与横断面地面线相对位置的不同，有3种基本形式：设计线全部在地面线以上为填方路基；设计线全部在地面线以下为挖方路基；设计线部分在地面线以上，部分在地面线以下为半填半挖路基。

参考文献

许恒勤, 张泱, 2003. 林区道路工程[M]. 哈尔滨: 东北林业大学出版社.

叶伟, 王维, 2019. 公路勘测设计[M]. 北京: 机械工业出版社.

（孙微微）

横净距 lateral clear distance

在曲线路段内侧车道上的汽车驾驶员，为取得前方视距而应保证获得的横向净空范围。即在弯道各点的横断面上，汽车轨迹线与视距曲线之间的距离。

横净距的计算分为公式法和图解法。公式法可参照《林区公路设计规范》（LY/T 5005—2014）横净距计算的有关公式，所得的值是最大横净距，在曲线中点或中点附近，在该范围内的一切障碍物都应加以清除。但在曲线上任意位置的横净距是随行车位置的改变而变化的，如果曲线全长上按最大横净距值切除，则会造成工程上的浪费。若需要清除的是重要建筑物或岩石边坡时，多用图解法来确定清除范围。

参考文献

许恒勤, 张泱, 2003. 林区道路工程[M]. 哈尔滨: 东北林业大学出版社.

叶伟, 王维, 2019. 公路勘测设计[M]. 北京: 机械工业出版社.

（孙微微）

洪水调查　flood investigation

通过实地访问、调查和历史文献的考证等方式对某河段历史上和近期发生的大洪水进行调查和考察与估算的过程。目的是弥补实测水文资料的不足，以便合理可靠地确定林区道路与桥梁的设计洪水数据。

历史洪水调查的主要内容有：搜集流域的相关基本资料，如地形图、河道纵断面图、沿河水准点的高程和位置等；查阅历史文献，了解历史上发生洪水的资料和年代、大小、顺序等情况。

调查的方法主要是文献查阅和群众访问相结合。调查的具体工作包括：

①河段踏勘。主要目的是确定历史洪水痕迹的位置和高程。踏勘应选择顺直河道以及有古庙、老屋、老树等可能留有洪痕的地方。

②现场深入调查。了解历史洪水情况，询问当地年长者，指认历史上出现过的洪水痕迹。

③计算河段的选择。计算河段应该为顺直没有支岔、河道稳定、洪痕多、靠近桥位的河段，通常应在桥位的上下游各选一个，便于互相核对。

④测量工作。对调查到的洪水高程及其计算河段的横纵断面进行实地绘测。

⑤有价值的资料。如洪痕、河道地形等进行摄影并附以简要说明，并对调查洪水时间和各历史洪水的排位进行调查论证，予以确定。

参考文献

高冬光, 王亚玲, 2016. 桥涵水文[M]. 5版. 北京: 人民交通出版社.

黄廷林, 马学尼, 2014. 水文学[M]. 5版. 北京: 中国建筑工业出版社.

黄新, 金菊良, 李帆, 2017. 桥涵水文[M]. 2版. 北京: 人民交通出版社.

叶镇国, 2019. 水力学与桥涵水文[M]. 3版. 北京: 人民交通出版社.

（黄新）

洪水考证　flood textual criticism

通过查阅历史记载与文献考证等办法获知发生在更早年份的洪汛资料的过程。使调查历史洪水经验频率的确定更加正确，以便更加准确地确定林区道路与桥梁的设计洪水。

文献考证所摘录内容除直接反映洪水的记载外，还应包括流域地貌、植被、河道与有关城镇、古建筑的前后变化状况。摘录时应忠实原文，详细注明文献版本与编著年代，注意随着时代更迭而发生地理名称与量度尺度变化考证。

中国历史悠久，史籍丰富。载有早期历史洪水的文献包括：地方志（县志、府志、省志等）；宫廷实录（明实录、清实录等）；河道专著如直隶河防辑要、永定河志、黄河年表、淮河年表等；碑文刻记如古桥、庙宇、殿堂和长江三峡白鹤梁石刻等；早年报纸杂志。

文献考证很难提供历史洪水的确切数值资料，而往往只能根据雨情、洪情、灾情等进行综合考虑，定性地判定其分级大小，通常分为非常、特大、大和一般四级。下表为汉江某河段勘测时对考证历史洪水进行分级的情况，可供参考。

汉江某河段考证洪水分级

序号	文献摘记	洪水分级
1	全城被淹，人口死亡达数千以上，被迫迁城移居，灾情极为严重	非常
2	全城一片汪洋，古寺庙被毁，公私庐舍塌坏几尽，人口死亡严重	特大
3	决城墙，破堤防，房屋大量倒塌	大
4	洪水泛滥，灾情较轻	一般

参考文献

高冬光, 王亚玲, 2016. 桥涵水文[M]. 5版. 北京: 人民交通出版社.

黄廷林, 马学尼, 2014. 水文学[M]. 5版. 北京: 中国建筑工业出版社.

黄新, 金菊良, 李帆, 2017. 桥涵水文[M]. 2版. 北京: 人民交通出版社.

叶镇国, 2019. 水力学与桥涵水文[M]. 3版. 北京: 人民交通出版社.

（黄新）

护林防火道路　protection forest fire-proof road

以护林防火为主要用途的道路。一般情况下路面宽度、厚度、强度等能满足护林防火的需要即可。

护林防火道路是森林防火的重要基础设施之一，在森林防火工作中发挥着至关重要的作用。修建护林防火道路有利于快速运送扑火物资及人员，提高森林火灾预防及扑救能力、减少森林火灾损失、有效保护森林资源、维护生态安全，有利于改善林区交通网络状况，为巡山护林、森林病虫害监测、森林资源调查以及周边社区群众的生产生活等提供便捷条件。

护林防火道路主要由森林防火公路和简易道路两部分组成。①森林防火公路根据公路在路网中的功能、作用、辐射林地面积及适应的交通量分为林防一级公路、林防二级公路及林防三级公路共3个等级。其等级可根据公路功能、路网规划、交通量，并充分考虑项目所在地区的综合运输体系、远期发展等，经论证后确定。②简易道路包括塔道和防火巡护道路。塔道分为车行塔道和人行塔道两种。防火巡护道路分为摩托车巡护道路与骑马巡护道路两种。摩托车巡护道路尽量利用已有道路，不另设专用道路。骑马巡护道路一般在管辖巡护区域内无固定巡护路线，尽量利用已有道路、林间毛道、兽径，不设专用道路。

参考文献

胡焕香，张敏，吴传志，等，2015. 盘县老黑山森林防火通道建设实践与思考[J]. 浙江农业科学, 56(11): 1894-1897.

郭衡，李德生，2001. 森林防火原理与方法[M]. 北京：中国农业科技出版社.

（余爱华）

滑道集材　chuting yarding; chute skidding

利用山地自然坡度和木材自重沿槽道自动滑下的集材方式。一般适用于 6°~ 30° 的坡地。原理是木材在滑道斜面上向下运动的分力大于最大摩擦力时，可克服摩擦阻力而向前滑动。不同结构的滑道有不同的摩擦阻力，从而可以根据坡度选择滑道结构。如土滑道、木滑道、竹滑道、水滑道、冰雪滑道、金属滑道或塑料滑道等。滑道集材设备简单、不需动力、可就地取材、成本较低。但木材损耗大、土滑道则破坏地表严重。

土滑道集材　沿山坡挖筑成半圆形的土槽，原木在槽内滑行到集材地点的集材方式。适用于：①坡度大且距离短的地段，适应的坡度达 60% 以上。②结冻季节。③在其他滑道线路中间和终点用于减速。

土滑道修建简单，投资少，适宜于运量小而又极度分散的伐区。但效率低，木材损失大，容易跳槽，水土流失严重。如滑口不良、滑出的木材未及时归楞以及途中有些原木被卡住未被及时清理，则木材撞伤严重。已越来越少使用。也可不开槽，使木材沿山坡借重力滑下，俗称串坡或溜山。

木滑道集材　利用木制滑道进行集材的方式。木滑道分纵木滑道和横木滑道两种，以纵木滑道应用最为广泛。在木滑道中，两侧槽帮均为原木，直径在 40~60cm 以上。槽宽取滑材最大直径加 10cm，起点处的槽宽还需要增加 30~50cm。槽底有不同的结构，主要分土木混合槽底和木槽底两种。土木混合的槽底就是槽底木杆与地面泥土呈间隔布置。木槽底是槽底用原木或半原木并列顺直铺设，底木用小径木或半原木，并形成一弧形，道槽应尽可能直接着地；但为了获得更有利的纵坡，减少挖、填方数量，一般宁可增加有限的架空结构。两种结构形式往往在同一条滑道上使用，相互调剂、补充。通常是坡陡采用土木混合槽底，坡缓采用木槽底。

修建木滑道要消耗大量的木材，但木滑道可以边修筑边放运原木，还可以边拆卸边放运滑道修筑用材。因此，除损失外，修筑用的木材还可以运下来使用，而且对地表的破坏比较轻。滑道拆除后应及时恢复被破坏的林地。

竹滑道集材　利用竹滑道进行集材的方式。先挖开半圆形沟槽，将整根或劈开的毛竹并列纵铺固定在槽内。中国南方盛产毛竹，以竹代木，就形成了竹滑道。竹滑道分为圆竹滑道和竹片滑道。圆竹滑道是用圆竹铺设而成，滑槽多呈半圆形或梯形。竹片滑道多选用毛竹，去掉梢部，劈成四瓣后，将每根竹片的梢头削尖，用火烤热，弯成钩形，以便在铺设时将此钩端插入事前挖好的滑槽上，或捆挂在支架的横木上。

竹滑道集材在使用过程中容易使滑材磨损和撞击破坏。只适合于较短距离和短时期的集材作业。

冰雪滑道集材　在沟槽覆以雪层或浇水结冰进行集材的方式。在土滑道的基础上，向道槽浇水成冰（厚约 5cm）或铺上一定厚度的雪即成冰雪滑道。冰雪滑道一般槽深 15~30cm，特殊地段应加深。槽帮的棱厚取 25~30cm。

冰雪滑道集材成本低，安全，对地表的破坏也小。但是，如果破土筑槽，冰雪融化后又不及时处理，会产生水土流失现象。

塑料滑道集材　利用塑料滑板连接而成的滑道进行集材的方式。滑道由塑料滑板连接而成，每块滑板长 3.6m，半圆内径（直径）330mm，壁厚 6mm。两端侧部设孔，直径 10mm，离端边 100mm，离上边 50mm，用于相邻滑板的连接（用铁丝或尼龙绳）。每块板重 20kg。滑道的线路纵坡允许 20%~80%，滑道长度不受限制，但以 100~300m 最为简便和高效。最小平曲线半径 40m，如集运原条时，可采用 60~80m。两相邻坡度差不应大于 6°，如大于时需设竖曲线，半径 100m。滑道中的坡长应大于 20m，应避免反向曲线，如非设不可，两曲间应设直线过渡，直线长度宜大于 20m。在平曲线处，为便于转弯，宜少量配置一些短滑板，长度 2m。塑料滑道线路应尽可能靠近水源，必要时可浇水以减少摩擦阻力。塑料滑道的摩擦系数为 0.14~0.30。

水滑道集材　引水注入槽道，木材借水力及润滑作用沿槽道滑行。

金属滑道集材　在沟槽内铺钉铁板或铝板，木材借自重下滑。

参考文献

牡丹江林业学校，1982. 木材生产工艺学[M]. 北京：中国林业出版社: 73.

史济彦，肖生灵，2001. 生态性采伐系统[M]. 哈尔滨：东北林业大学出版社: 180-190.

扩展阅读

蒋洪翔，李文修，栾建华，等，1996. 生态型山地伐区集材模式的研究[J]. 东北林业大学学报, 24(2): 68-74.

粟金云，1993. 山地森林采伐学[M]. 北京：中国林业出版社.

（赵康）

滑轮　pulley

钢丝绳的承托、导向及增力设备。索道附属装置。由一个周边有槽的轮子和一个固定在轮子上的轴组成。根据不同用途，采用支撑轮、导向轮、张紧轮等多种滑轮装置。支撑轮，使用时位置固定不变，不省力也不费力，起承托作用；导向轮，使用时位置固定不变，不省力也不费力，起转向作用；张紧轮，使用时位置移动，起增力作用。

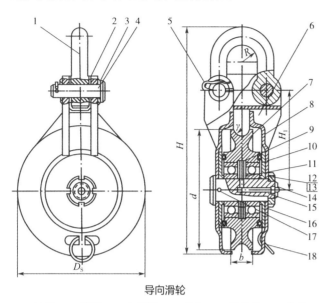

导向滑轮

1—吊环；2—挡板；3—加强圈；4—销轴；5—弹簧销；6—拉板；7—滑轮；8—滑轮端盖；9—孔用弹性挡圈；10—密封圈；11—定位圈；12—圆螺帽；13—止退垫圈；14—油环；15—滑轮轴；16—单列向心球轴承；17—销；18—提环

（巫志龙）

滑轮组合式跑车　simple skidding carriage with combined pulley

由数个滑轮组合构成的集材跑车。又称简易跑车。结构简单，索系复杂，故障少，采用动滑轮具有增力作用。

常见有 K_1 型增力式自挂跑车和 K_2-2 型增力式跑车。① K_1 型增力式自挂跑车行走部分为 4 个行走轮，跑车质量为 145kg，吊运承载能力为 3t，可以通过鞍座，是 SJ-23 索道的主要设备，适用于单跨或多跨直线索道。② K_2-2 型增力式跑车行走部分为 2 个行走轮，吊运载重能力为 2t，不可通过鞍座，适用于单跨索道的全悬集材或半悬集材。

（周成军）

缓和坡段　transitional gradient

在纵坡长度达到坡长限制时，按规定设置的较小纵坡路段。在纵断面设计中，当陡坡的长度达到限制坡长时，应设置缓和坡段，用以调节车辆在陡坡上的行驶速度，以利于行车安全。

缓和坡段的具体位置应结合纵向地形的起伏情况，尽量减少填挖方工程数量。一般情况下，缓和坡段宜设置在平面的直线或较大半径的平曲线上，以便充分发挥缓和坡段的作用，提高道路的使用质量。在极特殊的情况下，可以将缓和坡段设于半径比较小的平曲线上，但应适当增加缓和坡段的长度。

按《林区公路设计规范》（LY/T 5005—2014）规定，缓和坡段的坡度应不大于 3%；冰滑时应不大于 2%，其长度应不小于 100m。

参考文献

许恒勤, 张泱, 2003. 林区道路工程[M]. 哈尔滨: 东北林业大学出版社.

叶伟, 王维, 2019. 公路勘测设计[M]. 北京: 机械工业出版社.

（孙微微）

缓和曲线　easement curve

道路平面线形中，在直线与圆曲线或圆曲线与圆曲线之间设置的曲率连续变化的曲线。缓和曲线是道路平面线形 3 个要素（直线、圆曲线和缓和曲线）之一。常用的缓和曲线形式有回旋线、三次抛物线和双纽线等，但多使用回旋线作为缓和曲线。中国林区公路使用回旋线作为缓和曲线。

当汽车由直线驶入圆曲线或由圆曲线驶入直线的转弯过程中，存在一条曲率连续变化的轨迹线，它的形式和长度随行驶速度、曲率半径和驾驶员转动方向盘的快慢而定。当汽车等速行驶，以不变角速度转动方向盘时，汽车行驶轨迹的弧长与曲线的曲率半径之乘积为一常数。汽车在低速行驶时，驾驶员可利用路面的富余宽度在一定程度上把汽车保持在车道范围之内；但在高速行驶时，汽车则有可能超越自己的车道驶出一条很长的过渡性的轨迹线，使车辆在进入或离开圆曲线时侵入邻近的车道。

圆曲线与直线的径相连接，在连接处曲率发生突变，在视觉上有不平顺和乘客有不舒适的感觉。车速越高、圆曲线半径越小，乘客不舒适的感觉越明显。缓和曲线的设置，可以使曲率连续变化，便于车辆遵循；离心加速度逐渐变化，增加舒适性；横向坡度及加宽逐渐变化，行车更加平稳（一般情况下，超高、加宽过渡段都是在缓和曲线长度内完成的）；与圆曲线配合，线形连续圆滑，增加线形美观。

缓和曲线可通过选定缓和曲线长度或缓和曲线参数来确定。设置的缓和曲线应符合线形设计、安全、视觉、景观等的要求。在各级道路设计中，当不符合缓和曲线的省略条件时，均应设置缓和曲线。《林区公路设计规范》（LY/T 5005—2014）规定，缓和曲线应选用回旋线，其最小长度应符合下表的规定。

回旋线最小长度表

设计速度（km/h）	60	40	30
回旋线长度（m）	50	35	25

缓和曲线在线形设计中应作为主要线形要素之一加以运用。由缓和曲线—圆曲线—缓和曲线所构成的平曲线，缓和曲线参数 A 宜相等，不相等时，两个缓和曲线参数 A_1 和 A_2 的比值不应大于 2.0（$A_1 > A_2$）。缓和曲线参数应与圆曲线半径 R 相协调，宜在 $R/3 \leq A \leq R$ 的范围内选定：① R 小于 100m 时，A 宜等于或大于 R。② R 接近 100m 时，A 宜等于 R。③ R 较大或接近 3000m 时，A 宜等于 $R/3$。④ R 大于 3000m 时，A 小于 $R/3$。

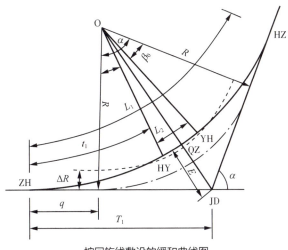

按回旋线敷设的缓和曲线图

R—圆曲线半径；$α$—交点处的转角；T_1—切线长；L_1—设置缓和曲线的平曲线长；E—外距；t_1—缓和曲线长；$β_0$—缓和曲线角（或切线角）；$ΔR$—内移值；q—切线增长值；L_2—设置缓和曲线后的圆曲线长；JD—交点；ZH—缓和曲线的起点（直缓点）；HY—圆曲线的起点（缓圆点）；QZ—平曲线的中点（曲中点）；YH—圆曲线的终点（圆缓点）；HZ—缓和曲线的终点（缓直点）

参考文献

许恒勤, 张泱, 2003. 林区道路工程[M]. 哈尔滨: 东北林业大学出版社.

叶伟, 王维, 2019. 公路勘测技术[M]. 北京: 机械工业出版社.

（刘远才）

回空索　return cable

牵引跑车（空载）沿承载索运行的钢丝绳。工作特点及性能要求与**牵引索**相似。除了要求承受拉伸、弯曲外，还要承受横向挤压力，同时还得防止产生扭结。选用钢丝绳时，除要求有适当的抗拉强度外，应尽可能选用柔软、表面光滑的钢丝绳。对于闭合牵引式回空索，选用同向捻麻芯钢丝绳为好；对于往复牵引式回空索，则选用交互捻麻芯钢丝绳为佳。

（张正雄）

回头曲线　reverse loop

山区道路在同一坡面上回头展线时所采用的回转曲线或由一个主曲线、两个辅助曲线和主、辅曲线所夹的直线段组合而成的复杂曲线。在山岭重丘区越岭线公路布线时，因路线高差较大，自然展线无法争取到所需的距离来克服其高差，或因地形、地质条件不能采取自然展线时，可采取回头曲线（图1）。回头曲线展线（简称回头展线）为山岭重丘区越岭线3种主要展线方式（自然展线、回头曲线展线和螺旋展线）之一。《林区公路设计规范》（LY/T 5005—2014）所规定的回头曲线主要技术指标见下表。

回头曲线转角大、半径小、线形差，对行车安全不利。具备自然展线条件的路段，应尽量避免设置回头曲线。当受地形条件限制，或因森林经营、管护的需要时，方可采用回

图1　318国道天路18弯（刘芳廷 摄）

回头曲线技术指标表

主线设计速度（km/h）	40		30		20		15	
回头曲线设计速度（km/h）	35	30	30	25	20		15	
圆曲线最小半径（m）	40	30	30	20	15	12	12	8
回旋线最小长度（m）	35	30	30	25	20	20	15	15
超高横坡（%）	6	6	6	6	6	6	6	6
双车道路面加宽值（m）	2.5	2.5	2.5	2.5	3.0	4.0	4.0	3.5
最大纵坡（%）	3.5	3.5	3.5	4.0	4.5	4.5	5.5	5.5
相邻两个回头曲线之间的距离（m）	200	200	200	150	100	100	50	50

注：回旋线最小长度一栏，$V ≤ 20$km/h 时为超高、加宽缓和段长度。

头曲线。尽管回头曲线展线对不良地形、地质的避让有较大的自由度，但应避免遇见难点工程，不分困难大小和能否克服就轻易回头，致使路线在小范围内重叠盘绕或在同一山坡布设多层路线。

回头曲线前后的线形要有连续性、通视良好，两头宜布设过渡性曲线，并应设置限速标志和交通安全设施。为了尽可能消除或减轻回头曲线展线对行车、施工、养护不利的影响，要尽量把回头曲线间的距离拉长，以分散回头曲线、减少回头个数。

回头曲线的形状取决于回头地点的地形。回头地点对于回头曲线工程大小和使用质量关系很大，应慎重选择。设置回头曲线的有利场所主要有：直径较大、横坡较缓、相邻有较低鞍部的山包或平坦的山脊；地质、水文条件良好的平缓山坡；地形开阔、横坡较缓的山沟或山坳等（图2）。

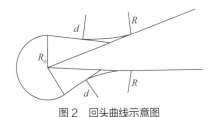

图2　回头曲线示意图

R—圆曲线半径；d—主曲线与辅曲线所夹的直线段长度

参考文献

许恒勤, 张泱, 2003. 林区道路工程[M]. 哈尔滨: 东北林业大学出版社.

叶伟, 王维, 2019. 公路勘测技术[M]. 北京: 机械工业出版社.

（刘远才）

会车视距　meeting sight distance

在同一车道上有对向的车辆行驶, 为避免相碰而双双停下所需要的最短距离。会车视距由三部分组成: 双方驾驶员反应时间所行驶的距离、双方汽车的制动距离、安全距离。

《公路路线设计规范》(JTG D20—2017) 规定, 高速公路和一级公路采用分向分道行驶, 不存在会车问题; 会车视距仅在二级公路、三级公路、四级公路设计中进行要求。在设计中, 参照国内外普遍做法, 会车视距通常取停车视距的2倍。

各级林区公路应保证有大于下表中的会车视距。林区公路平面上的行车视距主要采用停车视距和会车视距两种。在设计时一般以会车视距为原则, 只有在工程特殊困难或受限制的地段才可采用停车视距, 但必须采取分道行驶的措施, 如设分隔带、分道线、分隔桩, 或设两条分离的单车道。

会车视距 (m)

路面状况	设计车速 (km/h)				
	60	40	30	20	15
潮湿	150	80	60	40	—
冰滑	220	120	90	60	—

参考文献

国家林业局, 2014. 林区公路设计规范: LY/T 5005—2014[S]. 北京: 中国林业出版社.

许恒勤, 张泱, 2003. 林区道路工程[M]. 哈尔滨: 东北林业大学出版社.

许金良, 等, 2022. 道路勘测设计[M]. 5版. 北京: 人民交通出版社.

中华人民共和国交通运输部, 2017. 公路路线设计规范: JTG D20—2017[S]. 北京: 人民交通出版社.

（王宏畅）

混合捻钢丝绳　mixed-lay wire rope

相邻绳股的钢丝捻绕方向相反的钢丝绳。又称混合绕钢丝绳。从外表上看, 混合捻钢丝绳外层钢丝与钢丝绳轴线是斜交与平行相间出现。性能介于交互捻钢丝绳和同向捻钢丝绳之间, 即具有较长的寿命、较好的耐磨性能、较高的强度, 吊重物时不易旋转, 用途极为广泛, 如集材索道中的起重索、往复牵引式索道中的牵引索和缆索起重机等均广泛使用混合捻钢丝绳。

（张正雄）

混凝土护栏　concrete guardrail

用钢筋和水泥混凝土为主要材料浇筑而成的一种道路护栏。不仅是林区道路建设项目的重要组成部分, 也是车辆在公路上安全行驶的导向标, 更是车辆失控时保护生命安全的最后一道防线。也叫生命防护工程。

混凝土护栏往往设置在行车安全隐患较大路段, 应在路基成型的同时完成护栏施工, 一方面能有效提高过往车辆通行安全性, 尤其是边通车边施工的老路改扩建工程; 另一方面可以节省施工期间临边临时安全防护措施费用。

在混凝土护栏施工前, 通过测量放线对护栏基础平面位置、顶面高程进行准确定位, 基础混凝土浇筑完成后, 对其顶面高程和平整度要进行复测, 超出规定值则采用打磨、找补等方式进行处理, 必须确保护栏墙身模板安装基座的顶面高程及平整度满足要求, 使模板底部与其基座表面紧密贴合。

钢筋原材料按规定检验合格, 其半成品加工几何尺寸必须按设计严格控制。钢筋半成品加工精度必须要满足要求; 钢筋骨架的纵、平面位置要符合要求; 垫块安装就位后, 在精准校正模板平面位置的同时, 也要对钢筋骨架平面位置进行校正。

混凝土强度是护栏施工质量的根本, 必须确保其满足设计及规范要求。在混凝土施工期间, 应定期或不定期抽取混凝土所用原材料, 按照批准的配合比进行试拌, 通过检查试拌混凝土的工作性与配合比试验时的工作进行比较; 混凝土浇筑过程中, 按照规定频率在浇筑现场抽样试验, 对7天抗压强度抽检数据与配合比试验时的试验数据进行比较。混凝土浇筑完成后, 应采用标准方法对实体强度进行检查确认。

混凝土护栏应在适当的位置预留泄水孔。泄水孔几何尺寸、间距、流水面高程, 除严格按设计要求控制外, 在上、下坡路段, 泄水孔不应与护栏垂直, 而应与护栏斜交, 保证泄水孔进水口高程高于出水口高程, 以此保证排水顺畅。

参考文献

国家林业局, 2014. 林区公路设计规范: LY/T 5005—2014[S]. 北京: 中国林业出版社.

王建军, 龙雪琴, 2018. 道路交通安全及设施设计[M]. 北京: 人民交通出版社.

中华人民共和国交通运输部, 2017. 公路交通安全设施设计细则: JTG D81—2017[S]. 北京: 人民交通出版社.

中华人民共和国交通运输部, 2021. 公路交通安全设施施工技术规范: JTG 3671—2021[S]. 北京: 人民交通出版社.

（郭根胜）

混凝土桥　concrete bridge

用混凝土建造的桥梁。在森林工程中的应用较为广泛, 主要用于跨越森林内的河流、沟渠和其他地形障碍, 确保森林内部交通的畅通。坚固耐用的特点使其能够承受长期使用和恶劣天气条件的考验, 为木材运输和森林管理提供了可靠的基础设施。

混凝土桥所用混凝土有素混凝土、钢筋混凝土和预应力钢筋混凝土。根据所用材料分为钢筋混凝土桥和预应力钢筋混凝土桥两类。按桥型体系有拱桥、梁式桥、刚架桥和斜拉桥等。可以现场浇筑，也可以工厂预制。整体性与抗震性好，刚度和稳定性大，但自重大，就地浇筑时工期长。

钢筋混凝土桥 桥跨结构采用钢筋混凝土建造的桥梁。桥面板多为现浇式或装配式钢筋混凝土板。19世纪后半叶才出现，发展速度很快。1875—1877年，法国园艺家莫尼埃（Monier）建造了第一座钢筋混凝土人行拱桥，跨径16m，宽4m。约于1890年以后才出现较多的钢筋混凝土桥，最初多为以承压为主的拱桥，随后才发展成以混凝土承压、钢筋受拉的梁式桥和刚架桥等体系。钢筋混凝土桥，砂石骨料可就地取材，维修简便，行车噪声小，使用寿命长，并可采用工业化和机械化施工，但自重大，对于特大跨度的桥梁在跨越能力与施工难易度和速度方面，常不及钢桥优越。200多年来，在国内外的中小型河谷及水利工程中的工作桥等方面已被广泛采用。

预应力钢筋混凝土桥 桥跨结构采用预应力混凝土建造的桥梁。这种桥梁，利用钢筋或钢丝（索）预张力的反力，可使混凝土在受载前预先受压，在运营阶段不出现拉应力，或有拉应力而未出现裂缝或控制裂缝在容许宽度内。优点是能合理利用高强度混凝土和高强度钢材，从而可节约钢材，减轻结构自重，增大桥梁跨越能力；改善结构受拉区的工作状态，提高结构的抗裂性，从而可提高结构的刚度和耐久性。不足之处是施工工艺较复杂、质量要求较高和需要专门的设备。

1928年，法国弗雷西内（Freyssinet）经过20年的研究，用高强钢丝和混凝土制成预应力钢筋混凝土，克服了钢筋混凝土易产生裂纹的缺点，使桥梁可以用悬臂安装法、顶推法施工。随着高强钢丝和高强混凝土的不断发展，桥的结构不断被改进，跨度不断提高，分为简支梁桥、连续梁桥、悬臂梁桥、拱桥、桁架桥、刚架桥、斜拉桥等桥型。

参考文献
李国豪, 1999. 中国土木建筑百科辞典: 桥梁工程[M]. 北京: 中国建筑工业出版社.

（余爱华）

火烧清理法　fire cleaning

将采伐迹地上的剩余物进行焚烧的清理方法。是改善生态环境和促进更新的有效方法。有堆烧和散烧两种。

适用条件 ①皆伐迹地；②依靠人工更新的采伐迹地；③沙壤土和轻质黏壤土的采伐迹地，以及落叶层腐殖土厚的地方；④林内空地大、幼树少，不至于烤伤母树和幼树；⑤坡度20°以下的较平缓的坡地。

方法 中国东北地区一般采用堆烧。一般在冬季和阔叶林伐区清理时，堆可大点、少些；在早春和针叶林伐区清理时，堆则应小点、多些。堆一般以1m×1m×1.5m为宜。如堆过大，则燃烧时间长，温度过高，反而会破坏土壤的物理性质。焚烧的堆要离开母树、幼树、保留木及林墙10～15m。在沙土地，最好在低洼处焚烧。南方有些地方采用散烧，也叫"炼山"。

特点 ①有利于消灭使土壤坚实的禾本植物；②增加土壤中的水透性钙的含量；③提高土壤肥力；④有效地防止迹地上的森林火灾及病虫害的发生；⑤改良土壤的理化性质，促进有机质的分解。

注意事项 要特别注意防火。作业人员要穿防火衣、戴防火帽。采取侧风和隔堆烧的方法，离开焚烧地点时要将火彻底熄灭。干燥季节和防火季节不允许作业。在东北、内蒙古林区，最适宜的季节是冬季、早春或晚秋；南方应在雨季焚烧。

参考文献
东北林学院, 1984. 森林采伐学[M]. 北京: 中国林业出版社: 133.

（肖生苓）

急流槽 chute

在陡坡或深沟地段设置的坡度较陡、水流不离开槽底的沟槽。纵坡比跌水的平均纵坡更陡，结构的坚固稳定性要求更高，是林区公路回头曲线沟通上下线路基排水及沟渠出水口的一种常见排水设施。主体部分的纵坡依地形而定，一般可达67%（1∶1.5），如果地质条件良好，需要时还可更陡，但结构要求更严，造价亦相应提高，设计时应通过比较而定。

多用砌石（抹面）和水泥混凝土结构，亦可利用岩石坡面挖槽。如临时急需时，可就近取材，采用竹木结构。

构造由进口、主槽（槽身）和出口三部分组成。急流槽的进出口与主槽连接处，因沟槽横断面不同，为了能平顺衔接，可设过渡段，出口部分设有消力池。各个部分的尺寸依水力计算而定，对于设计流量不超过 $1.0m^3/s$ 的急流槽，槽底倾斜为1∶1～1∶1.5。基础必须稳固，端部及槽身每隔2～5m，在槽底设耳墙埋入地面以下。槽身较长时，宜分段砌筑，每段长5～10m，预留伸缩缝，并用防水材料填缝。

参考文献

国家林业局, 2014. 林区公路设计规范: LY/T 5005—2014[S]. 北京: 中国林业出版社.

黄晓明, 2019. 路基路面工程[M]. 6版. 北京: 人民交通出版社.

宇云飞, 岳强, 2012. 道路工程[M]. 北京: 中国水利水电出版社.

中华人民共和国交通运输部, 2012. 公路排水设计规范: JTG/T D33—2012[S]. 北京: 人民交通出版社.

（郭根胜）

集材 skidding; yarding

在森林采运作业中，将各伐倒地点的木材汇集到山上楞场的作业。

集材距离一般为几百米，至多几千米，常修有简易集材道。有时因集材设备不能运达木材所在处，须先将足够一次集材量的木材集中于集材道旁，该工序称归堆或小集中。

工艺类型 按木材在集材中的形态分为3种：原木集材、原条集材和伐倒木集材。中国东北林区主要采用原条集材，南方多采用原木集材。

方式 按使用的动力分为机械集材（包括拖拉机集材、绞盘机集材、索道集材、空中集材等）、人力集材（包括人力板车、人力肩扛等）、畜力集材和自然力集材（包括滑道集材和水力集材等）。按被集木材所处的状态分为半载集材、全载集材和全拖集材。

集材方式的选择是伐区工艺设计的主要内容，关系到木材生产的成本，并影响到森林更新和环境保护。

人力和畜力集材 最原始的集材方法，集材效率低，基本已被淘汰。

拖拉机集材 木材随集材牵引机械一起移动，不受距离和方向的限制，不需复杂的装置，工艺过程简单，效率远高于畜力集材，且牵引机械可以完成其他作业。但受地形条件的限制，对沿途地表和林木损害较大，会影响森林的天然更新，且消耗功率较大。较适用于地势平缓和坡度不超过25°的丘陵林区。

绞盘机集材 以绞盘机为动力，通过钢丝绳将木材从伐区内部牵引到楞场的集材方式。机械位置固定，既不需要修建集材道，又可充分利用发动机的动力，可用于地形复杂和沼泽地区。但集材距离受限制，安装和转移设备费工，只适于皆伐作业。

索道集材 在伐区以绞盘机为动力牵引吊运跑车，沿着空中架设的钢索吊运木材的集材方式。除具有绞盘机集材的优点外，还对地表和保留林木无损害或损害较少，适于山地或跨越沟壑、沼泽的作业。缺点是架设费工，转移困难。

空中集材 利用飞行器及其辅助设备使木材完全在空中运行的集材方式。主要有气球集材和直升机集材。①气球集材。是利用充氢气球的升力把木材起吊到空中，用绞盘机的钢索牵引气球和木材运送到集材场。实际上是气球与绞盘机或索道相结合的集材方式，集材的能力及距离视气球的容积、绞盘机的牵引力和容绳量而定。②直升机集材。是将木材悬吊于直升机下面空运到楞场。空中集材不需整修集材道，不损坏环境，但耗资巨大，且气球集材还难以转移设备。常用于珍贵木材的集材作业。

滑道集材 利用山地自然坡度和木材自重沿槽道自动滑下的集材方式。一般适用于6°～30°的坡地。原理是木材在滑道斜面上向下运动的分力大于最大摩擦力时，可克服摩擦阻力而向前滑动。不同结构的滑道有不同的摩擦阻力，从而可以根据坡度选择滑道结构，如土滑道、竹滑道、木滑道、水滑道、冰雪滑道、金属滑道或塑料滑道等。滑道集材设备简单、不需动力、可就地取材、成本较低。但木材损耗较大，土滑道则破坏地表严重。

参考文献

王善云, 2013. 运用合理的集材方式保护森林环境[J]. 科技创新与应用(15): 276.

战丽, 朱晓亮, 马岩, 等, 2016. 基于模糊综合评价法对几种集材方式的研究与分析[J]. 木材加工机械, 27(4): 51–54.

张正雄, 2002. 山地人工林集材作业技术[J]. 山地学报(6): 761–764.

（徐华东）

集材道　skidding trail

用于在伐木地点至木材装车场或楞场（山场）之间修建专供集材作业使用的道路。又称集材道路。

根据《亚太区域森林采伐作业规程》，集材道分为主集材道和小集材道。主集材道通过集材机械的次数在10次以上，其建设可能需要小规模的土方工程，通常建在运材岔线（山脊）上以利于排水；通常在临近采伐作业开始时建设。小集材道通过集材机械的次数在10次以下，其建设不需要土方工程，枯枝落叶层要保留在集材道的表面；建设时间在采伐之后，但在采伐之前应标出小集材道的位置，以利于伐木工人确定采伐方向。依据集材方式分为畜力集材道、拖拉机集材道和滑道集材道。

畜力集材道多为牛、马、骡、驴和大象等畜力集材使用，道路质量要求低，一般宽度2.0～2.5m。

拖拉机集材道是供拖拉机集材行走的临时性林道。分主道和支道。主道宜选设在木材集中、土质坚实、整修工作量小的地带，一般宽度3.5～4.5m。根据山上楞场位置、地势条件，尽量缩短集材距离。支道由主道两侧或一侧伸向伐区各部一般宽度3.0～3.5m。

滑道集材道是利用山地自然坡度和木材自重沿槽道自动滑下的集材道。一般适用于6°～30°的坡地。不同结构的滑道有不同的摩擦阻力，从而可以根据坡度选择滑道结构，如土滑道槽深15～30cm、宽80～100cm，木滑道结构取决于滑材直径加10cm，竹滑道槽30～60cm、宽80～100cm，冰雪滑道槽30～60cm、宽80～100cm，塑料滑道半圆内径33cm、壁厚0.6cm等。这种集材道设备简单，无须动力，可就地取材。但其木材损耗较大，且木材与地面接触时对地表破坏性大。

参考文献

陈绍志, 何友均, 陈嘉文, 等, 2015. 林区道路建设与投融资管理研究[M]. 北京: 中国林业出版社.

滕贵波, 2016. 辽东山区不同季节林木采伐对林道影响的调研报告[J]. 农业开发与装备(12): 50, 58.

亚太林业委员会, 联合国粮农组织亚太地区代表处, 2000. 亚太区域森林采伐作业规程[M]. 国家林业局森林资源管理司, 译. 北京: 中国林业出版社.

战丽, 朱晓亮, 马岩, 等, 2016. 基于模糊综合评价法对几种集材方式的研究与分析[J]. 木材加工机械, 27(4): 51–54.

张正雄, 2002. 山地人工林集材作业技术[J]. 山地学报(6): 761–764.

（徐华东，余爱华）

集材跑车　skidding carriage

用于集材索道的跑车。具备拖、提、运、降木材的功能。集材跑车结构必须符合集材索道能直接抓（提）取木材，并且一次直接运输的用途。

集材跑车要求能适应地形，可直线或拐弯进行集运木材；能沿索道线路任意点停留，横向小集中单侧距离为50～100m；要求结构紧凑，工作安全可靠，重量轻；拖钩容易，捆挂抓取木材简便，劳动强度小。集材跑车包括滑轮组合式跑车、半自动跑车、全自动跑车等。

集材跑车包含行走机构、起升机构、托挂机构和止动机构等。①行走机构。由集材跑车的行走轮及其附属装置组成。又称走行机构。通常分为2轮、4轮、8轮等。②起升机构。集材跑车中用于起升载物吊钩及货物的装置。对于滑轮组合式跑车，起升机构为组合滑轮组与载物（吊）钩；对于半自动跑车，起升机构为起重轮（起重卷筒）与载物钩；对于全自动跑车，起升机构为起重轮（起重卷筒）与载物钩。③托挂机构。集材跑车把木材从地面起升至空中后，跑车中承担木材全部重量的承托装置。④止动机构。使跑车能够在承载索上停留的装置。半自动跑车的止动机构安装在承载索的集材点和卸材点；全自动跑车的止动机构装在跑车内，靠无线电遥控，液压推动夹紧块握紧承载索，实现跑车在承载索上任意点停留。

（周成军）

集材索道　skidding cableway

用架空钢索汇集木材的机械设施。是山地（高山和丘陵）林区实现机械化集运木材的有效设备。中国于20世纪50年代末期相继出现各种集材索道。

集材索道一般是在支架（活立木或伐根，极少用砼支架）上架设承载索，上面悬挂跑车，绞盘机通过一套钢索导绕系统驱动钢丝绳进行木材的小集中，跑车依靠钢索牵引，拖集、提升、运输与降落，能够直接抓（提）取索道线下任意一点及两侧横向集距一定范围（双侧100～160m，理想200m）内的木材，从而将木材从采伐迹地集运到林道旁的山上楞场（堆头、山上集材场）。集材索道如果组织得力，还可进行归楞作业或不经归楞将木材直接装上汽车，也可单独进行装车作业。

集材索道对地形适应性强，可作顺坡集材，也可作逆坡和跨越沟谷、河流的平坡集材，能捷径运输；很少受气候、季节的影响，修建、运营和维护费用低；改善了山地集材的作业条件，降低了劳动强度，提高了劳动生产率。集材索道不影响木材质量（不致因碰撞而劈裂折断），且由于不需要开挖集材道，集材作业过程中木材基本上处于悬空状态不与地表接触，故对地表破坏小，有利于水土保持、水源涵养、森林更新和环境保护，符合以营林为基础的作业要求。但作业期限较短，需要经常转移，安装与拆转费工耗时，定向集材，机动性差。

集材索道集运木材时有全悬和半悬两种状态。全悬集材对幼小树的损伤和集材道的破坏都是非常轻微的，甚至可以忽略不计；半悬集材，因索道载量较小，对地表的破坏也很小。集材索道有多种类型。按跑车运行的方式分**半自动集材索道、全自动集材索道和增力式集材索道**；按承载索功能分为承载索固定式（全自动、半自动与增力式）、松紧式和运行式集材索道；按有无中间支架分单跨和多跨集材索道。常用集材索道类型及性能见下表。

常用集材索道类型及性能

索系、跑车类型	固定式（承载索固定不动）						松紧式	
	双索型			三索型	四索型		单索型	双索型
	半自动跑车（带止动器）		遥控跑车	简易跑车			简易滑轮	
索道型式	K_2	MS_4	GS_3	$YP_{2.5}$-A	K_1, K_2-2	K_1, K_2-2	—	—
坡度（°）	±（11～20）	±（11～20）	±（0～30）	±（0～30）	11～20	±（0～20）	7～17	5～45
牵引方向	单向	单向	双向	双向	单向	双向	人力回空	单向
索道绞盘机	J_3	SJ-23	SJ-23 闽林	SJ-23 闽林	双卷筒	SJ-23 闽林	单卷筒	双卷筒
集材距离（m）	800～1200	800～1200	1000 以上	1500	300～800	300～800	200～300	200～300
单侧横向集距（m）	50～70	< 60	与承载索成45°	< 60	< 40	< 40	10	10
起重量（t）	3	4	3	2.5	3, 2	3, 2	1	1
台班产量（m³/台班）	20～40	30～50	30～40	30～50	20～40	20～40	10～20	10～20
鞍座	直线	双拐	单拐	单拐	直线	直线	—	—
蓄积量（m³）	蓄积量多、材积大、资源集中（3000～5000）				蓄积量多、材积大、资源集中，3000 以下		蓄积量小、资源分散、材积小	

随着国民经济的不断发展和林区开发逐步深入边远山区，集材索道类型和数量不断增加，设备技术性能逐渐完善，伴随设备的更新换代和新机型的出现，集材索道已成为中国南方高山林区和东北林区的主要集材方式。发展趋势是加大伐区道路网密度，缩短集材距离，采用单跨、带钢架杆的行走式绞盘机及遥控跑车和无线通信，缩短安装工时等。

参考文献

东北林学院, 1985. 林业索道[M]. 北京: 中国林业出版社.

单圣涤, 2000. 工程索道[M]. 北京: 中国林业出版社.

周新年, 周成军, 郑丽凤, 等, 2020. 工程索道[M]. 北京: 机械工业出版社.

（周新年）

加工缺陷 defects due to processing

锯解加工过程中所造成的木材表面损伤缺陷。

类型 按照木材表面损伤的程度，分为缺棱、锯口缺陷。

缺棱 在整边锯材上残留的原木表面部分。可分为钝棱和锐棱。①钝棱。锯材宽、厚度方向的材棱未着锯的部分。②锐棱。锯材材边局部长度未着锯的部分。

锯口缺陷 木材因锯割不当造成材面的不平整现象。分为瓦棱状锯痕、波纹状锯痕、毛刺粗面。①瓦棱状锯痕。锯齿或锯削工具在锯材表面留下的深痕，使锯口显得凸凹不平的现象。②波纹状锯痕。又称水波纹或波浪纹。锯口不成直线，材面（边）呈波浪状的不平整现象。③毛刺粗面。原木在锯割时，纤维受到强烈撕裂或扯离而形成毛刺状，使材面（边）显得十分粗糙的现象。

识别与检量 加工缺陷是一种木材缺陷，按照 GB/T 4823《锯材缺陷》进行识别。主要检量钝棱缺陷的缺角尺寸，检量方法按照 GB/T 4822《锯材检验》标准执行。

对材质的影响与评定

对材质的影响 ①缺棱减少材面的实际尺寸，使木材难以按要求加工，亦增加废材量，降低木材的有效利用率。②锯口缺陷使锯材的形状和尺寸不规整，锯材宽窄、厚薄不均匀或材面粗糙，加工也变得困难，木材利用率下降。

材质评定 加工缺陷对锯材产品材质的影响程度，按照 GB/T 4822《锯材检验》标准进行评定。

参考文献

王忠行, 范忠诚, 1989. 木材商品学[M]. 哈尔滨: 东北林业大学出版社.

朱玉杰, 侯立臣, 2002. 木材商品检验学[M]. 哈尔滨: 东北林业大学出版社.

（朱玉杰）

驾驶疲劳 driving fatigue

在长时间连续木材运输过程中，驾驶人生理机能和心理机能失调，客观上出现驾驶技能下降的现象。木材运输驾驶人长时间从事精神高度集中的重复性驾驶工作，导致局部肌肉群功能的下降或丧失，同时，伴随困倦瞌睡，注意力不集中，判断能力下降，极易诱发道路交通事故。

疲劳分为局部疲劳、全身性疲劳、智力性疲劳和技术性疲劳4类。木材运输驾驶疲劳属于技术性疲劳，是驾驶人的生理疲劳和精神疲劳的共同反应。驾驶疲劳产生的原因可归结为3类：①驾驶人本身的原因。包括身体健康状况不良、精神状态和心理状态不佳等。②运行过程中的原因。林区道路线形复杂、质量差，尤其支线、岔线的修筑标准低、养护不到位。木材运输主要集中在冬季，气候条件差，夜间运输频率高，驾驶人精神压力大。③管理的原因。管理中组织不合理，休息制度不合理，人员配备不齐等。

虽然人们对驾驶疲劳的认识已经逐渐加深，但在木材运输工效学中，尚未形成可有效指导运输实践的系统理论。对木材运输驾驶疲劳的研究可为驾驶人行车安全预防与管理提供科学的理论指导，保证驾驶人的职业安全与健康，减少木材运输交通事故，提高林业生产安全。

参考文献

联合国粮农组织, 1997.林业人类工程学[M].邢自生, 译.兰州: 甘肃民族出版社: 41–43.

孟春, 杨学春, 2007.木材物流管理[M].哈尔滨: 东北林业大学出版社: 34–53.

任福田, 1993.交通工程心理学[M].北京: 北京工业大学出版社: 204–214.

（高明星）

驾驶行为　driving behavior

驾驶人在木材运输过程中产生的与作业和运输安全直接相关的动作。分为直接驾驶行为和间接驾驶行为。驾驶人的驾驶行为直接关系木材运输的安全和生产效率以及木材运输成本。

直接驾驶行为　驾驶人直接操控车辆的动作。包括合理的和不合理的直接驾驶行为。①合理的直接驾驶行为是指能保证木材运输安全运行而采取的操作，即驾驶人在木材运输过程中通过感觉器官获取周围信息，经过分析判断，做出正确的转向、加速、减速等操作。②不合理的直接驾驶行为表现在两个方面：一方面是指在木材运输过程中由于驾驶人获取信息不充分或分析判断错误而采取的不合理操作，如超速、强行超车、随意变道等；另一方面是驾驶人为实现自己的驾驶需求而采取的不安全、不规范、违反交通规则的行为。不合理的驾驶行为不仅影响木材运输正常运行秩序，而且有可能产生生产事故，造成经济损失和人员伤亡。

间接驾驶行为　驾驶人不直接操控车辆但影响到木材运输作业实施的动作。包括合理的和不合理的间接驾驶行为。合理的间接驾驶行为是指驾驶人为提高木材运输车辆行驶安全，通过改变驾驶姿势、听音乐、开空调等方法缓解驾驶疲劳的动作。不合理的间接驾驶行为是指不能保证车辆行驶安全的间接动作，如接打手机、阅读信息等。

在木材运输中关于驾驶行为的研究还处于以规章制度为代表的主观评价的初级阶段，缺少相关的工效学理论研究作为支撑，这也为木材运输驾驶行为研究指明了新的方向。把工效学的原理与方法应用到驾驶行为的研究中，形成科学合理的理论体系，指导木材运输生产，提高木材运输的安全性和生产效率，降低木材运输成本等。

参考文献

任福田, 1993. 交通工程心理学[M]. 北京: 北京工业大学出版社: 201–212.

王武宏, 郭宏伟, 2013. 交通行为分析与安全性评价[M]. 北京: 北京理工大学出版社: 54–88.

（解松芳）

架杆起重机装车　rod crane loading

利用架杆起重机进行木材装车的方式。通过使用绞盘机作为动力，结合架杆和索系完成木材的装车作业。架杆起重机是一种发展最早、应用最广泛的木材装卸设备，早期主要用于贮木场作业。20世纪60年代实行原条运输后，被普遍应用于山上楞场的原条装车。

从整体来说，架杆起重机可分为固定的、半固定的和移动的3种。绞盘机有双筒和单筒。架杆一般为木质，有单杆、双杆、A字型杆等类型。

架杆起重机可以实现原木和原条的装卸作业。用于山上原条装车场作业时，原条的移动是拖拽方式。有单面和双面装车两种形式。①单面装车。采用绞盘机拖拽装车时，原条是沿爬杆上升而装到运材车辆或预装架上。②双面装车。一对A字型架杆横跨装车线进行架设，其间用承载索张紧，两端再利用绷索绷紧。导向滑轮设置于承载索中部，利用绞盘机和钢索可将两面装车场上的原条分别通过爬杆进行装车。

架杆起重机装车具有以下特点：①架杆起重机造价低，技术简单，使用单位可自行安装；②属于固定式装车，架杆起重机安装后不能移动；③当装车场进行转移时，需要停产进行拆装；④起重量较大，适合于原条装车。

参考文献

史济彦, 1996. 森林采伐学[M]. 北京: 中国林业出版社: 141–145.

王立海, 2001. 木材生产技术与管理[M]. 北京: 中国财政经济出版社: 151–152.

（林文树）

架索　erect the wire rope

安装架设和张紧索道承载索的作业。包括架设位置确定、支架安装、承载索铺设、承载索在伐根或活立木或人工卧桩等锚固（通常在上支点锚固）、绳夹板与承载索连接、动复式滑车与绳夹板连接、定复式滑车锚固、用张紧索穿复式滑车组（成对的，通常在下支点）、张紧索在绞盘机起重卷筒锚固、启动绞盘机张紧承载索使其架起、调整承载索张紧度使其到达设计位置、锚固张紧索。架索过程务必保证安全、稳定和可靠。

架索时，承载索张紧注意事项：①张紧时通告全线工作人员撤离至安全地带，并设安全哨，禁止行人与车辆通行。②张紧时各鞍座和各锚桩处设专人观察，注意各立木绷索和绳卡子的变化情况，发现异常应及时发出信号。③为使牵引承载索的回空索再回到山下，可按设计安装拉力将承载索张紧并暂时固定后，将3t滑车钩子朝下，滑车的轮子骑在承载索上，并与回空索连接。当承载索张紧，平均坡度在8°以上时，一般均能靠吊钩上重物的重力将回空索带回山下。④用绞盘机张紧复式滑车，使承载索徐徐张紧到一定程度后，停车检查全线路各部情况，确认正常后再继续张紧至设计要求。⑤张紧后，停机30min进行全线检查，对张紧做暂时的固定。经重载试运行后，继续张紧，直至安装拉力等于设计拉力时，固结承载索。

参考文献

国家林业局, 2016. 森林工程 林业架空索道 架设、运行和拆转技术规范: LY/T 1169—2016[S]. 北京: 中国标准出版社: 11.

周新年, 周成军, 郑丽凤, 等, 2020. 工程索道[M]. 北京: 机械工业出版社: 119-120.

（巫志龙）

检尺长 length class

按《原木检验》（GB/T 144—2013）标准规定，经进舍后的原木长度。又称长级。

原木检尺长 原木的材长是在原木两端断面之间相距最短处取直检量。原木的检尺长以米（m）为单位，量至厘米（cm），不足1cm舍去。检量的材长小于原木产品标准规定的检尺长，但不超过下偏差，仍按原木产品标准规定的检尺长计算；如超过下偏差，则按下一级检尺长计算。原木有下口断面的，测量材长时应让去下口部分的长度取直检量。

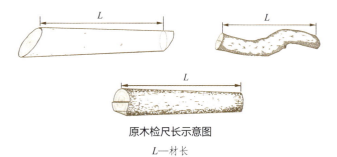

原木检尺长示意图

L—材长

原条检尺长 从根端锯口的上口至梢端短径4cm（去皮后的实足尺寸）处，直线检量原条的长度，经进舍后为检尺长。原条的检尺长以米（m）为单位。原条检尺长自3m以上，以1m为一个增进单位，实际尺寸不足1m时由梢端舍去。原条根端劈裂已脱落，如所余断面的短径经进舍后不小于检尺径的，不予让尺，原条长度从根端量起；小于检尺径的，让去小于检尺径部分的长度。让尺后的原条，应在短径不小于检尺径的部位重新确定检尺长，检尺径部位不变。原条梢端劈裂已脱落，长度检量至梢端短径4cm（去皮后的实足尺寸）处。

杉原条检尺长 从大头锯口开始，量至梢端短径足6cm处止，以1m进级，不足1m的由梢端舍去，经进舍后的长度为检尺长。梢端劈裂，不论是否脱落，其长度均量至所余最大一块厚度（实足尺寸）不小于6cm处为止。

参考文献

国家林业局, 2018. 原条检验: LY/T 2984—2018[S]. 北京: 中国林业出版社: 1-2.

国家市场监督管理总局, 国家标准化管理委员会, 2022. 杉原条: GB/T 5039—2022 [S]. 北京: 中国标准出版社: 1-5.

中华人民共和国国家质量监督检验检疫总局, 中国国家标准化管理委员会, 2013. 原木检验: GB/T 144—2013[S]. 北京: 中国标准出版社: 1-12.

（肖生苓）

检尺径 diameter class in log scaling

按《原木检验》（GB/T 144—2013）标准规定，经进舍后的原木小头直径。又称径级。原木、原条和杉原条检尺径均不包含树皮。

原木检尺径 原木的检尺径以厘米（cm）为单位，量至毫米（mm），不足1mm舍去。检尺径的确定，是通过小头断面先量短径，再通过短径中心垂直检量长径。长短径之差自2cm以上，以其长短径的平均数经进舍后为检尺径；长短径之差小于2cm，以短径进舍后为检尺径。检尺径的进级：原木的直径小于或等于14cm的，以1cm进级，尺寸不足1cm时，足0.5cm进级，不足0.5cm舍去；直径大于14cm的，以2cm进级，尺寸不足2cm，足1cm进级，不足1cm舍去。对小头端面呈不规整、双心、劈裂、外夹皮等现象的原木，则按《原木检验》（GB/T 144—2013）量取。

原条检尺径 原条的直径量至厘米（cm），不足1cm舍去。检尺径在材长中央，长短径之差自4cm以上，以其长短径的平均数经进舍后为检尺径；长短径之差小于4cm，以短径进舍后为检尺径。检尺径自6cm以上，以2cm为一个增进单位，足1cm增进，不足1cm舍去。检尺径处如遇树瘤、树包、节子、树干肥大等使树干不整形者，应向梢端方向移动至正常部位检量，经取舍后为检尺径。

杉原条检尺径 直径检量以厘米（cm）为单位，量至毫米（mm）。应在大头锯口最短侧2.5m处检量，直径14cm以上的按2cm进级，不足2cm时，凡足1cm的进级，不足1cm的舍去；直径不足14cm的按1cm进级，凡足0.5cm进级，不足0.5cm舍去，经取舍后的直径为检尺径。检尺径处如遇树瘤、节子等缺陷时，应向梢端方向移动至正常部位检量；如检尺径处遇有夹皮、偏枯、外伤和节子脱落而形成的凹陷，应将直径恢复其原形检量。对于劈裂等缺陷，按《杉原条》（GB/T 5039—2022）规定执行。

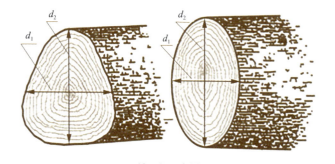

检尺径示意图

d_1—短径；d_2—长径

参考文献

国家林业局, 2018. 原条检验: LY/T 2984—2018[S]. 北京: 中国林业出版社: 1-2.

国家市场监督管理总局, 国家标准化管理委员会, 2022. 杉原条: GB/T 5039—2022 [S]. 北京: 中国标准出版社: 1-5.

中华人民共和国国家质量监督检验检疫总局, 中国国家标准化管理委员会, 2013. 原木检验: GB/T 144—2013[S]. 北京: 中国标准出版社: 1-12.

（肖生苓）

检尺码单管理系统　timber scaling checklist management system

应用信息技术对木材检尺码单相关业务进行管理的计算机系统。又名木材码单管理系统。

木材检尺码单是由检尺员在伐区或木材加工企业现场记录的运输木材原始凭证。它详细记录了木材运输车辆的号码、运输的起讫地点、收货单位的代码（或名称）、运输的有效时间，以及木材的材种、材积、数量等关键信息。木材检尺码单不仅是木材运输证的重要补充，还可以作为县内短程木材运输的合法凭证，因此，检尺码单的管理是木材运输管理中的一个重要环节。

检尺码单管理系统主要功能包括木材及木制品检尺码单的录入、检量数据的上传、采伐限额的核验、木材来源合法性的证明、木材运输量的统计、木材流量流向的追踪，以及对木材加工企业原料来源的电子监管。业务模块具体划分如下：

①检尺码单录入。检尺员将木材及木制品的检尺码单信息录入系统，系统检查录入数据的准确性和完整性。

②检量数据上传。检尺员在林地现场测量的木材数据可通过移动互联网及时上传至系统，云端进行检量数据自动处理和分析，生成检尺码单发回检尺员。

③采伐限额核验。此模块自动对接采伐证管理系统，核验木材来源是否符合采伐限额要求，以协助林业执法部门及时发现盗砍滥伐类违法行为。

④木材运输管理。云端实时统计木材的运输量并生成各类报表，为林业物流企业的业务管理提供技术支持和数据支撑。

⑤运输执法检查。云端自动化分析木材运输的合法性，以协助林业执法部门及时发现非法运输等违法行为。

⑥流量流向追踪。利用信息技术手段追踪木材及木制品的流量和流向，确保木制品供应链的透明度和可追溯性。

⑦原料来源检查。对木材加工企业的原料来源进行合法性检查，防止非法木材原料混入木制品加工链，同时帮助林业执法人员及时发现非法加工的违法行为。

⑧出具证明文书。鉴于国际木制品市场对于木材来源合法性的严格要求，中国木制品出口面临着绿色贸易壁垒的挑战。为此，林区政府可以利用"出具证明文书"模块，为民众和企业提供便捷服务，快速出具多语言版本的"木材来源合法性证明文书"，并提供在线扫码的文书真伪性查验服务。这一举措能有效提升中国木制品在国际市场上的竞争力，同时展示中国政府在森林保护和绿色可持续发展方面的决心与努力。

检尺码单管理系统通过信息化管理，简化了检尺码单的管理流程，提高了木材行业的管理效率；提高了木材运输和加工数据的透明度，有效阻止非法木材原料混入木材加工链，为打击非法木材交易、保护森林资源提供有力的技术支持；协助林业政府部门和企业更有效地管理木材运输和加工流程，确保木材来源的合法性。

根据2020年7月1日起实施的《中华人民共和国森林法》，木材运输许可审批已被取消。因此，检尺码单在证明合法运输行为时的作用更加凸显。同时检尺码单是采伐限额核验、运输量及运费结算、加工企业原料采购量、木材来源合法性等重要凭证，检尺码单管理系统将在木材加工企业行为监管、木材物流管理、木制品供应链管理中继续发挥着更重要作用。

参考文献

林宇洪, 沈嵘枫, 邱荣祖, 2011. 南方林区林产品运输监管系统的研发[J]. 北京林业大学学报, 33(5): 130-135.

（林宇洪）

减速带　speed bumps

安装在林区公路上使经过的车辆减速的交通设施。又称减速垄。形状一般为条状，也有点状的；材质主要是橡胶，也有金属的；一般以黄色黑色相间以引起视觉注意，使路面稍微拱起以达到车辆减速的目的。一般设置在需要车辆减速慢行的路段和容易引发交通事故的路段，是用于降低机动车、非机动车行驶速度的新型交通专用安全设置。按照材料分类，减速带主要有橡胶减速带和铸钢减速带两种。

设置减速带属于垂直速度控制措施之一，通过改变道路某段的高度或材料，根据心理、生理原理强制机动车减速，以达到安全的目的。当车辆以较高车速通过减速带时，剧烈的振动会从轮胎经由车身及座椅传递给驾驶人，垂直曲线可以产生一个垂直方向的加速度，产生强烈的生理刺激（包括振动刺激和视觉刺激）以及心理刺激。生理刺激促使驾驶人产生强烈的不舒服感，而心理刺激则加深了驾驶人的不安全疑虑，进一步降低了驾驶人对道路环境的安全感。通常情况下，驾驶人认为不舒适度越大，车辆行驶安全性越小，即安全感越小。因此，减速带的设置会降低驾驶人行车安全感和乘坐舒适性的期望值，促使驾驶人选择较低的期望车速。在期望车速指导下，驾驶人将主动驾驶车辆以较低的行车速度接近并通过减速带。

理想的减速带必须保证车辆通过时不会发生车辆失控，重要安全部件不会产生断裂等危险状况，应拥有较高的行驶和结构安全性。理想减速带应具有以下特性：①随着车速的增加，行驶安全性降低到一定程度后能维持在一个稳定水平，甚至有所提高。②驾驶人的乘坐舒适性在车速低于道路限速时处于较高水平，在高于道路限速而低于所有超速车辆的85%车速时乘坐舒适性随车速的增加而迅速恶化，高于所有超速车辆的85%车速时能够维持在一个稳定的低水平状态。

使用效果在很大程度上取决于车辆的运行速度。因此，为确保驾驶人的安全和舒适性，必须合理设定道路的限速，科学设计减速带几何尺寸。

参考文献
国家林业局, 2014. 林区公路设计规范: LY/T 5005—2014[S]. 北京: 中国林业出版社.
王建军, 龙雪琴, 2018. 道路交通安全及设施设计[M]. 北京: 人民交通出版社.
中华人民共和国交通运输部, 2017. 公路交通安全设施设计细则: JTG D81—2017[S]. 北京: 人民交通出版社.
中华人民共和国交通运输部, 2021. 公路交通安全设施施工技术规范: JTG 3671—2021[S]. 北京: 人民交通出版社.

（郭根胜）

间断级配沥青混合料　stone matric asphalt

矿质混合料组成中，缺少一个或几个粒径档（或用量很少）的矿料与沥青结合料拌和而成的沥青混合料。典型类型是沥青玛蹄脂碎石混合料，以SMA（stone matrix asphalt）表示。SMA是由沥青结合料与少量的纤维稳定剂、细集料以及较多量的填料（矿粉）组成的沥青玛蹄脂填充于间断级配的粗集料骨架的间隙，组成一体所形成的沥青混合料。属于骨架密实结构，具有耐磨抗滑、密实耐久、抗疲劳、抗高温车辙、减少开裂等优点。适用于任何等级的道路，特别是高速公路、重交通道路、交叉口、机场道面、桥面铺装等工程。

依据集料的公称最大粒径可分为细粒式沥青玛蹄脂碎石（SMA-10或SMA-13）和粗粒式沥青玛蹄脂碎石（SMA-16或SMA-20）。

SMA起源于20世纪60年代的德国，德文称Split mastix asphalt，90年代初引入美国，被称为Stone Mastic Asphalt，缩写为SMA。1993年，中国在首都机场高速公路首次应用。

参考文献
付慧, 梁世栋, 2009. 路基路面施工技术与案例分析[M]. 郑州: 黄河水利出版社.
李立寒, 孙大权, 朱兴一, 等, 2018. 道路工程材料[M]. 6版. 北京: 人民交通出版社.
中华人民共和国交通运输部, 2019. 公路沥青路面施工技术规范: JTG F40—2019[S]. 北京: 人民交通出版社.

（王国忠）

渐伐　shelterwood cutting

森林主伐方式之一。在一定期限内（一般不超过一个龄级），把成过熟的林分按2～4次采伐完毕的作业方式。又称遮阴木法、伞伐法。渐伐后一般采用天然更新。渐伐有利于中度耐阴树种的更新。为了加快更新速度，可以采用人工促进天然更新。对于大的林隙空地，应当进行人工补植或补播。

渐伐可分为4个阶段。①预备伐。为更新准备条件而进行的采伐。采伐强度（按材积计算）一般为25%～30%，采伐后林分郁闭度应降到0.6～0.7。②下种伐。一般在种子丰年进行，以使更新所需的种子尽量落在林地上。采伐强度一般10%～25%。伐后林分郁闭度保持在0.4～0.6。③透光伐。下种伐以后，林地上逐渐更新起来许多新苗木，对光照的要求日益增强，因此要进一步疏开林木，采伐强度可以适当提高，以免保留林木过多，后伐时造成对苗木的损害。④后伐。受光伐后若干年，幼树由于得到较充足的光照，生长加速，且能抵抗日灼、霜冻和杂草的危害而不再需要老树的庇护时，可将林地上所有的老林木全部伐去。

依据伐区形状和排列方式的不同，渐伐分为均匀渐伐、带状渐伐和群状渐伐。均匀渐伐是在预定进行渐伐的全林范围内分几次采伐，保证全林所更新起来的新林都是同龄林。带状渐伐是将全部采伐的林分划分为若干带，按一定方向分带采伐。群状渐伐是指在施行渐伐的林地上，事先选好几个适当的基点（每公顷可选4～5个基点，每个基点面积0.02～0.05hm^2），然后以基点为中心，按渐伐的4个阶段顺序，逐渐向外扩大至全林。

参考文献
王立海, 2001. 木材生产技术与管理[M]. 北京: 中国财政经济出版社: 85-86.

（李耀翔）

交点　intersection

根据现场设计条件测设的两切线相交的点。路线的各交点（包括起点和终点）是详细测设中线的控制点，一般先在初测的带状地形图上进行纸上定线，然后实地标定交点位置。

道路路线定线可以归纳为"以点定线，以线交点"。其中"以点定线"中的"点"指的是对路线位置起控制作用的控制点，"以线交点"中的"点"是指路线的交点。

同一个圆的两条切线相交的点一定是圆曲线的交点，不同的两个圆的切线相交的点一般为缓和曲线的交点。当交点为平面设计的交点时，该交点为平曲线交点，控制线路平面曲率和走向。交点一般位于线路之外，交点控制着线路走向，但不一定是线路的转折点。

在采用传统的方法进行放样时，必须依赖实地上的交点（或虚交点）。但在施工过程中，由于交点是在导线上，当外距较小时，交点则往往落在路基范围以内，必然要被破坏。施工中需要先用护桩把交点引出路基范围外保护起来，需要时再行恢复。

参考文献
孙建诚, 孙吉书, 李霞, 2020. 道路勘测设计[M]. 3版. 北京: 人民交通出版社.

（李强）

交互捻钢丝绳　alternating lay wire rope

绳股在钢丝绳中的捻绕方向与钢丝在绳股中的捻绕方向相反的钢丝绳。又称交绕钢丝绳。从外表上看，交互捻钢丝绳外层钢丝与钢丝绳轴线大体平行，表面钢丝长度较短，表面不光滑，易于磨损。由于丝与股的捻向相反，故扭结回捻现象少。多用于林业索道中的承载索、起重索及往复式牵引索。

（张正雄）

交通量 traffic volume

单位时间内通过道路某一断面的通行单元（车辆或行人）数量。又称交通流量、流量。分为机动车交通量、非机动车交通量及行人交通量等。不加说明时，一般指机动车交通量。采用小客车为标准车型，将各种车辆折合成标准小客车的数量。

在道路设计中，一般使用拟建道路到预测年限时所能达到的交通量作为设计交通量。设计交通量预测的起算年为该项目可行性研究报告中的计划通车年，当提交可行性研究报告年到道路通车年超过5年时，在编制初步设计前应对设计交通量予以核对。预测年限为道路交通量达到饱和状态时的道路设计年限。设计交通量具体数值由交通调查和交通预测确定。有年平均日交通量和设计小时交通量。

年平均日交通量：对确定道路等级、论证道路的计划费用或各项结构设计等有重要作用，但不宜作为道路几何设计的依据。因为在一年中每月、每日、每小时交通量都在变化，在某些季节、某些时段可能高出年平均日交通量数倍。预测年限的年平均日交通量应综合考虑现有交通量、正常增长交通量、吸引交通量和发展交通量等因素后确定。

设计小时交通量：是确定道路等级、评价道路运行状态和服务水平的重要参数。取值越小，所选用的车道数越少，道路的建设规模越小，建设费用越低。但不恰当地降低设计小时交通量会使道路的交通条件恶化、交通阻塞和交通事故增多，道路的综合效益降低。多数国家采用将全年小时交通量从大到小按序排列，取其第三十位小时交通量作为设计依据，或根据项目特点与需求，结合当地调查结果和经济承受能力，控制在第二十至四十位小时交通量之间取值。当以第三十位小时交通量作为设计依据时，在一年的8760个小时中能顺利通过的保证率达99.67%，仅有29个小时超过设计值，将发生拥挤，占全年小时数的0.37%。

参考文献

许恒勤，张泷，2003. 林区道路工程[M]. 哈尔滨：东北林业大学出版社.

叶伟，王维，2019. 公路勘测技术[M]. 北京：机械工业出版社.

（刘远才）

绞盘机 winch

索道的动力设备。通过卷筒缠绕或带动钢丝绳，用于山地林区集运木材。整机要求易于搬迁，组合性好。

分类 绞盘机按用途分为索道绞盘机和装车绞盘机。索道绞盘机用作林区集、运材索道及其他集材设备的动力机；装车绞盘机用于贮木场、山上楞场原条或原木的装车、卸车和归楞作业。按使用的燃料分为柴油绞盘机、汽油绞盘机和电动绞盘机，在林业索道中大多选用柴油绞盘机。

组成 绞盘机主要由发动机、传动系统、卷筒、操纵系

闽林821型绞盘机　　　　SJ-23型绞盘机

索道绞盘机

统和机架等组成。发动机为绞盘机的动力源，发动机扭矩经传动系统传递至卷筒，变为卷筒上钢丝绳的牵引力，同时，发动机的旋转运动变为卷筒上钢丝绳的直线运动，以此牵引跑车拖集、提升和运输木材。要求发动机有承受超负荷能力，高山功率降少，容易启动。传动系统包括主离合器、变速箱、正倒齿轮箱、联轴器、卷筒离合器等，传动系统一般需要正反各3个挡位，要求传动效率高，且坚固耐用。卷筒是绞盘机的工作机构，用于缠绕和容纳钢丝绳，为了适用于多种索系、多工序作业或联合作业，绞盘机应不少于2个缠绕卷筒和1个摩擦卷筒。操纵系统指对传动系统和卷筒的操纵控制系统，要求操纵省力、操纵件灵活可靠，一般分为机械杠杆传动操纵和液压操纵两种。机架是发动机、传动系统和卷筒等部件的安装基础，分为固定式（又称爬犁式）和自走式两类。绞盘机的选用主要依据为绞盘机参数。

安装 安装绞盘机时地面要平整并垫枕木，绞盘机四角应用钢丝绳绷紧。起重索、回空索卷入缠绕卷筒时，其导入方向应与卷筒轴垂直。摩擦卷筒的钢丝绳松边与紧边必须成7°～10°夹角，不得平行出绳。绞盘机安装位置必须设在距承载索水平距离20m以外的安全位置，并力求使绞盘机手视野开阔，瞭望清晰。固定式机架的绞盘机上山时可利用复式滑车，在爬犁下方加滚杠或垫木，由本机牵引。

操作 绞盘机正常操作时先将变速操作手柄置于空挡位置，卷筒操作手柄置于分离位置。发动机启动后检查仪表工作情况。根据负荷情况选择变速挡位，变速时，先将卷筒制动，再分离主离合器，迅速将变速手柄放在所需挡位后结合主离合器。离合器分离应迅速彻底，结合应缓慢平稳。跑车回空时，只选用高速挡、大油门。在任何情况下，卷筒制动时，都必须将油门置于怠速位置。如遇重物滑降急需制动时，应迅速踩下制动踏板，同时使卷筒离合器分离。跑车下滑时，动力应熄火，空挡滑行，利用制动器控制其下滑速度。当绞盘机过载时，应分离卷筒离合器，同时制动卷筒。在使用过程中应注意各种仪表的指示情况，以及发动机、变速箱、正倒齿轮箱等部分的响声，液压系统有无漏油，制动毂有无过热，如有不正常情况时应立即停机维修。

保管维护 绞盘机长期停用时，最好放在室内、棚内，不得已在露天停放时，应用雨布遮盖。露天存放应选择地势高、排水好、离易燃物远的地方，并在绞盘机底部垫以平整的枕木。将蓄电池取下并合理存放。绞盘机外部要擦洗干净，放出冷却水和燃油。绞盘机的所有零配件都应在室内保管，金属零配件要涂油防锈。

（周成军）

绞盘机参数 winch parameters

衡量绞盘机性能的指标。选用绞盘机的依据。包括绞盘机牵引力、牵引速度、主卷筒容绳量、卷筒数、自重。

绞盘机牵引力 绞盘机卷筒中间层牵引力。通常指绞盘机额定牵引力，为卷筒平均牵引力，并标定为绞盘机额定牵引力（F），单位为（kN）。绞盘机牵引力大小代表绞盘机的集运材能力。

绞盘机牵引速度 绞盘机卷筒中间层牵引速度。通常指绞盘机额定牵引速度，为卷筒平均牵引速度，并标定为绞盘机额定速度（v），单位为米/秒（m/s）。牵引速度大小代表绞盘机的集运材效率。

绞盘机主卷筒容绳量 绞盘机缠绕卷筒可以容纳钢丝绳的长度。单位为米（m）。绞盘机容绳量视林区平均坡长和林道网密度而定。索道绞盘机的主卷筒容绳量一般在500～1000m；装车绞盘机的主卷筒容绳量一般在50～200m。

绞盘机卷筒数 绞盘机上缠绕卷筒与摩擦卷筒的数量之和。卷筒的数目根据作业要求决定，有单筒、双筒、三筒以及多筒，除配置2个以上的缠绕卷筒外，一般还配有1个摩擦卷筒。

绞盘机自重 绞盘机发动机、传动系统、工作卷筒、操纵系统及机架等部分的所有质量。单位为吨（t）。用于评价绞盘机的机动性。

（周成军）

绞盘机缠绕卷筒 winding drum of winch

绞盘机中用于缠绕和容纳钢丝绳的工作卷筒。见绞盘机卷筒。

（周成军）

绞盘机集材 high lead yarding

以绞盘机为动力，通过钢丝绳将木材从伐区内部牵引到楞场的集材方式。

分类 按所拖集木材形态分为伐倒木集材、原条集材、原木集材3种。按木材所处的状态分为全拖式集材、半拖式集材、悬空式集材3种。①全拖式集材。所集木材全部在地面上拖集。遇到的阻力较大；适用于伐区坡度较陡、地面变化不大、且无岩石裸露的地带。②半拖式集材。所集木材一端悬起，另一端在地面上拖集。遇到的阻力较小；适于坡度较大、坡面有起伏变化或岩石裸露的地带。③悬空式集材。即索道集材。这种集材方式的运行阻力与伐区地表无关，适用于穿越峡谷或凸凹不平地段。

适用条件 适用于皆伐作业，集材距离一般可达300m。绞盘机集材对地形条件的适应性较强，既可以应用在平坦和丘陵林区，也可以应用在地面坡度达到30°的山地林区，特别是在低湿或沼泽的林地内。夏季采用绞盘机集材比较适宜。

作业工艺 采用绞盘机集材，应将伐区划成扇形或矩形采伐带。采伐带的长度根据坡长而定，带宽为50～60m。绞盘机固定在作业区山下底边的中央，也可以设在山上逆坡集材。采用全拖式集材时，绞盘机置于距集材杆5～8m的地方。

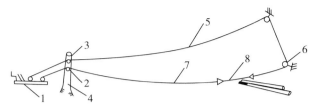

绞盘机集材工艺示意图
1—绞盘机；2—荷重滑轮；3—回空滑轮；4—集材杆；5—回空索；6—转向滑轮；7—荷重索；8—连接索

绞盘机集材的工艺过程有准备木捆、挂索拖集、卸材、捆木索具回空、顺木等5个工艺过程。集材时，当集材索具回空到集材地点后，捆木工取下捆木索，并将事先准备好的木材捆挂在荷重索上，然后发出信号进行拖集；木捆到达卸材地点时，司机把木捆慢慢落下后，解索工把捆木索具解下来再挂到荷重索上进行回空。当捆木索再次回空到集材地点时，便继续重复上述作业。为了给装车创造方便条件，还需将集下来的木材利用辅助钢索调顺到装车位置上，这一工作为顺木作业。

特点 优点是设备简单、易于操作、生产成本低、劳动效率高、破坏地表轻、不受作业季节影响等。缺点是移动不方便，集材距离受卷筒容绳量的限制，不适于渐伐和择伐作业。

参考文献

牡丹江林业学校, 1982. 木材生产工艺学[M]. 北京: 中国林业出版社: 70.

粟金云, 1993. 山地森林采伐学[M]. 北京: 中国林业出版社: 287-289.

扩展阅读

史济彦, 1996. 森林采伐学[M]. 北京: 中国林业出版社.

史济彦, 肖生灵, 2001. 生态性采伐系统[M]. 哈尔滨: 东北林业大学出版社.

王立海, 2001. 木材生产技术与管理[M]. 北京: 中国财政经济出版社.

（赵康）

绞盘机卷筒 winch reel

绞盘机的工作机构。用来缠绕、容纳钢丝绳的圆柱形装置。动力经传动系统把扭矩传到卷筒变为卷筒上钢丝绳的牵引力，并把发动机的旋转运动变为卷筒上钢丝绳的直线运动，以此牵引跑车拖集、提升和运输木材。构造形式主要有平滑表面、圆柱形多层缠绕卷筒和闭式循环牵引的摩擦卷筒。索道绞盘机要求工作机构适用于多种索系、多工序作业或联合作业，应不少于2个缠绕卷筒和1个摩擦卷筒。

缠绕卷筒为绞盘机中用于缠绕和容纳钢丝绳的工作卷筒。负责起升或牵引作业。绕在缠绕卷筒上的钢丝绳的一端必须固定在卷筒上。缠绕卷筒分为单层缠绕卷筒与多层缠绕卷筒，索道绞盘机多采用多层缠绕卷筒。多层缠绕卷筒为了容纳一定容量的钢丝绳，卷筒的两端设有直径大于容绳量的端板，常采用圆柱形光面卷筒。

摩擦卷筒为绞盘机中依靠摩擦力来驱动钢丝绳的工作卷筒。钢丝绳在卷筒上缠绕数圈后，两端由卷筒引出，使钢丝绳构成封闭状态，并张紧一定的预张力进行工作。摩擦卷筒分整体式和对开式。整体式多用键紧固在卷筒轴的一端，如闽林821型绞盘机；对开式则制成两个对开的附件，需要时，用螺栓连接使之抱合在缠绕（主）卷筒上，如SJ-23型绞盘机。

（周成军）

绞盘机摩擦卷筒 friction drum of winch

绞盘机中依靠摩擦力来驱动钢丝绳的工作卷筒。见绞盘机卷筒。

（周成军）

绞盘机与起重机出河 winch and crane hauling

利用绞盘机卷筒上的牵引索或起重机抓具将原木从水中牵引或起吊上岸的作业。根据常用机械的不同可分为绞盘机出河和起重机出河。

绞盘机出河 一般用于临时性的木材岸边出河或者在没有电源可使用场地的木材出河。作业场地要求岸坡比较平缓，绞盘机应安置在视线良好、基础稳固、安全开阔的地方。常用的出河方式有两种：①钢索拉平车出河。沿岸坡铺设窄轨平车道，下端伸入水中，轨道上安放平车与牵引索相连。出河时将平车下放入水，借水的浮力或另一台架杆绞盘机将原木逐根装上平车，由牵引索牵引上岸。②钢索拉木捆或排节出河。沿岸坡铺设平行钢轨2～3根，下端伸入水中，出河时将若干根木材在水中以专用捆木索捆成木捆或排节，与牵引索连挂，然后由绞盘机将其沿钢轨横拖上岸。

绞盘机出河作业要求定期检查牵引钢丝绳的状况，如有严重锈蚀、外层钢丝磨损到丝径的1/2、有一股钢丝全部折断等情况，要及时更换。作业时应密切关注运行情况，如遇障碍，不能强拖硬绞，要及时停止，查明与排除障碍后再运行。

起重机出河 主要用于固定场所的木材出河，通常为码头等地方。通过取物装置（一般为抓具）将木材与起升机构联系起来，实现木材的出河、装卸、吊运。对船运到材和特大规格的木材出河具有很大的优越性。但对岸边有一定的要求，主要为岸坡应具有足够的稳定性以支撑起重机和木材的荷载，同时还要有足够的作业面积以满足木材的临时堆放和转运。

参考文献

祁济棠，吴高明，丁夫先，1995. 木材水路运输[M]. 北京：中国林业出版社.

祁济棠，张正雄，2002. 木材过坝工程[M]. 北京：中国林业出版社.

（黄新）

节子 knot

包含在树干或主枝木质部中的枝条部分。节子在树干纵向和横断面上的分布情况是不均匀的。一般情况下，树干梢部节子比较密集，大部分为表面节；在树干干部分布比较均匀的，大多数为隐生节；在树干下部，材质优良，节子很少或几乎没有。

类型 按连生程度分为活节、死节；按材质分为健全节、腐朽节、漏节；按生长状况分为表面节、隐生节；按分布状况分为轮生节、散生节、簇生节。

活节 由树木的活枝条形成的节子。节子生长轮与周围木材紧密连生，质地坚硬，构造正常，见图1。

死节 由树木的枯死枝条形成的节子。节子生长轮与周围木材脱离或部分脱离，见图2。

图1 活节　　　图2 死节

健全节 材质完好，无腐朽现象的节子。

腐朽节 本身已腐朽，但未透入树干内部，其周围木材完好的节子。

漏节 不仅本身已腐朽，而且深入树干内部，引起内部材质腐朽的节子。

表面节 暴露在原木表面的节子。

隐生节 没有暴露在原木表面的节子。可通过过渡生长的迹象来发现表面隆起，见图3。

图3 隐生节

轮生节 围绕树干呈轮状排列的节子。在短距离内节子数目较多，在锯材径切面上可形成掌状节。

散生节 沿材长方向零星分布的单个节子。

簇生节 两个以上簇生在一起的节子，在短距离内数目较多。

识别与检量 节子是一种木材缺陷，按照GB/T 155《原木缺陷》进行识别。主要检量节子的尺寸，并在一定范围内查定符合起始尺寸要求的节子个数。检量方法按照GB/T 144《原木检验》标准执行。

对材质的影响与评定

对材质影响 ①在节子周围，木材纹理产生局部紊乱，并且颜色较深，破坏木材外观的一致性。②节子硬度大，在切削加工过程中易造成刀具的损伤。③由于节子的纹理和密度与木材不同，木材干燥时收缩方式与木材不一致，造成节子周围的木材易产生裂纹、死节脱落，破坏木材的完整性。④降低了木材顺纹拉伸、顺纹压缩和弯曲强度，但可以提高横纹压缩和顺纹剪切强度。

就节子本身质地来说，活节对材质影响最小，死节次之，漏节最大。就节子分布情况看，簇生节比较密集，一般比散生节影响大。

材质评定 节子缺陷对原木产品材质的影响程度，按照 GB/T 144《原木检验》标准进行评定。

参考文献

王忠行, 范忠诚, 1989. 木材商品学[M]. 哈尔滨: 东北林业大学出版社.

朱玉杰, 董春芳, 王景峰, 2010. 原木商品检验学[M]. 哈尔滨: 东北林业大学出版社.

（朱玉杰）

皆伐 clearcutting

森林主伐方式之一。把拟作业林地上的林木一次性全部伐掉的作业方式。

适用于天然林的成过熟单层林、中小径木少的异龄林和遭受自然灾害的林分。皆伐迹地一般采用人工更新，在目的树种天然更新有保障时，也可以采用天然更新或人工促进天然更新。更新后形成的森林为同龄林，也是单层林。皆伐有利于喜光树种的更新。

根据不同分类原则，皆伐分为不同方式。

根据采伐区面积大小分为小面积皆伐和大面积皆伐。小面积皆伐适用于成过熟单层林、中小径木少的异龄林、需要更新树种的林分，皆伐面积不超过 $5hm^2$，一般 $1\sim3hm^2$ 居多。大面积皆伐又叫集中皆伐，伐区宽度 $250\sim1000m$，皆伐面积不超过 $10hm^2$。

根据伐区的形状分为带状皆伐、块状皆伐、条件皆伐。①带状皆伐。对伐区森林逐步分批以窄带状方式进行的采伐方式。又称伐区式皆伐。主要有两种形式：带状间隔皆伐，是将整个采伐的林地区分为若干采伐带，先是隔一带采一带，留下的保留带作为种源，并对新成长的幼树起保护作用；带状连续皆伐，是伐完一个采伐带，待迹地更新后，再接连伐第二个采伐带，依此类推。②块状皆伐。对伐区森林逐步分批以不规则的块状方式进行的采伐方式。在地形破碎的山地，伐区不可能划为规则的带状，只能按地形状况划分为不规则的块状时，采用块状皆伐。③条件皆伐。对伐区森林逐步分批按一定条件进行的采伐方式。将一小部分小径木和当时不便运出的树木留在林地上，伐除的数量高达 $60\%\sim90\%$。

参考文献

东北林业大学, 1987. 木材采运概论[M]. 北京: 中国林业出版社: 9-14.

史济彦, 1996. 森林采伐学[M]. 北京: 中国林业出版社.

史济彦, 1998. 中国森工采运技术及其发展[M]. 哈尔滨: 东北林业大学出版社.

王立海, 2001. 木材生产技术与管理[M]. 北京: 中国财政经济出版社: 83-87.

（李耀翔）

截水沟 intercepting ditch

为拦截山坡上流向路基的水，在路堑坡顶以外设置的水沟。又称天沟。

位置 一般设置在挖方路基边坡坡顶以外，或山坡路堤上方的适当地点。在无弃土堆的情况下，截水沟的边缘离开挖方路基坡顶的距离视土质而定，以不影响边坡稳定为原则；路基上方有弃土堆时，截水沟应离弃土堆 $1\sim5m$，弃土堆坡脚离开路基挖方坡顶不应小于 $10m$，弃土堆顶部应设 2% 倾向截水沟的横坡；山坡上路堤的截水沟离开路堤坡脚至少 $2m$，并用挖截水沟的土填在路堤与截水沟之间，修筑向沟倾斜坡度为 2% 的护坡道或土台，使路堤内侧地面水流入截水沟排出。

形式 截水沟的横断面一般为梯形，边坡坡度因岩土条件而定，一般采用 $1:1.0\sim1:1.5$。沟底宽度不小于 $0.5m$，沟深按设计流量确定，不应小于 $0.5m$。

参考文献

国家林业局, 2014. 林区公路设计规范: LY/T 5005—2014[S]. 北京: 中国林业出版社.

黄晓明, 2019. 路基路面工程[M]. 6版. 北京: 人民交通出版社.

宇云飞, 岳强, 2012. 道路工程[M]. 北京: 中国水利水电出版社.

中华人民共和国交通运输部, 2012. 公路排水设计规范: JTG/T D33—2012[S]. 北京: 人民交通出版社.

（郭根胜）

借向 felling direction

采用伐木技术措施，使伐倒方向偏离树木的自然倒向的方法。当树木的控制倒向与自然倒向不一致而又必须按控制倒向伐倒时，就涉及借向问题。

借向的措施主要包括采取不同形状的弦、挂耳，采用不同形状的下锯口、加楔、推树等方法。

采取不同形状的弦控制树木倒向 主要采用以下几种留弦：①楔形弦。在树木倾倒中，首先把窄处的弦折断，然后逐步向宽处折断。这种折断过程使弦对树木的倾倒产生一个拉力，强迫树干由自然倒向向控制倒向转移，终而倒在需要的倒向上。这是最基本、最常用的方法。楔形弦主要用于切身度小（$1°\sim4°$）、中小径树以及借向角在 $90°$ 以内的场合。②阶梯形弦。对于切身度较大（$4°\sim6°$）、借向角较大（$90°\sim100°$）的树，可以采用阶梯形弦。阶梯形弦在下锯口中保留了一部分木块。依靠这部分木块顶住树木向前倾斜的重力，达到借向的目的。③双弦。当采伐反向树时（借向角 $180°$ 以内），应先锯上锯口，锯到根径的 $2/3$ 时，用斧砍出下锯口并在上锯口加楔。在留双弦的情况中，采取两弦的一大一小来借向，即借向处的弦要大一些。④后备弦。这种弦可防止树木突然向自然倒向倾倒。

挂耳 可挂单耳，挂在借向的另一边。挂耳的深度一般以锯断边材为准，切身度大的可深一些。树木倾倒时，挂耳一侧没有木材纤维的拉力，树木会倒向预定的倒向。

采用不同形状的下锯口 在矩形下锯口的基础上可采用

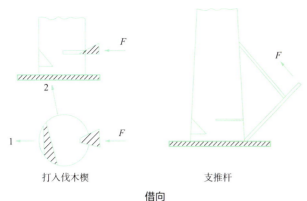

借向
1—预定倒向；2—自然导向

梯形下锯口和倾斜下锯口。这时，在树倒的最初阶段，下锯口的上下两边首先只在一端合拢，使倾倒中的树干翻转一个角度，树冠产生偏斜，最后按选定的树倒方向倾倒。

加楔　伐木过程中，待上锯口略张开后打入大、中、小楔子施加外力。伐木楔的作用是控制倒向、防止夹锯和提高伐木效率。在冬季作业或采伐硬杂木时，可先用小楔打入，待上锯口略张开后再打入中、大楔子。不同的借向角决定了加楔的位置，通常位于控制倒向的对面靠自然倒向的一侧，借向角越大，则越是靠近自然倒向。借向角为180°时，加楔位置恰在自然倒向上。

推树　在伐木过程中，使用伐木支杆推树，对掌握树倒方向也有良好的效果。最简单的是木质支杆。还有铝合金撑杆、伸缩型推树杆等。可借助这些工具施加外力（F）推树使树木倒向预定的控制倒向。

参考文献

南京林业大学, 1994. 中国林业词典[M]. 上海: 上海科学技术出版社: 482.

史济彦, 肖生灵, 2001. 生态性采伐系统[M]. 哈尔滨: 东北林业大学出版社: 130-135.

粟金云, 1993. 山地森林采伐学[M]. 北京: 中国林业出版社: 61.

扩展阅读

石明章, 等, 1997. 森林采运工艺的理论与实践[M]. 北京: 中国林业出版社.

史济彦, 1996. 森林采伐学[M]. 北京: 中国林业出版社.

王立海, 2001. 木材生产技术与管理[M]. 北京: 中国财政经济出版社.

（赵康）

经验公式法　empirical formula method

根据《公路工程水文勘测设计规范》（JTG C30—2015）规定的经验公式计算桥孔净长度的方法。对不同的河段采用不同的经验公式进行计算。

①峡谷河段。对峡谷性河段，不宜压缩河槽，一般按地形布孔，不作桥长计算。

②开阔、顺直微弯、分汊、弯曲河段及滩槽可分的不稳定河段。有明显河槽及河滩的各类河段，包括山区开阔河段和平原区顺直微弯的稳定性河段；平原区分汊、弯曲的次稳定河段；滩槽可分山前区变迁性河段、平原区游荡性河段等不稳定河段。相应的河段采用相应的经验公式进行桥孔净长度计算。

参考文献

高冬光, 王亚玲, 2016. 桥涵水文[M]. 5版. 北京: 人民交通出版社.

黄廷林, 马学尼, 2014. 水文学[M]. 5版. 北京: 中国建筑工业出版社.

黄新, 金菊良, 李帆, 2017. 桥涵水文[M]. 2版. 北京: 人民交通出版社.

叶镇国, 2019. 水力学与桥涵水文[M]. 3版. 北京: 人民交通出版社.

（黄新）

精神负荷　psychologic stress

在林业生产中，单位时间内作业人员承受的脑力活动工作量。作业人员如果长期在不利的精神负荷下工作，将影响作业绩效、降低工作满意度和作业系统安全性。森林采伐是林业生产中劳动强度最大的工作，中国主要使用油锯采伐，伐区作业人员的精神负荷主要包括操作与控制油锯伐木、确定树倒方向、操纵集材机集材、注意自然环境变化等。

精神负荷用主观评价法、主任务测量法、辅助任务测量法和生理测量法等方法进行测量。①主观评价法是简单实用的精神负荷评价方法，作业人员首先执行某一脑力类型的工作，然后根据自己的主观感觉给出对操作活动难度顺序的排列。②主任务测量法是通过测量作业人员在工作时的业绩指标来判断这项工作给作业人员带来的精神负荷。测量的业绩指标可以是单指标的，如操作错误率，也可以是多指标的，如速度和精确度。③辅助任务测量法用于测量无法直接测量的精神负荷，测量时操作人员被要求同时完成两项任务，把主要精力放在主任务上，当有多余的能力时，尽量做辅助任务。辅助任务的业绩可以反映主任务的精神负荷。④生理测量法是通过人在做某一项脑力类型的工作时，某一个或某一些生理指标（脑波、人体闪光融合频率等）的变化来判断精神负荷大小的方法。

减轻森林作业人员精神负荷的方法有降低噪声、提高照明度、变换作业内容、增加休息次数、播放音乐等。

参考文献

石英, 2011. 人因工程学[M]. 北京: 清华大学出版社, 北京交通大学出版社: 103-106.

（杨铁滨）

锯材检验　sawn timber inspection

对锯材产品名称和树种确定、尺寸检量、材质评定、材种区分、材积计算和等级标志等工作的总称。

目的　原木经制材加工得到的产品称为锯材。制材加工是指纵向锯割原木，产生具有一定断面尺寸或剖面尺寸（4个材面）的板方材。中国商品锯材主要包括特等锯材、普通锯材、专用锯材（铁路货车锯材、载重汽车锯材、罐道木、机台木等）。通过对锯材的检验，能确定锯材产品材种、材积、材质，为锯材生产、流通、使用、监督检验等提供依据。

内容与方法

树种确定　按照原木检验中树种识别方法来确定锯材的树种。

尺寸检量　对锯材检尺长、检尺宽、检尺厚的检量和确定。①锯材尺寸进级及公差。均按GB/T 4822《锯材检验》规定执行。②锯材长度检量。沿长度方向检量锯材两端面之间的最短距离，单位米（m）。量至厘米（cm），不足1cm的舍去；锯材实际长度小于检尺长，但不超过长度下偏差，仍按检尺长计算；如超过长度下偏差，应按下一级检尺长计算。③宽度检量。平行整边锯材宽度检量是在检尺长范围内任意无钝棱部位检量两个窄材面之间最窄处的垂直距离。梯形整边锯材宽度检量是在材长1/2处检量锯材宽度；宽度单位毫米（mm），量至毫米（mm），不足1mm的舍去；锯材实际宽度小于检尺宽，但不超过宽度下偏差，仍按检尺宽计算，如超过宽度下偏差，应按下一级检尺宽计算。④厚度检量。在检尺长范围内任意无钝棱部位检量两个宽材面之间最窄处的垂直距离，单位毫米（mm），量至毫米（mm），不足1mm的舍去；锯材实际厚度小于检尺厚，但不超过厚度下偏差，仍按检尺厚计算，如超过厚度下偏差，应按下一级锯材厚度计算。

材质评定　根据锯材上缺陷检量的结果，按照GB/T 4822《锯材检验》标准对锯材的材质等级进行评定。评定方法和原理与原木材质评定相同。

材种区分　按锯材用途、不同使用要求所划分的不同锯材产品种类。材种区分按照商品锯材标准中的有关技术规定执行。

材积计算　确定锯材数量的多少。有了锯材检尺长、检尺宽、检尺厚，按照相关标准中规定的长方体体积公式可计算锯材材积；也可按照现行锯材材积表进行材积的查定。

等级标志　在锯材端面或靠近端头的宽材面上，用色笔、毛刷、喷涂或钢印予以标明。锯材等级标志符号见下表。

锯材等级标志符号

特等	一等	二等	三等

工具　检量使用的工具。应采用计量部门认证认可，专业企业生产的钢卷尺、卡尺、钢直尺等。钢卷尺、卡尺、钢直尺精度为1mm。

标准　锯材检验依据的标准主要有GB/T 449《锯材材积表》、GB/T 4822《锯材检验》、GB/T 4823《锯材缺陷》、GB/T 11917《制材工艺术语》、GB/T 36202《锯材检验术语》等。

参考文献

朱玉杰，侯立臣，2002. 木材商品检验学[M]. 哈尔滨：东北林业大学出版社.

（朱玉杰）

开级配沥青碎石混合料 open-graded bituminous paving mixtures（英）; open graded asphalt mixtures（美）

矿料级配主要由粗集料嵌挤组成，细集料及填料较少，设计空隙率在18%及以上的沥青混合料。具有较大的内部连通空隙（设计空隙率18%～25%），可供水和空气流动，具有排水、降噪功能。典型类型有：设计空隙率18%～25%的开级配沥青磨耗层混合料，以OGFC（open graded friction course）表示；设计空隙率大于18%的开级配沥青稳定透水基层混合料，以ATPB（asphalt-treated permeable base）表示。

采用OGFC铺筑的沥青面层具有迅速排除路表水、减少行车水雾、防水漂、抗滑降噪等有利于行车安全与环保的特性，又称为排水式沥青混合料、排水降噪沥青混合料或渗透性沥青混合料等。适用于快速行驶、中轻型车辆的高速公路、城市快速路和高架桥、隧道铺面等工程。依据集料的公称最大粒径可分为细粒式（OGFC-10）和粗粒式（OGFC-13或OGFC-16）。

参考文献
李立寒, 孙大权, 朱兴一, 等, 2018. 道路工程材料[M]. 6版. 北京: 人民交通出版社.
中华人民共和国交通运输部, 2019. 公路沥青路面施工技术规范: JTG F40—2019[S]. 北京: 人民交通出版社.

（王国忠）

控制点 control point

在道路选线中，对路线基本走向起控制作用的点。路线起点、终点和指定必须相连接的城镇等为路线基本走向的控制点。指定的特大桥、特长隧道的位置亦为路线基本走向的控制点。大桥、隧道、互通式立体交叉点、铁路交叉点等的位置，原则上应服从路线的基本走向，同时也可以作为路线走向的控制点。

同时，控制点也可指影响路线纵坡设计的高程控制点。如路线起、讫点的接线高程，越岭垭口、大中桥涵、地质不良地段的最小填土高度和最大挖方深度，沿溪线的洪水位，隧道进、出口，路线交叉点，重要城镇通过点，以及其他路线高程必须通过的控制点位等，都应作为纵断面设计的控制依据。

参考文献
许恒勤, 张泱, 2003. 林区道路工程[M]. 哈尔滨: 东北林业大学出版社.
许金良, 等, 2022. 道路勘测设计[M]. 5版. 北京: 人民交通出版社.

（王宏畅）

库存量 stock of timber yard

贮木场在某一时期或时刻（年、季、月、日、时）的原木实际积存量。主要用于计算和确定贮木场的楞堆数和场地面积。

影响库存量的因素有生产不均衡性、供销不均衡性、年产量、到材方式等。年产量越大，库存量也越大。对设计和管理部门，需要确定的是贮木场所能容纳的最大库存量，它关系到贮木场的面积、机械选型、保管工作量以及木材管理方法等。可用下式来计算最大库存量：

$$Q_K = K_K Q$$

式中：Q_K 为贮木场最大库存量（万 m³）；Q 为贮木场年产量（万 m³）；K_K 为库存系数。

各个贮木场的 K_K 值不相同，变化幅度也大。库存系数不但与年产量有关，还与所在地区的生产条件、管理和经济发展水平相关。各地区的林区贮木场平均库存系数为 0.01～0.46。

参考文献
东北林学院, 1983. 贮木场生产工艺与设备[M]. 北京: 中国林业出版社: 1-33.
史济彦, 1996. 贮木场生产工艺学[M]. 北京: 中国林业出版社: 6-7.
王立海, 2001. 木材生产技术与管理[M]. 北京: 中国财政经济出版社: 218-219.
巫儒俊, 1990. 贮木场生产工艺[M]. 北京: 中国林业出版社: 7-8.

（刘晋浩）

跨距 span

索道两支点间的水平距离。索道设计计算的主要技术参数之一。荷重和钢丝绳参数一定时，跨距越大，钢丝绳的拉力越大，挠度也越大。单跨索道最大跨距控制在800m左右；多跨索道最大跨距控制在500m以内，最小跨距常不小于200m，各跨跨距尽可能均匀，推荐用300～500m。

索道的适宜长度和跨距见下表。

林业索道的基本参数

类型	起重量(t)	长度(m)	跨距(m)	索道坡度(°)	跑车运行速度(m/s)
集材索道	0.4	≤300	≤300	≤30	≤2.0
	0.8	≤500			≤4.0
	1.5		≤500		
	3.0	≤1 000			≤6.0
	6.0				
运材索道	0.1	≤2 000	≤500	≤30	≤1.2
	0.2				
	0.4	≤1 000			
	0.8				
	1.5		≤500	≤20	≤4.0
	3.0	≤2 000			
	6.0				

参考文献

国家林业局, 2012. 森林工程 林业架空索道 设计规范: LY/T 1056—2012[S]. 北京: 中国标准出版社.

周新年, 周成军, 郑丽凤, 等, 2020. 工程索道[M]. 北京: 机械工业出版社: 43.

（郑丽凤）

昆虫伤害　damage caused by insect

昆虫蛀蚀木材而留下的沟槽和孔洞。昆虫伤害的主要对象为新采伐的木材、枯立木、病腐木和贮木场带皮的原木，有时也会侵害立木。

类型　按虫眼深度分为虫沟和虫眼；按虫眼直径的大小又分为小虫眼和大虫眼。

虫沟　昆虫蛀蚀木材的径向深度不足10mm的沟槽和空洞。

虫眼　昆虫蛀蚀木材的径向深度在10mm以上的沟槽和空洞。

小虫眼　虫眼的直径小于3mm。

大虫眼　虫眼的直径大于或等于3mm。

识别与检量　昆虫伤害是伤害缺陷中的一种类型，按照GB/T 155《原木缺陷》进行识别。主要检量昆虫伤害的直径、深度，并在一定范围内查定符合起始尺寸要求的个数，检量方法按照GB/T 144《原木检验》标准执行。

对材质的影响与评定

对材质影响　表面虫眼和虫沟常可刨削除去，不留或很少残留，对加工利用影响较小。深而大的虫眼（如天牛、木蜂和白蚁等害虫危害材）以及稠密的小虫眼（粉类危害材），既破坏木材的完整性和外观，也明显降低木材的物理力学性能，影响加工性能（如油漆性）和使用。

材质评定　昆虫伤害对原木产品材质的影响程度按照GB/T 144《原木检验》标准进行评定。

参考文献

王忠行, 范忠诚, 1989. 木材商品学[M]. 哈尔滨: 东北林业大学出版社.

朱玉杰, 董春芳, 王景峰, 2010. 原木商品检验学[M]. 哈尔滨: 东北林业大学出版社.

（朱玉杰）

捆木索　chocker

专用于木材集运时捆挂木材的索具。采用钢丝绳或链环制作，两端连接钩、环或其他挂件。在钢丝绳两端或中间挂接或穿挂索钩、索环、滑套等挂结件，见图。是木材生产必不可少的一种辅助工具，是林区机械集材时的专用索具，在林区主要应用于拖拉机、绞盘机和索道集材时捆挂伐倒木、原条或原木。

捆木索分为插接钩环式捆木索、楔接钩环式捆木索、滑套式捆木索。①插接钩环式捆木索制作容易、重量轻、穿索方便、解索容易、钢索与钩环均为柔性连接、连接处的钢索不受弯折。②楔接钩环式捆木索安装快、较省钢索、重量较轻、使用不扎手；环或钩与楔库系一整体，环不能转动，易受磨损，同时也加剧了捆木索的磨损；从楔库中引出钢索时，其基部受弯折，索丝易折断。这种捆木索在原苏联林区得到广泛应用，中国于1986年由东北林业大学研制成功，在东北、内蒙古林区进行推广应用。③滑套式捆木索重量轻、省钢索、不扎手、使用穿索容易，解索有时不便、断索时两卡头报废，成本较高，而且捆木索上需穿数个连接滑套，增大了集材工拖动捆木索的劳动强度。20世纪90年代，滑套式捆木索在美国和加拿大林区广泛应用，在捆木时，把卡头绕过木材后挂接在滑套上，由此称为滑套式捆木索。

俄罗斯等一些国家在集材时一般以楔接钩环式捆木索为主。中国林区机械集材主要采用插接钩环式捆木索。

捆木索使用时，吊钩从原条下面穿过，转动双臂杆，使吊钩挂住钢索（之后，转动双臂杆，挡住吊钩口）。收集成捆之后，将原条拖集到贮木场地。在这里，转动双臂杆，钢索从吊钩开口处脱离，使原条捆散开，将捆木索从原条下面拽出并送到伐区。如此连续重复进行捆木和摘钩作业。

钩环式捆木索

参考文献

李光大, 潘东山, 1986. 关于楔接式捆木索的研制报告[J]. 林业科技(3): 52-54.

王德来, 1986. 国内外集材捆木索的分析与改进[J]. 林业机械(5): 10-12, 47.

王俭, 李效玉, 张明春, 1996. 锁接钩环式捆木索的设计研究[J]. 吉林林业科技(3): 24-27.

Н Шабалин А, 任少英, 1989. BO-177型集材捆木索[J]. 国外林业(2): 56.

（徐华东）

拉卸法　timber unloading with pulling cable

把原条从运材车辆上拉卸到造材台上的一种卸车方法。又称架杆拉卸。其设备分为钢索拉卸机和架杆拉卸机两种。钢索拉卸机由单卷筒绞盘机来驱动，由捆木索、牵引索、绞盘机组成。架杆拉卸机是把架杆和绞盘机都安装在台车上（有移动的、固定的两种），通过钢索牵引原条卸车，主要由回空索、捆木索、牵引索、架杆、绷索和绞盘机组成。

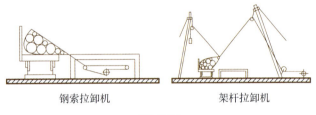

钢索拉卸机　　　　架杆拉卸机

原条拉卸

参考文献

东北林学院, 1983. 贮木场生产工艺与设备[M]. 北京: 中国林业出版社: 55-64.

东北林业大学, 1987. 木材采运概论[M]. 北京: 中国林业出版社: 158-162.

牡丹江林业学校, 1982. 木材生产工艺学[M]. 北京: 中国林业出版社: 198-199.

史济彦, 1998. 中国森工采运技术及其发展[M]. 哈尔滨: 东北林业大学出版社: 442.

（李耀翔）

缆索护栏　cable guardrail

以数根施加初张力的缆索固定于立柱上而组成的道路护栏。它主要依靠缆索的拉应力来抵抗车辆的碰撞，吸收碰撞能量。

缆索护栏属于柔性结构，是柔性护栏的主要代表形式。车辆碰撞时缆索在弹性范围内工作，可以重复使用，容易修复。立柱间距比较灵活，受不均匀沉陷的影响较小。林区公路采用缆索护栏较为美观；积雪地区，缆索护栏对扫雪的障碍稍小。但缆索护栏施工复杂，端部立柱损坏修理困难，不适合在小半径曲线路段使用，同时它的视线诱导性较差，架设长度短时不经济。

缆索护栏的立柱由端部立柱、中间端部立柱组成。

端部立柱　路侧缆索护栏的端部立柱系承受缆索张拉力和失控车辆碰撞力的主要结构，由三角形支架、底板和混凝土基础组成。端部立柱端部结构可采用埋入式和装配式两类。埋入式端部结构是与混凝土基础连成一体的，端部立柱的埋入深度根据其类别确定。三角形支架的斜立柱与地面成45°角，底部焊接一块钢板，一方面可以使三角形支架构成稳定的框架；另一方面，通过底部的钢板可以大大增加与基础混凝土的粘结力，通过钢板也易于控制标高的位置。装配式端部结构通过预埋件与混凝土基础连成一体，端部结构的预埋件因不同的结构、不同的类别而有差别。

端部结构安装在缆索护栏起、终点位置。为了保持缆索的初张力和简化安装施工时的张拉设备，维持一定的缆索水平度，防止挠度的产生，同时也为方便维修养护，一般把缆索安装长度定为200～300m，也就是说每根缆索长度不超过300m。

中间端部立柱　缆索护栏的安装长度超过200m时，应采用中间端部结构。路侧缆索护栏的中间端部结构为三角形。端部立柱由三角形支架、底板和混凝土基础组成。

参考文献

国家林业局, 2014. 林区公路设计规范: LY/T 5005—2014[S]. 北京: 中国林业出版社.

王建军, 龙雪琴, 2018. 道路交通安全及设施设计[M]. 北京: 人民交通出版社.

中华人民共和国交通运输部, 2017. 公路交通安全设施设计细则: JTG D81—2017[S]. 北京: 人民交通出版社.

中华人民共和国交通运输部, 2021. 公路交通安全设施施工技术规范: JTG 3671—2021[S]. 北京: 人民交通出版社.

（郭根胜）

缆索起重机装车　cable crane loading

利用缆索起重机进行木材装车的方式。是索道在装车场和贮木场上的应用。由于木材都悬空，装车和堆垛都适用。

一般用集材绞盘机作动力，如果绞盘机是三卷筒，装车和集材可以同机同时进行；如绞盘机是双卷筒，装车与集材需交替进行。

缆索起重机一般由绞盘机、承载索、回空索、牵引索、跑车、滑车、架杆等组成。在伐区装车楞场使用最多的是单杆单线缆索起重机，可实现原木、原条和双面装车。山上装车楞场常用的缆索起重机除单杆单线缆索起重机外，还有双杆双索式和四杆双索式。双杆双索式缆索起重机相对比较简单，承载索的一端固定在地面或伐根上；四杆双索式缆索起重机比较复杂，用于作业量特别大的地方。

缆索起重机装车与架杆起重机装车一样，都是属于固定式装车，除具有架杆起重机装车的特点外，还具有以下优点：①木材的移动通过跑车的移动来实现，可将木材准确放置于跨度内的任何地方；②单根缆索可以完成木材的转向，在不附加任何条件下可实现双面装车；③起重量大，装车效率高；④不受场地限制，可以设置在凹凸不平或有坡度的地方。缺点是架设安装的工程量比较大；需要使用大量钢索；装车作业在跑车下进行，有一定危险性，应特别注意；保养不方便。

参考文献

石明章, 等, 1997. 森林采运工艺的理论与实践[M]. 北京：中国林业出版社：140-141.

史济彦, 1996. 森林采伐学[M]. 北京：中国林业出版社：145-147.

王立海, 2001. 木材生产技术与管理[M]. 北京：中国财政经济出版社：156-158.

（林文树）

楞场　landing

贮木场（或制材厂）贮存原木的场地。又称贮木场楞场、楞区、楞地。包括楞堆本身所占用的场地、楞堆间隔、楞区内归楞与装卸作业线路以及防火通道等用地。广义上楞场分为伐区楞场和贮木场。山上楞场、中间楞场统称伐区楞场；山下楞场、最终楞场、林区贮木场统称贮木场。

在楞场上可完成原木的卸车（水运到材为出河）、造材、验收、选材、归楞、贮存以及原木输送进制材厂车间前的预先区分、冲洗、调头、截断、剥皮、整形及清除遗留在原木中的金属物等工作。是贮木场（或制材厂）生产工艺过程中的组成部分。楞场贮存的原木数量、材种、规格和质量将直接影响贮木场（或制材厂）生产能力。贮存在楞场的原木，应根据国家木材标准和制材厂工艺的技术要求，按径级、长级、等级、材种和树种及规格，分别归楞贮存。

根据原木的到材方式，楞场分为陆地楞场和水上楞场。

陆地楞场　采取铁路运输（包括森林铁路）、公路运输等陆运方式到材的楞场。场地应选在邻近铁路、公路地势平坦和干燥之处。楞场要求合理堆积，楞高适当，楞间留有安全防火通道。楞场所使用的设备包括架杆绞盘机、门式起重机（装卸桥）、缆索起重机、链式输送机、索式输送机、动力平车、叉车、装载机等。

水上楞场　采取水运方式到材或水内贮存原木而设在水域内的楞场。场地（水面）应选择在受风浪或潮汐影响较小的水域，在湖泊、水库旁、湖湾内的有天然屏障防护条件的地区也可以设计人工储水场。水运分为排运、单漂流送和船运。原木水上楞场所采用的设备主要包括：①原木纵向出河机；②带悬臂的门式起重机（装卸桥），用于原木成捆出河、归楞、拆楞作业；③绞盘机，用于原木成捆出河、牵引和归楞作业；④原木横向出河机，用于原木横向（原木移动方向垂直于原木纵向轴线方向）出河；⑤缆索起重机，用于原木成捆出河、归楞和拆楞。此外还有链式输送机、叉车、动力平车等输送设备。

参考文献

牡丹江林业学校, 1982. 木材生产工艺学[M]. 北京：中国林业出版社：237-241.

史济彦, 1998. 中国森工采运技术及其发展[M]. 哈尔滨：东北林业大学出版社：492-496.

王立海, 2001. 木材生产技术与管理[M]. 北京：中国财政经济出版社：148-150.

巫儒俊, 1990. 贮木场生产工艺[M]. 北京：中国林业出版社：15-27.

（刘晋浩）

楞地面积系数　square area coefficient

贮木场楞地面积与贮木场有效面积之比。又称楞地面积利用系数。可反映有效面积和楞地面积的比例情况。

贮木场面积分为楞地面积、有效面积和总面积，如图所示。楞地面积指木材（原木、原条、剩余物、木片等）贮放的场地面积，包括两楞堆间的间隔空地与安全防火道；有效面积是贮木场生产用地的面积，除楞地面积外，还包括机械设备、道路和生产建筑所占用的场地；总面积指贮木场周界面积，除有效面积外，还包括一些非生产性建筑、其他用途的场地面积以及未开发的空地等（见贮木场面积）。

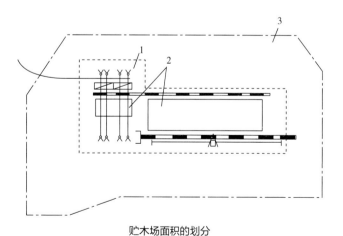

贮木场面积的划分

1—有效面积；2—楞地面积；3—总面积

参考文献

史济彦, 1996. 贮木场生产工艺学[M]. 北京：中国林业出版社：2-9.

（孙浩）

楞堆 timber pile

将相同品种、相近规格和质量的原木，按不同的结构形状在楞场上堆成的垛。又称楞垛、楞头。原木在楞内的堆放形式。根据作业方式、作业机械以及木材存放的要求等采用不同的楞堆结构。

类型 根据木材保存和装运便利，楞堆结构类型分为实楞、层楞和格楞3种。

实楞 原木上下左右紧密堆实的楞堆（图1）。又称密实楞，旧称密实楞堆。实楞是贮木场中广泛使用的一种形式。其优点是楞堆中原木间空隙小，楞容量大（密实系数大）；木材干燥缓慢，能稳定地保持木材湿度；归楞方便，适合于各种归装方式方法和归装设备。缺点是编捆作业困难；楞堆两端（楞头和楞尾）稳定性差，易散堆（垛）。特别是归楞抽索时原木易产生滚动，装车拆楞时原木易散堆，作业安全性差。

层楞 原木由垫木分隔成层的楞堆。有两种形状，一种是每层原木都用垫木隔开的堆放形状，即一层垫木一层原木，如图2a所示；另一种是堆放几层原木后再用垫木隔开，即一层垫木多层原木，如图2b所示。层楞中各层原木间用没有腐朽的剥皮垫木隔开，垫木的直径约为原木直径的1/3；每层中垫木的条数通常为两条，然后自下而上纵横依次逐层平行堆积。层楞高度自楞基上不超过2m，楞间隔不小于2m。优点是滚楞和编捆作业方便；楞堆稳固，原木不易散垛；便于木材干燥，干燥迅速、均匀；作业安全。缺点是各层间的垫木要求直径或厚度相同、相近，楞容量小；有时由于干燥迅速，使原木产生裂纹。层楞可不设楞头，但要随归楞高度而逐渐收缩，形成安全的坡度，防止塌落（图2a）。

格楞 原木在楞堆中左右用木桩分隔，上下用垫木分隔成四边形格的楞堆。又称棋盘楞。有斜格楞（图3a）和直格楞（图3b）两种形式。

在斜格楞中，木捆上下分层，用水平垫木隔开，而在同一层中捆与捆之间则用斜垫木隔开，并且斜垫木都倾向同一侧，角度倾斜45°放置。适用于架杆绞盘机归楞。归楞时，每一层的第一个木捆需用钢丝绳捆绑，防止散花。下一个木捆沿水平垫木拖拽到前一木捆，并紧压斜垫木和前一木捆，然后松索。摘钩抽索后，工人即铺上两根斜垫木准备下一个木捆的归楞。这种楞堆结构优点是适用于木捆拖拽的归楞方法和设备，编捆挂钩、摘钩、抽索方便，各木捆的材积基本相近；缺点是垫木较多，铺设不便，楞容量小。

在直格楞中，垂直垫木采用木桩，水平垫木采用短原木，楞中垫木互相垂直，归楞和拆楞时仅挪动（铺设和掉掉）短的水平垫木。这种楞堆结构优点是适用于木捆吊运的归楞方式方法和提式机械作业设备，楞容量大，楞堆稳定；每一格的木捆材积可事先测知，便于装车作业中的检尺。

楞堆规格 指楞堆的高、长、宽。①楞高应根据不同的归楞机械及材长而定。架杆绞盘机作业时，楞高5～6m；带悬臂门式起重机（装卸桥）及缆索起重机作业时，楞高7～8m；材长小于4m的短原木，楞高不超过4m；材长等于或大于4m的原木，楞高不超过8m。②楞宽指楞堆中木材的长度。随原木的长度而定。③楞长是楞位的长度。又称楞深。在整个楞长范围内，除堆积原木外，还需在选材线一侧及装车线一侧分别留下布置作业面的长度。用来堆放木材部分的楞长为有效楞长，可根据归装方式而定。架杆归装机作业时，楞长60～100m；带悬臂门式起重机（装卸桥）作业时，楞长取决于它的跨度；缆索起重机归装时，楞长80～100m；叉车归装时楞长35～55m；人力归装时楞长30～40m。

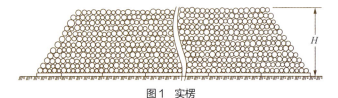

图1 实楞

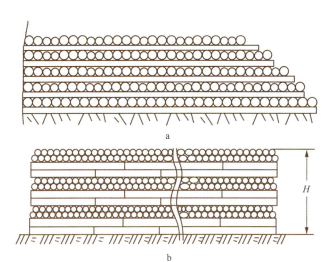

图2 层楞

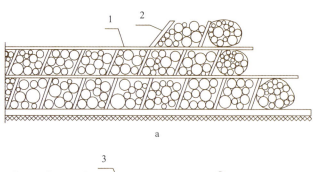

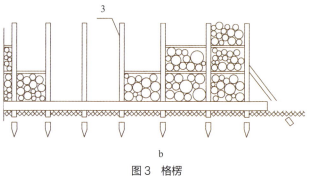

图3 格楞

1—水平垫木；2—斜垫木；3—垂直垫木（木桩）

楞堆充实系数 原木楞堆的实际材积与原木楞堆的几何体积的比值。又称楞堆密实系数。它与楞堆的结构和原木的径级、材长、原木剥皮与否、原木形状等因子有关。

楞堆容量 指某种结构类型（一种规格木材）楞堆的最大容纳量。取决于原木长度、楞堆大小、楞的结构和形状。

楞堆的要求 楞内的原木大小头颠倒放置，使楞堆稳定；同一楞中的原木长度应相等；楞堆侧面应尽可能齐平，有助于楞堆稳定和减轻装车作业中的编捆齐头工作；根据楞堆中原木的长度确定楞堆的高度，长材楞堆高，短材楞堆低。

参考文献

史济彦, 1996. 贮木场生产工艺学[M]. 北京: 中国林业出版社: 23-25.

史济彦, 1998. 中国森工采运技术及其发展[M]. 哈尔滨: 东北林业大学出版社: 492-496.

王立海, 2001. 木材生产技术与管理[M]. 北京: 中国财政经济出版社: 239-241.

巫儒俊, 1990. 贮木场生产工艺[M]. 北京: 中国林业出版社: 15-27.

（孙浩）

楞基　timber base

支持整个楞堆的部分。楞基是楞堆的基础，由铺设在场地土基上的2～3条楞腿组成。

楞腿可用原木、石条或钢筋混凝土条建成，也可以用石条或混凝土浇制。每条楞腿与楞堆中心线平行铺设，承载后楞堆底层原木与地面保持15～20cm的空隙，以保持通风良好，防止菌、虫繁殖；楞基楞腿应保持横向水平。场地土基的基础要整平，顺着楞堆方向可以有一定坡度，能承受楞堆的全部重量，在容许应力为350～500kPa的坚实地面上铺设2条；在容许应力为200～350kPa的中等硬度地面上需铺设3条；如容许应力为50～150kPa时，需在2条楞腿下横铺短原木垫。

楞腿的间距视归楞的原木长度而定。当楞内原木的长度（材长）小于3.5m时，边上楞腿至楞中原木端头的距离约为0.8m；材长4～5.5m时，取1m；材长6m以上时，取1.5m。

作为楞腿的原木应剥皮，优先采用同楞树种的木材，材长4～5.5m。使用半年到一年即随楞中原木调出销售，同时进行更换，以免损失木材。楞腿设置，原木大头要与相邻原木的小头相接，并且大头朝向装车线的方向。对接的接头处用扒锯子或其他设施连接固定；搭接处搭接的长度约为0.5m。

对楞基的要求：①能承受楞堆的全部重量；②场地清洁，以预防菌、虫的繁殖；③基础平整，特别是楞堆的横向应保持水平，以免倒塌。

参考文献

牡丹江林业学校, 1982. 木材生产工艺学[M]. 北京: 中国林业出版社: 237-241.

史济彦, 1996. 贮木场生产工艺学[M]. 北京: 中国林业出版社: 23-25.

史济彦, 1998. 中国森工采运技术及其发展[M]. 哈尔滨: 东北林业大学出版社: 492-496.

王立海, 2001. 木材生产技术与管理[M]. 北京: 中国财政经济出版社: 240-241.

巫儒俊, 1990. 贮木场生产工艺[M]. 北京: 中国林业出版社: 15-16.

（孙浩）

沥青混合料　bituminous mixtures（英）; asphalt mixtures（美）

由矿料与沥青结合料拌和而成的混合料的总称。是现代道路路面结构的主要材料之一，广泛应用于各类道路路面，成为高等级道路，特别是高速公路和城市快速路面层结构及桥梁桥面铺装层的主要材料。

发展历程 沥青混合料作为建筑材料可追溯到5000年前的古代巴比伦王朝，主要采用天然状态的沥青材料作为密封料。约在公元前600年，在巴比伦铺筑了第一条沥青路面，随后该技艺失传，直至1833年在英国开始铺筑煤沥青碎石路面，1854年在巴黎首次采用碾压法铺筑沥青路面，1870年在伦敦、华盛顿、纽约等地采用沥青铺筑路面。1920—1930年，第一代沥青混合料拌合设备投入使用。20世纪40年代，美国工程师兵团提出了马歇尔设计方法。20世纪90年代，美国战略公路研究计划（SHRP）成果提出了高性能沥青路面设计方法。

分类 有多种分类方式。①按材料组成及结构分为连续级配和间断级配混合料。②按矿料级配组成及空隙率大小分为：密级配混合料，各种粒径的集料颗粒级配连续；半开级配混合料，由适当比例的粗集料、细集料及少量填料（或不加填料）与沥青结合料拌和而成，空隙率在12%～18%；开级配混合料，主要由粗集料组成，细集料及填料很少；间断级配沥青混合料，矿料级配组成中缺少1个或几个档次而形成的级配间断的沥青混合料。③按公称最大粒径的大小可分为特粗式（公称最大粒径大于31.5mm）、粗粒式（公称最大粒径等于或大于26.5mm）、中粒式（公称最大粒径16mm或19mm）、细粒式（公称最大粒径9.5mm或13.2mm）和砂粒式（公称最大粒径小于9.5mm）沥青混合料。④按制造工艺分为热拌沥青混合料、冷拌沥青混合料和再生沥青混合料等。⑤按级配原则构成的沥青混合料，其结构组成可分为悬浮-密实结构、骨架-空隙结构和骨架-密实结构。

参考文献

李立寒, 孙大权, 朱兴一, 等, 2018. 道路工程材料[M]. 6版. 北京: 人民交通出版社.

谭忆秋, 2007. 沥青与沥青混合料[M]. 哈尔滨: 哈尔滨工业大学出版社.

中华人民共和国交通运输部, 2019. 公路沥青路面施工技术规范: JTG F40—2019[S]. 北京: 人民交通出版社.

（王国忠）

沥青混凝土路面养护 asphalt concrete pavement maintenance

根据公路等级、交通量、分项路况的评价结果等对沥青混凝土路面采取的主动性养护、功能性和结构性修复以及对突发情况造成的严重损毁而实施的应急抢通、保通和抢修养护等的工程措施。养护分为日常养护和养护工程。工作内容包括路况调查与评价、养护决策、日常养护、养护工程设计、养护工程实施、养护工程质量验收、跟踪观测和技术管理。

沥青混凝土路面养护工作可以按照养护作业性质、规模和时效性的不同，分为以下6类：①日常养护。包括日常的巡检和检查，如检查路面上是否有明显的坑槽、裂缝、松散、车辙、泛油、冻涨、翻浆等病害，以及是否有障碍物或妨碍交通的堆积物等。②小修保养。主要包括清理路面的泥土杂物、积水、积雪、积砂等，清理边沟，维修护坡道等。③中修工程。通常包括沥青路面的整段铺修、封面、局部严重病害的处理，整段更换路缘石，整段维修路肩等。④大修工程。大修主要是路面的翻修和补强等。⑤改建工程。对于路面承载力变弱的或已经达不到交通要求的，应根据不同的情况进行补强、加宽或改线。⑥专项养护工程。根据具体的路面状况和需求，进行特定的养护工程。

参考文献

侯相琛, 2017. 公路养护与管理[M]. 北京：人民交通出版社.

中华人民共和国交通运输部, 2019. 公路沥青路面养护技术规范：JTG 5142—2019[S]. 北京：人民交通出版社.

（王国忠）

图1　刚铺筑好的沥青路面（赵曜　供图）

图2　沥青路面局部（赵曜　供图）

沥青路面 asphalt pavement

铺筑沥青面层的路面。俗称黑色路面。属柔性路面。是道路建设中应用最广泛的高级路面。具有平整、耐磨、耐久、行车平稳舒适、振动和噪声小、适于高速行车，以及开放交通早、养护维修方便等优点（图1和图2）。

发展概述　公元前700年左右，巴比伦人就开始使用天然沥青胶结石块修筑路面。19世纪初，西班牙开始使用特立尼达湖地沥青修筑路面。中国在20世纪20年代开始修筑沥青路面。60年代以后，随着油田开发和炼油工业的迅速发展，道路石油沥青产量大幅度增长，沥青路面技术迅速发展起来。

结构　由面层、基层、底基层和必要的功能层组合而成的层状结构。

分类　按强度构成原理分为密实型沥青路面和嵌挤型沥青路面；按施工工艺分为层铺法沥青路面、路拌法沥青路面和厂拌法沥青路面；按沥青路面技术特性分为沥青混凝土路面、热拌沥青碎石路面、乳化沥青碎石路面、沥青贯入式路面、沥青表面处治路面；按基层材料分为无机结合料稳定类基层沥青路面、粒料类基层沥青路面、沥青结合料类基层沥青路面和水泥混凝土基层沥青路面。

施工原材料　沥青路面各结构层所用的原材料。主要有沥青、集料、填料、纤维稳定剂等。

施工工艺　道路工程中，按沥青路面设计要求铺筑沥青路面的技术。是影响沥青路面质量的重要环节。沥青路面施工包括基层施工、沥青混凝土面层施工及封层、黏层、透层施工等。

参考文献

交通大辞典编辑委员会, 2008. 交通大辞典[M]. 上海：上海科学技术文献出版社.

中交路桥技术有限公司, 2017. 公路沥青路面设计规范：JTG D50—2017[S]. 北京：人民交通出版社.

（赵曜）

沥青路面结构 asphalt pavement structure

沥青路面层次的构成。沥青路面结构组合及各结构层厚度根据公路所在区域的水文地质、气候特点、公路等级与使用要求、交通量及其交通组成等因素综合确定。

路面结构　沥青路面结构为多层结构，一般由面层、基层、底基层和必要的功能层组合而成（图1）。

面层　支撑承受车辆荷载及自然因素的影响，并将荷载传递到基层的路面结构层。可为单层、双层或三层。双层结

图1 沥青路面典型结构（赵曜 供图）

构分为表面层、下面层；三层结构分为表面层、中面层和下面层。

基层 主要承重层。设在面层以下，主要承受由面层传递的车辆荷载，并将荷载分布到垫层或土基上，可为单层或多层；当基层为多层时，其最下面一层称底基层。

底基层 设于基层以下的次要承重层。主要起到减少路基顶面压应力、缓和路基不均匀变形对面层的影响、方便面层施工、提高路面结构承载能力和延长路面使用寿命等作用。按组成材料的不同分为碎石、砾石、稳定土和工业废渣底基层等。

功能层 不参与承重的路面结构层。主要起防水、排水、防污、防冻等作用，分为路基改善层和垫层两种。路基改善层是为提高路基顶面回弹模量或改善路基湿度状态而设置于底基层与路基之间的粒料层或无机结合料稳定层。垫层设置于基层以下，路基状况不良的路段，按设置目的与功能分为防水垫层、排水垫层、防污垫层和防冻垫层等。

结构类型 按基层材料的不同，可分为无机结合料稳定类基层沥青路面、粒料类基层沥青路面、沥青结合料类基层沥青路面和水泥混凝土基层沥青路面4类。

沥青路面结构组合应先拟订方案，并进行路面结构验算，再结合工程经验和经济分析选定路面结构方案。路面结构验算流程如图2所示。

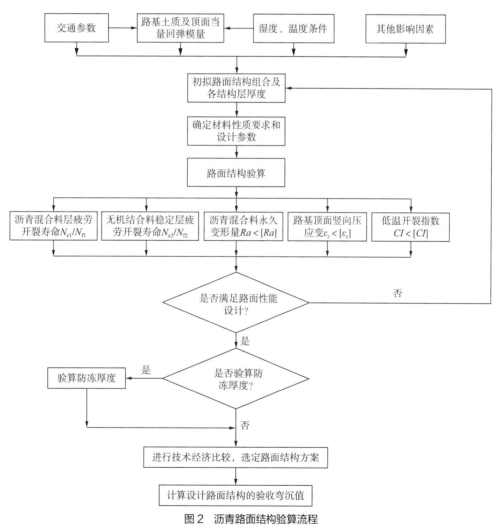

图2 沥青路面结构验算流程

[引自《公路沥青路面设计规范》（JTG D50—2017）]

参考文献

黄晓明, 2019. 路基路面工程[M]. 6版. 北京: 人民交通出版社.

中交公路规划设计院, 2006. 公路沥青路面设计规范: JTG D50—2006 [S]. 北京: 人民交通出版社.

中交路桥技术有限公司, 2017. 公路沥青路面设计规范: JTG D50—2017 [S]. 北京: 人民交通出版社.

（赵曜）

沥青路面施工工艺 construction technology for asphalt pavement

道路工程中，按沥青路面设计要求铺筑**沥青路面**的技术。是影响沥青路面质量的重要环节。沥青路面施工包括基层施工、沥青混凝土面层施工及封层、黏层、透层施工等。工艺流程如图1所示。

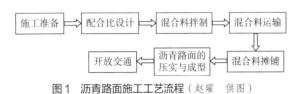

图1 沥青路面施工工艺流程（赵曜 供图）

施工准备 在沥青层铺筑前，对基层或下卧沥青层质量进行的检查。

配合比设计 采用规范方法进行各结构层混合料配合比设计，包括目标配合比设计、生产配合比设计和生产配合比验证3个阶段。

混合料拌制 在拌和站（厂、场）采用专门的拌和设备将沥青、集料、填料、纤维稳定剂等原材料按照设计好的配合比进行均匀拌和的过程。沥青混合料拌和设备按作业特点分为循环作业式（间歇式）、连续作业式（连续式）和综合作业式，多采用循环作业式（间歇式）（图2）。

混合料运输 用专业运料车将拌制好的**沥青混合料**运输至施工现场的作业过程。多采用单车载重量大于15t的自卸运输车。

混合料摊铺 用专业的摊铺机将拌制好的沥青混合料均匀地摊铺在已整修好的路面基层上的作业过程。按照行走装置不同，摊铺机分为履带式和轮胎式两种，多采用履带式摊铺机。

沥青路面的压实与成型 用专门的压实机械在沥青混合料摊铺后较高温度下，按初压、复压、终压（包括成型）的步骤使路面成型的作业过程。常见的压实机械包括静作用压路机、振动压路机和组合式压路机3种。静作用压路机分为轮胎压路机、光轮压路机两种。振动压路机分为手扶式振动压路机、座驾式振动压路机、轮胎驱动振动压路机（凸块、光轮）、两轮串联式振动压路机（铰接式整体式）、拖式振动压路机5种。组合式压路机分类少，统称组合式压路机、小型压路机等。

沥青路面常按需要设接缝。按接缝位置的不同，沥青路面的接缝分为纵向接缝和横向接缝两种。与道路中心线平行的为纵向接缝，与道路中心线垂直的则为横向接缝。按处理方法的不同，沥青路面的接缝有冷接缝和热接缝两种。冷接缝指新铺层与经过压实后的已铺层进行的搭接施工形成的接缝。热接缝指使用两台以上摊铺机梯队作业时，当混合料都还处于压实前的热状态时进行的搭接施工形成的接缝。

开放交通 待摊铺层自然冷却至50℃后，即可开放交通。

参考文献
黄晓明, 2019. 路基路面工程[M]. 6版. 北京: 人民交通出版社.
交通部公路科学研究所, 2004. 公路沥青路面施工技术规范: JTG F40—2004 [S]. 北京: 人民交通出版社.
中交路桥技术有限公司, 2017. 公路沥青路面设计规范: JTG D50—2017 [S]. 北京: 人民交通出版社.

（赵曜）

沥青路面施工原材料 constructional material for asphalt pavement

沥青路面各结构层所用的原材料。主要有沥青、集料、填料、纤维稳定剂等。其质量应符合规范要求。

沥青 由一些极其复杂的高分子碳氢化合物和这些碳氢化合物的非金属衍生物组成的混合物，常温下呈黑色或黑褐色的固体、半固体或液体（图1）。可用于沥青路面各结构层。使用品种主要包括道路石油沥青、乳化沥青、液体石油沥青、煤沥青、改性沥青和改性乳化沥青；应按照公路等级、气候条件、交通条件、路面类型及在结构层中的层位、受力特点、施工方法等，结合当地经验确定。

集料 沥青路面施工中用量最多的材料（图2）。可以采用天然集料和加工集料（图3）。天然集料指直接从自然界获得的、未经加工的颗粒状矿质集料，包括碎石、卵石、浮石、天然砂等。加工集料指对天然原材料或人造原材料进行破碎、筛分和清洗等工艺制得的颗粒状集料，常见的有煤渣集料、矿渣集料、煤矸石陶粒等。按粒径范围分为粗集料和细集料两类。在**沥青混合料**中，粗、细集料的分界尺寸为2.36mm，即粒径大于2.36mm的为粗集料，粒径小于2.36mm的为细集料。

图2 间歇式沥青拌和设备（赵曜 供图）

图1 常温下的沥青（赵曜 供图）

图2 沥青混合料常用集料（赵曜 供图）

图3 集料加工（赵曜 供图）

填料 在沥青混合料中起填充作用的粒径小于0.075mm的矿质粉末。通常采用石灰岩或岩浆岩中的强基性岩石等憎水性石料经磨细制成。

纤维稳定剂 在沥青混合料中起到分散、吸附沥青作用的固态物质。宜选用符合环保要求、不危害身体健康的纤维，常用木质素纤维和矿物纤维。

参考文献

黄晓明, 2019. 路基路面工程[M]. 6版. 北京: 人民交通出版社.

交通部公路科学研究所, 2004. 公路沥青路面施工技术规范: JTG F40—2004 [S]. 北京: 人民交通出版社.

中交路桥技术有限公司, 2017. 公路沥青路面设计规范: JTG D50—2017 [S]. 北京: 人民交通出版社.

（赵曜）

连接装置　connecting device

实现全挂车与牵引汽车、半挂车与牵引汽车以及挂车与全挂车之间相互连接的装置。

分类 根据汽车列车的组合形式，连接装置可分为牵引连接装置和支承连接装置两大类。

牵引连接装置 包括装载牵引汽车车架后横梁及附加支承上的牵引钩和装载全挂车上的牵引架，通过牵引钩与牵引架上的挂环把牵引汽车与全挂车连接起来，组成全挂汽车列车。牵引连接装置用于牵引汽车与全挂车或挂车与全挂车之间的连接，其载荷特点主要表现为传递纵向力（包括牵引力和制动力），牵引连接装置中的垂直载荷，通常仅限于牵引架的部分质量。

支承连接装置 包括装在牵引汽车车架上的牵引座和装在半挂车前部的回转牵引销。由牵引座和牵引销把牵引汽车与半挂车连接起来，组成半挂汽车。支承连接装置用于牵引汽车与半挂车的连接，它除了传递纵向力外，还承受并传递着由半挂车的前部质量作用于牵引车上的垂直载荷。支承连接装置还起着转向机构的作用。为了减少支承表面的单位压力，并保证半挂车前部的稳定，支承盘的直径尽量大一些。

挂车类型不同，连接装置也不同。①原木全挂车的连接装置分成两部分：汽车上装有牵引钩，在挂车上装有辕杆和连接套环。为了保持必要的刚度，将原木运材的全挂车辕杆架做成三角形。原条挂车大多数是金属长辕杆。在辕杆前焊有或最好装有连接套环和衬套。这种套环能承受15～80kN的牵引力。当牵引钩和套环间隙过大时，将使挂车和汽车发生冲击，增加了挂车的偏摆倾向并使挂钩和套环的磨损大大提高。②半挂车的连接装置也由两部分组成，在牵引车上装有支承连接装置，半挂车的前部具有回转主销。

使用要求 连接装置应保证牵引汽车与挂车可靠而顺利地挂接，方便而迅速地脱挂；使汽车列车具有高度的机动灵活性；能平稳地将牵引汽车的牵引力传给挂车，并能吸收汽车列车行驶中所产生的冲击载荷；应有足够的强度、刚度和硬度，以承受行驶中各种力的作用和磨损。

参考文献

王立海, 2001. 木材生产技术与管理[M]. 北京: 中国财政经济出版社: 186-187.

（徐华东）

联合机伐木　harvester felling

用联合机伐倒树木的伐木方式。适用于劳动力成本较高，森林主伐方式为皆伐的林区。

联合机是伐木联合机的简称，是一种自行式森林采伐机械，其工作装置能够完成伐木、打枝和造材等多项采伐工序。联合机的工作装置安装在自行式森林采伐机械的底盘上，包括起重臂和伐木头两部分。伐木时，伐木头的夹抱机构将立木抱住，再由液压驱动的链锯将立木锯开，然后伐木头将树木旋转至平行于地面的位置，在进料辊送料力作用下使树木通过打枝刀进行打枝。打枝期间，测量轮测量进料长度并确定造材位置。联合机起重臂带动伐木头在一个工作位置可将一定范围的树木伐倒，适合皆伐作业。联合机根据行走装置结构分为履带式和轮式两种。履带式联合机采用履带式底盘，对地面的单位压力小、通过性好。轮式联合机采用轮式底盘，行驶速度快。

联合机伐木的优点是皆伐时效率高、所需劳动力少，劳动强度低，安全性好，自动化程度高；缺点是设备结构复杂，价格高，对工人的技术水平要求高，择伐和疏伐作业时效率低。

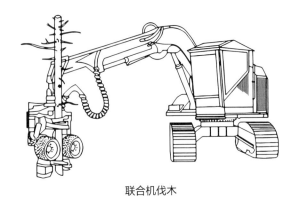

联合机伐木

参考文献

王立海, 2001. 木材生产技术与管理[M]. 北京: 中国财政经济出版社: 114–117.

John Sessions, 2007. Harvesting operations in the tropics[M]. New York: Springer: 47–48.

(杨铁滨)

链锯伐木　chainsaw felling

用链锯伐倒树木的伐木方式。链锯按动力机械的不同分为油锯和电锯两种类型。受森林采伐作业临时性、分散性特点的影响，中国森林采伐作业中广泛使用油锯伐木。

油锯和电锯都是手提式机具，采用链式伐木机构。链锯结构包括动力机构、传动机构和锯木机构三大部分。油锯采用汽油发动机作为动力源，具有质量轻、体积小、噪声小、振动小、切削速度高、成本低、能适应各种地形、作业效率高等优点，适合移动式作业方式。电锯采用电动机作为动力源，需要供电电源、供电电缆或蓄电池等辅助设施，电锯速度低，反弹小，更安全。

作业技术见伐木。

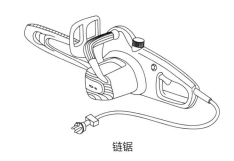

链锯

参考文献

江泽慧, 2002. 中国林业工程[M]. 济南: 济南出版社: 31–33.

王立海, 2001. 木材生产技术与管理[M]. 北京: 中国财政经济出版社: 114–117.

(杨铁滨)

链式输送机出河　chain transveyer hauling

利用沿岸坡装设的链式输送机，从水中将原木逐根或者将木排（排节）通过输送机连续输送到岸上的作业。适用在河道中有一定的水域面积可供水上贮木和岸上有一定面积可安装机械与贮存木材的地方。

在出河作业工程中，由水运工人利用工具将水面上漂浮的木材移送至链式输送机的喂木机构，喂木机构将木材传送到牵引、承载机构，随后输送至岸上。在岸上有与之相连的传送机构，以确保木材从水中输送到岸上的指定位置。喂木机构的喂木能力与输送机构和相连的传送机构能力相匹配。链式输送机是利用链条牵引、承载，或由链条上安装的板条等承载木材的输送机，由牵引构件、承托构件、支承导轨、驱动装置、张紧装置和尾轮装置等组成。①根据木材出河对象的不同，可以分为原木输送机和木排（排节）输送机。由于原木与木排的特殊性，对于单根原木出河，输送机必须满足原木长度和直径的出河或过坝要求，一般原木长度在 2～8m、直径在 15～120cm 范围内；对于木排（排节）出河或者过坝，输送机必须满足木排（排节）的规格，木排（排节）一般规格为排长 7～8m（不超过 14m）、排宽 2m 以上、材积 3～10m³。②按木材被传送的方向与方式的不同分为纵向链式输送机和横向链式输送机。纵向链式输送机的最大起升坡角不超过 25°，传动速度为 0.6～1.0m/s；横向链式输送机的起升坡角基本上不受限制，可以达到 60°～70°。

木材出河用的链式输送机与工业上常用输送机的区别在于：必须设置一个适应水位变幅的喂木机构，有的地方称为"刁嘴"，一般由伸缩钢架、钢架滚轮、伸缩架导轨、链条、承载横梁与支座等组成。链条每隔约 1.5m 安装一个承载梁，梁上有钩齿（或板），运行时可将浮在其上方水面的原木钩住，传输上来。由于流送河道水位变幅比较大，需要经常调整喂木机构的入水深度。喂木机构通常沿河边设置，从而使喂木机构处的流送降低，容易产生泥沙淤积，因此需要经常进行排淤处理。

参考文献

木材水运工程设计手册编写组, 1985. 木材水运工程手册[M]. 北京: 中国林业出版社.

祁济棠, 吴高明, 丁夫先, 1995. 木材水路运输[M]. 北京: 中国林业出版社.

(黄新)

量材　scaling

对原条进行观察后确定整体原条造材方案的作业。是一项技术性很强的工作，是综合考虑各项因素达到最佳效果的设计过程，是合理造材的核心。在伐区楞场和贮木场，由专人（称量材员）从事量材工作；在立木伐倒地点造材时，由于点多面大，往往由伐木工自己进行量材造材，要求伐木工有更高的业务素质。

量材设计　根据原条外形及其尺寸和木材缺陷及其分布等因素，通过综合考虑及设计，获得最佳的造材方案，并将确定的下锯部位体现在原条上的一整套工作。最佳效果或最佳方案反映在高的出材率、高的等级率和高的产值。①正常健全原条。充分利用全长，先造高等级、高价值、市场急需的材种原木和长材，再造一般加工用原木。②多节子原条。把节子最多或节子直径最大的部分尽量造成直接使用原木或枕资；造加工用原木时，根据节子密集程度，在提高材质的情况下，把节子集中在一根原木上或分散在几段原木上。③内部、外部腐朽原条。外部腐朽原条造成加工用原木，把腐朽部分造在一根原木上。内部腐朽原条，腐朽在根部，应在等内材质量允许范围内截掉不允许的缺陷部分，如根部腐朽面积较大不符合等内材标准，则将该腐朽部分造成等外材，如根部腐朽较深，为防止坏材带好材，应采用跟锯量材，先造一段2m短材，再确定下一段材长；腐朽在干部，把腐朽集中在一根原木上，从腐朽处向两端量取；腐朽在梢部，从梢部跟锯量取。④弯曲原条。将多面弯曲截成单面弯曲，大弯曲的造成短原木，材身上极度弯曲、不足1m长的区段截掉后再量材。⑤虫眼原条。尽量造成枕资或加工用原木，根据虫眼密集程度，适当集中在一根或分散在几根原木上。⑥大尖削原条。在径级变化较大处下锯，造成短材。⑦扭转纹原条。造成直接用原木或加工用短材。⑧双丫原条。小径双丫原条可将连接处劈开再量材造材；大径双丫原条，其连接处以下的树干长度在2m以上时，在双丫连接处的下部下锯，可造成短材。

技术方法　①从根部向梢部丈量。根部的木材缺陷少且利用价值高。影响原木等级的主要因素是不易被判断的内部腐朽，在不了解根腐深度与直径变化的情况下，为了获得较高质量的原木，要求从根部量起。②墩根、剔材和甩弯。墩根是把带有根腐的原条，从根部截去一段长不超过1m、材质不够等级的作业方法。目的是提高下一段原木的等级。剔材是把原条材身中部一段不够等级的木材截出，使其上下两段的木材成为等内材的作业方法。要求剔除的长度不超过1m。甩弯是把原条材身上出现的急弯木段截出，使上下两段木材不受影响的作业方法。截出的急弯长度不超过1m。③不同等级原条的量材设计。对于逐等部分的量材设计，当高等段在前时，如果高等段的长度小于低等段长度的一半，则两等级段要合在一起设计，否则单独设计；当高等段在后时，如果是长材，两段应分段设计，否则可合段设计。对于隔等部分的量材设计，两段均为短材时，应合段设计；两段均为长材时应分段设计；两段为一长一短时，如果长材是高等级，则应分段设计，否则，合段设计。④不同材种原条的量材设计。原条中存在加工用材段、次加工用材段和薪材段时，必须分段设计。在设计次加工和薪材时，带等内材的长度一般不超过0.5m，最长不超过1m。

量材工具　主要量材工具有尺杆、弓形尺、皮卷尺等。中国伐木点、装车场或贮木场电锯或油锯造材时，最早的量材工具是2m长的尺杆，精度不高，后推行了1m弓形尺。弓形尺两端呈尖状，以一端为轴，转动弓形尺，可以连续丈量长度，精度较高。国外在伐木点由伐木工量材造材时，常用皮卷尺，挂在腰带上，尺端为钩，钩住原条根部端面后，随着工人从原条根部走向梢部时，皮卷尺被拉出，不用时，皮尺脱钩并自动缩回。

作业步骤　为了使原条造材科学合理，最大限度地利用林木资源，量材员要做到5个步骤：①看，判断在原条材身上有哪些影响等级的木材缺陷；②敲，一些木材缺陷，特别是内部缺陷，往往外观不及，工人可用小锤敲打材身，如发出空洞声，则该处有内部腐朽；③量，除量测原条的长度外，还要检量影响等级的缺陷大小或数量；④算，即设计，根据看、敲、量所得的结果，确定该原条的合理造材方案；⑤划，根据已确定的造材方案，从根部向梢部丈量，标出各下锯部位。

量材作业最后要通过量测长度来体现其合理性。在长度丈量时要注意以下几点：①量材要准，满足长度公差的要求，不得超长短尺；②量材时要留有适当锯口宽度，应留的锯口宽度一般为1.5～3cm，否则有些原木将发生短尺现象；③利用串坡、滑道、单漂流送集运的原木，可留出一定的后备长度，以弥补集运中原木端头的损伤。

参考文献
史济彦, 1996. 森林采伐学[M]. 北京: 中国林业出版社: 167.
史济彦, 肖生灵, 2001. 生态性采伐系统[M]. 哈尔滨: 东北林业大学出版社: 147–150.

（肖生苓）

裂纹　shake

木材纤维沿纹理方向发生分离所形成的裂隙。

类型　按裂纹在原木上的位置分为端裂和纵裂。

端裂　在原木端面上发生的开裂。分为径裂和轮裂。①径裂。从髓心沿半径方向的开裂。径裂又分为单径裂和复径裂（星裂），见图1。在原木端面出现的沿同一直径或半径的裂隙，为单径裂（图1a）；在原木端面出现的若干条从髓心向各方辐射呈星状的裂隙，为复径裂（星裂）（图1b）。②轮裂。在原木端面沿生长轮方向开裂而形成的裂纹。又分为环裂和弧裂，见图2。沿原木生长轮方向的端裂，裂纹为圆周状，其弧度占生长轮一半或一半以上，为环裂（图2a）；沿原木生长轮方向的端裂，裂纹为圆弧状，其弧度占生长轮一半以下，称为弧裂（图2b）。

纵裂　在原木的材身或材身与端面同时出现的裂纹。按形成方式分为冻裂和震击裂、干裂；按穿透原木的深度分为贯通裂、炸裂。①冻裂和震击裂。由于低温、采伐撞击或雷

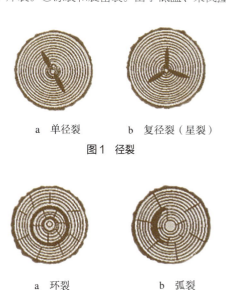

a　单径裂　　　b　复径裂（星裂）
图1　径裂

a　环裂　　　b　弧裂
图2　轮裂

击引起的径向纵裂。其特点是沿原木纵向有明显裂隙，冻裂的木质部和树皮常出现梳状翻卷，见图3。②干裂。原木在干燥过程中，干燥不均出现在原木端面和材身的径向开裂，见图4。③贯通裂。通过髓心或断面中心，贯通在端面上的开裂，见图5。④炸裂。应力作用原木断面径向开裂成三块或三块以上，其中有三条裂口的宽度均大于或等于10mm，见图6。

图3 冻裂和震击裂

图4 干裂

图5 贯通裂

图6 炸裂

识别与检量 裂纹是一种木材缺陷，按照GB/T 155《原木缺陷》进行识别。主要检量环裂半径、弧裂拱高、纵裂长度。检量方法按照GB/T 144《原木检验》标准执行。

对材质的影响与评定

对材质影响 裂纹破坏木材的完整性，降低木材的强度，影响木材的利用与装饰价值。在木材保管和使用过程中，裂纹还可能成为生物因子危害木材的通道，引起变色、腐朽或昆虫伤害的发生，从而缩短木材使用寿命。贯通裂和炸裂对原木的破坏性最大，加工时增加了废材量。

材质评定 裂纹缺陷对原木产品质量的影响程度，按照GB/T 144《原木检验》标准进行评定。

参考文献

朱玉杰，董春芳，王景峰，2010. 原木商品检验学[M]. 哈尔滨：东北林业大学出版社.

（朱玉杰）

林产品安全追溯　forest product safety traceability

对生产过程中林产品赋码及流通销售信息，对每件产品的物流、信息流进行监督管理和控制的措施。

主要环节 林产品的安全追溯涉及生产、加工、运输、销售等不同环节，其中每一个环节都存在着或多或少的安全隐患，对林产品各个环节的真实信息进行准确追溯，是保障林产品质量安全的重要途径。

参与主体 ①林业企业。负责采伐、初级加工、运输等环节的记录和管理。②物流服务商。负责运输、仓储、流通加工等过程的记录和信息反馈。③加工企业。负责产品的深加工和质量检测，并记录相关信息。④销售商。负责销售过程的信息记录和反馈。⑤认证机构。开展林产品的认证和追溯标识的赋予，确保信息的权威性和可靠性。⑥监管部门。包括环保、海关、检疫部门等，负责监督追溯体系的运行和合规性检查。

林产品安全追溯受到多方面因素影响，如政府监管、法律法规、技术差异等。安全追溯过程的关键在于数据的真实性和安全性，并且环节多也导致难以判别质量安全事故的责任，因此企业应加大对于林产品追溯技术的创新，将互联网、大数据、区块链技术应用于林产品质量安全追溯系统中，对流通加工的各环节进行全方面、全时段的追踪，以获得真实的产品信息，确保信息的不泄露、不篡改。

参考文献

涂传清，王爱虎，2011. 我国农产品质量安全追溯体系建设中存在的问题与对策[J]. 农机化研究, 33(3): 16-20.

王静，2021. 我国农产品质量安全追溯监管体系建设现状探析[J]. 农业开发与装备(6): 129-130.

王志远，2020. 河南省农业农村数字经济现状调查[J]. 农家参谋(19): 26, 33.

钟德福，艾红，张良国，等，2021. 区块链技术及其在农产品质量安全追溯应用的研究进展[J]. 中国农学通报, 37(19): 143-150.

（魏占国）

林产品包装材料　forest product packaging materials

用于制造包装容器、包装装潢、包装印刷、包装运输等满足林产品包装要求所使用的材料。

林产品包装材料的使用因产品类型不同而有所差别，主要包括金属、塑料、玻璃、纸、竹木、纤维素制品等。其中塑料包装材料具有可塑性强、密封性好等优点，是包装最常用的材料之一；纸质包装材料的特点为质轻、易于加工、价格低廉等，适用于包装各种形状和大小的产品；纤维素制品是从植物纤维中提取的材料，如纤维板、纸板等，具有较高的强度和耐用性，适用于需要更严密封闭的包装需求。纸和纤维素制品相对于木材更容易加工和定制，可以根据产品的形状和尺寸进行裁剪和设计，提高包装的适配性和美观度。

为降低包装废弃物对环境的不良影响，并且减少资源的消耗，实现林产品包装材料绿色化是未来发展的主要方向。基于环保考虑，应减少塑料在林产品包装材料中的使用，用复合材料或可降解材料取代。

参考文献

崔望妮, 2021. 绿色低碳背景下快递包装标准化体系建设[J]. 现代商业(22): 9–11.

刘冉, 李育峰, 李海明, 等, 2018. 半纤维素在食品包装材料中的应用及研究进展[J]. 中华纸业, 39(8): 6–11.

阮晓华, 杨若瑜, 林沛祺, 等, 2021. 基于标准化的果蔬产品运输包装技术及其应用研究[J]. 农产品加工(12): 90–94.

尹丰伟, 孙小龙, 张平, 等, 2021. 利用植物纤维制备可生物降解食品包装材料的研究进展[J]. 生物加工过程, 19(4): 358–365.

（庞燕）

林产品包装工程 packaging engineering of forest product

针对林业产品进行的包装设计和管理的专业领域。作为林产业链的一个安全保障环节，已经成为现代社会中林产品的重要组成部分，为林产品运输储存过程提供保障，保持产品原有的状态与价值。

林产品包装工程包括林产品包装机械、包装材料、包装工具、包装检测等要素。包装机械是包装工程的重要组成部分，选择合适的包装机械可以提高包装效率和质量，自动化包装设备可以显著提高包装速度，减少人力成本。选择合适的包装材料需要考虑其性能、成本和环保性，需要根据产品特性和运输要求选择。包装机械的性能和规格也会影响材料的选择，例如高性能的自动化设备可能需要特定规格的材料，以确保运行顺畅和包装质量。包装工具则用于辅助包装操作，确保包装过程顺利进行。检测设备是保障包装质量的关键，检测设备的投入可以确保包装质量符合标准，减少运输和储存过程中的损坏风险。

林产品包装工程主要涉及包装学、物理学、化学、材料学、美学、色彩等方面的基本知识和技能，具体包括包装的设计、印刷、测试、管理、研发等方面，针对包装的不同功能需求（保护产品、方便储运、促进销售等）进行内包装、外包装、结构包装、缓冲包装、运输包装的设计，同时兼具包装的质量检测和包装制品的印刷等。林产品由于种类众多，对包装的需求差别较大。对包装要求较高的林产品主要有林区农产品、木制品、木工艺品、艺术品、森林食品、林化工产品、森林产品等产品类型。

随着林产品行业的发展，绿色包装的理念不断深化，优化林产品绿色包装的系统工程是未发发展的主要方向，也是发展循环经济、建设资源节约与环境友好型社会的必然选择。

参考文献

陈春晟, 王桂英, 张群利, 等, 2012. 基于林业特色的包装工程专业课程体系构建[J]. 森林工程, 28(1): 84–86.

高雪, 张群利, 汪紫阳, 等, 2015. 基于射频识别的林药多功能包装设计[J]. 森林工程, 31(6): 96–100.

温慧颖, 徐淑艳, 王桂英, 等, 2014. 以林业院校为视角进行创新型绿色包装人才培养的研究[J]. 森林工程, 30(2): 189–191.

（庞燕）

林产品包装工具 forest product packaging tools

用于包装林产品的各种设备和工具。目的是在林产品流通过程中保护产品、方便储藏运输、保障产品质量安全、利于销售。

林产品包装工具主要包括手动捆扎机、自动捆扎机、封箱机、热缩膜包装机、包装填充材料设备等。①手动捆扎机适用于中小型林产品的包装，操作简单，成本较低。②自动捆扎机是一种电动或气动驱动的设备，能够自动将包装材料绑扎在产品周围，适用于大批量林产品的包装。③封箱机用于将包装好的产品放入包装盒或箱子，并封闭箱口，保护产品免受外界环境的影响。适用于各种大小的林产品包装，提高包装效率和封闭性能。④热缩膜包装机通过加热收缩膜将产品包裹在内，形成紧密的包装，提供更好的保护和展示效果。适用于需要提高产品外观品质和防伪性能的林产品包装需求。⑤包装填充材料设备用于在包装盒或箱子内填充填充材料，如泡沫颗粒、气泡膜等，保护产品免受碰撞和挤压。适用于易碎或形状不规则的林产品包装。

参考文献

刁维新, 2019. 广东省食品用塑料包装、容器、工具等制品行业产品分布状况[J]. 绿色包装(5): 70–72.

李宏刚, 2020. 塑料包装容器工具在食品行业中的应用[J]. 塑料科技, 48(10): 139–142.

彭艳妮, 2012. 数字版权管理内容包装工具的设计与实现[D]. 武汉: 华中师范大学.

（庞燕）

林产品包装机械 forest product packaging machinery

对林产品成品以及半成品进行包装的机械设备。使用机械包装能够提高包装过程的标准化和自动化、提高产品包装的生产效率、减轻劳动力消耗、降低成本，是大规模生产的必然选择。

包装机械组成一般包括：①包装材料的整理与供送系统；②包装物品的计量供送系统；③主传送系统；④包装执行机构；⑤成品输出机构；⑥动力机与传动系统；⑦控制系统；⑧机身。

林产品包装机械分类多样。根据林产品类型分为专用包装机械、多用包装机械、通用包装机械；根据功能分为单功能包装机械和多功能包装机械；根据包装作用分为内包装机械和外包装机械；根据自动化程度分为半自动包装机械和全自动包装机械；根据包装机械功能分为填充机、灌装机、封口机、裹包机、多功能包装机、贴标签机、清洗机、干燥机、杀菌机、捆扎机、集装机、辅助包装机、包装容器制造机械类以及无菌包装机械等。林产品包装机械分类方法多样，但各有其适用范围以及局限性。

未来要满足林产品包装市场需求，提高包装机械行业的现代化、信息化，就要重视林产品包装机械的自动化技术，开展科技创新，提高产品质量，实现高速、优质、智能、环保的生产，推动林产品包装机械自动化水平不断提高。

参考文献

李晓刚, 2021. 包装机械自动化技术研究进展[J]. 包装与食品机械, 39(3): 52-57.

李宇哲, 2020. 探究现代设计方法及其在包装机械中的应用[J]. 科学技术创新(11): 180-181.

徐智, 2020. 浅析食品真空包装机械及应用趋势[J]. 科技风 (18): 186-187.

（庞燕）

林产品包装检测　forest product packaging inspection

为确保林产品包装符合相关的质量、安全和法律法规的要求而进行的检测。

林产品包装检测主要通过在实验室进行包装检测的模拟测试来完成。实验检测模拟测试是检测包装各项性能的一种便捷、简易、低成本的有效方式。实验检测模拟产品包装的整个生命周期过程，经过检测，了解不同林产品的包装需求，及时发现林产品包装运输链中存在的问题，从而保证林产品包装在使用过程中的稳定性、安全性、环保性等。

林产品包装检测有一套复杂的流程，一般包括外观检测、阻隔性能检测、机械性能检测、动态性能检测、热封性检测等。针对林产品不同特性，对包装进行相应的检测。

随着技术发展，林产品包装检测向大数据、智能化方向发展是一种必然，例如通过包装检测技术进行定性定量的检测，通过包装品质大数据分析来优化包装等。

参考文献

李文秀, 栾秋平, 2020. 基于机器视觉的预包装食品检测[J]. 食品与机械, 36(9): 155-157, 176.

王光普, 赵大红, 2019. 食品包装材料安全性及检测技术[J]. 现代食品(22): 130-132.

许阿妮, 2020. 包装纸箱的质量检测和控制思考[J]. 轻纺工业与技术, 49(12): 142-143.

杨小艳, 2021. 基于图像处理技术的包装表面缺陷检测[J]. 微型电脑应用, 37(8): 63-66.

（庞燕）

林产品仓储　forest product storage

仓库对林产品的储存与保管。是集中反映林产品活动状况的综合场所，是连接生产、供应、销售的中转站，对提高效率、促进生产起着重要的辅助作用。

林产品仓储是在生产流通过程中因订单前置或市场预测前置而对林产品的暂时存放。其特点有：①货损率高。林产品具有容易遭受病虫害与腐败变质的特性，易受自然条件的影响，不适宜露天存放，货损率较高。②存储成本高。林产品具有更加严苛的存储要求，所以存储成本较高，运输成本也较高。③复杂性。林产品种类的差异较大，林产品的仓储具有复杂性。

林产品仓储流程　林产品仓储涉及多个环节，包括入库、储存管理、出库等。入库时需要进行严格的检验和分类，确保产品质量；储存管理需要采取适当的措施，如防潮、防火、防虫等，以保证产品安全；出库时则需要按照订单进行准确配送。

林产品仓库分类　①专用仓库。针对林产品的特殊性质，如易受潮、易变形等，可以配置专用仓库，如配有防潮、防火、除湿以及通风等设施的仓库，以提供更为适宜的储存环境。②通用仓库。又称普通仓库或综合仓库，适用于大多数林产品的储存。在通用仓库中，可以通过合理的空间布局和堆码方式，实现不同种类林产品的分类储存，提高储存效率。③无人仓库。通过运用智能化、信息化、机械化技术，如木材智能检尺与智能分拣装备，可以实现林产品仓储的自动化和智能化管理，减少人力消耗，降低人工误差。

参考文献

李海, 赵万生, 李文亮, 等, 2021. 物流仓储管理的优化研究[J]. 中国储运(7): 101-102.

孙统超, 2021. 基于供应链管理的物流仓储管理系统研究与开发[J]. 中国物流与采购(16): 58-59.

曾惠敏, 2021. 物流仓储管理机制优化策略研究[J]. 中国物流与采购(17): 61-62.

张永强, 李星圆, 赵尘, 2021. 基于SLP和SHA的林产品仓储布局优化[J]. 林业工程学报, 6(1): 171-177.

（魏占国）

林产品电子商务　forest products e-commerce

林产品供应链的生产、加工、销售等过程中，相关企业或个体依托计算机技术和信息技术，利用网络收集、传递和发布信息，并在网上完成林产品或服务的购买、销售、电子支付及售后服务等业务的过程。参与主体包括林产品生产者、加工商、平台运营商、物流服务商、金融服务商及消费者。

林产品电子商务具有地域性强、季节性明显、标准化难度大、储存要求高等特征。部分林产品具有季节性，电商平台需要在特定的时间内集中销售某些产品，同时，林产品的生产地通常分布在特定的区域，电子商务平台销售时需要保障远距离运输问题。一些林产品（如鲜果、菌类）对储存和运输条件要求较高，电子商务平台需要配备冷链物流和专用仓储设施。

林产品电子商务通过互联网平台进行林产品的交易和服务，具有广泛的市场覆盖、信息透明化、交易便捷、降低成本、定制化服务、数据驱动和促进可持续发展的特点，旨在提高交易效率、降低成本、扩大市场覆盖范围，推动林产品行业的现代化和可持续发展。

参考文献

狄娜, 袁丽伟, 2021. "互联网+"背景下发展林业电子商务的影响因素与对策[J]. 林产工业, 58(3): 89-91.

李鹏宇, 贾卫国, 2020. 标准化对林产品电子商务的影响分析——基于江苏省的案例[J]. 中国林业经济(5): 35-39.

王璐, 樊坤, 尤薇佳, 2015. 林产品电子商务研究现状与展望[J]. 林业经济问题, 35(6): 562-567.

叶丽丽, 2020. 电子商务环境下林产品物流模式构建研究[J]. 商业经济(11): 61-63.

（庞燕）

林产品电子商务平台　e-commerce platform of forest product

林产品供应方、需求方、银行、政府等在因特网和其他网络的基础上，以实现林产品相关商务活动的目标，满足林产品生产、销售、服务等生产和管理的需要，支持林产品相关企业的对外业务协作，从运作、管理和决策等层次全面提高企业信息化水平，为企业提供具备商业智能的计算机网络系统。

林产品电子商务平台主体有3个方面，分别是买卖双方和平台管理者。其中买卖双方是进行产品交易的真正主体，平台管理者是对电商平台实施管理的主体。平台管理者主要负责对林产品交易的数据进行研究以及统计。

林产品电子商务平台的基本组成部分包括卖家的信息发布平台、网店系统，买家的购买系统以及平台管理者对电商平台实施管理的管控系统。此外，还有一些必要的系统，如用户信用评价系统等。这些系统都需要进行严格的用户管理以及权限的划分。卖家可以借助电商平台，对自身产品的销售信息进行发布。买家则可以在电商平台上进行信息的浏览，对产品进行购买，从而保证平台正常运转。平台管理者则是结合用户的实际买卖记录对不同的用户实施信用评价，对于信用良好的用户，平台管理者可以适当提升一些权限，或者提供增值服务，甚至可以直接对用户实施等级的划分，将用户分成不同等级，不同的用户享受不同的权限以及增值服务，以此促进平台的健康运行。

林产品电子商务平台也是综合信息平台，板块上可以发布各类林产品信息，或林产品相关的信息，如有关的国家政策、林产品市场的动态与新闻，以及林产品加工等重要的信息。这些信息便于用户加强对林产品的了解以及对当下市场情况的掌握，提升用户对电商平台的认可度。

参考文献
海鹰, 2018. 林产品电子商务平台及其构建策略[J]. 企业改革与管理(23): 63-64.

（郑小雪）

林产品供应链　forest product supply chain

以林产品生产企业为核心，从林产品的采购、生产制造、流通加工到产成品，最后由销售网络把产品送到消费者手中的整体链条。通过信息流、资金流以及物流，将林产品供应商、生产商、批发商、零售商、消费者连成一个具有整体网络链接功能的联盟体。

林产品供应链管理的内容涵盖了供应商选择与合作、计划与预测、库存管理、运输与配送、信息系统与技术支持、供应链风险管理、供应链金融服务等多个方面。这些方面相互关联、相互影响，共同构成了林产品供应链管理的完整体系。

林产品供应链是林业经济活动发展的必然结果，林产品供应链的发展经历了从初始阶段的直接利用到发展阶段的深加工、高附加值方向的延伸，再到优化阶段的信息化、可持续性和多元化发展，并呈现出数字化、绿色化和国际化的未来趋势。其特点如下：

①自然和社会生产交织性。林产品供应链不仅涉及自然资源的开发和利用，还与社会经济活动紧密交织。从森林资源的培育、采伐，到林产品的加工、运输和销售，每一个环节都受到自然条件和社会经济因素的双重影响。

②链条复杂、流程长。林产品大多起源于林木资源，培育期较长。原材料的采购与加工地往往不在一起，提高了产品原料采购的难度。其次，林产品分类多，因而物流环节以及所包含节点企业数量种类多，难以协调，不同生产要素从不同路径加以投入，使得整个供应链条极为复杂。

③响应需求的时间滞后性。林业生产周期长，从森林资源的培育到林产品的产出往往需要数年甚至数十年的时间。林产品供应链在响应市场需求时存在一定的时间滞后性，需要提前进行规划和预测。

参考文献
雷雨, 乔玉洋, 2020. 林产品供应链管理优化[J]. 物流工程与管理, 42(5): 87-89.

林鹏熠, 薛亮, 2019. 林产品供应链研究综述[J]. 物流工程与管理, 41(8): 21-23.

刘文图, 庄宇铮, 许冰冰, 等, 2020. "互联网+"背景下林产品供应链模式优化研究[J]. 物流工程与管理, 42(2): 85-87.

孙铭君, 彭红军, 王帅, 2018. 碳限额下木质林产品供应链生产与碳减排策略[J]. 林业经济, 40(12): 77-81, 115.

王柯媛, 贝淑华, 2021. 我国林产品供应链数字化发展研究[J]. 物流工程与管理, 43(7): 53-55.

（魏占国）

林产品国际物流　forest product international logistics

林产品生产和消费分别在两个或两个以上的国家独立进行时，为克服生产和消费之间的空间距离和时间距离，对林产品进行物理性移动的一项国际商品交易或交流活动。最终目的是完成国际商品交易，即实现卖方交付单证、货物和收取货款，而买方接受单证、支付货款和收取货物的贸易对流条件。

林产品（如木材和纸浆）对运输和仓储环境有特定要求，需要控制温度和湿度，以防止产品变质。此外，林产品的运输涉及严格的检疫程序和环保法规，包括原产地证明和植物检疫证书，以确保产品的合法性和环保合规性。这些特殊要求增加了林产品物流的复杂性和成本，要求物流公司具备专业知识和技术。

林产品国际物流是现代物流体系的重要分支，其总体要求就是高效率、低成本、高质量地实现国际林产品贸易服务，具有复杂性、国际性、风险性等特点。随着跨境电商的迅猛发展，林产品国际物流经历了由传统大订单、大批量、规模化的运营管理模式到小批量、多频次、个性化的运营管理模式的转变。林产品国际物流利用物联网、大数据、云计算等现代信息技术提升国际物流的服务质量，降低国际物流的成本，同时提高国际物流实施追溯与智能监控水平，提升客户服务满意度。

参考文献

李军, 2019. 跨境电商背景下我国国际物流系统优化[J]. 对外经贸实务(12): 90–92.

刘汝丽, 2018. 面向跨境电商的湖南省国际物流模式选择研究[D]. 长沙: 中南林业科技大学.

祁飞, 2020. 跨境电商国际物流模式的整合性问题探讨[J]. 商业经济研究(18): 113–115.

曾明珠, 2015. 基于市场导向的林产品绿色物流一体化研究[J]. 企业改革与管理(12): 188.

（庞燕）

林产品国际物流检验检疫　forest product international logistics inspection and quarantine

由出入境检验检疫机构根据法律法规和相应技术规范规定，对进出口的林产品及相关的交通工具、包装物、运输设备等分别进行的检验、检疫、鉴定、监督管理工作。是林产品国际物流过程中一个重要的环节。主要流程包括现场检验检疫、实验室检测、签证放行。

林产品检验检疫包括3个部分，分别为进出口商品检验、出入境林木植物检疫和国境卫生检疫。进出口商品检验包括对林产品的品质检查、安全卫生检查、数量鉴定、重量鉴定等；对林产品中的林木产品、苗木花卉等类型产品进行检疫，对其生产、加工、存放过程由口岸检验检疫机构实施检疫监管。林产品国际物流检验检疫体现了国家对进出口商品实施的质量管制，能有效地维护出口商品的信誉；能促进进出口商品质量的提高，增强企业在国际市场上的竞争力；能严格把守进口商品的质量关，有效维护国家和人民的利益；为买卖双方交接货物、结算货款、通关计税和索赔理赔提供依据。

为适应对外经贸的迅速转型和进一步扩大的趋势，中国提出了"大通关"政策，在此背景下，检验检疫部门推行"一次报检、一次取样、一次检验检疫、一次卫生除害处理、一次收费、一次发证放行"的流程和"一口对外"的国际通用检验检疫模式，以此来保障林产品在国际物流过程中的高效流通，节约物流成本。

参考文献

罗春明, 2006. 我国出入境检验检疫制度研究[D]. 合肥: 安徽大学.

王任祥, 2004. 口岸物流信息平台建设在"大通关"战略中的意义和作用[J]. 水运管理 (6): 28–30.

许大沪, 2013. 浅谈检验检疫在国际物流中的作用[J]. 中国检验检疫(7): 25.

朱春花, 卢俭, 周俊平, 2004. 浅析保税区物流发展与检验检疫工作关系[J]. 中国检验检疫(6): 16–17.

（庞燕）

林产品国际物流贸易监管　supervision of international logistics trade of forest product

各国政府通过建立法律法规和采取相应措施，对跨境林产品货物的进口、出口和过境进行监管和管理的工作。具有维护国家利益和安全、支持公平竞争和遵守贸易规则、促进贸易便利化和经济增长、保护知识产权和环境可持续发展等意义。

林产品国际物流贸易监管主要是由海关部门负责，海关作为国家出入境监管机关，不仅负责传统的口岸物流监管职能，也开始承担报税物流的监管任务。随着全球化进程的不断加快，中国国际贸易进入了崭新的发展阶段，而国际物流是实施全球化战略的重要部分，所以对于国际物流的贸易监管至关重要。

林产品国际物流贸易监管的主要流程包括原产地认证、检验检疫、环境合规性审查、进出口报关、质量检验等。具有以下特征：①严格的法律法规。林产品贸易涉及严格的国际和国家法律法规，确保贸易的合法性和可持续性。②复杂的认证和检疫流程。需要多个认证和检疫程序，如原产地证书、植物检疫证书和环保合规性证明。③多方监管。涉及多个监管部门，如海关、环保部门、农业检疫部门等，确保各环节合规。

为实施有效的国际贸易海关监管，各国采取了多种方式和措施，包括但不限于：关税和配额限制、报关和申报、审核和检查、信息共享和合作、法律和制度建设。在林产品国际物流贸易监管中，仍然存在着贸易监管的法律法规不完善甚至缺失的现象；监管过程中，部门间缺乏信息对接共享等问题。

参考文献

陶广峥, 2016. 中国海关对跨境电子商务贸易的监管问题研究[D]. 广州: 华南理工大学.

张葛德, 张奇, 2010. 国际服务贸易发展与我国海关保税物流监管改革研究[J]. 上海海关学院学报, 31(1): 38–41.

周延东, 2017. 回应性监管视野下的国际物流安全比较研究[J]. 经济社会体制比较(2): 178–186.

（庞燕）

林产品国际物流通关　forest product international logistics customs clearance

进出口林产品货物或过境林产品货物在进出一国时，按照该国法律法规办理的手续。通关即清关：在履行完所有义务，办理完申报、查验、纳税、放行等手续后，货物才能放行，货主或报关人才能提货。

在林产品国际物流管理过程中，通关是一个最为重要的环节，要尽量减少物流成本，保障产品质量安全，就要确保林产品能够顺利合法的通关，提高通关效率，防止由于通关问题影响国际物流效率。

林产品国际物流通关流程包括以下几个步骤：①申报。填写相应的报关资料，申报人根据林产品类型填写申报期限，申报地点一般是进出口林产品所在地的海关，也可以通过海关管理系统智能化管理，进行书面申请更换申报地点，以方便企业完成报关。②查验。对林产品进行查验，核实申报信息是否属实，防止违法交易出现。③纳税。对进出口林产品依据相关税率计征关税和依法减免，进口林产品需征收增值税等。④放行。海关手续办理完结之后，海关放行，意味着当地海关监管结束，目的地海关监管开始。

参考文献

董小玉，2017. 进出口货物的国际物流通过流程和快速通关技巧分析[J]. 商场现代化(5): 16-17.

杜正博，2019. 跨境电商环境下国际物流模式研究[J]. 产业创新研究(2): 29-30.

江列平，2010. 中国海关通关业务改革和发展方向初探[J]. 上海海关学院学报，31(4): 63-67.

（庞燕）

林产品交易平台　forest product trading platform

集信息发布、交易撮合、资金结算、物流服务和金融支持于一体的综合服务系统或场所。为林产品的买卖双方提供了一个高效、透明和安全的交易环境。

构建标准化、规范化的林产品交易平台是加快实现中国林业强国目标的关键一步。林产品交易平台有助于加快产业的发展，减少流通环节，降低产品的成本，形成规范有序的林产品市场秩序，促进行业可持续发展，提高林产品的竞争性。林产品交易平台还能够提供保险、质检、结算等第三方中介服务，为交易平台的参与方提供更多便利与保障。

参考文献

刘礼芳，魏海林，谭著明，2010. 建立林产品电子商务平台的构想[J]. 湖南林业科技，37(4): 100-102.

刘惠兰，2006. 菏泽全力打造中国林产品国际交易平台[N]. 经济日报，07-11, 16.

周宛，2020. 林产品电子商务平台建设——评《农林产品网络营销》[J]. 林业经济，42(8): 104.

（庞燕）

林产品金融服务系统　forest product financial service system

有关林产品资金的流动、集中和分配的一个体系。由林产品生产加工企业，乡镇级银行如农村信用合作联社、邮政储蓄银行及农业银行，经销商及第三方物流企业构成。通过资金融通、风险管理、支付结算、资产保值增值、信息提供与决策支持以及金融创新与科技应用等多个方面的服务，为林产品经济活动和金融活动提供有力的支持。

林产品金融服务系统维护管理的主要内容：①客户准入管理。建立完善的客户准入标准，明确各类客户的准入条件和程序。开展客户背景调查，全面评估客户的信用风险。②客户服务管理。建立健全的客户服务流程，明确客户服务责任部门和人员。及时、准确地回应客户需求，提供专业的咨询和服务。积极开展客户宣传和教育，增强客户对金融产品和服务的了解和信任。建立客户投诉处理制度，确保客户投诉得到及时、妥善的解决。③客户关系管理。建立客户档案管理制度，全面、准确地记录客户信息和交易行为。建立客户分类管理制度，实施差异化服务。定期进行客户满意度调查，及时改进服务质量，提高客户满意度和忠诚度。④客户风险管理。建立客户信用风险识别和评估机制，全面评估客户的信用风险。加强对客户交易行为的监控，及时发现并处理异常交易。⑤技术维护管理。定期更新和升级系统软硬件，确保系统的稳定性和安全性。实施严格的数据备份和恢复策略，确保数据的完整性和可恢复性。部署网络安全设备和策略，防止网络攻击和数据泄露。

参考文献

才琪，张大红，赵荣，等，2016. 林业社会化服务体系背景下林业新型经营主体探究[J]. 林业经济，38(2): 78-82.

孔维健，2019. 基于服务主导逻辑的国有林场服务系统架构[J]. 林业经济，41(7): 16-21.

吴琳，张智光，2018. 我国"互联网+林业"的技术—产业—运作三维发展路径[J]. 世界林业研究，31(4): 1-7.

（魏占国）

林产品流通加工　forest product circulation processing

在林产品从生产领域向消费领域流动的过程中，为促进销售、维护产品质量和提高物流效率，根据需要对林产品施加包装、分割、分拣、贴标签等作业的总称。流通加工的对象是进入流通过程的林产品，是以方便用户、提高客户的满意度为宗旨，衔接供应与生产以及生产与消费的纽带。

科学合理的林产品流通加工可以有效降低产品含水量、确保卫生安全、提高附加值并便于运输和储存，以满足市场需求和消费者期望。科学高效的林产品流通加工，可以延长林产品的保质期，减少损耗，改善产品的外观、口感和品质，提高林产品的市场价值和经济效益。

林产品流通加工业是中国林业产业的优势产业以及主导产业，它的发展水平直接体现了中国林业产业体系的发展水平。林产品流通加工业也是中国全面建设现代化林业，建设先进的林业产业体系的关键内容。现如今，中国林产品行业发展环境良好，但是林产品流通加工企业仍存在着规模小、效益低、技术水平不高、创新能力弱等问题，阻碍了林产品流通加工企业的发展。林产品流通加工企业探索有效的发展措施及对策，是未来必然要迈出的关键性一步。

参考文献

冯慰冬，周三强，刘宁，等，2013. 河南省林业流通市场建设研究[J]. 河南林业科技，33(1): 63-65.

李利芬，吴志刚，余丽萍，2020. 林学专业林产品加工课程线上线下混合式教学模式的研究[J]. 绿色科技(17): 214-215, 217.

汪金莲，2019. 林产品加工企业可持续成长能力评价研究[D]. 哈尔滨: 东北林业大学.

（庞燕）

林产品流通加工企业管理系统 forest product circulation processing enterprise management system

体现林产品流通加工企业管理过程中的决策、计划、组织、领导等职能，并且能够提供准确、实时的数据，帮助管理者决策的一种系统软件。企业管理系统功能的全面性、流程的完善性、技术的先进性、系统的安全性是关键。

林产品流通加工企业管理系统集成采购、生产、加工、仓储、物流、销售、财务、人力资源等多个管理模块，提供一体化解决方案。其作用有：①可以实时监控和管理各个环节的数据和信息，自动生成和处理订单、报表等，提高工作效率，减少人为错误。②有助于林产品在流通加工环节提高物流效率、完善流程设计。③有助于复杂环节的衔接、各环节信息的可控等。④随着大数据、云计算等智能技术发展，林产品流通加工企业管理系统还可以提供产品从原材料到最终成品的全流程追溯，确保产品质量和安全；为企业决策提供重要并且准确的数据依据，提升企业的竞争力。

参考文献
陈剑, 2021. 基于区块链的企业管理系统框架设计探索[J]. 中国商论(14): 140-142.
方海诺, 2021. 大数据视角下企业管理信息化系统的构建[J]. 信息记录材料, 22(6): 25-27.
商平霞, 2014. 河北省农产品流通企业物流系统优化研究[D]. 石家庄: 河北科技大学.
王晶, 2021. 智能管控一体化系统在化工企业管理中的应用[J]. 化工管理(20): 77-78.

（庞燕）

林产品配送 distribution of forest product

根据用户的需求，对林产品进行拣选、组配等作业，并按时送达指定地点交付的物流活动。是现代高水平的送货形式。

主要流程 ①林产品集货。即将分散的或小批量的林产品集中起来，以便进行运输、配送的作业。②林产品分拣。将林产品按品种、出入库先后顺序进行分门别类堆放的作业。③林产品配货。使用各种拣选取设备和传输装置，将存放的林产品按客户要求分拣出来，配备齐全，送入指定发货地点。④林产品配装。运用合理的堆码方式对林产品进行装载，须充分利用运输工具的容积和容重。在单个客户配送数量不能达到车辆的有效运载负荷时，存在如何集中不同客户的货物配送问题，如何进行搭配装载以充分利用运能、运力的问题，这就需要配装。⑤林产品运输。将林产品从本地运输到指定的地方，是物流行业中最基本最核心的一项功能。⑥林产品送达服务。指配送末端环节的客户服务，也是配送独具的特殊性。

配送原则 ①经济性原则。合理规划配送路线，使用合适的运输工具，优化控制库存，以降低成本。减少物流系统中不必要的环节，如过多的中转站或仓储点，以提升物流效率，实现物流系统利益的最大化。②适应性原则。适应市场的发展规律，根据市场需求和变化不断调整配送策略和结构。③绿色原则。坚持可持续发展，追求林业企业经济效益的同时，兼顾林业企业的生态效益与社会效益。建立生态产业化、产业生态化的林业生态产业体系，采用环保的包装材料和节能的运输方式，降低配送过程中的环境污染。④订单驱动原则。以订单为驱动进行出库配送，确保产品能够按照客户需求及时送达。采用先进的订单处理系统，实现快速、准确的订单处理和配送。⑤安全可靠原则。在配送过程中，确保林产品的安全和质量，防止产品在运输、仓储等环节受损或变质。采用先进的包装技术和保鲜技术，确保产品在运输过程中保持新鲜和完好。

参考文献
姜蔚霞, 2019. 基于高铁设备的保鲜林产品运输线路规划研究[D]. 长沙: 中南林业科技大学.
李缘, 2019. 湖南省林产品行业与物流业耦合协调研究[D]. 长沙: 中南林业科技大学.
刘婷, 2017. 快消林产品电子商务物流模式研究[D]. 长沙: 中南林业科技大学.
刘文图, 庄宇铮, 许冰冰, 等, 2020. "互联网+"背景下林产品供应链模式优化研究[J]. 物流工程与管理, 42(2): 85-87.

（魏占国）

林产品商贸流通 commercial circulation of forest product

林产品从生产者到最终消费者的整个交易和物流过程。是连接生产阶段与消费阶段的一个中间环节，是实现林产品产供销一体化发展的集合。

组成要素 林产品商贸流通的组成要素包括生产、加工、运输、储存、销售等。林产品的生产通常在林场或森林中进行，包括采伐、种植、养护等过程；大部分林产品需要经过初级或深加工，例如木材的锯切、干燥、胶合等过程；林产品从生产地运送到加工厂、批发市场或零售终端，涉及多种运输方式的组合；林产品在流通过程中需要暂存在仓库中，特别是对于季节性生产的林产品，以保障林产品质量；林产品销售环节包括批发和零售，将林产品最终卖给消费者或下游企业。

流通特征 林产品商贸流通在产品标准、物流等维度具有以下特征：①产品多样性。林产品包括木材、纸浆、板材、家具、木制品等，不同种类的产品对市场需求、加工工艺和运输方式都有不同要求。②资源的地域性。林产品的生产高度依赖于森林资源的地理分布，通常分布在特定的地区或国家。由于森林资源的分布不均衡，林产品的供应和贸易往往集中在一些特定的地区，这对物流和市场营销产生了重要影响。③市场需求的波动性。林产品市场需求受经济周期、政策变化和消费习惯等多种因素影响，呈现出较大的波动性。建筑业、家具制造业和纸品业等下游行业的需求变化直接影响林产品的市场行情。

参考文献
高燕, 徐政, 2021. 我国商贸流通业发展区域差异分析[J]. 商业经济研究(12): 9-12.

吴雨桐, 2021. 大数据背景下商贸流通企业创新营销体系研究[J]. 北方经贸(8): 126-129.

杨守德, 张天义, 2021. 双循环格局下县域商贸流通业现代化高质量发展研究[J]. 商业经济(8): 51-52, 62.

（庞燕）

林产品射频识别技术 radio frequency identification technology for forest product

在林产品上附加射频标签，通过扫描射频标签即可识别林产品的信息技术。应用在林产品供应链管理时，需要先在射频识别（RFID）标签内置存储空间或云端数据库存储供应链日志，扫描射频标签后，从RFID标签内置空间或云端数据库获取供应链日志。

发展历程 自2010年美国全面实施《雷斯法案修正案》后，欧美市场对绿色消费理念的重视日益增强，为此设置了绿色贸易壁垒，要求木质林产品的原料来源合法，加工工艺需符合可持续发展的原则，同时木材供应链需保持透明。鉴于此，马来西亚半岛林业部（FDPM）在2009年完成了一项采用RFID追踪木材和管理森林的试点项目，并用了几年时间实验完善，推出了"木材追踪系统"，从而提高了本国木质林产品原料的可追溯性。通过读取木质林产品的RFID标签，可以追踪到林地、堆场、仓库等详细信息。此外，该木材追踪系统还支持如种植计划等森林管理功能，并能管理采伐、运输和加工等环节的信息，自动识别非法林业生产活动并发出警报。

作用 林产品射频识别技术有助于调查林产品原料的来源合法性，并实现对林产品供应链的正向可追踪和逆向可溯源管理。具体如下：

①票证的电子化和加密防伪。传统林业生产中的票证大多为纸质，其数据易遭篡改。而利用大容量的RFID标签，可以存储这些纸质票证上的数据，并通过密钥加密来防止电子数据被篡改，随货同行的RFID标签有助于追踪林产品的流向和流量。当票证的生命周期结束时，RFID标签还可以回收并重复使用。

②实现全过程电子监管。RFID技术可将林权证、采伐证、植物检疫证、检尺码单、运输证、加工许可证、销售单和发票等纸质票证电子化，并通过互联网快速传递电子票证，满足林业生产流通环节中的各种加密与识别需求，实现对木材种植、采伐、运输、储存、加工、销售等环节的精细化管理。云端可实现供应链全过程的数据闭合检查，对林业生产过程实现全自动监管。

③提高林业执法效率。云端在自动化电子监管时发现数据异常时，通知林业执法人员复核检查，由于RFID标签数据加密后，无法被篡改，为林业执法人员提供了可信的对比凭证，通过对比电子数据和真实生产情况是否一致，即可发现各种伪造篡改票证及多次套用票证的违法行为。因此，RFID技术能够降低林业执法人员的执法难度，减少误判，为守法者提供安心生产的环境，让违法者在电子监察体系内无处遁形。

应用案例 2010年前后，福建省三明市的多个县级林业局试点采用高频（high frequency, HF）频段的无源RFID技术来监管木材供应链。选用了存储容量为1kByte的Mifare one S50标签或4kByte的Mifare one S70标签，其工作频率为13.56MHz，无线识别距离为100mm，并具备复杂的读写权限密钥组合加密功能。这类RFID标签的芯片在电子行业中通常被称为射频集成电路（radio frequency integrated circuit, RFIC）。由于RFIC芯片具有较大的存储容量，它可以直接存储运输证等物流数据，无须云端数据库的支持，特别适用于移动通信信号较弱、无法持续连接云端的山区环境。将RFID标签粘附在码单和运输证的背面，以加密形式存储木材或木制品的运输数据。林业执法人员通过使用RFID手持机读取标签，获取存储的加密数据，并将其与实际运输量和纸质票证进行对比，从而迅速判断是否存在违法行为。此项技术的应用使得伪造和篡改纸质票证的违法手段失效，简化了运输执法的检查流程。

参考文献

林宇洪, 2013. 木材供应链追溯RFIC卡的设计[J]. 西北林学院学报, 28(5): 175-179.

寿国忠, 顾玉琦, 王佩欣, 2016. 现代农林业精细化管理[M]. 北京: 中国林业出版社: 77-79.

（林宇洪）

林产品溯源 traceability of forest product

通过现代化信息技术手段对林产品的生产、加工、流通、销售等环节进行全程追溯和管理的方法。目的是通过收集、记录和管理产品相关信息，建立起完整的信息链，使得产品可以追溯到其原始状态和生产过程，从而保障产品质量安全、提高消费者信任度。通过溯源系统，可以实时监控产品的生产、加工和流通环节，确保林产品符合相关标准和规定，提高林产品质量安全性。

林产品溯源采取的主要措施如下。

①建立溯源系统：采用现代信息技术手段，如物联网、大数据、云计算等，建立林产品溯源系统，实现产品信息的实时记录、查询和追溯。

②明确追溯内容：应涵盖产品的原材料来源、生产过程、加工环节、流通渠道、质量检测等信息，确保信息的完整性和准确性。

③强化监管和执法：政府部门应加强对林产品溯源体系的监管和执法力度，确保溯源系统的有效运行和产品质量安全。

参考文献

刘文图, 庄宇铮, 许冰冰, 等, 2020. "互联网+"背景下林产品供应链模式优化研究[J]. 物流工程与管理, 42(2): 85-87.

刘亚迪, 潘春霞, 宋绪忠, 等, 2020. 安吉冬笋质量追溯系统应用实施现状及政策分析[J]. 浙江林业科技, 40(5): 89-94.

王鹏飞, 沈娟章, 谭卫红, 2018. 稳定同位素技术在林产品产地溯源和掺假鉴别中的应用研究进展[J]. 浙江农林大学学报, 35(5): 968-974.

（魏占国）

林产品条码识别技术　barcode recognition technology for forest product

在林产品上附加条码标签，通过扫描条码标签来识别林产品的信息技术。在林产品供应链管理中，条码识别技术有助于确认林产品原料的来源合法性，并实现林产品供应链的正向可追踪与逆向可溯源管理。

条码分为一维码和二维码两种：①一维码。标签结构相对简单，抗污损能力较弱，信息密度低，条码标签仅能存储一个编号。一维码技术应用在林产品供应链管理时，需事先在云端数据库中存储供应链日志。系统扫描条码标签后，以条码编号为关键词，从云端数据库中搜索并下载相关的供应链日志。②二维码。以 QR 码（一种矩阵二维码符号，QR 为 quick response 的缩写）为代表，具有较强的抗污损能力和较高的信息密度。理论上，QR 码的信息容量多达 1800 个汉字，可直接存储林产品供应链日志，例如存储木制品原料的林权证信息和采伐证信息，以证明木材原料来源合法性。

条码识别技术在林产品流通中的应用主要体现于：加强林产品标识管理，快速准确识别林产品基本信息与供应链状态；利用云端数据库的供应链日志，提升供应链管理效率，实现全程追踪与实时监控；以及简化数据录入流程，通过扫描林产品票证上的条码，迅速获取信息，从而提高林业生产数据录入的效率和准确性。

林产品条码识别技术作为一种实用的标识与追踪技术，其优点在于配套的软硬件成本低，还能够显著提升纸质票证的录入效率和准确性，实现林产品供应链的精准管理。该技术也存在一些缺点：①二维码抗复制防伪性相对较弱，可能会出现多个林产品套用相同二维码以伪造合法身份的情况。②二维码的加密能力弱，存储信息容易被破译，应用在林产品物流监管中存在着一定技术风险。因此，在实际运用条码技术时，需结合射频识别（RFID）技术、二维码加密及防伪技术的优缺点，以构建一个更为安全、高效的林产品供应链追溯体系。

以 2010 年福建省将乐县林业局的试点为例，检尺员在伐区对木材运输车辆进行检尺后，出具检尺码单，同时将码单内容编码为 QR 二维码，利用便携式打印机打印成不干胶条码标签，粘贴在检尺码单背面，称为码单二维码。当驾驶员携带检尺码单抵达运输证办证地点时，办证人员无须手动输入码单数据，使用计算机的条码扫描枪阅读码单二维码，计算机便能立即获取码单上检尺数据，并转换为运输证数据。实践表明，当 QR 码存储的汉字少于 300 个时，手持终端和二维码扫描枪的识别成功率和速度均表现优异，可实现"秒识别"。这种方式不仅提升了纸质票证之间的转换效率，也大幅减少了人为录入错误，从而提高了木材运输证的办理效率。

（林宇洪）

林产品物联网　forest product internet of things

通过射频识别、传感器、全球定位系统、激光扫描器等信息传感设备，按约定的协议，把林产品生产、经营和管理的各环节、各对象与互联网连接起来，实现人与物、物与物之间互联互通，实现对过程对象的智能化识别、定位、跟踪、监控和管理的一种网络。物联网技术与林产品物流结合，让林产品携带含电子产品代码（electronic product code，EPC）的射频识标签，实现对林产品从采伐、运输、仓储、配送、销售的全过程管理，从而解决长期以来由于信息闭塞、产品积压等导致林产品质量等级下降、成本增高的问题。

林产品物联网具有如下功能：①环境监测与数据分析。实时获取林区的环境信息，如温度、湿度、光照、风速等，确保对林区环境变化的快速响应；对大量收集到的数据进行处理和分析，提取有价值的信息，辅助林业决策和管理工作，如林地质量评估、栽培模式优化等。②资源管理与调度。通过云平台和大数据，对林区资源进行高效管理和调度，优化资源使用和维护。实现林业机械设备的智能化管理和操作，提高作业效率和安全性。③灾害与火灾监测预警。对林区的病虫害进行监测和预警，防止病虫害扩散；对林区的火灾实时监测和预警，及时采取应对措施，减少火灾损失。④碳汇监测与管理。实时监测森林生态环境、CO_2 浓度以及森林环境因子，为碳汇计量与监测提供科学的环境参数依据。结合无人机遥感技术和样方调查方法，测量监测区域内树木的直径、高度等参数，结合土壤碳含量测定，计算出该地区的碳储量。

参考文献

王兴, 郝吉, 孔德强, 等, 2018. 基于物联网的林产品可追溯系统设计[J]. 森林工程, 34(5): 114–120.

吴琳, 张智光, 2018. 我国"互联网+林业"的技术—产业—运作三维发展路径[J]. 世界林业研究, 31(4): 1–7.

薛亮, 黄新, 任超, 2019. 物联网技术在林业中的应用研究综述[J]. 传感器与微系统, 38(11): 1–3, 7.

（魏占国）

林产品物流工程　forest product logistics engineering

针对林产品进行的物流管理和工程技术。包括从原材料的采集、运输、储存到最终产品的配送全过程。林产品是指来源或依托于森林资源所生产的相关产品，包括木质林产品和非木质林产品。

林产品物流工程是支撑林产品物流活动的总体工程系统，是物流工程领域的一个分支，具有系统性、技术性、环境友好性、动态性等特征，既有林业产品物流活动本身的特性，又区别于农业、制造业等其他物流工程系统。林产品物流工程系统包含以下几个主要领域：林产品包装工程、林产品仓储工程、林产品配送工程、林产品流通加工等。林产品物流工程还涉及供应链管理、信息技术应用和绿色物流实践，以实现可持续发展的目标。

林产品物流工程主要涉及物流学、运筹学、管理学、交通运输组织学、运输经济学、运输商务管理等方面的基本知识和技能，在物流、交通运输、机械制造等企业单位进行物流系统的规划设计、物流技术设备的研发、物流成本的分析与控制等。例如：自卸式货车、冷藏车、分拣设备等物流设备的研发，自动识别、自动分拣系统的设计等。

参考文献

黄志峰, 2017. 林业生物质产品采购及物流配送模式研究[J]. 乡村科技(13): 32-33.

李缘, 2019. 湖南省林产品行业与物流业耦合协调研究[D]. 长沙: 中南林业科技大学.

王永富, 2012. 林产品物流供应链体系建设研究[J]. 生态经济: 学术版(1): 261-264.

王永富, 2013. 广西林产品物流发展研究[J]. 物流工程与管理, 35(5): 35-37.

（庞燕）

林产品物流托盘 forest product logistics pallet

用来集结、码放、堆存林产品以形成集装单元的平板。目的是使不具有灵活性的林产品获得相应的活动性。同时，林产品物流托盘也可与叉车配套使用，两者形成有效的装卸系统，提高装卸搬运效率。

材质 林产品物流托盘的材质主要包括木质、塑料、钢制、复合材料和纸质材料等。现生产中以木质托盘、木塑托盘、竹质托盘和小径木托盘为主。

主要规格 市场上的林产品物流托盘规格较多，包括2000mm×1000mm、1500mm×1000mm、1000mm×800mm、1200mm×1200mm、1300mm×1600mm、1300mm×1100mm等几十种规格，其中1200mm×1000mm为标准平托盘尺寸。

周转方式 现阶段林产品物流托盘在使用中基本是企业内部周转。对于生产企业，其所拥有的托盘不出企业，托盘的使用范围仅限于从企业的仓库到运输环节之间的搬运。对于物流企业，托盘也局限于企业内部调配使用，尚没有形成一个托盘顺畅流通的机制。

林产品物流托盘

参考文献

顾国斌, 郑琰, 2019. "一带一路"视角下物流托盘在铁路货运中的应用及建议[J]. 物流工程与管理, 41(2): 78-80.

梁梅, 甘明, 漆磊, 2021. 托盘循环共用流转模式探析[J]. 军事交通学院学报, 23(4): 57-62.

卫莉, 2020. 共享经济背景下物流托盘循环共用的发展对策探讨[J]. 商讯(27): 83-84.

（魏占国）

林产品物流装备 forest product logistics equipment

直接作用在林产品的采集、运输、保存和流通中的专用设备。是构成林产品物流系统的重要组成要素，担负着林产品物流作业的各项任务，影响着林产品物流活动的每一个环节。其中，林产品物流装备的选型和检测是影响整个林产品物流系统效率和效果的关键。

林产品物流装备种类繁多、涵盖面广，按大类可分为交通运输工具（载运工具）、运输机械和仓储容器。①交通运输工具。包括火车、轮船、车辆、飞机和管道等，主要承担运输任务，是林产品物流系统重要的基础性构成。②运输机械。通常是指能够将散状物料（简称物料）或成件物品（简称物品）在一定的运送线路上，从装载点到卸载点以一定或变化的速度，连续或间断地进行运送的机械设备。按照其使用功能，大致可分为三大类：装卸机械、输送机械和给料机械。③仓储容器。是实现储存的设施设备。包括仓库及其配套设备，如货架系统、巷道堆垛起重机、分拣设备、出入库输送机系统等，还包括托盘、货箱等集装单元设备。

参考文献

丁锋, 2018. 基于价值链视角的智能物流装备产业发展研究[J]. 技术经济与管理研究(11): 109-113.

丁小东, 刘启钢, 黄宝静, 等, 2017. 业务导向的铁路物流中心成套装备配置方法研究[J]. 铁道货运, 35(7): 6-11.

王珅, 张皓琨, 荆彦明, 2018. 我国物流仓储装备产业发展趋势[J]. 起重运输机械(2): 59-64, 101.

张颖川, 2021. 新形势下中国物流装备行业发展机遇与路径[J]. 物流技术与应用, 26(1): 86-88.

（魏占国）

林产品物流装备检测 inspection of logistics equipment for forest product

采用各类检测仪器对林产品物流装备各项指标进行检验和测定的措施。目的是保障林产品物流设备的安全使用。是影响整个林产品物流系统效率和效果的关键环节之一。

林产品物流装备检测内容通常包括功能测试、可靠性测试、安全测试、性能测试和环境测试等。这些测试方法基于特定的标准和要求，以确保在不同环境条件下都能达到预期的性能和可靠性。

林产品物流装备检测过程为：①外观检查。检查物流设备的外观是否完好无损，观察是否存在明显的变形、断裂、损伤等缺陷。检查设备表面是否有锈蚀、磨损和漏油等情况，这些可能会影响设备的正常运作和寿命。注意检查设备是否存在明显的裂缝、翘曲和变形等安全隐患。②功能检查。模拟实际作业情况，检验物流设备的各项功能是否正常。例如，对于起重机械，需要检查其起升、行驶和转弯等操作是否灵活、准确。对于输送设备，需要测试其是否能够平稳运行，无异常振动或噪声。储存设备的货物装载和卸载过程也需要检查是否稳定可靠。③性能测试。对物流设备的性能参数进行测试，以评估其实际运行能力和性能是否达到设计要求。例如，测试起重机械的最大起升高度和额定载荷，确保其在安全范围内工作。输送设备的最大输送速度和承载能力也是性能测试的重要方面。④安全检查。检查物流设备是否符合国家相关的安全标准和要求。检查设备是否配备紧急停车装置、限制装置和安全防护装置等，以确保在紧急情况下能够迅速响应并降低事故风险。同时，还需要检查设备的安全控制系统是否完好可靠，以防止因系统故障导致的安全事故。

参考文献

黄宇, 丁东, 王文研, 等, 2021. 智能化装备检测能力建设研究[J]. 国防科技, 42(1): 128−133.

王继祥, 2020. 物流技术装备行业发展趋势分析与预测[J]. 物流技术与应用, 25(1): 44−45.

（魏占国）

林产品物流装备选型　selection of logistics equipment for forest product

对直接作用在林产品采集、运输、保存和流通中的专用设备的类型与型号进行选择与确定的过程。确保所选装备能够满足生产需求，同时实现成本效益最大化。是影响整个林产品物流系统效率和效果的关键环节之一。

选型原则　根据生产工艺要求和市场供应情况，按照技术上先进、经济上合理、生产上适用的原则，以及可行性、维修性、操作性和能源供应等要求，进行调查和分析比较，以确定设备的优化方案，具体分为以下几点：①系统性原则。采用系统性原则进行物流装备选型与系统规划设计，要本着模块化、单元化、先进适用等技术思路，采用先进的技术手段进行分析与设计。②适用性原则。适用性是物流装备满足使用要求的能力，包括适应性和实用性。在配置与选择物流装备时，应充分注意到与物流作业的实际需要和发展规划相适应，应符合货物的特性，适应货运量的需要，适应不同的工作条件和多种作业性能要求，操作使用灵活方便。③技术先进性原则。技术先进性是指配置与选择的物流装备能够反映当前科学技术先进成果，在技术性能、自动化程度、结构优化、环境保护等方面具有技术上的先进优势，并在时效性方面满足技术发展要求。④低成本原则。指物流装备的寿命周期内综合成本最低。⑤可靠性与安全性原则。在配置与选择物流装备时，应充分考虑物流装备的可靠性和安全性，以提高物流装备利用率，防止人身事故发生，保证物流作业顺利进行。⑥节能环保原则。绿色物流是现代物流业发展的重点，在林产品物流装备选型时应遵循节能环保原则。

选型步骤　①描述林产品物流功能作业需求。根据产品标准和质量要求，分析设备对产品质量的保障能力。②制订林产品物流装备选型方案。根据设备需求，选择适合的设备类型。考虑设备的能耗、维护成本、安全性能等因素。③评估备选装备方案。对备选设备进行性能测试和评估，对比不同设备的性能指标和价格，选择性价比最优的设备。④林产品物流装备供应商筛选与评估。在供应商数据库中筛选符合采购需求的优质供应商，评估供应商的信誉、售后服务、交货期等因素。⑤决策与采购。综合分析评估结果，做出购买决策。按照采购流程进行合同签订、支付款项、交货验收等后续工作。

参考文献

李福生, 2009. 中国林产品加工业价值链升级研究[D]. 北京: 中国林业科学研究院.

王兴, 郝吉, 孔德强, 等, 2018. 基于物联网的林产品可追溯系统设计[J]. 森林工程, 34(5): 114−120.

王宇, 丁胜, 2020. 浅究林产品物流支持体系的优化对策[J]. 物流工程与管理, 42(6): 12−14.

（魏占国）

林产品销售信息化　marketing informatization of forest product

利用电子化手段，尤其是互联网技术来完成林产品销售全过程的协调、控制和管理的过程。目的是通过营销活动组织、交易、售前与售后服务、管理方式的电子化，使林产品销售活动能够方便、快捷地进行，以实现林产品销售信息传递的快速、安全、可靠、低费用。

林产品销售信息化可加强林产品供应链的全链条管理、林产品物流和仓储的精细化管理，促进了林产品销售的数字化转型，这得益于林产品电子商务平台、林产品物流信息平台的建设。

林产品信息化涵盖了多个方面：①数据采集与处理。通过信息化手段收集林产品的生产、库存、销售等数据，并进行有效处理和分析。②信息共享。建立统一的信息平台，实现林产品供应链各环节的信息共享，提高供应链协同效率。③电子交易。利用电子商务平台进行林产品的在线交易，提高交易的便捷性和效率。④物流信息化。通过物联网、射频识别（RFID）等技术实现林产品物流过程的实时监控和管理，降低物流成本，提高物流效率。⑤市场预测与决策支持。运用大数据分析等技术对林产品市场趋势进行预测，为企业提供决策支持。

林产品销售信息化建设的内容通常包括林产品信息管理模块、林产品库存管理模块、林产品订单管理模块、林产品客户关系管理模块、林产品物流管理模块、林产品电子商务平台、林产品供应链协同模块、林产品销售数据分析与报告模块、信息安全与备份模块。

参考文献

王柯媛, 贝淑华, 2021. 我国林产品供应链数字化发展研究[J]. 物流工程与管理, 43(7): 53−55.

徐星宇, 谢彦明, 扈立家, 等, 2015. 农户选择林产品销售渠道的原因分析——以云南省348户农户为例[J]. 中国林业经济(4): 39−41.

（郑小雪）

林产品信息系统 forest product information system

集成计算机技术、网络技术、数据库技术和地理信息系统（GIS）等现代信息技术的综合性平台。通过收集、存储、处理、分析和传播林产品及其相关信息，为林业管理部门、林产品生产商、经销商以及消费者等提供全方位的信息服务。

林产品信息系统是林业产业信息化建设的重要组成部分，可提高林业资源的管理效率、促进林产品的流通与市场调控、推动林业产业的可持续发展。由以下4个独立系统构成。

①林产品基础信息系统。提供数字林业体系中最基本的信息，包括林产品分布资源、地理空间资源、图像影像信息等，具有基础性、精确性、统一性和权威性等特点。

②林产品交易信息系统。是林业信息服务中最重要的组成部分。林农出售产品、林产品企业运营，需要持续从中获得原材料、人工、设备、市场需求等信息。

③林产品技术信息系统。提供生物预防信息、种苗信息、机械设备信息、新产业信息、自然灾害信息等。在科学技术不断进步发展的时代，技术领先的个人及企业意味着更低的成本和更高的效益，新的技术可能会影响交易群体的生产力和购买力。

④林产品统计信息系统。提供政府或者科研院校针对林产品经济效益、经营生产、就业形势、资产累计、投资方向、教育科研等方面汇总分析和加工提炼得出的数据信息，可供指导生产、制定法规政策、教育培训使用。

参考文献

高粲淼, 2015. 湖南省林产品信息服务平台研究[D]. 长沙: 中南林业科技大学.

黄梅芳, 2015. 基于物联网技术的林产品物流追溯系统[D]. 福州: 福建农林大学.

唐毅, 张彬乐, 王忠伟, 2017. 基于三角模糊数犹豫直觉模糊集的林产品供应链信息共享程度评价[J]. 中南林业科技大学学报, 37(12): 180-188.

杨雪清, 徐泽鸿, 李超, 等, 2013. 境外森林资源合作信息库管理信息系统研建[J]. 森林工程, 29(6): 11-16, 110.

（魏占国）

林产品质量溯源检测 quality traceability test of forest product

通过建立林产品从生产、加工到流通的全程追溯体系，利用现代科技手段对林产品的质量安全进行检测和管理的方法。确保林产品的来源可溯、质量可靠。

林产品质量溯源检测的范围涵盖林产品从生产到入库、仓库管理、销售发货、在途、经销商、客户全过程。

林产品质量溯源检测的意义有：①提高林产品质量。通过质量溯源检测，可以及时发现林产品中存在的问题，并找出问题产生的原因，有针对性地改进生产环节，提高林产品的整体质量。②维护消费者权益。消费者可以通过溯源系统了解林产品的生产、加工和流通情况，增强对产品的信任感，维护消费者的知情权和选择权。③促进林产品产业升级。通过推行质量溯源检测，可以促进林产品产业向着标准化、规模化、品牌化的方向发展，提升整个产业的竞争力和附加值。

林产品质量溯源检测的技术手段有：①信息技术手段。建立林产品追溯系统，通过条码、无线射频识别（RFID）等信息技术手段，对林产品的生产、加工、流通等环节进行信息记录和管理，实现全程可追溯。这些技术手段可以确保信息的准确性和实时性，为林产品质量溯源检测提供有力支持。②生物技术手段。利用生物技术手段对林产品中的微生物、重金属、农药残留等进行检测。例如，聚合酶链式反应（PCR）技术、酶联免疫吸附法等。

参考文献

崔敏, 2014. 木质林产品质量安全风险评价与控制研究[D]. 北京: 中国林业科学研究院.

黄军, 李玉平, 邓绍宏, 2007. 湖南林产品质量安全现状及发展对策[J]. 湖南林业科技(6): 68-69.

王兴, 郝吉, 孔德强, 等, 2018. 基于物联网的林产品可追溯系统设计[J]. 森林工程, 34(5): 114-120.

张国庆, 2011. 林产品溯源系统研究[J]. 现代农业科技(22): 224, 228.

（魏占国）

林道定线 forest road alignment

在选定的林道路线走廊带（或叫定线带）里，依据确定的路线走向和控制点，按照路线技术标准，结合地形、地质等条件，合理地安排平面、纵断面、横断面，从而定出林道中线位置的作业过程。

林道定线是林道勘测设计中的关键，受工程技术标准、国家政策等因素的影响。既要解决工程技术和经济方面的问题，还要解决林道与周围环境的协调问题。要求定线人员在把握定线技巧的基础上，充分结合林道的使用任务、性质和要求，熟悉路线所经地区的地形、地质情况，通过多方案综合比选，反复试线，才能在众多相互制约的因素中定出一条最佳的设计路线。不同的林区地形有不同的侧重点。譬如平原微丘区，地形平坦，路线一般不受高程限制，定线主要是正确绕避平面上的地物障碍，力争控制点之间的路线顺直、短捷。山岭重丘区，地形复杂，横坡陡峻，定线时需要利用有利地形，避让艰巨工程、不良地质地段或地物。

根据林道等级、技术要求和自然条件的不同，常用的林道定线方法包括实地定线、纸上定线和航测定线3种。实地定线在实地现场确定路线位置；纸上定线是在大比例尺地形图上定出道路中线位置；航测定线是利用航测相片、航测影像地形图等航空测量资料，借助航测仪器建立立体模型进行定线。按照现行的设计文件编制要求，除少数特殊情况（如山区四级公路，所在区域又没有地形图）外，林道定线均应采用纸上定线的方式。

在进行林道定线时，可以先根据林道的设计目的、功能要求等，搜集地形图数据、遥感影像数据、全球定位系统（GPS）数据、数字高程模型（DEM）数据等相关基础资料。然后，通过遥感影像数据与DEM叠加，展现三维可视化场景，形象化地认识道路沿线相关的地质地貌状况。对DEM进行坡度分析及分梯度渲染，并与矢量地形图叠加，直观锁定坡度较小、距离较短的道路规划路线，并结合地形图，对道路的横坡、纵坡和曲线半径进行方向性选择。通过GPS技术定位特征点轨迹，搭建整个道路的关节和骨架。借助地理信息系统（GIS）技术布设相关配套基础设施，如瞭望台、消防水池、停车场，从而形成多条道路布线方案。最终，通过实地调查林区社会经济、地形地貌、地质资源、防火道、林业产业基地、风景旅游资源和人文景观资源，进行综合论证，比选确定最佳林道布线方案。

与常规的道路定线相比，林道定线的原则和特点主要包括：①要适应营造林工作需要，有利于护林防火；②以林业生产为主，同时考虑附近农村及居民交通需要；③林区开发是由近及远、逐年延伸的，选线定线和道路修建都要顺应公路长度的递增性原则；④作为林区专用的林道还具有临时性的特点，在林道网中为了营林永续作业，要保留一部分岔线，其余林道在木材采伐后要恢复为林地。

参考文献
许恒勤, 张泱, 2003. 林区道路工程[M]. 哈尔滨: 东北林业大学出版社.
郑云峰, 孙清琳, 孙永涛, 等, 2018. 骨干林道的布局、主要技术指标与风险控制——以杭州市萧山区骨干林道建设为例[J]. 华东森林经理, 32(3): 31–33, 57.

（李强）

林道分级　forest road classification

根据林区道路（简称林道）承担的年运量、道路性质的差异等，将林区道路分为不同技术等级的过程。目的是指导林业企业林区道路的规划、建设，同时为车辆的运营提供技术保障。

林区道路按使用功能不同分为：①集材道路。由木材采伐点至装车场之间所开辟的简易道路，专供集材使用。一般线路较短，无严格标准。②运材道路。为林区道路的主体，直接承担木材由装车场到贮木场的输送任务。根据运材工具和运量大小的不同，道路构筑的形式与标准有很大差别。③营林道路。根据造林、育林、护林等工作的需要所修筑的正规道路。平常交通量甚小。④林区防火道路。一般情况下路面宽度、厚度、强度等能满足护林防火的需要即可（本条目中林区道路指除集材道路外的所有道路；林区公路指纳入国家交通运输网的林区道路）。

林区道路按所处位置及作用分为干线、支线和岔线，三者构成林道网。单位面积林地具有的林道总长度称林道网密度，林道网密度大，可缩短伐区集材距离，降低集材成本；但会增加基础建设投资、改变森林生态环境。①干线是主要运输路线，在路网总长度中仅占5%～15%，但车辆每一周转（运次）在干线上的运行路程最长，占60%～80%。干线道路标准要求较高，以保证达到汽车运行阻力小、速度快、耗能低、效率高的目的。②岔线是连接集材点和支线的运输路线，总长度在林道网中占55%～80%，车辆每一周转在岔线上的运程仅占2%～10%。道路使用期限短，以运材为目的的岔线都修筑为临时性道路。③支线是连接干线和岔线的运输路线，占路网总长度的15%～50%，车辆每一周转在支线上的运程占15%～35%，道路标准介于干线、岔线之间。针对上述林区道路运输的特点，为便于林业企业路网规划与建设，将林区道路分为**一级林区道路、二级林区道路、三级林区道路和四级林区道路**4个技术等级。一、二级林区道路为双车道；三级林区道路为双车道或单车道；四级林区道路为单车道。

林区道路各路段的技术等级主要由设计年运量、运输类型、地形条件和交通运输需求情况决定，主要干线及与外部公路相衔接的路段可选用一级或二级林区道路，其他路段可选用三级或四级林区道路。采用不同技术标准的各路段长度，一、二级林区道路不宜小于5km；三、四级林区道路不宜小于3km；技术等级变更点前后衔接路段的技术指标应设渐变的过渡段。一般情况下，各等级的林区道路，设计时不应随意采用极限技术指标，必须采用时，应考虑前后衔接的协调和行驶车辆的操作和安全。

营造林基地(局、场)在路网规划时，应结合远期开发利用统筹考虑，以提高远期的直接或改建的利用率。

参考文献
许恒勤, 张泱, 2003. 林区道路工程[M]. 哈尔滨: 东北林业大学出版社.
杨涛, 2004. 公路网规划[M]. 北京: 人民交通出版社.

（朱德滨）

林道路线　forest road route

林区道路中线的空间位置（弯道上不考虑加宽的影响）。道路中线在水平面上的投影称为路线的**平面**；沿道路中线竖直剖切展开后在正面上的投影称为路线的**纵断面**；垂直于道路中线方向的剖面在侧面上的投影称为**横断面**。路线的平面、纵断面和各个横断面是道路的几何组成部分。确定路线空间位置和各部分几何尺寸的工作称为路线设计。

林区道路（简称林道）是供车辆运行的结构物，其路线位置受社会经济、森林资源、自然地理和技术条件等因素的制约。为了保证设计的路线能满足汽车在道路上安全、快速、经济、舒适的行驶与美观的需求，路线设计中需在调查研究、掌握大量材料的基础上，充分考虑驾驶者的判断和反应与乘客的感觉、汽车的性能与行车规律对道路要求、道路本身的状况以及道路所处的环境，即人、车、路、境四方面的因素后，设计出一条具有一定技术标准、满足行车要求、工程费用最省的路线来。

林道路线是由直线和曲线构成的一条三维空间立体线形。为研究和设计的方便，将其分解为平面、纵断面和横断面，三者相互独立，又相互关联。实际工作中，一般先通过方案的比选，确定林道路线的路线带，再通过具体定线工作，确定道路的中线（包括位置、主要技术指标等）。

林道路线的确定　道路中线的平面位置需考虑社会经济、自然条件和技术条件等因素，经过平面、纵断面和横断面综合设计考虑，反复修正后确定。

选线　根据路线基本走向和技术标准，结合地形、地质条件和施工条件等因素，通过全面比较，选择路线的全过程。首先进行路线方案选择。根据指定的路线总方向和设计道路的性质任务及其在道路网中的作用，考虑社会、经济因素和复杂的自然条件等因素后，在 1:2.5 万～1:10 万的地形图上找出各种可能的方案，初步确定数条有进一步比较价值的方案，经过现场勘察，通过多方案的比选得出一个最佳方案。路线方案的确定直接影响到建设项目的质量、投资、运营效益及道路本身路基、路面、桥涵等组成实体功能的正常发挥和安全使用。再确定路线带，又称路线布局。根据选定的路线基本方向，在 1:1000～1:5000 的地形图上按地形、地质、水文等自然条件定出一些细部控制点，连接这些控制点，构成路线带（又称定线走廊）。

定线　根据既定的技术标准和路线方案，结合有关条件，从平面、纵断面、横断面综合考虑，具体定出道路中线的工作。常用的定线方法有纸上定线和直接定线。在地形图上定出道路中线的工作称纸上定线。在实地现场确定道路中线位置的过程称直接定线。工作内容包括确定路线交点和平曲线插设。平曲线为在平面线形中路线转向处曲线的总称，包括圆曲线和缓和曲线。

平面设计　合理地确定平面线形各要素（直线、圆曲线和缓和曲线）的几何参数，保持线形的连续性和均衡性，并同纵断面和横断面相互配合。实际工作中，定线与平面设计工作具有一定的交叉性。

纵断面设计　确定道路的**纵坡、变坡点位置、竖曲线**与高程的设计。纵断面各线形要素应根据汽车的动力特性、道路等级、地形、地物、水文地质，综合考虑路基稳定、排水以及工程经济性等因素后合理地确定，保持纵断面线形的连续性和均衡性，并同平面和横断面相互配合。

横断面设计　根据道路的功能、技术等级、交通量与交通组成、地形、水文、建筑用地及未来交通发展需求等条件，确定横断面的形式，各组成部分的位置和尺寸，**路拱、超高、加宽**及土石方的计算和调配等。

林道路线的确定原则　①应根据道路的功能、使用需求以及该路在林区路网中的作用、使用期，结合地形、地质、水文、筑路材料等自然条件，通过勘察、分析、方案比选，确定路线走向、合理选用技术指标。设计中应妥善处理长远与当前、整体与局部、森林经营与开发利用、管护与防火、公路建设与其他行业的关系。②不占或少占农田，不拆或少拆房屋；宜结合农田水利建设；对开采土、石及砂料的场地和废方应妥善处理，不破坏或少破坏有林地。③对平面、纵断面、横断面进行综合设计，做到平面顺适、纵坡均衡、横断面合理。条件许可时，应选用组合较好的技术指标，注重工程的经济性，并满足森林经营与开发利用、森林保护等功能的需要。④改建道路应遵照利用和改造相结合的原则，合理地利用原有工程。若受地形限制必须降低指标时，应进行技术指标的论证和方案的比选。⑤分期、分段修建时，应按林区规划路网布置的要求确定道路的等级，并按此进行分段建设。⑥原则上不宜穿过村镇，必须穿过时，不得采用相应等级公路的极限技术指标，并应有足够的视距。⑦交叉点或不同**设计速度**路段相互的衔接点，原则上应设置于交通量发生较大变化、并能明显判断前方将改变行车速度和方向处。

林道路线的设计要求及注意事项　①保证汽车在道路上行驶的稳定性，在行驶过程中不发生翻车、滑移、倾覆现象。在保证安全的前提下，尽可能地提高车速，保证道路上的行车畅通，充分发挥汽车行驶的动力性能，提高运输的工作效率。②线形设计。路线立体形状及其相关诸因素的综合设计。包括平面线形设计、纵断面线形设计和平面、纵断面线形组合设计等内容。线形要素的任何突变，都将出现不连续的**运行速度**，造成驾驶员的不适应和操作匆忙，并使该位置发生的交通事故具有聚集性。设计的线形应保证车辆在道路上行驶时，其行驶速度、视觉和加速度具有连续性。要想实现上述连续性，由平面相邻线形要素、纵断面相邻线形要素以及平纵组合相邻线形要素构成的道路空间线形，应保持

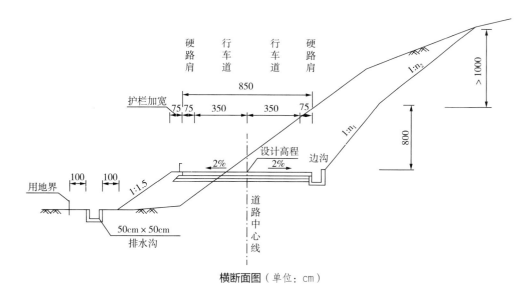

横断面图（单位：cm）

各要素间的相对均衡（技术指标大小均衡）与变化节奏的协调，使行驶速度平缓、连续、均衡地变化；与自然环境相协调，能自然地引导驾驶员的视线，满足驾驶者视觉、心理与生理方面的要求，任何使驾驶员感到茫然、迷惑或判断失误的线形必须尽力避免；由平面线形产生的横向加速度变化不能过大和过快。在保证行车安全性与舒适性的同时，应正确地运用线形要求的规定值，合理地组合各线形要素，或采取设置相应交通工程设施等技术措施，以充分发挥投资效益；尽量少改变周围的地形、地貌、自然景观，最大程度地保护自然环境。③线形设计连续性与检验。线形设计连续性指道路设计中的几何要素与驾驶员的期望速度相适应的特性。期望速度指特定的道路几何要素所对应的运行速度。该速度以设计速度为中心上下变化，形成沿线运行速度分布曲线，反映了道路几何要素的变化情况。各级道路平、纵技术指标变化大的路段，或条件受限制时，采用平、纵技术指标最大值（或最小值）的路段，或平、纵线形组合有异议的路段，或实际行驶速度可能超出（或低于）设计速度的路段等，应采用运行速度对其安全性进行检验，确保相邻路段运行速度的差值小于10km/h，最大不超过20km/h，以消除行车的安全隐患。④影响道路设计的因素有道路性质、等级、地形、地质、水文、水利、水文地质、气候、环境、经济等。因每条道路都具有一定的特殊性，在道路路线设计中提倡具有一定的灵活性，注重道路建设的生态与环保。结合林区道路建设实际，在林道路线设计中应妥善处理好长远与当前、整体与局部、森林经营与开发利用、管护与防火、道路建设与其他行业的关系。

参考文献

许恒勤，张泱，2003. 林区道路工程[M]. 哈尔滨：东北林业大学出版社.

叶伟，王维，2019. 公路勘测技术[M]. 北京：机械工业出版社.

（刘远才）

林道网密度　density of forest road network

单位面积林地上所具有的林道总长度。即林道密度。单位米/公顷（m/hm^2）。在伐区木材生产中，林道网密度的增大，可有效缩短集材距离，降低集材成本，提高伐区生产效益；但同时会导致水土流失、改变森林生态环境和减弱森林生态系统环境服务功能的效益。

传统林道网合理密度研究建立在以木材生产或兼顾森林经营各相关费用总和最小为目标基础之上，为了适应和满足森林生态采运理论和可持续发展，同时需要科学地考虑到林道对森林生态环境效益的影响。林道网密度的确定国外主要有三大理论体系：①中欧林道网密度理论。主要起源于中欧的瑞士、奥地利等国，这种理论认为根据最适宜的集材方式配置的林道网密度作为最佳林道网密度，它是集材费用最小理论。②极限林道网密度理论。认为采伐森林得到的全部费用扣除生产费、造林费、育林费、经营管理费等后，将剩余的收入全部用于林道修建，得到最大限度的林道网密度作为最佳林道网密度。③马秋思林道网理论。认为以集材费和运材费总和最小的林道网密度作为最佳林道网密度。是木材采运成本最低的理论，在木材生产量大的国家被广泛采用。

中国从20世纪70年代开始研究林道网密度问题，1982年确定以马秋思林道网理论作为合理林道网密度的基础理论。中国南方10m/hm^2以上作为合理林道网密度；北方为6～25m/hm^2。国外发达国家伐区林道网密度一般为15～25m/hm^2，日本研究人员强调50m/hm^2以上称为高密度林道网。

参考文献

王立海，2001. 木材生产技术与管理[M]. 北京：中国财政经济出版社：91-92.

（董喜斌）

林道网密度工效学　ergonomics in density of forest road network

将工效学的理论和研究方法应用于林区路网规划中，实现降低林区作业费用、提高作业工效、安全作业和舒适等目标的科学。包括林道网密度设计理论与技术方法。

如何布置林道网和选择合适的林道网密度是林道专家一直研究的课题。美国学者D. M. 马秋思（D. M. Matthews）于1942年提出马秋思林道网理论，各国学者陆续修正马秋思林道网理论来选择和确定合适的林道网密度。其中，增加考虑了林道对于减少作业人员步行时间的因素，用于计算和选择林道网密度，这是林道网密度工效学的开始。20世纪70年代，日本学者南方康提出了缩短作业人员到达现场的时间，减少步行时间，从而增加工人的有效劳动工时，以节省费用来修路，增加林道网密度的想法。苏联沙拉耶夫认为林道网所必需的密度应该既满足木材采运要求，又要考虑到将来森林经营的需要，使修建支线、岔线，沿岔线运材，将抚育采伐的木材运至最近的支线，由最近的支线到工作地点往返地运送营林工人，以及为经营森林而维修林道等，所消耗的劳动量降到最低限度。20世纪80年代，中国的林道网密度理论研究考虑减少作业人员造林、营林步行到达现场的步行费、营林通勤费，研究林道网密度与步行距离的关系，逐步考虑降低工作人员生理负荷因素，提出伐区岔线、支线和营林林道网密度的公式。20世纪90年代，日本学者今富裕树从工效学的角度研究集材作业时工人的生理负荷，得出了不同坡度下的最大集材距离，继而从生理角度提出岔线林道的最佳密度。

林道网密度工效学以马秋思林道网理论为基础，根据林道网作用不同，应用工效学原理，以作业人员的生理负荷作为主要指标来确定集材道间距和合理密度，增加考虑作业人员的步行时间、工效、生理负荷，采运工人的能量消耗、营养分析等因素，从而确定林道网岔线、支线和造林、营林林道网等合理密度。传统的林道网密度一般只考虑修建经济成本。随着林区道路工效学的研究发展和应用，林道网合理密度理论研究也更加重视将人的因素作为重点考虑的因素。

随着林业产业政策调整，林业企业的经营模式和林道功能都已发生根本的转变，林区道路发挥着沟通城乡发展、带动农村经济、森林保护、防火、病虫害防治和促进林业可持续发展等重要功能。林道网密度工效学理论依然是林业专家关注的问题。

参考文献

李文彬, 赵广杰, 殷宁, 等, 2005. 林业工程研究进展[M]. 北京: 中国环境科学出版社: 326-347.

森林工业处, R. 海因里希, 1983. 山地林道与木材采伐[M]. 北京: 中国对外翻译出版公司: 36-48.

熊超, 1990. 中国林道网研究[M]. 北京: 中国林业出版社: 27-43.

朱守林, 戚春华, 1996. 低强度择伐伐区林道网合理密度的研究[J]. 内蒙古林学院学报(4): 40-43.

（李航天）

林道线形工效学 ergonomics in forest road alignment

将工效学的基本概念、理论和研究方法应用到林区道路平面、纵断面和横断面及其组合等线形设计当中，提高行车效率、安全性和舒适性的科学。

20世纪50年代起，发达国家将工效学应用到林业生产经营中，开启了林业工效学的研究。当时的研究主要集中在林业机械、作业负荷、林业工人疲劳及事故预防等方面，林道线形工效学研究相对较少且较晚。20世纪80年代，日本的岩川治等从人类工效学角度研究了林道构造的几何参数。他们利用正交实验法研究了不同林道构造几何参数（转弯半径、坡度、道宽）及速度对驾驶人心率、呼吸及肌肉收缩等的影响。研究指出速度对驾驶人的影响最大，最小转弯半径在30m以上不会对驾驶人心理和生理负荷产生过大影响。S形曲线要尽量在两段单曲线之间插入一段直线，路面状态也会对驾驶负荷产生影响。20世纪90年代，《American Association of State Highway》（AASHTO；美国国家公路协会绿皮书）中提到林道设计要从设计速度、曲线半径、车辆轮胎侧向摩擦系数及超高等设计指标的均衡角度考虑，以达到驾乘人员安全和舒适的目的。20世纪末，美国学者B. W. 克莱默（Brian W. Kramer）在其硕士论文研究中笼统地提出道路线形的平纵组合设计要满足驾驶人的视觉要求。21世纪初，由美国学者杰弗瑞·伯利（Jeffery Burley）主编的百科全书《森林科学》在公路建设和运输管理部分也较为粗泛地提到路线设计应保证驾驶人安全，减少视觉影响；美国林业局在《林业局手册：道路预施工篇》中确定缓和曲线长度中向心力加速度的增加率指标时考虑了驾驶人的舒适性和安全性。21世纪初，中国内蒙古农业大学朱守林团队针对北方林区线形特点进行了基于驾驶人心理、生理反应的适宜直线长度、曲线半径、纵坡及线形组合等方面研究。叶爱山等人通过分析林区冰雪路面纵坡下坡路段行车过程中的心理生理特性，建立驾驶人心率增长率与线形指标、运行车速的回归模型，进而对线形指标合理性进行基于工效学的合理性检验。

在林区道路线形设计时，以汽车行驶理论为指导，运用林道线形工效学理论和方法，基于驾驶人的心理和生理评价指标，科学地确定林道直线长度、曲线半径、纵坡坡度和坡长及线形组合方式，形成以驾驶人为核心、人-机-环境系统协调、整体功能最优的林道路线形结构。做到：①平面顺适、纵坡均衡、横面合理，整体几何线形自然流畅；②既要满足车辆运动学和力学要求，又要充分考虑林区道路驾驶人在视觉、心理舒适和操作方面的限制；③避免驾驶人因线形结构不合理引发误操作，产生错觉和不良心理反应，破坏人车路环境的协调关系，增加事故风险，威胁生命财产安全。

随着林业生产经营方向的调整，林道功能发生转变，由原来单纯的木材运输向包括旅游在内的多功能多用途发展，对于道路行车舒适性和安全性要求更加提高。林道线形工效学发展方向主要是运用土木工程和工效学相关研究成果提高林道线形的平顺畅通性、舒适性和安全性，优化林道交通系统，以减少或延缓行车疲劳、预防道路交通事故、扩大车辆的运输能力和发挥林道在林业社会经济发展中的作用。

参考文献

李文彬, 赵广杰, 殷宁, 等, 2005. 林业工程研究进展[M]. 北京: 中国环境科学出版社: 397-398.

石明章, 等, 1997. 森林采运工艺的理论与实践[M]. 北京: 中国林业出版社: 244-259.

John S, Department of Forest Engineering, Oregon State University, et al, 2007. Forest road operations in the tropics[M]. New York: Springer: 47-72.

（赵婷）

林道选线 forest road route selection

在林区道路修建之前，按照计划任务书所确定的技术等级和技术标准、道路起始点、终点和中间主要控制点，结合地形、地质等条件选出一条经济合理的线路的作业过程。目的是贯彻林业以营林为基础的方针，为森林经营、护林防火、木材生产等服务；也服务于林区工业、农业和居民集镇，可以沟通城乡，丰富和提高林区人民的物质文化生活水平。在国家交通运输网中有其政治、经济、文化和国防上的重要地位和作用。

基本方法 通过踏勘和草测，根据道路等级，预定起讫点和沿线必须通过的重要城镇、工矿企业以及沿河、越岭等要求，初步确定路线走向。

林区道路在选线之前，首先要进行实际踏勘，结合相关的技术等级以及标准，根据林区道路起讫点以及中间的控制点，结合当地的地形以及地理环境因素，将经济因素考虑其中，最终完成选线工作。针对地形、地质、水文以及气象比较复杂的林区，在选线工作中，一般根据1:50000的比例尺，选出一条或者是多条能够满足主要车型行驶要求的线路。

原则 在林区道路踏勘过程中，要结合相关的技术标准，选择合理的测量仪器，进行实地踏查选线，全面掌握林区的地形、水文、气象以及其他的相关因素，在综合分析之后，结合经济因素确定选线的位置。遇到特殊地段时，勘察人员要先对其进行草测，绘出示意图，然后经过集体讨论研究，逐步缩小线路布置范围，最终确定出具体路线。在选线工作中需要解决的问题包括：①在确定线路起点、终点以及中间线路的控制点时，要对林场、村庄、跨河段等其他地质不良地段进行全面分析，确定出最合理的方案。②在确定控制点时，针对越岭线的确定，要着重研究垭口、山脚控制点以及山坡控制点，大概估算出展线的长度。③对于沿溪线，要着重研究布线位置、跨河桥位、沿河洪水泛滥痕迹；对于大中桥位还应重点调查桥址方案，提出推荐方案和比较方案。④对于小桥涵洞地形，勘察人员应该估算孔径、长度以及道数，然后选线。⑤针对地质不良的地段，在勘察过程中，测量人员要拟定绕避或者采取措施，提高方案设计的合理性。⑥选线工作中，勘察人员还需要考虑、调查沿线筑路材料及运输条件，调查可能征用的土地质量和具体数量，调查线路可能吸引的交通量，最终写出踏查报告，选择出合理的选线方案，来确定最终的道路选线。

要求 选线工作要考虑道路工程造价、交通安全、养护条件和运营费用。林区道路的选线工作除要考虑上述因素外，尚有地形、地质、水文、气象、交通量、车速、车辆外廓尺寸以及沿线工业厂矿及农田水利建设长远规划等多种因素。

林区道路等级的确定，应考虑综合运输因素，按照林区公路设计规程关于年运量的规定来确定。林区道路所经之处有村庄及居民活动，有些地方农业还比较发达，对交通的需求量不小。林区道路是林用道路还是农用道路不易区别，其交通量是混合的，非机动车辆和非运材车辆占有一定的比例，因此林区道路的交通量还应根据有关规定进行折算。

林区的地形、地质、水文、气象、地震等因素比较复杂，变化频繁，地物植被又多，尽量在室内根据地形图等有关资料，选出一条或几条能满足主要车型行驶要求的可能走行的线路。鉴于实地各种因素复杂，还必须组织以具有丰富实践经验的选线人员为主，桥涵、地质人员参加的队伍，携带必要的仪器和工具，到现场进行实地踏勘选线。按室内研究的所有方案到现地进行深入调查核实，全面掌握拟建道路地区的地形、地质、地物、水文、气象和吸引资源范围、木材蓄积量、年运量、运材方式、运材主要车型和工厂矿山、农业等林区的其他运量，以及运输不均衡系数等的真实情况。遇到特殊地段，还应进行草测，绘出示意图，由参加人员逐段讨论，作出初步结论，将图上所拟定的明显不合理的部分方案舍去，逐步缩小线路布置方案范围，将具有可比性的2～3个方案留下，作为推荐和比较方案。

参考文献

国家林业局, 2014. 林区公路设计规范: LY/T 5005—2014[S]. 北京: 中国林业出版社.

许恒勤, 张泱, 2003. 林区道路工程[M]. 哈尔滨: 东北林业大学出版社.

许金良, 等, 2022. 道路勘测设计[M]. 5版. 北京: 人民交通出版社.

中华人民共和国交通运输部, 2017. 公路路线设计规范: JTG D20—2017[S]. 北京: 人民交通出版社.

（王宏畅）

林区道路工程（含桥涵） road engineering of forest (bridges and culverts)

建设在林区，主要供各种林业运输工具通行的道路工程和跨越天然或人工障碍物而修建的构造物工程。林区道路工程的建设与发展能有效提升对林区的管理水平，也能有效提升森林资源管理、森林巡护、森林防火能力。

规划和设计 林区网规划应考虑各种交通运输综合功能的协调发展、路网布局的完善。路线勘测设计则应选定技术经济最优化的路线，对平、纵、横3个面进行综合设计，力争平面短捷舒顺、纵坡平缓均匀，以求保证设计车速、缩短行车时间、提高行车安全。对路基、路面、桥梁、隧道、排水等构造物进行精心设计，在保证质量的条件下降低施工、养护、运营和交通管理等费用。

主要内容 林区道路工程按各构造物的特点分为路基工程、路面工程、道路排水工程、桥涵工程、隧道工程、交通安全设施和绿化工程，以及道路附属设施、养护工程等。按用途可分为运材道路、集材道路、护林防火道路、旅游道路、营林道路和连接道路工程；按在林道网中的地位分为干线、支线和岔线工程。

路基工程 修建公路、铁路或其他交通基础设施时的基础工程。路基是路面结构的基础，坚实而又稳定的路基为路面结构长期承受汽车荷载提供了重要的保证。路基工程主要包括挖方工程、填方工程、排水工程、防护工程和路基加固等；施工具有涉及范围广、影响因素多、灵活性较大、野外操作、自然条件差、工作面狭窄等特点。路基工程应进行周期性、预防性和科学合理的养护，使其处于良好的技术状态，不影响交通及道路的使用寿命。

路面工程 道路行车部分各种工程设施的总称。是道路工程的一个重要组成部分。路面是用筑路材料铺筑在路基顶面上，供车辆行驶的层状构造物，具有承受车辆荷载、抵抗车轮磨损、保持道路表面平整及保护路基的作用。路面工程具体包括路面层状主体工程、路面附属工程、路面排水工程，以及与其他结构物衔接的工程设施等。路面工程应采取合适的技术措施进行养护，以恢复以上工程及设施的使用功能和强度。

道路排水工程 结合道路工程排除路面与地面雨雪水、城市废水、地下水和降低地下水位的设施。是道路工程的一个重要组成部分。在涉及排水系统或防洪时，也是排水或防洪工程的一个组成部分。水的作用是造成路基、路面和沿线构筑物的病害和被冲毁的主因，根据来源不同分为地表水和地下水。道路排水工程设施要与水利灌溉相配合，地面排水和地下排水兼顾，路基、路面排水与桥涵工程相结合，多种措施并举综合治理，构成一个统一的排水系统。

桥涵工程 林区交通土建工程的分支。在功能上是林区交通工程中的关键性枢纽，包括桥梁和涵洞两部分。是桥梁和涵洞的规划、勘测、设计、施工、检测、运营、维修养护等的工作过程，以及研究这一过程的科学和工程技术。桥梁工程与涵洞工程的统称。桥涵是跨越河流、沟谷等障碍物时修建的道路工程构筑物，是林区道路的重要组成部分。按照长度和跨径的不同分为桥梁工程和涵洞工程。桥涵工程要根据当地的地形、地质、水文等条件，行车及外力等荷载，建桥涵目的要求等，因地制宜，就地取材，合理选用桥涵形式，做到坚固、适用、安全、经济、美观。

道路附属设施 为保障道路交通的安全和畅通而设置的管制和引导交通的设备。目的是保障行车安全、减轻潜在事故程度。良好的安全设施系统应具有交通管理、安全防护、交通诱导、隔离封闭、防止眩光等多种功能。道路附属设施包括机械设备、通信设备、信号标志、道路标志、房屋等。

道路材料 泛指用于道路和桥梁工程及其附属构造物所用的各类建筑材料。主要包括砂石、沥青、水泥、石灰、工业废料、钢铁、工程聚合物、木材等材料及其组成的混合料。种类繁多，大致分为：①无机材料，包括砂石、水泥、工业废料、钢铁及硅酸盐制品等。②有机材料，包括植物质材料（如木材）、合成高分子材料（如塑料、涂料、工程聚合物）和沥青材料。③复合材料，包括沥青混合料、水泥混凝土、聚合物混凝土、无机稳定混合料等，一般由无机非金属材料与有机材料复合而成。路基工程主要采用的是砂石材料。路面工程按照不同的结构类型，道路材料划分为沥青混合料、水泥混凝土、无机稳定混合料和砂石材料。

规范、标准 是法定准则。在林区道路工程领域有多部规范与标准在执行，如《林区公路设计规范》（LY/T 5005—2014）、《道路工程术语标准》（GBJ 124-88）、《林区公路桥涵设计规范》（LYJ 106—90）等，对公路线形和构造物设计、施工在技术性能、几何尺寸、结构组成方面进行了具体规定和要求。这些规范与标准是在根据汽车行驶性能、数量、荷载等方面的要求和设计、施工及使用的经验基础上，经过调查研究和理论分析制定出来的，反映了中国公路建设的技术方针，指导中国公路建设。

参考文献

国家林业局, 2014. 林区公路设计规范: LY/T 5005—2014[S]. 北京: 中国林业出版社.

黄晓明, 2023. 路基路面工程[M]. 7版. 北京: 人民交通出版社.

邵旭东, 等, 2019. 桥梁工程[M]. 5版. 北京: 人民交通出版社.

王春发, 熊家财, 1990. 林区桥梁工程[M]. 哈尔滨: 东北林业大学出版社.

岳强, 路桂华, 2021. 路基路面工程[M]. 2版. 北京: 机械工业出版社.

赵广炎, 刘国政, 1986. 林区道路桥梁施工手册(上)[M]. 北京: 中国林业出版社.

赵广炎, 刘国政, 1989. 林区道路桥梁施工手册(下)[M]. 北京: 中国林业出版社.

中华人民共和国交通部, 1988. 道路工程术语标准: GBJ 124-88[S]. 北京: 人民交通出版社.

中华人民共和国林业部, 1990. 林区公路桥涵设计规范: LYJ 106—90[S]. 北京: 中国林业出版社.

（王国忠）

林区道路工效学　ergonomics on forest road

将工效学基本理论与研究方法应用到林区道路规划设计、施工和运营管理过程中，改善和提高林区道路系统功能，使其达到高效、安全、经济和舒适目标的科学。

林区道路受林区地势地貌的影响，具有曲线路段比例大、曲线半径小、纵坡度大、视距短、道路等级低、路面质量差、受季节因素影响大等特点，尤其支线、岔线的修筑标准低、养护差，为林区道路交通运输安全和整体功能的发挥带来诸多不利影响。将工效学理论和研究方法用于林区道路网密度、道路几何参数设计，道路修建和道路交通运输管理中，形成了林区道路系统功能优化的理论体系和应用技术。解决林区道路规划设计、运营等过程中存在的相关问题，进而有效提高林区道路的系统功能，增强和完善林区道路在森林开发、森林经营和区域社会经济发展中的作用。林区道路工效学为林区作业系统安全高效的作业、林业地区经济发展和可持续森林经营的发展提供更为完善的基本保障，为林区道路人-机-环境系统各要素匹配和系统优化提供科学依据，为社会经济、生态、环境等多功能和效益发挥提供重要支撑。

林区道路规划设计 林区道路的设计，各国都有自己的设计标准，一般是根据车辆的通行性能来设计的，而没有考虑人的因素（生理因素和心理因素）。集材道与岔线林道的密度也是根据马秋思林道网理论从经济成本考虑而设计的，没有考虑林区内作业工人的生理负荷因素。日本学者岩川治从人类工效学角度研究了林道构造的几何参数，利用正交实验法研究了驾驶人在不同林道构造几何参数（转弯半径、坡度、道宽）上以不同速度行驶时的心率、呼吸和手臂肌电图指标变化。20世纪70年代，日本学者以马秋思林道网理论为基础，将工效理论运用到林道网研究中。日本学者南方康通过缩短作业人员步行距离以提高工效，降低成本费用，设计林道网密度。在这一方面，逐步形成林道网密度工效学理论。林区道路几何参数以及林道密度的设计既考虑了行车安全性和施工成本，也考虑了驾驶人和相关作业人员的生理和心理负荷因素。在林道设计中，考虑道路线形、路面状态、行车速度、驾驶人反应时间、行车安全视距等因素，从而减少驾驶人的心理和生理负荷。从20世纪80年代开始，中国学者们对山区、林区道路线形、行车速度、路面状态、路侧环境以及防护设施等均作了工效学的应用，形成了一系列考虑驾驶员生理与心理负荷的道路设计理论，详见林道线形工效学。

林区道路施工 在林区道路修建过程中，应用的机器和动力工具的设计中很少考虑工人的能力和局限，施工中的噪声、振动、灰尘等因素对工人安全、健康、工作效率以及疲劳影响还没有得到重视。在林区道路施工中，尚未形成有效的人-机-环境系统理论与技术。

林区道路运营管理 除对运输车辆性能进行管理外，更多增加对驾驶人的培训，行车速度、行车时间、行车视距、会车视距和安全视距等要素的考虑，将高速公路和普通公路的系列行车安全管理理论和研究方法应用于林区道路运营管理中。

随着林业工效学的研究发展和应用，林区道路规划设计、修建、运营管理各个方面均将人的因素作为重点考虑的因素。随着国家林业产业政策的调整，林区道路纳入国家农村路网工程中，林区道路正以以木材生产为核心的传统理念向保障林产品运输、森林培育、森林防火、病虫害防治、生态旅游和沟通城乡经济发展的功能转变。随着智慧林草业的快速发展，无人驾驶巡护车、智能巡护机器人、无人驾驶车辆的兴起，林区道路工效学研究方向和重点也会随之转变。

参考文献

陈绍志, 何友均, 陈嘉文, 等, 2015. 林区道路建设与投融资管理研究[M]. 北京: 中国林业出版社: 3–6, 43–46.

李文彬, 赵广杰, 殷宁, 等, 2005. 林业工程研究进展[M]. 北京: 中国环境科学出版社: 385–397.

熊超, 1990. 中国林道网研究[M]. 北京: 中国林业出版社: 27–43.

（李航天）

林区道路勘察设计　forest road exploration and design

探查和测量林区道路沿线周边地形、地质、水文、气象、环境等资料，并据此编制建设方案的工作。为林区道路设计和确定建设投资提供可靠、完整的资料。内容包括林区道路线路勘测、线路设计和大、中桥位勘测。

林区道路是建在林区，主要供各种林业运输工具通行的道路（简称林道）。包括森林铁路和林区中供其他运输工具通行的道路（本条目主要介绍除森林铁路外的其他林区道路）相关勘察设计。

发展简史　林区道路勘察设计的发展是一部不断探索、创新和进步的历史。其发展史可以追溯到古代，当时人们为了方便运输木材和物资，开始修建林区道路。随着时间的推移，林区道路勘察设计技术也不断发展，逐渐形成了较为完善的体系。在早期，林区道路勘察设计主要是依靠人力和简单的工具，如标杆、测绳、罗盘仪等。随着电子测量技术和遥感技术的发展，林区道路勘测逐渐实现了自动化和数字化，大大提高了勘测精度和效率。如采用卫星遥感技术、地理信息系统（GIS）、无人机等技术手段，对林区地形、植被、水文等自然条件进行详细调查和分析，以确定最佳路线和设计方案。在林区道路设计理念方面，早期主要注重道路的通行能力和承载能力，往往忽视了生态保护和环境友好的原则。随着可持续发展理念的深入人心，林区道路设计开始注重生态平衡和环境保护，提出了"生态路"和"绿色路"等新型设计理念。这些理念强调在道路建设中尽量减少对生态环境的破坏，同时注重道路与周围环境的协调与融合。

线路勘测　线路实地探查和测量。为林区道路设计提供必要的信息和参数。包括路线踏察、选线和勘测等工作。勘测精度必须满足《林区公路设计规范》（LY/T 5005—2014）的要求。

踏察　对实地进行勘查和探测。为拟定设计任务书提供依据和资料，并为下一步勘测工作做准备。内容包括道路沿线经济调查与线路踏察。

①经济调查。调查本路资源吸引范围内木材蓄积量、年运量、运材方式、运材车型、运输组织和每立方米木材运价；调查本路所在地区原有道路混合交通的类型、工矿企业的分布及可能被本路吸引的交通量；调查沿线经济林区、农田位置和线路可能穿越的长度。

②线路踏察。踏察方法以目测为主，用罗盘仪测方向、计步器测距离、气压计测高程、手水准仪测坡度。工作内容为收集本路与已建或拟建公路、铁路及其他建筑设施的干扰情况，提出处理意见并拟定合理的线路布局；调查沿线重点工程与不良地质地段的性质与规模，拟定通过或绕避的措施；初步调查沿线建筑材料料场位置、材料质量、可采量；估测小桥涵孔径、长度。拟定线路走行方向与比较方案、主要控制点和主要技术经济指标，估算主要工程、征用土地、拆迁建筑物等数量和工程造价。

选线　在路线起点、必经地点、终点间选定一条符合设计要求、经济合理的道路中心线的工作。工作程序为路线方案选择、路线带选择、定线。

①路线方案选择。主要解决起、终点间路线基本走向问题。通常先在小比例尺（1∶2.5万～1∶10万）地形图上，从较大面积范围内找出各种可能的方案，收集各可能方案的有关资料，进行初步评选，确定数条有进一步比较价值的方案。然后进行现场勘察，通过多方案比较选出一个最佳方案。当没有地形图时，可采用调查或踏勘方法现场收集资料，进行方案评选。当地形复杂或地区范围很大时，可通过航空视察，或用遥感与航摄资料进行选线。

②路线带选择。在路线方案选定的基础上，按地形具体选择路线通过的地带。也称路线布局。路线带选择按地形分为平原区选线、丘陵区选线和山岭区选线。山岭区选线按行经地带不同分为沿溪线、越岭线、山脊线和山坡线等线型。

③定线。在路线带内确定道路中线的确切位置。分地形图定线法和直接定线法两种。地形图定线法也称纸上定线法，是在路线带的大比例尺（1∶1000～1∶2000）地形图上，找出控制路线的所有特征点，考虑平、纵、横三面的协调，并通过试绘试算和反复修改，定出路线具体位置的方法。直接定线法是定线人员直接到现场调查分析地形、地质情况，掌握定线带的细部情况，借助方便的仪具，凭定线者对现场的综合判断，定出路线具体位置的方法。

勘测　勘察、勘探和测量工作的总称。目的是保证道路设计的安全性、经济性和合理性。为保证林区公路勘察设计顺利进行并达到质量要求，按工作流程分为初测与定测。

①初测。对线路进行初步调查与测量。为编制初步设计提供依据。主要工作有对线路（包括比较方案）进行导线测量、高程测量、地形绘制、小桥涵和其他人工构造物勘测，以及水文、工程地质等的调查。

②定测。对选定的线路进行实地放线。为施工图设计提供详细准确的资料。主要工作包括：线路中线、纵断面、横断面测量；小桥涵、道路纵向排水工程、线路交叉等的勘测；调查沿线的地带类型；对错车道、堆料坪和道班房用地

等进行详细调查或必要的测量；现场内业（对外业勘测资料逐日检查，发现差错，及时纠正）等。

线路设计　确定路线空间位置及各部分的几何尺寸。包括路线平面、纵断面、横断面设计等工作内容。设计时要综合考虑驾驶人员的心理与视觉、汽车动力性能和自然条件等因素，设计成果直接影响道路使用质量和工程造价。

由于林区道路基本位于山岭地区，地形、地貌、工程地质和水文条件复杂，导致线路设计基础资料的可获性难度和设计技术难度均较大，故设计工作一般按两阶段设计进行，即初步设计和施工图设计；若线路长度较短、走向明确、道路等级较低，可按一阶段进行设计，即施工图设计。

初步设计　在线路定线方案基础上，根据图纸要求进行设计定量、细化的工作。目的是确定设计方案，且经审查批复的初步设计也为编制施工图设计文件的依据。工作内容总体为确定设计原则，论证和提出技术、经济合理的设计方案，具体为：①选定路线设计方案，基本确定路线位置；②基本查明沿线地质、水文、气候、地震等情况；③基本查明沿线筑路材料的质量、储量、供应量及运输情况，并进行原材料、混合料试验；④基本确定排水系统与防护工程的位置、路段长度、结构形式和尺寸；⑤基本确定路基标准横断面和特殊路基横断面设计方案及沿线路基取土、弃土方案；⑥基本确定大、中桥桥位及设计方案；⑦基本确定小桥、涵洞结构类型及主要尺寸；⑧对拟利用的道路进行踏查或勘测；⑨编制设计概算等。设计成果由设计说明书、工程图表和概算组成。

施工图设计　在初步设计基础上，编制可供施工的设计文件的工作。目的是作为工程施工和验收的依据，亦是设计和施工工作开展的桥梁。内容包括：①初步设计批复意见执行情况；②路线平面、纵断面、横断面设计图；③直线、曲线及转角表；④纵坡、竖曲线表；⑤总里程及断链桩号表；⑥路线逐桩坐标表；⑦控制测量成果表；⑧公路用地表；⑨编制工程预算书等。

大、中桥位勘测　对大、中桥桥位实地调查测量。目的是为大、中桥设计提供必要的信息和参数。包括大、中桥桥位踏察、桥位初测和桥址定测。

桥位踏察　对桥位进行实地勘查和探测。以验证室内拟定的各桥位方案并提出桥位方案建议，为外业勘测工作做准备。主要工作有：①查明各桥位方案的地形、地貌、水文、气象、河流特征及地质特征；②调查桥位附近现有人工构造物的情况；③调查各桥位方案对林业经营生产要求的配合情况；④基本明确各桥位方案的桥长和投资额估算；⑤通过经济技术综合比较提出桥位方案的建议等。

桥位初测　对桥位进行初步调查与测量。为初步设计提供可靠的设计资料。主要工作包括：①桥位平面图测绘；②桥轴线及流量基线的选择；③桥轴线及流量基线断面测量；④流速测量；⑤河流纵坡测量；⑥桥头引线测量；⑦桥位工程地质勘探；⑧洪峰流量计算等。

桥址定测　根据批准的设计文件，在桥址现场进行具体方案的勘测与落实。为桥址处设计桥梁孔跨、桥头路基和导流建筑物提供所需资料。主要工作有：①桥轴线测量；②桥址地形测绘；③桥头引道平面图测绘；④桥头引道及桥轴纵断面测量；⑤工程地质勘探；⑥施工场地的确定；⑦收集概、预算有关资料；⑧收集施工组织设计有关资料。

发展趋势　展望未来，林区道路勘测设计将继续朝着智能化、绿色化、可持续化的方向发展。随着大数据、人工智能等技术的不断成熟和应用，林区道路勘测设计将更加精准、高效；同时，随着社会对生态环保要求的不断提高，林区道路建设将更加注重生态保护和可持续发展。未来，林区道路将成为连接人与自然、推动林业资源可持续利用的重要纽带。

参考文献

许恒勤, 张泱, 2003. 林区道路工程[M]. 哈尔滨: 东北林业大学出版社.

杨春风, 欧阳建湘, 韩宝睿, 2014. 道路勘测设计[M]. 2版. 北京: 人民交通出版社.

叶伟, 王维, 2019. 公路勘测技术[M]. 北京: 机械工业出版社.

（朱德滨）

林区道路类型　forest road types

依据基本内涵、所有权属、重要程度、主要用途、技术标准、使用期限等对林区道路进行的分类。

按基本内涵划分　有广义和狭义之分。广义的林区道路是指修建在林区，主要供林业运输工具通行、满足林区社会经济发展所需的各种道路。狭义的林区道路是指林区内用于集材运材、森林防火、病虫害防治、抚育采伐、造林施肥等目的的专用道路，包括林区公路、运输道路、集材道路、防火道路、作业道路和连接道路等。

按所有权属划分　有公有林区道路和私有林区道路。公有林区道路又可分为国有林区道路和集体林区道路。新中国成立初期，为满足国民经济建设对木材等森林资源的需求，在东北、西南、西北9个省区(黑、吉、蒙、滇、川、青、陕、甘、新)建立了138个国有林业局(其中企业局135个，营林局3个)，是专门从事木材采伐加工的森工企业，以这些森工企业为主体形成了国有林区，在这些国有林区内修建的道路称为国有林区道路。法律规定属于集体所有的森林、林木和林地称为集体林，在集体林区所修建的道路称为集体林区道路。在中国，一般只有公有林区道路。在国外，如韩国等，有私有林区道路。私有林区道路是指森林所有者和经营者自行修建的林区道路。私有林区道路可分为私人林区道路和私企林区道路。

按重要程度划分　有主干道、支道和作业道，或分为干线、支线和岔线等。主干道主要是林业局或林场与外部连接的道路，如与国道相连接，起到了连接森林与木材加工厂的作用。主干道以大中型车辆通行为主，可按照《林区公路工程技术标准》(LY 5104—98)一级道路标准建设，主要技术指标为：路基宽度一般为7.5m，最小7m；一般为沥青路面。支道是连接干道与各森林经营区的中间道路，主要以农用车通行为主，道路交通量少，建设条件相对困难，因此，道路等级主要为等外公路。支道可按照《林区公路工程技术标准》(LY 5104—98)三级道路标准建设，主要技术指标为：路基宽度一般为 4.5m，最小 4m；一般为泥结碎石路面。作业道为森林经营区内的生产作业道路，主要以步道为主，部分可通行手推车、板车等小型林业机械，方便营林作业、木(竹)材采集和生产工具的通行。作业道可按照《林区公路工程技术标准》(LY 5104—98)四级道路或等外标准建设，主要技术指标为：路基宽度一般为 1.5～2.5m，路面为粒材加固土或不设置路面。

按主要用途划分 有运材道路、集材道路、护林防火道路、旅游道路、营林道路、连接道路、冻板道路和木排道等。

运材道路：林业企业在木材装车场或楞场(山场)与贮木场之间按照森林经营要求修建的道路。为林区道路的主体，直接承担木材由装车场到贮木场的输送任务。根据运材工具和运量大小的不同，道路构筑的形式与标准有很大差别。

集材道路：林业企业在木材伐区至木材装车场或楞场(山场)之间修建的专供集材作业使用的道路。一般线路较短，无严格标准。

护林防火道路：以护林防火为主要用途的道路。一般情况下路面宽度、厚度、强度等能满足护林防火的需要即可。

旅游道路：根据旅游需要所修筑的、方便游客游览的道路。根据作用和功能，又分为旅游公路和旅游慢行系统。

营林道路：根据造林、育林、护林等工作的需要所修筑的正规道路。平常交通量较小，为确保长期使用，都具有一定的技术标准。运材道路与营林道路常融为一体。

连接道路：在林区内部，沟通相邻的林业企业和企业内部林场之间交通的道路。各路段的等级根据其规模及交通运输需求选用，可选三级或四级林区公路。

冻板道路：冬季寒冷地区，靠地面冻结后达到可承受车辆荷载的、只在冰冻期内使用的季节性道路。适于运材量少、生产时间短的伐区冬季作业。

木排道：在泥沼地带，用木杆及灌木为主要材料铺筑的简易的临时性运材道路。

按技术标准划分 一种是设计规格较高的道路，供重型车辆通行，主要用于木材及大型机械设备的运输等；另一种是设计规格较低的道路，如单车道或土路，供小型或轻型车通行，主要用于采伐、集材、造林等森林作业。中国的林区公路按技术标准和道路等级划分为一至四级。

按照使用期限划分 有永久性道路和临时性道路。永久性道路是构成林区路网体系的主体部分，供永久使用；临时性道路一般是为采伐、集材和造林作业临时修建的土路，作业完成后即停止使用，以保护森林的自然环境。

参考文献

陈绍志，何友均，陈嘉文，等，2015. 林区道路建设与投融资管理研究[M]. 北京：中国林业出版社.

肖兴威，2007. 森林采伐规划设计[M]. 北京：中国林业出版社.

亚太林业委员会，联合国粮农组织亚太地区代表处，2000. 亚太区域森林采伐作业规程[M]. 国家林业局森林资源管理司，译. 北京：中国林业出版社.

Uusitalo Jori, 2010. Introduction to forest operations and technology[M]. Tampere, Finland: JVP Forest Systems Oy.

(余爱华)

《林区公路工程技术标准》 *Technical Standard of Forest Highway Engineering*

由中华人民共和国林业部(现中华人民共和国国家林业和草原局)发布的规范林区公路建设项目的规模、工程质量、使用要求和效益的强制性行业标准。适用于新建和改建以林业经营为主的各类林区公路。

形成过程 截至 2024 年，林区公路工程技术标准共颁布过 2 个版本。第一版《林区公路工程技术标准》是由林业部西南林业勘察设计院主编，中华人民共和国林业部于 1988 年颁布的，是林业行业标准，规范编号是 LYJ 104—88。现行《林区公路工程技术标准》(LY 5104—98)是第二版，由林业部昆明勘查设计院修订，中华人民共和国林业部于 1998 年发布，于 1998 年 7 月 1 日起施行。

LY 5104—98 与 LYJ 104—88 相比，主要变化在于：①改善对一、二级林区公路的功能和使用质量，调整了一、二级林区公路的标准，使各级林区公路间相互协调。②对各项主要技术指标作了验证、分析和局部调整，作为林区公路的统一标准，反映林区公路的特点。③按强制性行业标准的要求，严谨标准用词用语。

内容 《林区公路工程技术标准》(LY 5104—98)由 8 章和 1 个附录组成。主要技术内容包括：总则；等级划分与选用；一般规定；路线；路基与排水；路面；桥涵；路线交叉及其他设施；附录 A，地形条件的划分标准。

新建和改建的林区公路工程技术标准，应根据各类林区公路和各路段的运量及其性质等条件选用。当改建林区公路需利用原有道路的局部路段且受条件限制时，对个别技术指标经过技术经济论证，可作合理变动。采用不同技术标准的路段长度，一、二级林区公路不宜小于 5km，三、四级林区公路不宜小于 3km。

林区公路根据林业各类工程对交通运输的需要分为 4 个等级，供各类林业工程选用。一、二级林区公路主要为双车道，三、四级林区公路为单车道。

参考文献

中华人民共和国林业部，1998. 林区公路工程技术标准：LY 5104—98[S]. 北京：中国林业出版社.

(余爱华)

《林区公路设计规范》 *Design Specification for Highway in Forest Area*

由国家林业局(现国家林业与草原局)发布的中华人民共和国行业标准，适用于新建和改建林区公路的设计。

形成过程 《林区公路设计规范》(LY/T 5005—2014)由国家林业局昆明勘察设计院，在进行了广泛深入的调查研究、总结林区公路建设经验、研究《林区公路工程技术标准》（LY 5104—98）等5项标准的基础上，针对林区范围内各类林业工程对交通运输的需求、运输车辆的变化等情况修订完成，于2014年9月5日正式发布，2014年12月1日实施。

依据和原则　林区公路设计应依据所建林区公路在林区路网中的性质及其功能、运输量、运输方式确定适宜的林区公路等级。林区公路设计应处理好长远与当前、整体与局部、林区内部与外部、公路建设与其他各行业的关系。

林区公路设计必须遵守《中华人民共和国森林法》《中华人民共和国防沙治沙法》以及国家有关土地管理、环境保护、水土保持等法律法规。林区公路设计应坚持保护森林植被、节约用地的原则，通过方案比选和设计优化，采取必要的工程措施，尽量减少对森林植被的破坏，防治水土流失，不占或少占耕地，尽可能减少工程占用林地。

内容　《林区公路设计规范》（LY/T 5005—2014）分17章，主要技术内容包括：总则；林区公路等级划分及选用；一般规定；路线；公路平面；公路纵断面；公路横断面；线形设计；路基设计；特殊路基设计；路基排水；路基防护；路面；桥梁涵洞；隧道；路线交叉；交通工程、绿化及附属设施。

林区公路根据公路服务林业的功能与需要，分为一级公路、二级公路、三级公路和四级公路。一级公路为林区内供汽车快速通行的双车道公路，采用60km/h设计速度；二级公路为林区内供汽车通行的双车道公路，采用40km/h或30km/h设计速度；三级公路为林区内供汽车通行的双车道或单车道公路，采用20km/h设计速度；四级公路为林区内汽车通行的单车道公路，采用15km/h设计速度。

参考文献

国家林业局昆明勘察设计院, 2014. 林区公路设计规范: LY/T 5005—2014[S]. 北京: 中国林业出版社.

（余爱华）

林区林道网　forest road network

林区内由森林铁路、林区道路组成的道路网。林道网是森林经营的基础设施，除了承担木材运输外，还为人与物进入伐区进行各项经营活动提供道路条件，提高林场山场作业、造林、育林等作业的效率，促进林业机械化水平的提高，防止森林火灾和病虫害的发生，发展林下经济，综合利用森林资源。由干线、支线和岔线组成。①干线是连接贮木场和各林场永久使用的林区道路，在林道网中所占比例5%～15%，道路等级依年运量划分为一级、二级。②支线是林场到伐区的林区道路，连接干线与岔线，在林道网中所占比例15%～50%，依据年运量划分为三级林区道路，使用2年以上。③岔线是伐区内部的林区道路，在林道网中所占比例55%～80%，依据年运量划分道路等级为三级、四级，也可以作为集材道使用，使用年限一般不超过2年。

建设指标　建设合理林道网，就是指在林区所修建的道路密度、配置、等级和次序合理。林道网密度是林道网的数量指标。林道配置是指在一定的森林经营区域内林道如何分布的，即林道的走向或位置。林道等级是指林道技术构造标准的高低程度。林道的配置和等级构成了林道网的质量指标。林道次序是指修建林道的先后顺序，主要取决于森林开发次序。

配置形式　有树枝形、组合形和环形，须与地形条件、集材方式、集材设备和经营水平等相适应。①树枝形。沿溪线路，即沿大河修干线，沿小河修支线，沿溪谷修岔线，这样所形成的道路网，一般呈树枝形。②组合形。沿溪和山坡面道路网配置的组合形式。沿溪线起连接作用，同时对两面山坡下方的木材也起集运材的作用。山坡线基本上沿等高线修建。③环形。山坡面配置道路网的形式。按环形配置的道路网，一般除开头和后段衔接升降坡外，中间基本上沿等高线修建，受高差影响较小，线路较平缓。中国南方林区的特点是山坡面的横坡一般较沿河两岸底部平缓，相对来说工程量较小，适合于较高密度路网的配置。但沿河两岸底部的木材必须进行逆坡集材，必须配备相应的集材设备。

配置方法　①根据实地条件，在分析对比的基础上，选定适当的林道网密度计算公式，计算出合理的路网密度，求出相应的平均集材距离。②根据计算得出的合理路网密度、伐区的地形条件、经营水平和集材设备等情况，确定林道网的配置形式。③根据所选定的林道网配置形式，在地形图上进行布设。

影响因素　有经营条件、森林自然条件、集运材方式以及土木工程技术条件等。每一种因素中又包括诸多因子。在这些因素中，与地形划分相适应的集运材方式是作为决定林道网规划的前提条件，以森林资源现状为基础，以实际经营水平为依据，规划建设合理林区道路网。

参考文献

龙宪藻, 1981. 合理密度的林道网配置[J]. 中南林学院学报(1): 39–46.

南方康, 陈德仁, 1983. 林道网的规划方法及其步骤[J]. 林业资源管理(1): 39–43.

张德义, 金钟浩, 1988. 关于林道等级的研究[J]. 森林采运科学(2): 30–38.

（董喜斌）

林区移动互联网　forest mobile internet

支持林业终端设备在移动状态下接入互联网并完成业务处理的数据通信网络。主要依托商用移动通信技术，实现移动终端与互联网云端的连接，有效结合移动作业与云端计算能力，从而使各种业务能在生产一线得到迅速处理。

构成　林区移动互联网的构成主要包括：

①移动基站。作为林区移动互联网的核心部分，负责提供商用移动通信服务。例如，2022年11月，内蒙古大兴安岭林区建设了121个4G基站，主要目的是增强林区的移动通信能力。

②移动通信模块。通过GPRS、CDMA、4G、5G、6G或NB-IoT等技术连接至商用移动通信网络，需配置SIM（subscriber identification module，用户识别模块）卡，并缴纳

相应的数据流量通信费。

③网关。一种网络设备。负责连接林区内部局域网与外部商用移动通信网，实现数据包的转发和协议转换，从而确保数据跨网传输。网关具备路由选择、数据包过滤和防火墙等功能，是网络间信息传递的桥梁和关键节点。

④Wi-Fi、ZigBee组网设备。先通过Wi-Fi、ZigBee无线局域网汇总传感器数据，再经由网关接入互联网，系统运营成本相较于将大量传感器直接连接商用移动通信网络有所降低。

⑤移动终端。一种智能型手持设备。集成了交互式界面、多种传感器、移动通信模块及林业业务软件，能够在移动互联网的支持下即时处理森林作业中的各项业务。

⑥卫星互联网接入设备。卫星互联网接入技术是一种利用近地轨道卫星网络，实现全球范围内高带宽、灵活便捷的互联网接入服务的技术。该技术适用于未覆盖商用移动通信服务的地区，支持地面客户使用卫星互联网接入设备联结互联网络。卫星互联网接入设备能在本地建立Wi-Fi局域网，使周边计算机或移动终端通过Wi-Fi接入卫星互联网。世界各国都积极开展卫星互联网接入技术的研发，例如：2019年10月，美国太空探索技术公司的星链低轨卫星互联网地面接收器投入使用；2020年9月，中国卫星网络集团有限公司向国际电信联盟递交了国网星座（GW星座）的频谱分配申请；2024年6月，北京网翎科技有限公司推出了国内首款民用消费级卫星互联网接入设备；2024年6月，上海蓝箭鸿擎科技有限公司向国际电信联盟提交备案计划，拟发射10000颗卫星组成"鸿鹄三号"星座。未来随着卫星互联网技术的快速发展，即便在偏远森林、草原等无商用移动通信基础设施的地区，也能实时连接互联网，上传环境及生产数据，并获得云端算力的支持。

应用与特点 林区移动互联网涵盖的移动业务广泛，包括移动资源监管、移动造林管理、移动灾害监测与应急管理、移动林权综合管理以及移动林农信息服务等。移动互联网在林业中的应用优势显著：

①终端可移动性。在林业作业中，移动互联网的终端可移动性具有关键作用。护林人员、林业调查人员和执法人员等需要经常在森林、山区等野外环境中进行移动作业。借助移动终端接入互联网，工作人员能在任何地点实时记录、上报数据，拍照取证并上传至云端，即时处理各类业务，从而提升了林业工作的灵活性和效率。

②业务处理的及时性。林业作业涉及对森林状况的实时监测与快速响应。移动互联网使工作人员能迅速获取林区的最新信息，如病虫害状况、火险等级及火势蔓延情况等。同时，借助云端强大的计算能力，一线工作人员能迅速做出最优决策，实现移动作业与云端算力的有效结合。

③服务便利性。鉴于林业作业环境的特殊性，便于林地使用的便携移动终端、持续网络服务和云端算力支持成为刚性需求。移动互联网技术使群众能在家中或林地直接向林业部门提交各项业务申请，如采伐、检疫和运输等。同时，工作人员在简陋的森林办公环境中也能即时处理各项业务，为林区群众提供了优质服务。

④庞大的用户群体。根据GSMA（全球移动通信系统协会）2024年2月发布的移动经济报告，全球已有47亿移动互联网用户，占世界总人口的59%。这一庞大的用户基数为林业生产引入了丰富的社会资源，行业内外的众多机构都能通过移动互联网进行信息交换和业务处理，推动了多项林业生产业务的开展，如林地抵押贷款、森林保险、木材物流和林产品电子商务等。

在构建林区移动互联网时，需要全面考量各类设备和组网技术，以确保信号的全面覆盖和数据的稳定传送。这项技术对于林业生产与管理的效能提升发挥着重要作用，不仅大幅提高了森林环境监测与数据采集的效率，还为林业工作者提供了便捷的移动办公环境，进一步推动了林业业务的高效执行与智能化管控。

参考文献
李世东, 2018. 林业信息化知识读本[M]. 北京: 中国林业出版社: 77-82.

（林宇洪）

林区窄带物联网 forest narrow band internet of things

一种帮助林区传感器或移动终端接入商用移动通信网络的低带宽通信技术。又名NB-IoT技术。具有低通信速率、低功耗、强大的连接能力以及广阔的覆盖范围等特点，有效地满足了林业数据监测和移动业务受理的通信需求，从而大幅提升了智慧森林系统网络层的工作效率和数据通信的可靠性，非常适合林区的特殊通信需求。

能够有效传输林区的各种监测数据、满足野外作业对低功耗的要求，解决了边远山区移动通信信号覆盖的问题，并实现了众多传感器与商用移动通信网络之间的高效联结。

在通信领域，窄带通常指的是网络接入速度在56kbps及以下的技术，优势在于其低功耗和稳定的连接能力。在林业工程中，对于林地环境数据的采集、非法砍伐的监测、森林火灾的预警以及木材运输的监管等任务，并不需要过高的带宽。因此，窄带物联网技术非常适合在这些林区应用场景中使用。

窄带物联网（narrow band internet of things，NB-IoT）技术，由沃达丰、华为和高通等公司联合开发，并在2015年提出了全球公认的技术标准。NB-IoT网络构建于蜂窝网络，仅占用大约180kHz的带宽，可直接部署在现有成熟的多种商用蜂窝网络上，这样既降低了部署成本，又能随商用蜂窝网络升级而实现NB-IoT技术的平滑升级。此外，NB-IoT技术支持每个基站高达10万级的设备连接，其覆盖能力较其他移动通信技术更加宽广。其低功耗的特性则意味着NB-IoT模组在不更换电池的情况下可以持续使用5～10年。

鉴于NB-IoT在连接数、覆盖能力、功耗和成本方面的显著优势，中国正在大力推动其在实际应用中的落地。林业领域引入NB-IoT技术不仅能够优化网络结构，还能有效降低组网成本。与其他互联网接入技术相比，NB-IoT的低功耗和长距离传输特性使其在森林工程移动业务中具有独特应用价值。

参考文献

李世东, 2017 . 中国林业物联网 思路设计与实践探索[M]. 北京: 中国林业出版社: 61–62.

（林宇洪）

林区紫蜂无线传感网　ZigBee wireless sensor network in forest area

在林区内部署大量传感器并基于 ZigBee 技术自组网而形成的无线通信的局域网络。又称林区 ZigBee 无线传感网。在林业生产中具有重要的应用价值，能够实现传感器之间的自组网，通过逐点接力的方式，低功耗地传递感知数据，能为云端应用层采集林区环境和林业生产大数据，从而可以提高林区环境监管效率和准确性、保护森林资源安全与可持续利用。

紫蜂（ZigBee wireless communication protocol，ZigBee）协议是基于 lEEE802.15.4 标准的低速度短距离的无线网络协议，支持 2.4GHz 、868MHz 、915MHz 频段。其名称来源于蜂群的通信方式，蜜蜂发现蜜源地后，回到蜂箱跳 8 字舞吸引周边蜜蜂关注，再由周边蜜蜂舞蹈的接力方式，来扩散传递蜜源地的位置信息。ZigBee 技术模仿这一方式，把信息以无线的方式从一个节点传输至相邻的节点，再通过多个节点接力通信，最终所有子节点采集到的信息都能传递至主节点。ZigBee 是一种低成本、低功耗、低速率、短距离、自组网的通信方式，特别适合在林区环境传递传感数据。

无线传感网，全称无线传感器网络（wireless sensor networks, WSN），是集分布式信息采集、信息传输和信息处理技术于一体的网络架构，以其低成本、低功耗、组网灵活、铺设简单及适合移动等特点受到农林业的广泛重视。无线传感网的基本功能是将一系列空间分散的传感器单元通过自组织方式进行连接，从而将各自采集的数据通过无线网络进行传输汇总，以实现空间分散范围内的协作监控。

林区紫蜂无线传感网在森林工程中的应用：①森林环境监测系统。ZigBee 节点集成了土壤指标传感器、空气指标传感器、温湿度传感器，以网状的形式散布在森林中，通过无线自组网和逐点接力的方式，实现对大面积的森林环境监测。ZigBee 技术满足森林内部无电网供能，要选择低能耗的无线组网技术的需求。ZigBee 技术通过短距离通信的接力方法组织大面积监控网络，该原理功耗较低。在环境指标稳定时，能自动选择较长的测量周期，又进一步节约能耗。因此，只需要小面积太阳能电池和小容量充电电池就能维持各节点稳定工作，无须定期更换电池。当森林土壤或空气受到污染时，节点检测到环境指标突变后，调整为较短的测量周期，又可以密切监控森林环境的污染扩散方向，通知林业工作人员及时治理环境。②森林火灾预警系统。在上述森林环境监测系统中的 ZigBee 节点上增加降雨量传感器、风力传感器，再加上原有的空气温湿度传感器，能够监测森林火灾的风险等级，在风干物燥的天气，自动提升森林火险预警级别，系统将发布火险预警通告，通知护林员加强巡逻，减少野外用火。因为 ZigBee 节点在森林中呈网状分布，所以能实现精准管理，划定森林火灾的高危区域，一区域一策，加强防范。③森林火灾监测系统。在上述森林环境监测系统中的 ZigBee 节点上再增加火灾传感器，当节点检测到火灾信号后，提高测量频率。ZigBee 节点在森林中呈网状分布，因此云端根据各节点的测量数据或损毁失联情况，可绘制出火灾区域形状和面积，并确定火灾蔓延方向，为灭火工作提供有力的依据。因为 ZigBee 节点成本低，布置简单，损毁后重建无线传感网代价小。④森林防盗系统。在上述森林环境监测系统中的 ZigBee 节点上增加振动传感器、噪声传感器，与周边节点的信号对比，通过数学模型消除环境干扰信号后，能有效识别盗砍滥伐行为，并能快速确定偷盗点，并把异常区域的经纬度坐标发送给护林员。

参考文献

寿国忠, 顾玉琦, 王佩欣, 2016. 现代农林业精细化管理[M]. 北京: 中国林业出版社: 88–93.

（林宇洪）

林权证管理系统　forest right certificate management system

应用信息技术对森林林权相关业务进行管理的计算机系统。又名林权管理系统。主要功能包括林权登记、林权变更、林权注销、证书打印、数据统计、林权抵押、林权保险、林权流转、信息发布和在线交易等。通过信息化管理，简化了业务流程，提高了工作效率，确保林权业务能得到高效处理，为林权明晰和林权流转提供有力支持，促进了林业资源的合理利用和市场化流转。

林权是指林地所有权、林地使用权、林木所有权和林木经营权四个权属。林权改革的目标是"山有其主，主有其权，权有其责，责有其利"，林权改革在保证林地所有权属国家或集体的前提下，把后三权落实至户，采用林权证进行管理。林权证是县级以上地方人民政府或国务院林业主管部门，依据《中华人民共和国森林法》或《中华人民共和国农村土地承包法》的有关规定，按照有关程序，对国家所有的或集体所有的森林、林木和林地，个人所有的林木和使用的林地，确认所有权或者使用权，并登记造册，发放的证书。

林权改革后林权流转、抵押、保险等业务量急剧上升，传统的手工处理方式已无法满足现代林政的高效需求，林权证管理系统应运而生，以优化和简化相关业务流程。该系统的主要业务模块如下：

林权登记管理子系统　支持林地资源及权属数据实现登记录入的林权业务子系统。第一代系统以林权证管理为核心，主要实现了林权申请表的受理和录入、林权证的打印和发放，以及林地资源的查询统计等功能，基本满足了林权证管理的各项需求。但第一代系统在描述林地"四至"（即东、南、西、北四个方向的界线）时，采用纯文字和手绘草图的方式，可能导致林地边界的划分不够清晰，从而影响后续林权业务的顺利开展。随着空间信息技术的进步，第二代系统功能增强：①以林地空间信息管理为核心，增加了数据接口，能够与林业地理信息系统无缝衔接，调取林地空间信息，生成并打印出精准的林权证附图。②实现空间信息和权属信息的集成化管理，不仅将林地地图进行了矢量化处理，还能进行面积计算、地形分析、资源评估和权属登记与修改等操作，进而实现对林地资源的精准管理，提升林权业务处理效率。

林权变更管理子系统　支持林地资源及权属数据变更修改的林权业务子系统。随着林权改革的深入推进，因分户、资本进入、保险和抵押贷款等多种业务需求，林权分割、兼并以及重组等变更需求日益增多。为规范林权变更流程，国家林业局于2000年12月颁布了《林木和林地权属登记管理办法》。该办法第八条规定，林权权利人在申请办理变更登记或注销登记时，必须提交以下文件：林权登记申请表、林权证以及林权依法变更或灭失的相关证明文件。林权变更管理子系统对这些文件进行了全电子化审核，高效修改林地资源信息和权属信息，从而有效支持林权分割、兼并、修改及变更等各项业务操作。2022年10月自然资源部废止了《林木和林地权属登记管理办法》，林权权属变更审核流程得到简化，因此该系统也随即失去应用价值，部分功能归并到林权登记管理子系统中。

林权抵押管理子系统　基于网络技术构建的办理林权抵押贷款业务的远程协同信息系统。林权抵押贷款是一种金融行为，在这一过程中，借款人或担保人以其森林资产作为抵押物或提供债权担保，但不转移这些资产的占有权，以此方式向金融机构（如银行、信用社等）申请贷款。这种方式将资源经营转化为资本经营，有效地优化了资源配置，被视为林权制度改革深化的重要组成部分。林权抵押管理子系统响应林权抵押的业务需求，实现林权人、金融机构和林业局三方的远程协同作业。该系统提供的业务功能包括林地资源查询、借款人资产查询、抵押物状态查询、抵押登记、抵押冻结以及还款解押等。同时派出工作人员协同金融机构完成抵押物的现场查验、资产复核等工作。当系统检测到处于抵押贷款状态下的林地正在尝试进行林权流转、林权变更、再次抵押等业务时，或者当生态公益林及存在林权纠纷的林地正在办理林权抵押业务时，系统能够迅速中断业务流程，从而有效地保护金融机构的合法权益。

林权保险管理子系统　基于网络技术构建的办理林权保险业务的远程协同信息系统。又名林业保险系统。保险是指投保人根据合同约定，向保险人支付保费，保险人根据合同约定，承担由某些特定事故所造成的投保人财产损失赔偿责任。林业保险范围主要是因自然灾害引发的林权人财产损失，包括火灾、暴风、暴雨、洪水、泥石流、冰冻和虫害等。这种保险机制促使全社会共同承担林业生产风险，提高林农的抗灾能力，为灾后重建提供资金支持，以便尽快修复受损的森林，从而保证森林覆盖率的稳定。林权保险管理子系统响应林业保险的业务需求，实现林权人、保险机构和林业局三方的远程协同作业。该子系统提供资产评估、保险登记、保险变更、保险过户、灾后评估、受灾理赔等业务功能，同时派出工作人员协同保险机构完成投保物的现场查验、资产复核和灾后评估等工作。系统能根据林地采伐生产进度，自动解除投保物的保险状态，并通知保险机构。

林权流转管理子系统　基于网络技术构建的办理森林资产流转业务的信息化管理系统。上述森林资产包含活立木、林下经济动植物、森林景观、森林生态服务价值等，以及林地使用权、林木所有权和林木经营权。林权流转方式包括转包、出租、转让、互换、入股、抵押等。林权流转业务的开展，能够在不采伐活立木的状态下实现森林资产权益的转移，有助于引入社会资金盘活经营不佳的林地，同时也为林农提供了一个将未成熟林提前变现以获得收益的途径。林权流转管理子系统响应林权流转的业务需求，实现林权人、购买人和林业局的三方协同作业。在办理林权流转业务时，该系统会先检查交易林地是否存在抵押状态、林权争议或是否被划归为生态公益林。在不符合林权流转条件时，系统立即弹出提示信息并中止交易，从而保护购买人权益。现代信息技术在林权流转业务发挥着重要作用，例如，利用空间信息技术可以对林地进行精准勘界，将交易林地精确地标注在全国森林资源管理基准图上，同时权属信息和资产信息也可以直接标注在这张基准图上，从而明确了山林位置、产权及其动态价值。这不仅提高了卖方出具的森林资产数据的权威性，还有效地消除了买卖双方的信息不对称问题，降低了林权流转的交易风险，并减少了交易纠纷。

林权公共信息发布平台　利用互联网发布林权招标信息和森林资产数据的网站平台。又名林权在线交易平台、林业产权交易平台。社会公众在林权交易中存在以下3个担忧：①不能确定卖方提供森林资产数据的真伪性，希望林区政府提供更权威的信息；②对林地位置、森林类型不了解，可能导致在林地兼并过程中发生决策失误；③误交易处于抵押状态下的林地，造成买方利益受损。另外，金融机构和保险机构也希望能及时获知林地的抵押状态、保险状态、交易状态、采伐状态、宗地面积、树种树龄等详尽动态信息。上述需求要求林权信息和森林资产信息以透明化、可视化、实时化的方式向社会公众发布。随着林区政府职能从管理型向服务型的转变，其职责不再仅限于执行管理和监督，还需向公众提供优质服务，以满足社会公众、企业以及林区经济发展的需求。因此，多个林区基层政府参与建设互联网上的林权在线交易平台，依托于林权流转管理子系统的业务支撑与数据资源，公开发布林权招标信息与森林资产的相关数据，以此吸引社会资金注入林业生产，进而促进森林资产的市场流动性。该类平台能推动林权流转的规范化与透明化，保证森林资产数据的权威性，构建一个公正、公开、公平的林权在线交易环境。

参考文献

李世东, 2007. 中国林业电子政务[M]. 北京: 中国林业出版社: 8.

李世东, 2017. 中国林业移动互联网发展战略研究报告[M]. 北京: 中国林业出版社: 12.

林宇洪, 林玉英, 胡喜生, 等, 2012. 后林改时期的林权WebGIS管理系统的设计[J]. 中南林业科技大学学报, 32(7): 146–150.

（林宇洪）

《**林业安全卫生规程**》 Safety and Health in Forestry Work

林业作业安全卫生规范。由国际劳工组织（ILO）在1997年11月的专家会议上通过，1998年由日内瓦国际劳工局正式出版发行。中文版由国家林业局组织翻译，2000年4月由中国劳动社会保障出版社正式出版发行。

《林业安全卫生规程》旨在为各国林业作业提供安全卫生指导，防止林业工人在林业作业中遇到危险和伤害，提高林业作业效率。主要包括四部分内容：第一部分为"总体原则、法律框架和总体责任"，对主管部门、雇主和设备供应方等的主体责任范围进行了规定。第二部分为"企业的安全卫生框架"，对安全卫生政策、管理、资源提供、信息交流以及档案管理进行了规定。第三部分为"基本要求"，对劳动力、设备与工具操作、个体防护装备、急救和职业卫生服务以及事故报告等进行了规定。第四部分为"林业安全卫生技术指南"，对林业作业的规划组织、造林作业、采伐作业以及其他林业高危作业的安全技术和作业规范进行了规定。

参考文献
国家林业局, 2000. 林业安全卫生规程[M]. 北京: 中国劳动社会保障出版社: 1-129.

（李文彬）

林业工效学 forestry ergonomics

运用人体测量学、生理学、心理学、卫生学和安全学等相关理论和方法，研究和优化林业作业者、作业机具和作业环境所构成的作业系统（简称人–机–环境系统），提高林业作业舒适性、安全性和作业效率的一门应用性边缘学科。

在林业作业装备、林区道路和作业方法设计中运用林业工效学，目的是使林业机具（包括动力机器、车辆和无动力工具）性能参数、林区道路几何参数、作业环境参数以及作业工艺方法与作业者身体尺度、体能、心理和生理特性相匹配，以实现安全与高效作业。

安全作业必须以作业工人的生理和心理特性为依据，坚持以人为中心的思想。林业作业人–机–环境系统中，作业者是主体，人机交互界面的合理化是减少林业作业事故、提高作业效率的关键。林业作业是非常艰苦和危险的劳动，林业先进国家非常重视林业工效学研究和应用，把人身安全问题放在首要位置，无论是机械设备、作业管理还是工人选拔等都从工效学角度出发，基于安全第一的原则进行设计和使用。例如，便携式林业机械的重量负荷对于山地作业的林业工人是极其重要的指标，超出工人的体能容易诱发疲劳和事故，需要不断轻量化。人机交互界面是人–机–环境系统设计的核心，机器的几何参数与人体作业姿势密切相关，需要依据作业者的人体参数设计机器，优化人机界面。林地作业多为山坡，地表复杂，容易跌倒，人体平衡能力受疲劳影响，优化人–机–环境系统，减少疲劳，可减少事故风险。林业机械的噪声、振动、热负荷等都增大作业者疲劳，基于林业作业者心理和生理特性的林业装备设计尤其重要。作业方法合理化也是工效学研究的内容，基于人–机–环境系统特性制定林业作业安全规程是减少林业作业安全事故的重要保障。

发展历史 工效学发展经历了3个时期。① 19世纪末至第一次世界大战是工效学的萌芽期。美国的F. W. 泰勒（F. W. Taylor）于1911年出版了《科学管理原理》，研究了作业方法、工具与效率的关系，被称为"科学管理之父"。美国的F. B. 吉尔布雷斯（F. B. Gilbreth）于1911年出版了《动作研究》，研究作业动作与效率，被称为"动作研究之父"。1913年，侨居美国的德国学者H. 闵斯脱泼格（H. Munsterberg）出版了《心理学与工业效率》，从心理学角度研究工作效率，把实验心理学用于人员选拔、训练和改善劳动条件。以上这些研究被认为是工效学研究的开端。②第一次世界大战至第二次世界大战期间是工效学的初兴期。战争对于物资的需求以及大量妇女参与工业生产，生产效率成为这一阶段研究的核心问题。③第二次世界大战至20世纪60年代是工效学的成熟期。这一时期，武器和工业装备的升级使得人与机器之间的优化匹配成为核心问题，人–机–环境系统的优化成为研究的重点，机器设计理念也从"人适应机器"转变为"机器宜人化"。这个时期，一些国家逐步成立了工效学学术组织。1950年英国成立了"工效学学会（Society of Ergonomics）"，1957年美国成立了"人因工程学会（Society of Human Factors）"，1964年日本成立了"人间工学会"。工效学在中国的发展晚于西方工业发达国家，1935年陈立和周先庚等在中央研究院和清华大学研究过工作疲劳、劳动环境等问题。20世纪60年代初期中国对铁路信号、飞机仪表也做过工效学研究。中国国防科学技术工业委员会于1984年成立了军用人–机–环境系统工程标准化技术委员会，1985年成立中国人类工效学标准化技术委员会和心理学会工业心理学专业委员会，1989年成立了中国人类工效学学会。但是，工效学相关的名称在中国没有统一，有人机工程学、人体工程学、人因工程学等不同名称，各自研究的重点有所不同。人机工程学侧重人与机器的关系；人体工程学侧重于人与建筑家居空间环境及家具的关系；人因工程学侧重于人–机–环境系统中人的生理与心理问题。1989年以后，人类工效学成为通用名称，其研究范围更广，应用领域也涵盖了人类工作和生活的各个方面。

林业工效学的研究从20世纪50年代开始，欧洲学者卡明斯基（Kaminsky）研究油锯重量和林业作业者生理负荷关系的论文于1956年公开发表，为油锯优化设计提供依据。从此，欧洲、日本和北美等林业先进国家和地区纷纷关注林业工人的疲劳和事故防范的研究和应用。美国的林业工效学研究起步晚于北欧，美国的林业私有企业不愿意透露事故的具体资料，导致很难对林业安全事故开展分析研究。针对此情况，20世纪90年代，美国联邦职业安全与健康管理局（The Federal Occupational Safety & Health Adminastration）、路易斯安那州森工企业及路易斯安那州立大学签订"战略合作协议"（Strategic Partnership Agreement），企业无偿向研究单位提供事故资料，研究单位通过研究，无偿为企业提供安全事故预防服务，通过分析事故发生的规律、环境以及林业工人的体能与事故发生率的关系，提出了选拔林业工人的体能指标，这一行动发挥了作用，伤亡事故显著下降。据统计，2000年路易斯安那州林业事故死亡8人，2001年死亡仅1人。20世纪80年代末期，日本的岩川治研究了日本林业事故发生的规律，提出了林业事故发生率与经验、作业时段的关系，指出林业工人的疲劳积累是事故的重要诱因，强调了工效学对于事故防范的重要性。与欧美日相比，中国的林业工效学与安全作业研究起步更晚。20世纪80年代，针对振动诱发的白指病现象，中国东北林学院研究过油锯振动和减振设计方法。20世纪80年代末90年代初，中国学者郭建平、李文彬和王立海分别开始研究林业工效学，主要从心率、肌电图、脑电波等人体生理指标研究割灌机、油锯、风力灭火机等便携林业机械设计及其作业工效学问题，以及噪声、振动和生理负荷对于人体平衡功能的影响规律。

研究方法 林业工效学从研究手段上分，有实验法、模拟法、现场观察法和调查法等。从研究内容分，有人体测量、生理学和心理学测量、作业动作和时间分析法等研究方法。①人体测量是按照国家相关标准对人体身高、肢体长、关节活动范围等人体尺度进行测量，为装备设计提供依据。②生理学测量是通过心率、肌电图等生理指标测量评价作业者的生理负荷和疲劳，分析评价作业姿势、机械设计参数、环境参数以及作业方法等。③心理学测量主要通过问卷调查对林业机械和作业环境进行主观感受评价调查，常用的问卷调查法有语义微分法（SD法，semantic differential method），是由美国心理学家奥斯古德（C. E. Osgood）提出的实验心理学方法。SD法的目的是将人的心理感受、印象、情绪进行尺度化、数量化。SD法用双极形容词配对组成问卷调查表，在双极形容词之间用7点或5点定位区分，可反映不同程度的主观印象。如林业拖拉机座椅高度是否舒适的工效学评价可用"很高、高、较高、合适、较低、低、很低"进行驾驶人问卷调查，分别赋予评价分值3，2，1，0，-1，-2，-3或7，6，5，4，3，2，1；然后对问卷分值进行统计分析处理，获得各种特征参数，从而达到心理情绪数量化测量评价的目的。心理学测量法还有身体疲劳自感症状调查等其他方法，通过对作业过程中，作业者身体整体或各个部位出现疲劳感的情况统计调查，分析作业姿势和机械参数的合理性。④作业动作和时间分析法通过对作业过程中的动作基本要素进行分解，并对各个动作所用时间进行测量分析，优化作业工序，提高效率。日本的岩川治于20世纪80年代对日本有线遥控油锯进行过动作和时间研究，为遥控油锯作业工艺的改善提供依据。

研究内容 涉及林区作业的全过程，主要包括伐区作业工效学、木材运输工效学、林区道路工效学和森林作业安全等4个方面的内容。林业工效学研究主要聚焦于导致林业工人疲劳与事故的主要因素，如不合理的机械参数、强振动与噪声、过度的负荷、不合理的林区道路几何参数、恶劣的作业环境。运用工效学理论和方法研究林业作业者身体尺度与林业机械的相互作用关系，研究森林作业过程中作业者的生理和心理变化规律，研究林业作业中作业者的疲劳、人为失误、作业事故发生机理机制，研究林业机械噪声振动以及人体生理生物节律等问题，使林业机械宜人化、人-机-环境系统最优化，构建林业安全作业规程。

发展趋势 随着信息技术和人工智能的不断发展与应用，人-机-环境系统也更加复杂，人机界面更加多元化，人机交互方式也由传统的视、听、触界面扩展到脑机接口、手势控制等新领域。林业装备智能化技术也在不断研发与应用，林用车辆人机共驾、驾驶人疲劳监测、林业作业装备人机协作、新人机交互模式下的精神疲劳与安全事故发生机制等将是林业工效学研究的新课题。但是，作业安全、舒适和高效率永远是工效学研究的最终目标。

参考文献

丁玉兰，1991. 人机工程学[M]. 北京：北京理工大学出版社：1-20.

国家林业局，2000. 林业安全卫生规程[M]. 北京：中国劳动社会保障出版社：1-129.

李文彬，2001. 建筑室内与家具设计人体工程学[M]. 北京：中国林业出版社：30-52.

李文彬，赵广杰，殷宁，等，2005. 林业工程研究进展[M]. 北京：中国环境科学出版社：385-397.

（李文彬）

林业机械人机交互 human computer interaction of forestry machinery

林业机械与作业人员之间信息和能量交换的过程。主要包括从作业人员到林业机械的信息与能量传递和从林业机械到作业人员的信息传递两部分。作业人员到林业机械的信息与能量传递是指林业机械作业人员借助于各种操纵杆、开关、按钮等设备，用手、脚向林业机械传递控制信息和控制能量；林业机械到作业人员的信息传递指林业机械通过图像、振动、压力、位置、距离等传感装置经视觉和听觉显示器向作业人员传递可理解的信息。

林业机械包括森林营建机械装备、木材（竹材/林果）采收机械装备、森林灾害（林火/病虫害）监测防护机械装备、森林资源（环境）监测检测机械装备、木材（竹材/林果）生产加工机械装备等，也包括计算机化的系统和软件。林业机械的工作地点主要在林区，与通用机械的重要差别是雇佣到满足技能要求的林业工人越来越难，面临严重的劳动力短缺。在应用像伐木联合机这类复杂的林业机械时，难以通过选拔的方式选择适合的林业机械操作者。为使林业机械能够适应普通操作者、提高机械的可用性，应从生理维度和认知维度上合理设计，提供用户友好的人机交互功能。

①在生理维度上。人机交互设计的质量对操纵林业机械的效率、操作者熟练掌握操作技术的时间和因病离职的人数都有影响。林业机械操纵杆设计对操作者健康状况的影响主要是由于控制操纵杆的相关肌肉紧张造成的。而良好的人机交互设计使操作者在不利的地形条件下仍能保持较好的操作姿势，从而提高操作者的满意程度和操作表现。

②在认知维度上。林业机械操作主要依赖于视觉信息交互，较好的照明和开阔的视野能避免肌肉骨骼疾病和生产事故，从而提高产品数量和质量。在人机交互领域，合理地提高自动化程度，是提高生产力的有效途径。林业机械自动化降低了人机交互中对操作者的能力要求，能显著提高生产效率。瑞典Carola Häggström和Ola Lindroos的综述研究表明，自动化的原木长度和直径测量能提高伐木工作的速度和质量，但随着林业机械自动化水平的提高，需要重新设计和研究林业机械的操作界面和交互技术。

林业机械人机交互的研究主要包括以下几方面：

①林业机械人机交互界面设计与智能交互。是林业机械人机交互的重要方面，目的是让作业人员能够方便地使用林业机械，提高作业人员的满意度，减少作业人员的学习成本和使用难度。林业机械人机交互界面设计的内容包括交互方式的设计及界面元素的布局、颜色、字体等。通过智能用户界面设计，使林业机械系统通过自然的语言交互，理解作业人员的需求并提供智能服务，使林业作业人员与林业机械的信息交流能够像人与人交流一样自然、方便。上下感知、三维输入、语音识别、手写识别、自然语言理解等都是智能用户界面设计要解决的重要问题。

②林业机械作业人员行为分析与用户体验。指作业人员在使用林业机械时所获得的主观感受。通过对作业人员的需求分析和行为规律的深入研究，不断优化林业机械的设计，提高作业人员的满意度和体验感。通过林业机械可用性分析与评估，包括涉及支持可用性的设计原则和可用性的评估方法，研究分析林业机械作业人员与林业机械之间交互能否达到预期目标，以及实现这一目标的效率和便捷性。

③多通道交互技术。研究林业机械作业人员的视觉、听觉、触觉等多通道信息的融合理论和方法，林业机械作业人员可以使用语音、手势、眼神、表情等自然的交互方式与林业机械进行通信。多通道交互技术主要研究多通道交互界面的表示模型、多通道交互界面的评估方法及多通道信息的融合等。其中，多通道信息融合是多通道用户界面研究的重点和难点。由于林业生产经营多在偏远山区，工作环境复杂恶劣，林业机械在工作时要面临林地坡度不一、沟壑复杂、障碍多等挑战，同时林地环境信号差、信号覆盖率低，对于林业机械人机交互技术有着一定的挑战。

④群件。指为群组协同工作提供林区作业支持的协作环境。主要涉及伐区作业人员或伐区作业群组间的信息传递、群组内的信息共享、业务过程自动化与协调以及作业人员和作业过程之间的交互活动等。与林业机械人机交互技术相关的研究内容主要包括群件系统的体系结构、林业机械支持的交流与共享信息的方式、交流中的决策支持工具、应用程序共享以及同步实现方法等内容。

⑤移动界面设计。林业作业中的移动计算、普适计算等技术对人机交互提出了更高的要求，面向移动应用的界面设计已成为人机交互技术研究的一个重要内容。由于伐区作业移动设备的便携性、位置不固定性、计算能力有限性以及无线网络的低宽带、高延迟等诸多限制，移动界面的设计方法、移动界面可用性与评估原则、移动界面导航技术以及移动界面的实现技术和开发工具，将是林业机械人机交互技术研究的趋势。

参考文献

刘刚田, 2012. 人机工程学[M]. 北京: 北京大学出版社: 261-266.

孟祥旭, 李学庆, 杨承磊, 等, 2016. 人机交互基础教程[M]. 北京: 清华大学出版社: 1-4.

Carola Häggström, Ola Lindroos, 2016. Human, technology, organization and environment—a human factors perspective on performance in forest harvesting[J]. International Journal of Forest Engineering, 27(2): 67-78.

（王海滨）

林业机械人机界面 man machine interface of forestry machinery

林业机械操纵者与林业机械间信息交互、作业控制交互的连接部。信息交互指机器操纵者视觉、听觉、语音等人机交互；作业控制交互是指手脚等操纵控制器的人机交互。

林业机械人机界面中的"人"是指作为工作主体的人，包括林业机械操作人员以及作业过程中的决策人员等；人机界面中的"机"是指机器操纵者控制的对象总称，包括森林经营机械、木材采伐机械、森林防火机械等。人机界面形式有硬件和软件两种。硬件形式人机界面表现为作业域的开关、按钮、驾驶操纵杆、脚蹬等；软件形式人机界面表现为操纵机械的计算机软件和显示器组合实现的视觉信息交互。林业机械人机界面主要研究内容包括：

①人体测量。主要测量林业机械作业中作业人员人体的几何及力学特性参数，包括静态测量和动态测量。影响林业机械作业效率及作业域设计的主要人体测量参数有静态和动态体形参数，视域、四肢作业的位置角、力、力矩及可达域，身体及其节段质心等。林业作业中人体测量参数是林业机械人机界面设计的基础。

②林业机械作业域设计与集成。操作者的作业域由林业机械操作者、座椅、操纵台、显示仪表台及林业机械设备等构成。又称作业空间、工作空间。主要研究林业机械作业域的相关器件与操纵者相适应的设计和评价方法，以达到林业作业的高效、安全、舒适性要求。林业机械作业域布局的工效学设计及评价对保证伐区作业效率、安全性、舒适性起决定性作用。

③认知技术。信息科学与作业人员特性及行为相结合的技术。主要研究作业人员如何感知数据，如何将其转化为综合信息，如何将综合信息作为决策依据。研究目的是揭示作业人员错误的原因和本质，减少错误。林业作业中的认知技术主要研究作业者对于林区作业环境信息与林业机械信息的获取、理解和综合决策机制与过程。

④信息显示与控制。主要研究林业作业中的信息显示与控制符合林业作业机械操作者认知规律的原理、措施及评价方法，以减少林业作业中的人为错误，保证高效作业和工作安全。

参考文献

刘刚田, 2012. 人机工程学[M]. 北京: 北京大学出版社: 200-204.

刘伟, 庄达民, 柳忠起, 2011. 人机界面设计[M]. 北京: 北京邮电大学出版社: 11-14.

（王海滨）

林业基础数据库 forest fundamental database

用于存储基础性、战略性、系统性、长期性的林业及生态环境数据资源的数据库。为政府决策、林业规划、生态保护以及资源管理提供大数据支持，极大地助力了政府部门、林业工作者更加科学、高效地进行林业管理和资源利用，为实现森林生态系统的全面保护和合理利用奠定了坚实数据基础。

功能特点　①数据整合与管理。能够系统地整合各类林业基础数据，提供一个统一的数据管理平台。②数据查询与分析。支持高效的林业基础数据检索、查询和分析功能，满足用户多样化的数据需求。③数据更新与维护。确保数据的实时性、准确性和完整性，提供数据更新和维护的机制。④长期保存性。设计用于长期保存林业数据，确保数据的可持续利用。

代表性数据库　主要包括林业区划数据库、森林资源数据库、湿地资源数据库、野生动植物资源数据库、沙地资源数据库、基础地理矢量数据库、林业气象数据库等。

林业区划数据库　记录不同区域的林业分布、特点和规划等数据。该数据库为政府决策、林业规划和生态保护提供数据支持，有助于实现林业的可持续发展。

森林资源数据库　记录树木种类、数量、分布、生长情况等信息，包括森林健康状况、生物多样性以及木材蓄积量等数据。对于森林管理、采伐计划、病虫害防治以及森林火灾预防等提供了数据支持，有助于合理制订林业生产计划。

湿地资源数据库　记录湿地的类型、面积、水文条件、生物多样性及生态功能等数据。有助于了解湿地的生态状况，为湿地保护和恢复工作提供数据支撑，同时也对研究全球气候变化具有参考价值。

野生动植物资源数据库　记录野生动植物的种类、分布、数量、生活习性及保护状态等数据。有助于生物多样性保护、生态平衡维护以及野生动植物资源的合理利用。

沙地资源数据库　记录沙地的地理位置、面积、类型、流动性和治理措施等数据。对于防沙治沙、生态保护以及沙漠化监测和预警提供数据支持，可为森林治沙工程提供科学决策依据。

基础地理矢量数据库　记录基础地理信息，包括林区、水系、交通网络、居民地及其相关设施等矢量数据。为林业规划和资源的高效管理提供空间参考依据。

应用价值　①政府决策支持。为政府提供科学的林业基础数据，助力制定合理有效的林业政策。②林业规划与管理。支持林业资源的合理规划和管理，优化资源配置。③生态保护。为生态保护项目提供数据支撑，促进生态系统的健康与稳定。④科研与教育。为林业科研和教育领域提供丰富的数据资源，推动学科发展。

未来发展　①数据智能化。利用物联网和人工智能技术，提高基础数据采集的智能化水平。②多源数据融合。进一步整合跨行业多渠道数据，丰富林业基础数据库的内容。③云服务扩展。构建基于云的数据库服务平台，开放接口，跨行业提供便捷高效的数据服务，让更多行业资源顺利进入林业生产。④数据安全与隐私保护。对政府数据脱敏处理，保护国家经济安全。对个人数据去隐私化，保护个人信息安全。健全数据销毁和遗忘机制，加强数据的安全防护，规范数据访问权限的管理制度。

参考文献

李世东, 2012. 中国林业信息化顶层设计[M]. 北京: 中国林业出版社.

（景林）

林业立体感知体系 forestry three-dimensional perception system

在森林工程物联网感知层和网络层上，科学地部署各种传感技术和通信技术，实现林业数据的立体、多维、全面、深度采集的复杂技术架构。林业立体感知体系的构建为森林工程物联网应用层大数据挖掘和智慧林业决策提供海量数据基础，为林业的全面发展提供大数据支撑，满足智慧林业高效、精准、智能的管理需求，提升了智慧森林工程系统的智能监测、管理服务和科学决策水平。

2013年8月，国家林业局发布了《中国智慧林业发展指导意见》，指出智慧林业立体感知体系涵盖五大工程：①林业下一代互联网建设工程。旨在加快国家林业信息专网的升级，构建林业下一代互联网，并完成IPv6网络运行管理与服务支撑系统。整个网络采用树形结构，从国家林业局到各县市林业局形成四级网络架构，以满足林业系统各类业务需求和大数据量的快速传输。②林区无线网络提升工程。着重提升林区的无线网络覆盖，通过与国家电信运营商的合作，在基础条件好、发展快的林区推进无线网络建设，以提高林区的通信和监测能力。③林业物联网建设工程。基于下一代互联网、智能传感等技术，构建一体化感知体系，主要从重点林木感知、林区环境感知等方面展开建设，以提升林业的智能监测、管理服务、决策支持水平。④林业"天网"系统提升工程。整合林业遥感卫星、无人遥感飞机等监测手段，重点建设国家卫星林业遥感数据应用平台，通过多源卫星遥感数据的集中接入、管理和分发，提高林业监测效率。⑤林业应急感知工程。适应新形势下林业的安全管理需要，打造完善的应急指挥监控感知系统，包括构建统一的林业视频监控系统和应急地理信息平台，以提升应急调度能力和效率，实现各级林业管理部门的应急联动。

林业立体感知体系通过多维数据采集，实现对林业数据的全面感知、深度感知。林业立体感知体系的感知范围包括：①管理目标识别。如珍稀动植物识别、树种识别、采伐量识别、运输量识别、车辆识别、盗砍滥伐行为识别、非法运输行为识别、码单及运输证真伪识别、执法人员及护林员轨迹识别等。②生产进度监测。如营林进度监测、采伐进度监测、集材进度监测、运输进度监测、加工进度监测及销售进度监测等。③资源数据采集。如森林、湿地、沙地的资源感知，林地蓄积量估算，野生动植物数量评估。④环境指标监测。如采集林地环境的气候指标因子及土壤指标因子、病虫害识别、地质灾害监测、森林覆盖遥感、森林火灾监测。⑤基础设施检测。如林区宽带、移动互联网、光纤、窄带物联网等网络状态检测等；林区道路、桥梁、水网、电网的健康状态检测；林场厂房、住宅、林业站、林防站、木材检查站、道路抓拍装置等设备完好率检测。

参考文献

国家林业局, 2013. 中国智慧林业发展指导意见[R]. 北京: 国家林业局.

（林宇洪）

林业索道　forestry cableway

利用架空绳索支撑和牵引跑车集运木材的一种机械运输设施。全称林业架空索道。分为集材索道与运材索道。主要目的是把木材从采伐迹地集运到林道旁的山上楞场（堆头、山上集材场）。如果通过两条索道转运木材到达山上楞场，前条索道称为集材索道，后条索道称为运材索道。按工作用途，集材索道具有拖集、升降和运输木材能力；运材索道仅具有运输木材能力。

林业索道对自然地形适应性强，爬坡能力大，能捷径运输，受气候影响小，占地面积小，对地表破坏小，利于水土保持，基建投资小，运营维护费用低。

发展历程　中国林业索道的发展可分4个阶段：国外引进期、推广应用期、高速发展期和自主发展期。20世纪40年代至50年代初期为国外引进期。1868年英国在苏格兰架设了世界上第一条采用钢丝绳的货运索道。20世纪40年代以蒸汽机为动力的林业索道在中国台湾的阿里山林区获得应用。1955年江西吉安县曰河林场架设了第一条竹索无动力集材索道；同年，苏联森工部赠送的БТУ-1.5（即瑞士维仙，中国 KJ_3 型）索道，在东北带岭林业实验局凉水林场进行了生产试验，1956年10月，这套设备调至四川马尔康森工局202伐木场试验并获得成功，这是中国大陆有动力的林业索道发展的开端。50年代中期到60年代为推广应用期，以半自动 KJ_3 型、增力式SJ-23型（东方红）、松紧式集材索道为主。70年代为高速发展期，以半自动 MS_4 型（岷山）、YS_3 型（金沙江）和 GS_3（闽林）集材索道，以及单线双索循环式运材索道为主。80年代以来为自主发展期，以全自动遥控和运行式集材索道、曲线循环式运材索道等为主，标志着中国林业索道技术的重大进步。《森林工程林业架空索道设计规范》（LY/T 1056—2012）、《森林工程林业架空索道使用安全规程》（LY/T 1133—2012）和《森林工程林业架空索道架设、运行和拆转技术规范》（LY/T 1169—2016）不仅能够满足在建架空索道对技术、设备和工艺的要求，也符合中国林业可持续发展的基本要求。90年代起，林业索道生产范围已逐步扩大到土木工程、矿石采运、交通运输和抢险救灾等领域。

设计理论　林业索道各索设计依据悬索理论来计算。悬索理论即对悬挂绳索（简称悬索）进行线形和拉力计算的基础理论。包括应用双曲函数的悬链线理论和应用代数函数的抛物线理论、悬索曲线理论和摄动法理论。比较公认的抛物线理论有日本的加藤诚平（简称加氏）、堀高夫（简称堀氏）和苏联杜尔盖斯基（简称杜氏）创立的3种计算方法。1977年中国的单圣涤提出悬索曲线理论，1981年倪元增提出摄动法理论。随着计算机的发展，1989年周新年将计算机应用于索道设计，提出索道优化理论，并于1992年开发出索道工程辅助设计系统。90年代起悬链线理论的研究和应用增多，悬索曲线和摄动法两种近似计算理论淡出，逐渐形成了应用双曲函数的悬链线理论和应用代数函数的抛物线理论两大主流。

组成与安装架设　林业索道主要由钢丝绳、跑车（吊运车）、绞盘机、支架（活立木、木架或钢支架等）、鞍座（直线或拐弯鞍座等）、止动器与滑车等组成。钢丝绳供跑车行走、牵引跑车运行、捆挂木材等；跑车是吊运木材的装置；绞盘机是索道的动力设备；支架起支撑承载索保持悬空状态；鞍座承托承载索且减少其挠度；止动器固定在承载索上，使跑车在预定位置停止，以便拖集木材和卸材；滑车起承托、转向与拉紧钢索等作用。索道经选线、定测及设计，进行索道的安装架设；再经检测鉴定合格后索道投入生产运营。

发展趋势　林业索道需配置自走式安装及转移的专业机械；用自动抓具代替人工使用捆木索，实现机械化工作，有利提高效率，改善劳动条件，保证作业安全，有利于森林生态环境保护；推动形成绿色低碳的集材和运材方式，发展轻型或微型索道；进一步完善索道结构，研究新型索道索系；应用新的科学技术，研究设备的新材料，改善索道附属装置；研究新理论，应用计算机技术进行优化设计。

参考文献

东北林学院, 1985. 林业索道[M]. 北京: 中国林业出版社.

单圣涤, 2000. 工程索道[M]. 北京: 中国林业出版社.

周新年, 1996. 架空索道理论与实践[M]. 北京: 中国林业出版社.

周新年, 2008. 工程索道与柔性吊桥——理论 设计 案例[M]. 北京: 人民交通出版社.

周新年, 2013. 工程索道与悬索桥[M]. 北京: 人民交通出版社.

周新年, 周成军, 郑丽凤, 等, 2020. 工程索道[M]. 北京: 机械工业出版社.

（周新年）

林业索道安装架设　erectness of forestry cableway

在林区内安装建设索道的作业。包括索道安装架设前准备、钢丝绳铺设、支架安装、设备安装、架索、承载索安装拉力测定、索道调试、索道试运行等。索道安装架设前应具备经批准的伐区工艺设计、索道勘测设计和索道侧型设计。绞盘机、跑车、钢丝绳、支架及其他索道附属装置经检验合格后才准许安装架设。索道安装架设和调试由专业人员进行。林业索道的设计、安装架设、使用、维护和拆除的安全要求应符合《森林工程 林业架空索道 设计规范》（LY/T 1056—2012）、《森林工程 林业架空索道 使用安全规程》（LY/T 1133—2012）和《森林工程 林业架空索道 架设、运行和拆转技术规范》（LY/T 1169—2016）中的有关规定。在林业索道安装架设全过程中，遵循安全第一、经济合理、环保节能和便于维护的原则，确保林业索道安全、高效、环保、可靠地运行。

索道安装架设前期工作 ①清除索道架设沿线障碍物，开好人行道。②伐除索道线路上妨碍安装及重载运行的立木及灌木，伐开宽度为3～5m，但应保留作为支架的立木。③清除半悬空集材索道上的倒木、石头，削平伐根等障碍物。④现场逐件清点要安装的索道设备及材料，并进行必要的检查、清洗、润滑及保养。⑤平整绞盘机安装场地、索道卸材场地和装车场地，建好油库。⑥用作支架的根深硬阔活立木，若树干过高，应酌情截掉部分树冠。⑦各类钢丝绳按索盘旋转方向沿索道线路中心顺序展开，不应打结。⑧起、终点和中间支架若无天然立木可利用，而需要人工埋桩（卧桩或立桩）时，应按设计要求预先埋设好。⑨做好绞盘机安装固定锚桩和机棚设施建设工作，机棚应建在承载索一侧30m以外的安全地区。

索道安装架设程序 包括：①安装绞盘机；②安装通信线路；③拉细引导绳上山；④拉牵引索上山；⑤铺承载索；⑥绷中间支架；⑦张紧鞍座吊索；⑧张紧承载索（承载索安装架设完毕，必须测定承载索的安装拉力及张紧度，检查其张紧度是否达到设计要求）；⑨试运行。在进行①～⑤工序期间，并行开展安装山顶、山下、中间等支架的承载滑车及绷索，以及穿复式滑车。索道试运行时，检查设备是否正常运转。根据试运行的结果，对索道设备进行调试，确保设备运转正常。索道设备安装架设、调试和试运行是确保索道系统正常运行的关键环节。林业索道在生产作业过程中，为了更换、维修、更新设备或是因为作业需求的变化等原因，进行索道移索、拆卸和转移。

参考文献
国家林业局, 2016. 森林工程 林业架空索道 架设、运行和拆转技术规范: LY/T 1169—2016[S]. 北京: 中国标准出版社: 1-2.
周新年, 周成军, 郑丽凤, 等, 2020. 工程索道[M]. 北京: 机械工业出版社: 118-121.

（巫志龙）

林业索道设备 equipment of forestry cableway

林业索道安装和运行过程中所使用的各种设施和装置的统称。包括钢丝绳、索具、跑车、附属装置、绞盘机等。

钢丝绳 由不同直径的钢丝材经热处理拉丝成细钢丝，然后将多层钢丝捻成股，再以绳芯为中心，将一定数量的股捻成螺旋状的绳。按用途分为**承载索**、**牵引索**、**回空索**、**起重索**、**绷索**等。钢丝绳使用管理恰当，可延长其使用期限，提高其工作时的安全性和可靠性。

索具 用于连接和固定钢丝绳的各种器具。包括用于**钢丝绳连接**的套筒及用于索端固定的卡子、**绳夹板**、**套环**、**卸扣**、**紧索器**（法兰螺栓、螺旋扣）和手搬葫芦等。

跑车 在集运材架空索道上吊运木材的装置。按用途分为集材跑车和运材跑车。集材跑车既可以集材（拖集和提升），又可以运材。运材跑车则只能运材。

附属装置 为保证林业索道正常运行工作所需要的相关附属设备或设施。包括各种滑轮、鞍座、载物钩、支架、止动器及索道通信设备等。

绞盘机 索道的动力设备。按用途分为索道绞盘机和装车绞盘机。按使用的燃料分为柴油绞盘机、汽油绞盘机和电动绞盘机，在林业索道中大多选用柴油绞盘机。绞盘机主要由发动机、传动系统、工作卷筒、操纵系统和机架等组成。在使用过程中应正确安装、操作与管理。

参考文献
周新年, 2013. 工程索道与悬索桥[M]. 北京: 人民交通出版社.

（张正雄）

林业行政处罚案件管理系统 forestry administrative penalty management system

应用信息技术办理林业行政案件相关业务的计算机管理系统。又名林业行政执法系统、林业综合执法系统。

国家林业局2001年5月9日发布的《国家林业局 公安部关于森林和陆生野生动物刑事案件管辖及立案标准》明确指出，达到刑事案件立案标准的，必须立为刑事案件，不能以行政处罚代替刑事处罚。同时，依据国家林业局2013年12月9日发布的《关于森林公安机关办理林业行政案件有关问题的通知》，森林公安机关可以其归属的林业行政主管部门的名义查处各类林业行政案件，在《林业行政处罚决定书》上盖林业主管部门的印章。因此，当系统用户为林业局林政执法人员，仅管理林业行政案件时，称为林业行政处罚案件管理系统或林业行政执法系统；当系统用户扩展至森林公安人员，系统不仅管理林业行政案件，还涉及林业刑事案件的管理时，则被称为林业综合执法系统。

林业行政处罚案件管理系统主要功能包括林业案件的报案受理、案情侦察、登记立案、调查取证、固定证据、打印文书、执法处罚及结案存档。具体包括：

调查取证 鉴于林业违法行为的隐蔽性和突发性，系统为群众提供报案入口，并配备如红外热成像夜视仪、巡逻侦察无人机、执法记录仪和录音笔等侦查取证装备。取证装备所采集的数据和证据能够实时上传至云端，为案件的处罚或定罪提供依据。

案件文书制作 制作符合国家标准及自定义格式的法律文书，例如《林业行政处罚决定书》。此外，系统还提供文书模板、询问笔录模板、案件标准处理流程以及林业相关法律条款等资料，从而提升执法人员的办案效率。这些文书可以生成WORD（文字）、EXCEL（表格）或JPG（图片）格式的电子文档，便于在政务网、公安网和互联网上传递和发布。

案件网上审批 执法人员完成案件文书制作后，可通过互联网将需签字、盖章的文书上传至上级审批部门。审批部门使用电子印章和电子签名进行即时审批，并将审批后的文书发回给执法人员。已审批的文书不能被执法人员修改，但可打印输出，以便于后续的执法工作。

数据管理分析 案件办理完毕后，相关信息如登记立案、调查听证、证据供词和案件文书等都会长期保存在数据库中，为后续的复议、监察、统计和分析提供原始数据，并为完善林业法律法规提供参考。系统还具备多维度的统计功能，有助于管理层进行宏观态势分析和趋势预判。当数据库积累足够的数据后，可进行数据挖掘，研发数学模型，以预测和遏制涉林违法犯罪活动，实现"打早打小"和"打准打实"的监管目标。

法律助手功能 该功能为执法人员提供最新的法律、法规、司法解释、文书格式和典型案例，并内置搜索引擎。此外，还提供案件构成要素、证据搜集方法、办案注意事项和文书制作要求等信息，帮助一线执法人员在工作中学习并提升执法能力。

林业行政处罚案件管理系统实现了对执法信息采集、执法过程监管、执法人员管理、林地信息采集以及案件分析的全面记录，不仅提高了林业执法效率，还确保了对破坏森林、偷猎动物、盗砍滥伐、非法运输和非法加工等案件的及时打击，从而从源头上降低了涉林大案的发生率，有效保障了林业执法的信息化和办案的规范化。

参考文献

李世东, 2012. 中国林业信息化顶层设计[M]. 北京: 中国林业出版社.

（林宇洪）

林业专题数据库　forest subject database

针对特定林业主题而建立的数据库，具有显著的专业性和部门性特征。它是推动林业信息化、现代化发展的关键资源，旨在为林业科研、管理和决策提供坚实的数据支持。

功能特点 林业专题数据库通常涵盖了森林培育、生态工程、防灾减灾、林业产业、国有林场管理、林木种苗繁育、竹藤与花卉产业、森林公园管理等多个专业领域，为用户提供全面、深入的数据资源，并通过高效的数据存储和检索系统，使用户能够快速获取特定领域的专业信息，从而提高工作效率和决策准确性。

代表性产品 在众多的林业专题数据库中，中国林业科学研究院林业科技信息研究所创建的中国林业信息科技服务网络具有代表性。该网络提供了包括中国林业专利全文库、中国林业病害库等在内的多个专题数据库，为林业研究和管理人员提供了宝贵的信息资源。

应用价值 林业专题数据库在林业科研、教育、管理和决策中发挥着重要作用。它们不仅为科研人员提供了丰富的数据支持，还帮助管理者做出更加科学、合理的决策，从而推动林业的可持续发展。此外，这些数据库还为林业教育和培训提供了宝贵的教学资源。

未来发展 随着信息技术的不断进步和林业发展需求的变化，林业专题数据库将继续发展和完善。未来，这些数据库将更加注重数据的实时性、准确性和完整性，以满足林业领域日益增长的信息需求。同时，随着大数据、云计算等技术的应用，林业专题数据库将实现更高效的数据处理和分析能力，为林业发展提供更强大的支持。

参考文献

李世东, 2012. 中国林业信息化顶层设计[M]. 北京: 中国林业出版社.

（景林）

林业专网　forest private network

连接国家林业主管部门与各省级林业主管部门、四大森工（林业）集团以及新疆生产建设兵团林业局的全国性林业系统主干网络。采用星型组网方式，以国家林业主管部门为中心，通过高速数字电路与各省节点实现互联互通，是现代林业发展中不可或缺的基础设施之一。

国家林业局（现国家林业和草原局）在2006年前后建设林业专网时，采用155M光端机作为传输接入设备，与各省（自治区、直辖市）林业厅（局）及四大森工（林业）集团共36个节点通过8M的SDH数字电路实现链路互通。各省（自治区、直辖市）林业厅（局）及四大森工（林业）集团用HDSL MODEM或光传输设备作为接入设备。在国家林业局配置一台Catalyst 4507中心交换机，CISCO 7507R作为核心路由器，放置在国家林业局中心机房，各省（自治区、直辖市）林业厅（局）及四大森工（林业）集团选用Catalyst 3550 24口交换机，通过百兆端口连接Cisco 2691本地路由器，通过2M SDH专线与国家林业局中心机房相连接。

林业专网服务于国家林业局机关和全林业行业，为林业信息化建设提供了坚实的网络基础，并发挥了重要作用。其功能与作用主要包括以下几点：①实现信息共享。林业专网为各级林业部门提供了迅速上传下达各类文件和数据的能力，确保信息的即时共享和更新，从而加强部门间的沟通与协作。②支持远程会议与通信。林业专网支持远程视频会议和IP电话，使得各级部门能够更高效地进行决策和协作，提升了工作效率。③提供数据传输和通信保障。林业专网为林业监测、资源管理、灾害预警等关键业务提供了稳定的数据传输和通信保障，有效提升了林业管理的效率和响应速度。

参考文献

李世东, 2012. 中国林业信息化建设成果[M]. 北京: 中国林业出版社: 239-240.

李世东, 2018. 林业信息化知识读本[M]. 北京: 中国林业出版社: 177-178.

（林宇洪）

林业综合数据库　forest integrated database

根据林业综合管理和决策需求，通过整合林业基础数据与专题数据而构建的数据库。它是林业信息化管理的核心组成部分，为林业科研、政策制定和公众服务提供全面的数据支撑。

功能特点 通过构建一个统一、开放、完备的数据库体系，实现了林业各类数据的集中存储、管理和共享，从而大大提高了数据的可用性和利用效率。这类数据库为林业管理和决策提供了强有力的数据支持，有助于提升林业工作的科学性和精准性。

代表性产品 截至2022年，国内最有影响力的林业综合数据库为《林业和草原科学数据库》和《中国林业数据库》。

《林业和草原科学数据库》 由国家林业和草原科学数据中心负责建设，并通过其官方网站对外开放。该数据库全面整合了森林资源、草原资源、湿地资源、荒漠化资源、自然保护地资源、林业生态环境、森林保护、森林培育、木材科学与技术、林业科技文献、林业科技项目和林业行业发展等数据资源。截至2019年6月5日，《林业和草原科学数据库》已集成181个子数据库，数据总量达1.3TB，初步形成了林业科学数据体系。同时，基于基础数据，根据用户需求，存储了全国林地分布数据集、中国荒漠化监测数据集、全国湿地监测数据集等，数据总量超2TB。《林业和草原科学数据库》为各类用户提供在线和离线数据共享及技术服务，包括互联网数据浏览、搜索、下载，定制专题数据服务，数据处理与应用的技术支持、培训及咨询服务，为国家林业生态建设的重大需求提供专业的专题服务。

《中国林业数据库》 由中国林业大数据中心建设，并通过"中国林业开放数据共享平台"对外开放。该数据库整合了林业业务数据、文件档案数据、视频图像数据、卫星遥感数据、基础地理数据、林业专题数据、林业成果数据等信息，是林业行业内权威的专题数据平台。自2013年起，国家林业局以公众需求为导向，创建了该数据库。2015年根据国务院相关通知，进一步整合了国家林业局各司局、各直属单位及全国各级林业主管部门的数据资料，吸纳了国内外公开的林业信息资源，并开放数据上传平台，丰富了林业数据的多样性。截至2015年12月31日，数据量已突破1PB。用户可通过该平台从类型、专题、数据形式等多个角度获取林业数据，包括数据统计、预测分析、行政区划数据、业务类别数据等多种服务。

应用价值 林业综合数据库在林业科研、政策制定、资源管理和公众服务等多个方面发挥着重要作用。它们为科研人员提供了丰富的数据资源，为政策制定者提供了科学决策的依据，同时也为公众提供了便捷的数据查询和服务渠道。这些数据库的建设和运营，可推动林业的信息化、现代化发展。

未来发展 随着信息技术的不断进步和林业发展需求的变化，林业综合数据库将继续发展和完善。未来，这些数据库将更加注重数据的实时性、准确性和完整性，以满足林业领域日益增长的信息需求。同时，借助大数据、云计算、人工智能等先进技术，林业综合数据库将实现更高效的数据处理和分析能力，为林业发展提供更强大的数据支持与服务。

参考文献

国家林业和草原科学数据中心, 2022. 国家林业和草原科学数据中心数据目录[EB/OL]. (2022-10-27)[2024-05-01]. https://www.forestdata.cn.

中华人民共和国国务院, 2016. 中国林业数据开放共享平台上线[EB/OL]. (2016-02-23)[2024-05-01]. https://www.gov.cn/xinwen/2016-02/23/content_5044996.htm.

（景林）

林政管理信息化 forest management informationization

依托信息化技术，遵循林业相关政策法规，林区政府机构对政务实施计算机管理，从而建立林业政务信息化管理体系的过程。

2001年12月27日，国家信息化领导小组第一次会议召开。会议提出"要扎实推进我国信息化建设"，并确定"政府应先行一步，引领信息化发展"，将电子政务建设确定为未来中国信息化工作的重点。2002年11月，党的十六大进一步强调要"大力推进信息化""以信息化推动工业化"，并明确提出了"推行电子政务"的任务。推进电子政务建设，旨在通过电子化手段改进传统政府工作方式，以网络化构建新的政务处理模式，用信息化手段重塑政府高效形象，实现政府职能由管理型向服务型的转变。

林政管理信息化的核心内容概括为"六管理一执法"，即林业经营管理、林权管理、森林资源管理、野生动植物保护和自然保护区管理、林木采伐管理、木材流通管理以及林业行政执法。为了加强这一管理框架，林政管理信息化的建设内容包含且不限于以下8类应用系统。①林政OA系统：提高政府办公自动化水平，更有效地加强资源的管理与保护工作；②林权证管理系统：管理林地权属信息，为林权流转及保险业务提供数据支持；③采伐证管理系统：规范林木的采伐行为，确保森林资源的可持续利用；④检尺码单管理系统：管理检尺码，记录并追踪木材产品的流量与流向；⑤木材运输证管理系统：打印和发放木材运输证，监管木材流通的合法性；⑥林业行政处罚案件管理系统：提高林业执法的效率，确保行政处罚的公正性；⑦木材加工经营许可证管理系统：规范木材加工企业的林业经营行为；⑧木材检查站电子监控系统：提升木材检查站对木材产品运输监管方面的能力。

林政管理信息化系统的具体模块包括采伐限额与计划管理、伐区规划、伐区调查设计、森林采伐管理、木材运输管理、木材经营加工管理、林地征占用管理等。这些模块分别对应林政管理的各个业务流程，可实现以下功能：①在国家林业和草原局下达的森林采伐限额和年度木材生产计划的基础上，根据采伐限额指标和森林资源状况，对限额和计划逐级分解，完成全省各级年度木材生产计划编制与管理，实现采伐指标的查询、分析、统计；②所有申请采伐的伐区都纳入系统进行管理，确保每一片伐区都能符合采伐规定，统一审批尺度，有效减少因人为因素造成的随意批准采伐等问题；③对合法采伐、经营、加工的木材，减少中间环节，切实解决层层设卡问题，最大程度保护合法经营者的权益，控制来源不明的木材进入合法的流通渠道；④通过基层网络终端，随时查询过往木材运输证件的合法性，以杜绝假证、买卖证件等违法违规现象的发生；⑤对森林资源档案实现动态管理，适时掌握社会木材生产、调运及经营、加工的动态情况。

林政管理信息化全面覆盖了林业政务的多个层面，并通过多个政务系统强化管理效能，实现林业政务的办公自动化，加强对林权、采伐、检尺、运输、加工与物流等林业业务信息化管理，推进林业案件的侦察、执法与处罚的规范化，以及林业资源数据的智能化统计、分析和发布，提升了林业管理的整体效率和决策的科学性，更有效地保护了森林资源，确保了林业经营的规范性和可持续性。

参考文献

李世东, 2007. 中国林业电子政务[M]. 北京: 中国林业出版社: 2-8.

（林宇洪）

林政 OA 系统　forest administration office automation system

各级林业政府部门应用信息技术对传统办公方式进行流程再造而建立的办公自动化系统。又名林政办公自动化系统。

根据国务院办公厅于 2000 年发布《关于进一步推进全国政府系统办公自动化建设和应用工作的通知》（国办发〔2000〕36 号）、2001 年发布《全国政府系统政务信息化 2001 年度建设任务指导书》（国办秘函〔2001〕31 号），以及 2002 年发布《国务院办公厅关于通过全国政府系统办公业务资源网传输电子公文和电子简报的通知》（国办函〔2002〕69 号）的规定，国家林业局及各省、市、县局陆续建立了林政 OA 系统。林政 OA 系统的部分模块列举如下：

①电子公文管理。负责电子公文的创建、审批、签发、流转、归档等全流程操作。

②政务信息发布。在互联网上发布、更新、检索和共享林业政务信息。

③工作指令发布。在林业局内网下达工作指令，分配任务，并跟踪任务完成进度。

④工作简报管理。支持基层部门工作简报的撰写、审核、上传和归档。

⑤会议通知发布。提供会议预约、通知发布、参会人员管理和会议资料准备等功能。

⑥在线视频会议。支持远程视频会议，促进林业部门内部的沟通和协作。

⑦移动办公管理。支持移动终端接入 OA 系统，实现移动执法、移动护林等业务。

⑧移动支付管理。支持各种移动支付接口，方便群众交纳林政业务相关税费。

随着林政 OA 系统建设的顺利推进，国家林业局在 2010 年 6 月 1 日正式启用了综合办公系统，使办文、办会、办事等日常业务实现了无纸化办公。到了 2011 年初，国家林业局又上线了移动办公系统，工作人员可不受时间和地点的限制，随时随地进行移动化办公。

林政 OA 系统通过电子公文管理、政务信息发布、工作指令发布、工作简报管理、会议通知发布、在线视频会议、移动办公管理和移动支付管理等多个模块，实现了林业政务工作的全面电子化管理。该系统支持移动办公、移动执法和移动护林，同时也为群众提供了更便捷的服务。通过林政 OA 系统的应用，林业政府部门实现了办公自动化、提高了林业政府部门的工作效率、加强了政府的监管和服务职能，能够更好地履行其职责，推动林业管理的现代化和高效化。

参考文献

李世东, 2007. 中国林业电子政务[M]. 北京: 中国林业出版社: 1-8.

李世东, 2012. 中国林业信息化顶层设计[M]. 北京: 中国林业出版社: 1, 23.

（林宇洪）

留弦　holding wood; leave

伐木时，于上、下锯口之间有意留下的一小部分不锯断的木材。

留弦的作用包括：①有效控制倒向。留弦作为树木倒下时的铰支点，随着树木的倾倒，被树倒的力量折断，实现控制倒向的目的。②减缓树木倒下时的速度，使伐木工有足够的时间退入安全道。③防止伐倒木劈裂。④有利于借向。

留弦宽度　留弦宽度要适宜，宽了弦不易折断，容易发生劈裂或抽心；窄了起不到留弦的作用。一般来说，材质坚韧、树干切身度小、弯曲度大、借向小以及径级较小树，弦要留得小一些。容易劈裂、弯曲度大的树木，留弦宽度也应小些。胸径大、倾斜度大的树木，留弦宽度应大些。留弦宽度通常控制在 3～12cm。

留弦形式　留弦一般呈等宽的窄长条形，长边与伐倒方向垂直。利用其长度方向上抗弯折能力强、不易被折断、在宽度方向上易被折断的特点，而使立木伐倒时，倒向下口方向，不致倒向其两侧。

采伐自然倒向与伐倒方向不完全一致，需要借向的立木，可以采用特殊形式的留弦，主要包括：①楔形弦。即在控制倒向一侧的弦宽一些，另一端窄一些甚至为零，形成了楔形。②阶梯形弦。除继续采用楔形弦外，在矩形**下锯口**中，让下边的锯口比上边的锯口锯短些，使锯口下边形成一个台阶。③后备弦。采取在下锯口对面的**上锯口**留一个局部的三角形弦的办法，用来协助借向。④双弦。锯上锯口时，两侧留弦，形成双弦。

参考文献

南京林业大学, 1994. 中国林业词典[M]. 上海: 上海科学技术出版社: 483.

史济彦, 肖生灵, 2001. 生态性采伐系统[M]. 哈尔滨: 东北林业大学出版社: 125-131.

粟金云，1993. 山地森林采伐学[M]. 北京：中国林业出版社：60-61.

扩展阅读
陈陆圻，1991. 森林生态采运学[M]. 北京：中国林业出版社.
史济彦，1996. 森林采伐学[M]. 北京：中国林业出版社.

（赵康）

流域 drainage basin

一个水系（或一条河流）的集水（地表水或地下水）区域。即分水线所包围的区域。分水线可分为地表分水线和地下分水线。由分水线所包围的河流集水区可分为地表集水区和地下集水区两类。地表集水区与地下集水区不一定完全重合，若重合，称为闭合流域；如果不重合，则称为非闭合流域。平时所称的流域，一般指地表集水区。

流域几何特征可表示为：

①流域面积。流域地表集水区的水平投影面积。单位为平方千米（km²）。它决定了河流水量的大小和径流的形成过程。

②流域长度和平均宽度。流域长度即流域的轴长，通常用河流的干流长度代替。流域面积与流域长度之比，称为流域的平均宽度。

③流域形状系数。流域分水线的实际长度与流域同面积圆的周长之比。

流域的自然地理特征可表示为：

①流域的地理位置。指流域中心及周界的位置。以流域所处的经度和纬度表示，它间接反映流域的气候和地理环境。

②流域的气候条件。包括降水、蒸发、温度、湿度、风等情况，是决定流域水文特征的重要因素。

③流域的地形条件。流域的地形特性除用地形图描述外，还常用流域的平均高程和平均坡度来定量表示。

④流域的土壤、岩土性质和地质构造。土壤性质包括土壤的类型和结构。岩土性质包括颗粒大小、组织结构、透水性、给水度。地质构造，如断层、节理及裂缝情况。

⑤流域的植被。主要指森林，植被的相对多少以森林面积占流域面积之比来表示。

⑥流域的湖泊和沼泽。通常用湖泊面积与流域面积之比来反映，称为湖泊率。对径流起调节作用，能调蓄洪水和改变径流的年内分配，调节气候及沉积泥沙。

参考文献
高冬光，王亚玲，2016. 桥涵水文[M]. 5版. 北京：人民交通出版社.
黄廷林，马学尼，2014. 水文学[M]. 5版. 北京：中国建筑工业出版社.
黄新，金菊良，李帆，2017. 桥涵水文[M]. 2版. 北京：人民交通出版社.
叶镇国，2019. 水力学与桥涵水文[M]. 3版. 北京：人民交通出版社.

（黄新）

陆运贮木场生产工艺流程 production technology of land transportation timber yard

由陆运贮木场到材和调拨销售的各个不同生产工序组成的陆上生产活动。陆运贮木场到材和调拨销售均采用陆运方式，如到材使用汽车或森林铁路，调拨与销售用铁路或汽车。

陆运贮木场生产工艺流程，随着到材方式和类型的不同而不同。

原木到材 分为清车到材和混车到材两种方式。①清车到材要求在伐区装车时，按贮木场原木分级规定进行装车，即在同一车辆装上同一种规格的原木。木材运到贮木场后则可对楞卸车，其生产工艺流程只有卸车、归楞、装车外运三道工序。但由于树材种和品种规格繁多，在伐区不可能完成原木精选这一繁重的作业，因而这种工艺流程在生产上很少采用。②混车到材就是同一车内装上不同规格的原木。运材车辆进入贮木场卸车后，必须进行分选，增加了一道选材工序。这样混车到材时，其生产工艺流程为卸车、选材、归楞、装车四道工序。如果贮木场专业化生产比重大，有木材综合利用时，其生产工艺流程如图1所示。

原条到材 在原条进场卸车后，必须对原条进行锯截造材。因此，贮木场的生产工艺流程包括卸车、造材、选材、归楞和装车五道工序。如果设立有制材厂、纸浆厂、纤维厂、胶合板厂、小规格材生产车间、原木剥皮等，其生产工艺流程如图2所示。

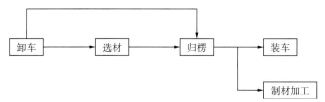

图1 原木到材、铁路或汽运调拨的生产工艺流程

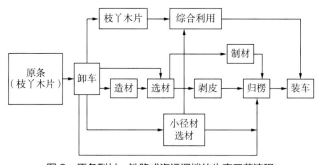

图2 原条到材、铁路或汽运调拨的生产工艺流程

参考文献
东北林学院，1983. 贮木场生产工艺与设备[M]. 北京：中国林业出版社：6-11.
牡丹江林业学校，1982. 木材生产工艺学[M]. 北京：中国林业出版社：191-195.
史济彦，1996. 贮木场生产工艺学[M]. 北京：中国林业出版社：4-5, 173-174.

王立海, 2001. 木材生产技术与管理[M]. 北京: 中国财政经济出版社: 220-222.

（刘晋浩）

路堤填筑　subgrade filling

在道路路基上填充和夯实适当的材料，以建立道路的基础结构的措施。包括取土与填筑两个环节。土质路堤视**路基高度**和设计要求，先着手清理或加固地基，潮湿地基尽量疏干预压。路堤填土应在全宽范围内，分层填平压实。

路堤填筑按填土顺序包括分层平铺和竖向填筑两种方案。①分层平铺是填筑时按照横断面全宽分成水平层次，逐层向上填筑，是路基填筑的常用方法，是确保施工质量的关键。如符合分层填平和压实的要求，则效果较好，质量有保证。②竖向填筑指沿路中心线方向逐步向前深填，是在特定条件下，局部路堤采用的方案。路线跨越深谷或池塘时，地面高差较大，填土面积小，难以水平分层卸土，以及陡坡地段上填挖路基，局部路段横坡较陡或难以分层填筑等，可采用竖向填筑方案。

参考文献

黄晓明, 2019. 路基路面工程[M]. 6版. 北京: 人民交通出版社.

中华人民共和国交通运输部, 2019. 公路路基施工技术规范: JTG/T 3610—2019[S]. 北京: 人民交通出版社.

（高敏杰）

路幅　breadth of road

道路路基顶面两**路肩**外侧边缘之间的部分。林区道路的路幅一般为单块板型式。

林区道路经过村镇、道口以及其他混合交通量大的路段，可视具体情况适当加宽路基，并对土路肩予以适当加固。山岭重丘地形的**二级林区道路**，当作为对外通道的主要干线，且交通量（含混合交通）较大时，可采用双车道。

参考文献

许恒勤, 张泱, 2003. 林区道路工程[M]. 哈尔滨: 东北林业大学出版社.

叶伟, 王维, 2019. 公路勘测设计[M]. 北京: 机械工业出版社.

（孙微微）

路拱　road camber

根据**横断面**和排水方向的设计，将行车道的横断面做成由路中央向两边倾斜的拱起形状。用以排除路面的雨、雪水。

路拱的基本形式有抛物线型、抛物线（或圆曲线）接直线型、折线型、倾斜直线型。前两种路拱形式主要用于柔性路面，后两种主要用于刚性路面。

从行车道边缘到路拱拱顶的高度，称路拱高度。

行车道的横向平均坡度称路拱坡度。土路肩横坡度一般应较路面横向坡度大1%~2%。

林区道路路拱坡度随路面等级而定，详见下表。

路拱坡度

路面等级	路拱坡度
高级	1%~2%
次高级	1.5%~2.5%
中级	2%~4%
低级	3%~5%

参考文献

许恒勤, 张泱, 2003. 林区道路工程[M]. 哈尔滨: 东北林业大学出版社.

叶伟, 王维, 2019. 公路勘测设计[M]. 北京: 机械工业出版社.

（孙微微）

路基边坡坡率　slope rate of subgrade

边坡铅垂方向上高度与坡面水平方向上的投影长度的比值。路基边坡坡率对路基稳定十分重要，确定路基边坡坡率是路基设计的重要任务。公路路基的边坡坡率用边坡高度（h）与边坡宽度（b）的比值表示（见图）。一般边坡坡率都为 1:m 的形式（其中 m 为坡度系数），坡率值等于坡角的正切值，其中 m 即为坡度系数，等于坡角的余切，边坡坡率和坡度系数互为倒数。

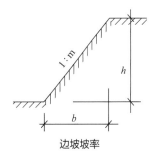

边坡坡率

路基边坡坡率大小取决于边坡的土质、地质构造及水文条件等自然因素和边坡高度。在陡坡或填挖较大的路段，边坡坡率不仅影响土石方工程量和施工的难易程度，而且是路基整体稳定性的关键。一般路基的边坡坡率可根据多年工程实践经验和设计规范推荐的数值确定。

常见边坡坡率参考值：①土质边坡。一般土质 1:1.5~1:2；软质土 1:2~1:2.5；黏土和黄土 1:1.25~1:1.5。②岩质边坡。坚硬岩石 1:0.25~1:0.5；中等岩石 1:0.5~1:1；软质岩石 1:1~1:1.25。特殊地质条件需特别设计，通常较缓，并设置防护和加固措施。

参考文献

黄晓明, 2019. 路基路面工程[M]. 6版. 北京: 人民交通出版社.

中华人民共和国交通运输部, 2015. 公路路基设计规范: JTG D30—2015[S]. 北京: 人民交通出版社.

（高敏杰）

路基防护　subgrade protection

在道路路基的设计和施工过程中，采取的保护路基，防止路基遭受水土流失、雨水侵蚀、滑坡、崩塌等自然灾害的破坏，以确保路基的稳定性和使用寿命的各种技术措施。

路基防护措施包括植被护坡、硬质防护、排水设施等。为确保路基的强度与稳定性，须进行路基的防护与加固设计。随着公路等级的提高，为维护正常的汽车运输，减少公路灾害，确保行车安全，保持公路与自然环境协调，路基的防护与加固更具有重要意义。

路基防护与加固设施主要有边坡坡面防护、沿河路堤河岸冲刷防护与加固以及湿软地基的加固处治。①坡面防护：用来防护易受自然作用破坏而出现坡面变形的土质边坡，如铺草皮、喷浆、抹面、护墙、护坡，以及为防护崩塌落石而修建的拦截和遮挡建筑物（如明洞、棚洞）。②冲刷防护：用来防护水流或波浪对路基的冲刷和淘刷，如铺草皮、抛石、石笼、圬工护坡、顺坝、挑水坝等。③支撑加固：用来支撑加固路基本体，以保证其稳固性，如挡土墙、支挡墙、支柱等。④防沙、防雪：用来防止风沙、风雪流掩埋路基，如各种栅栏、防护林等。

参考文献

黄晓明, 2019. 路基路面工程[M]. 6版. 北京: 人民交通出版社.

中华人民共和国交通运输部, 2015. 公路路基设计规范: JTG D30—2015[S]. 北京: 人民交通出版社.

（高敏杰）

路基高度 subgrade heigh

路堤的填筑高度或路堑的开挖深度。是路基设计高程与原地面高程之差。由于原地面常成横向倾斜，在路基断面的整个宽度范围内，相对高差不同。中国《公路路基设计规范》（JTG D30—2015）中规定："新建公路的路基设计高程为路基边缘高程，在设置超高、加宽地段，则为设置超高、加宽前的路基边缘高程；改建公路的路基设计高程可与新建公路相同，也可采用路中线高程，设有中央分隔带的高速公路、一级公路，其路基设计高程为中央分隔带的外侧边缘高程"。

通常将大于18m的土质路堤和大于20m的岩质路堤视为高路堤，将大于20m的路堑视为深路堑。高路堤和深路堑的土石方数量大，占地多，施工困难，边坡稳定性差，行车不利，应尽量避免。高填路堤和深挖路堑需按特殊路基设计，还需与隧道、桥梁等方案进行技术、经济比选。

参考文献

黄晓明, 2019. 路基路面工程[M]. 6版. 北京: 人民交通出版社.

中华人民共和国交通运输部, 2015. 公路路基设计规范: JTG D30—2015[S]. 北京: 人民交通出版社.

（高敏杰）

路基工程 subgrade

修建公路、铁路或其他交通基础设施时的基础工程。主要包括挖方工程、填方工程、排水工程、防护工程和路基加固等。路基是在天然地表面按照道路的设计线型（位置）和

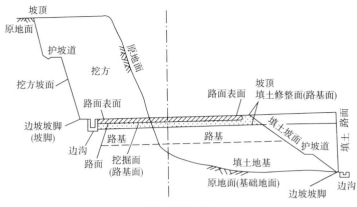

路基各部分名称

设计横断面（几何尺寸）的要求开挖或堆填而成的岩土结构物，应具有足够的强度和稳定性。坚固而又稳定的路基为路面结构长期承受汽车荷载提供了重要保证，而路面结构层的存在又保护了路基，使之避免直接经受车辆和大气的破坏作用，长久处于稳定状态。路基工程具有路线长，与大自然接触面广，跨越各类单元地貌、地层岩组、构造体系、气候环境以及影响路基安全与稳定的因素众多，情况十分复杂的特点。路基工程是一项系统的、综合的、涵盖土力学、工程地质、结构力学、材料、化学、物理等各学科的工作。

设计内容 路基工程设计内容包括选择路基横断面形式、确定路基宽度与路基高度、选择路基填料与压实标准、确定边坡形状与坡度、路基排水系统布置与排水结构设计、坡面防护与加固设计以及附属设施设计。在路面设计时，路基是路面的承载平台，为路面提供相应的承载能力。

作用 路基工程为路面铺设及行车运营提供必要条件，承受路面交通荷载的静荷载和动荷载，同时将荷载传递与扩散至地基深处。在纵断面上，路基须保证线路需要的高程；在平面上，路基与桥梁、隧道连接组成完整贯通的线路。在土木工程中，路基在施工数量、占地面积及投资方面均占有重要地位。

路基分类 路基分为一般路基和特殊路基。一般路基指修筑在良好的地质、水文、气候条件下，填方高度和挖方深度在1.5～18m的路基。特殊路基指位于特殊土（岩）地段、不良地质地段，或受水、气候等自然因素影响强烈的路基。

参考文献

黄晓明, 2019. 路基路面工程[M]. 6版. 北京: 人民交通出版社.

中华人民共和国交通运输部, 2015. 公路路基设计规范: JTG D30—2015[S]. 北京: 人民交通出版社.

（高敏杰）

路基横断面 subgrade cross section

沿着道路中线垂直切割，显示道路路基结构的剖面图。反映了路基的宽度、高度、坡度以及各种构造层的布置情况，是路基设计和施工中的重要组成部分。

路基横断面图通常包括路面的宽度、路肩、边坡、排水设施等详细信息。路基横断面形式应根据公路功能、技术等级、交通量和地形等条件确定。高速公路、一级公路的路基

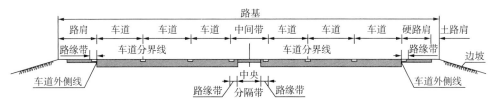

高速公路、一级公路一般整体式横断面形式

标准横断面分为整体式和分离式两类。整体式路基的标准横断面应由车道、中间带（中央分隔带、左侧路缘带）、路肩（右侧硬路肩、土路肩）等部分组成，如图所示。分离式路基的横断面应由车道、路肩（右侧硬路肩、左侧硬路肩、土路肩）等部分组成。二级公路路基的横断面应由车道、路肩（硬路肩、土路肩）等部分组成。三级公路路基的横断面应由车道、路肩等部分组成。

参考文献

黄晓明, 2019. 路基路面工程[M]. 6版. 北京: 人民交通出版社.

中华人民共和国交通运输部, 2017. 公路路线设计规范: JTG D20—2017[S]. 北京: 人民交通出版社.

（高敏杰）

路基加固 subgrade strengthening

为确保路基的强度与稳定性而采取的工程技术措施。由岩土所筑成的路基，大多暴露于空间，长期受自然因素的作用，岩土在不利水温条件作用下，物理、力学性质将发生变化。浸水后湿度增大，岩土的强度降低；岩性差的岩体，在水温变化条件下，加剧风化；路基表面在温差作用下形成胀缩循环，在湿差作用下形成干湿循环，可导致强度衰减和剥蚀；地表水流冲刷，地下水源浸入，使岩土表层失稳，易造成和加剧路基的水毁病害；沿河路堤在水流冲击、淘刷和侵蚀作用下，易遭破坏；湿软地基承载力不足，易导致路基沉陷。所有这些，均取决于岩土的物理力学性质及自然因素，且与路基承受行车荷载的情况密切相关。

合理的路基设计，应综合考虑路基位置、横断面尺寸、岩土组成等。随着公路等级的提高，为维护正常的汽车运输、减少灾害、确保行车安全、保持与自然环境协调，路基的加固更具有重要意义。路基加固措施，主要有路基边坡防护与加固以及软土地基的加固处治。

参考文献

黄晓明, 2019. 路基路面工程[M]. 6版. 北京: 人民交通出版社.

中华人民共和国交通运输部, 2015. 公路路基设计规范: JTG D30—2015[S]. 北京: 人民交通出版社.

（高敏杰）

路基宽度 width of subgrade

车道宽度与路肩宽度之和。当设有中间带、加（减）速车道、爬坡车道、紧急停车带、超车道、错车道、慢车道、侧分隔带、非机动车道、人行道等时，还应包括这些部分的宽度，如图所示。

车道宽度根据设计通行能力及交通量大小而定，一般每

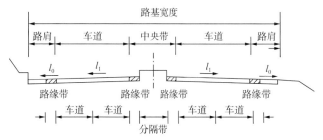

高速公路和一级公路

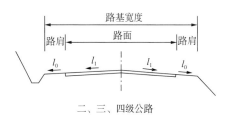

二、三、四级公路

公路路基宽度图

l_1—车道横坡坡度；l_0—路肩横坡坡度

个车道宽度为 3.50～3.75m。技术等级高的公路及城镇近郊的一般公路，路肩宽度尽可能增大，一般取 1～3m，并铺筑硬质**路肩**，以保证路面行车不受干扰。各级公路路基宽度按《公路路线设计规范》（JTG D20—2017）的规定进行设计。

林区道路以中、低级路面为主。各级林区道路路基宽度规定如下表所示。

各级林区道路路基宽度

林区道路等级	一		二		三		四	
地形条件	平原微丘	山岭重丘	平原微丘	山岭重丘	平原微丘	山岭重丘	平原微丘	山岭重丘
行车速度（km/h）	60	30	40	25	30	20	20	15
车道宽度（m）	7.0	6.0	6.0	6.0	3.5	3.5	3.0	3.0
路基宽度（m）	8.5	7.5	7.5	7.0	4.5	5.0	4.5	4.0

参考文献

黄晓明, 2019. 路基路面工程[M]. 6版. 北京: 人民交通出版社.

许恒勤, 张洪, 2003. 林区道路工程[M]. 哈尔滨: 东北林业大学出版社.

中华人民共和国交通运输部, 2014. 公路工程技术标准: JTG B01—2014[S]. 北京: 人民交通出版社.

中华人民共和国交通运输部, 2017. 公路路线设计规范: JTG D20—2017[S]. 北京: 人民交通出版社.

（高敏杰，孙微微）

路基排水　subgrade drainage

为保证路基的强度和稳定性而采取的汇集、排除地表或地下水的设施。其目的就是把路基范围内的土基湿度降低到一定范围，保持路基常年处于干燥状态，确保路基具有一定的强度与稳定性。通过拦截路基上方的地面水和地下水，迅速汇集路基基身内的地面水，把它们导入排水管道，并通过桥涵等将其排泄到路基下方。对于路基下方，则应采取措施妥善处理路基上方排泄下来的水流或路基下方水道里的水流，防止冲刷路基坡脚。

路基设计时，必须考虑将影响路基路面稳定性的地面水，排除和拦截于路基用地范围以外，并防止地面水漫流、滞积或下渗。对影响路基稳定性的地下水，则应予以隔断、疏干和降低，并引导到路基范围以外的适当地点。路基排水设计的一般原则有：①排水设施要因地制宜、全面规划、合理布局、综合治理、讲究实效、注意经济，并充分利用有利地形和自然水系。一般情况下地面和地下设置的排水沟渠，宜短不宜长，以使水流不过于集中，做到及时疏散，就近分流。②各种路基排水沟渠的设置，应注意与农田水利相配合，必要时可适当地增设涵管或加大涵管孔径，以防农业用水影响路基稳定。路基边沟一般不应用作农田灌溉渠道，两者必须合并使用时，边沟的断面应加大，并予以加固，以防水流危害路基。③设计前必须进行调查研究，查明水源与地质条件，重点路段要进行排水系统的全面规划，考虑路基排水与桥涵布置相配合，地下排水与地面排水相配合，各种排水沟渠的平面布置与竖向布置相配合，做到路基路面综合设计和分期修建。对于排水困难和地质不良的路段，还应与路基防护加固相配合，并进行特殊设计。④路基排水要注意防止附近山坡的水土流失，尽量不破坏天然水系，不轻易合并自然沟溪和改变水流性质，尽量选择有利地质条件布设人工沟渠，减少排水沟渠的防护与加固工程。对于重点路段的主要排水设施，以及土质松软和纵坡较陡地段的排水沟渠，应注意必要的防护与加固。⑤路基排水要结合当地水文条件和道路等级等具体情况，注意就地取材，以防为主，既要稳固适用，又必须讲究经济效益。⑥为了减少水对路面的破坏作用，应提高路面结构的抗水害能力，尽量阻止水进入路面结构，提供良好的排水措施，迅速排除路面结构内的积水。

路基施工时，首先应校核全线范围内的排水系统设计是否完备合理，必要时予以补充，应重视排水工程的质量和使用效果。此外，应根据实际情况与需要，设置施工现场的临时性排水措施，以保证路基土石方及附属结构物在正常条件下进行施工作业，消除路基基底和土体内与水有关的隐患，保证路基工程质量，提高施工效率。

路基养护中，应对排水设施定期检查与维修，保证排水设施正常使用、水流畅通，并据具体情况不断改善路基路面的排水条件。

路基排水主要是依靠排水设施完成排水任务，路基排水设施的作用是迅速排除路面、地面径流和各种城市废水，防止积水，降低过高的地下水位和排除渗入路面结构层以及路基的水，以保证路基稳定，延长路面使用年限，维持车辆及行人的正常交通和安全，并使道路整洁卫生。路基排水设施一般分为**地面排水设施、地下排水设施及组合排水设施**。地面排水设施一般采用明沟，尤其在山区和丘陵地带，地面坡度大，水流快，明沟能充分发挥排水作用。当洪流超过设计能力而溢流时，排除积水也较迅速。地面排水设施主要有边沟、截水沟、排水沟、跌水、急流槽、倒虹管和渡槽等。当地下水位过高并影响路基稳定和强度以及在寒冷地区可能引起林区道路冻害时，降低地下水位可用不同形式的**渗沟**或用砂、炉渣等大孔隙材料排水层并设置纵横向地下排水盲沟。对侧向渗透水的排除可采用侧向截流沟和抽排地下水的设施。地下排水设施主要有**盲沟**、**渗沟**和**渗井**等。

参考文献

国家林业局, 2014. 林区公路设计规范: LY/T 5005—2014[S]. 北京: 中国林业出版社.

黄晓明, 2019. 路基路面工程[M]. 6版. 北京: 人民交通出版社.

宇云飞, 岳强, 2012. 道路工程[M]. 北京: 中国水利水电出版社.

中华人民共和国交通运输部, 2012. 公路排水设计规范: JTG/T D33—2012[S]. 北京: 人民交通出版社.

（郭根胜）

路基设计高程　design elevation of roadbed

道路修建完毕后的路面高程。对于一般道路而言是指**路肩外缘的设计高程**，一级林区道路则采用中央分隔带的外侧边缘标高；二、三、四级林区道路采用路基边缘标高，在设置超高、加宽地段为设超高、加宽前该处边缘标高。

路基设计高程的确定需要综合考虑竖向设计的整体要求，交通、排水、景观及其他功能方面的需要，以及节约土石方量的要求。

参考文献

许恒勤, 张泱, 2003. 林区道路工程[M]. 哈尔滨: 东北林业大学出版社.

叶伟, 王维, 2019. 公路勘测设计[M]. 北京: 机械工业出版社.

（孙微微）

路基施工　subgrade construction

通过机械包括铲土运输机械（推土机、铲运机、平地机）、挖掘与装载机械（挖掘机、装载机）、工程运输车辆和压实机械进行的**路基工程作业**。

路基施工的主要内容分为施工前的准备工作和基本工作。施工的准备工作可以归纳为组织准备、技术准备和物质准备。基本工作包括**路堑开挖**、**路堤填筑**、**排水系统安装**、路基边坡处理和路基质量控制和检测。路基施工基本操作是挖、运、填，工序比较简单，但条件比较复杂，因而施工方法多样化。路基的隐蔽工程较多，质量不符合标准会给路面及自身留下隐患，一旦产生病害，不仅损坏道路使用品质，妨碍交通造成经济损失，而且往往后患无穷，难以根治。

路基施工的基本方法，按其技术特点分为人力施工及简易机械化、综合机械化、水利机械化和爆破法等。人力施工是传统方法，使用手工工具，劳动强度大、功效低、进度慢、工程质量难以保证，但短期内还必然存在并适用于地方道路和某些辅助性工作。机械化施工是保证高等级公路施工质量和施工进度的重要条件，是路基施工现代化的重要途径。水利机械化是运用水泵、水枪等水利机械，喷射强力水流，冲散土层，并流运至指定地点沉积，对于好砂砾填筑路基或基坑回填还可起到密实作用。爆破法是石质路基开挖的基本方法，还可用于冻土、泥沼等特殊路基施工以及清除路面、开石取料与石料加工等。

参考文献

黄晓明, 2019. 路基路面工程[M]. 6版. 北京: 人民交通出版社.

中华人民共和国交通运输部, 2019. 公路路基施工技术规范: JTG/T 3610—2019[S]. 北京: 人民交通出版社.

（高敏杰）

路基压实 subgrade compaction

通过对道路路基进行机械压实，使其达到一定的密实度和承载力的工程处理方式。土是三相体，土粒为骨架，颗粒之间的空隙为水分和气体所占据。压实的目的在于使土粒重新组合，彼此挤紧，空隙缩小，土的单位体积的重量提高，形成密实整体，增强其强度和稳定性。

路基现场压实质量用压实度表示。压实度是筑路材料压实后的干密度与标准最大干密度之比，以百分率表示。压实度的测定主要包括室内标准密度（最大干密度）确定和现场密度试验。

路基压实度反映路基每一压实层的紧密强度，只有使每一压实层的紧密强度都符合规定，才能使路基的整体强度、稳定性和耐久性满足要求。如某一层压实度不合格就填筑上一层，则路基的整体强度、稳定性和耐久性将受到影响，此时再进行返工处理，则造成浪费且严重影响施工进度，延误工期。为保证路基的整体强度、稳定性和耐久性，必须达到规范要求的压实度。公路路基施工测定压实度的方法有灌砂法、环刀法、核子仪法、钻芯法等，而最常用的方法是灌砂法。

参考文献

黄晓明, 2019. 路基路面工程[M]. 6版. 北京: 人民交通出版社.

中华人民共和国交通运输部, 2019. 公路路基施工技术规范: JTG/T 3610-2019[S]. 北京: 人民交通出版社.

（高敏杰）

路基养护 roadbed maintenance

对路基进行周期性、预防性、科学合理性的维护工作。目的是保证路基的坚实和稳定，保证排水性能良好，使各部分尺寸和坡度符合规定，及时消除不稳定的因素，并尽可能地提高路基的技术状况。

养护内容 ①维修、加固路肩及边坡；②疏通、改善、铺砌排水系统；③维护、修理各种防护构造物及透水路堤，管护两旁公路用地；④清除坍方、积雪、积砂等堆积物，处理塌陷，检查险情，预防水毁；⑤观察、预防及处理翻浆、滑坡、泥石流等病害；⑥有计划地局部加宽、加高路基，改善急弯、陡坡和视距，使之逐步达到要求的技术标准。

基本要求 通过日常巡视和定期检查，发现病害并及时查明原因，采取有效措施进行维修和加固，使之符合下列要求：①发现病害及时处治，使路基保持良好稳定的技术状况；②路肩无病害，边坡稳定；③排水设施无淤塞、无损坏，排水通畅；④挡土墙等附属设施良好；⑤加强不良地质路基边坡崩塌、滑坡、泥石流等灾（病）害的巡查、防治、抢修工作。

工程划分 按照道路养护作业性质、工程范围和工程量大小、技术难度，中国道路养护工程划分为小修保养工程、中修工程、大修工程和改扩建工程4类。

路基小修保养工程 ①路基保养包括整理路肩、边坡，修剪路肩、分隔带草木，清除杂物，保持路容整洁；疏通边沟，保持排水系统畅通；清除挡土墙、护栏滋生的有碍设施功能发挥的杂草；修理伸缩缝，疏通泄水孔及清除松动石块；修理路缘带。②路基小修包括小段开挖边沟、截水沟或分期铺砌边沟；消除零星塌方，填补路基缺口，轻微翻浆沉陷的处理，桥头接线或桥头、涵顶跳车的处理；修理挡土墙、护坡、护坡道泄水槽、护栏和防冰雪设施等局部损坏；局部加固路肩。

路基中修工程 局部加宽、加高路基或改善个别急弯、陡坡、视距；全面修理、接长或个别增建挡土墙、护坡、护坡道泄水槽、护栏及铺砌边沟；清除较大塌方，大面积翻浆、沉陷处理；整段开挖边沟、截水沟或铺砌边沟；过水路面的处理；平交道口的改善；整段加固路基。

路基大修工程 在原路技术等级内整段改善路线；拆除、重建或增建较大挡土墙、护坡等防护工程；大塌方的清除及善后处理。

路基改扩建工程 整段加宽路基，改善公路线形，提高技术等级。

参考文献

侯相琛, 2017. 公路养护与管理[M]. 北京: 人民交通出版社.

黄晓明, 2017. 路基路面工程[M]. 5版. 北京: 人民交通出版社.

中华人民共和国交通运输部, 2009. 公路养护技术规范: JTG H10—2009[S]. 北京: 人民交通出版社.

（王国忠）

路肩 shoulder

位于行车道外缘至路基边缘，具有一定宽度的带状部分（包括硬路肩与土路肩）。路肩有临时停放车辆、横向支撑路面、堆放养护路面的材料、安装交通护栏和管线设施、诱导视线、增加公路美观、汇集路面排水等作用。

硬路肩是进行铺装的路肩，一般在交通量较大的路段设置；土路肩是没有进行铺装的路肩，林区各等级道路均应设置土路肩。

林区道路土路肩坡度应比路面横坡增大1%～2%，以增加其排水性。

参考文献

许恒勤,张泱,2003.林区道路工程[M].哈尔滨:东北林业大学出版社.

叶伟,王维,2019.公路勘测设计[M].北京:机械工业出版社.

(孙微微)

路面工程 road pavement engineering

道路行车部分各种工程设施的总称。是道路工程的一个重要组成部分。与路基工程、桥涵工程及其他工程设施有密切的联系,在实施过程中,必须统筹安排、相互协同配合,才能保证工程质量总体优化。

发展概况 远古时代,在车辆尚未出现以前,人类主要是在一些沼泽地带用木头、树枝铺路,供步行之用,这是一种最简单的路面。公元前3500年在美索不达米亚(Mesopotamia),继发明了车轮后不久,即用石料修筑了第一条有硬质路面的道路。大约公元前3000年前,闪族人(Sumerians)开始使用沥青胶结贝壳或石料作为行车路面。根据《史记》记载,中国4000多年前,已有了行车的路。中国古代曾以条石、块石或石板等铺筑道路路面。俄国用木材、碎石等铺筑道路路面,英、法等国用碎石、块石等铺筑道路路面。19世纪,英国人约翰·麦克亚当(John Macadam)用水结碎石修路成功,所以水结碎石路面又有"马克当路面"之称。进入20世纪后,随着汽车工业和交通运输的发展,筑路材料和路面种类日益增多,路面设计、施工和养护技术等也相应地迅速发展,形成了路面工程这一学科分支。

路面工程组成 具体包括路面层状主体工程、路面附属工程、路面排水工程,以及与其他结构物衔接的工程设施等。

路面层状主体工程 路面层状主体也称路面,是用筑路材料铺筑在路基顶面上,供车辆行驶的层状构造物,具有承受车辆荷载、抵抗车轮磨损、保持道路表面平整及保护路基的作用。要求具有足够的强度和刚度、良好的稳定性(包括水稳定性、干稳定性和温度稳定性等)、足够的耐久性、较高的平整度和良好的表面抗滑性及低噪声等性能。

路面附属工程 对路面、路基起到有效加固和稳定作用,依附于路面主体工程中的小型工程项目。包括路肩、路缘石、人行道及其他工程设施。

路面排水工程 各种拦截、汇集、拦蓄、输送、排放危及路基、路面强度和稳定性的地表水或地下水的各类设备、设施和构筑物构成的路面排水系统的总称。包括路面表面排水系统、中央分隔带排水系统等(图1)。

路面分类 按面层所用材料的不同,路面分为沥青路面、水泥混凝土路面、块料路面、粒料路面、冻板道路和木排道等几类。

沥青路面 铺筑沥青面层的路面。

水泥混凝土路面 以水泥混凝土作面层的路面。按使用材料的不同,水泥混凝土路面分为素混凝土路面、钢筋混凝土路面、钢纤维混凝土路面、装配式混凝土路面等。素混凝土路面是指除接缝区和局部范围外,面层内均不配筋的水泥混凝土路面,也称普通混凝土路面。钢筋混凝土路面是指面层内配置纵向、横向钢筋或钢筋网并设接缝的水泥混凝土路面。钢纤维混凝土路面是指在混凝土面层材料中掺入钢纤维的水泥混凝土路面。装配式混凝土路面是指在工厂中把混凝土预制成板,运至工地现场铺装的混凝土路面。

块料路面 用石块、水泥混凝土块等铺砌而成的路面。

粒料路面 用砂砾、未筛分碎石、碎砖、炉渣、矿渣等粒料铺筑的路面,砂石路面是常见的一种。

冻板道路 利用冬季冰冻条件,使地面冰冻后能承受车辆荷载,只在冰冻期内使用的季节性运材岔线道路。

木排道 用木杆及灌木为主要材料铺筑于泥沼地段的简易临时性运材道路。

路面结构 按各个层次功能的不同,路面结构分为面层、基层、底基层和功能层(图2)。

边沟

排水沟

图1 公路常见排水系统(赵曜 供图)

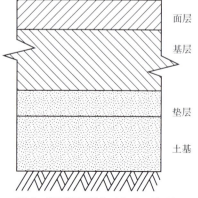

图2 常见路面结构(赵曜 供图)

面层 用各种筑路材料分层铺筑在路基顶面，供车辆直接在其表面行驶的层状结构物。不仅直接承受行车荷载的作用，而且要经受自然因素和其他人为因素的作用。应具有足够的强度和刚度、良好的稳定性、足够的耐久性、较高的平整度和良好的表面抗滑性以及低噪声等性能。

基层 设置在面层之下，与面层一起承受行车荷载的反复作用，并将荷载传递至底基层、垫层和土基，起主要承重作用的路面结构层次。但不是所有的路面都设底基层。如设底基层，应具有足够的强度、刚度、水稳定性和抗冻性能，且与面层有良好的结合能力。

底基层 设置在基层之下，与面层、基层一起承受行车荷载的反复作用，并将荷载传递到垫层和土基，起次要承重作用的路面结构层次。但不是所有的路面都设底基层。如设置底基层，应具有足够的强度，但对底基层材料的强度指标要求比基层材料略低。

功能层 设于基层或底基层之下，起隔水、排水、防冻、防污等作用，以改善基层和土基的工作条件的非承重路面结构层。应具有良好的水稳定性和隔温性能。其中，垫层是最常用的功能层。

参考文献

方申, 2018. 《公路工程预算定额》释义手册[M]. 北京: 人民交通出版社.

黄晓明, 2019. 路基路面工程[M]. 6版. 北京: 人民交通出版社.

（赵曜）

路面排水 combined drainage facilities

为了迅速把降落在路面和**路肩**表面的降水排走，以免造成路面积水而影响行车安全的设施。根据林区公路等级、降水量、**路线纵坡**等因素，结合路基、桥涵结构物等进行设计。其任务主要是对路面表面地表水和路面内部下渗水进行排除。

根据水源的不同，影响路面的水流可分为地面水和地下水两大类，与此相应的路面排水，分为路面地表排水和路面内部排水。

路面地表排水 包括路面表面排水和中央分隔带排水。

路面表面排水 指路面和路肩范围内表面水的排除。设计原则主要有：①降落在路面上的雨水，应通过路面横向坡度向路的两侧排，避免在行车道路路面范围内出现积水。②在路线纵坡汇水量不大，路堤较低，且边坡坡面不会受到冲刷的情况下，应采用在路堤边坡上横向漫流的方式排除路面表面的水。③当路堤较高，边坡坡面未做防护而易遭路面表面水流冲刷，或者坡面虽然已采取防护措施但仍有可能受到冲刷时，应沿着路肩外侧边缘设置拦水带，汇集路面表面水，然后通过泄水口和**急流槽**排离路堤。④设置拦水带汇集路面表面水时，拦水带过水断面内的水面，在高速公路及一级公路上不得漫过右侧车道外边缘，在二级及二级以下的公路上不得漫过右侧车道中心线。

当**路基横断面**为路堑时，横向排流的表面水汇集于边沟内，再利用**边沟**进行排水。当路基横断面为路堤时，可采用两种方式排除路面表面水：一种是让路面表面水以横向漫流形式向堤坡面分散排放；另一种是在路肩外侧边缘设置拦水带，将路面表面水汇集在拦水带同路肩铺面组成的浅三角形过水断面内，然后通过相隔一定间距设置的泄水口和急流槽集中排出路堤坡脚外。在汇水量不大、路堤不高、路线纵坡不同、坡面耐冲刷能力强的情况下，应优先采用横向漫流分散排放方式；在表面水有可能冲刷路堤坡面的情况下，则应采用将路面表面水汇集在拦水带内，通过泄水口和急流槽集中排放的方式。

中央分隔带排水 指中央分隔带范围内表面水的排除。设计原则主要有：①中央分隔带宽度小于3m且表面采用铺面封闭的中央分隔带排水时，将降落在分隔带上的表面水排向两侧行车道，其坡度与路面的横坡坡度相同；在超高路段上，可在分隔带上侧边缘处设置缘石或泄水口，或者在分隔带内设置缝隙式圆形集水管或碟形混凝土浅沟和泄水口，以拦截和排泄上侧半幅路面的表面水。缘石泄水断面的泄水口可采用开口式、格栅式或组合式，碟形混凝土浅沟的泄水口采用格栅式。②中央分隔带宽度大于3m且表面未采用铺面封闭的中央分隔带排水时，将降落在分隔带上的表面水汇集在分隔带中央低洼处，并通过纵坡排流到泄水口或横穿路界的桥涵水道中，分隔带的横向陡坡不得陡于1:6，分隔带的纵向排水坡度在过水断面无铺面时不得小于0.25%，在过水断面有铺面时不得小于0.12%。③中央分隔带表面无铺面且未采用表面排水措施的中央分隔带，降落在分隔带上的表面水下渗，由分隔带内的**地下排水设施**排除。

路面内部排水 指排除或疏干通过裂缝、接缝或面层空隙下渗到路面结构（面层、基层和垫层）内部，或者由地下水及道路两侧滞水浸入路面结构内部的水分。当林区道路有以下3种情况时，应设置路面内部排水措施：①路基两侧有滞水，可能渗入路面结构内；②在严重冰冻地区，路基为由粉性土组成的潮湿、过湿路段；③现有路面改建或改善工程，需排除积滞在路面结构内的水分。

路面内部排水设置要求：①路面内部排水系统中各项排水设施的泄水能力均应大于渗入路面结构内的水量，且下游排水设施的泄水能力应超过上游排水设施的泄水能力。②渗入水在路面结构内的最大渗流时间，在冰冻地区不应超过1小时，在其他地区不应超过2（重交通）～4小时（轻交通），渗入水在路面结构内的渗流路径长度不宜超过45～60m。③各项排水设施不应被渗流从路面结构、路基或路肩中带来的细料堵塞，以保证系统的排水能力不随时间推移而很快丧失。

参考文献

国家林业局, 2014. 林区公路设计规范: LY/T 5005—2014[S]. 北京: 中国林业出版社.

黄晓明, 2019. 路基路面工程[M]. 6版. 北京: 人民交通出版社.

宇云飞, 岳强, 2012. 道路工程[M]. 北京: 中国水利水电出版社.

中华人民共和国交通运输部, 2012. 公路排水设计规范: JTG/T D33—2012[S]. 北京: 人民交通出版社.

（郭根胜）

路面养护 pavement maintenance

根据路面出现的病害类型、病害程度和范围、交通量等情况，采取合适的技术措施修复路面，以恢复路面的使用功能和强度的工作。包括粒料路面养护、沥青混凝土路面养护和水泥混凝土路面养护。养护工程分为小修保养、中修、大修和改建四类。

路面小修保养 ①路面保养包括清除路面泥土、杂物，保持路面整洁；排除路面积水、积雪、积冰、积沙，撒布防滑料、灭尘剂或压实积雪，保障交通畅通；砂土路面刮平、修理车辙；碎砾石路面匀扫面砂、添加面砂、洒水润湿、刮平波浪、修补磨耗层；处理沥青路面的泛油、拥包、裂缝、松散等病害；水泥混凝土路面日常清缝、灌缝及堵塞裂缝；路缘石的修理和刷白。②路面小修包括局部处理砂石路的翻浆变形，添加稳定料；碎砾石路面修补坑槽、沉降，整段修理磨耗层或扫浆铺砂；桥头、涵顶跳车的处理；沥青路面修补坑槽、沉陷，处理波浪、局部龟裂、啃边等病害；水泥混凝土路面板块的局部修理。

路面中修 砂石路面处理翻浆和调整横坡；碎砾石路面局部路段加厚、加宽，调整路拱，加铺磨耗层，处理严重病害；沥青路面整段封层罩面；沥青路面严重病害的处理；水泥混凝土路面严重病害的处理；水泥混凝土路面接缝材料的整段更换；整段安装、更换路缘石；桥头搭板或过渡路面的整修。

路面大修 整段用稳定材料改善土路；整段加宽、加厚或翻修重铺碎砾石路面；翻修或补强重铺铺装、简易铺装路面；补强、重铺或加宽铺装、简易铺装路面。

路面改建 整线整段提高公路技术等级，铺筑铺装、简易铺筑路面；新铺碎砾石路面；水泥混凝土路面病害处理后，补强或改造为沥青混凝土路面。

参考文献
侯相琛, 2017. 公路养护与管理[M]. 北京: 人民交通出版社.
黄晓明, 2017. 路基路面工程[M]. 5版. 北京: 人民交通出版社.
中华人民共和国交通运输部, 2009. 公路养护技术规范: JTG H10—2009[S]. 北京: 人民交通出版社.

（王国忠）

路堑开挖 road cutting excavation

路基表面低于原地面时，从原地面至路基表面挖去部分的土石体积的作业。

路堑是低于原地面的挖方路基。路堑底面，如土质坚实，应尽量不扰动，予以整平压实；如土质较差，水平条件不良，应根据路面强度设计要求，采取加深边沟、设置地下盲沟以及挖松一定深度原土层，重新分层填筑压实，或必要时予以换土和加固。

土质路堑开挖，根据挖方数量大小及施工方法的不同，可采用纵向全宽掘进和横向通道掘进两种方式，同时又可在高度上分为单层或双层和纵横掘进混合等施工方式。纵向全宽掘进即对路堑整个断面沿纵向的一端或两端向前开挖。对深路堑，还可分成几个台阶，同时在几个不同高度上掘进，以增加工作面。横向通道掘进，即先沿路堑纵向挖出通道，再向两侧拓宽。对挖方量大、施工期短的深路堑，也可采用双层式纵横通道的混合掘进方式，同时沿纵横的正反方向掘进，以扩大施工面。不论采用哪种方法，都应保证施工现场排水通畅。选择开挖方式时应根据路堑的深度与长度，以及采用的施工方法与机具类型加以综合考虑。

参考文献
黄晓明, 2019. 路基路面工程[M]. 6版. 北京: 人民交通出版社.
中华人民共和国交通运输部, 2019. 公路路基施工技术规范: JTG/T 3610—2019[S]. 北京: 人民交通出版社.

（高敏杰）

轮伐期 rotation; cutting cycle

在一个经营单位内，成熟林经过皆伐或渐伐后，通过森林更新、培育，到再次主伐所需的年限。包括采伐、更新、培育成林到再次采伐周而复始的整个时期。是确定森林培育目标、计算采伐量、森林调整及规划设计不可缺少的林业技术经济指标。确定轮伐期是为实现森林的永续利用安排时间序列的重要手段。中国在20世纪50年代普遍采用主伐年龄作为采伐依据，60年代随着"以场定居、以场轮伐"的方针而逐渐采用轮伐期的概念，至今这两种概念都在生产中应用。

轮伐期概念的形成与法正林思想有密切联系，只适用于同龄林皆伐或渐伐作业。表示在一个森林经营类型内，为保证永续利用而培育森林所需要的平均年限。通常根据森林成熟所确定的最合理的采伐年龄称主伐年龄，加上更新期就构成了轮伐期的概念。更新期是主伐后到林木重新开始生长出来即林木更新的时期。用公式表示为：

$$轮伐期 = 主伐年龄 \pm 更新期$$

伐后更新（皆伐），轮伐期 = 主伐年龄 + 更新期；伐前更新（渐伐），轮伐期 = 主伐年龄 − 更新期；如伐后立即更新，则更新期为零，轮伐期 = 主伐年龄。

确定轮伐期以森林成熟为基础，同时考虑经济因素和自然因素。确定轮伐期所依据的森林成熟种类有多样。用材林以数量成熟和工艺成熟为主要依据，一般不低于数量成熟龄，也不超过自然成熟龄；薪炭林以数量成熟为主，如靠天然更新时还要考虑更新成熟；防护林、风景林以防护成熟或自然成熟为主，也考虑工艺成熟。此外还应从经济成熟角度综合分析。森林成熟具有一定的持续期，确定的轮伐期可以有一定幅度。通常，轮伐期是5年或10年的倍数，也可用龄级表示。轮伐期一经确定，即应相对稳定，不宜轻易变更。但根据需材种类的变化和森林经营水平的提高，可相应调整轮伐期。各国轮伐期总体上是趋于缩短。

参考文献
粟金云, 1993. 山地森林采伐学[M]. 北京: 中国林业出版社: 36–37.

（赵尘）

旅游道路 tourism road

根据旅游需要所修筑的、方便游客游览的道路。根据作用和功能，分为旅游公路和旅游慢行系统。

旅游公路 路域内拥有具备自然、文化、历史、游憩或视觉价值的旅游资源，且旅游价值达标，兼具交通和旅游双重功能的公路。在路网中为车辆出行提供畅通通达、集散衔接以及出入便捷的交通服务功能的同时，为旅游者出游提供相应的观光、游览和休憩等旅游服务功能。根据公路交通和旅游服务功能，分为旅游干线公路、旅游集散公路和旅游专线公路。旅游干线公路在路网中具有干线交通功能和旅游交通快进功能，用以连接旅游组团或旅游集散公路。旅游集散公路在路网中具有集散各类交通功能，通往景区或连接干线公路与旅游景区。旅游专线公路在路网中提供旅游交通慢游服务功能，位于旅游景区或沿线景点较为密集的区域内。

旅游慢行系统 为旅游者提供的慢速出行道路系统，包括步行道、自行车道、步行骑行综合道、无障碍道等慢行道，以及相关的安全、服务设施。

参考文献

中华人民共和国国家旅游局, 2013. 风景旅游道路及其游憩服务设施要求: LB/T 025—2013 [S].

中国工程建设标准化协会, 2020. 旅游公路技术标准: T/CECS G: C12—2021[S]. 北京: 人民交通出版社.

（余爱华）

马秋思林道网理论 Matthews theory of forest road-network

木材采运成本最低的理论。又称马秋思林道网密度理论。认为在采运作业中，集材费和运材费这两项占采运成本最大份额的费用项目之和为最小时，对应的林道网密度和林道间距为最佳。在木材生产量大的国家被广泛采用。集材费用包括集材道的修建费和集材作业费，运材费包括运材道的修建费和养护费以及运材作业费等。集材道修建费与集材作业费相比，量很小；运材作业费和运材道路养护费与运材道路修建费相比，数量也很小。因此，在计算时将这些费用忽略不计，只计算集材作业费和道路修建费。

美国学者马秋思（Matthews D. M.）于1942年提出马秋思林道网理论（Matthews theory）。在北美、日本、瑞典以及苏联等国被广泛应用。美国的C. L. Pope和O. P. Wallace，瑞典的V. Sundberg、G. Larsson、O. Bydstern，日本的加藤诚平、南方康、酒井辙朗等，以及苏联的沙拉耶夫对马秋思林道网理论进行深入研究，丰富了理论内容，形成马秋思系统林道网理论。

中国林道网理论研究的整个历史过程，可以划分为3个时期：①研究初期（1964—1978年）。这个时期是个别单位和研究人员在局部林区开展马秋思林道网理论应用研究。如东北林业大学张德义教授在《国外林业科技资料》1974年第4期上发表了《国外林道网与木材采运作业》一文，系统介绍了国外林道网研究的历史与现状，推动了中国林道网的研究工作。②全国林区有组织研究时期（1979—1985年）。1979年4月林业部基建局在长沙召开了有20多个林业勘察设计、教学、生产管理等单位参加的"林道网合理密度调查研究座谈会"，会后即开展了对全国主要林区的林道网调查分析，建立集材距离与道路网密度间的经验公式，根据马秋思林道网理论原理，计算出各林区的合理林道网密度值。③深入研究时期（1986年至今）。经过中国林区有组织的研究，初步建立了比较符合中国林区特点的林道网理论体系，为深入研究打下了基础；从1986年开始进入由个别研究人员进行长期研究阶段，确定以马秋思林道网理论作为合理林道网密度的基础理论。

马秋思林道网理论的基本原理是在长宽分别为A、B的平坦林地上，林木分布均匀。在林地上等间距设置运材道，

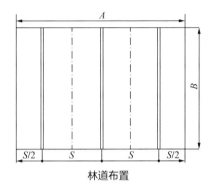

林道布置

详见林道布置图。

集材作业费为：

$$F_J = C \cdot \frac{S}{4} \quad (1)$$

式中：F_J为木材的集材作业费（元/m³）；C为每立方米木材移动1m距离的集材作业费[元/（m³·m）]；S为林道间距（m）。

林道修建费为：

$$F_D = \frac{R \cdot n \cdot B \cdot 10^4}{V \cdot A \cdot B} = \frac{R \cdot \frac{A}{S} \cdot B \cdot 10^4}{V \cdot A \cdot B} = \frac{R \cdot 10^4}{S \cdot V} \quad (2)$$

式中：F_D为木材所摊的林道修建费（元/m³）；R为单位长度林道修建费（元/m）；V为单位面积出材量（m³/hm²）；n为林道条数；A、B为林地的长度和宽度（m）；S为林道间距（m）。

集材作业费与林道修建费之和F为：

$$F = F_J + F_D = C \cdot \frac{S}{4} + \frac{R \cdot 10^4}{S \cdot V} \quad (3)$$

利用微分求极值原理，令$\frac{dF}{dS}=0$，则：

$$S = 200\sqrt{\frac{R}{VC}} \quad (4)$$

式（4）即为马秋思林道网理论的最佳林道间距公式。此时，林道网密度d为：

$$d = \frac{n \cdot B \cdot 10^4}{A \cdot B} = \frac{\frac{A}{S} \cdot B \cdot 10^4}{A \cdot B} = \frac{10^4}{S} = 50\sqrt{\frac{V \cdot C}{R}} \quad (5)$$

式（5）为马秋思林道网理论的最佳林道网密度公式。

对于在山坡上设置林道，且林道弯曲，计算林道最佳间距和林道网密度需要在式（4）、式（5）的基础上进行修正。

参考文献

邱荣祖, 方金武, 詹正宜, 等, 2000. 林道网理论研究的历史回顾与展望[J]. 福建林学院学报, 20(4): 370-374.

王立海, 2001. 木材生产技术与管理[M]. 北京: 中国财政经济出版社: 92-95.

（董喜斌）

盲沟 filter ditch

在路基或地基内设置的充填碎、砾石等粗粒材料并铺以倒滤层（有的其中埋设透水管）的排水、截水的地下排水设施。又称暗沟。起排除地下水、降低地下水位的作用。

按照设计位置的不同，盲沟有3种设置及作用：①设置在路基一侧边沟的下面，用以拦截流向路基的层间水，防止路基边坡滑坍和毛细水上升危及路基的强度和稳定性。②设置在路基两侧边沟的下面，用以降低地下水位，防止毛细水上升至路基工作区范围内，形成水分积聚而造成冻胀和翻浆，或土基过湿而降低强度。③设置在路基挖方与填方交界处的横向盲沟，用以拦截和排除路堑下面层间水或小股泉水，保持路堤填土不受水害。

林区道路一般采用设置在路基两侧边沟下面的简易盲沟，沟槽内全部填满颗粒材料，其构造比较简单，横断面做成矩形，亦可做成上宽下窄的梯形，沟壁倾斜度约1:0.2，底宽与深度大致为1:3，深1.0~1.5m，底宽0.3~0.5m。底部中间填以粒径较大（3~5cm）的碎石，其空隙较大，水可在空隙中流动。粗粒碎石两侧和上部按一定比例分层（层厚约10cm）填以较细粒径的粒料，逐层粒径比例大致按6倍递减。顶部和底面一般设有厚30cm以上的不透水层，或顶部设有双层反铺草皮。简易盲沟的排水能力较小，不宜过长，沟底具有1%~2%的纵坡，出水1:3底面高程应高出沟外最高水位20cm，以防水流倒渗。寒冷地区的盲沟，应做防冻保温处理或将盲沟设在冻结深度以下。

参考文献

国家林业局, 2014. 林区公路设计规范: LY/T 5005—2014[S]. 北京: 中国林业出版社.

黄晓明, 2019. 路基路面工程[M]. 6版. 北京: 人民交通出版社.

宇云飞, 岳强, 2012. 道路工程[M]. 北京: 中国水利水电出版社.

中华人民共和国交通运输部, 2012. 公路排水设计规范: JTG/T D33—2012[S]. 北京: 人民交通出版社.

（郭根胜）

锚碇 anchorage

用于固定钢丝绳，并将钢丝绳的张力传给地面的构造物。又称锚桩。固定钢丝绳时可视条件采用活立木、伐根、人工卧桩、人工立桩或钢筋混凝土桩锚结。

采用活立木或伐根锚结时应遵循：①选择深土层上生长良好的根深叶茂的活立木或新采伐的坚硬牢固的伐根。②根部直径应大于承载索直径的20倍；当直径较小，允许在同一直线上采用多个活立木或伐根作加固处理，并外包杂木棍，若无法保证在同一直线时，承载索与活立木或伐根的夹角不应大于30°。③承载索（或其他钢索）应均匀地自下而上绕第一棵活立木或伐根2~3圈，若需第二棵活立木或伐根则应绕3~4圈，绕索部位应切槽或打U形钉，防止钢索从活立木或伐根脱出。

人工卧桩锚结是在无活立木或伐根可利用时，索道起点、终点采用人工开挖土坑，土坑内埋设卧倒的桩木，承载索固定在卧倒的桩木上。一般用于承载索绳端固定。

人工立桩锚结是在无活立木或伐根可利用时，采用人工挖穴，在穴内埋设竖立的桩木，钢丝绳固定在直立桩木上。一般用于承载索之外各种用途的绷索、张紧索等受力较小的钢丝绳绳端固定。

当就地取材有困难时，钢丝绳绳端还可采用钢筋混凝土桩固定。承载索绳端采用钢筋混凝土桩锚结时，采用40mm圆钢底锚，并用短钢轨横压。绞盘机四角绷索采用钢筋混凝土桩锚结时，采用20mm圆钢底锚，并用短钢轨横压。

（巫志龙）

密级配沥青混合料 dense-graded bituminous mixtures（英）; dense-graded asphalt mixtures（美）

按密实级配原理设计组成的由各种粒径颗粒的矿料与沥青结合料拌和而成，设计空隙率较小（对不同交通及气候情况、层位可做适当调整）的沥青混合料。又称密集配沥青混凝土。按结构类型分为密实式沥青混凝土混合料（以AC表示）和密实式沥青稳定碎石混合料（以ATB表示）。按关键性筛孔通过率的不同又可分为细型和粗型密级配沥青混合料等。粗集料嵌挤作用较好的也称嵌挤密实型沥青混合料。

密实式沥青混凝土混合料（AC）依据集料的公称最大粒径可分为砂粒式沥青混合料（AC-5）、细粒式沥青混凝土（AC-10或AC-13）、中粒式沥青混凝土（AC-16或AC-20）和粗粒式沥青混合料（AC-25）。适用于各交通荷载等级路面的表面层、中面层和下面层。

密实式沥青稳定碎石混合料（ATB）依据集料的公称最大粒径可分为粗粒式沥青稳定碎石（ATB-25或ATB-30）和特粗粒式沥青稳定碎石（ATB-40）。属于悬浮密实结构，适用于极重、特重和重交通荷载等级路面的基层。

参考文献

李立寒, 孙大权, 朱兴一, 等, 2018. 道路工程材料[M]. 6版. 北京: 人民交通出版社.

中华人民共和国交通运输部, 2019. 公路沥青路面施工技术规范: JTG F40—2019[S]. 北京: 人民交通出版社.

中交路桥技术有限公司, 2017. 公路沥青路面设计规范: JTG D50—2017[S]. 北京: 人民交通出版社.

（王国忠）

面接触钢丝绳 face contact wire rope

股中各层钢丝间呈面状接触的钢丝绳。以圆钢丝为股芯，最外一层或几层采用异形断面，用挤压方法绕制而成。表面光滑，耐磨性好，与相同直径的点接触钢丝绳、线接触钢丝绳相比，抗拉强度较大，并能承受横向压力，挠性好，耐腐蚀，但工艺较复杂、制造成本高。在特殊场合用作承载索，如缆索起重机和架空索道上的缆索。

（张正雄）

面向对象模型 object-oriented model

一种数据模型。采用面向对象观点，通过数据和代码组成的对象来描述现实世界实体的逻辑组织，对象之间限制、联系等的模型。面向对象模型可看成实体−联系模型增加封装、方法（函数）、消息和对象标识等概念后的扩展，没有固定、单一的数据库结构。

封装和消息 每一个对象都是其属性和方法的封装。用户只能见到对象封装界面上的信息，对象内部对用户是隐蔽的。封装目的是为了使对象的使用和实现分开，使用者不必知道行为实现细节，只需用消息来访问对象，这种数据与操作统一的建模方法有利于程序的模块化，增强系统的可维护性和易修改性。

特点

主要优点 ①面向对象模型适合存储和处理不同类型的数据；②面向对象模型结合面向对象程序设计与数据库技术，提供集成应用开发系统；③面向对象模型提供继承、多态和动态绑定等特性，允许用户不用编写特定对象的代码就可以构成对象并提供解决方案，有效地提高数据库应用程序的开发效率；④面向对象模型简单、直观、自然，十分接近人类分析和处理问题的自然思维方式。

主要缺点 ①面向对象模型没有准确的数据库管理系统定义，不适合所有的应用领域；②维护困难。随着组织信息需求改变，对象定义也需要改变，如移植数据库时尤为复杂；③面向对象模型适合于需要管理数据对象之间存在复杂关系的应用，如工程、电子商务、医疗等。

发展历程 随着时代发展，信息系统开发要求实现数据模拟和行为模拟。传统数据模型在描述数据对象、对象之间联系、一致性等方面的复杂度明显不足。20世纪90年代以来，在关系型数据库基础上，引入面向对象技术，从而使关系型数据库发展成新型的面向对象关系型数据库。

参考文献

王珊, 杜小勇, 2023. 数据库系统概论[M]. 6版. 北京: 高等教育出版社.

王珊, 张俊, 2018. 数据库系统概论(第5版)习题解析与实验指导[M]. 北京: 高等教育出版社.

Abraham Silberschatz, 杨冬青, 2013. 数据库系统概念(原书第6版)[M]. 北京: 机械工业出版社.

（林森）

木材保管 timber protection in storage

木材在贮存的过程中，采用物理、化学等方法对其进行的保护和管理。

木材保管目的 木材是易于遭受菌害、虫害、水害和火害的物资。如果木材在生产和流通过程中的贮存保管不当，一旦遭到菌害和虫害就会变质降等，造成损失和浪费。合理保管木材在于采取各种保管的方法和措施，以防木材因受菌害、虫害、开裂等丧失或降低其使用价值。木材保管应根据目标保管期限、树种、材质、性状和气候条件等因素，采取适当的保管方法，保持木材固有的优良性能，最大限度地降低木材损失，防止腐朽、虫害、开裂、变质降等，保持或提高木材等级，延长木材使用期限。

木材保管程序 木材进入保管场地后，应根据木材树种、含水率、形状及尺寸等情况，确定适宜的保管方法并归成楞垛或材堆，保管过程由专人监管并负责组织形成过程记录文件，定期检查并记录被保管木材是否发生开裂、腐朽、霉变等影响其品质的情况以及采取了何种具体保管方法，被保管的木材转出保管场地视为保管过程结束。

木材保管原则 ①木材保管场地应地势平坦，具有2%～5%排水坡度，场地周围要有排水沟，同时有防雨、防火、防洪等基础设施，场地内严禁烟火，地面应干燥清洁，必要时可在地面铺设防潮隔离材料。②合理规划木材的堆放方式，选择有利于木材水分散发或木材水分保持的堆楞结构，应有利于防火，预留安全通道和消防通道。③木材保管的各类污染收集、处理和排放应符合GB 3095《环境空气质量标准》、GB 3838《地表水环境质量标准》、GB 8978《污水综合排放标准》、GB 16297《大气污染物综合排放标准》的规定。④场地的防火规划与设计应符合GB 50016《建筑设计防火规范》和GB 50354《建筑内部装修防火施工及验收规范》的规定。⑤木材保管期间，应定期检查并记录木材的质量，遵守先进先出的原则，对不适宜继续贮存的木材，应采取相应的措施。

木材保管方法 ①物理方法。在不改变木材化学组分和性能的前提下，防止真菌、虫卵孵化生长、木材开裂及其他影响品质因子的发生和发展的保管方法。对于原木产品的物理保管法，主要有干存法、湿存法和水存法。②化学方法。采用喷、涂、浸注等方法使木材保护剂与木材组分发生化学反应，产生不同保护功效的保管方法。对容易腐朽、虫蛀、海生动物钻孔的原木及锯材可采用焦油类、水载型和有机型溶剂进行保管，将药剂以喷、涂、浸注处理等方法施于木材上，使其增强抗菌、抗虫性能，药剂按GB/T 14019《木材防腐术语》执行。③物理和化学结合方法。将物理保管和化学保管方法相结合的保管方法。

参考文献

王忠行, 范忠诚, 1989. 木材商品学[M]. 哈尔滨: 东北林业大学出版社.

（朱玉杰）

木材加工经营许可证管理系统 timber processing business license management system

应用信息技术加强对木材加工企业经营行为合法性进行监管的计算机系统。功能涵盖企业基本信息（如场所地点、生产能力、技术设备等）的登记与修改，加工经营许可证的打印和发放管理，以及对经营行为（包括原料采购、库存原料、生产工艺、出厂成品数量等）的合法性进行监管。通过信息化手段，强化了对木材加工企业生产行为合法性的监管。

依据《中华人民共和国森林法实施条例》（2000年1月29日国务院令第278号，2016年2月6日修改）第三十四条的规定，"在林区经营（含加工）木材，必须经县级以上人民政府林业主管部门批准"。木材企业需要满足一定条件才能获得木材加工经营许可证的审批，包括：①拥有与加工规模相适应的固定场所，拥有与加工规模相适应的技术装备。②拥有省级产品质量检验检测报告或合格证书及工商营业执照。③在林区经营（含加工）木材，必须经县级以上人民政府林业主管部门批准。④不得收购没有林木采伐许可证或者其他合法来源证明的木材。因此，凭证采伐林木、凭证运输木材、凭证加工木材三大凭证制度，共同构成了森林采伐源头和木材流通环节的一体化监管体系。在这一背景下，各地基层林业政府部门积极牵头开发木材加工经营许可证管理系统。该系统全面管理木材企业的基本信息与经营数据，并严格监控企业出厂木制品所折算的原料材积与库存材积，确保它们与入库材积量保持动态平衡。通过这一系统，政府部门能够更有效地提升对辖区内森工企业生产行为的监督和管理效能。

2017年9月22日国务院发布《国务院关于取消一批行政许可事项的决定》，在国务院决定取消的行政许可事项目录中包含了"在林区经营（含加工）木材审批"。木材加工经营许可证被取消后，国家林业局督促地方林业行政主管部门通过以下措施加强事中事后监管：①强化"林木采伐许可证核发"和"木材运输证核发"，从源头上对盗砍滥伐行为强化管理。②加强与工商部门的信息沟通交流，掌握了解从事木材经营加工企业的工商登记信息，并相应加强实地检查、随机抽查，每年抽查比例不低于本地区木材经营加工企业总数的20%。重点核查经营（加工）场所是否符合相关规定、审查企业原料和产品入库出库台账、审查木材来源是否合法。③违法违规行为处理结果及时通报工商部门，纳入国家企业信用信息公示系统。

由于木材加工经营许可证被取消，2017年9月之后，各地的木材加工经营许可证管理系统也随即陆续停用。一些系统转变为木材企业经营数据报备系统，而一些林业政府部门则把"木材企业经营行为合法性监管"并入林业行政处罚案件管理系统（又名林业行政执法系统、林业综合执法系统）统一管理。

（林宇洪）

木材检查站电子监控系统 timber inspection station electronic monitoring system

木材检查站应用物联网感知技术对木材运输行为合法性检查的信息化系统。

木材检查站是由林业主管部门在林区设立的，负责检查、管理木材及木制品运输的执法机构。据森林法规定：经过省级政府批准，林业部门在主要的木材运输路线上设置木材检查站，以监管木材的运输。对于没有调拨通知书或木材运输证的违规运输，木材检查站有权进行制止。

物联网感知技术包括：电子秤称重、电子抓拍、机器视觉、图像识别、红外夜视以及射频识别（radio frequency identification，RFID）等技术。木材运输合法性检查主要核查木材运输车辆的车型、车牌号、运输数量、运输材积是否与码单或运输证的信息一致。同时，还需确认植物检疫手续是否完备，甄别码单或运输证是否伪造或被篡改，并核查车辆行驶轨迹是否符合预设路径。此类系统能实现不停车快速检查，从而在不影响林业生产效率的同时，提升木材运输的监管力度。

从2020年7月1日开始，根据新修订的《中华人民共和国森林法》（2020年7月1日起实施），木材运输许可审批制度被取消，"全国木材运输管理系统"停止运行，各县级林业局也停止受理木材运输许可的相关申请，不再签发木材运输证。尽管如此，木材检查站电子监控系统仍然需要对木材品种、运输数量、植物检疫状况、相关票证的真实性以及车辆的行驶轨迹等关键信息进行严格检查，以确保木材运输的合法性得到有效监管。

参考文献

林宇洪, 沈嵘枫, 邱荣祖, 2011. 南方林区林产品运输监管系统的研发[J]. 北京林业大学学报, 33(5): 130-135.

（林宇洪）

木材检量 timber scaling

检查量取木材的缺陷和尺寸，以确定其材积和等级的计量工作。包括尺寸检量和缺陷检量。检量的木材为原条和原木。目的是获得最佳造材方案，最终获得高出材率、高等级率和高的产值。

1949年以前，中国没有统一的木材检量标准，各地所采用的计量工具和计量单位也不一致，例如长度单位有俄尺、日尺、英尺、市尺、鲁班尺等，体积单位有日本方、立方英尺、市方、中国方。1949年以后，中国明确尺寸度量采用米制。

尺寸检量 对木材直径和长度的检量。直径包括原木直径、原条直径和杉原条直径。不同的产品，其直径检量的部位也不同，原木在小头的断面，原条在材长的中央，杉原条在离根部锯口2.5m处。材长检量时，如果木材有弯曲，应在两端面之间相距最短处取直检量。检尺长、检尺径进级及公差，均按照《原木检验》（GB/T 144—2013）、《杉原条》（GB/T 5039—2022）、《原条检验》（LY/T 2984—2018）的规定执行。原条和原木的检量工具应采用国家质检部门认定的钢卷尺、钢板尺、卡尺等，精度为1mm；杉原条的检量工具一般采用尺杆、皮尺、卡尺等。

缺陷检量 对影响木材质量的各类缺陷的检量。根据国家标准《原木缺陷》（GB/T 155—2017），影响原木材质的缺陷主要有六大类，分别是节子、裂纹、干形缺陷、木材结构缺陷、真菌造成的缺陷和伤害造成的缺陷。每一大类根据其具体表现形式又分成若干细类。不同的缺陷对木材质量和等级有不同的影响。各种缺陷的允许限度，按原木产品标准规定执行，评定原木等级时，有两种以上的缺陷或同一种缺陷分布在不同部位，以影响等级最严重的缺陷为准。检量各种缺陷的尺寸单位规定为：纵裂长度、外夹皮长度、弯曲拱高、内曲水平长度、外伤深度、偏枯深度等均量至厘米（cm），不足1cm舍去；其他缺陷量至毫米（mm）。

参考文献

中华人民共和国国家质量监督检验检疫总局，中国国家标准化管理委员会，2013. 原木检验: GB/T 144—2013[S]. 北京：中国标准出版社：1–12.

（肖生苓）

木材检验　timber inspection

对木材（包含原条、原木、锯材。原条和原木统称为圆材）进行树种识别、尺寸检量、材质评定、材积计算、材种区分、标志、交接验收等工作的总称。包括**原条检验**、**原木检验**、**锯材检验**。狭义的木材检验也称木材检尺，是对木材进行尺寸检量、等级评定和材积计量的工作。检验的结果是标定出木材的长级、径级、等级和材积，突出木材数量和质量的检验。

作用与特点　木材检验的主要作用有：①产品数量统计。木材检验通过准确统计产品的数量，为企业掌握生产情况、完成生产计划提供依据。②产品质量保证。木材检验能够评估木材产品的质量和合格程度，确保产品质量符合要求。产品质量的好坏直接影响到产值、成本和企业管理水平。③产品品等区分。木材检验根据树木构造特征对木材进行品种和材种的区分，避免木材管理和调运工作的混乱，保证国家木材调运计划的顺利实施。④产值和成本核算的依据。木材检验是确定产品数量和质量的重要环节，产品数量和质量是计算产值和成本的依据之一。良好的木材检验工作有助于准确核算产值和成本，评估企业的经济效益。

木材检验的主要特点有：①木材检验的作业条件差。木材生产基本上是野外露天作业，木材本身具有长大、沉重、不规则等特点，直接影响木材检验作业效果。②木材检验技术相对落后。主要采用尺杆、钢卷尺、皮尺等简易工具进行木材检验工作，影响木材检验的效率和精度。③木材检验关系到森林资源的合理利用。广义的木材检验包含原条量材设计内容，其设计能否优化，直接关系到对森林资源的合理利用，这是与其他产品检验的不同之处。④木材检验关系到森工企业的经济效益。森工企业主要依靠木材生产获取经济效益。木材生产中，直接影响产品产值和售价的环节是木材检验（合理造材）。做好木材检验（合理造材）工作可以最大程度地提高企业经济效益。

类型与方法　根据检验对象不同分为原条检验、原木检验、锯材检验。

原条检验　原条检验有两种，一种是在山场装车过程中，逐根量取原条直径和长度并记入托运小票，贮木场卸车前或卸车后按车逐根对照复查；另一种是原条装车时不检量不统计，运到贮木场后，用地衡或吊秤称重，换算出材积作为原条验收的依据。

原木检验　原条经过**造材**后，木材检验人员进行检尺评等，在原木小头端面打上径级和等级号印。在集体林作业区，常在收购站收购木材的同时进行逐根验收。山场装车时，检验员按车逐根统计记在托运小票上。托运小票需交给运材司机随车运到贮木场。卸车前或卸车后由检验人员按车逐根对照复查验收。

在贮木场，不论是原木还是原条到材，经**选材**（或卸车）到达各自的楞号以后，都要经过仔细的复查。复查合格并记入野账，即认为木材经过验收缴入了木材仓库。如发现径级或等级有误，则需订正（将原号印注销，重新加盖新号印）；如发现不属于这个楞号的原木，则不予验收，并在原木端面标明甩出字样，通知有关人员进行转楞。木材验收入库通常采用的办法是描号，即将复查合格原木的径级、等级，用油笔或毛笔描写在楞堆中同一侧面的原木端面上并记入野账，作为缴库的依据。未经描号的表示属于未经验收入库的原木。当原木装车出库时，也需要由检验人员如实地逐根抄尺登记，作为原木拨出的依据。木材检验误差（按材积计算）在尺寸检量方面不超过±1%，等级鉴定误差（提等或降等）不超过±2%。木材检验应配备一定数量的人员。

锯材检验　对木材机械加工半产品（如板方材、枕木、胶合板、纤维板）进行尺寸（长级、径级、宽度、厚度）检量和材积计算，对物理力学性质和含水率进行试验和测定。

工作内容　木材检验研究木材产品的材质、尺寸及材积问题，强调如何运用检验工具，依据木材标准，快速而正确地进行木材材质评定、尺寸检量与材积计算。具体包括以下几个方面。

①采用科学的检测手段和方法，测定各树种的材性指标（如木材的密度、强度、天然耐久性、尺寸稳定性等），用这些指标来综合评定木材的材质。因为决定木材材质的首要因子是木材的性质，木材的材性变异较大，这种变异主要表现在不同树种之间。木材的性质主要取决于树种，其次为产地。

②**木材缺陷检测**。影响木材材质的另一重要因子是木材所具有的各种缺陷，这些缺陷均能不同程度地影响到木材质量，降低木材的使用价值。从统计意义上标定缺陷改变木材的正常品质的量化指标来评定木材的质量。

③检量木材的**检尺长**、**检尺径**，计算木材的材积，根据一切木材产品要求数量多、质量好的原则和国家木材标准的规定进行木材检验工作。

④对木材生产过程中的合理造材、合理下锯、**木材保管**及用材单位的合理利用等工作进行技术指导。

标准　自1952年，中央林业部着手进行林业标准化工作，在统一全国计量和木材检验方法的基础上，制定了《木材规格》《木材检尺办法》和《木材材积表》，在全国范围内实行。1954年中央林业部对《木材规格》和《木材检尺办法》进行了修订，分订为原木、杉原条、板方材和枕木等标准。1958年和1959年，相继制定了《直接使用原木》《加工用原木》和《木材缺陷》等国家标准。1984年，制定、修订颁布了《直接使用原木》《特级原木》《针、阔叶树加工用原木》《针、阔叶树木材缺陷》《原木检验》《杉原条检验》《锯材检验》《枕木》《专用锯材标准》《原木材积表》《杉原条材积表》等一系列国家标准。1995年之后，按照《中华人民共和国标准化法》要求，林业部（现国家林业和草原局）对国家标准、行业标准进行了补充制定、修订。

工具　手工检验时多用标有米制刻度的尺杆、卡尺、卷尺、篾尺、弓形尺等。用篾尺围量木材的尺寸时，通常要对刻度进行换算。木材检验工作过去一直是手工作业。20世纪60年代以来，许多国家探索新的检尺方法和检尺装置，如在单根木材检尺的基础上发展了捆检法（堆检法）和重检法。捆检法是通过检量木捆或木堆的几何尺寸算出体积后再换算出材积；重检法是称出木材（木捆）重量后再换算出材积。20世纪70年代末中国开始研究光电检尺，利用光线扫描对原木直接进行量测；80年代初，一些贮木场采用地衡称量运材车辆的载重以测取一车木材的载量（立方米）。

标志　尺寸和等级经过检量和评定后，需在原木断面或靠近端头的材身上加盖长级、径级、等级和检验小组号印，以便验收和复查。号印一般以钢印（称为号锤）为主，也可用色笔、毛刷和勾字等方法。从2000年开始，中国部分林区试行了条码技术。

检验员　木材检验员是具体贯彻国家的方针政策、根据国家的木材标准进行木材检验工作的技术人员。木材检验员应具备政治理论和木材检验方面的业务知识，熟练掌握和了解木材常识、木材物理力学性质、木材保管和木材管理等方面的知识，正确地进行木材产品树种识别、尺寸检量、材积计算、等级评定、号印加盖、野账记载和数额统计工作。根据工作对象可以分为原条（杉原条）检验员、原木（杉原木）检验员、锯材（板方材、枕木）检验员、胶合板检验员、纤维板检验员。根据工作性质分为检尺员，即尺寸检量（包括量尺）者；鉴定员，即等级评定者；记账员，即野账记载者；统计员，即数额统计者；技术员，即商品鉴定者。根据工作地点分为林场检验员、贮木场检验员、木材加工厂和木材公司检验员。

发展历程　17世纪40年代长江流域以南生产杉木的地区，已创造了比较完善的木材检验方法，称为龙泉码价。1945年前，各地的木材检验极为混乱。如南方采用英制、"龙泉码"和"滩规"等办法；东北采用俄制、日制等办法进行木材检验。中华人民共和国成立以来，木材检验工作有了长足的发展，在木材标准、检验技术、检验组织、合理造材、产品交接及验收人员素质方面都有较大提高或改进。从木材检验遵循的木材标准来看，木材标准从无到有、从混乱到统一、从复杂到简化、从零散到构成体系，并且按市场经济的要求不断地制定、修订木材标准，标志中国木材标准逐渐趋于完善。从木材检验技术与组织来看，各国有林区森工企业十分重视木材检验工作，不断提高木材检验技术水平、完善木材检验组织。木材生产工艺发生变革，森工企业逐渐采用原木生产工艺，并在木材检验与产品交接验收方面采取相应对策和措施。从原条合理造材方面来看，森工企业已总结出可行的山上、山下合理造材的技术要点和控制管理办法，促进了山场和贮木场的合理造材，减少了企业效益损失，为企业创造了极大的经济效益。从木材检验人员素质来看，森工企业认识到了木材检验工作的重要性，十分重视木材检验人员队伍建设，强化了对木材检验人员的培养和教育。木材检验人员政治思想素质和业务水平显著提高。

根据中国木材检验的现状，结合林业今后发展方向，木材检验的发展趋势应是：①进一步完善木材标准，实现"生产型"标准向"贸易型"标准的转变，尽可能采用国际标准和国外先进标准。②研究各种因素影响下的木材缺陷规律及其对材质、使用性能的影响，探索缺陷材的检验检测与利用方法。③改进木材检验工具，研究有利于自动化加工作业的木材检验检测仪器和设备。④解决木材检验中存在的技术问题，研究和探索木材检量、材质评定、材积计算、原条优化设计等新技术。⑤研究木材检验理论与管理问题，开发木材检验信息管理系统，实现木材检验管理的智慧化、信息化。

参考文献

王忠行,范忠诚,1989. 木材商品学[M]. 哈尔滨:东北林业大学出版社.

徐庆福,王伟,1999. 木材检验实用技术[M]. 哈尔滨:东北林业大学出版社.

（朱玉杰）

木材结构缺陷　defects of wood structure

影响木材利用的正常的和非正常的木材构造所形成的缺陷。

类型　按照木材构造的不同，这类缺陷分为扭转纹、乱纹、应力木、双心材或多心材、偏心材、偏枯、夹皮、树包、树瘤、伪心材、内含边材。

扭转纹　原木材身木纤维排列与树干纵轴方向不一致所形成的螺旋状纹理，见图1。

图1　扭转纹

乱纹　木材纤维呈交错、波纹状或杂乱的排列。这种缺陷常见于树干蔸部的靠近根基部分，亦可见于树干的木瘤部分。

应力木　在倾斜或弯曲的树干、树枝部分因拉伸或压缩形成偏心生长，且生长迅速的一侧生成具有异常组织结构和性质特征的木材。针叶树材的应力木称为应压木，见图2；阔叶树材的应力木称为应拉木，见图3。

图2　应压木　　　　图3　应拉木

双心材或多心材　原木的一端有两个或多个髓心并伴有独立的生长轮系统，而外部被一个共同的生长轮系统所包围，见图4。

偏心材　树木的髓心明显偏离树干中轴的木材。

偏枯　树木在生长过程中，树干局部受创伤或烧伤形成的表层木质枯死，通常沿树干纵向伸展，并呈径向凹陷的现象。枯死部分的木材表面，大多数没有皮，少数盖着枯死的树皮，见图5。偏枯常伴有树脂漏、变色或腐朽。

图4　双心材　　　　　图5　偏枯

夹皮　树木受伤后继续生长，将受伤部分的树皮和纤维全部或部分包入树干，伴有径向或条状凹陷的现象。可分为内夹皮和外夹皮。①内夹皮。夹皮部分已被生长木质所包含，仅在原木端面可见的夹皮，见图6。内夹皮隐藏在树干内部，在树干横断面上呈弧状或环状裂隙；②外夹皮。在原木材身或在原木材身和端面同时可见的夹皮，见图7。外夹皮显露在树干外部，在树干侧面形成一道沟。

图6　内夹皮　　　　　图7　外夹皮

树包　因树枝折断或异物侵入等原因而形成的树干局部明显凸起，见图8。树包形状一般为圆形或椭圆形，包顶扁平或尖顶形，封闭或未封闭。

树瘤　因真菌或细菌的作用，在树干表面形成的局部凸起，多呈球状，见图9。

图8　树包　　　　　图9　树瘤

伪心材　因某种因素影响，心材颜色变深且不均匀，形状多样，不规则的木材。主要有圆形、星形、铲状等，常见于心材结构不规则的阔叶树。

内含边材　心材中几个相邻的生长轮具有与边材外观和性质接近的木材。在横断面上呈现单环状或不同宽度的几个环带状，其颜色较周围木材颜色浅；在侧面上呈相同颜色的条状。

识别与检量　木材结构缺陷是一种木材缺陷，按照GB/T 155《原木缺陷》进行识别。主要检量扭转纹的倾斜高度、外夹皮的长度、偏枯的径向深度，检量方法按照GB/T 144《原木检验》标准执行。

对材质的影响与评定

对材质影响　①具有扭转纹的原木加工成锯材时，锯材将带有斜纹（在原木中称为扭转纹）而严重降低强度；斜纹对木材顺纹抗拉强度的影响最大，对顺纹抗压强度的影响最小，对弯曲强度的影响介于两者中间；且锯材易变形和翘曲。②乱纹使木材加工困难，降低顺纹抗拉、抗压强度和抗弯强度，但会使抗劈和抗剪强度有所增加，同时能增加外观的纹理美，用于装饰材可提高利用价值。③通常应力木对木材的强度影响因树种而异，同时使木材加工困难。应压木在生长过程中易出现径裂、轮裂等缺陷，伐倒后原木断面易发生开裂，损害木材外观。与正常木材相比，应力木的密度、硬度、顺纹抗压和弯曲强度干缩率通常都较大，尤其是轴向干缩率，因此更易发生翘曲变形和开裂，但吸水性降低，抗拉和抗冲击强度减小。应压木和正常木材交接处易发生劈裂，可能在板材应压木带形成乱纹拉力破坏；应拉木顺纹抗拉强度、抗拉弹性模量和轴向干缩率比正常木材大，抗压强度比正常木材小。干燥和加工时，易发生翘曲变形和开裂，且锯切时易起毛，起毛区域易出现反光现象。④双心材或多心材增加木材构造的不均匀性，容易引起翘曲和开裂。但可以切出对称树心的板材，是装饰微薄木的好材料。⑤偏心材对材性影响同应压木。⑥偏枯破坏木材的形状和完整性，并引起生长轮的局部弯曲，影响木材质量。⑦夹皮破坏木材的完整性和均匀性，视夹皮种类、尺寸大小和分布情况而定。使周围木材的纤维或生长轮有一定的弯曲，木材力学强度下降，影响木材的使用。⑧树包改变木材形状和木材结构均匀性。针叶树材的树包常伴有严重的流脂现象，影响原木质量。⑨树瘤常伴有腐朽节或成空洞，引起木材内部腐朽，降低木材质量，影响木材的有效利用。⑩伪心材破坏了木材外观的一致性，降低木材强度，渗透性下降，与边材相比，具有较高的耐腐性。⑪具有内含边材的原木力学性能基本不改变，但渗透性提高，耐腐性下降。

材质评定　木材结构缺陷对原木产品材质的影响程度，按照GB/T 144《原木检验》标准进行评定。

参考文献

王忠行, 范忠诚, 1989. 木材商品学[M]. 哈尔滨: 东北林业大学出版社.

朱玉杰, 董春芳, 王景峰, 2010. 原木商品检验学[M]. 哈尔滨: 东北林业大学出版社.

（朱玉杰）

木材捆连接　wood bale connection

采用木材捆将汽车和挂车连接在一起的方式。在木材捆连接中，由于木材捆本身的重力作用，其底层被汽车、挂车承载梁卡木齿压入以及木材捆紧紧地贴压斜拉索和车立柱。因此，用木材捆连接对传力、转向都是可靠的。

要求　利用木材本身连接，应保证连接的可靠性和方便性，使汽车列车具有较高的机动性以及在起动时能平稳地将汽车增长着的牵引力传给挂车，在制动时能有效地传递制动力，并能吸收汽车列车在行驶时所可能发生的冲击。当装运6m以上原木时，汽车与挂车靠木捆连接运行，解决了长材的运输问题。

特点 ①优点。在曲线段上行驶时连接系统没有附加力的影响；挂车质量也比较轻，载运挂车回空时，在汽车车架上也比较容易稳固。因此在北方林区获得了广泛的应用。②缺点。由于长材汽车列车的主车和挂车二者承载梁的间距比较大，故在岔线、不平整路段以及装车偏载时，常常导致在直线段行驶时挂车与汽车的纵向轴线的不一致，即发生轮迹偏移现象，在林区常称为"跑偏"。跑偏易发生掉沟、碰撞行车和行人等危险事故。在挂车上虽然安装了调偏装置，但是结构复杂，使用十分不便；挂车的轮迹内偏值较大，另外制动管路无处贴附，这往往是分离式挂车不安装制动装置的重要原因。挂车无制动装置是其严重的缺点，故这种挂车有逐渐减少的趋势。

通过木材捆连接的汽车列车如图所示。

木材捆连接示意图

参考文献

东北林学院, 1986. 木材运输学[M]. 北京: 中国林业出版社: 122.

刘美爽, 武荣华, 祝士学, 等, 1996. 提高汽车原木运输效率的探讨[J]. 森林工程(2): 19-20, 63.

（徐华东）

木材流送　timber flowing by water

借助水流动力将木材（单散原木或小木排）自河流的上游向下游流送的一种木材水路运输方式。

方式　木材流送按流送形态分为单漂流送和小排流送两种。①单漂流送。将能漂浮的单根分散原木由河岸推入河中，借助水流动力自河流的上游向下游流送的一种木材水路运输方式。木材水运方式中最简便的一种。主要有分段负责制流送、分批逐段流送、大赶漂式流送、闸水定点流送4种。只能在不通航或短期通航的河道上进行。②小排流送。利用索具先将单根原木编扎成小木排，然后借助水流动力自河流的上游向下游流送的一种木材水路运输方式。小排流送有两种方式，一种是无人操纵的小排流送，另一种是有人操纵的小排流送。无人操纵的小排流送方法与单漂流送大同小异，只是小排流送的河道航行条件要比较好，木排能自由地沿河而下，途中不会出现搁浅和插垛现象，一般在不适宜采用单漂流送的非通航河道上进行。有人操纵的小排流送与无人操纵的小排流送不同之处在于排上有人掌握控制木排的航向，可在通航河川中进行流送。小排流送除了具有单漂流送的一些优点外，还克服了单漂流送木材损失率高的缺点。

工艺过程　单漂流送的工艺过程包括到材、归楞、推河、流送和收漂等。小排流送的工艺过程包括岸边或水上编扎小排、放运（流送）、停排与合排等。

参考文献

祁济棠, 1994. 木材水运学[M]. 北京: 中国林业出版社.

祁济棠, 吴高明, 丁夫先, 1995. 木材水路运输[M]. 北京: 中国林业出版社.

祁济棠, 张正雄, 2002. 木材过坝工程[M]. 北京: 中国林业出版社.

赵尘, 2016. 林业工程概论[M]. 北京: 中国林业出版社.

（张正雄）

木材流送水坝　water dam for timber flow

在木材流送河道上修建的各种束水导流或导水归槽用的构筑物。常见的木材流送水坝有丁坝、顺水坝等。目的是提高流送水位、改善流送条件、提高流送能力、缩短流送时间。与水闸有一定的区别，是固定的构筑物，只在局部或者一定范围内占据河道。

流送河道中存在各种障碍物，或者水流的线路与木材流送不完全一致时，需要进行一定的整治，才能达到改善流送条件、提高流送能力、缩短流送时间、减轻劳动强度、提高劳动生产率。通常设置一些水坝（如丁坝、顺水坝等），达到水流的束水归槽和导水归槽的目的。

丁坝：又称挑流坝，属于束水归槽设施，使木材流送线路有足够的水深以保证木材的顺利流送。一般与河岸正交或斜交伸入河道中，坝轴线与水流夹角以60°～75°为宜。丁坝有长短之分，长者使水流动力轴线发生偏转，趋向对岸，起挑流作用；短者起局部调整水流保护河岸的作用。

顺水坝：是一种大致与河岸平行的导流堤，属于导水归槽设施。用来引导水流流向指定方向。在木材单漂流送中，使其引导水流与木材的漂流方向一致。坝的平面布置中其轴线与洪水流向夹角不宜过大，一般在20°以内为宜。设计坝高以设计水位加超高0.3～0.6m为宜，长度以能掩护整个障碍区即可，顶宽干砌石坝为1～1.5m，浆砌石坝为0.8～1.2m；坝顶纵坡应与整治水位时的水面比降一致。

参考文献

祁济棠, 吴高明, 丁夫先, 1995. 木材水路运输[M]. 北京: 中国林业出版社.

祁济棠, 张正雄, 2002. 木材过坝工程[M]. 北京: 中国林业出版社.

赵尘, 2016. 林业工程概论[M]. 北京: 中国林业出版社.

（黄新）

木材流送水闸　timber flow water gate

在木材流送河川或流送渠道上修建的用于挡水和泄水的构筑物。可以起到调节径流、延长流送期、增加水深、淹没障碍、诱导漂木等作用。按建筑材料分为混凝土水闸和浆砌石水闸。

在流送河川沿线修建若干座水闸，将全河的水闸作为一个整体，统一调度各水闸蓄水时间与蓄水量、开放时间与泄水量、木材流送时间与流送量等，以充分发挥木材流送水闸的作用。

(张正雄)

木材排运 timber raft transportation by water

利用索具（钢丝绳、铅丝、索链、尼龙绳、竹索等）将单根原木或原条编扎成木排，然后依托水流或机械的动力进行木材水路运输的方式。比单漂木材更容易操纵控制。木材排运的主要工艺流程是水上或岸上编排、放排或拖排、过坝、继续放排或拖排、出河。

木材排运方式按驱动力分为放排和拖排。①放排是利用水流为动力，工作人员在上面控制方向。主要适用于山区小河，编扎比较小而轻便的木排用人工放运。②拖排是利用机械（通常为驳船）为动力使其运行并控制方向。主要适用于在大河和湖海，编成大型木排用拖轮拖运。

按木排结构类型分为平型排木材排运、木捆排木材排运和袋形排木材排运。①平型排是由多层原木编扎成长方形的排节，再将几个排节联成一列或两列合并成长条形的木排。平型排木材排运主要特点是编扎木排困难，生产效率低，工人劳动强度大，编扎木排需要的辅助用材多，索具一般不重复使用，运行过程中阻力大，工序复杂，编扎质量不易保证。适用于既不满足单漂流送又不满足木捆排运输的河道中。②木捆排是由原木捆编结而成的木排。木捆排木材排运主要特点是编扎和拆散方便，容易实现机械化作业，生产效率高。另外，针阔叶材混合编扎，可解决大密度木材的运输困难问题；索具可以重复使用，降低了编扎索具费用。它易于合排和拆排的特点更能适应市场多客户小批量的需要，在运输沿途可以解散几个木捆向客户供应木材，而不影响整个运输过程。适用于通航河川、大型湖泊和水库中拖运。③袋形排是由单层漂子构成的排框，将漂散的原木围在其中，并用钢丝绳贯穿在整个排框上，运行时呈袋状的木排。袋形排木材排运主要特点是编扎工艺比较简单，排框可回空再用，但强度低，经不起风浪袭击，拖运速度不能太大，一般要求相对速度（相对水流速度）不大于1m/s。袋形排适用于水面平静的湖泊和水库、流速极小的江河中，运输量不大、运输距离较短且无大风大浪的水域。

(张正雄)

木材汽车运输 wood truck transportation

利用汽车将伐倒木等运输到需材单位的全部运输生产过程。与窄轨铁路运输是中国木材陆路运输的主要方式。

发展历程 1984年全国林区道路约有12万km；其中林区公路约11万km。拥有运材汽车1万余辆，运材挂车7000余辆。从全国来看，汽车运输每年完成近3/4的木材陆运任务。在东北、内蒙古林区，汽车与窄轨铁路运输完成运材量的比例约为6:4。由于可采森林资源的减少，林地条件的变化，以及中国汽车工业和林区经济的发展，木材汽车运输的生产技术设备方面发生了较大变化。1992年全国林区道路近20万km，其中林区公路约19万km。拥有运材汽车2万余辆，运材挂车9000余辆；窄轨铁路机车596台，车辆为9000余辆。由此可见，木材汽车运输在木材运输生产中占主导地位。引起木材汽车运输比重迅速增长的主要原因是木材汽车运输本身优点决定的。

特点 木材汽车运输与其他木材运输类型相比，有以下优点：

①汽车爬坡能力强、越野性能好，适于丘陵和山区运材，并可修建高密度林道网。

②便于上下工序衔接，使装、运、卸工序紧密配合。对于集材来说，由于汽车爬坡能力强，越野性能好，运材公路可直接伸入伐区，因而能大大缩短集材距离；对贮木加工来说，木材汽车运输直达性好，汽车能把木材直接运到加工厂或需材单位，实现"门到门"直达运输，可大大减少贮木场面积。

汽车运输装卸方便，便于与其他机械密切配合，从而使伐区、运输和贮木场三大工序密切衔接起来。安装有液压起重臂的自装自卸运材汽车，装卸工序都由汽车本身承担，可减少伐区和贮木场装卸设备。这种汽车最适用在木材不太集中的伐区运材。

③原始投资少，资金周转快，并能与地方道路联成公路网。木材汽车运输的固定技术设备和移动技术设备的原始投资均比窄轨铁路运输低。运材公路修建可就地取材，因而修建速度较快，而且造价便宜，养护方便。而修建窄轨铁路每公里则需40t左右的钢材，1700多根轨枕。使用窄轨铁路基建投资较大，线路维修较困难。

④机动灵活，运送速度快。汽车可随时调度，在水路和铁路不能达到的地方汽车均可到达。在中短途运输中，木材汽车运输的运送速度平均比铁路快4倍，比水运快10多倍。

⑤受自然条件限制小，运材公路能通行多种交通工具。木材汽车运输不仅能满足生产要求，更能为发展林区经济，给林区人民生产、生活创造必要的有利条件。

木材汽车运输主要缺点是装载量小，运材成本高，燃料消耗大，对环境污染严重。

运输形式 依据运输的木材形态，分为原条捆运输、木片运输。

运输工具 主要是运材汽车。根据运材汽车的用途和所运木材的种类、长短的不同，运材汽车的装备也不相同，可分为运材汽车单车（包括自装自卸运材汽车）和运材汽车列车两大类。

木材运输管理 对运材汽车和各种保修机械设备按照"科学管理，合理使用，定期保养，计划修理"的原则，全面地组织、指挥、协调和管理所有为运材生产服务的各项技术工作。是整个森工企业经营管理工作的重要组成部分，可以保持运材汽车和机具设备的完好、节约物料和劳力、提高运材效率、降低运材成本、保证安全生产。

参考文献

胡济尧, 1994. 木材运输学[M]. 北京: 中国林业出版社.

(薛伟)

木材汽车运输管理 management of wood truck transportation

对运材汽车和各种保修机械设备按照"科学管理,合理使用,定期保养,计划修理"的原则,全面地组织、指挥、协调和管理所有为运材生产服务的各项技术工作的总称。是整个森工企业经营管理工作的重要组成部分,可以保持运材汽车和机具设备的完好、节约物料和劳力、提高运材效率、降低运材成本、保证安全生产。

管理的主要内容包括:木材汽车运输的影响因素,运材车辆的生产效率和生产成本,木材汽车运输计划,运材汽车行车调度、保养、更新和公害防治等方面。

木材汽车运输的影响因素有完成运输工作所需的时间、行驶速度、运行距离、装载质量利用系数、装卸停时间、车辆利用系数等。一旦汽车在木材运输过程中出现故障,管理者需要做大量的统筹协调工作,来调用其他运输汽车,这就有很大可能会耽误木材运输,影响整个木材生产作业进度。

运材车辆的生产效率是运材车辆在单位时间内完成的以立方米（m^3）或吨（t）计的运材量或以 $m^3·km$ 或 $t·km$ 计的木材周转量。影响运材车辆生产效率的因素包括载量及其利用系数,每个运次中的装卸工作等停歇时间,行程利用系数和技术速度。运材车辆生产成本是完成单位运输工作量所用的费用,它由一定时期内汽车运材车队支出的全部费用与同一时期内完成的运输工作量的比值来确定。

木材汽车运输计划是林业企业木材生产计划的重要组成部分,是配属车辆和编制计划运行图的主要依据。

运材汽车行车调度是由行车调度部门执行并完成的工作,目的是通过各级调度机构,全面了解生产进程,对运材过程进行不间断的组织指挥和监督检查,正确、及时地处理运材过程中出现的各种问题,克服和纠正薄弱环节,使运材顺利进行。运材汽车保养目的是保持车容整洁,技术状况正常,消除隐患,预防故障发生,减缓劣化过程,延长使用周期。运材汽车更新目的是提高运输效率,降低运输成本。运材汽车公害防治目的是有效预防和控制车辆运材过程中可能产生的环境污染,保障生态环境安全。

参考文献
胡济尧,1994. 木材运输学[M]. 北京: 中国林业出版社.

（胡志栋）

木材汽车运输计划 transportation plan of timber truck

林业企业木材生产计划的重要组成部分。是配属车辆和编制计划运行图的主要依据。

木材汽车运输计划分为日、月、季度和年度4种运输计划。①月运输计划以林业局所批准的月间汽车运输指标为根据,并考虑汽车和挂车的运用、保养的计划数量、装卸场地条件和人员以及装车机械设备情况是否能满足运输要求。运输计划主要包括生产指标、技术指标、汽车运用指标。②日运输计划指根据林业局下达的月运输计划而编制的日间运输的计划。③季度、年度运输计划指汽车队根据林业局下达的运输任务,考虑设备能力、道路条件和季节特点,由汽车队协调一致编制的运输计划。

参考文献
胡济尧,1994. 木材运输学[M]. 北京: 中国林业出版社.

（胡志栋）

木材缺陷 timber defects

存在于木材中的能影响其质量和使用价值的各种缺点。木材缺陷是影响木材质量和等级的重要因素,也是木材检验的主要对象之一。

类型　按照木材缺陷标准,可将木材缺陷分为以下类别:

节子　按连生程度分为活节和死节;按材质分为健全节、腐朽节和漏节;按生长状况分为表面节和隐生节;按分布状况分为轮生节、散生节和簇生节。

裂纹　按裂纹在原木上的位置分为端裂和纵裂。端裂又分为径裂和轮裂,径裂又分为单径裂和复径裂（星裂）,轮裂又可分为环裂和弧裂;纵裂按形成方式分为冻裂（震击裂）、干裂。按穿透原木的深度分为贯通裂和炸裂。

干形缺陷　分为弯曲（按形状分为单向弯曲和多向弯曲）；根部肥大（按照形状分为大兜和凹兜）；椭圆体；尖削。

木材结构缺陷　分为扭转纹；乱纹；应力木（分为应压木、应拉木）；双心材或多心材；偏心材；偏枯；夹皮（分为内夹皮、外夹皮）；树包、树瘤；伪心材（只限阔叶树）；内含边材。

由真菌造成的缺陷　分为真菌变色（分为心材色变及条斑、边材变色。边材变色又可分为青变、窒息性褐变、边材色斑）；腐朽（按腐朽类型和性质分为白腐、褐腐和软腐。按形成原因分为边材腐朽和心材腐朽）；空洞。

伤害　分为昆虫伤害（分为大虫眼、小虫眼、凿船虫孔）；寄生植物引起的伤害；鸟眼；夹杂异物；烧伤；机械损伤（分为树皮剥落、刀伤、锯伤、磨损、抽心、锯口偏斜、采脂伤）；风折木。

加工缺陷　分为缺棱（分为钝棱、锐棱）；锯口缺陷（分为瓦棱状锯痕、波纹状、毛刺粗面）。

变形　分为翘曲（分为顺弯、横弯、翘弯）；扭曲；菱形变形。

形成　一种缺陷的形成往往不是单一的原因,而是多种错综复杂的因子相互作用的结果。原因主要包括3类:①生理原因。树木在生长过程中形成的各种木材缺陷,是先天性的,如节子、干形缺陷、木材构造缺陷。②病理原因。树木在生长的过程中,受到菌、虫害形成的各种木材缺陷,是后天性的,如裂纹、真菌造成的缺陷、伤害。③人为原因。木材生产和加工技术不良以及经营管理不当形成的各种木材缺陷,如伤害、加工缺陷。

危害　木材是一种天然的生物材料,本身具有很大的变异性,也容易受各种因素的影响,其正常材质发生改变或破坏而产生木材缺陷。木材缺陷影响木材材质，改变正常的木材性能，降低木材利用率和使用价值，甚至使木材完全不能利用。具有缺陷的木材，在造材、制材过程中可以尽量分散、集中或剔除缺陷，以提高原木、锯材质量。

检量与评定 木材缺陷的检量与评定，按照GB/T 155《原木缺陷》、GB/T 144《原木检验》、GB/T 15787《原木检验术语》、GB/T 4823《锯材缺陷》、GB/T 4822《锯材检验》等国家标准执行。

参考文献

王忠行, 范忠诚, 1989. 木材商品学[M]. 哈尔滨: 东北林业大学出版社.

徐庆福, 王伟, 1999. 木材检验实用技术[M]. 哈尔滨: 东北林业大学出版社.

朱玉杰, 侯立臣, 2002. 木材商品检验学[M]. 哈尔滨: 东北林业大学出版社.

（朱玉杰）

木材水路运输　timber transportation by water

木材运输的一种方式。即利用河流、水库、湖泊及海洋等水域形成的水路运输条件进行木材运输。

发展简史 公元前21世纪以前，人类已知利用木材的浮力和水流的动力运输木材。中国古代建造宫殿、庙宇和房屋等用的木材多数是用这种方式运送的。中国有很多河流，纵横交织形成极为方便的水路交通网。河流的上游一般都蕴藏着丰富的森林资源，这对于发展木材水运事业是一个有利的条件。20世纪50年代至70年代（新中国成立初期），中国经济建设需要大量的木材，由于当时的陆路运输（公路、铁路）基础设施相对落后，无法承担大批量的木材运输任务，中国的四川、云南、贵州、湖南、湖北、江西、安徽、浙江、福建、广东、广西等南方主要木材产地的大量木材（占木材产量半数以上）通过水路运输来完成。从20世纪80年代末开始，随着陆路运输（公路、铁路）基础设施建设的不断发展和完善，国内的木材水路运输量逐渐下降，但进口木材的水路运输量（海上船运）逐年增加。20世纪90年代，中国每年进口的木材超过千万立方米，均是通过水路（海路）船运完成的。进入21世纪后，木材水路运输仍占有重要的位置，每年仍有超千万立方米的进口木材由海路运输完成。

中国有很多江河、湖泊，纵横交织形成极为便利的水路运输交通网。长江、珠江、闽江等及其支流上游都有着丰富的森林资源，洞庭湖水系的湘、资、沅、澧等水系的流域林区，是有名的杉木产地。大多数的江河流向与木材货物流向基本一致，这为发展中国木材水路运输创造了极为有利的自然条件。另外，中国有超12000km的漫长海岸线，并有很多沿海港口，为海上木材运输及木材进出口贸易提供了良好地理条件，每年都有数百万至上千万立方米的进口木材通过海上船运到国内多个港口城市。

国际上几个木材水路运输较为发达、技术工艺比较先进的国家，如俄罗斯每年近亿立方米木材通过内河水路运输和海路出口。加拿大沿海船运木材技术设备较为先进。芬兰主要是内河湖泊木排运输。美国沿密西西比河运输和通过海路出口木材。日本是世界上木材进口大国，每年有几千万立方米木材都是由运木船通过海路输入。

特点 木材水路运输的主要优点：①水路建设投资小、收益大。木材水路运输是利用天然河道，只需少量的基建投资，将影响木材流送的限制河段稍加整治（如清理河道、拦护河道、疏浚河道）和修建一些必要的工程设施（如修建导流设施，包括诱导漂子、丁坝、顺坝等），河道的通过能力就可倍增。在运材量几乎相同的情况下，木材水路运输的基建投资一般仅为陆运基建投资的10%左右，且投资回收期短，收益大。②运量大。例如四川省大渡河木材水运局曾在5个月内采用单漂流送的方式流送木材100万m^3；轮拖木排的体积一般为$2000m^3$，一些较大河川及沿海的木排运输，一次可拖运$10000m^3$以上。③运输成本低。一般木材水路运输的成本为铁路运输的1/10～1/2，为公路运输的1/20～1/8。④燃料能源消耗少。在木材单漂流送和人工排运中，不需要消耗燃料能源。轮拖排运中，其耗油量仅为汽车运输的1/30～1/15。⑤单位功率的效果好，占用运载工具少。拖船的单位功率拖运木材量约为$75m^3$；在单漂流送和人工排运中，不需要运载工具，只需辅助作业用的船舶和机械。⑥污染小，占用农田少。木材单漂流送和人工排运不消耗燃料，基本上不产生污染。轮拖排运和木材船运污染也较小。同时，大部分木材水路运输工程设施建在河流和水域中，占用农田少。

木材水路运输的主要不足之处：在单漂流送中，木材易沉没，损失较大。大密度木材浮力小，流送困难；木材水路运输不如陆运准时，且容易发生意外事故；运输线路由河川流向决定，多数为单向运输；木材水路运输工作条件差，受气候、季节性影响大；运输周期较长。

运输方式 按木材水路运输形态分为木材流送、木材排运和木材船运3种。①木材流送。借助水流动力将木材（单散原木或小木排）自河流的上游向下游流送的一种木材水路运输方式。按流送形态分为单漂流送和小排流送。单漂流送是将能漂浮的单根分散原木由河岸推入河中，借助水流动力自河流的上游向下游流送的一种木材水路运输方式。是木材水运方式中最简单的一种。只能在不通航或短期通航的河道上进行。小排流送是利用索具先将单根原木扎成小木排，然后借助水流动力自河流的上游向下游流送的一种木材水路运输方式。②木材排运。是利用索具（钢丝绳、铅丝、索链、尼龙绳、竹索等）将单根原木或原条编扎成木排，然后依托水流或机械的动力进行木材运输的一种木材水路运输方式。比单漂流送的木材更容易操纵控制。按驱动力分为放排和拖排两种方式，按木排结构类型分为平型排木材排运、木捆排木材排运和袋形排木材排运3种方式。③木材船运。先将木材装到船上，然后依靠船舶动力进行木材水路运输的方式。按运输线路分为内河（包括湖泊与水库）木材船运、江海直达木材船运、沿海和远洋木材船运4种；按运输船舶分为拖轮、驳船、散货船和专用运木船等。船运木材的运价要比排运高，但运输速度比排运快，且安全、木材不易丢失。

河道整治　是木材流送工作中不可缺少的一环，通过河道整治，可以改善流送条件、提高河道的流送能力、降低流送成本、减轻工人劳动强度、提高劳动生产率、减少事故。河道整治的原则主要有河道治理、径流调节和水位调节。河道治理的方法包括清理河道（即清理河岸和清除河道中妨碍流送的障碍物）、拦护河道（利用诱导漂子拦护河道，形成人为的流送路线）、疏浚河道（开挖导沟加深河底，以利流送）、修建固定导流工程物（修建如束水坝、导流坝，以改善流送条件）。

木材水运水工设施　为保证木材水运顺利开展所建造的各种工程设施。按用途分为木材阻拦设施、木材流送水闸水坝、水筏道、船闸、漂木道、木材水上分类编排和拆排设施、人工渠道、河道治理工程设施、漂浮型木材诱导设施等。

水上作业场　在水库、河流和湖泊中的一定水域范围内从事木材分类、编排、装排（船）、合排、停排、出河等一种或多种作业的区域。是木材流送工艺组织中的重要组成部分。按用途分为编排水上作业场、合排水上作业场、出河水上作业场。

木材水运过坝　将木材（原木或木排）从坝体的上游通过各种过坝设施或设备转运到坝体的下游。木材水运是利用天然河道进行木材运输，当河道上出现各种截流坝体之后，就产生了木材水运过坝问题。木材水运过坝方式主要有机械过坝、船闸过坝（排闸过坝）、水筏道过坝、漂木道（水滑道）过坝等。

参考文献

祁济棠, 1994. 木材水运学[M]. 北京: 中国林业出版社.

祁济棠, 吴高明, 丁夫先, 1995. 木材水路运输[M]. 北京: 中国林业出版社.

祁济棠, 张正雄, 2002. 木材过坝工程[M]. 北京: 中国林业出版社.

赵尘, 2016. 林业工程概论[M]. 北京: 中国林业出版社.

（张正雄）

木材水运出河　carrying wood out of water to shore

将到达水运终点的木材（原木或木排）转运到陆地上的过程。是木材水路运输工艺流程中的最后一道工序。

用于木材水运出河作业的机械设备主要有纵向链式出河机、横向链式出河机、绞盘机和各种起重机。纵向链式出河机适用于高低水位之间坡岸缓长的岸边原木出河。横向链式出河机适用于坡度较大的河段岸边原木出河。绞盘机适用于木材流送中的排节或木捆排的出河。起重机适用于船运到材的原木及水运到材的木捆排的出河。常用于出河的起重机有装卸桥、桥式起重机、浮式起重机、门座式起重机、塔式起重机等。

（张正雄）

木材水运到材　the timber arrival for transportation by water

在木材流送之前，将需要流送的木材集运到河边推河场地（楞场）的过程。到材方式主要有森林铁路到材、汽车到材、索道到材、拖拉机到材、平板车到材和人工到材等。森林铁路到材和平板车到材方式主要在中国北方（东北）林区的木材水运中使用，南方林区的木材水运则以汽车到材和拖拉机到材为主。索道到材和人工到材则主要适用于运输距离较短的林区。

（张正雄）

木材水运过坝　log over dam by water

通过不同的工程设施将流送的木材（原木或木排）从水坝上游转运到水坝下游的工艺过程。是木材水路运输中常用的一种工艺过程。根据木材过坝的方式，工程设施或设备主要有以下几种：

①水筏道过坝。中国南方各省普遍采用的一种木材过坝工程设施，水筏道一般适用于低水头（坝高10m以下）水利枢纽的小排过坝，多设在非通航河流上，与中小型水利枢纽工程相衔接。

②船闸过坝。适用于通航河流上修建水利水电枢纽工程的木排过坝，船闸既能过排，又能过船。闸门宽度要大于整排宽度。若因排宽过大，不能满足整排通过，则需要拆排分批通过，其最小闸门宽要达到一串（拍）排宽加1.0～1.5m的后备宽度。门槛水深应大于木排吃水深度。船闸可分为单级和多级、单向和双向不同类型。双向船闸用于上下通航，单向船闸则为木竹过坝专用工程，仅用于竹、木排单向过坝。

③机械筏道过坝。机械筏道通常称为斜面升排机，就其构造与组成而论，应是机械筏道和斜面升排机二者相互依存、不可缺一、共同组成的一种木材过坝筏道与机械设备。是最适于土坝、堆石坝，并可在坝体、坝顶筑路的拦水工程设施。

④横向传送式过坝。横向传送式木排过坝机亦称横向链条式过坝机，是一种用于大、中型坝过木、竹的机械设备。横向链条式过坝机宜于设置在土坝坝坡上，对于混凝土重力坝、拱坝等坝型，其岸边应具有较好的地形条件用于布置过坝机，应尽量避免高支架，岸坡地质要稳定。

⑤纵向传送式过坝。纵向传送式原木过坝机又称纵向链条式过坝机。它适于上游单漂流送或袋形排到材的流送工艺。其适宜的坝体结构、工程河段及水利枢纽位置的地势等条件与横向链式过坝机的要求相似。

⑥漂木道过坝。漂木道属于水力方式木材过坝的工程设施，适于单散原木过坝。漂木道利用槽内水的流动特性与木材的漂浮特性实现木材过坝。漂木道过坝方式需有一定的水深，故耗水量较大。但过坝工艺简单，工程造价较低，过坝费用亦较低。

⑦架空索道过坝。架空索道木材过坝适于坝身较高，年

木材过坝量较小的水力枢纽工程。对于库区木捆排到材，而下游又为木捆排流送或木捆排运输，或库区系小型平型排到材，而下游继续排运时，或库区为袋形排到材，而过坝后仍是单漂流送或改变运输方式等情况时，均可考虑采用架空索道方式进行木材过坝。

⑧起重机过坝。起重机木材过坝属于机械过坝的一种。由于起重机的性能和用途，采用此木材过坝方式受到条件的限制。只有具备适于起重机要求的木材过坝条件时方可采用。

⑨铁路或公路转运过坝。在水利枢纽较为特殊的情况下，可考虑陆地转运木材过坝。即上游有合适的出河地理条件，而坝下又有充分的推河条件，可保证转运过坝的木材继续进行流送；或利用修建电站时修建的施工用铁路，或直接改为陆路运输。

⑩综合型木材过坝。当单一的木材过坝方式无法完成木材过坝任务时，可考虑采用多种方式综合使用，以保证木材顺利过坝。在上述的木材过坝方式中，有些水利、水电枢纽已部分采用多种方式综合完成木材过坝作业。

参考文献

江泽慧, 2002. 中国林业工程[M]. 济南: 济南出版社.

祁济棠, 张正雄, 2002. 木材过坝工程[M]. 北京: 中国林业出版社.

赵尘, 2016. 林业工程概论[M]. 北京: 中国林业出版社.

（黄新）

木材水运河道　river for log transport by water

用于进行木材水路运输的河水流经的路线。河道根据是否有船舶通过分为通航河道与非通航河道。有船舶通过的河道称为通航河道，没有船舶通过的河道称为非通航河道。非通航河道可用于木材的单漂流送或者木排放运；通航河道只能采用拖运木排或者驳船运输木材。

河道的分类

①平原型河道。河道流经平原或地势起伏不大的地区，河谷广阔，河流比降小而且均匀，流送缓慢（流速0.2～1.25m/s）。

②丘陵型河道。河道流经起伏不定的丘陵地区，河流比降较大，平均流速为1.25～2.0m/s，并在个别河段（险滩、跌坡）比降急剧变化，流送有显著的增加。

③山岳性河道。发源于山川，流经两岸有急剧陡坡的山区。其特点是由于急剧融雪或降雨而发生洪水，涨落很快。急弯和石滩很多。流速在2.0m/s以上。

河道等级　不同河道等级可适用不同的木材运输方式。

①Ⅰ等河道。河宽100m以上、水深2m以上的通航或短期通航的河道。适用于木排的流送与拖运，非经特别许可不得进行单漂流送。

②Ⅱ等河道。河宽50～100m，水深1.0～2.0m，水量充沛，涨水时期可以流送木排或排节，而在平枯水时可以流送单层木排或者进行单漂流送。

③Ⅲ等河道。河宽15～50m，水深0.8～1.5m，在涨水时期可以流送木排或单层小木排，而在平水时期只能进行单漂流送。

④Ⅳ等河道。河宽6～15m，水深0.45～0.8m，在涨水时期可以进行单层小排流送和单漂流送，而在平水时期须修建水闸调节径流才能进行单漂流送。

⑤Ⅴ等河道。河宽6m以下，水深0.6m以下，弯曲系数2以上，只能在涨水时期进行单漂流送。

木材流送特征　为了能够顺利运输木材，河道应保证具有足够的水深、最小宽度和最小弯曲半径。流送物体（木排或单根原木）吃水深度、宽度和最大长度与相应的流送河道相匹配。

①流送物体的吃水深度。漂浮的木材沉入水中的深度为吃水深度。木材底部离河床的距离为流送的后备水深，以免在流送过程中，木材或者木排与河床相碰撞。单漂流送时后备深度应大于0.15m，排运时后备深度应大于0.20m。

②流送物体宽度。河道宽度限制了流送木材和木排的允许宽度。单漂流送、放排和拖运木材的允许宽度各不相同。在单漂流送过程中，单根原木可能在河道中回转或在河道中与河道垂直方向漂流，故其流送物体宽度即原木最大长度。流送河道的宽度应大于原木最大长度加上后备宽度；对于放排，其流送河道的宽度应大于流送木排的最大对角线长度加上一定的后备宽度；在通航河道上拖运木排或者驳船运输木材，流送线路宽度应大于木排宽度与船的宽度再加上后备宽度。如木排在拖运过程中，需要经过筏道或船闸时，其平面规格必须比筏道或者船闸的规格小，与筏道或船闸边壁留有2～3m的间距。

③流送物体的最大长度。取决于流送线路的最小曲率半径。船舶或者木排的允许最大长度一般为河道曲率半径的1/6～1/5，单漂流送的木材长度应控制在河道曲率半径的1/3以内。

参考文献

祁济棠, 吴高明, 丁夫先, 1995. 木材水路运输[M]. 北京: 中国林业出版社.

祁济棠, 1994. 木材水运学[M]. 北京: 中国林业出版社.

（黄新）

木材水运河道整治　river regulation for log transport by water

为改善流送条件、提高流送能力、减少木材沿途损失、缩短流送时间和降低流送成本，对木材水运河道所实施的各种工程治理措施。通常采用以下改善和整治措施。

①清：清理河槽，即清除河道中的倒木、沉树、乱石以及其他有碍流送木材的障碍物，并清除岸边妨碍木材流送的灌木和杂木堆。

②炸：即用人工爆破的办法，用炸药炸除河中阻碍木材流送的礁石、浅滩、急弯等障碍物，开通木材流送的通道。

③淘：对于水缓、河面较宽的河滩地段，当水深不足以流送木材时，即采用人工或机械的方式，在河滩上开凿水槽，利用洪水冲刷淘深形成木材流送的通道。

④封：即用枹槎、石坝等工程设施，封住河滩、岔河使漂木不上河滩，不进岔河，依顺主流，顺利漂送。

⑤诱：在沿河适当地点设置木材诱导设施或工程，对流送木材进行诱导，避开流送障碍物。

⑥蓄：建造闸坝，将河水贮存起来，在一定时间内重新分配，实现调节径流、延长木材流送期、提高运送能力。

⑦建：建造丁坝、顺坝等整治建筑物，使河道水流趋向河槽，加大河槽水深，以保证河道具有适于木材流送的深度和线路。

参考文献

祁济棠, 1994. 木材水运学[M]. 北京：中国林业出版社.
赵尘, 2016. 林业工程概论[M]. 北京：中国林业出版社.

（黄新）

木材水运拦木 blocking timber in water

利用设置在河道中的**木材阻拦设施**将木材水运流送到达终点的木材（原木或排节）拦截在阻拦设施内的过程。又称收漂。

按木材阻拦设施结构形式不同分为缆绳式河绠（漂浮式阻拦设施）和河底支座式拦木工程（固定式阻拦设施）两大类。①缆绳式河绠的基本构成包括缆绳、浮漂和支座，按工程所占据的河宽程度又分为横河绠和顺河绠。横河绠占据整个河面宽度，仅适用于非通航河道或通航河道的岔河上。顺河绠是靠一岸设置，仅占据部分河宽（顺河绠宽度一般小于河流宽度的1/2），主要用于通航河道。②河底支座式拦木工程是在河道上设置固定的支座，支座间用缆绳、钢丝网或木栅拦起，以拦截木材。这种拦木设施主要布置在局部水势较平缓，枯水期裸露，而洪水期、中水期被淹没的滩地、岔河和旧河道上；不适用于水位变幅过大的河道和深水区。

（张正雄）

木材水运水工设施 hydraulic facilities of timber water transportation

为保证木材水运顺利开展所建造的各种工程设施。木材水运水工设施的设置应符合木材水运生产工艺的要求。

按用途分为**木材阻拦设施**、木材流送水闸水坝、水筏道、船闸、漂木道、木材水上分类设施、水上编排设施、水上拆排设施、人工渠道、河道治理工程设施、漂浮型木材诱导设施等。其中，①河道治理工程设施分为束水归槽设施（丁坝类）、导水归槽设施（顺坝类）、分水设施（分水鱼嘴等）、蓄水设施（水闸水坝）。②漂浮型木材诱导设施分为带承水挡的漂浮诱导设施和侧方固定支撑式漂浮诱导设施。带承水挡的漂浮诱导设施是由一个端部固定支座和一些漂浮的受力作用的侧方承水挡支持在一定位置上的一种诱导设施；侧方固定支撑式漂浮诱导设施是漂浮部分直接支撑在一些侧方固定支座（木桩、枹槎、石笼子等）上，或者用钢索或链条连接到岸上和河底支座上的一种诱导设施。

（张正雄）

木材水运推河 pushing timber into river

木材水运中将河岸边楞堆中的木材（原木）通过人工或机械的方式推入流送河道中的过程。是木材水运流送（单漂流送）工艺中的第一道工序。有人工推河和机械推河两种。

人工推河 采用捅钩、撬棍、爬杆等，利用木材的重力使木材滑入河中。主要适用于原木体积较小、需要推河的木材数量较少、推河场的地形有利于木材依靠其重力滑入河中的作业场所。

机械推河 采用拖拉机、绞盘机、推土机、起重机等机械将原木推入河道中。适用于原木体积较大、需要推河的木材数量较多、推河场的地形不利于或无法依靠木材重力滑入河中的作业场所。

（张正雄）

木材铁路运输 railway transportation of timber

通过森林铁路运输木材的方式。凡是在地面上铺设由钢轨及其他设备所组成的轨道，供机车车辆在轨道上行驶的设备称为铁路。森林铁路（简称森铁）是在林区以运输木材为主要目的修建的铁路，是中国林业企业的木材生产、林业建设的综合性运输工具，是林区现代化的交通运输工具之一。完成从山上装车场到贮木场的木材运输是其基本任务，同时还担负着林业企业内部及该地区的客货运输任务。中国森林铁路轨距为762mm，属于窄轨铁路。森铁因其特有的优势而广泛应用，未来也将不断通过技术改进提高运输效率和能力。

森铁特点

①分散铺设及管理。国有铁路（简称国铁）轨道贯通全国连成网路，由国家集中统一经营管理，它是发展国民经济的大动脉。森铁则不同，虽然全国森铁轨距统一，但都是分散地铺设在各林业经营区划之内，除黑龙江省友好林业局两条森铁相连通外，其余互不连通，由各林业局独自经营管理。

②对地形适应性强。森铁始于贮木场所在地，按照各林业企业开发布局规划要求，穿越平原、沼泽或沿山傍溪而上，遇峡谷而分支岔，直延伐区腹部至各木材集中场（山中楞场）或汽运、水运换装点终止。

③使用周期短，在建设上多为临时性简易工程。森铁线路除干线外，大部分支线、岔线，特别是岔线和木材装车线，都是随着伐区的开发、转移变化而铺设或拆转。

④森铁线路多在山溪峡谷之间修建，由于地形条件限制，线路坡道长且陡，曲线多而半径小，机车牵引力受到一定影响。

⑤建设基础较老旧。中国现有森铁多为20世纪八九十年代修建，由于受当时各种条件限制，各种技术设备建设都按轻级载荷和短期循环投资标准建成，故建设基础没有国铁那样配套、完善。

⑥森铁运输以运输木材为主，兼办林业企业内外客货运输。因此，在客货运输设备和运营管理等方面不如国铁那样

⑦机车车辆运用效率较低。由于各森铁互不连通或虽连通而不过限界运输，因此机车车辆的运用和运输产品的流通，基本上是定向运行，所以，在掌握和调度行配车工作上易于国铁，但机车车辆运用效率却受到很大限制。

木材铁路运输特点
优点：①运输范围广、能力大。据1980年统计，东北和内蒙古森铁运材周转量占总陆运周转量的366%，运材能力较新中国成立初期提高4倍（高峰年代达到7倍之多）。同时，每年还担负着200万t货物和670多万人次的旅客运输任务。特别是近几年来，又承担了大量的枝丫等综合利用原材料的运输任务。

运输设备不仅数量和型谱多，而且具备了林业自成体系的机车车辆及零配件自研、自制，发展了能力自给有余的生产基地和大、中修的技术力量，全面实现了国产化、标准化和系列化。

②对气候适应性强。很少受自然气候影响，除遇有特大自然灾害外，一年四季均可保持不间断运输。

③适合大批量、长距离运输。森铁是列车化运输，牵引动力少而载运车辆多，运输效率高，故适于长距离运输。同等功率的机车与汽车比较，在可比的线路纵断条件下，机车牵引运输效率高于汽车近10倍。

④维护周期长、成本低。蒸汽机车易于维修而成本低，大修一台LT-110汽车需5万～6万元，而大修一台蒸汽机车只需3万多元。大修周期机车也比汽车长，最经济的使用年限，蒸汽机车可达40年，而汽车只能用10年左右。

⑤运营成本低。据黑龙江省统计，森铁运材量最高峰年代，全省平均每立方米公里仅0.07元，在森铁运材量下降一半后，每立方米公里成本仍较汽车低60%～65%。

⑥森铁能源以煤为主，比汽车燃料易于解决。

⑦有利于保护森林资源。采用森铁运输可较好地控制闲散人员入山乱砍滥伐和盗运木材。

⑧积累了较为丰富的运营管理经验，建立与健全了一整套的技术法规和各专业规章制度，经营管理较为严密，运输秩序比较稳定。

缺点：①运输路线有限。森铁运输的路线比较有限，机动性和灵活性较差，难以覆盖到所有的木材产地及目的地。

②依赖基础设施且需要专门的车辆和装卸设备。森铁运输依赖于铁路基础设施，若铁路基础设施不完善，则会影响运输的效率和安全性；需要专门的车辆和装卸设备，若无相应设备则需要额外的投资成本。

③不利于短距离运输。森铁运输适用于长距离、大规模的木材运输，而对于短距离、小规模的木材运输来说，则不太经济实用。

技术设备 森铁包括固定技术设备和移动技术设备。固定技术设备包括轨道、车站、装卸设备、安全检测与保障设备及其他建筑物，信号及通信设备等。移动技术设备包括维护设备、机车和车辆等。

发展方向 森铁的基本建设、设备制造、技术改造和发展运输设备现代化的规模，应与整个林业建设规模结合起来，使森铁的技术改造和技术设备效能的提高与林业其他方面建设的发展互相适应，协调一致，只有这样，才能充分发挥森铁运输效能。森铁技术设备的发展方向是：机车内燃化；车辆系列化、标准化；轨道钢轨重长化、干支线木枕防腐化、道床石碴化、桥涵结构永久化、道岔整体化、岔线铺设、拆转和养路作业机械化；通信线路标准化和通信设备、调度音频选号化、长途多路化、局内自动化；有条件的主要车站信号、联锁装置电气化；机车车辆检修机具化和机车整备作业机械化。不断地提高运输能力和劳动效率，改善劳动条件，以适应林业生产建设和发展林区经济的需要。

参考文献
冯树民, 2004. 交通运输工程[M]. 北京: 知识产权出版社.
胡思继, 2005. 综合运输工程学[M]. 北京: 清华大学出版社.
沈志云, 1999. 交通运输工程学[M]. 北京: 人民交通出版社.
姚祖康, 1996. 运输工程导论[M]. 上海: 同济大学出版社.

（王海滨）

木材运输　timber transportation

从树木伐倒后到贮木场或需材单位的全部运输作业。简称运材。

木材运输全过程分为三段：木材从立木伐倒的地点运到与运材道相衔接的装车场，或是运到与河道相衔接的河边楞场，这是木材的第一段运输，在木材生产过程中被称为**集材**；木材从装车场运到贮木场，或从河边楞场水运到贮木场，这是木材的第二段运输，在木材生产过程中被称为运材；木材从贮木场运往全国各需材单位，这是木材的第三段运输，称为社会上流通过程的木材运输。前两段运输（集材和运材）是生产过程的运输，属于林业企业的内部运输，而第三段运输为林业企业外部的社会运输，属于流通过程的运输，在木材生产过程中称为木材调运。

木材运输分类 国内外木材运输基本上分为陆路运输、水路运输、空中运输和管道运输4种类型。

在木材陆路运输中，按地形条件分为山地运输、平原运输；按运输对象分为原条运输、原木运输、伐倒木运输、枝丫运输、工艺木片运输和竹材运输等；按运输季节分为常年运输和季节性运输；按运输道路分为公路运输、铁路运输（窄轨铁路运输、缆曳铁路运输）、索道运输和冰雪道运输等；按牵引机械分为汽车运输、火车运输、拖拉机运输、畜力运输等；按车辆分为单车运输、汽车列车运输、畜力运输和板车运输等。**木材汽车运输和窄轨铁路运输**是中国木材陆路运输的两种主要类型。1984年全国林区道路约有12万km；其中林区公路约11万km，窄轨铁路为1.15万km。拥有运材汽车1万余辆，运材挂车7000余辆。窄轨机车860台，车辆1.5万辆。从全国来看，汽车运输每年完成近3/4的木材陆运任务，窄轨铁路则完成1/4的任务。在东北、内蒙古林区，汽车与窄轨铁路运输完成运材量的比例约为6∶4。由于可采森林资源的减少，林地条件的变化，以及中国汽车工业和林区经济的发展,在木材汽车运输与窄轨铁路运输的生产技术设备方面已发生了较大的变化,1992年全国林区道路近20万km;其中林区公路约19万km,窄轨铁路约为7400km。拥有运材汽车2万余辆,运材挂车9000余辆。窄轨铁路机车596台,车辆为9000余辆。由此可见,木材汽车运输在木材运输生产中占主导地位。引起木材汽车运输比重迅速增长的主要原因是木材汽车运输本身优点决定的。20世纪90年代末,由于伐区作业已进入森林纵深部位,自然地表坡度较陡,窄轨铁路车辆难以往返运行,因而在林区窄轨铁路运材中,出现利用拖拉机、汽车或索道进行短途接运的联合运输作业方式。索道和缆曳铁路运输亦只担负陡坡的短途接运。平车道运输可担负木材全程或短途运输,20世纪90年代仅在南方才有所使用。冰雪道运输20世纪90年代亦很少见。但在北方林区的寒冷季节,广泛采用冻板道运材。

木材水路运输分为内河运输和海洋运输。通常所说的木材水路运输,均指内河的木材水运。在内河运输中,根据河道的条件分为小河流送和大河水运等。小河流送一般为单漂流送或小排流送。大河水运通常为排运和船运。在湖泊和海洋运输中分别采用袋形排和雪茄排运输,也可采用船运。

在木材空中运输中,根据空运工具的不同分为气球运材、直升机运材和飞艇运材等。直升机运材在美国和加拿大等国家,在无法修建道路或在特别强调环境保护的林区有所应用。20世纪90年代末,国外一些地区研究利用气球和飞艇运材的可能性,美国、加拿大和挪威等国家利用气球和飞艇集材已取得了成功,利用装载质量为100t的飞艇运材的生产率很高。

管道运输主要是运输木片。加拿大等国家研究了管道运输工艺木片的技术可能性和经济合理性,将20%以内的工艺木片变成木泥,其余以水在管道内运输。

木材运输基本特性 由于中国森林分布的特点(林地面积大、林木分散、林分单位面积的木材蓄积量低、育林时间长)以及林木本身的特性等因素的影响,木材运输具有如下特性:

木材运输货流单向性 在一定时间内,沿道路或路段一个方向上所运货物的数量称为货流,或叫货流强度(t/h)。货物流向是指货流沿着道路或路段流动的方向,也称为货流方向。当沿道路或路段的两个方向都有货流时,货流量大的方向称为该路段的货流顺向,反之称为货流反向或逆向货流。

木材运输的货流是由伐区向贮木场方向流动,木材货流的数量相当多,而逆向货流仅是企业的生产、生活物资和居民的生活用品等,其数量有限。两个方向的货流相差很大,故称为木材运输货流的单向性或称木材运输货流的不均衡性。

木材运输货流汇集性 截至2023年10月,地球上的森林面积为40.19亿hm²,每公顷木材的蓄积量为114m³。中国的森林面积为2.08亿hm²,每公顷木材的蓄积量平均为89.79m³。上述资料充分说明林木生长的分散性。为了有效地采集木材,必须在一个林业企业所属的林区内,铺设由干线、支线和岔线所构成的道路网,把木材由岔线经支线和干线运往贮木场。把分散在广阔林地上的木材逐渐汇集到一点的特性,称为木材运输货流的汇集性。

木材运输规模大、运距较长、季节性强 木材运输的生产过程是在整个林业企业的范围内,点多面广,运距较长,生产活动分散和情况多变,所以木材运输与一般工业企业运输相比,具有运输规模大、运输距离长和季节性强的特性。

木材运输重载方向下坡性 20世纪90年代末,中国的森林大部分分布在边界省及内陆省区海拔较高的边远山区,使木材由山区向平原地区方向流动。从运输的观点来看,这就是木材运输重载方向的下坡性。从林业企业木材生产过程的运输来看,也是如此。伐区装车点的海拔较高,而贮木场(衔接点)的海拔较低。经此两点所修建的运材道路,其纵断面的坡度呈下坡形式,这种形式的道路在运材道路中占绝大多数。由于林区运材道路的这种特点,从而形成木材运输重载方向的下坡性。

运材岔线临时性 在林道网中,运材岔线的范围小,运材的数量不大,少则几百立方米,多则上千立方米,在短时间内即可运出,因此以运材为目的的岔线多为临时性的,称为运材岔线的临时性。在木材运完后,可拆转到新伐区继续使用。这种路面,车辆运行阻力小,运行速度高,并可多次拆转使用。它与廉价的临时性道路相比,在结构上、形式上迥然不同,但均属临时性道路。虽然在造价上两者相差悬殊,但折算到每立方米木材的生产成本上,与廉价的临时性道路相差无几,因此,实质上亦属廉价的临时性道路。

运材道路递增性 在森林开发时,为保证在开发期内具有较短的运距和较少的道路投资,通常采用由近及远的森林开发方案。为到新伐区进行木材生产,几乎每年都要延伸道路。因此,运材道路的长度是逐年增加的,直到林道网的计划长度为止。这种特性称为运材道路的递增性,使木材运输的平均运距每年都在增加。同时,森林道路又起到了"先行官"的作用。

木材运输对象长大、笨重性 木材在生产运输中,通常是以原条或原木的形式出现的。这种运输货物与一般货物相比,具有长大、笨重的特性。这一特性称为木材运输对象的长大、笨重性。在成过熟林中,原条的长度一般在15～25m,或更长一些,其单株材积大多在0.5m³以上,少量大的可达5～6m³。在人工林中,原条的长度也在15m左右,其单株材积在0.3m³左右。原木的长度一般为4～8m,在新采伐的原条或原木中,木材的密度因树种和林地条件的不同而有所差异,但一般均在0.90t/m³以上。因此,车辆的结构型式、参数和使用性能,运材道路的设计参数,装卸机械的结构型式、性能参数及场地设施等,均应与此特性相适应,以满足木材运输的需要。

木材在水中漂浮性 大多数木材的密度(0.95t/m³)小于水的密度,所以大多数木材和全部的竹材在水中具有漂浮性。木材水运中的单漂流送、小排流送和排运，就是利用木材在水中的漂浮性，直接利用流水动力进行木材运输的。这也是木材水运成本较低的重要原因。

木材运输工艺结构　工艺结构有3个影响因素，分别是：①自然因素，包括伐区资源情况、林地的地形地势条件、气候条件等；②工艺因素，包括木材生产方式、运输类型、运材方式、伐区、运材和贮木场作业的机械系统；③生产组织因素，包括企业的类型和生产能力，伐区、装车场和贮木场的数量及位置，林道网的形式、密度和道路等级，用户数量、木材销售量和运输距离等。

约束条件有多种：第一，在每个伐区，根据工艺要求的采伐量应小于或等于计算年采伐量或计划采伐量；第二，从每个伐区向贮木场的运材量和向用户运输的木材量应小于或等于计划年采伐量；第三，贮木场的到材量应小于或等于该贮木场的生产能力；第四，从每个贮木场运出的木材量应该小于或等于该贮木场的库存量；第五，从贮木场和从伐区向木材用户运输的木材量应满足用户的需要量。

参考文献

胡济尧, 1994. 木材运输学[M]. 北京: 中国林业出版社.

梁云林, 2013. 木材运输技术及其发展综述[J]. 科技创新与应用(2): 217-218.

孙玉忠, 2013. 木材运输工艺与技术[J]. 科技创新与应用(2): 213-214.

王琦, 白帆, 周大元, 等, 2014. 我国木材生产机械的发展(三)[J]. 林业机械与木工设备, 42(1): 17-20.

尹丕, 2013. 木材运输技术的几种方法及其发展趋势[J]. 科技创新与应用(33): 277.

（薛伟）

木材运输工效学　ergonomics in wood transportation

将人类工效学基本理论与研究方法应用到木材运输组织、管理、调度及载运等工作中，实现木材运输安全、高效、舒适和经济目标的科学。

木材运输按运输范围分为林业企业外部运输和企业内部运输，木材运输工效学的木材运输是指企业内部的运输，即从伐区到贮木场的木材转运过程。按运输方式分为木材陆运和木材水运（见**木材运输**）。20世纪70年代后期，随着汽车工业的发展和林区道路的建设完善，汽车运输已成为主要的木材运输形式。但由于木材运输具有季节性强、规模大、重载下坡和运输对象长大、笨重等特性，以及受林区道路环境复杂等因素的影响，易引起木材运输人、车辆与环境系统冲突，影响木材运输安全及工作效率。

木材运输工效学研究涉及装卸、运输、组织管理等多个环节，目的是解决各环节中存在的问题，提高木材运输的安全性、效率、舒适性和经济性。①木材装卸常用的装卸机械有架杆起重机、缆索起重机、叉车、装载机、汽车起重机和门式起重机等（见**木材装车、贮木场卸车**）。很多装卸机械没有配备抓具，木材装卸中部分工作需由人工来完成，作业人员的劳动强度大，易发生超负荷作业和生产事故。②木材运输车辆多为通用货车改装而成，与专用的木材运输车辆比较，适应性、专业性和技术性都较差，设施不完备；且由于受地形条件的限制，林区道路等级较低、坡度大、视距不足、曲线半径小、路面质量差等，木材运输作业是在气候条件恶劣、地形复杂、通信困难等环境条件下进行的。这些又无疑增加了汽车的燃油消耗和零部件的磨损，降低了**运材汽车**的使用寿命，同时增加了驾驶人的劳动强度和心理负荷，极易造成**驾驶疲劳**，进而导致生产事故。③木材运输组织管理手段落后，如在木材运输计划的编制、运力和人员的配备等方面没有充分考虑车辆的检修、道路的养护和人员劳动强度，增加了运材车辆的空驶率和等装待卸时间，造成运力浪费和能源的消耗，增加了作业人员的工作负荷。又由于通信困难和通信设备的不完善，不能及时掌握装、运、卸的情况和处理车辆运行故障及交通事故，造成很大经济损失和人员伤亡。针对以上问题，许多学者开展了一些人类工效学相关研究，如20世纪70年代开始进行林道网理论和林道线形的相关研究（见林道网密度工效学和林道线形工效学）；同时也开始研制液压抓具、木材专用装载机、特种专用车辆等。但这些研究不够系统深入，尚不能形成有效指导木材运输实践的系统理论方法。

随着国家林业产业政策的调整，木材运输的对象、形式和结构等都发生了改变，由原来的伐倒木、原条和原木向剩余物、削片和原木方向转变，木材运输的车辆、运输、组织管理形式也发生了改变。木材运输工效学未来研究的主要内容是运用人类工效学的理论和方法，对驾驶人休息制度、**驾驶行为**、驾驶疲劳、危险预警运输效率等方面展开深入研究，充分发挥人-机-环境系统的整体效能。

参考文献

胡济尧, 1996. 木材运输学[M]. 2版. 北京: 中国林业出版社: 5-50.

徐克生, 2006. 林业生产安全[M]. 北京: 化学工业出版社: 335-352.

（解松芳）

木材运输证管理系统　timber transport certificate management system

应用信息技术对**木材运输**相关业务进行管理的计算机系统。又名木材运输管理系统。通过信息化手段提升了运输证业务的处理效率，并强化了木材运输合法性的监管。

2009年修订的《中华人民共和国森林法》第三十七条规定：" 从林区运出木材，必须持有林业主管部门发给的运输证件，国家统一调拨的木材除外。"2016年2月6日颁布的《中华人民共和国森林法实施条例》第三十五条也明确指出："从林区运出非国家统一调拨的木材，必须持有县级以上人民政府林业主管部门核发的木材运输证。其中，重点林区的木材运输证由国务院林业主管部门核发；其他木材运输证则由县级以上地方人民政府林业主管部门核发。"由此可见，实施木材凭证运输制度是当时森林法明确规定的重要法律制度。加强木材运输监管并建立完善的木材运输管理系统，既是森林资源保护与管理的关键环节，也是依法监测和控制森林资源消耗的重要举措。

在这样的背景下，从2000年至2010年，全国各地的市县林业局纷纷建立了"木材运输证管理系统"。木材运输证管理系统主要应用于政务服务中心以及便民办证点，办理木材运输证业务，具有如下具体功能：①录入、修改木材运输票证信息；②管理运输票证信息，如按运输类型、材种、树种、发货单位及发证依据等字段分类管理等；③查询运输票证相关数据，如林业执法人员根据运输证编号进行查询、按运输工具及车号精准搜索、根据运输地点或发货单位进行模糊搜索等；④运输数据的统计报表，如期间统计、运输方式分类统计、月报表等；⑤收取相关经费，如育林基金、检疫费用及工本费的收取；⑥合法性检查，如采伐限额复核、林权信息检查、植物检疫合格检查、运输方式与轨迹检查；⑦依据林业局印刷的运输证本格式，实现精准的运输证套打（套打是指采用针式打印机代替手写方式，在已有特定格式的票据上，根据事前测量的精准坐标，将文字直接打印在固定的填写位置上，并通过复写纸一次性完成多联票据的打印任务）。这些市县级运输证管理系统的应用，为林业生产提供了便民服务，有效提高了木材运输证的办证效率，同时也加强了林业生产的合法性检查。

鉴于全国各地木材运输管理各自为政、体系混乱、衔接不畅，尤其对于跨地域的木材运输行为难以实施有效管理。国家林业局主持开发了"全国木材运输管理系统"，自2010年7月1日正式启用，历经半年的试运行与优化，于2011年1月1日在全国范围内全面推广。其目标是构建一个高效、统一、且能支持跨地域管理的木材运输监管体系，以强化对木材运输的全面监管。该系统基于互联网运行，采用虚拟专网技术（virtual private network，VPN）搭建网络，在国家林业局信息中心和各省中心部署VPN网关，各省辖市县办证点、检查站通过VPN软件同其省级VPN网关建立VPN通道，从而实现了木材运输发证、木材检查，以及木材运输信息的查询、统计和分析的全国网络信息化，涉及国家、省、市、县、木材检查站、办证点六级用户，覆盖木材运输各个环节，构筑起全国木材运输管理信息主干道。到2017年底，全国木材运输管理系统共办理运输证3956.36万份，运输木材11.1亿 m^3、竹材26.87亿株。全国木材运输管理系统的投入运行，为全国木材运输管理提供了强有力的技术保障，促进木材运输管理进一步公开、透明、规范、高效。

在全国木材运输管理系统推广后，各县市自行开发的"运输证管理系统"或停用，或增设了数据接口，保留地方系统特定功能外，还能把本地数据汇总给全国木材运输管理系统，同时从全国木材运输管理系统获取到异地木材运输证数据，加强对过境的异地车辆的木材运输合法性监管。

根据2020年7月1日起实施的《中华人民共和国森林法》规定，木材运输许可审批被取消，各县级林业局亦不再受理木材运输许可的申请，停止办理木材运输证，木材检查站也不再对木材运输证进行查验。全国木材运输管理系统停止运行，同时，全国各地自行开发的木材运输证管理系统也随之停止运行。原运输证管理系统在木材运输合法性管理方面的职能由检尺码单管理系统接替。检尺码单作为证明木材来源及运输合法性的重要凭证，继续发挥其不可或缺的作用。

（林宇洪）

木材装车 timber loading

森林采运生产中，在集运、调拨和销售等过程中将木材装运到运输车辆的作业过程。

从集材转变为运材时，在山上楞场需要进行装车；从公路运材转变为森林铁路运材时，在中间楞场需要进行装车；从企业内部的木材运输转变为企业外部的运输时，在贮木场需要进行装车。

装车方式 根据装车时木材的类型，分为原木装车、原条装车、伐倒木装车和木片装车；根据装车时的车辆类型，可分为汽车装车、森林铁路车辆装车和标准轨铁路车辆装车；根据装车动力来源分为人力装车、重力装车和动力装车。①当木材轻小时，常采取肩扛的方式进行人力装车。当原木直径较大时，就要采取若干人联合抬扛的办法。在生产实践中，还可以用拉大绳的方法进行装车。②重力装车是利用高站台（高货位）将木材滚入车内的方法。③动力装车主要指机械化木材装车，主要有倾斜式架杆机装车、直立式架杆机装车、缆索起重机装车、门式起重机装车、原木抓具装车、装载机装车、液压起重臂装车、预捆装车、预装装车、准轨铁路装车。

装车机械 山上楞场用的装车机械有液压起重臂、装载机、缆索起重机、汽车起重机、架杆起重机等。贮木场用的装车机械有缆索起重机、塔式起重机、叉车、架杆绞盘机、装卸桥等。为提高装车效率，山上楞场常采用预装架、大捆装车等；在贮木场采用预装框架、专用木材铁路车辆等。

装车方法 分为木材掉落装车法和木材摆放装车法。①木材掉落装车法是木材从一定高处向车内自由掉落而实现装车的方法，有人力的和机械的两种。具体方法包括采用拉大绳使木材滚进车内；采用高栈台装车，将场内的木材利用平车升高并卸在台面上，等车辆配好后，工人从台面高处将木材逐根抛入车内；利用横向输送机装车；利用叉车将成捆木材一下子掉进车内。②木材摆放装车法是木材经控制，安全和平稳地装在车内的方法。架杆绞盘机、各种吊钩式起重机、抓具起重机、装载机等装车均属于这种类型的作业方法。

木材装载法 分为车立柱装载法和无车立柱装载法。①车立柱装载法，如图1所示。用敞车和平板车装原木时常使用车立柱等捆绑器材固定原木，增加木材装载量。车立柱常采用固定的钢柱、可拆装的木制立柱。为保证车内木垛在行车过程中的安全，车立柱之间要用铁丝或绳索拉紧绑扎。②无车立柱装载法，如图2所示。采用敞车运输时，敞车未安装车立柱时，常采用绳索捆绑法、递装法和框装法进行装载。

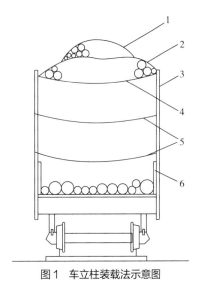

图1 车立柱装载法示意图

1—封顶绳；2—起脊绳；3—车立柱；4—平顶绳；5—腰绳；6—平板车

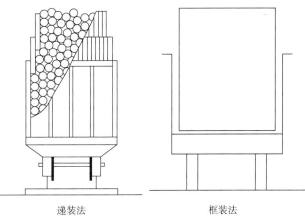

图2 无车立柱装载法示意图

参考文献

东北林学院, 1961. 贮木场[M]. 北京: 农业出版社: 9-10.

黄瑞琦, 2000. 现代行业语词典[M]. 海口: 南海出版社: 28.

江泽慧, 2002. 中国林业工程[M]. 济南: 济南出版社: 55-67.

史济彦, 1989. 贮木场生产工艺学原理[M]. 北京: 中国林业出版社: 103-106.

（孙术发）

木材阻拦设施　timber arrester

将单漂流送的原木、放排流送的排节或木捆阻拦和收容在河道中的工程设施。主要用于木材的储、放、运。分类方法有多种，按照用途基本上分为以下4类：

横河缆　横拦全河的漂浮式木材阻拦设施。由缆绳、缆漂、缆座及纵向两岸建筑物组成。一般设置在非通航河道或者通航河道的岔河上。河缆位置宜选择在河岸逐渐收缩、水深河窄的河段；缆场范围内没有浅滩和支流汇入，河床稳定，土质坚实，岸坡不易冲刷；缆址下方有一定的水域面积，满足出缆、选材、编排等作业。

顺河缆　占据部分河宽的漂浮式木材阻拦设施。按结构形式不同分为软吊顺河缆和硬吊顺河缆两种。软吊顺河缆横向由上下支缆绳和缆漂组成，纵向由根部漂浮支座、腰绳漂浮支座和横向漂节组成。宜设置在河面较宽、水深较大的弯曲河段的凹岸下方。硬吊顺河缆由横向漂子、缆门、纵向漂子、横向腰绳、纵向腰绳和主绳及支座组成。可设置在急弯以下顺直河段的缓水区、凹岸河湾缓水区与回流区。

拦木架　横拦全河的固定式木材阻拦设施。由墩座、排架、横梁、拦木栅、放木门和工作桥组成。一般设置在水位变幅较大的河段上。要求地基牢固、两岸地势较高、距河口较近，下游大河河水可倒流。

羊圈　占据部分河宽的固定式木材阻拦设施。因单漂流送的木材像草原上的牧羊一样，故其收漂工程在四川等地称为羊圈。由墩座、排桩、拦栅、分水鱼嘴、基础与防护组成。羊圈类型主要有岔河羊圈和河滩羊圈两种。宜设置在河面较宽阔、洪水时水流平缓的河滩、岔河或旧河道上，圈场内无支流汇入；圈址占水面宽不超过30%，河床稳定，河岸坚实；圈后有一定的水域面积，方便出缆编排作业。

参考文献

祁济棠, 1994. 木材水运学[M]. 北京: 中国林业出版社.

赵尘, 2016. 林业工程概论[M]. 北京: 中国林业出版社.

（黄新）

木排道　corduroy road

用木杆及灌木为主要材料铺筑于泥沼地段的简易临时性运材道路（如图）。又称原木道、横木杆道。木杆垂直于车道方向铺设；林区常用，多属岔线。木排道也可以作为其他道路的路基使用。

木排道基本构造（赵曜　供图）

参考文献

国家计划委员会, 1988. 道路工程术语标准: GBJ 124—88 [S]. 北京: 中国计划出版社.

南京林业大学, 1994. 中国林业辞典[M]. 上海: 上海科学技术出版社.

（赵曜）

木片运输　chip transportation

将工艺木片从伐区或其他加工地点运出的运材方式。

在木片运输时木片产生收缩并减少其几何体积，其减少值取决于木片的尺寸和含水率、道路状态、行驶速度、运距、装车方法和其他因素。如在运输时木片下陷发生在运输开始阶段（当木片运输车的行程约为20km时）。道路质量越差（摆动、振动等）和速度越高，木片越密实（增加0.05～0.15倍）。

图1　木片

图2　圆木片

当气温在 -1～2℃时，木片含水率超过45%，即使轻度压实，由于运输时热输出的提高，木片相互冻结和冻结在车厢木制和金属表面上；在不运动的状态下木片与容器表面的冻结温度要低些（-5～7℃）。在装车前，木片已经冻结，此种木片在运输中不再相互冻结，卸车比较容易。在车厢中，木片含水率越高，周围空气温度越低、木片越厚，冻结越强烈。在寒冷地区运输时，车厢内木片冻结深度达100mm，甚至全部冻结。

运输时为避免冻结减少木片的含水率，并缩短运输时间，减少其热输出效果，在保存时场地应设置房盖。另外，在运输时采用双底和双侧壁组成的车厢也能达到减少热输出的效果，这样在车壁板间形成空气层，以降低热交换。

在装木片过程中，使之密实，这样能提高木片运输车的装载量，但同时也造成从车厢中卸木片的困难。

应用铁路车辆运输木片时，应注意车厢中卫生条件，避免车厢内剩余的矿物杂质渗入木片中降低其等级和价值。应用抓斗或气动装置卸下木片后仍需清扫车厢。

当车辆速度很高时，风会吹散车上层的木片，其损失可达15%～25%。

装车工具的发展趋势是从手工工具到机械化，进一步发展为利用气动装置，使木片装车更密实，提高车辆的装载量。

参考文献

胡济尧, 1994. 木材运输学[M]. 北京: 中国林业出版社.

（薛伟）

木片贮存　wood chips storage

采伐剩余物加工成为工艺木片后，在装车外运前，集中堆放在棚房、料仓等场所贮存的过程。以木片为产品的森工企业，为了确保木片质量和持续供货，需要有一定的木片贮存量，以满足生产使用。

木片贮存不同于原木贮存，它较后者有更为苛刻、复杂的要求。木片贮存方法主要有闭式和开式两种。闭式贮存，如棚房和料仓，主要是为了防雨，降低周围环境的影响，在中国南方用得较多。开式贮存即露天贮存，设备投资少，场地利用率高，不受贮存量的限制，在国内外得到了广泛使用，是主要贮存方式。

木片贮存中的变化主要体现在含水率、变色和腐朽三方面。木片含水率与立木采伐季节、树种、木片存放时间等有着密切关系。一般夏季采伐的木材含水率最高，冬季采伐的木材含水率较低。在贮存期间，由于木片堆内微生物活动和化学反应，使木片产生变色。变色对细胞壁无损伤，对木片利用影响不大。木片腐朽是由于木腐菌的侵蚀而产生。木腐菌主要分为褐腐菌和白腐菌，前者侵蚀纤维素，后者侵蚀木素，腐朽对木片性质影响较大。

减少木片在贮存期间损失的措施：①场地选择。选择木片场地时，除了注意风向外，总的要求是地势高、排水好、保持场地清洁。②贮存时间。允许的贮存时间视贮存条件和产品类别而定，一般针叶树木片贮存期限在2～3个月以内。③木片进出制度。需采取木片"先进先出"循环贮存周转的方法。④木片堆的通风贮存。为了缓解木片堆中的温度升高现象，当堆高超过5m时，应在木片堆内部设置木制通风管道。⑤缺氧贮存。用塑料薄膜把木片堆覆盖密封起来以断绝氧气供应，可减缓木片堆内的温度升高和腐朽变质。

参考文献

史济彦, 1995. 采伐剩余物利用学[M]. 哈尔滨: 东北林业大学出版社: 124-130.

（王全亮）

木桥　wooden bridge

以天然木材作为主要建造材料的桥梁。是林区常用的基础设施，主要用于跨越河流、溪流、沟渠等地形障碍，提供通行的便利。能够承载行人、车辆和设备的通行，确保森林管理和开发活动顺利进行。木桥有梁桥、拱桥或吊桥等类型，具体形式取决于跨越的距离、地形和使用需求。

基于木桥设计和建造的复杂性，以及与人类文化和工业进化的相关性，木桥的历史与发展可分为4个时期。

①史前至中世纪（1000年以前）：在史前时代，人们利用环境中可用的材料来建造桥梁。在树木繁茂的地方，最早的木桥可能是一棵倒在水道上的树。第一座人造木桥被认为是由新石器时代的人类在公元前约15000年，用石斧砍倒一棵树并将其横跨在裂谷上。悬索桥的原型设计可能来源于悬挂的藤蔓或茎。在中亚的亚热带地区，人们用长茎的棕榈树来建造悬索桥。在有木质茎植物生长的地区，当地居民可以

用扭成的藤蔓建造绳索桥。这种类型的桥梁在复杂性上有很大差异，从两三根拉紧的绳索到更复杂的结构，使用多根绳索来支撑由树和树枝构成的桥面。

有记录的最古老的桥梁是在公元前783年建造的，宽35英尺（约10.7m），长600英尺（约183m），位于巴比伦的幼发拉底河上。

大约2000年前，罗马建造了一座特别的桥，名为凯撒桥（Caesar's Bridge），其作用是方便罗马军队进入德国。威尼斯建筑师帕拉迪奥（Palladio）记录了这座桥梁，"该结构由一系列的梁和倾斜的支撑组成，这些部件通过凹槽连接在一起，使桥梁可以快速搭建和拆除。桥梁的自身重量和通过的负荷使得这些连接更加紧密。"

②中世纪至18世纪（1000—1800年）：从中世纪到15世纪末期，有关木桥的文献记录有限且不完整。直到16世纪，帕拉迪奥（Palladio）在约1550年创作了《建筑学》之后，才出现了一些重要的发展。18世纪是一个快速进步的时期，其中最引人注目的是1758年建成的跨越莱茵河的沙夫豪森桥（Schaffhausen Bridge）。这座桥分为两个跨度171英尺（约52.1m）和193英尺（约58.8m），上部结构中使用了大量不必要的木材。还有德国维廷根（Wittingen）的一座单跨390英尺（118.9m）的桥梁。这个世纪后期最重要的木桥进展发生在美国和俄罗斯。如由蒂莫西·帕尔默（Timothy Palmer）设计并在1794年建造完成的皮斯卡塔夸桥（Piscataqua Bridge）。这座桥长2362英尺（约719.9m），宽38英尺（约11.6m）。

③19世纪（1800—1900年）：在这一时期，桁架桥和拱桥成了木桥设计的主导形式。如1812年，刘易斯·维恩瓦格（Lewis Wernwag）在宾夕法尼亚州的斯库尔基尔河（Schuylkill River）上建造的巨人桥（Colossus Bridge）。这座桥由5个平行的拱形桁架组成，每个拱形的拱高为20英尺（6.1m），跨径340英尺（约103.6m）。1814年，西奥多·伯尔（Theodore Burr）在佛蒙特州白河汇合处（White River Junction）建造的一座铁路桥梁。这座桥在服役54年后仍然坚固耐用。

19世纪40年代是木桥发展的一个转折点。在此之前，大多数木桥几乎完全由木材建造。铁质部件的使用仅限于铁匠锻造的小型紧固件或其他硬件。从1830年开始，铁路的快速扩展极大地推动了桥梁的发展，铸铁桥梁开始出现。尽管木材仍然是桥梁的主要材料，但铁开始成为木桥的结构组件，由此诞生了组合桥梁。显然，在1840年之前，木桥的发展是基于经验的。早期设计的概念常常被用作开发新型桥梁的基础。

④20世纪（1900年至今）：木桥的发展速度放缓。虽然在木材紧固件和防腐处理方面取得了显著进展，但直到20世纪40年代中期，随着胶合木作为桥梁材料的引入，木桥才迎来了最大的单项进步。在20世纪60年代和70年代，胶合木继续发展，并成为木桥建造的主要材料。到20世纪80年代，新的胶合木桥梁设计出现，并引入了应力层压木材的创新概念。因此，人们对木材作为桥梁材料的兴趣重新高涨，每年建造的木桥数量相应增加。

木桥优点是构造简单，施工迅速；缺点是木材易腐、易裂（气候干燥地区）、易遭火灾，且强度较差。

半永久性使用的须做防腐处理。构件主要以承压和抗剪传力，其受拉接头由螺栓抗剪和栓孔承压传递拉力，并以螺栓、夹板、穿钉、扒钉等铁件固定构件的相互位置。

参考文献

梅君, 2015. 古木桥——纵横于历史长河上的皱纹[C]//中国公路学会养护与管理分会专题资料汇编. 养护与管理, 51(5): 5-10.

姚玲森, 李富文, 俞同华, 1999. 中国土木建筑百科辞典: 桥梁工程[M]. 北京: 中国建筑工业出版社.

Ritter, Michael A, 1990. Timber bridges: design, construction, inspection and maintenance[M]. Washington, DC: United States Department of Agriculture Forest Service: 1-17.

（余爱华）

木塑托盘　wood plastic tray

将一定比例的塑料和废旧锯木，使用黏合剂，再经过高温、高压处理成木塑板材，切割后用螺栓固定制成的托盘。主要应用于仓储、出口、机械制造业、电子行业、饮料业以及零售行业等。

木塑托盘具有以下特点：①质量较轻，较为平稳；②使用寿命较长，是实木托盘的5～7倍；③无毒无味；④外观整洁性好，无边角的毛刺；⑤可防潮、防虫蛀、防发霉、耐腐蚀；⑥比较容易维修，可以进行回收利用；⑦没有形成规模，成本较高，市场占有率低。

木塑托盘

参考文献

封士伟, 钟志祥, 崔浩, 2018. 木托盘的回收策略与回收平台建设[J]. 物流技术与应用, 23(3): 138-139.

葛笑, 沈丹丹, 何小云, 等, 2020. 木托盘有限元分析自动化[J]. 包装工程, 41(5): 158-164.

邢碧滢, 庞燕, 2019. 小径木通用平托盘力学性能检测实验研究[J]. 中南林业科技大学学报, 39(8): 131-138.

（魏占国）

挠度 deflection

悬索曲线上的点到弦线间的铅垂距离。如图中的f。分为无荷挠度和有荷挠度。无荷挠度指悬索在自重下的挠度；有荷挠度指悬索除自重外，还受其他荷重时的挠度。挠度位于跨中时称为无荷中央挠度或有荷中央挠度。无荷中央挠度或有荷中央挠度与跨距的比值是衡量悬索张紧度的重要参数。

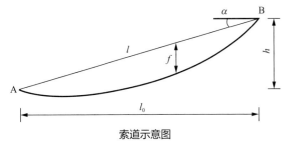

索道示意图

A—下支点；B—上支点；l—弦长；l_0—跨距；h—高差；α—弦倾角；f—挠度

（郑丽凤）

排水沟　drainage ditch

一种引水构造物。将路基范围内各种水源的水流（如边沟、截水沟、取土坑、边坡和路基附近积水）引至桥涵或路基范围以外的指定地点。当路线受到多段沟渠或水道影响时，为保护路基不受水害，可以设置排水沟或改移渠道，以调节水流，整治水道。

排水沟的横断面一般采用梯形，尺寸大小应经过水力水文计算选定。用于边沟、截水沟及取土坑出水口的排水沟，横断面尺寸根据设计流量确定，底宽与深度不宜小于 0.5m，土沟的边坡坡度为 1:1～1:1.5。

排水沟的位置，可根据需要并结合当地地形等条件而定，尽可能离路基远些，距路基坡脚不宜小于 2m，平面上应力求直捷，需要转弯时亦应尽量圆顺，做成弧形，其半径不宜小于 10～20m，连续长度宜短，一般不超过 500m。排水沟水流注入其他沟渠或水道时，应使原水道不产生冲刷或淤积。通常应使排水沟与原水道两者成锐角相交，即交角不大于 45°，有条件可用半径 $R=10b$（b 为沟顶宽）的圆曲线朝下游与其他水道相接。

排水沟应具有合适的纵坡，以保证水流畅通，不致流速太大而产生冲刷，亦不可流速太小而形成淤积，宜通过水文水力计算择优选定。一般情况下，可取 0.5%～1.0%，不小于 0.3%，亦不宜大于 3%。若纵坡大于 3%，应采取相应的加固措施。

参考文献

国家林业局, 2014. 林区公路设计规范: LY/T 5005—2014[S]. 北京: 中国林业出版社.

黄晓明, 2019. 路基路面工程[M]. 6版. 北京: 人民交通出版社.

宇云飞, 岳强, 2012. 道路工程[M]. 北京: 中国水利水电出版社.

中华人民共和国交通运输部, 2012. 公路排水设计规范: JTG/T D33—2012[S]. 北京: 人民交通出版社.

（郭根胜）

抛木机选材　material selection of timber throwing machine

利用抛木机完成原木从输送机上自动抛卸作业的一种机械选材方式。即将选材输送机上传送移动中的原木根据材种、树种、材长、品等分别自动抛卸（抛掷）到对应的固定楞位前或指定的编捆框内。

抛木机发展简史　20 世纪 60 年代，中国就已出现了多种抛木机的中试和在贮木场生产中进行了试验，如黑龙江柴河林业局的杠杆抛木机、吉林汪清林业局的翻板抛木机、黑龙江双子河林业局的电动抛木机、翠峦林业局的重力抛木机等。20 世纪 70 年代末，中断了十年的抛木机试验又得到了进一步发展，如黑龙江松江河林业局的直杆气动抛木机、柴河林业局的曲杆气动抛木机、吉林八家子林业局的曲杆钢索抛木机、吉林汪清和四川成都贮木场的重力抛木机等。中国林学会在 1980 年 6 月，还专门召开了重力抛木机学术讨论会。1986 年 4 月，黑龙江省十八站林业局研制的翻轨式重力抛木机通过了鉴定；1988 年 3 月，内蒙古绰尔林业局与东北林业大学合作研制的翻梁式重力抛木机通过了鉴定；1990 年 12 月，哈尔滨林业机械研究所与内蒙古阿里河林业局合作研制的偏心翻板式重力抛木机和翻梁式重力抛木机通过了鉴定；推动了抛木选材的试验研究工作和推广应用工作。

抛木机的分类　根据抛木机的力源，可分为动力式抛木机和重力式抛木机两类。

动力式抛木机　利用各种动力（电动机、气动、液动和输送机的牵引构件）对原木进行抛卸的设备。根据其抛卸方式，又可分为摩擦式和撞击式两种。

重力式抛木机　利用原木本身的重量或位能进行自抛的设备。只要把承托原木的装置在原木重量作用下进行翻转就可实现抛卸。根据翻转时承托装置的方式，可分为翻板式、翻梁式和翻轨式 3 种。

选材对抛木机的要求　包括可靠性、准确性、工艺性、经济性 4 个方面。

可靠性　要求抛木机本体结构牢固，保证各种木材在不同季节都能被抛卸下去。

准确性　抛木机抛卸原木到编捆框内的抛木精度。抛木精度是一个综合指标，指原木被抛卸到编捆框内（或木垛中）端头参差不齐的程度（参差值）。抛木精度要求以楞位（楞宽）中心线为基准的原木运行方向的左右原木端头所形成的参差不齐的程度小于 30cm。楞宽是指楞堆中木材的长

度，随原木的长度而定。楞长又称楞深，是楞位的长度。抛木精度误差包括：电气控制引起的误差、抛木机结构和机构造成的误差、编捆框结构和尺寸产生的误差。

工艺性 能适应贮木场的生产工艺。符合单面和双面抛木，木材产品的形状、规格，选材输送机充满系数的影响，安全问题等要求。固定地点抛卸原木时，采用重力式（自动）抛木机；多处抛卸原木时，采用动力式抛木机。

经济性 结构简单，动力消耗低。抛木机的选择要考虑其与原木装载、输送设备的结构相适应，结构尽量简单，动力耗能就低。

参考文献

史济彦，1996. 贮木场生产工艺学[M]. 北京：中国林业出版社：125-131.

牡丹江林业学校，1982. 木材生产工艺学[M]. 北京：中国林业出版社：219-221.

史济彦，1998. 中国森工采运技术及其发展[M]. 哈尔滨：东北林业大学出版社：425-437.

（阚江明）

抛物线理论　parabola theory

悬索理论的一种。视悬索自重折合在 x 轴（即水平轴）上为常数，是应用代数函数法对悬链线的近似计算。

悬索在自重下的微分方程为

$$H_0 \frac{\mathrm{d}^2 y}{\mathrm{d}x^2} = q \frac{\mathrm{d}s}{\mathrm{d}x} \quad (1)$$

式中：H_0 为悬索水平张力；s 为弧长；q 为悬索单位长度重力。令式（1）右边 $= \omega_x$，即 $\omega_x = q\frac{\mathrm{d}s}{\mathrm{d}x}$ 为悬索自重折合在 x 轴上的值。由式（1）积分两次得到的方程为悬链曲线。

抛物线理论是对悬链曲线展开级数式取前一项进行改造后的近似计算理论，其方程为抛物线，表达式为

$$y = x\tan\alpha - \frac{wx(l_0 - x)}{2H_0} \quad (2)$$

式中：α 为弦倾角；l_0 为跨距；w 为悬索沿曲线分布的单位长度重力等效为沿跨距分布时的单位长度重力，$w = \frac{qL_0}{\cos\alpha} \approx \frac{ql_0}{\cos\alpha}$；$L_0$ 为无荷索长。

对 y 求二阶导数，有

$$H_0 \frac{\mathrm{d}^2 y}{\mathrm{d}x^2} = w \quad (3)$$

观察式（1）和式（3）得出结论：抛物线理论悬索自重折合在 x 轴上是 $w_x = w$，为常数。

抛物线理论的计算，是对双曲函数悬链线展开级数式取前一项改造后的近似计算。由于计算简单，且基本能满足林业生产要求，因此抛物线理论得到广泛应用。比较公认的有日本的加藤诚平（简称加氏）、堀高夫（简称堀氏）和苏联杜尔盖斯基（简称杜氏）创立的 3 种计算方法。这 3 种计算方法已成为各国普遍采用的悬索工程设计计算的主要依据。①加氏和堀氏均控制无荷中央挠度系数。加氏先由定索长条件求出悬索有荷拉力，而后对影响悬索拉力的各因素（弹性伸长、温度变化及支点位移）分别进行补正。加氏法拉力计算式简单、直观性好，然而由于加氏法的综合补正系数是 3 个单项补正系数的简单乘积，在实际应用中，当悬索的无荷中央挠度系数 $S_0 < 0.025$ 之后，随着 S_0 的减小，悬索拉力值会越来越小，这一计算结果违背了悬索张力变化的客观规律。堀氏在加氏的基础上，重新导出了综合补正计算式，扩大了加氏的应用范围。②与加氏和堀氏不同，杜氏是以控制有荷中央挠度系数进行的，通过拉力的三次方程式将两种状态的悬索（荷载不同、温度不同）联系起来。

抛物线理论中央挠度系数推荐值和极限值见下表。

抛物线理论中央挠度系数范围

设计理论	推荐值	极限值
抛物线（加氏）	$0.03 \leq S_0 \leq 0.05$	$0.02 \leq S_0 \leq 0.08$
抛物线（堀氏）	$S_0 \leq 0.06$	$S_0 \leq 0.10$
抛物线（杜氏）	$0.05 \leq S \leq 0.065$	$S \leq 0.08$

注：S_0、S 分别为无荷、有荷中央挠度系数。

参考文献

周新年，周成军，郑丽凤，等，2020. 工程索道[M]. 北京：机械工业出版社：39.

（郑丽凤）

平均集材距离　average skidding distance

在一个作业区内，人力、畜力或机械集材作业时，平均一次的运行距离。其长短是**集材道**在伐区中分布是否合理的重要标志。在伐区设计时，合理的集材道形状、数量以及平均集材距离的计算方法，可以降低伐区集材成本和提高集材作业效率。假如计算的平均集材距离比实际大，按照定额，林场应支付的成本费要增加，同时生产计划也不准确，这样无论从生产角度还是经济角度看都是不利的。

平均集材距离的计算 计算平均集材距离的通用公式：

$$E = \frac{\sum_{i=1}^{n} L_i V_i}{\sum_{i=1}^{n} V_i} \quad (1)$$

式中：E 为计算的平均集材距离（m）；L_i 为所包含的下级单位的平均集材距离（m）；V_i 为对应于 L_i 的出材量（m³）；n 为集材道个数。

小班平均集材距离计算 小班平均集材距离是计算作业区、伐区、林场等平均集材距离的基础。应用式（1）计算小班平均集材距离时，L_i 为每条集材道所吸引木材的平均集材距离，V_i 为该集材道所吸引的出材量。假设木材在小班内的分布是均匀的，可以认为每条集材道吸引木材的位置在吸引面积的几何中心上。

集材支道相互平行，认为每条支道所吸引的面积是矩形，其重心位于支道的中间位置；出材量的权重可以用集材道的长度来代替。可应用式（2）计算平均集材距离。

$$E = \frac{\sum_{i=1}^{n}\left(\frac{1}{2}L_i + L_i'\right)L_i}{\sum_{i=1}^{n}L_i} \qquad (2)$$

式中：E 为小班的平均集材距离（m）；n 为小班集材支道的条数；L_i 为第 i 条集材支道的长度（m）；L_i' 为衔接第 i 条支道的主道长度（m）。

集材支道呈扇形，每条支道所吸引的伐区为三角形，集材支道是三角形的中线，三角形重心在中线的 2/3 处，出材量的权重可以用三角形面积来代替，计算平均集材距离应用式（3）。式（3）是伐木点到集材道辐射中心的平均集材距离，如果楞场不在辐射中心，还需要加上从楞场到辐射中心的主道长度。

$$E = \frac{2}{3}\frac{\sum_{i=1}^{n}L_i^3}{\sum_{i=1}^{n}L_i^2} \qquad (3)$$

参考文献

雷恩威, 1996. 伐区平均集材距离计算方法之研究[J]. 四川林勘设计(1): 15–18.

王立海, 2001. 木材生产技术与管理[M]. 北京: 中国财政经济出版社: 109–111.

（董喜斌）

平面 road plane

道路中线在水平面上的投影。其投影形状称为平面线形。构成平面线形的几何特征直线、圆曲线和缓和曲线为平面线形要素。林区一级公路、二级公路的平面线形由直线、圆曲线、缓和曲线3种要素组成，三级公路、四级公路的平面线形主要由直线、圆曲线两种要素组成。平面设计主要是合理地确定平面各线形要素的几何参数，保持线形的连续性和均衡性，并同纵断面和横断面相互配合。

平面线形要素 ①直线。道路平面走向方向不变的直线段。两平曲线间直线过短，会造成驾驶员操纵困难，线形组合生硬、视觉上不连续和对行车不安全等问题。直线过长，易使驾驶人员感到单调、疲倦及超速行驶，导致交通事故的发生。在道路平面线形设计时，应根据路线所处地带的地形、地物、自然景观条件，驾驶员的视觉、心理感受以及保证行车安全等因素，充分考虑直线路段的汽车运行速度后，合理地布设直线路段，并对直线的最大与最小长度有所限制。②圆曲线。道路平面走向改变方向时所设置的连接两相邻直线段的圆弧。各级道路不论转角大小，均应设置圆曲线。圆曲线半径的大小与车辆速度、横向力系数和路面的横向坡度等因素有关。常用的圆曲线半径有一般最小半径、极限最小半径、不设超高最小半径和圆曲线最大半径。林区公路圆曲线最小半径值应符合《林区公路设计规范》（LY/T 5005—2014）和《林区公路工程技术标准》（LY 5014—1998）等标准、规范的要求。各级公路圆曲线最大半径值不宜超过10000m。满足圆曲线最小半径要求的同时，汽车在圆曲线上行驶的时间不应短于3秒行程。在特殊困难地段，长度可以适当减少。③缓和曲线。道路平面线形中，在直线与圆曲线或圆曲线与圆曲线之间设置的曲率连续变化的曲线。常用的缓和曲线形式有回旋线、三次抛物线和双纽线等，但回旋线应用最广。中国林区公路使用回旋线作为缓和曲线。缓和曲线的设置，可以使曲率连续变化，便于车辆遵循；离心加速度逐渐变化，增加舒适性；横向坡度及加宽逐渐变化，行车更加平稳（一般情况下，超高、加宽过渡段都是在缓和曲线长度内完成的）；与圆曲线配合，线形连续圆滑，增加线形美观。缓和曲线可通过选定缓和曲线长度或缓和曲线参数来确定。林区公路缓和曲线最小长度应符合《林区公路设计规范》（LY/T 5005—2014）和《林区公路工程技术标准》（LY 5014—1998）等标准、规范的要求。

平面线形组合形式 根据直线、圆曲线和缓和曲线的不同组合顺序，组合而成的线形有基本形、S形、卵形、凸形、C形、复合形和回头曲线等。基本形为按直线—第一缓和曲线—圆曲线—第二缓和曲线—直线的顺序组合而成的线形。两缓和曲线参数值可以相等（对称基本形），可以不相等（非对称基本形），也可以为0，即不设缓和曲线（简单形）。S形为两反向圆曲线径相衔接或用缓和曲线连接组合而成的线形。卵形为两同向圆曲线径相衔接或用缓和曲线连接组合而成的线形。凸形为两同向缓和曲线在曲率相同处径相衔接组合而成的线形。C形为两同向圆曲线的缓和曲线在曲率为零处径相衔接组合而成的线形。复合形为大半径圆曲线与小半径圆曲线相衔接处，采用两个或两个以上同向回旋线在曲率相同处径相连接组合而成的线形。

平面线形设计 理想的道路平面线形是行车道的边缘能与汽车的前外轮和后内轮的轮迹线完全符合或相平行。通过对汽车行驶轨迹的研究，由平面线形三要素直线、圆曲线和缓和曲线所构成的平面线形基本与汽车的行驶轨迹相符，在视觉上能较好地诱导驾驶者的视线。对于设计速度较低的道路，因其离心加速度较小，可以不设置缓和曲线。

道路线形几何要素以设计速度为依据确定。所确定的平面线形及线形要素的几何参数应能保持线形的连续性和均衡性，并与地形相适应，与周围环境相协调，同纵断面和横断面相互配合。对于车速较高的道路，线形设计要保证有足够的安全因素、汽车行驶美学及驾驶员视觉和心理上的要求。只要条件许可，宜选用较大的圆曲线半径，保证平面线具有足够的长度，尽量避免设置缺乏行车动态景观及难以判断同向和对向行车车速变化的长直线，或会使驾驶员在视觉上产生急弯错觉，将平面线长度看成比实际短的转角小于或等于7°的平曲线，或连续急弯、技术指标突变及小半径平曲线与陡坡相重合的线形等。受地形条件限制时，应在曲线间设置规定长度的直线或缓和曲线，采用大于或接近于圆曲线最小半径的"一般值"；地形条件特殊困难不得已时，方可采用圆曲线最小半径的"极限值"。

平面线形设计原则 ①平面线形应直捷、连续、顺适，并与地形、地物相适应，与周围环境相协调。直线、圆曲线、缓和曲线的选用与合理组合取决于地形地物等具体条

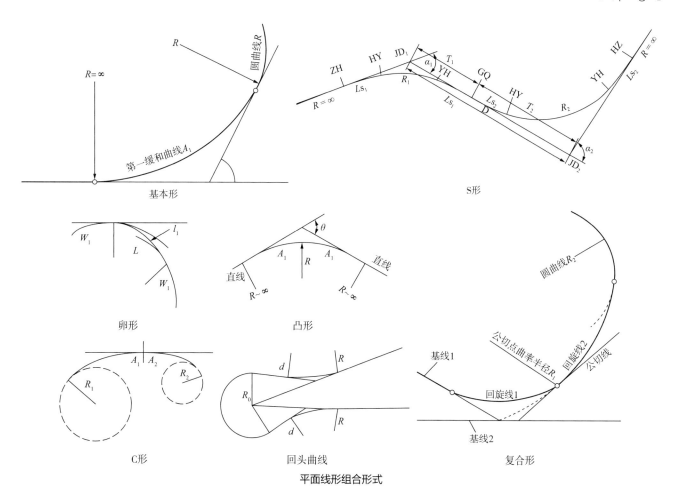

平面线形组合形式

件,片面强调路线要以直线为主或以曲线为主,或人为规定三者的比例都是错误的。②保持平面线形的均衡与连贯。为使一条道路上的车辆尽量以均匀的速度行驶,应注意各线形要素保持连续性而不出现技术指标的突变。如长直线尽头不能接小半径平曲线;短直线不宜接大半径的平曲线;相邻平曲线之间的设计指标应连续、均衡、避免突变;高、低标准之间要有过渡;避免设置连续急弯的线形等。③各级道路不论转角大小均应敷设曲线,曲线长度应满足最小长度要求,转角不宜过大或过小,一般控制在8°~30°。相邻曲线的转角差值不宜过大。④合理选用两曲线间直线长度。同向曲线间直线最小长度(以m计)以不小于设计速度(以km/h计)的6倍为宜。反向曲线间直线最小长度(以m计)以不小于设计速度(以km/h计)的2倍为宜。⑤平曲线应有足够的长度。《林区公路设计规范》(LY/T 5005—2014)规定的平曲线最小长度见下表。

平曲线最小长度表

设计速度(km/h)		60	40	30	20	15
平曲线长度(m)	一般值	300	200	150	100	75
	最小值	100	70	50	40	25
	特殊值	—	—	—	25	20

注:$V \leq 20$km/h时为圆曲线长度。

平面设计成果 主要包括直线、曲线及转角表,逐桩坐标表,导线点一览表等表格和平面设计图。直线、曲线及转角表集中反映了道路平面线形设计的成果和数据,是施工放线和复测的主要依据。逐桩坐标表是道路中线放样的重要资料。平面设计图综合反映了路线的平面位置、线形和几何尺寸,沿线人工构造物和重要工程设施的布置及道路与周边环境地形、地物和行政区划的关系等。平面图中应示出沿线的地形、地物、路线位置及里程桩号、断链、平面线主要桩位与其他交通路线的关系以及县以上境界、地界等;标注水准点、导线点及坐标网格或指北图式;示出特大桥、大中桥、隧道、路线交叉位置等;列出平曲线要素和交点坐标表等。比例尺一般为1:1000或1:2000。

参考文献

许恒勤, 张泱, 2003. 林区道路工程[M]. 哈尔滨: 东北林业大学出版社.

叶伟, 王维, 2019. 公路勘测技术[M]. 北京: 机械工业出版社.

(刘远才)

平曲线加宽 broadening of horizontal curve

为适应汽车在平曲线上行驶时后轮轨迹偏向曲线内侧的需要,平曲线内侧相应增加的路面、路基宽度。又称弯道加宽。加宽值由几何需要的加宽和汽车转弯时摆动加宽两部分组成。几何需要的加宽与圆曲线半径、设计车辆的轴距等因素有关;摆动加宽主要与车速和圆曲线半径有关。当圆曲线半径达到一定值(中国林区公路有原条运输时大于500m,

无原条运输时大于250m）时，其加宽值甚小，可以不予加宽。加宽值应根据设计道路的设计车辆类型和交通组成进行合理选择，并符合《林区公路设计规范》（LY/T 5005—2014）和《林区公路工程技术标准》（LY 5014—1998）等标准、规范的要求。

平曲线部分的路面加宽设置在曲线的内侧，一般在圆曲线范围内设置全加宽；凸形平曲线仅在平曲线中点处断面设置全加宽。各级道路路面加宽后，路基也应作相同的加宽。为了使路面和路基均匀变化，应设置一段加宽值从零逐渐加宽到全加宽的过渡段，称加宽缓和段，又称加宽过渡段。当平曲线内设置缓和曲线或超高缓和段时，加宽缓和段的长度应采用与缓和曲线或超高缓和段长度相同的数值；当缓和曲线长度较长时，设在紧接圆曲线起点或终点缓和曲线的一段范围内；当平曲线内不设缓和曲线或超高缓和段时，加宽缓和段长度应按渐变率为1∶15且长度不小于10m的要求，设置在紧接圆曲线起点或终点的直线上，受地形或其他特殊条件限制，直线长度不足时，允许将加宽缓和段的一部分插入圆曲线，但插入圆曲线内的长度不得超过加宽缓和段长度的一半。不同半径的同向圆曲线径相连接构成的复曲线，其加宽缓和段应对称地设在衔接处的两侧。

加宽过渡方式与道路性质和等级有关。常见的加宽过渡方式有4种。①比例过渡。在加宽缓和段全长范围内按其长度成比例逐渐加宽。②回旋线过渡。在过渡段上插入回旋线。③改进的比例过渡。在比例过渡加宽的起终处插入二次抛物线。④高次抛物线过渡。在加宽过渡段上插入一条高次抛物线。中国林区公路多采用比例过渡方式。

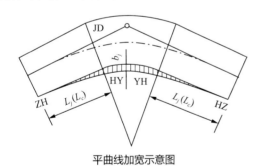

平曲线加宽示意图

b_j—平曲线加宽值；L_j—加宽过渡段长；L_c—超高过渡段长；
JD—交点；ZH—缓和曲线的起点（直缓点）；
HY—圆曲线的起点（缓圆点）；YH—圆曲线的终点（圆缓点）；
HZ—缓和曲线的终点（缓直点）

参考文献

许恒勤, 张泱, 2003. 林区道路工程[M]. 哈尔滨: 东北林业大学出版社.

杨春风, 欧阳建湘, 韩宝睿, 2014. 道路勘测设计[M]. 2版. 北京: 人民交通出版社.

（刘远才）

坡面防护 slope protection

保护路基边坡表面免受雨水冲刷，减缓温差及湿度变化的影响，防止和延缓软弱岩土表面的风化、碎裂、剥蚀演变进程，从而保护路基边坡的整体稳定性，在一定程度上还可兼顾路基美化和协调自然环境的工程措施。

坡面防护设施不承受外力作用，但要求坡面岩土整体稳定牢固。简易防护的边坡高度与坡度不宜过大，土质边坡坡度一般不陡于1∶1～1∶1.5。地面水的径流速度以不超过2.0m/s为宜，水也不宜集中汇流。雨水集中或汇水面积较大时，应有排水设施相配合，如在挖方边坡顶部设截水沟，高填方的路肩边缘设拦水埂等。

常用的坡面防护设施有植物防护（种草、铺草皮、植树等）和矿料防护（抹面、喷浆、勾缝、石砌护面等）。前者可视为有"生命"（成活）防护，后者属无机物防护。有"生命"防护以土质边坡为主，无机物防护以石质路堑边坡为主。在一定程度上，有"生命"防护在边坡稳定和改善路容方面优于无机物防护。

参考文献

黄晓明, 2019. 路基路面工程[M]. 6版. 北京: 人民交通出版社.

中华人民共和国交通运输部, 2015. 公路路基设计规范: JTG D30—2015[S]. 北京: 人民交通出版社.

（高敏杰）

普通水泥混凝土 ordinary cement concrete

以通用水泥为胶结材料，以天然砂、卵石或碎石为集料，按专门设计的配合比，经搅拌、成型、养护而得到的干表观密度约为2900kg/m³的复合材料。现代水泥混凝土中，为了调节和改善其工艺性能和力学性能，还加入各种化学外加剂和磨细矿质掺合料。主要应用于工业与民用建筑、路面、桥梁、水利工程、隧道、机场跑道、码头、地铁隧道、水库等工程。

普通水泥混凝土按龄期主要划分为两个阶段与状态：凝结硬化前的塑性状态，即新拌混凝土或混凝土拌合物；硬化之后的坚硬状态，即硬化混凝土或混凝土。强度等级是以立方体抗压强度标准值划分，中国普通混凝土强度等级划分为14级：C15、C20、C25、C30、C35、C40、C45、C50、C55、C60、C65、C70、C75及C80（其中的数字代表立方体试件的抗压强度）。

参考文献

申爱琴, 郭寅川, 2019. 水泥与水泥混凝土[M]. 北京: 人民交通出版社.

中华人民共和国交通运输部, 2019. 公路水泥混凝土路面施工技术规范: JTG F30—2019[S]. 北京: 人民交通出版社.

（王国忠）

起讫点 origin-destination

路线的起点和终点。决定了路线的范围和基本方向，是路线选线时两个最根本的控制点。在实际路线设计中，起讫点通常用坐标表示，也就是一个包含两个数字的经纬度值。常应用于公路规划、新建或改建公路项目可行性研究、设计、交通组织和管理等各个方面的起讫点调查数据，对远景交通量的预测、道路类型和等级的确定、互通立交的设置、道路横断面的设计、交通服务设施的配置、交通管理与控制、规划方案和建设项目的国民经济评价以及财务分析等，提供定量依据，进而为路网规划的完善和道路建设的科学决策奠定基础。

参考文献

许恒勤, 张泱, 2003. 林区道路工程[M]. 哈尔滨: 东北林业大学出版社.

许金良, 等, 2022. 道路勘测设计[M]. 5版. 北京: 人民交通出版社.

（王宏畅）

起重索 lifting cable

林业索道中用作起重的钢丝绳。除了要求具有较大的抗拉强度外，还特别要求钢丝绳在工作过程中不产生回捻扭结和自转松散。一般采用双绕交互捻钢丝绳比较经济实用。

（张正雄）

气球集材 balloon logging

利用充氢气球的升力把木材起吊到空中，用绞盘机的钢索牵引气球和木材到集材场的集材方式。属于空中集材。实际上是气球与绞盘机或索道相结合的集材方式，集材的能力与距离视气球的容积、绞盘机的牵引力和容量而定。适用于条件恶劣的山区地形，可克服索道集材承载索因距离长出现的挠度限制。适合渐伐、择伐和皆伐作业等。

17 世纪以来，气球被一些国家逐渐用在飞行、气象、军事等方面。用在林业生产上，是 1950 年瑞典林业科学研究所做的首次集材试验，但因控制失灵和漏气而未获成功；1955 年再次试验，初获成功。20 世纪 60 年代以来，加拿大、美国、日本等国家也分别进行了这项试验，获得了较好的效果。中国直到 1979 年，在带岭林业实验局碧水林场才进行气球集材试验。

集材气球的形状有球形和船形之分，体积分大、中、小 3 种。对充气的浮升气体的要求，一要轻，二要安全，三要价廉，常用的气体是氦气和氢气。气球在露天、风吹、雨淋、日晒、寒冻中使用，球体要具有优良的野外抗撕裂和抗裂口性、多次弯曲不降低材料韧性、易缝补费用又不太高等特点，因此常采用涂胶织物。

气球集材的优点是不受地形限制，减少木材损伤，有利于幼林保护，不存在土壤侵蚀和冲刷伐区问题，减少了修道费用，可常年作业等。缺点是初期投资费用大，风天和雨天不能使用。

参考文献

蔡培印, 1984. 浅谈气球集材[J]. 辽宁林业科技(1): 39.

蔡培印, 1987. 气球集材[J]. 河北林业科技(1): 41-42.

蔡培印, 1992. 空中集材[J]. 内蒙古林业(12): 16.

（徐华东）

汽车和挂车连接 connection between truck and trailer

将汽车和挂车连成一个整体，能够实现统一作业的形式。无论哪种连接形式都应保证连接的可靠性和方便性。

在木材汽车列车运输中，汽车和挂车的连接主要有 3 种方式：一是连接装置连接，二是木材捆连接，三是长辕杆连接。

连接装置连接 通过连接装置来实现全挂车与牵引汽车、半挂车与牵引汽车以及挂车与全挂车之间相互连接的方式。连接装置根据汽车列车的组合形式，可分为牵引连接装置和支承连接装置两大类。连接装置要满足一定的使用要求，如应保证牵引汽车与挂车可靠而顺利地挂接，方便而迅速地脱挂；使汽车列车具有高度的机动灵活性等。

木材捆连接 采用木材捆将汽车和挂车连接在一起的方式。用木材捆连接对传力、转向都是可靠的。优点是在曲线段上行驶时连接系统没有附加力的影响、挂车质量比较轻、载运挂车回空时在汽车车架上也比较容易稳固，因此在中国北方林区获得了广泛的应用。但因挂车无制动装置等严重的缺点，故这种挂车有逐渐减少的趋势。

长辕杆连接　主车与长辕杆长材挂车的连接。长辕杆连接实际上是由两个各自有效的连接系统所构成：一个是主车与长辕杆长材挂车的连接装置，由长材挂车长辕杆的连接套环和汽车牵引钩所构成的一个有效的传力和转向系统；一个是重载时，木材捆和主车、挂车承载装置构成的有效连接系统。这样，长辕杆连接的运材汽车行驶在小半径曲线上时，往往产生压弯牵引杆，破坏承载装置、转盘、横磨轮胎并使行驶速度过慢，特别是在很小半径的曲线上，甚至不能转向行驶等缺点。可通过消除连接系统内部附加力的方式来改善连接系统的连接性能。

参考文献

张筱梅, 2018. 中置轴车辆运输车连接装置技术及应用[J]. 专用汽车(4): 38–39.

中华人民共和国林业部, 1991. 运材挂车型式和基本参数: LY/T 1037—1991[S].

（徐华东）

牵引索　traction cable

牵引跑车（重载）沿承载索运行的钢丝绳。工作时要经过多个导向滑轮和卷筒上的收放，除了要求承受拉伸、弯曲外，还要承受横向挤压力及防止产生扭结，选用钢丝绳时，除要求有较高的抗拉强度外，应尽可能选用柔软、表面光滑的钢丝绳。根据牵引索运行时首尾是否相连，分为闭式牵引索和往复式牵引索。闭式牵引索（即循环索）是首尾相连的牵引索，宜选用同向捻麻芯钢丝绳；往复式牵引索是首尾不相连的牵引索，则选用交互捻麻芯钢丝绳为佳。

（张正雄）

强制式握索器　mandatory grip device

运材跑车上通过外力使跑车与循环索连接在一起的重要装置。又称强制式夹索器、强制式抱索器、强制式挂索器。适用于运材循环索道。强制式握索器通过夹紧循环索，带动跑车沿承载索移动。强制式握索器不但要保证与循环索间结合和脱离的可靠性、平稳灵活性，还必须要有足够的夹持力，其夹持力保持一定，不因荷载大小和线路坡度的变化而改变。常见的强制式握索器有偏心式、楔式、螺旋式等。偏心式握索器使用方便，夹紧力大，但容易损伤夹管两端处钢丝绳，且一种规格的套筒只能适应相应直径的钢丝绳（图1）。楔式握索器利用楔子的自锁作用，夹持力可随牵引力的增大而增大（图2）。螺旋式握索器依靠螺栓的旋进和退出实现夹紧和放开牵引索，可以在牵引索运行的过程中实现握索和脱索，有利于机械化和自动化程度的提高（图3）。

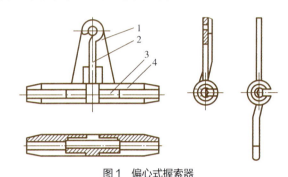

图1　偏心式握索器

1—连接座；2—手把；3—夹管；4—套筒

楔移动式夹索器　　楔移不动式夹索器

图2　楔式握索器

1—钢丝绳；2—楔；3—接合器；4—链子（连接木材）；5—小链；6—杆；7—绞；8—接合器

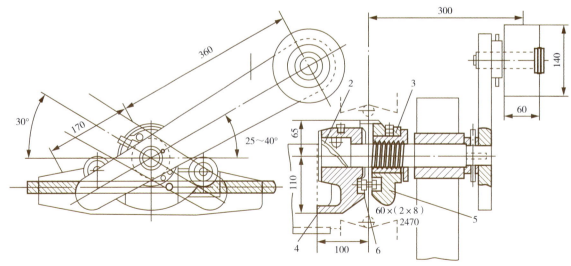

图3　螺旋式握索器

1—摆动杆；2—粗螺纹；3—细螺纹；4，5—钳口；6—可换垫块

（周成军）

桥涵工程 bridge and culvert engineering

林区交通土建工程的分支。在功能上是林区交通工程中的关键性枢纽，包括**桥梁**和**涵洞**两部分。内容包括桥梁和涵洞的规划、勘测、设计、施工、检测、运营、维修养护等的工作过程，以及研究这一过程的科学和工程技术。桥涵工程要根据当地的地形、地质、水文等条件，行车及外力等荷载，建桥涵目的要求等，因地制宜，就地取材，合理选用桥涵形式，做到坚固、适用、安全、经济、美观。

发展概况 原始时期人们利用天然倒下的树干（梁的雏形）、自然地壳变化侵蚀而形成的拱状物（拱的雏形）、溪涧冲刷而下的石块或森林里攀缘的藤萝（索的雏形）等，来跨越溪流、山涧和峡谷，随之出现了原始建桥技术。沿河道横向间断摆放的高出水面的一连串石块称为汀步桥，可能是桥梁起源的标志。将未经刨削加工的树干搭放在小溪两岸而成的桥称为圆木桥或独木桥。将稍长超平坦的石板搁放在石堆上，就形成踏板桥。大约在公元前4000年前后，人类就具备了建造简陋的木桥、石桥和拱形结构的能力。进入19世纪，桥梁工程开始进入现代工业的行业。100多年的现代桥梁史，就是伴随着历史的演进和社会的进步而发展起来的。每当陆地交通运输工具和运输方式发生重大变化（如从步行、马车发展到火车、汽车，从常规公路、铁路发展到高速公路、高速铁路），每当工程材料（如从木、石到钢材、混凝土）产生重大进步，就对桥梁的载重、跨度、运营等方面提出了新的要求，便推动了桥梁工程的技术进步。

建设程序 桥涵建设的基本程序主要包括前期规划、设计、招标投标、施工等阶段。①前期规划。主要涉及预可行性研究报告和工程可行性研究报告的编制、审批及工程立项。预可行性研究报告、工程可行性研究报告应按照国家颁发的编制办法编制，并符合国家规定的工作质量和深度要求。②设计。包括初步设计、技术设计和施工图设计。桥涵设计应符合安全可靠、先进成熟、经济适用、保护环境的要求。③招标投标。由一系列特定环节组成的特殊交易活动，必须严格依照招标投标程序进行，从成立交易到完成交易必须依次经过招标、投标、开标、评标和中标等环节。④施工。包括施工前准备、施工过程的控制与管理，如图所示。施工前，施工单位应组织专业人员对施工环境、地形地貌、水电供应、征地拆迁、当地拆迁、当地地材、民俗风情进行实地调查，掌握较为详尽的工程环境、施工技术、材料资源、交通状况等资料。

桥梁 供车辆和行人等跨越障碍（河流、山谷、海湾或其他路线等）的工程建筑物。是交通线路的重要组成部分。由上部结构、下部结构、支座和附属设施4个基本部分组成。

桥梁按建筑材料的不同，可分为**木桥**、**圬工桥**（包括砖、石、素混凝土桥）、钢筋混凝土桥、预应力钢筋混凝土桥、**钢桥**和组合梁桥等。按结构体系的不同，可分为梁式桥、拱桥、刚架桥、悬索桥、斜拉桥和组合体系桥。按用途不同，可分为公路桥、铁路桥、公路铁路两用桥、城市道路桥、人行桥、输水桥（渡槽）和其他专用桥（如管线桥）等。按跨越障碍的不同，可分为跨河桥、跨谷桥、跨线桥和高架桥等。按桥面位置的不同，可分为上承式桥、中承式桥、下承式桥和双层桥。按桥梁平面形状的不同，可分为正交桥、斜桥和弯桥。按使用期限的不同，可分为永久性桥、临时性桥和半永久性桥。按单孔或者多孔跨径长度，可分为特大桥、大桥、中桥和小桥。

涵洞 横贯并埋设在路堤中供排泄洪水（排洪涵）、灌溉道路两侧农田（灌溉涵）或作为通道（立交涵）的小型构筑物。《公路桥涵设计通用规范》（JTG D60—2015）第1.0.5条规定：凡单孔跨径小于5m的称为涵洞；管涵及箱涵不论管径或跨径大小、孔数多少均称为涵洞。涵洞由洞身、洞口和基础三部分组成。

涵洞按建筑材料的不同，可分为圬工涵、钢筋混凝土涵、波纹钢管（板）涵等；按构造形式的不同，可分为管涵、盖板涵、拱涵、箱涵等；按填土高度的不同，可分为明涵和暗涵，当涵洞洞顶填料厚度（包括路面）小于0.5m时为

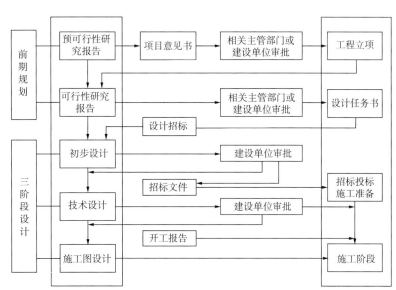

桥梁建设的基本程序示意［引自《桥梁工程概论》（第3版）］

明涵，大于或等于0.5m时为暗涵；按水力性质的不同，可分为无压力涵洞、有压力涵洞和半压力涵洞；按施工方法的不同，可分为装配式涵、现浇涵和顶进涵。

参考文献

方申, 2018. 《公路工程预算定额》释义手册[M]. 北京: 人民交通出版社.

李亚东, 2014. 桥梁工程概论[M]. 3版. 成都: 西南交通大学出版社.

马光述, 李莹, 2018. 桥梁工程[M]. 武汉: 武汉大学出版社.

（赵曜）

桥孔长度　length of bridge opening

相应于设计洪水位时两桥台前缘之间的水面宽度。常以L表示。扣除全部桥墩宽度后的长度，称为桥孔净长。桥孔最小净长度是指在给定的水文和河床条件下，安全通过设计洪水流量所必需的桥孔最小净长度，以L_j表示。桥孔最小净长度的计算方法一般采用冲刷系数法和经验公式法。

在设计水位下，相邻桥梁墩台之间的距离称为桥梁的净跨径，总跨径等于多孔净跨径之和。

桥孔长度的确定，应满足排洪和输沙的要求，保证设计洪水及其所挟带的泥沙从桥下顺利通过；应满足桥下天然或人工漂浮物的通过，保证冰凌或竹排、木排从桥下顺利通过；还应满足桥下水面通航的要求，保证船舶或编组的驳船船队从桥下顺利通过。因此，应综合考虑桥孔长度、桥前壅水和桥下冲刷的相互影响。

设计时桥梁单跨跨径在50m以下的桥孔，一般应选用标准跨径，以便直接选用这些标准跨径的各类标准图，这样能简化大量的设计计算工作。根据《公路桥涵设计通用规范》（JTG D60—2015）规定，标准跨径有（单位: m）: 0.75, 1.0, 1.25, 1.5, 2.0, 2.5, 3.0, 4.0, 5.0, 6.0, 8.0, 10, 13, 16, 20, 25, 30, 35, 40, 45, 50。

参考文献

高冬光, 王亚玲, 2016. 桥涵水文[M]. 5版. 北京: 人民交通出版社.

黄廷林, 马学尼, 2014. 水文学[M]. 5版. 北京: 中国建筑工业出版社.

黄新, 金菊良, 李帆, 2017. 桥涵水文[M]. 2版. 北京: 人民交通出版社.

叶镇国, 2019. 水力学与桥涵水文[M]. 3版. 北京: 人民交通出版社.

（黄新）

桥梁　bridge

供车辆和行人等跨越障碍（河流、山谷、海湾或其他线路等）的工程建筑物。简称桥。是交通线路的重要组成部分。

发展概况　原始时期人们利用天然倒下的树木、自然地壳变化侵蚀而成型的石梁或石拱、溪涧冲流而下的石块或森林里攀缘的藤萝等来搭架桥梁。以木、石等作为建桥材料的古代桥梁经历了几千年的发展过程。桥梁发展大致经历了三次飞跃: 19世纪中叶钢材和高强度钢材的相继出现，使桥梁发展获得了第一次飞跃; 20世纪初，钢筋混凝土的应用以及30年代兴起的预应力混凝土技术，推动桥梁的发展产生第二次飞跃; 50年代以后，计算机技术和有限元技术的迅速发展推动了桥梁的发展产生第三次飞跃。到21世纪，桥梁已发展成为跨越承载的工程结构、开放公共的大众建筑、造型多样的人工景观、沟通交流的社会通道。

分类　桥梁按建筑材料的不同，可分为木桥、圬工桥（包括砖、石、素混凝土桥）、钢筋混凝土桥、预应力钢筋混凝土桥、钢桥和组合梁桥等。按结构体系的不同，可分为梁式桥、拱桥、刚架桥、悬索桥、斜拉桥和组合体系桥（图1）。按用途不同，可分为公路桥、铁路桥、公路铁路两用桥、城市道路桥、人行桥、输水桥（渡槽）和其他专用

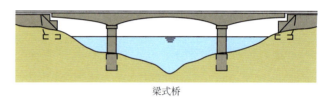
梁式桥

拱桥

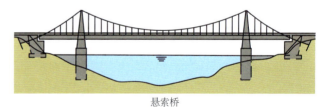
悬索桥

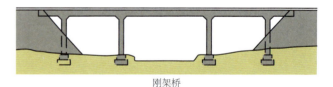
刚架桥

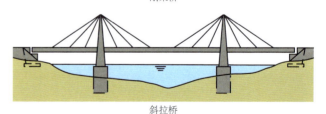
斜拉桥

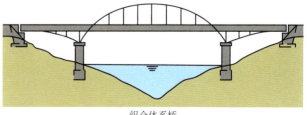
组合体系桥

图1　不同结构体系的桥梁［引自《中国大百科全书》(第二版)］

桥（如管线桥）等。按跨越障碍的不同，可分为跨河桥、跨谷桥、跨线桥和高架桥等。按桥面位置的不同，可分为上承式桥、中承式桥、下承式桥和双层桥。按桥梁平面形状的不同，可分为正交桥、斜桥和弯桥。按使用期限的不同，可分为永久性桥、临时性桥和半永久性桥。按单孔或者多孔跨径长度，可分为特大桥、大桥、中桥和小桥。

组成 由包括上部结构、下部结构、支座和附属设施4个基本部分组成。

上 部 结 构 是线路中断时桥梁跨越障碍（如山谷、河流或其他线路等）的主要承重结构；是桥梁支座以上（无铰拱起拱线或刚架主梁底线以上）跨越桥孔部分的总称。也称桥跨、桥跨结构。主要作用是直接承受车辆和其他荷载，并将其通过支座传递至指定的下部结构上，同时保证桥上交通能在一定条件下正常安全运营。上部结构型式多样，其类型决定了桥梁的型式。由桥面、承重结构（即主梁）和连接部件组成。

①桥面。供车辆和行人直接行走的部分，包括桥面铺装、防水和排水设施、伸缩装置、人行道（或安全带）、缘石、栏杆和灯柱等构造（图2）。桥面部分虽然不是主要承重结构，但它对桥梁功能的正常发挥，对主要构件的保护，对车辆行车的安全以及桥梁的美观等都十分重要。

②主梁。桥梁的主要承重结构，是桥梁上部结构的主体。

③连接部件。各构件之间必须采用的横向、纵向或竖向连接构造，以保证各构件之间可靠连接形成整体，共同承受施加在桥梁上的各类作用。

下 部 结 构 桥梁位于支座以下的部分。是支承上部结构、向下传递荷载的结构物。也称支承结构。包括桥墩、桥台和基础。桥台和桥墩合称为墩台（图3），其布置需与桥跨结构的布置相对称。桥墩两侧均为桥跨结构；而桥台一侧为桥跨结构，另一侧为路堤。包括桥墩、桥台和基础。

①桥墩。设置在多孔桥梁中间部分，支承相邻两块上部结构的构筑物，其作用是将上部结构荷载传至基础。

②桥台。设置在桥的两端，支承桥梁上部结构，并使之与路堤衔接的构筑物。桥台的作用是将上部结构荷载传至基础，并抵御路堤土压力，防止路堤填土的坍落。为了维持路堤的边坡稳定并将水流导入桥孔，除带八字形翼墙的桥台外，在桥台左右两侧筑有保持路肩稳定的截锥体填土，即锥体填方（又称锥体护坡），通常以片石围护坡面。

③基础。设置在有足够承载力的持力层处、具有一定埋置深度的构筑物。是桥墩和桥台底部的奠基部分。承担了从桥墩和桥台传来的全部荷载（包括竖向荷载以及地震力、船舶撞击墩身等引起的水平荷载）。根据埋置深度，基础可分为浅基础和深基础。浅基础可分为刚性基础和柔性基础，深基础可分为桩基础、深井基础、地下连续墙基础和组合基础等。现常用扩大基础和桩基础（图4）。

支 座 设置在桥梁的上部结构和墩台之间、用以传递上部结构的支承反力，保证结构在活载、温度变化、混凝土收缩和徐变等因素作用下能自由变形，以使上、下结构的实际受力情况符合结构的静力图式。

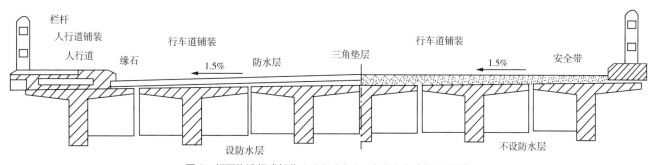

图2　桥面构造组成部分（引自马光述，李莹主编《桥梁工程》）

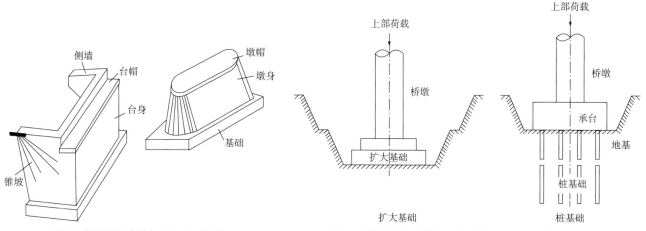

图3　桥梁重力式墩台（赵曜　供图）　　**图4　现代桥梁常用基础**［引自《桥梁工程概论》（第3版）］

①支座类型。按支座变形可能性，分为固定支座、单向活动支座、多向活动支座。按支座所用材料，分为钢支座、聚四氟乙烯支座、橡胶支座、混凝土支座、铅支座。按支座结构型式，分为弧型支座、摇轴支座、辊轴支座、平板支座（板式支座）、盆式支座、球型支座等（图5至图8）。常见的支座类型主要有石棉板或铅板支座、板式橡胶支座、盆式橡胶支座、球型支座、钢支座和其他特殊型式的支座。

②支座安装的工程内容。主要包括预埋钢板、钢筋的制作、预埋、电焊、支座电焊和支座安装。

附属设施 为保护桥梁的正常使用及保证桥梁养护维修人员的正常工作及操作安全而设置的辅助设施，包括桥面系、伸缩缝、桥头搭板、桥面排水防水系统、桥梁栏杆等。

①桥面系。直接承受车辆、人群等荷载并将其传递至主要承重构件的桥面构造系统。包括桥面铺装（或称行车道铺装）、排水防水系统、栏杆（或防撞栏杆）、灯光照明等。

②伸缩缝。设置于桥面两梁端之间以及梁端与桥台背墙之间的横向变形缝。常用类型有模数型，钢梳齿板型，沥青、木材填塞型等。

③桥头搭板。搁置在桥台或悬臂梁板端部和填土之间的板状构造物。用以减小桥头跳车对桥台或梁体的冲击（图9）。

④桥面排水防水系统。设置于桥面的各类防水和排水设置的总称。包括桥面防水层（图10）、泄水管和排水管、桥面横坡。

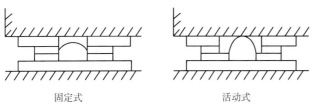

图5 平板支座［引自马光述，李莹主编《桥梁工程》］

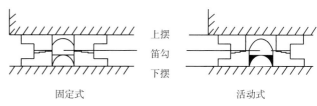

图6 弧型支座［引自马光述，李莹主编《桥梁工程》］

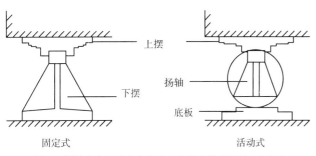

图7 摇轴支座［引自马光述，李莹主编《桥梁工程》］

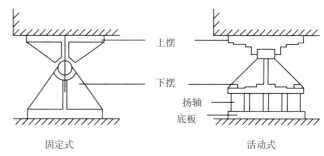

图8 辊轴支座［引自马光述，李莹主编《桥梁工程》］

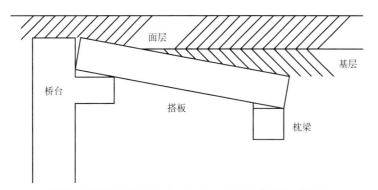

图9 桥头搭板的设置方式［引自李自林主编《桥梁工程》］

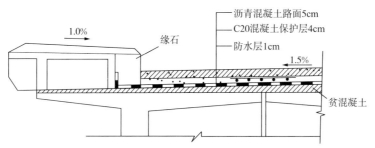

图10 桥面防水层设置［引自邵旭东主编《桥梁工程》（第4版）］

⑤桥梁栏杆。设置在人行道上，防止行人和非机动车辆掉入桥下的构造物。

参考文献

白宝玉, 2005. 桥梁工程[M]. 北京: 高等教育出版社.

范立础, 2017. 桥梁工程[M]. 北京: 人民交通出版社.

方申, 2018. 《公路工程预算定额》释义手册[M]. 北京: 人民交通出版社.

李亚东, 2014. 桥梁工程概论[M]. 3版. 成都: 西南交通大学出版社.

李自林, 2007. 桥梁工程[M]. 武汉: 华中科技大学出版社.

马光述, 李莹, 2018. 桥梁工程[M]. 武汉: 武汉大学出版社.

邵旭东, 2017. 桥梁工程[M]. 4版. 北京: 人民交通出版社.

申建, 李辅元, 2011. 桥梁工程技术[M]. 北京: 北京理工大学出版社.

孙永明, 2016. 桥梁工程[M]. 成都: 电子科技大学出版社.

王慧东, 2014. 桥梁工程[M]. 重庆: 重庆大学出版社.

郑霜杰, 2018. 桥梁工程施工技术[M]. 武汉: 华中科技大学出版社.

庄军生, 1994. 桥梁支座[M]. 北京: 中国铁道出版社.

（赵曜）

桥梁墩台冲刷　scour of bridge pier and abutment

河道上建桥后，除河床本身的自然演变冲刷外，由于桥孔压缩水流和墩台阻水所引起的冲刷变形的过程。这一过程是复杂的，现阶段采用的计算方法只能将这复杂的过程给出特定条件，分解为河床的自然演变冲刷、桥下一般冲刷、墩台局部冲刷3个独立的部分，并假定这三部分冲刷先后进行，可以分别计算，然后叠加，作为桥梁墩台的最大冲刷深度，从而确定墩台基础埋置深度。

自然演变冲刷　在不受水工建筑物影响的情况下，由于水流挟带泥沙行进而引起的河床冲刷。河道中水流驱使床面泥沙运动，泥沙影响水流结构，两者相互依存、相互制约。河床演变产生的冲刷无论在建桥之前或建桥之后，都在不断地进行着，桥梁设计时必须考虑使用期内可能出现的河床演变冲刷。它主要包括4种类型：①河流发育成长过程中河床纵断面的变形，如河源段的逐年下切、河口段的逐年淤积。②河流横向移动引起的变形，如边滩下移、河湾发展、移动和裁弯取直等。③河段深泓线摆动引起的冲刷变形。④在一个水文周期内，河槽随水位、流量变化而发生的周期性变形。

对于河床的自然演变冲刷，由于原因复杂，尚无可靠的定量分析计算方法，在桥位设计时，一般多通过调查或利用桥位上下游水文站历年实测断面资料分析确定。

桥下一般冲刷　建桥后，由于桥梁压缩水流，致使桥孔上游水流急剧集中流入桥孔，桥下流速梯度很大，床面切应力剧增，引起强烈的泥沙运动，床面发生明显冲刷。随着冲刷的发展，桥下河床加深，桥下过水面积加大，流速逐渐下降，待达到新的输沙平衡状态，或桥下流速降低到等于冲止流速时，冲刷即停止。可根据《公路工程水文勘测设计规范》（JTG C30—2015）推荐的经验公式对河槽与河滩进行计算。

墩台局部冲刷　河道中设置桥墩后，流向桥墩的水流受到桥墩的阻挡，使桥墩周围的水流发生急剧变化，剧烈淘刷桥墩周围，特别是迎水面的河床泥沙，开始产生桥墩头部的局部冲刷坑。随着冲刷坑的不断加深和扩大，水流流速减小，挟沙能力也随之降低。与此同时，冲刷坑内发生了土壤粗化现象，留下了粗粒土壤，铺盖在冲刷坑表面上，增大了土壤的抗冲能力和坑底的粗糙度，一直到水流对河床泥沙的冲刷作用与河床泥沙抗冲作用达到平衡时，冲刷则停止。冲刷坑外缘与坑底的最大高差，称作最大局部冲刷深度。可根据《公路工程水文勘测设计规范》（JTG C30—2015）推荐的经验公式进行计算。

为了防止桥梁墩台由于冲刷而受破坏，以及桥位附近两岸工农业生产不受灾害，在桥位附近河道上常设置**导流堤**、**丁坝**等调治构造物。

参考文献

高冬光, 王亚玲, 2016. 桥涵水文[M]. 5版. 北京: 人民交通出版社.

黄廷林, 马学尼, 2014. 水文学[M]. 5版. 北京: 中国建筑工业出版社.

黄新, 金菊良, 李帆, 2017. 桥涵水文[M]. 2版. 北京: 人民交通出版社.

叶镇国, 2019. 水力学与桥涵水文[M]. 3版. 北京: 人民交通出版社.

（黄新）

桥面高程　bridge elevation

桥面中心线上最低点的高程。必须满足桥下通过设计洪水、流冰、流木和通航的要求，并且应该考虑壅水、波浪、水拱、河湾凹岸水面超高等各种因素引起的桥下水位升高以及河床淤积的影响。若桥面高程设置过大，将使工程投入显著增加；若桥面高程设置过小，轻则将会影响桥位上游正常通航或造成局部的洪涝灾害，重则可能危及桥梁的安全及桥位下游局部地区的人民生命财产安全，有时甚至制约桥梁上游地区经济的发展。因此，应以地区政治、经济、军事、交通运输业的发展及工程的技术经济合理为基点，综合分析、确定桥面高程值。对于通航河流与不通航河流应当分别考虑与计算。

参考文献

高冬光, 王亚玲, 2016. 桥涵水文[M]. 5版. 北京: 人民交通出版社.

黄廷林, 马学尼, 2014. 水文学[M]. 5版. 北京: 中国建筑工业出版社.

黄新, 金菊良, 李帆, 2017. 桥涵水文[M]. 2版. 北京: 人民交通出版社.

叶镇国, 2019. 水力学与桥涵水文[M]. 3版. 北京: 人民交通出版社.

（黄新）

桥面排水 bridge deck drainage

为了迅速排除桥面积水，防止雨水积滞于桥面并渗入梁体而影响桥梁耐久性的设施。桥梁设计时，在桥面上除设置纵横坡排水外，还需要设置一定数量的泄水管道，以便组成一个完整的排水系统。

系统结构 泄水管的型式一般有金属泄水管、钢筋混凝土泄水管、横向排水管道等。桥上泄水管的数量和孔径应视桥梁的长度、宽度及桥梁纵坡的大小而定。桥面排水系统桥面应设置纵、横坡及泄水孔，以减少桥面积水，达到防、排结合的目的。桥面横坡一般为1.5%～3.0%，横坡的设置可采用由上部结构或通过桥面铺设混凝土三角垫层形成。

排水方式 分为3类：进水口接泄水管直接下排方式、进水口接排水管和落水管沿桥墩下排方式、防撞栏杆外加排水槽的排水方式。①进水口接泄水管直接下排方式。是较为简单的桥面排水方式，适用于桥下无车辆通行的情况。桥面雨水通过桥面横纵坡汇集到雨水口，雨水口接横向排水管道（空心板时）或竖向排水管道（连续梁时）将雨水直接冲淋到桥下。②进水口接排水管和落水管沿桥墩下排方式。是在进水口接泄水管直接下排方式的基础上增加了一定的排水管和落水管，桥面雨水通过排水管道排至桥下排水沟或排水口内，适用于桥下有车辆通行的情况。在这种排水系统中，进水口的尺寸及间距选择会影响排水系统的泄水能力。如果进水口尺寸较小，就需减小雨水口间距以满足桥面排水要求；当雨水口间距较小时，跨中雨水口截流的雨水需经过相当长度的纵向排水管才能到达桥墩处的落水管，在纵向排水管过长且铺设坡度较小的情况下，管内水流无法达到自净流速，水流中的杂质易在排水管道内沉淀，导致管道堵塞排水不畅。若只在桥墩处设置雨水口，桥面雨水口间距变大，纵向排水管道长度较短且铺设坡度较大，管内水流速度较大，满足水流自净的要求，不易形成管道阻塞，但进水口的尺寸也必须同时增大，宽度一般取40cm左右。③防撞栏杆外加排水槽的排水方式。对于桥下有车辆通行的情况，为保证排水系统的维护和清通工作的便利，常在防撞墙外现浇一条排水槽。桥面雨水口接横向排水管道将桥面水流排至排水槽，水流经过排水槽通过横向排水管道和落水管道，沿桥墩排至高架桥桥下排水沟或排水口。该种方法的优点在于即使发生阻塞现象，也能及时发现并维护，但防撞栏杆外加排水槽对桥梁外观有一定影响。

参数设计 林区桥梁桥面雨水排水系统设计中，桥面横纵坡的取值是影响桥面泄水流速和流量的重要因素，一般规定桥面应具有不大于2%、不小于0.5%的排水坡度。在实际排水系统设计中，桥面坡度过小会导致桥面水流速度小、单位时间内汇水流量小，严重影响桥面排水系统的泄水效率，引起桥面积水；坡度设计过大，单位时间内桥面的汇水流量较大，桥面汇水流量超过雨水口的泄水流量同样会造成桥面积水，且桥面坡度过大不利于行车安全。因此，林区桥梁桥面坡度的取值应综合考虑泄水流量与桥面积水的问题，在满足行车安全和规范要求的前提下，最大限度地为排水系统的泄水流量服务。

除了桥面坡度的取值，雨水口参数设计也是影响桥面泄水流量的因素，雨水口设计参数主要包括雨水口的尺寸、位置和间距。根据《公路排水设计规范》（JTG/T D33—2012）规定：桥面排水一般采用宽度为200～300mm、长度为300～400mm的矩形雨水口，顶部采用格栅盖板；雨水口的位置宜设在桥面行车道边缘处，最大泄水间距不宜超过20m。在雨水口设计中应满足桥面泄水流量的要求，避免造成雨水口浪费或不足。传统排水系统在雨水口顶部设置雨水箅子，虽能拦截较大体积的杂物，但仍有部分杂物会通过雨水箅子进入排水系统，沉积在排水横管内，堵塞排水管道，降低排水效率。因此，在桥面排水系统设计中，应充分考虑排水系统的防堵问题，除采用雨水箅子外还应在雨水口内增加防杂物的其他设施。

参考文献
国家林业局, 2014. 林区公路设计规范: LY/T 5005—2014[S]. 北京: 中国林业出版社.
黄晓明, 2019. 路基路面工程[M]. 6版. 北京: 人民交通出版社.
宇云飞, 岳强, 2012. 道路工程[M]. 北京: 中国水利水电出版社.
中华人民共和国交通运输部, 2012. 公路排水设计规范: JTG/T D33—2012[S]. 北京: 人民交通出版社.

（郭根胜）

桥位勘测 bridge site survey

在桥梁进行设计之前，对桥位地区的政治经济情况、自然地理情况和其他各种条件进行的详细调查与测量。为桥位设计、桥型选择及墩台基础设计提供必要而可靠的基本资料。主要内容包括：

桥位选择 对拟建桥梁的位置进行比较与选择。是桥位勘测的主要任务。选定桥梁的跨河地点，应满足水文、地质、航运和其他诸方面的要求，其一般要求为：服从路线总方向及桥梁的特殊要求；桥轴线尽量为直线或曲率小的平滑曲线，纵坡较小；少占农田，少拆迁，少淹没；有利于施工，便于材料运输、场地布置与便桥架设等；适应市政规划，协调水运、铁路运输，满足国防等要求。

桥位测量 对选定的桥位进行测量。主要测绘：①桥位平面图。供布设水文基线、选定桥位与桥头路线、布设调治构造物与施工场地等总体布置用。②桥址地形图。测绘范围应满足桥梁孔径、桥头引道路基和调治构造物设计的需要。③桥址纵断面图。主要供布置桥孔与河滩路基使用。

水文调查与勘测 对桥位上下游水文情况进行调查与勘察。为桥位设计提供必要的水文资料。收集附近水文站和气象站的实测资料，包括水位、流速、水面比降、过水面积、粗糙系数、含沙量、风向、风速、气温、降水、冰凌、冰雪覆盖深度、航道等级和船舶净空要求等，了解附近既有桥梁、水工建筑物的设计、施工与使用管养状况。

工程地质勘察 对桥位的地质情况进行勘察。主要查明桥位地区地层岩性、地质构造、不良地质现象及水文地质等工程地质条件，桥梁墩台及调治构造物处地质覆盖层与基岩风化程度，测试岩土的物理力学特性，提供地基承载力数据。最后应提供桥位工程地质平面图、桥位工程地质纵剖面图、钻孔地质柱状图、岩土和天然建筑材料试验结果表以及其他设计必要的图表和资料。

其他工作　了解铁道、城建、水利、航运、军事等相关部门要求。

参考文献

高冬光, 王亚玲, 2016. 桥涵水文[M]. 5版. 北京: 人民交通出版社.

黄廷林, 马学尼, 2014. 水文学[M]. 5版. 北京: 中国建筑工业出版社.

黄新, 金菊良, 李帆, 2017. 桥涵水文[M]. 2版. 北京: 人民交通出版社.

叶镇国, 2019. 水力学与桥涵水文[M]. 3版. 北京: 人民交通出版社.

（黄新）

桥位平面图　plan of bridge site

以一定的比例尺测绘桥位附近地物、地貌的平面位置总图。供布设水文基线、选定桥位与桥头路线、布设调治构造物与施工场地等总体布置用。图上应写明各部位地形地物名称，如河槽、河滩、植物、河床质种类、堤坝、引水渠等，都应在相应位置注明，包括尺寸和范围。还应包括平面控制点、高程控制点、水准点、不同方案的路线与引道接线、水文计算断面、洪水位调查点、最高泛滥线、航标位置、船筏迹线等。

测绘范围：沿河纵向，对山区、丘陵区河段，应测至上游桥位轴线以外2倍洪水泛滥宽度和下游桥位轴线以外1倍洪水泛滥宽度；对平原区宽滩河段，应测至上游桥位轴线以外3～5倍桥长和下游桥位以外2～3倍桥长。顺桥横向，应测至历史最高洪水位以上2～5m或洪水泛滥线以外50m。

比例尺一般河流可用1∶2000～1∶5000，较大河流可用1∶5000～1∶10000，较小河流可用1∶1000～1∶2000。

桥位平面图的主要用途为：①比选桥位，各桥位方案应包括桥孔位置、引道接线和调治构造物；②布设形态基线或水文基线，标注各调查历史洪痕点位；③施工场地总体布置。

参考文献

高冬光, 王亚玲, 2016. 桥涵水文[M]. 5版. 北京: 人民交通出版社.

黄廷林, 马学尼, 2014. 水文学[M]. 5版. 北京: 中国建筑工业出版社.

黄新, 金菊良, 李帆, 2017. 桥涵水文[M]. 2版. 北京: 人民交通出版社.

叶镇国, 2019. 水力学与桥涵水文[M]. 3版. 北京: 人民交通出版社.

（黄新）

桥址地形图　bridge site topographic map

针对选定推荐的桥位进行工程测量所绘制的地形图。是设计桥梁平面位置、布置桥头引线和防护、导流建筑物的依据。测绘范围应满足桥梁孔径、桥头引道路基和调治构造物设计的需要。

测绘内容：除按基本地形图的要求施测外，要测绘现有河宽护岸，导流建筑物、旧桥、两岸被冲刷地点，还应施测桥址中线、测量控制点、最高洪水位、桥址纵断面图、河床横剖面图及钻孔位置等。

测绘范围：比桥位平面图小，但应满足布置桥孔、引道接线与调治构造物的需要。纵向以桥位轴线为准，上游测至2～3倍桥长，下游测至1～2倍桥长；横向应测至历史最高洪水位（或设计水位）以上2m或历史洪水泛滥线以外50m。

比例尺：一般桥长在50m以下用1∶200或1∶500；桥长在100m左右用1∶500；桥长在200m以上时用1∶1000或1∶2000；特别复杂的局部地形可用1∶200。

参考文献

高冬光, 王亚玲, 2016. 桥涵水文[M]. 5版. 北京: 人民交通出版社.

黄廷林, 马学尼, 2014. 水文学[M]. 5版. 北京: 中国建筑工业出版社.

黄新, 金菊良, 李帆, 2017. 桥涵水文[M]. 2版. 北京: 人民交通出版社.

叶镇国, 2019. 水力学与桥涵水文[M]. 3版. 北京: 人民交通出版社.

（黄新）

桥址纵断面图　vertical section of bridge site

沿桥位轴线和引道接线中心线的总体布置图。供设计时布置桥孔、河滩与引线路基和调治构造物使用。

测绘范围应测至两岸历史最高洪水位以上2～5m或路肩设计高程以上，应示出床面形状、地质构造与岩土分层、特征水位如通航水位、常水位、低水位等。当地面的横坡较陡或地质较复杂时，常在桥址中线的上下游各3～10m处增测辅助纵断面。

测图比例尺常用1∶100～1∶1000。

参考文献

高冬光, 王亚玲, 2016. 桥涵水文[M]. 5版. 北京: 人民交通出版社.

黄廷林, 马学尼, 2014. 水文学[M]. 5版. 北京: 中国建筑工业出版社.

黄新, 金菊良, 李帆, 2017. 桥涵水文[M]. 2版. 北京: 人民交通出版社.

叶镇国, 2019. 水力学与桥涵水文[M]. 3版. 北京: 人民交通出版社.

（黄新）

倾角法　inclination angle measurement

通过测量索道上下支点处承载索倾角来测定承载索安装拉力的一种方法。即通过测量悬索上下支点倾角来判断承载索安装拉力是否达到设计要求。只要一个水准尺（仪）或手水准即可测定，使用工具简单，但实践证明测量误差较大。

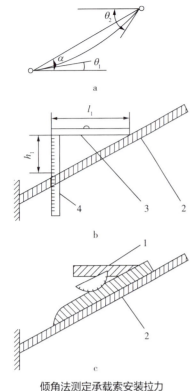

倾角法测定承载索安装拉力

1—手水准；2—承载索；3—水准尺；4—测定仪

在已确定的跨距内，两个支点处的承载索倾角的大小与承载索张紧度的关系（图a），下支点为 $\tan\theta_1 = \tan\alpha - 4S_0$，上支点为 $\tan\theta_2 = \tan\alpha + 4S_0$，其中 θ_1 为下支点悬索切线与水平线的夹角，θ_2 为上支点悬索切线与水平线的夹角，α 为弦倾角，S_0 为设计要求的承载索无荷中挠系数。

测定方法有两种。①用水准尺将其一端接触在承载索上（图b），使其保持水平状态，用刻有长度单位的尺子，量出垂直高度 h_1、水准尺长度 l_1，从而换算出倾角 θ。②将钢索表面油脂擦净，将手水准置于其上，即可读出倾角 θ（图c）。将所测得的倾角 θ 与设计计算出的倾角 θ 对照比较，若所测 θ 值偏大，说明承载索安装拉力太小，偏松，应适当张紧；若所测 θ 值偏小，说明承载索安装拉力太大，偏紧，应适当放松。

（巫志龙）

全载集材　full load skidding

所集木材全部载于集材机具承载装置上的集材方式。适于皆伐或择伐作业的短小原木集材。集材机具可以是拖拉机，也可以是汽车。若集材机具带有液压起重臂用于装卸木材，则称为自装全载集材机。在中国南方有少量采用手扶拖拉机加小型拖车的形式进行全载集材，对集材道要求不严格，可越过较大的障碍物；择伐作业集材时，可偏离集材道深入到山场造材地点。

优点：①总长度小，机动灵活；②集材时的运行阻力只有集材机具（载重）的行驶阻力，阻力小；③木材全部置于承载装置上，对林地和保留木的破坏和损伤小；④用汽车载运时，若地形条件许可且距离不远，可与运材结合，直接运到木材加工厂。

缺点：①山上造材，造材质量无法保障；②木材利用率低；③履带或车轮反复碾压处易形成冲蚀沟，造成水土流失。

参考文献
史济彦, 1996. 森林采伐学[M]. 北京: 中国林业出版社.

（孟春）

全自动集材索道　skidding full-automatic cableway

采用全自动遥控跑车，通过遥控操作，使运行的跑车能沿任意点停止、落钩、集（卸）材或起钩运行的集材索道。又称遥控集材索道。简称全自动索道、遥控索道。取消了止动器，跑车上装有无线电接收机，地面人员由发射机发出指令，运行的跑车就可以按指令的要求，完成全部集运材作业的动作。全自动遥控跑车是国内外森林工程界公认的高性能全自动跑车，它具有无须依靠止动器在索道沿线任意点自动起落钩集运材的功能。适用于多跨长距离集材，吸引木材范围较大，载重量也较大。自20世纪80年代，国外开始出现遥控跑车，尤以日本的 RCC-13、HR-300、H750B 及 RCF-20 为代表。中国于 1983 年由福建林学院（现福建农林大学）自主研制成功 $YP_{2.5}$-A 遥控跑车，至今先后研制出 $YP_{0.5}$、YP_1、YP_2、YP_3 和 YP_5 等系列机型。采用循环索牵引，可适用于多种地形。$YP_{2.5}$-A 全自动集材索道见下图。

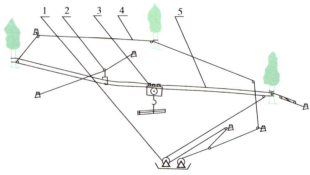

$YP_{2.5}$-A 全自动集材索道示意图

1—绞盘机；2—拐弯鞍座；3—带握索器遥控跑车；4—循环索；5—承载索

（周新年）

全自动跑车　automatic carriage

由无线电遥控，通过液压传动操纵握索机构，可在索道沿线任意点停留、自动落钩的集材跑车。又称全自动遥控跑车。适用于长距离多跨单线双索闭合往复式索道。

全自动跑车改善了山场作业工人的劳动条件，确保了生产安全，实现了索道木材生产集、运、归、装联合作业，提高了生产效率，是长距离多跨索道比较理想的集材跑车。典型代表有原福建林学院研制的 YP2.5-A 型全自动遥控跑车，已发展到 YP0.5-A、YP1.0-A、YP3.0-A、YP5.0-A 型等不同起重量系列。

（周成军）

人工立桩锚结 anchor knot of artificial erected pile

钢丝绳绳端锚结的一种方式。在无活立木或伐根可利用时，人工挖穴，在穴内埋设竖立的桩木，钢丝绳锚结在直立桩木上。又称人工竖桩锚结。一般用于承载索之外各种用途的绷索、张紧索等受力较小的钢丝绳绳端锚结。遵循规定：①桩木直径视受力大小而定，一般为 20～30cm。②入土深度为 1.5～2m，地面部分为 0.3～0.4m，受力大时，可在竖立的桩木前埋入 1m 长的水平原木。③桩木沿受力的相反方向倾斜竖向放置，一般与水平面成 45°～75°。

（巫志龙）

人工卧桩锚结 anchor knot of artificial lying pile

钢丝绳绳端锚结的一种方式。在无活立木或伐根可利用时，索道起、终点采用人工开挖土坑，土坑内埋设卧倒的桩木，承载索锚结在卧倒的桩木上。一般用于承载索绳端锚结。卧桩土坑见图。遵循规定：①依钢丝绳最大拉力选择桩木直径，一般不小于钢丝绳直径的 20 倍。②开挖土坑，应使土坑长与钢丝绳出绳方向成直角，前壁与地面垂直或稍向内倾斜，土坑尺寸视土质及最大负荷而定；沙壤土的卧桩土坑尺寸见下表。③钢丝绳出口处应挖一条与土坑垂直的斜向沟槽，以便于出绳。④斜向沟槽出绳与地面倾斜角度较大时，应根据最大拉力验算其垂直分力，其值应小于卧桩及覆盖的土石重量。

沙壤土卧桩土坑尺寸

荷重级 (kN)	尺寸（m）			
	坑深 H	桩木长 L	前壁厚 B	桩木直径 D
15	1.5	2.5	4.8	≥ 0.4
30	1.5	3	7.2	≥ 0.6

（巫志龙）

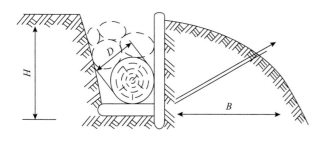

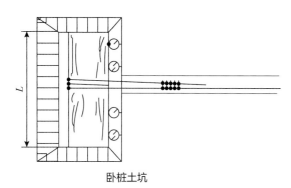

卧桩土坑

H—坑深；B—前壁厚；D—桩木直径；L—桩木长

人-机-环境系统 man machine environment system

伐区生产作业中，人、机具与环境构成的相互作用的系统。伐区人-机-环境系统研究中，以人体测量学、生理学、心理学、生物力学以及工程学等学科作为研究方法和手段，综合地进行人体结构、功能、心理以及生物力学等问题研究，研究伐区机械各仪表的优化配置，使作业者能最大效能地操纵机械、仪器和控制装置，达到人、机器与环境的最优匹配。

主要内容包括以下 6 个方面：

①研究伐区工作人员自身的生理与心理特性。伐区工作人员的生理、心理特性和能力限度是伐区作业人-机-环境系统设计的基础。研究与伐区工作人员相关的人体形态参数、人的感知特征、人的行为特征与可靠性以及人在伐区作业过程中的生理、心理特征等，为与人体相关的伐区作业设施、设备、工具、用品、用具和操作的设计、使用以及伐区生产人-机-环境系统设计提供关于人体的数据和要求。

②研究伐区工作人员劳动生理及操作特性。根据伐区工作人员在进行不同操作时的生理及心理变化，确定作业的合理负荷及能量消耗，制定合理的作息制度；通过优化分析，采用正确的操作方法及作业姿势，以减轻伐区工作人员的疲劳，保障健康，提高工作效率。

③研究伐区工作场所的合理性。包括伐区作业机械的操作空间、操作人员座椅、机器操纵台等设计的合理性。工作场所的合理设计可以保证操作人员以不损害健康的姿势从事伐区作业劳动，减少作业疲劳，提高工作效率。

④研究伐区信息传递装置的设计。伐区工作人员与机器设备、工作环境之间的信息交流是通过人机交互界面上的显示装置和控制器完成的，研究显示装置与操作者感觉器官的特性匹配，研究控制器与操作者运动系统的特性匹配，以及它们之间的相互配合，可以使人机之间能迅速、准确地交换信息并减轻人体负荷。

⑤研究伐区环境控制与安全保护。通过研究伐区工作人员工作环境的温度、湿度、照明、噪声、振动、色彩、空气质量、植被、地形等环境条件对伐区工作人员活动和健康的影响，控制和改善不良作业环境，保护操作者，避免工作环境引起的疾病和伤害。

⑥研究伐区人-机-环境系统的整体设计。人-机-环境系统总体效能的发挥取决于总体设计，因此要在整体上使伐区作业机械与操作人员相适应。根据操作人员、作业机械各自的特点，合理分配人机功能，使其在人-机-环境系统中发挥各自特长，保证系统功能最优。

参考文献
刘刚田, 2012. 人机工程学[M]. 北京: 北京大学出版社: 1-3.
吴青, 2009. 人机环境工程[M]. 长沙: 国防工业出版社: 1-6.

（王海滨）

人力集材　manual skidding

用人力进行集材的作业方式。是最原始的集材方式，也是相对传统的集材方式。

分类　人力集材一般都与其他集材方式相配合，有吊卯、人力小集中、人力串坡和板车集材等形式。①吊卯。在畜力集材时，人力将原木进行归堆的作业。每堆原木的前端要用一根所谓的卯木垫起，每堆原木的数量要与畜力集材每次载量的整数倍相符。②人力小集中。为提高集材效率，在集材前将分散的木材集中成小堆，也称归堆。用人抬或肩扛的方式进行小集中作业，适宜的伐区坡度为冬季4°以下，夏季6°以下。③人力串坡。人借用地势将木材从坡上串放到坡下的作业。在中国南方又称溜山。串坡不设固定的串坡道。在中国北方，冬季坡度17°以上的伐区可用人力串坡。④板车集材。是中国南方应用的一种人力集材方式。人力操纵装有两个胶轮的小车，将木材装在车上，沿下坡集材。如果集材小车装的是木轮，则称为"满山跑"。集材道一般宽1.5m，坡度不宜超过15°。

应用范围　人力集材主要适用于集材坡度大、集材分散、集材距离长的林区。

特点　人力集材对植被、森林地表的破坏相对较小，不易导致水土流失。集材量相对较小，装卸大的木材相对困难，且不能很好保证集材的质量，造成集材率降低。随着社会的发展，人力和畜力成本日渐提高，人力集材与林业现代化发展方向相悖。中国主要在20世纪50年代应用，此后从苏联引进油锯后逐渐废弃。

参考文献
刘晋浩, 2007. 谈国内外人工林抚育机械的现状及发展趋势[C]// 当代林木机械博览(2006). 中国林业机械协会: 94-96.
潘海, 2012. 伐区作业方式与集材探讨[J]. 现代商贸工业, 24(6): 168.
战丽, 朱晓亮, 马岩, 等, 2016. 基于模糊综合评价法对几种集材方式的研究与分析[J]. 木材加工机械, 27(4): 51-54.

（徐华东）

软土地基加固　soft soil foundation reinforcement

为了提高软土地基的承载能力和稳定性，防止地基沉降和变形的一系列工程措施。软土地基是强度低、压缩量较高的软弱土层，多数含有一定的有机物质。铺设于天然地基上的路基因其自身荷载较大，要求地基具有足够的承载能力，以保持稳定，使某些自然因素（如地下水、坑穴、湿陷、胀缩等）不致产生对路基的有害变形。

软土地基的承载能力较差，如泥沼与软土、低洼的湖（海）相沉积土层、人为垃圾杂填土等，填筑路基前必须予以加固，以防路基沉陷、滑移或产生其他病害。软土地基加固规模大，造价高，应注意方案比较，研究技术和经济方面的可行性，力求从简，尽量就地取材。地基加固是路基主体工程的一部分，要结合路基设计（即确定路基标高，选择横断面，决定设施等），综合处治。

湿软地区修筑路基时，地基加固关键在于治水和固结。常用加固方法包括换填土、碾压夯实、排水固结、振动挤密、土工格栅加筋和化学加固等。加筋土为土中加入某种能承受一定拉力的筋条或化学纤维，凭借筋条与填土之间的摩擦作用，提高土的抗剪强度，改善路基抗变形的条件。土工布、土工格栅加筋是利用化纤材料织成布或网格，铺在软弱地基或填土层中，也能收到良好效果。其他还有石灰桩、砂桩与砂井等。也可采用强夯法，利用重锤的强大冲击力，以达到地基排水固结、提高承载能力的目的。

参考文献
黄晓明, 2019. 路基路面工程[M]. 6版. 北京: 人民交通出版社.
中华人民共和国交通运输部, 2015. 公路路基设计规范: JTG D30—2015[S]. 北京: 人民交通出版社.

（高敏杰）

三级林区道路　tertiary forest road

林区内供汽车通行，采用 20km/h 设计速度的双车道或单车道道路。适用于森工企业年运材量原条 3 万～4 万 m³、原木 1.5 万～3 万 m³（双车道），原条 < 3 万 m³、原木 < 1.5 万 m³（单车道），或年平均日交通量 400～2000 辆小客车的各类支线。

路基宽度：山岭、重丘区 4.5m（一般地区）或 5.0m（积雪冰冻地区）；平原、微丘区 6.5m（一般地区）或 7.0m（积雪冰冻地区）。行车道宽度：双车道 6.0m；单车道 3.5m。路面采用中级路面［泥结碎石路面、级配碎（砾）石路面、不整齐石块路面、碎（砾）土路面、天然风化砂砾路面］或低级路面（粒料加固土或其他当地材料加固）。

参考文献

许恒勤, 张洪, 2003. 林区道路工程[M]. 哈尔滨: 东北林业大学出版社.

杨春风, 欧阳建湘, 韩宝睿, 2014. 道路勘测设计[M]. 2版. 北京: 人民交通出版社.

叶伟, 王维, 2019. 公路勘测技术[M]. 北京: 机械工业出版社.

（朱德滨）

散腐清理法　bulk dispensing cleaning

将采伐剩余物均匀地散铺在迹地上，任其自然腐烂分解的清理方法。采伐剩余物均匀横山散铺，有利于水土保持，能较快改善土壤、提高地力。适用于土壤瘠薄、干燥及陡坡、砂石土质的迹地和择伐迹地，可防止土壤干燥和流失，有利于改良土壤。

方法　将采伐剩余物切碎或截成 0.5～1m 的小段，在采伐作业结束后，由人工或机械均匀散铺在迹地上。有条件的地方，对于土壤贫瘠、土层较薄地带，可用拖拉机在迹地上将散铺的枝丫进行碾压，使其与土壤混合，或用移动式削片机就地削成碎木片再散铺在迹地上，以便加速腐烂分解，增加地力。

注意事项　①散铺的厚度要适当，过薄不起作用，过厚在干燥地带不易分解，且易引起火灾，成为病虫害的温床；在潮湿地带，易引起沼泽化并影响天然更新及幼苗的发育生长，散铺厚度一般为 20～30cm。②除因坡度太大或废木占据位置特殊，一般情况下剩余物应横山放置，且要稳固，不会产生翻滚溜滑现象。③半截头、废弃木禁止有架空现象，全部着地；如遇两根并排的病腐木，应撬开，间距不得低于 40cm，以便能在其间植苗。

参考文献

东北林学院, 1984. 森林采伐学[M]. 北京: 中国林业出版社: 133.

（肖生苓）

森工企业局域网　forestry enterprise local area network

森工企业在其内部建设的用于数据通信和资源共享的计算机网络。森工企业局域网的建设使得企业能够有效地进行资源共享、信息发布、技术交流以及生产组织等业务管理，进而促进企业内部的信息流通与协作，提升工作效率和业务响应速度。

森工企业局域网还为企业内部员工提供访问互联网的渠道，便于与外部合作企业进行数据交换。但应注意，当局域网与互联网连接后，会存在来自外部网络的潜在安全威胁，可能引发数据丢失或网络通信中断等问题。为确保网络安全，需在网关处配置防火墙，以实时监测并过滤来自互联网的各类风险，从而保护企业数据免受恶意攻击和未授权访问，维护企业内网的安全稳定。

森工企业局域网是现代森工企业信息化建设中的关键环节，不仅支持企业内部的数据通信和资源共享，还为企业内部网络与外部互联网之间的数据交换提供了一个高效的网关通道，为进一步构建 OA 系统、MRP 系统、MRP Ⅱ 系统、ERP 系统、SCM 系统以及 CRM 系统等信息化管理系统提供了坚实的网络基础。

（林宇洪）

森工企业信息化　forestry enterprise informationization

依托信息技术，遵循林业政策，森工企业对各项业务实施计算机管理的过程。

森工企业信息化优化了企业生产要素组合和资源配置，有助于企业快速适应市场变化，提升生产管理的整体效率和决策的科学性，增强企业的市场竞争力及持续经营能力，从而实现经济效益最大化。

森工企业信息化涵盖了多个方面，具体包括：①构建企业内部局域网；②推进办公自动化；③对生产业务如森林采伐、原料采购、物料库存、生产计划、产品销售及物流管理等进行信息化管理；④实施生产资源的全要素集成化管理；⑤与供应链上下游企业开展业务协同管理；⑥与终端顾客建立并维护客服关系。

森工企业信息化具体建设内容包括：森工企业局域网、森工企业 OA 系统、森工企业 MRP 系统、森工企业 MRP Ⅱ 系统、森工企业 ERP 系统、森工企业 SCM 系统、森工企业 CRM 系统等。

参考文献

赵振华，倪鹏伍，1992. 国有森工企业管理学[M]. 哈尔滨：东北林业大学出版社：8-9.

（林宇洪）

森工企业 CRM 系统 forestry enterprise customer relationship management system

森工企业利用互联网技术建设的企业和客户关系管理的信息化系统。又名森工企业客户关系管理系统。旨在强化森工企业与终端客户的联系与管理，建立连接供应链下游终端客户和供应链上游生产企业之间的双向信息渠道。通过这个信息渠道，企业能够为客户提供定制化产品及完善的售后服务，进而显著提升客户满意度。

客户关系管理（customer relationship management，CRM）系统是一种利用互联网远程通信技术来高效管理企业与顾客之间在设计、加工、销售、配送及售后服务等多个环节交互关系的工具。目的是：①通过提供私人定制化服务，满足客户的个性化需求，并确保产品在客户期望的时间内完成配送；②吸引新客户，维护老客户的关系，将潜在客户迅速转化为忠实客户，并提升客户黏性，提高企业的市场占有率。

自 2010 年以来，欧美国家的消费者对绿色消费理念的关注不断增强，导致欧美市场设立了绿色壁垒，对木制品的原料来源合法性及产销链监管提出了严格要求。这一变化对中国木制品的出口贸易产生了显著影响。在此背景下，森工企业建设 CRM 系统具备向海外终端客户提供供应链日志的能力，确保木制品加工链信息的透明性，有效消除了信息不对称的问题。借助 CRM 系统，中国森工企业能够塑造出绿色环保品牌形象，吸引秉持绿色消费理念的国际顾客，进而提升中国木质林产品在国际市场上的竞争力。

例如，消费者与木制家具的亲密接触形成了差异不同的个性化感受体验，因此，木制家具定制化服务一直具有较大的市场需求。所谓定制化服务，即根据消费者的特定要求，为其提供量身定制的设计、生产及配送服务，以满足他们的定制化需要。森工企业 CRM 系统则能够跨越供应链的中间环节，使终端顾客的个性需求信息直接逆向传递给森工企业的产品设计师，从而实现终端客户在设计阶段就能提前介入家具定制化生产环节。

在大数据技术的助力下，森工企业 CRM 系统能全面收集并分析客户的历史购买记录和个性偏好。采用聚类分析方法，对客户人群进行精准分类，将具有相似偏好的客户归入同一群组，以此细分市场，确保广告投放的高效与精准，进而提升木制品销售的成功率。此外，CRM 系统还能实时监控市场动态，及时捕捉流行元素，为企业调整木制家具设计风格提供决策依据，从而增强产品在市场上的竞争力，有效降低产品滞销风险。

参考文献

颜桂梅，胡连珍，巫慧丽，等，2015. 基于绿色消费心理木制品供应链追溯卡的设计[J]. 林业经济问题，35(5): 401-406.

（林宇洪）

森工企业 ERP 系统 forestry enterprise resource planning system

森工企业在 MRP Ⅱ 系统基础上建立的企业综合资源集成化管理系统。又名森工企业资源计划管理系统。

企业资源计划（enterprise resource planning，ERP）系统是在制造资源计划（manufacturing resource planning，MRP Ⅱ）系统基础上形成的企业综合资源集成化管理系统。森工企业 ERP 系统不仅保留了森工企业 MRP Ⅱ 系统的核心管理功能，如经营规划、原料采购、物料库存、林产品加工、林产品销售、财务结算、成本分析等，还进一步整合了森林伐区管理、木材采伐管理、木材运输码单管理、林产品质量管理、林产品物流管理、电子商务管理、森工机械管理、森工实验室管理及人力资源管理等功能。该系统整合了企业所有资源进行管理，包括财务一体化管理、物资资源管理、信息资源管理等。

森工企业 ERP 系统是建立在信息化基础上，采用系统化的管理思想，对企业全部资源进行全面、有效且精准的管理，能够消除原有的管理漏洞，规范各项业务流程，为企业提供决策支持并优化决策过程，从而提高了森工企业的核心竞争力，实现企业经营效益最大化。

参考文献

李台元，2000. 企业信息化与ERP企业资源计划[M]. 西安：西安交通大学出版社：11.

（林宇洪）

森工企业 MRP 系统 forestry enterprise material requirement planning system

森工企业管理物料库存和安排主生产计划的一种信息化管理系统。又名森工企业物料需求计划管理系统。实现了订单管理、原料采购、库存管理、加工计划规划、产品交付等业务流程的集成化管理。森工企业 MRP 系统使企业在生产管理方面更加高效、精准，更具弹性地应对市场突发风险，提升了生产工具的利用效率，有效地降低了企业库存、生产成本和管理费用。

物料需求计划（material requirement planning，MRP）系统是一种根据市场需求和顾客订单来制订产品主生产计划的实用系统。系统工作过程：首先基于产品主生产计划生成相应的进度安排；然后结合产品的材料结构表和当前库存状况，精确计算出所需物料的数量以及需求时间。通过这种方式，MRP系统能够高效地确定产品的加工进度和原料订货日程，保证生产流程的顺畅，并有助于降低原料和成品的库存。闭环MRP系统在传统MRP系统基础上进行了功能拓展，增加了对投入与产出的全面控制，实现对企业生产能力进行校检、执行和控制。闭环MRP系统形成了一个集"计划→执行→反馈→闭环"于一体的生产资源计划与闭环控制系统，使企业能更好地应对订单、市场和生产能力等方面的突发变化。

森工企业MRP系统的计划对象为林产品加工过程中的各层次物品（包括原料、辅料、半成品、成品、包装材料、生产工具以及工具易损件等）。主要功能：①根据林产品加工工序各层次物品之间的从属关系和数量比例进行细致规划，确保生产流程的顺畅进行；②企业以产品的预定完工时间为基准，实施倒排生产计划，确保生产按照既定的时间表进行，避免延误或提前交付；③企业能够实现对各种物料库存量的有效控制，避免库存积压和浪费；④企业可根据市场变化，动态调整生产计划，确定最优的加工进度，提高生产效率。

参考文献

平野裕之，大冢雅夫，1997. 图解MRP五步应用手册[M]. 陈敏，钱伟，译. 上海：上海科学普及出版社: 11.

（林宇洪）

森工企业MRP Ⅱ系统 forestry enterprise manufacturing resource planning system

森工企业在MRP系统基础上构建的企业制造资源集成化管理系统。又名森工企业制造资源计划管理系统。涵盖森工企业经营规划、原料采购、物料库存管理、林产品加工、林产品销售、财务结算以及成本分析等关键业务流程。

制造资源计划（manufacturing resource planning，MRP Ⅱ）系统是一个功能全面的企业制造资源集成化管理系统。在物料需求计划（material requirement planning，MRP）系统的物料管理基础上，又继承了闭环MRP系统的"计划→执行→反馈→闭环"校验与控制能力，把企业宏观决策的经营规划、销售、采购、制造、财务、成本、推演功能融为一体，适应国际化业务的多语言、多币制、多税制的管理需求，同时提供与计算机辅助设计（computer aided design，CAD）系统、计算机辅助制造（computer aided manufacturing，CAM）系统、高级计划与排程系统（advanced planning and scheduling system，APS）、质量管理系统（quality management system，QMS）等跨系统技术接口。

森工企业应用MRP Ⅱ系统对林产品加工相关的制造资源进行有效计划，形成了一整套生产经营管理计划体系，实现了"以订单为驱动，以计划为主导，以生产为主线"的生产资源高效利用模式，进一步降低了原料采购、物料库存、制造加工、产品销售、财务结算的管理成本。

参考文献

张毅，1997. 制造资源计划MRP-Ⅱ及其应用[M]. 北京：清华大学出版社: 1-6.

（林宇洪）

森工企业OA系统 forestry enterprise office automation system

森工企业应用信息技术对传统办公方式进行流程再造而建立的办公自动化系统。又名森工企业办公自动化系统。

办公自动化指利用现代化设备和信息化技术，代替办公人员传统的部分手动或重复性业务活动，优质而高效地处理办公事务和业务信息，实现对信息资源的高效利用，进而达到提高生产率、辅助决策的目的，最大程度地提高工作效率和质量，改善工作环境。

森工企业OA系统主要功能包括电子公文的加密、签发、登记、签批、流转及销毁，工作指令的下达，工作简报的上传，会议通知的发布，以及支持在线视频会议等。该系统优化了传统办公流程，进而提升了森工企业内部部门间的协同办公效率。此外，还能助力森工企业实现无纸化办公。通过电子化方式处理各类文件和报表，减少了纸张和打印机的使用，降低了森工企业办公成本，同时加速了业务报表和办公文件的流转效率。

（林宇洪）

森工企业SCM系统 forestry enterprise supply chain management system

森工企业为了加强林产品供应链管理而建立的供应链综合资源集成化管理系统。又名森工企业供应链管理系统。应用森工企业SCM系统可以更好地掌握供应链上下游所有资源，提升供应链运营效率，优化供应链各协作企业利益分配，降低供应链管理成本，从而提高林产品供应链的管理水平。

供应链管理（supply chain management，SCM）系统与企业资源计划（enterprise resource planning，ERP）系统之间存在着相辅相成的关系，它们在业务层面上各自独立地运行，但在数据层面上却紧密相连。SCM系统主要关注的是供应链上各个纵向企业间的业务协同和交接，以供应链的利益最大化为决策优化目标。相对而言，ERP系统则更注重企业内部各个横向部门之间的业务协同和配合，以企业利益最大化为决策优化目标。SCM系统的数据源自供应链中各企业的ERP系统，而在管理上更加专注于供应链上各企业间的业务交接。SCM系统的核心职能是执行从供应链上游的原料供应商到供应链下游的终端用户的全链条管理，在满足优质客户服务水平的前提下，将整个供应链的总成本降至最低。通过有效组织供应商、制造商、渠道商、分销商、仓库和配送中心等各企业之间的业务流转，以实施高效的供应链运作。SCM系统涵盖五大基本内容，分别是计划、采购、制造、物流及退货管理。

森工企业SCM系统的核心内容在于确保林产品供应链各环节的无缝衔接，集成物流、信息流、单证流、商流与资金流，形成一种先进的管理模式，可以强化林产品产销监管链（chain of custody，COC）的监管能力，实现对林产品供应链中每一个生产环节的细致追踪。森工企业SCM系统业务范围涵盖森林采伐、原木运输、木材加工、半成品流转、成品生产、产品销售，以及物流配送至终端消费者的全链条管理。通过SCM系统的严格管理，森工企业可以向消费者保证，所有经过认证的产品均来源于管理良好的森林，其砍伐和物流活动均合法，并严格遵守国家和地方法律法规。这种对林产品供应链的严格管理举措，可增强那些重视环保的消费者的信心，也有利于森林的可持续经营。

2010年美国全面执行《雷斯法案修正案》，2013年欧洲执行《欧盟木材法案》，2014年澳大利亚执行《禁止非法木材法案》，2017年日本执行《合法木材法案》。至此，美、欧、澳、日四大国际市场形成了绿色壁垒，全面禁止非法来源的木材及其制品进入其市场，并要求木制品加工企业提供详尽文件证明原料来源的合法性。绿色壁垒作为典型的非关税壁垒，对中国木质林产品出口形成了极大挑战。2012年美国又颁布了《中国木制工艺品输美检疫要求最终法案》。作为回应，中国国家质量监督检验检疫总局于2013年7月24日发布公告："监督产品检疫处理过程符合美方要求，监督企业落实产品溯源管理制度，建立监督管理工作记录且保留2年。"此公告的实质是要求中国森工企业提升信息化管理水平，提高供应链上游的木材原料溯源能力，同时也要提高供应链下游的木制品出口贸易与国际物流追踪能力。

中国森工企业实施SCM系统，能够强化原料溯源管理并建立详尽的产品销售和监督记录，以满足中国国家市场监督管理总局的木制品出口检验要求；帮助企业从复杂的供应链中准确识别木材原料是否来自拥有合法林权、经过合法采伐和运输的林地，从而有效阻止非法木材混入产品加工链；协助森工企业管理工艺流程，精确掌握木制品的流向和流量，追踪销售轨迹，并提供原料合法性及符合产销监管链要求的证明文书；有助于企业顺利通过森林认证的产销监管链（COC）认证；有助于中国木质林产品顺利进入美、欧、澳、日四大国际市场，进一步提升中国森工企业的国际竞争力。

参考文献
冯惠英, 邱荣祖, 2015. 基于物联网的木材物流追踪与监管[J]. 林业经济, 37(10): 74-79.
林宇洪, 2013. 木材供应链追溯RFIC卡的设计[J]. 西北林学院学报, 28(5): 175-179.
田明华, 万莉, 吴红梅, 2015. 林产品贸易自由化：基于减少木材消耗以保护森林的视角[J]. 林业经济, 37(5): 42-51.

（林宇洪）

森林采伐 forest harvesting

以收获木材或抚育森林为目的，在森林内所进行的采伐作业。是人类经营森林资源的重要手段之一，也是根据森林生长发育过程和人类社会经济需要而进行的营林措施。合理的森林采伐会促进林木生长发育、改善林分组成、利于森林更新恢复，对森林可持续经营、森林资源有效利用、生物多样性维护、开发利用和质量提升及森林综合功能的全面维持等至关重要。

类型 根据作业目的和作业对象的不同，森林采伐分为主伐、抚育采伐、更新采伐、低产（效）林改造采伐4种。主伐是为获取木材和达到森林永续利用而对成熟林分进行伐去老林、培育新林的一种采伐作业。抚育采伐是以未成熟的森林为作业对象，以促进森林生长和提高林木质量为目的，对林木进行伐密留疏、伐坏留好的作业。更新采伐是以防护林和特种用途林为作业对象，以提高森林效能、加快更替过程为目的，伐去林中长势衰弱、老龄过熟和不适应的树种。低产（效）林改造采伐是将因遭病虫害或其他原因而生长不良的低产劣质林全部伐掉，以便在迹地上营造优质高产的林分的作业。

发展历程 中国森林采伐方式与森林经营方式协同发展。1949年以后，中国森林采伐历程主要有4个时期。

第一个时期（1949—1965年），新中国成立初期，一些地方政府靠砍伐木材增加收入，有些木材经销商和不法分子乘机乱砍滥伐森林，森林采伐管理失控。1950年5月，政务院发布《关于全国林业工作的指示》指出：公有林（包括国有林）应由中央人民政府林垦部或中央委托的各级林业机构经营采伐，统筹供应公私用林。其他任何机关、部队、学校或企业不得借口任何理由自行采伐。个别地区驻军确因自用燃料无法购得而需樵采时，必须经当地专署以上人民政府或林业主管机关核准，在公有林指定区域作合理的修枝疏伐，并照缴山价。林业部于1964年提出"以营林为基础，采育结合，造管并举，综合利用，多种经营"的林业建设方针，虽有效地促进了林业的巩固、充实和提高，但并未从根本上扭转采伐管理失控的状况。

第二个时期（1966—1985年），从采伐过量、乱砍滥伐到采伐限额的确定。"文化大革命"期间，各级林业机构陷于瘫痪状态，林业方针、政策和规章被废弃，集中过量采伐和乱砍滥伐毁坏了不少林木，造成树权、林权不清，林木、林地所有制混乱，挫伤了广大农民发展林业的积极性，增加了林权、树权、地权的纠纷。1978年中共中央、国务院发布《关于加强南方集体林区森林资源管理，坚决制止乱砍滥伐的指示》，标志着中国采伐限额制度的确立。森林采伐限额按照制度规定的采伐量低于生长量的总原则，根据森林资源消长状况和经营管理情况，按照每5年为一个计划期进行调整，分别按省、自治区、直辖市编制。

第三个时期（1986—2005年），从"七五"期间的采伐限额制度对总量上控制森林采伐外，分采伐种类、采伐树种和材种结构来确定森林资源消耗的总量。对各省、自治区、直辖市的采伐数量给出具体的指标，要求采伐量不得超过规定的采伐限额总量。"八五"期间，对采伐限额制度进行了改进，主要表现在除对可以采伐的林木进行总量上的控制以外，还按照森林资源的消耗结构，分别核定商品材、农民自用材、生活烧材、工副业烧材和其他用材等分项限额指标，并对国营林业企业和国有林场也分项列出采伐限额指标。"九五"期间的年森林采伐限额在"八五"的基础上，不仅按照森林的消耗结构进行分类，而且进一步从采伐类型上进行分类。"九五"期间年森林采伐限额核定的总量指标和按采伐类型、消耗结构核定的各分项限额指标，均为每年采伐胸径5cm以上林木蓄积量的最大限量，不得突破，不得相互挪用、挤占。"十五"期间更加注重科学、合理地编制采伐限额计划，总的原则是：要求森林资源数据统一和准确有效，分类经营和分类指导，全额控制和分项管理。

第四个时期（2006年至今），实施分类经营、总量控制、生态优先、绿色发展，助力实现碳达峰、碳中和目标。"十一五"期间采伐限额从采伐方式设置、利用布局安排到森林采伐量核定，始终以优先保障生态建设大局和森林资源持续增长为前提。按照森林资源科学经营管理的要求，积极推行分区施策、分类管理，正确处理森林培育与采伐利用的关系，切实做到在培育中合理采伐利用，在利用中积极加强培育。"十二五"期间年森林采伐限额编制，积极促进由以采伐天然林为主向以采伐人工林为主转变、由单一控制森林资源消耗向生态保护与林业产业发展并重转变、由森林资源低价值消耗向高价值利用转变、由单纯指标控制向调动广大森林经营者积极性转变，体现发展现代林业、建设生态文明、推动科学发展的总体要求。"十三五"期间对森林采伐政策作了大调整，2016年是全面停止天然林商业性采伐的第一年。不同编限单位的采伐限额不得挪用，同一编限单位分别权属、起源、森林类别、采伐类型的各分项限额不得串换使用。要切实加强天然林保护，严禁移植天然大树进城，严禁对天然林实施皆伐改造，严禁天然林商业性采伐，东北、内蒙古重点国有林区天然林抚育采伐严禁生产规格材。"十四五"期间加强林木采伐管理，严格控制森林采伐消耗，助力实现碳达峰、碳中和目标，严格执行森林采伐限额制度，明确采伐限额管理范围，严格执行年森林采伐限额，从严管控天然林和公益林采伐，依法加强凭证采伐管理。建立年度报告制度。深化林木采伐"放管服"改革。依法放活人工商品林采伐。在不突破年采伐限额的前提下，科学开展人工商品林采伐。

理论发展 在以木材生产为主的传统林业时期，中国采运技术以"法正林"为理论基础，以用材林为对象，以木材经营为中心，强调直接经济效益，是一种"产业型"技术。由于当时普遍采用皆伐作业，并没有按照法正林的要求进行收获调整，因此带来了一系列的问题。

随着传统的采伐方式在森林环境保护方面存在问题的加重，世界许多国家都在积极地探索一个新的能够使采伐对环境的破坏降到最低程度的采伐方式。1988年出现了"environmentally sound harvesting"（简称ESH）一词，意为"无害于环境的采伐"或"环境友好的采伐"，标志着考虑对环境影响的森林采伐模式的萌芽。1990年初，"reduced impact logging"（简称RIL）开始出现在一些林业出版物上，意为"减少对环境影响的采伐"，此后此种模式被专家广泛接受。减少对环境影响的采伐（RIL）模式的内涵主要有：①伐前调查和采伐木制图；②道路、集材、贮木场的伐前规划，提供接近伐区的途径，制订单木采伐计划，使对土壤的干扰达到最小，使用合理的通过方式，保护溪流和水道；③伐前清理，伐除藤本和攀缘植物以及搭挂木；④采用合适的伐木和造材技术，包括控制树倒方向，降低伐根、避免木材浪费、优化造材横切方法，使可用材的出材率最大；⑤修建的道路、贮木场和集材道要符合工程和环境设计规范；⑥绞盘机原木集材时，布局要合理，避免搬动机器；⑦索道集材时，原木要悬挂离地，以保护土壤和植被；⑧要进行伐后评估，并及时反馈给采伐组织者和作业人员，评价RIL规程成功运用的效果。

在国际提出RIL理论的同时，中国也开始进行新的采伐理论和模式的探索。1986年，陈陆圻正式提出了"生态型森林采运"这一新名词，同年中国林学会森林采运学会在吉林林学院组织召开了森林生态型采伐学术研讨会，中国采运专家和林学家们第一次共同讨论森林采运作业与森林生态环境保护问题，标志着中国森林生态采伐的概念初露端倪。会后，陈陆圻组织国内采运学者编写并出版了《森林生态采运学》，这是中国第一部有关森林生态采伐的专著。从此，中国开展了一系列生态采运理论和技术的研究。2002年以后，随着世界森林经营理论的发展，诸如"森林生态系统经营""森林多功能效益经营"和"近自然经营"理论在中国的深入研究，加之国家森林经营和保护政策的转变（天然林资源保护工程的启动），越来越多的森林经营和森林生态研究领域的人员加入了森林生态采伐研究的行列，给生态采伐更新研究注入了新的活力。"十五"期间，国家科技攻关计划设立了"东北天然林生态采伐更新技术研究与示范"课题，标志着中国森林生态采伐更新技术的研究进入了一个新时期。

森林生态采伐 关于森林生态采伐的定义，有着各种各样的表述，比较有代表性的有以下两种。①陈陆圻：用森林生态学原理指导采伐作业，作业中尽可能减少对森林生态系统的破坏，做好采伐迹地的清理与处理，为下一代森林创造更好的生态环境，并采取措施保护好幼树幼苗。②唐守正等：依照森林生态理论指导森林采伐作业，使采伐和更新达到既利用森林又促进森林生态系统的健康与稳定，达到森林可持续利用目的，这种森林作业简称生态性采伐或生态采伐。

核心内容 不同学者由于专业和理解的不同，对森林生态采伐定义的表述有所不同，但其核心内容是相同的，即都包含三层意思：①森林采伐以森林生态理论为指导，在获取木材产品的同时还必须考虑对森林生态系统的影响；②森林生态效益与经济效益往往存在矛盾，森林采伐应力争使经济效益与生态效益实现对立的统一；③在维持生态系统平衡的前提下，充分利用森林资源，提高森林资源的经济效益。与森林生态采伐相比，生态采运除了包括采伐和集材作业，还包括木材的运输过程。"生态采伐"或"生态采运"等专业名词被广泛应用于森林采伐的生态环境保护研究中。

将中国的森林生态采伐和国际上"减少对环境影响的采伐（RIL）"的理念进行比较来看，RIL主要强调在采伐过程中要保护森林及其环境和资源高效持续利用；而中国的森林生态采伐除了强调在采伐过程中要保护森林及其环境和资源高效持续利用以外，还包含了生态系统经营的思想，强化了保护环境的理念。

采伐原则 传统森林采伐方式采取工业式采伐，造成森林资源锐减、林地生产力下降，导致环境恶化，在森林环境保护方面存在严重问题。森林生态采伐是使采伐作业尽可能不影响森林生态系统，不对其产生结构或功能的损伤，采伐设计在考虑木材收获的同时也考虑维持森林的林相、树种组成和搭配、固有的生物多样性和森林景观及其功能等因素。这是森林生态采伐的理念区别于传统采伐方式的主要特征。

内涵　根据森林生态采伐的原则，生态采伐理论的内涵应涉及林分、景观和模仿自然干扰3个层次。①在林分水平上，要系统地考虑林木及其产量、树种、树种组成和搭配、树木径级、生物多样性的最佳组合、林地生产力、养分、水分及物质和能量交换过程，使采伐后仍能维持森林生态系统的结构和功能，确保生态系统的稳定性和可持续性，充分反映自然—社会—环境的和谐及人类经济社会的发展需要。②在景观水平上，要考虑原生植被和顶极群落，进行景观规划设计，实现不同的森林景观类型的合理配置。在采伐设计时要考虑采伐后的林地对人的感观的影响，即美观的效果等，不应该造成千疮百孔般的破碎景观。依据森林群落的演替规律和群落之间的相互关系，通过林分级的采伐与更新加速群落的演替，林分水平的采伐应在景观规划的指导下进行，以维持森林景观的整体性。③模仿自然干扰是模拟自然选择采伐木、培养木和其他保留木，在采伐作业过程中保留一定的枯立木、倒木和枯枝落叶等，以满足动物觅食和求偶等活动的需要。

技术体系　森林生态采伐技术体系由共性技术原则和个性技术指标两部分内容组成。共性技术原则是以减少森林采伐对环境的影响为首要考虑因素，融入"森林生态系统经营"的思想，并把景观的合理配置作为森林采伐的目标之一，包括采伐方式优化与伐区配置、集材方式选择和集材机械的改进、保护保留木的技术措施、伐区清理措施的改进等；个性技术指标包括培育目标、林分状态诊断及评价、经营措施技术指标（经营设计）等针对具体森林类型的作业技术和指标阈值。

参考文献

余爱华，赵尘，邱荣华，2007. 浅析我国森林生态采运理论[J]. 西北林学院学报，22(6): 153-156.

张会儒，2006. 森林生态采伐的理论与实践[M]. 北京：中国林业出版社.

张会儒，唐守正，2008. 森林生态采伐理论[J]. 林业科学，44(10): 127-131.

（董喜斌，张会儒）

森林采伐方式　methods of timber harvesting

根据采伐的作业目的、作业对象和更新方式的不同，采取的森林收获的技术方式。是采运技术选择的基础和前提。

森林采伐方式包括**主伐**、**抚育采伐**、**更新采伐**和**低产（效）林改造采伐**4种。①主伐是对用材林的成熟林、过熟林进行作业，主要目的是获取木材。分为**皆伐**、**择伐**和**渐伐**。②抚育采伐是根据林分发育、林木竞争和自然稀疏规律及森林培育目标，适时适量伐除部分林木，调整林分树种组成和林分密度，优化林分结构，改善林木生长环境条件，促进保留木生长，缩短培育周期的采伐。以未成熟的森林为作业对象，以促进森林生长和提高林木质量为目的。包括**透光伐（受光伐）、疏伐、生长伐和卫生伐**。③更新采伐是为了恢复、提高或改善防护林和特用林的生态功能，进而为林分的更新创造良好条件所进行的采伐作业。以防护林和特种用途林为作业对象，主要是以提高森林效能、加快更新过程为目的。包括林分更新采伐和林带更新采伐。④低产（效）林改造采伐是将因遭病虫害或其他原因而生长不良的低产劣质林全部伐掉并引进优良目的树种，提高林分经济效益或生态效益的一种采伐作业，以在迹地上营造优质高产的林分为目的。包括皆伐改造、择伐改造。抚育采伐、更新采伐和低产（效）林改造都是以加速林木生长、增进森林效益为主要目的，获取木材不是主要目的，都属于营林作业的范畴。

森林采伐方式主要经历了5个阶段：

径级择伐阶段（1949—1951年）　1949年以前，实行的是"拔大毛"，基本做法是采大留小、采好留坏。1949年，《东北国有林暂行伐木条例》要求，"为使采伐迹地便于更新，一律暂行采取择伐作业"，即当时采伐方式只提出了"择伐"一种。该条例规定：除电柱、坑木外，胸高直径未达30cm者严禁采伐。这种规定主要是为了保护未达采伐年龄的珍贵树种，防止过伐。人们把这种择伐称为径级择伐。

皆伐阶段（1952—1963年）　1952年，《东北区一九五三年采伐方案》提出了皆伐、择伐和抚育采伐3种采伐方式。1953年，东北人民政府林业部又制定了《一九五三年皆伐作业暂行规程》，指出了实行皆伐作业的条件，也提出了皆伐的种类。1954年，中央林业部在《一九五四年全国林业工作重点》中进一步强调："在适当伐区试行块状或带状皆伐制代替现行的择伐制。"1955年，全国森工局长会议指出："几年来森工企业一直沿用着不合理的择伐方式，伐大的不伐小的，伐好的不伐坏的，只顾采伐不顾更新……必须贯彻主伐规程，实行合理的皆伐作业。"1956年，林业部颁发了《国有林主伐试行规程》，不论是针叶林还是阔叶林、是机械化作业还是不实行机械化作业，都采用连续带状皆伐。1960年修订的《国有林主伐规程》规定，采伐方式为等带间隔皆伐、连续带状皆伐、块状皆伐、单株择伐和块状择伐5种。

采育择伐阶段（1964—1978年）　1964年，林业部印发了《试验推广采育兼顾伐的若干规定》。在"文化大革命"期间，把皆伐作为修正主义进行批判，把乌敏河林业局的采育兼顾伐作为唯一正确的采伐方式，在东北区进行推广。从此，皆伐比重大幅降低，择伐比重迅速上升。黑龙江省1976年的皆伐比重下降到9.4%。采育兼顾伐的基本点是，采后保留木300株，或幼苗、幼树3000株，或郁闭度0.3，达到其中一条的即为合格。这个标准很低，实际上是一种强度择伐。由于过分强调一律，不能因林制宜，结果是适得其反，不少森林的林相受到严重破坏，加深了采育失调。1973年，在原《国有林主伐试行规程》的基础上修改、颁发的《森林采伐更新规程》中，把采育兼顾伐改为采育择伐，要求采伐强度不超过60%，每公顷均匀保留胸径12cm以上的目的树种300株以上，郁闭度保持0.4以上。明确指出：对成熟林，分采育择伐、经营择伐、二次渐伐和小面积皆伐4种；对幼树林和近熟林，采取抚育采伐；对过密林，采取间伐（当时抚育采伐更多地侧重于调整树种组成和林分密度，缩短培育周期；间伐则更侧重于调整林分密度）。

皆伐稳定阶段（1979—1997年） 东北林区的森林，由于成、过熟林的比重较大，有不少森林已经过多次回头采，林相很不好，单位蓄积量较低，过分强调择伐不很适宜，要提高皆伐的比重。1979年以后，皆伐作业稳定在30%～40%。1984年，《中华人民共和国森林法》规定："成熟的用材林应当根据不同情况，分别采取择伐、皆伐和渐伐方式。"1987年，《森林采伐更新管理办法》把采育择伐正名为择伐，把森林采伐方式分成了4大类，即主伐、抚育采伐、更新采伐和低产林改造4种。这是根据采伐的作业目的和作业对象的不同来划分的，分类依据比较完整和充分。

抚育间伐阶段（1998年至今） 1998年，中国出台了天然林资源保护工程的重大决策，旨在通过天然林禁伐和大幅减少商品木材产量，有计划地分流安置林区职工等措施，主要解决中国天然林的休养生息和恢复发展问题。2015年，《中共中央关于制定国民经济和社会发展第十三个五年规划的建议》提出，"完善天然林保护制度，全面停止天然林商业性采伐，增加森林面积和蓄积量。"这是首次提出全面停止天然林商业性采伐。根据禁伐时间表，对全国天然林实施全面保护，分三步全面停止天然林商业性采伐：第一步，扩大东北内蒙古重点国有林区停止天然林商业性采伐试点；第二步，在试点取得经验的基础上，停止国有林场和其他国有林区天然林商业性采伐；第三步，全面停止天然林商业性采伐。自此，中国天然林全面进入抚育间伐阶段。

参考文献
东北林业大学, 1987. 木材采运概论[M]. 北京: 中国林业出版社.
史济彦, 1996. 森林采伐学[M]. 北京: 中国林业出版社.
史济彦, 1998. 中国森工采运技术及其发展[M]. 哈尔滨: 东北林业大学出版社.
王立海, 2001. 木材生产技术与管理[M]. 北京: 中国财政经济出版社.

（李耀翔）

森林采伐量　forest harvesting volume

林业企业在经理期内所计算和确定的容许采伐的森林面积和蓄积量。目的是保证企业的可持续经营。因计算和确定的采伐量是经理期内的年平均数字，简称年伐量。一般以森林经营类型或组合起来的经营类型组分别计算，然后合并其结果，再确定全企业的年伐量。中国森林法规定，根据用材林的消耗量低于生长量的原则，严格控制森林年采伐量。

根据森林可持续利用原则，确定合理采伐量需遵循以下要求：①年采伐量低于生长量；②有利于改善林龄结构；③经理期（一般为10年）内年采伐量保持相对稳定；④主伐的林分必须达到主伐年龄；⑤充分利用抚育采伐和更新采伐。影响确定森林采伐量最基本的因子是采伐方式、蓄积量、生长量和轮伐期。

采伐量的计算方法很多。择伐时可按择伐周期和平均每公顷择伐量计算、按小班法计算等；皆伐或渐伐可按面积控制法、材积控制法计算等。

（赵尘）

森林采伐限额　forest cutting quota

各种采伐消耗林木总蓄积量的最大限量。采伐限额的计量单位是活立木蓄积量（m³）。由林业主管部门根据用材林消耗量低于生长量和森林合理经营的原则，经过科学测算制定并实施。目的在于控制采伐，限额消耗，保护森林资源。

中国国务院批准的年采伐限额，每五年调整一次。森林采伐限额的范围包括除中国森林法规定的禁伐森林和林木外所有人为采伐活动而引起的资源消耗，即所有林种的林分和林木的主伐、抚育采伐、卫生伐、林分改造等各种采伐所消耗的资源总额，不包括因自然灾害以及森林自然枯损等所导致的消耗。

在中国，国家所有的森林和林木以国有林业企业事业单位、农场、厂矿为单位，集体所有的森林和林木、个人所有的林木以县为单位，制定年采伐限额。由省、自治区、直辖市林业主管部门汇总，经同级人民政府审核后，报国务院批准。国家制订统一的年度木材生产计划。年度木材生产计划不得超过批准的年采伐限额。

参考文献
史济彦, 1996. 森林采伐学[M]. 北京: 中国林业出版社: 9.

（赵尘）

《森林工程》　Forest Engineering

国家级学术期刊，是中国林学会的刊物之一。由中华人民共和国教育部主管、东北林业大学主办。1985年创刊，原名为《森林采运科学》。季刊。1995年更名为《森林工程》，1999年第一期由季刊变为双月刊。截至2023年12月，共出版39卷212期。王中行、史济彦、王立海、董喜斌先后任主编。

《森林工程》封面

办刊宗旨是及时反映中国林业科学研究方面的研究成果，为林业发展提供科学依据和先进技术；同时，作为学术交流的一个窗口，与广大林业科学工作者协同努力为提高中国林业科学技术水平作出贡献。

主要栏目为森林资源建设与保护、木材科学与工程、森工技术与装备、道路与交通等。本刊主要反映上述及相关领域内的学术研究成果、科技动态、生产技术、技术革新与技术引进等内容。是中国林业界当前主要联系国内外科研人员、生产管理人员、技术人员和教学工作人员等的专业期刊和学术交流阵地。

《森林工程》为中国知网（CNKI）全文收录期刊、《中文核心期刊要目总览》收录期刊、中国科技论文统计源期刊（中国科技核心期刊）、中国科学评价研究中心（RCCSE）核心期刊（A类）、万方数据库（China info）科技期刊群来源期刊、中国学术期刊综合评价数据库来源期刊（CAJCED）、中国期刊全文数据库（CJFD）期刊、维普期刊资源整合平台期刊、龙源期刊网收录期刊、博看网期刊数据库期刊、超星发现系统收录期刊、中国科技论文在线（www.paper.edu.cn）期刊、《中国学术期刊（网络版）》（CAJ-N）网络首发期刊。

《森林工程》被荷兰 Scopus 数据库、美国《艾博思科数据库》（EBSCO）、英国《国际应用生物科学中心》（CABI）、日本《科学技术振兴机构数据库（中国）》（JST China）数据库和美国《乌利希期刊指南（网络版）》（Ulrichsweb）收录。

连续被中国高校科技期刊研究会评选为"中国高校优秀科技期刊"；被评为"中国农林核心期刊"；被中国农业期刊网评为"领军期刊"；2022年国家林业和草原局首次评估中被评为"林草科技重点期刊"；2023年获得黑龙江省十佳精品资助期刊，同年科技期刊世界影响力指数（WJCI）报告（2023）进入Q2区，影响因子为3.161。

参考文献

http://slgc.nefu.edu.cn/.

http://ssgc.cbpt.cnki.net/.

（刘美爽）

森林工程地理信息系统 geographic information system of forest engineering

在计算机硬、软件系统支持下，对森林工程领域中的有关地理分布数据进行采集、储存、管理、运算、分析、显示和描述的技术系统。由森林信息数据输入、数据存储与检索、数据分析和处理、数据输出4个子系统组成。地理信息系统简称GIS。

森林工程地理信息系统是一个强大的工具，结合地理数据和信息技术，提供空间分析和可视化表达的能力，可以帮助森林资源管理者更好地了解和监测森林的分布和变化情况，在森林资源管理中发挥了重要的作用。应用广泛，主要表现有如下几个方面：

①清查森林资源。GIS具有的强大的制图功能、空间数据分析功能，通过对制图所需信息进行收集、整理、数字化后，能按照用户需求输出森林资源信息图，编制如土壤图、水系图、林相图、动植物分布图、立地类型图等不同专题图，且查询、保存、更新也较为方便。GIS的应用能较好地实现一次投入、多次产出。

②管理森林资源信息。GIS能通过数据组织形式，只需对森林资源数据库信息进行检索查询、维护、更新和管理，就能实现森林资源信息的动态监测与管理。同时，还能按照用户需求为森林资源信息管理提供有效的地图、图像等相关资料。

③辅助规划管理。GIS可利用数字地面模型提取地貌地形因子，再结合勘界成果、路线与造林、地形、设施等类型进行叠置和配准，对林区各项资源现状在地形地貌图上进行逼真直观的展示。在GIS中可直接进行伐区规划、林区路网规划、林种改造规划及设计，从而为森林工程决策、规划与管理提供科学、合理的依据。

④林业监测和执法。GIS可以用于监测非法砍伐、野生动植物贸易和其他违法行为。通过整合空间数据、传感器信息和现场报告，GIS可以帮助林业执法人员识别违规活动的热点区域，并采取相应的行动。这种监测和执法功能有助于保护森林资源免受非法活动的侵害。

⑤生态保护和栖息地管理。GIS可以帮助林业工作者确定关键的生物多样性热点区域和受威胁的物种栖息地。通过整合不同的地理和生态数据，GIS能够生成详细的生态地图，并进行空间分析，以便保护生态系统的完整性和多样性。

GIS可以有效提高森林资源信息的及时性、准确性、动态性、有效性，帮助森林工程工作者更好地保护、管理和利用森林资源，实现林业的高质量发展。

参考文献

陈启程, 2022. 探究RS和GIS在森林资源规划设计调查中的应用[J]. 林业科技情报, 54(2): 74-77.

李博, 周先进, 2022. 3S技术在重庆市荣昌区森林资源管理"一张图"年度更新中的应用[J]. 南方农业, 16(8): 107-110.

李高峰, 2021. 关于地理信息系统在林业工程管理中的应用[J]. 现代农业研究, 27(8): 69-70.

王珠娜, 刘猛, 王亚杰, 等, 2022. 基于GIS技术的新密市森林景观格局分析[J]. 河南林业科技, 42(3): 1-5.

（胡喜生）

森林工程机器视觉识别技术 forest engineering machine vision recognition technology

利用机器视觉识别技术对森林资源、环境和生产作业进行智能感知与识别的技术。

原理 机器视觉识别技术是一种利用计算机或智慧终端，模拟人类的视觉感知和认知能力，通过光学装置或其他能量转换为光能的换能器，获取目标对象的图像和视频，并由图像处理算法对图像的像素分布、亮度和颜色等信息进行处理和分析，从而自动识别和理解物体、场景、动作等内容的技术。机器视觉识别技术不仅赋予了机器"看"的能力，还实现了"理解"和"决策"能力。先通过光电技术获得自然场景的图像，从图像中提取特征信息，从而识别并理解自然场景，为各种应用场景提供智能化解决方案，最后实现智慧分析和科学决策、提高生产效率和决策质量。

机器视觉识别技术和图像识别技术的关系紧密，机器视觉识别技术通常涉及对动态视频的处理和分析，图像识别技术主要关注于静态图像的分析和识别。将动态视频分解成帧图像后，即可应用图像识别技术实时分析和识别。因此，图像识别技术是机器视觉识别技术的技术基础，机器视觉识别技术在静态帧图像识别基础上还增加了目标追踪、动作理解等动态识别能力。两者独立发展，而在应用场景中相辅相成，共同完成目标识别任务。

分类 根据使用的摄像头数量和类型，机器视觉识别技术可分为单目和双目两种。

单目机器视觉识别技术 仅使用一个摄像头进行图像采集和处理的机器视觉识别技术。由于只使用一个摄像头，因此系统结构简单，成本相对较低。但是，单目视觉在获取深度信息方面存在局限性，因为它只能从单一视角捕捉二维图像。在森林工程领域，采用单目机器视觉技术能实现动植物识别、林地航拍、林火监测、森林保护、病虫害识别、采伐作业和林产品品质检测等功能。

双目机器视觉识别技术 使用两个摄像头来模拟人类的双眼视觉系统，通过计算两个摄像头捕捉到的图像的视差来获取深度信息的机器视觉识别技术。双目视觉系统优点是能够更准确地感知和判断物体的距离和三维形状，能提供更为丰富的三维空间信息，帮助机器更精确地感知和理解周围环境，在需要精确深度信息的场合具有显著优势。双目视觉系统的不足是结构相对复杂，且对两个摄像头的位置和角度有严格要求。在森林工程领域，采用双目机器视觉识别技术能实现自动测树、机器人导航、林地三维测量、林产品三维扫描和运输机械自动避障等功能。

根据传感器成像光谱的电磁波波长，机器视觉识别技术可分为可见光、紫外线、红外线和多光谱4种。

可见光机器视觉识别技术 是利用可见光波段的信息，通过机器视觉算法对目标进行识别与分析的技术。传感器成像光谱为可见光，波长范围$380 \sim 780nm$。在森林工程中，可见光机器视觉识别技术常用于林木测量和森林资源调查。通过拍摄和分析树木的可见光图像，可以高效、精确地获取树木的周长、胸径、高度等相关数据，实现多种森林病虫害识别、对森林资源的快速清查和评估。承担护林工作的巡逻机器人配置的微光夜视仪也是采用可见光机器视觉识别技术，可以利用夜间微弱月光、星光、大气辉光，采用光增强器把目标反射的微弱可见光能量放大并转换为可视图像，使机器人能够识别夜间移动的动物，发现夜间盗砍滥伐行为。

紫外线机器视觉识别技术 利用紫外线反射或发射的特性，通过机器视觉技术对目标进行识别与分析的技术。传感器成像光谱为紫外线，波长范围$10 \sim 380nm$。树木的某些病虫害在紫外线下会呈现出特定的荧光反应，从而便于早期发现和识别。通过紫外线成像，可以及时发现并定位受病虫害影响的树木，为森林病虫害防治工作提供有力支持。在林业科研工作中，紫外分光光度计可根据物质的吸收光谱研究物质的成分、结构和物质间相互作用，可以掌握植物在生长过程中的状态，如叶片新陈代谢速度、抗氧化能力等。虽然紫外分光光度计不直接进行图像识别，但可以结合紫外分光光度计测量数据和植物的可视图像融合生成新的可视化图像，再通过图像处理和模式识别算法来识别植物的生长异常或病害状态。例如在经济林林区，通过紫外线光谱分析树叶样本，把分析结果和视觉图像融合，再用机器视觉模式识别算法对融合图像进行实时观测，及时发现病虫害问题，采取施肥或喷药措施，提高经济林的产量和品质。

红外线机器视觉识别技术 利用红外线反射或发射的特性，通过机器视觉技术对目标进行识别与分析的技术。主要应用于夜间视觉识别。传感器成像光谱为红外线，近红外线波长范围$780 \sim 1500nm$，中红外线波长范围$1500 \sim 5600nm$，远红外线波长范围$5600 \sim 1000000nm$。根据红外线发射方式分为主动式和被动式两种识别方式。主动式红外线机器视觉识别技术是探测器通过自带的红外光源主动发射近红外波段的光线去照射目标物，同时接收目标反射的红外线，转换为可视图像并识别的夜视技术。在森林监控中，被广泛应用于夜间动物拍照与动物类型自动识别，还可监控夜间森林安防状态，无须人力介入，自主发现盗砍滥伐行为。被动式红外线机器视觉识别技术，又名热成像识别技术，是探测器利用物体自身温度形成的热辐射远红外线进行成像和识别，无须红外光源辅助照射，因此更加节省电能，更加隐蔽。该技术可对森林中的动物进行追踪和行为特征识别，常用于研究野生动物的习性、迁徙路线等；也可用于森林防火的监控和自动识别，如巡逻机器人通过热成像识别技术能自主发现隐藏的暗火源，有效预防和扑灭森林火灾。

多光谱机器视觉识别技术 利用多光谱成像原理，通过机器视觉算法对目标进行高精度识别和分析的技术。多光谱机器视觉识别技术在林业领域具有广泛应用，包括了两种关键技术：多光谱成像技术和多光谱遥感技术。①多光谱成像技术，将入射的宽波段光信号分解为多个窄波段光束，进而在相应探测器上成像，从而捕获不同光谱波段的图像。此技术覆盖了可见光及近红外等多个光谱段，为森林资源管理、生态保护及环境监测提供了强大支持。具体应用包括：林木分类、生长监测、病虫害检测，以及通过无人机捕捉树木在多光谱下的反射和吸收特性，以精确评估森林健康状态。②多光谱遥感技术，利用两个以上波谱通道的传感器对地物进行同步成像。通过多波段遥感获得的影像，经彩色合成后，能形成信息量更丰富的假彩色像片。在此基础上应用图像识别算法，来识别森林覆盖状态、生长状态或受灾状态，为森林资源管理提供科学的决策依据。

应用 森林工程机器视觉识别技术具有多应用场景、多功能目标、高效准确、非接触性等优点，能够显著提高森林资源管理的智能化水平，减少人力成本，提升森林保护和利用的效率。可应用于森林状态监控、森林夜间作业、病虫害识别、动物行为监测、野生动植物保护、多光谱林地遥感和多光谱视觉识别。如果将机器视觉识别技术和无人机巡航技术相结合，又能实现"飞行护林员""飞行森林公安""木材运输不停车检查"等的高科技护林及执法监管功能。

参考文献

李明禄, 2018. 英汉云计算 物联网 大数据辞典[M]. 上海: 上海交通大学出版社: 269.

（林宇洪）

《森林工程 林业架空索道 架设、运行和拆转技术规范》（LY/T 1169—2016） Forest Engineering—Forestry Skyline—Technical Specifications for Setting Up, Running, Disassembling and Transferring

架设、运行和拆转林业架空索道的行业技术标准。由福建农林大学负责起草，国家林业局 2016 年第 1 号公告发布，并于 2016 年 6 月 1 日起实施，替代《林业架空索道架设拆转技术规范》（LY/T 1169—1995）。

规定了林业架空索道的架设、运行和拆转的术语和定义及技术要求。适用于林业集材、运材或装车作业的架空索道，货运架空索道可参考执行。

与 LY/T 1169—1995 相比，主要技术变化为：将标准名称"林业架空索道架设拆转技术规范"修改为"森林工程林业架空索道架设、运行和拆转技术规范"。修改了范围的内容。修改了规范性引用文件。增加了架设阶段的前期工作的内容。修改了绞盘机安装要求的内容。增加了承载索及其他钢索与锚桩的固结的内容。将"立木支架的安装"改为"导向滑车的安装"，并修改了其内容。修改了鞍座的安装中的内容。增加了钢索的选择的内容。修改了钢索的连接的内容。增加了悬挂跑车及止动器的固定的内容。修改了承载索张紧的内容。修改了索道试运行的内容。修改了索道拆除的内容。删除了维护和保养的内容。增加了"索道转移"的内容。

参考文献

国家林业局, 2016. 森林工程 林业架空索道 架设、运行和拆转技术规范: LY/T 1169—2016[S]. 北京: 中国标准出版社: 1–16.

周成军, 巫志龙, 周新年, 等, 2016. 林业架空索道架设、运行和拆转技术规范修订[J]. 林业机械与木工设备, 44(8): 36–40.

（巫志龙）

《森林工程 林业架空索道 设计规范》（LY/T 1056—2012） Forest Engineering—Forestry Aerial Ropeway—Design Specification

林业架空索道设计的行业标准。由福建农林大学负责起草，国家林业局 2012 年第 5 号公告发布，并于 2012 年 7 月 1 日起实施，替代《林业架空索道 设计规范》（LY/T 1056—1991）。规定了林业架空索道设计的术语和定义、设计总则、索道线路布设、索道设备选设、索道线路勘测设计和索道设计。适用于林业集材、运材和装卸等不同作业用途的林业架空索道的设计，货运架空索道设计亦可参考使用。

与 LY/T 1056—1991 相比，主要技术变化为：①将标准名称"林业架空索道设计规范"修改为"森林工程 林业架空索道 设计规范"。②修改了范围的内容。③修改了规范性引用文件。④增加了"跨距、无荷中央挠度系数和安全靠贴系数"等术语和定义，删除了"临界悬垂曲线、钢丝极限强度"等的术语和定义。⑤修改了承载索设计计算的内容。⑥增加了"索道线路侧型设计"的内容。⑦增加了"确定集材方式方法"的内容。⑧修改了"工作索的计算及绞盘机的实际功率验算"的内容。⑨修改了原附录 A 和附录 B 的部分内容。⑩删除了附录 C 至附录 F。

修订后的林业架空索道设计规范适应索道设计、生产与管理的现状，使林业架空索道在提高森林资源规划设计上更适应生产实际的要求，保障林业生产活动的规范性、安全性、经济性和环保性；更好地为生产建设服务，使新技术与新观点得到及时应用，提高技术水平服务，促进架空索道技术的更新与发展；推动林业架空索道朝更广的领域应用，达到更好的生态效益、经济效益和社会效益。

参考文献

国家林业局, 2012. 森林工程 林业架空索道 设计规范: LY/T 1056—2012[S]. 北京: 中国标准出版社: 1–15.

周新年, 张正雄, 郑丽凤, 等, 2012. 林业架空索道设计规范修订研究[J]. 林业机械与木工设备, 40(8): 40–43.

（巫志龙）

《森林工程 林业架空索道 使用安全规程》（LY/T 1133—2012） Forest Engineering—Forestry Aerial Ropeway—Safety Code of Practice

为确保林业架空索道安全使用的行业标准。由国家林业局哈尔滨林业机械研究所负责起草，国家林业局 2012 年第 5 号公告发布，并于 2012 年 7 月 1 日起实施，替代《林业架空索道 安全规程》（LY/T 1133—1993）。规定了林业架空索道的一般安全要求、作业的安全要求、检查维护的安全要求以及管理的安全要求。适用于林业生产中集运材的索道和装车作业的缆索起重机安全使用和管理。

与 LY/T 1133—1993 相比，主要技术变化为：①将标准名称由"林用架空索道 安全规程"改为"森林工程 林业架空索道 使用安全规程"。②对范围进行了修改。③修改了规范性引用文件。④删除了林用架空索道组成和基本要求的内容。⑤增加了一般安全要求。⑥删除了原标准中林用架空索道关于设计、架设和拆除的安全要求的内容。⑦对原标准的使用、维护和管理的使用安全要求内容进行了整合、修改和补充。⑧删除了原标准的附录。

参考文献

国家林业局, 2012. 森林工程 林业架空索道 使用安全规程: LY/T 1133—2012[S]. 北京: 中国标准出版社: 1–3.

（巫志龙）

森林工程全球导航卫星系统 forest engineering global navigation satellite system

能在地球表面或近地空间的任何地点为用户提供全天候的三维坐标和速度以及时间信息的空基无线电导航定位系统。又称森林工程 GNSS。

森林工程 GNSS 由多颗卫星、地面控制中心、接收机、计算机和用户设备（如智能手机、导航仪等）组成。卫星负责发射信号，地面控制中心负责卫星轨道控制和信号精度保障，接收机用于接收卫星信号，并进行信号处理，计算机用于处理接收机的信号数据，生成用户所需的森林小班位置、周长和面积等信息。全球卫星导航系统国际委员会公布的全球四大卫星导航系统供应商，包括中国的北斗卫星导航系统（BDS）、美国的全球定位系统（GPS）、俄罗斯的格洛纳斯卫星导航系统（GLONASS）和欧洲的伽利略卫星导航系统（GALILEO）。

森林工程 GNSS 能够快速、高效、准确地提供点、线、面要素的精密坐标，完成森林资源调查与管理规划中各种境界线的勘测与放样落界，成为森林资源调查与动态监测的有力工具。应用广泛，主要表现有如下几个方面：

①森林资源调查与监测。GNSS 技术可以用于精确测量和定位树木、森林区域以及其他林业资源的位置。通过使用 GNSS 接收器，可以收集和分析关于森林覆盖、林分密度、树种分布等的数据，有助于林业管理和规划。

②森林采伐管理。GNSS 技术可以用于精确追踪和记录森林采伐活动。通过在采伐设备上安装 GNSS 接收器，可以实时监控采伐的位置、范围和进度，有助于确保合法的采伐活动，并防止非法采伐和滥伐森林。

③森林作业导航。GNSS 可以为森林工程工作人员提供精确的导航和定位功能。无论是进行伐木、植树、巡逻还是其他林业活动，GNSS 接收器可以帮助工作人员确定自己的位置，提高工作效率和安全性。

GNSS 技术在森林工程中具有重要的应用价值，可以提高森林资源管理的效率、精度和可持续性。随着技术的不断发展，GNSS 在林业中的应用前景将更加广阔。

参考文献

杜盛珍, 陈士银, 1998. 全球定位系统（GPS）在林业上应用的介绍[J]. 广东林业科技(1): 47–50.

邱荣祖, 周新年, 龚玉启, 2001. "3S"技术及其在森林工程上的应用与展望[J]. 林业资源管理(1): 66–71.

唐桂财, 杨刚, 尉春龙, 2013. 3S技术在森林工程中的应用[J]. 科技创新与应用(29): 283.

（胡喜生）

森林工程数据库技术　forest engineering database technology

运用数据库工具，对森林工程数据进行采集、分类、存储、检索、更新和维护等动态管理的技术。

数据库是指长期储存在计算机存储媒体内、有组织、可共享的数据集合。数据库中的数据依据特定的**数据模型**进行组织、描述和储存，具有较低的冗余度。这些数据不仅具备高度的物理独立性和逻辑独立性，而且是整体结构化的，可以被各种用户共享。在数据库的运用和维护过程中，**数据库软件**负责统一管理，使用户能方便地定义和操作数据，同时确保数据的安全性、完整性和多用户并发访问，以及在发生故障后能够进行数据库恢复。

根据数据模型，数据库可分为关系型、层次型、网状型和面向对象型等多种类型，每种类型在林业应用中都有其独特作用。①关系型数据库。适合用于存储和管理林业调查数据，如树木的种类、年龄、生长情况等，便于进行数据分析和查询；②层次型数据库。可以用来表示森林资源的层级结构，如不同林区的划分及其下属的资源分布；③网状型数据库。能够描述复杂的生态关系网络，如不同动物之间的食物链关系；④面向对象型数据库。可以用来存储珍稀动物的影像、照片、生活习性、繁殖情况等，为生态研究提供全面的数据支持。

森林工程数据库技术有效地解决了大量森林工程信息数据的组织和存储问题，尤其是数据的共享问题。在数据库系统的帮助下，数据库管理员能够实现减少数据冗余、数据共享、保障数据安全等操作，以及高效检索和处理数据，从中获取有价值的信息。

森林工程数据库技术是构建数字森林工程的技术基石，涵盖了数据库软件、数据库索引、数据库检索、数据仓库系统、林业综合数据库、林业专题数据库、林业基础数据库以及公共基础数据库等技术要素。在数据库技术实现森林工程信息数据共享的基础之上，通过标准化和规范化的数据采集与更新流程，再结合网络技术、遥感技术、全球定位技术、地理信息系统技术以及人工智能技术等先进信息技术，可以进一步构建完善的数字森林工程体系。

参考文献

张旭, 2012. 数字林业平台技术基础[M]. 北京: 中国林业出版社: 1–8.

（林宇洪）

森林工程物联网感知层　forest engineering internet of things perception layer

森林工程物联网三层架构最低层。负责实时感知生产数据上报给应用层，并及时执行应用层下发的决策指令。又称森林工程物联网感知与执行层。

工作原理　①在感知层上部署各种传感器，实现对环境、生产、维护、运营数据的全面感知和大数据采集；②对数据清洗、过滤、压缩和传输，通过网络层把这些数据发送给应用层，等待应用层的决策指令；③感知层在收到应用层发出的生产指令后，调用各种执行单元(控制模组)执行各项生产指令，并把执行结果再次反馈给应用层。

主要功能　①实时感知林业环境、生产、物流、安防的状态，如土壤湿度、温度、光照强度、病虫害、森林火灾等各项指标。②即时执行应用层的决策指令，如自动化完成补水、施肥、喷药、消防灭火等动作，从而实现智慧森林工程系统对林业环境和生产流程的远程控制。

技术组成　森林工程物联网感知层由各种传感器、执行单元等设备构成。①在感知技术上包括传感器感知技术、条码识别技术、射频识别（RFID）技术、机器视觉识别技术、机器听觉技术、激光测量技术、雷达监测技术、全球定位技术、卫星遥感与航空摄影技术、红外感应与热成像技术等信息技术。②在执行技术上包括机电控制技术、声光控制技术、数字交互技术、智能穿戴技术、机器人技术与微机电系统（MEMS）等自动化技术。这些技术的协同工作，构建了一个广泛且高效的森林大数据采集体系，不仅确保了森林经营状态的实时监控，还显著提升了林业生产的效率。

展望 信息科技的不断进步将推动森林工程物联网感知层的革新。未来，在森林中应用的传感器将进一步微型化，更便于广泛部署并实现更精细的数据捕获。随着无线自组网技术的演进，传感器将广泛覆盖森林、工厂和物流等各个区域，不仅提升数据采集和传输效率，还将增强数据采集网络的健壮性和可靠性。此外，节能技术的引入和自收集能源技术的有效利用，如野外光能、风能、温差能和振动能等，将显著降低传感器能耗，延长其在森林环境中的持续工作时间。同时，执行单元将朝着微型化和智能化方向发展，以更精确地执行任务，减少人为干预，从而推动林业生产自动化和无人化水平的提升。

参考文献

李明禄, 2018. 英汉云计算 物联网 大数据辞典[M]. 上海: 上海交通大学出版社: 310.

（林宇洪）

森林工程物联网架构 forest engineering internet of things architecture

在森林工程领域中建设的集成物联网各种组件的技术体系结构。通过采集、传输和处理林业数据，实现对林业资源、生产流程的实时监测、识别、管理与控制，实现森林资源的全面感知、数据的可靠传输以及智能决策，从而提升林业管理的精细化和智能化水平。

结构 森林工程物联网架构一般划分为感知层、网络层、应用层三层架构。

森林工程物联网感知层 森林工程物联网三层架构的最低层，实现数据感知与指令执行功能。运用多种技术实时感知、采集林业数据，如土壤湿度、温度等，并通过网络层传输到应用层。同时，还能接收并执行应用层的控制指令，实现远程控制。该层主要由传感器、执行单元(控制模组)等设备构成，为智慧森林工程系统提供实时、准确的大数据采集基础。

森林工程物联网网络层 森林工程物联网三层架构的中间层，实现数据上传与指令下发的通信功能。运用多种通信技术，通过有线、无线和卫星网络等进行感知数据的汇聚、路由和中转，确保决策指令的准确无误传输。该层主要由网络设备构成，为智慧森林工程系统稳定运行提供通信网络基础。

森林工程物联网应用层 森林工程物联网三层架构的最高层，实现数据计算与决策优化功能。运用大数据、云计算等技术对感知数据进行综合处理，为林业生产、管理、决策等提供AI算力，获得最优决策，并自主向感知层发出决策指令。该层的应用系统包括林业资源监管、生产调度、灾害监测等，满足林业各种实际需求。此外，该层还能通过数据可视化技术呈现复杂数据，辅助用户做出最优决策。在智慧森林工程系统中，应用层发挥着"大脑"的智能决策作用。

应用 森林工程物联网架构作为智慧森林工程的核心组成部分，在众多领域得到深入应用。①在森林防火预警上，该架构借助精准的无线传感网络布局，实现了对林区内温度、湿度及烟雾等核心环境参数的持续监控。在云端先进的人工智能算法助力下，大幅提升了火灾的发现速率与预警效能，进而显著增强森林防火工作的整体效率和准确性。②在森林资源管理上，通过密布于林间的各类传感器进行实时数据收集与传输，云端应用系统能全面洞察森林资源的实时动态，诸如林木分布、生长态势及病虫害状况等，进而为制定科学合理的森林资源管理策略奠定坚实的数据基石。③在森林生态监测上，该架构全面汇集并分析各地林区的土壤状况、气候特征以及动植物分布等核心生态数据，云端应用系统再利用其强大算力进行预测与优化，实现对森林环境的精细调节，从而为保护林区生态平衡、维护生物多样性提供科学的决策支持。④在森林工程生产决策优化方面，该架构利用感知层收集到的各类数据，结合云端算力的分析和预测，森林管理者能够制定出更为合理的采伐、种植和林产品加工计划，从而提高林业生产效率、降低成本、提升收益，实现森林可持续发展。

参考文献

江志峰, 2013. 智慧农业——信息通信技术引领绿色发展[M]. 北京: 电子工业出版社: 25-33.

李世东, 2018. 林业信息化知识读本[M]. 北京: 中国林业出版社: 66-82.

吴功宜, 吴英, 2018. 物联网工程导论[M]. 2版. 北京: 机械工业出版社: 29-40.

（林宇洪）

森林工程物联网网络层 forest engineering internet of things network layer

森林工程物联网三层架构中间层。负责建立数据传输网络，向应用层上传感知层采集到的数据，向感知层下发应用层计算后形成的决策指令。又名森林工程物联网传输层。

工作原理 森林工程物联网网络层主要通过集成多种通信技术，建立起一个稳定、高效的数据传输网络。这个网络能够实现感知层与应用层之间的数据连接，确保数据的准确无误传输。通过网络层，感知层采集到的各种林业相关数据能够迅速上传到应用层，同时应用层的决策指令也能够及时下达到感知层。

主要功能 ①实现数据的汇聚、路由和中转，将感知层采集到的林业环境、生产、物流等数据通过有线或无线网络准确无误地传送到应用层。②具备管理和处理数据的能力，可对传输的数据进行初步的分析、筛选和存储，从而提高数据的可用性和有效性，为上层应用提供更加精准、有价值的信息。③在森林工程物联网架构中，网络层发挥着数据桥梁和指令通道的作用，确保了整个系统的数据上传与指令下发的通信稳定、高效。

技术组成 森林工程物联网网络层按用途划分为公用网络与专用网络。公用网络包括互联网、移动互联网、微波网、卫星通信网等；专用网络包括林业专网、公安网、政务网等。在硬件上主要由有线通信设备、有线网络、交换机、路由器、网关、无线通信设备、无线电中继器、无线传感网络、无线通信网络、移动通信设备、移动通信网络、移动通信基站、微波通信设备、微波中继站、卫星通信设备、卫星通信网络等设备构成。在技术上主要运用了互联网技术、有线/无线网络技术、移动通信技术、移动互联网技术、微波通信技术和卫星通信技术等。这些通信技术共同协作，形成了一个覆盖广泛、高效稳定的数据上传与指令下发的传输网络，为智慧森林工程系统的稳定运行提供了坚实的数据通信网络基础。

展望 随着信息科技的持续进步，森林工程物联网网络层将不断革新。未来，网络层将应用更先进的通信技术，如6G、7G、卫星互联网通信，进一步提升数据传输效率、通信质量和覆盖效果。随着移动终端技术的发展，每一位林业工作人员、森林公安都能保持实时联结互联网的工作状态，能够更有效地组织人力资源。随着网络接入能力的快速扩展，森林中的树木、珍稀动植物、采伐及物流机械都将能接入互联网，实现智慧森林场景下的"万物互联"。

参考文献
李世东, 2018. 林业信息化知识读本[M]. 北京: 中国林业出版社: 66-69.

（林宇洪）

森林工程物联网应用层　forest engineering internet of things application layer

森林工程物联网三层架构最高层。用于数据处理、计算、挖掘和业务应用，接收从感知层上传的海量数据，计算处理形成最优的决策指令，并将指令下发给感知层。又名森林工程物联网云计算层、智慧林业云。在森林工程物联网的架构中，应用层发挥着核心作用，相当于智慧森林工程系统的"大脑"，以其强大的算力和先进的人工智能技术，推动林业的现代化和智能化发展。

工作原理 森林工程物联网应用层融合了多种先进的计算技术和数据挖掘方法，对感知层采集并经网络层传输的林业大数据进行深入的处理、分析和挖掘。在此基础上，利用专家决策库中的逻辑推理机制，应用层能够生成最优化的决策。随后，这些决策被转化为具体的生产指令，并通过网络层准确无误地传达给感知层，从而实现精准且高效的林业管理与操作。最后，应用层将决策指令及其实际执行效果存储回专家决策库，形成一种持续进化的学习机制。随着训练样本集的不断累积，应用层的决策能力将日益增强，智慧森林工程系统将表现得越来越智能。

主要功能 森林工程物联网应用层核心功能是对森林环境与生产数据进行综合处理、计算、分析和挖掘。通过大数据技术，能够处理海量的林业数据，挖掘其中的有价值信息；云计算技术则提供了强大的计算能力和存储空间，支持各种复杂的数据分析和处理任务；人工智能技术则能实现对数据的智能识别、预测和决策支持，提高林业管理的智能化水平。此外，应用层还通过数据库技术和网络技术，实现了数据的存储、查询和共享，方便了用户之间的信息交流和协作。数据可视化技术将复杂的数据以直观的方式呈现出来，便于用户快速理解和做出决策。

技术组成 森林工程物联网应用层主要由各种应用系统、软件平台、数据库、专家决策库等构成。涵盖了林业资源监管、林业工程管理、林业灾害监测预警、生态监测与评估、林产品物流管理和林业综合服务等多个领域。关键技术包括了大数据技术、云计算技术、人工智能技术、数据库技术、网络技术和WebGIS技术。

历史发展 森林工程物联网应用层的建设目标是实现"智慧林业云"。2013年8月，国家林业局发布《中国智慧林业发展指导意见》，指出智慧林业云采用"共建共享，互联互通"的建设原则。以高端、集约、安全为目标，依托现有的基础条件，大力推进林业基础数据库建设，重点建设林业资源数据库、林业地理空间信息库和林业产业数据库，加快推进林业信息资源交换共享。通过统一规划、集中部署，加快中国林业云示范推广及建设布局。加强林业决策系统建设，为各类林业工作者提供网络化、智能化科学决策服务。加强智慧林业云上的六项工程建设：中国林业云创新工程、中国林业大数据开发工程、中国林业网站群建设工程、中国林业办公网升级工程、智慧林政管理平台建设工程与智慧林业决策平台建设工程。

展望 随着信息技术的不断进步，森林工程物联网应用层将更加智能化。大数据挖掘技术和人工智能决策技术的进一步发展将提升数据处理和决策支持的精准度。云计算技术的演进将提供更强大的计算能力和更高效的存储能力。

参考文献
李世东, 2015. 中国智慧林业: 顶层设计与地方实践[M]. 北京: 中国林业出版社: 20-22.

（林宇洪）

森林工程信息技术　forest engineering information technology

在森林工程领域所构建的一整套综合信息技术体系。涵盖了林业信息的感知、采集、量测、通信、分析、存储、管理、计算、挖掘、发布、应用与控制等各个环节。代表了信息科学与森林工程学科的深度融合。

在森林工程领域，信息技术的应用已经深入各个层面。通过综合运用计算机、物联网、无线传感、移动通信、卫星通信、互联网技术、遥感技术、全球定位系统、地理信息系统等信息技术，配合可视化、图像分析、机器视觉以及虚拟现实、增强现实等信息技术，再辅以数据库、大数据处理、云计算和人工智能等信息技术，从而构建起各种森林工程应用系统，提升森林工程管理的智能化水平。

从技术发展角度来看，森林工程信息技术可以分为3个阶段：数字森林工程、精准森林工程和智慧森林工程。数字森林工程阶段实现了森林数据的标准化与规范化采集，并确保数据的实时更新与有效利用。精准森林工程阶段则在保护森林资源的前提下，以优化投入产出比为目标，实施"一区一策"和"一树一策"的精准作业策略。而智慧森林工程阶段则通过运用云计算、物联网、移动通信、互联网和大数据等新一代信息技术，构建起一个感知化、一体化、协同化、生态化以及最优化的森林工程智慧管理体系。

森林工程信息技术是推动现代林业发展的关键力量，通过集成多种先进技术，不仅提高了林业生产的效率和精确度，还为森林资源的可持续利用和生态保护提供了强大的技术支持。随着信息技术的进步，森林工程信息技术将在未来智慧林业发展中发挥更加重要的作用。

（林宇洪）

森林工程信息技术基础 forest engineering information technology fundamentals

森林工程信息领域中被广泛使用的共性技术。涵盖了信息技术的根本原理、起始点以及普遍使用的技术要素。

具体包含**数据模型、数据库技术、数据挖掘以及信息应用系统**等基础组件。数据模型是用于描述森林工程信息数据、数据间联系、数据语义及一致性约束的概念工具的集合，构成了森林信息数据库系统的核心与基石。数据库技术则负责对森林工程信息数据进行采集、分类、存储、检索、更新和维护等一系列动态管理操作。数据挖掘通过聚类分析、机器学习、神经网络等高级方法，从海量的森林工程信息数据中提炼出准确、隐含且易于理解的信息结论。而信息应用系统则是基于数据挖掘的价值，进一步构建的包括计算机硬件架构、系统软件和应用软件在内的完整系统。

森林工程信息技术基础是支撑森林工程信息化建设的核心技术集合。通过综合运用数据模型、数据库技术、数据挖掘等基础技术，能够实现对森林工程信息的全面管理和高效利用，进而推动森林工程的现代化与智能化发展。

参考文献
黄华国, 2015. 现代林业信息技术[M]. 北京: 中国林业出版社: 3–11.

张旭, 2012. 数字林业平台技术基础[M]. 北京: 中国林业出版社: 1–8.

（林宇洪）

森林工程信息应用系统 forest engineering information application system

在森林工程领域中应用的，由计算机硬件架构、系统软件和应用软件组成的系统。计算机硬件架构包含运算器、控制器、存储器、外围接口和外围设备。系统软件则涵盖操作系统、编译程序、数据库管理系统以及各种高级语言。应用软件由通用支援软件和各种应用软件包构成。

森林工程信息应用系统通过整合计算机软硬件资源，不仅提升森林工程业务的处理效率和管理水平，还加强与社会公众的互动和信息共享，推动社会资源参与林业生产。根据主要使用人群的不同，森林工程信息应用系统可以被划分为以下3类：森林工程业务类应用系统、森林工程综合类应用系统以及森林工程公用类应用系统。

①森林工程业务类应用系统。主要为森林工程一线业务人员提供具体业务处理过程的针对性支持。常见的森林工程业务类应用系统包括伐区工程辅助设计系统、集材道路辅助设计系统、**木材检查站电子监控系统、林业资源监管系统**、林木种苗管理系统以及森林培育经营系统。

②森林工程综合类应用系统。主要为森林工程的中高层管理人员提供综合性的业务流程管理功能，并能生成复杂的信息化管理数据报表。常见的森林工程综合类应用系统包括**林政OA系统、林权证管理系统、木材运输证管理系统以及林业行政处罚案件管理系统**。

③森林工程公用类应用系统。又名森林工程公共信息发布系统。主要服务于社会公众和社会机构，负责发布森林工程领域的业务数据，并通过图表、多媒体等形式向公众展示森林工程的生产进度，如公开森林资源、林权流转、木材物流等数据，发布林业行政处罚案件信息。此外，此类系统还用于引导社会公众参与林业业务，吸引社会资源参与林业生产，提升林权流转、采伐招标、木材物流、林产品加工和电子商务的业务效率。常见的森林工程公用类应用系统有林业信息发布系统、林权流转交易系统、采伐招标发布系统、木材物流供需发布系统、林产品电子商务系统、森林抵押贷款系统以及林业保险管理系统等。

参考文献
李世东, 2015. 中国智慧林业: 顶层设计与地方实践[M]. 北京: 中国林业出版社: 64–66.

林宇洪, 林玉英, 胡喜生, 等, 2012. 后林改时期的林权WebGIS管理系统的设计[J]. 中南林业科技大学学报, 32(7): 146–150.

（林宇洪）

森林工程遥感 remote sensing of forest engineering

利用森林工程领域相关物体反射或辐射电磁波的固有特性，通过研究电磁波特性，达到识别森林、林区道路等物体及其环境的技术。在森林资源调查、森林信息提取、森林动态监测和林业执法监察中发挥着积极作用。

在森林工程领域中，应用遥感技术最早和最广泛的是森林资源调查工作。20世纪20年代开始试用航空目视调查和空中摄影进行林业勘测；30年代采用常规的航空摄影绘制森林分布图；40年代开始运用航空像片进行林业判读和蓄积量表编制；50年代运用航空像片结合地面进行抽样调查；60年代开始采用红外彩色像片进行树种判读；70年代初，陆地卫星图像在林业中开始被应用，在一定程度上代替了高空摄影；70年代后期，陆地卫星数据自动分类技术被引入林业，多种传感器也用于林业遥感试验；80年代，卫星的空间分辨率不断提高，图像处理技术日趋完善，伴随地理信息技术的发展，逐渐建立森林资源遥感图像数据库。

遥感技术在森林工程中的应用广泛，主要表现有如下几个方面：①森林资源清查。监测森林面积、树种分布等。②森林生长监测。追踪森林生长动态。③森林采伐管理。监管采伐活动，防止非法采伐。④森林生态评估。评估森林生态系统状况。⑤森林生态恢复监测。辅助评估恢复效果。⑥林区道路规划。为森林道路建设提供数据支持。⑦木材产量估算。预测木材产量。⑧森林碳汇测算。测算森林的碳吸收和储存能力。

随着遥感技术的发展，现阶段遥感技术在森林工程领域的应用开始由以航空像片+地面调查为主的工作模式向着以卫片为主+航片+地面调查为辅助的工作模式发展；从单一信息向多源遥感信息融合发展，如不同时相、不同传感器、不同分辨率信息的融合，以提高森林遥感分类和监测的精度。

参考文献

曹林，周凯，申鑫，等，2022. 智慧林业发展现状与展望[J]. 南京林业大学学报（自然科版），46(6): 83-95.

江涛，王新杰，2019. 基于卷积神经网络的高分二号影像林分类型分类[J]. 北京林业大学学报，41(9): 20-29.

李德仁，李明，2014. 无人机遥感系统的研究进展与应用前景[J]. 武汉大学学报（信息科学版），39(5): 505-513.

李华玉，陈永富，陈巧，等，2021. 基于遥感技术的森林树种识别研究进展[J]. 西北林学院学报，36(6): 220-229.

（胡喜生）

森林工程智慧物流系统　forest engineering intelligent logistics system

应用信息技术实现林业物流智能化与高效化管理的一种现代物流系统。能够感知森林工程各生产环节的物流需求，通过综合数据分析、实时处理及持续优化，推进森林资源在开发与利用过程中的物流智慧化。

森林工程智慧物流系统具有以下功能：①精细化管理。通过实时监控物流中的温度、湿度、位置等关键参数，以保障林产品在储运过程中的品质与安全。②全过程管理。实现从林木采伐到产品销售的全链条追踪与管理，不仅可提升物流效率、降低成本，同时确保林产品原料的合法来源。③大数据挖掘。运用大数据分析预测物流需求，选择最优的物流方式，优化库存及运输路径规划。④智能化决策。综合考虑多种影响因素，为物流管理者提供科学、合理的决策依据。

森林工程智慧物流系统的主要特点：①借助信息技术的集成应用，优化物流流程、减少资源浪费、提升物流的透明度与预见性，为森林资源的合理开发与利用提供坚实支撑。②可提升林业生产效率、优化资源配置、减少浪费、确保原料合法性以及促进林业的可持续发展。③作为智慧林业的核心组成部分，深度融合物联网、互联网以及大数据等先进技术，借助精细、动态与科学的管理手段，增强森林工程物流的自动化、可视化、可控化、智能化及网络化程度，进而提升整体物流效率。

参考文献

邱荣祖，林宇洪，林玉英，2014. 基于物联网的智慧林业物流系统研究进展[J]. 森林工程，30(5): 169-174, 180.

（林宇洪）

森林工程 3S 技术　3S technology of forest engineering

综合利用空间技术、传感器技术、卫星定位与导航技术、计算机技术和通信技术，对森林工程领域空间信息进行采集、处理、管理、分析、表达、传播和应用的现代信息技术。3S 技术是遥感（remote sensing，RS）、地理信息系统（geographic information system，GIS）和全球导航卫星系统（global navigation satellite system，GNSS）3 种技术的统称。

传统的森林资源监测体系多以人工手段为主，不仅效率较低，也容易出现因地貌复杂等客观条件或技术人员疏忽等主观因素导致的监测数据遗漏或偏差等问题。借助 3S 技术，能够实现森林资源的科学化、大时空尺度监测：一是借助遥感技术，能够保障森林资源监测的完整性；二是借助全球导航卫星系统技术，以森林坐标信息为支撑，形成动态信息图像，可为监测人员提供精确的数据帮助；三是借助地理信息系统技术，有效整合空间、时间在内的基本信息，确保森林管理决策的科学性和合理性。

森林工程 3S 技术广泛应用于森林资源的监测、伐区设计、林道网规划、生态采伐等方面，有利于提高森林工程行业技术水平，改善作业效率，减少作业给环境带来的负面影响，提高综合效益，从而助力森林资源的高质量发展和高水平保护。

参考文献

李国升，2019. 森林资源调查监测技术及其对环境的保护作用探讨[J]. 环境与发展，31(2): 193-194.

李云平，韩东锋，2015. 林业"3S"技术[M]. 北京: 中国林业出版社.

唐桂财，杨刚，尉春龙，2013. 3S技术在森林工程中的应用[J]. 科技创新与应用(29): 283.

赵尘，2018. 森林工程导论[M]. 北京: 中国林业出版社.

（胡喜生）

森林公安信息化　forest public security informatization

依托信息化技术，遵循林业相关政策法规，森林公安建立智慧警务信息化体系的过程。可实现警务信息采集、流转、传输、利用的高效性和资源优化配置，提升森林公安工作效率、决策水平和公众服务质量，减少森林公安的人力资源和执法成本，科技震慑违法者，从而更好地保护森林资源、维护林区治安稳定。

背景　1978 年改革开放以来，中国处在一个社会经济高速发展的阶段。由于社会人口、职业、资金的频繁流动，对林区治安稳定产生了显著影响，传统的封闭式划片管理架构已经不能满足林区执法的需要。特别是随着林权制度改革的深入推进，林地逐渐碎片化，而林区路网的日臻完善又使得传统木材检查站定点检查方式效能下降，这导致涉林案件越来越难以被及时发现。林业执法的人力物力成本大幅上涨，涉林违法犯罪的流动性、复杂性和多元性特征给森林公安机关带来了巨大的挑战。在这一背景下，大量的侦察、查询、统计、协查等警务工作使得原始的手工操作方式已经完全无法满足当前的工作需求，因此，森林公安信息化建设成为了时代发展的必然趋势。

主要建设内容

①基础信息设施建设：建设高速、稳定的警务信息网

络，确保各级森林公安机关之间的信息畅通无阻。配备先进的计算机硬件设备，包括服务器、存储设备、网络设备等，以支撑大规模数据处理和信息存储。

②电子警务系统建设：开发电子警务管理系统，实现案件管理、警务人员信息管理、警车管理等日常工作的电子化。建立警务协同办公平台，支持跨部门、跨地区的协同办案和信息共享。

③视频监控与感知系统建设：在重点林区、交通要道等关键位置安装高清摄像头，实现电子抓拍，构建森林视频监控网络，实时监控林区动态。利用物联网技术，布置传感器网络，监测林区的环境参数，以预防火灾等自然灾害，及时发现盗砍滥伐、非法运输行为。

④数据分析与应用能力建设：构建大数据分析平台，对收集的警务信息进行深度挖掘和分析，为决策提供支持。利用人工智能技术开发智能预警系统，通过**数据模型**对即将出现的违法情况进行提前预警。

⑤移动警务应用能力提升：开发移动警务应用平台，为一线警务人员提供实时信息查询、案件处理、定位导航等功能。配备便携式设备和无人机等先进技术，增强侦察、勘查、取证和应急响应能力。

⑥信息安全与保障体系建设：建立完善的信息安全管理制度和技术防范措施，例如建立网络防火墙，确保警务系统的网络安全、数据安全和信息安全。定期开展信息安全培训和演练，提高警务人员的信息安全意识和应急处理能力。

⑦公众服务与互动平台建设：开发森林公安官方网站和移动应用，提供警务信息公开、在线咨询、举报投诉、接受群众监督等服务功能。利用社交媒体如微信公众号、微博等渠道，加强与公众的沟通和互动，提升森林公安的社会形象和服务水平。

发展趋势　森林公安将持续整合信息技术资源，致力于构建更加完善的信息化平台。通过引入更先进的智慧感知技术，增强涉林案件的数据采集、分析和应用能力。此外，利用大数据、云计算和物联网等尖端技术，推动工作的精细化和智能化发展。

参考文献

张建龙, 2016. 2016中国林业信息化发展报告[M]. 北京: 中国林业出版社: 100-102.

（林宇洪）

森林铁路车站　forest railway station

森林铁路线路上的"区间"分界点；是完成客货运输与装卸，保证行车补给、提高铁路通过能力的场所。设有配线，办理列车接发、会让、编解调车、越行及客货运输业务。划分车站和区间范围的界限叫作站界。站界是用车站两端的进站信号机或站界标来确定的，进站信号机或站界应设置在距进站道岔尖轨尖端不小于50m之处。

森林铁路车站按作业性质分为客运站、货运站和客货运站。按技术作业分为编组站、区段站和中间站。一般车站以一项业务和一项作业为主，兼办其他业务和作业。有的车站同时办理几项主要业务和作业。

编组站　专门办理大量货物列车编组、解体和列车、车辆技术作业的车站。主要设备有到发线（场）、调车线（场）、驼峰、牵出线以及机务段和车辆段等。

区段站　设在铁路牵引区段分界处的车站。主要办理列车机车换挂、技术检查以及区段零担摘挂列车、小运转列车的改编等作业。主要设备有到发线、调车线、牵出线、机务段、车辆段以及其他有关设备。布置图型按上、下行到发场相互位置可分为横列式和纵列式两种。

中间站　主要办理列车会让（单线铁路）和越行（双线铁路）作业的车站。技术作业有列车到发、会让和零担摘挂列车调车等。主要设备有到发线、货物线、牵出线和旅客乘降设备等。

此外，还有一些专门服务特定需求的车站类型：专为工矿企业服务的工业站；铁路与专用铁道衔接的联轨站；为港口水陆联运服务的港湾站；本国铁路与外国铁路衔接的国境站；在不同轨距铁路连接处办理旅客换乘、货物换装或客、货车辆轮换的换装站等。

车站的设计和布局需考虑森林环境的特殊要求。通过科学合理的规划，森林车站不仅能高效运作，还能与周围的自然环境和谐共存，推动森林资源的可持续利用和发展。

参考文献

陈玉滨, 1986. 森林铁路运输[M]. 北京: 中国林业出版社.

林业部林业工业局, 黑龙江省森林工业总局, 1985. 中国森林铁路[M]. 北京: 中国林业出版社.

（王海滨）

森林铁路车站规划　forest railway station planning

考虑森林环境的特殊需求和特点，根据铁路网的总体布局和运输需求，对车站的功能、规模、位置及其设施进行总体设计和安排的过程。车站的规划和设计是确保铁路系统高效运行的重要环节。通过科学合理的车站配线设计和线路布局，**森林铁路车站**能够高效、安全地运行，满足高效运输的需求。

车站配线及其布置　根据车站的功能和作业要求，对车站内的各条铁路线进行合理布局和连接。车站配线分为正线、站线、专用线和安全线4种。铁路车站线路又称站线，是机车车辆或列车在站内运行、停留或进行各种作业的股道。

正线　是指连接并贯穿分界点的线路。

站线　按具体功能划分为：①到发线。为车站内除正线外另行指定的列车到达或出发的线路。②调车线。是列车编组和解体用的线路。③货物线。为办理货物装卸用的线路。④牵出线。为编组或解体列车时不妨碍接发列车作业线路所用的线路。⑤其他线。有指定用途的线路，如机车走行线等。

专用线　包括制材线、砂石线、段管线等。

安全线　为车辆行驶安全和车站需要设置的线路。

车站线路的布置　车站线路的布置应满足下列要求：

①根据车站技术作业过程，保证各项技术作业安全和便利地完成；②各种用途线路的数目根据各项工作量确定，但到发线的数目除正线外，均不能少于一条；③要满足支线管理上的方便；④便于运送工人去上班。

车站线路的长度 站线长度分为全长和有效长度。线路的实际长度称为线路全长，是指站线两端道岔尖轨尖端中间的距离；有效长度是线路两端警冲标间的长度，可以停放车组或列车的部分。

参考文献

唐山铁道学院铁路辞典编辑委员会，1960. 铁路辞典[M]. 北京：人民铁道出版社.

于仲友，1980. 铁路词汇[M]. 北京：人民铁道出版社.

（王海滨）

森林铁路轨道构造 track structure of forest railway

专门用于森林地区铁路的轨道设计和建设方式。由干线、支线和岔线形成独立的森林铁路网络。中国森林铁路的轨距为 762mm。上部结构由道床、钢轨、轨枕、钢轨连接零件、防爬设备及道岔组成。道床铺在路基面上的道砟层。在道床上部铺设轨枕，轨枕之上铺设钢轨。钢轨与钢轨之间及钢轨与轨枕之间，用连接件扣紧。在线路的分支和连接处铺设道岔。这些组成部分为一个整体工程结构，直接承受机车车辆车轮的作用并将其传于路基。

轨道是线路设备的重要组成部分，其作用是引导机车车辆运行，直接承受机车车辆载荷作用，并把载荷分布传递给路基或桥隧建筑物。轨道结构应具有足够的强度、稳定性和平顺性，以保证机车车辆按规定的最大载重和最高允许速度运行。

轨道结构分类 轨道构造按轨道类型可分为有砟轨道结构和无砟轨道结构；按轨道的几何形态可分为直线段轨道和曲线段轨道。

①有砟轨道。由有砟道床、轨枕、钢轨、连接零件、轨道加强设备及道岔等组成，如图1所示。

②无砟轨道。以混凝土或沥青混合料取代散粒体道砟道床而组成的轨道结构形式。无砟轨道由无砟道床、钢轨、连接零件及道岔等组成，如图2所示。

③直线段轨道。轨道在水平面上没有曲率变化的部分。

④曲线段轨道。轨道在水平面上具有一定曲率的部分。

轨道各主要部分的作用

①钢轨。钢轨轨道最重要的组成部件，它直接承受列车的载荷，依靠钢轨头部内侧面和机车车辆轮缘的相互作用，引导列车运行，依靠其自身的刚度和弹性把机车车辆载荷分布开来，传递给轨枕。随着机车车辆轴重逐渐增大，行车速度不断提高，钢轨所承受的载荷也在不断增加，因此对钢轨的材质和强度也有了更高的要求。

②轨枕。一方面是承受钢轨传下来的机车车辆作用力，并把它传递给道床；另一方面是通过扣件把钢轨固定在规定的位置，以保持轨距、轨底坡、曲线超高等，同时与钢轨形成轨排，并与道床结合提供所需的道床纵横向阻力。

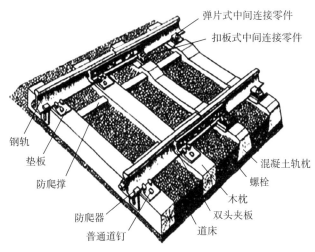

图1 有砟轨道结构图

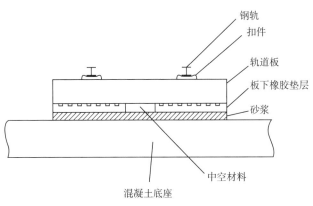

图2 无砟轨道结构图

③有砟道床。是轨枕的基础，在其上以规定的间隔布置一定数量的轨枕，用以提供轨道的弹性和纵横向阻力，并便于排水及校正轨道的平面和纵断面。无砟道床是一种以混凝土代替轨枕和散体道砟的道床形式。

④道岔。由转辙器、辙叉及护轨、连接部分组成，其主要作用是引导列车从一条线路转向另一条线路。

⑤连接零件。包括接头连接零件和扣件。接头连接零件的作用是实现钢轨与钢轨的可靠连接，保持钢轨的连续性与整体性；扣件的作用是实现钢轨与轨枕的可靠连接，阻止钢轨相对于轨枕的纵横向位移，确保轨距正常，提供绝缘和弹性。

⑥防爬设备。由防爬器和防爬撑组成，用以加强钢轨和轨枕的连接，提高线路抵抗钢轨爬行的能力。对于采用弹性扣件的线路，可以不设防爬设备。

直线段轨道的构造 施工设计时应当特别注意轨距、活动量、钢轨接缝、钢轨的水平位置及钢轨的轨底坡（亦称内倾度）。

①轨距。两钢轨头部内侧工作面间与轨道中线相垂直的距离。轨距应在通过轨顶面的水平线下 12mm 处测量，直线为 762mm。

轨距应有容许误差，规定宽不得超过 5mm，窄不得超过 2mm。轨距的变更应和缓平顺，在短距离内若有显著的轨距变化，即使不超过容许误差，也会使机车车辆发生剧烈的摇摆。

②活动量。钢轨与轮缘之间应有一定间隙，以免轮对楔入轨道间，增加运行阻力和钢轨与车轮的磨耗。当轮对的一个车轮轮缘与钢轨紧贴时，另一个车轮轮缘与钢轨之间的空隙称为活动量。

③钢轨接缝。在两轨端之间，留有适当的轨缝，以便钢轨在温度升高时，可适当伸长，温度下降时，钢轨可适当缩短，轨缝还可以调整两股轨线上的钢轨接头的相对位置，轨缝不应太小，也不应太大，轨缝不足，则钢轨伸胀时无伸张余地，势必向上突起或向旁突出，钢轨缩短时，内部发生应力，把鱼尾螺栓拉断，轨缝过大，列车经过时的冲击作用太大，引起轨端和接头扣件损伤。

④钢轨的水平位置。为保证车辆在轨道上平稳地行驶和使两股钢轨均匀地承受负荷，在直线段上要求轨道两股钢轨顶面位于同一水平面。两股钢轨顶面的水平误差对干线、支线、岔线、到发线不得超过4mm，其他线路不得超过6mm。

⑤轨底坡。因为车轮踏面的主要部分是作成1：20的斜坡，所以在直线段的轨道上，钢轨不应竖直铺设，而应适当地向内倾斜。若钢轨保持竖直，车轮的压力将离开钢轨的中线而偏向道心一侧，且略向外斜，结果将使钢轨头部磨耗不均，腰部弯曲，在轨头与轨腰连接处发生纵裂，甚至折损。

曲线段轨道的构造

曲线段列车内接　列车在通过铁路曲线段时，列车车体或车轮与轨道的内侧发生接触的现象。其特点与曲线段轨距的加宽（即车辆在轨道中的位置）有关。车辆在曲线上内接形式分动力及静力两种，这两种内接形式的每一种根据轨距的不同又可分为动力自由内接、静力自由内接、动力楔形内接、静力强制内接、静力楔形内接、静力正常强制内接。

曲线轨距的加宽　为使机车车辆顺利地通过曲线段，减少阻力及钢轨磨耗，曲线轨距需要加宽，必要时铺设护轨、安装轨撑或轨距杆等。加宽的大小与曲线半径、刚距及列车通过曲线的内接形式有关。

森林铁路机车车辆的最大刚距为28t蒸汽机车的刚距2.25m，因此在计算加宽量时，采用28t蒸汽机车的刚距。因为台车和其他车辆的刚距小于2.25m，为了保证行驶安全，森林铁路线路轨距加宽的内接形式采用机车为静力正常强制内接，车辆为静力自由内接，并以机车静力正常强制内接作为计算基础。

曲线外轨超高　当机车、车辆在曲线段行驶时，需要有一个向心力使之作曲线运行。在曲线轨道上，为不使钢轨受挤压，一般将外轨抬高（超高），以获得向心力。当车体倾斜时，轨道对车辆的反力和车体重力的合力就是向心力。而因曲线段内外轨的长度不同，为了形成对接，还应在内轨线上铺设短轨。

缓和曲线　对于较小半径的曲线段，需设缓和曲线。设于曲线与直线相接处，使曲线轨距的加宽及外轨超高可以在缓和曲线范围内逐渐完成。

参考文献

陈玉滨, 1986. 森林铁路运输[M]. 北京: 中国林业出版社.
杨浩, 2011. 铁路运输组织学[M]. 北京: 中国铁道出版社.
张春民, 2014. 铁路站场及枢纽设计[M]. 北京: 人民交通出版社.

（王海滨）

森林铁路交叉　forest railway crossing

铁路与铁路或铁路与道路（公路、城乡道路）之间相互穿过的现象。按其交叉方式分为平面交叉和立体交叉。

平面交叉　铁路交叉在同一平面内。分为铁路与铁路平面交叉和铁路与道路平面交叉。

铁路与铁路平面交叉，一般铺设在站场及其两端。铁路与道路平面交叉，道口路面一般采用钢筋混凝土铺面板、石块或木材做铺面。铺面宽度原则上与交叉道路路面宽度相同。一般情况下，通行大型农业机械的道口，其铺面宽度不应小于6m；通行一般机动车辆的道口，其铺面宽度不应小于4.5m；通行畜力车的道口，其铺面宽度不应小于2.5m。道口处，道路应为直线，并尽量与铁路正交，若道路同铁路斜交，其交叉角应大于45°。

为提示来往车辆驾驶人员和行人注意瞭望驶来列车，在道口两端沿道路方向设置道口警标，一般设在距最近钢轨不小于20m处；为了向列车司机预告运行前方有道口，在离开道口500～1000m处设置司机鸣笛标，司机见此标志须长声鸣笛，以引起车辆驾驶人员和行人的注意。

立体交叉　铁路交叉不在同一平面内。一般在交通繁忙、行车速度较高的铁路和道路交叉处，在地形条件复杂、采用平面交叉不利行车安全的交叉处，在道路与有大量调车作业的铁路线路交叉处，以及在铁路与道路的交叉有特殊需要或有适宜的地形条件（如高路堤、深路堑）的地方，采用立体交叉、设置立交桥。

参考文献

林业部林业工业局, 黑龙江省森林工业总局, 1985. 中国森林铁路[M]. 北京: 中国林业出版社.
赵怀瑞, 2015. 车辆工程导论[M]. 北京: 中国铁道出版社.

（王海滨）

森林铁路线路连接　forest railway line connection

为了便于机车、车辆在车站进行各种技术作业，必须铺设的线路连接与交叉设备。其目的是：①使整个列车或个别的机车、车辆由一条线路转往另一条线路；②使线路在同一平面上互相交叉；③使诸站线组成各种专业车场；④保证整个列车或个别的机车、车辆的转向。

为了实现上述第一个目的，应设置道岔；为了实现第二个目的，应设置固定交叉；为了实现第三与第四个目的，应设置若干副道岔及固定交叉组合设备。

参考文献

沈志云, 邓学钧, 2003. 交通运输工程学[M]. 北京: 人民交通出版社.

于英, 2017. 交通运输工程学[M]. 北京: 北京大学出版社.

（王海滨）

森林铁路运输调度工作　schedule work of forest railway transport

由机务、工务、车辆、电务、检修及车站等各专业调度组成的森林铁路调度指挥网，以运输调度为核心，对整个运输生产过程，特别是对列车编组和运行进行不间断地组织、指挥和监督，以便使森林铁路运输生产能够连续、均衡、有节奏、安全地完成各项运输任务的一系列工作总称。

运输调度工作的实质是森林铁路运输工作的集中统一管理，所有与完成运输工作有关的问题，都由值班调度员负责解决。森林铁路运输调度是森林铁路日常运输工作的指挥中枢，是运输组织工作中不可缺少的中心环节，在完成运输任务中起着重要的作用。在森林铁路日常的运输工作中，运输有关人员必须服从各级调度的统一指挥。森林铁路技术管理规程规定，运输调度员应负责：①检查督导各站区正确执行列车运行图及列车编组计划，及时准确地发布有关运行配车命令和指示；②防止列车运行紊乱，及时排除列车的不正常运行情况；③掌握列车到、发及区间运行情况，确保行车安全；④掌握装卸作业情况，组织按计划排空取重；⑤贯彻执行有关规章制度，及时正确处理异常问题。

运输调动工作由运输调度员完成。运输调度员完成了上述任务，才有完成列车运行图的可能。运输调度员以列车运行图为指南，而运行图又依靠调度员来负责完成。

森林铁路运输调度的主要工作内容有编制日间运输计划、掌握列车运行、调整列车运行和进行运输工作分析等。

森林铁路运输调度工作的根本任务是根据森林铁路运输组织计划方案，按列车编组计划和列车运行图的要求，组织车流、货流和客流，并按每旬、每日出现的各种变化，采取机动灵活、有效的调整措施，保证及时、准确、安全地完成木材及客货等各项运输任务。

参考文献

陈玉滨, 1986. 森林铁路运输[M]. 北京: 中国林业出版社.
东北林学院, 1986. 木材运输学[M]. 北京: 中国林业出版社.
胡济尧, 1996. 木材运输学[M]. 2版. 北京: 中国林业出版社.
牡丹江林业学校, 1982. 木材生产工艺学[M]. 北京: 中国林业出版社.

（辛颖）

森林铁路运输管理　transport management of forest railway

对森林铁路运输系统的运营和操作进行管理的活动。目的是通过科学的规划、组织、调度和安全管理，提高铁路运输效率、保证运输安全、为经济社会发展提供有力支撑。森林铁路运输管理是确保森林铁路运输任务顺利完成的重要环节。运输任务的完成，一方面取决于森林铁路的技术设备的数量和质量，另一方面就取决于对技术设备的管理工作。

森林铁路运输都设有专管机构和配备专业人员进行管理。由于各森林铁路运输生产条件、所承担的运量、产品结构不同及技术设备类型、数量不一，其组织机构和人员配备也有所差异。森林铁路运输组织机构一般称为森林铁路管理处，大体分为全能型和简化型两类。

森林铁路运输管理的内容包括：机车车辆的运用，运输计划的制定，运行图的编制，运输的调度工作，机车车辆的检修工作组织，车站的工作组织，养路工作组织等。此外，有关森林铁路运输生产全部过程中的计划、组织、指标和统计分析等工作也属于森林铁路运输管理的工作内涵。

森林铁路运输的生产过程要进行科学管理，必须建立起符合运输规律的、科学的技术管理规程，设备管理和维修制度，质量检验等一系列规章制度。森林铁路运输管理的具体任务是：①科学地、周密地组织和管理森林铁路运输的生产活动，确切地完成森林铁路运输计划。②有效地运用设备，提高劳动生产率，降低运输成本。③定期维修与养护森林铁路的设备，保持状况良好，降低运输成本。④有计划地管理，按运输期限将货物运抵到达站。

森林铁路运输管理的对象是以木材运输为主，同时包括客运、货运和行车组织等工作。森林铁路在运输过程中，凡是处理木材（包括综合利用原材料）运输业务方面的工作，属于木材运输管理范围；处理有关旅客、货物运输业务方面的工作，属于客货运输管理范围；处理运输过程中有关机车车辆调配、列车编解和行车方面的工作，属于行车组织管理工作范围。

参考文献

陈玉滨, 1986. 森林铁路运输[M]. 北京: 中国林业出版社.
东北林学院, 1986. 木材运输学[M]. 北京: 中国林业出版社.
胡济尧, 1996. 木材运输学[M]. 2版. 北京: 中国林业出版社.
牡丹江林业学校, 1982. 木材生产工艺学[M]. 北京: 中国林业出版社.

（辛颖）

森林铁路运输机车车辆运用　the use of forest railway transport rolling stock

为森林铁路运输提供质量良好的客货车辆所进行的车辆管理工作。是森林铁路运输组织工作的重要组成部分。

机车车辆根据功能和用途的差异，可以分为机车和车辆两大类。机车是指装备有动力装置的牵引车，用于牵引列车行驶。车辆是指无动力装置的运输车，包括客车和货车。

机车运用方式　为适应不同的运输要求和效率要求，森林铁路机车的运行方式与组织策略。机车运用方式确定的合理与否，直接影响机车的运用指标。机车的运用方式分为两种类型。

兼并运用　机车承担不同功能的运用方式。适用于运量小、行车密度小及运输距离较短的森林铁路。可分为两种：①长途机车兼小运转机车。在长途机车空闲的时间内，担当小运转机车。②长途和小运转机车兼调车机车。

分别运用　机车承担一种功能的运用方式。适用于运量、行车密度和牵引质量较大及运距较远的森林铁路。可分为两种：①长途、小运转与调车机车分别运用；②长途与小运转机车分别运用，并兼调车机车。

车辆运用方式 编站组设一列或一列以上的车辆保有量，以保证长途或小运转机车按规定时间和作业量正常工作的铁路车辆编排方式。车辆运用方式和运输方式与机车运用方式有着密切关系。因此，在制定运输方式与机车运用方式的同时，必须考虑车辆的运用方式，以达到既经济又合理地使用车辆的目的。

车辆的运用方式应以运输距离、行车密度、各列车的车辆数量、装车场的分布、装卸设备条件与装卸时间以及各项技术作业时间等综合情况而定。

参考文献

陈玉滨, 1986. 森林铁路运输[M]. 北京: 中国林业出版社.
东北林学院, 1986. 木材运输学[M]. 北京: 中国林业出版社.
胡济尧, 1996. 木材运输学[M]. 2版. 北京: 中国林业出版社.
牡丹江林业学校, 1982. 木材生产工艺学[M]. 北京: 中国林业出版社.

（辛颖）

森林铁路运输计划 plan of forest railway transport

根据国民经济对森林铁路运输的需求所确定的铁路生产任务而编制的合理组织旅客运输和货物运输的计划。分为月间运输计划、旬间运输计划和日间运输计划。旬间运输计划与月间运输计划基本原则相同。

月间运输计划 编制月间运输计划的基本依据是全年木材运输任务、上下行客货运输任务以及车辆装载质量和机车牵引质量等指标。

月间运输计划的编制方法依森林铁路技术条件的不同分为两种：①当森林铁路的下行方向线路坡度不限制机车牵引力时，可根据木材运输任务及上行客货运输任务计算确定列车对数；②当森林铁路的下行方向线路坡度限制机车的牵引力时，上行重载列车的运量是以下行列车能达到装车场的运材空车辆数决定的。

日间运输计划 当日 18：00 到次日 18：00 一昼夜内的运输工作计划。

基本原则 ①根据月间运输计划中本旬计划的平均日任务量要求，结合日间运输工作中的实际情况进行编制；②保证完成或超额完成月间运输计划所规定的各项指标；③充分合理地使用一切技术设备和工具，使日间运输工作均衡地进行。

主要内容 ①装车计划。确定木材及货物的装车数和装车站。②卸车计划。确定木材及货物的卸车数和卸车站。③配车计划。确定配送空车总数，连挂重车总数，配送空车与连挂重车的车次、时刻。④列车运行计划。确定各行车区段的列车对次、车次及运行时刻。⑤机车运用计划。确定机车运用台数及每一机车的牵引交路。⑥列车编组计划。根据装卸车和空重车集配情况，按列车运行计划确定各列车的编组车辆数及车辆来源。⑦车站技术作业计划。根据运输计划的要求，确定车站接发列车、编解列车、排空取重等调车作业和装卸车的计划。

参考文献

陈玉滨, 1986. 森林铁路运输[M]. 北京: 中国林业出版社.
东北林学院, 1986. 木材运输学[M]. 北京: 中国林业出版社.
胡济尧, 1996. 木材运输学[M]. 2版. 北京: 中国林业出版社.
牡丹江林业学校, 1982. 木材生产工艺学[M]. 北京: 中国林业出版社.

（辛颖）

森林铁路运输列车运行图 train operation diagram of forest railway transport

森林铁路各部门的综合计划。也是各部门编制计划的依据。

作用 ①通过列车运行图既能检查森林铁路各部门工作的执行情况，也能检查森林铁路调度工作的质量。②把分布在林业企业内部和行车有关的各部门与森林铁路的全部生产活动组织起来，正确地管理和运用运输设备和机车车辆，并按照必要的程序协调一致地进行工作。③列车运行图决定列车占用区间的程序、各车站列车的到发时刻、列车在区间的运行时间以及列车在车站的停站时间标准，体现了列车工作计划，并保证正确合理地使用运输工具。因此，列车运行图是行车组织的基础。

表现形式 就森林铁路列车运行情况的表示而言，列车运行图是以距离和时间的坐标图来表示列车运行实况的。其横轴表示时间，纵轴代表距离，斜线表示列车的运行，列车运行图如图所示。

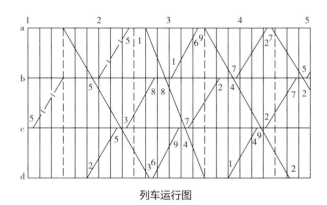

列车运行图

分类 按运行速度的不同，列车运行图分平行运行图和非平行运行图两种；按上下行方向列车数目的不同，列车运行图分为成对运行图和不成对运行图；按列车运行图铺满程度不同，分为饱和和非饱和两种情况的运行图；按使用目的分为计划运行图和实际运行图两种。

组成要素 列车运行图包括列车区间运行时分、起停车附加时分、列车在中间站的停车时间和车站间隔时间等要素。

编制步骤 森林铁路列车运行图的设计编制工作大体分为调查情况和准备资料、编制、调整 3 个基本步骤。

编制原则 在编制列车运行图时，必须遵守下列原则：①保证列车运行安全；②迅速、准确地完成以木材为主的综合运输任务；③充分利用通过能力；④在编制列车运行图的同时，应编制机车周转图，使机车的交路与列车运行线最经济、最合理地结合起来；⑤妥善安排线路大修、改造和维修作业计划；⑥做好车流与列车运行线的结合；⑦列车运行线要与车站的技术作业过程和木材生产的装、运、卸统一技术作业过程相协调；⑧合理安排乘务人员的执乘与休息时间。

参考文献

陈玉滨, 1986. 森林铁路运输[M]. 北京: 中国林业出版社.
东北林学院, 1986. 木材运输学[M]. 北京: 中国林业出版社.
胡济尧, 1996. 木材运输学[M]. 2版. 北京: 中国林业出版社.
牡丹江林业学校, 1982. 木材生产工艺学[M]. 北京: 中国林业出版社.

（辛颖）

森林铁路运输牵引计算 traction calculation of forest railway transport

根据动力学原理，结合科学试验，依据试验数据或采用经验公式，在运营实践的基础上得出算式与参数，并将列车视为质点集中于列车中心进行分析计算的一项技术工作。用于解决森林铁路的技术管理和设计方面的技术问题。

主要内容 ①研究作用在列车上的各种力及其与各主要因素的关系；②研究作用在列车上各个力的相互作用问题；③解决与列车运行及机车工作有关的一些实际问题的计算方法。

计算指标 包括机车牵引力、列车运行阻力和列车制动力。

机车牵引力 由机车的发动机产生，用以牵引列车前进，其方向与列车的运行方向相同，且可由司机控制的外力。用 F 表示机车全部的牵引力（N），用 f 表示平均到每吨列车质量的机车单位牵引力（N/t）。

列车运行阻力 在列车运行中，由于线路状况等外界条件产生的阻止列车前进的力，其方向与列车运行方向相反，而且不能由司机加以控制的外力。用 W 表示全列车的运行阻力（N），用 w 表示单位运行阻力（N/t）。

列车制动力 由列车制动装置所产生的人为阻力，用以降低列车的运行速度或使列车停止运行，其方向与列车运行方向相反，且可由司机控制的外力。用 B 表示全列车总制动力（N），用 b 表示单位制动力（N/t）。

这些力并不同时作用于列车，而是相互配合产生作用。

在给汽（给油）运转时，牵引力与阻力同时作用在列车上，其合力 R 为：$R = F - W$；

在闭汽（断油）运转时，只有阻力作用在列车上，其合力 R 为：$R = -W$；

在制动时，制动力与阻力同时作用于列车上，其合力 R 为：$R = -(W + B)$。

在牵引计算中，通常需要的不是上述各力的全部数值，而是单位列车质量所受的力，亦即单位力，若以 P 表示机车（包括煤水车）的质量，Q 表示牵引的质量，则列车的质量为（$P+Q$），因而，单位力与全部力的相互关系为：

$$f = \frac{F}{P+Q}$$

$$w = \frac{W}{P+Q}$$

$$b = \frac{B}{P+Q}$$

参考文献

陈玉滨, 1986. 森林铁路运输[M]. 北京: 中国林业出版社.
东北林学院, 1986. 木材运输学[M]. 北京: 中国林业出版社.
胡济尧, 1996. 木材运输学[M]. 2版. 北京: 中国林业出版社.
牡丹江林业学校, 1982. 木材生产工艺学[M]. 北京: 中国林业出版社.

（辛颖）

森林铁路运输性能 transport performance of forest railway

森林铁路为完成木材及客货运输任务所必须具备的生产能力。

森林铁路运输性能通常用通过能力和输送能力表示。通过能力指单位时间内通过的车的数量；输送能力指单位时间内货物运输量。森林铁路运输性能的大小取决于下列因素：①森林铁路固定设备（如线路、车站及其设备等）的数量与质量；②森林铁路移动设备（如机车、车辆）的数量与性能；③对技术设备的运用方法和工作组织方法；④森林铁路员工的数量及素质，即运输性能的大小既取决于技术设备的数量和质量，也取决于人们对技术设备运用的水平和森林铁路员工主观能动性的发挥。

参考文献

陈玉滨, 1986. 森林铁路运输[M]. 北京: 中国林业出版社.
东北林学院, 1986. 木材运输学[M]. 北京: 中国林业出版社.
胡济尧, 1996. 木材运输学[M]. 2版. 北京: 中国林业出版社.
牡丹江林业学校, 1982. 木材生产工艺学[M]. 北京: 中国林业出版社.

（辛颖）

森林铁路运输组织机构 organization structure of forest railway transport

进行货物运输市场的管理和森林铁路站内运力与货流组织及管理的机构。

为使森林铁路运输正常进行，充分发挥各级组织的作用，按照"统一领导，分级管理"的原则，森林铁路建立相应的运输组织机构。森林铁路运输都设有专管机构和配备专业人员进行管理。由于各森林铁路运输生产条件、所承担的运量、产品结构不同及技术设备类型、数量不一，其组织机构和人员配备也有所差异。森林铁路运输组织机构一般称为森林铁路管理处，大体分为全能型和简化型两类。

全能型的组织机构专业分工较细，专业人员配备较全。森林铁路管理处内设总务、财务、材料、保安(监察)、劳资、运输(生产)等科(股)，下设机务、车辆、检修、车务、电务、工务、工程等工段。运输调度隶属运输(生产)股。有的森林铁路管理处设总调度，直接掌握与指挥各专业段的调度工作。也有的森林铁路管理处将机车、车辆检修工作归入机务段或车辆段统一管理，不另设检修段。

简化型的组织机构虽然也保持专业性，但对业务交叉性较大的专业则采取合并管理。森林铁路管理处内设总务、经理(财务、材料)、劳资保安、生产技术(包括运输调度)等股，下设机辆(包括检修)、工电(包括工程)、车务等工段。有的森林铁路管理处将车务段与生产技术股合并管理。

线路较长的森林铁路管理处，在中心区段设机务分段或运输调度分台。也有的森林铁路分片设中心站区，综合领导所辖车站、养路工区、通信工区、站检、给水所等各专业工组工作，但各专业工组的技术业务工作仍由各专业段统一管理。

参考文献

陈玉滨, 1986. 森林铁路运输[M]. 北京: 中国林业出版社.

东北林学院, 1986. 木材运输学[M]. 北京: 中国林业出版社.

胡济尧, 1996. 木材运输学[M]. 2版. 北京: 中国林业出版社.

牡丹江林业学校, 1982. 木材生产工艺学[M]. 北京: 中国林业出版社.

（辛颖）

森林作业　forest operation

在森林环境下针对森林资源所进行的生产活动。涵盖了森林资源培育和开发利用中的所有工程作业，贯穿从采种、育苗、植树、造林、抚育、采伐、运输、产品初加工到销售的整个林业生产过程。包括苗木生产作业、营林生产作业、抚育生产作业、采运生产作业、更新生产作业等。森林工程上主要指为生产木材和恢复森林资源而进行的相关作业，具体包括森林采伐、集材、造材、剥皮、林地清理、造林、抚育等作业。

类型　按森林经营目的和森林结构的不同，森林作业可分为乔林作业、矮林作业和中林作业。竹林和混农林、混牧林等林下经济作业属于特殊的作业类型。

特点　①作业场地一般地处偏僻，交通不便，社会经济欠发达。森林自然条件复杂，有的地形环境脆弱，气候恶劣。②作业对象多是树木、岩石、土壤等大、笨、重、脏的物体，且为野外作业。③工程作业艰苦、劳动强度大，作业环境不佳，工作危险性大。④对机械化、电气化、信息化、自动化的实现有很大的限制。⑤经营管理上较粗放。

森林作业的技术、机械设备、管理、工效以及与自然环境的关系，具有以下鲜明的特点：①具有获取林产品和保护生态环境的双重任务；②作业场地分散、偏远且经常转移；③受自然条件的约束、影响大，季节性强；④应保证森林资源的更新和可持续利用；⑤劳动条件恶劣，劳动防护和安全保护十分重要。

原则　①生态优先。森林作业应以保护生态环境为前提，协调好资源环境保护与森林开发之间的关系，尽量减少森林作业对生物多样性、野生动植物生境、生态脆弱区、自然景观、森林流域水量与水质、林地土壤等生态环境的影响，保证森林生态系统多种效益的可持续性。②注重效率。森林作业设计与组织应尽量优化生产工序，加强监督管理和检查验收，以利于提高劳动生产率，降低生产作业成本，获取最佳经济收益。③以人为本。森林采伐是具有危险性和劳动强度较大的作业之一。关键技术岗位应持证上岗，采伐作业过程中应尽量降低劳动强度，加强安全生产，防止或减少人身伤害事故，降低职业病发病率。④分类经营。采伐作业按商品林和生态公益林确定不同的采伐措施，严格控制在重点生态公益林中的各种森林采伐活动，限制对一般生态公益林的采伐作业。

参考文献

赵尘, 2016. 林业工程概论[M]. 北京: 中国林业出版社: 44-45, 108-109.

（赵尘）

森林作业安全　forest operations safety

在森林作业活动中，作业人员与作业对象、设备、环境之间存在冲突和事故风险隐患，为保障作业人员安全、健康和高效的作业目标所采取的方法、措施，并由此形成的科学理论与技术方法。

森林作业在生产实践中借鉴农业和工业生产过程中的安全理论和技术方法，而将工效学应用到森林作业安全中起步较晚。从1950—1990年的林业工效学研究看，森林作业事故多发，油锯使用的安全问题一直是国内外林业工效学研究的重点之一。根据美国有关部门的统计表明，油锯采伐作业是整个采伐作业中严重伤害事故发生率相对较高的作业。虽然联合采伐机的使用一定程度减少了采伐作业造成的伤害事故，但大部分国家还是以油锯作业居多。日本是林业工效学研究和应用水平比较高的国家之一，1992年日本政府立项，由静冈大学岩川治牵头组织包括京都大学和日本森林综合研究所在内的六所大学和研究所开展了林业作业事故的全面调查和研究。研究发现事故发生与作业时间有一定关联。移动式伐木机械防护设施不完善，也是森林作业工效学必须要解决的关键问题。另外，学者们不仅关注林业机械中安全问题导致的事故率，而且也重视机械带给作业人员的职业病。在森林作业安全研究中，总结了规范、标准的作业方式，大量应用机械设备，制定了科学规范的管理制度，逐步将机械和人体的防护设施应用到森林作业中。专家学者从机械、环境、管理、工人以及防护等方面入手，从工效学角度科学地研究和解决这个问题。森林作业安全理论在森林作业的生产实践中逐步发展，随着对作业人员和生产安全的逐步重视，从人、作业对象、机械设备和环境及管理方面逐步完善，保障林业工人、林业机械、作业环境系统中的要素互相协调、互相适应。

森林作业安全的内容　森林作业是经营森林资源的主要活动，包括采伐、集材、归装和运输等环节，以及与这些活动相关的准备工程。森林作业有其特殊的环境、条件和作业对象，具有木材采运生产周期长、季节性强、劳动条件差和劳动强度大等特点，特别是采伐、集材等作业在野外露天进行，场地分散，受自然因素影响大，作业条件差，与其他工业生产比较，其机械化作业水平低，生产管理比较粗放，因而造成了作业生产中存在许多不安全因素，各种伤亡事故较多。森林作业过程中科学地追溯事故原因，改善劳动条件，克服不安全因素，防止人身事故和机械事故发生，在不同作业中采取不同的防护措施，形成森林作业安全技术理论。

森林作业安全按研究内容划分，主要包括森林作业安全事故、林业安全卫生规程、森林作业个体防护、森林作业人为失误、森林作业人体生理节律、森林作业人体平衡等。按工序环节划分，主要包括采伐作业安全、集材作业安全、运材作业安全、归装作业安全和准备工程作业安全等。按研究方法划分，主要包括森林作业安全致因分析、森林作业安全评价、森林作业安全措施等。

森林作业中的不安全因素　①人。包括操作工人、管理人员、事故现场的有关人员等。人的不安全行为是发生事故的重要原因，引起不安全行为与人的生理因素、心理因素、素质、训练、教育等有关。采伐、集材作业人员操作不当、处在不安全位置、协作不好和疲劳等均是森林作业安全隐患和事故的致因。②作业对象。包括活立木、伐倒木、原条、原木以及剩余物等。活立木所处位置条件存在差异且形态多样、木材长大笨重等特点，使木材的采伐、转移与归装卸等环节不便，易出现挤压、打砸和滑动冲撞等事故。③机械设备。包括采伐、集材、运材等作业过程中的机械、设备、工具、动力、原料、燃料等。机械设备的不安全状态是生产中的主要隐患和危险源。事故的发生与机械的结构、工作环境、工作条件、存放场所和防护等因素有关。采伐作业机械是导致森林作业事故的高发因素，油锯的使用、振动、噪声等是导致事故隐患和损害作业人员健康的主要因素。集材设备技术状态不良、钢索锚定不牢固、缺乏联锁安全控制装置等，运材汽车制动失灵、驾驶室防护不完善等，起重索断索甩打、钢丝绳破断等，均是森林作业安全隐患和事故的致因。④环境。包括自然环境和生产作业环境，不安全环境也是引起事故的原因。受山区地形地貌和气候等自然因素的影响，季节性强、地形复杂、立地条件差异和作业条件不良等特点，是易引发森林作业安全事故的主要原因之一。采伐作业周围灌木及积雪，集材、运材作业条件恶劣，道路线形复杂等因素也是森林作业安全的致因。⑤管理。指管理的缺陷，是事故的间接原因，也是事故直接原因得以存在的条件，包含森林作业各环节、工序、工艺、设备、人员、制度等方面的管理。不规范作业、作业人员个体防护设施不完善、作业生产区行人通行、休息制度不合理等均是诱发森林作业事故的致因。

森林作业事故预防措施　为防止人身事故，保障作业人员安全、健康、高效地作业，应在森林作业各个工序环节中提出系列安全技术以及预防事故的方法和措施。针对森林作业事故致因，主要从作业环境、设备（操作、防护）、作业人员和管理等方面提出预防措施。通过清理作业场地，设置安全距离，规范设备操作，完善设备防护设施，降低作业人员疲劳，合理制定休息制度，科学培训等手段、方法和各项措施，从而避免冲突、降低风险、排除隐患和减少事故，保障作业人员安全、健康及作业高效的目标。

森林作业安全的研究实现了以人为本的思想，加快了林区社会经济发展，为森工企业的经营目标实现、生产体系完善和安全作业提供了保障。随着林业产业政策调整，森林作业科学与技术变革，从工效学领域研究森林作业安全的问题还不是很成熟，很多理论和方法均停留在传统思路和早期研究，随着技术的变革和机械设备更新，早期的安全研究已经不能适应现代的发展要求。新型的林业工人、林业机械、作业环境系统在森林作业中的安全理论、方法、措施和制度将会是林业研究人员和作业人员十分关注的问题。

参考文献

冯国光，韩相春，戴英伟，1993. 林业安全技术[M]. 哈尔滨：东北林业大学出版社：1-8, 18-27, 41-45, 53-58.

黑龙江省森林工业总局劳动安全监察处，1990. 集材安全技术[M]. 哈尔滨：东北林业大学出版社：1-31.

王伟英，钱鹏育，王龙友，等，1985. 伐区生产[M]. 北京：中国林业出版社：150-154, 159.

赵尘，2018. 森林工程导论[M]. 北京：中国林业出版社：120-147.

（朱守林）

森林作业安全事故　safety accidents in the forest operations

在采伐、集材、归装和运输等森林经营活动和与之相关的准备工作中发生的、影响正常生产秩序、导致人身伤害、设备设施损坏、经济损失的意外事件。如因违反操作规程、劳动纪律、缺乏安全操作知识、缺乏安全设施等导致的作业安全事故。科学地追溯森林作业安全事故原因，针对不同作业环节，可采取不同的防护措施，从人类工效学角度提出系列安全技术方法以及预防事故的措施，从而排除隐患、减少事故，保障作业人员安全。

森林作业安全事故包括自然事故和非自然事故两类。自然事故是指由自然因素，如落石、滑坡、泥石流、强风、暴雨等非人为因素所引发的事故。非自然事故是由与人相关的因素所引起的事故。非自然事故是否发生取决于以下四方面：①人。包括在森林作业中人的健康、生理状况、经验、素质、受教育情况、人为失误等。人的不安全行为是导致事故的重要原因。②物。包括森林作业设备、燃料、材料以及作业对象等。物是导致不安全状态的风险源。物的不安全状态是构成事故的物质基础。③管理。如森林作业过程中，管理制度不合理，合理制度落实不到位，执行不规范等。管理不当是引发事故的主要原因。④工作环境。工作环境复杂多变，也是引发作业事故的主要风险源。

森林作业安全事故领域的研究还处于探索阶段。在理论层面，人们对事故的认识正逐渐加深，但还未形成以人类工效学为指导的行之有效的森林作业理论。在技术层面，机械化程度不高，技术措施不完善，个人防护不全面。在管理层面，森林作业管理规范和制度制定不合理，人员培训滞后，经验欠缺。

林业行业特殊的生产环境、条件和对象决定了森林作业安全事故较一般作业事故危害更大。完善森林作业安全事故的理论和提高森林作业安全事故预防和处理技术，对确保林业安全生产，保证森林作业劳动者的职业安全与健康，实现以人为本、发展林业先进生产力具有促进作用。

参考文献

冯国光, 韩相春, 戴英伟, 1993. 林业安全技术[M]. 哈尔滨: 东北林业大学出版社: 1-8.

徐克生, 2006. 林业生产安全[M]. 北京: 化学工业出版社: 70-71.

（朱守林）

森林作业个体防护 individual protection of forest operations

在森林作业中为了保护作业人员身体的安全与健康，避免身体受到外部伤害所采取的个人保护措施。如避免森林作业人员听力损伤、刺伤和砸伤等人体伤害现象的发生而采取的措施。

防护对象 森林作业个体防护的主要对象为振动、噪声、打击、穿刺等，其防护装备有抗打击头盔、隔噪耳塞、防护眼镜、防穿刺作业靴和高抗性护腿等。

防护措施 在进行森林作业时，必须严格遵守安全操作规程，并正确佩戴个人防护装备。个体防护装备应具有舒适性和实用性，有利于提高工作效率和舒适度。同时对森林作业人员进行安全培训和教育，提高其安全意识和自我保护能力。

发展趋势 森林作业的作业方式、立地条件、气候环境等差异较大，应加强工效学研究的深度和系统性，对森林作业个体防护装备的研究必须以人类工效学理论和方法为指导，使防护装备及防护措施更加科学合理，切实提高个体防护效果，满足实际生产需要，减少作业环境、作业机具以及作业对象对森林作业人员的伤害。

参考文献

李文彬, 赵广杰, 殷宁, 等, 2005. 林业工程研究进展[M]. 北京: 中国环境科学出版社: 385-397.

徐克生, 2006. 林业生产安全[M]. 北京: 化学工业出版社: 380-414.

朱守林, 李文彬, 戚春华, 等, 2002. 森林采运作业个体伤害的工效学分析[J]. 中国个体防护装备(6): 13-16.

（朱守林）

森林作业环境 forest operation environment

影响森林作业的森林生物、地理以及微气候等环境条件特征的总称。是人-机-环境系统中重要的组成部分，与作业者的疲劳、效率和作业安全密切相关。根据森林作业环境优化作业工艺、设计作业机械装备、选拔适合的作业工人。

森林作业环境由与森林作业（包括采伐、集材、运材及林业装备的振动、噪声、尾气排放等）相关的森林生物（包括乔木、灌木、草本植物及动物和微生物等）及其周围环境（包括土壤、大气、气候、水分、岩石、阳光、温度等各种非生物环境条件）组成。

森林作业环境具有以下明显特点：①整体性。组成森林作业环境的各要素都有自己的发生发展规律，它们作为森林环境的有机组成部分结合在一起时，形成了相互依存、相互制约、密不可分的整体。在整体中，一种要素的改变都必将引起其他要素的相应变化，甚至导致从一种森林环境过渡到另一种森林环境。森林作业环境是一个多资源的整体系统，每种资源都与系统整体密切相关，它通过能量流动、养分和水分循环、信息传递影响系统内的其他构成。伐区作业时，必须从其整体性出发对森林作业环境开展研究、保护和开发利用。②复杂多样性。森林作业环境具有多种生物（包括各种乔木、灌木、草本植物，动物和微生物），这些生物又生长在不同气候、土壤等地理环境条件下，形成一个密不可分的综合体。森林环境结构复杂，层次繁多，地势地形多变，给伐区作业带来了很多不确定性。③时空差异性。森林作业环境是特定的时空产物。不同时间和空间结合形成不同功能、不同结构和类型的森林作业环境，不同的地理位置和条件形成不同的森林作业环境；同一地理位置的不同海拔高度，不同土壤立地条件也会形成不同的森林作业环境。根据森林作业环境的时空特点保护和利用森林作业环境，因地制宜设计伐区作业方式。

参考文献

王立海, 孟春, 徐华东, 等, 2020. 森林作业与森林环境（修订版）[M]. 哈尔滨: 东北林业大学出版社: 1-13.

赵尘, 2018. 森林工程导论[M]. 北京: 中国林业出版社: 148-150.

（徐华东）

森林作业人体负荷 human-body load in forest operations

森林作业中，人体单位时间内承受的工作量。工作量越大，人体承受的工作负荷强度越大。人体的工作能力是有一定限度的。当森林作业要求超过作业者身体工作能力时，作业效率会明显下降，作业者反应迟钝，作业时间延长，容易诱发各种生理心理疾病，导致林业生产事故发生，造成人身、财产损失。

分类 森林作业人体负荷包括生理负荷和精神负荷，主要是生理负荷，精神负荷较少。美国和日本的研究结果表明，以伐木为主要任务的森林作业属于极重劳动，应该实行机械化作业。机械化采伐中，操纵伐木机进行森林采伐需要较高的综合认知能力，增加了人体的精神负荷。

影响因素 ①森林作业机械工作时产生的振动与噪声。工作环境的温度、湿度、地形，作业设备的自动化水平等是影响森林作业生理负荷的主要因素。②操作动力机械的危险性。木材生产的复杂性、野外工作的不确定性等是影响森林作业精神负荷的主要因素。③单调乏味的工作性质。远离社会、医疗等人身保障条件带来的危险意识，缺少工作经验与技术培训，生活压力等因素对森林作业人体负荷也会产生影响。

测定与减轻措施 森林作业人体负荷的测定内容包括

森林作业人体生理负荷和森林作业人体精神负荷两部分。森林作业人体生理负荷的测定包括生理变化、生化变化和主观感觉测定，主要通过心率、肌电图、呼吸频率等指标测量评价。森林作业人体精神负荷的测定包括主观评价、主任务测量、辅助任务测量和生理测量。

减轻森林作业人体负荷的措施包括提高设备可靠性、安全性和自动化水平，使用与操作技能相适应的森林作业设备，加强作业技术培训，建立合理的休息制度，提高作业工人收入水平，健全社会保障措施，丰富林区文化生活等。

参考文献

石英, 2011. 人因工程学[M]. 北京: 清华大学出版社, 北京交通大学出版社: 99–106.

Pamela McCauley Bush, 2016. 工效学基本原理、应用及技术[M]. 陈善广, 周前祥, 柳忠起, 等译. 北京: 国防工业出版社: 214–218.

（杨铁滨）

森林作业人体疲劳　work fatigue in forest operation

森林作业过程中，在心理和生理的双重负荷下，作业人员的器官以及机体产生的力量自然衰竭现象。又称森林作业疲劳。导致森林作业人体疲劳的主要原因有森林作业过程中的体力负荷、环境负荷、作业姿势、运动负荷和心理负荷等。如森林抚育、采伐运输、防火等林区作业环境恶劣，机械化程度较其他行业低下，且林业作业机械油锯、割灌机、风力灭火机等重量、振动、噪声负荷大以及人机界面设计不合理等易引起森林作业疲劳。

森林作业人体疲劳的研究源于作业安全工效学。人体疲劳是作业负荷的结果，在劳动生产过程中由于体力、脑力消耗，缺乏充分休息，消耗达到临界值，中枢神经系统产生疲劳抑制作用，投射至反射神经系统产生疲劳效果，导致机体出现不适感，作业能力和生产效率下降，甚至因注意力下降，发生事故。从20世纪50年代起，欧美、日本等发达国家开始对农林机械作业疲劳展开研究和调查。中国于20世纪80年代末90年代初逐步开展对森林作业及其作业机械的工效学研究。

森林作业人体疲劳的评估方法分为作业疲劳度主观评价和作业疲劳度实验测定。①作业疲劳度主观评价。多采用问卷法和观察法。问卷法是通过询问个体自我感觉来评估疲劳程度和行为表现。观察法是观察被测个体在特定任务中的表现、注意力、反应时间和操控设备等方面，根据实际作业任务建立阈值或指数模型对作业疲劳进行评估。②作业疲劳度实验测定。一是通过测量人体生理指标，如心率、血压、皮肤温度和肌电，反映人体在疲劳状态下的生理变化；二是使用脑电图来评估大脑活动状态，眼动仪和瞳孔反应评估注意力，来判断疲劳程度。实验测定通常需要专业的设备和技术支持。

研究森林作业人体疲劳，对导致作业疲劳相关因素进行科学系统评估，能够有效预防职业损伤、提高作业舒适度、降低作业事故。同时对改进农林作业机械、生产流程工艺具有指导意义。

参考文献

何伟敏, 李文彬, 王德明, 1998. 便携式林业机械（油锯）及其作业中的人类工效学[J]. 北京林业大学学报, 20(5): 88–93.

李博, 2017. 基于人机工程学的割灌机作业人体疲劳评估及实验研究[D]. 哈尔滨: 东北林业大学.

（文剑）

森林作业人体平衡　body balance in forest operation

森林作业过程中，作业人员维持作业姿态稳定、防止失衡的功能。研究森林作业人体平衡问题，有助于防止森林作业人员失衡跌倒造成伤亡和提高林业作业安全和效率。

人体平衡的保持是视觉、前庭觉以及本体感觉（肌肉、皮肤、关节）、大脑平衡反射调节系统、小脑平衡协调系统以及肢体肌肉群相互作用的一种运动控制过程。研究主要集中在人体平衡功能的评价、测试以及人体平衡功能的应用。从早期的肉眼观测受试者身体摇摆的定性评价到随着信息技术和测试技术的发展，逐步演变为数字计算机式的定量评估。

森林作业人体平衡的研究源于作业安全。主要研究作业人员在恶劣的林区立地条件下，劳动强度、心理压力、作业姿势以及操纵便携式林业机械的重量、噪声、振动等作业负荷对作业人员维持特定作业姿态并能进行自我调整的能力与影响因素。定量的评估指标包括静态姿势平衡和动态姿势平衡。评价方法有生物力学评测和生理心理负荷评估。评测和评估结果应用于指导林业机械设备的设计和防护、制定林业作业的规程和安全标准，以及改善林业作业人员的劳动条件和环境安全。

参考文献

董金宝, 李文彬, 朱歆慧, 等, 2007. 人体平衡功能与便携式林业机械作业安全研究进展[J]. 林业机械与木工设备(11): 11–13.

李文彬, 胡传双, 门高利, 2001. 人体平衡功能与便携式林业机械作业安全[J]. 北京林业大学学报, 23(5): 84–85.

（文剑）

森林作业人体生理节律　human physiological rhythm in forest operations

森林作业过程中，受作业工种、作业环境、条件等的影响，作业人员在生理和行为等方面呈现出节奏性和周期性的现象。

意义　研究森林作业人体生理节律是将人体生理节律理论应用到森林作业管理中，按照人的心理、生理客观变化规律实时评估作业人员的整体机能状态，可以预测作业风险并对风险等级进行精细划分，进而科学制定作业制度、休息制度和安全预防措施，提高作业效能，减少人为失误，降低作业事故率。

研究内容　人体生理节律从时间角度讲有日节律、潮汐节律、月节律和年节律。相关研究主要集中在基础行为研究领域，可为临床医学诊断和治疗干预提供依据。从人的自我感觉角度讲有体力节律、情绪节律、智力节律，又称"生物三节律"。森林作业人体生理节律研究的主要内容是通过测算森林作业人员生理节律周期，进行作业工种、机械设备、防护设施、作息、休息模式的选择与调整，进而实现对森林作业科学化、精细化管理，避免特殊时期高风险作业，实现森林作业人-机-环境系统的安全、协调、高效。

发展及现状 20世纪初，德国内科医生威尔赫姆·弗里斯（Wilhelm Fliess）和奥地利心理学家赫尔曼·斯瓦波达（Hermann Swoboba）及奥地利因斯布鲁大学的阿尔弗雷特·泰尔其尔（Alfred Terqier）在长期的临床观察及学生考试成绩统计中发现：人的智力、情绪和体力状况随时间呈周期性（分别为33天、28天、23天）变化。这一发现在后期被很多学者反复试验证实。人体生理节律研究和应用领域主要集中在太空飞行、铁路、航空等轮班工作的安全管理、工作学习、体育训练及疾病治疗的指导和研发等方面。森林作业存在对象体大笨重、环境复杂、季节性强、时效性要求高、工作负荷大等特点，作业中作业人员的疲劳、失误、事故等的发生均与生理节律有关。1988年，姜东民提出森林采伐、车队运输及贮木场作业应依据工作人员生物节律进行相应岗位调整，并通过事故分析及生物节律应用证实生物节律调整法的科学合理性。1989年，苏益通过研究生理节律理论、方法和应用等问题，提出了运材汽车安全管理中交通事故率、时间率和影响系数值。伊春林业局于1989年开始将"生物三节律"应用于林业安全生产中，显著降低了因公事故及死亡率。但对于森林作业人体生理节律的产生机理、影响因素及影响程度研究几乎处于空白，对生理节律是否一成不变还没有定论。森林作业排班和休息等相关制度的制定仍然存在一定的主观性和粗放性，给森林作业人员及整个森林经营管理体系的安全和稳定带来隐患。从人类工效学角度，将人体生理节律应用到森林作业中的研究还有待进一步深入和发展。

趋势 针对当前森林作业和管理中存在的问题，今后应开展森林作业人体生理节律机理的相关研究，对处于不同节律期作业人员的上岗、作业工种、机械设备的选择、相应防护设施设备的设置及休息模式提供合理建议，减少和避免由生理节律临界或低潮期的工作安排不当引发的伤亡和损失；开展作业人员日节律和季节节律的研究，科学合理地安排作业人员的日作息模式和阶段休息模式，尽量避免节律低潮期进行高负荷作业。

（朱守林）

森林作业人为失误 human error in forest operations

作业人员在采伐、集材、归装和运输等环节中，以及与这些活动相关的准备工作中产生的错误或误差，导致森林作业产生不良结果的行为。主要包含技术性失误、规范性失误、生理性失误和心理性失误。

技术性失误 在森林作业环境、季节和气候的复杂作用下，设计人员对森林作业机械设备的人机环境特性认识不足，对森林作业设施设备的设计、改造侧重于工作环节和环境适应性要求，没有意识到人类工效学强调的人的重要作用，导致森林作业设施设备的设计与作业人员的生理、心理以及操作习性存在差距所产生的失误。

规范性失误 一方面，森林作业各环节的安全生产规范制定不合理，可操作性差，从而产生的失误；另一方面，作业人员未严格执行合理的安全生产规范而产生的失误。

生理性失误 因森林作业工作环境恶劣、工作强度大、作业季节性强、时效性高等特点，导致作业人员频繁出现超负荷和违背人体生理特性而产生的失误。

心理性失误 人的心理状态是否稳定直接影响生理状态的外在表现。在高强度、长时程的工作环境下，森林作业人员难以长时间保持积极、乐观、细致、平和的心理状态，导致作业人员心理状态不稳定而引起的失误。

森林作业人为失误是导致森林作业安全事故发生的主要原因，而人为失误的主要根源在人。结合人类工效学的森林作业研究仍处于起步阶段，还不能有效避免人为失误的发生。森林作业安全研究今后要努力的一个主要方向是如何科学运用人类工效学原理来进行系统性的装备设计和生产加工，深入研究森林作业人为失误的引发机理和规避方法，以提高森林作业人身安全，保证森林作业活动的顺利完成。

参考文献

李鹏程, 王以群, 张力, 2006. 人误模式与原因因素分析[J]. 工业工程与管理(1): 94–99.

朱守林, 李文彬, 戚春华, 等, 2002. 森林采运作业个体伤害的工效学分析[J]. 中国个体防护装备(6): 13–16.

（朱守林）

森林作业手持终端 forest operation handheld terminal

为了提高森林作业效率，特定研发的集成交互式界面、多种传感器、移动通信模块和林业业务软件的智能型手持装置。

特点与作用

①多功能集成。该类手持终端集成了数据采集、精确定位、实时通信及高效信息处理等功能，为森林作业提供全方位支持。集成的传感器通常为摄像头、北斗/GPS定位模块、射频识别（RFID）读写模块、条码扫描模块、陀螺仪传感器、磁方向传感器等。集成的软件通常为定位与导航模块、林业执法模块、机器视觉识别模块、码单录入与查询模块、报表打印模块、实时在线通信模块、语音输入法等。

②便携与耐用。该装置设计为手持式，轻巧且适合户外使用，具有三防功效，耗电量低，可以更换电池，因此能够在复杂的森林环境中长期稳定工作，确保林业作业的连续性和高效性。

③全流程一体化操作。从现场数据采集，拍照取证，数据上传，云端信息处理，接收云端指令，现场输出报表或票证，实现全流程无缝衔接，无须人工把数据转到计算机处理，减少中间环节，显著提升工作效率。

森林作业手持终端通过其多功能集成、便携性和全流程一体化的特点，极大地提升林业作业的工作效率，促进信息共享与团队协作，推动林业行业的数字化转型进程。

用途 森林作业手持终端具体用途如下：①古树保护员可使用手持终端识别古树身份，阅读古树病历，了解量身订制的养护方法；②护林员可使用手持终端记录巡逻轨迹并上传云端，云端可分析巡逻盲区，及时调度人员分布，提高护林效能；③木材检尺员可使用森林作业手持终端录入车号和检尺数据，上传木材运输车辆的装载相片和码单相片至云端，实现供应链数据的共享，消除"信息孤岛"现象；④林业执法人员可使用手持终端下载车辆装载原始相片与真实运输情况进行比对，快速判断木材运输行为的合法性，及时发现伪造篡改码单和运输证的违法行为；⑤物流人员可使用手持终端将物流数据写入票证上的射频标签，提高纸质票证的防伪性能；⑥加工企业原料采购人员可使用手持终端阅读票证上的射频标签数据，溯源木材原料的合法性，阻止非法木材原料进入加工链；⑦林产品流通销售人员可使用手持终端阅读林产品说明书上的防伪标签，阅读供应链全过程日志及原料合法性的证明文书。

参考文献

张建龙, 2016. 2016中国林业信息化发展报告[M]. 北京: 中国林业出版社: 199.

（林宇洪）

砂石材料　sand and gravel material

砂粒和碎石的松散混合物。

砂石材料包括人工开采的岩石或轧制的碎石、天然砂砾石及各种性能稳定的工业冶金矿渣，可分为天然砂与人工砂。①天然砂是由自然风化、水流冲刷、堆积形成的，粒径小于4.75mm的岩石颗粒，按生存环境分为河砂、海砂、山砂等。②人工砂指经人为加工得到的符合规定要求的细集料，从广义上分为机制砂、矿渣砂和煅烧砂。机制砂，亦称破碎砂，是由碎石及砾石经制砂机反复破碎加工至粒径小于2.36mm的人工砂。砂石材料主要用作沥青混凝土、水泥混凝土及无机稳定混合料的集料，其中性能稳定的工业冶金矿渣如粒化高炉矿渣、粉煤灰等经加工后可作为水泥原料，也可作为水泥混凝土和沥青混合料中的掺和料使用。

从土质学的角度，砂石材料又可按粒径大小分为巨粒土、粗粒土、细粒土及特殊土，根据粒组大小又将巨粒土分为漂石和卵石，粗粒土分为砾类土和砂类土，细粒土分为粉粒土和黏粒土。①巨粒土有很高的强度和稳定性，用以填筑路基是良好的材料，亦可用于砌筑路基边坡。②粗粒土具有良好的透水性，毛细水上升高度小，具有较大的内摩擦系数，强度和水稳定性均好，是理想的路基填筑材料。③细粒土中细颗粒含量较大，土的内摩擦系数小而黏聚力大，透水性小而吸水能力强，其中粉性土在季节性冰冻地区容易造成冻胀、翻浆等病害。细粒土作为路基材料使用时，应采取技术措施改良土质并加强排水、隔水等措施。④特殊土因含有特殊结构的土（黄土）、有机质的土（腐殖土）及易溶盐的土（盐渍土）等，用于填筑路基时必须采取相应技术措施。

参考文献

李立寒, 孙大权, 朱兴一, 等, 2018. 道路工程材料[M]. 6版. 北京: 人民交通出版社.

中华人民共和国交通部, 2005. 公路工程集料试验规程: JTG E42 0303—2005[S]. 北京: 人民交通出版社.

中华人民共和国交通运输部, 2020. 公路土工试验规程: JTG 3430—2020[S]. 北京: 人民交通出版社.

（王国忠）

砂石路面　sand aggregate pavement

以当地砂砾、碎（砾）石和工业废渣为骨料，以黏土或石灰（包括灰土）为结合料，按一定配比铺筑碾压而成的路面。

适用范围　多用于交通量小、地质条件差、经济欠发达的农村公路，在路基不稳定地段也可以作为过渡性路面结构使用。优点是便于就地取材、投资小、施工简易、养护维修方便；缺点是晴天起尘、雨天泥泞、养护工程量大。

分类　按使用材料不同分为天然砂砾路面（图1）、级配碎（砾）石路面（图2）、泥结碎石路面、泥结灰碎石路面、水结碎石路面等，但不包括采用地方材料改善土的路面。①天然砂砾路面指用含土少、水稳定性好的天然砂砾铺筑而成的路面。②级配碎（砾）石路面指按密实级配原理选配的碎石集料，经拌和、摊铺、碾压而成的路面。按施工方法不同，有路拌法和集中厂拌法两种。③泥结碎石路面指碎石经碾压

图1　天然砂砾路面（赵曜　供图）

图2　级配碎石路面（赵曜　供图）

后灌泥浆，依靠碎石的嵌锁和黏土的粘结作用形成的路面。按施工方法不同，有灌浆法泥结碎石、拌和法泥结碎石和层铺法泥结碎石3种。④泥结灰碎石路面指以碎石为骨料，用一定数量的石灰和土作粘结填缝料，经压实修筑而成的路面。⑤水结碎石路面指碎石经洒水碾压，依靠碎石的嵌锁和石粉的粘结作用形成的路面。其中，泥结碎石路面和级配碎（砾）石路面为中级路面；天然砂砾路面为低级路面。

结构 自下而上为面层、磨耗层和保护层。面层是直接铺筑在路基上的较厚结构层，可直接行车也可作为单独的结构层，厚度一般为10～20cm。磨耗层铺筑在面层之上，厚度一般为1.5～2.0cm。保护层铺筑在磨耗层上，厚度一般为0.5～1.0cm。

施工工艺 主要包括备料、闷料、拌和、摊铺、碾压、铺筑磨耗层、铺筑保护层和养护等工序。

参考文献
方申, 2019. 《公路工程预算定额》释义手册[M]. 北京: 人民交通出版社.
缪长江, 2014. 农村工程公路工程[M]. 北京: 中国建筑工业出版社.

（赵曜）

山场归楞 decking up

将原木、原条堆成垛的作业。目的是充分利用场地面积，缓和上下工序的生产不均衡，便于木材管理和保存以及组织木材的装车运输。

分类 按使用动力分为人力归楞和机械归楞。①人力归楞。用肩抬的方式进行归楞作业。主要适用中小径材、材质较轻的木材或分散小楞场的木材归楞。②机械归楞。有拖拽式和提升式两种，两种归楞方式都可以与装车进行联合作业。适用于木材贮量大、木材径级较大、材质较重或集材作业集中的楞场归楞作业。

基本要求
①楞高。人力归楞以2～3m为宜，机械归楞可达5～8m。根据楞场材种、树种条件，可适当增加或降低楞高。
②楞间距离。在不影响工人通行的条件下以1～1.5m为宜。在楞场内每隔150m留出一条10m宽的防火带。
③楞头排列。需要与运材的要求紧密结合。在进行森林铁路运材时，楞头的排列顺序为"长材在前、短材在后，同长重在前、同短重在后"。汽车运材时楞头顺序与森林铁路运材相反。
④垫楞腿。每个楞底均需铺设楞腿，楞腿用木材的最小直径应在20cm以上。
⑤分级归楞。根据国家木材标准和各单位的生产要求来进行归楞。可按原木的树种、材种、规格与等级的不同进行归楞。

楞堆结构 结构类型的选择取决于作业方式、作业机械及对木材贮存的要求等。*楞堆*的类型有格楞、层楞和实楞。格楞是指横一层竖一层间隔进行木材堆积；层楞是木材逐层进行堆放；实楞是指木材纵向堆放。楞堆结构类型如图所示。

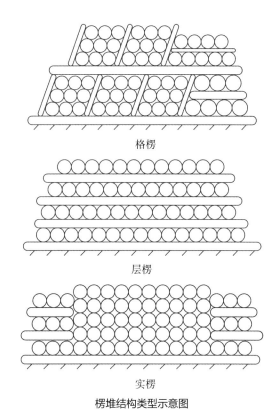

楞堆结构类型示意图

参考文献
东北林学院, 1984. 森林采伐学[M]. 北京: 中国林业出版社: 119-120.
史济彦, 1996. 森林采伐学[M]. 北京: 中国林业出版社: 160.
赵尘, 2018. 森林工程导论[M]. 北京: 中国林业出版社: 137-138.

（林文树）

山场接运 mountain transport

随着伐区向高山林地深入，伐区线路坡度变大，运材机械无法到达伐区楞场，需另用一种机械或设备把集出的木材转运到运材线起点的作业。是构成高山林区*森林采伐工艺流程*的特点之一。

山场接运的方式有索道接运、轮式拖拉机接运、水渠道接运、汽车接运和手扶拖拉机接运5种。

索道接运 在线路坡度较大，或山势陡峭、地形崎岖以及原木运材时，采用索道将集出的木材转运到运材线起点。是保持自然环境良好状态的一种最佳运材方式。适用于坡度大、地形复杂的线路和木材已经集中。当接运距离不超过1500m时，可采用双线交走式无动力索道；当接运距离超过1500m时，可采用双线循环式运材索道。优点是安装索道不需要展线和修建道路，索道接运费用低；缺点是设备安装工时多。

轮式拖拉机接运 在中国北方林区，采用集材-80型轮式拖拉机将集出的木材转运到运材线起点。适用于坡度大、地势平顺的线路，接运距离在15km以内。优点是运行速度快、拖载能力强、运材效率高。缺点是夏季采用集材-80型轮式拖拉机接运对林地表破坏性较大。

水渠道接运 用木、石、混凝土等材料，沿河床或近水处修成槽道,灌水于其中流送上段木材。适用于地势较平坦、蓄水多、工程量小、木材集中的地点。优点是接运费用低,环境友好。缺点是需有足够的需水量保证,接运中木材有损伤或损失。

汽车接运 采用运材汽车将集出的木材运到运材线的起点。适用于坡度较大、森林铁路运材线路无法到达的地点。优点是爬坡能力强、越野性能好。缺点是装运量小,运材成本高,燃料消耗大,环境污染严重。

手扶拖拉机接运 采用工农10型手扶拖拉机将集出的木材转运到运材线的起点。适用于坡度较小(5°~9°)、趟载量较低(1.5~2.5m³)的场合。优点是投资小,特别适合中、小材积的木材。缺点是运材效率低。

参考文献
史济彦, 1996. 森林采伐学[M]. 北京: 中国林业出版社.

(孟春)

山脊线 ridge line

公路沿分水岭方向所布设的路线。要求路线走向与山脊方向大体一致,顶部地形宽厚平缓。一般具有土石方工程小、水文和地质情况好、桥涵构造物较少等优点。缺点是:山脊线线位较高,一般远离居民点,不便于为沿线工农业生产服务;有时筑路材料及水源缺乏,增加施工困难;地势较高,空气稀薄,有云雾、积雪、结冰等对行车和养护不利因素等。在与其他路线方案做比较时应充分考虑这些缺点。山脊线通常仅限于在越岭线的局部过渡段选用。

山脊线布线原则:①分水岭的方向不能偏离路线总方向过远;②分水岭平面不能过于迂回曲折,纵面上各垭口间的高差不过于悬殊;③控制垭口间山坡的地质情况较好,地形不过于陡峻;④上下山脊的引线要有合适的地形可以利用,这是能否采用山脊线的主要条件之一,往往山脊本身条件很好,但上下引线条件差而不得不放弃。完全符合上述原则的分水岭不多,很长的山脊线比较少见,往往是作为沿溪线或山坡线的局部比较路线及越岭线的两侧路线的连接段而出现。

参考文献
许恒勤, 张泱, 2003. 林区道路工程[M]. 哈尔滨: 东北林业大学出版社.
许金良, 等, 2022. 道路勘测设计[M]. 5版. 北京: 人民交通出版社.

(王宏畅)

山坡线 hill-side line

在山坡半腰上布设的路线。又称山腰线。往往是山区公路越岭线和沿溪线的组成部分。路线力求山坡平缓,冲沟较少;展线时回头弯附近的山坡地表横坡不宜陡于20°;同一山坡上力求不设重复路线。一般条件下,所选向阳面山坡的日照通风条件较好,地表覆盖物较稀,地面坡度亦较平缓。在地质构造方面,注意使路线与岩层走向呈逆向坡或交角较大的横向坡,以利路基稳定。

参考文献
许恒勤, 张泱, 2003. 林区道路工程[M]. 哈尔滨: 东北林业大学出版社.
许金良, 等, 2022. 道路勘测设计[M]. 5版. 北京: 人民交通出版社.

(王宏畅)

山上楞场 upper landing

由集材变为运材以及为了缓和集材、运材两道工序的生产进度和变动而建立起来的场所。山上楞场在伐区内部。

作业工序 山上楞场的作业工序与木材集、运方式有关。当山上楞场与木材陆运相衔接,如果是原木或原条的集和运,场内主要作业工序有归楞和装车;如果前方是原条集材而后面需要进行原木运材,则首先需要进行造材,再进行选材、归楞和装车。当山上楞场与木材水运相衔接,场内主要作业工序为卸材、归楞和推河。

场地选择 山上楞场的作业时间一般较短,场地选择应靠近采伐区域,选择在到材比较集中以及集材距离短的位置,以便于木材的小集中;所选的场地平坦干燥,有足够的面积,并对场地稍加平整即可使用。

场地设备 一般采用机动灵活、方便转移的设备。山上楞场的设施或设备一般有架杆起重机、缆索起重机、装载机等。

参考文献
东北林学院, 1984. 森林采伐学[M]. 北京: 中国林业出版社: 100.
史济彦, 1996. 森林采伐学[M]. 北京: 中国林业出版社: 137.

(林文树)

伤害 damage

因昆虫、鸟兽的蛀蚀,或者人为烧伤、机械损伤等对树木或伐倒木造成的损害。又称伤疤。

类型 按照造成损害原因的不同,分为昆虫伤害、寄生植物引起的伤害、鸟眼、夹杂异物、烧伤、机械损伤和风折木。

昆虫伤害 昆虫蛀蚀木材而留下的沟槽和孔洞。

寄生植物引起的伤害 原木表层由于寄生植物的作用形成的凹陷或凸起。

鸟眼 因鸟类啄食树干内部的虫类而在原木表面形成的孔洞。

夹杂异物 木材内部侵入非木质的外界物体(石头、电线、钉子、金属碎片等)形成的局部隆起或呈现褶皱或孔洞等损伤。

烧伤 原木表层被火烧焦所造成的损伤。

机械损伤 在调查、采伐、运输、归楞、造材等过程中,原木因各种工具或机械造成的损伤。分为树皮剥落、刀伤、锯伤、磨损、抽心、锯口偏斜、采脂伤。①树皮剥落。原木表层的树皮脱落。②刀伤。刀斧等砍在树木表面所造成原木的局部损伤。③锯伤。原木因锯割不当造成的表面损伤。④磨损。原木因摩擦而造成的损伤。⑤抽心。树木伐倒或原条造材时，根干未锯透的部分产生抽拔使心材被抽出所造成的损伤，见图1。⑥锯口偏斜。原木截断面与轴心线不垂直而形成的偏斜。⑦采脂伤。树干由于采脂或割胶所造成的损伤。

图1 抽心

风折木 树木在生长过程中，受强风等气候因素影响，产生部分纤维折断后又继续生长而愈合的原木，见图2。因其外观类似竹节，故又称竹节木。

图2 风折木

识别与检量 伤害是一种木材缺陷，按照GB/T 155《原木缺陷》进行识别。除昆虫伤害（尺寸符合要求的）、风折查定个数外，其他各种伤害均检量其损伤径向深度，检量方法按照GB/T 144《原木检验》标准执行。

对材质的影响与评定

对材质影响 ①不同昆虫种类、虫害程度，对材质的影响不尽一致。②寄生植物引起的伤害损害木材美观，加工时增加废材量。③鸟眼不影响木材的物理、力学性质，表面的鸟眼在木材加工时可刨切掉，不影响木材外观，但增加废材量。④夹杂异物伴随有乱纹，破坏木材形状和外观完整性，产生的孔洞增加木腐菌侵入木材的机会。加工时增加废材量，且夹杂的异物易造成刀具的损坏。⑤烧伤破坏木材的完整性，降低木材质量，加工时增加废材量。⑥机械损伤破坏木材的完整性，降低木材质量，使木材难以按要求加工使用；视受伤部位及尺寸大小等而定，对木材力学强度有一定的影响，也损害木材的外观。⑦风折木因纤维局部有端裂，故对木材强度和利用有较大影响。

材质评定 伤害缺陷对原木产品材质的影响程度，按照GB/T 144《原木检验》标准进行。

参考文献

朱玉杰，董春芳，王景峰，2010. 原木商品检验学[M]. 哈尔滨：东北林业大学出版社.

（朱玉杰）

上锯口 backcut; felling cut

伐木时，在与下锯口相对一侧的树干基部锯出的使立木倒下的切口。又称上口、上楂。一般稍高于下锯口，或与下锯口的上缘齐平，且垂直于树干轴心。

上锯口的位置 上锯口的锯口应该是水平的，在完成下锯口之后进行。上锯口的下锯位置视下锯口的形状而定，矩形下锯口应和下锯口的上锯口相平齐，三角形下锯口应高出下锯口底面。上锯口过高会浪费根部木材，使根部出现阶梯形；上锯口过低则不利于树木安全倒下，树倒方向难以控制，树倒时容易发生后坐，即"溜墩"现象，危及伐木工人安全。上锯口低于下锯口，易发生树干劈裂、抽心（图1）。

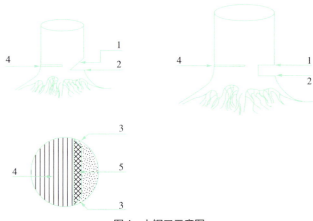

图1 上锯口示意图

1—下锯口上切面；2—下锯口下切面；3—挂耳；4—伐木上锯口；5—留弦

上锯口的锯法 锯上锯口的方法有多种，主要取决于伐木机械或工具、树木根径、树种、切身度、借向角、留弦形式及树根附近的地形地势等因素。其中，尤以根径为主。当使用手提式油锯伐木时，根据根径确定的伐木法是锯上锯口的基本方法。

油锯伐木锯上锯口的基本方法 油锯伐木锯上锯口的基本方法有扇面锯法和后退缓锯法两种。①扇面锯法。以插木齿支在树干的一个固定点上，锯导板做旋转锯切，锯截的断面呈扇形。适用于中、小径树木。②后退缓锯法。插木齿支在树干上的某一点，先进行一次扇面锯截，然后在不抽出锯导板的前提下，插木齿前后移动，继续同方向锯截，重复这样的动作，直至将树木伐倒。适用于大径树木。对于大径树木，这种上锯口的方法的锯截效率和锯截效果要比扇面锯法好（图2）。

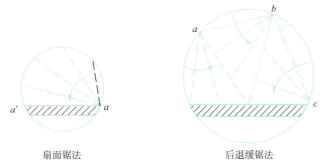

扇面锯法　　　　　　后退缓锯法

图2 油锯锯上锯口的基本锯法

a，a'，b，c. 油锯伐木支点

油锯伐木锯上锯口的特殊方法 除上述两种锯上锯口的基本方法外，一些特殊树木，如树腿歧生、倾斜度大、内部腐朽或空心、大径树木等，锯上锯口需要采取特殊的方

法，包括插入法、两侧法、穿心法、圆周冲锯法、三角法等。①插入法。适用于采伐树腿歧生或连根树。作业时将锯导板头部从下口一侧插入树干，转动导板头或锯身，切下一个扇面部分；然后抽出锯导板，第二次插入树干，切下第二个扇面，沿着同一个方向，重复这样的锯截，直至将树伐倒。②两侧法。适用于倾斜度大的树木。特点是不需锯下口，只要用斧砍一个小口，锯导板从小口的一侧开始锯截伐径断面的1/3，然后抽出锯导板，锯截断面另一侧，直至树倒为止。这种锯法能有效地防止边材劈裂现象。③穿心法。适用于倾斜度很大，并且容易劈裂的树。是在上口处先锯一浅口，将锯导板从树干侧面（与下口垂直的方向）中间部分插入，先往浅口方向锯截，直至和浅口相通；而后向下口方向锯截，直至树倒。④圆周冲锯法。适用于采伐胸径较大、内部腐朽或空心的树木，能避免边材劈裂现象的发生。操作方法是先将树干的边材纤维全部锯断，然后从下口的一侧插入锯导板头，按插入法锯截树干的内部直至将树伐倒。⑤三角法。应用于采伐大径树木，即锯导板的有效长度远小于伐根直径的状况。锯截是从外到内逐步伸入，每次锯截的断面形状类似三角形，故而得名。

参考文献

陈陆圻, 1991. 森林生态采运学[M]. 北京: 中国林业出版社: 218-219.

南京林业大学, 1994. 中国林业词典[M]. 上海: 上海科学技术出版社: 482.

史济彦, 肖生灵, 2001. 生态性采伐系统[M]. 哈尔滨: 东北林业大学出版社: 126-127.

粟云云, 1993. 山地森林采伐学[M]. 北京: 中国林业出版社: 59.

国家林业局森林资源管理司, 2007. 森林采伐作业规程: LY/T 1646—2005[S]. 北京: 中国林业出版社: 22.

扩展阅读

石明章, 等, 1997. 森林采运工艺的理论与实践[M]. 北京: 中国林业出版社.

王立海, 2001. 木材生产技术与管理[M]. 北京: 中国财政经济出版社.

（赵康）

设计车辆 design vehicle

道路几何设计所采用的代表车型。其外廓尺寸、载质量和动力性能是确定道路参数（如转弯半径、坡度等）的几何依据。设计车辆与汽车制造业密切相关。国家标准《汽车、挂车及汽车列车外廓尺寸、轴荷及质量限值》（GB 1589—2016）对汽车、挂车及汽车列车等不同车型的外廓尺寸（总长、总宽、总高、前悬长、轴距、后悬长）、轴荷及质量限值都做出了相应的规定。

设计车辆类型 汽车代表车型有小客车、中型车、大型车和铰接车（汽车列车）。林区公路设计采用的设计车辆有小客车、载重汽车、铰接列车、中型原条车和重型原条车。汽车代表车型分类与林区公路设计车辆外廓尺寸的相关规定见表1和表2。

表1 汽车代表车型分类表

汽车代表车型	说明
小客车	座位≤19座的客车和载质量≤2t的货车
中型车	座位>19座的客车和2t<载质量≤7t的货车
大型车	7t<载质量≤20t的货车
铰接车（汽车列车）	载质量>20t的货车

表2 林区公路设计车辆外廓尺寸表（m）

车辆类型	总长	总宽	总高	前悬长	轴距	后悬长
小客车	6.0	1.8	2.0	0.8	3.8	1.4
载重汽车	12.0	2.5	4.0	1.5	6.5	4.0
铰接列车	16.0	2.5	4.0	1.2	4.0+8.8	2.0
中型原条车	25.0	3.0	4.0	1.2	4.0+10.0	9.8
重型原条车	27.0	3.6	4.4	1.2	4.8+10.0	11.0

不同道路设计车辆的选择 从公路项目所承担的功能角度，干线公路和主要集散公路应能满足所有设计车辆的通行要求；次要集散公路应满足小客车、载重汽车和大型客车的通行要求；支线公路应满足小客车和大型客车的通行要求；有特殊通行要求的公路，其设计车辆可通过论证确定。

林区公路包括林区内部公路及林区与外部衔接的公路。林区内部公路应满足各类林业工程对交通运输的需求和其吸引的社会运输需求；林区与外部衔接的公路应满足当前及今后一段时期林区经营、管护活动的交通需求以及林区和周边社会经济发展的交通需求。林区公路设计采用的设计车辆应是以社会运输车辆和特殊运材车辆相结合的车型。

设计车辆选择的规定与要求 在道路项目设计中，主要根据道路功能及车辆组成情况，综合确定所用的设计车辆，并依据设计车辆的外廓尺寸、转弯行迹、综合性能等参数，进行道路路线与路线交叉的几何设计，使得道路主线、各类交叉与出入口等均满足对应设计车辆的正常通行条件。从道路投资与车辆行驶安全考虑，道路应能满足标准运营车辆（特种车辆除外）100%通行的需求条件。

展望 设计车辆与汽车工业的发展关系紧密。设计车辆的改变，会影响车辆的几何尺寸、车辆折算系数及轴载等参数，推动对设计标准、规范的修改与完善。2005年以来，中国汽车工业的发展呈现了与世界发达国家20世纪60年代以后的汽车工业发展相同的趋势，汽车载重量两极分化明显：一方面轻型汽车因机动灵活、使用方便，小客车与2t以下的轻载货车大量增多；另一方面为了降低成本，提高运输效率，大型化、拖车化车辆以及集装箱车辆大量增多。汽车数量猛增，小型高速汽车和重型车比重增大，对道路的发展提出了更高的要求。

参考文献

陈大伟, 李旭宏, 2014. 运输工程[M]. 北京: 人民交通出版社.

许恒勤, 张洪, 2003. 林区道路工程[M]. 哈尔滨: 东北林业大学出版社.

杨春风, 欧阳建湘, 韩宝睿, 2014. 道路勘测设计[M]. 2版. 北京: 人民交通出版社.

（刘远才）

设计荷重 design load

悬索设计计算时所选取的荷重。承载索设计计算的主要参数之一。一般包括木捆重、跑车重和附加在跑车上的钢丝绳重量，前两项需要考虑冲击系数。表达式如下：

$$P = (P_1 + P_2)(1 + G) + \frac{W_Q}{2}$$

式中：P 为设计荷重；P_1、P_2 分别为木捆重量和跑车重量；W_Q 为牵引索自重；G 为冲击系数，$G = 6S_0$，S_0 为无荷中央挠度系数。

全悬空集材时，若要使跑车能在自重作用下下滑，应保证设计荷重 $P \geq 10\text{kN}$。

参考文献

国家林业局, 2012. 森林工程 林业架空索道 设计规范: LY/T 1056—2012[S]. 北京: 中国标准出版社.

周新年, 周成军, 郑丽凤, 等, 2020. 工程索道[M]. 北京: 机械工业出版社: 196-197.

（郑丽凤）

设计洪峰流量 design flood peak discharge

在规定的设计频率下，一次洪水流量过程中最大的瞬时流量。即洪水过程线上最高点流量。洪水成因、流域面积、流域下垫面、湿润地区和干旱地区等因素不同，其相应洪水涨落过程也不同，都会使洪峰流量不同。对于小河，集水面积小，河槽汇流快，河网调蓄能力低，洪水陡涨陡落；而大河集水面积大，调蓄能力也大，流量过程历时长，涨落平缓。在林区森林作业中，设计洪峰流量是林区道路与桥梁及木材水运工程设施的一个重要设计指标。

洪峰流量可以是实测值，也可能是用水位—流量关系曲线的查算值或水文统计的推算值。当利用流量资料，采用水文统计法推算桥涵设计流量时，可按下述步骤进行：

①计算各实测洪峰流量的经验累积频率；

②在海森几率格纸上绘出经验频率点据或经验频率曲线；

③用适线法绘制理论频率曲线，并选定3个统计参数（偏差系数、平均数和离差系数）；

④统计参数，用选定的3个统计参数，计算设计洪水频率相应的设计流量。

参考文献

高冬光, 王亚玲, 2016. 桥涵水文[M]. 5版. 北京: 人民交通出版社.

黄廷林, 马学尼, 2014. 水文学[M]. 5版. 北京: 中国建筑工业出版社.

黄新, 金菊良, 李帆, 2017. 桥涵水文[M]. 2版. 北京: 人民交通出版社.

叶镇国, 2019. 水力学与桥涵水文[M]. 3版. 北京: 人民交通出版社.

（黄新）

设计洪水频率 design flood frequency

在工程设计时，为了合理选择设计流量而采用规定的某一洪水重现的概率。洪水频率为年频率，用几分之一或百分数表示。例如 1/100 或 1%，表示等于或大于该频率的洪水流量平均每100年出现一次。

《公路工程技术标准》（JTG B01—2014）规定永久性桥涵的设计洪水频率如下表。同时规定：二级公路的特大桥以及三、四级公路的大桥，在河床比降大、易于冲刷的情况下，宜提高一级洪水频率验算基础冲刷深度。沿河纵向高架桥和桥头引道的设计洪水频率应符合标准路基设计洪水频率的规定。多孔中小跨径的特大桥可采用大桥的设计洪水频率。

设计洪水频率

公路等级	特大桥	大桥	中桥	小桥	涵洞及小型排水构筑物
高速公路	1/300	1/100	1/100	1/100	1/100
一级公路	1/300	1/100	1/100	1/100	1/100
二级公路	1/100	1/100	1/100	1/50	1/50
三级公路	1/100	1/50	1/50	1/25	1/25
四级公路	1/100	1/50	1/50	1/25	不作规定

参考文献

高冬光, 王亚玲, 2016. 桥涵水文[M]. 5版. 北京: 人民交通出版社.

黄廷林, 马学尼, 2014. 水文学[M]. 5版. 北京: 中国建筑工业出版社.

黄新, 金菊良, 李帆, 2017. 桥涵水文[M]. 2版. 北京: 人民交通出版社.

叶镇国, 2019. 水力学与桥涵水文[M]. 3版. 北京: 人民交通出版社.

（黄新）

设计速度 design speed

确定道路设计指标并使其相互协调的设计基准速度。是道路几何线形设计的主要依据之一，与运行速度密切相关。当设计速度高时，运行速度常低于设计速度；当设计速度低时，运行速度常高于设计速度，设计速度越低，出现这种现象的概率越大。《林区公路设计规范》（LY/T 5005—2014）所规定的不同林区公路的设计速度见下表。

各级林区公路设计速度表

公路等级	一	二	三	四
设计速度（km/h）	60	40	30	20	15

各级道路的设计速度根据其功能与技术等级，结合地形、工程经济、预期的运行速度和沿线土地利用性质等因素综合论证确定。同等级道路的设计速度根据其交通功能、交通量、控制条件及工程建设性质等因素综合确定。对于一条较长的道路，常跨越不同的地带类型，连接不同运量的集散

点，因此，这样一条道路全线可能采用一个技术等级，也可能适当分段采用不同的技术等级和标准，其设计速度可能相同，也可能不同。当受环境条件严格限制时，经过论证可以采用超标设计，适当降低设计车速，但分段不宜过于频繁，路段长度不宜过短，同一路段设计速度与运行速度之差宜小于20km/h。同一条林区道路采用不同等级或不同的设计速度时，其路段长度一级公路不宜小于10km，二级公路不宜小于5km，三级、四级公路不宜小于3km。

为保证行车安全，不同设计速度的设计路段间必须设置过渡段，分界点前后的路线平面和纵面技术标准应由高到低或由低到高逐渐过渡，不应突变。设计速度变更点的位置，应选择在驾驶人员能够明显判断路况发生变化而需要改变行车速度的地点，如村镇、车站、交叉口或地形明显变化等处，并应设置相应的交通标志。

参考文献
许恒勤，张泱，2003. 林区道路工程[M]. 哈尔滨：东北林业大学出版社.
叶伟，王维，2019. 公路勘测技术[M]. 北京：机械工业出版社.

（刘远才）

摄动法理论　perturbation theory

悬索理论的一种。视悬索自重折合在 x 轴（即水平轴）上递增分布，且递增系数不为常数，是应用代数函数法对悬链线的近似计算。

摄动法是求解非线性微分方程的方法。悬索摄动法的三次解形式如下式

$$\eta = A\xi^4 + B\xi^3 + C\xi^2 + D\xi$$

式中：A、B、C、D 为系数；ξ、η 为将 x、y 坐标无量纲化，即 $\xi = \dfrac{x}{l_0}$，$\eta = \dfrac{y}{l_0}$；l_0 为跨距。

1981年，倪元增提出了摄动法理论，实质是对悬链线展开级数后的近似计算。随着计算机技术的发展，20世纪90年代起悬链线理论的研究和应用增多，摄动法理论淡出。

摄动法理论适用有荷中央挠度系数推荐值 S 为 0.05~0.08，极限值 $S \leq 0.20$。

参考文献
倪元增，1981. 索道的摄动法计算[J]. 林业科学(2): 202-208.
单圣涤，2000. 工程索道[M]. 北京：中国林业出版社：60.
周新年，蔡志伟，黄岩平，1986. 无荷悬索的实用计算精度探讨[J]. 林业科学(3): 270-279.
周新年，周成军，郑丽凤，等，2020. 工程索道[M]. 北京：机械工业出版社：39.
Buchanan G R, 1970. Two-dimensional cable analysis[J]. Journal of Structural Engineering Division, 96(7): 1581-1587.

（郑丽凤）

渗沟　seepage ditch

采用渗透方式将地下水汇集于沟内，并通过沟底通道将水排至指定地点的地下排水设施。作用是降低地下水位或拦截地下水，适用于地下水埋藏浅或无固定含水层的地层。有盲沟式、洞式和管式3种结构形式。

盲沟式渗沟　与简易盲沟相似，但构造更为完善，当地下水流量较大，要求埋置更深时，可在沟底设洞或管，前者称为渗洞，后者称为渗水隧洞。渗沟的位置与作用应视地下排水的需要而定，与简易盲沟相仿，但沟的尺寸更大，埋置更深，而且要进行水力计算确定尺寸。林区道路路基中，浅埋的渗沟2~3m，深埋时可达6m以上。

洞式渗沟　底部设洞或管，底部结构相当于顶部可以渗水的涵洞。洞式渗沟洞宽约20cm，高20~30cm；盖板用条石或混凝土预制板，板长约为2倍的洞宽，板厚不小于15cm，并预留渗水孔，以便渗入沟内的水汇集于洞内排出。洞身要求埋入不透水层内，如果地基软弱还应铺设砂石基础；洞身埋在透水层时，必要时在两侧和底部加设隔水层，以达到排水的目的；洞底设置不小于0.5%的纵坡，使集水通畅排出。

管式渗沟　用于排除流量更大或排水距离较长的地下水。渗沟底部埋设的管道一般为陶土或混凝土的预制管，管壁上半部留有渗水孔，渗水孔交错排列。管的内径由水力计算而定，一般为0.4~0.6m，管底设基座。对于冰冻地区，为防止冻结阻塞，除管道埋在冰冻线以下外，必要时采取保温措施，管径亦宜较大一些。

参考文献
国家林业局，2014. 林区公路设计规范：LY/T 5005—2014[S]. 北京：中国林业出版社.
黄晓明，2019. 路基路面工程[M]. 6版. 北京：人民交通出版社.
宇云飞，岳强，2012. 道路工程[M]. 北京：中国水利水电出版社.
中华人民共和国交通运输部，2012. 公路排水设计规范：JTG/T D33—2012[S]. 北京：人民交通出版社.

（郭根胜）

渗井　seepage well

立式地下排水设施。当地下存在多层含水层，其中影响路基的上部含水层较薄，排水量不大，且平式渗沟难以布置，采用立式（竖向）排水，设置渗井，穿过不透水层，将路基范围内的上层地下水引入更深的含水层中去，以降低上层的地下水位或全部予以排除。

渗井的平面布置以及孔径与渗水量按水力计算而定，一般为直径1.0~1.5m的圆柱形，亦可是边长为1.0~1.5m的方形。井深视地层构造情况而定，井内由中心向四周按层次分别填入由粗而细的砂石材料，粗料渗水，细料反滤。填充料要求筛分冲洗，施工时需用铁皮套筒分隔填入不同粒径的材料，层次分明，不得粗细材料混杂，以保证渗井达到预期排水效果。

鉴于渗井施工不易，单位渗水面积的造价高于渗沟，一般尽量少用。有时因土基含水率较大，严重影响路基、路面的强度，其他地下排水设备不易布置，其他技术措施如隔离层的造价较高，此时渗井可作为方式之一，设计时应进行分析比较，有条件地选用。

参考文献

国家林业局, 2014. 林区公路设计规范: LY/T 5005—2014[S]. 北京: 中国林业出版社.

黄晓明, 2019. 路基路面工程[M]. 6版. 北京: 人民交通出版社.

宇云飞, 岳强, 2012. 道路工程[M]. 北京: 中国水利水电出版社.

中华人民共和国交通运输部, 2012. 公路排水设计规范: JTG/T D33—2012[S]. 北京: 人民交通出版社.

（郭根胜）

升角 ascending angle of carriage

跑车的车轮与悬索接触点的切线与水平线之间的夹角。即行走轮在承载索上滚动所应克服的前置坡度。是确定牵引力（或下滑力）及索道选型的主要技术参数。与荷载大小成正比，与跨距成反比。表达式为

$$\tan\gamma = \tan\alpha \pm \frac{l_0 - 2x}{2H}\left(\frac{P}{l_0} + \frac{q}{\cos\alpha}\right)$$

式中：γ 为跑车升角；α 为弦倾角；l_0 为跨距；q 为承载索单位长度重力；P 为设计荷重；H 为有荷时的水平拉力；x 为跑车位置。

在多跨索道中，当计算牵引索在跑车运行中的最大拉力时，应选择索道弦倾角最大跨的跑车高支点处的升角进行分析，表达式为

$$\tan\gamma = \tan\alpha + \frac{l_0}{2H}\left(\frac{P}{l_0} + \frac{q}{\cos\alpha}\right)$$

当检查跑车能否靠自重下滑越过中间支架时，则应选择索道弦倾角最小跨的跑车低支点处的升角来研究，表达式为

$$\tan\gamma = \tan\alpha - \frac{l_0}{2H}\left(\frac{P}{l_0} + \frac{q}{\cos\alpha}\right)$$

参考文献

东北林学院, 1985. 林业索道[M]. 北京: 中国林业出版社: 141.

关承儒, 1983. 关于升角计算法的探讨[J]. 东北林学院学报(2): 99-112.

罗桂生, 2000. 索道升角计算的理论探讨[J]. 集美大学学报(自然科学版)(3): 22-25.

石耀邦, 1983. 缆索吊车计算中几个公式的应用问题[J]. 教学与科技(1): 6-17.

周新年, 周成军, 郑丽凤, 等, 2020. 工程索道[M]. 北京: 机械工业出版社: 201.

（郑丽凤）

生理负荷 physiological load

在林业生产中，单位时间内作业人员承受的体力活动工作量。生理负荷超过作业人员工作能力时，作业效率会明显下降，疲劳感增强。持续的超负荷工作将导致作业人员身体功能衰竭，诱发各种生理心理疾病。森林采伐是林业生产中劳动强度最大的工作，使用手提式机械进行伐木是森林作业中生理负荷最大的工作。中国主要使用油锯采伐，伐区作业人员的生理负荷主要包括伐木、打枝、造材时的送锯力，保持油锯工作和集运材的提举力等。

生理负荷从3个方面进行测定。①生理变化测定。主要通过吸氧量、肺通气量、心率、血压和肌电图等生理变量的变化来测定。能耗指标是评定作业负荷最重要的指标。②生化变化测定。人体持续活动伴随着体内多种生化物质含量的变化。在这类变化中，乳酸和糖原的含量是较重要的，是比较常用的测定项目。③主观感觉测定。测定生理负荷最方便的方法。作业人员根据工作中的主观体验对承受的负荷程度进行劳累程度评判。主观感觉测定具有较高的信度和效度。

减轻森林作业人员生理负荷的方法主要有调整工作时间、改进工作姿势和提高自动化水平等。

参考文献

石英, 2011. 人因工程学[M]. 北京: 清华大学出版社, 北京交通大学出版社: 99-101.

Pamela McCauley Bush, 2016. 工效学基本原理、应用及技术[M]. 陈善广, 周前祥, 柳忠起, 等译. 北京: 国防工业出版社: 214-218.

（杨铁滨）

生长伐 accretion cutting

调整近熟林的密度和树种组成，促进目标树或保留木径向生长的一种森林抚育采伐作业。生长伐的方法与疏伐相似，即在疏伐之后继续疏开林分，促进保留木直径生长，加速工艺成熟，缩短主伐年龄。

各地需要编制并依据本地不同立地条件的最优密度控制表或目标树最终保留密度（终伐密度）表进行生长伐作业。在没有最优密度控制表或目标树终伐密度表的地方，可根据以下3个条件之一进行生长伐作业：①立地条件良好、郁闭度0.8以上，进行林木分类或分级后，目标树、辅助树或Ⅰ级木、Ⅱ级木株数分布均匀的林分；②复层林上层郁闭度0.7以上，下层目的树种株数较多、且分布均匀的林分；③林木胸径连年生长量显著下降，枯死木、濒死木数量超过林木总数15%的林分。

生长伐后的林分应达到以下要求：①林分郁闭度不低于0.6；②在容易遭受风倒雪压危害的地段，或第一次生长伐时，郁闭度降低不超过0.2；③目标树数量，或Ⅰ级木、Ⅱ级木数量不减少；④林分平均胸径不低于采伐前胸径；⑤林木分布均匀，不造成林窗、林中空地等；⑥生长伐后保留株数不少于该森林类型、生长发育阶段、立地条件的最低保留数。

参考文献

翟明普, 沈国舫, 2016. 森林培育学[M]. 3版. 北京: 中国林业出版社: 262-263

中华人民共和国国家质量监督检验检疫总局, 中国国家标准化管理委员会, 2015. 森林抚育规程: GB/T 15781—2015[S]. 北京: 中国标准出版社: 1-7.

扩展阅读

沈国舫, 2001. 森林培育学[M]. 北京: 中国林业出版社.

叶镜中, 孙多, 1995. 森林经营学[M]. 北京: 中国林业出版社.

（赵康）

绳夹板　twine holder plate

一种固定承载索的索道附属装置。又称大夹头、大夹板。一般常用在承载索的张紧端，由上夹板、螺栓、耳板、滑轮和下夹板所组成。选用高强度、耐腐蚀、耐磨的材料制成，能承受承载索的拉力和冲击力，表面进行防腐、防锈处理。使用时要定期检查绳夹板的使用情况，发现夹板有变形、裂纹、锈蚀等情况，应及时更换；定期对绳夹板进行清洗、涂漆等维护措施，保证其使用寿命和安全性。

夹板的安装位置应固定、牢固，夹板与承载索的接触面应平整，两夹板中间有槽（直径略大于承载索直径）。承载索的张紧端被夹在上夹板和下夹板的中间槽内，通过10~20个螺栓拧紧将承载索夹住。拧紧绳夹板螺栓前，先清除承载索与绳夹板接触处的油垢，并使夹板螺栓朝上平置，绳夹板螺栓拧紧顺序见图，从中间向两侧按图上序号分2~3次拧紧螺帽，至钢丝绳直径压缩1/5，保持两夹板平行，安装完成后做标记，以便检查钢索在夹板内有无窜移现象。绳夹板上的滑轮与动复式滑车通过钢丝绳连接。

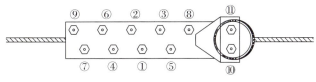

绳夹板螺栓拧紧顺序

（巫志龙）

湿存法　wet storage

将原木紧密堆成大楞，并经常喷水，使原木保持高含水率，以防受菌、虫侵蚀与开裂的一种木材保管方法。是针叶树原木的主要保管方法之一，耐腐蚀强的阔叶树原木也采用湿存法进行保管。对已经气干或被侵染菌害、虫蚀的针叶树材和易开裂、湿霉程度严重的阔叶树建筑原木，不应采用湿存法。

操作方法　①采伐或新出河的原木应立即归楞。②实行喷水浇淋，第一次喷淋时，应使最低层原木被水浸湿，每次喷淋10~15min，每天喷淋5~8次，连雨时可停止喷淋。③在原木端头涂保湿涂料，防止水分蒸发。

归楞方法　楞堆的结构分为实楞（图1）和平捆楞（图2）。楞堆的安全坡度、楞间距离等按LY/T 1371《原木规楞》的规定执行，楞高小于或等于2m，应采取固定措施防止滚楞，保证人身安全。

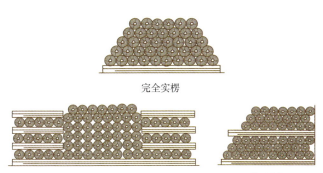

图1　实楞

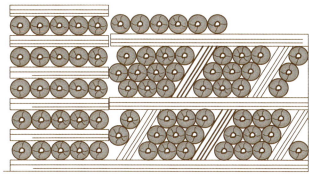

图2　平捆楞

参考文献

王忠行，范忠诚，1989. 木材商品学[M]. 哈尔滨：东北林业大学出版社.

（朱玉杰）

实地定线　field alignment

设计人员在实地现场确定道路中线位置的作业过程。采用实地定线确定的道路中线与地形、地物的相关位置一目了然，又能直接观察到实际的地质和水文条件，使得确定的路线位置更能符合实际情况。实地定线适用于标准较低或地形、地物简单的路线。

平原、微丘区实地定线工作步骤与纸上定线基本相同，不同之处是交点坐标或转角及交点间距需实测获得。山岭、重丘区实地定线条件有所不同，工作步骤相较平原、微丘区有所改变。以山区越岭线为例说明实地定线的工作步骤：

①分段安排路线。在选线布局阶段定下的主要控制点之间，沿拟定方向用手水准仪逐段粗略定出沿线应穿或应避的一系列中间控制点，拟定路线轮廓方案。

②放坡、定导向线。放坡是用手水准仪在现场定出坡度线。通过放坡定出坡度点的连线，相当于纸上定线的一次修正导向线，起到指引路线方向的作用。

③修正导向线。根据路基设计要求，在各坡度点的横断方向上选定最佳中线位置，插上标记，这些点的连线称修正导向线。相当于纸上定线的二次修正导向线。

④穿线交点。根据修正导向线确定平面线形直线的位置和长度，定出路线导线并考虑平纵组合问题。

⑤曲线插设。根据地形条件和技术标准，在各交点处设置圆曲线和缓和曲线的操作。

⑥设计纵断面。实地定线的纵坡设计，一般是在平面线形基本确定后进行。要求设计纵坡不仅满足工程经济和技术标准的规定，还应考虑与平纵面线形配合。

参考文献

杨永红，刘远才，2015. 道路勘测设计[M]. 北京：中国电力出版社.

（李强）

手工斧伐木 handmade axe felling

用手工斧伐倒树木的作业方式。最古老的伐木方法。

用于伐木的手工斧称伐木斧。其外形结构与生活用劈柴斧相同，推荐重量为 1.55～1.8kg，比劈柴斧轻，比打枝斧略重。

1949 年以前，伐较小的树用斧，伐较大的树用锯或斧锯并用。斧锯并用的方法有两种情况：一种是用斧砍下口和打楔子，用锯锯上口。另一种是利用锯锯下口和上口，用斧打楔子。自 20 世纪 70 年代后，中国森林采伐作业中广泛使用**链锯伐木**，手工斧主要用于林区生活。

作业技术见伐木。

参考文献

江泽慧, 2002. 中国林业工程[M]. 济南: 济南出版社: 31-33.

王立海, 2001. 木材生产技术与管理[M]. 北京: 中国财政经济出版社: 114-117.

（杨铁滨）

手工锯伐木 handsaw felling

用手工锯伐倒树木的作业方式。

手工锯的类型主要有弯把和大肚锯两种。①大肚锯。又称快马锯。于 1925 年由苏联传入中国。锯齿对称，为双向工作锯，双人操作，无空回行程。1949 年以前广泛应用于伐区作业。因双人操作不安全，已不再使用。②弯把锯。于 1949 年由日本进口，伐木效率比大肚锯提高 36%～40%，曾广泛应用于伐木作业。单人操作，携带使用方便，伐木能实现借向，有利于降低伐根高度，在陡坡上也能伐木。

自 20 世纪 70 年代后，中国森林采伐作业中广泛使用**链锯伐木**，手工锯伐木仅适合于径级比较小的人工林采伐或抚育采伐，以及城市绿化作业中。

作业技术见伐木。

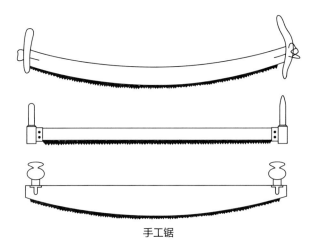

手工锯

参考文献

江泽慧, 2002. 中国林业工程[M]. 济南: 济南出版社: 31-33.

王立海, 2001. 木材生产技术与管理[M]. 北京: 中国财政经济出版社: 114-117.

（杨铁滨）

疏伐 thinning

在森林中壮龄林阶段进行的一种**抚育采伐**作业。在中壮龄林阶段，伐除林分中生长过密和生长不良的林木，进一步调整树种组成及林分密度，促进保留木的生长和培育良好干形。

根据树种特性、林分结构、经营目的等，疏伐方法一般分为 4 种。

下层疏伐法 砍除林冠下层的濒死木、被压木，以及个别处于林冠上层的弯曲、分叉等不良木的疏伐方法。用于同龄针叶纯林。获得的材种以小径材为主，上层林冠很少受到破坏，有利于保护林地和抵抗风倒危害。

上层疏伐法 以砍除上层林木为主，疏伐后形成上层稀疏的复层林的疏伐方法。适用于阔叶混交林、针阔混交林，尤其是复层混交林。在上层林木价值低、次要树种压抑主要树种时，可采用此方法。

实施上层疏伐时首先将林木分成 3 级：①优良木：树冠发育正常、干形优良、生长旺盛，为培育对象的林木；②有益木：有利于保土和促进优势木自然整枝的林木；③有害木：妨碍优良木生长的树木，如干形不良、分叉多节、树冠过于庞大、经济价值低的树木。

上层疏伐法技术比较复杂，抚育后能明显促进保留木的生长。由于林冠疏开程度高，特别在疏伐后的最初 1～2 年，易受风害。

综合疏伐法 综合了下层疏伐法和上层疏伐法的特点，既可从林冠上层选伐，也可从林冠下层选伐。混交林和纯林均可应用。

进行综合疏伐时，将林木划分成植生组，在每个植生组中再划分出优良木、有益木和有害木，然后采伐有害木，保留优良木和有益木，并用有益木控制郁闭度。

机械疏伐法 在人工林中，机械地隔行采伐或隔株采伐，或隔行又隔株采伐的方法。又称隔行隔株抚育法、几何抚育法。适合于种内竞争比较弱的人工林。

参考文献

翟明普, 沈国舫, 2016. 森林培育学[M]. 3 版. 北京: 中国林业出版社: 262-263.

中华人民共和国国家质量监督检验检疫总局, 中国国家标准化管理委员会, 2015. 森林抚育规程: GB/T 15781—2015[S]. 北京: 中国标准出版社: 1-7.

扩展阅读

沈国舫, 2001. 森林培育学[M]. 北京: 中国林业出版社.

叶镜中, 孙多, 1995. 森林经营学[M]. 北京: 中国林业出版社.

（赵康）

树木射频识别技术 radio frequency identification technology for trees

林业巡检工作人员通过射频读写器识别树木上的射频标签，获取编号识别树木身份，可进一步阅读该树木成长日志及保护措施的技术。实现了对树木的高效、准确识别与管理。已在林业巡检、古树名木保护以及珍贵树种防盗伐等多个方面得到广泛应用，显著提升了林业管理的精细化、智能化和信息化水平。

原理 射频识别（radio frequency identification，RFID）技术，利用电磁波的射频频段，通过电磁耦合或感应耦合的方式，结合多种调制与编码方案，实现读卡器与标签的交互通信，从而读取标签中编码的信息。RFID系统的工作原理在于RFID阅读器与RFID标签之间的非接触式无线电通信，以此来识别并读取标签中的编号信息，再发送给云端系统，完成相应的业务逻辑处理。在林业领域中，射频识别系统的典型结构包括以下几个部分：①RFID标签，又名射频标签、电子标签。用于标识具体目标，具备信息存储能力，可以接收读写器发出的电磁场调制信号，并根据读写器的指令进行响应。②RFID读写器，在只读模式下也被称为RFID阅读器、RFID询问器、RFID扫描器。专门用于从RFID标签中读取数据或向标签中写入数据的电子设备。③RFID终端，又名RFID上位机。通常是指计算机或配备嵌入式系统的手持机。作为RFID读写器的上位机，具备通信功能，接收RFID读写器读取到的RFID标签编号，存储数据后上传至云端。④RFID中间件，负责对RFID数据进行清洗、过滤、压缩和传输。起隔离硬件和软件的作用。由于硬件的寿命通常短于软件，中间件的使用可以有效避免在更换硬件后必须修改和重新编译软件的问题。⑤云端系统，云端部署了RFID应用系统，这些系统在接收到RFID数据后，会执行各项业务逻辑处理，并将数据处理结果发送回RFID终端。

分类 根据供电方式的不同，RFID技术可以分为有源和无源两种类型。

有源RFID技术 又称主动式RFID技术。作业电源完全由内部电池供给。受到内置电池寿命的影响，有源RFID标签生命周期短，约2～5年。优点是因为有持续的能量供应，所以拥有较大的工作距离（0～80m）和较大的存储容量（1～50kByte），运算能力也相对更强。在森林工程领域中，有源RFID技术多用于木材运输车辆的远距离识别。

无源RFID技术 又称被动式RFID技术。自身不带电池。当无源RFID标签靠近RFID读写器时，标签天线将接收到的读写器电磁波能量转化成电能，激活标签芯片，并以电磁波的形式发射标签编码。无源RFID技术优点是：①不带电池，RFID标签寿命长，生命周期可达10～60年。②体积小，无伤害树木的电池漏液现象，常用于活立木、木材和林产品的标识。在森林工程领域中，通常选用超高频（ultra high frequency，UHF）频段的无源RFID技术，工作距离小于20m，存储容量小于64Byte。

操作过程 为了在森林工程领域应用树木射频识别技术，首先需要提前在树木上安装RFID标签，如果RFID标签自身存储容量较大，可把树木的生长日志和保护措施等信息提前存入，日后供巡检人员直接读取。如果RFID标签容量较小，仅够存储一个编号，可把树木相关信息提前存入应用层的云端数据库，利用标签编号作为**数据库检索关键词**，查询到该树木的数据记录行，从云端下载树木信息后供巡检人员阅读。

应用 北京等城市把树木射频识别技术应用在古树名木的信息化管理，对每棵古树进行全生命周期的跟踪管理，便于实时查询全区古树的现状，并为管理部门提供制定古树养护计划的依据。首先对古树名木植入RFID钉子标签，采用不带电池的无源RFID技术，标签采用PVC、ABS塑料外壳，对树木无毒无害。工作人员在巡检时利用手持RFID读写器发出的能量激活树木标签，可识别古树编号、阅读古树病历、了解其量身订制的养护方法。

广西一些沉香种植园采用射频识别技术有效阻止沉香木的盗伐和走私。首先为每棵沉香树嵌入一个RFID标签，标签里面存储了沉香木的编号。在云端数据库存储了树木种类、位置、年龄、价值等信息。然后在树林外围设立RFID扫描器，组成电子围栏。被盗伐的沉香木在经过电子围栏时，木材内置的RFID标签被激活，发出携带编号的无线电波。RFID扫描器阅读到标签编号后，云端管理系统可显示被盗伐的沉香树数量、原种植位置和正在穿越的电子围栏的实时位置，系统发出声光报警，同时通知相关部门拦阻和追踪。

参考文献
林宇洪, 林敏敏, 胡连珍, 等, 2017. 基于AT89C2051的木材供应链手持机的设计[J]. 中南林业科技大学学报, 37(3): 98–103.

（林宇洪）

竖曲线 vertical curve

在线路纵断面上，以变坡点为**交点**，连接两相邻坡段的曲线。有凸形和凹形两种。路线设置竖曲线是保证行车安全、舒适以及视距的需要。

根据《林区公路设计规范》（LY/T 5005—2014），各级林区道路在纵坡变更处应设置竖曲线。采用时应不小于推荐最小半径，当受地形条件及其他特殊情况限制时方可采用极限最小半径。当外距小于5cm时，二、三、四级林区道路可不设置竖曲线。

当竖曲线与平曲线组合时，竖曲线宜包含在平曲线内。凸形竖曲线的顶部或凹形竖曲线的底部，应避免插入小半径平曲线或将这些顶点作为**反向曲线**的转向点。

参考文献
许恒勤, 张洪, 2003. 林区道路工程[M]. 哈尔滨: 东北林业大学出版社.

叶伟, 王维, 2019. 公路勘测设计[M]. 北京: 机械工业出版社.

（孙微微）

数据仓库系统 data warehouse system

拥有集成、稳定、面向特定主题的数据集合，并能够对海量数据进行快速和准确分析的决策支持系统。随着大数据技术的兴起，数据仓库系统得到了快速发展，成为现代企业和研究机构进行数据分析与决策支持的重要工具。

历史与发展 数据仓库系统，由美国比尔·恩门（Bill Inmon）于1990年提出，目的是通过数据仓库特有的资料储存架构，对长年累积的大量资料进行系统化的存储、整理与分析。采用的分析方法有联机分析处理（OLAP）、数据挖掘（data mining）等，进而支持决策支持系统（DSS）。该系统帮助决策者从海量资料库中分析出有价值的信息，以做出优秀决策，快速应对外界环境的动态变化。

知名的数据仓库系统有开源数据仓库Hadoop。该系统实现了分布式系统基础架构，用户可以在不了解分布式底层细节的情况下，开发分布式程序，充分利用集群的优势进行高速运算和存储。此外，其他知名的商业数据仓库还有如Oracle、DB2、Teradata等。

核心特点　数据仓库系统和其他数据存储系统的特点不同，主要体现在集成性、稳定性、面向主题和时间维度4个方面。

①集成性：数据仓库系统能够整合来自不同源的数据，包括关系型数据库、NoSQL数据库、平面文件等，形成一个统一的数据视图。

②稳定性：数据仓库系统与操作型数据库系统不同，数据仓库中的数据通常是定期更新的，而不是实时更新。这保证了数据仓库中数据的稳定性和一致性。

③面向主题：数据仓库围绕特定主题（如资源、环境、生产、销售、客户等）组织数据，以便于进行复杂的数据分析和查询。

④时间维度：数据仓库通常包含时间维度，允许用户分析数据随时间的变化趋势。

技术架构　典型的数据仓库系统包括数据源、数据处理、数据存储、应用服务等4个部分。

①数据源：即数据来源，数据仓库可以有多个数据源，而且数据可以有多种不同的数据结构，包括数据库类型（Oracle、DB2、SQL Server等）、文件类型（文本文件、Excel等），以及HTML、XML等格式。

②数据处理：包括数据提取、数据清洗、数据转换、数据加载等。其功能是把各种形式的数据提取出来，进行加工、转换、整理、验证，形成数据仓库的数据库结构和内部形式，并加载到数据仓库中。

③数据存储：整个数据仓库的核心，是提供数据存放和数据检索的地方，其中既有明细数据，又有汇总数据。

④应用服务：即数据仓库的数据应用，是数据仓库真正的价值体现，用户通过在线报表、即席查询、联机分析处理（OLAP）获取所需要的数据；而数据挖掘则是数据仓库系统的高级应用之一，运用一系列复杂的算法和技术手段，深入挖掘和分析存储在数据仓库中的海量数据。通过数据挖掘，可以揭示数据之间隐含的内在关系、规律或变化趋势，使得数据以更为直观的可视化效果呈现出来，释放出更大的应用价值。

应用场景　数据仓库系统广泛应用于农业、林业、制造业、金融业、医疗等多个行业。它们帮助决策者分析资源变化、环境演变、生产趋势、客户行为、市场风险等重要信息，从而做出更明智的商业决策。

数据仓库系统在林业生产中发挥着越来越重要的作用。通过集成和存储海量的林业数据，数据仓库为林业管理者提供了强大的决策支持，有助于实现林业资源的优化配置和高效利用。同时，借助数据挖掘和联机分析处理等高级应用，林业工作者能够深入挖掘数据价值，揭示林业生产中的内在规律和趋势，从而指导实践并提升林业生产的效益。

未来展望　随着云计算、大数据和人工智能技术的不断发展，数据仓库系统将继续演进，以支持更复杂的数据分析需求。未来，数据仓库系统将更加注重实时性、可扩展性和智能化，以满足企业和研究机构在数据驱动决策方面的不断增长的需求。

（景林）

数据分类　data classification

根据已知分类标签的训练数据对样本空间进行划分，进而判断新样本所属类别的过程。

在数据分类问题中，输入变量X可以是离散的也可以是连续的，输出变量是有限个离散值。从输入数据中学习一个分类模型或分类决策函数，称为分类器（classifier），分类器对新的输入进行输出的预测，称为分类（classification）。评价分类器性能的指标一般有分类准确率（accuracy）：对于给定的测试数据集，分类器正确分类的样本数与总样本数之比。对于二分类问题常用的评价指标是精确率（precision）与召回率（recall），以通常关注的类为正类，其他类为负类，分类器在测试数据集上的预测或正确或不正确，4种情况出现的总数分别记作：TP（将正类预测为正类的次数）、FN（将正类预测为负类的次数）、FP（将负类预测为正类的次数）、TN（将负类预测为负类的次数），据此精确率和召回率可表示为：

$$precision = \frac{TP}{TP+FP} \quad recall = \frac{TP}{TP+FN}$$

精确率也称为查准率，即在所有被预测为正类的样本中预测正确的样本所占比例；召回率也称为查全率，即真实标记为正类的样本中预测正确样本所占比例。一般情况下，精确率和召回率是一对矛盾的指标，F_1值是以上二者的调和平均数，是对上述两个指标的综合评价，即

$$F_1 = \frac{1}{precision} + \frac{1}{recall} = \frac{2TP}{2TP+FP+FN}$$

精确率和召回率都较高时，F_1值也会较高。

常用的数据分类方法包括线性判别分析、决策树、随机森林、神经网络、逻辑回归、支持向量机、贝叶斯分类器等。数据分类在森林工程中的主要应用有林地遥感数据分析、树种分类、木材（品质）分类、森林病虫害检测等。

参考文献
李航, 2013. 统计学习方法[M]. 北京: 清华大学出版社: 18.
周志华, 2016. 机器学习[M]. 北京: 清华大学出版社: 197.

（吴超）

数据聚类分析　data clustering analysis

一种非监督学习方法。利用样本间的距离（相似性），将数据集中的样本划分为若干个不相交的子集，每个子集称

为一个"簇"（cluster），同一个簇内的样本相似性较高，不同簇样本之间的相似性较低。主要步骤包括距离度量、聚类和评估，常用于对数据的探索性研究，是数据挖掘、统计分析中常用的一种方法。聚类既能作为一个单独的过程，用于找寻数据内在的分布结构，也可作为分类等其他学习任务的前驱过程。

距离度量 样本间距离的度量是聚类的一个重要部分，不同的度量方法可能产生不同的聚类结果。常见的距离度量方法包括：闵可夫斯基距离（Minkowski distance）、欧氏距离（Euclidean distance）、曼哈顿距离（Manhattan distance）、切比雪夫距离（Chebyshev distance）、幂距离（Power distance）、余弦相似度（Cosine similarity）、皮尔森相似度（Pearson similarity）、Jaccard相似度（Jaccard similarity）、汉明距离（Hamming distance）等。

聚类 聚类方法主要包括原型聚类、密度聚类和层次聚类。①原型聚类假设聚类结构能通过样本空间中一组具有代表性的点来刻画，是一类常用的聚类类型。代表性方法有k均值算法（k-means）、学习向量量化算法（LVQ）、高斯混合模型算法（GMM）等；②密度聚类假设聚类结构能通过样本分布的紧密程度确定，代表性方法如基于密度的空间聚类算法（DBSCAN）、基于密度分布函数的聚类算法（DENCLUE）、通过点排序识别聚类结构算法（OPTICS）等；③层次聚类试图在不同层次对数据集进行划分，从而形成树形的聚类结构，代表性方法如采用自底向上策略的凝聚层次聚类（AGNES）和采用自顶向下策略的分裂层次聚类（DIANA）等。

评估 聚类结果评估通常采用两类有效性指标（validity index），一类是将聚类结果与某个参考模型进行比较，称为外部指标（external index），如Jaccard系数（Jaccard coefficient）、FM指数（Fowlkes and Mallows index）、Rand指数（Rand index）等；另一类是直接考察聚类结果而不利用其他参考模型，称为内部指标（internal index），如DB指数（Davies-Bouldin index）、Dunn指数（Dunn index）等。

聚类分析方法在森林工程领域中的主要应用有林地图像分析、木材光谱数据分析、木材表面缺陷检测等。

参考文献
周志华, 2016. 机器学习[M]. 北京: 清华大学出版社: 197.

（吴超）

数据库检索　database retrieval

在**数据库软件**支持下，从用户特定的信息需求出发，给定检索条件，运用检索指令，从指定的数据库中查询并找出特定的信息集合的操作过程。在关系型数据库系统中，数据库检索又常被称为数据库查询。

在森林工程信息领域中常用的是关系型数据库。在关系型数据库中，具有水平及垂直方向的二维表格数据记录集称为"数据表"。在数据表中可以不断追加明细行，称为"数据行"。每一条数据行对应一笔业务记录，因此数据行也称为"记录"。数据表拥有多个列，称为"数据列"，每个列对应记录的一个属性，也称为"字段"。每条记录可以拥有多个属性即多个字段。"数据类型"用于描述字段存放数据信息的约束条件，常见数据类型有整型（int）、双精度浮点型（double）、定长字符串（char）、变长字符串（varchar）、大文本字符串（text）、日期时间型（datetime）等，每条记录的每个字段根据数据类型的约束条件存储不同的属性值。在工作中，时常需要查询满足特定属性值的记录集合，例如查询"闽H59277车号的货车在5月完成了哪些木材码单号的运输任务"，这类查询工作需要通过数据库检索来实现。

数据库检索指令能查询数据表中特定字段的特定属性值，获得用户需要的记录集。如果数据库已建立了和检索条件相匹配的索引，数据库检索指令执行速度较快，因为索引能够快速定位到符合条件的数据记录。若数据库中不存在匹配的索引，检索过程则通常采用全表扫描的方式，即对整个数据表进行逐行扫描以寻找匹配记录，这种方式会消耗较长的时间。

在林业工作中，林业基础数据表通常包含海量的记录集。若对这些未建立索引的大规模数据表进行频繁查询时，检索效率低，耗时长。可预先为这些数据表创建临时索引，能显著提升数据检索速度，从而满足林业领域对于大量基础数据的高效查询与处理需要。

（景林）

数据库软件　database software

用于数据库统一管理和控制的软件系统。又名数据库管理系统（DBMS）软件。具有数据库信息存储、检索、修改、共享、备份、恢复和保护的管理功能。接收与完成用户对数据中内容的存取和请求，即检索、插入、更新与删除等，是数据库体系的核心部分。

在森林工程信息领域中常用的是关系型数据库，如Access、Sybase、Microsoft SQL Server、ORACLE、MySQL、FoxPro等。在管理制度上，普通工作人员不能直接接触数据库，只有经特许的而且具有较高数据处理能力的数据库管理员才能直接接触数据库，从而保证数据库的信息完整、安全。为了便于普通工作人员利用数据库技术办理生产业务，通过高级编程语言开发数据库软件，实现对数据库的各项管理功能。森林工程领域的数据库软件可提供如下功能：

①数据存储。在数据库存储大量森林信息数据，包括表、列、字段、属性、值等。例如，除了存储林权证号、采伐证号等字符类信息，也能存储动植物的相片、视频及声音。

②数据查询。根据关键词或数据范围，实现数据库查询功能，可根据用户需求快速定位相关数据，并进行森林信息数据统计和分析。例如，可查询每块森林小班所匹配的林权证号、采伐证号、病虫害日志，便于对森林实现精准管理。

③数据处理。可完成数据分组、排序索引、计算分析、生成统计图表等数据操作，数据处理结果可以导出、存储或转换为其他格式。例如，数据处理可以应用于每个月底对当月生产数据的汇总与计算，进而生成当月采伐进度表。

④数据安全。采用多种安全措施，如数据加密、权限控制、身份验证等，控制数据库的读和写，防止数据泄露，抵抗恶意数据攻击。例如，增设用户名称、登录密码以及读写权限，从而提升数据库管理的安全性，对林业资源数据等重要信息实施安全管理。

⑤数据共享。可以将部分数据共享给其他应用程序或其他用户，避免形成信息孤岛，以提高数据利用价值。例如，省、市、县各级林业局共享同一套基础数据，可以节省数据存储空间，提高统计效率。林业局林政股、林业站、森林公安、林业执法大队、道路木材检查站等林业机构共享采伐与运输生产数据，可消除信息孤岛，消除"多头执法"的现象。

⑥数据可视化。可以将数据可视化为表格及柱状图、折线图等图形化方式，帮助用户更直观地理解数据，从而进行趋势分析和未来预测。例如，可以利用历史数据预测未来年份的木材蓄积量，并通过绘制直观的折线趋势图，使得非林业专业人员也能容易阅读和理解相关数据。

⑦数据挖掘。可以根据用户需求，采用聚类分析、机器学习、神经网络等技术进行数据挖掘，揭示隐藏在数据下的逻辑和规律。例如，可通过气象因子、人类活动因子、山地地形地貌数据挖掘预测森林火灾的发生概率，并推演火情的变化趋势。

⑧系统管理。可以监控数据库的运行状态，完成数据库配置、日志记录、性能监控、数据备份、数据恢复等任务，以便及时发现和解决各类数据库问题，保护数据的安全性和完整性。例如，定期对林业数据进行备份，可以在系统故障或数据意外丢失的情况下，利用备份数据迅速进行数据恢复，从而确保森林工程信息系统的持续稳定运行，有效提升整个系统可靠性和数据安全性。

在林业生产中，数据库软件发挥着至关重要的作用。它不仅能够实现海量森林信息数据的高效存储和管理，还能提供快速的数据查询、处理和分析功能，极大地提升了林业工作的效率和精准度。通过数据库软件，林业工作者可以快速地进行数据统计、可视化展示数据和数据挖掘，揭示隐藏在数据背后的逻辑和规律，为林业决策提供科学依据。同时，数据库软件还具备强大的数据安全性和系统管理功能，能够确保林业数据的安全性和完整性，为林业生产的稳定运行提供有力保障。

（景林）

数据库索引 database index

数据库软件根据数据库中表的某一列或若干列（索引关键字）按照一定顺序建立列值与记录行之间的对应关系表（索引表）的一种操作。每个索引记录包括索引键值和指向物理记录的指针。

创建索引就是创建一个由指向数据表记录的指针构成的文件，这些指针逻辑上按照索引关键字值的顺序排列为记录的逻辑顺序。索引文件和数据表分别存储，索引文件不改变数据表中记录的物理顺序。

在数据库中建立索引类似于在书籍中设置目录。书籍目录能帮助读者迅速地找到所需要的信息，而不必完整阅读本书。数据库建立索引后，数据库软件能迅速地找到数据表中的关键数据，而不必扫描整个数据库。

数据库索引的优点是加快数据库的检索速度，提高分组统计的效率，减少大数据集的排序耗时。数据库索引的缺点是降低数据库插入、修改、删除等维护工作的操作速度，因为数据表中的数据改变同时也要维护更新索引文件。

在林业生产中，数据库索引发挥着重要的作用。通过为数据表中的关键列创建索引，可以显著提高数据库检索速度，使得林业工作者能够迅速获取所需数据，提高工作效率。同时，索引还有助于提升分组统计和排序操作的效率，为林业数据的分析和决策提供有力支持。

（景林）

数据模型 data model

描述数据、数据联系、数据语义以及一致性约束的概念工具的一个集合。是数据库系统的核心和基础。数据模型应满足下列3个要求：①能比较真实地模拟现实世界；②容易为人所理解；③便于在计算机上实现。

组成要素 数据模型通常由数据结构、数据操作和数据的完整性约束条件三部分组成。①数据结构是指储存在数据库中对象类型的集合，以描述数据库组成对象以及对象之间的联系；②数据操作是指对数据库中各种对象实例允许执行的操作的集合，包括操作及其相关的操作规则；③数据完整性约束条件是指在给定的数据模型中，数据及其联系所遵守的一组通用的完整性规则，它能保证数据的正确性和一致性。

类型 数据模型根据应用的目的不同，分为两大类。一类是面向应用的，按用户的观点来对数据和信息建模，主要用于数据库设计，称为概念模型，又称信息模型。另一类是面向数据库管理系统的，是按计算机系统的观点对数据建模，主要用于数据库的实现。其中的逻辑模型用以刻画实体在数据库中的逻辑表示，包括**层次模型、网状模型、关系模型、面向对象模型**等。

发展历程 数据模型是数据特征的抽象，是研究、应用与学习数据库技术的基础内容与基本手段，是数据库技术的核心，是最能表现出数据库技术特色的内容之一。随着数据库技术自身的发展，数据模型也经历相应的发展演变过程。传统的层次、网状与关系模型已发展了多年，取得了很好的理论研究成果与数据库产品，特别是关系模型长期以来成为整个数据模型领域的重要支撑，是现代管理信息系统数据存储处理的关键所在。随着数据库应用领域的进一步拓展与深入，对象数据、空间数据、图像与图形数据、声音数据、关联文本数据及海量仓库数据等出现，传统数据库在建模、语义处理、灵活度等方面都难以适应。为满足发展需要，数据模型已向多样化发展。

参考文献

王珊, 杜小勇, 2023. 数据库系统概论[M]. 6版. 北京: 高等教育出版社.

王珊, 张俊, 2018. 数据库系统概论(第5版)习题解析与实验指导[M]. 北京: 高等教育出版社.

Abraham Silberschatz, 杨冬青, 2013. 数据库系统概念(原书第6版)[M]. 北京: 机械工业出版社.

Codd E F, 1970. A relational model of data for large shared data banks[J]. Communications of the ACM, 13(6): 377−387.

（林森）

数字近景摄影测量单木监测技术　single-wood digital close-range photogrammetric monitoring technology

利用高分辨率的数字相机近距离拍摄单株树木，通过软件分析图片获取树木生长数据的技术。

主要用于精确测量树木的各种生长指标，如树高、胸径、枝叶分布等。通过结合摄影测量学原理和计算机视觉技术，可以自动化地处理和分析图像数据，从而快速、准确地监测和评估单木的生长状况和健康程度。

核心优势在于其非接触性质和高效性，使得林业研究者和管理者可以在不干扰树木自然生长的情况下，定期收集生长数据，实现对林分健康和生产力的持续监控。尤其适用于难以直接接触或大面积监测的林木管理场景。

一般操作流程为：利用定焦处理后的数码相机，通过正直摄影获取单木的立体像对，通过相机的内外方位元素构建坐标系，利用空间共线方程或点投影系数法对立体像对上同名点的像方坐标进行内业解算，求解同名点的物方坐标，基于树干上各点的坐标结果可进一步完成包括胸径、树高、冠幅、材积在内的单木调查因子的精准测量。

参考文献

樊仲谋, 2015. 摄影测树原理与技术方法研究[D]. 北京: 北京林业大学.

练一宁, 2019. 地面近景摄影获取测树因子方法研究[D]. 北京: 北京林业大学.

唐雪海, 王田磊, 袁进军, 等, 2010. 数字近景摄影测量辅助三维激光扫描用于森林固定样地测树原理探讨[J]. 安徽农业科学, 38(12): 6095−6097.

（樊仲谋）

数字森林工程　digital forest engineering

在森林工程领域中实现全面的数字化、标准化、网络化、可视化的信息工程。又名数字林业工程。是数字林业体系的重要组成部分。

数字森林工程核心任务是利用数字化手段来满足森林可持续经营的需求。具体研究如何综合运用3S技术、计算机技术、网络技术、通信技术、可视化技术、虚拟现实技术、增强现实技术及人工智能技术等现代高科技手段，实现森林工程管理、预测、分析、决策、评价流程的数字化、标准化。

数字森林工程的建设内容广泛，涵盖林业系统局域网、数字林业虚拟专网和数据中心的建设，同时构建统一的林业信息共享与服务平台，以促进林业各部门间的信息流通；负责制定数字林业的信息标准与规范，并建立森林资源与生态信息的共享型基础数据库。在业务层面，已开发如林业信息共享与集成系统、林业系统视频会议系统、森林防火综合管理信息系统等相关业务系统。除了上述基础建设，数字森林工程的实施还推动了森工企业运营、林政管理实施、森林公安执法以及林产品销售的信息化进程。

按应用场景分类，数字森林工程的应用范围包括森工企业信息化、林政管理信息化、森林公安信息化、林产品销售信息化等。借助各种信息化技术，数字森林工程提升了森工企业生产管理的效率，为林政部门实现更为精细的森林资源管理提供了支持，辅助森林公安机关进行智能化巡逻和高效执法。同时，数字森林工程加强了林产品供应链的全链条管理、林产品物流和仓储的精细化管理，促进了林产品销售的数字化转型，这得益于林产品电子商务平台、林产品物流信息平台的建设。

通过数字森林工程的广泛建设内容和业务应用开发，促进了林业部门间的信息交流，推动了森工企业、林政管理、林业执法等多个领域的全面信息化，提升了森林工程管理的效率和精准度。

参考文献

李世东, 2007. 中国林业电子政务[M]. 北京: 中国林业出版社: 7−8.

张旭, 2012. 数字林业平台技术基础[M]. 北京: 中国林业出版社: 2−6.

（林宇洪）

水存法　water storage

将原木放置于河道、湖泊、贮水池中，以防止菌、虫危害和开裂的一种木材保管方法。湿霉程度大的和具有强烈开裂性的阔叶树原木，不宜采用水存法。

操作方法　①楞堆或木排应在人工调控的水池中保存。②用不去皮的低等原木压在保管的原木上面，使原木沉入水中，完全沉入水中的原木带皮或去皮均可。③水面以上原木的保管，应紧密堆垛并浇水，并按湿存法进行保管。

归楞方法　楞堆的结构分为混合楞（图1）和多层木排楞（图2）。

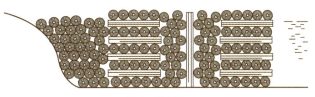

图1　混合楞

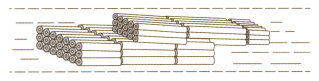

图2　多层木排楞

参考文献

王忠行, 范忠诚, 1989. 木材商品学[M]. 哈尔滨: 东北林业大学出版社.

(朱玉杰)

水泥混凝土   cement concrete

由水泥、水与粗、细集料按适当比例进行掺配的人造石材。必要时掺加适量外加剂、掺和料或其他改性材料, 经搅拌、成型、养护后得到。具有一定强度和耐久性。水泥混凝土的品种较多, 其性能和应用也各有不同。主要种类包括**普通水泥混凝土、钢筋水泥混凝土、预应力水泥混凝土**等。

1980年及1983年, 中国考古工作者在甘肃秦安县大地湾发现了两块距今约5000年的混凝土地坪。公元前273年, 古罗马开始应用混凝土建造堤坝、水库、港口、水渠等。1824年, 波特兰水泥的出现, 使混凝土应用有了飞跃性发展。18世纪中叶, 为了使混凝土构件更加强劲, 曾试验在其中加入木材、编织物和铁件等。1850年, 法国 J. L. 朗波 (J. L. Lambot) 发明了钢筋加强混凝土。1867年, 格特勒·莫尼尔 (Cartner Monier) 申请了钢筋加强混凝土料罐的专利; 1881年, 申请了在建筑构件上应用的专利。1913年, 为解决混凝土自重大的缺点, 美国首先发明了用回转窑烧制页岩陶粒轻集料。1926年, 丹麦雅各布森 (Jacobsen) 发明了多孔混凝土, 建造费用比普通混凝土减少50%。1928年, 法国 E. 弗雷西内 (E. Freyssinet) 发明了预应力钢筋混凝土施工工艺, 进一步提高了钢筋混凝土的抗拉强度与抗裂性, 被誉为混凝土发展史上的第三次飞跃。20世纪50年代, 欧洲和日本开始使用预拌混凝土 (又称商品混凝土)。20世纪50年代, 中国在一些大中型工程建设中, 建立了混凝土集中搅拌站; 1980年以后, 商品混凝土得到快速发展。1927年, 德国弗利茨·海尔 (Fritz Hell) 设计制造并成功应用的混凝土泵, 推动了泵送混凝土技术的发展。20世纪60年代初, 钢纤维混凝土在工程实践中开始得以应用。20世纪60年代以来, 广泛应用减水剂, 并出现了高效减水剂和相应的流态混凝土; 高分子材料进入混凝土材料领域后出现了聚合物混凝土。20世纪90年代以来, 高性能混凝土、绿色高性能混凝土、再生骨料混凝土、环保型混凝土和机敏混凝土等成了研究热点。

参考文献

李显宇, 2007. 水泥混凝土的发展简史[J]. 国外建材科技, 28(5): 7-10.

申爱琴, 郭寅川, 2019. 水泥与水泥混凝土[M]. 北京: 人民交通出版社.

中华人民共和国交通运输部, 2019. 公路水泥混凝土路面施工技术规范: JTG F30—2019[S]. 北京: 人民交通出版社.

(王国忠)

水泥混凝土路面   cement concrete pavement

以水泥混凝土作面层的路面。简称混凝土路面, 亦称刚性路面, 俗称白色路面。具有强度高、稳定性好、耐久性好、夜间行车有利等优点, 但也有水泥用量大、接缝多、开放交通迟和修复困难等缺点。

结构 由面层、基层、底基层和垫层组合而成的层状结构。①面层位于路面结构最顶层, 直接承受行车作用和自然因素影响, 采用设接缝的混凝土面板, 表面刻槽、压槽、拉槽或拉毛。面板的纵向接缝与横向接缝应垂直相交, 按情况采用企口缝、假缝、胀缝和平缝等构造型式。纵向接缝的布设视路面总宽度、行车道及硬路肩宽度以及施工铺筑宽度而定; 横向接缝应选在缩缝或胀缝处。面板厚度通常按轮载产生的最大弯拉应力小于混凝土的弯曲疲劳强度确定。②基层设于面层之下, 主要承受由面层传递的交通荷载, 应具有足够的强度、抗冲刷能力和适当的刚度, 并将其传至底基层、垫层或土基; 承受极重、特重或重交通的路面, 基层下设置底基层。③底基层承受由基层传递的交通荷载, 并将其传至垫层或土基, 承受中等或轻交通荷载时可不设。④垫层设于基层或底基层之下, 主要起防冻、排水等作用。

分类 按构造形式和施工方式分为素混凝土路面、钢筋混凝土路面、钢纤维混凝土路面和装配式混凝土路面。①素混凝土路面。亦称普通混凝土路面。用素混凝土或仅在路面板边缘或角隅配以少量钢筋, 就地浇筑的混凝土路面。相对其他水泥混凝土路面, 造价较低, 施工方便, 应用广泛。②钢筋混凝土路面。面层内配置纵、横向连续钢筋和横向钢筋, 横向布设缩缝的水泥混凝土路面。具有行车舒适性好、承载能力高、使用寿命长、维修费用少等显著优点。③钢纤维混凝土路面。在混凝土面层中掺入钢纤维的混凝土路面。抗拉强度、抗压强度、抗疲劳和抗开裂性能均较素混凝土路面好。④装配式混凝土路面。在工厂中把混凝土预制成板, 运至工地现场铺装的混凝土路面。可全年生产, 质量有保证, 铺装进度快, 铺完即可通车, 损坏后易于拆换修理。

原料与工艺 水泥混凝土路面的面层、基层、底基层和垫层各结构层所用的原材料主要有水泥、集料、水、掺合料、外加剂、钢筋、纤维、接缝材料、夹层与封层材料、养

水泥混凝土路面 (赵曜 供图)

生材料等。水泥混凝土路面施工工艺分为施工准备、水泥混凝土路面施工和质量检验3个阶段。

参考文献

中交公路规划设计院有限公司, 2011. 公路水泥混凝土路面设计规范: JTG D40—2011 [S]. 北京: 人民交通出版社.

(赵曜)

水泥混凝土路面结构 cement concrete pavement structure

水泥混凝土路面层次的构成。自上而下由面层、基层、底基层和垫层组合而成。

面层 位于路面结构最顶层，直接承受行车作用和自然因素影响，采用设接缝的混凝土面板，表面刻槽、压槽、拉槽或拉毛。

面板的平面布局多采用矩形分块，宽度通常为车道宽度，长度和宽度则视温度应力大小和配筋情况而定。面板的纵向接缝和横向接缝应垂直相交，纵缝两侧的横缝不得相互错位，按情况采用企口缝、假缝、胀缝和平缝等构造型式。纵向接缝的布设视路面总宽度、行车道及硬路肩宽度以及施工铺筑宽度而定；间距（即板宽）为3.0～4.5m，采用设拉杆平缝形式，槽内灌塞填缝料。一次铺筑宽度大于4.5m时，设纵向缩缝（图1）。横向接缝的间距（即板长）可根据面层类型和厚度选择为4～15m，应选在缩缝或胀缝处。每日施工结束或因临时原因中断施工时，设横向施工缝（图2）。设在缩缝处的施工缝（图3），采用加传力杆的平缝形式；设在胀缝处的施工缝，其构造与胀缝相同。临近桥梁或其他固定构造物处，或者与其他道路相交处，设置横向胀缝（图4）。面板厚度通常按轮载产生的最大弯拉应力小于混凝土的弯曲疲劳强度确定。

基层 设于面层之下，主要承受由面层传递的交通荷载，并将其传至底基层、垫层或土基；按交通荷载等级的不同，可选用贫混凝土、碾压混凝土、水泥（石灰、粉煤灰）稳定级配碎石（砾石、土）、沥青混凝土、密级配沥青稳定碎石、级配碎石等。基层应具有足够的强度、抗冲刷能力和适当的刚度。承受极重、特重或重交通的路面，基层下设置底基层。

底基层 设于基层之下，承受由基层传递的交通荷载，并将其传至垫层或土基；按交通荷载等级的不同，可选用级配碎石、水泥稳定（级配碎石、砂砾）、石灰（粉煤灰）稳

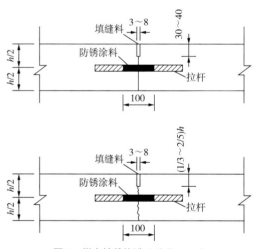

图1　纵向接缝构造（单位：mm）

[引自《公路水泥混凝土路面设计规范》（JTG D40—2011）]

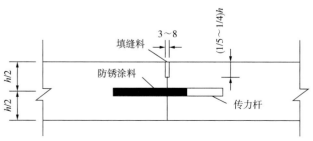

图2　横向施工缝构造（单位：mm）

[引自《公路水泥混凝土路面设计规范》（JTG D40—2011）]

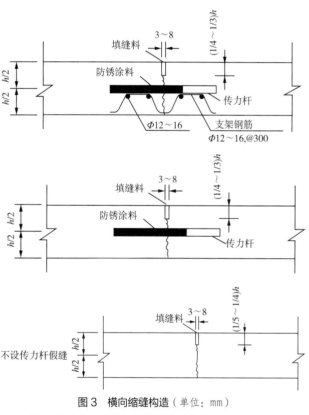

图3　横向缩缝构造（单位：mm）

[引自《公路水泥混凝土路面设计规范》（JTG D40—2011）]

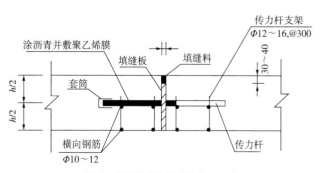

图4　横向胀缝构造（单位：mm）

[引自《公路水泥混凝土路面设计规范》（JTG D40—2011）]

定（级配碎石、砂砾）、未筛分碎石、砂砾、水泥稳定土等。承受中等或轻交通荷载时可不设。

垫层 设于基层或底基层之下，主要起防冻、排水等作用。在季节性冰冻地区、路面结构厚度小于最小防冻层厚度要求的，水文地质条件不良的土质路堑、路床土湿度较大的，应设垫层。宜采用碎石、砂砾等颗粒材料。

参考文献
黄晓明, 2019. 路基路面工程[M]. 6版. 北京: 人民交通出版社.
滕旭秋, 2012. 路面工程[M]. 成都: 西南交通大学出版社.
中华人民共和国交通运输部, 2011. 公路水泥混凝土路面设计规范: JTG D40—2011 [S]. 北京: 人民交通出版社.

（赵曜）

水泥混凝土路面施工工艺 construction technology for cement concrete pavement

道路工程中，按水泥混凝土路面设计要求铺筑**水泥混凝土路面**的技术。分为施工准备、水泥混凝土路面施工和质量检验。

施工准备 在水泥混凝土路面施工前进行的准备工作，包括施工机械选择、施工组织、拌和站设置、材料与机具准备、原材料检验、混凝土配合比设计、路基沉降观测与基层检查修复、夹层与封层施工、试验路段铺筑、测量放样等。

水泥混凝土路面施工 工作内容一般包括：①模板的制作与安装；②混合料的制备与运输；③混凝土摊铺；④混凝土振捣；⑤混凝土接缝构筑；⑥混凝土路面表面整修；⑦混凝土拆模后进行养护；⑧开放交通。

质量检验 在施工准备、施工过程中和施工结束后，通过现场试验（检测）和试验室试验等手段，取得数据，分析判断施工原材料、混凝土施工配合比、混凝土铺筑、接缝与传力杆设置和路面建成后的质量是否符合规范要求。

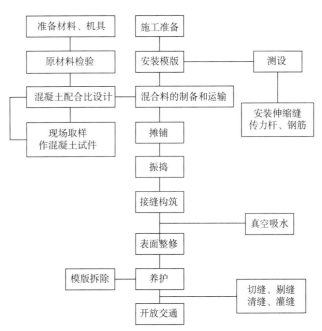

水泥混凝土路面施工工艺流程

[引自《道路工程预算定额与工程量清单计价应用手册》]

参考文献
栋梁工作室, 2004. 道路工程预算定额与工程量清单计价应用手册[M]. 北京: 中国建筑出版社.
王元纲, 李洁, 周文娟, 2018. 土木工程材料[M]. 北京: 人民交通出版社.
中华人民共和国交通运输部, 2014. 公路水泥混凝土路面施工技术细则: JTG/T F30—2014[S]. 北京: 人民交通出版社.

（赵曜）

水泥混凝土路面施工原材料 constructional material for cement concrete pavement

水泥混凝土路面的面层、基层、底基层和垫层各结构层所用的原材料。主要有水泥、集料、水、掺合料、外加剂、钢筋、纤维、接缝材料、夹层与封层材料、养生材料等。

水泥 通用硅酸盐水泥的统称。是指以硅酸盐水泥熟料和适量的石膏及规定的混合材料制成的水硬性胶凝材料。作为混凝土的胶结材料，能将粗集料、细集料、掺合料等散粒材料胶结成具有一定强度的整体（图1）。按混合材料的品种和掺量，分为硅酸盐水泥、普通硅酸盐水泥、矿渣硅酸盐水泥、火山灰质硅酸盐水泥、粉煤灰硅酸盐水泥和复合硅酸盐水泥，执行国家标准《通用硅酸盐水泥》（GB 175-2007）。

集料 由不同粒径矿质颗粒组成的混合料（图2），包括各种天然砂、人工砂、卵石和碎石，以及各类工业冶金矿

图1 水泥（赵曜 供图）

图2 集料（赵曜 供图）

渣。在混凝土中起骨架和填充作用。按粒径范围分为粗集料和细集料两种，分界尺寸为4.75mm，即水泥混凝土中粒径在4.75mm以上的为粗集料，粒径小于4.75mm的为细集料。

水 混凝土搅拌和养生用水的总称。包括饮用水、地表水、地下水、再生水、混凝土企业设备洗刷水和海水等。凡质量符合《混凝土用水标准》（JTJ 63-2006）规定的，均可使用。

掺合料 拌制混凝土拌和物时掺入的用于节约水、改善混凝土性能、调节混凝土强度等级的天然的、人造的矿物材料或工业废料的粉状材料。如粉煤灰。

外加剂 拌制混凝土拌和物时掺入的用于改善混凝土性能的外加材料。种类繁多。按化学成分，外加剂分为无机化合物类和有机化合物类。无机化合物类主要是无机电解质盐类，如早强剂$CaCl_2$和Na_2SO_4等。有机化合物外加剂包括某些有机化合物及其复盐、表面活性剂类，如减水剂、引气剂等。常用的外加剂包括减水剂、引气剂、缓凝剂、早强剂。

接缝材料 水泥混凝土面层用的各种接缝板（或胀缝板）和填缝料。胀缝接缝板应选用适应混凝土板膨胀收缩、施工时不易变形、复原率高和耐久性好的材料，如泡沫橡胶板、沥青纤维板、木板、纤维类板等。填缝料应选用与混凝土接缝槽壁粘结力强、回弹性好、适应混凝土板收缩、不溶于水、不渗水、高温不流淌、低温不脆裂、耐老化、有一定抵抗砂石嵌入的能力、便于施工操作的材料，如硅酮类、聚氨酯类、橡胶沥青类、改性沥青类填缝料。

夹层与封层材料 各功能层所用原材料。

养生材料 水泥混凝土面层用的养护剂和养护膜，起到防止混凝土表面过早干燥、减少混凝土表面龟裂发生、提高混凝土的强度和耐久性等作用。养护剂是一种涂料，涂在混凝土表面。养护膜是一种塑料薄膜，覆盖在混凝土表面。

参考文献
王元纲, 李洁, 周文娟, 2018. 土木工程材料[M]. 北京: 人民交通出版社.
杨平, 王元纲, 郑晓燕, 2016. 高等土木工程理论基础[M]. 北京: 中国林业出版社.
中华人民共和国交通运输部, 2011. 公路水泥混凝土路面设计规范: JTG D40—2011 [S]. 北京: 人民交通出版社.
中华人民共和国交通运输部, 2014. 公路水泥混凝土路面施工技术细则: JTG/T F30—2014 [S]. 北京: 人民交通出版社.

（赵曜）

水泥混凝土路面养护 cement concrete pavement maintenance

为保证水泥混凝土路面使用质量和延长路面使用寿命，根据技术状况评定结果采取的工程措施。

养护工作按照养护作业性质、规模和时效性的不同，可以分为小修保养、中修、大修、改建和专项工程5类。①小修保养。对水泥面板及其附属设施轻微损坏部分进行预防性保养和修复，使其经常保持完好状态的工程项目。②中修工程。对公路及其工程设施的一般性磨损和局部损坏进行定期修理加固，以恢复原状的小型工程项目。③大修工程。对公路及其工程设施的较大损坏进行长期修理的综合修理，以全面恢复到原设计标准，或在原技术等级范围内进行局部改善和个别增建，以逐步提高公路通行能力的工程项目。④改建工程。对公路及其工程设施因不适合交通量和载重需要提高技术等级，或显著提高其通行能力的较大工程项目。⑤专项工程。遇到自然灾害，路面遭受严重损坏而进行的修复工程。

养护维修技术主要包括直接加铺技术、打裂压稳技术、碎石化技术、场再生技术以及水泥混凝土表面功能恢复。

参考文献
侯相琛, 2017. 公路养护与管理[M]. 北京: 人民交通出版社.
中华人民共和国交通部, 2001. 公路水泥混凝土路面养护技术规范: JTJ 073.1—2001[S]. 北京: 人民交通出版社.

（王国忠）

水上作业场 water workplace

在水库、河流和湖泊等水域中进行木材分类、编排、装排（船）、合排、停排、出河等一种或多种作业的区域。

水上作业场联系了上游到材与向下游放材或出河的两种不同工艺流程。根据作业内容和性质的不同，设有相应的设备，构成不同专门用途的水上作业场，如编排作业场、合排作业场、出河作业场等。

水上作业场场址的选择涉及很多因素，应根据到材任务、树（材）种比例、作业天数、工艺要求、工程设施、场址水域、河岸自然条件以及交通、通信等条件全面考虑。基本要求：①能衔接两种不同工艺流程。②有足够的作业水域面积和作业水深。③选设在无风浪（或较小风浪）的宽阔河段。作业场位置流态平稳，河床不易淤积，岸坡不易冲刷；有适宜的作业流速，人工编排为0.2～0.4m/s；机械编排或出河为0.3～0.8m/s。如流速过大应采取减速措施。④不受或少受潮汐影响，有良好的避风条件。如受波浪影响应设置防浪设施。⑤岸上场地应高于设计洪水位，且地势平坦，有足够的面积布置楞堆和各项建筑物，便于设置支座及其他工程设施。⑥交通、通信、供电条件尽量方便。

水上作业场的设施主要有生产设施和附属设施两大类。

生产设施有：①河绠、羊圈、拦木架等阻拦设施；②各类系排支座停排设施；③分类、编排、改排与装排等作业设施；④防洪、防沉、防浪、堵岔等护岸设施；⑤各种类型工程漂子；⑥码头、滑槽及推河机具等推河设施；⑦出河设施。

附属设施有：①供电、通信设施；②机修、船修车间；③工具具、燃油料仓库；④宿舍、办公室、食堂等。

参考文献
祁济棠, 吴高明, 丁夫先, 1995. 木材水路运输[M]. 北京: 中国林业出版社.
赵尘, 2016. 林业工程概论[M]. 北京: 中国林业出版社.

（黄新）

水位　water level

自由水面相对于某一基面的垂直距离。水面离河底的距离称水深。计算水位所用基面可以是以某处国家统一高程基准面作为零点水准基面，称为绝对基面。中国高程测量的依据是"1985国家高程基准"，其原点高程为72.260m，由位于青岛市观象山验潮站通过1950—1979年的观测资料推算而得。也可以用某一特定高程基准面作为水位的零点，称测站基面。例如：长江的水位测量沿用的是"吴淞零点和吴淞高程系"，也就是以长江的入海口——吴淞口的实测水位资料为基准，以比实测最低水位略低的高程作为长江水位的水尺零点，并正式确定为吴淞零点（W.H.Z.）。由于中国的地势是西高东低，水往低处流，所以，从长江上游往下游的各个港口测得的水位的数值是逐渐递减的。因此，同一时间比较，从水位上看，武汉的水位应该比南京的水位高。

水位是一项重要的水文资料，水运、防汛、港口等多个部门每天都要测定水位。尤其是在汛期，水位是防汛抗洪的重要数值。在木材水运中，单漂流送与人工放排都是在汛期，因此，河道中的水位是一个重要的生产作业指标，决定着作业工序是否开展。同时，林区河道中水位对林区道路与桥梁的安全有着非常重要的影响，在汛期必须认真监测。

参考文献

高冬光, 王亚玲, 2016. 桥涵水文[M]. 5版. 北京: 人民交通出版社.

黄廷林, 马学尼, 2014. 水文学[M]. 5版. 北京: 中国建筑工业出版社.

黄新, 金菊良, 李帆, 2017. 桥涵水文[M]. 2版. 北京: 人民交通出版社.

叶镇国, 2019. 水力学与桥涵水文[M]. 3版. 北京: 人民交通出版社.

（黄新）

水系　river system

由大小不同的河流干流、支流、湖泊、沼泽和地下暗流等组成的脉络相通的水网系统。也称河系或河network。水流最终流入海洋的水系称作外流水系，如太平洋水系、北冰洋水系；水流最终流入内陆湖泊或消失于荒漠之中的水系称作内流水系，如新疆塔里木河水系。水系一般以它的干流或以注入的湖泊、海洋名称命名，如长江水系、太湖水系、太平洋水系等。

水系的形式多种多样，不同的形式影响流域内水流的水文过程线的形状。按照干支流平面组成的形态差异可将水系分以下几种类型：

①扇形水系。干支流如同手指状分布，即来自不同方向的支流较集中地汇入干流，成扇形或圆形。如华北的北运河、永定河、大清河、子牙河、南运河于天津附近汇入海河。

②羽状水系。支流从左右两岸相间汇入干流，有如羽毛形状。如滦河和钱塘江。

③平行水系。几条近于平行排列的支流，至下游或河口附近汇合。如淮河左岸的洪河、颍河、西淝河、涡河等。

④格状水系。干支流分布呈格子状，如闽江水系。这是由河流沿着互相垂直的两组构造线发育而成。

⑤树状水系。干支流分布呈树枝状，大多数河流属此种类型。如西江水系。

参考文献

高冬光, 王亚玲, 2016. 桥涵水文[M]. 5版. 北京: 人民交通出版社.

黄廷林, 马学尼, 2014. 水文学[M]. 5版. 北京: 中国建筑工业出版社.

黄新, 金菊良, 李帆, 2017. 桥涵水文[M]. 2版. 北京: 人民交通出版社.

叶镇国, 2019. 水力学与桥涵水文[M]. 3版. 北京: 人民交通出版社.

（黄新）

水运贮木场生产工艺流程　production technology of water transportation timber yard

由水运生产工序组成的贮木场生产工艺程序或有水上作业的贮木场生产活动。以到材和调拨销售方式不同分为3类：到材为陆运，调拨销售为水运；到材为水运，调拨销售为陆运；到材和调拨销售均为水运。以到材的木材类型不同可分为原木到材，原条到材，原木、原条（水上）到材。

原木到材　陆运到材第一道工序为卸车；水运到材时为出河。如果原木是清木到材，则不必经过选材而直接归楞，否则，必须经过选材作业，归楞后根据贮木场供销方向，分外销和内销两种。外销如是陆运则装车，水运则装船；内销则直接供运给与贮木场衔接的制材或其他木材加工厂。生产工艺流程为卸车（出河）、选材、归楞、装车（装船或制材加工）。与原条到材相比，少了造材工序，如图1所示。

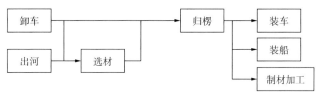

图1　原木到材生产工艺流程

原条到材　陆运到材第一道工序为卸车；水运到材时为出河。原条到材，卸车后必须经过造材、选材和归楞，然后根据贮木场供销方向，分外销和内销两种。前者如是陆运则装车，水运则装船；后者则直接供运给与贮木场衔接的制材或其他木材加工厂。生产工艺流程如图2所示，为卸车（出河）、造材、选材、归楞、装车（装船或制材加工）。

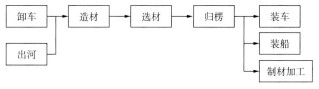

图2　原条到材生产工艺流程

原木、原条（水上）到材　水上调拨销售的水运贮木场木材流送方式有赶羊流送和排运两种，其生产工艺流程如图3所示。

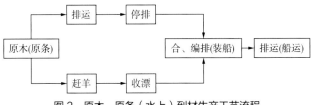

图3　原木、原条（水上）到材生产工艺流程

参考文献

东北林学院, 1983. 贮木场生产工艺与设备[M]. 北京: 中国林业出版社: 6-11.

牡丹江林业学校, 1982. 木材生产工艺学[M]. 北京: 中国林业出版社: 191-195.

史济彦, 1996. 贮木场生产工艺学[M]. 北京: 中国林业出版社: 4-5, 173-174.

周纯莹, 2013. 贮木场生产规模及工艺方案的制定概述[J]. 黑龙江科技信息(9): 217.

（刘晋浩）

四级林区道路　township forest road

林区内供汽车通行，采用15km/h设计速度的单车道道路。适用于森工企业年运材量原条＜3万 m^3、原木＜1.5万 m^3，或年平均日交通量＜400辆小客车的各类岔线。

路基宽度4.0m（一般地区）或4.5m（积雪冰冻地区）；行车道宽度3.0m。路面采用低级路面（粒料加固土或其他当地材料加固）或不设路面。

参考文献

许恒勤, 张泱, 2003. 林区道路工程[M]. 哈尔滨: 东北林业大学出版社.

杨春风, 欧阳建湘, 韩宝睿, 2014. 道路勘测设计[M]. 2版. 北京: 人民交通出版社.

叶伟, 王维, 2019. 公路勘测技术[M]. 北京: 机械工业出版社.

（朱德滨）

松紧式集材索道　skidding slack line cableway

承载索每放松和张紧一次即完成一次集材的一种简易、轻型、短距离集材索道。主要用于林木分散的伐区集材。靠重力滑行，依靠绞盘机放松降落，或张紧升起承载索来实现木材的起吊和运输。当承载索放松时降落跑车，载物钩挂材，当承载索张紧时升起跑车悬挂木材运行。

索系简单，一般多为双索型，即有一条承载索和一条回空索。承载索为半固定式，即一端固定，而另一端可控制其升降。

（周新年）

索长　cable length

两支点间悬索的实际长度。分为无荷索长和有荷索长。无荷索长指仅在悬索自重下的索长，与跨距、弦倾角、悬索自重和张紧度有关。可根据计算出的无荷索长来控制承载索安装架设时的张紧度。有荷索长指在荷重下悬索的长度。对两端固定式承载索，有荷索长等于无荷索长与悬索伸长量之和，悬索伸长量与弹性伸长、支点位移、温度变化有关。

（郑丽凤）

索长法　cable length method

根据设计计算得到的无荷悬索的长度 L_0 来控制承载索安装架设，使承载索安装拉力符合设计要求的一种承载索安装拉力测定方法。只需一根皮尺（30m或50m）就可一次性使承载索安装达到预定设计位置，简便，精度高，特别是300～500m的单跨索道。

对某根承载索而言（尤其是刚出厂的钢丝绳），总长度 $L_总$ 已知。在放绳时能重新丈量承载索总长度更好。跨距间设计的无荷索长 L_0 为已知。在架索时，先在上支点把承载索一端锚结，同时在锚结前（后）丈量上支点的缠绕起点至索端长度 L_1。下支点的索端至下支点缠绕起点的长度 $L_2 = L_总 - L_0 - L_1$。索道下支点在承载索未锚结前，丈量出算出的长度 L_2，并做标记，标记方法可用细铁丝或麻绳在承载索上绕扎几圈、涂红漆等，当标记达到下支点处时即可锚结承载索，此时承载索的安装拉力符合设计要求。

（巫志龙）

索道侧型设计　profile design of ropeway

从索道起点到终点的纵向剖面设计。又称索道线路侧型设计、索道纵断面设计。索道侧型是指连接鞍座点的线形，即将承载索支撑在空中，所构成两个或多个互相联系的悬索曲线，也称索道纵断面。

索道侧型设计应考虑索道的长度、坡度、荷载等因素，满足承受索道荷载、适应坡度变化、耐久性和安全性的要求，确保索道安全和稳定地运行。在索道线路的纵断面图和横断面图的基础上，应对支架位置和鞍座高度进行反复调整，确定出最佳的索道支架配置方案。索道的跨数要少，但鞍座高度应满足木捆通过时所需的最小自由高度 $h_z \geq 0.5m$。

设计参数　主要有弯折角 δ、弯挠角 β 和安全靠贴系数 K。索道侧型设计中，弯折角的正切值应保证 $\tan \delta = 2\% \sim 8\%$；弯挠角的正切值应保证集材索道 $\tan \beta = 10\% \sim 35\%$，运材索道 $\tan \beta = 10\% \sim 31\%$；凹形线路校核承载索在鞍座处的安全靠贴系数应保证集材索道 $K \geq 1.05$，运材索道 $K \geq 1.2$。

设计准则　按索道的承载索起点→各鞍座点（即各支点）→终点，以测量数据为依据，从左至右绘索道纵断面草图。当弯折角 $\delta > 0$ 时，索道纵断面呈凸形，只需检查承载索的弯挠角 β 大小；当 $\delta < 0$ 时，索道纵断面呈凹形，只需检查承载索在鞍座处的安全靠贴系数 K。

参考文献

国家林业局, 2012. 森林工程 林业架空索道 设计规范: LY/T 1056—2012[S]. 北京: 中国标准出版社: 10.

周新年, 周成军, 郑丽凤, 等, 2020. 工程索道[M]. 北京: 机械工业出版社: 44-46.

(巫志龙)

索道钢丝绳　wire rope of cableway

索道中使用的各种钢丝绳的总称。通称钢索。钢丝绳是由不同直径的钢丝材经热处理拉丝成细钢丝，然后将多层钢丝捻成股，再以绳芯为中心，将一定数量的股捻成螺旋状的绳；通常由钢丝、股、绳芯以及润滑脂组成。

钢丝绳在索道中的应用最早始于1868年，英国在苏格兰架设了世界上第一条采用钢丝绳的货运索道，由于钢丝绳具有优越的力学性能，此后钢丝绳在世界各国的货运索道、客运索道、林业索道及其他领域相继得到了广泛的应用。

钢丝绳性能　具有强度高、使用寿命长、耐磨、抗冲击性能好、不怕潮湿、有挠性等优点，在索道中应用广泛。钢丝绳的机械性能由制造钢丝绳的材料及制绳方法所决定，使用过程中的方法恰当与否，会影响其性能的改善与破坏，如钢丝绳解卷方法不当出现钢环扭结，其强度会下降。

钢丝绳结构　由几根钢丝组成股绳、几个股绳组成钢丝绳，以及钢丝之间互相的接触关系和芯材结构。

按照股中相邻层钢丝的接触状态分为点接触、线接触和面接触。①点接触的钢丝绳结构特点：股中钢丝直径均相同，每层钢丝捻绕后的螺旋角大致相等，但捻距不等，内外层钢丝相互交叉，呈点接触状态。制造工艺简单、价廉，但受载时钢丝的接触应力很高，容易磨损、折断，寿命较低。②线接触的钢丝绳结构特点：股中各层钢丝的捻距相等，内外层钢丝互相接触在一条螺旋线上，呈线接触状态。受载时钢丝接触应力降低，承载力高、挠性好、寿命较长，使用广泛。③面接触的钢丝绳结构特点：通常以圆钢丝为股芯，最外一层或几层采用异形断面，用挤压方法绕制而成，钢丝呈面接触状态。表面光滑，耐磨性好，与相同直径的其他类型钢丝绳相比，抗拉强度较大，并能承受横向压力，挠性好，耐腐蚀，但工艺较复杂、制造成本高，在特殊场合用作承载索，如缆索起重机和架空索道上的缆索。

按绳芯材料分为金属芯和非金属芯两种结构。常用的非金属绳芯包括有机纤维(如麻、棉)、合成纤维、石棉芯(高温条件)等材料。

钢丝绳类型　钢丝绳类型多种，根据用途、捻绕方法、绳芯材料、结构形状、表面特征等分为不同的钢丝绳。如按用途分为承载索、牵引索、回空索、起重索、绷索等；按捻绕方法分为单绕钢丝绳、双绕钢丝绳和多绕钢丝绳，双绕钢丝绳按捻绕方向又分为同向捻钢丝绳、交互捻钢丝绳和混合捻钢丝绳；按绳芯材料分为金属芯钢丝绳和非金属芯钢丝绳；按结构分为点接触钢丝绳、线接触钢丝绳和面接触钢丝绳；按形状分为圆股钢丝绳、异型股钢丝绳；按表面特征分为敞露式钢丝绳、半密封式钢丝绳、密封式钢丝绳；按钢丝表面有无镀锌分为镀锌钢丝绳和光面钢丝绳。

钢丝绳的标记　由一组表示钢丝绳尺寸规格、结构、性能、类型等特征的数字及字母所组成。如标记为"钢丝绳28 6×19 NFC 1670 B SZ"，其中数字"28"表示钢丝绳公称直径（28mm），"6×19"表示钢丝绳结构（由6股钢丝绳组成，每股钢丝由19根钢丝组成），"NFC"表示钢丝绳绳芯材料（天然纤维芯），"1670"表示钢丝绳级别（钢丝公称抗拉强度），"B"表示钢丝表面状态，"SZ"表示捻制类型及方向。具体标记方式参见国家标准《钢丝绳 术语、标记和分类》（GB/T 8706—2017）的规定。

钢丝绳连接　将两根或多根钢丝绳连接在一起，形成一条更长的钢丝绳的连接方式。目的是增加钢丝绳的长度、承载能力和使用寿命，适应不同场合的适用要求，降低成本，提高经济效益。常见连接方式有插接、套筒连接和卡接。

钢丝绳选择　根据使用环境特点和工作性能要求，合理选择林业索道中不同功能用途的钢丝绳。①承载索的选择。根据承载索的使用特点和性能要求，用普通单绕钢丝绳作承载索时，性能基本可以满足钢丝绳要求，且价格便宜，在林区广泛采用纤维芯交互捻钢丝绳作承载索。对于两端固定的承载索来说，宜选用性能较好的同向捻钢丝绳。②牵引索和回空索的选择。对于闭合式牵引索（回空索），宜选用麻芯同向捻钢丝绳为好；对于往复式牵引索（回空索），则选用麻芯交互捻钢丝绳为佳。③起重索的选择。除了要求具有较大的抗拉强度外，还特别要求钢丝绳在工作过程中不产生回捻扭结和自转松散，一般采用双绕交互捻钢丝绳比较经济实用。④捆木索及其他索的选择。捆木索、复式滑车用索及滑轮吊索，除了要求有一定的强度和柔软性能好外，没有其他特殊要求，一般可选用报废的牵引索，截取其中较完好的部分作捆木索和滑轮吊索比较经济；绷索和鞍座吊索均在露天的环境中，一般选用强度较高、有一定柔性的镀锌钢丝绳比较适宜。

钢丝绳的使用与保养　①使用。为了延长钢丝绳的使用寿命，在林业索道钢丝绳使用过程中应注意以下几点：保证导向滑轮转动灵活，减少钢丝绳与轮的磨损；尽量避免钢丝绳的强烈反复弯曲和大轮压的跑车通过，运动着的钢丝绳不得直接与地面、岩石、金属及其他硬质材料相摩擦，钢丝缠绕到卷筒上必须顺序分层排列。②保养。由于钢丝绳容易生锈，在钢丝绳使用和贮存过程中应进行良好的保养，最主要和最常用的保养措施就是钢丝绳润滑，即通过涂油法、浇注法或油浸法，让钢丝绳表面保持一层表面油膜，从而防止钢丝绳受潮及有腐蚀性介质的侵蚀，减少钢丝绳的磨损，保护纤维芯不变质。

参考文献

周新年, 周成军, 郑丽凤, 等, 2020. 工程索道[M]. 北京: 机械工业出版社.

(张正雄)

索道工程辅助设计系统　auxiliary design system of cableway engineering

基于**悬索**理论，利用计算机辅助索道工程设计而开发的系统。1992年，周新年按悬链线、抛物线、悬索曲线、摄动法4种悬索理论，用BASIC语言编制5个索道设计程序，构成林业索道工程辅助设计系统。之后学者们陆续用C语言、VB、VC+matlab等开发出索道辅助设计系统。

系统功能：可进行无荷和有荷悬索拉力和线形计算；工作索选型与安全系数检验；多跨索道侧型设计；绘制索道纵断面图，检验索道跨越农田、道路、建筑物或变坡点等地面控制疑点是否与木捆最低点留有一定的后备高度，为集材方式（全悬或半悬）和集材方法（原木、原条、伐倒木或全树）的选择提供依据。

该系统可供林业采育场、林场、水利工程、桥梁施工、厂矿等拥有索道（或缆索吊车）的生产单位，县（市）林业局进行索道生产管理，以及索道教学和科研部门使用。

参考文献

周新年, 1992. 林业索道设计系统[J]. 林业科学(1): 47–51.

周新年, 周成军, 郑丽凤, 等, 2020. 工程索道[M]. 北京: 机械工业出版社: 202–204.

（郑丽凤）

索道集材　cableway logging

在伐区以绞盘机为动力牵引吊运跑车，沿着空中架设的钢索吊运木材的集材方式。为架空索道集材的简称。通常是在两根集材杆（活立木、支架或伐根）上架设一条承载索，上面悬挂跑车，绞盘机通过一套钢索导绕系统进行木材的小集中（收集索道两侧各70m以内的木材）、起吊和集运。

分类　按拖挂木材的方式分为架空索道半悬式集材（木材一端与地面接触）、架空索道全悬式集材（木材全悬于空中）。

应用范围　常用于集材拖拉机无法到达的高山地区以及地势条件恶劣的林区。

特点　优点是可充分利用森林资源，对山形地势的适应性强，不受气候季节影响，可顺坡、逆坡集材；集材效率高，花费时间短，集材成本低，降低了劳动强度和作业人员危险；在集材过程中木材不与地面接触或接触相对较小，很少造成水土流失、植被的破坏；不损伤幼树，不会引起地表冲刷，有利于采伐迹地的森林更新。缺点是架空索道拆转和安装工程大，生产工艺复杂，定向集材、机动性差，技术要求和制造成本高。

参考文献

孙玉忠, 2013. 不同方式集材对采伐迹地水土流失的影响[J]. 科技创新与应用(1): 225.

曾冀, 蔡道雄, 刁海林, 等, 2014. 陡坡山地索道集材作业效率的研究[J]. 木材加工机械, 25(5): 15–18.

战丽, 朱晓亮, 马岩, 等, 2016. 基于模糊综合评价法对几种集材方式的研究与分析[J]. 木材加工机械, 27(4): 51–54.

（徐华东）

索道勘测设计　survey and design of cableway

索道安装架设前对线路进行选择和定测的工作。又称索道线路勘测设计。在既定的伐区内选择一条经济上合理、技术上先进的索道线路，并进行勘测设计，为索道安装架设提供技术参数。

原则　①线路尽可能通过伐区木材最集中的地方，以提高索道生产效率。②尽可能选择直线，只有在不可避免时才设置转弯，但每个转弯水平转角不超过20°。③线路起、终点之间的平均坡度控制在7°～24°，并尽可能按11°～17°设计。④依据伐区工艺设计所标定的索道线路走向，到现场进行踏查核对，定出合理的索道线路和承载索的起、终点及固定锚桩。⑤山下终点设在逆坡山岗的活立木（桩）上或山下高大的活立木（桩）上，确保卸车、归堆和装车作业时所需的净空高度。⑥索道线路距离500m以上，测量精度应为1/200；线路距离500m以下，测量精度应为1/500。

主要内容　①线路中线纵断测量，测定线路中线各点的距离和高程，对地形变化大的变坡点和预设支架点应加桩测定。②支架位置的横断测量，测定支架立木的位置和支点高度。③对于山上和山下装车的卸车场地进行一般地形测量。④对支架、起点和终点的立木进行测量，记录立木的树高、径级和树种。⑤对支点绷索立木的位置、树种及径级进行记录。⑥若起、终点采用人工埋桩（立桩或卧桩）时，对埋桩点进行地质土壤调查。⑦测量外业完成后，绘制线路纵断面图和平面图，以及卸车场地形图。

参考文献

国家林业局, 2012. 森林工程　林业架空索道　设计规范: LY/T 1056—2012[S]. 北京: 中国标准出版社: 8–9.

周新年, 周成军, 郑丽凤, 等, 2020. 工程索道[M]. 北京: 机械工业出版社: 43–48.

（巫志龙）

索道跑车　cableway carriage

在集运材架空索道上吊运木材的装置。又称吊运车。是集运材索道中重要设备之一，主要用于拖集与运输木材。按用途分为集材跑车与运材跑车。集材跑车分为滑轮组合式跑车（又称简易跑车）、半自动跑车和全自动跑车3种；运材跑车分为单轮运材跑车和双轮运材跑车两种。跑车的结构与索道的种类有着密切的关系，每种索道都有与其相适应的跑车结构。

（周成军）

索道索系　cable system of cableway

林业索道中由承载索、牵引索、起重索、回空索等不同功能钢丝绳所组成的系统。

索道索系根据索道系统中不同功能钢丝绳的数量，分为单线双索型索系，即由一条固定式承载索和一条牵引索组成；单线三索型索系，即由一条固定式承载索、一条兼有牵引和起重功能的钢丝绳及一条回空索组成；单线四索型索系，即由一条固定式承载索、一条牵引索、一条起重索和一条回空索组成；双索型索系，即由一条半固定式承载索及一条回空索组成，半固定式承载索是指一端固定，另一端可控制其升降。其中，单线双索型索系主要用于全自动集材索道、半自动集材索道中，索系较简单；单线三索型索系和单线四索型索系多用于增力式集材索道,索系较复杂;双索型索系多用于松紧式集材索道,索系简单。运行式集材索道的索系非常简单,只有一条循环索,无承载索。

(张正雄)

索道优化理论 optimization theory of cableway

对索道进行优化设计的理论。1989年周新年提出,给定索道的目标函数,在满足其约束条件下对多种设计方案进行比较和筛选,从而得到最优设计方案,包括林业索道承载索的优化设计和给定设备的林业索道优化设计。①林业索道承载索的优化设计,主要考虑无现存设备或现存钢索型号较多的场合,为承载索规格型号选择最优方案,以节省投资,合理选购钢索。②给定设备的林业索道优化设计,在给定库存设备的前提下,对索道能承担的设计运材量、绞盘机挡位、台班产量进行优化设计,为索道的架设、安装与使用提供可靠的技术参数,使索道既安全经济,又能按期完成生产任务。

参考文献

周新年, 1989. 林业索道承载索的优化设计[J]. 林业科学(2): 127-132.

周新年, 1990. 给定设备的林业索道优化设计[J]. 南京林业大学学报, 14(3): 77-83.

(郑丽凤)

踏查 on-the-spot survey

对调查地区或区域进行全面概括了解的过程。也称概查。目的在于对调查地区林相、边界、气候、地形、植被、土壤以及工程设计进行全面了解。

在伐区拨交后,由林场负责人、采运技术员、工段长及有关伐区生产人员,根据伐区工艺设计文件,到现场进行伐区踏查。踏查内容包括周界踏查和林内踏查。①周界踏查。了解地形、坡度、资源等情况,确认伐区边界、运材岔线走向、作业区边界、小班边界、集材道走向、装车场位置等。②林内踏查。了解林内资源构成及林分变化情况,单位蓄积量及出材量,更新及采伐条件,伐区剩余物产出情况,森林采伐作业方式及其对森林更新的影响等。

根据踏查所了解的情况,提出对初步开发方案的修改意见。按照设计文件的要求,确定伐区工程施工的方案和步骤,安排近期山场准备工作,拟定准备作业计划,根据工程量的大小,准备生产设备和工具,保证伐区准备作业的顺利进行。

参考文献

王立海, 2001. 木材生产技术与管理[M]. 北京: 中国财政经济出版社: 56-57.

(董喜斌)

踏勘 reconnoitering; reconnaissance

林道选线时在实地勘察地形和地质情况的过程。是对道路建设方案进行的野外勘察和技术经济调查并估算投资等。踏勘的目的是对预选线从经济、地形和工程地质条件等方面找出各方案的基本特点,决定控制点,明确路线基本走向,确定路线等级及主要技术指标,估算工程数量和投资,为编制计划任务书提供资料。

踏勘关系着道路建设的投资和经济效益。踏勘人员应深刻领会设计任务书中关于拟修建道路的起讫点、走向、控制点、道路等级、年运量、运材方式(林区公路)、日期、可能投资额等,经踏勘深入了解情况、搜集资料、多方比较,提出合理的推荐方案。

踏勘要完成以下工作:①初步确定路线起讫点和中间控制点的具体位置;②提出路线走向、桥位的推荐方案;③对沿溪线的踏勘,论证后,确定走侧岸或往复跨河;④对越岭线的踏勘,应确定垭口的位置和高差,估算展线长度及工作量,确定越岭线后,绘图示明,并加以论证;⑤经过不良地质地段,应细致调查,掌握病害程度,采取措施;⑥经过上述工作,确定线路走向和整体布局,画出平面草图、断面图,将路线长度(新建、改建和利用里程)、增长系数、地形分段、极限指标、用地、工程数量(土石方数量、路面类型及工程量、防护工程数量、各型桥的长度、涵洞类型、道数及长度等)、沿线地质、筑路材料及所需三材(钢材、木材、水泥)、劳动力、造价等,分项整理,计算汇总,并写出踏勘报告。

参考文献

国家林业局, 2014. 林区公路设计规范: LY/T 5005—2014[S]. 北京: 中国林业出版社.

许恒勤, 张泱, 2003. 林区道路工程[M]. 哈尔滨: 东北林业大学出版社.

中华人民共和国交通运输部, 2017. 公路路线设计规范: JTG D20—2017[S]. 北京: 人民交通出版社.

(王宏畅)

提卸法 timber unloading with crane

用林用龙门起重机、林用装卸桥等起重机的捆木索或抓具将木捆吊起,空中搬运后卸到台上或楞堆上的方法(图1)。又称吊卸法。在中国大中型贮木场中应用较为普遍。

提卸法的设备有缆索起重机、卸车桥和龙门吊机等(图2),也有采用抓具式汽车起重机提卸原木。缆索起重机主要包含后绷索、回空卷筒、起重卷筒、牵引卷筒、牵引索、起重索、起重跑车、回空索、承载索及架杆;卸车桥主要由立柱、电葫芦、连接杆、桁架及工字钢组成;龙门吊机包括钢腿、柔腿、操纵室、桥梁架、运行小车等。

中国原条提卸法主要采用缆索起重机、门式起重机及桥式起重机。缆索起重机是中国原条提卸作业中最早采用的卸车设备,动力采用绞盘机。用于原条卸车的缆索起重机(简称卸车缆索)为固定式,由立柱、跑车、绞盘机和钢索导绕系统组成。门式起重机由大车运行机构、起升机构、小车运行机构、吊挂系统及钢结构桥架等组成。通过吊挂(或抓具）系统提起木捆后，可在大、小车运行及作业范围内卸载或搬运原条。门式起重机分为固定型门式起重机、移动型无悬臂门式起重机、悬臂门式起重机。

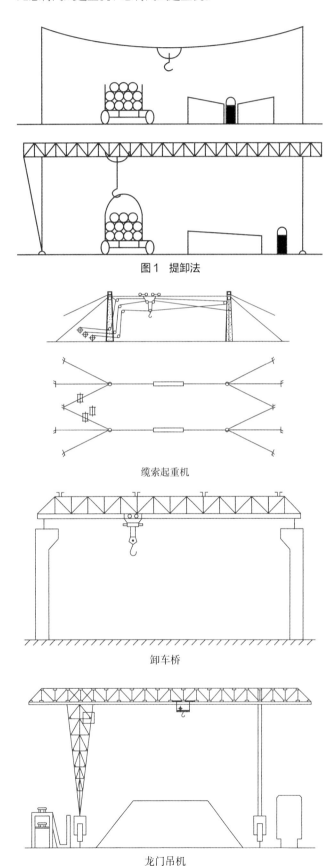

图2 原条、原木提卸机械

参考文献

东北林学院, 1983. 贮木场生产工艺与设备[M]. 北京: 中国林业出版社: 66-77.

东北林业大学, 1987. 木材采运概论[M]. 北京: 中国林业出版社: 162-165.

牡丹江林业学校, 1982. 木材生产工艺学[M]. 北京: 中国林业出版社: 199-203.

史济彦, 1998. 中国森工采运技术及其发展[M]. 哈尔滨: 东北林业大学出版社: 446.

王立海, 2001. 木材生产技术与管理[M]. 北京: 中国财政经济出版社: 226-227.

（李耀翔）

调治构造物　regulating structure

为了保护桥梁墩台和桥头引道的正常运行和桥位附近河段两岸的工农业生产不受灾害，在桥位附近河道上设置必要的整治河道、调节水流的构造物。是桥梁工程的重要组成部分。

调治构造物的布设是桥位勘测设计中的重要部分，它与桥孔设计有着密切的关系。应根据实际情况，结合河段特性、水文、地形、工程地质、河床地貌、通航要求和地方水利设施等具体情况综合考虑分析，兼顾两岸、上下游、洪水位与枯水位，确定总体布置方案，以不影响河道的原有功能及两岸河堤（岸）、村镇和农田的安全为原则。如遇到情况复杂、难以判别与计算的河段，应先进行水工模型实验，进行分析验证。调治构造物的布设应与设计桥孔的大小和位置统一考虑，进行多方案比较，综合考虑，选出比较合适的方案。

调治构造物的分类方法有多种，按其对水流的作用分为3类：

①导流构造物。主要有**导流堤**、梨形堤、锥坡体等。作用是引导水流均匀平顺地通过桥孔，提高桥孔泄水输沙的能力，以不同的程度扩散与均匀分布桥下河床冲刷，减少其集中冲刷，减缓冲刷进程，从而减少对桥台和引道路堤的威胁。

②挑流构造物。主要有各种形式的坝，如**丁坝**、顺坝、挑水坝等。作用是将水流导（挑）离桥头引道或河岸，使坝下游的河岸或路基免受水流冲刷，确保路基和河岸的安全。

③防护构造物。主要是各种形式的堤岸防护、**坡面防护**和路基防护与加固等工程。作用是避免路基因雨水、流水冲刷以及温差和湿度变化等因素引起的稳定性丧失，确保路基的稳定。

上述各类调治构造物根据实际情况，可单独布设，也可联合布设。

参考文献

高冬光, 王亚玲, 2016. 桥涵水文[M]. 5版. 北京: 人民交通出版社.

黄廷林, 马学尼, 2014. 水文学[M]. 5版. 北京: 中国建筑工业出版社.

黄新, 金菊良, 李帆, 2017. 桥涵水文[M]. 2版. 北京: 人民交通出版社.

叶镇国, 2019. 水力学与桥涵水文[M]. 3版. 北京: 人民交通出版社.

(黄新)

停车视距　stopping sight distance

驾驶人员发现前方有障碍物后，采取制动措施，使汽车在障碍物前停下来所需要的最短距离。停车视距由三部分构成：①反应距离。行驶过程中驾驶员发现前方的障碍物，经过判断决定采取制动措施的那一瞬间到制动器真正开始起作用的那一瞬间汽车所行驶的距离。在这段时间过程中，也可分为"感觉时间"和"制动反应时间"，以此来分析并可用实验测定。感觉时间在很大程度上取决于物体的外形、颜色、司机的视力和机敏度，以及大气的可见度等。在高速行车时的感觉时间要比低速行驶时短一些，这是由于高速行驶时警惕性会更高的缘故。根据公路设计规范，宜采用感觉时间为1.5秒，制动反应时间为1.0秒，即感觉和制动生效总时间为2.5秒的反应时间。②制动距离。汽车从制动生效到汽车完全停住这段时间内所走的距离。可以按功能转换的原理来求得。③安全距离。汽车完全停止后与障碍物间应保持的最小安全距离。一般取5～10m。

《公路路线设计规范》（JTG D20—2017）规定，高速公路、一级公路的视距应采用停车视距；高速公路、一级公路以及大型车比例较高的二级公路、三级公路，应采用下坡段货车停车视距对相关路段进行检验。同时，规范中也指出了视距的计算视点位置、目高等。视点位置应取车道宽度的1/2处（即车道中心线），小客车视点高度取1.2m，货车取2.0m。目标（或障碍物）的位置应取路面两侧对应的车道边缘线，停车视距的物高取高出路面0.1m。

各级林区公路应保证有大于表中的停车视距。在工程条件特殊困难或受其他条件限制的路段，必须采取分道行驶或设置警告或禁令标志等措施，以保证安全。

停车视距（m）

路面状况	设计车速（km/h）				
	60	40	30	20	15
潮湿	75	40	30	20	15
冰滑	110	60	45	30	20

参考文献

国家林业局, 2014. 林区公路设计规范: LY/T 5005—2014[S]. 北京: 中国林业出版社.

许恒勤, 张泱, 2003. 林区道路工程[M]. 哈尔滨: 东北林业大学出版社.

许金良, 等, 2022. 道路勘测设计[M]. 5版. 北京: 人民交通出版社.

中华人民共和国交通运输部, 2017. 公路路线设计规范: JTG D20—2017[S]. 北京: 人民交通出版社.

(王宏畅)

通行能力　traffic capacity

在正常的道路条件、交通条件和驾驶行为等情况下，在一定的时段（通常取1小时）内可能通过道路设施的最大车辆数。又称道路容量。是正常条件下道路交通的极限值，道路与交通规划、设计和运营管理的重要参数，评价各种道路与交通设施及管理措施的交通效果的基本依据之一。机动车辆数通常为折算成标准车型的车辆数。对于多车道的道路为一条车道通过的车辆数，对于双车道的道路为往返车道合计的车辆数。

根据不同的道路和交通状态，通行能力分为基本通行能力、可能通行能力和设计通行能力3种。①基本通行能力。在理想的道路和交通条件下，一个车道或一条车道某一路段的通行能力。是计算各种通行能力的基础。理想条件指车道宽、侧向净宽有足够的宽度，平纵线形及视距条件良好，车道上只有小客车行驶，没有其他车型混入且不限制车速。现有的道路基本上没有合乎理想条件的，可能通过的车辆数都低于基本通行能力。②可能通行能力。在现实的道路和交通条件下，一个车道或一条道路某一路段的通行能力。是考虑了影响通行能力的车道宽、侧向净宽和大型车混入等诸多因素后，对基本通行通力进行修正后的通行能力。③设计通行能力。在预计的道路、交通、控制和环境管理条件下，条件基本一致的一条车道或特定横断面上，在所选用的设计服务水平下，特定时段内所能通过的最大小时流率。是实际道路可能接受的通过能力，考虑了人为主观对道路的要求，以及道路运行质量、经济、安全和出入口交通条件等因素，是道路设计的主要依据。

参考文献

许恒勤, 张泱, 2003. 林区道路工程[M]. 哈尔滨: 东北林业大学出版社.

叶伟, 王维, 2019. 公路勘测技术[M]. 北京: 机械工业出版社.

(刘远才)

同向捻钢丝绳　co-lay wire rope

绳股在钢丝绳中的捻绕方向与钢丝在绳股中的捻绕方向相同的钢丝绳。又称顺绕钢丝绳。从外表上看，同向捻钢丝绳外层钢丝与钢丝绳轴线成斜交，表面钢丝长度较长，钢丝绳表面比较平滑，各钢丝磨损均匀，耐磨、挠性好、耐弯曲，但它容易回捻扭结，自转性比较大。多用于两端固定的承载索及闭合牵引式索道中的牵引索和回空索。

(张正雄)

同向曲线　identical curve

道路平面线形中，两个转向相同的相邻圆曲线中间连以直线所形成的平面线形（图1）。两曲线之间应设置足够长度的直线。当直线较短时，在视觉上容易形成直线与两端曲线构成反弯的错觉；当直线过短时，甚至把两个曲线看成是一个曲线，破坏了线形的连续性，形成所谓的"断背曲线"，对行车安全不利。直线最小长度（以m计）以不小于设计速度（以km/h计）的6倍为宜。如设计速度为60km/h，同向曲线间的直线最小长度为360m。《林区公路设计规范》

（LY/T 5005—2014）规定的同向曲线间最小直线长度见下表。否则宜将同向曲线改为大半径曲线或将两曲线作成卵形、复合形或C形曲线（图2）。

同向曲线间最小直线长度表

设计速度（km/h）		60	40	30	20	15
最小直线长度(m)	一般值	150	100	75	50	40
	最小值	120	80	60	40	30

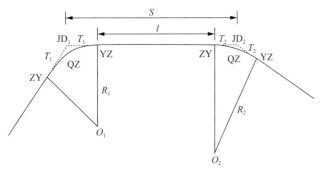

图1　同向曲线示意图

R—圆曲线半径；T—切线长；l—相邻两曲线之间的直线长度；S—相邻两交点之间的直线长度（交点间距）；JD—交点；ZY—圆曲线的起点（直圆点）；QZ—圆曲线的中点（曲中点）；YZ—圆曲线的终点（圆直点）

卵形曲线为两同向圆曲线间用一个回旋线连接组合而成的曲线。卵形曲线要求大圆能完全包住小圆。回旋线参数A宜在$R_2/2 \leq A \leq R_2$的范围内（R_2为小圆曲线半径）。两圆曲线半径之比，以$R_2/R_1 = 0.2 \sim 0.8$为宜（$R_1 > R_2$）。两圆曲线的间距，以$D/R_2 = 0.003 \sim 0.030$为宜（D为两曲线间的最小距离）。

复合形曲线为大半径圆曲线与小半径圆曲线相衔接处，采用两个或两个以上同向回旋线在曲率相同处径相连接组合而成的曲线。两个回旋线参数A_1和A_2（$A_1 > A_2$）（A_1为回旋线1的参数，A_2为回旋线2的参数）之比以小于1.5为宜。驾驶人员在复合形曲线中途需不断变更速度来适应回旋线的变化。复合形曲线多用在互通式立体交叉的匝道线形设计之中。

C形曲线为两同向圆曲线的回旋线在曲率为零处径相衔接（即连接处曲率为0，半径为∞）组合而成的曲线。C形曲线两条回旋线的参数值可以相等，也可不等。

在同向曲线设计中，相邻平曲线之间的各项设计指标应连续、均衡、避免突变。尽管复合形、卵形或C形曲线对地形的适应性较好，但因其对行车不利，一般只在受地形条件或其他特殊情况限制、设计速度等于或小于40km/h道路中应用。对于设计速度较高的道路，应尽量避免。

参考文献

许恒勤, 张泱, 2003. 林区道路工程[M]. 哈尔滨: 东北林业大学出版社.

叶伟, 王维, 2019. 公路勘测技术[M]. 北京: 机械工业出版社.

（刘远才）

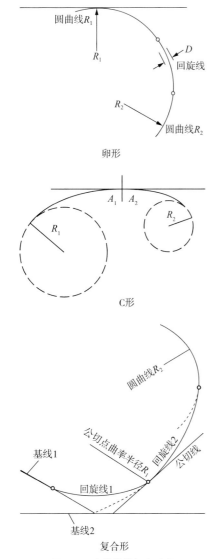

图2　同向曲线的组合形式

R—圆曲线半径；A—缓和曲线参数；D—两圆曲线间的最小间距

透光伐　removal cutting; release cutting

一种森林抚育采伐作业。在林分郁闭后的幼龄林阶段，当目的树种林木受上层或侧方霸王树、非目的树种等压抑，高生长受到明显影响时进行的抚育采伐。又称受光伐。

采伐对象　透光伐主要是伐除上层或侧方遮阴的劣质林木、霸王树、萌芽条、大灌木、蔓藤等，间密留匀、去劣留优，调整林分树种组成和空间结构，改善保留木的生长条件，促进林木高生长。

实施方法　根据林地形状和大小，透光伐有3种实施方法。①全面抚育。按一定的强度伐除抑制主要树种生长的非目的树种，或密度过大的人工纯林中的不良林木。适合在交通便利、劳力充足且林分中主要树种占优势、分布均匀的情况下使用。②团状抚育。主要树种在林地上分布不均匀且数量不多时，只在主要树种的群团内砍除影响主要树种生长的次要树种。③带状抚育。将林地分成若干带，在带内进行抚育，保留主要树种，伐去次要树种。一般带宽1~2m，带间距3~4m，带间不抚育（称为保留带）。带的方向应考虑气候和地形条件，如带的方向与主风方向垂直，以防止风害；带的方向与等高线平行，以防止水土流失等。

参考文献

翟明普，沈国舫，2016. 森林培育学[M]. 3版. 北京：中国林业出版社：260-261.

中华人民共和国国家质量监督检验检疫总局，中国国家标准化管理委员会，2015. 森林抚育规程：GB/T 15781—2015[S]. 北京：中国标准出版社：1-5.

扩展阅读

沈国舫，2001. 森林培育学[M]. 北京：中国林业出版社.

叶镜中，孙多，1995. 森林经营学[M]. 北京：中国林业出版社.

（赵康）

推河 launching

将需要水上运输的木材推入河中使其流送的作业方式。推河作业是木材流送工艺中的第一步。一般中小河川流送水位持续时间很短，因此推河作业必须迅速完成。当一条流送河流的上下游布置有多个推河楞场，由于推河作业时间相对集中，推河量较大，为避免流送木材的拥挤而造成堵塞，应从上游的推河楞场开始推河，同时做到随推随送，避免插垛。

推河前应清点需要推送木材的数量，推河结束后去掉推河过程中损失的木材数量，填写木材流送交接证，以明责任和便于检查沿河的木材损失量。

推河作业有人工推河和机械推河两种方式。①人工推河是用人力将楞堆木材推入河中流送的一种作业方式。主要适用于楞场分散和推河量少的推河楞场。人工推河可采用捅钩推河的方式，也可借助撬棍、爬杆利用木材的重力而滑入水中。②机械推河是利用机械将楞堆木材推入河中流送的一种作业方式。适用于坡岸平缓、场地开阔的推河楞场。机械推河可采用拖拉机、绞盘机、推土机、起重机等机械进行。

参考文献

东北林学院，1984. 森林采伐学[M]. 北京：中国林业出版社：127-129.

顾锦章，1984. 木材水运[M]. 北京：中国林业出版社：29-30, 289.

胡济尧，1996. 木材运输学[M]. 2版. 北京：中国林业出版社：309-310.

史济彦，1996. 森林采伐学[M]. 北京：中国林业出版社：164.

（林文树）

推河楞场 launching site

设置于河边暂存待通过水路运输木材的楞场。又称推河场。是木材陆运与水运的衔接点，或者是伐区的河边集材场。如水路运输为单漂流送，则需要将楞场中的木材逐根或成捆推入河中，随水流运送到下一出河或编排地点。

类型 分为临时性和永久性两类。①临时性推河楞场主要用于木材临时集中等待推河流送，使用期短，场内设施简单，场地简单平整后就可使用。②永久性推河楞场用于流送木材量大，使用期长，场内设有固定楞场、运材道路、卸车与归楞机械等。

场址选择 应根据推河任务以及水陆衔接条件等因素综合考虑。在一般情况下要求：①场地狭长平整，最好有5°左右的向河顺坡，便于推河作业；②场地高度适中，保证在河水涨潮时不能冲击楞场，而不涨潮时木材能推送到河里，同时通风良好，排水方便；③推河楞场邻近的水面要有足够的编排区域，有足够的水深，河道比较顺直，流速不小于0.3m/s。

参考文献

东北林学院，1984. 森林采伐学[M]. 北京：中国林业出版社：128.

顾锦章，1984. 木材水运[M]. 北京：中国林业出版社：27-29.

史济彦，1996. 森林采伐学[M]. 北京：中国林业出版社：139.

（林文树）

推河作业场 workplace for log into river

木材流送前进行推河作业的陆上区域。是木材陆运与水运的衔接点，或者是伐区的河边集材场。

推河作业场一般分为临时性和永久性两类。临时性的推河作业场主要将汽车或索道集运来的木材临时集中起来，等待流送季节推河流送。这种推河场使用期短，场内设施简单，场地略加平整即可。永久性的推河作业场，集材量大，使用期长，常年有推河作业。场内设有固定楞场、运材道路、卸车与归楞机械、推河码头或机械，以及各项生活设施。

推河作业场场址可根据到材推河任务、水陆衔接条件等因素进行选择，在一般情况下要求：①场地狭长平整，最好有小于5°的向河缓坡，并有足够的面积可供工艺工程布置。②场地高度适中，一般略高于正常洪水位，通风良好，排水方便。③河段比较顺直，有良好的水域和足够的水深，流速不小于0.3m/s。④岸披土质坚实，河岸不易被冲刷。

推河作业有人工推河与机械推河两种方式。①人工推河。用人力将楞堆木材推入河中流送的一种作业方式。在楞场分散、推河量少的地区，多采用这种方式。②机械推河。利用机械将楞堆木材推入河中流送的一种作业方式。

参考文献

祁济棠，吴高明，丁夫先，1995. 木材水路运输[M]. 北京：中国林业出版社.

赵尘，2016. 林业工程概论[M]. 北京：中国林业出版社.

（黄新）

推树气垫 tree pushing air cushion

带钢丝的橡胶袋或用玻璃纤维加泡沫橡胶制成的垫子。又称伐木气垫。通过充入空气，配合油锯伐木，使被伐树木向选择的方向倾倒。

推树气垫的气体动力来自油锯，在油锯发动机的气缸头部钻出螺孔，在螺孔上安装带球阀的开关，其结构如图所示。使用时，在上锯口的2/3处加入气垫，当打开开关后，油锯发动机的燃烧废气通过软管到达气垫并使气垫膨胀，产生推树力。推树气垫的重量约0.75kg，起重量可达8t。在使用中不能切断通气管路，以免造成安全事故。

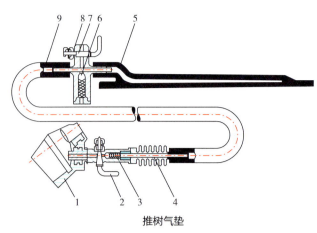

推树气垫

1—气缸；2—开关；3—球阀；4—散热器；5—气垫；6—阀球；7—放气开关；8—安全阀体；9—连接胶管

参考文献

史济彦, 1996. 森林采伐学[M]. 北京: 中国林业出版社: 28-31.

（杨铁滨）

拖拉机集材　tractor skidding

用拖拉机拖集木材的集材方式。

拖拉机集材是中国林区的主要集材方式。中国自20世纪70年代引进集材拖拉机。在拖拉机的尾部可装上绞盘机、搭载板或吊架等配合使用。集材拖拉机大多为履带式，也有轮式和抓钩式。

分类　①按集材设备分为索式拖拉机集材、抓钩式拖拉机集材和承载夹式拖拉机集材。索式拖拉机的集材设备由绞盘机、搭载板或吊架及集材索组成，集材时需要人工捆木。抓钩式和承载夹式拖拉机的集材设备都不需要人工捆木。抓钩式拖拉机集材设备抓取木材的抓钩只能在一个方向上伸出，而承载夹式拖拉机集材设备抓取木材的夹钩不仅可以伸出，还能在一定范围内回转。②按承载方式分为全载式、半载式和全拖式拖拉机集材。全载式拖拉机集材是木材全部装在集材设备上；半载式拖拉机集材是将木材的一端装在集材设备上，木材另一端与地面摩擦；全拖式拖拉机集材是木材全部在地面上，由机械拖动。

应用范围　适用于地势平缓和坡度不超过25°的丘陵林区。集材距离不宜超过1000m。在皆伐或择伐强度占60%以上、每木材积0.5m³以上、每公顷出材量150m³以上、平均集材距离200～250m的条件下最为合适。

特点　优点是集材相对灵活、对道路要求低、集材范围广、可靠近原材、安全性高、集材效率高、经济效益好、维修方便。缺点是集材拖拉机体积庞大，质量较重，会导致水土流失；集材时对地表植被易造成毁灭性破坏，不利于林区的可持续发展，功率消耗较大。

发展前景　自20世纪90年代以来，随着成熟林蓄积量减少、抚育间伐越来越受到重视，传统大中型集材拖拉机已经不能满足当下林区生产条件，集材拖拉机正在向着小型、环境友好型发展。

参考文献

潘海, 2012. 伐区作业方式与集材探讨[J]. 现代商贸工业, 24(6): 168.

孙玉忠, 2013. 不同方式集材对采伐迹地水土流失的影响[J]. 科技创新与应用(1): 225.

战丽, 朱晓亮, 马岩, 等, 2016. 基于模糊综合评价法对几种集材方式的研究与分析[J]. 木材加工机械, 27(4): 51-54.

（徐华东）

弯挠角　blending angle of cable around the saddle

承载索的悬垂曲线在支架鞍座左右两侧的切线与水平线间所形成的方向角的代数和。即前一跨曲线在支点处切线与后一跨挠度曲线在同一支点处切线延长线的夹角（锐角）。索道线形平顺的控制指标之一。表达式为

$$\tan\theta_i = \tan\alpha_i + \tan\alpha_{i+1} + \frac{q(l_{0i}+l_{0i+1})}{2H\cos\frac{\alpha_i+\alpha_{i+1}}{2}} + \frac{P}{H}$$

式中：θ_i 为第 i 跨和第 $i+1$ 跨交点的弯挠角；α_i 为第 i 跨的弦倾角；α_{i+1} 为第 $i+1$ 跨的弦倾角；q 为承载索单位长度重力；l_{0i} 为第 i 跨跨距；l_{0i+1} 为第 $i+1$ 跨跨距；P 为设计荷重；H 为有荷时的水平拉力。

集材索道和运材索道弯挠角的正切值分别控制在 10%～35% 和 10%～31%。

当弯挠角的正切值大于许用值时，可视具体线路情况采取以下措施：①增设中间支架；②降低计算跨支架高度；③中间支架高度不变，将前后跨支点升高。

参考文献

东北林学院, 1985. 林业索道[M]. 北京: 中国林业出版社: 236-238.

国家林业局, 2012. 森林工程 林业架空索道 设计规范: LY/T 1056—2012[S]. 北京: 中国标准出版社.

周新年, 周成军, 郑丽凤, 等, 2020. 工程索道[M]. 北京: 机械工业出版社: 45.

（郑丽凤）

弯折角　deflection angle of chord

支架处相邻两跨弦线所构成的夹角。即任意一跨的弦线与相邻弦线的延长线之间的夹角（锐角）。索道线形平顺的控制指标之一。

各跨支点的弯折角表达式为

$$\delta_i = \alpha_i - \alpha_{i+1}$$

式中：δ_i 为第 i 跨和第 $i+1$ 跨交点的弯折角；α_i 为第 i 跨的弦倾角；α_{i+1} 为第 $i+1$ 跨的弦倾角。从左向右，弦倾角以仰角为正，俯角为负代入公式计算。当弯折角大于 0 时，索道纵断面呈凸形，只需检查承载索的弯挠角；当弯折角小于 0 时，索道纵断面呈凹形，只需检查承载索在鞍座处的安全靠贴系数。

弯折角的正切值的绝对值控制在 2%～8%。

参考文献

东北林学院, 1985. 林业索道[M]. 北京: 中国林业出版社: 236.

国家林业局, 2012. 森林工程 林业架空索道 设计规范: LY/T 1056—2012[S]. 北京: 中国标准出版社.

周新年, 周成军, 郑丽凤, 等, 2020. 工程索道[M]. 北京: 机械工业出版社: 45.

（郑丽凤）

网状模型　network model

一种数据模型。在数据库中定义满足以下两个条件的基本层次联系的集合：①允许一个以上的结点无双亲；②一个结点可以有多于一个的双亲。网状模型允许多个结点没有双亲结点，允许结点有多个双亲结点；此外还允许两个结点之间有多种复合联系。网状模型可以更直接地描述现实世界，是一种比层次模型更具普遍性的结构，而层次模型实际上是网状模型的一个特例。

数据操纵与完整性约束　网状模型的数据操纵主要有查询、插入、删除和更新。进行插入、删除、更新操作时要满足网状模型的完整性约束条件。

特点

主要优点　①网状模型能够更为直接地描述现实世界；②网状模型具有良好性能，存取效率较高。

主要缺点　①网状模型结构比较复杂，而且随着应用环境的扩大，数据库的结构变得越来越复杂，不利于最终用户掌握；②网状模型的数据定义语言（DDL）和数据操纵语言（DML）复杂，并且要嵌入某一种高级语言（如COBOL，C）中，用户不容易掌握和使用；③由于记录之间的联系是通过存取路径实现的，应用程序在访问数据时必须选择适当的存取路径，因此用户必须了解系统结构的细节，加重了编写应用程序的负担。

发展历程　网状模型典型代表是 1971 年数据系统语言研究会（Conference on Data System Language，CODASYL）下属的数据库任务组（Data Base Task Group，DBTG）提出的一个系统方案——DBTG 系统，推动了网状数据库系统的研

制和发展，例如 Cullinet Software 公司的 IDMS、Univac 公司的 DMS1100、Honeywell 公司的 IDS/2、HP 公司的 IMAGE 等。网状数据库模型对于层次和非层次结构的事物都能比较自然地进行模拟。在关系数据库出现之前，网状 DBMS （database management system，数据库管理系统）要比层次 DBMS 用得普遍。在数据库发展史上，网状数据库占有重要地位。

参考文献

王珊, 杜小勇, 2023. 数据库系统概论[M]. 6版. 北京: 高等教育出版社.

王珊, 张俊, 2018. 数据库系统概论(第5版)习题解析与实验指导[M]. 北京: 高等教育出版社.

Abraham Silberschatz, 杨冬青, 2013. 数据库系统概念(原书第6版)[M]. 北京: 机械工业出版社.

（林森）

卫生伐　sanitation cutting

在遭受自然灾害的森林中以改善林分健康状况为目标进行的抚育采伐作业。又称卫生采伐。在遭受病虫害、风折、风倒、雪压、森林火灾的林分中，伐除已被危害、丧失培育前途的林木，改善林内卫生状况，促进森林的健康生长。一般与其他抚育采伐结合进行，也可单独进行。

符合以下条件之一的森林应采用卫生伐：①发生检疫性林业有害生物；②遭受森林火灾、林业有害生物、风倒雪压等自然灾害危害，受害株数占林木总株数的10%以上。

卫生伐后的林分应达到以下要求：①没有受林业检疫性有害生物及林业补充检疫性有害生物危害的林木。②蛀干类害虫有虫株率在20%（含）以下。③感病指数在50（含）以下。④除非严重受灾，采伐后郁闭度应保持在0.5以上；采伐后郁闭度在0.5以下，或出现林窗的林地，要进行补植。

参考文献

翟明普, 沈国舫, 2016. 森林培育学[M]. 3版. 北京: 中国林业出版社: 263.

中华人民共和国国家质量监督检验检疫总局, 中国国家标准化管理委员会, 2015. 森林抚育规程: GB/T 15781—2015[S]. 北京: 中国标准出版社: 2-8.

扩展阅读

叶镜中, 孙多, 1995. 森林经营学[M]. 北京: 中国林业出版社.

（赵康）

无荷中央挠度系数　central deflection coefficient without load

无荷中央挠度与跨距的比值。简称无荷中挠系数。用于衡量悬索张紧度。大于0.1时称为大挠度，小于等于0.1时称为小挠度。

无荷中央挠度系数选得太大，则钢索弯曲大，跑车运行晃动大，不平稳，加快了钢索的磨损，易造成吊运木捆碰地。选得太小，钢索张得紧，若钢索规格不变，则载量减小；若载量不变，则需要加大钢索直径。一般推荐取0.03～0.05。

参考文献

东北林学院, 1985. 林业索道[M]. 北京: 中国林业出版社: 109.

国家林业局, 2012. 森林工程 林业架空索道 设计规范: LY/T 1056—2012[S]. 北京: 中国标准出版社.

（郑丽凤）

无机稳定混合料　inorganic stabilized mixture

在各种粉碎或松散的土、矿质碎（砾）石或工业矿渣中，掺入一定数量的无机结合料（如石灰、水泥等）及水，或同时掺入土壤固化剂，经拌和得到的混合料。经压实及养生后，形成具有一定强度和稳定性的板体结构，在广义上统称为无机结合料稳定类混合料或无机结合料稳定土。刚度介于柔性路面材料和刚性路面材料之间，常称为半刚性材料。以此修筑的基层或底基层亦称为半刚性基层或半刚性底基层。在中国已建成的高速公路和一级公路中，多数路面采用了这种基层。

按结合料类型分为：①石灰稳定类材料。以石灰为结合料，通过加水与被稳定材料共同拌和形成的混合料。包括石灰碎石土、石灰土等。②水泥稳定类材料。以水泥为结合料，通过加水与被稳定材料共同拌和形成的混合料。包括水泥稳定级配碎石、水泥稳定级配砾石、水泥稳定石屑、水泥稳定土和水泥稳定砂等。③工业废渣稳定类材料。以石灰或水泥为结合料，以煤渣、钢渣和矿渣等工业废渣为主要被稳定材料，通过加水拌和形成的混合料。④综合稳定类材料。以两种或两种以上材料为结合料，通过加水与被稳定材料共同拌和形成的混合料。包括水泥石灰稳定材料、水泥粉煤灰稳定材料、石灰粉煤灰稳定材料等。

应依据交通荷载等级、材料供应情况和结构层组合要求选用基层、底基层的类型。常用的基层和底基层材料类型与适用场合见下表。

基层、底基层材料类型与适用场合

类型	材料类型	适用场合
无机结合料类	水泥稳定碎石、石灰-粉煤灰稳定碎石	各交通荷载等级的基层和底基层
	贫混凝土	特重或极重交通的基层
	水泥稳定开级配碎石	多雨地区、特重或重交通的排水基层
	水泥稳定未筛分碎（砾）石、石灰-粉煤灰稳定未筛分（砾）石、石灰稳定未筛分（砾）石	轻交通的基层、各交通荷载等级的底基层
	水泥土、石灰土、石灰-粉煤灰土	轻交通的基层、中等交通和轻交通的底基层

参考文献

交通运输部安全与质量监督管理司交通运输部职业资格中心, 2022. 公路水运工程试验检测专业技术人员职业资格考试用书[M]. 北京: 人民交通出版社.

中华人民共和国交通运输部, 2015. 公路路面基层施工技术细则: JTG/T F20—2015[S]. 北京: 人民交通出版社.

（王国忠）

下锯口　undercut

伐木时，在立木基部倒向方向开的深切口。又称下口、下楂。用以增大被伐立木向此方向的倾倒性，防止劈裂、抽心。下锯口（图1）应尽可能靠近地表以降低伐根。可用斧砍或用各种锯锯。

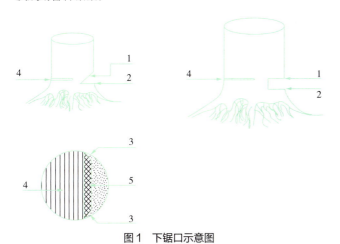

图1　下锯口示意图

1—下锯口上切面；2—下锯口下切面；3—挂耳；4—伐木上锯口；
5—留弦

下锯口的尺寸　下锯口的深度一般为伐根直径的 1/4～1/3，高度为深度的 1/2～2/3。下锯口的深度和高度过小，容易造成树木倒向不定的危险，并且容易发生树木头部劈裂、抽心等现象；下锯口的深度和高度过大，则容易产生反倒、斜倒等危险，并且致使伐根过高。参数的选用取决于树种、伐木季节、树径大小和树木形状等。

直立树　下锯口的深度可取小值，即伐根直径的 1/4 即可。

倾斜树　须视树干的倾斜方向与预定倒向之间的关系决定下锯口的深度。①如树干倾斜方向与预定倒向一致时，为防止劈裂，应使树倒速度加快，故下锯口深度可取大值，即伐根直径的 1/3；②如树干的倾斜方向与预定倒向相反时，为防止反倒，下锯口深度应取小值，即伐根直径的 1/4；③如树干的倾斜方向与预定倒向垂直，下锯口的深度应偏大些，可取伐根直径的 1/3。

下锯口的形式　下锯口的形式很多，有线形、矩形、三角形和混合形等（图2）。应用较多的是矩形和三角形两种。线形下锯口用于伐径 20cm 以下的小径木。中径木多用矩形和三角形的下锯口，25cm 以上的中径木一般采用矩形下锯口。混合形下锯口是在矩形下锯口的上边用斧斜砍三角形而成，多用于伐径 40cm 以上的大径木。在一些特殊情况下，为了借向需要将下锯口锯成特殊的形式，如斜形和梯形。这些下锯口的上下两边在树倒时合拢，树干沿着斜边旋转倒下，达到借向的目的。

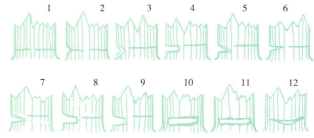

图2　各种形式的下锯口

1，2—线形；3—斧砍的近三角形；4—矩形；5，6—三角形；
7—斜边斧砍的三角形；8—混合型；9—上下二边倾斜的矩形；
10—倾斜形；11—梯形；12—对接形

参考文献

南京林业大学, 1994. 中国林业辞典[M]. 上海: 上海科学技术出版社: 482.

粟金云, 1993. 山地森林采伐学[M]. 北京: 中国林业出版社: 59.

国家林业局森林资源管理司, 2007. 森林采伐作业规程: LY/T 1646—2005[S]. 北京: 中国林业出版社: 22.

扩展阅读

史济彦, 肖生灵, 2001. 生态性采伐系统[M]. 哈尔滨: 东北林业大学出版社.

王立海, 2001. 木材生产技术与管理[M]. 北京: 中国财政经济出版社.

（赵康）

弦长 chord length

索道相邻两支点间连线的直线段长度。如图中 AB 长度（l）。与跨距和弦倾角相关，表达式为：

$$l = l_0 \sec\alpha$$

式中：l 为弦长；l_0 为跨距；α 为弦倾角。

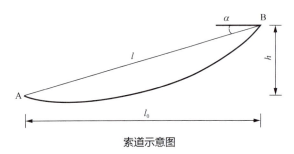

索道示意图

A—下支点；B—上支点；l—弦长；l_0—跨距；h—高差；α—弦倾角

（郑丽凤）

弦倾角 chord inclination

索道相邻两支点间连线（弦线）与水平线所构成的夹角（锐角）。如图中 α。

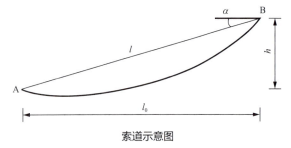

索道示意图

A—下支点；B—上支点；l—弦长；l_0—跨距；h—高差；α—弦倾角

全悬集材索道的弦倾角宜为 15°～30°，最大弦倾角不宜超过 35°。双向牵引时，弦倾角宜为 0°～30°。保证自滑的适宜弦倾角应根据索道线路的长度选择，保证自滑的最小弦倾角为 10°。绞盘机安装在山下的全悬增力式集材索道的适宜自滑弦倾角，按下表进行选择。半悬集材索道的适宜弦倾角为 8°～15°，必要时弦倾角可增加到 25°。

全悬增力式集材索道的适宜自滑弦倾角范围

线路长度（m）	弦倾角（°）
300	10～20
400	13～22
500	14～24
600	16～26
700	17～28

参考文献

国家林业局，2012. 森林工程 林业架空索道 设计规范：LY/T 1056—2012[S]. 北京：中国标准出版社.

（郑丽凤）

线接触钢丝绳 wire-to-wire contact wire rope

股中各层钢丝间呈线接触的钢丝绳。股中各层钢丝的捻距相等，内外层钢丝互相接触在一条螺旋线上，一次捻制完成，不仅同层钢丝间是线接触，且各相邻层钢丝之间也是线接触。股中各层钢丝具有相同捻向和捻距。各层钢丝的直径不同，且具有一定比值，股内钢丝排列紧密，上层钢丝刚好排在下层钢丝的间隙中，相互之间紧密结合。

线接触钢丝绳与点接触钢丝绳相比，具有以下特点：①股内结构较点接触钢丝绳的紧密，使用时可减少股内钢丝间相对滑动；股内钢丝捻距相等，内层的捻角较小，整绳伸长比点接触钢丝绳的为小。②密度系数较高，在其他条件相同时，捻制后的强度损失比点接触钢丝绳为小，同直径、同强度时，比点接触钢丝绳能承受较高的负荷。③工作时，绳内钢丝所受的弯曲及接触应力较小、承载力高、挠性好。④寿命比一般点接触钢丝绳高 20%～40%。

线接触钢丝绳使用广泛，主要用在立井提升、斜井卷扬、露天矿斜坡卷扬、挖掘机及石油钻井、高炉卷扬、各种缆车、电梯、热移钢机、船舶装卸、渔业拖网、农业电犁等方面。

（张正雄）

象限角 quadrant angle

在林道定线过程中，为了规划道路走向，取基本方向的南端或北端为起点，顺时针或逆时针方向转至直线的水平角。共有 4 种组合：北端起顺时针转、北端起逆时针转、南端起顺时针转、南端起逆时针转。在测量工作中，有时用直线与基本方向线相交的锐角来表示直线的方向。无论是哪一种，关键是要确保直线和标准方向间形成的夹角是锐角。

象限角不但要表示角度大小，还要注明该直线所在的象

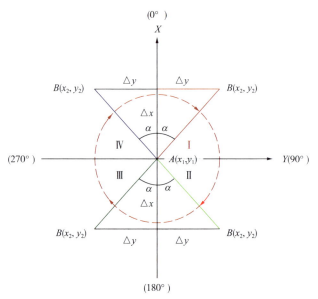

象限角坐标系示意图

（图中 α 即为象限角大小，所在的 Ⅰ、Ⅱ、Ⅲ、Ⅳ象限分别代表北偏东、南偏东、南偏西、北偏西）

限。为了表示直线的方向，应分别注明北偏东、北偏西或南偏东、南偏西。如果知道了直线的方位角，就可以换算出它的象限角；反之，知道了象限角也就可以推算出方位角。

象限角可分为真象限角、磁象限角和坐标象限角3种。真象限角指根据真子午线确定的象限角。磁象限角指根据磁子午线方向所确定的象限角，其角值由磁子午线的北端或南端起量至目标方向的锐角。坐标象限角指从坐标纵轴起，转到某直线所经过的锐角。较为常用的有磁象限角和坐标象限角。象限角由南或北读起，读为偏东或偏西若干度。象限角不大于90°。

参考文献

史玉峰, 2012. 测量学[M]. 北京: 中国林业出版社.

（李强）

橡胶减速带　rubber speed reducer

采用特殊橡胶制成的交通专用减速带。根据车辆行驶中轮胎与地面特殊橡胶的角度原理设计，主要设置在林区公路道口、工矿企业、学校、住宅小区等入口处。

特点　①由高强度橡胶制成，抗压性能好，而且坡体有一定柔软度，在车辆撞击时没有强烈的颠簸感，减震、吸震效果好。②用螺丝牢固地固定在地面，在车辆撞击时不会松动。③端节上有特殊纹理，有效避免滑动。④黑黄相间，特别醒目，每块端节上可安装高亮度的反光珠，晚上反射光线，使司机可以看清减速坡的位置。⑤特殊工艺确保颜色持久，不易褪色。⑥安装简单，维护方便。

组成　由黄、黑相间的橡胶减速带单元组成。一体成型，外表面应有增大附着力的条纹。每个减速带单元正对车辆行驶方向应有便于夜间辨识的逆反射材料。表面应无气孔，不得有明显的划伤、缺料、颜色应均匀一致，无飞边。若通过螺栓与地面连接，则螺栓孔应为沉孔，各个单元应以可靠方式连接。

设置要求　①减速带单元宽、高方向截面应为近似梯形或弧形，其宽度尺寸应在（300mm±5mm）~（400mm±5mm）范围内，高度尺寸应在（25mm±2mm）~（70mm±2mm）范围内，高度与宽度之比应不大于0.7。②应满足整车重量为20t的双轴汽车以40km/h的车速通过时的耐压性能，应无任何破损、开裂现象。③应具有扯断伸长率、拉伸强度、邵尔A硬度、撕裂强度、磨耗减量、冲击弹性、逆反射、耐溶剂、气候环境适应性等性能。

参考文献

国家林业局, 2014. 林区公路设计规范: LY/T 5005—2014[S]. 北京: 中国林业出版社.

王建军, 龙雪琴, 2018. 道路交通安全及设施设计[M]. 北京: 人民交通出版社.

中华人民共和国交通运输部, 2017. 公路交通安全设施设计细则: JTG D81—2017[S]. 北京: 人民交通出版社.

中华人民共和国交通运输部, 2021. 公路交通安全设施施工技术规范: JTG 3671—2021[S]. 北京: 人民交通出版社.

（郭根胜）

小径木托盘　small diameter wooden tray

由小径木材、抚育间伐材以及木材加工剩余物等原材料经过刨片加工、施加胶黏剂等添加剂热压而成的托盘。原材料来源广泛，可替代大径木托盘。

小径木托盘主要由铺板和纵梁组成，铺板包括上铺板和下铺板，上下铺板之间由纵梁支撑。

使用小径木托盘的意义有：①扩展了小径木的利用途径，提高了相关企业的经济效益，进而带动林区经济的发展；②为木质托盘带来新的发展方向；③能够充分运用低质木材，提高木材的综合利用率，缓解中国木材资源的供需矛盾，对林业经济的节约型发展、可持续发展提供有效保障。

小径木托盘

参考文献

邢碧滢, 2020. 竹木复合标准平托盘力学性能研究[D]. 长沙: 中南林业科技大学.

邢碧滢, 庞燕, 2019. 小径木通用平托盘力学性能检测实验研究[J]. 中南林业科技大学学报, 39(8): 131-138.

徐淳, 庞燕, 2017. 新型小径木通用平托盘力学性能理论研究[J]. 中南林业科技大学学报, 37(8): 135-138.

（魏占国）

行车安全视距　driving safety visual distance

在林区道路行车过程中，驾驶人为保证自身行车安全所需的最小可视距离。作为林区道路工效学研究的重要参考指标，行车安全视距研究应用不仅对林区道路规划、设计、运营管理等方面的实际工作提供参考依据，也直接关系着以人为本前提下的林业生产经营活动的安全、稳定、高效运行。

行车安全视距包括纵向行车安全视距和横向行车安全视距。①纵向行车安全视距是为了保证行车安全，驾驶人综合外部（环境）因素和自身内部因素确定的纵向最小视野距离。主要由驾驶人反应时间、平均车速及车辆的刹车距离等几个要素共同决定，即纵向行车安全视距（D_z）= 反应时间（RT）× 平均车速（$\bar{V}$）+ 刹车距离（S）。②横向行车安全视距是在保证行车安全的前提下，驾驶人在林区道路行车过程中综合内、外部因素的横向最小视野距离。主要由驾驶人反应时间、平均车速及车辆的最大行车偏移量等几个要素共同决定，即横向行车安全视距（D_h）= 反应时间（RT）× 平均车速（$\bar{V}$）+ 最大行车偏移量（S_p）。其中，外部因素既包含气候、地形地貌、季节等间接环境因素，也包含车辆、道路等直接环境因素；内部因素包含驾驶技能、驾驶经验、生理反应本能以及驾驶人的心理和生理的抗干扰能力等因素。

传统林区道路多以车速、转弯半径等外部环境为主要参照因素来进行规划设计，已经极大地避免了由此引发的生产安全问题的发生，但是由人为原因所引发的生产安全问题依然得不到有效缓解。受林区地形地貌复杂多变和林业运输季节性因素影响，科学的行车安全视距应以驾驶人为中心，以驾驶人在林业生产运输过程中出现的极限心理和生理反应参数、具体的林区道路路域环境和车辆工况条件共同确定。如何进一步提高人的核心地位，把驾驶人的心理和生理反应融合到林区道路的规划设计中，将是未来林区道路建设的科学发展方向。

参考文献

王佐, 刘建蓓, 郭腾峰, 2007. 公路空间视距计算方法与检测技术[J]. 长安大学学报(自然科学版), 27(6): 44–47, 62.

Geissler E H, 1968. A three-dimensional approach to highway alignment design[C]. Highway Research Board, Highway Research Record, 232: 16–28.

Landphair H C, Larsen T R, 1996. Applications of 3-D and 4-D visualization technology in transportation[R]. NCHRP Synthesis of Highway Practice: 1–84.

（杨锋）

行车道　carriage way

供林区各种车辆纵向排列、安全顺适地行驶的林区道路带状部分。一般由车道组成，而车道就是供单一纵列车辆行驶的部分。林区道路中的车道只包含行车车道，不包含其他起特殊作用的陡坡车道、变速车道、错车道等，由于它们的功能和作用不同，这里不计入，所以林区道路的行车道宽度是车道数乘以车道宽度。

根据不同的交通组织设计，行车道在横断面上的布置有4种方式：

单幅式　所有车辆都在同一个行车道平面上混合行驶。

双幅式　由中间一条分隔带（或绿化带），将行车道分为单向行驶的两条行车道。对单幅式、双幅式道路，如行车道较宽，可划出分道线，将机动车和非机动车分道行驶。

三幅式　由两条分隔带（或绿化带）将行车道分为三部分：中间为机动车道，双向行驶，路中间划出分道线；两边为非机动车道，单向行驶。

四幅式　由三条分隔带（或绿化带）将行车道分为四部分：靠近中间分隔带的两条为机动车道；靠近路边的两条为非机动车道；横断面的布置形式可对称布置，也可不对称布置。

参考文献

许恒勤, 张泱, 2003. 林区道路工程[M]. 哈尔滨: 东北林业大学出版社.

叶伟, 王维, 2019. 公路勘测设计[M]. 北京: 机械工业出版社.

（孙微微）

行车视距　sight distance

为保证行车安全，驾驶人员在行驶过程中能够随时看清楚前方路况，以便发现障碍物或迎面来车时能及时采取刹车或绕过等措施，避免相撞而必须拥有的最短距离。行车视距是否充分，直接关系到驾驶速度与行车安全，是道路使用质量的重要指标之一。

基于国内外相关规范，按照汽车行驶状态不同，行车视距分为以下4类：①停车视距。驾驶人员发现前方有障碍物后，采取制动措施，使汽车在障碍物前停下来所需要的最短距离。②会车视距。在同一车道上有对向的车辆行驶，为避免相碰而双双停下所需要的最短距离。③错车视距。在没有明确划分车道线的双车道道路上，两对向行驶的车辆相遇，自发现后采取减速避让措施至安全错车所需的最短距离。④超车视距。在双车道道路上，后车超越前车时，从开始驶离原车道起，至可见对向来车并能超车后安全驶回原车道所需的最短距离。停车视距、会车视距和错车视距同属于对向行驶的状态，其中以会车视距最长；超车视距属于同向行驶的状态。中国公路路线设计规范中规定，对于高速公路以及一级公路，各路段需满足停车视距的要求；对于二级公路、三级公路、四级公路，各路段需满足会车视距的要求，在双向双车道公路允许超车的路段，行车视距需采用超车视距。

在交通行驶中，大部分交通问题的产生都与视距产生偏差有关，司机借助于合理的行车视距对道路环境进行正确的判断，继而在驾驶车辆的时候就具有更高的保障。在道路设计中需采用平、纵面技术指标来保证足够的行车视距，是确保行车安全、快速，以及增加行车安全感、提高行车舒适性的重要措施。为保证行车视距满足安全需求，工程中常采用视距包络图法和最大横净距法对行车视距进行检验。二者核心为视距曲线，即驾驶员视线点轨迹线每间隔一段与视线相切的外边缘线。

林区内公路行车视距的设计应满足其特点与特殊的行车要求。林区公路以运输木材为主，且所处地区地形复杂，绕山公路居多、平曲线较多、半径较小，暗弯处行车视距不足的问题较为突出。在林区内公路的设计中，应遵循设计规范，加大林区道路横净距，限制行车速度，保证交通标志的清晰。在公路视距的视域内，应排除影响视线的所有障碍物。如果视域内有稀疏的成行树木、单棵树木或灌木，对视线的妨碍不大，并可以很好引导行车或能够构成行车空间时，则可予以保留。

参考文献

国家林业局, 2014. 林区公路设计规范: LY/T 5005—2014[S]. 北京: 中国林业出版社.

许恒勤, 张泱, 2003. 林区道路工程[M]. 哈尔滨: 东北林业大学出版社.

许金良, 等, 2022. 道路勘测设计[M]. 5版. 北京: 人民交通出版社.

中华人民共和国交通运输部, 2017. 公路路线设计规范: JTG D20—2017[S]. 北京: 人民交通出版社.

（王宏畅）

休息制度　break schedule

木材运输企业为缓解和消除驾驶疲劳、保证驾驶人身体健康和安全行车、提高作业效率所制定的管理制度。以人类工效学为基础，科学制定的休息制度有益于驾驶人工作和休息的规范性，驾驶人既能保证在木材运输过程中的工作时间和工作效率，又能有充足的休息时间减缓运输作业产生的驾驶疲劳，提高企业的管理水平。

木材运输中的休息分为运行过程中的调节性休息和作业班次间的恢复性休息。依据工效学理论、道路交通安全法及作业安全管理制度等制定合理的休息制度，具体应考虑3个方面的因素：①驾驶人本身的因素。包括驾驶人的心理状态、生理节律和健康状况等。②运行过程中的因素。包括运输车辆状况、道路的线形、路面质量、气候条件、季节性、运输时间和运输频率等。③管理的因素。包括组织结构、人员配置、车辆调度等。例如美国学者杰弗瑞·伯利（Jeffery Burley）2004年主编的百科全书《森林科学》分卷中人类工效学部分指出，利用劳动者的平均负荷不应超过其有氧能力40%的研究成果，从而确定8小时轮班制度；提出作业人员在工作2小时后至少有15分钟的休息时间，针对不同工种类型，也可采用每小时休息10分钟；不同工种间的轮换和中间暂停休息的组合设计可以更好地减轻负荷、降低疾病甚至事故，提高效率。20世纪70年代日本政府对油锯和割灌机振动及其作业时间做出了一次连续作业不超过10分钟，一天作业不超过2小时的限制。现有的木材运输休息制度主要来源于管理者的主观意识和经验，缺乏系统严谨的科学依据。

参考文献

东北林学院, 1986. 木材运输学[M]. 北京: 中国林业出版社: 201-212.

许盛林, 郭建平, 1990. 人类工效学与采运生产[J]. 森林采运科学(1): 52-57.

（高明星）

悬链线理论　catenary theory

悬索理论的一种。从悬索自重沿曲线均匀分布这一重力特性出发，推导出用于悬索计算的理论公式。一般认为是真实反映悬索重力特性的理论。

悬索在自重下的微分方程为

$$H_0 \frac{d^2y}{dx^2} = q\frac{ds}{dx} = q\sqrt{1+\left(\frac{dy}{dx}\right)^2} \quad (1)$$

式中：H_0 为悬索水平张力；s 为弧长；q 为悬索单位长度重力。令式（1）右边 $=\omega_x$，即 $\omega_x = q\frac{ds}{dx}$ 为悬索自重折合在 x 轴（即水平轴）上的值。式（1）积分两次，并适当选取坐标系，得悬链线理论的基本方程为

$$y = \frac{H_0}{q} \cdot \cosh\frac{qx}{H_0} \quad (2)$$

式（2）右边展开为级数，有

$$y = \frac{q}{2H_0}x^2 + \frac{q^3}{24H_0^3}x^4 + \frac{q^5}{720H_0^5}x^6 + \cdots$$

对 y 求二阶导数，有

$$H_0\frac{d^2y}{dx^2} = q + \frac{q^3}{2H_0^2}x^2 + \frac{q^5}{24H_0^4}x^4 + \cdots \quad (3)$$

观察式（1）和式（3）得出结论：悬链线理论沿曲线均布的自重折合在 x 轴上，按 $\omega_x = q + \frac{q^3}{2H_0^2}x^2 + \frac{q^5}{24H_0^4}x^4 + \cdots$ 规律沿 x 轴递增分布，递增系数为无穷级数。

意大利科学家、艺术家、发明家达·芬奇（Leonardo da Vinci, 1452—1519）在绘制《抱银貂的女人》时最早关注过女人脖子上项链的形状，但没有得到答案就去世了。17世纪，意大利天文学家、物理学家伽利略（Galileo Galilei, 1564—1642）研究了悬挂于两固定支架上、且不可伸长的索或链的曲线线形，猜想其可能为抛物线。1690年，瑞士数学家雅各布·伯努利（Jakob Bernoulli, 1654—1705）公开征求此问题答案。1691年，德国哲学家、数学家莱布尼茨（Leibniz, 1646—1716），荷兰物理学家、天文学家、数学家惠更斯（Huygens, 1629—1695）和瑞士数学家约翰·伯努利（Johann Bernoulli, 1667—1748）分别得出了正确的形状。但因为悬链线是双曲函数，计算困难不能直接应用于悬索计算而没有得到发展。1978年倪元增提出了单跨索道的悬链线理论计算公式及计算用表，但限于当时计算机普及度不高，难以在索道工程上推广应用。随着计算机技术的发展，20世纪90年代起悬链线理论应用增多，逐渐成为索道设计的主流理论之一。

悬链线理论适用无荷中央挠度系数推荐值 $S_0 \leq 0.20$，极限值 $S_0 \leq 0.25$。

参考文献

柳燕, 2012. 从达·芬奇的问题到一条著名的曲线——悬链线[J]. 科技信息(4): 136.

倪元增, 1978. 索道的悬链线理论及其应用[J]. 东北林学院学报(1): 73-90.

周新年, 周成军, 郑丽凤, 等, 2020. 工程索道[M]. 北京: 机械工业出版社: 20-22, 39.

（郑丽凤）

悬索窜移　cable movement

悬索在鞍座处发生的移位现象。在多跨架空索道中，鞍座两侧的拉力随着荷重位置而发生变化；若鞍座两侧的悬索拉力差大于悬索在鞍座的摩擦力时，则悬索会发生窜动而移位。对于由吊索悬挂鞍座的中间支点形式，悬索窜移是由吊索偏摆和悬索的直接窜移两种形式共同体现的。悬索窜移改变了各跨的索长，进而对各跨挠度和拉力产生影响。尤其在

多跨单荷重索道,当某跨受到一个集中荷重作用,前后跨悬索都会向荷重跨移动,增大了荷重跨的挠度,有可能导致离地间隙不足,在设计中应予以充分重视。

参考文献

李正红,窦博,蓝丽姗,等,2020. 架空索道在窜移条件下的振动研究[J]. 黄河科技学院学报,22(11): 20-25.

文曙东,杨荣,景文川,等,2018. 基于抛物线理论考虑多跨窜移时货运索道运行轨迹的研究[J]. 东北电力技术,39(1): 8-10, 22.

张育民,1987. 用补正系数法计算多跨索道悬索张力的探讨[J]. 福建林学院学报(2): 67-76.

(郑丽凤)

悬索拉力 cable tension

悬索各点承受的张力。方向为沿该点的切线方向。悬索拉力与跨距、悬索的张紧度和荷重有关。跨距越大,悬索拉力越大;悬索张得越紧,悬索拉力越大;荷重越大,悬索拉力越大。承载索的安装拉力与有荷时最大拉力的比值,一般控制在 0.4~0.8。

参考文献

国家林业局,2012. 森林工程 林业架空索道 设计规范: LY/T 1056—2012[S]. 北京: 中国标准出版社.

(郑丽凤)

悬索理论 cable theory

对悬挂绳索(简称悬索)进行线形和拉力计算的基础理论。索道各索设计计算的基础。一般假设悬索是理想柔性,不考虑截面的抗弯刚度。包括应用双曲函数的悬链线理论和应用代数函数的抛物线理论、悬索曲线理论和摄动法理论。一般认为悬链线理论是真实反映悬索重力特性的理论,抛物线理论、悬索曲线理论和摄动法理论都是对悬链线理论的近似计算。

悬索在自重下的微分方程为

$$H_0 \frac{d^2 y}{dx^2} = q \frac{ds}{dx}$$

式中:H_0 为悬索水平张力;s 为弧长;q 为悬索单位长度重力。令上式右边 $= \omega_x$,即 $\omega_x = q \frac{ds}{dx}$ 为悬索自重折合在 x 轴(即水平轴)上的值。

积分 2 次,并适当选取坐标系,就得到悬链线理论的基本方程

$$y = \frac{H_0}{q} \cdot \cosh \frac{qx}{H_0}$$

等式右边展开为级数,得

$$y = \frac{q}{2H_0} x^2 + \frac{q^3}{24H_0^3} x^4 + \frac{q^5}{720H_0^5} x^6 + \cdots$$

上式取前一项进行改造后的近似计算为抛物线理论;取前两项进行改造后的近似计算为悬索曲线理论;摄动法理论的三次解也是取前两项,但形式上增加了 x 和 x^3 项。

1691 年,德国哲学家、数学家莱布尼茨(Leibniz,1646—1716),荷兰物理学家、天文学家、数学家惠更斯(Huygens,1629—1695)和瑞士数学家约翰·伯努利(Johann Bernoulli,1667—1748)分别得出了悬挂在两支点间悬索的正确形状。但因为是双曲函数,计算上的困难而不能直接应用于悬索工程的设计计算,只能根据悬索工程的要求,采用不同的近似计算方法。1794 年,数学家和物理学家弗斯(Fuss)在一次悬索桥的设计中发现荷载沿悬索跨距均匀分布时形成抛物线,抛物线的解是一些不知名的人士逐步建立的,1862 年以后,抛物线理论才形成体系。比较公认的抛物线理论有日本的加藤诚平(简称加氏)、堀高夫(简称堀氏)和苏联杜尔盖斯基(简称杜氏)创立的 3 种计算方法。20 世纪 60 年代,大跨距的单跨索道、悬挂式屋盖结构以及大跨度的桥梁等悬索工程技术迅速发展。为扩大设计计算范围,1977 年单圣涤提出悬索曲线理论,1981 年倪元增提出摄动法理论。随着计算机的发展,1989 年周新年将计算机应用于索道设计,提出索道优化理论,并于 1992 年开发出索道工程辅助设计系统。20 世纪 90 年代起悬链线理论的研究和应用增多,悬索曲线和摄动法两种近似计算理论淡出,逐渐形成了悬链线理论和抛物线理论两大主流。各理论中央挠度系数推荐值和极限值见下表。

各理论中央挠度系数范围

设计理论	推荐值	极限值
悬链线	$S_0 \leq 0.20$	$S_0 \leq 0.25$
抛物线(加氏)	$0.03 \leq S_0 \leq 0.05$	$0.02 \leq S_0 \leq 0.08$
抛物线(堀氏)	$S_0 \leq 0.06$	$S_0 \leq 0.10$
抛物线(杜氏)	$0.05 \leq S \leq 0.065$	$S \leq 0.08$
悬索曲线	$0.05 \leq S \leq 0.08$	$S \leq 0.20$
摄动法	$0.05 \leq S \leq 0.08$	$S \leq 0.20$

注:S_0、S 分别为无荷、有荷中央挠度系数。

参考文献

董耀甫,杨旗,2001. 索道悬索理论精度分析[J]. 森林工程(3): 22-31.

柳燕,2012. 从达·芬奇的问题到一条著名的曲线——悬链线[J]. 科技信息(4): 136.

倪元增,1978. 索道的悬链线理论及其应用[J]. 东北林学院学报(1): 73-90.

倪元增,1981. 索道的摄动法计算[J]. 林业科学(2): 202-208.

单圣涤,1977. "悬索曲线"、缆索起重机和索道承载索的设计计算法[J]. 林业科技(1): 1-52.

单圣涤,2000. 工程索道[M]. 北京: 中国林业出版社: 60.

周新年,1989. 林业索道承载索的优化设计[J]. 林业科学(2): 127-132.

周新年,1992. 林业索道设计系统[J]. 林业科学(1): 47-51.

周新年,蔡志伟,黄岩平,1986. 无荷悬索的实用计算精度探讨[J]. 林业科学(3): 270-279.

周新年,周成军,郑丽凤,等,2020. 工程索道[M]. 北京: 机械工业出版社: 20-39.

(郑丽凤)

悬索曲线理论 cable curve theory

悬索理论的一种。视悬索自重折合在 x 轴（即水平轴）上递增分布，且递增系数为常数，是应用代数函数法对悬链线的近似计算。

悬索在自重下的微分方程为

$$H_0 \frac{d^2 y}{dx^2} = q \frac{ds}{dx} \qquad (1)$$

式中：H_0 为悬索水平张力；s 为弧长；q 为悬索单位长度重力。令式（1）右边 $= \omega_x$，即 $\omega_x = q \frac{ds}{dx}$ 为悬索自重折合在 x 轴上的值。

悬索曲线理论的基本表达式为

$$y = \frac{q}{2H_0} x^2 + \frac{\rho}{12H_0} x^4 \qquad (2)$$

式中：ρ 为索重在 x 轴上分布的递增系数。

对 y 求二阶导数，有

$$H_0 \frac{d^2 x}{dx^2} = q + \rho x^2 \qquad (3)$$

观察式（1）和式（3）得出结论：悬索曲线理论悬索自重折合在 x 轴上按 $\omega_x = q + \rho x^2$ 规律沿 x 轴递增分布，递增系数 ρ 为常数。

1977年，单圣涤提出了悬索曲线理论。这一理论是对悬链线展开级数式取前两项的近似计算，由于比抛物线理论多取了一项，适用范围比抛物线理论扩大。随着计算机技术的发展，20世纪90年代起悬链线理论的研究和应用增多，悬索曲线理论淡出。

悬索曲线理论适用有荷中央挠度系数推荐值 S 为 0.05～0.08，极限值 $S \leq 0.20$。

参考文献
单圣涤, 1977. "悬索曲线"、缆索起重机和索道承载索的设计计算法[J]. 林业科技(1): 1–52.

单圣涤, 1979. 对悬挂钢索按"悬索曲线"理论研究的探讨[J]. 林业科学(4): 281–289.

单圣涤, 2000. 工程索道[M]. 北京: 中国林业出版社: 61–84.

周新年, 1988. 用悬索曲线理论设计单跨索道的微机程序[J]. 中南林学院学报(2): 155–164.

周新年, 周成军, 郑丽凤, 等, 2020. 工程索道[M]. 北京: 机械工业出版社: 39.

（郑丽凤）

悬索线形 cable shape

悬挂在两支点间的绳索在自重或荷重作用下形成的曲线形状。在自重作用下，理想柔性的悬索质量沿悬索曲线分布，当结构和质量分布均匀时，悬索呈现的是悬链线；若将悬索自重视为沿跨距均匀分布，则悬索呈现为抛物线。由此形成悬索计算的两大主流理论：**悬链线理论和抛物线理论**。一般认为悬链线理论是真实反映悬索重力特性的理论，但因为是双曲函数，计算复杂；抛物线理论计算简单，理论成熟，在工程上被广泛应用。悬链线理论适用无荷中央挠度系数推荐值小于0.20，极限值小于0.25；抛物线理论无荷中央挠度系数推荐值0.03～0.05，极限值取0.02～0.08。在荷重作用下，悬索是一种变化体系，悬索线形（张力一定时）取决于荷重大小。

（郑丽凤）

选材 timber sorting

将原木或原条按树种、材种、规格和等级的部分或全部进行分类归楞的作业。又称品等区分。选材有利于木材的贮存、保管、运输和利用。是**贮木场**木材生产作业的第三道工序。

在森工企业，可以把原木按材种、树种、材长、径级和等级分类。但是由于不同材种具有不同用途，因此对树种、材长、径级和等级要求就大不一样。每一材种对品种的要求，有明确的国家标准规定。原木分类归楞对木材调拨外运提高装车效率和载量及其经济效益有直接关系。

发展历史 20世纪50年代初，中国选材方式是人力选材，手推肩扛，直到原条运材工艺得到实施，才促进了选材作业机械化的发展，即在手推平车的基础上实现了钢索平车、内燃平车和电动平车选材。1954年采用链式输送机选材，这种选材方式得到了普遍推广和使用，实现选材作业的机械化。在选材工序中，单项的原木装载机械化可采用喂料机，抛木机械化可采用动力式或重力式抛木机。20世纪60年代中期，开始研究和实现选材作业自动化问题。

选材地点和类型 木材生产过程中，选材作业可以在伐区楞场和贮木场两地进行。选材作业分为水上选材和陆地选材两种。水上选材利用木材在水面的浮力，在专门的分类通廊设施中进行；陆地选材是在场地上利用人力和机械设备进行。根据生产工艺的要求又可分为初选和终选。初选一般在伐区楞场进行，主要是按材长予以区分，以便进一步装车运输或扎排运输。终选则是根据本地区的原木分级归楞办法予以区分。原木到材，山上楞场只做初选，到达贮木场终选，也可直接在山上楞场或中间楞场做精选分类（即清车）实行终选；原条到材，在贮木场进行造材，则进行终选。

原木分级归楞方法 各地区根据用户要求和生产来制订，明确规定各材种对树种、长度、直径和等级的具体区分要求，如哪类材种对树种要求细分，哪类只要求粗分为针叶材和阔叶材两种，哪类则不要求区分，并允许混归等。由于伐倒木的树种复杂，原木的粗细和长短不一，材质和用途各异，一个森工企业往往要根据分级归楞的办法设置数十个到数百个楞位。选材工作就是要把全部原木分选到各自的楞位。

机械化选材作业 贮木场选材作业工序包括原木装载、原木输送和原木卸载（抛木）3个阶段。贮木场选材作业方式是以原木输送方式来确定。原木的输送方式有纵向和横向输送两种，中国的选材方式主要是纵向选材。国外有高效率的横向选材，但是仅适用于原木产品规格单一或少的情况，在中国推广应用有局限性。选材机械化也是以原木输送是否采用机械作业来衡量。动力平车选材、原木纵向输送机选材、装载机选材、抛木机选材等都属于机械化纵向选材作业。

参考文献

东北林学院,1983. 贮木场生产工艺与设备[M]. 北京：中国林业出版社：100-101.

牡丹江林业学校,1982. 木材生产工艺学[M]. 北京：中国林业出版社：216.

史济彦,1996. 贮木场生产工艺学[M]. 北京：中国林业出版社：116-132.

（刘晋浩）

削片 chipping

枝丫材经收集、集运至固定地点，加工生产木片的过程。分为山上削片和山下削片。

山上削片 枝丫材在伐区楞场或集材道旁加工削片的过程。对于山上削片，因枝丫较新鲜，可降低切削功率消耗；运输木片比运输枝丫费用要低；不需要大面积枝丫堆积场地；能提高枝丫利用率，仅从伐区楞场移到集材道旁削片，枝丫利用率将提高3%左右。山上削片一般包括枝丫收集、整形、削皮、削片、筛选、装运、贮存等过程（图1）。

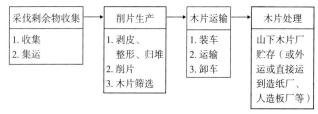

图1 山上削片的生产工艺路线

山上削片主要采用移动式削片机加工木片。移动削片机按牵引方式分3种：①自行式削片机。削片机构装在自行式机架上，削片与走行均采用同一台动力机驱动。②拖挂式削片机。削片机构安装在单独的机架上，由拖拉机牵引并由拖拉机作为削片机的动力，作业时，将削片机的主轴通过传动轴与拖拉机的输出轴连接起来。③自带动力式削片机。削片机构与柴油机均安装在同一车架，由汽车或拖拉机牵引。

山下削片 枝丫材经装车，运输至山下进行加工削片的过程。与山上削片相对。山下削片时，通常把枝丫材集中到木片场进行削片，其生产工艺路线见图2所示。

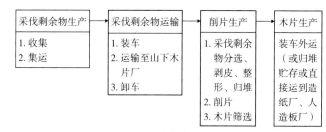

图2 山下削片的生产工艺路线

一般认为，如果削制木片的原料较小，以山上削片为好，否则，山下削片较为经济。这两种类型的选择应取决于综合效益。综合效益体现两点，一是生产成本（C）最小，二是采伐剩余物利用率（K）最高。综合效益（Z）可用下式表达

$$Z = \frac{K}{C}$$

参考文献

史济彦,1995. 采伐剩余物利用学[M]. 哈尔滨：东北林业大学出版社：62-87.

周新年,1995. 我国木片生产的发展与展望[J]. 林业建设(6)：23-30.

（王全亮）

循环索 circulating cable

首尾相连的**牵引索**。又称循环牵引索、闭式牵引索。对于单索循环式运材索道，循环索同时兼有承载索和牵引索功能，其性能要求同**运载索**；对于单线双索运材索道，循环索的功用与牵引索相同，除了要求承受拉伸、弯曲外，还要承受横向挤压力，同时还得防止产生扭结。选用钢丝绳时，除要求有适当的抗拉强度外，应尽可能选用柔软、表面光滑的钢丝绳。

（张正雄）

Y

垭口　narrow mountain pass

山脊上呈马鞍形的明显下凹部位。垭口为越岭线方案的主要控制点。

在公路选线时，应在符合线路基本走向的前提下，对垭口的位置、标高、地质和地形条件以及展线条件与采用隧道跨越等方案作全面比选。在选用越岭隧道的位置时，也应对可能穿越的垭口，以不同的限坡、不同的进出口标高及各种展线方式等找出最佳的方案。

垭口的形成与岩性、地质构造、地表风化侵蚀有关，一般地质构造薄弱，常有不良地质存在，应深入调查地层构造，查清其性质和对路线的影响。垭口的地层构造一般有软弱层型、构造型、断层破碎带型、松软型和断层陷落型等。

参考文献

许恒勤, 张泱, 2003. 林区道路工程[M]. 哈尔滨: 东北林业大学出版社.

许金良, 等, 2022. 道路勘测设计[M]. 5版. 北京: 人民交通出版社.

（王宏畅）

沿溪线　valley line

沿河溪走向布设的路线。又称沿河线。基本特征是路线总的走向与等高线一致。分为低线和高线两种类型。低线是指路基高出设计水位不多，路基一侧临水很近的路线；高线是指路基高出设计水位很多，完全不受洪水威胁的路线。沿溪线是山区林道选线中常被优先考虑的方案。对于河岸地形比较连续、河岸横向坡度比较宽坦、有阶地可以利用、支沟较少、沟长较短、水文地质条件较好的山区地形，一般均采用沿溪线。

沿溪线主要有利条件有：①路线走向明确。②线形较好。③施工、养护、运营条件较好。沿溪线海拔低、气候条件较好，对施工、养护、运营有利，特别在高寒地区更为有利。④服务性能好。山区城镇和居民点大多傍山近水，沿河分布。路线走沿溪方案，能更好地为沿线居民点服务，发挥公路的社会效益。⑤傍山隐蔽，利于国防。沿溪线线位低，比山脊线和越岭线的隐蔽性好，战时不易破坏。不利条件有：①受洪水威胁较大。洪水是沿溪线的主要障碍，沿溪线的线位高低、工程造价、防护工程量等直接受洪水的影响。处理好路与水的关系是沿溪线的重要问题。②布线活动范围小。由于河谷限制（特别是峡谷河段），路线线位左右摆动余地很小。③陡岩河段，工程艰巨。在路线通过陡岩河段时，公路测设和施工难度大。

参考文献

许恒勤, 张泱, 2003. 林区道路工程[M]. 哈尔滨: 东北林业大学出版社.

许金良, 等, 2022. 道路勘测设计[M]. 5版. 北京: 人民交通出版社.

（王宏畅）

液压伐木楔　hydraulic felling wedge

为控制伐木倒向而使用的液压驱动楔形推树工具。

按产生液压力的设备分为油锯液压伐木楔和手压泵液压伐木楔。①油锯液压伐木楔。与油锯配合使用，其结构由传动机构、软管和液压伐木楔组成。使用时，在直立式油锯减速器齿轮轴上安装凸轮，当油锯发动机转动时，凸轮将齿轮轴的旋转运动转变为传动机构中柱塞的往复直线运动，使液压油经软管泵入液压伐木楔的油缸内，并推动伐木楔楔体进入锯口，产生推树力。②手压泵液压伐木楔。由手压泵、油管和液压伐木楔组成。手压泵产生的压力油经油管进入液压伐木楔油缸，推动液压伐木楔楔体进入锯口，产生推树力。

与伐木楔相比，使用液压伐木楔伐木时，劳动强度低、效率高、安全性好；缺点是楔体较重，携带不便，增加了伐木工人的负担。

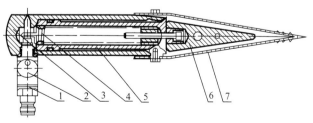

液压伐木楔

1—快速接头；2—止回阀；3—油缸；4—拉簧；5—柱塞；6—楔体；
7—夹板

参考文献

史济彦, 1996. 森林采伐学[M]. 北京: 中国林业出版社: 28-31.

（杨铁滨）

一级林区道路　first grade forest road

林区内供汽车快速通行，采用60km/h设计速度的双车道道路。适用于森工企业年运材量原条≥10万m^3、原木≥6万m^3或年平均日交通量在6000~15000辆小客车的干线，或大片林区营林防火道路的干线，或营林局（场）、自然保护区、森林公园等林业道路交通量大的干线路段。

路基宽度：山岭、重丘区8.5m，平原、微丘区10.0m；行车道宽度7.0m。路面采用次高级或中级路面。次高级路面包括沥青贯入碎（砾）石路面、沥青表面处治路面。中级路面包括泥结碎石路面、级配碎（砾）石路面、不整齐石块路面、碎（砾）土路面、天然风化砂砾路面。

参考文献

许恒勤, 张泱, 2003. 林区道路工程[M]. 哈尔滨: 东北林业大学出版社.

杨春风, 欧阳建湘, 韩宝睿, 2014. 道路勘测设计[M]. 2版. 北京: 人民交通出版社.

叶伟, 王维, 2019. 公路勘测技术[M]. 北京: 机械工业出版社.

（朱德滨）

移索　movement of wire rope

将承载索移动到新的位置或者更换为新的钢丝绳的过程。通常情况下，移索是为了更换老化、损坏的钢丝绳或者是因为作业需求的变化等原因而进行的。移索过程应严格遵守《森林工程　林业架空索道　架设、运行和拆转技术规范》（LY/T 1169—2016）相关技术规范，以避免意外事故的发生。在进行移索时，应对钢丝绳进行检查，并进行必要的维护和保养。移索过程中，注意钢丝绳的张力和方向，确保安全。

（巫志龙）

营林道路　forest management road

根据造林、育林、护林等工作的需要所修筑的正规道路。常与**运材道路**融为一体。平常交通量小，为确保长期使用，具有一定的技术标准。营造林基地（局、场）在路网规划时，结合远期开发利用统筹考虑，提高远期的直接或改建的利用率。不同等级的营林道路，其工程规模、分布、抚育强度以及外部交通条件等差异较大。各路段的等级根据其适应规模、抚育强度、综合利用和多种经营的运量、作业方式、护林防火等要求加以具体确定。其主要干线及与外部公路相衔接的路段可选用一级或二级林区公路，其他路段可选用三级或四级林区公路。路幅宽度、路面等级、面层类型应与林区道路的分类和等级相适应，具体要求见**运材道路**。

参考文献

余建平, 2008. 林区道路有关问题的探讨[J]. 森林工程(2): 51-52.

张志伟, 2015. 国有林区道路建设存在的问题及对策[J]. 现代农业科技(5): 194.

中华人民共和国林业部, 1998. 林区公路工程技术标准: LYJ 5104—98[S]. 北京: 中国林业出版社.

（余爱华）

郁闭度　canopy density

林地内树冠的垂直投影面积与林地面积之比。又称林冠层盖度。即在阳光直射下，森林中高大乔木的树冠投射在地上的阴影面积与森林总面积的比率。

郁闭度反映了森林中乔木树冠遮蔽地面的程度，即树冠的闭锁程度和树木利用生活空间的程度。是反映林分密度的指标，是衡量森林结构和森林环境的一个重要因子，在水土流失、水源涵养、林分质量评价、森林景观建设等方面应用广泛。在森林经营中郁闭度是林区小班区划、确定抚育采伐强度，甚至是判定是否为森林的重要因子。中国规定森林的郁闭度为0.2以上，联合国粮农组织（FAO）则定义为0.1以上。郁闭度常作为抚育间伐和主伐更新控制采伐量的指标，也是区分有林地、疏林地、未成林造林地的主要指标。郁闭度的最大值为1，表示树冠层全部连接起来，形成完全郁闭的状态，林冠层完全覆盖了地表。

分类　郁闭度有水平郁闭度和垂直郁闭度之分。水平郁闭度是指一个林层的郁闭度。同龄纯林或单层林常构成水平郁闭，形成水平郁闭度。垂直郁闭度是指两个及两个以上林层在垂直方向上产生的郁闭度。它只存在于复层林中。

分级　在较早期的林分调查中，郁闭度通常采用分级的概念，即把郁闭度分为无林、低、中、高4个等级，对应树冠的闭合程度为：①无林、疏林，郁闭度分级为0，树冠闭合程度（%）为[0, 20)；②低度郁闭，郁闭度分级为1，树冠闭合程度（%）为[20, 40)；③中度郁闭，郁闭度分级为2，树冠闭合程度（%）为[40, 70)；④高度郁闭、密林，郁闭度分级为3，树冠闭合程度（%）为[70, 100]。这一分级标准通常是为了便于野外调查而设立的。如果能够准确测量郁闭度，则没有必要再对其进行分级，而直接记录郁闭度值。一般采用准确测量的郁闭度。

根据联合国粮农组织规定，郁闭度0.70（含0.70）以上的为密郁闭林或密林，0.20~0.69为中度郁闭，0.10~0.20（不含0.20）为疏林。

调查方法　郁闭度调查时，可以在林内每隔3~5m机械布点若干个，在每个点上观测有无树冠覆盖，如有树冠覆盖记录为郁闭，如果没有树冠覆盖记录为无覆盖。观测时也可以拿一根长杆竖直向上捅，如果长杆碰到植物枝叶，则记录为郁闭；如碰不到植物枝叶，则记录为无覆盖。在一般情况下常采用一种简单易行的样点测定法，即在林分调查中，机械设置100个样点，在各样点位置上采取抬头垂直仰视的方法，判断该样点是否被树冠覆盖。

郁闭度是与树冠大小直接相关的一个参数，调查季节极为重要，尤其是北方落叶树木。初春树木刚刚放叶和盛夏枝叶茂密时调查郁闭度的结果存在明显差异。郁闭度调查宜选择在一年中树冠相对稳定的时期进行。

计算方法 统计调查林地内有树冠覆盖的样点数，利用下列公式计算林分的郁闭度：

郁闭度 = 被树冠覆盖的样点数 / 样点总数

以十分数表示，完全覆盖地面为1。

（赵尘）

预应力水泥混凝土 prestressed cement concrete

在结构构件受外力荷载作用前，先人为地对其施加压力，由此产生的预应力状态用以减小或抵消外荷载所引起的拉应力，即借助于混凝土较高的抗压强度来弥补其抗拉强度的不足，达到推迟受拉区混凝土开裂目的的混凝土。以预应力混凝土制成的结构，因以张拉钢筋的方法来达到预压应力，所以也称预应力钢筋混凝土。预应力能提高混凝土承受荷载时的抗拉能力，防止或延迟裂缝的出现，并增加结构的刚度，节省钢材和水泥。预应力水泥混凝土主要应用于桥梁工程、高层建筑和大型公共建筑物、水利工程、核电站等。

分类方法 按预应力度大小分为全预应力混凝土和部分预应力混凝土；按施工方式分为预制预应力混凝土、现浇预应力混凝土和叠合预应力混凝土等；按预加应力的方法分为先张法预应力混凝土和后张法预应力混凝土。

发展简史 1886年，美国工程师P. H. 杰克逊（P. H. Jackson）首先提出将预应力的概念用于混凝土结构。1928年，法国工程师E. 弗雷西内（E. Freyssinet）提出采用高强钢材和混凝土，使混凝土构件长期保持预压应力，预应力混凝土才开始进入实用阶段。1939年，奥地利的V. 恩佩格（V. Emperger）提出部分预应力新概念，即对普通钢筋混凝土附加少量预应力高强钢丝以改善裂缝和挠度性状。1940年，英国的埃伯利斯（Ebelis）进一步提出预应力混凝土结构的预应力与非预应力配筋均可采用高强钢丝。1945年第二次世界大战结束后，以预应力混凝土代替一些传统的钢结构工程，预应力混凝土得到大规模应用。在20世纪50年代，中国和苏联对采用冷处理钢筋的预应力混凝土作出了容许开裂的规定。1970年，第六届国际预应力混凝土会议上肯定了部分预应力混凝土的合理性和经济意义。

参考文献

李爱群, 2020. 混凝土结构[M]. 北京: 中国建筑工业出版社.

李显宇, 2007. 水泥混凝土的发展简史[J]. 国外建材科技, 28(5): 7-10.

中华人民共和国交通运输部, 2019. 公路水泥混凝土路面施工技术规范: JTG F30—2019[S]. 北京: 人民交通出版社.

（王国忠）

预装 preloading

在运材车辆到达装车点之前，事先将拟装的木材装到预装设备上，待运材车辆到达后再换装到运材车辆上的作业。

优点 ①缩短车辆等装时间，提高运输效率；②有充足的时间对待装木材进行装车，提高装车质量，减少木材损失，有利于安全作业；③为集材作业创造条件，有利于集、装、运工序的衔接。

设备 由装车设备和预装架组成。装车设备有架杆式起重机、缆索式起重机及汽车起重机等。预装架有地面预装架、钢索预装架和框式预装架等。

形式 可分为3种形式。①无挂式预装。在预装中不用挂车，木捆全部靠钢索支撑，通过钢索吊起木材，运材车来后放到车上。可通过使用架杆起重机或缆索起重机进行预装。②半挂式预装。预装中通过使用一个挂车支撑木捆的一部分重量，另外一部分重量由预装机构承受。可以通过架杆起重机或缆索起重机完成预装。承受木捆部分重量的预装机构形式主要有钢索式、框架式和车辆式。③全挂式预装。预装木捆的全部重量均由挂车承担。有森林铁路台车预装和汽车的半挂车预装两类。全挂式预装效率高，可节省待装时间，但需要有相应的半挂车和牵引车。

参考文献

史济彦, 1996. 森林采伐学[M]. 北京: 中国林业出版社: 159-160.

王立海, 2001. 木材生产技术与管理[M]. 北京: 中国财政经济出版社: 160.

（林文树）

原木 log

原条经过造材截断成为符合标准要求的木段。原木作为森工的主产品，在国家或行业标准中，对每一种原木规定有树种、用途、尺寸及尺寸进级、公差、木材缺陷限度、尺寸检量及材质评定办法等，如《锯切用原木》（GB/T 143—2017）、《特级原木》（GB/T 4812—2016）、《小径原木》（GB/T 11716—2018）、《直接用原木坑木》（GB 142—1995）、《直接用原木电杆》（LY/T 1294—2012）、《短原木》（LY/Y 1506—2018）。

原木有多种形式。①根据使用情况，分为直接用原木和加工用原木。直接用原木分为坑木、檩材、椽材、梁材、直接用原木电杆、车立柱、脚手杆、木杆等。加工用原木分为旋切单板用原木、刨切单板用原木、锯切用原木、特级原木、短原木、造纸用原木、木纤维用原木、次加工原木、加工用原木枕资等，也可分为针叶树加工用原木和阔叶树加工用原木。②按长度分为长原木（6m以上）、中长原木（3～5.8m）和短原木（2～2.8m）。③按径级一般分为大径木（直径40cm以上）、中径木（直径25～40cm）、小径木（直径18～25cm）和细径木（直径18cm以下）。④按表面状态，分为剥皮原木和带皮原木。

适用于高级建筑、装修、文物装饰、家具、乐器及各种特殊用途的优质原木为特级原木。其他原木都是对应木材产品的使用提出要求，不再分等级。锯切用原木，根据缺陷限度不同，分为一等原木、二等原木、三等原木。如果材质低于锯切用原木国家标准规定的三等材，则定为次加工原木。

原木用立方米（m^3）计算材积，根据原木小头端面直径和长度，可在原木材积表中查找。原木径级检尺需通过检尺端面(指原木小头端面)的中心，树皮不得量在其内，量取其最小直径为检尺径。按2cm进级，并实行进舍制度，即足1cm的进位，不足1cm的舍去，经取舍后的直径称为检尺径。

原木长度检量时，特级原木按1m进级，其他原木按0.2m进级，但在针阔叶树加工用原木中允许2.5m这一级，进级后的长度称为检尺长。

参考文献

石明章，等，1997. 森林采运工艺的理论与实践[M]. 北京：中国林业出版社：40-41.

（肖生苓）

原木材质评定 timber quality appraising

对原木产品进行缺陷检量、等级评定的过程。

基本规定 ①检尺长范围外的缺陷，除漏节、心材腐朽、边材腐朽外，其他缺陷不计。特殊产品另有规定的，按其规定执行。②检量各种缺陷的尺寸单位规定为：纵裂长度、外夹皮长度、弯曲拱高、内曲水平长度、扭转纹倾斜高度、弧裂拱高、环裂半径、偏枯径向深度、损伤深度均量至厘米（cm），不足1cm者舍去；其他缺陷均量至毫米（mm），不足1mm者舍去。③评定原木材质等级时，有两种以上缺陷或同一缺陷分布在不同部位的，以影响材质最严重的缺陷为准。

缺陷检量

节子 ①检量节子的直径（d），见图1。②节子直径计算起点：原木检尺径自20cm以上，节子直径大于等于30mm计算；检尺径小于20cm，节子直径大于等于20mm计算。阔叶树的活节、检尺径终止线上和断面上的节子，均不计算直径和个数。③针叶树的活节，应检量颜色较深、质地较硬部分的直径。④节子基部呈凸包形的，应检量凸包上部的节子正常部位直径（d），见图2。⑤阔叶树活节断面上的腐朽或空洞，按死节计算，将腐朽或空洞调整成圆形，量其直径作为死节直径（d），见图3。⑥大头连岔部位的缺陷不计，见图4（h表示腐朽深度）。

图1 节子检量

图2 凸包节检量

图3 活节上的腐朽或空洞检量

环裂、弧裂 ①检量环裂半径（r）或弧裂拱高（h），见图5。②原木断面的环裂、弧裂，其裂缝最宽处的宽度大于1mm以上计算，小于1mm的不计。

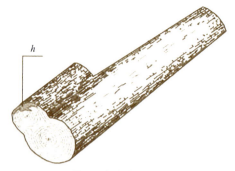

图4 大头连岔检量

图5 环裂、弧裂检量

纵裂 ①检量裂纹长度。②针叶树原木材身的纵裂宽度大于等于3mm以上计算，阔叶树原木材身上的纵裂宽度大于等于5mm以上计算，不足以上尺寸的不计。③原木材身有两条以上的纵裂，彼此相隔的木质宽度不足3mm的，应合并为一条计算长度，大于等于3mm的，应分别计算其长度。④沿原木材身扭转开裂的裂纹，应顺材长方向检量纵裂长度。

弯曲 ①检量弯曲的内曲水平长（l）和弯曲的拱高（h），见图6。②从原木两端拉一直线，其直线贴材身两个落线点间的距离为内曲水平长，与该水平直线成垂直量其弯曲最大拱高。③量内曲水平长时，遇有节子、树包等应当让去，取正常部位检量。

图6 弯曲检量

扭转纹 在原木小头1m长范围内检量纹理扭转起点至终点的倾斜高度（h）（断面上表现为弦长），见图7。

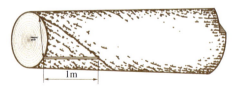

图7 扭转纹检量

偏枯 以钢板尺横贴原木表面径向检量偏枯的深度（h），见图8。

外夹皮 ①检量外夹皮的长度和深度，见图9。②凡外夹皮沟条最宽处的两内侧或底部最窄的宽度（w），不超过检尺径10%的按外夹皮计算；超过检尺径10%的按偏枯计算，见图10。

图8　偏枯检量

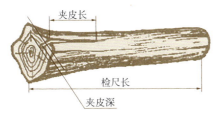

图9　外夹皮检量

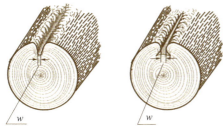

图10　外夹皮沟条宽度检量

边材腐朽　①检量边材腐朽的径向深度。②断面上边材腐朽，通过腐朽部位检量最大径向深度，见图11。③断面上的多块边材腐朽，将各块边材腐朽的弧长相加计算。④材身上的一块边材腐朽，以弧长最宽处径向检量的边材腐朽最大深度。⑤检量材身边材腐朽深度时，以钢板尺顺材长贴平材身表面，与钢板尺成垂直径向检量。⑥材身表面的多块边材腐朽，以弧长（l_1）最大一块的最宽处检量边材腐朽最大深度为准，并将该处同一圆周线上的多块边材腐朽弧长（l_2）相加计算，见图12。

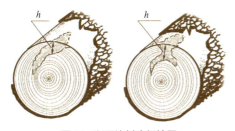

图11　断面边材腐朽检量

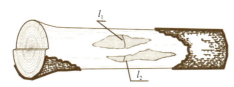

图12　多块边材腐朽检量

心材腐朽　①检量心材腐朽的直径。②在同一断面内有多块各种形状（弧状、环状、空心等）的分散腐朽，均合并相加，调整成圆形量其直径，见图13。已脱落的劈裂材劈裂面上的腐朽，如贯通材身表面的，按边材腐朽计算，通过腐朽部位径向检量腐朽最大深度（h）；未贯通材身表面的，按心材腐朽计算，与材长方向成垂直检量腐朽最大宽度（w）作为心材腐朽直径；腐朽露于断面的，检量断面上的腐朽直径（d），见图14。

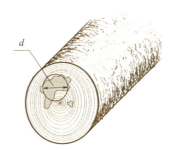

图13　分散心材腐朽检量

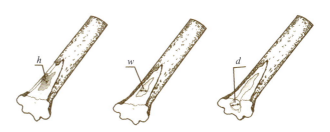

图14　劈裂面上的腐朽检量

昆虫伤害　①检量昆虫伤害的直径、深度，并按规定查定个数。②虫眼直径以贴平原木材身表面检量最小直径为准。③计算的虫眼最小直径大于等于3mm，小于3mm的虫眼和表面虫沟不计。④应检量凿船虫孔的大小和深度。

其他缺陷具体检量方法和要求按照GB/T 144《原木检验》标准规定执行。

等级评定

节子　对原木产品材质的影响程度以节子最小直径与检尺径的比值和查定节子个数进行评定。①在检尺长范围内，选择节子数量最多的任意1m长范围内查定，但跨在该1m长一端交界线上不足1/2的节子不予计算，见图15。统计1m长范围内节子个数时，针叶树原木的活节、死节、漏节相加计算；阔叶树原木的死节、漏节相加计算。②漏节不论直径大小，均应查定在全材长范围内的个数，在检尺长范围内的漏节，还应计算节子直径。

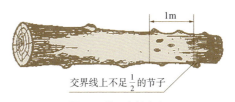

图15　节子个数查定

环裂、弧裂　①对原木产品材质的影响程度以断面影响等级最严重的环裂半径或弧裂拱高与检尺径的比值进行评定。②原木断面的环裂、弧裂，在25cm的正方形中通过

3条者，应按环裂、弧裂评定材质等级后再降一等，评为三等的锯切用原木降为次加工原木。

纵裂 ①对原木产品材质的影响程度以裂纹长度与检尺长的比值进行评定。②未脱落的劈裂材（裂缝没有起点限制）顺材长方向检量劈裂长度，按纵裂评定材质。③松木材身的油线和阔叶树材身的冻裂，不论开裂与否，均按纵裂计算。④炸裂应按纵裂评定材质等级后再降一等，评为三等的锯切用原木，降为次加工原木。

弯曲 ①对原木产品材质的影响程度以弯曲最大拱高与内曲水平长的比值进行评定。②多向弯曲应分别检量检尺长范围内每个弯曲的最大拱高和内曲水平长，以影响材质最严重的弯曲最大拱高或内曲水平长作为评定材质的依据。③对于双心、肥大部分等形成的树干外形弯曲，均不按弯曲计算。

扭转纹 对原木产品材质的影响程度以扭转纹的倾斜高度（断面上表现为弦长）与检尺径的比值进行评定。

偏枯 ①对原木产品材质的影响程度以偏枯的径向深度与检尺径的比值进行评定。②已腐朽的偏枯，材身上的按偏枯、边材腐朽两种缺陷影响材质最严重者评定。③断面上的如腐朽位于沟条内侧或底部的，按偏枯、心材腐朽影响材质最严重者评定；腐朽位于沟条外侧的，按偏枯、边材腐朽影响材质最严重者评定。

外夹皮 ①对原木产品材质的影响程度以外夹皮的长度与检尺长的比值进行评定。②外夹皮径向深度小于3cm的不计。③断面上外夹皮处木质腐朽，如腐朽位于沟条内侧或底部的，按外夹皮、心材腐朽影响材质最严重者评定（图16a）；腐朽位于沟条外侧的，按外夹皮、边材腐朽影响材质最严重者评定（图16b）。④材身外夹皮沟条处木质腐朽，按外夹皮、漏节影响最严重者评定材质。

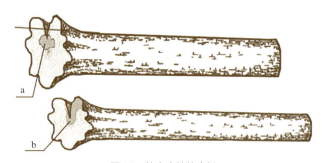

图16 外夹皮处的腐朽

边材腐朽 ①对原木产品材质的影响程度以边材腐朽最大径向深度与检尺径的比值进行评定。②断面上或材身上的边材腐朽，如腐朽弧长不超过该断面圆周长的一半者，则以边材腐朽深度的1/2与检尺径的比值进行材质评定。③断面上边材腐朽与心材腐朽相连的，按边材腐朽评定。④断面边材部位的腐朽未露出材身外表的，按心材腐朽评定。

心材腐朽 ①对原木产品材质的影响程度以心材腐朽直径与检尺径的比值进行评定。②在同一断面同时存在心材腐朽和边材腐朽，如该两种腐朽同属锯切用原木中允许限度二等的应降为三等，允许限度三等的应降为次加工原木。

昆虫伤害 ①对原木产品材质的影响程度以在检尺长范围内，选择昆虫伤害最多的1m长范围内查定个数进行评定。②查定虫眼个数时，跨在1m长交界线上和检尺长终止线上及原木断面上的虫眼，均不予计算。

其他缺陷对原木产品质量的影响程度及特种用材，按照GB/T 144《原木检验》标准进行评定。

参考文献

朱玉杰，董春芳，王景峰，2010. 原木商品检验学[M]. 哈尔滨：东北林业大学出版社.

（朱玉杰）

原木尺寸检量 timber size measurement

对原木产品进行检尺长、检尺径检量和确定的过程。

检尺长检量 检尺长指标准中规定的原木长度（材长），单位米（m）。确定检尺长时，如检量的长度小于原木产品标准规定的检尺长，但不超过下偏差，仍按原木产品标准规定的标准计算；如超过下偏差，则按下一级检尺长计算。

检尺径检量 检尺径指标准中规定的原木小头直径，单位厘米（cm）。确定检尺径时，一般通过小头断面中心先量短径，再通过短径中心垂直检量长径。长短径之差在2cm以上，以长短径的平均数经进级后为检尺径；长短径之差小于2cm，以短径经进级后为检尺径；检尺径小于等于14cm的，以1cm进级，尺寸不足1cm时，足0.5cm进级，不足0.5cm舍去；检尺径大于14cm的，以2cm进级，尺寸不足2cm时，足1cm进级，不足1cm舍去。

特殊原木尺寸检量 ①伐木楂口锯切断面的短径不小于检尺径的，材长自大头端部量起；小于检尺径的，材长应让去小于检尺径部分的长度，见图1。②原木小头断面偏斜，检量直径时，应将钢板尺保持与材长成垂直的方向检量，见图2。③实际材长超过检尺长的原木，直径仍在小头断面检量。④小头断面有偏枯、外夹皮的，检量直径如需通过偏枯、外夹皮处时，可用钢板尺横贴原木表面检量，见图3。⑤小头断面节子脱落的，检量直径时，应恢复原形检量。⑥双心材、三心材以及中间细两头粗的原木，直径应在原木正常部位（最细处）检量，见图4。⑦双丫材的尺寸检量，以较大断面的一个干岔检量直径和材长，另一个干岔按节子处理，见图5。⑧两根原木干身连在一起的，应分别检量计算，见图6。⑨未脱落的劈裂材，检量直径如需通过裂缝，其裂缝与检量方向形成的最小夹角（α_1）小于45°者，应减去通过裂缝长1/2处垂直宽度的一半；最小夹角（α_2）

图1 伐木楂口原木长度检量

图2 小头断面偏斜直径检量

大于等于45°者，应减去通过裂缝长1/2处的垂直宽度，见图7。⑩小头已脱落的劈裂材，劈裂厚度（a）不超过小头同方向原有直径10%的不计，超过10%的应让检尺径。让检尺径：先量短径（d_1），再通过短径垂直检量最长径（d_2），以其长短径的平均数经进级后为检尺径，见图8。两块以上劈裂应分别计算。⑪大头已脱落的劈裂材，如该断面短径经进级后，大于等于检尺径不计；小于检尺径的以大头短径经进级后为检尺径。⑫大、小头同时存在劈裂的，原木端头或材身磨损等尺寸检量均按照GB/T 144《原木检验》标准规定执行。

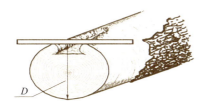

图3　小头断面偏枯直径检量

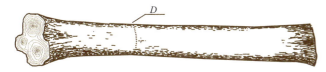

图4　三心材直径检量

图5　双丫材直径检量

图6　材身相连原木尺寸检量

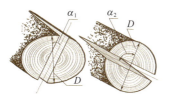

图7　未脱落劈裂材直径检量

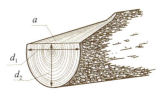

图8　小头已脱落劈裂材让检尺径时直径检量

参考文献

朱玉杰, 董春芳, 王景峰, 2010. 原木商品检验学[M]. 哈尔滨: 东北林业大学出版社.

（朱玉杰）

原木集材　log logging

将伐倒木打枝、截梢、造材后再进行集材的作业方式。木材在集材中的形态是原木。

作业过程　先将林木伐倒，并打枝、造材形成原木，再进行集材、归楞。伐木、打枝、造材、集材、归楞或装车等工序皆在伐区内进行。一般主要依靠人力或畜力。

特点　立木伐倒后，就地进行打枝、造材作业。造材工需要经常移动，劳动强度大，造材质量差；大量枝丫、梢头留在伐区，不利于森林资源利用，不利于伐区清理。但集材便利，有利于幼苗幼树保护，有利于森林更新。后续作业所需的装车场面积小，使用机械设备少，有利于装车场的选设。

在选择集材方式时，需要综合考虑作业对象、作业地点、具有的生产要素和环境等多方面因素。在机械设备缺乏，伐区或者被伐木分散，地势陡、坡度大，集材距离长等情况下，适宜选择原木集材方式。

参考文献

刘淑华, 2014. 木材生产作业理论与技术方法分析[J]. 黑龙江科技信息(10): 210.

潘海, 2012. 伐区作业方式与集材探讨[J]. 现代商贸工业, 24(6): 168.

孙忠平, 鞠政新, 2007. 论畜力集材与拖拉机集材的优缺点[J]. 长春大学学报(6): 81-83.

（徐华东）

原木检验　timber inspection

在原木生产和销售过程中，依据有关标准、合同，对原木产品进行树种识别、尺寸检量、材质评定、材种区分、材积计算、原木标识等工作的总称。

目的　原木是指经过横截造材所形成的圆形木段，没有经过纵向锯切、旋切或刨切等进一步加工的圆材。中国主要商品原木有直接使用原木——坑木、特级原木、锯切用原木、旋切单板用原木、刨切单板用原木、造纸用原木、小径原木、次加工原木、檩材、椽材、车立柱等材种。通过对原木的检验，能确定原木产品材种、材积、材质，为原木生产、流通、使用、监督检验等提供依据。

内容与方法

树种识别　①通过树皮、材表进行识别。树皮的颜色和形态规律反映树种的特征；材表是指原木剥去树皮后的木材表面，各树种的木材特征都在其上有所反映。②通过木材构造和非构造特征进行识别。木材构造主要是原木横切面的特征，即心材与边材及其材色、生长轮、早材、晚材、管孔、轴向薄壁组织、胞间道和木射线等；非构造特征主要包括木材的材色、气味与滋味、结构、纹理、光泽、重量与硬度等。③通过木材识别检索表、木材标本、科学鉴定进行识别。木材检索表是一种能够表明树种特征的检索表，通过对木材样本特征的识别，与其进行对照，即可确定木材树种的名称；与已知名木材标本相对照，木材特征相符时，即可得知需要确定的木材树种名称；将要识别的木材树种切出一小块木片，寄给有关部门，进行树种的鉴定。

尺寸检量 ①原木的检尺长、检尺径进级及公差，均按原木产品标准的规定执行。②原木的长度（材长）是在原木大小头两端断面之间相距最短处取直检量（L），见图1，单位米（m），量至厘米（cm），不足1cm者舍去。在原木检验标准中，规定了各材种原木的检尺长。而在检量过程中得到的是长度的尺寸，不是检尺长，如将量取的长度进级为检尺长，应满足各材种标准规定的尺寸、尺寸公差和尺寸进级的要求。③原木直径的检量，包括各种不正形的完整断面（短径是通过原木断面中心的最短直径d_1；长径是通过短径中心与之垂直的直径d_2），一般通过断面中心，扣除树皮和根部肥大部分，与原木轴线相垂直检量，见图2，单位厘米（cm），量至毫米（mm），不足1mm者舍去；小于等于14cm的，四舍五入至厘米（cm）；在小头断面量取的直径称为小头直径，在大头断面量取的直径称为大头直径。在原木标准中，规定了各材种原木的检尺径。而在检量过程中得到的是直径尺寸，不是检尺径，如将量取的直径进级为检尺径，应满足各材种标准规定的尺寸和尺寸进级的要求，检尺径用D表示。

材质评定 对原木产品进行缺陷识别后，依据国家标准对节子、漏节、边材腐朽、心材腐朽、虫眼、裂纹、弯曲、扭转纹、外夹皮、偏枯、外伤及其他缺陷进行的检量。依据GB/T 144《原木检验》对原木缺陷和材质进行评定。

材种区分 按不同用途或不同使用质量要求所划分的原木产品种类，称为材种。材种区别按照商品原木标准中的有关技术规定执行。

材积计算 确定原木数量的多少。原木材积计算的基本理论是以圆台体体积为基础，按照GB/T 4814《原木材积表》标准中规定的计算公式进行。现行原木材积表是根据原木检尺长和检尺径，按材积计算方法编制而成的，此材积表适用所有树种。在原木检验中统计材积时，有了原木尺寸，就可以在原木材积表中快速查到材积，不必再用公式计算。

原木标志 将原木的树种、材种、检尺长、检尺径、等级和检验责任者标记在原木上。按标准规定标志在原木端面或靠近端头的材身上。责任标志由各省、自治区、直辖市林业主管部门统一制作。

工具 检量使用的工具，应采用计量部门认证认可，专业企业生产的钢卷尺、游标卡尺、钢直尺、钢板尺等。钢卷尺、游标卡尺、钢直尺的精度为1mm。

标准 依据的标准主要包括：GB/T 144《原木检验》、GB/T 155《原木缺陷》、GB/T 15787《原木检验术语》、GB/T 4814《原木材积表》、LY/T 1511《原木产品 标志 号印》。

参考文献

王忠行, 范忠诚, 1989. 木材商品学[M]. 哈尔滨: 东北林业大学出版社.

朱玉杰, 董春芳, 王景峰, 2010. 原木商品检验学[M]. 哈尔滨: 东北林业大学出版社.

（朱玉杰）

原木捆齐头器 logs alignment device

贮木场选材归装作业工序间的一种辅助机械。用于贮木场选材、归楞和装车工序之间的齐头作业。从选材输送机上用人力或抛木机把原木抛入编捆框中后，原木两端参差不齐，为了便于选材、归楞和装车，对原木进行齐头。当采用捆木索和径向抓具等取物装置时，需对原木捆两端齐头。

分类 依据齐头的动力源，有动力式、振动式和重力式齐头器；依据齐头器的形式，有固定式、移动式和随车式齐头器。

机型 常见有固定式重力齐头器和随车移动式重力齐头器。

固定式重力齐头器（图1） 图1a的齐头板为转动式，平时靠自重呈张开状态。木捆由装卸桥的吊钩运到齐头器上

图1 长度检量

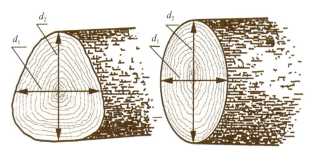

图2 直径检量

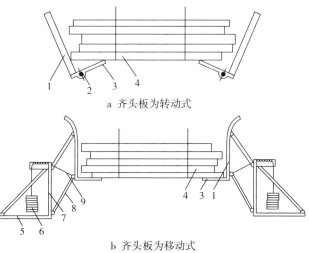

a 齐头板为转动式

b 齐头板为移动式

图1 固定式重力齐头器

1—齐头板；2—轴；3—托板；4—木捆；5—小车；6—配重；
7—竖直边；8—连接杆；9—钢索

部落下，首先压到托板上，齐头板绕轴转动挤压木捆端部，使之齐平。齐头后，木捆吊起。这时托板失去外界载荷，齐头板在自重作用下张开。图1b的齐头板为移动式，它安装在平行四边形的竖直边上，平时靠配重把齐头板抬起。当木捆重量作用在托板上时，克服了配重的阻力，使托板下降。齐头板以水平方向向里移动挤压木捆端部，使之齐头。

随车移动式重力齐头器（图2）直接安装在装卸桥大车底梁中央部位的重力式齐头器。由承载台车、齐头板装置及其驱动调节装置等组成。

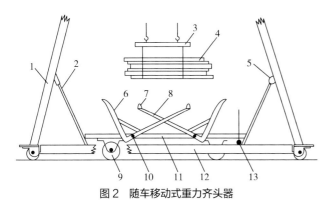

图2　随车移动式重力齐头器

1—起重机支腿；2—拉架；3—吊梁；4—木捆；5—拉紧器；
6—齐头板；7—托梁；8—臂；9—走行轮；10—轴；11—车架；
12—大车底梁；13—弹簧缓冲器

承载台车有一个长方形车架，沿其中心线设置两个走行轮，它们直接搁放在装卸桥的走行轨道上。为保持车架的平放位置，两头各用一个桁式拉架，其顶部通过拉紧器固定在桥腿上，下端则通过弹簧缓冲装置固定在车架上。

在车架上安设两个齐头板，其外侧为一块背后焊有格形筋条的铁板，内侧是两根伸出的臂。两臂的顶端连接一根托梁。齐头板坐在轴上。轴的两端有小轮，装在车架的槽钢内，用电动机通过减速器操纵螺杆，其螺母固定在轴上。

驱动调节装置通过螺杆的转动使轴及其上的齐头板移动来调节齐头板的间距，以适应需要齐头的木捆长度。

这种齐头器设在靠选材输送机一侧的大车底梁上。当吊起的木捆落到齐头器的托梁上后，在木捆重量作用下，齐头板绕轴转动并压向木捆端面，从而达到齐头的目的。

参考文献

东北林学院, 1983. 贮木场生产工艺与设备[M]. 北京：中国林业出版社: 150-151.

史济彦, 1989. 贮木场生产工艺学原理[M]. 北京：中国林业出版社: 93-94.

（孙术发）

原木装车楞场　log landing

专门用于原木装车的楞场。一般分为原木到材和原条到材两种类型的原木装车楞场。原木装车楞场需要对原木进行适当的分选。

原木到材的原木装车楞场：为使场内作业简化，选材可根据原木到材的实际情况，不再选材或最多考虑就地选材的措施。对于不需要进行选材的原木，直接将其对应相应的材长楞口卸车后归楞。对于就地选材的原木进场后，将成车原木暂时卸在同一材长的道旁，然后进行选材并送到相应的楞口处。选材设备有人力平车、简易的索式或链式输送机等；归装设备包括架杆绞盘机、门式起重机、装载机等。

原条到材的原木装车楞场：楞场内需要设置原条造材工序，可通过装设一个简易的造材台实现。一般可将卸车台改成卸车造材台。原条集中卸在楞场中部，油锯造材后的原木装到选材平车上，再通过人力或动力方式运输到楞区并按楞进行卸车和分选。归楞装车作业通常使用架杆绞盘机。

原木装车楞场场地坡度不超过2°。原木装车楞场还需要有造材及选材的作业，因此楞场面积要考虑这些作业所占用的面积。

参考文献

东北林学院, 1984. 森林采伐学[M]. 北京：中国林业出版社: 101-102.

史济彦, 1996. 森林采伐学[M]. 北京：中国林业出版社: 138-139.

王立海, 2001. 木材生产技术与管理[M]. 北京：中国财政经济出版社: 149-150.

（林文树）

原木纵向输送机选材　timber sorted by longitudinal conveyor

将原木（木材）利用工具（供料机、抛木机）从卸车造材台上滚装到纵向输送机上，由纵向输送机的牵引机构运走，当该原木运到应卸的位置（楞地、楞位）时，在纵向输送机栈台上的选材工或抛木机的抛木装置，把原木（木材）从纵向输送机上抛卸下去的一种机械选材方式。

输送机是一种连续运输的机械，效率高，上下工序易于衔接，可实现贮木场选材作业全盘机械化和自动化。输送机牵引机构的运动方向（木材运动的方向）与木材轴线相一致，称为纵向（链式、索式）输送机。输送机牵引机构的运动方向（木材运动的方向）与木材轴线相垂直时，则称为横向（链式）输送机。中国的贮木场主要采用纵向输送机选材。

纵向输送机由驱动机构、传动机构、挠性牵引（承载梁）构件、张紧机构和栈台等构成。当驱动机构发出动力时，使挠性牵引构件通过驱动轮和导向轮构成一条封闭曲线。挠性牵引构件（承载梁）上承托的原木（或货物）随同挠性牵引构件沿着（纵向）导轨从一地被输送到另一地。就是将原木从卸车造材台上输送到楞地的楞位。

原木纵向输送机选材的布设：根据贮木场的生产任务和输送机的选材能力，一个贮木场可以有一条选材线，也可以有多条选材线。选材线的布设直接影响贮木场的整体规划，贮木场选材线布设有分散和集中两种方法。分散布设，即一个卸车点设一条选材线。集中布设，在贮木场开设两条线以上。有同向并列、重叠反向、对开式布设方案。从管理和技术发展以及贮木场规划方面，集中布设有更大的优越性。

20世纪60年代，纵向索式输送机发展比较快，到60年代中期，修建的索式输送机占修建总量的45.6%。但到了70年代发展缓慢，在中国修建的208节输送机中，索式输送机有52节，只占25%。20世纪80年代以后，纵向链式输送机选材得到了进一步的发展和推广应用。

参考文献

东北林学院, 1983. 贮木场生产工艺与设备[M]. 北京: 中国林业出版社: 103-107.

史济彦, 1996. 贮木场生产工艺学[M]. 北京: 中国林业出版社: 116-118.

史济彦, 1998. 中国森工采运技术及其发展[M]. 哈尔滨: 东北林业大学出版社: 415-419.

巫儒俊, 1990. 贮木场生产工艺[M]. 北京: 中国林业出版社: 61-62.

王立海, 2001. 木材生产技术与管理[M]. 北京: 中国财政经济出版社: 233-239.

（刘晋浩）

原条　tree-length; stem-length

立木经伐倒、打枝、截梢后的干材。在中国分原条和杉原条两种，并分别制定有标准，如《马尾松原条》（LY/T 1502—2008）、《阔叶树原条》（LY/T 1509—2019）、《小原条》（LY/T 1079—2015）、《杉原条》（GB/T 5039—2022）。

原条　在中国东北、西北林区作为森工的半产品，造材后成为原木。检尺径8～14cm为小径原条，16～20cm为中径原条，22cm以上为大径原条。作为半产品的原条，其规格是梢径自6cm起，材长超过5m，并且梢径与材长之比在1∶100以上。单根原条的去皮体积以立方米（m³）表示，是原条生产、调拨和销售的计量依据。在一般的原条中，用条的中央去皮直径来确定材积，也可以在测得原条的检尺径和检尺长后在有关的原条材积表上查出该原条的标准材积。

杉原条　在中国南方林区可作为商品材调拨，其规格是梢头直径足6cm，或断梢梢径12cm以下、材长5m以上，分一等材和二等材。杉原条比较通直，产量大，并作为商品材销售，材积的计算与其他树种原条有差别。杉原条可以根据距离根端2.5m处的检尺径和检尺长在杉原条材积表上查找。以检尺长的中央直径为检尺径（未剥皮者应去掉树皮厚部分），以2cm为一个增进单位，足1cm进级，不足1cm的舍去。如遇到节子、树瘤、树干肥大时，向梢部移至正常部位检量。遇到夹皮、偏枯、外伤、节子脱落而呈凹陷时，应恢复树干原形进行检量。

参考文献

石明章, 等, 1997. 森林采运工艺的理论与实践[M]. 北京: 中国林业出版社: 40-41.

（肖生苓）

原条材质评定　timber pole quality appraising

对原条产品进行缺陷检量、等级评定的过程。

基本规定　①检量各种缺陷的尺寸规定：外夹皮长度、弯曲内曲水平长度、弯曲拱高、偏枯和机械损伤深度均量至厘米（cm），不足1cm的舍去。其他缺陷均量至毫米（mm），不足1mm的舍去。但对虫眼直径和深度、外夹皮深度的计算起点尺寸均量至毫米（mm）。②评定原条等级时，有两种或几种缺陷的以降等最低的一种缺陷为准。③检尺长范围外的缺陷，除了心材腐朽、漏节要计算外，其他缺陷不计。

原条缺陷检量方法与等级评定

缺陷检量　①漏节：无论其尺寸大小，在全材长范围内查定漏节的个数。②虫眼：在检尺长范围内查定符合起点尺寸要求的虫眼个数。③边材腐朽、外夹皮、偏枯、机械损伤：检量缺陷的径向深度。④心材腐朽：检量心材腐朽的面积。⑤弯曲：检量弯曲的内曲水平长和弯曲的拱高。以上缺陷与其他缺陷检量方法和要求按照GB/T 5039《杉原条》、LY/T 2984《原条检验》标准执行。

等级评定　漏节、边材腐朽、心材腐朽、弯曲、外夹皮、偏枯、机械损伤等缺陷对原条产品质量的影响程度，按照GB/T 5039《杉原条》、LY/T 2984《原条检验》标准进行评定。

参考文献

王忠行, 范忠诚, 1989. 木材商品学[M]. 哈尔滨: 东北林业大学出版社.

朱玉杰, 董春芳, 王景峰, 2010. 原木商品检验学[M]. 哈尔滨: 东北林业大学出版社.

朱玉杰, 侯立臣, 2002. 木材商品检验学[M]. 哈尔滨: 东北林业大学出版社.

（朱玉杰）

原条尺寸检量　timber pole size measurement

对原条检尺长和检尺径进行检量和确定的过程。原条尺寸包括长度、检尺长、直径、检尺径。

检量对象

检尺长　标准中规定的长度，单位米（m）。

检尺径　标准中规定的原条在检尺长1/2处的直径，单位厘米（cm）。

检量方法

检尺长　从根端锯口上楂口至梢端短径4cm（去皮后的实足尺寸）处，直线检量原条的长度，经进舍后为原条的检尺长。原条检尺长自3m以上，以1m为一个增进单位，实际尺寸不足1m时由梢端舍去，长度单位用米表示。特殊情况原条检尺长的检量，如原条根端劈裂已脱落，如所余断面的短径，经进舍后不小于检尺径的，不予让尺，原条长度从根端量起；小于检尺径的，让去小于检尺径部分的长度。让尺后的原条，应在短径不小于检尺径的部位重新确定检尺长，检尺径部位不变；原条梢端劈裂已脱落，长度检量至梢端短径4cm（去皮后的实足尺寸）处。

检尺径　在检尺长1/2处检量，长短径之差自4cm以上，以其长短径的平均数经进舍后为原条的检尺径；长短径之差小于4cm，以短径经进舍后为检尺径。原条的直径量至厘米，不足厘米者舍去。原条的检尺径自6cm以上，以2cm为一个增进单位，实际尺寸不足2cm时，足1cm增进，不足 1cm 舍去。检量检尺径如遇有树瘤、树包、节子、树干肥大等造成树干不正形者，以移向梢端方向正常部位检量的平均数，经进舍后为检尺径；检量原条检尺径带皮者应扣除树皮（不规则的原条，长短径需平均时，应平均后再扣除树皮厚度，经进舍后为检尺径）。

标准 原条尺寸检量按照 LY/T 2984《原条检验》执行。

参考文献

王忠行, 范忠诚, 1989. 木材商品学[M]. 哈尔滨: 东北林业大学出版社.

朱玉杰, 侯立臣, 2002. 木材商品检验学[M]. 哈尔滨: 东北林业大学出版社.

（朱玉杰）

原条集材 tree-length logging

将伐倒木打枝、截梢后直接进行集材的作业方式。木材在集材中的形态是原条。

作业过程 原条集材，通常是原条前端离开地面，由拖拉机支承，后端在地面上拖曳。归楞或装车在伐区内进行，造材在楞场或贮木场中进行。这样造材的效率和质量较高。

适用场所 由于原条长、重量大，通常要依靠机械集材和装卸，并受到地形条件限制。因此，这种作业方式一般在大林区及森林采伐作业机械化程度高的林区应用较多。

集材方式 ①坡度在 25°以下时，一般采用带绞盘机或液压抓钩的轮式或履带式拖拉机进行原条集材作业。同时，配备大功率的推土机。②坡度在 25°以上时，采用单跨（距离在 350m 内）索道进行原条集材作业，索道架杆可以自行移动，安装快。③在陡峭地形条件下，采用拖拉机和索道两种方式相结合的两段集材方式最为经济，上段采用拖拉机原条集材（距离在 300m 以内，采用履带式拖拉机；距离在 300~500m 时，采用轮式拖拉机），下段用多跨架空索道（距离在 1000m 以上）进行原条集材。

参考文献

酒井秀夫, 刘云渠, 1991. 全树集材与原条集材牵引阻力的比较[J]. 国外林业(1): 57-60.

李光大, 1987. 带搭载板的轮式拖拉机原条集材模型[J]. 东北林业大学学报(1): 40-47.

潘海, 2012. 伐区作业方式与集材探讨[J]. 现代商贸工业, 24(6): 168.

（徐华东）

原条检验 timber pole inspection

对原条产品进行树种识别、尺寸检量、材质评定、材积计算和原条标志等工作的总称。

目的 原条是经过打枝但没有横截加工造材的伐倒木。在中国大部分林区，原条只作为木材采运工业的半产品，不作为商品材来销售。在中国南方，如中南、华东的大部分林区，基于生产和需要的习惯及林区的地理特点，杉原条可作为商品材进行生产和销售，国家颁布的杉原条标准，对原条检验工作进行规范。通过原条检验，能确定原条产品数量和质量，为原条产品的流通和使用提供依据。

内容与方法

树种识别 按照木材检验中树种识别方法来确定原条的树种。

尺寸检量 对原条检尺长和检尺径进行检量和确定的过程。检量方法按照 GB/T 5039《杉原条》、LY/T 2984《原条检验》标准执行。

材质评定 根据原条上所具有的缺陷的检量结果，按照 GB/T 5039《杉原条》、LY/T 2984《原条检验》标准对原条的材质等级进行评定。详见原条材质评定。

材积计算 确定原条数量的多少。用回归分析求出 2.5m 处的直径与中央直径的相关回归方程计算杉原条的材积，并可在 GB/T 4815《杉原条材积表》标准中进行查定。

标志工作 用墨笔、蜡笔或钢印，将原条检验结果标记在原条产品的大头断面上。

检验工具 原条检尺长检量应使用国家标准的钢卷尺，精度为 1mm；原条检尺径检量应使用国家标准的卡尺，精度为 1mm。

参考文献

王忠行, 范忠诚, 1989. 木材商品学[M]. 哈尔滨: 东北林业大学出版社.

朱玉杰, 侯立臣, 2002. 木材商品检验学[M]. 哈尔滨: 东北林业大学出版社: 2002.

（朱玉杰）

原条捆动力学特性 dynamic characteristics of original bundle transportation

当原条运材汽车列车在不平道路上运行时，装在汽车列车上的原条捆产生振动的特殊性质。原条捆不是刚性整体，而是具有一定刚性和柔性的松散体，因此原条捆动力学特性对运材汽车列车运行有很大影响。

原条捆振动特点 原条捆固有振动频率与运材汽车列车承载梁间距有着密切关系。原条捆固有振动频率通常在 1.7~4.2Hz 范围内，随运材汽车列车承载梁间距而增大，随原条悬臂减小而减小。当承载梁间距在 10~11m 时，原条捆固有振动频率在 3.3~3.8Hz 范围内；当承载梁间距在 14~15m 时，原条捆固有振动频率在 1.2~2.0Hz 范围内。原条捆振动频率比单根原条振动频率小得多，这是因为原条本身存在内部阻力和原条捆中原条相互间产生摩擦的缘故。

原条捆纵向位移 运材汽车列车在道路上行驶时，由于使用条件或道路条件发生变化，常出现不同运行状态。当运材汽车列车不稳定运行时，原条与承载装置或原条相互间要产生纵向相对位移。

原条捆摩擦系数 原条捆中原条间的摩擦力与原条重力的比。是影响原条捆纵向稳定性的主要因素。影响原条间摩擦系数的因素很多，如原条形状、原条间相互位置、树种及树皮特点、采伐时间、原条湿度和气候条件等。

原条与承载装置间摩擦系数除与原条本身特点有关外，还与原条在承载装置上摆放位置有关；同时也与承载装置结构特点有密切关系，即与承载装置材料、表面形状，以及它与原条捆相对位置等因素有关。

参考文献
胡济尧, 1994. 木材运输学[M]. 北京: 中国林业出版社.

（薛伟）

原条捆静力学特性　static characteristics of original bundle transportation

原条捆在装车力系作用下平衡规律的特性。

原条捆重力和重心位置　原条捆荷重面积乘以荷重长度再乘以原条捆密度就是原条捆的重力。由于各林区原条树种、径级、尖削度、长度、梢头部分状况和截断长度等条件不同，每根原条重心位置也各不相同。原条捆重心位置主要取决于原条捆的形数和原条捆长度。

原条捆作用在运材车辆承载梁上支反力　当原条捆重心位置确定后，即可求出原条捆作用在运材车辆承载梁上支反力。

原条捆任意截面惯性矩　原条捆与梁间无结合件组合梁不同，首先原条捆不承受外载荷，只有原条捆本身重力；其次在运输时原条一般都带有树皮，因而原条表面粗糙，在原条捆中原条间有相当大摩擦力；再有装在汽车列车上的原条捆，实际上并不是分层的，每根原条都有变化的横截面，因此，原条捆比截面相等或平均截面相同等截面整体梁具有更大挠曲性。

参考文献
胡济尧, 1994. 木材运输学[M]. 北京: 中国林业出版社.

（薛伟）

原条捆运输　original bundle transportation

将原条捆从伐区或其他加工地点运出的运材方式。

原条捆由不同树种和不同长度的原条组成。由于各树种树干的尖削程度各不相同，树干的轮廓曲线形状又很复杂，树干枝丫的位置、数量及大小因树种不同而有很大差异，因而树干各部位（根部、梢头等）质量和木材密度随树干长度的变化而变化。在装车时，由于树干的轮廓及弯曲度，打枝的质量程度，对原条摆放位置和装车质量等都有很大影响，因而不同形状原条在运材车辆上的摆放位置，应满足装车和安全运输要求。因此，每一列车原条捆载荷分布和特性各不相同。

参考文献
胡济尧, 1994. 木材运输学[M]. 北京: 中国林业出版社.

（薛伟）

原条造材　log bucking

将原条按树种、材质、检尺长、检尺径横向锯截出符合国家木材标准的不同材种规格原木的作业。是贮木场木材生产作业的第二道工序。

造材方式　根据造材作业所选用的机械形式不同，造材方式分为移动式造材和固定式造材。移动式造材采用手持式电动链锯，固定式造材采用固定型造材锯机。根据造材时同时进锯的原条根数，又可分为单根造材方式和成捆造材方式。贮木场的造材作业已全部实现了机械化，主要采用手持式电动链锯造材，个别采用圆锯机造材。

造材工艺　原条造材工艺方案有一段造材和两段造材两种。①一段造材是把卸在造材台上的原条按材种规格计划和要求一次造材完成，就可进行选材和调拨销售，在场内不需再第二次造材。但有时也对不合理造材的原木进行改锯，以提高经济材出材率和等级率。②两段造材是在造材台上除按计划把某些原条予以一次造材外，对于某些材种（如坑木、造纸材、烧材等），在造材时可以联二或联三造材（即截成比需要长度大若干倍的原木），然后把这些联二或联三的原木从造材台运至另一造材台或其他地点，再进行最终截短。这种造材方案能够加速卸车和造材的周转，增加贮木场的生产能力。中国主要采用一段造材工艺方案，而国外一些林业发达国家，有时采用两段造材工艺方案。

参考文献
东北林学院, 1983. 贮木场生产工艺与设备[M]. 北京: 中国林业出版社: 79–82.

牡丹江林业学校, 1982. 木材生产工艺学[M]. 北京: 中国林业出版社: 211–212.

史济彦, 1996. 贮木场生产工艺学[M]. 北京: 中国林业出版社: 133.

（刘晋浩）

原条贮备　log stock

将伐区的原条（或长原木）运输到贮木场的原条贮存区进行归楞存放。又称原条贮存。

当运输到材量大于贮木场正常生产需要时，多余的木材卸到原条贮备区内贮存。如果运输到材量满足不了贮木场生产要求时，又能够及时地从原条贮备区内获取原条，从而保证贮木场均衡生产。

中国北方林区木材生产（特别是伐区作业）为季节性作业，冬季采伐量大约占全年产量的70%，运材量约占全年运输任务的60%。冬季到材过度集中，使贮木场处于超负荷的作业状态。生产管理难度提高，机械易损，人员疲劳，不能及时卸车，造成运材车辆的积压，降低了木材运输生产效率。有时，由于受风雪、洪水等自然条件的影响，使运材道路堵塞或被切断，使木材不能及时运往贮木场；或由于运材车辆零部件配备不足，一时不能如数配车，使到材量骤减。此时，贮木场作业处于停工待料状态，特别是夏季，到材量少，贮木场机械与装备不能发挥其应有的效率。为保证贮木场均衡生产，使作业正常进行，解决原条不均衡到材的影响，进行原条贮备是解决不均衡生产的有效途径。

原条贮备有3种方案：①班间贮备。主要是解决在作业班内的到材量不均衡所产生的问题。这时，在贮木场卸车点设贮备区，贮备一个班的原条到材量即可。②故障贮备。主要是解决由于自然条件的影响，或材料配件供应不足时，造成到材不均衡而引起作业不正常的问题。这时，贮木场则要建立3～5天的原条到材量的贮备区。③季节贮备。主要是解决季节性到材不均衡而引起贮木场作业不正常、生产不均衡的问题。季节性贮存量的大小，视其生产的规律、调运、销售（包括外调、外销和内运）情况和原木库存情况来综合考虑和分析。一般季节性贮存量可按全年到材量的5%～10%来计算。

参考文献

牡丹江林业学校, 1982. 木材生产工艺学[M]. 北京: 中国林业出版社: 208.

赵焕辉, 于文良, 1995. 对东北、内蒙古林区贮木场原条贮备工艺布局的研究[J]. 内蒙古林业调查设计(3): 33-36.

（刘晋浩）

原条装车楞场 tree-length landing

专门用于原条装车的楞场。当山上、山下两搬运工序之间在木材生产上出现不均衡时，如山上楞场不能实现随集、随运、随装时，则需要建立原条贮备装车楞场。

场地 原条装车楞场场地坡度不超过1°。面积大小依据装车机械不同而不一样，如采用架杆起重机装车时面积为30m（宽）×40m（长），而采用单杆缆索起重机装车时面积为40m×（60～80）m。

布局 原条装车楞场分单面装车场和双面装车场两种。单面装车场只能从运材线一侧装车，包括架杆爬杠式装车场（多用于森林铁路和汽车运材的线路上）、架杆钢索起重式装车场；双面装车场包括架索式双面装车场和缆索起重装车场。

装车方式 根据装车设备的不同，可分为两类：一是采用绞盘机（有时用集材拖拉机）自行安装的装车设备（架杆装车设备与缆索设备）装车，因设备不动，称为固定式装车；二是采用可行式装车设备装车，称为移动式装车。

参考文献

东北林学院, 1984. 森林采伐学[M]. 北京: 中国林业出版社: 103-105.

史济彦, 1996. 森林采伐学[M]. 北京: 中国林业出版社: 137-138.

王立海, 2001. 木材生产技术与管理[M]. 北京: 中国财政经济出版社: 148-149.

（林文树）

圆曲线 circular curve

道路平面走向改变方向时所设置的连接两相邻直线段的圆弧。各级道路不论转角大小，均应设置圆曲线。圆曲线是道路平面线形3个要素（直线、圆曲线和缓和曲线）之一。

圆曲线上任意点的曲率半径和曲率为常数，其方向在不断地改变着，具有对地形、地物和环境适应性强、可循性好、线形美观、易于测设等优点。但汽车在圆曲线上行驶时，要受到离心力的作用，占用的道路宽度要比在直线上宽，在小半径的圆曲线内侧行驶时，视线受到路堑边坡或其他障碍物的影响较大，视距条件较差，对行车的舒适性、稳定性及安全性不利。在设计中应对圆曲线的半径和长度进行控制。

圆曲线半径的大小与车辆速度、横向力系数和路面的横向坡度等因素有关。常用的圆曲线半径有一般最小半径、极限最小半径、不设超高最小半径和圆曲线最大半径。极限最小半径为各级公路在采用允许最大超高和允许的横向摩阻系数情况下，能保证汽车安全行驶的最小半径。不设超高圆曲线最小半径指不必设置超高就能满足行驶稳定性的最小半径。当圆曲线半径过大时，方向盘几乎与直线上一样无须调整，视觉效果同直线几乎没有区别，容易造成驾驶人员判断上的失误。各级公路圆曲线最大半径值不宜超过10000m。《林区公路设计规范》（LY/T 5005—2014）规定的圆曲线最小半径值见下表。

圆曲线最小半径值表

设计速度（km/h）		60	40	30	20	15
一般最小半径（m）		200	100	65	30（60）	20（40）
极限最小半径（m）		125	60	30（40）	15（40）	12（30）
不设超高的圆曲线最小半径（m）	$i_h \leq 2.0\%$	1500	600	350	150	90
	$i_h > 2.0\%$	1900	800	450	200	120

注：i_h为路拱横坡度；括号内数值为原条运输时的最小半径。

在道路平面设计时，只要地形条件许可，应尽量选用较大的圆曲线半径，以便于车辆安全舒适行驶。只有在地形特别困难不得已时，方可采用极限最小半径。选用的圆曲线半径要适应沿线地形、地物等条件的变化，做到前后线形协调；满足技术合理要求，注意经济适用；不能盲目采用大半径而过分增加工程量或仅考虑眼前通行要求而采用过小半径。当路线从地形条件好的区段进入地形条件较差区段时，线形技术指标应逐渐过渡，防止突变。

汽车在圆曲线上行驶时，如曲线很短，驾驶员操作方向盘频繁而紧张。为便于驾驶操作和行车安全与舒适，在满足圆曲线半径要求的同时，汽车在圆曲线上行驶的时间不应短于3秒行程。在特殊困难地段，长度可以适当减少。

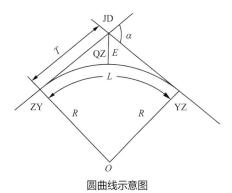

圆曲线示意图

R—圆曲线半径；α—交点处的转角；T—切线长；L—曲线长；E—外距；JD—交点；ZY—圆曲线的起点（直圆点）；QZ—圆曲线的中点（曲中点）；YZ—圆曲线的终点（圆直点）

参考文献

许恒勤, 张泱, 2003. 林区道路工程[M]. 哈尔滨: 东北林业大学出版社.

叶伟, 王维, 2019. 公路勘测技术[M]. 北京: 机械工业出版社.

（刘远才）

越岭线 ridge crossing line

沿分水岭一侧山坡爬上山脊、在适当地点穿过垭口，再沿另一侧山坡下降的路线。特点是路线需要克服很大的高差，路线的长度和平面位置主要取决于路线纵坡的安排。越岭线选线中，须以安排路线纵坡为主导，处理好平面和横断面的布设。

越岭线的布设关键在于垭口的选择和越岭线的纵坡设计两个方面。垭口是越岭线的控制点，应在符合路线基本走向的范围内选择。①垭口的选择。越岭线垭口的位置应在符合路线基本走向的情况下，与两侧山坡展线方案综合考虑，不仅要采用低垭口，而且展线降坡后能与山坡控制点和山脚控制点较好地衔接。②纵坡设计。应根据已确定的垭口、山坡控制点和山脚控制点，进一步确定过岭标高以及中间次一级的高程控制点如经过的村落、支线衔接点、中间垭口等，各高程控制点纵坡应力求均匀，尽量少用极限坡度和过缓的坡度，并不设反坡。同时纵坡设计还需结合路线廊带地形、地质情况，尽量将路线安排在地形较缓、地质较好的段落。

参考文献

许恒勤, 张泱, 2003. 林区道路工程[M]. 哈尔滨: 东北林业大学出版社.

许金良, 等, 2022. 道路勘测设计[M]. 5版. 北京: 人民交通出版社.

（王宏畅）

运材车辆生产成本 production cost composition of timber transport vehicles

完成单位运输工作量（$m^3 \cdot km$ 或 $t \cdot km$）所用的费用。它由一定时期内汽车运材车队支出的全部费用与同一时期内完成的运输工作量的比值来确定。

汽车运材车队的全部费用可以分为可变费用、固定费用、装卸费用。①可变费用指与车辆行驶有直接关系的费用，按每千米行程计算。可变费用包括运行材料费用，车辆折旧、技术保养和修理费，轮胎费及养路费等。②固定费用指与车辆行驶无直接关系的费用。包括工人工资、工人附加工资、企业管理人员工资、房屋维持费、企业管理费和牌照费等。③装卸费用指与装卸工作有关的费用。包括装卸工人或操纵装卸机械的工人的工资，装卸机械的动力、润滑材料和其他运行材料的费用，装卸机械的保养和修理费、折旧费等。

参考文献

胡济尧, 1994. 木材运输学[M]. 北京: 中国林业出版社.

（胡志栋）

运材道路 haul road

林业企业在木材装车场或楞场（山场）与贮木场之间按照森林经营要求修建的道路。简称运材道。为林区道路的主体，直接承担木材由装车场到贮木场的输送任务。根据运材工具和运量大小的不同，道路构筑的形式与标准有很大差别。运材道路的等级按照路段的设计年运材量、运输类型及地形条件选用，具体见表1。建设时，路幅宽度、路面等级、面层类型与林区道路的分类和等级要相适应，具体见表2和表3。

表1　运材道路年运材量划分等级表（万m^3）

等级	原条运输		原木运输	
	平原、微丘	山岭、重丘	平原、微丘	山岭、重丘
一	≥10.0	≥6.0	≥6.0	≥4.0
二	6.0～10.0	4.0～6.0	4.0～6.0	2.0～4.0
三	4.0～6.0	3.0～4.0	3.0～4.0	1.5～2.0
四	<4.0	<3.0	<3.0	<1.5

注：1. 地形条件的划分标准根据《林区公路工程技术标准》（LYJ 5104—98）附录A。

2. 木材生产中综合利用的小径木、枝丫、木片等以及多种经营的大宗运量可计入年运量内。

3. 表中数据来源于《林区公路工程技术标准》（LYJ 5104—98）。

表2　各级林区道路路幅宽度（m）

等级	平原、微丘			山岭、重丘		
	路基	行车道/路面	路肩	路基	行车道/路面	路肩
一	8.5	7.0	0.75	7.5	6.0	0.75
二	7.5	6.0	0.75	7.0/4.5	6.0/3.5	0.5/0.5
三	5.0	3.5	0.75	4.5	3.5	0.5
四	4.5	3.0	0.75	4.0	3.0	0.5

注：表中数据来源于《林区公路工程技术标准》（LYJ 5104—98）。

表3　林区道路路面等级及面层类型

等级	路面等级	面层类型
一	次高级或中级	沥青贯入式碎、砾石；沥青表面处治；泥结碎石；级配碎石、砾石；不整齐石块；碎、砾石土
二	中级	泥结碎石；级配碎石、砾石；不整齐石块；碎、砾石土
三	中级或低级	泥结碎石；级配碎石、砾石；不整齐石块；碎、砾石土；粒料加固土；其他当地材料加固
四	低级或不设	粒料加固土；其他当地材料加固

注：资料来源于《林区公路工程技术标准》（LYJ 5104—98）。

参考文献

陈绍志, 何友均, 陈嘉文, 等, 2015. 林区道路建设与投融资管理研究[M]. 北京: 中国林业出版社.

中华人民共和国林业部, 1998. 林区公路工程技术标准: LYJ 5104—98[S]. 北京: 中国林业出版社.

（余爱华）

运材跑车 transportation carriage

用于运材索道上的跑车。一般不具备拖集和提升能力，适用于林区木材第二次运输。结构较简单，分为单轮运材跑车和双轮运材跑车。

运材跑车主要由行走部、吊架、载物钩、握索器四部分组成。①行走部是由车架、轮组或滑轮组成的用于使运材跑车在承载索上稳定移动的部件。应根据荷载大小、轮压与承载索的拉力比值、运行速度等因素确定。车轮、轴和轴承由于所受轮压大、旋转速度高等原因，应采用优质材料。如车轮材料要求韧性强、耐磨性大，同时应考虑对承载磨耗小，一般采用冷模铸铁、球墨铸铁和铸钢，轮槽面硬度应保证40～50HS（即265～340HBW）。车轮直径，林业运材索道一般采用120～160mm。②吊架铰接在行走轮的机架上，可以在垂直平面内自由转动；一般采用扁钢制作，当承受大荷载时可采用槽钢或角钢制作。③载物钩连接在吊架的下方，用于悬挂木捆。④握索器是使跑车与循环索连接在一起，带动跑车沿承载索移动的部件。又称夹索器、抱索器、挂结器。是运材跑车上的一个重要部件，一要保证跑车与循环索间结合和脱离的可靠性、平稳灵活性；二要有足够的握索力，以克服线路中运行阻力；三要能防止钢索在夹钳钳口中遭受损伤和过度磨损。握索器分为强制式握索器和重力式握索器两种。

运材跑车应尽可能的小型轻便，运行阻力小，行走部分摩擦、磨耗少，握索和脱索方便可靠，挂材卸材要迅速容易，不需要特殊的复杂装置。

（周成军）

运材汽车 log hauling truck

木材生产的主要运输工具之一，也是一种具有较高行驶速度的运材工具。

汽车投入木材运输后，改变了木材陆运中森林铁路运输原来的优势地位，汽车运输与森林铁路运输相比有很多优点，其爬坡能力大，尤其适用于丘陵山区运材，在森林采伐区腹部，汽车运输的优越性更加明显。修建汽车道路可以就地取材、造价低、机动灵活，便于营林作业和方便人民生活。

机械组成 一辆运材汽车由数以千计的机件连接、装配而成。机件可以组合成机构和总成，它们各自具有不同的功用。

机件 汽车最基本的组成部分。是一个不可再拆卸的整体，如气缸体、变速器壳（基础件）；活塞、气门、曲轴、半轴（专用件）；螺栓、螺母和垫圈（标准件）等。

机构 由几个机件连成一体，机件间有一定的运动关系，但不能起单独、完整的作用，如活塞连杆组、差速器等。

总成 由若干机件或机构连成一体，能单独起到完整的作用，如发动机总成、变速器总成等。

这些机构和总成的构造、型式和相互间的位置，不同类型的运材汽车是不相同的，但大多运材汽车的基本结构及主要机构的构造和作用原理以及总体布置等大体上相互类似。

功能结构组成 现代运材汽车的结构比较完善，是由发动机、底盘、车身（木材承载装置）和电气设备4个部分组成。

发动机 运材汽车的动力装置。由发动机本体、润滑系、冷却系、燃料供给系、点火系（柴油机没有点火系）和起动装置组成。

底盘 运材汽车的主体。接受发动机发出的动力，使汽车产生运动，并保证汽车能正常行驶。底盘由以下几部分组成：①传动机构。又叫传动系。是把发动机发出来的动力传给驱动车轮。由离合器、变速器和分动器、传动轴和驱动桥组成。②行路部分。又叫行驶系。是把各总成、机件连成一个整体，起到支承全车和保证汽车行驶的作用，由车架、车桥、车轮和悬挂装置组成。③控制机构。包括转向系和制动系。转向系保证汽车能够按照驾驶员所预定的方向行驶，由带方向盘的转向器和转向传动装置组成。制动系是保证迅速地降低汽车行驶速度或停车的行车安全装置，由制动器和制动传力装置组成。

车身 安置驾驶员和货物的地方。包括驾驶室、驾驶室保护装置和木材承载装置。木材承载装置是在运材汽车上用来装载原条或原木这种长尺寸货物的装置，由承载梁、车立柱、开闭器和钢丝绳等组成。

类型 根据运材汽车的用途和所运木材的种类、长短的不同，运材汽车的装备也不相同，可分为运材汽车单车（包

图1 运材汽车

图2 半挂车运材汽车列车

括自装自卸运材汽车）和运材汽车列车两大类。

运材汽车单车 由牵引部分（包括发动机和底盘）和木材承载部分组成。用来运输短原木、薪材和木片等。

运材汽车列车 由牵引汽车和运材汽车挂车组成。用来运输原木、长材和原条等。汽车列车运材能发挥现有运输设备的潜力，提高生产率，节约人力和物力，降低运材成本。运材汽车列车根据组合型式的不同可分为全挂运材汽车列车、半挂运材汽车列车、长材运材汽车列车、自装自卸运材汽车列车。中国使用的运材汽车，一般是载重汽车的变型或由载重汽车改装而成。

技术性能 运材汽车适应使用条件而发挥最大工作效率的能力。运材汽车技术性能主要有动力性能、通过性能、制动性能、经济性能、稳定性能、机动性能。在生产中，要特别注意运材汽车合理拖载量，即运材汽车能够合理拖运的最大载荷质量总和，以保证木材运输的安全。

参考文献

高瑞霞, 2011. 运材汽车的管理与使用[J]. 林业机械与木工设备, 39(3): 51–53.

刘云河, 2011. 汽车运材的特点及管理[J]. 林业机械与木工设备, 39(4): 53, 58.

（胡志栋）

运材汽车保养 maintenance of timber truck

定期对运材汽车相关部分进行检查、清洁、补给、润滑、调整或更换某些零件的预防性工作。又称运材汽车维护。

运材汽车在使用过程中，随着行驶里程的增加，其技术使用性能不可避免地要发生变化，若不对其进行保养和修理，则各机构零件的磨损将会剧烈增加，其结果将使运材汽车的动力性能恶化，燃料消耗量增加，工作可靠性变差，甚至因故障和损伤而造成非生产性的停驶，影响运材汽车的正常行驶。

运材汽车的保养是一种维护性作业，主要内容是清洁、检查、坚固、调整、润滑。这些作业的范围、深度和周期，由于运材汽车的类型、运行条件、物料品质的差异而有所不同。运材汽车的计划保养制度，就是在以预防为主的思想指导下，把这些作业项目，按其周期长短分别组织在一起，分期定期执行，以便有计划地安排运材汽车的保养工作。按照运材汽车计划预防保养制度的要求可分为四级，即例行保养、一级保养、二级保养和三级保养。

例行保养 每天出车前、行驶中、收车后进行的保养。包括：①打扫、清洗汽车内外卫生。②检查安全机构、各部机件紧固和轮胎气压。③检查添加燃料、润滑油。

一级保养 车辆每行驶500～3000km进行一次一级保养，以清洗、检查、润滑、紧固为主。①清洗化油器、空气和汽油滤清器，更换机油。②按规定部位添加润滑脂，检查变速器、转向器、后桥的润滑油面高度，不足时添加。③检查转向紧固情况、离合器自由行程、制动器摩擦间隙和各部件连接部位的紧固情况。④检查灯光、分电器触点的工作情况，以及电池电液面高度。⑤放出贮气筒的积水。

二级保养 车辆每行驶8000～12000km进行一次二级保养。二级保养除执行一级保养作业内容外，调整、检查发动机和底盘各部件工作情况，使其保持良好的技术状况。①清洗化油器和空气、燃油、机油粗滤清器，更换机油细滤清器，换机油。②检查调整气门间隙，紧固发动机螺栓，并检查发动机有无漏水、漏油情况。③拆检发电机、起动机，清洗整流子和炭刷，润滑轴承。④检查分电器技术状况，调整间隙。⑤检查电路、灯光、喇叭、雨刮工作情况。⑥检查调整离合器与压板的间隙及踏板的自由行程。⑦检查转向器横直拉杆和转向节主肖套、转向臂各接头的磨损情况，并调整前束。⑧拆检转动轴万向节和轴承磨损情况，紧固变速器二轴和主减速器螺帽。⑨检查动器，拆制动鼓，紧固制动底板螺帽，检查制动蹄和制动鼓的磨损情况，调整间隙，油制动检查分原皮碗有无咬死漏油，气制动换分原膜片、气管，调整制动踏板自由行程。

三级保养 一般周期为36000～40000km。经过几次二级维护后，采取三级维护措施，巩固和维持各总成和组件的正常使用性能。以解体检查、消除隐患为主，由修理工进行的各项作业，包括：拆卸检查发动机，检查气缸、活塞、活塞环、拉杆、轴承的磨损情况，清除积碳、结胶、冷却系统水垢，研磨气门，调整间隙；拆卸前桥、转向、变速器、传动轴、后轮轴、悬架和制动器总成，进行清洗、检查、调整、排除故障等。如有必要，检查、除锈并修补车架和车身上的油漆。

参考文献

胡济尧, 1994. 木材运输学[M]. 北京: 中国林业出版社.

（胡志栋）

运材汽车承载装置 bearing device of log hauling truck

在运材汽车上用来装载原条或原木这种长尺寸货物的装置。由承载梁、车立柱、开闭器和钢丝绳等组成。开闭器是用来锁紧和松开钢丝绳，防止木材运输过程中钢丝绳松脱产生危险。钢丝绳用来固定运材汽车上的木材、吊装木材以及拖拉汽车挂车。

承载梁 用来承担木材捆的重量，并传递汽车的牵引力和制动力。断面形状如图1所示。图1a所示的承载梁是由两根相互平行的槽钢制成，它的上、下有盖板焊在端面上。中国运材挂车承载梁多数采用这种形式，使用中出现悬臂部分弯曲，承载梁与车立柱连接地方（也叫鸭嘴）强度不够，发生扭转变形，生产单位常用钢板补强。如果承载梁断面采用图1b所示的形状，强度可以得到改善，鸭嘴处断面为箱形。国外木材承载装置中的承载梁普遍采用高强度的箱形结构。德国运材汽车奔驰2624的承载梁是由钢板焊接的箱形结构，两壁板上缘做成齿形卡木齿，其箱形结构断面如图1c所示。

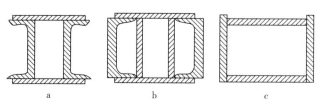

图1 承载梁结构简图

车立柱　车立柱铰接于两端鸭嘴内,用钢丝绳拉紧,防止木材侧滚。车立柱有几种形式(图2)。图2a所示的是中国20世纪90年代采用的主要形式,下端圆孔用来与承载梁端部铰接,在车立柱侧面焊接一个钢丝绳支座,用来拉紧车立柱。也可省去这个支座,在车立柱上钻个圆孔,如图2b所示。为降低装卸的起吊高度,采用分层装卸木材的方法,可将车立柱做成二截,如图2c所示,先竖起第一截车立柱,当木材达到一定高度时,再竖起第二截,用锁止机构把二截车立柱变为一体,直到装完木材为止;还可以在车立柱上再加上一段短立柱。原条捆对车立柱的推力是从下向上逐渐减小的,因此,可将车立柱做成像收音机天线那样,或者上端细截面、下端粗截面的收缩形状,如图2d所示。因为车立柱过高易向外倾斜,所以在车立柱顶端固定一个长索链,装完木材后,将索链连好。有的运材汽车上装有自装自卸设备(如绞盘机),利用安装在车立柱上的滑轮作为支承点进行装卸,所采用的车立柱顶端有个滑轮,如图2e所示。还有的挂车,考虑木材捆特点和侧向自动卸车方便,采用了弯曲形状的车立柱,如图2f所示。

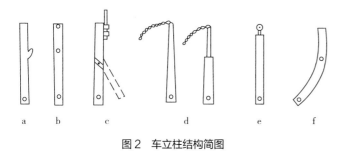

图2　车立柱结构简图

参考文献

胡济尧, 1994. 木材运输学[M]. 北京: 中国林业出版社.

(胡志栋)

运材汽车更新　renewal of timber truck

为保证运材汽车高效、低耗投入运输生产而采取的将旧车换新车的措施。

运材汽车在使用过程中由于磨损、腐蚀,使运材汽车的使用性能随着使用年限(或行驶里程)的增加而逐渐下降,大修周期缩短,维修率逐年增加,车辆的可靠性及完好率和生产率等指标下降。当运材汽车达到使用期限时,需要对运材汽车进行更新。运材汽车的使用期限一般是按运材汽车开始使用到报废为止的使用年限(10年)或行驶里程(30万km)来计算的。

参考文献

胡济尧, 1994. 木材运输学[M]. 北京: 中国林业出版社.

(胡志栋)

运材汽车公害防治　pollution prevention and control of timber truck

针对运材汽车排气污染、噪声危害及运材汽车电气的电波干扰对环境危害所进行的预防与治理。运材汽车公害包括排气公害和噪声公害。

排气公害　根据对人和生物造成的危害程度,可将汽车发动机排出的废气分为有害成分和无害成分。N_2、CO_2、O_2、H_2和水蒸气等属于无害成分;CO、HC、NO、SO_2、铝化合物及炭烟及油雾等为有害成分。有害成分在空气中达到一定浓度后,将对人和生物造成危害,即所谓排气公害。排气公害的防治途径包括:研制低污染动力源的汽车;促进完全燃烧;对发动机排气进行处理;防止汽油蒸汽的泄露。

噪声公害　运材车辆的噪声对人体的影响。运材车辆的噪声一般都是60～90dB的中强度噪声。噪声公害的防治依据中国制定的各类机动车辆噪声标准执行:①客车车内最大允许噪声级应不大于82dB。汽车驾驶员耳旁噪声级应不大于90dB。②小轿车内的噪声在60dB以下。③根据GB 1495—2002《汽车加速行驶车外噪声限值及测量方法》中规定的小汽车(M1类车辆)车外噪声限值为74dB。

参考文献

胡济尧, 1994. 木材运输学[M]. 北京: 中国林业出版社.

(胡志栋)

运材汽车挂车　lumber truck trailer

用汽车牵引的专用运材装置。简称运材挂车。是被拖挂没有动力、依靠汽车牵引着运输木材的车辆,与牵引汽车组成运材汽车列车。用于原木、原条或伐倒木运输。不同类型的挂车其构造不尽相同,但均由木材承载装置、转向装置、牵引连接装置、车架、悬挂装置、车轮、制动装置、调偏装置以及附属设备等组成。

20世纪60年代中期,在原条运材中经常出现等待装车的问题,这就减少了汽车的运行次数,直接影响了汽车运输效率。为解决这一问题,采用了挂车和预装架进行原条预装作业的方式,即事先将原条装在预装架和挂车上。预装架种类较多,有龙门式固定预装架、积木式预装架和比较简单的钢索式预装架。预装架有可移动式和固定式两种。预装作业能减少汽车在装车场上停留的时间和汽车周转时间。

分类　运材汽车挂车按木材运输用途分为3种:原木全挂车,原条长材挂车,运输原木、木片的半挂车;按结构型式可分为全挂车、半挂车、长材挂车、特种专用挂车。

全挂车　一种普通的挂车。有独立的底盘,在其上装有车身、车台(货台)或木材承载装置。载荷全部由挂车自身的轮轴承担。汽车牵引挂车行驶是靠汽车的挂钩与挂车辕杆套环的连接。全挂车有单轴、双轴和多轴之分。在林区,带车厢的运材全挂车有时称为拖斗。

半挂车　在底盘上加装车身、车台或木材的承载装置。车架的前部挂装于牵引汽车的支承牵引盘上,车架的后部则置于本身的车轴上,垂直负荷一部分传递给牵引汽车的支承牵引盘上,另一部分传递给本身车轴和轮胎。载荷的一部分由挂车的轮轴承担,其余由专用牵引车(鞍式牵引车)承担。运材半挂车有单轴、双轴和多轴之分。

长材挂车　专门运输长材捆的挂车。是长货挂车的一种,也是半挂车的一种特殊型。长货或长材捆前端放在运材

半挂车

主车（汽车）的转向承载装置上，从垂直负荷的传递看是属于半挂车类型。长材挂车有单轴、双轴和多轴之分。

特种专用挂车 运输枝丫或木片等的专用挂车。中国于20世纪70年代设计了一种木片运输车，载重量7t。为卸木片方便，半挂车设有液压起升倾卸装置。

技术性能 各类挂车应能满足相应的木材规格的要求；应具有足够的强度，良好的稳定性，较高的耐磨性，修理的方便性，良好的传递牵引力和制动力的性能，良好的通过平、竖曲线的性能，与运材汽车的匹配性，对道路最小的动力作用和对各类运材道路的适应性，对载运挂车回空的方便性以及具有自重轻、载量大、阻力小的结构性能等。

性能参数 运材汽车挂车的各种技术性能参数包含：半载量（t），质量（kg），轴数，轮胎数，轮胎规格，轮距（mm），轴距（mm），最大允许行驶速度（km/h），外形尺寸（长、宽、高）（mm），车立柱内宽（mm），车立柱高（mm），中心高（空载）（mm），牵引架（杆长）（mm），空载时承载面离地高（mm），悬架形式，转向机构，制动装置，主要牵引汽车类型等。

参考文献

韩德民，1982. 论运材汽车挂车主要参数的选择[J]. 东北林学院学报(1): 41-74.

王立海，2001. 木材生产技术与管理[M]. 北京：中国财政经济出版社: 186-187.

（徐华东）

运材汽车挂车基本参数 basic parameters of material handling vehicle trailer

衡量运材汽车挂车结构和性能的主要参数。主要基本参数包括装载质量、连接形式、外形尺寸、承载形式、装载尺寸、轴数、轴距、轮胎数、轮胎规格、转盘形式、悬挂形式、制动系统形式等。

历史沿革 20世纪80年代以前，中国运材挂车型式繁杂，基本参数和尺寸各不相同，为挂车生产和使用、维修带来许多不便。林业部制定了部颁标准《运材挂车型式、基本参数和尺寸》（LY 527—82），自1983年1月1日实施。该标准是根据中国森林资源类型、木材生产方式、林区公路特点以及运材汽车与挂车匹配要求制订的。它的实施对提高林业企业木材运输生产率和运材挂车的三化程度起到了促进作用。生产、使用和维修单位均需符合该标准的各项规定。现行林业行业标准为1992年1月1日实施的《运材挂车型式和基本参数》（LY/T 1037—1991）。

连接形式 ①长辕杆式：汽车与运材挂车组成列车运材时，汽车与挂车之间由木材和辕杆共同连接，辕杆长度可调。②短辕杆式：运短材时汽车与挂车之间由木材和短辕杆共同连接，辕杆长度是固定的。③框架式：由运材挂车的承载梁及其两端车立柱所构成的承载形式。

基本参数 运材挂车分为长材挂车、全挂车、半挂车3种。按现行林业行业标准《运材挂车型式和基本参数》（LY/T 1037—1991），长材挂车的基本参数应符合表1规定；全挂车的基本参数应符合表2规定；半挂车的基本参数应符合表3规定。

表1 长材挂车的基本参数

装载质量（t）		3		5		8（7）		10		16（15）	
挂车质量（t）		1.30	1.20	1.45	1.30	2.35	2.20	3.10	2.80	4.0	3.7
挂车的连接形式		长辕杆式	短辕杆式	长辕杆式	短辕杆式	长辕杆式	短辕杆式	长辕杆式	短辕杆式	长辕杆式	短辕杆式
外形尺寸（mm）	长≤	8000	2200	8000	3000	10000	3300	11000	3500	11000	3600
	宽≤	2400				2662					
	高	2100～2150				2100～2400		2400～2600		2750～3050	
承载形式		框架式									
空载承载面高（mm）		1350				1400				1550	
装载尺寸（mm）	车立柱高	750～800				800～1000		1000～1200		1200～1500	
	车立柱内侧宽	2100				2200		2350		2500	
轴数		1						2			
轴距（mm）		—						1200		1250	
轮胎数		4						8			
轮胎规格（层级）		7.00～20（10）或9.00～20（10）		9.00～20（10）		11.00～20（16）		9.00～20（10）		11.00～20（16）	

（续表）

转盘形式	钢球式无轴转盘或轴转盘
悬挂形式	钢板弹簧悬挂
制动系统形式	单管路或双管路制动系

表 2　全挂车的基本参数

装载质量（t）	3		6		10		14	
挂车质量（t）	1.70		3.00		4.50		5.50	
挂车的连接形式	车厢式	框架式	车厢式	框架式	车厢式	框架式	车厢式	框架式
外形尺寸（mm） 长≤	5200	6000	8000	6000	9400	7000	9400	
外形尺寸（mm） 宽≤	2340		2500		2600		2700	
外形尺寸（mm） 高	1900	2300	2200	2600	2400	2700	2600	2900
空载承载面高（mm）	1300				1400			
装载尺寸（mm） 长≤	4000	6000	5000	8000	5000	10000	6000	10000
装载尺寸（mm） 宽≤	2140		2300		2400		2500	
装载尺寸（mm） 高	600	1000	800	1200	1000	1300	1200	1500
牵引车与挂车的连接形式	牵引架							
牵引环孔径（mm）	65							
轴数	2							
轴距（mm）	3000	可调	4000	可调	4330	可调	4650	可调
轮胎数	4				8			
轮胎规格（层级）	7.5～20（10）或 9.00～20（10）		11.00～20（16）		9.00～20（12）		11.00～20（18）	
转盘形式	转盘式轴转向或钢球式转盘							
悬挂形式	钢板弹簧悬挂							
制动系统形式	单管路或双管路制动系							

表 3　半挂车的基本参数

装载质量（t）	7		10		15	
挂车质量（t）	3.00		4.00		5.00	
挂车的连接形式	车厢式	框架式	车厢式	框架式	车厢式	框架式
外形尺寸（mm） 长≤	6000		7000		8000	
外形尺寸（mm） 宽≤	2400			2500		
外形尺寸（mm） 高	1950	2100	2050	2200	2100	2700
空载承载面高（mm）	1350			1400		
装载尺寸（mm） 长≤	8000		9000		10000	
装载尺寸（mm） 宽≤	2300	2200	2400	2260	2400	2260
装载尺寸（mm） 高	600	750	650	800	700	1300
轴数	1					
轮胎数	4					
轮胎规格（层级）	9.00～20（10）		11.00～20（16）		11.00～20（18）	
牵引车与挂车的连接形式	鞍式					
悬挂形式	钢板弹簧悬挂					
制动系统形式	单管路或双管路制动系					

（徐华东）

运材汽车合理拖载量　reasonable towing of log hauling truck

运材汽车能够合理拖运的最大载荷质量总和。

汽车列车的牵引性能随着总质量的增加而发生很大变化。主要表现为：总质量的增加，平均技术速度随之下降；各挡的使用逐渐由以高挡为主转向以低挡为主；汽车设计性能的发挥受到影响。

一般要求汽车的拖挂必须符合下列特点：①平原地区保持直接挡（包括超速挡）作为行驶挡位；②丘陵地区用直接挡（包括超速挡）行驶时间占60%以上，其平均技术速度不低于单车的70%；③在山区一般坡度路段上可以二挡通过，最大坡度路段可用一挡起步；④在任何情况下都禁止超负荷行驶，并在行驶时有一定的加速能力，即从起步到直接挡应不高于单车加速时间的一倍。

此外，从林区公路现况来说，北方林区最多不应超过两挂，南方林区不应超过一挂，牵引力大的汽车应配较大载量的挂车；北方林区以原条生产为主，必须拖挂运输，故干线、支线、岔线均应具备与之相应的等级和状况的道路；南方林区应视道路等级状况决定能否拖挂。

参考文献

胡济尧, 1994. 木材运输学[M]. 北京: 中国林业出版社.

（胡志栋）

运材汽车技术性能　technical performance of log hauling truck

运材汽车能适应使用条件而发挥最大工作效率的能力。

动力性能　运材汽车迅速完成木材运输工作的能力。评定运材汽车动力性能的指标是汽车的最高速度、最低稳定车速、最大爬坡度、加速和滑行能力等。运材汽车的动力性能直接影响运输生产率和运材成本。

通过性能　运材汽车能够以一定的平均速度通过各种运材道路、无路地带和障碍物的能力。又称越野性能。它不仅影响运材汽车的生产率，有时直接决定汽车能不能进行运材工作。运材汽车通过性能的好坏非常关键。

制动性能　汽车在行驶中能强制地降低行驶速度，甚至停车，以及在下长坡时能够维持一定速度的能力。制动性能的好坏关系到行车安全问题，同时，具有良好制动性能的运材汽车，在保证行车安全的条件下，行驶速度可以提高，汽车的其他使用性能也能充分发挥，这样就能提高运材汽车的平均速度，获得较高的运材生产率。

经济性能　汽车用最小的燃料消耗量完成单位运输工作的能力。在运材成本中，燃料费用占20%～40%，所以减少燃料消耗对降低运材成本有重要的意义。

稳定性能　运材汽车在外力作用下，抵抗纵、横向滑和翻的能力。汽车的稳定性是影响运材汽车安全行驶的重要因素。

机动性能　运材汽车在最小转向面积上迅速改变行驶方向的能力。机动性的好坏影响运材汽车到装车场和贮木场以及车库和其他装卸地点的调车面积，对运材汽车的操纵性和通过性能也有影响。

参考文献

胡济尧, 1994. 木材运输学[M]. 北京: 中国林业出版社.

（胡志栋）

运材汽车列车　timber truck train

由运材汽车和挂车组成的运输工具。用来运输原木、长材和原条等。汽车列车运材能发挥现有运输设备的潜力，提高生产率，节约人力和物力，降低运材成本。由于木材运输和林区道路的要求，使得运材汽车、挂车及其连接具有很多特点。

发展历史　1953年在东北林区大丰林业局开始大批使用达脱拉-Ⅲ单个汽车运材，后来又给达脱拉-Ⅲ汽车匹配YG-210全挂车进行原木汽车列车运材。自从1955年下半年在东北林区双子河林业局试行原条运材成功后，逐步在东北、内蒙古林区推广，成为主要木材运输方式。1958年内蒙古林区图里河等林业局采用多节原木汽车列车运材，但由于拖载量过大，汽车动力不足，车速太低，耗油量增大，又受到林区公路宽度限制，因而未被推广，仍保持只用一个汽车拖挂一节全挂车的运输原木方式。20世纪60年代由牡丹江林业机械厂为东北林区使用的解放CA-10B型和达脱拉-Ⅲ型汽车分别制造了GT-7和GT-15长材挂车，虽然在林区先后引进多种运材汽车，而与其匹配使用的原条挂车的载量并无多大变化，但在结构上有了很大改进，改变了推力杆式挂车悬挂装置，增加了挂车气压传动装置，使挂车更加坚固和使用可靠。GCY-8和GCY-16长材挂车是在GT-7和GT-15长材挂车基础上改进的，增设了电气指示装置和可调式浮动辕杆机构，防止该列车在弯道运行时产生"粗暴"现象，汽车尾部增设"尾杆"，在一定长度比例时，可使挂车运行轨迹与汽车后轮轨迹相接近。此外，吉林省白石市林业局还使用了自制的半挂车与解放牌CA-10B型汽车组成汽车列车运输原木，与单个汽车运输相比，提高了运材效率。由于南方林区的汽车使用条件不同于北方，即山高、坡陡、弯多和路窄，仍以CA-141单个汽车或载量大于4t的其他型汽车运材为主。四川林区为增加汽车载量和改善汽车的使用性能，曾采用多种方法，如设法增加CA-10B型汽车发动机功率、底盘强度、承重轴数，甚至增加浮动轮轴，但因结

运材汽车列车

构复杂和经济效果较差而在使用上受到限制。在南方不是所有林区都不能使用汽车列车运材，如四川省雷波、云南省江边林业局和福建省邵武汽车修配厂所属顺昌车队等，利用当地有利条件，分别使用了YG-3挂车、3t的木货两用全挂车和8t半挂车，因此，南方林区也可因地制宜地采用汽车列车运材。

林区汽车运输货物有其特点，原条或原木是沉重、长大的货物，而枝丫、木片又是体积大、密度小的散体货物，尤其是原条，单个汽车根本无法运输，只能使用汽车列车来运输，即使是原木，长度大于4m的，用单个汽车运输效率也不高，不如用运材列车运输。至于枝丫、木片靠单个汽车运输，数量就更少了。所以，汽车运输对象本身就要求使用汽车列车，也就是需要使用挂车进行运输。

主要参数 有总质量、发动机的比功率和最大功率。运材汽车列车是专为林业企业木材运输服务的。所以运材汽车列车主要参数的选择应根据森林资源类型（原始林、过伐林、次生林、人工林及其林分特点）、木材生产方式（原木、原条、伐倒木、工艺木片等）、年运量、平均运距和林区公路标准等使用条件。由于主要参数具有决定其他基本参数的性质，所以主要参数选择合理，为选择其他基本参数创造了先决条件，并为上、下工序的设备体系选型提出要求。

结构组成 由牵引汽车和运材汽车挂车组成。

牵引汽车可分为承载牵引汽车和牵引车。①承载牵引汽车由牵引部分（发动机和底盘）和木材承载装置连接而成，可单独运材（运输原木或薪材等），也可拖带挂车运材（运输原木或原条等）。②牵引车用来牵引运材半挂车和全挂车，本身没有木材承载装置。牵引车有鞍式牵引车和压载式牵引车。鞍式牵引车在车架上有支承鞍座，可以与运材半挂车组成运材汽车列车；压载式牵引车与运材全挂车组成汽车列车。

运材汽车挂车是用汽车牵引的专用运材车辆。简称运材挂车。是被拖挂没有动力、依靠汽车牵引着运输木材的车辆，用于原木、原条或伐倒木运输。

类型 运材汽车列车根据组合型式的不同可分为：①全挂运材汽车列车，由承载牵引车牵引运材全挂车组成。俗称原木运材汽车列车。②半挂运材汽车列车，由鞍式牵引车牵引运材半挂车组成。③长材运材汽车列车，由承载牵汽车牵引长材挂车（俗称原条挂车）组成。俗称原条运材汽车列车。用来运输长原木、电杆、毛竹、原条或伐倒木等。④自装自卸运材汽车列车，由自装自卸运材汽车牵引运材挂车（全挂车、半挂车或长材挂车）组成。可运输原木或原条。

参考文献
胡济尧, 1994. 木材运输学[M]. 北京: 中国林业出版社.

（薛伟）

运材汽车列车平均技术速度 average technical speed of timber truck trains

运材汽车列车在行驶车时内的平均速度。用以表示车辆行驶的快慢。

利用运材汽车列车平均技术速度可以得到车辆行驶每公里平均所需时间，车辆行驶全程的时间即为运材汽车列车行程时间。

在运材汽车列车运输生产率和成本的计算中使用的速度是平均技术速度，不同于汽车的最大行驶速度，平均技术速度既反映了汽车列车的动力性能，也反映了各种运行条件的影响，是影响运输生产率和成本的重要因素之一。

运材汽车列车的平均技术速度是一个难以确定的指标，受影响因素较多，不仅取决于汽车列车的动力性能，同时还受到汽车列车的其他性能以及道路条件、运输工作的组织因素、司机的技术水平和交通条件的影响。①影响运材汽车列车平均技术速度的汽车性能有牵引性能（包括最大行驶速度及加速性能）、制动性能及平顺性、稳定性、机动性、越野性和汽车列车总技术状况等。②影响运材汽车列车平均技术速度的道路条件有：路面的种类和状况，路基、路面宽度，曲线半径，超高和加宽，路面起尘性，纵坡的大小和坡能，交通安全设施和公路限速以及道路的通过能力。③影响运材汽车列车平均技术速度的运输组织工作因素有运输距离、载量、装卸机械设备、运输组织工作等。

提高汽车列车的平均技术速度应从以下几方面进行：①加强道路养护、改善道路条件（如加宽行车部分宽度，改善弯度和坡度及提高轮胎与路面的附着系数）；②提高车辆的动力性和行驶安全性；③提高司机的技术水平；④采用先进的运输组织，改善调度工作。

参考文献
胡济尧, 1994. 木材运输学[M]. 北京: 中国林业出版社.

（薛伟）

运材汽车列车自装自卸 self-loading and self-unloading of timber truck train

在没有其他装卸机械的条件下，运材汽车列车自行完成木材的装卸和运输的方式。运材汽车列车对木材的装卸作业是通过安装在汽车上的装、卸设备完成的，主要适用于小规模木材运输、零散木材的装卸和拣掉道材的作业，或没有起重装卸设备的场所。

自装自卸主要有两种类型：一是利用安装在汽车列车上的绞盘机、车立柱和钢索滑轮系进行自装自卸；二是利用安装在汽车列车上的液压起重臂进行自装自卸。前者装卸作业效率较低，没有得到广泛应用，后者由于具有下列特点得到广泛应用：①液压起重臂用抓具抓取木材，作业安全、机动灵活，既能装卸原条，又能装卸原木，生产效率较高。②液压起重臂的各工作机构均为液压传动，结构紧凑、体积小、质量轻，操作灵活、工作稳定、动作多样，用途广泛和维修方便。

液压起重臂在运材汽车列车上的安装位置根据运材方式不同而不同。当运输原条时，一般将液压起重臂安装在运材汽车列车驾驶室的后边；而运输原木时，一般都安装在运材汽车列车的尾部；还有一种是把液压起重臂安装在移动式托架上，装卸木材时将其液压管路与运材汽车列车油泵连接，装卸完毕后再与汽车列车分开，等下一次装卸时使用。在运材汽车列车上安装液压起重臂相对地减少了所运木材的载量，而且运距越远，载量减少的损失越大。但是从另一方面看，使用液压起重臂装卸车，可以减少或消除等装卸时间，装卸速度快，提高了运材效率，又弥补了由于载量降低所造成的损失，综合经济效益高。

参考文献

胡济尧, 1994. 木材运输学[M]. 北京: 中国林业出版社.

（薛伟）

运材汽车行车调度　traffic dispatching of timber truck

由行车调度部门执行并完成的工作。作用是：①确保运材汽车的安全运行和准时到达，这是至关重要的。②在遇到突发情况时，能够迅速进行应急处理，并根据实际情况灵活调整运材汽车的运行计划。③根据木材运输计划需求，有效组织和协调木材运输作业，确保木材运输过程的顺利进行。

行车调度的主要职责为：①负责编制汽车队的运输计划及运行图，并组织运输计划的完成；②根据生产情况，经济合理地组织和运用可以投入生产的车辆，充分发挥汽车效率；③按日运材计划向各包车组发出行车命令单，并机动地组织与调度汽车装卸、排空和挂重，做到运行均衡，正确地填写运行图表；④掌握各种机械设备状态、保养检修情况，并配合运输部门按计划及时组织汽车入厂保养检修，以保证机械状态良好；⑤充分了解线路、装车场分布、存材量及装卸能力等情况，并与有关部门和上下工序密切联系，互相配合，以促进运输工作的顺利进行，避免等装待卸，尽量压缩装卸时间；⑥处理行车事故，并采取措施保证运输安全；⑦统计分析车辆运行情况、生产效率和各项技术经济指标的完成情况，提出改进意见，总结运输计划完成情况和存在问题，与有关部门商量解决。

参考文献

胡济尧, 1994. 木材运输学[M]. 北京: 中国林业出版社.

（胡志栋）

运材索道　hauling cableway

利用架空索道运输木材的机械设施。具有运输能力，而不具备拖集、提升、降落木材的功能。木材的装卸需有专门装卸设施或定点装卸，适用于木材的二次运输；跑车由闭式循环索牵引，可多荷重连续运输木材。

运材跑车主要由行走部、吊架、握索器和载物钩组成。其要求应尽可能的小型轻便，运行阻力小，行走部分摩擦磨耗少；握索和脱索方便可靠，挂material卸材要迅速容易，不需要特殊的复杂装置。握索器（夹索器、抱索器、挂结器等）是运材跑车的一个主要部件，有强制式握索器（偏心式、楔形式与螺旋式）和重力式握索器（铁环式、钳式与猪尾式）。

运材索道分为单索曲线循环式运材索道和单线双索循环式运材索道。

参考文献

东北林学院, 1985. 林业索道[M]. 北京: 中国林业出版社.

单圣涤, 2000. 工程索道[M]. 北京: 中国林业出版社.

周新年, 周成军, 郑丽凤, 等, 2020. 工程索道[M]. 北京: 机械工业出版社.

（周新年）

运行式集材索道　skidding running skyline cableway

没有专设的承载索，依靠索自身运行达到运输目的的集材索道。由于有回空索，集材范围比较大。索系非常简单，有单索型和双索型之分。

单索型运行式集材索道　集材拖拉机上有一个摩擦卷筒，采用闭式牵引运行。即卷筒将钢索缠绕数圈后，钢索的一端通过集材架杆的导向滑轮，穿过跑车行走轮的下部，再经过上支点的导向滑轮，转回固结在跑车壳体上，钢索的另一端经集材架杆上的另外一个导向滑轮，再经跑车体内的起重轮引出与载物钩连接，进行集材作业。当拖拉机前进时，则循环索的回空索被张紧，并驱动卷筒，同时收缩集材端（即闭合索紧边——牵引边），这样木捆由集材点被牵引到卸材地点；拖拉机后退，牵引索则松弛下垂，即可卸材。

双索型运行式集材索道　具有两个卷筒的自行式绞盘机。即一个卷筒控制一条回空索，另一个卷筒控制一条牵引索。回空索通过集材架杆的导向滑轮，经跑车行走轮的下部，再经过上支点的导向滑轮转回与跑车体壳连接固定；另一条牵引索经集材架杆上另外一个导向滑轮，再经过跑车体内的起重轮与集材载物钩连接。捆挂木材后，机手制动回空卷筒，牵引索收紧，木捆被拖集到跑车下部预定的位置上。此时，机手操纵牵引卷筒收紧，回空卷筒以相同的速度放松，两个卷筒一收一放，木捆被牵引至卸材地点，放松牵引索则木捆落地，就可卸材，而自行式绞盘机始终处于一个位置上不动。

（周新年）

运行速度　operating speed

在特定路段上，在干净、潮湿条件下，85%的驾驶员行车不会超过的行驶速度。简称V85。主要用来评价道路线形设计的连续性（采用相邻单元路段间运行速度的变化值 $\Delta V85$ 进行评价），进而评价线形设计的安全性，是评价线形设计质量的一个重要指标。

运行速度反映驾驶员心理、视觉和驾驶行为的实时变化，并综合汽车性能特征和所处线形几何设计等因素，动态地实时检测和校验道路特征指标与驾驶行为的协调性和一致性，有效更正道路设计中设计速度带来的驾驶特性与道路特征不匹配的状况，增强设计路线的行车安全性。以车辆的运行速度作为线形设计基础检测指标，还可有效地保证路线相邻线形的连续均衡、避免出现速度突变点，实现行驶速度与所有相关设计要素的合理搭配，从而消除安全隐患。为了保证道路线形的连续性，相邻路段运行速度之差应小于10km/h，最大不超过20km/h；同一路段设计速度与运行速度之差宜小于20km/h。

确定运行速度的方法有路段实测回归法和理论预测法。①路段实测回归法。通过现场实测多条路段某车型的实际行驶速度，经回归分析建立道路几何要素与运行速度的关系模型，对其进行相关性分析和验证，根据模型预测各种线形要素和组合线形所对应的运行速度的方法。回归模型是建立在实测数据基础上的，因实测数据的局限，各影响因素对运行速度的影响可能因地域的不同而异，模型的推广应用有一定局限性。②理论预测法。根据汽车动力性能的加、减速行程计算基于纵断面线形的行驶速度，根据圆曲线半径计算公式反算弯道上允许行驶速度，将纵断面和平面分别预测的速度比较后取小值，作为平、纵线形组合的运行速度的方法。没有考虑到竖曲线及横断面的影响。实际中多用路段实测回归法。

参考文献

许恒勤, 张泱, 2003. 林区道路工程[M]. 哈尔滨: 东北林业大学出版社.

叶伟, 王维, 2019. 公路勘测技术[M]. 北京: 机械工业出版社.

（刘远才）

运载索　carrier cable

支撑索道全部荷重，并可作循环或往复运行，同时兼有承载索和牵引索功能的钢丝绳。不仅要有很高的抗拉强度，具备抵抗冲击及横向压力的能力，还要有较高的承受拉伸、弯曲、横向挤压力的能力以及具有平滑的表面、较好的耐磨性，同时还得防止产生扭结。在单线循环客运索道中，运载索应选用线接触的同向捻钢丝绳；在腐蚀环境中工作的运载索，应采用镀锌钢丝绳。运载索宜采用重锤拉紧，并设置调节重锤位置的电动或手动绞车。

（张正雄）

载物钩 load hook

索道跑车集运木材的装置。索道跑车的附属件，用于吊挂木捆。通常由钢制成，具有较高的承载能力和稳定性。不同类型跑车载物钩的结构和功能不同。半自动跑车的载物钩，除具有一般载物钩的构造外，还有特殊用途的结构，如托盘、锥形头等。增力式跑车的载物钩，为了起到增力作用，上部有一动滑轮，起重索从中穿过，下部有一钩。钩有两个作用，一是挂木材，二是平衡上部动滑轮的重量，防止重心偏高，在无负荷时动滑轮在起重索上翻转。

（巫志龙）

载运挂车回空 trailer return

将挂车装在汽车上空载运行的现象。由木材运输和运材专用车辆的结构特点，特别是在北方林区，木材运输具有货流的单向性，上行汽车挂车为重载，下行汽车挂车为空载决定的。

产生背景 20世纪60年代初，在中国东北、内蒙古林区就实行了原条汽车运材列车化，并采用载运原条挂车回空的方法。这种方法问世以来，受到林业工人的好评。20世纪90年代以后，随着木材生产开发的进展，森林资源和运输条件都发生了很大变化，即森林资源逐年减少，资源分散，径级、高度也越来越小；运距越来越远，造成汽车原条运材成本越来越高，有些地方已不适于采用汽车原条列车运输，这样就使木材生产中生产原木的比重越来越大。由于生产原木的工队、装车场没有机械装车设备，无法将原木挂车回空。这种拖拉挂车回空的方法有很多缺点：挂车轮胎磨损大；车辆对路面破坏较大；影响行车速度；汽车与挂车之间冲击、振动较大，加速车辆破损；由于行驶中挂车容易摆尾，增加了不安全因素，同时使驾驶员工作强度增加。

优点 载运挂车回空的优点有：①可以显著地减少挂车轮胎和机件的磨损，延长轮胎和挂车的使用寿命；②增加空载汽车的附着重力，可爬较大的道路坡度；③提高汽车的通过性和机动性，增加运行速度，降低油脂燃料消耗；④改善司机的劳动条件和提高行驶安全性。

回空方法 一种是利用贮木场和装车场已有设备装卸挂车，如利用贮木场的缆索起重机、兜卸机和装卸桥以及装车场的架杆装车机、单杆缆索起重机等进行挂车的装卸作业。另一种是利用其他设备装卸挂车。采用设备有：①小型起重设备。为便于从载运挂车的汽车上卸下挂车进行挂车检修和检修后再装到汽车上去，一般在汽车队均设置小型起重机，如门式卸载挂车设备、多门式卸载挂车设备和悬臂式固定装卸设备。②汽车起重机。当运材量小，且资源分散或拣掉道材时，使用汽车起重机装卸木材，同时可用汽车起重机来装、卸挂车。③液压起重臂。④汽车上专用设备。

参考文献

汤宝生, 1993. 载运原木挂车回空[J]. 森林采运科学(4): 13-14.

王立海, 2001. 木材生产技术与管理[M]. 北京: 中国财政经济出版社: 197.

（徐华东）

造材 bucking

按木材规格要求，将原条截成原木的作业。根据原条材身的实际情况，科学合理确定原条造材方案，精准锯截，以提高林木资源利用率和经济效益。

沿革 在新中国建立初期，就曾把"合理造材"作为林业三大政策之一。1949年，东北林务管理局颁发的《东北国有林暂行伐木条例》《采伐注意事项》中，就体现了优材优用、优材长造、充分利用梢头木、下锯正直等原则和要求。1953年又颁发了《合理造材技术操作规程》，这也是中国第一个地区性的造材作业规范。20世纪60～70年代，合理造材的技术规范、要求等主要体现在相关的管理办法中。1986年颁布了《原条造材》（ZBB 68004-86）专业标准，1999年颁布了行业标准《原条造材》（LY/T 1370—1999），经2002年和2018年两次修订，《原条造材》（LY/T 1370—2018）为现行标准。

地点 造材作业可以在立木伐倒地点、伐区楞场或贮木场进行。中国东北林区生产实践证明，在机械化条件下，伐区楞场造材优于伐木地点造材，贮木场造材优于伐区楞场造材。

原则 ①资源原则。在造材作业中要注意森林资源的充分利用，一是充分利用原条的全部长度（原条梢部直径6cm以上均应利用）；二是材尽其用，防止优材劣造、坏材带好材；三是对遗留在林内的风倒木、枯立木、火烧木等，其中有利用价值的均应造材利用。②需要原则。在符合木材标准的基础上，充分考虑市场需求及变化，做好调研和预测工作，避免原木产品与木材市场不对接，造成木材滞销积压。③经济原则。提高原条出材率［即在一定期限内（月、季、年）造出的原木材积占耗用原条材积的百分比］；提高经济材出材率（即在某一时期内，造出原木总材积中经济用材所占的百分比）；提高长材率（即在某一时期内造出的总原木材积中长材所占的百分比）；提高等级率（即在某一时期内造出全部等内材锯材原木中，一等材所占的百分比）。

作业要求 同一根原条，由于造材方案不同，造出原木的价值相差很大，必须遵守造材的原则，以保证原木的质量。中国造材大多采用的是油锯或电锯等手提式机具。造材时必须严格按量材员的划线标记下锯，不允许自行改锯，不允许躲包让节，严格防止劈裂和锯伤邻木。下锯时，锯板要端正，并与原条的轴线相垂直，防止锯口偏斜。掌握操作技术，注意安全，避免夹锯、木材损伤。不同径级原条的锯截方法取决于锯板长度，如图所示。造小径材时，锯板可以同一方向直线下锯，如图中a所示；造中径材时，应采用摆动式下锯法，如图中b和c所示；造大径材时，锯手需先后站在原条两侧锯截，可采取图中d和e两种下锯法（图中数字和箭头表示下锯顺序与方向）。对于原条下锯部位有翘起时，如果翘起长度不大，可先从原条底部向上锯起，未夹锯前抽出，再从原条上部向下锯截；如果翘起长度较大，应将原条翘起端支住，先造地上原条部分，撤除支柱，待原条翘起端落地后再继续锯截。

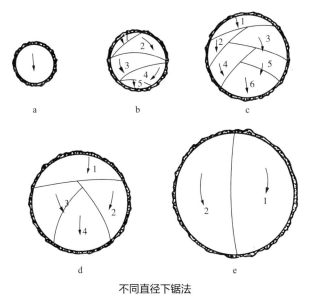

不同直径下锯法
a—小径材；b，c—中径材；d，e—大径材

人员要求 造材人员应达到以下要求：①要经过培训，持证上岗；②具有对木材特性的鉴别、检验误差的控制等能力；③掌握木材缺陷识别的相关知识；④了解国家和地方的相关木材标准。

参考文献
史济彦，1996. 森林采伐学[M]. 北京：中国林业出版社：167.

史济彦，肖生灵，2001. 生态性采伐系统[M]. 哈尔滨：东北林业大学出版社：147-150.

（肖生苓）

造材台 lumbering table; bucking deck

为从运材车辆卸下的原条或原木进行量材、造材等作业提供的工作台。又称卸车造材台。造材台结构应坚实耐用、能承受卸车时冲击力的作用，台面结构和大小应能满足原条堆放（临时存放）、摊开、量尺、造材和向选材机械送装喂料的要求。此外，造材台应便于造材剩余物（截头、锯末等）的收集和排出。

造材台结构有实心和空心两种。①实心造材台又分为垛式和笼式两种。垛式造材台（图1a）适用于短期使用的场合，结构简单，易于铺设，但耗材多。笼式造材台（图1b）的四周用石块砌成梯形墙，中间回填土石方，夯实，上铺原木，为加固台面，可在四周石墙顶上浇灌一圈宽40cm、高30cm的钢筋混凝土梁，其上再纵横铺上两层原木，形成台面。②空心造材台有桩式和柱式两种，桩式造材台（图2a）是用原木打入土中形成桩柱，各桩柱再用撑杆或横杆连接，以加强台的稳定性。柱式造材台（图2b）常采用

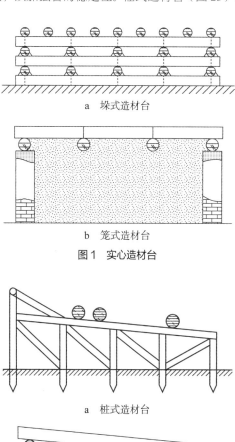

a 垛式造材台

b 笼式造材台

图1 实心造材台

a 桩式造材台

b 柱式造材台

图2 空心造材台

80cm×100cm 的石砌柱，顶上砌有高 40cm 的钢筋混凝土帽，帽面上埋入纵向原木，用螺栓固定。有的地方直接使用钢筋混凝土柱，或钢筋混凝土作基座，型钢作柱。造材台面需有 5%～7% 的坡度，便于滚木进喂料。输送机选材，整个台面为直线形；平车选材多为折线形。

造材台的长度可根据原条捆的长度，取 25～30m。造材台的宽度根据生产要求和运材车辆确定，如中型汽车运材，造材台的宽度取 10～12m；重型汽车运材，造材台的宽度 14～15m。

参考文献

东北林学院, 1983. 贮木场生产工艺与设备[M]. 北京: 中国林业出版社: 59.

史济彦, 1996. 贮木场生产工艺学[M]. 北京: 中国林业出版社: 140-141.

王立海, 2001. 木材生产技术与管理[M]. 北京: 中国财政经济出版社: 225.

（刘晋浩）

噪声性耳聋　deafness induced by noise

暴露于强噪声环境中的人体，因噪声而诱发听力阈值下降的现象。又称噪声性听力损失。当人体长期暴露在强噪声环境下，可对耳蜗和鼓膜等听觉器官造成损伤，损伤程度与噪声强度、噪声频谱特性、暴露时间有关，也存在个体差异。

噪声性耳聋分为暂时性耳聋（temporary threshold shift，TTS）和永久性耳聋（permanent threshold shift，PTS）两类。短时间暴露于强噪声环境中，会出现听力下降现象，但是当噪声消失后，经过一定时间，能恢复原来的听力，属于暂时性耳聋。长期暴露于强噪声环境中，将造成永久性耳聋。噪声性耳聋首先发生在 4000Hz 频率附近，随着噪声暴露时间的增加，听力损失会向高频域和低频域扩展。

林业机械作业的噪声源主要来源于以汽油机为动力的油锯、割灌机等便携式林业机械以及以柴油机为动力的集材拖拉机、联合采伐机等自行式林业装备，长期与强噪声林业机械近距离接触的作业工人极易诱发听力损伤。日本学者伊木雅之对使用油锯作业的日本林业工人进行调查研究发现，使用油锯累计时间大于 4000 小时的林业工人，在 4000Hz 附近的听力损失最大，平均高达 28.7dB；累计使用油锯时间小于 4000 小时的林业工人，在 4000Hz 附近的平均听力损失也达到 15.6dB。

为了防止林业工人的听力损失，防止噪声性耳聋发生，国际劳工组织（ILO）和国际标准化组织（ISO）以及各国都制定了相关噪声标准，8 小时暴露条件下，要求作业者耳旁不超过 85dB。林业装备的噪声标准也应执行以上标准，一些国家专门制定了林业装备的相关噪声标准，同时建议林业工人作业时佩戴耳塞或耳罩等噪声防护装备。

参考文献

李文彬, 赵广杰, 殷宁, 等, 2005. 林业工程研究进展[M]. 北京: 中国环境科学出版社: 392-394.

李文彬, 朱守林, 2012. 建筑室内与家具设计人体工程学[M]. 3版. 北京: 中国林业出版社: 79-86.

伊木雅之, 1984. 振動工具を取り扱う林業労働者に見られた騒音性難聴(II)[J]. 労働科学, 60(5): 215-222.

（李文彬）

择伐　selective cutting

森林主伐方式之一。在林内每隔一定时期伐除一部分符合经济要求或具有一定特征的成熟林木的作业方式。适用于复层异龄林。伐后更新方式为天然更新，是防护林、风景林的主伐方式。择伐有利于耐阴树种的更新。

按择伐目的，分为径级择伐、采育择伐、经营择伐。①径级择伐是指以树木胸径为标准，超过规定径级的林木一律采伐的择伐作业。基本做法是采大留小、采好留坏，完全是从木材利用的角度出发。②采育择伐是把主伐和抚育间伐结合在一起的择伐方式，既进行成熟林木的采伐利用，又对林分内生长不良的林木进行抚育间伐。适用于中小径木多、天然更新条件好的复层异龄林，一般采伐强度不大于伐前立木蓄积量的 60%，伐后林分郁闭度要保留 0.4 以上。③经营择伐是以森林经营为目的，采伐利用与林分培育结合，间隔期较短且采伐量较小的择伐方式。适用于有珍贵树种和采伐后容易引起沼泽化、草原化或水土流失的森林，采伐强度为伐前立木蓄积量的 30%～40%，伐后郁闭度保留 0.5 以上。

理想的择伐林包括所有年龄的林木，每一龄级的林木株数不等，但所占面积相等；或林内有若干龄级的林木，其株数自最小径阶向上有规律地减少，但所占面积相等。从中每年都可采伐到等量的木材，且每年都有更新。在现实林分中林木的年龄分配呈不平衡状态，每次的采伐量不一定相等，采伐的间隔年限也不一定都相同，但只要不破坏中间年龄，在长期进行择伐后，林分年龄状况会越来越趋于平衡。

参考文献

东北林业大学, 1987. 木材采运概论[M]. 北京: 中国林业出版社: 9-14.

王立海, 2001. 木材生产技术与管理[M]. 北京: 中国财政经济出版社: 83-87.

周新年, 邱仁辉, 1992. 福建省天然林择伐研究[J]. 福建林业科技, 19(4): 56-60.

周新年, 巫志龙, 郑丽凤, 等, 2007. 森林择伐研究进展[J]. 山地学报, 25(5): 629-636.

（李耀翔）

择伐周期　selective cutting cycle

同一林分先后两次择伐作业所间隔的年数。又称回归年。即在异龄林经营中，在同一林地上，通过择伐方式采伐部分达到成熟的林木，使其余保留林木继续生长，至林分恢复到伐前的状态时，可再次进行择伐所间隔的时间。目的是确定前后两次择伐的时间间隔，优化择伐生产经营效益。

择伐周期是异龄林择伐作业的生产经营周期，此期间内林分中林木继续生长，保留木恢复到规定大小。择伐周期主要由径级择伐、生长率和采伐强度确定,与择伐强度、树种特性、经营水平和立地条件有关。总的来说,择伐强度越低、树种生长越快、经营水平越高、立地条件越好,择伐周期就越短。

确定择伐周期的方法主要有:①根据林木年龄与胸径的相关关系确定:择伐周期=择伐最大直径林木的生长所需年数-择伐最小直径林木的生长所需年数。②根据各择伐径阶年数求算:择伐周期=林木平均生长一个径阶所需年数×择伐所包括的径阶数。

在日本,用材林择伐周期一般10～30年,薪炭林10～15年。

参考文献
粟金云,1993. 山地森林采伐学[M]. 北京:中国林业出版社:37.

(赵尘)

增力式集材索道　skidding add-forced cableway

跑车下部安装滑轮组,能实现起重增力的集材索道。分为全悬增力式集材索道和半悬增力式集材索道。全悬增力式集材索道跑车下部装有定滑轮,起重索通过定滑轮与集材载物钩上部的游动滑轮组成滑轮组,起重索索端固定在索道终点(图1)。半悬增力式集材索道的起重索索端固定在其中一个挂定滑轮位置的耳环上(图2)。

增力式集材索道的跑车结构比较简单,工作可靠,故障少,能顺坡或逆坡集材,能沿索道任意点横向集材,适应

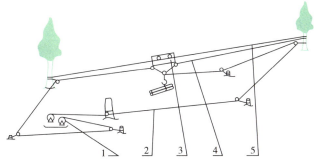

图1　全悬增力式集材索道示意图
1—绞盘机;2—回空索;3—跑车;4—起重索;5—承载索

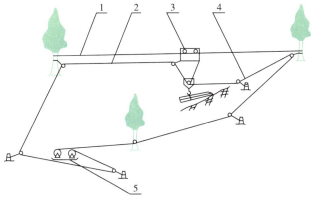

图2　半悬增力式集材索道示意图
1—承载索;2—牵引索;3—跑车;4—回空索;5—绞盘机

能力强,可以强迫落钩,吸引面积大。索系复杂,多为三索型和四索型。即一条固定式的承载索、一条牵引索、一条起重索、一条回空索组成四索型,三索型将牵引-起重合为一条索。

(周新年)

展线　line development

当地面平均自然坡度大于路线设计最大坡度时,为使路线达到预定高度,需要用足最大坡度,结合地形人为地将路线展长的定线过程。展线的基本形式有自然展线、回头展线和螺旋展线。

自然展线　以适当的纵坡度,顺着自然地形,绕山嘴、侧沟来延伸路线长度。是延展路线长度克服高差的布线方式之一。特点:符合路线基本走向、纵坡均匀、路线短,技术指标一般较高,但避让艰巨工程、峡谷、高崖或大面积地质病害地段的自由度不大。

回头展线　利用平缓山坡用回头曲线延展路线升坡至垭口。特点:平曲线半径小,同一坡面上下线重叠,对施工、行车和养护不利,但能在短距离内先克服较大的高差,并且回头曲线布线灵活,利用有利地形避让艰巨工程和地质不良地段比较容易。

螺旋展线　利用地形上具有瓶颈形的支谷或圆形山包,将路线绕谷坡或山包盘旋来延伸路线长度。是延展路线克服高差的方式之一。通常在路线受地形限制需要在某处集中提高或降低某一高度,且能充分利用前后有利地形时,采用此种方式展线,可得到较好的线形。但因需建造价较高的隧道或高桥、长桥,常需与其他方式所选定路线作详细比较后而决定取舍。

参考文献
国家林业局,2014. 林区公路设计规范:LY/T 5005—2014[S]. 北京:中国林业出版社.
许恒勤,张泱,2003. 林区道路工程[M]. 哈尔滨:东北林业大学出版社.
许金良,等,2022. 道路勘测设计[M]. 5版. 北京:人民交通出版社.
中华人民共和国交通运输部,2017. 公路路线设计规范:JTG D20—2017[S]. 北京:人民交通出版社.

(王宏畅)

真菌变色　fungus stain

木材因真菌侵蚀而引起的颜色不正常变化。分为心材变色及条斑、边材变色。

心材变色及条斑　活立木在变色真菌和腐朽真菌的作用下心材区产生不正常的变色及条纹,但强度并不降低。

边材变色　在变色真菌的影响下,原木边材部分出现的变色。最常见的有青变和窒息性褐变,其次为边材色斑。①青变。边材因青变菌的作用所引起的变色。边材呈蓝灰色至黑色,有时呈蓝色或浅绿色,而对针叶树和某些阔叶树其木材性质和密度没有明显变化。②窒息性褐变。阔叶伐倒木

的边材出现灰棕色的变色。色泽或深或浅，有时由于真菌存在而使木材性质降低。③边材色斑。原木边材出现的橙、黄、粉红、浅紫和褐色等颜色。

真菌变色是真菌造成的一种木材缺陷，损害原木外观，对木材性质影响较小，一般情况下，在标准中对真菌变色不加以限制。

参考文献

朱玉杰, 董春芳, 王景峰, 2010. 原木商品检验学[M]. 哈尔滨: 东北林业大学出版社.

（朱玉杰）

振动病　vibration disease

因长期接触振动而诱发的一种职业病。又称职业性雷诺氏症、振动性血管神经病。是中国法定的职业病，典型表现为振动性白手指。森林作业环境恶劣，作业机械振动安全性较差，长期暴露在超负荷振动环境下的作业人员易受振动影响，产生心理性、生理性的危害，甚至产生病理性的损伤。振动强度超过危险阈值会造成感受器官和神经系统永久性病变，停止接振也无法复原。

按照接触方式将人体接受环境的振动分为全身振动和局部接触振动。林业作业人员多为局部接触振动，即强烈振动经由方向盘或操纵把手通过手或手指直接作用或传递到人体手臂系统，也称手传振动。手传振动对人体影响较大。手臂振动病是长期从事手传振动作业而引起的以手部末梢循环或手臂神经功能障碍为主的疾病，也可引起手臂骨关节肌肉损伤，发病部位多在上肢末端。振动病的治疗和恢复困难，研究发现部分振动病患者停止接振 20 年仍未恢复。

林业工效学对于振动病的研究主要集中在林业机械振动测量和评价、振动能量吸收和传递特性以及危害振动控制和防护措施。振动对人体的影响主要因素有振动频率、振动强度、振动暴露时间、接振方式、振动方向、接触部位和面积、环境条件，以及操作人员自身素质等。振动病的测量和评价方法主要依据以振动传递率评价的国际标准《机械振动 人体暴露于手传振动的测量与评价 第 1 部分》(ISO 5349-1: 2001) 以及相关体系与对应的中国标准《机械振动 人体暴露于手传振动的测量与评价》(GB/T 14790—2014) 等和以人体吸收能量来评价的功率吸收法，通过对人体手臂机械阻抗、生物力学建模和试验测定来进行。

研究振动的测量和评价方法以及在人体的吸收和传递特性，可指导和改进林业机械的动力振动源设计和减振控制，修正和完善振动作业工艺规程，定量限制作业时间和作业强度，从而改善人机作业环境安全，加强个体防护和健康监护意识，降低振动危害，减少振动职业病的发生。

参考文献

武丽杰, 陈力, 马龙滨, 1998. 全身振动对林业集、运材作业工人的职业危害作用[J]. 森林工程, 14(1): 20-22.

周琪涵, 李文彬, 王林杰, 2015. 便携式风力灭火机振动及其沿人体手臂传递特性研究[J]. 北京林业大学学报, 37(6): 120-125.

（文剑）

振动波法　vibrating wave method

通过敲击承载索产生的振动波来测定承载索安装拉力的一种方法。又称敲击法。在索道的山下终点支架附近，用木棍敲击承载索，用秒表测定承载索振动波在跨距中往返一次的时间，按以下公式计算承载索安装拉力实测值：

$$T_0 = \rho V^2 = \frac{q}{g}V^2 = 0.102qV^2 \approx 4.08\frac{ql^2}{t^2\cos^2\alpha}$$

式中：T_0 为承载索安装拉力（N）；ρ 为钢丝绳的密度（kg/m）；V 为振动波的传递速度（m/s）；q 为承载索单位长度重力（N/m）；g 为重力加速度（N/kg）；l 为承载索被敲击的跨距（m）；α 为弦倾角（°）；t 为振动波在跨距中往返一次所需时间（s），一般取 5～10 次振动波往返时间的平均值。

将振动波法测定得到的承载索安装拉力实测值与设计值进行对照比较。若实测值大于设计值，说明承载索张得太紧，应适当放松；若实测值小于设计值，说明承载索张得太松，应适当张紧。

利用振动波法，只需一个秒表和一根木棍就可测定已架设的承载索拉力，精度能满足实际要求，简单、快速，适用于各种类型的承载索。但要使承载索达到设计位置，需要进行多次测定和调整。

（巫志龙）

支架　support

在索道中起支撑作用的构架。索道附属装置。与鞍座配合用于承托钢丝绳，使钢丝绳保持悬空状态和足够的净空高度。中间支架的位置，按间距 300～500m 分布，并尽量做到各跨距均等。选用活立木时，选择和利用径粗（直径 $D \geq 40\text{cm}$）、根深的活立木，建议选用松木、木荷，不宜选径粗根浅的杉木、柯木等。也可采用人工支架，如木支架、钢支架等。

（巫志龙）

支流　tributary

直接或间接流入干流的河流。在较大水系中，按水量和从属关系，可分为一级、二级、三级等。直接流入干流的河流，称为一级支流；流入一级支流的河流，称为二级支流。其余依次类推。支流的级别是相对的，而不是绝对的。例如，长江是中国最大的干流，而岷江是长江的一级支流，大渡河是长江的二级支流，但是岷江的一级支流；黄河是中国的第二大河，渭河是黄河的一级支流，而石头河是黄河的二级支流，但又是渭河的一级支流。与支流相反的情况称为分流。沿河水的流动方向，可称为左侧支流和右侧支流。对于非通航支流，可以进行木材单漂流送与人工放排作业。

参考文献

高冬光, 王亚玲, 2016. 桥涵水文[M]. 5版. 北京: 人民交通出版社.

黄廷林, 马学尼, 2014. 水文学[M]. 5版. 北京: 中国建筑工业出版社.

黄新, 金菊良, 李帆, 2017. 桥涵水文[M]. 2版. 北京: 人民交通出版社.

叶镇国, 2019. 水力学与桥涵水文[M]. 3版. 北京: 人民交通出版社.

（黄新）

枝丫打捆　bundles of branches

利用人工或集材设备，将采伐迹地或集材道上的枝丫压缩打捆的过程。未打捆的枝丫存在堆积密度小、运输占用空间大、运输成本高等问题，制约其大规模利用。打捆后的枝丫运输装载可采用原条处理方法，不需要专用的运输装载设备，节省成本，便捷使用，更易于贮存。

中国大多采用绳索穿绕枝丫捆，并通过人力或绞盘机绞集收紧，进行枝丫打捆作业。通常，人工打捆的直径为1m，长2.5m，材积为3.53m³。对于枝丫打捆设备的研究尚处于理论阶段。国外学者对于枝丫打捆装备的研究相对较早，如芬兰学者麦克拉（Mäkelä）在1975年就提出利用集材机对伐根和枝丫材进行收集，然后用轮式装载机进行运输。此后，加拿大、美国和瑞典等国家相继研制出枝丫打捆机的商业产品（见下表）。其中，典型的枝丫机械打捆过程分为三部分：①经进料辊预压缩处理后送入压缩仓内；②在压缩仓内继续压缩；③对完成压缩的枝丫捆进行捆绑并通过链锯切割成需要的长度。很多的枝丫机械压缩打捆的处理方法也是在此基础上进行的，并对其性能进行不断改进和完善。

不同型号枝丫打捆机技术参数

参数	Woodpac Enfo2000	Fixteri Baller	Flexus Tormnado	Pinox 828/830	John Deere 1490D
长度（cm）	240～300	260～270	135	260～350	230～250
直径（cm）	60～80	80	125	70～80	50～80
重量（kg）	400～600	300～450	300～350	400～650	300～700
打捆方式	缠绕	缠绕	网罩	缠绕	缠绕
工作效率（捆/小时）	20～25	7～12	20～25	20～25	25～30

参考文献

史济彦, 1995. 采伐剩余物利用学[M]. 哈尔滨: 东北林业大学出版社: 35-46.

于航, 2017. 林木枝丫压缩特性及其车载式压缩打捆装置研究[D]. 哈尔滨: 东北林业大学.

（王全亮）

枝丫收集　collection of branches

将采伐迹地上的枝丫（直径5cm以上）进行挑拣，并集运到伐区楞场归堆的过程。枝丫主要通过森林采伐、幼龄抚育以及树木的修剪、自然脱落、枯树枝处理等途径获取。需要把适于工业利用的枝丫挑拣出来，余下的枝丫则作为薪炭材、肥料等利用。枝丫收集可以大幅度提高木材蓄积量，缓解中国木材资源相对贫乏的现状。

枝丫挑拣一般与其他伐区作业结合起来，如与伐区清理和打枝作业结合。利用枝丫集材机或人工拣集方式完成枝丫归堆过程。枝丫集材机集材可提高集材效率，降低集材作业强度。对适于利用的枝丫挑选与收拣时，需要人工完成。通过手工锯（弯把锯）、斧子或轻型油锯进行整形，截成2～3m的短材，堆放在集材道旁。堆的大小视下一步集运的方式和机械设备来定。

枝丫集运有畜力集运、重力集运和拖拉机集运3种方式。①畜力集运。有拖集与挂集两种。拖集一般是将一定长度的枝丫材装在爬犁上，用绳索捆绑后，由牛、马等牲畜拉走。拖集时运行阻力较大，在东北只能在冬季利用冰雪地面进行滑行。挂集时枝丫材通常装在小四轮车上。只要道路允许，作业不受季节影响。②重力集运。通常指无动力索道集运。索道的终点靠近森林铁路岔线。作业时，用人力将承载索上的简易跑车拉到集枝丫地点，把捆好的枝丫挂在跑车吊钩上，在枝丫重力作用下滑动，直至森林铁路装车处停下。③拖拉机集运。主要有背集、拖集和挂集3种。背集是将枝丫材直接装载在拖拉机搭载板或斗箱中。拖集分全拖和半拖两种。全拖是将一定长度的枝丫材横装在爬犁上，由拖拉机拉走。半拖是将枝丫捆的一头搭在拖拉机的搭载板上，一头在地上拖引。挂集是指在松散型枝丫的集运中，为了提高拖拉机趟载量，通常采用挂车装载的方式，即拖拉机作为牵引车，枝丫集中装放在半挂车上。

参考文献

史济彦, 1995. 采伐剩余物利用学[M]. 哈尔滨: 东北林业大学出版社: 32-46.

于航, 2017. 林木枝丫压缩特性及其车载式压缩打捆装置研究[D]. 哈尔滨: 东北林业大学.

（王全亮）

直升机集材　helicopter logging

将木条悬吊于直升机下面空运到楞场的集材方式。属于空中集材。适用于地形复杂和其他集材方式均难以克服的自然障碍的伐区，适合于珍贵木材的集运作业。

20世纪50年代后，苏格兰（1956年）、加拿大（1957年）、挪威（1963年）等几个国家进行了直升机集材的最初尝试，不久后美国也进行了这方面的尝试。早期的试验采用了载量有限的直升机，集材成本高。日本于1973年在奈良县民有林中进行了直升机集材，1982年又在高知县和大阪郊区两个营林局进行700m³的集材试验，1983年扩大到7个营林局2.2万m³的集材试验。日本用的集材飞机主要是贝尔式214B型和富士贝尔式204B型直升机，1988年开始在日本国有林中进行直升机集材，集材距离4～7km时，每次需8～11分钟（不包括装卸时间）。中国至今没有使用过这种集材方式。

直升机集材的优点是：①不需要林道网，便于保护林地，适用于择伐、渐伐等采伐作业方式；②受地形影响小，适宜林木分散地区作业，对山谷、林缘带、较高部位或小伐区剩余的木材，用一般机械方式进行集材较为困难，用直升机则较便利；③作业时间短，避免木材因存放时间长而造成损失，有利于木材的销售；④可节省劳力，提高劳动生产率；⑤有利于保护采伐迹地上的保留木。缺点是生产成本极高；容易受天气影响。

参考文献
蔡培印, 1992. 空中集材[J]. 内蒙古林业(12): 16.
战丽, 朱晓亮, 马岩, 等, 2016. 基于模糊综合评价法对几种集材方式的研究与分析[J]. 木材加工机械, 27(4): 51–54.

（徐华东）

直线　straight line

道路平面走向方向不变的直线段。两点之间以直线为最短。直线是道路平面线形3个要素（直线、圆曲线和缓和曲线）之一。

笔直的道路给人以短捷、直达的良好印象。汽车在直线上行驶时，受力简单，方向明确，驾驶操作简易，且测设方便。在道路线形设计中，只要地势平坦、无大的地物障碍，常首先考虑使用直线通过。但在地形有较大起伏的地区，直线线形大多难以与地形相协调，易产生高填深挖路基，破坏自然景观。两平曲线间直线过短，会造成驾驶员操纵困难、线形组合生硬、视觉上不连续和对行车不安全等问题。直线过长，易使驾驶人员感到单调、疲倦及超速行驶，导致交通事故的发生。在道路平面线形设计时，应根据路线所处地带的地形、地物、自然景观条件，驾驶员的视觉、心理感受以及保证行车安全等因素，充分考虑直线路段的汽车运行速度后，合理地布设直线路段，并对直线的最大与最小长度有所限制。一般情况下，最大直线长度（以m计）以不大于设计速度（以km/h计）的20倍为宜。反向曲线间的直线最小长度（以m计）以不小于设计速度（以km/h计）的2倍为宜，同向曲线间的直线最小长度（以m计）以不小于设计速度（以km/h计）的6倍为宜。《林区公路设计规范》（LY/T 5005—2014）所规定的直线最小长度见下表。

直线最小长度表

设计速度（km/h）			60	40	30	20	15
最小直线长度（m）	同向曲线间	一般值	150	100	75	50	40
		最小值	120	80	60	40	30（30）
	反向曲线间	一般值	120	80	60	40	30
		最小值	—	—	30（40）	25（30）	20（30）

注：括号内数值为原条运输时的最小直线长度。

长直线主要应用于路线完全不受地形、地物限制的平坦地区或山间的宽阔河谷地带；城镇及其近郊道路，或以直线为主体进行规划的地区；长大桥梁、隧道等构造物路段；路线交叉点及其附近；双车道公路提供超车的路段。当受地形条件或其他特殊情况限制而采用长直线时，为了确保行车安全，其对应的纵坡应不宜过大；若两侧地形过于空旷时，宜采取种植不同树种或设置一定建筑物，把能引起兴趣的自然风景或建筑物纳入驾驶员的视线范围之内，并设置限速、警示标志及增加路侧视线诱导设施等技术措施予以改善；在长直线尽头设置的平曲线，除曲线半径、超高、视距等必须符合规定要求外，还必须采取设置标志、增大路面抗滑能力等安全保护措施。

参考文献
许恒勤, 张泱, 2003. 林区道路工程[M]. 哈尔滨: 东北林业大学出版社.
叶伟, 王维, 2019. 公路勘测技术[M]. 北京: 机械工业出版社.

（刘远才）

止动器　stopper

半自动集材跑车的配套装置。固定在承载索上，使跑车在预定位置停止，以便拖集木材和卸材。分为集材止动器和卸材止动器。K_2型半自动集材跑车和GS_3型半自动集材跑车都有配套的止动器。顺坡集材（由山上集到山下）时，K_2型半自动集材跑车位于止动器的下方；逆坡集材（由山下集到山上）时，K_2型半自动集材跑车位于止动器的上方。GS_3型半自动集材跑车内左右各有1个钩头，右侧钩头与集材止动器的分开靠吊钩的托盘托起脱钩弯杆，再通过脱钩连杆把右侧钩头拉下；左侧钩头与卸材止动器的分离用手拉索。

（巫志龙）

纸上定线　office alignment

在大比例尺（一般用1∶500～1∶2000）地形图上，在所选定的路线带范围内，结合局部地形、地质和地物分布情况，综合考虑平、纵、横三方面的协调配合及相关技术指标，定出道路中线位置的作业过程。适用于技术标准高或地形、地物复杂的路线。

纸上定线应遵守因地形而异的定线原则。①自由坡度地段的纸上定线要以平面线形为主导，正确绕避平面上的障碍物，力争相邻两个小控制点间路线顺直短捷。②紧迫坡度地段纸上定线重点是安排好纵坡，充分利用有利地形，避让艰巨工程和不良地质路段。③平原、微丘区地形平坦，路线一般不受高程限制，定线重点是正确绕避平面上的障碍，力争控制点间路线短捷顺直。④山岭、重丘区地形复杂，横坡陡峻，纵坡限制较严，定线时要利用有利地形，避让艰巨工程、不良地质地段或地物等，重点是安排好纵坡。

纸上定线包括测绘大比例尺地形图、定线及实地放线三项工作。高等级道路及部分地形、地质特别复杂的道路一般都采用如下的定线过程：①在路线全面布局阶段选定的"路线带"内实地敷设导线，并测绘大比例尺地形图；②在大比例尺地形图上具体确定道路中线位置，并进行纵、横断面设计及土石方工程量计算；③将纸上路线敷设到现场，并结合实地地形、地质及其他条件对纸上路线进行修正和完善。

参考文献
裴玉龙, 2009. 道路勘测设计[M]. 北京: 人民交通出版社.
杨春风, 欧阳建湘, 韩宝睿, 2014. 道路勘测设计[M]. 2版. 北京: 人民交通出版社.

（李强）

智慧森林工程 intelligent forest engineering

运用现代信息技术,如物联网、大数据、云计算、人工智能等,对森林资源进行智能感知、智能分析、智能管理和智能服务,以提高林业生产效率、资源利用效率和生态环境保护效果的一项综合性工程。又名智慧林业工程。

智慧森林工程不仅涵盖了数字森林工程、精准森林工程的信息化特征,而且更加注重系统性与整体性运行。突出强调人的参与性和互动性,深刻体现人的智慧,仿真人类的思维做出合理决策,致力于实现投入少、消耗低、效益高的最优化战略。

智慧森林工程主要功能体现在以下几个方面:实现林业日常监管的智能化,确保林业信息反馈的实时性,提升林业产业风险防控的精准度,并优化森林资源利用的高效性,同时推动林业政务工作的科学化。具体应用项目有:林产品质量监测服务、林业重点工程监管、智慧林业产业体系的构建、智慧林业体验项目、智慧林业门户网站开发、智慧林业林政管理以及智慧林业决策支持等。

智慧森林工程主要涉及的技术包括物联网技术、大数据技术、云计算技术、边缘计算技术、3S技术、移动互联网技术、数字交互技术、智能穿戴技术以及机器人技术等。

物联网技术 一种依托传感设备,遵循既定协议,能将任意物体与互联网相联结的技术。在林业上的应用主要体现在以下几个方面:①促成林业管理对象的智能化升级。通过微型传感器及智能控制单元,对林地、活立木、木制品、森工设备及运输工具等施以智能化管控。②达成"人—物"无线通信与控制。凭借无线网络,林业工作者可与林业管理对象实施即时无线信息通信,诸如远程感知并操控森林的树木生长状况。③实现"物—物"相互感知与生产协作。各物之间可相互感知且协同作业,以达成无人介入的全自动化生产流程。例如,可落实"一树一策"的精准治疗与"一物一码"的林产品精准追溯。④防范自然灾害。云端依据远程传感数据运算,可预防自然灾害,诸如对森林火灾、病虫害进行预警。⑤推进科技执法与电子监察。凭借无线传感网技术,保护森林资源,监控林业生产状况,节约林业执法的人力物力。例如,运用各类传感器及时侦测盗砍滥伐、非法运输等违法行为。⑥精准管理木制品供应链。为木制品赋予全球唯一标识,在复杂的木制品供应链中追踪木制品流量与流向,例如可在国际物流中证明中国木制品原料来源合法性。

大数据技术 处理海量、多维、异构数据,以提取有价值结论的信息技术。林业大数据技术能够从海量、繁杂、含噪声及不完整的林业生产数据中,精准提炼出有价值的信息与知识。大数据技术全面覆盖了数据总结、分类、聚类及关联规则发现等多个核心领域,同时融合了机器学习、统计学、神经网络及数据库技术等多样的挖掘方法。在数据可视化分析、数据挖掘算法、预测性分析,以及数据质量和数据管理等关键环节,林业大数据挖掘技术均已实现显著突破,并已顺利转化为实际应用,为林业发展注入了强大的数据驱动力。

云计算技术 通过网络集中和共享计算资源,为用户提供普适存在、按需申请、灵活扩展且成本较低的计算服务模式。"普适存在"意味着用户无论何时何地,都能获得云端算力的支持,而且不受平台与设备兼容性的限制,适用于多样化的计算类型和应用场景。凭借其普适计算、虚拟化计算、海量数据处理能力和算力可弹性伸缩的优势,云计算已成为林业大数据挖掘的强大工具,能够为林业管理提供精确、高效的数据支持和信息决策服务。具体体现在:云计算技术提供了巨大的存储容量和强大的计算能力,保证了高效的数据处理性能;利用云计算,可以根据现有数据精确预测未来的发展趋势;云计算还能对生产决策进行仿真计算,通过推演与对比评估,辅助选择出最优的生产决策方案。

边缘计算技术 将数据处理和存储任务从中心化的云端迁移到网络边缘设备,以减少数据传输时延,提升计算实时性并优化网络带宽的计算服务模式。边缘计算技术以其独特的分布式计算和数据实时处理能力,在林业大数据应用中展现出显著的优势。它允许数据在靠近用户或数据源头的边缘设备上进行实时处理,从而大大降低了数据传输的延迟。这种技术不仅提高了数据处理的效率,还能在网络连接不稳定或中断的情况下,确保关键数据和应用的持续可用性。通过边缘计算,可以实现对林业生产环境的实时监测与预警,以及对森林状态的即时计算与分析,为林业管理者提供快速响应和决策支持,进一步提升了林业管理的智能化和精细化水平。

3S技术 遥感技术(remote sensing, RS)、地理信息系统(geographic information system, GIS)和全球导航卫星系统(global navigation satellite system, GNSS)3种技术的统称。全球导航卫星系统包括中国的北斗卫星导航系统(BDS)、美国的全球定位系统(GPS)、俄罗斯的格洛纳斯卫星定位系统(GLONASS)和欧洲的伽利略卫星定位系统(GALILEO)。

3S技术提升了林业资源的管理效率,为林业规划、资源评估和灾害预警等领域提供了技术支持。其中,遥感技术能够帮助高效地采集林业资源信息,监测林地覆盖和植被状况。地理信息系统则可以整合、储存、分析和可视化这些空间数据,为林业管理者提供全面的资源分布情况。而全球导航卫星系统的精确定位和精准授时功能则支持林业资源的准确调查、林区导航和时空精细化管理。

移动互联网技术 实现用户在移动状态下随时随地访问互联网以获取信息、使用各种网络服务的信息技术。移动互联网技术的应用解决了在林区作业时的通信难题。通过利用移动通信运营商的移动通信网络,如GSM、GPRS、CDMA、3G、4G、5G、6G等商用网络,实现了随时随地的互联网连接,满足了林业工作中田野实地调查、环境传感监控、现场移动执法、实时数据上报以及资料快速下载等需求。在此基础上,护林员、执法人员可以利用移动设备或智能穿戴设备,迅速查询相关法律法规,现场记录违法行为,并及时上报取证相片和调查数据。移动互联网技术显著提升了森林保护与林业执法的反应速度和处置效率,也进一步强化了执法的透明度和公正性。

数字交互技术　利用虚拟现实（virtual reality, VR）、增强现实（augmented reality, AR）和混合现实（mixed reality, MR）等交互技术，在真实与虚拟环境之间创建交互体验，以提升用户感知与决策能力的信息技术。在森林工程中综合应用数字交互技术，能让林业管理人员在真实与虚拟的交融的推演场景中，做出更为精准的判断与决策。例如：①VR 技术构建了一个完全虚拟的三维环境，使用户身临其境地进行模拟操作与体验。VR 技术可让林业决策者在虚拟世界中看到当前决策在未来时空的推演进程，从而评价决策优劣程度。②AR 技术则是在真实世界中叠加虚拟信息，为用户展现一个增强版的现实视野。森林公安佩戴 AR 眼镜，AR 眼镜可在真实的场景中标识出每一种动植物的学名和保护等级。③MR 技术将虚拟对象融入真实世界中，实现真实与虚拟对象的交互，从而创造出一种全新的视觉与操作体验。通过 MR，可以在真实森林场景中添加火灾、扑火工具等虚拟元素，森林消防员通过 MR 互动演习，提升森林火灾消防技能，增强团队协作扑火效能。

智能穿戴技术　通过佩戴在身体上的智能设备实现高效交互、智能决策的信息技术。智慧穿戴技术融合了人工智能、虚拟现实、增强现实、装备微型化等多种先进技术，其综合应用不仅与林业工作的户外特性高度契合，更在林区范围内实现了普适计算的全面覆盖，为林业生产装备的智慧化升级提供了强有力支撑。其中：①人工智能技术以神经网络与大数据挖掘为基础，为林业生产活动提供了优化的决策辅助，并能精确预测林业数据的动态变化。通过语音或图像与人类实现高效交互，这一技术就如同为人类配备了一个随身携带的高性能计算大脑。②护林员可通过佩戴虚拟现实眼镜来远程操控无人机，使其在森林区域内进行自由飞行与精准巡查。借助无人机实时传输的双目视频及热成像数据，护林员无须离开室内，便能对广阔林区进行全面而高效的监控，从而大幅提升护林工作的效率与便捷性。③林业执法人员可利用增强现实眼镜迅速辨识动植物的保护等级，核实运输单据的真实性，以及即时统计运输车辆上的木材数量与体积。这一技术的运用显著提高了执法活动的准确性与时效性。④外骨骼机器人技术在林业生产中的引入，可大幅增强林业工人的负载能力，有效提升林业生产的整体效率。

机器人技术　通过自动化和智能化手段，使机器能够模拟人类行为以执行任务的信息技术。"自动化"指的是机器能够在无人干预的情况下自行完成任务，"智能化"则指机器具备一定的学习能力、感知能力和决策能力。在林业生产中，机器人根据其功能和应用场景的不同，可以分为种植机器人、采伐机器人、运输机器人、加工机器人、监测机器人等。①种植机器人，是林业生态修复的重要工具。可以根据地形和土壤条件，自动完成挖坑、种植、浇水、施肥、病虫害防治等种植育林流程。在一些荒漠化地区，种植机器人的应用已经取得了显著成效，有效促进了植被的恢复和生态环境的改善。②采伐机器人，配备有强大的机械臂和高精度的切割工具，能够高效地完成树木的砍伐工作。在实际应用中，伐木机器人可以根据预设的程序或操作人员的指令，自动识别并砍伐指定区域的树木，并完成短距离的集材工作，大大提高了采伐效率，同时降低了人工作业风险。③运输机器人，专用于在森林中复杂多变的地形上运输木材和其他林产品的机器人。装备有强大的越野能力和高负载能力的底盘，能够穿越崎岖的山路和茂密的树林，将砍伐好的木材或者其他物资快速、准确地运送到指定地点。与传统的运输方式相比，运输机器人具有更高的灵活性和效率。它们能够自主规划最优路径，避开障碍物，减少运输过程中的损耗和延误。同时，这些机器人还配备有先进的传感器和导航系统，确保在复杂的山地环境中也能稳定运行，大大降低了山地运输的人工作业风险。④加工机器人，凭借其高精度和高效率的特点，正在逐步改变传统的木材加工方式。这些机器人能够自动完成木材的切割、打磨、雕刻等复杂工序，不仅大大提高了木材加工的效率，还降低了工人的劳动强度和作业风险。⑤监测机器人，主要用于森林环境的实时监测和数据采集。以无人机或无人车的形式工作，搭载有各种传感器和摄像头，能够实时监测森林的气候、土壤、病虫害等情况，自主发现盗砍滥伐和非法运输行为，并将数据实时传输给管理人员进行分析和处理。通过监测机器人的应用，可以及时发现森林的异常情况，为林业管理者提供科学的决策依据。随着技术的不断进步和创新，越来越多种类的林业生产机器人投入林业生产应用中，机器人技术将会在提升林业生产效率、保护生态环境等方面发挥更加重要的作用。

参考文献
李世东, 2017. 智慧林业概论[M]. 北京: 中国林业出版社.
李世东, 2018. 林业信息化知识读本[M]. 北京: 中国林业出版社.

（林宇洪）

中国林业大数据开发工程　forestry big data development project

在中国林业云上构建全国林业资源数据库、林业产业数据库、林业地理空间信息库，并实施数据挖掘的建设工程。林业大数据开发工程的实施，实现了林业数据的透彻感知、互联互通、充分共享及深度计算，为智慧森林工程系统提供了坚实的大数据基础和优秀的数据挖掘算法，为林业信息服务提供大数据支持，为林业管理决策提供科学依据。

2016 年 7 月，国家林业局发布了《关于加快中国林业大数据发展的指导意见》。该指导意见充分展现林业大数据在生态建设中的关键作用与巨大潜能，提出要推动数据资源的开放与共享，积极促进林业发展。在建设三大数据库的基础上，进一步提出要建设四大体系：林业大数据采集体系、林业大数据应用体系、林业大数据开放共享体系、林业大数据技术体系。同时规划了五大示范工程：生态大数据共享开放服务体系项目、京津冀一体化林业数据资源协同共享平台、"一带一路"林业数据资源协同共享平台、长江经济带林业数据资源协同共享平台、生态服务大数据智能决策平台。

林业大数据开发工程的核心基础：①构建全国统一标准的林业资源数据库，以集中存储和管理林业资源数据；②构建全国统一的林业产业数据库，以整合和分析林业产业发展数据；③构建全国统一的林业地理空间信息库，以提供基于地理空间的应用服务。这些建设目标遵循统一标准、共建共享、互联互通的原则，致力于提升林业信息基础设施，实现了林业数据的全面整合和高效利用，以满足现代林业管理的需求。

参考文献

国家林业局, 2016. 关于加快中国林业大数据发展的指导意见[R]. 北京: 国家林业局.

（林宇洪）

中国林业网站群建设工程　forestry website-group construction project

基于智慧林业建设目标，对全国林业系统的政府网站进行整体规划和资源整合的建设工程。通过林业网站群建设工程的实施，实现林业系统间资源整合、集成、共享、统一与协同，降低建设成本和运营成本，提升林政业务处理效率，提高用户满意度。

国家林业局自 2010 年 7 月起，先后下发《中国林业网管理办法》《中国林业网运行维护管理制度》等，为林业网站快速发展奠定了基础。2013 年 8 月，国家林业局组织制定了《中国智慧林业发展指导意见》，提出实施中国林业网站群建设工程。2015 年 9 月，第四届全国林业信息化工作会议要求持续优化中国林业网站群，实现林业各级部门和各类核心业务全覆盖。

林业网站群建设工程的主要任务：①通过构建国家林业系统从上至下的门户网站群平台，将全国林业系统政府网站作为一个整体进行规划和管理，实现数据的集中存储和智能化调用、系统的统一维护和容灾备份，从而降低建设成本和运营成本、提高效率，并为用户提供更为便捷的服务。②实现林业网站群的智慧化、全面化和服务化升级，以更好地满足用户需求，提升服务质量。智慧化升级旨在建成一个集智能感知、智慧建站、智慧推送、智慧测评和智慧决策于一体的智慧化发展体系；全面化升级则致力于实现行业全站群建设、信息全形式展现、服务全周期提供、内容全平台管理和资讯全媒体发布；服务化升级则注重整合各类服务资源，提供个性化服务，以用户为中心，切实提升用户满意度。

参考文献

李世东, 2017. 政府网站建设[M]. 北京: 中国林业出版社: 47-94.

（林宇洪）

中国林业云创新工程　forestry cloud innovation project

应用物联网技术全面感知林业生产要素，并通过云端算力实现信息共享、价值挖掘和决策优化的中国林业云建设工程。核心建设内容包括林业云计算数据中心、云数据交换与共享平台以及虚拟资源池平台等。通过构建智慧林业云平台，并在云平台上部署各项林业创新应用系统，提升林业管理的效率和智能化水平，提高科学决策水平。

2013 年 8 月，国家林业局发布《中国智慧林业发展指导意见》文件，指出智慧林业云以"共建共享，互联互通"为原则，推进林业基础数据库建设。该文件提出加快林业云示范推广及建设布局，并加强林业决策系统建设。同时，还将加强智慧林业云上的各项工程建设。

2017 年 11 月，国家林业局发布《关于促进中国林业云发展的指导意见》，对林业云建设作出了详尽规划。中国林业云由两级中心组成，即国家级云中心和省级云中心。国家级云中心是中国林业云的主体，省级云中心是国家级云中心在省级的分布式子中心，由 31 个省（自治区、直辖市）、5 大森工集团、新疆生产建设兵团共计 37 个分中心组成。中国林业云平台采用"四横两纵"的技术架构，"四横"分别为基础服务层、大数据服务层、业务服务层、交付服务层；"两纵"分别为安全与运维体系、标准与制度体系。中国林业云根据服务对象和接入网络的性质，分别在互联网和林业专网上提供服务。基于林业专网，部署全国林业业务相关应用与数据库共享服务，提供统一的数字认证体系等公共服务。基于互联网，部署面向社会公众的业务应用与信息公开服务，提供中国林业网子站群等公共服务。

以林业云为基础，林业云创新工程重点开发并部署各项林业创新应用系统。把林业管理部门内部及面向社会提供公共服务的应用系统迁移到林业云平台上，实现资源共享，包括国家林业信息基础设施、数据资源、存储灾备、平台服务、应用服务、安全保障和运维服务等方面。在林业云平台上，将全面部署包括综合监测、营造林管理、远程诊断、林权交易、智能防控、应急管理、移动办公、监管评估和决策支持等应用，以实行集约化建设、管理和运行。

参考文献

国家林业局, 2017. 关于促进中国林业云发展的指导意见[R]. 北京: 国家林业局.

（林宇洪）

中桩　center stake

沿路线设置的用以表示中线位置和线形的编有桩号的桩或标志。通常在道路轴线上每隔一定距离设置一个木桩，即为中桩。属于工程测量学的专业术语，一般用于路线实际测量过程中，为方便施工而设置。

中桩分为整桩和加桩。整桩是由道路的起点开始，每隔 10m、20m 或 50m 的整倍数桩号设置的里程桩。其中里程为整百米的称百米桩，里程为整公里的称公里桩。加桩分为地形加桩、地物加桩、曲线加桩和关系加桩。地形加桩是在中线地形变化处设置的桩；地物加桩是在中线上桥梁、涵洞等人工构造物处以及与其他地物交叉处设置的桩；曲线加桩是在曲线各主点设置的桩；关系加桩是在转点和交点上设置的桩。

桩号的格式为：K×× + ×××，K 为里程桩号，如 K18 表示位于第 18km 处，+ 号后面为百米桩号，如 +370 表示位于第几公里中 370m 处。桩号沿路线前进方向而定。

所有中桩中，对道路位置起控制作用的桩点可视为中线控制桩。通常直线上的控制桩有交点（JD）和转点（ZD），曲线上的控制桩有直圆点（ZY）和圆直点（YZ）、直缓点

（ZH）和缓直点（HZ）、缓圆点（HY）和圆缓点（YH）、曲中点（QZ）。

在线路施工测量中，作为定测的中桩的高程称中桩高程。其中高程基准是推算国家统一高程控制网中所有水准高程的起算依据，它包括一个水准基面和一个永久性水准原点。水准基面通常理论上采用大地水准面，它是一个延伸到全球的静止海水面，也是一个地球重力等位面，实际上确定水准基面则是取验潮站长期观测结果计算出来的平均海面。

参考文献

史玉峰，2012. 测量学[M]. 北京：中国林业出版社.

（李强）

重力式握索器　grip device

跑车中依靠悬吊木材的重量使夹钳夹紧牵引索的装置。又称自重力式夹索器、重力式抱索器、重力式挂索器。适用于单索轻便型索道。常见有铁环式、钳式、猪尾式。铁环式握索器下部铁环吊运木材，上部铁环挂在吊架上，依靠两个铁环合拢夹住牵引索。钳式握索器通过木材的重量使钳尾向内靠拢，钳尾的力通过中轴传递给钳口，从而使钳口向内移动夹住牵引索（图1）。猪尾式握索器结构最为简单，握索器本身也起到整个跑车的作用（图2）。

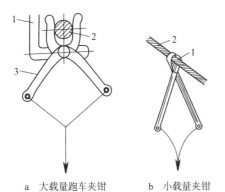

a　大载量跑车夹钳　　b　小载量夹钳

图1　钳式握索器

a：1—跑车吊架；2—牵引索；3—夹钳

b：1—夹钳；2—承载-牵引索

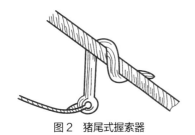

图2　猪尾式握索器

（周成军）

竹林采伐　bamboo forest harvesting methods

竹林采伐作业的技术、方式和方法。

原则　竹林采伐应考虑到正确地确定采伐竹龄、季节、方法、强度和立竹密度。原则是砍老留幼，砍密留疏，砍小留大，砍弱留强。对于丛生竹还应注意"砍内留外"，即砍竹丛内部的老竹，保留竹丛周围的嫩竹。对生长畸形、细弱和受病虫害严重的竹株也应砍伐。

作业季节　竹林均应在冬季采伐。春、夏生长季节，切忌伐竹。凡大小年分明（出笋多的年份称大年，出笋少的年份称小年）的竹林，以大年的立冬到次年立春（即11月至次年2月）之前采伐为好。换叶当年冬季，正值母竹孕笋期，不宜伐竹。

作业工序　竹林采伐作业过程分为伐竹、打枝、集运等工序。

伐竹　有齐地伐和带蔸伐两种。齐地伐竹法适用于一般用材竹林，即用砍刀、斧、手锯、长柄凿等工具或割灌机、轻型油锯沿竹蔸处平地伐倒竹株。带蔸伐竹法适用于渔业用大毛竹和秆柄用刚竹、淡竹，用锄锹先刨开竹蔸周围泥土，斩断竹根，然后挖出带蔸竹株。伐竹作业要求：①标号伐竹。为避免误伐竹株，事先应有专人选择、标记采伐竹株，届时按记号伐竹。②控制倒向。为便于集运，顺坡集材时，竹梢倒向上坡；逆坡集材时，竹梢倒向下坡。③降低伐根。伐根高度尽可能降低，不得超过5cm，伐后随即捣破，促其腐烂，助长地力。④保护好母竹和幼竹。

打枝　竹子伐倒后，一般在伐区就地打枝、截梢。打枝应由秆基向秆梢依次劈除。打枝时，应先在枝条与竹节连接的下方平行竹秆用力砍一刀，再在枝与秆分叉处用刀背敲落枝条，防止撕裂竹秆表皮。竹林采伐结束后，需及时清理迹地。打落的枝叶，尤其是竹叶，应留存在林内作肥料。枝梢运出利用，或残留林地作肥料。

集运　与木材集运基本一致，多采用人工或架空索道集运整根竹竿，长距离运输采用陆运或水运。竹竿通直、中空、壁薄，比重较小（0.3～0.5），单根毛竹竿重20～30kg，集运装卸均较方便。

参考文献

史济彦，1996. 森林采伐学[M]. 北京：中国林业出版社：253-254.

（赵尘）

竹林采伐量　harvesting volume of bamboo forest

单位面积竹林上采伐竹株的数量。又称竹林采伐强度。单位为株$/hm^2$或t/hm^2。以采伐年龄为基础，由竹林蓄积量和采伐后的合理立竹度来确定竹林采伐量。

正常经营的竹林，凡达到四度或4年生竹株的数量，即为理论采伐量。但在确定实际采伐量时，还必须考虑竹林的经营目的和适宜立竹度。立竹度是竹林采伐后，单位面积上保留的立竹株数。

以收获竿材和采笋为主的竹林，采伐量不宜过大；以取嫩竹为造纸原料的竹林，采伐量可以适当加大。竹林采伐前的密度（蓄积量）与立竹度、采伐量的关系为：

$$蓄积量 = 立竹度 + 采伐量$$

竹林蓄积量即单位面积上立竹的总量，用每公顷竹林的株数（株$/hm^2$）或重量（t/hm^2）表示。竹子的重量包括竹秆重量（或竹材重量）和枝叶重量，均用鲜重表示。

立竹度与竹林产量有密切关系：竹林立竹度过小，竹林稀疏，叶面积指数低，不能充分利用太阳光能制造养料，因而新竹产量低；竹林立竹度过大，老竹多，消耗大于积累，也不能提高新竹产量。只有经常保持合理立竹度的竹林，才能高产稳产。立竹度大小受竹种特性、立地条件和经营水平等因素的影响。一般来说，大型竹种比中、小型竹种的立竹度要小些；立地条件差的竹林比立地条件好的竹林立竹度要小些；粗放经营的竹林比集约经营的竹林立竹度要小些。确立竹林的合理立竹度，还要注意立竹的年龄组成和分布状况，要求以幼、壮龄竹为主，分布均匀。竹林较合理的立竹度：集约经营的毛竹林 3500～4500 株 /hm²，一般毛竹林 2000～3500 株 /hm²；中型竹种 20000～35000 株 /hm²；小型竹种 50000 株 /hm² 以上。

在确保竹林适宜立竹度的前提下，密度大的竹林可以多采，密度小的竹林宜少采，密度低于适宜立竹度的竹林暂不应采伐。

参考文献

史济彦, 1996. 森林采伐学[M]. 北京: 中国林业出版社: 251-252.

粟金云, 1993. 山地森林采伐学[M]. 北京: 中国林业出版社: 85-88.

（赵尘）

竹林采伐年龄　cutting age of bamboo forest

在竹林中被采伐竹子的年龄。竹林为异龄林，一般仅适用龄级择伐。作业时，原则上只采伐已达到采伐年龄的竹子。母竹移栽后，经过 10 年左右抚育成林，即可开始择伐。

竹子的适宜采伐年龄，是根据不同竹种竹子的生长特性和竹材用途，以不妨碍竹林生长又不影响竹材利用价值为基本原则确定。确定竹林采伐年龄的原则是被采伐竹子的竹材力学、物理、化学性质稳定，材质优良，采伐后竹林结构合理、年龄比例合适。确定竹林采伐年龄要充分考虑以下因素。

竹类植物生长规律　竹笋成竹后，秆形生长基本结束，竹秆体积不再变化，但材质生长还在进行，即竹材的公称容积重和力学强度还在增长和变化。竹子的材质生长分为增进期、稳定期和下降期。竹子的采伐年龄，应该在竹材材质生长的稳定期即中龄竹阶段，此阶段竹材公称容积重、力学强度和竹叶中营养物质含量等都稳定在最高水平。一般大型竹种如毛竹、麻竹、龙甜竹和车筒竹等的材质稳定期，从第六年到第十年；中型竹种如刚竹、淡竹、方竹、青皮竹、撑篙竹、粉单竹、慈竹、绵竹、苦竹等的材质稳定期，从第四年到第六年。

竹材用途　竹工用材和原竹利用，要求竹材组织充实，采伐年龄可适当延迟。篾工用材和幼竹造纸，要求劈篾方便和纤维容易解离，采伐年龄可适当提早。

竹林立地条件和经营管理水平　水肥条件好、集约经营的竹林，竹株生长旺盛，竹材稳定期有所推迟，采伐年龄可适当大些。水肥条件差、粗放经营的竹林，竹子老化快，竹材稳定期有所提早，采伐年龄可适当小些。

具体采伐年龄依竹种和竹林经营目的而定。秆用毛竹林一般遵循"存三（度）去四（度）不留七（度）"的原则，即林内三度（4～5 年生）以内的立竹留养，四度（6～7 年生）以上的立竹采伐，七度（12～13 年生）以上的竹株均应伐除。篾用毛竹林，伐龄可适当提前。纸浆用竹林，在选留好母竹的前提下，当年生新竹即可采伐。秆用刚竹、淡竹、撑篙竹、茶秆竹和苦竹的采伐年龄，应在 3～4 年生以上。篾用淡竹、水竹、慈竹和粉单竹的采伐年龄，宜在 3 年生左右。

参考文献

粟金云, 1993. 山地森林采伐学[M]. 北京: 中国林业出版社: 85-88.

（赵尘）

竹质托盘　bamboo tray

以天然竹为原材料加工制作而成的一种环保型托盘。天然竹具有良好的物理与力学性能，极易做成托盘，且具有生长快、分布广、种类多的特点，使其获得性和可持续性较高。

中国竹材资源丰富，生产托盘的地域范围相对比较广泛，中国的西南部、中南部及东南部各省托盘生产商的数量很多。竹质托盘的原材料可采用竹材的边角料，从而降低生产成本。适用范围广泛，可代替木托盘使用。

竹质托盘主要具有以下特点：①相对于其他材料的托盘，价格更低廉、性价比更高。②比木托盘有更高的强度和承载力，不易产生裂纹。③秉承可持续发展理念，用料环保绿色。④可防潮、防虫蛀、防发霉。⑤比较容易维修，可以进行回收利用，不用进行熏蒸。⑥可制作各种规格和尺寸的托盘，具有较强的灵活性。⑦外观不如其他材质托盘整洁。⑧边角易出现毛刺，安全性能有待提高。

竹质托盘

参考文献

周艳, 2018. 竹质托盘性能检测方法与标准化研究[D]. 长沙: 中南林业科技大学.

周艳, 庞燕, 2017. 竹质托盘性能检测方法研究[J]. 物流工程与管理, 39(12): 81-82, 74.

（魏占国）

主伐　final felling

为收获木材和达到森林永续利用而对成熟、过熟林分进行伐去老林、培育新林的采伐作业。森林采伐的一种方式，其目的主要是为获取和利用木材，改善森林的各种有益效能，在采伐过的林地上迅速实现森林更新，恢复幼林的生长，以便保持森林的永续经营。

主伐方式分为皆伐、渐伐、择伐3种。

皆伐是在同一时期内伐去全部林木。皆伐迹地一般都采用人工更新，在目的树种天然更新有保障时，也可以采用天然更新或人工促进天然更新。适用于天然林的成过熟单层林、中小径木少的异龄林和遭受自然灾害的林分。

渐伐是分4次伐尽全部林木，以便在采伐过程中自然长出或人工培育出新的幼林。渐伐后，一般采用天然更新。为了加快更新速度，可以采用人工促进天然更新。对于大的林隙空地则应当进行人工补植或补播。

择伐是选择采伐一部分符合工艺要求的林木。是防护林、风景林的主伐方式。择伐迹地的更新一般以天然更新为主，既可以保证更新的成功，又很经济，并且可以使幼苗幼树经过自然选择，保留优良个体。对天然更新不理想的林间空地，应当进行人工补植或补播。

在3种主伐方式中，择伐对森林生态的影响最小。与皆伐相比，由于伐后有大量的保留木在林地上生长着，继续保持着生态作用。因此从生态角度看，择伐优于皆伐和渐伐，其原因是：①复层异龄林中各龄级的树木都有，而被采伐的正是生长弱的林木，其生态作用也较低下；②成过熟的林木被伐以后，解放了中壮龄林木，其生态作用得到提高，使因采伐而失去的生态作用很快得到恢复。总之，从有利于森林生态效益的角度看，3种主伐方式的排列应当是择伐、渐伐、皆伐。若从有利于木材生产的角度看，以上的排列顺序应正好倒过来，即皆伐、渐伐、择伐。

参考文献

东北林业大学, 1987. 木材采运概论[M]. 北京: 中国林业出版社: 9–14.

史济彦, 1996. 森林采伐学[M]. 北京: 中国林业出版社: 1–5.

史济彦, 1998. 中国森工采运技术及其发展[M]. 哈尔滨: 东北林业大学出版社: 1–52.

王立海, 2001. 木材生产技术与管理[M]. 北京: 中国财政经济出版社: 83–87.

（李耀翔）

贮木场　timber yard

设置在运材线与公共交通线相衔接，用以完成商品原木的最终生产、贮存保管和调拨供销的场所。又称山下楞场、最终楞场和林区贮木场。贮木场是商品原木最终生产的场所，也是森工采运企业的一个生产车间。如图所示。

韩家园林业局（韩家园林业局宣传部　提供）

贮木场分类

按贮木场年产量分类　将贮木场分为Ⅰ类、Ⅱ类和Ⅲ类。Ⅰ类贮木场的木材产量为30万 m^3 以上，Ⅱ类贮木场的木材产量为10万～30万 m^3，Ⅲ类贮木场的木材产量在10万 m^3 以下。年产量标志着一个贮木场的生产规模，是贮木场的重要参数，它将决定贮木场投资、场地大小、生产布局、机械化程度、劳动生产率和生产成本等。

按森工企业内部运输方式分类　分为陆运贮木场、水运贮木场和混合贮木场。陆运贮木场指汽车运输到材、森林铁路运输到材或其他陆运方式到材等与陆路衔接的贮木场；水运贮木场指单漂到材、排运到材甚至是船运到材等与水路衔接的贮木场，又称出河场；混合贮木场的到材中既有陆运又有水运。

贮木场组成　由5个基本部分组成。①场地。指贮木场境界内的一片区域，包括陆上区域和水上区域，例如木材楞堆所占有的场地、各工序的作业场地、生产建筑设施所占有的场地以及辅助生产和服务管理设施所占的场地等。②木材。包括原条、原木、木样子、木片、板方材等。③设施、设备。包括机械、设备、工具和建筑物等。④线路。包括贮木场内部运输线路（如起重机走行线、选材平车道、原木输送渠道、其他搬运道等）、贮木场外部运输线路（如到材卸车线、标准铁路专用线、河道等）和防火道等。⑤劳动组织和组织管理机构。

贮木场基本参数

贮木场年产量　贮木场的生产能力通常用在一年内能周转的木材数量（m^3）来表示，分设计能力和实际能力两种。实际能力表示贮木场一年中的实际生产量，与计划任务或合同等有关。

库存量　在某一时期或时刻的原木产品的实际积存量。贮木场的积存量每天在不断变化中，一年中将出现最大值和最小值，一年中出现木材积存量的最大值，又称贮木场的最大库存量。

贮木场面积　贮木场面积要能保证最大量木材的贮存，场内运输道路、机械设备和建筑物的布设，并有必要的扩充发展地。可分为楞地面积、有效面积和总面积3种。楞地面积为木材贮放的场地面积，取决于最大允许的库存量、楞堆的形状和尺寸，等于最大库存量除以楞地单位面积的容材量；有效面积除楞地面积外，还包括场内机械设备、道路和生产建筑所占有的面积，为楞地面积的1.2～1.3倍；总面积是贮木场周界面积，为有效面积的1.1～1.2倍。

单位面积容量 单位场地面积上所能容纳存放的木材数量，通常以m^3/m^2表示。

劳动生产率 劳动者在单位时间内生产的产品数量。对贮木场来说，指贮木场生产工人一年中所生产的木材产量[m^3/（人·年）]。它反映贮木场的技术水平和管理水平。

贮木场功能

木材生产 林木经过采伐、集材和运输到贮木场以前的原木或原条、伐倒木都是或基本上是半产品，到达贮木场并经过必要的生产、加工和验收以后才成为产品或商品。整个森工企业采运生产过程包括采伐、运材和贮木场作业3个生产阶段。木材到达贮木场后，根据贮木场生产工艺，完成木材（产品）生产作业，一般都要经过卸车（或出河）、造材、选材、归楞和验收装车等一系列作业。因为原木归放到楞堆并经过验收后才能作为商品销售调运出去，贮木场就体现了木材生产的性质。在商品原木的最终生产过程中，要求贮木场全面完成国家木材产品生产计划或合同计划，尽可能提高产品的数量和质量，提高产品的经济价值和企业利润，合理设计生产工艺流程和布局，选好机械类型，加强机械维护保养，充分发挥机械设备能力，完善劳动组织，提高科学管理水平，提高劳动生产率，降低生产成本等。

木材保管 贮木场要把伐区上分散采伐的木材集中起来，根据需材单位或用户要求提供一定数量的木材以及协调内外运输之间的不均衡，需要把木材在贮木场停留一段时间。有的需若干天，有的需几个月，在贮木场就形成了原木贮存量。在木材贮存期间，要求贮木场对木材进行保管，也就体现了贮木场木材保管的性质。木材保管包括木材的数量和质量两个方面。前者是做好品等区分、缴库验收和防火、防洪、防盗等工作，后者是防止由于木材腐朽、虫蚀和开裂引起的变质降等。当气温高于5℃、并贮存时间超过20天时，需因地制宜采取不同的木材保管方法。①**干存法**。把木材剥皮并归成通风良好的楞堆（层楞或格楞），使原木边材的含水率迅速降低，消除菌、虫繁殖和生存的条件。②**湿存法**。把带皮原木归成通风不良的楞堆（实楞），楞高5m以上并进行遮阴覆盖。③**水存法**。把木材单根或成捆（成排或成堆）存放在人工水池或河流湖泊中，使原木边材保持很高的含水率，阻止菌、虫的繁殖和生长以及木材的开裂。

木材供销 将木材（原木）产品按国家木材调拨计划和订货合同，保质、保量、及时地销售供应给各需材部门和用户，满足用材和木材市场的需求。为此，在贮木场对木材进行检验，主要有**木材缺陷检测**、**原条检验**、**原木检验**和**锯材检验**。同时，贮木场必须做到三准、三清、一化。三准是缴库准、库存准和拨出准，指木材数量精准；三清是树种清、材种清和品等清，指木材质量清晰；一化是木材管理商品化。在贮木场，木材（原木）销运、木材（原木）装车和归楞使用同一机械装备。因此，贮木场具有显明的木材供销性，实际上是一个木材营销市场。

贮木场作业现状和发展 中国在贮木场作业方面已实现机械化。从20世纪80年代起，一些贮木场开始从机械化向现代化、智能化、信息化方向发展。另外，还将在贮木场内或场旁设置更多的制材、人造板、浆粕等加工厂。直接从贮木场取得它所生产的一部分原木，提高贮木场生产的专业化比重。

2000年10月国家正式启动了天然林资源保护工程。对东北、内蒙古等重点国有林区的森工局、场的贮木场实施了转产、停产、关闭。

参考文献

东北林学院, 1983. 贮木场生产工艺与设备[M]. 北京: 中国林业出版社: 1-33.

牡丹江林业学校, 1982. 木材生产工艺学[M]. 北京: 中国林业出版社: 190-191.

史济彦, 1996. 贮木场生产工艺学[M]. 北京: 中国林业出版社: 2-9.

巫儒俊, 1990. 贮木场生产工艺[M]. 北京: 中国林业出版社: 1-14.

（刘晋浩）

贮木场工艺布局 technological layout of timber yard

对贮木场用于木材生产的机械、设备、线路和木材产品贮存的空间场地，按照不同的生产工艺流程的要求和实际需要，在一定的空间和场地上予以合理的设置、部署及安排。

在贮木场工艺布局中，只表示机械设备、线路用地等相互关系和位置。

工艺布局有初布和终布。初布只表示这些机械设备、线路用地等的相互关系和位置；终布是经过设计和计算，标出机械设备的数量和型号、线路的长短、楞地的大小等。工艺布局与贮木场总平面布局是有所区别的。在总平面布局中，除了工艺布局外，还必须布置非生产性的设备、线路、建筑物，如围墙、休息室、办公室、防火道及防火设施、排水设施、照明与供电线路及其设备等。总平面布局的核心是工艺布局。

贮木场工艺布局由于场地的形状、大小以及生产工艺要求等条件的不同，工艺布局类型有多种多样的形式，主要分为流向布局和叉流布局。①**贮木场工艺流向布局**。贮木场木材生产过程中各生产工序串联或并联排列，并以一种确定的方向和线路流动的布局。是最简单的一种布局方案，布局齐整、生产集中、管理方便。又分为单向布局和双向布局。②**贮木场工艺叉流布局**。贮木场木材生产过程中，按生产工艺流程的要求和实际需求，以工艺布局为基础，可以从某一处或任意一道工序上分成（汇合、倒流、交叉等）两个或两个以上流程的布局。可有效利用贮木场的场地，合理布置机械设备，充分发挥贮木场机械设备的效率。

参考文献

东北林学院, 1983. 贮木场生产工艺与设备[M]. 北京: 中国林业出版社: 8-10.

牡丹江林业学校，1982. 木材生产工艺学[M]. 北京：中国林业出版社：191-195.

史济彦，1996. 贮木场生产工艺学[M]. 北京：中国林业出版社：173-179.

王立海，2001. 木材生产技术与管理[M]. 北京：中国财政经济出版社：220.

（刘晋浩）

贮木场工艺叉流布局 bifurcation layout of timber yard

贮木场木材生产过程中，按生产工艺流程的要求和实际需求，以工艺布局为基础，可以从某一处或任意一道工序上分成（汇合、倒流、交叉等）两个或两个以上的流程的布局。又称贮木场工艺分叉布局。

叉流布局可有效利用贮木场的场地，合理布置机械设备，充分发挥贮木场机械设备的效率。但不必要的工序分流将会造成设备投资、成本费用的增加，劳动生产率降低。因此，工序分流的问题，要根据实际需要与理论计算来确定。实际需要就是要考虑生产的特点和要求、贮木场的地形条件等；理论计算则是各工序机械设备生产量（生产能力）的分析计算；实际需要与理论计算相一致，使各工序间有节奏地进行生产作业。

贮木场工艺叉流布局主要有出河、卸车、造材、选材、归楞、外运（装车）、内运等多种分叉布局。

出河分叉布局 由水运贮木场最大班产量、出河机类型及其生产率等因素确定的出河坡口数进行木材出河作业的布局。

水运贮木场中出河分叉的数量视出河坡口而定，一个坡口即为一个分叉（图1a）。出河坡口数量由贮木场最大班产量、出河机的类型及其生产率等因素来确定。如采用纵向输送机、横向输送机、绞盘机出河时，以机械作业台数来确定出河叉数（图1b）。

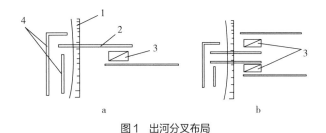

图1　出河分叉布局

1—岸坡；2—纵向输送机；3—造材台；4—漂子

卸车分叉布局 由陆运贮木场的卸车线路的条数、卸车点数或卸车台的个数及选材输送机、造材锯机的班产量和生产率，卸车机械与造材机械类型等因素，确定卸车线点位置进行卸车作业的布局。

陆运贮木场的卸车分叉数视卸车线路的条数或卸车台的个数确定。图2是一种分为两叉的卸车布局方案。两条卸车线路分别连接两个卸车台，有两条选材线和一条共用的铁路专用线，从卸车分叉一直到装车再合流。

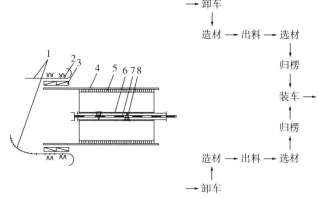

图2　卸车分叉布局

1—汽车到材线；2—兜卸机；3—卸车台；4—纵向输送机；5—编捆框；6—装载机走行线；7—铁路专用线；8—架杆绞盘机

造材分叉布局 由贮木场造材台（卸车台）、固定造材锯数及造材锯机的班产量、生产率和造材机械类型等因素，确定造材位置进行造材作业的布局。

采用手持式电锯造材时，造材分叉数视造材台（卸车台）数确定。采用固定式锯机造材时，造材分叉数视锯机数量确定，一台锯机为一个叉。图3是一种分为两叉的造材分叉布局方案。两台固定式锯机造出来的原木，将集中地卸往同一条选材输送机。因此，从卸车、造材分叉到选材作业合流。

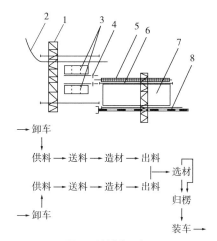

图3　造材分叉布局

1—门式起重机；2—汽车到材线；3—卸车、散捆、供料台；4—造材锯机；5—编捆框；6—起重机走行线；7—楞地；8—铁路专用线

选材分叉布局 由贮木场选材机械类型、数量、抛木方向、选材机械的生产率来确定选材叉数的布局。

贮木场选材机械采用最多的是输送机和电动平车。①输送机选材时，如是单面抛木，选材叉数视输送机的条数而定，两条就是两个叉；如是双面抛木，一条输送机就是两个叉。图4a是一种分为两叉的选材分叉布局方案，这种方案实际上是由两条独立的流水作业线组成的布局。②电动平车选材时，卸车造材作业点设在贮木场的一端，则选材分叉数视重行平车道的条数确定。图4b为一条重行平车道，故为一个叉；图4c为两条重行平车道，故为两个叉。

卸车造材作业点设在贮木场中间（图4d），即使一条重

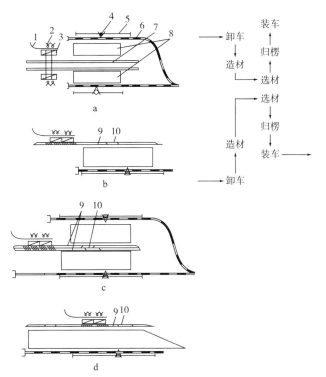

图4　选材分叉及电动平车选材时的布局方案

1—汽车到材线；2—缆索起重机；3—造材台；4—架杆绞盘机；
5—归装机走行线；6—铁路专用线；7—选材输送机；8—楞地；
9—重行平车道；10—空行平车道

行平车道，因为选材方向相反，视作两个叉；如是两条重行平车道，则为四个叉。

归楞分叉布局　由贮木场的木材贮存量（木材产量），并以贮木场选材线路（或输送机）为依据，确定贮木场归楞的楞地数的布局。

如以选材输送机布设为依据，楞地布置在选材输送机的一侧，则为一个叉的单向布局。楞地布置在选材输送机的两侧，则为两个叉。归楞分叉数视楞地个数确定。图5是一种分为两叉的归楞分叉布局方案。原木通过输送机向两侧抛木，分两路进行归楞。

外运（装车）分叉布局　由贮木场的木材外拨（外供）调运量，并以贮木场铁路专用线（汽车外运木材线路）和装车机械类型为依据，确定贮木场外供原木的楞地数的布局。

外运（装车）分叉数等于外供原木的归楞地个数。图5也是一种分为两叉的装车分叉布局方案。

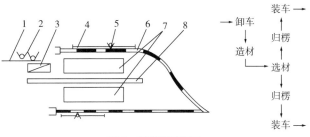

图5　归楞分叉布局

1—汽车到材线；2—兜卸机；3—造材台；4—归装机走行线；
5—架杆绞盘机；6—铁路专用线；7—楞地；8—选材输送机

内运分叉布局　根据贮木场的木材内拨（内供）调运量和贮木场输送机、归楞装车机械类型，由贮木场向木材加工厂供应原木的木材加工厂（或车间）数，确定贮木场内供原木的木材加工厂个数的布局。

贮木场向若干个木材加工厂供应原木。内运分叉数等于木材加工厂（或车间）的数量。一个木材加工厂（或车间）即为一个内运分叉，如图6所示。

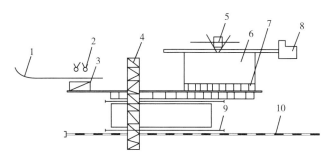

图6　内运分布局（制材厂与贮木场的衔接）

1—汽车到材线；2—兜卸机；3—造材台；4—门式起重机；
5—架杆绞盘机；6—楞地；7—编捆框；8—木材加工厂；
9—起重机走行线；10—铁路专用线

参考文献

东北林学院, 1983. 贮木场生产工艺与设备[M]. 北京: 中国林业出版社: 8-10.

牡丹江林业学校, 1982. 木材生产工艺学[M]. 北京: 中国林业出版社: 191-195.

史济彦, 1996. 贮木场生产工艺学[M]. 北京: 中国林业出版社: 173-179.

巫儒俊, 1990. 贮木场生产工艺[M]. 北京: 中国林业出版社: 9-14.

（刘晋浩）

贮木场工艺流向布局　flow direction layout of timber yard

贮木场木材生产过程中各生产工序串联或并联排列，并以一种确定的方向和线路流动的布局。流向布局是最简单的一种贮木场工艺布局方案，布局齐整、生产集中、管理方便。贮木场工艺流向布局主要有单流布局和双流布局两种。

单流布局　木材在生产过程中以一条曲折的线路运移的布局。又称单向布局。生产过程是在铁路专用线一侧，布设一条延续的作业线，各工序作业都在这一线形上进行，没有任何作业的分流。主要适用于非专业化的小型贮木场。

特点：①各工序所占用的场地都集中在一起；②各工序均为单向流水作业；③布局形状为狭长方形；④木材生产过程中各生产工序首尾相连排列的作业为串联，生产工序中有并行排列的作业为并联。图1表示3种单流布局方案。图1a为原木清车运输到材、对楞卸车的贮木场，由卸车、归楞和装车三道工序组成；图1b为原木纵向出河贮木场，由出河（用纵向输送机）、选材、归楞和装车（均用架杆绞盘机）四道工序组成；图1c表示原条固定造材的贮木场，由卸车（门

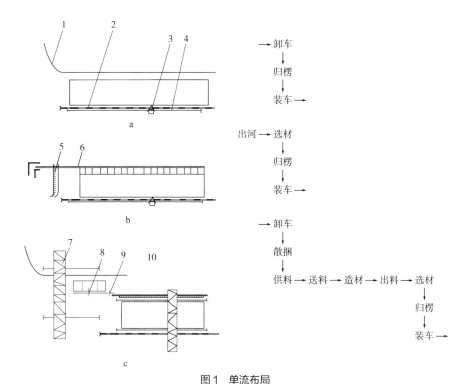

图1 单流布局

1—汽车到材线；2—铁路专用线；3—架杆绞盘机；4—架杆绞盘机走行线；5—河岸；6—纵向输送机；7—门式起重机；8—液压起重臂；9—固定造材锯机；10—起重机走行线

式起重机）、散捆（横向输送机）、供料（液压起重臂）、送料（纵向输送机）、造材（圆锯机）、出料（纵向输送机和抛木喂料机）、选材（纵向输送机）、归楞和装车（带悬臂门式起重机，又称装卸桥）等九道工序组成。

双流布局 两个或者两个以上的单流布局的组合。又称双向布局。图2所示的两个独立的单流成行排列的布局，称为双流行式布局；图3所示的是从卸车到装车由两个独立的单流成列排列的布局，称为双流列式布局。

双流布局节省一条铁路专用线，却增加了一套卸车设备和一条到材卸车线路，形成双向布局。一个贮木场卸车点数（或出河坡口数），根据贮木场的产量（卸车或出河数量）和造材、选材机械设备的类型及其生产率等因素来确定。如任务量超过了卸车或出河机械设备的台班产量时，则需多设卸车或出河点。如造材和选材的机械台班产量低，就需设置

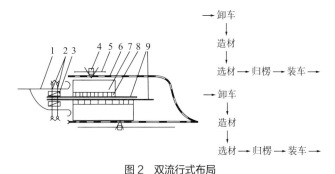

图2 双流行式布局

1—汽车到材线；2—兜卸机；3—卸车台；4—架杆绞盘机（起重机）；5—架杆绞盘机走行线；6—铁路专用线；7—楞地；8—编捆框；9—纵向输送机

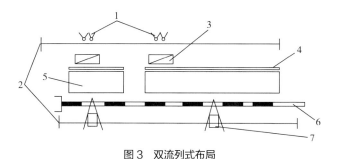

图3 双流列式布局

1—兜卸机；2—架杆绞盘机走行线；3—卸车台；4—纵向输送机；5—楞地；6—铁路专用线；7—架杆绞盘机

两条以上的选材线和两台造材锯机。这时卸车点数也相应地增加。

中国林区贮木场多数都是火车调拨（外运），其工艺布局基本上是以铁路专用线为纵向轴线，采用单向或双向流水作业线来进行的，工序上是直接衔接的连续化作业。流水作业线较短，工序衔接紧凑，占地面积少，设备利用率较高，投资少、成本低。

参考文献

东北林学院, 1983. 贮木场生产工艺与设备[M]. 北京: 中国林业出版社: 221-232.

牡丹江林业学校, 1982. 木材生产工艺学[M]. 北京: 中国林业出版社: 191-195.

史济彦, 1996. 贮木场生产工艺学[M]. 北京: 中国林业出版社: 173-181.

（刘晋浩）

贮木场面积　timber yard area

保证最大量木材的贮存，场内运输道路、机械设备和建筑物的布设，并有必要的扩充发展的场地大小。又称贮木场场地面积。

贮木场面积分楞地面积、有效面积和总面积3种。楞地面积指木材（原木、原条、剩余物、木片等）贮放的场地面积，包括两楞堆间的间隔空地与安全防火道；有效面积指贮木场生产用地的面积，除楞地面积外，还包括机械设备、道路和生产建筑所占用的场地面积，一般为楞地面积的1.2～1.3倍；总面积指贮木场周界面积，除有效面积外，还包括一些非生产性建筑、其他用途的场地面积以及未开发的空地等，一般为有效面积的1.1～1.2倍。

在3种面积中，有效面积是最基本的，年产量大，则库存量增加，贮木场有效面积也扩大，呈一条直线正比关系。

对中国东北林区贮木场的统计，关系式为

$$F_x = 0.235Q + 4.4$$

式中：F_x 为贮木场的有效面积（hm^2）；Q 为贮木场年产量（万 m^3）；4.4 为贮木场最小有效利用面积利用常数。

对中国南方林区贮木场的统计，关系式为 $F_x = 0.145Q$。

在同一条件下，南方贮木场的有效面积比东北贮木场有效面积要小。

从楞地面积、有效面积和总面积3种面积中，可获得两个面积利用系数。

①贮木场有效面积利用系数，即

$$K_x = \frac{F_x}{F}$$

式中：K_x 为贮木场有效面积利用系数；F_x 为贮木场有效面积；F 为贮木场总面积。

20世纪80年代，中国东北林区贮木场的统计资料显示，贮木场有效面积利用系数 K_x 为0.8～0.9。

②贮木场楞地面积利用系数，即

$$K_l = \frac{F_l}{F_x}$$

式中：K_l 为贮木场楞地面积利用系数；F_l 为贮木场楞地面积；F_x 为贮木场有效面积。

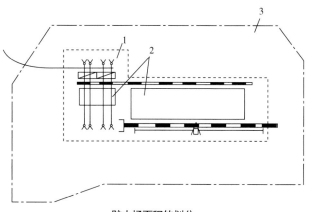

贮木场面积的划分

1—有效面积；2—楞地面积；3—总面积

有效面积利用系数和楞地面积利用系数高，表明贮木场基建投资少、场地税少、生产集中、管理方便。但这两个场地面积利用系数却不能同等对待，有时楞地面积利用系数高是不可取的，因65%以上是由于不合理的楞地面积过大造成的。

参考文献

东北林学院, 1983. 贮木场生产工艺与设备[M]. 北京: 中国林业出版社: 17-18.

史济彦, 1996. 贮木场生产工艺学[M]. 北京: 中国林业出版社: 7-8.

王立海, 2001. 木材生产技术与管理[M]. 北京: 中国财政经济出版社: 219.

巫儒俊, 1990. 贮木场生产工艺[M]. 北京: 中国林业出版社: 8-9.

（刘晋浩）

贮木场生产不均衡系数　uneven coefficient of timber yard production

一年中的最大实际班产量（或日产量）与一年的平均班产量（或日产量）之比。衡量贮木场生产不均衡性的数量指标。表示为

$$K_B = \frac{M_{max}}{M_P}$$

式中：K_B 为贮木场生产不均衡系数；M_{max} 为一年中的最大实际班产量（或日产量）；M_P 为年平均班产量（或日产量）。

不均衡生产是一种自然发生、不加控制的生产。木材随到随造（或随选），贮木场生产完全被外界条件（到材情况）所左右。均衡生产是一种在一定时间内（以年为单位），班产量稳定，属控制型生产。

如果贮木场每班按平均班产量来组织生产，则生产是均衡的，这时按平均班产量来计算机械数量和场地面积，则这些机械设备的效率和利用率高，而场地所占面积小；如果班任务量大于平均班产量，则机械的负担加重，使用寿命降低，如果按照比平均班产量大的班任务量来计算机械数量和场地大小，则将浪费财力、物力和人力。

按均衡生产组织和设计贮木场时，需考虑由到材生产波动而产生的不均衡系数。

贮木场均衡生产，K_B 应该等于1。但是在均衡生产实践中，也要考虑由于生产波动而产生的不均衡系数，按均衡生产去组织和设计贮木场时，不均衡系数取1.2。当不均衡系数小于1.2时即属于均衡生产。根据20世纪80年代对中国东北林区贮木场的调查，不均衡系数为2～3时，属不均衡生产（属季节性生产）。

另外，在生产实践中，如用班产量来统计贮木场生产不均衡系数有困难时，也可用月不均衡系数 K_{BY} 来表示，即

$$K_{BY} = \frac{Q_{y\,max}}{Q_{yp}}$$

式中：K_{BY} 为月不均衡系数；$Q_{y\,max}$ 为一年最大月产量；Q_{yp} 为一年平均月产量。

贮木场生产月不均衡系数 $K_{BY} \leq 1.1$ 时，认为该贮木场

处于月均衡生产状态。

影响贮木场均衡生产的主要因素是到材的不均衡，而到材的不均衡又与采运生产方式、道路网布设和线路质量、自然界以及人为等因素有关。在到材不均衡的条件下，能否实现贮木场的均衡生产，也是林业科技工作者和生产管理人员所面临的问题。

参考文献

东北林学院，1983. 贮木场生产工艺与设备[M]. 北京：中国林业出版社：15.

史济彦，1996. 贮木场生产工艺学[M]. 北京：中国林业出版社：20-21.

巫儒俊，1990. 贮木场生产工艺[M]. 北京：中国林业出版社：6-7.

（刘晋浩）

贮木场生产工艺 production technology of timber yard

将伐区采伐、集材的林木半成品运输到达贮木场，经过主要的生产工序（出河、卸车、造材、选材、归楞、装车等），利用不同的工具、设备、方式、方法及技术等，加工生产成原木产品的最终生产过程。包括了贮木场的生产工艺流程和贮木场工艺布局。

贮木场生产工艺流程 贮木场的生产是由若干道不同的工艺程序组成，这些工艺程序的综合，构成了贮木场生产工艺流程。即木材（原条、原木）按照一定的程序、顺着一定的方向，连续不断地运行而形成一个整体的流水作业过程。由陆运贮木场到材至调拨销售的各个不同生产工序组成的陆上生产活动，称为陆运贮木场生产工艺流程；由水运生产工序组成的贮木场生产工艺程序或有水上作业的贮木场生产活动，称为水运贮木场生产工艺流程。

贮木场的生产工艺流程受到材方式、木材类型（包括原木到材、原条到材、伐倒木到材；在中国，伐倒木到材只做过试验，未得到推广）、木材综合利用程度以及木材调拨销售方式等的直接影响。生产工艺流程可分为首道工序（包括卸车、出河、卸船）；中间工序（包括造材、选材、归楞、剥皮等）；末道工序（包括装车、装船向加工厂供料等）。此外，为了完成贮木场的木材生产任务，除了五道基本工序（卸车、造材、选材、归楞、装车）外，废料（截头、梢头、锯末等）的收集和排出在工艺或工序上，应进行合理的设计与利用。

贮木场工艺布局 对贮木场用于木材生产的机械、设备、线路和木材产品贮存的空间场地，按照不同的生产工艺流程的要求和实际需要，在一定的空间和场地上予以合理的设置、部署及安排。在贮木场工艺布局中，只表示机械设备、线路用地等相互关系和位置。

参考文献

东北林学院，1983. 贮木场生产工艺与设备[M]. 北京：中国林业出版社：6-11.

牡丹江林业学校，1982. 木材生产工艺学[M]. 北京：中国林业出版社：191-195.

史济彦，1996. 贮木场生产工艺学[M]. 北京：中国林业出版社：4-5, 173-174.

王立海，2001. 木材生产技术与管理[M]. 北京：中国财政经济出版社：220-222.

（刘晋浩）

贮木场卸车 timber unloading at logyard

在贮木场将陆运到原木、原条及其他产品（伐倒木、枝丫、木片等）从车上卸下的作业。卸车是中间楞场和贮木场的作业之一。在中间楞场，是将陆运到原木卸车和陆路集运到原条转运或卸车。

中间楞场和贮木场的卸车作业是陆运贮木场作业的第一道工序（而水运贮木场的第一道工序是木材出河，主要有链式输送机出河和绞盘机与起重机出河），是木材陆运与贮木场两大工序的衔接点。卸车作业安排既要保证运材车辆的随到随卸，不积压车辆，提高车辆周转，又要为下一道工序提供足够的原料，保证贮木场的均衡生产。

方法 贮木场卸车方法有多种。①按贮木场的原料或半成品类型，分为原木卸车、原条卸车和伐倒木卸车。②按运输车辆类型，分为森铁卸车和汽车卸车。③按卸车方法，分为重力卸车和动力卸车。重力卸车指利用木材自身的重力，通过特定的结构和机械装置，将木材从运材车上有序地卸出。按卸车结构和装置又分为平道重力卸车、坡道重力卸车、活动承载梁重力卸车和翻轨重力卸车（图1）。动力卸车指通过卸车机械或设备产生的动力，将木材从运材车上有序卸出。按卸车机械或设备的动力传递方式分为推卸法（图2）、拉卸法（架杆拉卸）、兜卸法、提卸法（吊卸法）和

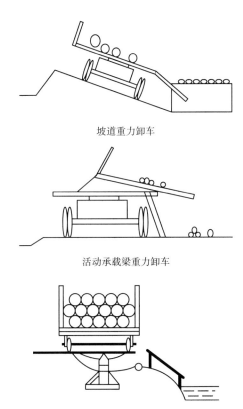

坡道重力卸车

活动承载梁重力卸车

翻轨重力卸车

图1 重力卸车

拖拉机为动力的木材推卸法

带有驱动装置的平台车为动力的木材推卸法

图2 木材推卸法

举卸法（抓卸法）（见下表）。原条卸车按被卸原条捆的运行方式可分为滑移式和空吊（举）式两种。生产中常用方法有拉卸法、兜卸法、提卸法。

原条卸车方法

原条捆运行方式	动力传递方式	图	适用场所
滑移式	推卸法		小型贮木场
	拉卸法		小型贮木场
	兜卸法		中小型贮木场
	举卸法		中型贮木场
空吊（举）式	提卸法		中小型贮木场
	提卸法		大中型贮木场

发展历程 中国从20世纪50年代初期，贮木场就采用了兜卸和拉卸设备。1954年兜卸法在小兴安岭林区带岭实验局试验成功，立即得到了推广，成为当时唯一的原条卸车方式。在黑龙江省57个贮木场中，采用兜卸法的占到75%。20世纪60年代初，开始采用提卸设备，1964年，黑龙江省双子河林业局贮木场，采用固定型缆索起重机卸车实现了提卸法。1965年，黑龙江省柴河林业局贮木场使用了门式起重机卸原条。20世纪80年代，原木、原条到材贮木场，门式起重机（装卸桥和龙门吊机）卸车得到推广应用，采用带有抓具的提卸机提卸木材，为贮木场卸车、归楞、装车综合作业全盘机械化的实现提供了新方法。推卸和举卸在国外也有采用。拉卸在俄罗斯用得比较普遍。

参考文献

东北林学院, 1983. 贮木场生产工艺与设备[M]. 北京: 中国林业出版社: 55–77.

牡丹江林业学校, 1982. 木材生产工艺学[M]. 北京: 中国林业出版社: 196–203.

史济彦, 1998. 中国森工采运技术及其发展[M]. 哈尔滨: 东北林业大学出版社: 441–452.

王立海, 2001. 木材生产技术与管理[M]. 北京: 中国财政经济出版社: 222–228.

（李耀翔）

铸钢减速带 cast steel speed bump

采用多种金属按照设计配方熔炼而成的减速带。是用于降低机动车、非机动车行驶速度的新型交通专用安全设施。主要用于城市路口、公路道口、收费通道、花园、小区、停车场、车库、加油站等出入口和上下坡，人行道、建筑物之间的隔离，停车场坡道轻微减速，工厂挡水桥，代替停车场车位标线，道路标线等需要车辆减速慢行的路段和容易引发交通事故的路段。

由高强特种钢制作而成，产品坚固耐用，比一般的橡胶减速带更耐压更持久寿命更长，抗压性极好。使用先进的"内膨胀锚固技术"牢固安装，稳定可靠。抗老化指标可以超过20年，耐磨性也可达20年之久，在东北林区道路较低温度下也可很好地工作。对于车辆轮胎没有损伤，在车辆撞击时没有强烈的颠簸感，对车磨损小，减震、吸震效果好，颜色为醒目的黄黑相间，色彩分明，无论在白天或夜晚都具有高度可视性。

安装比较方便，在减速带两边的中央各有一个小孔，是安装孔，用螺丝牢固地将其固定在地面，安装牢固，稳定可靠，车辆撞击时不会松动。一般情况下，混凝土路面采用100mm×12mm金属倒挂膨胀螺丝安装固定，沥青路面采用125mm×10mm钢钉安装固定，特殊路面可再加长。

参考文献

国家林业局, 2014. 林区公路设计规范: LY/T 5005—2014[S]. 北京: 中国林业出版社.

王建军, 龙雪琴, 2018. 道路交通安全及设施设计[M]. 北京: 人民交通出版社.

中华人民共和国交通运输部, 2017. 公路交通安全设施设计细则: JTG D81—2017[S]. 北京: 人民交通出版社.

中华人民共和国交通运输部, 2021. 公路交通安全设施施工技术规范: JTG 3671—2021[S]. 北京: 人民交通出版社.

（郭根胜）

转角 corner angle

前段道路交点线的延长线与后段道路交点线的夹角。以 $α$ 表示。常用于确定道路转弯处的角度，确保其准确布局。交点线向右偏转时转角为正，向左偏转时转角为负。路线转角偏转后的方向位于原方向左侧时称左偏；位于原方向右侧时称右偏。

在路线测量中，一般规定测交点右角，由右角计算偏角。右角是指前进方向右侧夹角，以 β 表示。右角大小为：右角＝（后视读数）－（前视读数）；当后视读数小于前视读数时，右角＝（后视读数+360°）－（前视读数）。

一般采用测回法观测一个侧回来测量右角 β。两个半侧回所测角值相差的限差视公路等级而定。高速公路、一级公路限差为 ±20°，二级及二级以下公路（包含林道）限差为 ±60°以内。由于测设曲线的需要，在右角测定后，保持水平度盘位置不变，在路线设置曲线的一侧定出分角线方向并钉桩标志，以便将来测设曲线中点。

当路线导线与高级控制点连接时，可按附合导线计算角度闭合差。若闭合差在限差之内，则可进行闭合差调整。当路线导线未与高级控制点连接时，可每隔一段距离观测一次真方位角，用来检核角度闭合差。为了及时发现测角错误，可在每日作业开始和结束前用罗盘仪各观测一次磁方位角，与以角度推算的方位角相核对。

在角度观测后，测距仪测定相邻交点间的距离，以检核中线测量钢尺量距的结果。当采用全站仪进行测量时，可以将全站仪架设在交点上，直接测量路线转角和交点间距，也可以将全站仪架设在坐标已知的导线点上，测出交点的坐标，通过计算得到路线转角和交点间距。

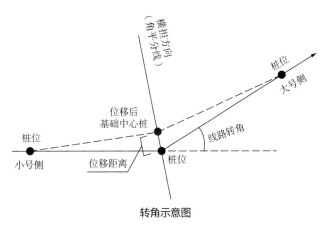

转角示意图

参考文献

史玉峰, 2012. 测量学[M]. 北京: 中国林业出版社.

（李强）

转移　transfer

索道生产作业完成后，将各种设备转移搬运至新的伐区的环节。索道转移作业前，进行全面的规划和准备工作。转移作业中，充分注意人员安全和设备安全，避免发生意外事故和设备受损。注意保护环境，避免对周围的生态环境造成不利影响。转移完成后，进行全面的检查和测试，确保索道的安全和稳定性。

索道转移时，各种设备一般用汽车装运。汽车装卸绞盘机或缠有钢索的木卷筒时，可使用搭板装卸。装运时，设备的装卸车应搭设三角架或"龙门架"，利用手扳葫芦吊起进行装卸；绞盘机可以通过跳板自爬上车，手扳葫芦拖引下车，此时跳板必须加撑顶牢，防止断裂，下车时应在后边加保险索，以防冲滑过快酿成事故。

在伐区内短距离转移时，绞盘机可自爬转移，钢丝绳利用绞盘机牵引，其余索具用人工抬运。对于特别困难的山场，绞盘机无法自爬的，可利用另一台绞盘机通过索道吊运，或将绞盘机解体成若干部件后，再用人力抬运转移，到目的地重新组装。

运输成盘钢索或运输缠在木卷筒上质量700kg以下的钢索时，宜水平放置（即绳圈在水平面上）；运输缠在木卷筒上质量700kg以上的钢索时，木卷筒的钢索应保持竖直。

参考文献

国家林业局, 2016. 森林工程　林业架空索道　架设、运行和拆转技术规范: LY/T 1169—2016[S]. 北京: 中国标准出版社: 15.

周新年, 周成军, 郑丽凤, 等, 2020. 工程索道[M]. 北京: 机械工业出版社: 123-124.

（巫志龙）

装车场　landing

在伐区内实行随集随装随运的衔接集材与运材的场所。装车场是对集下来的木材不需要进行贮存而直接进行装车运出，是森林采伐运输过程中非常重要的一个衔接点。

装车场是集材或森林内外联运的终点，在这里完成运材车辆的装车作业；同时装车场又是运材的一个起点。由于在装车场存放的木材非常少，不需要将集来的木材进行堆垛，只要能保证运材车辆到装车场有木材可装就可以。

装车场按位置可分为路边装车场和路头装车场两类。路边装车场就是将装车场设在道路干线、支线或岔线的一侧；路头装车场则将装车场设在道路的尽头，一般设在支岔线的尽头。按所装木材形态来分有原木装车场、原条装车场和伐倒木装车场。应用最多的是前两种。

与山上楞场相比，装车场所需面积较小，使用期不长，场内机械设备较少，工序简单，木材生产作业周转快。

参考文献

东北林学院, 1984. 森林采伐学[M]. 北京: 中国林业出版社: 100-101.

石明章, 等, 1997. 森林采运工艺的理论与实践[M]. 北京: 中国林业出版土: 133-134.

（林文树）

装载机选材　timber slection with mechanical loader

应用装载机的执行工作装置（叉爪、颚爪、抓具），将木材卸车场点和卸车台上铺开的原木、选材输送机两边的编捆框内的原木（按装载机载量编捆）叉取或铲起，按材种、树种、材长、品等分别选送到指定楞位的选材方式。又称叉式装载机选材，旧称叉车选材。

通常采用轮式装载机进行选材。将卸下的原木散捆铺开，叉取捡拾，把同类树种、规格、品质等原木按装载机的载量成垛堆放，完成选材归楞作业。每个分选区段限定为2~3辆车的载量，散捆铺开。楞位（储存架）安放在区段的两侧，保证装载机可从铺开的原木的两侧操作，采取直接、近距选材。所用的场地要考虑生产高峰的需要。在设计时，要比平均到材量提高50%规划分配场地。装载机选材步骤包括机械正面前进，铲起木材，后退，回转90°，移动运送和卸下木材。典型轮式装载机选材的布置如图所示。

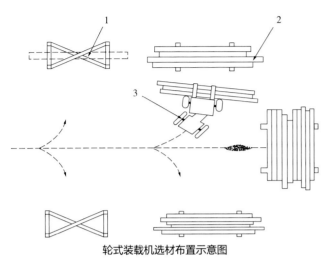

轮式装载机选材布置示意图
1—楞位（储存架）；2—原木散捆；3—装载机

参考文献

史济彦, 1989. 贮木场生产工艺学原理[M]. 北京: 中国林业出版社.

（孙术发）

装载机原木装车　loader log loading

利用装载机进行原木装车的方式。一般通过将装载机的铲斗换上抓取原木的颚爪，经过抓取、抬起、行走、转向、卸下等过程完成原木的装车。装载机采用铰接转向车架，机动灵活且转弯半径小，因此使用装载机进行原木装车时尽量使机械的运动距离最短和转弯角度最小，以达到最高的生产率。

装载机进行原木装车可分为颚爪前置式和翻背式两种。①颚爪前置式装载机。按行走系类型分为履带式和轮式两种。履带式装载机优点是接地比压小、承载能力大、稳定性较好；缺点是运行速度慢、机动性差、对场地容易造成破坏。轮式装载机的使用更为广泛，抓取原木的工作装置包括颚爪、动臂、摇臂、连杆等构件。②翻背式装载机。又称后方卸载式装载机。工作特点是装载机前方抓取原木，后方卸原木而本机不动或进行极短的直线行驶。适用于伐区楞场装车作业。翻背式装载机的工作装置由颚爪、起重臂、基板及液压系统组成。

参考文献

石明章, 等, 1997. 森林采运工艺的理论与实践[M]. 北京: 中国林业出版社: 142-143.

史济彦, 1996. 森林采伐学[M]. 北京: 中国林业出版社: 147-152.

王立海, 2001. 木材生产技术与管理[M]. 北京: 中国财政经济出版社: 158.

（林文树）

纵断面　vertical section

沿道路中线竖直剖切展开后在正面上的投影。通常采用直角坐标法表达，横坐标表示里程桩号，纵坐标表示高程，是一条有起伏的空间线形。

纵断面图是道路纵断面设计的主要成果，也是道路设计的重要技术文件之一。把道路的纵断面图与平面图结合起来，就能准确地定出道路的空间位置。纵断面图上有两条主要的线：一条是地面线，是根据道路中线上各桩号位置所对应的高程点绘的一条不规则的折线，反映了沿着道路中线地面的起伏变化情况；另一条是设计线，是经过技术、经济以及美学等多方面比较后定出的一条具有规则形状的几何线，反映了道路路线的起伏变化情况。地面线用细实线绘制，设计线用粗实线绘制。地面线与设计线距离越大，反映填挖数值越大，工程量也越大。

道路纵断面设计主要是根据道路的性质和等级，汽车类型和行驶性能，沿线地形、地物的状况，当地气候、水文、土质的条件以及排水的要求，具体确定纵坡的大小和各点的标高。为了适应行车的要求，各级道路和城市道路中的快速路、主干路及相邻坡度代数差大于1%的其他道路，在纵坡变更处均应设置竖曲线，因而，道路纵断面设计线是由直线和竖曲线组成。

直线(均匀坡度线)有上坡和下坡，用坡度和水平长度表示；竖曲线有凹有凸，用曲线半径和水平长度表示。

道路纵断面设计要求：①线形平顺。设计坡度平缓，坡段较长，起伏不宜频繁，在转坡处以较大半径的竖曲线衔接。②路基稳定，土方基本平衡。③尽可能与相交的道路、广场和沿路建筑物的出入口有平顺的衔接。④道路及两侧街坊的排水良好。道路路缘石顶面应低于街坊地面标高及道路两侧建筑物的地坪标高。⑤考虑沿线各种控制点的标高和坡度的要求。如相交道路的中心线标高、重要场地建筑物的标高、与铁路交叉点的标高、河岸坡度和河流最高水位、桥涵立交的标高等。

参考文献

许恒勤, 张泱, 2003. 林区道路工程[M]. 哈尔滨: 东北林业大学出版社.

叶伟, 王维, 2019. 公路勘测技术[M]. 北京: 机械工业出版社.

（孙微微）

纵断面地面线　ground line in vertical section

根据道路中线上各桩号位置所对应的高程点绘的一条不规则的折线。反映了沿着中线地面的起伏变化情况。

绘制纵断面地面线时，首先选定纵坐标的起始高程，一般是以10m整数倍数的高程定在5cm方格的粗线上，然后根据道路中桩的里程和高程，在图上按纵、横比例尺依次点出各中桩的地面位置，再用直线将各相邻点连接起来，就得到纵断面地面线。在高差变化较大的地区，如果纵向受到图幅限制时，可在适当地段变更图上高程起算位置，此时纵断面地面线将形成台阶形式。

纵断面地面线用细实线绘制，设计线用粗实线绘制。地面线与设计线距离越大，反映填挖数值越大，工程量也越大。

参考文献

许恒勤, 张泱, 2003. 林区道路工程[M]. 哈尔滨: 东北林业大学出版社.

叶伟, 王维, 2019. 公路勘测设计[M]. 北京: 机械工业出版社.

（孙微微）

纵断面设计线 design line in vertical section

经过技术、经济以及美学等多方面比较后定出的一条具有规则形状的几何线。反映了道路路线的起伏变化情况。

纵断面设计线由直线和竖曲线组成。直线（即均匀坡度线）有上坡和下坡，用坡度和水平长度表示。直线的坡度和长度的临界值及限制值由通行汽车类型及行驶性能决定。竖曲线有凹有凸，用曲线半径和水平长度表示。

纵断面设计线用粗实线绘制，地面线用细实线绘制。设计线与地面线离开越多，反映填挖数值越大，工程量也越大。

参考文献

许恒勤, 张泱, 2003. 林区道路工程[M]. 哈尔滨: 东北林业大学出版社.

叶伟, 王维, 2019. 公路勘测设计[M]. 北京: 机械工业出版社.

（孙微微）

纵坡 longitudinal slope

路线纵断面上同一坡段两点间的高差与其水平距离之比。以百分率表示，上坡为"+"，下坡为"-"。考虑路线长度、使用质量、行车安全、运输成本以及工程造价等，应设置道路纵坡。

最小纵坡应不小于0.3%，一般情况下以不小于0.5%为宜。当必须设计平坡或小于0.3%的纵坡时，边沟应作纵向排水设计。在弯道超高横坡渐变段上，为使行车道外侧边缘不出现反坡，设计最小纵坡不宜小于超高允许渐变率。干旱少雨地区最小纵坡可不受上述限制。林区道路设置纵坡的路段长度不得过短，一、二级林区道路不应小于100m，特殊困难时及三、四级林区道路不得小于80m。若设置连续纵坡，应在《林区公路设计规范》（LY/T 5005—2014）规定的路段长度处设置缓和坡段。任意相连3km路段的平均纵坡，在一、二、三级林区道路以接近5.5%（相对高差小于500m时）和5%左右（相对高差大于500m时）为宜；四级林区道路在6%左右为宜。圆曲线上的最大纵坡应按上述标准予以折减。一、二级林区道路缓和坡段上不宜设置小半径圆曲线，当必须设置时，其纵坡应按标准予以折减。海拔在3000m以上的高原地区，最大纵坡值应按标准折减。最大纵坡折减后如小于4%，可采用4%。

参考文献

许恒勤, 张泱, 2003. 林区道路工程[M]. 哈尔滨: 东北林业大学出版社.

叶伟, 王维, 2019. 公路勘测设计[M]. 北京: 机械工业出版社.

（孙微微）

组合排水设施 combined drainage facilities

地面排水设施和地下排水设施组合设计的综合排水系统。在路基排水设施设计中，由于自然情况、路线布置等情况往往比较复杂，对于某些路段需要进行排水的组合设计，以提高排水效率，发挥各类排水设施的优点。组合排水设施必须做好事先调查研究工作，查明水源和有关现状，测绘现场图纸，进行必要的水力水文计算，做出总体规划，提出总体布置方案，逐段逐项进行细部设计计算，并进行效益分析与经济核算。

组合排水设施综合设计的基本要求：①路基排水必须与林业排灌和水土保持结合考虑。②流向路基的地面水和地下水，应在路基范围以外的地点，设截水沟、排水沟或渗沟拦截，引流至指定地点。③路基范围内的水源，分别采用边沟、渗沟、渗井和排水沟排除。④路基水向低注一侧排除，必须跨越路基时，尽量利用拟设桥涵。必要时设置涵洞、倒虹吸或渡槽。水流落差大时，在较短段上设置跌水或急流槽。⑤明显的天然沟槽，宜依沟设涵，不勉强改沟与合并；沟槽不明显的漫流，在上游设置束流设施调节，汇集成沟，导流排除；较大水流应因势利导，不轻易改变流向，必要时配以防护加固工程，进行分流或束流。⑥地面沟渠宜大体沿等高线布置，可提高截流效果，减少工程量，应使沟渠垂直于流水方向，且力求短捷，水流通畅，沟渠转弯处以圆曲线相接，减少水流阻力。⑦路基排水系统的布置与桥涵布置相结合，布置桥涵时应考虑路基排水的需要，桥涵的位置和密度应结合截水沟、边沟或排水沟等沟渠对出水口位置的要求。桥涵的孔径大小应能满足排水量的需要。在布置路基排水系统时，也应结合桥涵的布置情况，确定各沟渠排引的方向及出水口的位置。⑧水流应循最短通路迅速引出路基范围以外，以减小对路基的危害。⑨路基排水设施综合设计应综合规划，提出总体布置方案后，逐段逐项进行细部设计计算，并进行效益分析和经济核算。

组合排水设施中各沟渠排引方向及出水口位置的具体布置步骤：①将主要流向路基的天然沟和排水沟规划成横向排水系统（垂直路线方向）。②拦截山坡水流，设置成纵向排水系统，并汇集排入横向排水系统。③在横向和纵向排水沟渠之间的山坡上，根据面积大小和地形，确定是否需要设置支沟和各种排水沟渠，以构成排水网络。④在路基两侧设置边沟、排水沟等，或利用取土坑排水，保证路基经常干燥。⑤选定桥涵的位置，并使这些沟渠同桥涵联成网。⑥考虑是否需要设置地下排水系统。

参考文献

国家林业局, 2014. 林区公路设计规范: LY/T 5005—2014[S]. 北京: 中国林业出版社.

黄晓明, 2019. 路基路面工程[M]. 6版. 北京: 人民交通出版社.

宇云飞, 岳强, 2012. 道路工程[M]. 北京: 中国水利水电出版社.

中华人民共和国交通运输部, 2012. 公路排水设计规范: JTG/T D33—2012[S]. 北京: 人民交通出版社.

（郭根胜）

作业季节 operation season

以木材生产活动为标志的一个时间差异划分。分为常年作业和季节性作业两种。

常年作业 伴随木材采运生产机械化而出现的作业方式。通常与流水生产相结合，故又称常年流水作业。适用于夏季伐区地势干燥、集材距离较近，冬季作业地势低湿而夏季作业困难的伐区。优点：生产周期短，占用流动资金少，生产比较均衡，设备利用率高，各工序工人相对稳定，便于提高熟练程度等。缺点：在不利季节（如中国东北、内蒙古的夏季）进行生产，效率低，劳动消耗大，容易引起水土流失，用拖拉机集材时还要损失一定数量的木材。组织常年作业的条件为生产过程特别是集运材工序机械化，在作业伐区有常年运材道路，各工序生产任务量饱满。

季节性作业 利用有利季节进行木材生产的作业方式。有两种情形：①木材生产的某些工序只能在特定季节进行，如木材流送只能在河川水量充沛季节，不能在枯水季节或结冻季节进行；②木材生产的各个工序虽在一年四季均可进行，但在不同季节有不同的效率和消耗，应分别不同工序选择对其有利的季节进行生产，如中国东北、内蒙古林区有些林业局实行秋季伐木、冬季集运材、夏季停止木材生产。优点：在有利季节进行生产，效率高、成本低；东北、内蒙古林区冬季集材，可以减轻对地表的破坏，避免水土流失。缺点：生产周期长，占用流动资金多，生产不均衡，设备利用率低，各工序生产工人流动性大，不利于提高生产工人技术熟练程度，增加重复作业等。组织季节性作业一般无特殊的条件要求。

参考文献

史济彦, 1996. 森林采伐学[M]. 北京: 中国林业出版社.

（董喜斌）

作业区 operation area

在伐区内按集材系统，一个楞场所吸引的范围。一个伐区包括若干作业区。

作业时间与集材方式的选择：①低洼、积水作业区安排冬季作业，地面干燥地带安排夏季作业。②坡度平缓，木材比较零散地带且坡度16°以下安排畜力集材；集材主道最大坡度不超过19°时安排拖拉机集材。③坡度大于26°以上的高山陡坡一般用架空索道集材；距离短的可以选用绞盘机集材；对一些山帽地带采用滑道集材进行木材小集中。

区划作业区时应遵循的原则：①以自然区划为主，人工区划为辅。②作业区的分布，应在已定的伐区内布置，不得随意设置。一个作业区内的森林资源应按照已定的顺序进行采集利用。根据采伐标准，应采尽采，应留的留好，应集的集完，避免进行重复作业。③一个作业区内采集方式尽可能一致。④作业区的安排，应充分利用原有运输线路，减少道路建设数量，尽量降低修建费用。⑤作业区的面积、蓄积量、出材量大小应与作业季节和生产能力相适应。不留"半截号""困山材"，按先山上后山下顺序采伐小班，防止山下更新后再采伐山上，破坏山下的幼树幼苗。

作业区界起始点均要埋设标桩，一般桩粗18cm（去皮），长1.8m，埋入地下30cm，标桩顶部砍成锥形的流水帽，在对应两个作业区砍出写字平面，用红或墨铅油注明所在作业区号。一般以一、二、三、四……标明伐区号；以Ⅰ、Ⅱ、Ⅲ……标明作业区号。

参考文献

史济彦, 1996. 森林采伐学[M]. 北京: 中国林业出版社.

（董喜斌）

条目标题汉字笔画索引

说　　明

1. 本索引供读者按条目标题的汉字笔画查检条目。

2. 条目标题按第一字的笔画由少到多的顺序排列。笔画数相同的按起笔笔形横（一）、竖（丨）、撇（丿）、点（丶）、折（乛，包括㇆、乚、く等）的顺序排列。第一字相同的，依次按后面各字的笔画数和起笔笔形顺序排列。

3. 以外文字母、罗马数字和阿拉伯数字开头的条目标题，依次排在汉字条目标题的后面。

一画

一级林区道路 ……………………… 252

二画

二级林区道路 ………………………… 27
丁坝 …………………………………… 24
人力集材 …………………………… 184
人工立桩锚结 ……………………… 183
人工卧桩锚结 ……………………… 183
人-机-环境系统 …………………… 183

三画

三级林区道路 ……………………… 185
干存法 ………………………………… 48
干形缺陷 ……………………………… 49
干流 …………………………………… 49
下锯口 ……………………………… 243
上锯口 ……………………………… 214
小径木托盘 ………………………… 245
山上楞场 …………………………… 213
山场归楞 …………………………… 212
山场接运 …………………………… 212
山坡线 ……………………………… 213
山脊线 ……………………………… 213
卫生伐 ……………………………… 242
马秋思林道网理论 ………………… 146

四画

开级配沥青碎石混合料 …………… 89
无机稳定混合料 …………………… 242
无荷中央挠度系数 ………………… 242
木片运输 …………………………… 164
木片贮存 …………………………… 165
木材水运水工设施 ………………… 159
木材水运出河 ……………………… 157
木材水运过坝 ……………………… 157
木材水运拦木 ……………………… 159
木材水运到材 ……………………… 157
木材水运河道 ……………………… 158
木材水运河道整治 ………………… 158
木材水运推河 ……………………… 159
木材水路运输 ……………………… 156
木材加工经营许可证管理系统 …… 148
木材运输 …………………………… 160
木材运输工效学 …………………… 162
木材运输证管理系统 ……………… 162
木材汽车运输 ……………………… 154
木材汽车运输计划 ………………… 155
木材汽车运输管理 ………………… 155
木材阻拦设施 ……………………… 164
木材保管 …………………………… 148
木材结构缺陷 ……………………… 151
木材捆连接 ………………………… 152
木材铁路运输 ……………………… 159
木材缺陷 …………………………… 155
木材流送 …………………………… 153
木材流送水坝 ……………………… 153
木材流送水闸 ……………………… 153
木材排运 …………………………… 154
木材检查站电子监控系统 ………… 149
木材检验 …………………………… 150
木材检量 …………………………… 149
木材装车 …………………………… 163
木桥 ………………………………… 165
木排道 ……………………………… 164
木塑托盘 …………………………… 166
支架 ………………………………… 278
支流 ………………………………… 278
车辆折算系数 ……………………… 12
止动器 ……………………………… 280
中国林业大数据开发工程 ………… 282
中国林业云创新工程 ……………… 283
中国林业网站群建设工程 ………… 283
中桩 ………………………………… 283

水上作业场 ……………………… 229	平曲线加宽 ……………………… 171	伐木作业姿势 …………………… 33
水存法 …………………………… 225	平均集材距离 …………………… 169	伐木作业稳定性 ………………… 33
水运贮木场生产工艺流程 ……… 230	平面 ……………………………… 170	伐木损伤 ………………………… 31
水位 ……………………………… 230	归楞 ………………………………… 62	伐木效率 ………………………… 31
水系 ……………………………… 230	归楞方式 ………………………… 63	伐木楔 …………………………… 31
水泥混凝土 ……………………… 226	四级林区道路 …………………… 231	伐区 ……………………………… 34
水泥混凝土路面 ………………… 226	生长伐 …………………………… 218	伐区工艺设计 …………………… 36
水泥混凝土路面施工工艺 ……… 228	生理负荷 ………………………… 218	伐区工程设计 …………………… 35
水泥混凝土路面施工原材料 …… 228	主伐 ……………………………… 286	伐区区划 ………………………… 38
水泥混凝土路面养护 …………… 229	半开级配沥青碎石混合料 ………… 2	伐区生产工艺设计 ……………… 39
水泥混凝土路面结构 …………… 227	半自动跑车 ………………………… 2	伐区生产工艺设计成果 ………… 39
手工斧伐木 ……………………… 220	半自动集材索道 …………………… 2	伐区生产工艺类型 ……………… 38
手工锯伐木 ……………………… 220	半载集材 …………………………… 2	伐区生产系统 …………………… 40
气球集材 ………………………… 173	出材量 …………………………… 14	伐区生产组织 …………………… 40
升角 ……………………………… 218	出河作业场 ……………………… 14	伐区出材量精准测定 …………… 34
长辕杆连接 ………………………… 12	加工缺陷 ………………………… 78	伐区作业 ………………………… 41
反向曲线 ………………………… 43	边沟 ………………………………… 3	伐区作业工效学 ………………… 43
反应时间 ………………………… 44	边桩 ………………………………… 3	伐区作业精准管理 ……………… 43
分水线 …………………………… 45		伐区拨交 ………………………… 34
公共基础数据库 ………………… 55	**六画**	伐区面积精准量测 ……………… 37
《公路工程施工安全技术规范》 … 56		伐区调查 ………………………… 35
《公路水泥混凝土路面施工技术细则》 …………………………… 60	动力平车选材 …………………… 24	伐区验收 ………………………… 41
	动力因素 ………………………… 25	伐区清理 ………………………… 37
《公路沥青路面设计规范》 ……… 56	地下排水设施 …………………… 23	伐区精准调查 …………………… 37
《公路沥青路面施工技术规范》 … 56	地面排水设施 …………………… 23	伐前更新 ………………………… 33
《公路钢筋混凝土及预应力混凝土桥涵设计规范》 ………………… 55	过岭标高 ………………………… 64	伐根 ……………………………… 28
	同向曲线 ………………………… 237	伐倒木 …………………………… 28
《公路养护技术标准》 …………… 61	同向捻钢丝绳 …………………… 237	伐倒木集材 ……………………… 28
《公路桥涵设计通用规范》 ……… 59	回头曲线 ………………………… 73	伤害 ……………………………… 213
《公路桥涵施工技术规范》 ……… 60	回空索 …………………………… 73	行车安全视距 …………………… 245
《公路排水设计规范》 …………… 59	网状模型 ………………………… 241	行车视距 ………………………… 246
《公路路面基层施工技术细则》 … 58	竹林采伐 ………………………… 284	行车道 …………………………… 246
《公路路基设计规范》 …………… 57	竹林采伐年龄 …………………… 285	全自动跑车 ……………………… 182
《公路路基施工技术规范》 ……… 58	竹林采伐量 ……………………… 284	全自动集材索道 ………………… 182
方向角 …………………………… 45	竹质托盘 ………………………… 285	全载集材 ………………………… 182
方位角 …………………………… 44	休息制度 ………………………… 247	会车视距 ………………………… 74
火烧清理法 ……………………… 75	伐木 ……………………………… 29	合排作业场 ……………………… 66
	伐木动作分析 …………………… 29	多跨索道 ………………………… 26
五画	伐木动作管理 …………………… 30	冲刷（路堤）防护 ……………… 13
	伐木技术 ………………………… 30	冲刷系数法 ……………………… 13
打枝 ……………………………… 16	伐木作业工效学 ………………… 32	交互捻钢丝绳 …………………… 82
节子 ……………………………… 85	伐木作业适应性 ………………… 32	交点 ……………………………… 82

交通量 …… 83	低产（效）林改造采伐 …… 22	林业专网 …… 133
关系模型 …… 62	冻板道路 …… 25	林业专题数据库 …… 133
安全靠贴系数 …… 1	库存量 …… 89	林业立体感知体系 …… 130
设计车辆 …… 215	间断级配沥青混合料 …… 82	林业机械人机交互 …… 128
设计洪水频率 …… 216	沥青混合料 …… 95	林业机械人机界面 …… 129
设计洪峰流量 …… 216	沥青混凝土路面养护 …… 96	林业行政处罚案件管理系统 …… 132
设计荷重 …… 216	沥青路面 …… 96	《林业安全卫生规程》 …… 127
设计速度 …… 216	沥青路面施工工艺 …… 98	林业索道 …… 131
导向线 …… 18	沥青路面施工原材料 …… 98	林业索道安装架设 …… 131
导流堤 …… 18	沥青路面结构 …… 96	林业索道设备 …… 132
	汽车和挂车连接 …… 173	林业基础数据库 …… 130
七画	补正系数 …… 5	林业综合数据库 …… 133
	层次模型 …… 11	林权证管理系统 …… 125
运行式集材索道 …… 272	陆运贮木场生产工艺流程 …… 136	林产品仓储 …… 104
运行速度 …… 272	附着系数 …… 46	林产品电子商务 …… 104
运材车辆生产成本 …… 264	纵坡 …… 296	林产品电子商务平台 …… 105
运材汽车 …… 265	纵断面 …… 295	林产品包装工具 …… 103
运材汽车公害防治 …… 267	纵断面地面线 …… 295	林产品包装工程 …… 103
运材汽车列车 …… 270	纵断面设计线 …… 296	林产品包装机械 …… 103
运材汽车列车平均技术速度 …… 271	纸上定线 …… 280	林产品包装材料 …… 102
运材汽车列车自装自卸 …… 271		林产品包装检测 …… 104
运材汽车行车调度 …… 272	**八画**	林产品交易平台 …… 107
运材汽车合理拖载量 …… 270		林产品安全追溯 …… 102
运材汽车技术性能 …… 270	拖拉机集材 …… 240	林产品条码识别技术 …… 110
运材汽车更新 …… 267	拆卸 …… 11	林产品国际物流 …… 105
运材汽车承载装置 …… 266	拉卸法 …… 92	林产品国际物流贸易监管 …… 106
运材汽车挂车 …… 267	坡面防护 …… 172	林产品国际物流通关 …… 106
运材汽车挂车基本参数 …… 268	择伐 …… 276	林产品国际物流检验检疫 …… 106
运材汽车保养 …… 266	择伐周期 …… 276	林产品物流工程 …… 110
运材索道 …… 272	直升机集材 …… 279	林产品物流托盘 …… 111
运材跑车 …… 264	直线 …… 280	林产品物流装备 …… 111
运材道路 …… 264	《林区公路工程技术标准》 …… 122	林产品物流装备选型 …… 112
运载索 …… 273	《林区公路设计规范》 …… 122	林产品物流装备检测 …… 111
抚育采伐 …… 45	林区林道网 …… 123	林产品物联网 …… 110
抛木机选材 …… 168	林区窄带物联网 …… 124	林产品供应链 …… 105
抛物线理论 …… 169	林区移动互联网 …… 123	林产品质量溯源检测 …… 113
护林防火道路 …… 70	林区紫蜂无线传感网 …… 125	林产品金融服务系统 …… 107
更新采伐 …… 54	林区道路工效学 …… 119	林产品信息系统 …… 113
连接装置 …… 99	林区道路工程（含桥涵） …… 118	林产品配送 …… 108
串坡 …… 15	林区道路类型 …… 121	林产品射频识别技术 …… 109
作业区 …… 297	林区道路勘察设计 …… 120	林产品流通加工 …… 107
作业季节 …… 297	林业工效学 …… 127	林产品流通加工企业管理系统 …… 108

林产品商贸流通……108	盲沟……147	钢丝绳长接……51
林产品销售信息化……112	放坡……45	钢丝绳卡接……52
林产品溯源……109	单位面积容量……17	钢丝绳机械性能……52
林政OA系统……135	单线双索循环式运材索道……18	钢丝绳刚性……52
林政管理信息化……134	单索曲线循环式运材索道……17	钢丝绳安全系数……51
林道分级……114	单跨索道……17	钢丝绳抗拉强度……52
林道网密度……116	单漂流送……17	钢丝绳扭结……54
林道网密度工效学……116	河川径流……66	钢丝绳连接……53
林道定线……113	河川流送能力……67	钢丝绳耐久性……53
林道线形工效学……117	河流……67	钢丝绳类型……52
林道选线……117	河流长度……68	钢丝绳损伤……54
林道路线……114	河流纵断面……69	钢丝绳破断拉力……54
枝丫打捆……279	河流横断面……68	钢丝绳套筒连接……54
枝丫收集……279	沿溪线……251	钢丝绳旋转……54
松紧式集材索道……231	波形护栏……4	钢丝绳断丝……52
郁闭度……252	实地定线……219	钢丝绳弹性伸长……54
转角……293	弦长……244	钢丝绳弹性模量……54
转移……294	弦倾角……244	钢丝绳短接……52
轮伐期……144	承载索……13	钢丝绳腐蚀……52
软土地基加固……184	承载索安装拉力测定……13	钢丝绳磨损……53
昆虫伤害……90	驾驶行为……79	钢桥……50
贮木场……286	驾驶疲劳……78	钢筋水泥混凝土……50
贮木场工艺叉流布局……288	线接触钢丝绳……244	选材……249
贮木场工艺布局……287	组合排水设施……296	重力式握索器……284
贮木场工艺流向布局……289	经验公式法……87	复式滑车……47
贮木场生产工艺……292		急流槽……76
贮木场生产不均衡系数……291	**九画**	弯折角……241
贮木场面积……291		弯挠角……241
贮木场卸车……292	挂耳……61	洪水考证……70
采伐工程生态学……6	垭口……251	洪水调查……70
采伐小班……8	挠度……167	架杆起重机装车……79
采伐许可证……9	标志桩……4	架索……79
采伐更新设计……6	树木射频识别技术……220	绞盘机……83
采伐作业……9	砂石材料……211	绞盘机与起重机出河……85
采伐作业空间……10	砂石路面……211	绞盘机卷筒……84
采伐证管理系统……9	面向对象模型……148	绞盘机参数……84
采伐季节……7	面接触钢丝绳……147	绞盘机集材……84
采伐迹地……7	牵引索……174	绞盘机缠绕卷筒……84
采伐剩余物利用……8	皆伐……86	绞盘机摩擦卷筒……85
采伐强度……7	点接触钢丝绳……23	
采运工程……10	竖曲线……221	
采育场……10	削片……250	

十画

振动波法 278
振动病 278
载运挂车回空 274
载物钩 274
起讫点 173
起重索 173
捆木索 90
真菌变色 277
桥孔长度 176
桥址地形图 181
桥址纵断面图 181
桥位平面图 181
桥位勘测 180
桥面高程 179
桥面排水 180
桥涵工程 175
桥梁 176
桥梁墩台冲刷 179
索长 231
索长法 231
索道工程辅助设计系统 232
索道优化理论 234
索道侧型设计 231
索道钢丝绳 232
索道索系 233
索道勘测设计 233
索道跑车 233
索道集材 233
原木 253
原木尺寸检量 256
原木材质评定 254
原木纵向输送机选材 259
原木捆齐头器 258
原木检验 257
原木集材 257
原木装车楞场 259
原条 260
原条尺寸检量 260
原条材质评定 260
原条贮备 262
原条捆动力学特性 261
原条捆运输 262
原条捆静力学特性 262
原条造材 262
原条检验 261
原条集材 261
原条装车楞场 263
圆曲线 263
造材 274
造材台 275
透光伐 238
借向 86
倾角法 181
留弦 135
旅游道路 145
畜力集材 14
流域 136
调治构造物 236
剥皮 3
展线 277
通行能力 237
预应力水泥混凝土 253
预装 253

十一画

排水沟 168
堆腐清理法 26
推河 239
推河作业场 239
推河楞场 239
推树气垫 239
控制点 89
营林道路 252
检尺长 80
检尺码单管理系统 81
检尺径 80
悬索曲线理论 249
悬索拉力 248
悬索线形 249
悬索理论 248
悬索窜移 247
悬链线理论 247
移索 252
停车视距 237
兜卸法 26
象限角 244
减速带 81
渐伐 82
混合捻钢丝绳 74
混凝土护栏 74
混凝土桥 74
液压伐木楔 251
涵洞 65
渗井 217
渗沟 217
密级配沥青混合料 147
绳夹板 219
绷索 3

十二画

搭挂 16
越岭线 264
超车视距 12
超高 12
提卸法 235
联合机伐木 99
散腐清理法 185
森工企业CRM系统 186
森工企业ERP系统 186
森工企业MRPⅡ系统 187
森工企业MRP系统 186
森工企业OA系统 187
森工企业SCM系统 187
森工企业局域网 185
森工企业信息化 185
《森林工程 林业架空索道 设计规范》（LY/T 1056—2012） 194
《森林工程 林业架空索道 使用安全规程》（LY/T 1133—2012） 194
《森林工程 林业架空索道 架设、运行和拆转技术规范》（LY/T 1169—2016） 194

条目	页码
《森林工程》	191
森林工程3S技术	199
森林工程地理信息系统	192
森林工程机器视觉识别技术	192
森林工程全球导航卫星系统	194
森林工程物联网网络层	196
森林工程物联网应用层	197
森林工程物联网架构	196
森林工程物联网感知层	195
森林工程信息技术	197
森林工程信息技术基础	198
森林工程信息应用系统	198
森林工程智慧物流系统	199
森林工程遥感	198
森林工程数据库技术	195
森林公安信息化	199
森林作业	206
森林作业人为失误	210
森林作业人体平衡	209
森林作业人体生理节律	209
森林作业人体负荷	208
森林作业人体疲劳	209
森林作业个体防护	208
森林作业手持终端	210
森林作业安全	206
森林作业安全事故	207
森林作业环境	208
森林采伐	188
森林采伐方式	190
森林采伐限额	191
森林采伐量	191
森林铁路车站	200
森林铁路车站规划	200
森林铁路轨道构造	201
森林铁路交叉	202
森林铁路运输计划	204
森林铁路运输机车车辆运用	203
森林铁路运输列车运行图	204
森林铁路运输性能	205
森林铁路运输组织机构	205
森林铁路运输牵引计算	205
森林铁路运输调度工作	203
森林铁路运输管理	203
森林铁路线路连接	202
裂纹	101
量材	100
跌水	23
铸钢减速带	293
链式输送机出河	100
链锯伐木	100
智慧森林工程	281
集材	76
集材索道	77
集材跑车	77
集材道	77
循环索	250
装车场	294
装载机选材	294
装载机原木装车	295
普通水泥混凝土	172
道路红线	21
道路护栏	21
道路材料	20
道路附属设施	20
道路建筑限界	22
道路标志	19
道路标线	19
道路排水工程	22
湿存法	219
滑轮	71
滑轮组合式跑车	72
滑道集材	71
强制式握索器	174
疏伐	220
缆索护栏	92
缆索起重机装车	92
缓和曲线	72
缓和坡段	72
编捆框	3
编排作业场	4

十三画

条目	页码
摄动法理论	217

条目	页码
楞地面积系数	93
楞场	93
楞堆	94
楞基	95
跨距	89
路肩	141
路拱	137
路面工程	142
路面养护	144
路面排水	143
路基工程	138
路基加固	139
路基边坡坡率	137
路基压实	141
路基设计高程	140
路基防护	137
路基施工	140
路基养护	141
路基高度	138
路基宽度	139
路基排水	140
路基横断面	138
路堑开挖	144
路堤填筑	137
路幅	137
错车视距	15
错车道	15
锚碇	147
锯材检验	87
数字近景摄影测量单木监测技术	225
数字森林工程	225
数据分类	222
数据仓库系统	221
数据库软件	223
数据库索引	224
数据库检索	223
数据聚类分析	222
数据模型	224

十四画以上

条目	页码
截水沟	86

腐朽 …………………………… 46	横净距 …………………………… 69	橡胶减速带 …………………… 245
精神负荷 ……………………… 87	横断面 …………………………… 69	踏查 …………………………… 235
增力式集材索道 ……………… 277	横断面地面线 …………………… 69	踏勘 …………………………… 235
鞍座 ……………………………… 1	横断面设计线 …………………… 69	噪声性耳聋 …………………… 276

条目标题外文索引

说　明

1. 本索引按照条目标题外文的逐词排列法顺序排列。无论是单词条目，还是多词条目，均以单词为单位，按字母顺序、按单词在条目标题外文中所处的先后位置，顺序排列。如果第一个单词相同，再依次按第二个、第三个，余类推。

2. 条目标题外文中英文以外的字母，按与其对应形式的英文字母排序排列。

3. 为便于检索，部分条目标题外文将人名中的姓放在最前面，用逗号与其他词分开。

4. 条目标题外文中如有括号，括号内部分一般不纳入字母排列顺序；条目标题外文相同时，没有括号的排在前，括号外的条目标题外文相同时，括号内的部分按字母顺序排列。

5. 条目标题外文中有罗马数字和阿拉伯数字的，排列时分为两种情况：

①数字前有拉丁字母，先按字母顺序排再按数字顺序排列；英文字母相同时，含有罗马数字的排在阿拉伯数字前。

②以数字开头的条目标题外文，排在条目标题外文索引的最后。

A

accretion cutting ································ 218
adaptability of logging operation ··············· 32
adhesion coefficient ······························ 46
alignment guiding line ··························· 18
alternating lay wire rope ························ 82
anchor knot of artificial erected pile ········· 183
anchor knot of artificial lying pile ············ 183
anchorage ·· 147
ancillary road facilities ··························· 20
animal skidding ·································· 14
ascending angle of carriage ···················· 218
asphalt concrete pavement maintenance ······· 96
asphalt mixtures ·································· 95
asphalt pavement structure ······················ 96
asphalt pavement ································· 96
automatic carriage ······························ 182
auxiliary design system of cableway engineering ··· 232
average skidding distance ······················ 169
average technical speed of timber truck trains ······ 271
azimuth ·· 44

B

backcut ··· 214
balloon logging ·································· 173
bamboo forest harvesting methods ············ 284
bamboo tray ······································ 285
bank up ·· 62
barcode recognition technology for forest product ···· 110
basic parameters of material handling vehicle trailer ··· 268

bearing cable	13
bearing device of log hauling truck	266
bifurcation layout of timber yard	288
bituminous mixtures	95
blending angle of cable around the saddle	241
blocking timber in water	159
body balance in forest operation	209
boundary line of roads	21
breadth of road	137
break schedule	247
breaking tension of wire rope	54
bridge and culvert engineering	175
bridge deck drainage	180
bridge elevation	179
bridge site survey	180
bridge	176
bridge site topographic map	181
broadening of horizontal curve	171
broken steel wire in wire rope	52
bucking deck	275
bucking	274
bulk dispensing cleaning	185
bundles of branches	279

C

cable crane loading	92
cable curve theory	249
cable guardrail	92
cable length method	231
cable length	231
cable movement	247
cable shape	249
cable system of cableway	233
cable tension	248
cable theory	248
cableway carriage	233
cableway logging	233
canopy density	252
carriage way	246
carrier cable	273
carrying wood out of water to shore	157
cascade	23
cast steel speed bump	293
catenary theory	247
cement concrete pavement maintenance	229
cement concrete pavement structure	227
cement concrete pavement	226
cement concrete	226
center stake	283
central deflection coefficient without load	242
chain transveyer hauling	100
chainsaw felling	100
chip transportation	164
chipping	250
chocker	90
chord inclination	244
chord length	244
chute skidding	71
chute	76
chuting yarding	71
circular curve	263
circulating cable	250
clearcutting	86
clip connection of wire rope	52
coefficient of security adherence	1
co-lay wire rope	237
collection of branches	279
combined drainage facilities	143
combined drainage facilities	296
commercial circulation of forest product	108
composting cleaning	26
concrete bridge	74
concrete guardrail	74

connecting device ⋯⋯⋯⋯⋯⋯⋯⋯⋯⋯⋯⋯⋯ 99
connection between truck and trailer ⋯⋯⋯⋯⋯ 173
connection of wire rope ⋯⋯⋯⋯⋯⋯⋯⋯⋯⋯ 53
construction technology for asphalt pavement ⋯⋯⋯⋯ 98
construction technology for cement concrete
　pavement ⋯⋯⋯⋯⋯⋯⋯⋯⋯⋯⋯⋯⋯⋯ 228
constructional material for asphalt pavement ⋯⋯⋯⋯ 98
constructional material for cement concrete
　pavement ⋯⋯⋯⋯⋯⋯⋯⋯⋯⋯⋯⋯⋯⋯ 228
control point ⋯⋯⋯⋯⋯⋯⋯⋯⋯⋯⋯⋯⋯⋯ 89
corduroy road ⋯⋯⋯⋯⋯⋯⋯⋯⋯⋯⋯⋯⋯⋯ 164
corner angle ⋯⋯⋯⋯⋯⋯⋯⋯⋯⋯⋯⋯⋯⋯ 293
correction coefficient ⋯⋯⋯⋯⋯⋯⋯⋯⋯⋯⋯ 5
corrugated beam barrier ⋯⋯⋯⋯⋯⋯⋯⋯⋯⋯ 4
cross section of river ⋯⋯⋯⋯⋯⋯⋯⋯⋯⋯⋯ 68
cross section ⋯⋯⋯⋯⋯⋯⋯⋯⋯⋯⋯⋯⋯⋯ 69
culvert ⋯⋯⋯⋯⋯⋯⋯⋯⋯⋯⋯⋯⋯⋯⋯⋯ 65
cutover area ⋯⋯⋯⋯⋯⋯⋯⋯⋯⋯⋯⋯⋯⋯ 7
cutting age of bamboo forest ⋯⋯⋯⋯⋯⋯⋯⋯ 285
cutting area division ⋯⋯⋯⋯⋯⋯⋯⋯⋯⋯⋯ 38
cutting area survey ⋯⋯⋯⋯⋯⋯⋯⋯⋯⋯⋯ 35
cutting cycle ⋯⋯⋯⋯⋯⋯⋯⋯⋯⋯⋯⋯⋯⋯ 144
cutting intensity ⋯⋯⋯⋯⋯⋯⋯⋯⋯⋯⋯⋯ 7
cutting license ⋯⋯⋯⋯⋯⋯⋯⋯⋯⋯⋯⋯⋯ 9
cutting subcompartment ⋯⋯⋯⋯⋯⋯⋯⋯⋯⋯ 8

D

damage caused by insect ⋯⋯⋯⋯⋯⋯⋯⋯⋯⋯ 90
damage ⋯⋯⋯⋯⋯⋯⋯⋯⋯⋯⋯⋯⋯⋯⋯ 213
data classification ⋯⋯⋯⋯⋯⋯⋯⋯⋯⋯⋯⋯ 222
data clustering analysis ⋯⋯⋯⋯⋯⋯⋯⋯⋯⋯ 222
data model ⋯⋯⋯⋯⋯⋯⋯⋯⋯⋯⋯⋯⋯⋯ 224
data warehouse system ⋯⋯⋯⋯⋯⋯⋯⋯⋯⋯ 221
database index ⋯⋯⋯⋯⋯⋯⋯⋯⋯⋯⋯⋯⋯ 224
database retrieval ⋯⋯⋯⋯⋯⋯⋯⋯⋯⋯⋯⋯ 223
database software ⋯⋯⋯⋯⋯⋯⋯⋯⋯⋯⋯⋯ 223

deafness induced by noise ⋯⋯⋯⋯⋯⋯⋯⋯⋯ 276
decay ⋯⋯⋯⋯⋯⋯⋯⋯⋯⋯⋯⋯⋯⋯⋯⋯ 46
decking up ⋯⋯⋯⋯⋯⋯⋯⋯⋯⋯⋯⋯⋯⋯ 212
defects due to processing ⋯⋯⋯⋯⋯⋯⋯⋯⋯ 78
defects of trunk shape ⋯⋯⋯⋯⋯⋯⋯⋯⋯⋯ 49
defects of wood structure ⋯⋯⋯⋯⋯⋯⋯⋯⋯ 151
deflection angle of chord ⋯⋯⋯⋯⋯⋯⋯⋯⋯ 241
deflection ⋯⋯⋯⋯⋯⋯⋯⋯⋯⋯⋯⋯⋯⋯⋯ 167
delimbing ⋯⋯⋯⋯⋯⋯⋯⋯⋯⋯⋯⋯⋯⋯⋯ 16
dense-graded asphalt mixtures ⋯⋯⋯⋯⋯⋯⋯⋯ 147
dense-graded bituminous mixtures ⋯⋯⋯⋯⋯⋯ 147
density of forest road network ⋯⋯⋯⋯⋯⋯⋯ 116
design elevation of roadbed ⋯⋯⋯⋯⋯⋯⋯⋯ 140
design flood frequency ⋯⋯⋯⋯⋯⋯⋯⋯⋯⋯ 216
design flood peak discharge ⋯⋯⋯⋯⋯⋯⋯⋯ 216
design line in cross section ⋯⋯⋯⋯⋯⋯⋯⋯ 69
design line in vertical section ⋯⋯⋯⋯⋯⋯⋯ 296
design load ⋯⋯⋯⋯⋯⋯⋯⋯⋯⋯⋯⋯⋯⋯ 216
Design Specification for Highway in Forest Area ⋯ 122
design speed ⋯⋯⋯⋯⋯⋯⋯⋯⋯⋯⋯⋯⋯⋯ 216
design vehicle ⋯⋯⋯⋯⋯⋯⋯⋯⋯⋯⋯⋯⋯ 215
determination of installation tension of skyline ⋯⋯⋯ 13
diameter class in log scaling ⋯⋯⋯⋯⋯⋯⋯⋯ 80
digital forest engineering ⋯⋯⋯⋯⋯⋯⋯⋯⋯ 225
disassembly ⋯⋯⋯⋯⋯⋯⋯⋯⋯⋯⋯⋯⋯⋯ 11
distribution of forest product ⋯⋯⋯⋯⋯⋯⋯⋯ 108
diversion dike ⋯⋯⋯⋯⋯⋯⋯⋯⋯⋯⋯⋯⋯ 18
drainage basin ⋯⋯⋯⋯⋯⋯⋯⋯⋯⋯⋯⋯⋯ 136
drainage ditch ⋯⋯⋯⋯⋯⋯⋯⋯⋯⋯⋯⋯⋯ 168
driving behavior ⋯⋯⋯⋯⋯⋯⋯⋯⋯⋯⋯⋯ 79
driving fatigue ⋯⋯⋯⋯⋯⋯⋯⋯⋯⋯⋯⋯⋯ 78
driving safety visual distance ⋯⋯⋯⋯⋯⋯⋯⋯ 245
dry storage ⋯⋯⋯⋯⋯⋯⋯⋯⋯⋯⋯⋯⋯⋯ 48
durability of wire rope ⋯⋯⋯⋯⋯⋯⋯⋯⋯⋯ 53
dynamic characteristics of original bundle
　transportation ⋯⋯⋯⋯⋯⋯⋯⋯⋯⋯⋯⋯ 261
dynamic factor ⋯⋯⋯⋯⋯⋯⋯⋯⋯⋯⋯⋯⋯ 25

E

easement curve ··· 72
e-commerce platform of forest product ········· 105
elastic elongation of wire rope ······················ 54
elastic modulus of wire rope ························· 54
empirical formula method ····························· 87
equipment of forestry cableway ··················· 132
erect the wire rope ······································· 79
erectness of forestry cableway ····················· 131
ergonomics in density of forest road network ······· 116
ergonomics in forest road alignment ············· 117
ergonomics in wood transportation ··············· 162
ergonomics of logging operations ·················· 43
ergonomics on forest road ··························· 119

F

face contact wire rope ································· 147
felled tree ··· 28
felling area acceptance ································· 41
felling area engineering design ······················ 35
felling area operation ··································· 41
felling area ratification ································· 34
felling area technological design ··················· 36
felling cut ··· 214
felling damage ··· 31
felling direction ··· 86
felling efficiency ·· 31
felling motion management ·························· 30
felling motion study ····································· 29
felling operation ergonomics ························· 32
felling posture ··· 33
felling season ··· 7
felling techniques ·· 30
felling wedge ··· 31
felling ·· 29

field alignment ··· 219
filter ditch ··· 147
final felling ·· 286
fire cleaning ·· 75
first grade forest road ································· 252
flood investigation ······································· 70
flood textual criticism ·································· 70
flow direction layout of timber yard ············· 289
forest administration office automation system ······ 135
forest cutting quota ··································· 191
forest engineering database technology ········· 195
forest engineering global navigation satellite
　　system ··· 194
forest engineering information application system 198
forest engineering information technology
　　fundamentals ·· 198
forest engineering information technology ········· 197
forest engineering intelligent logistics system ······· 199
forest engineering internet of things application
　　layer ··· 197
forest engineering internet of things architecture ·· 196
forest engineering internet of things network layer ··· 196
forest engineering internet of things perception
　　layer ··· 195
forest engineering machine vision recognition
　　technology ·· 192
Forest Engineering ····································· 191
Forest Engineering—Forestry Aerial Ropeway—
　　Design Specification ···························· 194
Forest Engineering—Forestry Aerial Ropeway—
　　Safety Code of Practice ························ 194
Forest Engineering—Forestry Skyline—Technical
　　Specifications for Setting Up, Running, Disassembling
　　and Transferring ································· 194
forest fundamental database ························ 130
forest harvesting volume ····························· 191
forest harvesting ·· 188

forest integrated database	133
forest logging engineering	10
forest management informationization	134
forest management road	252
forest mobile internet	123
forest narrow band internet of things	124
forest operation environment	208
forest operation handheld terminal	210
forest operation	206
forest operations safety	206
forest private network	133
forest product circulation processing enterprise management system	108
forest product circulation processing	107
forest product financial service system	107
forest product information system	113
forest product international logistics customs clearance	106
forest product international logistics inspection and quarantine	106
forest product international logistics	105
forest product internet of things	110
forest product logistics engineering	110
forest product logistics equipment	111
forest product logistics pallet	111
forest product packaging inspection	104
forest product packaging machinery	103
forest product packaging materials	102
forest product packaging tools	103
forest product safety traceability	102
forest product storage	104
forest product supply chain	105
forest product trading platform	107
forest products e-commerce	104
forest public security informatization	199
forest railway crossing	202
forest railway line connection	202
forest railway station planning	200
forest railway station	200
forest right certificate management system	125
forest road alignment	113
forest road classification	114
forest road exploration and design	120
forest road network	123
forest road route	114
forest road types	121
forest subject database	133
forest thinning for fending	45
forest road route selection	117
forestry administrative penalty management system	132
forestry big data development project	282
forestry cableway	131
forestry cloud innovation project	283
forestry enterprise customer relationship management system	186
forestry enterprise informationization	185
forestry enterprise local area network	185
forestry enterprise manufacturing resource planning system	187
forestry enterprise material requirement planning system	186
forestry enterprise office automation system	187
forestry enterprise resource planning system	186
forestry enterprise supply chain management system	187
forestry ergonomics	127
forestry three-dimensional perception system	130
forestry website-group construction project	283
friction drum of winch	85
frozen road	25
full load skidding	182
fungus stain	277

G

General Specifications for Design of Highway Bridges and Culverts ········· 59
geographic information system of forest engineering ········· 192
grading ········· 45
grip device ········· 284
ground line in cross section ········· 69
ground line in vertical section ········· 295
ground sliding ········· 15

H

half (semi) -open-graded bituminous paving mixtures ···· 2
half load skidding ········· 2
handmade axe felling ········· 220
handsaw felling ········· 220
harvester felling ········· 99
harvesting volume of bamboo forest ········· 284
haul road ········· 264
hauling cableway ········· 272
helicopter logging ········· 279
hierarchical model ········· 11
high lead yarding ········· 84
hill-side line ········· 213
holding wood ········· 135
human computer interaction of forestry machinery ··· 128
human error in forest operations ········· 210
human physiological rhythm in forest operations ···· 209
human-body load in forest operations ········· 208
hydraulic facilities of timber water transportation ··· 159
hydraulic felling wedge ········· 251

I

identical curve ········· 237
inclination angle measurement ········· 181
individual protection of forest operations ········· 208
inorganic stabilized mixture ········· 242
inspection of logistics equipment for forest product ···· 111
intelligent forest engineering ········· 281
intercepting ditch ········· 3
intercepting ditch ········· 86
intermediate cutting ········· 45
intersection ········· 82

K

knot ········· 85

L

landing ········· 93
landing ········· 294
lateral clear distance ········· 69
launching site ········· 239
launching ········· 239
leave ········· 135
length class ········· 80
length of bridge opening ········· 176
lifting cable ········· 173
line development ········· 277
load hook ········· 274
loader log loading ········· 295
lodged ········· 16
log bucking ········· 262
log hauling truck ········· 265
log landing ········· 259
log logging ········· 257
log over dam by water ········· 157
log stock ········· 262
log ········· 253
logging area ········· 34

logging engineering ecology ………………………… 6
logging operation space …………………………… 10
logging operation …………………………………… 9
logging permit management system ……………… 9
logging regeneration design ………………………… 6
logging residue ……………………………………… 8
logging slash ………………………………………… 8
logs alignment device …………………………… 258
long connection of wire rope …………………… 51
long pole connection ……………………………… 12
longitudinal slope ……………………………… 296
loose wood floating down river ………………… 17
low yield or efficiency forest cutting …………… 22
lumber truck trailer ……………………………… 267
lumbering table ………………………………… 275

M

main stream ………………………………………… 49
maintenance of timber truck …………………… 266
man machine environment system ……………… 183
man machine interface of forestry machinery …… 129
management of wood truck transportation …… 155
mandatory grip device ………………………… 174
manual skidding ………………………………… 184
mark stake …………………………………………… 4
marketing informatization of forest product …… 112
material selection of power flat car …………… 24
material selection of timber throwing machine … 168
Matthews theory of forest road-network ……… 146
mechanical properties of wire rope …………… 52
meeting sight distance …………………………… 74
methods of timber harvesting ………………… 190
missing sight distance …………………………… 15
mixed-lay wire rope ……………………………… 74
mountain transport ……………………………… 212
movement of wire rope ………………………… 252

multi-span skyline ……………………………… 26

N

narrow mountain pass ………………………… 251
network model ………………………………… 241

O

object-oriented model ………………………… 148
office alignment ………………………………… 280
on-the-spot survey ……………………………… 235
open graded asphalt mixtures …………………… 89
open-graded bituminous paving mixtures ……… 89
operating speed ………………………………… 272
operation area …………………………………… 297
operation season ………………………………… 297
optimization theory of cableway ……………… 234
ordinary cement concrete ……………………… 172
organization structure of forest railway transport … 205
original bundle transportation ………………… 262
origin-destination ……………………………… 173
output volume …………………………………… 14
overtaking sight distance ………………………… 12

P

packaging engineering of forest product ……… 103
parabola theory ………………………………… 169
passing bay ………………………………………… 15
pavement maintenance ………………………… 144
peeling ……………………………………………… 3
perturbation theory …………………………… 217
physiological load ……………………………… 218
piling up …………………………………………… 62
plan of bridge site ……………………………… 181
plan of forest railway transport ………………… 204

point contact wire rope ··· 23
pollution prevention and control of timber truck ··· 267
polyspast ·· 47
precise cutting area operation ··································· 37
precise estimation of the amount of output in cutting
　　area ·· 34
precise management of logging operations ············· 43
precise measurement of cutting area ······················· 37
preloading ·· 253
prestressed cement concrete ···································· 253
production cost composition of timber transport
　　vehicles ·· 264
production design achievements of felling area ······ 39
production organization of felling area ···················· 40
production process design of logging area ·············· 39
production process types of logging area ················ 38
production system of logging area ··························· 40
production technology of land transportation timber
　　yard ·· 136
production technology of timber yard ···················· 292
production technology of water transportation timber
　　yard ·· 230
profile design of ropeway ·· 231
protection forest fire-proof road ································ 70
psychologic stress ·· 87
public fundamental database ···································· 55
pulley ·· 71
pushing timber into river ··· 159

Q

quadrant angle ··· 244
quality traceability test of forest product ·············· 113

R

radio frequency identification technology for forest
　　product ·· 109
radio frequency identification technology for trees ··· 220
raft-assembling workplace ·· 66
raft-bundling workplace ·· 4
railway transportation of timber ····························· 159
reasonable towing of log hauling truck ················· 270
reconnaissance ··· 235
reconnoitering ·· 235
regeneration before felling ·· 33
regeneration cutting ··· 54
regulating structure ··· 236
reinforced cement concrete ······································· 50
relational model ··· 62
release cutting ·· 238
remote sensing of forest engineering ····················· 198
removal cutting ·· 238
renewal of timber truck ·· 267
response time ·· 44
return cable ··· 73
reverse curve ··· 43
reverse loop ··· 73
ridge crossing elevation ··· 64
ridge crossing line ··· 264
ridge line ··· 213
river carrying capacity of timber ······························ 67
river for log transport by water ······························ 158
river length ··· 68
river regulation for log transport by water ············ 158
river runoff ··· 66
river system ··· 230
river ··· 67
road camber ··· 137
road construction clearance ······································ 22
road cutting excavation ··· 144
road drainage works ·· 22
road engineering of forest (bridges and culverts) ···· 118
road guardrail ··· 21

road material	20
road pavement engineering	142
road plane	170
roadbed maintenance	141
rod crane loading	79
rot	46
rotation	144
rubber speed reducer	245

S

saddle	1
safety accidents in the forest operations	207
Safety and Health in Forestry Work	127
safety factor of wire rope	51
Safety Technical Specifications for Highway Engineering Construction	56
sand aggregate pavement	211
sand and gravel material	211
sanitation cutting	242
sawn timber inspection	87
scaling	100
schedule work of forest railway transport	203
scour (embankment) protection	13
scour coefficient method	13
scour of bridge pier and abutment	179
secondary forest road	27
seepage ditch	217
seepage well	217
selection of logistics equipment for forest product	112
selective cutting cycle	276
selective cutting	276
self-loading and self-unloading of timber truck train	271
semi-automatic carriage	2
shake	101
shelterwood cutting	82
short connection of wire rope	52
shoulder	141
side notching	61
side stake	3
sight distance	246
sign	19
simple skidding carriage with combined pulley	72
single cable curve circular hauling cableway	17
single line and double cable circular hauling cableway	18
single-span skyline	17
single-wood digital close-range photogrammetric monitoring technology	225
skidding	76
skidding add-forced cableway	277
skidding cableway	77
skidding carriage	77
skidding full-automatic cableway	182
skidding running skyline cableway	272
skidding semi-automatic cableway	2
skidding slack line cableway	231
skidding trail	77
slash disposal	37
sleeve connection of wire rope	54
slope protection	172
slope rate of subgrade	137
small diameter wooden tray	245
soft soil foundation reinforcement	184
span	89
Specifications for Design of Highway Asphalt Pavement	56
Specifications for Design of Highway Reinforced Concrete and Prestressed Concrete Bridges and Culverts	55
Specifications for Design of Highway Subgrade	57
Specifications for Drainage Design of Highway	59
speed bumps	81
spur dike	24
square area coefficient	93
stability of logging operation	33

static characteristics of original bundle
　　transportation ································ 262
steel bridge ·· 50
stem-length ·· 260
stock of timber yard ······························· 89
stone matric asphalt ······························· 82
stopper ·· 280
stopping sight distance ························· 237
straight line ··· 280
stump ·· 28
subgrade compaction ···························· 141
subgrade construction ·························· 140
subgrade cross section ·························· 138
subgrade drainage ································ 140
subgrade filling ···································· 137
subgrade heigh ···································· 138
subgrade protection ······························ 137
subgrade strengthening ························· 139
subgrade ··· 138
super elevation ······································ 12
supervision of international logistics trade of forest
　　product ··· 106
support ··· 278
surface drainage facilities ······················· 23
survey and design of cableway ·············· 233

T

tangent angle ·· 45
*Technical Guidelines for Construction of Highway
　　Cement Concrete Pavement* ············· 60
*Technical Guidelines for Construction of Highway
　　Roadbase* ······································ 58
technical performance of log hauling truck ········ 270
*Technical Specifications for Construction of Highway
　　Asphalt Pavement* ·························· 56
*Technical Specifications for Construction of Highway
　　Bridges and Culverts* ······················ 60
*Technical Specifications for Construction of Highway
　　Subgrade* ······································ 58
Technical Standard of Forest Highway Engineering ·· 122
Technical Standards for Highway Maintenance ······ 61
technological layout of timber yard ········ 287
teepee ·· 16
tending farm ··· 10
tending felling ······································· 45
tensile strength of wire rope ··················· 52
tertiary forest road ······························· 185
the timber arrival for transportation by water ········ 157
the use of forest railway transport rolling stock ····· 203
thinning ·· 220
tight cable ·· 3
timber arrester ····································· 164
timber base ·· 95
timber braiding frame ····························· 3
timber defects ······································ 155
timber flow water gate ·························· 153
timber flowing by water ······················· 153
timber inspection station electronic monitoring
　　system ·· 149
timber inspection ································· 150
timber inspection ································· 257
timber loading ····································· 163
timber pile ·· 94
timber pole inspection ·························· 261
timber pole quality appraising ··············· 260
timber pole size measurement ··············· 260
timber processing business license management
　　system ·· 148
timber protection in storage ·················· 148
timber quality appraising ······················ 254
timber raft transportation by water ········ 154
timber scaling checklist management system ········ 81
timber scaling ······································ 149

timber size measurement	256
timber slection with mechanical loader	294
timber sorted by longitudinal conveyor	259
timber sorting	249
timber stacking method	63
timber transport certificate management system	162
timber transportation by water	156
timber transportation	160
timber truck train	270
timber unloading at logyard	292
timber unloading with cable loader	26
timber unloading with crane	235
timber unloading with pulling cable	92
timber yard area	291
timber yard	286
tourism road	145
township forest road	231
traceability of forest product	109
track structure of forest railway	201
traction cable	174
traction calculation of forest railway transport	205
tractor skidding	240
traffic capacity	237
traffic dispatching of timber truck	272
traffic index line	19
traffic volume	83
trailer return	274
train operation diagram of forest railway transport	204
transfer	294
transitional gradient	72
transport management of forest railway	203
transport performance of forest railway	205
transportation carriage	264
transportation plan of timber truck	155
tree pushing air cushion	239
tree-length	260
tree-length landing	263
tree-length logging	261
tributary	278
twine holder plate	219
type of wire rope	52

U

undercut	243
underground drainage facilities	23
uneven coefficient of timber yard production	291
unit area capacity	17
upper landing	213

V

valley line	251
vehicle conversion factor	12
vertical curve	221
vertical section of bridge site	181
vertical section of river	69
vertical section	295
vibrating wave method	278
vibration disease	278

W

water dam for timber flow	153
water level	230
water storage	225
water workplace	229
watershed	45
wear of wire rope	53
wet storage	219
whole-tree logging	28
width of subgrade	139
winch and crane hauling	85
winch parameters	84

winch reel	84
winch	83
winding drum of winch	84
wire rope corrosion	52
wire rope damage	54
wire rope got tangled	54
wire rope of cableway	232
wire rope rigidity	52
wire rope rotation	54
wire-to-wire contact wire rope	244
wood bale connection	152
wood chips storage	165
wood plastic tray	166
wood truck transportation	154
wooden bridge	165
work fatigue in forest operation	209
workplace for log into river	239
workplace for log out of river	14

Y

yarding	76

Z

ZigBee wireless sensor network in forest area	125

数字

3S technology of forest engineering	199

内容索引

说　　明

1. 本索引是全书条目和条目内容的主题分析索引。索引主题按汉语拼音字母的顺序并辅以汉字笔画、起笔笔形顺序排列。同音时，按汉字笔画由少到多的顺序排列，笔画数相同的按起笔笔形横（一）、竖（丨）、撇（丿）、点（、）、折（𠃍，包括㇈、乚、㇄等）的顺序排列。第一字相同时按第二字，余类推。索引主题中夹有外文字母、罗马数字和阿拉伯数字的，依次排在相应的汉字索引主题之后。索引主题以外文字母、罗马数字和阿拉伯数字开头的，依次排在全部汉字索引主题之后。

2. 设有条目的主题用黑体字，未设条目的主题用宋体字。

3. 不同概念（含人物）具有同一主题名称时，分别设置索引主题；未设条目的同名索引主题后括注简单说明或所属类别，以利检索。

4. 索引主题之后的阿拉伯数字是主题内容所在的页码，数字之后的小写拉丁字母表示索引内容所在的版面区域。本书正文的版面区域划分如右图。

a	d
b	e
c	f

A

安全距离　237b
安全靠贴系数　1a
安全线　200f
鞍式牵引车　267f，271b
鞍座　1c，131e
暗沟　147a
暗涵　65c
凹兜　49e

B

拔大毛　190e
白腐　46b
白色路面　226c
白色实线　19b
白色虚线　19b
百米桩　283f

班间贮备　262f
板车集材　184c
办公自动化　187d
半刚性材料　242d
半刚性底基层　242d
半刚性护栏　21d
半刚性基层　242d
半挂车　267f
半挂式预装　253d
半挂运材汽车列车　266a，271c
半开级配混合料　95e
半开级配沥青碎石混合料　2a
半密封式钢丝绳　53b，232c
半拖　279e
半拖式集材　84c
半悬增力式集材索道　277b
半压力涵洞　65c
半永久性桥　177a
半载集材　2b，76d
半载式拖拉机集材　240d
半自动集材索道　2e，78d

半自动跑车　2f，77d，233e
剥皮　3a
保留带　238f
抱索器　265a
爆破伐木法　30e
北斗卫星导航系统　195a，281e
背集　279d
被动式红外线机器视觉识别技术　193d
被动式RFID技术　221b
绷索　3c，52f，232c
比例过渡　172b
闭合流域　45e，136a
闭环MRP系统　187a
闭式牵引索　174b，250e
闭式贮存　165d
边材变色　277f
边材腐朽　46c，255b，256c
边材劈裂　31b
边材色斑　278a
边沟　3c，23b
边缘计算技术　281d

边桩 3e
编捆 3f
编捆框 3f
编排作业场 4b，229e
编组站 200d
变形 155f
变形磨损 53e
变直径插接 52a
标识桩 4d
标志桩 4d
标桩 4d
表面节 85e
冰雪滑道 71d
冰雪滑道集材 71d
波浪纹 78c
波纹钢管（板）涵 65c
波纹状锯痕 78c
波形护栏 4e，21d
补正系数 5a
不变直径插接 51f
不均衡生产 291e
不漫水丁坝 24c
部分预应力混凝土 253b

C

材表 257f
材长 256d，258a
材种 258b
采伐调查设计 39a
采伐更新设计 6a
采伐工程生态学 6c
采伐机器人 282c
采伐季节 7b
采伐迹地 7d
采伐迹地清理 37d
采伐强度 7f，284f
采伐剩余物 8c
采伐剩余物利用 8c
采伐小班 8e
采伐小号 8e
采伐许可证 9b

采伐招标发布系统 198e
采伐证 9b
采伐证管理系统 9c，134e
采伐作业 9f
采伐作业空间 10c
采育场 10e
采育择伐 190f，276d
采运工程 10f
采脂伤 214a
测站基面 230a
层次模型 11b，224f
层次型数据库 195c
层楞 48b，62d，94b，212c
叉车选材 294f
叉流布局 287f
叉式装载机选材 294f
叉爪 294f
插接 53d
插接钩环式捆木索 90e
插入法 215a
查全率 222e
查准率 222e
岔河羊圈 164d
岔线 121f，123c
拆卸 11d
柴油绞盘机 83c
掺合料 229a
缠绕卷筒 84f
长材挂车 267f
长材率 275a
长材运材汽车列车 266a，271c
长级 80b
长径 258a
长辕杆连接 12a，174a
长辕杆式 268e
常年流水作业 297a
常年作业 297a
场地面积系数 17e
敞露式钢丝绳 53b，232c
超车视距 12c，246d
超高 12e
车道 246b

车道宽度 139c
车立柱 267a
车立柱装载法 163f
车辆 203f
车辆折算系数 12f
车身 265e
车站技术作业计划 204c
车站配线 200f
承载夹式拖拉机集材 240b
承载梁 266e
承载牵引汽车 271b
承载索 13b，52f，232c
承载索安装拉力测定 13c
城市道路桥 176d
吃水深度 158d
尺寸检量 149f
冲刷(路堤)防护 13e
冲刷系数 14a
冲刷系数法 13f，176a
虫沟 90c
虫眼 90c
重检法 151a
抽心 31c，213f
出材量 14b
出河场 14d，286e
出河分叉布局 288b
出河作业场 14d，229e
初布 287e
初步设计 121a
初测 120f
初选 249e
畜力集材 14e，76d
畜力集材道 77b
畜力集运 279d
穿心法 215a
传动机构 265d
传动系 265d
传感器感知技术 195f
船闸 157a，159c
船闸过坝 157e
串坡 15a，71b
垂直郁闭度 252e

垂直作业域　10d
磁北　44e
磁北方向线　45a
磁方位角　45a
磁象限角　245a
粗剥皮　3b
粗粒式沥青混合料　147e
粗粒式沥青玛蹄脂碎石　82b
粗粒式沥青稳定碎石　147f
粗粒土　211c
簇生节　85f
错车道　15d
错车视距　15e，246d

D

搭挂　16a
打桩子　31b
打枝　16e
打枝机　16f
打枝机打枝　16e
大虫眼　90c
大兜　49e
大肚锯　220b
大断面　68e
大赶漂式流送　17d，153c
大河水运　161b
大夹板　219a
大夹头　219a
大径木　253f
大径木托盘　245d
大面积皆伐　86b
大挠度　242c
大桥　177a
大数据技术　197d，281c
大数据挖掘技术　197e
大头直径　258b
大型车　215c
带蔸伐竹法　284d
带状堆腐法　26d
带状抚育　238f
带状间隔皆伐　86b

带状渐伐　82d
带状皆伐　86b
带状连续皆伐　86b
袋形排　154b
戴帽子　69d
单车式电动平车选材　24f
单挂　16b
单级跌水　24a
单架杆兜卸机　26a
单径裂　101e
单跨索道　17b
单流布局　289f
单轮运材跑车　264f
单面装车　79e
单面装车场　263b
单目机器视觉识别技术　193a
单漂流送　17c，153b，156f
单绕钢丝绳　52f，232c
单式横断面　68f
单索曲线循环式运材索道　17d，272c
单索型运行式集材索道　272d
单位力　205c
单位面积容量　17e，287a
单线三索型索系　233f
单线双索型索系　233f
单线双索循环式运材索道　18a，272c
单线四索型索系　233f
单向布局　287f，289f
单向弯曲　49d
单株打枝机　16f
刀伤　213f
导流堤　18b
导流构造物　236e
导水归槽设施　159c
导向轮　72a
导向线　18e
捣楞作业　63a
到发线　200f
道岔　201e
道口警标　202e
道口警示桩　4d

道路标线　19a，20d
道路标志　19d，20d
道路材料　20b，119a
道路附属设施　20d，119a
道路红线　21a
道路护栏　21c
道路建筑限界　22a
道路交通标志　19e
道路排水工程　22b，118f
道路容量　237d
道路施工安全标志　19e
等级率　275a
低产（效）林改造采伐　22e，10a，188d，190d
低度郁闭　252e
低线　251c
堤根　18b
底基层　143a，227d
底盘　265d
地表分水线　45d
地表集水区　136a
地理信息系统　192c，281e
地面排水设施　23b
地平经度　44e
地物加桩　283f
地下分水线　45d
地下集水区　136a
地下排水设施　23c
地形加桩　283f
地形图定线法　120e
点接触钢丝绳　23e，53b，232c
电动绞盘机　83c
电动抛木机　168e
电动平车选材　24f
电锯　100b
电子标签　221a
电子产品代码　110d
垫层　228a
垫卯　15b
刁嘴　100e
吊架　265a
吊卯　184b

内容索引

吊卸法　235f，292e
吊运车　233e
吊运法归楞　63c
跌水　23f
叠合预应力混凝土　253b
丁坝　24b，13f，153e，156d，159c
顶进涵　66b
定测　120f
定线　115b，120e
定线走廊　115a
冬季伐区　34c
董喜斌　191f
动力平车选材　24e，250a
动力式抛木机　168f
动力卸车　292e
动力性能　270b
动力循环式运材索道　18a
动力因数　25c
动力因素　25b
动力装车　163e
冻板道路　25d，122b，142e
冻裂　101e
洞式渗沟　217d
兜卸法　26a，292e
独木桥　175a
渡槽　176d
镀锌钢丝绳　53c，232c
端部护栏　21e
端部立柱　92e
端裂　101e
短径　258a
短辕杆式　268e
断背曲线　237f
断带采伐　54f
煅烧砂　211b
堆腐清理法　26d
堆检法　151a
堆烧　75d
对称基本形　170e
对轮式鞍座　1f
墩根　101b
墩台　177d

墩台局部冲刷　179d
钝棱　78c，155f
多层木排楞　225f
多挂　16b
多光谱成像技术　193e
多光谱机器视觉识别技术　193e
多光谱遥感技术　193e
多级跌水　24a
多跨索道　26f
多绕钢丝绳　53a，232c
多向弯曲　49d
多心材　152a，155e
多株打枝机　16f
垛式造材台　275d

E

颚爪　294f
颚爪前置式装载机　295c
二次渐伐　191a
二级保养　266c
二级林区道路　27a，114d
二级支流　278f
二维码　110a

F

发动机　265d
伐倒木　28a
伐倒木半载集材　2c
伐倒木工艺类型　38e
伐倒木集材　28c，76c，84c
伐倒木卸车　292e
伐根　28f
伐木　29b
伐木场　10e
伐木动作分析　29f
伐木动作管理　30c
伐木斧　220a
伐木技术　30d
伐木联合机　99f
伐木气垫　239f

伐木损伤　31a
伐木效率　31d
伐木楔　31f
伐木作业工效学　32b
伐木作业适应性　32f
伐木作业稳定性　33b
伐木作业姿势　33d
伐前更新　33f
伐区　34b
伐区拨交　34d
伐区出材量精准测定　34e
伐区调查　35a
伐区调查设计表　40a
伐区工程辅助设计系统　198d
伐区工程设计　35b，39c
伐区工艺设计　36d，39c
伐区精准调查　37a
伐区楞场　93b
伐区面积精准量测　37b
伐区清理　37d
伐区区划　38a
伐区设计平面图　40c
伐区生产工艺类型　38e
伐区生产工艺设计　39a
伐区生产工艺设计成果　39e
伐区生产设计　39b
伐区生产设计说明书　39f
伐区生产系统　40d
伐区生产组织　40f
伐区式皆伐　86b
伐区验收　41c
伐区作业　41d
伐区作业工效学　43a，128c
伐区作业精准管理　43d
翻板抛木机　168e
翻背式装载机　295c
翻轨式重力抛木机　168e
翻轨重力卸车　292e
翻梁式重力抛木机　168e
反方位角　45a
反向曲线　43e
反应距离　237a

反应时 44d
反应时间 44d
方格楞 48e
方位角 44e
方向角 45a
方向系数 45a
防护工程 138c
防护构造物 236f
防火巡护道路 71a
防撞垫 21e
放排 154a
放坡 45b
飞艇运材 161b
非闭合流域 45e，136a
非对称基本形 170e
非封闭式导流堤 18b
非构造特征 257f
非通航河道 158b
非淹没式丁坝 24c
非自然事故 207e
分层平铺 137a
分岔鞍座 1e
分段负责制流送 17c，153c
分行采伐 54f
分流 278f
分批逐段流送 17d，153c
分水设施 159c
分水线 45d，136a
分水鱼嘴 159c
风折木 214a
封闭式导流堤 18b
浮式起重机 157c
抚育采伐 45f，10a，188d，190c
抚育采伐强度 8a
抚育间伐 45f
辅助标志 19e
辅助任务测量法 87e
辅助生产用工程设计 36b
辅助树种 46a
腐烂清理法 37f
腐朽 46b，155e
腐朽节 85e

附属装置 132d
附着系数 46f
复合材料 20b
复合形 170e
复合形曲线 238d
复径裂 101e
复式横断面 68f
复式滑车 47d
复杂反应时间 44d

G

改进的比例过渡 172b
盖板涵 65c
概查 235a
概念模型 224e
干存法 48a，148e，287b
干裂 102a
赶楞作业 63a
赶羊 11b
赶羊流送 17c
感知层 196b
干流 49b
干线 121f，123c
干形缺陷 49d，155e
刚架桥 176d
刚性护栏 21d
刚性路面 226c
刚性阻力 52b
钢轨 201c
钢筋混凝土涵 65c
钢筋混凝土路面 226e
钢筋混凝土桥 75a，176d
钢筋水泥混凝土 50b，226a
钢桥 50d，176d
钢丝公称抗拉强度 52e
钢丝绳 131d，132c，232a，266e
钢丝绳安全系数 51c
钢丝绳插接 53d
钢丝绳长接 51f，53d
钢丝绳短接 52a，53d
钢丝绳断丝 52a，54b

钢丝绳腐蚀 52b，54b
钢丝绳刚性 52b
钢丝绳机械性能 52c
钢丝绳结构 232b
钢丝绳卡接 52d，53d
钢丝绳抗拉强度 52e
钢丝绳类型 52f，232c
钢丝绳连接 53c，232d
钢丝绳磨损 53e，54b
钢丝绳耐久性 53f
钢丝绳扭结 54a，54b
钢丝绳破断拉力 54a
钢丝绳损伤 54b
钢丝绳弹性模量 54b
钢丝绳弹性伸长 54c
钢丝绳套筒连接 54d，53d
钢丝绳旋转 54d
钢丝绳选择 232d
钢索 232a
钢索拉木捆或排节出河 85b
钢索拉平车出河 85b
钢索拉平车选材 24e
钢纤维混凝土路面 226e
杠杆抛木机 168e
高次抛物线过渡 172b
高度郁闭 252e
高架桥 177a
高密度林道网 116d
高线 251c
高性能混凝土 226c
格坝 13f
格楞 62d，94d，212c
格洛纳斯卫星导航系统 195a，281e
格状水系 230d
隔行隔株抚育法 220e
个性技术指标 190b
根部肥大 49e
更新采伐 54e，10a，188d，190d
更新期 144e
工业废渣稳定类材料 242e
工作空间 129f
公安网 196f

公共基础数据库 55a,195d
公共汽车停靠站 20f
公里桩 283f
公路百米桩 4d
公路反射镜 20e
《公路钢筋混凝土及预应力混凝土桥涵设计规范》 55d
《公路工程施工安全技术规范》 56a
公路公里桩 4d
公路监视系统 20f
公路里程碑 4d
《公路沥青路面设计规范》 56c
《公路沥青路面施工技术规范》 56f
《公路路基设计规范》 57b
《公路路基施工技术规范》 58a
《公路路面基层施工技术细则》 58d
《公路排水设计规范》 59b
公路桥 176d
《公路桥涵设计通用规范》 59d
《公路桥涵施工技术规范》 60a
公路情报板 20e
《公路水泥混凝土路面施工技术细则》 60e
公路铁路两用桥 176d
《公路养护技术标准》 61b
公用网络 196f
公有林区道路 121e
功能层 143a
供应链管理 187e
拱涵 65c
拱桥 176d
共性技术原则 190b
固定费用 264c
固定式造材 262c
固定式重力齐头器 258e
固定式装车 263b
固定式阻拦设施 159b
故障贮备 262f
挂耳 61e
挂集 279e
挂结器 265a
关系加桩 283f

关系模型 62a,224f
关系型数据库 195c
管道运输 160e
管涵 65c
管式渗沟 217e
管线桥 177a
贯通裂 102a
光面钢丝绳 53c,232c
归堆 15b,62d,184c
归楞 62d,292c
归楞方式 63a
归楞分叉布局 289b
规范性失误 210d
轨枕 201c
国铁 159e
国营林业采育场 10e
国有林业采育场 10e
国有铁路 159e
过渡段护栏 21e
过岭标高 64a
过水断面 68e
过水断面面积控制法 13f

H

涵洞 65a,175e
航测定线 113f
号锤 151a
合理造材 274e
《合理造材技术操作规程》 274f
合排作业场 66e,229e
河岸容蓄 67c
河川径流 66f
河川流送能力 67e
河床糙度 68f
河道整治 157a
河道治理工程设施 159c
河底支座式拦木工程 159b
河流 67f
河流长度 68c
河流横断面 68e
河流纵断面 69a

河滩羊圈 164d
河网 230c
河网调节作用 67c
河系 230c
褐腐 46c
黑色路面 96b
横断面 69b
横断面地面线 69d,69b
横断面设计 115b
横断面设计线 69e,69b
横河缆 159b,164c
横净距 69f
横木杆道 164e
横弯 155f
横向（链式）输送机 259f
横向传送式过坝 157f
横向传送式木排过坝机 157f
横向接缝 98d
横向链式出河机 157c
横向链条式过坝机 157f
横向行车安全视距 245f
红外感应与热成像技术 195f
红外线机器视觉识别技术 193d
洪水调查 70a
洪水考证 70c
后备弦 86f
后伐 82d
后方卸载式装载机 295c
后退缓锯法 214e
后张法预应力混凝土 253b
弧裂 101e,254c,255f
互联网 196f
护林防火道路 70f,122b
滑车 131e
滑道集材 71a,76f
滑道集材道 77b
滑轮 71f
滑轮组合式跑车 72b,77d,233e
滑套式捆木索 90e
环保型混凝土 226c
环裂 101e,254c,255f
缓和坡段 72c

内容索引

缓和曲线　72d，115b，170d
黄色实线　19b
黄色虚实线　19b
黄色虚线　19b
回归年　276f
回空索　73b，52f，232c
回头曲线　73c，170d
回头曲线展线　73c
回头展线　73c，277d
回旋线　72d
回旋线过渡　172b
会车视距　74a，246d
混车到材　136d
混合楞　225f
混合捻钢丝绳　74c，53a，232c
混合绕钢丝绳　53a，74c
混合现实　282a
混合贮木场　286e
混凝土　172f
混凝土拌合物　172f
混凝土护栏　74c，21d
混凝土路面　226c
混凝土桥　74f
混凝土水闸　153f
活动承载梁重力卸车　292e
活节　85d
火烧清理法　75d，37f
货流　161c
货流反向　161c
货流强度　161c
货流顺向　161c
货物流向　161c
货物线　200f

J

机车　203f
机车牵引力　205b
机车运用计划　204c
机电控制技术　195f
机动性能　270c
机构　265c

机件　265b
机敏混凝土　226c
机器人技术　195f，282c
机器视觉识别技术　192f，195f
机器听觉技术　195f
机械剥皮　3b
机械打枝　16e
机械筏道　157e
机械筏道过坝　157e
机械归楞　212b
机械化伐木作业工效学　32d
机械集材　76c
机械连根伐木法　30e
机械设备归楞　63d
机械疏伐法　220e
机械损伤　213f
机械推河　159d，239b
机制砂　211b
基本通行能力　237d
基本形　170d
基层　143a，227d
激光测量技术　195f
级配碎（砾）石路面　211e
急流槽　76a，23b
集材　76c，160e
集材道　77a
集材道路　77b，114c，122b
集材道路辅助设计系统　198d
集材跑车　77d，233e
集材索道　77e，131b
集料　98e，228e
集中皆伐　86b
几何抚育法　220e
技术性疲劳　79a
技术性失误　210c
季节性作业　297a
季节贮备　262f
加工机器人　282d
加工集料　98f
加工缺陷　78c，155f
加宽过渡段　172a
加宽缓和段　172a

加桩　283f
伽利略卫星导航系统　195a，281e
夹层与封层材料　229b
夹皮　152a，155e
夹索器　265a
驾驶疲劳　78f
驾驶行为　79b
架杆绞盘机归楞　63d
架杆拉卸　92a，292e
架杆起重机装车　79d
架空索道半悬式集材　233b
架空索道过坝　157f
架空索道集材　233b
架空索道全悬式集材　233b
架索　79f
尖削　49e
监测机器人　282d
检尺长　80a
检尺端面　253f
检尺径　80d
检尺码单管理系统　81a，134e
减速带　81e，20d
减速垄　81e
简单反应时间　44d
简单形　170e
简易跑车　72b，233e
间断级配沥青混合料　82a，95e
间伐　45f
间接驾驶行为　79c
健全节　85e
渐伐　82c，286a
渐伐采伐强度　8a
渐伐迹地　7e
浆砌石水闸　153f
交点　82e
交互捻钢丝绳　82f，53a，232c
交绕钢丝绳　53a，82f
交通标志　19e
交通量　83a
交通流量　83a
浇铸法　54d
绞盘机　83c，131e，132d，157c

绞盘机参数　84a
绞盘机缠绕卷筒　84b
绞盘机出河　85b
绞盘机集材　84b，76e
绞盘机卷筒　84f
绞盘机卷筒数　84a
绞盘机摩擦卷筒　85a
绞盘机牵引力　84a
绞盘机牵引速度　84a
绞盘机与起重机出河　85b
绞盘机主卷筒容绳量　84a
绞盘机自重　84b
绞索摘挂　16b
铰接车　215c
铰接列车　215c
节子　85d，155d，254b，255e
阶梯形弦　86f
皆伐　86a，286a
皆伐迹地　7e
接缝材料　229b
接线鞍座　1e
截水沟　86d，23b
解析法放边桩　3f
借向　86e
金属滑道集材　71e
金属芯钢丝绳　53b
禁令标志　19e
禁止标线　19c
经济材出材率　275a
经济性能　270c
经验公式法　87c，176a
经营择伐　191a，276e
精神负荷　87d，208f
精准森林工程　197f
警告标线　19c
警告标志　19e
警示桩　4d
径级　80d
径级择伐　190e，276d
径裂　101e
净剥皮　3b
净跨径　176b

静水断面　68e
旧采伐迹地　7e
局部疲劳　79a
举式归楞　63c
举卸法　293a
巨粒土　211c
锯材　87f
锯材检验　87f，150e
锯口偏斜　214a
锯口缺陷　78c
锯伤　213f
绝对基面　230a
均衡生产　291e
均匀渐伐　82d

K

卡接　53d
开闭器　266e
开级配沥青磨耗层混合料　89b
开级配沥青碎石混合料　89a
开级配沥青稳定透水基层混合料　89b
开式贮存　165d
勘测　120f
可变费用　264b
可见光机器视觉识别技术　193b
可能通行能力　237d
客户关系管理　186b
空洞　155e
空心造材台　275e
空中集材　76f，279e
空中运输　160e
控制点　89c
控制机构　265d
库存量　89e，286f
跨谷桥　177a
跨河桥　177a
跨距　89f
跨线桥　177a
块料路面　142e
块状堆腐法　26d
块状皆伐　86c

快马锯　220b
快马子　16e
矿渣砂　211b
框架式　268e
昆虫伤害　90b，213f，255e，256c
捆检法　151a
捆木索　90d

L

拉卸法　92a，292e
拦木架　164d
缆绳式河缆　159b
缆索护栏　92c，21e
缆索起重机　235f
缆索起重机装车　92f
劳动生产率　287a
雷达监测技术　195f
楞长　94e
楞场　93b
楞地　93b
楞地面积　93e，286f，291a
楞地面积利用系数　93e
楞地面积系数　93e
楞堆　94a，62d
楞堆充实系数　95a
楞堆密实系数　95a
楞堆容量　95a
楞垛　94a
楞高　94e
楞基　95b
楞宽　94e
楞区　93b
楞深　94e
楞头　94a
冷接缝　98d
理论预测法　273a
立体交叉　202e
立竹度　284f
沥青　98e
沥青混合料　95d
沥青混凝土路面养护　96a

沥青路面 96b，142d	林产品国际物流检验检疫 106a	林区道路工程(含桥涵) 118d
沥青路面结构 96f	林产品国际物流贸易监管 106d	林区道路工效学 119d，128c
沥青路面施工工艺 98a	林产品国际物流通关 106f	林区道路勘察设计 120b
沥青路面施工原材料 98e	林产品集货 108b	林区道路类型 121e
沥青玛蹄脂碎石混合料 82b	林产品交易平台 107a	林区防火道路 114c
例行保养 266c	林产品金融服务系统 107c	《林区公路工程技术标准》 122d
粒料路面 142e	林产品流通加工 107e	《林区公路设计规范》 122f
连根伐 30d	林产品流通加工企业管理系统 108a	林区林道网 123b
连接道路 122b	林产品配货 108c	林区移动互联网 123f
连接装置 99c	林产品配送 108b	林区窄带物联网 124e
连接装置连接 173f	林产品配装 108c	林区贮木场 93b，286c
联合机 99f	林产品商贸流通 108e	林区紫蜂无线传感网 125a
联合机伐木 99e	林产品射频识别技术 109a	林区ZigBee无线传感网 125a
炼山 75e	林产品送达服务 108c	林权 125e
链锯伐木 100b	林产品溯源 109e	林权保险管理子系统 126c
链式连枷型打枝机 16f	林产品条码识别技术 110a	林权变更管理子系统 126a
链式输送机出河 100c	林产品物联网 110c	林权登记管理子系统 125f
梁式桥 176d	林产品物流工程 110e	林权抵押管理子系统 126b
量材 100f	林产品物流托盘 111a	林权公共信息发布平台 126e
两侧法 215a	林产品物流装备 111d	林权管理系统 125e
两段造材 262d	林产品物流装备检测 111e	林权流转管理子系统 126d
列车编组计划 204c	林产品物流装备选型 112b	林权流转交易系统 198e
列车式电动平车选材 24f	林产品销售信息化 112e，225d	林权在线交易平台 126e
列车运行计划 204c	林产品信息系统 113a	林权证 125e
列车运行图 204d	林产品运输 108c	林权证管理系统 125e，134e，198d
列车运行阻力 205b	林产品质量溯源检测 113c	《林业安全卫生规程》 127a
列车制动力 205c	林带更新采伐 10a，54f，190d	林业保险管理系统 198e
裂纹 101e，155d	林道等级 123d	林业保险系统 126c
林产品 110f	林道定线 113e	林业产权交易平台 126e
林产品安全追溯 102d	林道分级 114b	林业工效学 127b
林产品包装材料 102f	林道路线 114e	《林业和草原科学数据库》 134a
林产品包装工程 103a	林道密度 116c	林业机械人机交互 128e
林产品包装工具 103d	林道配置 123c	林业机械人机界面 129d
林产品包装机械 103e	林道网密度 116b，123c	林业基础数据库 130a，195d
林产品包装检测 104a	林道网密度工效学 116d	林业架空索道 131b
林产品仓储 104c	林道线形工效学 117a	林业立体感知体系 130e
林产品电子商务 104e	林道选线 117e	林业索道 131b
林产品电子商务平台 105a	林分更新采伐 10a，54e，190d	林业索道安装架设 131f
林产品电子商务系统 198e	林冠层盖度 252d	林业索道设备 132c
林产品分拣 108c	林木种苗管理系统 198d	林业信息发布系统 198e
林产品供应链 105c	林区道路 121e	林业行政处罚案件管理系统 132e，134f，149c，198d
林产品国际物流 105e	林区道路标线 19b	

林业行政执法系统　132e，149c	路基　138c	螺旋式握索器　174d
林业专题数据库　133b，195d	路基边坡坡率　137d	螺旋展线　73c，277e
林业专网　133d，196f	路基大修工程　141e	旅游道路　145a，122b
林业资源监管系统　198d	路基防护　137f	旅游干线公路　145a
林业综合数据库　133f，195d	路基改扩建工程　141e	旅游公路　145a
林业综合执法系统　132e，149c	路基高度　138b，138e	旅游集散公路　145a
林政办公自动化系统　135b	路基工程　138c，118e	旅游慢行系统　145d
林政管理信息化　134d，225d	路基横断面　138f，138e	旅游区标志　19e
林政OA系统　135b，134e，198d	路基加固　139b，138c	旅游专线公路　145a
临时性道路　122c	路基宽度　139c，138e	履带式装载机　295c
临时性桥　177a	路基排水　140a，22c	陆色高性能混凝土　226c
临时性推河楞场　239c	路基设计高程　140e	
菱形变形　155f	路基施工　140f	M
溜墩　214d	路基小修保养工程　141d	
溜山　15b，71b，184c	路基压实　141b	马秋思林道网理论　146a，116e
留根伐　30e	路基养护　141c	马秋思林道网密度理论　146a
留弦　135e	路基中修工程　141e	码单二维码　110c
流量　83a	路肩　141f	杩槎　159a，159c
流向布局　287f	路面　142b	满山跑　184c
流域　136a	路面表面排水　143c	漫水丁坝　24c
流域长度　136b	路面大修　144b	盲沟　147a，23c
流域面积　136a	路面地表排水　143c	盲沟式渗沟　217d
流域形状系数　136b	路面改建　144b	毛刺粗面　78c
龙门吊机　235f	路面工程　142a，118e	锚碇　147c
龙泉码　151c	路面内部排水　143e	锚桩　147c
龙泉码价　151c	路面排水　143b，22c	门式起重机　235f
笼式造材台　275d	路面小修保养　144a	门座式起重机　157c
漏节　85e	路面养护　144a	密封式钢丝绳　232c
陆地楞场　93c	路面中修　144b	密级配混合料　95e
陆地选材　249e	路堑开挖　144c，140f	密级配沥青混合料　147e
陆路运输　160e	路头装车场　294e	密集配沥青混凝土　147e
陆运贮木场　286e	路线布局　120e	密实楞　62d，94a
陆运贮木场生产工艺流程　136d，292b	路线设计　114f	密实楞堆　62d，94a
路边装车场　294e	卵形　170e	密实式沥青混凝土混合料　147e
路侧护栏　4f，21e	卵形曲线　238d	密实式沥青稳定碎石混合料　147e
路堤填筑　137a，140f	乱纹　151f，155e	面层　143a，227a
路段实测回归法　272f	轮伐期　144d	面接触钢丝绳　147f，53b，232c
路幅　137b	轮廓标　19c	面向对象模型　148a，224f
路拱　137c	轮裂　101e	面向对象型数据库　195d
路拱高度　137c	轮生节　85f	描号　150d
路拱坡度　137c	轮式拖拉机接运　212f	明涵　65c
	轮式装载机　295c	摩擦卷筒　85a

摩擦式剥皮　3b
摩托车巡护道路　71a
磨损　213f
末道工序　292c
木材摆放装车法　163e
木材保管　148c，287b
木材承载装置　265e
木材船运　156e
木材调运　160e
木材掉落装车法　163e
木材供销　287c
木材构造　257f
木材加工经营许可证管理系统　148f，134f
木材检查站　149c
木材检查站电子监控系统　149c，134f，198d
木材检尺　150a
木材检尺码单　81a
木材检量　149e
木材检索表　258a
木材检验　150a
木材检验员　151b
木材结构缺陷　151e，155e
木材捆连接　152f，173f
木材流送　153b，156e
木材流送水坝　153d
木材流送水闸　153f
木材码单管理系统　81a
木材排运　154a，156e
木材汽车运输　154c，160f
木材汽车运输管理　155a
木材汽车运输计划　155c，155b
木材缺陷　155d
木材生产　287a
木材水路运输　156b，161a
木材水运出河　157c
木材水运到材　157d
木材水运过坝　157d，157b
木材水运河道　158b
木材水运河道整治　158f
木材水运拦木　159a

木材水运流送　159d
木材水运水工设施　159b，157a
木材水运推河　159d
木材铁路运输　159d
木材物流供需发布系统　198e
木材运输　160e，11a
木材运输工效学　162b，128c
木材运输管理系统　162f
木材运输证管理系统　162f，134e，198d
木材装车　163d
木材装载法　163f
木材阻拦设施　164c，159c
木滑道集材　71b
木捆排　154b
木排道　164e，122c，142e
木片运输　164f，154f
木片贮存　165d
木桥　165f，176d
木塑托盘　166e，111b
木质托盘　111b
目的树种　46a

N

挠度　167a
内部磨损　53e
内含边材　152c，155e
内夹皮　152b，155e
内流水系　230c
内陆河流　49c
内燃机平车选材　25a
内业设计　39b
内运分叉布局　289d
泥结灰碎石路面　212a
泥结碎石路面　211e
逆向货流　161c
年伐量　191c
年伐区　34c
年平均日交通量　83b
鸟眼　213f
扭曲　155f

扭转纹　151e，155e，254f，256a

P

排气公害　267d
排水工程　138c
排水沟　168a，23b
排水降噪沥青混合料　89b
排水式沥青混合料　89b
抛木　249f
抛木机选材　168c，250a
抛木精度　168f
抛石防护　13e
抛物线理论　169b，131d，248b
跑车　131d，132d
跑偏　153a
配车计划　204c
劈裂　31b
偏枯　152a，155e，254f，256a
偏心材　152a，155e
偏心翻板式重力抛木机　168e
偏心式握索器　174d
漂浮式阻拦设施　159b
漂浮型木材诱导设施　159c
漂木道　157a，157f，159c
漂木道过坝　157f
品等区分　249d
平板车到材　157d
平车选材　24e
平道重力卸车　292e
平均集材距离　169e
平捆楞　219c
平面　170b
平面交叉　202d
平面设计　115b
平曲线　115b
平曲线加宽　171f
平行水系　230c
平型排　154b
平原型河道　158b
坡道重力卸车　292e
坡面防护　172d

坡面漫流　67b
破碎砂　211b
普通混凝土路面　226e
普通楞　48e
普通水泥混凝土　**172e**，226a

Q

期望速度　116a
齐地伐竹法　284d
骑马巡护道路　71a
棋盘楞　94d
企业资源计划　186d
起讫点　**173a**
起升机构　77e
起重滑车摘挂　16b
起重机　157c
起重机出河　85c
起重机过坝　158a
起重索　**173b**，52f，232c
气球集材　**173c**，76f
气球运材　161b
汽车到材　157d
汽车和挂车连接　**173e**
汽车接运　213a
汽车列车　215c
汽车卸车　292e
汽油绞盘机　83c
牵出线　200f
牵引车　271b
牵引连接装置　99c
牵引汽车　266a，271b
牵引索　**174b**，52f，232c
钳式握索器　284b
嵌挤密实型沥青混合料　147e
强制式抱索器　174b
强制式挂索器　174b
强制式夹索器　174b
强制式握索器　**174b**，265a
敲击法　278d
桥　176c
桥墩　177d

桥涵　118f
桥涵工程　**175a**，118f
桥孔长度　**176a**
桥孔净长　176a
桥孔最小净长度　176a
桥跨　177a
桥跨结构　177a
桥梁　**176c**，175d
桥梁墩台冲刷　179b
桥梁护栏　21e
桥梁栏杆　179a
桥面　177b
桥面高程　**179e**
桥面排水　**180a**，22d
桥面排水防水系统　178d
桥面系　178d
桥式起重机　157c，235f
桥台　177d
桥头搭板　178d
桥位测量　180f
桥位勘测　**180e**
桥位平面图　181b，180f
桥位选择　180e
桥下一般冲刷　179c
桥址地形图　181c，180f
桥址纵断面图　181e，180f
翘曲　155f
翘弯　155f
青变　277f
倾角法　**181f**
清车　249e
清车到材　136d
清关　106f
情绪节律　209f
丘陵型河道　158c
区段站　200d
曲杆钢索抛木机　168e
曲杆气动抛木机　168e
曲线段轨道　201c
曲线加桩　283f
全带采伐　54f
全挂车　267f

全挂式预装　253d
全挂运材汽车列车　266a，271b
全密封式钢丝绳　53c
全面抚育　238f
全球导航卫星系统　281e
全球定位技术　195f
全球定位系统　195a，281e
全身性疲劳　79a
全树集材　28c
全拖　279e
全拖集材　76d
全拖式集材　84c
全拖式拖拉机集材　240d
全悬增力式集材索道　277b
全预应力混凝土　253b
全载集材　**182c**，76d
全载式拖拉机集材　240d
全自动集材索道　**182d**，78d
全自动跑车　**182f**，77d，233e
全自动索道　182d
全自动遥控跑车　182f
缺棱　78c，155f
缺陷检量　149f
群状渐伐　82d

R

热成像识别技术　193d
热接缝　98d
人工剥皮　3b
人工到材　157d
人工河槽　68a
人工立桩锚结　**183a**，147d
人工砂　211b
人工竖桩锚结　183a
人工推河　159d，239b
人工卧桩锚结　**183b**，147d
人工智能技术　197d
人工智能决策技术　197e
人-机-环境系统　**183e**
人力串坡　15b，184c
人力打枝　16e

人力伐木作业工效学　32d
人力归楞　212b
人力集材　184b，76d
人力小集中　184b
人力装车　163e
人体平衡　209d
人体生理节律　209f
人行桥　176d
人字形大小头交叉楞　48e
日间运输计划　204b
日运输计划　155c
柔性护栏　21e
入海河流　49c
入渗　67b
软吊顺河缆　164d
软腐　46c
软土地基　184e
软土地基加固　184d
锐棱　78c，155f

S

三次抛物线　72d
三级保养　266d
三级林区道路　185a，114d
三角法　215a
伞伐法　82c
散腐清理法　185c
散烧　75d
散生节　85f
森工企业办公自动化系统　187d
森工企业供应链管理系统　187e
森工企业局域网　185e，186a
森工企业客户关系管理系统　186b
森工企业物料需求计划管理系统　186f
森工企业信息化　185f，225d
森工企业制造资源计划管理系统　187b
森工企业资源计划管理系统　186d
森工企业CRM系统　186b，186a
森工企业ERP系统　186d，186a
森工企业MRP系统　186f，186a

森工企业MRPⅡ系统　187b，186a
森工企业OA系统　187d，186a
森工企业SCM系统　187e，186a
森林采伐　188c，11a
森林采伐方式　190c
森林采伐管理系统　9c
森林采伐量　191c
森林采伐限额　191d，188e
《森林采运科学》　191f
森林抵押贷款系统　198e
森林防火公路　70f
《森林工程》　191e
森林工程地理信息系统　192b
森林工程公共信息发布系统　198d
森林工程公用类应用系统　198d
森林工程机器视觉识别技术　192e
《森林工程 林业架空索道 架设、运行和拆转技术规范》(LY/T 1169—2016)　194a
《森林工程 林业架空索道 设计规范》(LY/T 1056—2012)　194b
《森林工程 林业架空索道 使用安全规程》(LY/T 1133—2012)　194d
森林工程全球导航卫星系统　194f
森林工程数据库技术　195b
森林工程物联网传输层　196e
森林工程物联网感知层　195e，196b
森林工程物联网感知与执行层　195e
森林工程物联网架构　196b
森林工程物联网网络层　196e，196b
森林工程物联网应用层　197b，196c
森林工程物联网云计算层　197b
森林工程信息技术　197e
森林工程信息技术基础　198a
森林工程信息应用系统　198c
森林工程遥感　198e
森林工程业务类应用系统　198c
森林工程智慧物流系统　199b
森林工程综合类应用系统　198d
森林工程GNSS　194f
森林工程3S技术　199c
森林公安信息化　199e，225d

森林培育经营系统　198d
森林生态采伐　189e
森林铁路　159e
森林铁路车站　200c
森林铁路车站规划　200e
森林铁路到材　157d
森林铁路管理处　203d，205f
森林铁路轨道构造　201a
森林铁路交叉　202d
森林铁路线路连接　202f
森林铁路运输调度工作　203a
森林铁路运输管理　203c
森林铁路运输机车车辆运用　203e
森林铁路运输计划　204b
森林铁路运输列车运行图　204d
森林铁路运输牵引计算　205a
森林铁路运输性能　205d
森林铁路运输组织机构　205f，203d
森林作业　206b
森林作业安全　206e，128c
森林作业安全事故　207e
森林作业个体防护　208a
森林作业环境　208c
森林作业疲劳　209b
森林作业人体负荷　208e
森林作业人体疲劳　209b
森林作业人体平衡　209d
森林作业人体生理节律　209f
森林作业人为失误　210c
森林作业手持终端　210e
森铁　159e
森铁卸车　292e
砂粒式沥青混合料　147e
砂石材料　211b
砂石路面　211d
山场归楞　212b
山场接运　212e
山脊线　213b
山坡线　213c
山上楞场　213d，93b
山上削片　250a
山下楞场　93b，286c

内容索引

山下削片　250d
山腰线　213c
山岳性河道　158c
杉原条　260b
杉原条检尺长　80c
杉原条检尺径　80e
扇面锯法　214e
扇形水系　230c
伤疤　213e
伤害　213e，155e
商品混凝土　226b
上层疏伐法　220d
上楂　214c
上承式桥　177a
上锯口　214c
上口　214c
烧伤　213f
设计车辆　215c
设计荷重　216a
设计洪峰流量　216b
设计洪水频率　216d
设计交通量　83a
设计速度　216f
设计通行能力　237d
设计小时交通量　83b
射频标签　221a
射频识别　221a
射频识别（RFID）技术　195f
摄动法理论　217b，131d，248b
伸缩缝　178d
渗沟　217c，23c
渗井　217e，23c
渗透性沥青混合料　89b
升角　218a
生产用工程设计　35b
生化变化测定　218d
生理变化测定　218d
生理测量法　87e
生理负荷　218c，208f
生理性失误　210d
生理学测量　128b
生命防护工程　74d

生态采伐　189e
生态采运　189f
生态目标树　46a
生态性采伐　189e
生物三节律　209f
生长伐　218e
声光控制技术　195f
绳夹板　219a
施工图设计　121b
湿存法　219b，148e，287c
湿周　68e
石坝　159a
石灰稳定类材料　242e
石笼防护　13e
石笼子　159c
实地定线　219e，113f
实楞　62d，94a，212c，219c
实心造材台　275d
史济彦　191f
视线诱导标志　20e
收漂　159b
手臂振动病　278b
手传振动　278b
手扶拖拉机接运　213a
手工斧伐木　220a
手工锯伐木　220b
手压泵液压伐木楔　251e
手摇绞盘机摘挂　16b
首道工序　292b
受光伐　190d，238f
疏伐　220d
疏隔楞　48d
疏林　252e
输水桥　176d
输送机　259e
输送能力　205e
束水归槽设施　159c
树包　152b，155e
树脚　28f
树瘤　152b，155e
树木射频识别技术　220f
树腿　28f

竖曲线　221e
竖向填筑　137a
数据表　223c
数据仓库系统　221f，195d
数据操作　224e
数据分类　222d
数据行　223c
数据结构　224e
数据聚类分析　222f
数据库　195c
数据库查询　223c
数据库管理系统（DBMS）软件　223e
数据库技术　197d，198a
数据库检索　223c，195d
数据库软件　223e，195d
数据库索引　224c，195d
数据类型　223d
数据列　223c
数据模型　224d，198a
数据挖掘　198b
数据完整性约束条件　224e
数字交互技术　195f，282a
数字近景摄影测量单木监测技术　225a
数字林业工程　225c
数字森林工程　225c，197f
甩弯　101b
双白实线　19c
双白虚线　19b
双层桥　177a
双挂　16b
双黄实线　19b
双架杆兜卸机　26a
双流布局　290b
双流行式布局　290b
双流列式布局　290b
双轮运材跑车　264f
双面装车　79e
双面装车场　263b
双目机器视觉识别技术　193a
双纽线　72d
双绕钢丝绳　52f，232c
双索型索系　233f

内容索引

双索型运行式集材索道　272e
双弦　86f
双线三索循环式运材索道　18a
双向布局　287f，290b
双心材　152a，155e
水波纹　78c
水存法　225e，148e，287c
水筏道　157a，159c
水筏道过坝　157e
水滑道集材　71e
水结碎石路面　212a
水力集材　76d
水路运输　160e
水泥　228d
水泥混凝土　226a
水泥混凝土路面　226c，142d
水泥混凝土路面结构　227a
水泥混凝土路面施工工艺　228a
水泥混凝土路面施工原材料　228d
水泥混凝土路面养护　229c
水泥稳定类材料　242e
水平郁闭度　252e
水平作业域　10d
水渠道接运　212f
水上楞场　93c
水上选材　249e
水上作业场　229e，157a
水深　230a
水位　230a
水系　230b
水运贮木场　286e
水运贮木场生产工艺流程　230e，292b
顺坝　13f，156d，159c
顺河绠　159b，164c
顺绕钢丝绳　53a，237e
顺山倒　29c
顺水坝　153e
顺弯　155f
司机鸣笛标　202e
私有林区道路　121e
死节　85d

四级林区道路　231b，114d
松紧式集材索道　231c
素混凝土路面　226e
塑料滑道集材　71e
随车移动式重力齐头器　258e
索长　231c
索长法　231d
索道侧型　231e
索道侧型设计　231e
索道到材　157d
索道钢丝绳　232a
索道工程辅助设计系统　232f，131d，248d
索道集材　233b，76e
索道绞盘机　83c
索道接运　212f
索道勘测设计　233c
索道跑车　233e
索道索系　233f
索道线路侧型设计　231e
索道线路勘测设计　233c
索道优化理论　234a，131d，248d
索道纵断面　231e
索道纵断面设计　231e
索具　132d
索式拖拉机集材　240b

T

塔道　71a
塔式起重机　157c
踏板桥　175a
踏查　235a
踏勘　235c
滩规　151c
弹性变形　54c
套筒连接　53d
特粗粒式沥青稳定碎石　147f
特大桥　177a
特殊土　211c
特种专用挂车　268a
剔材　101b

提卸法　235f，292e
体力节律　209f
天沟　86d
天然河槽　67f
天然集料　98e
天然砂　211b
天然砂砾路面　211e
填方工程　138c
填料　99b
填注　67b
挑流坝　153e
挑流构造物　236f
条斑　277f
条件皆伐　86c
条码识别技术　195f
调车线　200f
调治构造物　236d
铁环式握索器　284a
铁路　159e
铁路或公路转运过坝　158a
铁路桥　176d
汀步桥　175a
停车场　20f
停车带　20f
停车点　20f
停车视距　237a，246d
通关　106f
通过能力　205e
通过性能　270b
通航河道　158b
通行能力　237d
同向捻钢丝绳　237e，53a，232c
同向曲线　237f
透光伐　238e，82d
凸形　170e
突起路标　19c
图解法放边桩　3f
图像识别技术　192f
土滑道集材　71b
土路肩　141f
团状抚育　238f
推河　239a

内容索引

推河场　239c
推河楞场　239c
推河作业场　239d
推树气垫　239f
推卸法　292e
托挂机构　77e
拖挂式削片机　250b
拖集　279d
拖拉机到材　157d
拖拉机集材　240b，76e
拖拉机集材道　77b
拖拉机集运　279d
拖拉机摘挂　16c
拖排　154a
拖曳法归楞　63d
椭圆体　49e

W

挖方工程　138c
瓦棱状锯痕　78c
外部磨损　53e
外加剂　229a
外夹皮　152b，155e，254f，256b
外流水系　230c
外业调查　39b
外运（装车）分叉布局　289c
弯把锯　220b
弯道加宽　171f
弯挠角　241a
弯桥　177a
弯曲　49d，254e，256a
弯折角　241c
王立海　191f
王中行　191f
网络层　196b
网络技术　197d
网状模型　241e，224f
网状型数据库　195d
往复式牵引索　174b
微波网　196f
微机电系统　195f

伪心材　152c，155e
卫生采伐　242b
卫生伐　242b
卫星通信网　196f
卫星遥感与航空摄影技术　195f
喂木机构　100e
稳定入渗　67b
稳定性能　270c
问卷调查法　128b
握索器　265a
圬工涵　65c
圬工桥　176d
无车立柱装载法　163f
无动力控速循环式运材索道　18a
无挂式预装　253d
无荷挠度　167a
无荷索长　231c
无荷中挠系数　242c
无荷中央挠度　167b
无荷中央挠度系数　242c
无机材料　20b
无机结合料稳定类混合料　242d
无机结合料稳定土　242d
无机稳定混合料　242d
无架杆绞盘机归楞　63d
无林　252e
无压力涵洞　65c
无源RFID技术　221b
无砟轨道　201b
物联网技术　281b
物料需求计划　186f

X

溪线　68d
细粒式沥青玛蹄脂碎石　82b
细粒土　211c
下层疏伐法　220d
下楂　243a
下承式桥　177a
下锯口　243a
下口　243a

下种伐　82d
夏季伐区　34c
先张法预应力混凝土　253b
纤维稳定剂　99b
纤维芯钢丝绳　53b
弦长　244a
弦倾角　244b
现浇涵　66b
现浇式钢筋混凝土结构　50b
现浇预应力混凝土　253b
线接触钢丝绳　244d，53b，232c
线路勘测　120c
线条　19c
箱涵　65c
象限角　244e
橡胶减速带　245a，81e
小虫眼　90c
小河流送　161b
小集材道　77b
小径木　253f
小径木托盘　245d，111b
小客车　215c
小面积皆伐　86b，191a
小挠度　242c
小排流送　153c，156f
小桥　177a
小头直径　258b
楔接钩环式捆木索　90e
楔式握索器　174d
楔形弦　86e
斜格楞　62d，94d
斜拉桥　176d
斜面升排机　157e
斜桥　177a
卸车　292c，292d
卸车分叉布局　288c
卸车计划　204c
卸车缆索　235f
卸车桥　235f
卸车造材台　275d
心材变色　277f
心材腐朽　46d，255c，256c

心理性失误　210d
心理学测量　128b
新拌混凝土　172f
新采伐迹地　7e
信息交互　129e
信息模型　224e
信息应用系统　198b
星裂　101e
星轮式鞍座　1f
行车安全视距　245f
行车道　246b
行车视距　246d
行路部分　265d
行驶系　265d
行走部　264f
行走机构　77e
休息制度　247a
虚拟现实　282a
蓄水设施　159c
悬空式集材　84c
悬链线理论　247c，131d，248b
悬索　248b
悬索窜移　247f
悬索拉力　248a
悬索理论　248b，131d
悬索桥　176d
悬索曲线理论　249a，131d，248b
悬索线形　249c
旋削式剥皮　3b
选材　249d，292c
选材分叉布局　288f
选线　115a，120d
选择反应时间　44d
削片　250a
旬间运输计划　204b
循环牵引索　250e
循环索　250e

Y

压实度　141b
压载式牵引车　271b

垭口　251a
鸭嘴　266f
淹没式丁坝　24c
沿河线　251c
沿溪线　251b
羊圈　164d
养生材料　229b
遥感技术　281e
遥控集材索道　182d
遥控索道　182d
液压伐木楔　251e
液压起重臂　271f
一段造材　262d
一级保养　266c
一级林区道路　252a，114d
一级支流　278f
一维码　110a
移动互联网　196f
移动互联网技术　281f
移动式削片机　250b
移动式造材　262c
移动式装车　263b
移索　252b
异型股钢丝绳　53b，232c
隐生节　85e
应拉木　151f，155e
应力木　151f，155e
应压木　151f，155e
迎山倒　29c
营林道路　252c，114c，122b
应用层　196b
硬吊顺河缏　164d
硬化混凝土　172f
硬路肩　141f
永久性道路　122c
永久性耳聋　276b
永久性桥　177a
永久性推河楞场　239c
优良木　220e
油锯　100b
油锯打枝　16e
油锯液压伐木楔　251e

有害木　220e
有荷挠度　167a
有荷索长　231c
有荷中央挠度　167b
有机材料　20b
有效面积　286f，291a
有压力涵洞　65c
有益木　220e
有源RFID技术　221b
有砟道床　201e
有砟轨道　201b
右侧支流　278f
右角　294a
右偏　294a
诱导漂子　156d
羽状水系　230c
语义微分法　128b
郁闭度　252d
预拌混凝土　226b
预备伐　82c
预应力钢筋混凝土　253a
预应力钢筋混凝土桥　75a，176d
预应力水泥混凝土　253a，226a
预制预应力混凝土　253b
预装　253c
原木　253e，257f
原木材质评定　254a
原木尺寸检量　256d
原木到材　136d
原木道　164e
原木工艺类型　39a
原木集材　257d，76c，84c
原木检尺长　80b
原木检尺径　80d
原木检验　257e，150d
原木捆齐头器　258e
原木卸车　292e
原木运材汽车列车　271c
原木装车楞场　259c
原木纵向输送机选材　259e，250a
原条　260b
原条半载集材　2c

原条材质评定　260c
原条尺寸检量　260e
原条出材率　275a
原条到材　136e
原条工艺类型　38f
原条挂车　271c
原条集材　261a，76c，84c
原条检尺长　80c
原条检尺径　80e
原条检验　261c，150c
原条捆动力学特性　261e
原条捆静力学特性　262a
原条捆摩擦系数　261f
原条捆运输　262b，154f
原条捆纵向位移　261f
原条卸车　292e
原条运材汽车列车　271c
原条造材　262c
《原条造材》　274f
原条贮备　262e
原条贮存　262e
原条装车楞场　263a
圆材　150a
圆股钢丝绳　53b，232c
圆木桥　175a
圆曲线　263c，115b，170c
圆周冲锯法　215a
圆竹滑道　71d
月间运输计划　204b
月运输计划　155c
越岭线　264a
越野性能　270b
云计算技术　197d，281d
运材　160e
运材车辆生产成本　264b，155b
运材道　264c
运材道路　264c，114c，122a
运材挂车　267e，271b
运材跑车　264f，233e，272c
运材汽车　265b，154f
运材汽车保养　266b，155b
运材汽车承载装置　266e

运材汽车单车　154f，266a
运材汽车更新　267b，155c
运材汽车公害防治　267c，155c
运材汽车挂车　267e，266a，271b
运材汽车挂车基本参数　268d
运材汽车合理拖载量　270a，266a
运材汽车技术性能　270b，266a
运材汽车列车　270d，154f，266a
运材汽车列车平均技术速度　271c
运材汽车列车行程时间　271d
运材汽车列车自装自卸　271e
运材汽车维护　266b
运材汽车行车调度　272a，155b
运材索道　272c，131b
运输机器人　282d
运行式集材索道　272d
运行速度　272e
运载索　273d

Z

再生骨料混凝土　226c
载物钩　274a，265a
载运挂车回空　274b
载重汽车　215c
暂时性耳聋　276b
造材　274e，292c
造材分叉布局　288d
造材台　275d
噪声公害　267d
噪声性耳聋　276b
噪声性听力损失　276b
择伐　276d，286a
择伐采伐强度　8b
择伐迹地　7e
择伐周期　276f
增力式集材索道　277a，78d
增强现实　282a
闸水定点流送　17d，153c
栅栏　20d
炸裂　102a
摘挂　16b

窄带物联网　124f
窄轨铁路　159e
窄轨铁路运输　160f
展线　277d
站界　200c
站线　200f
张紧轮　72a
召回率　222e
照明设施　20e
遮阴木法　82c
真北　44e
真北方向线　44f
真方位角　44f
真菌变色　277f，155e
真象限角　245a
真子午线　44f
振动病　278a
振动波法　278d
振动性血管神经病　278a
震击裂　101e
整桩　283f
正交桥　177a
正线　200f
政务网　196f
支撑轮　71f
支承结构　177d
支承连接装置　99d
支道　121f
支架　278e，131e
支流　278f
支线　121f，123c
枝丫打捆　279a
枝丫收集　279c
直杆气动抛木机　168e
直格楞　62d，94d
直接定线　115b
直接定线法　120e
直接驾驶行为　79b
直升机集材　279e，76f
直升机运材　161b
直线　280a，170b
直线鞍座　1d

直线段轨道　201c
职业性雷诺氏症　278a
植物截留　67b
止动机构　77e
止动器　280d，131e
纸上定线　280e，113f，115b
纸上定线法　120e
指路标志　19e
指示标线　19c
指示标志　19e
制动距离　237b
制动系　265e
制动性能　270c
制造资源计划　187b
窒息性褐变　277f
智慧林业决策平台建设工程　197e
智慧林业云　197b
智慧林政管理平台建设工程　197e
智慧森林工程　281a，197f
智力节律　209f
智力性疲劳　79a
智能穿戴技术　195f，282b
中承式桥　177a
中度郁闭　252e
中国林业办公网升级工程　197e
中国林业大数据开发工程　282e，197e
《中国林业数据库》　134b
中国林业网站群建设工程　283a，197e
中国林业云创新工程　283c，197e
中泓线　68d
中间采伐　45f
中间端部立柱　92e
中间工序　292c
中间楞场　93b
中间站　200d
中径木　253f
中粒式沥青混凝土　147e
中桥　177a
中型车　215c
中型原条车　215c

中央分隔带护栏　4f，21e
中央分隔带排水　143d
中桩　283e
中桩高程　284a
终布　287e
终选　249e
种植机器人　282c
重力集运　279d
重力式抱索器　284a
重力式挂索器　284a
重力式抛木机　168f
重力式握索器　284a，265a
重力卸车　292e
重力装车　163e
重型原条车　215c
猪尾式握索器　284b
竹滑道集材　71d
竹节木　214a
竹林采伐　284c
竹林采伐量　284f
竹林采伐年龄　285b
竹林蓄积量　284f
竹片滑道　71d
竹质托盘　285d，111b
主标志　19e
主动式红外线机器视觉识别技术　193d
主动式RFID技术　221b
主伐　286a，10a，188d，190c
主伐年龄　144e
主干道　121f
主观感觉测定　218d
主观评价法　87e
主集材道　77b
主任务测量法　87e
贮木场　286c，93b
贮木场场地面积　291a
贮木场的最大库存量　286f
贮木场工艺布局　287e，292c
贮木场工艺叉流布局　288a，287f
贮木场工艺分叉布局　288a
贮木场工艺流向布局　289e，287f
贮木场楞场　93b

贮木场楞地面积利用系数　291b
贮木场面积　291a，286f
贮木场年产量　286f
贮木场生产不均衡系数　291d
贮木场生产工艺　292a
贮木场卸车　292d
贮木场有效面积利用系数　291b
贮木场作业　11b
柱式造材台　275e
铸钢减速带　293d，81e
抓钩式拖拉机集材　240b
抓具　294f
抓卸法　293a
拽倒法　30d
专用牵引车　267f
专用网络　196f
专用线　200f
转角　293f
转弯鞍座　1e
转向系　265d
转移　294c
桩式造材台　275e
装车　292c
装车场　294e
装车方法　163e
装车方式　163d
装车机械　163e
装车计划　204c
装车绞盘机　83c
装配式钢筋混凝土结构　50b
装配式涵　66b
装配式混凝土路面　226e
装卸费用　264c
装卸桥　157c
装载机选材　294f，250a
装载机原木装车　295b
锥体护坡　177d
锥楔固接法　54d
紫外线机器视觉识别技术　193c
自带动力式削片机　250c
自然力集材　76d
自然事故　207e

自然演变冲刷　179b
自然展线　73c，277d
自行式削片机　250b
自重力式夹索器　284a
自装全载集材机　182c
自装自卸运材汽车　154f
自装自卸运材汽车列车　266a，271c
字段　223d
字符标记　19c
综合疏伐法　220e
综合稳定类材料　242e
综合型木材过坝　158a
总成　265c
总跨径　176b
总面积　286f，291a
纵断面　295d
纵断面地面线　295f
纵断面设计　115b
纵断面设计线　296a
纵裂　101e，254e，256a
纵坡　296b
纵向（链式、索式）输送机　259e
纵向传送式过坝　157f
纵向传送式原木过坝机　157f
纵向接缝　98d
纵向链式出河机　157c
纵向链条式过坝机　157f
纵向行车安全视距　245f
走行机构　77e
组合梁桥　176d
组合排水设施　296d
组合体系桥　176d
最大局部冲刷深度　179d

最终楞场　93b，286c
左侧支流　278f
左偏　293f
作业道　122a
作业季节　297a
作业空间　129f
作业控制交互　129e
作业疲劳度实验测定　209c
作业疲劳度主观评价　209c
作业区　297d
坐标北　44e
坐标方位角　45a
坐标象限角　245a

字母　数字

AC　147e
AR技术　282a
ATB　147e
ATPB　89b
BDS　281e
C形　170e
C形曲线　238e
CRM　186b
EPC　110d
ERP　186d
ESH　189c
GALILEO　281e
GIS　192c，199d，281e
GLONASS　281e
GNSS　199d，281e
GPS　281e
GS_3型半自动跑车　3a

K_1型增力式自挂跑车　72b
K_2-2型增力式跑车　72b
K_2型半自动跑车　2f
MR技术　282a
MRP　186f
MRPⅡ　187b
NB-IoT技术　124e
OGFC　89b
QR码　110a
RFID　221a
RFID标签　221a
RFID读写器　221a
RFID扫描器　221a
RFID上位机　221a
RFID询问器　221a
RFID阅读器　221a
RFID中间件　221b
RFID终端　221a
RIL　189c
RS　199d，281e
S形　170e
SCM　187e
SD法　128b
SMA　82b
VR技术　282a
V85　272e
WebGIS技术　197d
Ⅰ等河道　158c
Ⅱ等河道　158c
Ⅲ等河道　158c
Ⅳ等河道　158d
Ⅴ等河道　158d
3S技术　199d，281e

《中国林业百科全书》工作委员会

主　　　　任　邵权熙
成　　　　员（按姓氏笔画排序）
　　　　　　　于界芬　王　远　刘家玲　李思尧
　　　　　　　李美芬　杨长峰　肖　静　何　蕊
　　　　　　　沈登峰　张　东　贾麦娥　高红岩
　　　　　　　温　晋

编 辑 部 主 任　刘家玲
编 辑 部 成 员　何游云
特 约 编 审　牛玉莲　杜建玲　周军见

本卷审稿人员（按姓氏笔画排序）
　　　　　　　牛玉莲　刘家玲　杜建玲　何游云
　　　　　　　沈登峰　周军见　温　晋
本卷责任编辑　刘家玲　何游云